Die Entwickelung

des

Niederrheinisch-Westfälischen Steinkohlen-Bergbaues

in der zweiten Hälfte des 19. Jahrhunderts.

Herausgegeben vom

Verein für die bergbaulichen Interessen im Oberbergamtsbezirk Dortmund
in Gemeinschaft mit der Westfälischen Berggewerkschaftskasse
und dem Rheinisch-Westfälischen Kohlensyndikat.

VIII.

Disposition der Tagesanlagen, Dampferzeugung, Centralkondensation, Luftkompressoren, Elektrische Centralen.

Mit 616 Textfiguren und 25 Tafeln.

1905.

Springer-Verlag Berlin Heidelberg GmbH

Additional material to this book can be downloaded from http://extras.springer.com

ISBN 978-3-642-50625-3   ISBN 978-3-642-50935-3 (eBook)
DOI 10.1007/978-3-642-50935-3
Softcover reprint of the hardcover 1st edition 1905

Inhaltsverzeichnis.

Seite

I. Abschnitt: Disposition der Tagesanlagen.

I. Allgemeines 3

II. Disposition der Tagesanlagen in den 50er Jahren 4

III.　　》　　　》　　　》　　　》　》 60er und 70er Jahren 17

IV.　　》　　　》　　　》　　　》　》 80er 》 90er 》

   1. Der Umbau älterer Anlagen 23

   2. Neuanlagen 27

     a) Einfluss der einzelnen Zweige des Tagesbetriebes auf die Gesamtdisposition:

       α) Verladung und Transport (Schachtförderung und Verladung, Aufbereitung, Kokerei, Berge- und Materialtransport) . . . 28

       β) Krafterzeugung und -Verteilung 46

       γ) Kaueneinrichtungen 58

       δ) Zechenbahnhöfe 65

     b) Beschreibung ganzer Anlagen 72

       α) Preussen I, Scharnhorst, Preussen II 74

       β) Concordia IV/V 77

       γ) Zollverein IV/V 79

       δ) Königin Elisabeth, Schacht Hubert 81

       ϵ) Gladbeck 81

       ζ) Rheinelbe III 85

       η) Minister Achenbach, Werne, Königsborn III 87

       ϑ) Mathias Stinnes III/IV 88

       ι) Rheinpreussen IV 89

V. Schluss 91

II. Abschnitt: Dampferzeugung.

I. Einleitung 95

II. Die Kesselsysteme:

   1. Allgemeines 95

   2. Die älteren Kesselsysteme 97

Seite

3. Flammrohrkessel:

   a) Einflammrohr- oder Cornwall-Kessel:

      α) Mit glattem Feuerrohr 98
      β) Mit gewelltem Feuerrohr. 100

   b) Zweiflammrohr- oder Lancashire-Kessel 103
   c) Dreiflammrohrkessel 108

4. Wasserrohrkessel 111
   a) Zweikammerkessel 112
   b) Einkammerkessel 119

5. Kombinierte Kessel 121

6. Statistisches 130

III. Die Befeuerung der Dampfkessel 140

IV. Die Ausrüstung der Dampfkessel:

1. Manometer 146

2. Wasserstandszeiger 148

3. Sicherheitsventile. 152

4. Ablasshähne 155

5. Speisevorrichtungen 159
   a) Speisepumpen:

      α) Von Weise & Monski, Halle 160
      β) Von Klein, Schanzlin & Becker, Frankenthal 162
      γ) Von Wolf & Meinel, Halle 167
      δ) Von A. L. G. Dehne, Halle 167
      ε) Von Otto Schwade, Erfurt 167

   b) Injektoren 168
   c) Automatische Speisevorrichtungen 171

V. Reinigung und Vorwärmung des Kesselspeisewassers:

1. Eigenschaften der Kesselspeisewasser 173
   a) Grubenwasser 174
   b) Ruhrwasser 177
   c) Emscherwasser und solches anderer kleiner Flussläufe 178
   d) Kondensatwasser 178
   e) Teich- und Grabenwasser 179
   f) Brunnenwasser 179

2. Die Systeme der Wasserreinigung:
   a) Wasserreiniger von Reichling 180
   b) Wasserreiniger von Reinecken 184
   c) Wasserreiniger von Kyll 186
   d) Wasserreiniger der Maschinenbauanstalt Humboldt 188
   e) Wasserreiniger von Reisert 191

Seite

    f) Wasserreiniger von der Sieg-Rheinischen Hütten-A.-G. 193
    g) Wasserreiniger von Steinmüller 194
    h) Wasserreiniger von Dehne 196
    i) Wasserreiniger der Maschinenfabrik Grevenbroich 197
  3. Die Vorwärmung des Speisewassers 198

VI. Die Ueberhitzung des Dampfes 202

VII. Die Fortleitung des Dampfes:
  1. Dampfleitungen 209
  2. Wasserabscheider 211
  3. Kondenstöpfe 212
  4. Rohrbruchventile 212
  5. Reduzierventile 216

III. Abschnitt: Centralkondensation.

I. Allgemeines 225

II. Die verschiedenen Systeme der Centralkondensation 227

  1. Oberflächen-Kondensation:
    a) Mit Gegenstrom:
      α) In vollkommen geschlossenen Räumen 232
      β) In aussen berieselten Rohren 239
      γ) In Bassinkühlern 242
    b) Mit Gleichstrom in geschlossenen Räumen 247
  2. Misch-Kondensation:
    a) Mit Gegenstrom 248
    b) Mit Gleichstrom 251

III. Die Dampfzuleitung zu den Kondensatoren 253

IV. Die Rückkühlung des Wassers:
  1. Reiser-Gradierwerke 254
  2. Latten-Gradierwerke 254
  3. Kaminkühler 256

V. Betriebsergebnisse ausgeführter Centralkondensations-Anlagen:
  1. Betriebsergebnisse der Balckeschen Berieselungskonden-
    sation auf Zeche Neumühl 262
  2. Betriebsergebnisse der Centralkondensation auf Zeche
    Freie Vogel und Unverhofft 284
  3. Betriebsergebnisse der Centralkondensation auf Zeche
    Kaiserstuhl II 284
  4. Betriebsergebnisse der Centralkondensation auf Zeche
    Recklinghausen II 285
  5. Einfluss des überhitzten Dampfes auf die Leistung der
    Centralkondensation 292

Seite

IV. Abschnitt: Luftkompressoren.

I. Einleitung: Die Verwendung der Pressluft im Grubenbetriebe . . . 295

II. Entwickelungsgeschichte der Kompressoren 296

III. Die Arbeitsweise der Kompressoren:

    1. Allgemeines 298

    2. Dampfverbrauch 304

    3. Die Luftdiagramme 305

    4. Kosten:

        a) Anlagekosten 308

        b) Betriebskosten 309

    5. Vorbedingungen für den wirtschaftlichen Betrieb von Kompressoren 310

IV. Die Regulierung der Antriebsdampfmaschinen 313

V. Bauart der Kompressoranlagen 317

VI. Die Kompressor-Steuerungen 321

VII. Im Ruhrbezirk ausgeführte Anlagen und Versuchsergebnisse:

    1. Nasskompressoren 323

    2. Eincylinderkompressoren 326

    3. Zwillingskompressoren 327

    4. Stufenkompressoren:

        a) Mit Luftkataraktventilen 332

        b) Mit Oelkataraktventilen 339

        c) Mit leichten Metallventilen:

            α) Kompressoren von R. Meyer, Mülheim 344

            β) » » Thyssen & Co., Mülheim 355

            γ) » der Maschinenbauanstalt Union, Essen, und von Gebr. Meer, M.-Gladbach 357

            δ) Kompressoren der A.-G. Hohenzollern, Düsseldorf 360

            ϵ) » » Maschinenbauanstalt Humboldt, Kalk . . 363

        d) Mit zwangsweise gesteuerten Ventilen, System Riedler 363

        e) Mit Drehschiebersteuerung:

            α) Kompressoren von G. A. S. Schütz, Wurzen 364

            β) » » A. Borsig, Berlin 366

            γ) » » Th. Calow & Co., Bielefeld, Patent Strnad 370

        f) Mit Flachschiebersteuerung 372

Seite

g) Mit Kolbenschiebersteuerung:
  α) Kompressoren von Thyssen & Co., Mülheim 374
  β)   »   » R. Schütz, Essen 376
  γ)   »   » Neuman & Esser, Aachen 378
  δ)   »   » Pokorny & Wittekind, Aachen 382

VIII. Die Schmierung der Kompressoren 405

IX. Zweckmässige Lieferungsbedingungen 411

X. Schluss 413

V. Abschnitt: Elektrische Centralen.

1. Kapitel: Die Anwendung des elektrischen Stroms im Ruhrkohlenbergbau 417

2. Kapitel: Die Antriebsmaschinen der Centralen:
  I. Die Kolbendampfmaschinen:
    1. Allgemeines 427
    2. Die Systeme der Kolbendampfmaschinen:
      a) Maschinen mit Schiebersteuerung:
        α) Mit Flachschiebersteuerung 431
        β) Mit Kolbenschiebersteuerung 434
        γ) Mit Drehschiebersteuerung 438
      b) Maschinen mit Ventilsteuerung 439
      c) Verbundmaschinen mit gemischter Steuerung 465
    3. Betriebsergebnisse der Kolbendampfmaschinen 472
  II. Die Dampfturbinen.
    1. Kurze Entwickelungsgeschichte 477
    2. Der Bau der Dampfturbinen:
      a) Allgemeines 480
      b) Die konstruktive Ausführung der Dampfturbinen:
        α) Turbine von Laval 484
        β)   »   » Parsons 490
        γ)   »   » Rateau 498
        δ)   »   » Zoelly 501
        ε)   »   » Riedler und Allgem. Elektrizitäts-Ges. 507
    3. Die Sonderkondensationen der Dampfturbinen 517
    4. Vergleich der Dampfturbinen und Kolbendampfmaschinen 521
  III. Die Gasmotoren.
    1. Allgemeines und Geschichtliches 532
    2. Die Systeme der Gasmotoren:

Seite

    a) Viertaktmotoren:

      α) Einfachwirkende:

        Viertaktmotoren der Gasmotorenfabrik Deutz 539

        »   von Gebr. Körting, Hannover 547

      β) Mehrfachwirkende:

        Aeltere Ausführungen 550

        Doppel-Viertaktmotoren der Gasmotorenfabrik Deutz . . 552

        »   »   der Nürnberg-Augsburger Maschinenbau-Aktien-Gesellschaft 554

    b) Zweitaktmotoren:

      α) Zweitaktmotoren von Gebr. Körting, Hannover 561

      β)   »   » Oechelhäuser 564

3. Der Betrieb der Gasmotoren. 567

4. Beurteilung der Gasmotoren in wirtschaftlicher Hinsicht 569

3. Kapitel: Die elektrische Ausrüstung der Centralen:

  I. Die Stromerzeuger:

    1. Gleichstrommaschinen:

      a) Allgemeines 580

      b) Gleichstrommaschinen für Dampfturbinenantrieb 599

      c) Der Betrieb der Gleichstromanlagen. 604

      Akkumulatoren 612

    2. Wechselstrommaschinen 627

    3. Drehstrommaschinen:

      a) Normale Generatoren 629

      b) Drehstromdynamos für Dampfturbinenantrieb 642

      c) Die Erregung der Drehstromgeneratoren 644

      d) Der Betrieb der Drehstromanlagen 646

  II. Die Schaltanlagen der Centralen:

    1. Schaltapparate. 656

    2. Sicherungen 663

    3. Messinstrumente. 667

    4. Schalttafeln 671

III. Centralengebäude 675

IV. Die Verteilung des elektrischen Stromes 677

    1. Transformatoren. 678

    2. Sicherung der Leitungen 683

    3. Verteilungsschalttafeln, -schaltkästen und -sicherungen 691

    4. Die Leitungen:

      a) Leitungsmaterial 701

      b) Berechnung und Kosten von Leitungen 709

Verzeichnis der Tafeln.

———

zu Abschnitt

Tafel   I. Lageplan von Zeche Osterfeld   I

»   II. Lageplan von Zeche Prosper, Schacht II/III   I

»   III. Kohlenwäsche der Zeche Scharnhorst   I

»   IV. Projekt für die Zeche Hugo bei Holten   I

»   V. Lageplan von Zeche Scharnhorst.   I

»   VI. Lageplan von Zeche Zollverein IV/V   I

»   VII. Lageplan von Zeche Minister Achenbach.   I

»   VIII. Zeche Mathias Stinnes III/IV.   I

»   IX. Wellrohrkessel auf Zeche Schlägel und Eisen III/IV.   II

»   X. Disposition von 6 Zweiflammrohrkesseln auf Zeche Gladbeck I/II   II

»   XI. Schnellstrom-Ueberhitzer, System Szamatolski.   II

»   XII. Gegenstrom-Oberflächen-Kondensation von Balcke & Co.   III

»   XIII. Gegenstrom - Oberflächen-Kondensation der Maschinenfabrik

Grevenbroich.   III

»   XIV. Gegenstrom-Oberflächen-Kondensation von Moll & Co.   III

»   XV. Berieselungs-Oberflächen-Kondensation von Balcke & Co. . . .   III

»   XVI. Zwillingskompressor auf Zeche Johann Deimelsberg   IV

»   XVII. Stehende Verbundmaschine mit Kolbenschiebersteuerung von

Haniel & Lueg. Wasserhaltungscentrale der Zeche ver. Hamburg

und Franziska . . . . , . .   V

»   XVIII. Verbundmaschine auf Zeche Adolf von Hansemann   V

»   XIX. 800—1000 PS ·Gasmaschine der Nürnberg-Augsburger Maschinen-

bau A.-G..   V

»   XX. Doppeltwirkende Zweitakt-Gasmaschine von Gebr. Körting . . .   V

»   XXI. Schwankungen des Stromverbrauchs bei der Centrale der Zeche

Ewald I/II (Betrieb o h n e Pufferbatterie)   V

»   XXII. Schwankungen des Stromverbrauchs bei der Centrale der Zeche

Ewald I/II (Betrieb m i t Pufferbatterie).   V

»   XXIII. Ausgleich der von der elektrischen Fördermaschine verursachten

Belastungsschwankungen durch Ilgnersche Schwungradumformer

bei der Gleichstromcentrale auf Zeche Zollern II   V

»   XXIV. Centrale der Zeche Deutscher Kaiser, Schacht II.   V

»   XXV. Spannungsverluste für verschiedene Leitungsquerschnitte und

-längen   V

Benutzte Litteratur.

Preussische Zeitschrift für das Berg-, Hütten- und Salinenwesen.

Glückauf.

Zeitschrift des Vereins Deutscher Ingenieure.

Jahresbericht 1902/03 des Dampfkessel-Ueberwachungsvereins der Zechen im Oberbergamtsbezirk Dortmund.

Mewes, Die Dampfturbinen.

Riedler, Ueber Dampfturbinen.

Brüsch, Leitfaden der Elektrizität im Bergbau.

Philippi, Elektrische Kraftübertragung.

Disposition der Tagesanlagen.

Von Bergassessor Wolff.

I. Allgemeines.

Die schnelle Entwickelung des Bergbaues in den letzten 50 Jahren hat auch das Bild der Tagesanlagen auf den rheinisch-westfälischen Steinkohlengruben weitgehenden Veränderungen unterworfen. Nur auf wenigen Zechen, ausser den allerneuesten, sind heute noch die Betriebsverhältnisse dieselben, für welche die Tagesanlagen seiner Zeit entworfen wurden. Trotz der umfangreichsten Erweiterungen und Umbauten ist aber in fast allen Fällen die ursprüngliche Anlage als Kern des Ganzen erhalten und für die späteren, auf die neueren Bedürfnisse zugeschnittenen Aenderungen bestimmend geblieben. Auch heute noch vermag der Landeskundige leicht die älteren Tiefbauanlagen von denen zu unterscheiden, die während des Aufschwungs der 50er Jahre den neu entstehenden Eisenbahnen entlang errichtet wurden, und von den zahlreichen Neugründungen aus dem Anfang und der Mitte der 70er Jahre. Auch ohne die eisernen Schachtgerüste, welche alles später Entstandene weithin kennzeichnen, würden endlich die modernen Anlagen als solche allein durch ihre Gesamtanordnung erkennbar sein.

Zum Teil sind diese Wandlungen das Ergebnis einer selbständigen Entwickelung, welche sich gleichmässig die Erfahrungen der Vergangenheit, wie die technischen Hülfsmittel der Gegenwart zu Nutze machte; hier spielt auch eine gewisse technische Mode mit, deren Wirkung wohl in erster Linie die grosse Aehnlichkeit vieler gleichaltriger Anlagen zuzuschreiben ist. Andererseits mussten die Anlagen mit der Zeit steigenden Ansprüchen genügen. Infolge des ausserordentlichen Anwachsens des Kohlenverbrauchs musste ihnen die Bewältigung früher ungeahnter Fördermengen zugemutet werden, an die seitens der Abnehmer immer höhere Anforderungen in Bezug auf weitgehende Veredelung und Verarbeitung gestellt wurden. Gleichzeitig wuchsen mit der Steigerung der Förderung und der Zunahme der Teufen die technischen Bedürfnisse des unterirdischen Betriebes, denen man durch grosse Maschinenanlagen über Tage genügen musste. Nach allen diesen Richtungen mussten die alten Gruben, so gut es eben ging und je nach den Umständen auf Kosten der minder wichtigen Zweige des Betriebes, allmählich ausgebaut

werden, während man bei neueren die sich oft entgegenstehenden Betriebs-
interessen von Haus aus durch eine planvolle Anlage zum grössten Vorteil
des Gesamtbetriebes auszugleichen bestrebt war.

II. Disposition der Tagesanlagen in den fünfziger Jahren.

Die ältesten Tiefbauanlagen wurden s. Zt. für eine ganz unbedeutende
Förderung und den denkbar einfachsten Betrieb eingerichtet. Die Betriebsvorrichtungen beschränkten sich auf eine als Dampfgöpel bezeichnete Fördermaschine, eine Wasserhaltung und die nötigen Kessel. Im
Gegensatz zu den meist offen liegenden englischen Schächten, über denen
man nur Gerüste zur Aufnahme der Seilscheiben errichtete, wurden in
Westfalen, sei es des Klimas wegen oder in Anlehnung an den Erzbergbau,
die Schachtöffnungen stets mit einem Hause überbaut, dessen Gebälk auch
die Seilscheiben zu tragen hatte. Diese Gewohnheit bestimmte Jahrzehnte
hindurch die Entwickelung in der Anordnung der westfälischen Tagesanlagen, da man, so lange es ging, bestrebt blieb, in dem einen Schachtgebäude den ganzen Betrieb zu vereinigen. Die Fördermaschine lag oder
stand unmittelbar am Schachte in einem Raume, der oft gleichzeitig als
Werkstatt diente. Meist konnte diese Maschine auch mit dem
Pumpensatz gekuppelt werden und während der Nachtschicht oder in den
Förderpausen zur Wasserbewältigung dienen. Die selbständige Wasserhaltungsmaschine lag gewöhnlich rechtwinklig zur Fördermaschine an
einem der kurzen Schachtstösse.

Anlagen, welche auf eine grössere Förderung berechnet waren, entstanden zuerst, als man begann, mit dem Eisenbahnabsatz zu rechnen und
daraufhin neue Schächte in der Nähe der ersten den Bezirk berührenden
Bahnen abzuteufen. Am wichtigsten in dieser Hinsicht wurde der Bau der
Köln—Mindener Bahn, denn sie durchschnitt ein Gelände ausserhalb des
eigentlichen damaligen Bergbaubezirks, in dem das Steinkohlengebirge bereits von stärkeren Mergelschichten bedeckt war. Diese boten dem Bergbau bisher unbekannte Schwierigkeiten und zwangen dazu, grössere
und leistungsfähigere Tagesanlagen für die Wasserhaltung und die Förderung aus grösseren Teufen zu schaffen.

Das Bestreben, möglichst wenig Platz zu verbauen und alle Teile der
Anlage möglichst nahe bei einander zu halten, bestand dabei unverändert
fort und war in mancher Beziehung durch den damaligen Stand der Technik
geboten. Z. B. wären lange Dampfleitungen zwischen Kesseln und Maschinen
bei dem niedrigen Dampfdruck ohne die erst später eingeführte Isolierung
der Rohre garnicht möglich gewesen. Die Folge war das Zusammendrängen
aller Betriebsmittel in ausserordentlich massigen Baulichkeiten, deren
Formen der heimatliche Geschmack noch mehr als nötig ins Wuchtige aus-

zubilden trachtete. Es hoben sich daraus mit der Zeit immer höher und kräftiger diejenigen Abschnitte des Gebäudes hervor, welche unmittelbar über den Schächten standen. Mit Zinnen gekrönt, erinnerten diese Schachttürme an manche Festungsbauten, und nach dem bekannten Festungsturm des Krimkrieges werden sie noch heute als Malakoffs bezeichnet*).

Es scheint, als wenn man den Schachttürmen ursprünglich weniger der Förderung als der Wasserhaltung zu Liebe so grosse Höhendimensionen gegeben hat; denn wohl überall konnte später das Abziehen der Förderwagen von der Rasenhängebank noch in ein erheblich höheres Niveau verlegt werden, obwohl die Polizeivorschriften über die inzwischen zur Einführung gelangte Seilfahrung anfänglich noch mehr freie Höhe zwischen Hängebank und Seilscheibe verlangten als heute. Dagegen erforderten die um dieselbe Zeit in Aufnahme kommenden grossen Wasserhaltungsmaschinen mit Balancier oft ganz beträchtliche Höhen. War der letztere schon ziemlich hoch über dem Schachtrande auf einer gewaltigen Mauer zu verlagern, so kam später mit den direkt wirkenden Maschinen auch noch die Höhe des in riesigen Abmessungen ausgeführten Cylinders hinzu, welcher oberhalb des zur Gewichtsausgleichung beibehaltenen Balanciers angeordnet werden musste. Ueber dem Balancierflur wurde ferner der sogenannte Kabelflur notwendig, auf dem sich entweder das Kabel selbst oder die Leitrolle befand, über welche das Seil zum Einhängen und Auswechseln der Gestänge und schweren Maschinenteile geführt wurde. Zum Einbringen der langen Gestängestücke in das Schachtgebäude blieben in dessen Mauern hohe, durch mehrere Stockwerke reichende Thorbogen ausgespart, welche später grossenteils zugemauert wurden. Im Innern wurden die Schachttürme mit schweren Eichen- oder pitch-pine-Hölzern ausgebaut, die für die Aufnahme der Seilscheiben und anderer schwerer Maschinenteile zu kunstreichen Sprengwerken zusammengefügt werden mussten. Die Seilscheiben lagen unter dem Dach, welches meist mit Ziegeln gedeckt war. Zwischen den Ziegeln befanden sich zur Abdichtung nicht selten Stroheinlagen.

Der Raum zur Aufstellung der Wasserhaltungsmaschine, welcher aus den angeführten Gründen gleichfalls eine beträchtliche Höhe erreichte, musste sich an den Schacht unmittelbar anschliessen. Ebenso lehnte sich die Fördermaschine unmittelbar an eine andere Seite des quadratischen Schachtturmes an, wenn auch ohne dieselbe innere Notwendigkeit, soweit diese nicht in der Beobachtung der Hängebank durch den Fördermaschinisten und in der Ueberdachung der Seile erblickt wurde. Durch die erstere Rücksicht wird in Frankreich und Belgien noch heute die

---

*) Vergl. Band V, S 362 u. 374.

Erläuterung.

a, a = Schächte I u. II, aus den Jahren
    1849 bezw. 1851.

b = Bureaus, aus dem Jahre 1849.

c = Dampfkabel, aus dem Jahre 1893.

d = Fördermaschine, aus dem Jahre
    1866.

e = Kompressor, aus dem Jahre 1893.

f = Kesselhaus, aus dem Jahre 1849.

g = Kamin, aus dem Jahre 1849

h = Dampfkabel, aus dem Jahre 1893.

i = Badeeinrichtung,

k = Klärbassins.

l = Wasserhaltung, aus dem Jahre
    1849.

m = Ventilatoren, aus dem Jahre 1849
    bezw. 1896.

n = Fördermaschine, aus dem Jahre
    1873.

o = Pferdestall, aus dem Jahre 1866.

p = Arbeiterwohnung.

q = Schmiede, aus dem Jahre 1849.

r = Schlosserei, aus dem Jahre 1849.

s = Schreinerei, aus dem Jahre 1849.

t = Elektrische Wasserhaltung, aus
    dem Jahre 1898.

u = Lampen-Putz- und Füllraum.

v = Gezäheschmiede.

w = Benzinlager.

x = Krankenstube.

y = Fördermaschine, aus dem Jahre
    1849.

z = Magazin aus dem Jahre 1877.

A = Eiskeller, aus dem Jahre 1881.

B = Kreissäge, aus dem Jahre 1880.

C = Holzlager.

D = Wäsche, aus dem Jahre 1885.

E = Separation, aus dem Jahre 1885.

F = Bahnhof.

G = Lokomotivschuppen, aus dem
    Jahre 1881.

H = Koksöfen, aus dem Jahre 1890.

J = Kesselhaus, aus dem Jahre 1890.

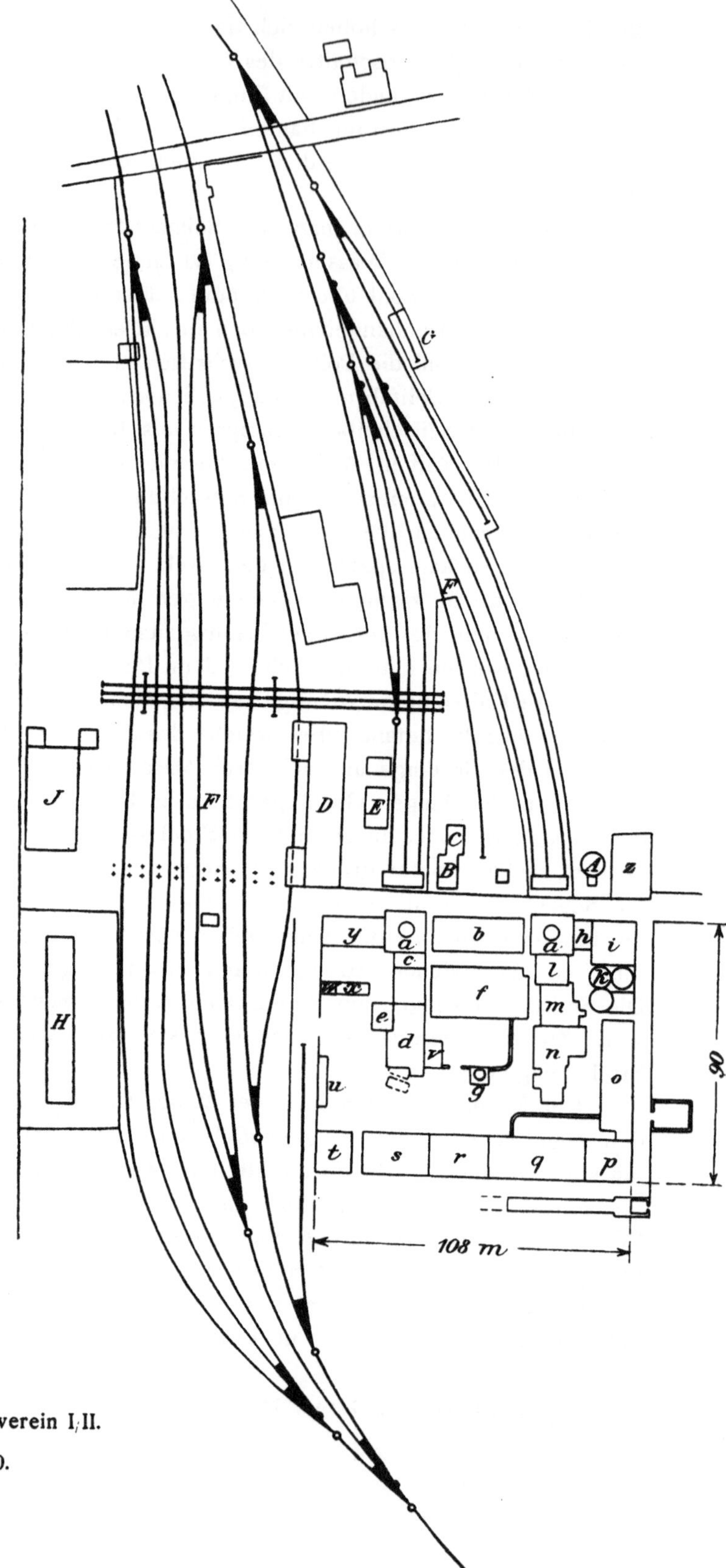

Fig. 1.

Lageplan der Zeche Zollverein I/II.

Massstab 1 : 2500.

Disposition der Anlagen stark beeinflusst. Die früher viel häufiger als heute gebrauchten Bandseile, gestatteten die Fördermaschine dicht an den Schacht zu rücken, und so lange die Teufe mässig blieb, ergaben sich auch bei Rundseilen nicht die Schwierigkeiten, die eine solche Anordnung heute bei starkem Seildurchmesser und grosser Trommelbreite unmöglich machen. Da nun noch die Kessel so gelegt wurden, dass Förderung und Wasserhaltung möglichst gleich bequem angeschlossen werden konnten, waren grössere Unterschiede in der Anordnung jener Zeit überhaupt nicht möglich, soweit sie sich nicht aus der Gruppierung der Anlagen um einen oder zwei Schächte ergaben.

Die meisten bedeutenderen Anlagen der 50er Jahre wurden mit **Zwillingsschächten** ausgestattet. Doch geschah das weniger, um eine grössere Förderung zu erzielen, als um gegenüber all den neu auftretenden

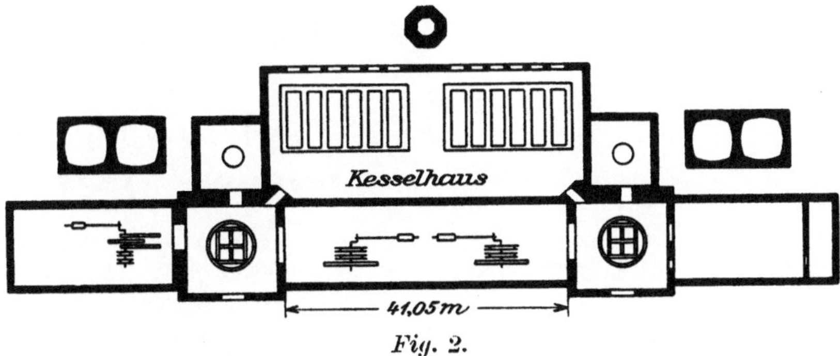

Fig. 2.

Projekt der Tagesanlagen für Zeche Hansa aus dem Jahre 1856.

Gefahren des Bergbaues, welche das Durchteufen der losen Mergel- und Schwimmsandschichten bei sehr viel stärkeren Wasserzuflüssen mit sich brachte, eine sichere Reserve zu haben. Für die meisten dieser Anlagen wurde ein bestimmter symmetrischer Grundriss charakteristisch, den zum ersten Male die in den Jahren 1848 bis 1851 angelegte Zeche Zollverein I/II zeigt (Fig. 1). Zwischen den beiden Schachttürmen, die hier ausnahmsweise selbständig aufgeführt sind, liegt in der Hauptfront das Verwaltungsgebäude. An die Rückseite der Türme, sowie an ihre Aussenseiten lehnen sich Maschinenräume an, zwischen den rückwärtigen Flügeln liegt das ebenfalls selbständige Kesselhaus.

Fast derselbe Grundriss, jedoch mit dem Hauptunterschiede, dass alle Einzelgebäude unter ein Dach gebracht sind, wurde etwas später von der Gutehoffnungshütte für ihre Anlage Oberhausen gewählt und von einer Reihe anderer Zechen (z. B. Königsgrube, Borussia, Hannover) annähernd wiederholt. Einen solchen Grundriss, der nur an Stelle des Verwaltungsgebäudes von Zollverein den Fördermaschinenraum zeigt, giebt

Tagesanlagen der Zeche Oberhausen I/II.

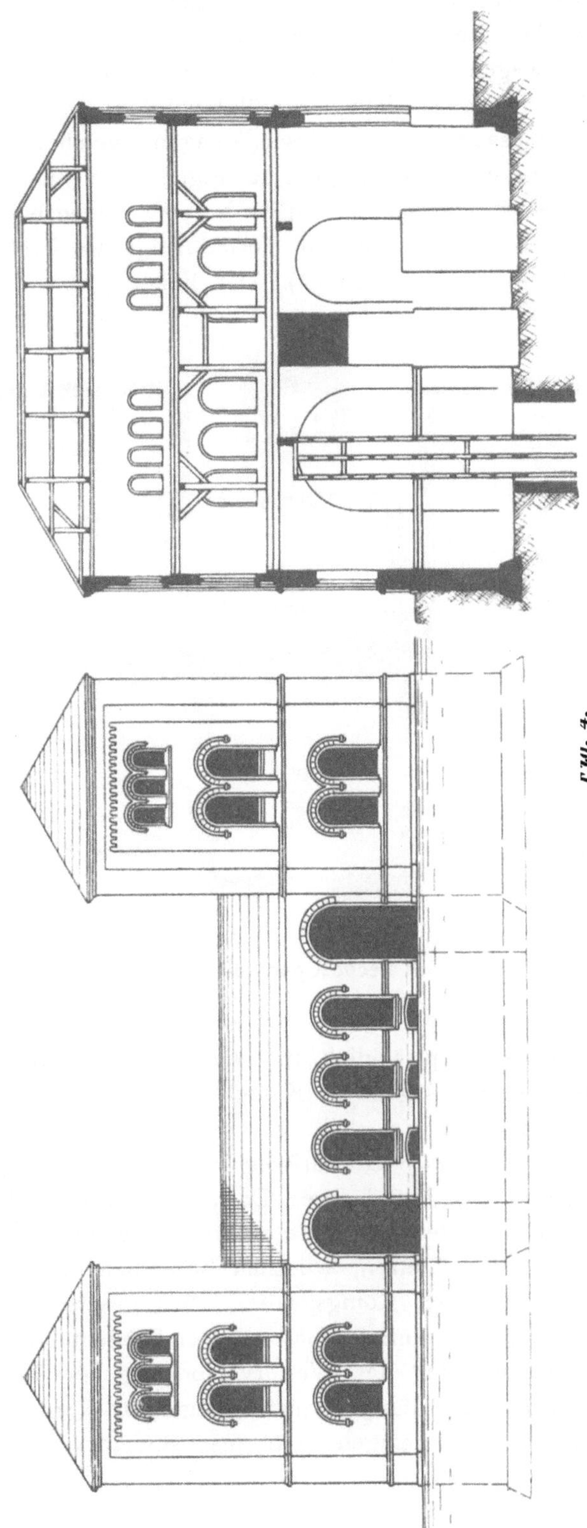

Fig. 4.

Das Schachtgebäude der Zeche Courl in seinem ursprünglichen Zustande (erbaut 1850).

Fig. 2 wieder. Die Maschine neben dem Schachte links scheint für eine Fahrkunst vorgesehen gewesen zu sein, die um jene Zeit sehr häufig projektiert, aber wegen der im Jahre 1858 erfolgten bergpolizeilichen Zulassung der Seilfahrt meist nicht ausgeführt wurden.

Der äussere Gesamteindruck dieser Anlagen, welcher sich vielfach bis heute unverändert erhalten hat, geht aus Fig. 3, einer photographischen Wiedergabe der Zeche Oberhausen deutlich hervor. Einen etwas anderen Typus ohne seitliche Anbauten an die Türme zeigt die Zeche Courl in ihrem ursprünglichen Zustande (Fig. 4). Der linke Schacht war für die

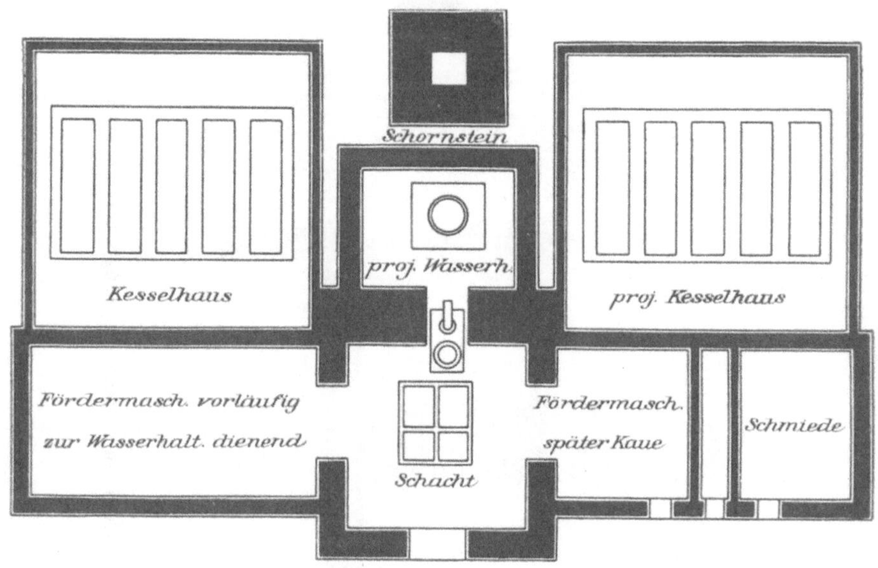

Fig. 5.

Bauplan der Zeche Concordia I (1850).

Förderung, der rechte hauptsächlich für die Wasserhaltung bestimmt. Hinter der Fördermaschine lagen die Kessel und eine Kaue mit grossem Badebassin für die Arbeiter.

Der Symmetrie in diesen Grundrissen entsprach auch die Lage des Schornsteins genau in der Mittelachse. Dort, wo das Kesselhaus unabhängig von den anderen Gebäuden aufgeführt wurde, erhielt der Kamin sogar im Mittelpunkt des Ganzen, zwischen Kesselhaus und Maschinenraum, seinen Platz (z. B. auf Königsgrube). Dies geschah wohl in der Absicht, ihn durch möglichst kurze Kanäle mit den Schächten zu verbinden und ihn so zur Unterstützung der Wetterversorgung heranzuziehen, da Ventilatoren erst gegen Ende der 50er Jahre eingeführt wurden.

Auch bei Einzelschachtanlagen legte man auf einen symmetrischen

Grundriss Wert, den man dadurch erreichte, dass man den Schachtturm in die Mitte der Hauptfront legte, wie es die Baupläne von Concordia I (Fig. 5) und Schacht Carl des Kölner Bergwerksverein (Fig. 6) erkennen lassen. Der letztere Grundriss ist besonders interessant, weil auch er ursprünglich auf eine Fahrkunst zugeschnitten war. Fahrkunst und Wasser-

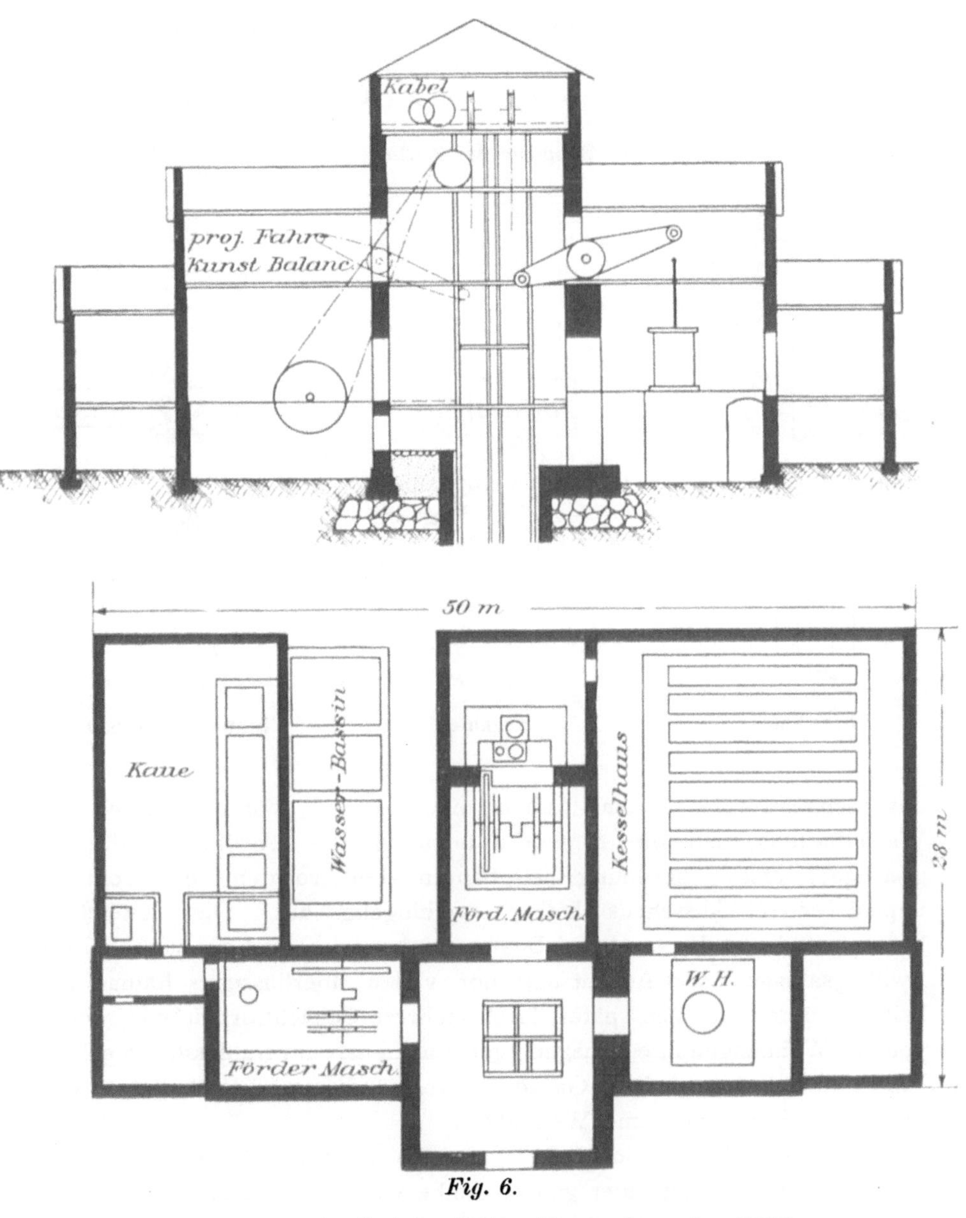

Fig. 6.

Bauplan der Zeche Carl des Kölner Bergwerksvereins (1859).

kunstmaschinen sollten einander gegenüber in den beiden Räumen neben dem Schacht aufgestellt werden, mit symmetrischer Lage der Balanciers zu einander. Man baute indes statt der Fahrkunst später ausser der ersten rechtwinklig zur Front angesetzten eine zweite Förderung ein. Das Hintergebäude enthielt auf der einen Seite der Hauptfördermaschine die Kessel, auf der anderen Wasckkaue mit Bassins und Speisewasserbehälter.

Die zweite Fördermaschine und das sie einschliessende Gebäude wurde indes meist fortgelassen, wodurch ein sehr einfacher rechteckiger Grundriss entstand (Fig. 7 u. 8). Andere Zechen, wie Eintracht Tiefbau (Fig. 9), setzten strahlenförmig an jede der drei zur Verfügung stehenden Seiten

Baupläne der Zechen.

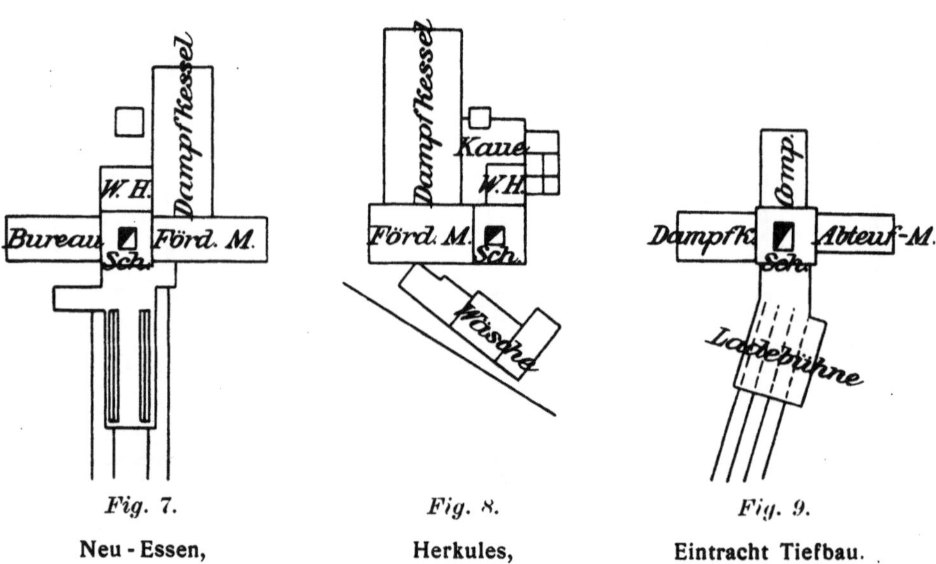

Fig. 7.   *Fig. 8.*   *Fig. 9.*

Neu-Essen,   Herkules,   Eintracht Tiefbau.

des Schachtturmes einen Anbau mit Kesseln, Fördermaschine und Wasserhaltung, und wieder andere behielten die für die Dampfleitung günstigere erste Anordnung bei, bauten aber trotzdem die Front des imponierenden Aussehens halber zweiflügelig aus. Die Seitenflügel benutzten sie zu Bureaus und Beamtenwohnungen, welche auch bei den Zwillingsanlagen zur Ausnutzung der vielen überflüssigen Räume herhalten mussten, bis man später durch mehrere Schachtturmbrände, welche von den Wohnungen ihren Ausgang genommen hatten veranlasst, von solcher Verwendung absah. Das Ganze vervollständigten gewöhnlich einige Schuppen, Pferdeställe und Werkstätten.

Koksöfen, die ebenso häufig noch offen wie überwölbt gebaut wurden, finden sich bereits auf einer ganzen Reihe von Zechen unmittelbar neben den Schächten. Für die älteren Zechen waren sie meist an den Kohlenniederlagen, oft für mehrere Gruben gemeinschaftlich errichtet. Doch ist zu bemerken, dass die Herstellung von Koks in den 50er Jahren weniger von den Zechen als von den grösseren Verbrauchern betrieben wurde. Die grössten Kokereien befanden sich damals im Besitz der Eisenbahngesellschaften und des Hörder Bergwerks- und Hüttenvereins. Die gesamte Kokserzeugung hielt sich aber noch in sehr bescheidenen Grenzen und blieb, auf die Kohlenförderung bezogen, um zwei Drittel gegen die heutige zurück. Da die offenen Oefen die Umgegend durch Rauch sehr belästigten, wurde seit 1858 zu ihrem Bau regierungsseitig die Erlaubnis verweigert.

Kohlenwäschen wurden nur versuchsweise in wenigen Fällen und in allerbescheidenstem Umfange ausgeführt.

Ueberraschend gering ist der Einfluss, den die Verladung und die Abfuhr der Kohlen auf die Disposition der älteren Anlagen gehabt haben. Allerdings legte man grossen Wert darauf, die Schächte in der Nähe der Landstrassen und später der Eisenbahnen niederzubringen. In Bezug auf die ersteren wurde noch in einem Rundschreiben betreffs Gründung der Grube Constantin der Grosse im Jahre 1849 die Fertigstellung der Chaussee von Bochum nach Haltern im Münsterland als eine besonders günstige Gelegenheit bezeichnet, die betreffenden Grubenfelder in Angriff zu nehmen. Eine derartige Verbindung stellte nach dem Prospekt die Zukunft des Werks unbedingt sicher und sollte zuverlässig eine Förderung von 2500 Scheffel oder etwa 125 t täglich ermöglichen. Trotzdem blieben noch lange Zeit hindurch selbst bei Eisenbahnzechen für den Schachtpunkt die Felder- und Flötzverhältnisse, und für den Grundriss der Tagesanlagen offenbar die Grundbesitz- und Wegeverhältnisse massgebend. Eine eigentliche Verladung fand auf den meisten Zechen gar nicht statt. Vielmehr ging von den Ruhrzechen die Hauptmasse der Förderung auf besonderen, für Grubenwagen eingerichteten Gleisen zu den Ruhrniederlagen, ein Transport, der noch kurz vorher und im Mülheimer Revier bis in die 50er Jahre hinein mit Schiebkarren auf Holzbohlen bewerkstelligt wurde. Nicht selten wurden die Kohlen auch im Schacht nur bis auf eine Stollensohle gehoben und auf dieser zu Tage und weiter an die Ruhr gebracht. Von den in der Nähe der Eisenbahnen gelegenen Zechen wurde die Kohle auf sogenannten Schleppbahnen, welche für Pferdebetrieb eingerichtet waren, zu den Verladestellen auf den Bahnhöfen befördert. Hier wie an der Ruhr waren gewöhnlich Verladerampen auf niedrigen Mauerbögen aufgeführt, von welchen die Kohle durch Oeffnen der an der Vorderseite der Förderwagen befindlichen Klappen in die Eisenbahnwagen entleert wurden, falls man es nicht vorzog, die Wagen auf der Ladebühne zu stürzen und ihren Inhalt hinunter zu schaufeln. Die Zufuhrbahnen für die Wagen scheint man dabei allmählich in das Niveau der Ladebühnen geführt zu haben, da Aufzüge zum Heben der

Kohlen und Koks auf die Ladestränge erst in den 60er Jahren als etwas Neues Erwähnung finden.

Fig. 10.

Zeche Anna des Kölner Bergwerksvereins zur Zeit der fünfziger Jahre.

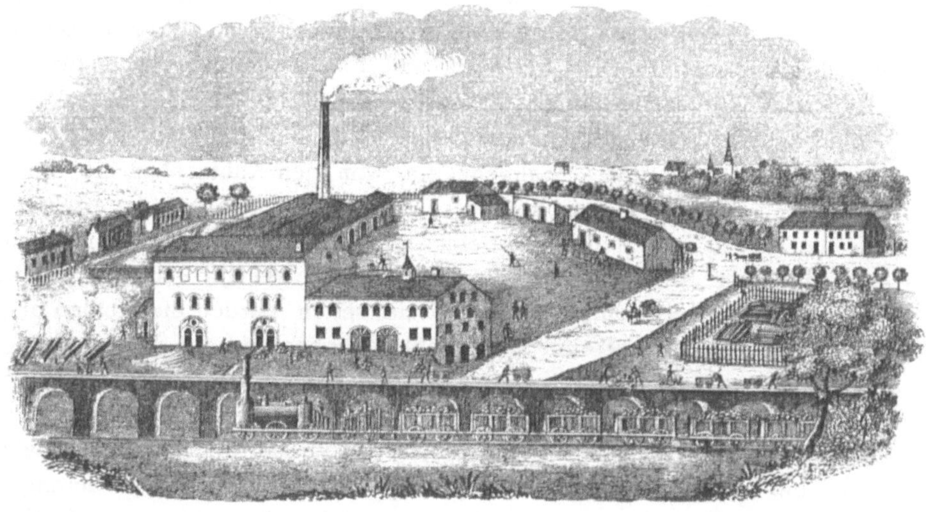

Fig. 11.

Zeche Neu-Köln des Kölner Bergwerksvereins zur Zeit der fünfziger Jahre.

Ein ungefähres Bild von der Art des Verlade- und ganzen Tagesbetriebes jener Zeit kann man sich aus den Fig. 10 u. 11 machen. Dieselben sind nach alten Stahlstichen angefertigt, welche einen Prospekt des Kölner Bergwerksvereins aus dem Ende der 50er Jahre schmückten. Sie zeigen, wie man die Wagen auf der Rasenhängebank abzog und die Kohlen teilweise zu ebener Erde auf Haufen stürzte, von denen man mittels Schiebkarren Kessel und Koksöfen versorgte und für den Landdebit wieder auf Karren auflud. Die Hauptmenge wurde mit Pferden zur Eisenbahnladebühne gebracht, welche in beiden Fällen schon an einem in geringer Entfernung von der Grube vorbeigeführten Zechenanschlussgleise lag.

Der namentlich auf dem Bilde von Schacht Anna in die Augen springende ungünstige spiesswinklige Verlauf der Anschlussbahn zum Schacht, noch dazu in einer Entfernung von nicht unter 70 m, findet sich bei einer sehr grossen Zahl gleichaltriger Zechenanlagen wieder und dürfte wohl, soweit nicht andere Gründe erkennbar sind, hauptsächlich auf Schwierigkeiten im Grunderwerb bei nachträglichem Anschluss zurückzuführen sein. Wo man von vornherein beim Bau einer Zechenanlage auf ihre Angliederung an die Eisenbahn Rücksicht genommen hat, führte man die Gleise entweder rechtwinklig auf die Front der Schachttürme zu, oder man führte sie, wie es später allgemeine Regel wurde, in geringem Abstande parallel an den Schachtgebäuden vorbei. Eins der frühesten, wenn nicht das früheste Beispiel für die ältere Anordnung bietet Schacht Wilhelm der Zeche Königin Elisabeth (Fig. 12). Die leeren Züge wurden in die Geleise

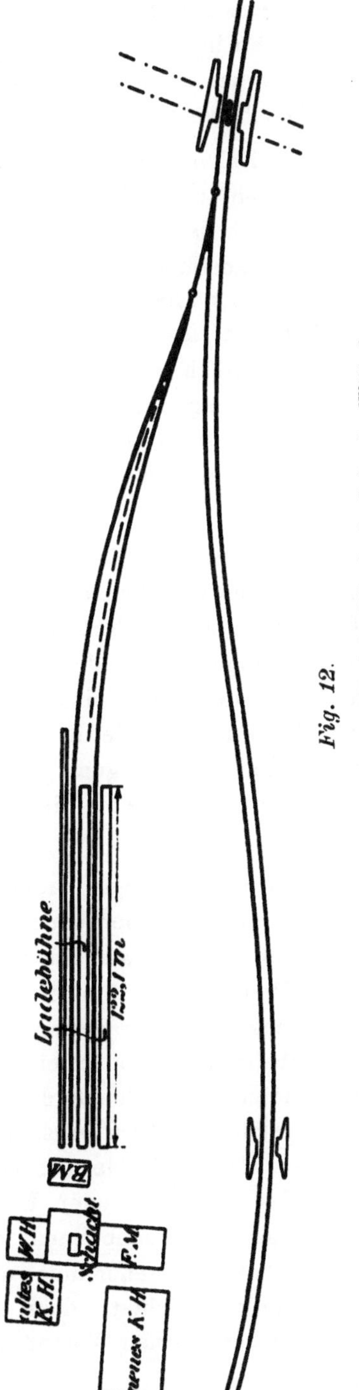

Fig. 12.

Erste Bahnhofsanlage von Zeche Königin Elisabeth, Schacht Wilhelm.

hineingesetzt und von der 122 m langen Ladebühne herab unmittelbar aus
den Grubenwagen beladen, welche man in der Höhe der Ladebühne u. zw.,
da die Bahn in einem tiefen Einschnitt liegt, unterhalb der Rasenhängebank,
abzog. Ueber die ganze Länge der Ladebühne mussten die Förderwagen
von Hand bewegt werden.

Auf Zollverein liefen zwei Anschlussstränge von jedem der beiden
Schächte ab, um sich 300 m davor zu vereinigen. Von anderen Zechen,
wo sich eine derartige Anordnung der Gleise, wenn auch meist unter Ersatz der Ladebühne durch bessere Vorrichtungen bis jetzt erhalten hat,
seien Heinrich Theodor von Neu-Essen, Wilhelmine Victoria I, Bonifacius
und Eintracht Tiefbau genannt. Nur im letzteren Falle war die Anordnung
durch die örtlichen Verhältnisse gegeben, indem der Schacht am hinteren
Ende eines engen Thaleinschnittes gelegen war. Im Jahre 1900 war der
Ladebühnenbetrieb in seiner ganzen Ursprünglichkeit nur noch auf
der Zeche Bonifacius zu sehen, inzwischen ist er aber auch dort ab-
geworfen.

Die Anordnung der Gleise parallel zur Schachtfront scheint anfänglich nur dann gewählt zu sein, wenn man den Schacht an die Hauptbahn
selbst, bezw. an ein Nebengleis derselben setzte. Oft wurde dann nicht
nur die Hängebank, sondern durch Aufschüttung auch der ganze Schacht-
platz nach der Bahn hin bis zur Höhe der Ladebühne aufgesattelt, falls
nicht die Bahn gerade in einem Einschnitt lag, und dadurch genügend
Verladehöhe zur Verfügung stand. Als Beispiele eines solchen Anschlusses
aus früherer Zeit seien die Zechen Courl und Prinz von Preussen genannt.

Dass der Bau von Ladebühnen wirklich erst als ein Fortschritt der
neueren Periode des Bergbaues zu betrachten ist, zeigt die allerdings ohne
besonderen Hinweis auf den westfälischen Bergbau gemachte Bemerkung
in der Preussischen Ministerial-Zeitschrift von 1860, dass »Ladebühnen zu
dem Zweck, die Verfrachtung von Kohlen in gewöhnliche Fuhrwerke oder
in Eisenbahnwagen zu erleichtern, und von einer den Fahrzeugen entsprechenden Höhe sehr allgemein in Gebrauch gekommen seien. Auf Anlagen, welche direkten Anschluss an grössere Bahnen oder Debit unmittelbar auf der Halde besässen, lege man die Hängebänke durch Auf-
satteln des Schachtes oder Errichtung von Fördertürmen so hoch, als
das Niveau der Ladebühnen erfordere, wobei auf etwa angebrachte
Rätter, Rücksicht genommen werde«. Von Grube Gewalt wird an derselben Stelle berichtet, dass die Förderwagen vom Abziehniveau des
Schachtes durch einen Wasseraufzug auf eine Ladebühne hinauf befördert
würden.

III. Disposition der Tagesanlagen in den sechziger und siebziger Jahren.

In den 60er Jahren liess die Gründung neuer Bergwerke erheblich nach. Während von den heute betriebenen Schachtanlagen über 60 aus der Zeit von 1850—1860 stammen, verdanken nur etwa 20 dem folgenden Jahrzehnt ihre Entstehung, von denen hier Consolidation I und II, Dahlbusch II, Neu-Iserlohn, Mansfeld und die Zechen der früheren Civil-Gesellschaft genannt sein mögen. In der Gesamtanordnung folgten namentlich die älteren dieser Zechen noch ganz den früheren Vorbildern, wenn es auch von der Ausnahme zur Regel wurde, die Anlagen in die Nähe der Bahn zu legen, statt die Bahn, so gut es ging, an die fertige Zechenanlage heranzuführen.

Der Wettbewerb der einzelnen Privatbahn - Gesellschaften führte ferner dazu, dass die Zechen den Anschluss an möglichst viele Linien erstrebten und oft mit zwei oder selbst drei Bahnen durch besondere Anschlussgleise verbunden wurden. Den hieraus entspringenden wirtschaftlichen Vorteilen stand aber wieder der Nachteil der Zersplitterung des ganzen Tagesbetriebes gegenüber, da die Bahngesellschaften auf vollständiger Trennung ihrer Gleis- und Verladeeinrichtungen bestanden. Häufig war diese Trennung auch schon durch die Niveauverhältnisse bedingt.

Die Fortschritte, welche die Anordnung der Verladevorrichtungen im Einzelnen machten, mussten daher auf die Disposition des Ganzen noch ohne Einfluss bleiben. Zu nennen ist hier die Verlegung von Hängebank und Ladebühne in dasselbe Niveau und ihre Verbindung durch eine Brücke, ferner die Einführung der Kopf- und später der Kreiselwipper, die auf einem Gerüst unmittelbar über den Waggons verlagert wurden. Diese Verladung hat sich z. B. auf Zeche Neu-Essen, Schacht Heinrich, bis jetzt (1901) erhalten; auf Prosper II und Unser Fritz findet sie sich noch in der vervollkommneten Form, dass die Kreiselwipper mit den Grubenwagen auf Schienen hin und her gefahren werden können. Eine noch wichtigere Neuerung stellten die Verladetaschen dar, welche den Ladebühnen entlang angebracht wurden. Aus ihnen konnten die Züge auf das schnellste beladen werden, während gleichzeitig die in die Taschen entleerten Grubenwagen ohne Aufenthalt in den Betrieb zurückgeführt wurden.

Auch andere technische Fortschritte bereiteten wohl eine Aenderung im Charakter der Tagesanlagen vor, ohne sie aber jetzt schon herbeizuführen.

Dahin gehört der Uebergang zur Separation der Kohle, von der zum ersten Male 1862 in der Ministerial-Zeitschrift gesagt wird, dass viele Gruben neuerdings dazu übergegangen seien, die geförderten Kohlen zu sortieren, wobei man in der Regel Stücke, Nusskohlen und Grus trenne. Die Nuss-

kohlen wurden überdies noch auf den Eisenbahnwagen ausgeklaubt, soweit
man nicht schon dazu überging, sie zu waschen. Dies geschah vorläufig
nur in kleinstem Umfange und mit den allereinfachsten Vorrichtungen, die
in der Nähe des Schachtes oder auf der Kokerei Aufstellung fanden.
Noch im Jahre 1870 waren erst 21 meist kurz vorher angelegte Maschinen
zum Betriebe von Wäschen (einschliesslich etwaiger Erzwäschen im Oberbergamtsbezirk Dortmund) und 13 Maschinen für den Betrieb von Kohlen-
separationen vorhanden.

Die mit der grösseren Teufe und Ausdehnung der Baue erforderlich
werdenden Wettermaschinen, meistens Fabry'sche Wetterräder, wurden
gewöhnlich im Schachtgebäude untergebracht. Auch ihre Zahl belief sich
1870 erst auf 20. Die erste Brikettherstellung fand im Jahre 1865 auf Zeche
Wiesche statt.

Mit der tiefergehenden Umgestaltung der Disposition der Tagesanlagen, welche sich zuerst bei einigen der letzten Gründungen der
60er Jahre zeigt, hatten diese Neuerungen noch wenig zu thun. Die
Aenderung bestand darin, dass für jeden Betriebszweck ein besonderes
Gebäude errichtet und die ganze Anlage dadurch mehr auseinandergezogen
wurde. Der Vorgang lässt sich sehr gut an den drei Schachtanlagen
der damaligen Civilgesellschaft, jetzt v. d. Heydt, Julia und Recklinghausen I (Fig. 13—15) verfolgen. Bei dem 1867 in Betrieb gekommenen
Schacht v. d. Heydt befinden sich Schacht, Fördermaschine und Kessel
unter einem Dache, wennschon die Fördermaschine ähnlich der gleich-
altrigen Anlage von Mansfeld nicht mehr unmittelbar am Schachte steht.
Bei Julia (1869) grenzt noch ein Maschinengebäude, in welchem jedenfalls
ursprünglich die Wasserhaltung untergebracht war, unmittelbar an den
Schacht an, dagegen sind Kesselhaus, Fördermaschine und Werkstätten
durch einen 15 m breiten Zwischenraum vom Schacht getrennt, unter sich
aber noch in einer der Bahnlinie parallelen Flucht zusammenhängend ausgeführt. Es entstehen so zwei Reihen von Baulichkeiten, deren erstere
durch Schachtgebäude und Koksöfen gegeben ist. Recklinghausen I zeigt
endlich bei derselben Hauptanordnung in zwei Reihen die zweite Reihe
in selbständige Gebäude für Fördermaschine, Kessel, Werkstätten und
Ventilator aufgelöst.

Der Grund für die Zerlegung des ursprünglichen Schachtgebäudes in
mehrere Teile lag zunächst in der Notwendigkeit, den Abstand zwischen
Schacht und Fördermaschine zu vergrössern. Dazu nötigte besonders die mit
der Teufe und der Seilstärke wachsende Trommelbreite, weil damit bei geringem Abstande der Ausschlagwinkel der Seile, ihr Verschleiss und die Unfallgefahr zu gross wurden, in zweiter Linie aber auch die Höherlegung der Seilscheiben, mit der sonst ein zu spitzer, der Haltbarkeit des Seils schädlicher Auf-
laufwinkel verbunden gewesen wäre. Die Höherlegung der Seilscheiben war

ein Folge der höheren Anordnung der Hängebank, der Einrichtungen zum gleichzeitigen Abziehen auf mehreren Etagen und der Verwendung höherer Förderkörbe; hinzu kam der wachsende Durchmesser der Seiltrommeln, der längere Zeit für den Abstand zwischen Hängebank und Seilscheiben in der Weise bestimmend war, dass nach ihm bei Seilfahrtskonzessionen der lichte Raum zwischen Seilscheibe und Hängebank berechnet wurde. Dieser musste das $1\frac{1}{2}$ bis 2fache des Seilkorbumfanges betragen, bis man um die Mitte der 70er Jahre, als die Steuerung der Maschinen zuverlässiger und der Durchmesser der Seilkörbe grösser geworden war, sich zwischen Seilscheiben, Fanglager und Förderkorb mit einem freien Raum von dem

Disposition der Tagesanlagen von

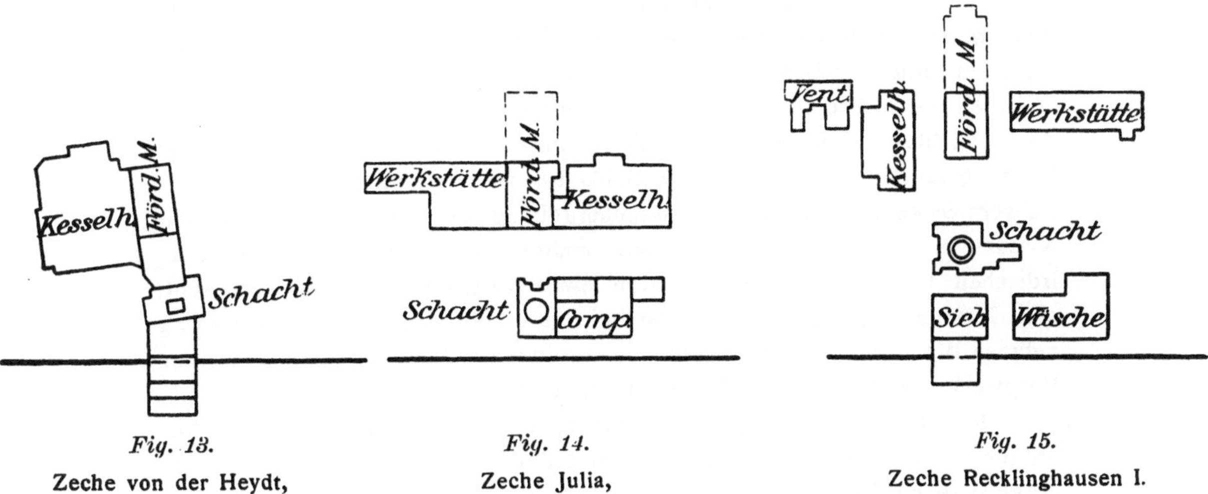

Fig. 13.	*Fig. 14.*	*Fig. 15.*
Zeche von der Heydt,	Zeche Julia,	Zeche Recklinghausen I.

halben Umfang des grössten Spiralkorbdurchmessers begnügte; heute ist dieses Mass auf 6 m festgesetzt. Die hohe Lage der Hängebank war auf Aenderungen in der Verladung und vor allem auf die Einführung der Separation zurückzuführen, die vor Bekanntwerden der Briartschen Roste mit hin- und hergehenden Roststäben (1876 auf Mansfeld) eine grosse Höhe beanspruchte. Die festen Roste mussten nämlich, damit die Kohlen nicht darauf liegen blieben, steil gestellt werden. Damit bei dieser Neigung aber auch eine gute Sortierung des Fördergutes erzielt wurde, war wiederum eine grosse Länge der Roste erforderlich. Auf Zeche Fürst Hardenberg konnte die Hängebank ein ganzes Stockwerk tiefer gelegt werden, als mit dem Uebergang des Werkes in andere Hände die alte Separation durch eine modernere ersetzt wurde.

Die Zergliederung der Anlagen wurde noch dadurch begünstigt, dass sich, befördert durch einige grössere Brände, die Ansicht von der Notwendigkeit Bahn brach, zur Sicherung des Betriebes zunächst den Schacht-turm von den anderen Gebäuden und dann diese wieder untereinander zu trennen. Ausserdem kamen bei den Gründungen der siebziger Jahre schon solche Fördermengen in Betracht, dass die Anlagen kaum noch in einem zusammenhängenden Gebäude hätten untergebracht werden können, umso weniger, als erfahrungsgemäss auf Erweiterungen Rücksicht zu nehmen war und die Angliederung immer neuer Betriebsvorrichtungen zu erfolgen hatte.

Die mit der Zerlegung in Einzelgebäude gegebene grössere Freiheit führte nun ihrerseits zu grösserer Mannigfaltigkeit in der Disposition, welche aber dadurch wieder eine Beeinträchtigung erfuhr, dass bis auf die beiden Anlagen Hannover III/IV und Dahlbusch III/IV in jener Zeit ausschliesslich Einzelschächte abgeteuft wurden. Die Gründe hierfür sind nicht recht erkennbar, ausgenommen die Fälle, in denen es sich um Anlagen in einem schon aufgeschlossenen Felde handelte. Im Uebrigen scheinen die mit zunehmender Mergelüberdeckung stark wachsenden Kosten des Schachtabteufens im Verein mit technischen Fortschritten, welche die Leistungsfähigkeit der einzelnen Schächte sehr erhöhten, für das »Ein-Schacht-System« jener Jahre ausschlaggebend gewesen zu sein. In den weitaus meisten Fällen haben dann später doch vornehmlich die unterirdischen Verhältnisse das Abteufen eines zweiten Schachtes erheischt, eine Massnahme, auf welche schon bei der ersten Disposition Rücksicht zu nehmen die Zechenverwaltungen mit vereinzelten Ausnahmen (z. B. Kölner Bergwerksverein, Schacht Emscher) versäumt hatten.

Bei aller Mannigfaltigkeit im einzelnen lassen sich die sämtlichen Anordnungen in zwei Hauptgruppen einteilen, je nachdem die Förder-maschine rechtwinklig oder parallel zur Eisenbahn Aufstellung gefunden hat. Die erstere Anordnung hat die allgemeinere Verbreitung gefunden und kann als typisch für die westfälischen Gruben bezeichnet werden. Ihr Hauptvorteil besteht darin, dass der Raum am Zechenbahnhof zu beiden Seiten des Schachtes für solche Bauten frei bleibt, die selbst den Bahnhof nötig haben. Zu diesen gehören in erster Linie die Wäschen, deren Produkte meist aus Taschen direkt in die Waggons verladen werden und des weiteren die Koksöfen und die Brikettfabriken. Abseits der Bahn konnten dann in einer zweiten Reihe von Gebäuden Maschinen und Kessel günstig zu einander angeordnet werden. Dabei war die Möglichkeit gelassen, die Kessel auch mit der Wasserhaltungsmaschine auf kurzem Wege zu verbinden, deren Standort, so lange oberirdische Pumpen vorherrschten, an den Schacht gebunden war. Zwischen den beiden Reihen von Gebäuden blieb ein grosser, 15 bis 40 m breiter Zechenplatz, dessen Offenhaltung sich für eine ganze Reihe von Betriebszwecken als sehr geeignet erwiesen hat.

Die parallele Stellung der Fördermaschine zur Bahn findet sich

Additional material from *Disposition der Tagesanlagen, Dampferzeugung, Centralkondensation, Luftkompressoren, Elektrische Centralen*

ISBN 978-3-642-50625-3 (978-3-642-50625-3_OSFO1),
is available at http://extras.springer.com

in den siebziger Jahren hauptsächlich auf Anlagen, welche mit Doppelförderung, das heisst mit zwei Förderungen in einem Schacht versehen sind. Hier stehen sich regelmässig die Fördermaschinen gegenüber, wohl weil man angesichts der hohen Schachttürme aus statischen Gründen Bedenken trug, beide Seilzüge in derselben Richtung wirken zu lassen. Damit war die Anordnung längs der Bahn gegeben, falls man nicht, wie auf Ewald I, für eine Maschine die Seile über den Bahnhof wegführen wollte. Etwaige Wäschen musste man nun entweder dem Schacht gegenüber auf der anderen Seite des Bahnhofs errichten, oder man musste Schacht und Fördermaschine ganz von der Bahn abrücken, um die Wäsche und Verladung dazwischen zu legen. Diese Möglichkeit ist z. B. auf der Zeche Fröhliche Morgensonne benutzt und hat in der weiteren Entwickelung dazu geführt, dass auf der Seite der Bahn, auf welcher der Schacht liegt, drei Reihen von Gebäuden entstanden. Der Bahn am nächsten liegen die Wäsche, Separation und Brikettfabrik, in der zweiten Linie folgen der Schacht mit der Wasserhaltung und die beiden Fördermaschinen, und in der dritten Kesselhaus, Kaue und andere Gebäude. Dieselbe Gliederung zeigt auch der Grundriss von Zeche Osterfeld (Tafel I).

Der Umstand, dass die wenigen Anlagen dieser Art für je zwei vollwertige Förderungen eingerichtet waren, erklärt, dass zu ihnen gerade die grössten und leistungsfähigsten ihrer Zeit gehören.

Als die grossartigste unter ihnen verdient Zeche Prosper II (Tafel II) besondere Erwähnung. Diese Zeche war von vornherein auf das reichlichste mit Gleisen ausgestattet, welche die gleichsam auf einer langgestreckten Verladeinsel angelegten Schacht-, Förder- und Kesselanlagen auf beiden Seiten umgeben; gegenüber, an dem östlichen Gleisbündel, fanden später Wäsche und Kokerei ihren Platz. Jetzt ist die für die Zeit der Gründung geradezu kühne Absicht der Verwaltung, 2000 bis 2250 t täglich zu fördern — eine Zahl, welche selbst heute nur wenige Betriebsanlagen erreichen — noch um die Hälfte übertroffen, ohne dass die Disposition der ganzen Anlage in wichtigen Punkten Veränderungen erfahren hätte. Förderungen von täglich 500 t galten sonst in der besten Zeit der 70er Jahre schon als recht beachtenswerte Leistungen.

In Einzelheiten hielten damals auch die modernsten Anlagen vielfach an dem Althergebrachten fest. Vor allem wurden die gemauerten Schachttürme beibehalten, trotz der Zunahme der Höhe, welche Mauerstärken von 7 bis 8 Steinen, sowie zur Verstärkung des Mauerwerks besondere Strebepfeiler nötig machte. Der Schachtturm von Zeche Fürst Hardenberg ist beispielsweise 33,5 m hoch. Den in so grosser Höhe gefährlichen Horizontalschub in den Trägern der Seilscheiben begann man allerdings allgemein durch untergestellte Böcke auf tiefere Teile des Mauerwerks oder auf widerstandsfähige Anbauten abzulenken. Da sich der Holzausbau in den

Schachttürmen wiederholt als gefährlich erwies, gewann Eisen für diese Konstruktionen steigende Beliebtheit und wurde bald für den inneren Ausbau der Türme vorherrschend. Ganz aus Eisen hergestellte Schachtgerüste führten sich dagegen an Stelle der Türme nur sehr langsam ein. Das erste 1869 auf Zeche Julia errichtete Gerüst bewährte sich allerdings schon wenige Jahre später vorzüglich bei einem Brande der Tagesanlagen und regte so zur Nachahmung an. Ihm allein war es zu danken, dass die Belegschaft trotz der brennenden Bekleidung des Gerüstes aus der Grube gefördert werden konnte. Ein zweites eisernes Gerüst war kurz vor diesem Unglück auf Graf Beust an Stelle des ausgebrannten Turmes errichtet worden (1870).

Die eisernen Fördergerüste der 70er Jahre sind ohne weiteres daran kenntlich, dass sie sich nicht vom Erdboden ab erheben, sondern gewissermassen auf das untere nicht über die Hängebank hinausreichende Rudiment eines gemauerten Schachtturms aufgesetzt sind. Das gilt so gut für den Fall, dass ein vierbeiniger, auf den Ecken des Mauerturms fussender Bock die Seilscheibe trägt und die Zugkräfte aufnimmt, als für den, dass nur in der Richtung des Seilzuges eiserne Streben das die Seilscheiben tragende Führungsgerüst stützen. Die Schächte Schlägel und Eisen I, General Blumenthal I, Graf Moltke I und II zeigen neben anderen diese Entwickelungsstufe.

Den Uebergang von den imposanten Türmen zu den als bizarr bezeichneten eisernen Gerüsten erschwerte nicht zum wenigsten ein gewisser Schönheitssinn. Daneben spielten auch die Kosten eine Rolle. Sie gaben noch bei der erst 1879 in Betrieb gekommenen Zeche Fröhliche Morgensonne den Ausschlag, einen Schachtturm, wenn auch mit ganz eisernem Ausbau, zu errichten. Ein vollständiges eisernes Doppelfördergerüst, wie es kurz vorher zum ersten Male für Holland III/IV ausgeführt war, wäre bei den damaligen Eisenpreisen zu teuer gewesen.

Wie für die Schachtgerüste brach sich das Eisen auch für andere Baukonstruktionen, wenn auch nur langsam, Bahn. Während die älteren Eisengerüste bis zur Höhe der Hängebank zum Schutz der Abzieher usw. von einem Fachwerkgebäude umgeben waren, wurde beim Bau des Emscher-Schachtes zum ersten Male alles Holz verbannt und das Haus über der Hängebank in Eisen mit einer Wellblechüberdachung ausgeführt. Auch beim Bau von Sturz- und Verladebrücken, Wäschen und Separationen entschloss man sich allmählich, statt Holz Eisen zu verwenden, was später insofern von wesentlichem Einfluss auf die Gesamtanordnung wurde, als es die Errichtung dieser Anlagen über den Bahngeleisen erleichterte und beförderte.

An sich hing diese Anordnung mit einer vollständigen Aenderung des Bahnhofsbetriebes zusammen, welche durch die Erhöhung der Förderung und die Entwickelung der trockenen und nassen Aufbereitung hervorgerufen wurde. Für die grösseren und verwickelteren Verhältnisse erwies sich die Verladung von Bühnen aus als viel zu umständlich. Man ging daher von dem Verfahren, die Kohlen in die längs der Ladebühne aufgefahrenen Eisenbahnwagen zu bringen, dazu über, die Verladung an einem oder wenigen, dicht beieinander befindlichen Punkten vorzunehmen und auf diese die Waggons hinzurangieren. So kam man zu der jetzt üblichen Verladung auf mehreren mit einer Verladehalle überbrückten Gleisen, ein Verfahren, dessen erste Anwendung vielleicht in eine frühere Zeit hineinreicht, dessen Hauptentwickelung aber erst nach den 70er Jahren stattgefunden hat.

IV. Disposition der Tagesanlagen in den achtziger und neunziger Jahren.

Auf die fast fieberhafte Bauthätigkeit in der Zeit nach dem französischen Kriege, aus der über 50 neue Schachtanlagen stammen, folgte, wie auf die Hochflut der 50er Jahre, eine längere Ruhepause. Von 1876 bis 1880 wurde kein einziger Schacht neu abgeteuft, und auch während des folgenden Jahrzehnts bis zu dem schon wieder unter einem Wechsel der Konjunktur stehenden Jahre 1890 schritt man nur in zwölf Fällen zum Bau neuer Anlagen. Dies geschah aber nur seitens älterer Gesellschaften zum Zweck der weiteren Aufschliessung ihrer schon im Abbau begriffenen Felder. Die Disposition der Tagesanlagen schloss sich dabei fast ganz den vorhandenen Vorbildern an, was um so weniger auffallen kann, als es sich meist um Gas- und Gasflammkohlenzechen handelte (Zollverein III Hugo II, Graf Bismarck II (Fig. 16), Deutscher Kaiser II). Die einfachen Betriebsverhältnisse dieser ohne Wäsche, Kokerei, mit bescheidener Separation und entsprechend einfacher Verladung arbeitenden Zechen boten der Disposition der Anlagen auch bei erheblich steigender Fördermenge keine Schwierigkeiten.

1. Der Umbau älterer Anlagen.

Dagegen entstand für die Technik die neue, oft recht schwierige Aufgabe, ältere Anlagen im grössten Masse umzubauen und zu erweitern, eine Thätigkeit, welche zahlreiche Bergwerksverwaltungen in gesteigertem Masse auch während des letzt verflossenen Jahrzehnts beschäftigte. Ein grosser Teil dieser Umbauten wurde dadurch veranlasst, dass man alle Einzelschachtanlagen in dem besagten Zeitraum mit einem zweiten Schacht ausstatten musste, um die Leistungsfähigkeit der Gruben zu vergrössern und die Sicherheit des Grubenbetriebes zu erhöhen. Die Bergbehörde stellte in dieser Beziehung schärfere Anforderungen, um einerseits die Wetterversorgung in tiefen und ausgedehnten Bauen zu verbessern und andererseits für den Fall von Schachtunfällen einen zweiten fahrbaren

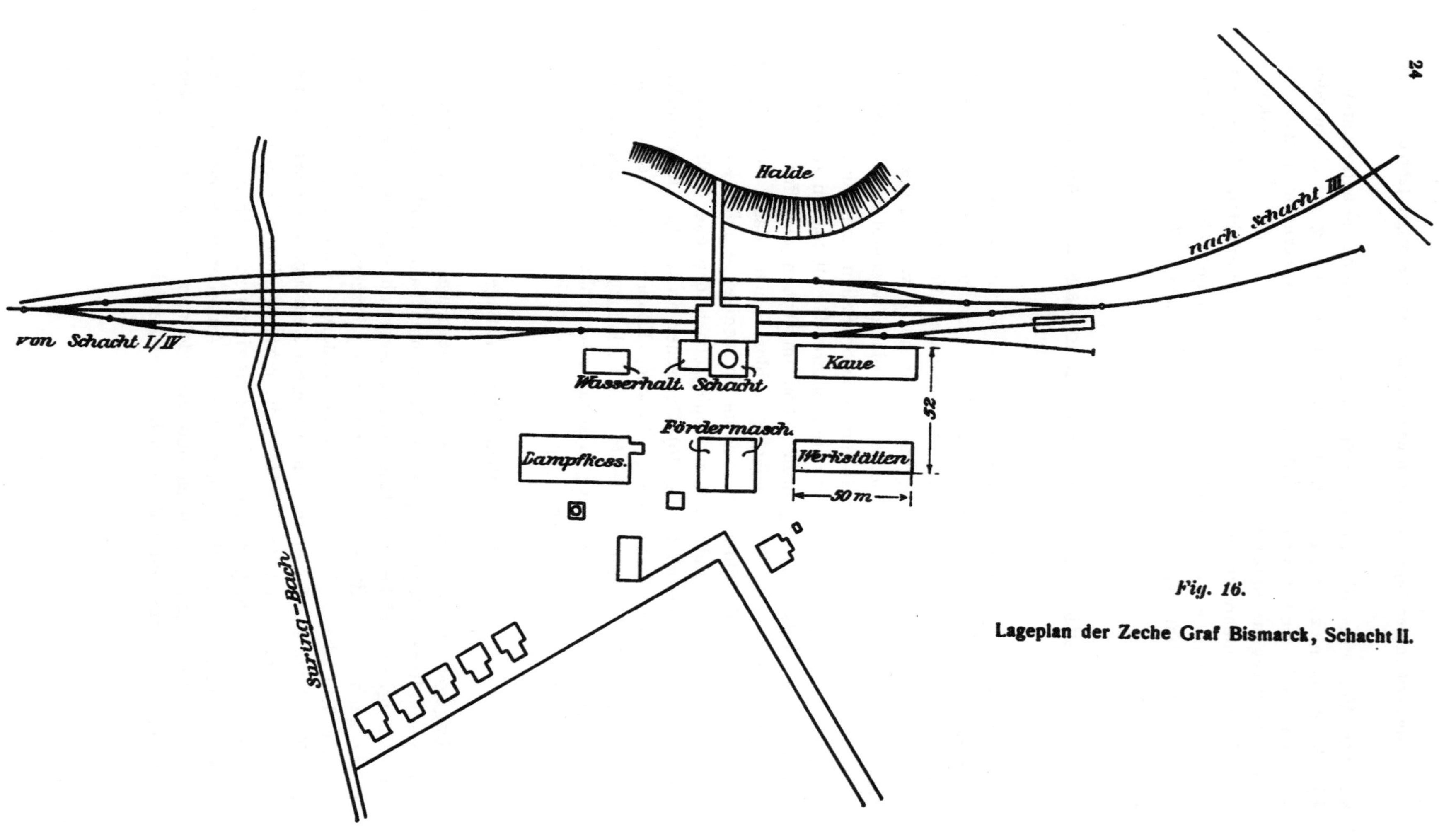

Fig. 16.

Lageplan der Zeche Graf Bismarck, Schacht II.

Ausgang zur Rettung der Arbeiter zu schaffen. Diesen Absichten kam seit Gründung des rheinisch-westfälischen Kohlen-Syndikats die Abhängigkeit der Beteiligungsziffer von der Zahl der Schachtförderungen entgegen*). Um die Tagesanlagen und den Tagesbetrieb nicht zu sehr zu zersplittern, wurden die neuen Schächte meist neben den vorhandenen abgeteuft. Ausnahmsweise wurden auch, wie auf Emscher und Königsgrube, drei Schächte, zwei zur Förderung und einer ausschliesslich zur Wetterführung, in einer Anlage vereinigt.

Kar der neue Schacht nur als Wetterschacht gedacht, so bereitete er der Disposition wenig Schwierigkeiten. Er konnte häufig ganz ausserhalb des eigentlichen Betriebes auf einem unter günstigen Bedingungen erworbenen, nicht allzuweit entfernten Grundstück niedergebracht werden. War er aber zugleich als Förderschacht gedacht, und bestand gar die Absicht, ihm wegen seiner neuen maschinellen Ausrüstung oder wegen des schlechten Zustandes des alten Schachtes die Hauptförderung zuzuweisen, so mussten häufig alle anderen Betriebsrücksichten der Platzfrage weichen. Oft war es nicht einmal möglich, den neuen Schacht an die vorhandenen Zechengleise zu setzen. Er musste dann entweder mit der Verladung durch lange Hochbrücken verbunden werden, die zuweilen, wie auf Pluto-Schacht Thies, selbst in Kurven und mit Niveauunterschieden anzulegen waren, oder er musste bei getrennter Verladung mit einer besonderen Abzweigung an den Zechenbahnhof angeschlossen werden.

Ebensowenig wie für zweite Schächte war auf vielen Anlagen Platz für Wäsche und Kokerei vorgesehen. Beide mussten häufig auf der anderen Seite der Bahn errichtet werden, was noch eine recht glückliche Lösung war, namentlich verglichen mit dem Falle, dass Wäsche und Kokerei getrennt und letztere vielleicht ganz aus der Anlage herausgerückt werden musste. Auf Zeche Graf Moltke wird die Feinkohle unter solchen Umständen in einem 400 m langen Tunnel unter der Bahn hindurch zur Kokerei gebracht und dort erst wieder auf die Höhe der Oefen gehoben.

Die Fortschritte in der Aufbereitung der Kohlen, die Einführung der Feinkohlenverwaschung seit 1875, die bessere Klärung des Waschwassers, sowie die rasch steigende Nachfrage nach Nuss- und Feinkohlen führten ausserdem ein rasches Veralten der Wäschen herbei, welches zu häufigen Neubauten unter schwierigen Platzverhältnissen nötigte. Manche Zechen besitzen jetzt schon ihre dritte Wäsche! Ebenso mussten nach und nach auch die Fördermaschinen durch neue ersetzt werden. Es war dazu stets ein neuer Platz erforderlich, denn die Aufstellung musste ohne Betriebsstörung und wegen zunehmender Trommelbreite fast stets in grösserer Entfernung vom Schacht als bisher, am besten unmittelbar hinter der vor-

---

*) Vergl. Band II, S. 10 ff.

handenen Maschine, erfolgen. Aus Mangel an Platz ist auf der Zeche
Courl eine neue Fördermaschine im Jahre 1901 sogar über der alten eingebaut worden. Die meiste Freiheit gestatteten in dieser Beziehung die
alten Schachttürme, welche die Aufstellung der neuen auch gegenüber oder
im rechten Winkel zu der alten Fördermaschine zuliessen. Bei solchen
Gelegenheiten sind vielfach im Laufe der Zeit vollständige eiserne Fördergerüste in die Schachttürme hineingebaut, die selber oft nur der Kosten
und Schwierigkeiten wegen vor dem Abbruch bewahrt blieben*). Fast
ausnahmslos wurde aber im Laufe der Zeit der feuergefährliche Holzausbau der älteren Schachttürme durch Eisenausbau ersetzt.

Unter bestimmten ungünstigen Platzverhältnissen bewährten sich als
vorzügliches Aushülfsmittel die Förderungen mit Bandseil oder Treib-
scheibe, welche dicht an den Schacht gerückt werden konnten.

Die zahlreichen neuen, aber doch erst allmählich in grösserem Umfange in Aufnahme kommenden Maschinen, wie Kompressoren, Ventilatoren,
elektrische Licht- und Kraftmaschinen, wurden da untergebracht, wo sich
gerade Platz fand und so über die ganze Anlage verteilt.

Auch die Erweiterung und Aenderung der Bahnhofs- und Verlade-
anlagen stiess oft auf Schwierigkeiten, zumal bei denjenigen älteren Anlagen, bei welchen die Gleise auf den Schacht zuliefen, anstatt, wie stets
seit den 60er Jahren, daran vorbeigeführt zu sein, oder dort, wo eine Verbreiterung des Bahnhofs wegen vorhandener Gebäude oder Hauptbahn-
gleise nicht möglich war. Am schlimmsten erging es in allen diesen Beziehungen den früheren Gaskohlenzechen, welche die Förderung und Verwertung von Fettkohlen aufzunehmen hatten.

Fortschritte, welche eine Vereinfachung für die Disposition der Tagesanlagen bedeuteten, sind nur in geringer Anzahl zu verzeichnen. Dahin gehört in erster Linie die Vereinigung der verschiedenen Eisenbahnlinien in
der Hand des Staates, welche zur Folge hatte, dass die Verladung mehr
als bisher an einem Punkte vereinigt, und deshalb auch mit besseren Hülfsmitteln ausgestattet werden konnte.

Eine gewisse Erleichterung schaffte ferner die Einführung unterirdischer Wasserhaltungen an Stelle der Gestänge-Pumpen. Damit wurde
Raum um den Schacht herum frei, den später auch die oberirdischen Antriebsmaschinen der hydraulischen und elektrischen Wasserhaltungen nicht
wieder in Anspruch nahmen. Auch die Einrichtungen für Wäsche und
Verladung vereinfachten sich in mancher Beziehung; beispielsweise
wurden die mit den Feinkohlenwäschen besonders lästig gewordenen
Schlammsümpfe in die Wäsche verlegt, deren Fundamente zu Spitzkästen für die Klärung ausgebaut wurden.

---

*) Vergl. Band V, S. 374.

Im allgemeinen wurden durch den zeitgemässen Umbau der älteren Zechen Anlagen geschaffen, die wohl die erforderliche stark erhöhte Leistungsfähigkeit aufweisen, aber unübersichtlich und mit hohen Kosten für Tagesförderung, Maschinenaufsicht und Dampfverbrauch behaftet sind. Die Gründe dafür liegen zum Teil in der allmählichen Entwickelung, zum Teil auch in der ursprünglichen Anordnung, die Erweiterungen keine Rechnung trug, und in der damit zusammenhängenden Raumbeschränkung. Leider haben sich die meisten Zechen — eine hervorragende Ausnahme bildet auch hier Prosper II — früher in Bezug auf Grunderwerb die grössten Beschränkungen auferlegt. Bei Erweiterungen spielte infolgedessen oft der günstige und rasche Erwerb eines Grundstückes eine grössere Rolle, als die Rücksicht auf den Betrieb, wenn nicht gar infolge starker Bebauung des umliegenden Geländes die weitere Ausdehnung einfach unmöglich gemacht war. Andere Hindernisse hatte sich zuweilen die Zeche selbst geschaffen, namentlich durch die Heranführung mehrerer Bahnen in spitzen Winkeln zueinander, zwischen denen sie eingeklemmt blieb, oder durch die Halden, welche man oft bis dicht an die vorhandenen Betriebsgebäude heranwachsen liess. Nicht wenige Zechen haben den Abbau mit Bergeversatz zunächst zu dem Zwecke eingeführt, um ihre Halde wieder in die Grube zu schaffen und den von ihr eingenommenen Platz für die notwendigsten Tagesbauten zur Verfügung zu bekommen. Auch grössere Eisenbahn- und Bahnhofsarbeiten gaben den Zechen zuweilen Gelegenheit, sich, wenn auch meist unter ziemlichen Opfern, von einem Teil ihrer Halden zu befreien.

2. Neuanlagen.

Für die zahlreichen (über 70) Neuanlagen der neunziger Jahre ergab sich hieraus als Regel, nicht nur die Betriebsgebäude auf ein reichlich bemessenes Grundstück zu setzen, sondern auch von vornherein nach einem ganz bestimmten Plane zu bauen, welcher den bisherigen Erfahrungen besonders auch in Bezug auf die Erweiterungsfähigkeit Rechnung zu tragen hatte. Diese wurde ein Hauptgesichtspunkt neben der Leistungsfähigkeit, der die Kosten des Tagesbetriebes bedingenden organischen Gliederung und der für eine wirksame Aufsicht und Leitung erforderlichen Uebersichtlichkeit. Die beträchtlich gewachsene Kapitalkraft der Bergbautreibenden begünstigte die Schaffung von Anlagen grossen Stils und wirkte daneben auf eine gefällige äussere Ausgestaltung derselben hin — umso mehr als auch heute noch eine schöne Tagesanlage den besonderen Stolz ihrer Besitzer bildet.

Neben diesen allgemein befolgten Grundsätzen wurden für die Disposition in jedem Falle die Bodenverhältnisse und die Rücksichten auf die verschiedenen Betriebszweige massgebend, welche vielfach mit der Konstruktion und Ausführung im Einzelnen zusammenhängen. Es soll daher vor der Beschreibung ganzer Anlagen ein Ueberblick über den Einfluss der verschiedenen Seiten des Tagesbetriebes auf die Gesamtdisposition bei dem heutigen Stande der Technik gegeben werden.

a) Einfluss der einzelnen Zweige des Tagesbetriebes auf die Gesamt-disposition.

α) **Verladung und Transport (Schachtförderung und Verladung, Aufbereitung, Kokerei, Berge- und Materialtransport).**

Die grosse Wichtigkeit einer geschickten Anordnung der Tagesanlagen auch für die Selbstkosten der Kohlen geht deutlich aus dem Umstande hervor, dass 20 % der Belegschaft in Westfalen in Tagesbetrieben beschäftigt sind, wobei indes Gruben von gleicher Beschaffenheit und gleicher Verwertung der Kohlen ganz bedeutende Unterschiede zeigen. Z. B. kamen auf der alten aus den Jahren 1857 bis 1862 stammenden Zeche Shamrock I/II im Jahre 1900 auf einen über Tage beschäftigten Mann 988 t Kohlen gegen 1653 t auf der die gleichen Flötze bauenden, aber erst 1891 angelegten Zeche Shamrock III/IV. Auf der 1903 fertig gestellten Anlage König Ludwig IV/V sind bei der gleichen Förderung nur wenig über halb soviel Leute als auf Schacht I/II über Tage beschäftigt.

Nur das ständige Hinzutreten neuer, wohlausgerüsteter und auf grosse Förderungen berechneter Zechen hat es bewirkt, dass die Zahl der Tagesarbeiter seit 30 Jahren im Verhältnis zur Gesammtzahl nur wenig geschwankt hat, statt durch die Ausdehnung der Aufbereitung, der Kokerei und des Maschinenbetriebes eine wesentliche Zunahme zu erfahren.

Die Bedeutung und gleichzeitig die vielseitige Verzweigung des Tagesbetriebes erhellt auch aus der nachstehenden aus dem Ende der 90er Jahre stammenden Einteilung der Tagesarbeiter von Zeche Prosper II.

Tagesarbeiter auf Zeche Prosper II.

Förderung und Verladung	175 Mann
Rangierbetrieb und Waagen	30 »
Eisenbahnarbeiter	10 »
Maschinen und Kessel	74 »
Separation und Wäsche	78 »
Kokerei	56 »
Steinfabrik	22 »
Handwerker, besonders Schmiede	92 »
Lampenputzer usw.	26 »
Holzmagazin, Wärter, Platzarbeiter . . .	37 »
Zusammen . . .	600 Mann

Der grossen Gesamtzahl von 600 Mann entspricht hier allerdings auch eine gewaltige Förderung. Denn während die Förderleistung der westfälischen Durchschnittsbetriebsanlagen im allgemeinen bescheiden ist und sich bis zum Jahre 1900 nicht viel über 1000 t täglich erhob, sind auf Prosper II wie auf Shamrock III/IV bereits damals regelmässige Förderungen von 3000 t täglich erzielt worden.

Es sind dies Leistungen, welche auch auf den neuesten Anlagen wohl mit einer geringeren Zahl von Arbeitskräften bewältigt, aber nur in seltenen Fällen übertroffen werden. Denn ungeachtet des Umstandes, dass auf Zeche Neumühl, einer Zwillingsanlage mit vier Förderungen, zeitweise eine Tagesleistung von 5000 t erreicht ist, wird sich aus vielen rein bergmännischen Gründen in der Regel die Vereinigung einer 3000 t übersteigenden Förderung an einem Punkte verbieten. Diese Förderung kann aber nach den vorliegenden Erfahrungen aus einem für Doppelförderung eingerichteten Schachte selbst aus grösserer Tiefe gezogen werden.

Fast alle neueren Anlagen sind daher auf eine Förderung von entweder 2000 oder 3000 t aus einem Hauptförderschacht zugeschnitten. Trotzdem haben sich nur wenige Gruben vor den nicht unerheblichen Ausgaben gescheut, den in der Regel nahe dem Hauptschacht abzuteufenden Ausziehschacht gleichfalls mit wenigstens einer Förderung zu versehen. Diese nimmt zwar wegen der Behinderung durch Schachtdeckel oder Wetterschleuse leicht den Charakter einer Nebenförderung an, wird aber durch Entlastung des Hauptschachtes von vielen, die Hauptförderung behindernden Aufgaben, wie Material- und Holzeinhängen, Vorrichtung neuer Sohlen und dergleichen, von grösstem Nutzen. Mit ihrer Hülfe kann auch die Zeit der Mannschaftsfahrung erheblich verkürzt werden.

Ferner kann bei Unfällen oder Reparaturen im Einziehschacht der mit Förderung versehene zweite Schacht berufen sein, schwere Betriebsstörungen zu verhindern oder doch zu mildern. Auch können im Laufe der Zeit Umstände eintreten, welche die Verlegung der Hauptförderung aus dem einen in den andern Schacht wünschenswert machen. Um hierin freiere Hand zu haben, hat man auf der neuen Zeche De Wendel gleich beide Schächte mit dem Wetterkanal verbunden.

Aus allen diesen Gründen gliedert sich der zweite Schacht am besten neben dem Hauptförderschacht in die allgemeine Disposition ein. Bei gleichzeitigem Abteufen beider Schächte wird dann ohne Rücksicht auf frühere Pläne demjenigen Schachte die Hauptförderung zugewiesen, welcher den grössten Durchmesser behält, gegebenenfalls auch dem, welcher zuerst das Steinkohlengebirge erreicht.

Seiner Bedeutung als Reserve entsprechend erhält der Ausziehschacht nur ausnahmsweise eigene Verladung und Separation; statt dessen wird er im Niveau der Hängebank mit dem Hauptschacht durch eine Brücke und häufig durch eine Kettenbahn verbunden.

Die auf Zeche Neumühl durchgeführte Anordnung,*) den zweiten Schacht für eine gleichwertige Förderung auf die Weise einzurichten, dass die Hängebank nebst der anschliessenden Separation vollständig unter Depression gesetzt wird, dürfte nur in seltenen Fällen durch die Betriebsverhältnisse geboten sein. Sollte aber wirklich die mit Hilfe dieses Verfahrens erzielte ausserordentlich hohe Förderung auch auf anderen Zechen beabsichtigt werden, so würden einige in den letzten Jahren auf Einzelschächten ausgeführte neue Schleusensysteme mit der Einrichtung von Neumühl in Wettbewerb treten können. Sie finden sich auf den Schächten Deutscher Kaiser IV und Rheinpreussen IV, welche als reine Ausziehschächte doch zu selbständigen Betriebsanlagen ausgebaut sind, weil in der Nähe des Rheins die Kosten und Gefahren des Abteufens im Schwimmsand die weitestgehende Ausnutzung aller Schächte erfordern. Das früher unter denselben Verhältnissen geübte Verfahren, einen Schacht gleichzeitig zum Ein- und Ausziehen der Wetter zu benutzen, ist seit 1902 bergpolizeilich nicht mehr zulässig.

Die nähere Beschreibung der bei Ausziehschächten zur Anwendung kommenden Schachtverschlüsse findet sich in Band VI dieses Werkes, S. 384 ff.**). Unter gewöhnlichen Verhältnissen werden Schachtdeckel den Wetterschleusen der bequemeren Schachtbedienung zu Liebe vorgezogen. In der Regel ist dann aber gleichzeitig eine Art Schleuseneinrichtung an der Rasenhängebank vorhanden, welche den luftdichten Abschluss des unteren Schachtgebäudes wie des Schachtes ermöglicht. Um das Aufsetzen langer Hölzer, das Einbauen von Förderkörben u. s. w. unter Depression vorzunehmen, werden die Gebäudetüren geschlossen und die eisernen Schachtthüren geöffnet (Pluto, Schacht IV und Königsgrube, Schacht IV).

Sämtliche Schächte werden heute mit Hilfsmitteln ausgestattet, welche die aus natürlichen Betriebsvorgängen, wie dem Auflegen neuer Seile, oder durch Unfälle entstehenden Störungen auf das geringste Mass abkürzen sollen. In erster Linie sind hier die Kabel und Friktionshaspel zu nennen, welche zum Einhängen schwerer Maschinenteile und zum raschen Seilauflegen besonders bei Köpeförderung unentbehrlich sind. Sie werden entweder unter die Streben des Fördergerüsts oder dicht vor das Fördermaschinenhaus gesetzt, wobei ein Kabel für jede Doppelförderung genügt. Damit sie an der letztgenannten Stelle den Zechenplatz nicht einengen, wird der Kabelraum zuweilen unter die Sohle versenkt, wie auf Zollern II und König Ludwig IV/V. Auf Gladbeck ist das Kabel auf einem Eisen-

---

*) Vergl. Bd. VI, S. 410.

**) Vergl. auch »Glückauf« 1904, No. 25, S. 713 ff. (Luftschleuse auf Deutscher Kaiser IV).

bahngleise fahrbar gemacht worden. Vor den Schächten sind starke Anker in Mauerklötzen befestigt, mit denen das Kabel fest verbunden werden kann. Auf diese Weise genügt ein Kabel für zwei Schächte; gleichzeitig bleibt der Zechenplatz frei und das Kabelhaus fällt fort.

Bei Treibscheibenförderung, deren Hauptnachteil noch immer das Abstürzen beider Körbe im Falle von Seilbruch bildet, kommt das Kabel auch für Rettungs- und Reparaturarbeiten in Frage. Mit Rücksicht darauf sind auf Zeche De Wendel neuerdings Leitscheiben für das Kabelseil bis über die Seilscheiben angebracht.

Um Seile oder Maschinenteile vom Zechenplatz leicht auf den Förderkorb schaffen zu können, findet man im Schachtgerüst dicht unter der Hängebank wohl einen Laufkran angeordnet (Gladbeck, De Wendel). Ueber den Seilscheiben sind fast alle Fördergerüste jetzt mit Laufkränen versehen.

Damit hohe Förderkörbe statt stückweise sofort im Ganzen in den Schacht gebracht werden können, stehen auf Zeche Schlägel und Eisen die Reservekörbe in Nischen bereit, welche in die Schachtmauern eingelassen sind. Schliesslich sind auch noch die u. a. auf Dahlbusch und Schlägel und Eisen vorhandenen Vorkehrungen zum Anwärmen der einziehenden Luft zu erwähnen, da sie die Verhütung von Eisbildung im Schacht und daraus folgenden Förderstörungen bezwecken.

Konstruktiv werden die Fördergerüste, damit Erschütterungen nicht übertragen werden, von den sie umschliessenden, meist in Eisenfachwerk ausgeführten Verladehallen vollständig getrennt gehalten. Letztere umfassen ausser dem Raum für die Aufstellung von Förderwagen die Separations- und Verladeeinrichtungen. Der Aufstellungsraum muss gross genug sein, um nötigenfalls während der Pausen in der Wäsche und im Verladebetrieb, die selten mit den Pausen in der Förderung zusammenfallen, die Schachtförderung an vollen Wagen aufnehmen zu können.

Zur leichteren Bewegung der Förderwagen von Schacht zum Wipper und zurück wird der Sohle öfters eine Neigung für die vollen Wagen gegeben und eine Kette für die Rückförderung der leeren eingebaut. Bei grösserer Entfernung der Wipper vom Schacht finden sich Ketten auch für die vollen Wagen. Derartige Vorkehrungen zur Ersparnis von Arbeitskräften sind aber in Westfalen viel seltener als im Auslande, besonders in England, anzutreffen.

Unmittelbar aus der Verladehalle in die Waggons werden nur Förderkohlen, Stückkohlen und melierte Kohlen verladen. Unter letzteren versteht man gewöhnlich mit Stücken aufgebesserte Förderkohlen, oft aber auch Förderkohlen, von denen nur die Feinkohlen, nicht auch die Nüsse abgesiebt sind. Fast immer werden die Berge vor der Verladung ausgeklaubt. Da die ge-

nannten Sorten einfach durch Absieben aller feineren Korngrössen erzielt, die
letzteren aber erst in der Wäsche weiter sortiert werden, können mit sehr einfachen Vorrichtungen grosse Massen bewältigt werden. Die Disposition ist
dabei lediglich von der Lage der Schachttrumme und der Lese- und Verlade-

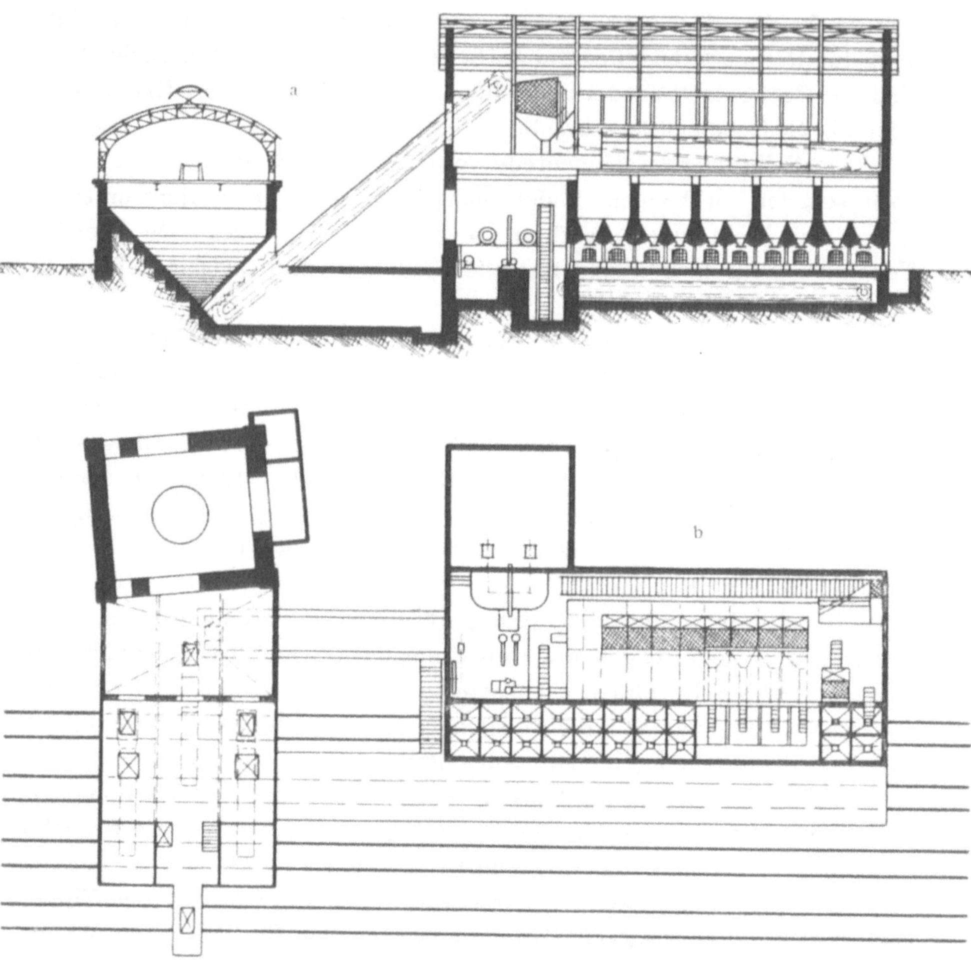

Fig. 17.

Separation und Kohlenwäsche der Zeche von der Heydt. Massstab ca. 1 : 500.

bänder abhängig. Früher wurden die Wipper — meist Kreisel-, doch zuweilen
auch Kopfwipper — in die Nähe des Schachtes gestellt. Von den Sieben
brachten rechtwinklig zur Richtung der Gleise angeordnete Transportbänder, welche gleichzeitig als Lesebänder dienten, die Kohlen zu den
Waggons, in die sie durch Senken des als Verladeband ausgebildeten
vorderen Endes der Transportbänder entladen wurden (Fig. 17a und b).

Bei dieser Querverladung, welche ihren Namen von der Lage des Transportbandes zu den Gleisen erhalten hat, erwies sich als ein Uebelstand, dass die Verladung über die Längswand der Waggons erfolgen musste. Man hat deshalb getrennte Verladebänder in der Gleisrichtung unter dem Ende der Quertransportbänder eingebaut, auf welche die von den letzteren herangebrachten Kohlen abgestrichen werden. Auf diese Weise werden die Waggons gleichmässiger beladen, da die Kohle sich von der Längsachse nach beiden Seiten hin verteilt. Ferner wird die Kohle weniger zerkleinert, da sich bei der Verladung in der Längsrichtung des Wagens das Verladeband bis dicht auf den Boden des Wagenkastens hinabsenken lässt.

Die Anordnung von Quer- und Längsbändern hat aber den Nachteil, dass sie umständlich ist, schwierige Transmissionen erfordert und dass durch das Abstreichen wieder viel Feinkohle entsteht. Deshalb wird heute einfache Längsverladung bevorzugt, welche entsteht, indem die Wipper unmittelbar über die Gleise gesetzt und die Längsverladebänder gleichzeitig zum Auslesen der Kohlen benutzt werden. Die Förderwagen werden aus dem Schacht in gerader Linie zu den Wippern gebracht und quer über den Sieben gestürzt. Von letzteren wandert die Kohle alsdann, ohne ihre Richtung zu ändern, über das Leseband in die Eisenbahnwagen.

Soll die Kohle gemischt werden, so wird bei Queranordnung von zwei verschiedenen Querbändern auf dasselbe Längsband abgestrichen, was sich durch Anbringen einfacher Vorrichtungen leicht an beliebigen Punkten der Querbänder erreichen lässt. Bei Längsverladung müssen zwei Wipper bezw. Siebe über dasselbe Längsband gelegt werden, wie dies z. B. auf Zeche Karl des Kölner Bergwerksvereins geschehen ist, (Fig. 18a u. b). Auf dem derselben Gesellschaft gehörigen Schachte Emscher (Fig. 19a u. b) sind aus örtlichen Gründen die Stückkohlensiebe rechtwinklig zu den Längsbändern gelegt, auf welche die Förderkohle direkt ausgestürzt wird.

Die Fortschritte, welche der Bau der Verladehallen in Bezug auf Geräumigkeit und die früher vollständig vernachlässigte Versorgung der Lesebänder mit dem für die Klaubearbeit so wichtigen Licht erkennen lässt, sind selbst in den letzten Jahren noch ganz ausserordentlich gewesen. Dabei ist aber auch die Höhe der Konstruktionen gewachsen, was eine entsprechende Erhöhung der Hängebank und demgemäss wieder der Schachtgerüste zur Folge hatte. Bei Längsverladung, wo die Siebvorrichtung über den Schienen liegt, wird jetzt ein Abstand von 8 bis 10 m zwischen Hängebank und Schienenoberkante gefordert. Zur Vergrösserung dieses Abstandes hat auch die Eisenbahnverwaltung beigetragen, da sie, wohl im Hinblick auf die Erhöhung der Tragfähigkeit der Güterwagen, jetzt ein freies Profil von 4,8 statt früher 4,2 m Höhe vorschreibt. Querverladung lässt sich auch bei niedrigerer Hängebank einrichten, da die Sieberei

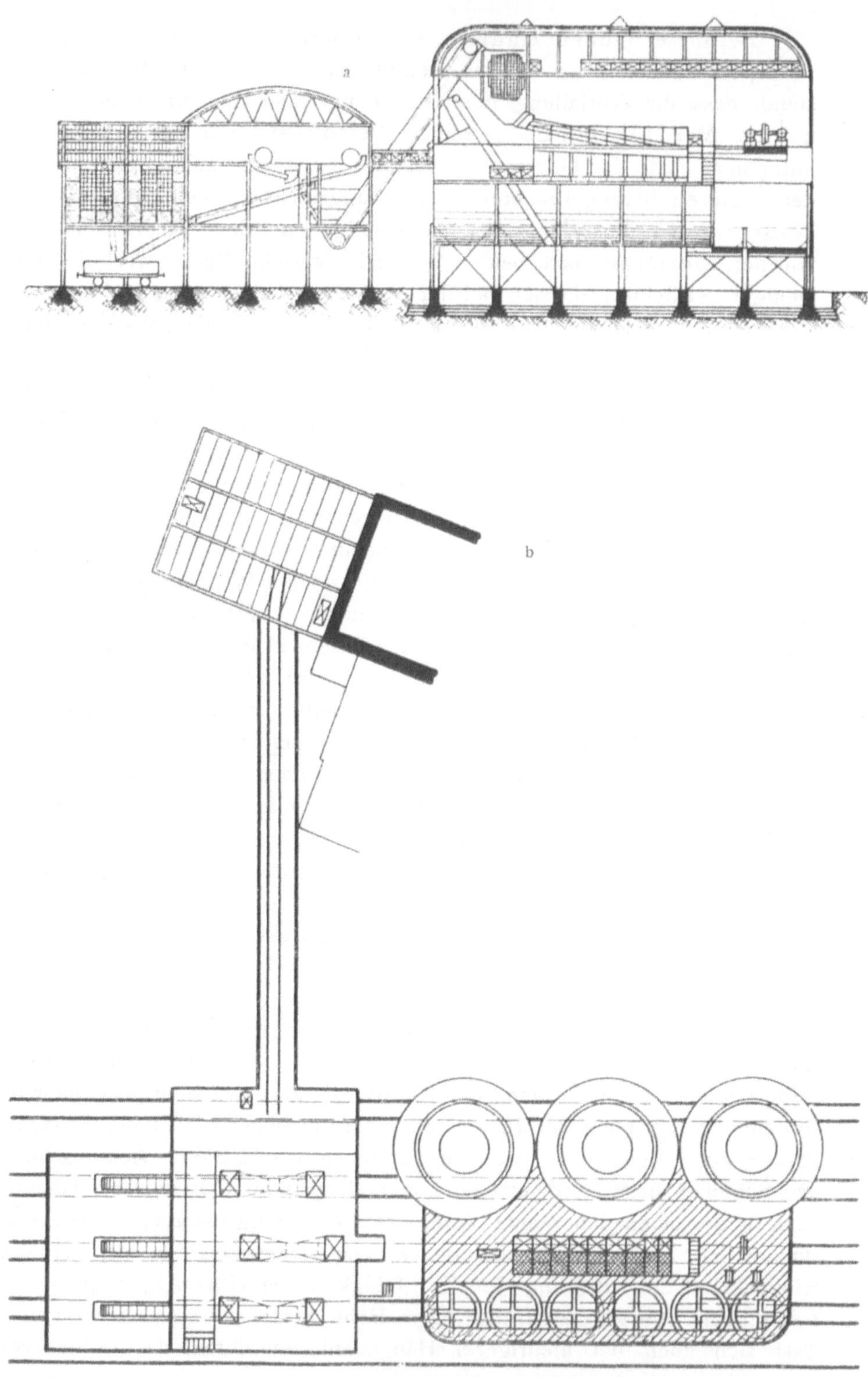

Fig. 18.

Separation und Kohlenwäsche auf Zeche Karl des Kölner Bergwerksvereins.

ausserhalb der Gleise liegt und den Querbändern von dort ein Ansteigen bis zur nötigen Verladehöhe gegeben werden kann. Man trifft sie deshalb besonders häufig auf älteren, aber modernisierten Zechen.

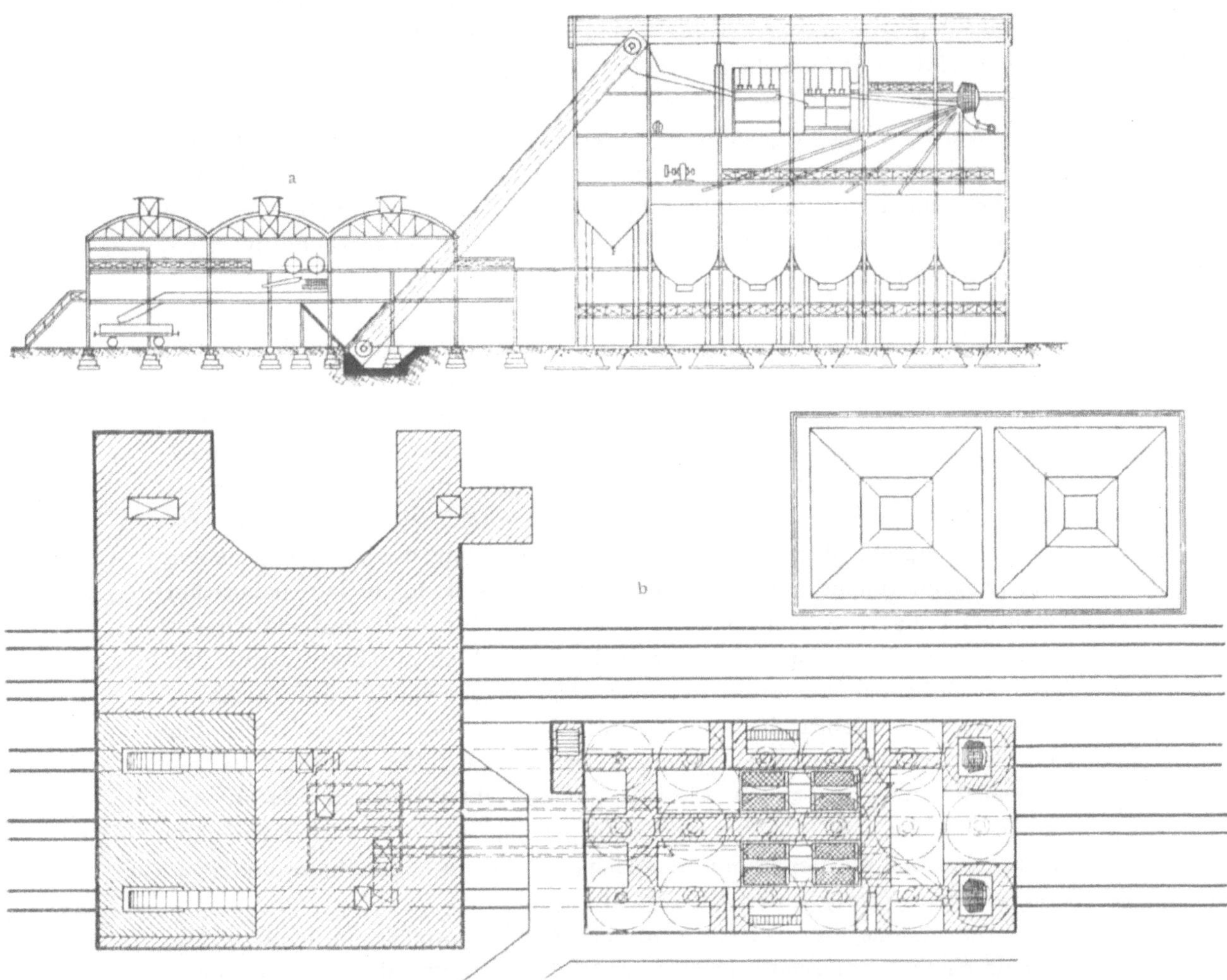

Fig. 19.

Separation und Kohlenwäsche auf Emscherschacht II des Kölner Bergwerksvereins.

Entscheidend für Querverladung kann auf Fettkohlenzechen der Umstand werden, dass die Siebe und die unter ihnen liegenden Füllrümpfe für die Waschkohlen ganz ausserhalb der Gleisanlagen sich befinden. Den Waschkohlenbehältern kann deshalb meist ein ausreichender Inhalt gegeben werden, der nötig ist, damit die Pausen im Waschbetrieb nicht auf den

Grubenbetrieb zurückwirken. Auch ist es nützlich, wenn die Wäsche eine Zeitlang unabhängig von der Förderung arbeiten kann.

Um trotz beschränkter Höhe die Vorteile der Längsverladung in Verbindung mit einer über den Gleisen errichteten Wäsche auszunutzen, ist man beim Umbau der Emscher-Schachtanlage mit dem Siebkohlenrumpf bis auf den Bahnkörper heruntergegangen, obwohl dadurch ein Gleis gesperrt wird. Auf Schacht Karl liegt er wenigstens so hoch, dass der Eisenbahnbetrieb nicht behindert wird.

Auf Neuanlagen gewinnt man Raum durch Höherlegen der Hängebank und gleichzeitiges Auseinanderrücken der Gleise. Auf Zeche De Wendel hat man auf diese Weise Füllrümpfe von 600 t Inhalt untergebracht. Auf Neumühl ist man zu demselben Zwecke mit einem Senkschacht unter die Sohle gegangen.

Mit der Disposition der Verladung steht die Lage der Wäsche in engstem Zusammenhang. Diese Abhängigkeit ist die Folge davon, dass für den Transport grosser Waschkohlenmassen unter das Dach der jetzt sehr hoch gebauten Wäschen praktisch nur Becherwerke in Frage kommen, welche das Waschgut aus den Füllrümpfen unter den Sieben entnehmen. Die Wäsche muss deshalb neben den Füllrümpfen errichtet werden, woraus sich ergiebt, dass sie meist bei Queranordnung der Verladung neben, bei Längsanordnung aber über den Gleisen Aufstellung findet. Jedoch hat man bei Längsverladung auch die Möglichkeit, den Füllrumpf seitlich des Bahnhofs anzulegen, indem man ihm die Feinkohlen durch ein unter den Sieben hinlaufendes Querband zuführt. Man macht von dieser Einrichtung unter anderem Gebrauch, wenn man die Stellung der Wäsche neben den Gleisen vorzieht, aber gezwungen ist, mit ihr auf die andere Seite des Bahnhofs hinüber zu gehen, wie z. B. auf Schacht Grillo der Zeche Monopol (Fig. 20a u. b). Bei Querverladung ist man in einem solchen Falle gezwungen, auch die Separation vom Schacht auf die andere Seite der Bahn zu verlegen (Königsborn III, Fig. 21a u. b).

Die Stellung der Wäsche über den Gleisen, welche am meisten von der Maschinenfabrik Baum in Herne ausgeführt wird, gewährt bei der immer mehr bevorzugten einfachen Längsverladung die bequemste Ueberführung der Kohlen zur Wäsche. Ausserdem bietet sie ihrerseits grosse Vorteile für die Verladung, da die in der Wäsche selbst angebrachten Nusskohlen- und neuerdings auch die Feinkohlenbehälter unmittelbar von oben in die Waggons entleert werden können. Die für Entleerung nach unten mit trichterförmigem Boden versehenen Behälter haben bei gleichen Kosten auch einen grösseren Fassungsraum, als die für seitliche Entleerung gebauten Taschen. Dagegen bleibt über den Gleisen in der Breite sehr wenig Bauraum zur Verfügung, was die Freiheit in der Ausgestaltung der

eigentlichen Waschvorrichtungen beschränkt und zur Errichtung sehr hoher
und schmaler Wäschen nötigt, ein Zwang auf den allerdings viele der vorteilhaftesten Vereinfachungen im Waschbetrieb zurückzuführen sind. Eine
Schwierigkeit bietet ferner in manchen Fällen der Einbau einer aus-

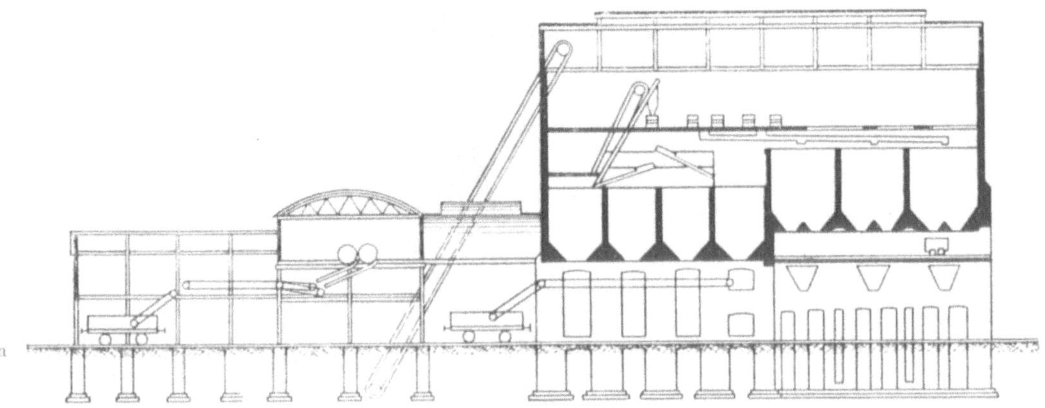

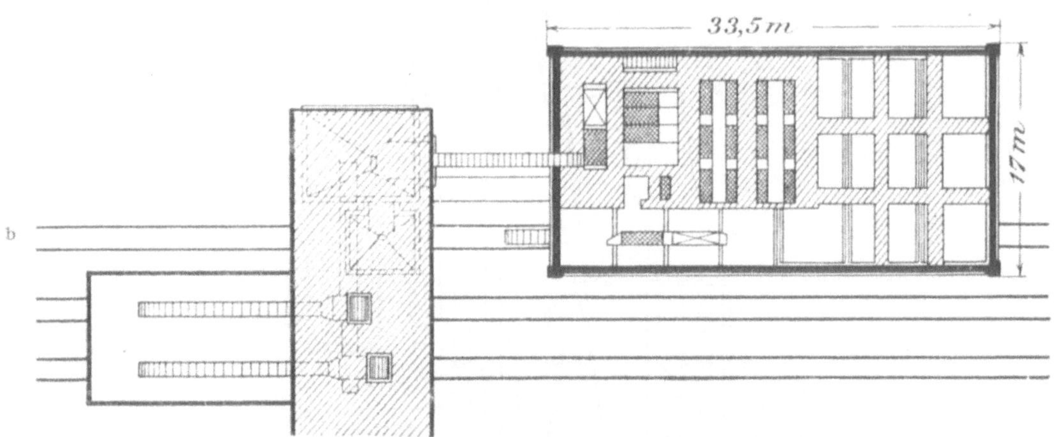

Fig. 20.

Separation und Kohlenwäsche der Zeche Monopol, Schacht Grillo.

reichenden Zahl von Feinkohlenbehältern. Sollen besondere Feinkohlentürme vermieden werden, so kann dies zur Errichtung der Wäsche neben
den Gleisen zwingen.

Für Wäschen über der Bahn ist sowohl aus baulichen Gründen wie
der besseren Uebersicht des Bahnhofsbetriebes wegen die Ausführung in
Eisenkonstruktion geboten. Da aber andererseits von den salzigen und
sauren Grubenwassern üble Einwirkungen auf die Eisenkonstruktion be-

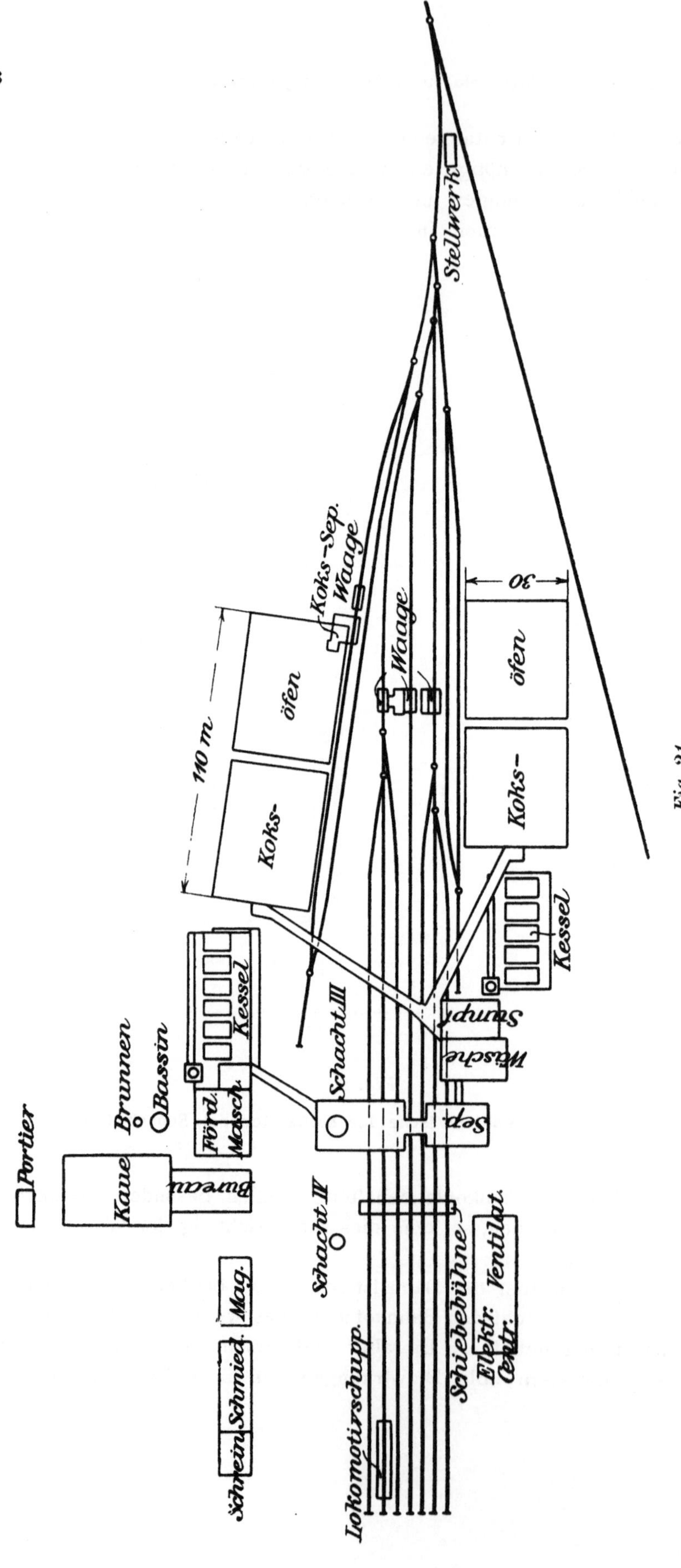

Fig. 21.

Lageplan der Zeche Königsborn, Schacht III.

Additional material from *Disposition der Tagesanlagen, Dampferzeugung, Centralkondensation, Luftkompressoren, Elektrische Centralen*
ISBN 978-3-642-50625-3 (978-3-642-50625-3_OSFO2),
is available at http://extras.springer.com

fürchtet werden, so ziehen manche Firmen den Bau massiver Wäschen neben den Gleisen vor, wenn auch für die Nusskohlenverladung stets ein Gleis überbaut wird. Zuweilen entscheidet über den Bau einer massiven oder eisernen Wäsche und damit bis zu einem gewissen Grade auch über ihre Aufstellung der Kostenunterschied, das heisst die Materialpreise. Zechen mit eigener Ziegelei werden bei hohen Eisenpreisen leicht zum Bau massiver Wäschen neigen. Wo Bodenbewegungen zu befürchten sind, so besonders bei Anlagen, unter denen schon Abbau stattgefunden hat, wird der Eisenkonstruktion wohl mit Recht der Vorteil zugeschrieben, dass sie durch Senkungen weniger leicht dauernden Schaden erleidet. Auch Konstrukteure, welche für Neuanlagen in unverritztem Feld massive Wäschen wählen, ziehen deshalb für neu auszustattende ältere Bergwerksbetriebe Wäschen in Eisenkonstruktion vor.

In kleinen Betrieben ist es möglich, in verschiedenen Schichten mit denselben Waschvorrichtungen mehrere Kohlensorten zu verarbeiten. Nur die Vorrats- und Klärbehälter müssen getrennt sein. Bei grösserem Betrieb ist aber zu dem Zwecke der Bau zweier Wäschen nötig, die früher meist zu beiden Seiten der Verladung ihre Stelle gefunden haben und ihre Feinkohlen etwa nach der einen Seite der Brikettfabrik, nach der anderen den Koksöfen zugehen lassen (z. B. Baaker Mulde, jetzt Friedl. Nachbar II). Neuerdings bringt man lieber mehrere Waschsysteme in einem gemeinschaftlichen Gebäude unter. Selbst bei Verwaschung nur einer Kohlensorte versehen sich alle modernen Werke mit zwei gleichwertigen Systemen. Damit entstehen die sogenannten Doppelwäschen. Sie werden mit Vorliebe über den Gleisen errichtet, wo die völlige Selbständigkeit des zweiten Systems auch inbezug auf die direkte Entleerung der zugehörigen Nuss- und Feinkohlenbehälter am einfachsten zu erreichen ist. Zuweilen wird das zweite System erst später ausgebaut, aber doch gleich vorgesehen.

Werden in einer Doppelwäsche auf einem System Fett- und auf dem andern Flammkohlen oder Magerkohlen verwaschen, so ist ein inniges Mischen der verschiedenen Sorten, zum Beispiel ein Zusatz von Flamm-Feinkohle zu den Kokskohlen leicht durchzuführen, indem man beide Kohlenströme in denselben Füllrumpf leitet. Neue Doppelwäschen über den Gleisen sind auf den Zechen Schlägel u. Eisen III/IV, Recklinghausen II, König Ludwig IV/V, Deutscher Kaiser IV und anderen errichtet. Eine Doppelwäsche neben dem Gleise besitzt die Zeche Scharnhorst (Tafel III).

Gewissermassen einen Teil des Waschbetriebes bildet die Aufbewahrung der Feinkohlen, da sie eng mit der Entwässerung zusammenhängt. Nach dem althergebrachten Verfahren wurde der Feinkohlenstrom in einen im Fundament der Wäschen liegenden, spitzkastenförmigen Sumpf geleitet. Nachdem sich die Feinkohle hier abgesetzt hatte, wurde sie mittels eines Becherwerks, welches durch Verwendung gelochter Bleche die Entwässerung noch befördern sollte, ausgebaggert und in den Feinkohlenturm gebracht, meist nach vorheriger Zerkleinerung und Mischung mit der nicht mitverwaschenen Staubkohle. Die Feinkohlentürme hatten sich daher eng an die Wäsche anzuschliessen, woran sich auch nichts änderte, wenn die Feinkohle aus mehreren tiefliegenden Entwässerungssümpfen durch ein Kratzband dem Becherwerk zugeführt wurde.

Später ging man zu dem heute im allgemeinen noch herrschenden sogenannten Schwemmsystem über, das heisst, man liess die Entwässerung in den Vorratsräumen selbst durch Entwässerungsrohre erfolgen. Da man den Feinkohlenstrom mit Zentrifugalpumpen beliebig weit und hoch pumpen kann, bietet das Verfahren grosse Freiheit in der Anordnung der Feinkohlentürme. Sie können möglichst günstig zu den Koksöfen wie zur Eisenbahnverladung errichtet werden und in solcher Höhe, dass die unter den Türmen gefüllten Trichterwagen ohne Niveauveränderung den Koksöfen zugehen. Die Firma Baum in Herne hat solche Türme mit einem Inhalt bis zu 1500 t gebaut und sie z. B. auf Constantin IV/V und Erin (Fig. 22 a u. b) der Platzverhältnisse wegen jenseits des Bahnhofs bezw. über den Gleisen errichtet.

Zur Zeit sind die für die Entwässerung mit mehreren Schattenseiten behafteten grossen Einzeltürme schon wieder veraltet. Vielmehr zieht auch Baum gleich Humboldt in Kalk und Schüchtermann & Cremer in Dortmund jetzt eine entsprechend grössere Zahl kleinerer Behälter vor, die ganz wie die Nusskohlenbehälter in die Wäsche eingebaut werden. Die gewaschene Feinkohle wird von den unter dem Dache der Wäsche angeordneten Setzmaschinen beziehungsweise von den Sieben gradenwegs in die darunterliegenden mit Siebrechen versehenen Feinkohlenrümpfe hineingespült. Als Beispiele seien die Wäschen auf Schacht Grillo (Schüchtermann & Cremer), Schlägel u. Eisen III/IV (Baum), Deutscher Kaiser IV (Humboldt) genannt. Das Material zum Bau der Feinkohlenbehälter oder Türme stimmt gewöhnlich mit dem der Wäschen überein. Holz kommt für Neuanlagen kaum mehr in Frage.

Ein wesentlicher Nachteil des Schwemmsystems für die Disposition einer Anlage liegt in zu grossem Platz- bezw. Raumgebrauch, da die Entwässerung der Kohle zumal in den grossen Türmen viel Zeit gebraucht und deshalb erheblich mehr Türme vorhanden sein müssen, als lediglich die Aufbewahrung erfordern würde. Dieser Umstand ist für Baum bei seinen letzten Anlagen wesentlich mitbestimmend gewesen, zu dem alten Baggersystem in der neuen Form zurückzukehren, dass die Feinkohlen auf einem sich äusserst langsam bewegenden mit bis zu 30° Ansteigen geführtem Entwässerungband abgetrocknet werden, welches sie gleichzeitig den Türmen zuführt. Die Freiheit der Disposition ist hierbei in verhältnis-

mässig hohem Grade gewahrt. Das Entwässerungsband kann nebst den
Feinkohlenbehältern in die Wäsche gelegt werden, es kann aber ebensogut
in jedem Winkel aus ihr zu besonderen Türmen herausgeleitet werden,
sei es in der Richtung der Gleise, wie auf Graf Moltke III/IV und König

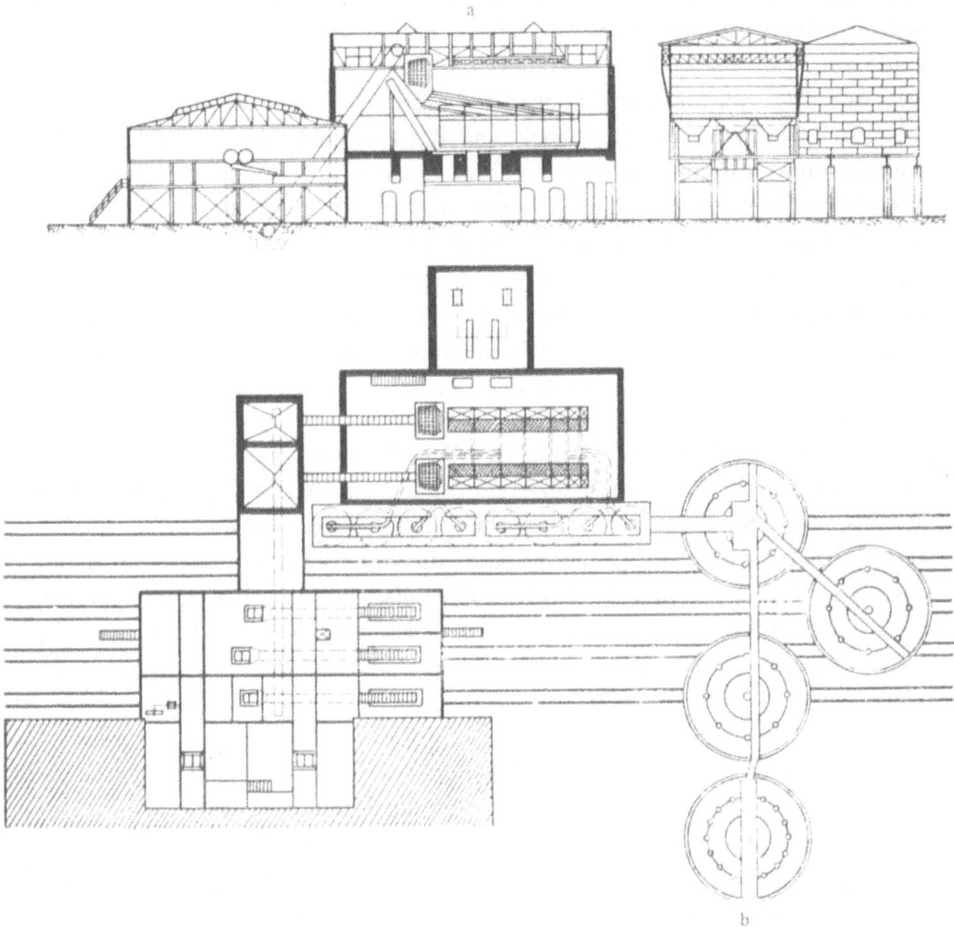

Fig. 22.

Separation und Wäsche der Zeche Erin bei Castrop.

Ludwig IV/V oder quer dazu, wie auf Concordia IV/V. Durch Umwandlung
der früheren Trockentürme zu reinen Aufbewahrungstürmen mit Hülfe des
Entwässerungsbandes ist auf Constantin IV/V und Neumühl die Leistungsfähigkeit der Wäschen beträchtlich erhöht. Inzwischen ist der Gedanke auch
anderweitig aufgenommen worden. Auf Rheinpreussen IV wird das Entwässerungsband über den ganzen Bahnhof weg zu den Feinkohlentürmen geführt,
die denkbar günstig in der Mitte der Koksofenanlage angeordnet sind.

Die Ansprüche an Aufbewahrungsraum für Feinkohle sind in fortwährend er Steigerung begriffen, die nicht nur mit der Ausdehnung der
Verkokung, sondern auch mit derjenigen der Nebenproduktengewinnung
zusammenhängt. Diese bedingt eine gleichmässige Beschickung der Oefen
auch an Sonn- und Feiertagen, an denen die gewöhnlichen Oefen eine
Betriebseinschränkung zulassen. Man bemisst den Vorratsraum für Feinkohle am besten so, dass der Bedarf der Koksanstalt für zwei aufeinander-
folgende Tage daraus gedeckt werden kann.

In Verbindung mit der Trocknung der Feinkohle kann heute im allgemeinen eine Aufgabe als gelöst gelten, welche früher den Tagesbetrieb
äusserst belästigte, nämlich die Beseitigung der von der Klärung des Waschwassers stammenden Schlämme. Diese werden in Spitzkästen konzentriert
und je nachdem in den Türmen oder auf dem Entwässerungsbande den Feinkohlen zugesetzt. Doch sind auch auf ganz neuen Anlagen besonders bei
(hohem Aschengehalt der Schlämme noch Schlammsümpfe anzutreffen,
welche abwechselnd durch Ausschlagen von Hand in Förderwagen entleert
werden müssen.

Die Spitzkästen zur Klärung der Waschwasser werden noch vielfach
im untern Teile der Wäschen untergebracht. Bei der Schüchtermannschen
Wäsche von Zeche Pluto, Schacht Thies (1900) liegen sie dagegen auf dem
Dach der Wäsche. Auf neueren Anlagen von Baum erheben sich neben
der Wäsche selbständige als Spitzkästen ausgebildete Waschwassertürme
in solcher Höhe, dass das geklärte Wasser über den Rand zu den Setz-
kästen abfliesst, der unten abgezogene Schlamm dagegen in die Feinkohlenbehälter gelangt.

Womöglich unmittelbar neben den Feinkohlentürmen beginnen die
Koksöfen, deren Längsrichtung durch die Verladung des Koks entlang
der Bahn gegeben ist. Die Kokskohlen werden den Oefen in Trichterwagen mit unterer Entleerung auf horizontalen Brücken zugebracht, welche
auf die obere mit Gleisen versehene Ofen - Plattform führen. Wird
zwischen Feinkohlenturm und Koksöfen eine Kette angelegt, so kann der
Brücke ein Ansteigen gegeben werden; die Türme brauchen dann weniger
hoch zu werden oder können bei gleicher Höhe mehr Kohle fassen
(König Ludwig IV/V).

Die einzelnen Ofenbatterien sind durch Brücken verbunden, über
welche die Kohlen von einer zur andern gebracht werden. Bei mehreren
hinter einander liegenden Batterien führt diese Art der Zufuhr leicht zu
Störungen. Man baut deshalb bei längeren Anlagen auch wohl Parallel-
brücken mit einer Verbindung zu jeder Batterie (Holland III/IV). Andernfalls muss man zur Abkürzung der Wege lange Koksofenanlagen wenigstens
so anordnen, dass die Hauptzufuhr der Feinkohle in der Mitte erfolgt.

Aus demselben Grunde werden Koksbrechwerke, denen der Koks in Karren zugeführt werden muss, in der Mitte der Anlage errichtet.

Die Verkokung auch weniger backender Kohle hat in den letzten Jahren in steigendem Masse dahin geführt, die Feinkohle vor dem Beschicken des Koksofens zu stampfen. Sie wird dann aus dem auf der Koksausdrückmaschine angebrachten Stampfkasten gleich als fertiger Kuchen in den Ofen eingeführt. Damit entfällt der Transport der Kokskohle über die Oefen ganz, da die neueren Stampfmaschinen ihre Füllung aus Behältern entnehmen, die zwischen den Batterien liegen. Maschinelle Vorrichtungen zum Transport der Kohle über die Oefen, wie Transportbänder mit Abstreichern oder besonderen Beschickungsmaschinen sind dagegen noch nicht anzutreffen. Doch sind Transportbänder zur Verbindung mehrerer Feinkohlentürme für Stampfmaschinen in Aussicht genommen.

Die Anstalten zur Gewinnung der in den Koksofengasen enthaltenen sogenannten Nebenprodukte, insbesondere von Teer und Ammoniak, seltener auch von Benzol, bilden mit den Koksöfen überall ein auch räumlich zusammenhängendes Ganze, dem in manchen Fällen noch Teerdestillationsanlagen hinzutreten. Dadurch wird die Aufsicht der von einander abhängigen und unter einheitlicher Leitung stehenden Betriebe erleichtert und sehr bedeutend an Anlagekosten für Gasleitungen gespart.

Der Platzbedarf für die Nebenproduktengewinnung ist in fortwährender Steigerung begriffen, was zur Folge haben kann, dass sie mit den Koksöfen ganz aus der eigentlichen Zechenanlage herausgerückt wird. Eine gewisse Entfernung dieser Betriebszweige von den Schächten wird übrigens schon wegen des von ihnen ausgehenden Qualms gern gesehen. Wenn irgend möglich, legt man sie deshalb an die Nordostseite des Platzes, weil dann der den grössten Teil des Jahres über vorherrschende Südwestwind ihre Ausdünstungen von den Zechen fernhält. Sogar Erschwerungen in der Disposition nimmt man dafür mit in Kauf.

Für den Kohlentransport über Tage kommt wesentlich noch die Lage der Kessel in Betracht. Die Kohle geht ihnen meist direkt von der Hängebank auf Laufbrücken zu, welche über Taschen im Kesselhause endigen. Der Siebgrus wird event. mittels Aufzügen wieder auf dieses Niveau gehoben. Da der Selbstverbrauch bis zu 10 % der Förderung beträgt, wird auf kurze und möglichst gradlinige, ungebrochene Verbindung grosser Wert gelegt. Wo die Kessel hauptsächlich mit Koksofengasen geheizt werden, wird aber oft zu wenig berücksichtigt, dass bei Störungen und Einschränkungen der Kokserzeugung auch diese Kessel mit Kohlen vom Schacht her zu versehen sind.

Die Brikettfabriken erhalten ihr Kohlenmaterial durch Becherwerke aus den Wäschen, müssen also neben diesen errichtet werden.

Ist es eine Hauptaufgabe für eine gute Disposition, dafür zu sorgen, dass der Transport der Kohlen über Tage auf ein Mindestmass beschränkt bleibt, so darf doch auch der Transport der Berge und der Materialien nicht unberücksichtigt bleiben. Insbesondere ist oft die Wahl des Haldenplatzes schwer, da man zwar kurze Wege zur Halde wünscht, aber durch die rasche Ausdehnung einer nahe gelegenen Halde sich leicht des wertvollsten Platzes beraubt.

Die Verbindung zwischen Hängebank und Halde wird gewöhnlich durch eine Laufbrücke unter Anwendung von Seil oder Kette bewirkt. Ist der Haldenplatz bis zum Niveau der Brücke zugestürzt, so müssen die Bergewagen hochgezogen werden, was entweder auf einer in der entstehenden Böschung hinaufgelegten schiefen Ebene oder in einem seigeren, in Eisenkonstruktion ausgeführten Fördergerüst geschieht, von dem in der Sturzhöhe eine Brücke zur Halde hinüberführt. Im Ruhrbezirk sind Halden von mehr als 40 m Höhe vorhanden. Auf der Halde selbst werden die Wagen durch Menschen oder Pferde auf Gleisen bewegt und mittels verlegbarer Kreiselwipper gestürzt. Bei einer beliebten Konstruktion (Zollverein) wird der Kreiselwipper auf die Vorderenden zweier langer, schwerer, eiserner Träger gesetzt, welche mit dem grössten Teil ihrer Länge auf der fertigen Halde und auf Kreuzlagern aus Holz aufliegen. Dieser Teil hält dem freien Sturzende einschliesslich des Bergewagens das Gleichgewicht. Früher waren Kopfwipper in Gebrauch, aus denen die Wagen häufig die Halden hinunterstürzten. Wegen der schlechten Behandlung, welche die Wagen auf der Halde erfuhren, wurden sogar vielfach besondere Haldenwagen beschafft, in welche die Grubenwagen entleert wurden. Der ganze Haldenbetrieb einschliesslich des ständigen Verlegens der schweren Kreiselwipper ist äusserst kostspielig.

Auf Zeche Prosper II werden die Berge mit günstigem Erfolge durch eine Drahtseilbahn nach einer weit entfernten Halde befördert. Die Fördergefässe dieser Bahn werden automatisch in einer Höhe von 40 m über dem Haldenfuss an der Stelle entleert, wo der verschiebbare Anschlag gerade angebracht ist.

Besondere Sorgen verursacht der Haldenbrand, eine Quelle mancher Unfälle und vieler Streitigkeiten mit den Anliegern. Oft sind ausgedehnte Löschvorrichtungen erforderlich. Aschen- und Schlackenhalden sind von der Bergehalde zu trennen. Auch die Waschberge werden besser für sich gestürzt. Das Ideal für eine Tagesanlage ist ein Grubenbetrieb, der mit seinen eigenen Bergen und den Waschbergen gerade auskommt. Infolge der Ausdehnung des Versatzbaus ist dies Ziel schon in vielen Fällen erreicht, während in andern bereits das Hereinfördern der Haldenberge oder fremden Versatzmaterials nach der entgegengesetzten Richtung hin Kosten verursacht. Die Berge vom Schachtabteufen und den ersten

Querschlägen werden gewöhnlich zur Aufhöhung des Zechenplatzes benutzt.

Ein nicht unwichtiges Mittel, der Ausdehnung der Halden Einhalt zu thun, bietet die Verarbeitung von Schieferthon-Bergen zu Ziegelsteinen. Auf manchen Gruben werden 200 und mehr Wagen Berge täglich zu Steinen verarbeitet, deren Verkauf einen guten Gewinn lässt. Die Steinfabriken und Ringöfen legt man des einheitlichen Bergetransports wegen an die Bergebrücken in die Nähe der Halden, von welchen nach Bedarf auch noch weiteres Material entnommen wird. Leider bietet jedoch diese Lage oft Schwierigkeiten für den Bahnanschluss der Ziegelei.

Jede Kreuzung der Berge-, besonders der Waschberge-Förderung mit der Kohlenförderung wird auf gut disponierten Tagesanlagen nach Möglichkeit vermieden.

Als Materialtransport kommt vornehmlich der des Grubenholzes in Betracht. Die Holzplätze müssen an der Bahn liegen und werden nach allen Richtungen gleichmässig von Grubengleisen durchzogen, mittelst deren das Holz über den Platz verteilt und nach Bedarf zum Schacht oder an einen Aufzug gebracht wird.

Eine Grubengleisverbindung führt auch meist vom Schacht zu den Werkstätten. Eine geringe Entfernung zwischen beiden ist nicht nur wegen der täglichen Hin- und Herförderung des Gezähes, sondern auch wegen der Beförderung grösserer Maschinenteile und dergleichen sehr erwünscht.

Bei gut disponierten Anlagen rechnet man endlich auch mit der Möglichkeit, grössere Kohlen- und Koksmassen wegen Absatzmangel oder infolge von Verkehrsstörungen stürzen zu müssen. Es werden deshalb entsprechende Plätze vorgesehen, welche wie die Holzplätze mit Grubengleisen ausgestattet sind und durch einen Aufzug mit einer zur Verladehalle führenden Brücke z. B. einer Abzweigung der Bergebrücke verbunden sind. Zuweilen werden auch Vorrichtungen nötig zur Entladung von fremden Kohlen. Meist handelt es sich dabei um Zusatzkohlen zum Kokereibetrieb, die aus den Waggons in eine Grube entleert und aus dieser mittels eines Becherwerks in die Sieb- oder Feinkohlenbehälter gehoben werden.

Auf Zeche Deutscher Kaiser IV ist eine ähnliche Einrichtung getroffen, um den von dem zugehörigen Hochofenwerk angefahrenen, zum Spülversatz bestimmten Schlackensand aufzunehmen und zur Hängebank zu bringen.

In den meisten einschlägigen Fällen handelt es sich bei Zuführung von Kohlen oder Versatzstoffen um Werke, die derselben Verwaltung unterstehen und durch eine Zechenbahn verbunden sind. Es lassen sich deshalb bei diesen Transporten die Vorteile von Eisenbahnwagen mit hoher Tragfähigkeit und Selbstentladung ausnutzen, wovon unter andern die Zechen Deutscher Kaiser (für Sand) und Friedlicher Nachbar (für Brikett-Feinkohlen) Gebrauch machen.

β) Krafterzeugung und -Verteilung.

Nächst der Massenbewegung stellt die Erzeugung der Betriebskraft und ihre Umwandlung in Maschinenarbeit die wichtigsten Aufgaben an die Disposition der Tagesanlagen.

Auf den grösseren Fettkohlenzechen pflegen Dampfmaschinen für die Entwickelung von 5000 PS. und mehr vorhanden zu sein. Da ein Teil dieser Maschinen nur zu gewissen Tageszeiten zu laufen braucht, und ein weiterer Teil als Reserve dient, so wird eine Kesselanlage von ungefähr der halben Leistungsfähigkeit sämtlicher Maschinen notwendig.

Galt nun früher die Ansicht, dass auf einer Kohlenzeche der Kraftverbrauch keine Rolle spiele und wurden deshalb Kessel und Maschinen oft ohne rechten Plan unter Benutzung zufällig zur Verfügung stehender Plätze oder Räumlichkeiten untergebracht, so wird heute mit Nachdruck darauf gehalten, dass gerade die laufenden Kosten des Maschinenbetriebs durch die erste Anlage günstig beeinflusst werden. Zu diesem Zwecke wird die Vereinigung der Kessel wie der Maschinen in möglichst wenig Betriebsstätten verlangt, die nur durch kurze Entfernungen von einander getrennt sein sollen. In erster Linie kommt dies dem Dampfverbrauch zu Gute, da nur wenige und kurze Leitungen erforderlich bleiben und die in weitverzweigten Rohrnetzen unvermeidlichen Verluste durch Kondensation und Undichtigkeiten fortfallen. Durch die Verwendung der Elektrizität zum Antrieb einzelner Maschinen wird das Rohrnetz noch wesentlich verkürzt und von den zahlreichen engen Verbindungsleitungen zu allein stehenden und mit vielen Unterbrechungen arbeitenden Maschinen befreit, in denen erfahrungsgemäss die höchsten Kondensationsverluste entstehen.

In der That gelingt es oft, fast alle Dampfverbraucher in einer grossen Centralmaschinenhalle zu vereinigen, nämlich die Ventilatoren, die Luftkompressoren, die Dynamomaschinen für Beleuchtung und Krafterzeugung, die Antriebsmaschinen für etwaige hydraulische Wasserhaltungen und die Pumpen der Centralkondensation. Ausgeschlossen aus praktischen Gründen sind nur die Fördermaschinen und die selten benutzten Dampfkabel, wärend der meist noch durch Dampf bewirkte Antrieb der abseits gelegenen Ziegeleien und Brikettfabriken auch elektrisch erfolgen könnte. Oberirdische Wasserhaltungsmaschinen werden nicht mehr gebaut.

Neben der Verminderung des Dampfverbrauchs gewährt die gemeinsame Aufstellung der grossen Dampfmaschinen den Vorzug der Uebersichtlichkeit. Die wirtschaftliche Bedeutung dieses Fortschritts tritt in der Verminderung des Bedienungspersonals am meisten hervor, liegt aber wohl noch mehr darin, dass in hellen geräumigen Hallen unter dem Einfluss schärferer Aufsicht die Maschinen besser gewartet und länger betriebsfähig erhalten werden können.

In Centralmaschinenhallen lassen sich ferner manche Zeit und Arbeit ersparenden Vorkehrungen treffen, die man schwerlich für jede einzelne Maschine beschaffen könnte. Dahin gehören besonders die Laufkrähne. Sie erleichtern im Fall von Maschinenschäden das Auswechseln schwerer Maschinenteile und sind zur Abkürzung von Betriebsstörungen so unentbehrlich geworden, dass sie auch über jeder Fördermaschine eingebaut werden. In den Haupthallen sollen sie sich schon bei der Montage bezahlt machen. Ein Eisenbahngleis, welches am besten später liegen bleibt, wird in die Halle hineingeführt, worauf mit dem Laufkran die Maschinenteile unmittelbar vom Waggon aufgenommen und an ihren Platz gebracht werden.

Bis auf die Dampfersparnis kommen alle diese Vorteile auch den elektrisch angetriebenen Maschinen zu Gute. Diese werden deshalb nach Möglichkeit gleichfalls in der Centralmaschinenhalle aufgestellt.

Jedoch verdankt die elektrische Kraft auf den westfälischen Gruben ihre Einführung und häufige Verwendung ganz überwiegend noch dem Umstande, dass sie gerade für den Antrieb von Maschinen, die an einen bestimmten Punkt im Betriebe gebunden sind, dem Dampf gegenüber besondere Vorteile aufweist. Dahin zählen bequeme Zuführung und niedrige Leitungsverluste neben geringen Ansprüchen der Motoren an Platz, Fundamente und Wartung.

So ist für Separation und Wäsche elektrischer Antrieb schon deshalb vorzuziehen, weil die Verlagerung einer starken Dampfmaschine mit hin- und hergehender Bewegung in den hohen Gebäuden recht schwierig ist. Der Antrieb kann ferner leicht auf mehrere Elektromotoren verteilt werden, womit ausser dem Fortfall vieler Transmissionen eine Kraftersparnis erzielt wird, wenn nur Teile der Wäschen in Betrieb gesetzt werden. Aehnliche Vorteile bietet elektrische Kraftübertragung für die Werkstätten; elektrischer Gruppenantrieb wird hier immer häufiger angewandt. Elektrischer Antrieb von Schiebebühnen und Koksausdrückmaschinen macht eine Anzahl beweglicher Kessel entbehrlich, während die elektrische Einrichtung der zahlreichen über die ganze Zeche zerstreuten Aufzüge und ähnlicher kleiner Hülfsmaschinen nicht nur einen nennenswerten Gewinn an Betriebskraft sondern auch eine grosse Betriebserleichterung bedeutet.

Die gegebene Lage der Centralmaschinenhalle ist in der Nähe der Fördermaschinen, als der einzigen anderen grossen Dampfverbraucher.

Bei Zwillingsschächten mit rechtwinkliger Stellung der Fördermaschinen zur Bahn findet sie daher meist zwischen den letzteren ihren Platz, wie auf Constantin IV/V, Minister Achenbach, General Blumenthal III/IV und anderen Anlagen. Zuweilen legt man sie auch zwischen die Schächte, wie bei dem Projekt für die Schachtanlage Hugo bei Holten (Tafel IV). Diese Lage entspricht am meisten dem Bedürfnis des Ventilatorbetriebes nach kurzen Wetterkanälen. Lange und vielfach gewundene Kanäle zwischen Schacht und Maschinenhalle vermindern die Ventilatorleistung und können die Disposition in mancher Beziehung behindern, wenn sie auch wohl nirgends mehr, wie früher, über dem Niveau des Zechenplatzes errichtet werden. Die heutige Ausführung unter der Sohle bedingt weiterhin recht hohe Baukosten, namentlich wenn Fliess vorhanden ist*).

Als Gebäude sind die Maschinenhallen in den letzten Jahren immer höher geworden. Um den Aufenthalt in ihnen bei der Hitzeausstrahlung so vieler Maschinen erträglich zu gestalten, baut man sie möglichst hoch über Maschinenflur. Dieser selbst liegt aber bereits sehr hoch, da die Fundamente insbesondere auch bei den Fördermaschinen nur noch wenig in den Boden versenkt, oft auch bei gutem Baugrund darüber errichtet werden, wozu in vielen Fällen der dicht unter der Erdoberfläche liegende Schwimmsand ohne weiteres nötigt. Dafür kommen die Fundamente meist in eine mehrere Meter hohe Aufschüttung des Zechengeländes zu stehen. Der hohe kellerartige Raum zwischen den Fundamenten nimmt die Dampf-, Luft- und elektrischen Leitungen auf. Ausser leichter Zugänglichkeit bietet diese Anordnung den Vorteil, dass das Kondenswasser weniger leicht in die Maschinen mitgerissen wird als bei Dampfzuleitung von oben. Auch zur Aufnahme von Akkumulatoren eignen sich die Keller.

Die Zusammenfassung des Dampfverbrauchs lässt als natürliche Folge die Forderung auf Vereinigung der Dampferzeugung in möglichster Nähe entstehen. Die Kesselhäuser liegen daher zwischen, hinter oder neben den Dampfentnehmern, seltener sind sie durch den Zechenplatz von ihnen getrennt.

Die Lage der Kessel in der Nähe des Schachtes erleichtert die Kohlenzufuhr. Bei den Anlagen, welche mit überhitztem Dampf arbeiten, muss das Kesselhaus an die Centralmaschinenhalle stossen, denn die Vorteile der Ueberhitzung können nur bei ganz kurzen Dampfleitungen ordentlich ausgenutzt werden, andererseits aber auch nur in ununterbrochen laufenden Maschinen. Auf General Blumenthal III/IV hat man die geringe Entfernung zwischen Kesseln und Maschinen in der Weise nutzbar gemacht, dass man jede einzelne Maschine mit dem Dampfsammler durch

---

*) Vergl. Band VI, Seite 321.

Additional material from *Disposition der Tagesanlagen, Dampferzeugung, Centralkondensation, Luftkompressoren, Elektrische Centralen*
ISBN 978-3-642-50625-3 (978-3-642-50625-3_OSFO3),
is available at http://extras.springer.com

eine eigene Leitung verbunden hat. Damit fällt der Missstand fort, dass ganz verschiedenartig arbeitende Maschinen aus derselben Dampfleitung gespeist werden und beispielsweise der gleichmässige Gang der Dynamos durch das plötzliche Anheben der Fördermaschine gestört wird.

Für die grosse Zahl der Fettkohlenzechen kommt neben der Nähe der Maschinen und des Schachtes bei der Bestimmung der Lage der Kessel sehr wesentlich der Umstand in Betracht, dass auch Koksofengase zur Dampferzeugung verwandt werden. In der Hauptsache handelt es sich um die Verwertung der sogenannten Abhitze der Koksöfen. Die Temperatur, mit welcher die Verbrennungsgase die Heizkanäle der Koksöfen verlassen, ist immer so hoch, dass sie noch zur Erzeugung grösserer Dampfmengen genügt. Handelt es sich um Oefen ohne Nebenproduktengewinnung, in denen die Verkokungsgase aus der Ofenkammer unmittelbar in die Heiz-kanäle übertreten, so findet hier in der Regel nicht einmal eine vollständige Verbrennung statt. Sie wird vielmehr zum Vorteil der Dampfentwickelung erst unter den Kesseln zu Ende geführt. Man kann dementsprechend an eine solche Ofenbatterie mehr Kessel anschliessen, als bei Gewinnung von Neben-produkten. Wo diese besteht, wird die Heizkraft der Verkokungsgase vor ihrer Verwendung zur Ofenheizung durch die Entziehung brennbarer Bestandteile und durch die Abkühlung auf Lufttemperatur so geschwächt, dass sie schon für den Ofenbetrieb weitgehend ausgenützt werden muss.

Mag aber die Abhitze noch verbrennungsfähige Gase enthalten oder nicht, ihre Verwendung hat in unmittelbarer Nähe der Koksöfen statt-zufinden. Längere Wege zu den Kesseln würden bei dem grossen Temperatur-unterschied gegen die Aussenluft zu hohe Wärmeverluste mit sich bringen, ganz abgesehen von den bedeutenden Kosten, welche Anlage und Reparatur langer Gaskanäle verursachen würden.

Wird auf den Teerkokereien nicht alles von Teer und Ammoniak be-freite Gas wieder zur Heizung der Oefen gebraucht, so kann der Rest in Röhren beliebig weit fortgeleitet werden. Am besten werden aber die eigentlichen Gaskessel mit den Abhitzekesseln zu einer Batterie vereinigt.

Die Abhängigkeit von den Koksöfen hat auf älteren Zechen sehr viel dazu beigetragen, dass die Dampferzeugung in unvorteilhafter Weise zer-splittert wurde. Der Kokereibetrieb entstand allmählich an den ver-schiedensten Stellen des Zechengeländes. Dementsprechend zerstreut lagen die Kessel, welche doch alle an dieselbe Leitung angeschlossen werden mussten. Heute ist es oft nur der Zustand der langen, schlecht dicht zu haltenden Dampfleitungen, welcher ältere Anlagen verhindert, zu höheren Dampfspannungen überzugehen.

Bei Neuanlagen hat die Eingliederung der Koksöfen daher auch vom Standpunkte der Kraftversorgung mit zu erfolgen. Ist dabei eine Teilung der Kesselanlagen nicht zu vermeiden, so ist das auf grösseren Zechen nicht immer ein Nachteil, da es eine gewisse Reserve bei Kesselunfällen bietet und ungeachtet der stets vorhandenen Dampf-Ringleitung eine Abkürzung der Dampfwege zur Folge haben kann. Vor allem sollte aber selbst bei grossem Kokereibetrieb immer eine starke Stochkesselreserve in der Nähe der Maschinen verbleiben, da Schwankungen in der Gasentwickelung schon beim regelmässigen Betrieb häufig sind und auf die Dauer stets mit grösseren Störungen gerechnet werden muss.

Die Lage der Kesselhäuser zu den Nebengebäuden wird durch den Umstand beeinflusst, dass eine Auswechselung der Kessel möglich sein muss, sei es auch unter Durchbrechung einer Mauer. Die meisten Kesselgebäude enthalten aus diesem Grunde nur eine Reihe Kessel, denen an der vorderen Langseite die Kohlentaschen gegenüberliegen. Die Kesselhäuser, welche nach dem Vorgang von Zollverein IV/V zwei Reihen Kessel enthalten, sind deshalb schon wegen ihrer besseren Raumausnutzung erwähnenswert. Der Bedienungsraum zwischen beiden Kesselreihen wird breit genug genommen, um Kessel durchtransportieren und Flammrohre ausziehen zu können. Ueber der Mittellinie liegt das Kohlenzufuhrgleis, von dem auf Zollverein die Kohlen mittels eines fahrbaren Kreiselwippers auf die Sohle des Kesselhauses gestürzt werden. Wegen der damit verbundenen Unannehmlichkeiten sind auf Gladbeck unter den Wippern cylindrische Bunker aus Eisenblech eingebaut, von denen Rutschen nach den Kesseln ausgehen. In Ausführung desselben Gedankens sind auf Sterkrade Bunker von grösserem Fassungsraum in Gestalt umgekehrter Pyramiden hoch auf Trägern verlagert und mit je vier Kesseln durch geschlossene Rinnen verbunden, welche die Kohle vor die Schaufeln des Heizers bringen.

Die Bauausführung der Kesselhäuser zeigt gegen früher häufig den Unterschied, dass nur der Schürerstand überdacht ist. Dadurch wird grössere Helligkeit, weniger Belästigung durch Hitze und abblasendem Dampf, sowie bessere Zugänglichkeit der Dampfsammler und Ventile erzielt, wogegen andererseits mit Recht der Einwand grosser Wärmeverluste, namentlich im Winter, erhoben wird. Eine erwähnenswerte Neuerung von Tomson besteht darin, die Kessel für hochgespannten Dampf gar nicht mehr einzumauern, vielmehr alles auf ihre leichte Demontage einzurichten, weil Reparaturen an solchen Kesseln sachgemäss nur in der Fabrik ausgeführt werden können.

In möglichster Nähe der Kesselhäuser befinden sich die verschiedenen mit der Dampferzeugung zusammenhängenden Hülfsvorrichtungen, wie Pumpen, Speisewasserreiniger, Vorwärmer und dergleichen. Als Speisewasser dient vorwiegend Ruhrwasser, welches die Zechen gegen einen von der Höhe der Entnahme abhängigen Preis von 5—10 Pfg. für das Kubikmeter aus den über den ganzen Bezirk verbreiteten Leitungen

erhalten. Da indes Rohrbrüche infolge von Bodenbewegungen keine
Seltenheit sind, so sind die auf Ruhrwasser angewiesenen Zechen gezwungen, Vorräte für mindestens 24 Stunden in Bassins in Reserve zu
halten. Vielfach wird das Wasser in einen Hochbehälter gepumpt, aus
dem es zu allen möglicherweise in Frage kommenden Verbrauchspunkten
unter natürlichem Druck ausfliessen kann, namentlich auch auf die Halde
zum Löschen von Haldenbränden. Zuweilen werden die Behälter gleich
auf dem höchsten Punkt der Halde errichtet, meist jedoch befinden sie
sich auf eisernen Türmen. Zeche Prosper II besitzt einen derartigen
Wasserturm von 43 m Höhe, dessen Wasser noch an der höchsten Seilscheibe des Schachtgerüstes ausläuft, um dort im Bedarfsfalle die Achsen
zu kühlen.

Aus Sparsamkeitsgründen werden auch schmutzige oder salzige Wasser
gesammelt, um zum Kokslöschen zu dienen. Dann finden sich wohl zwei
Behälter auf demselben Turmgerüst.

Reinigungsvorrichtungen für das Kesselwasser sind in den
verschiedensten Arten verbreitet, doch wird das Wasser ebenso häufig
in ungereinigtem Zustande verbraucht.

Als Vorwärmer werden jetzt mehrfach sogenannte Economiser in
den Fuchs eingebaut, um die Abhitze der Heizgase auszunutzen. Gewöhnlich begnügt man sich jedoch damit, zur Vorwärmung den Abdampf der
Fördermaschinen und anderer Maschinen ohne Kondensation in Kesseln
über das Speisewasser zu leiten.

Viele der neueren Zechen bezeugen ihre Wertschätzung eines geringen
Dampfverbrauchs dadurch, dass sie von vornherein Centralkondensation
einrichten, die trotz ihres wirtschaftlichen Nutzens wohl wegen der beträchtlichen Anlagekosten bisher mehr als ein letztes Aushülfsmittel betrachtet wurde, wenn der Kraftbedarf stieg, eine weitere Vergrösserung
der Kesselanlagen aber aus räumlichen Gründen durchaus unmöglich war.

Da die Centralkondensationsanlage mit allen angeschlossenen Dampfmaschinen, zu denen jetzt regelmässig auch die Fördermaschinen gehören,
durch weite Abdampf-Rohrleitungen verbunden sein muss, so wird sie der
Billigkeit wegen zweckmässig in der Nähe der Maschinen errichtet, am besten
im Centralmaschinenhause, obgleich die Höhe des Vakuums durch längere
Leitungen nur wenig beeinträchtigt wird. Dagegen kann man die des
Wassermangels wegen in den meisten Fällen erforderliche Rückkühlung
des Kühlwassers in hölzernen oder massiven Kaminkühlern beliebig weit
abseits legen, weil es sich dabei nur um eine längere oder kürzere Wasserleitung handelt. Die hölzernen Kühltürme nehmen auch einen ziemlich
bedeutenden Platz in Anspruch, welcher meist etwas abseits besser zur
Verfügung steht.

Die nach Möglichkeit verkürzten Dampfleitungen werden gut isoliert auf eisernen Säulen über die Tagesanlagen geführt. Zum Vorteil des Gesamteindrucks werden sie neuerdings dem Auge öfter vollständig entzogen, indem sie unter die Erde in mit Bohlen zugedeckte Kanäle gelegt werden. Für Reparaturen sind sie dort leichter erreichbar. Die Kanäle werden entweder wie auf Gladbeck zur Isolation mit Asche gefüllt, oder sie werden so gross genommen, dass auch elektrische und andere Leitungen in ihnen verlegt werden können, wie dies teilweise auf Consolidation III/IV geschehen ist.

Nach den im vorstehenden entwickelten Gesichtspunkten haben die Tagesanlagen zur Zeit den Ansprüchen Rechnung zu tragen, welche reiner Dampfmaschinenbetrieb an sie stellt, dem die Elektrizität nur die Last des Antriebs kleinerer zerstreut liegender Maschinen abgenommen hat.

Der Zechenbetrieb ist aber in Bezug auf Krafterzeugung und Kraftverteilung unverkennbar in eine Zeit des Uebergangs eingetreten, in der es sich für ihn darum handelt, die auf diesen Gebieten anderwärts erzielten Fortschritte seinen besonderen Bedürfnissen anzupassen. Die Rückwirkung der zu erwartenden Aenderungen, wenn nicht Umwälzungen auf die Gesamtdisposition ist auf einigen der neuesten Anlagen schon deutlich erkennbar.

Die ganze Entwickelung beherrscht ein starker Zug, den Kraftbedarf der Zechen in Centralen zu erzeugen und von dort in Form elektrischer Energie sämtlichen Maschinen zuzuführen. Diesem Ziele haben den westfälischen Bergbau nicht nur die Errungenschaften der Elektrotechnik, welche sich immer besser allen möglichen Betriebszwecken anzupassen lernt, näher gebracht, sondern auch die Fortschritte auf andern Gebieten, z. B. im Bau von Dampfturbinen und Gasmotoren.

Treibend ist wohl hauptsächlich der Gedanke gewesen, dass der Dampf in einer grossen, ununterbrochen arbeitenden Maschine besser verwertet werden kann, als in mehreren kleineren. Das beweist die interessante Zwischenlösung, welche das Problem schon vor einigen Jahren auf der Zeche Preussen I gefunden hat. Dort werden alle grösseren Arbeitsmaschinen mit Ausnahme der Fördermaschinen von einer einzigen Dampfmaschine in Thätigkeit gesetzt, welche mit dem direkt angetriebenen, auf demselben Rahmen montierten Luftkompressor ein Ganzes bildet. Alles andere einschliesslich der Wäsche-Maschine wird durch Riemen oder Seile von einer grossen Transmissionswelle aus betrieben. Es liegt auf der Hand, dass dies Verfahren neben andern Nachteilen vor allem auch den besitzt, die Freiheit in der Anordnung von Maschinen und Gebäuden sehr zu beschränken.

Die Ersetzung der mechanischen Kraftübertragung durch elektrische liegt daher um so näher, als bei ihr die Aufstellung der Motoren ganz unabhängig von der Centrale erfolgen kann. Dementsprechend ist elektrische Kraftübertragung ausser für die früher genannten Zwecke zunächst für unterirdische Wasserhaltungen und auf abgelegenen Schächten stehende Ventilatoren zur Einführung gekommen. Seitens der Harpener Bergbaugesellschaft ist auf der Zeche Courl mit Hülfe der Elektrizität auch die Erzeugung der für den Grubenbetrieb nötigen Pressluft mit Vorteil vom Tage in die verschiedenen Grubenabteilungen verlegt worden. Auf Zeche Zollern II ist der Hauptventilator angesichts des geringen Platz- und Wartungsbedürfnisses elektrischer Motoren aus der Maschinenhalle heraus unmittelbar an den Ausziehschacht gesetzt, mit dem Vorteil, dass die teuren Wetterkanäle wegfallen und eine höhere Ventilatorleistung erzielt wird. Aber auch dort, wo es auf Unabhängigkeit der Lage und Platzersparnis nicht ankommt, dringt elektrischer Antrieb für Ventilatoren und Kompressoren vor, weil die Wirtschaftlichkeit einer Centrale den Anschluss möglichst vieler Maschinen erfordert und solche mit gleichbleibendem Kraftbedarf ihr einen besonders guten Rückhalt gewähren. Verfolgt man diesen Gedanken weiter, so muss man schliesslich auch den Anschluss der grössten Kraftverbraucher, nämlich der Fördermaschinen ins Auge fassen, zumal man hoffen darf, mit Hülfe der Elektrotechnik den hohen Kraftbedarf derselben ermässigen zu können und auch noch rein betriebstechnische Vorteile zu erzielen.

Die volle elektrische Centralisation des Maschinenbetriebs unter Einbeziehung der Fördermaschinen ist zum ersten Male auf der Zeche Zollern II im Jahre 1903 erfolgreich durchgeführt worden. Zwei weitere derartige Anlagen, Matthias Stinnes III/IV und De Wendel werden voraussichtlich im Laufe des Jahres 1905 in vollen Betrieb kommen. Auf Preussen II läuft neben der Dampffördermaschine eine mit Drehstrom betriebene elektrische zur vollen Zufriedenheit. Die Betriebsergebnisse dieser Anlagen werden für die zukünftige Entwickelung der Tagesanlagen von höchster Bedeutung sein.

Aeusserlich betrachtet bedeutet die elektrische Centralisation vorläufig trotz des Wegfalls zahlreicher Dampfmaschinen keine Vereinfachung, und die Maschinenhallen werden dabei eher grösser als kleiner. Ausser den Primärmaschinen nebst voller Reserve haben sie noch die verschiedensten Transformatoren und Umformer aufzunehmen, da Strom von vielerlei Art und Spannung gebraucht wird. Dazu kommen Akkumulatoren, Widerstände, Anlasser, Messapparate und das ganze verwickelte System der Schaltungen, welches in einem abgetrennten, gut beleuchteten Raume untergebracht wird. Ferner werden Zwischenmaschinen erforderlich, wie für die mit Gleichstrom arbeitenden Fördermaschinen die sogenannten Ilgner-Aggregate, welche den Zweck haben, die ungleichmässige Belastung der Fördermaschinen durch Einschaltung schwerer Schwungmassen für die Primärmaschinen auszugleichen. Da jedes Ilgner-Aggregat mit jeder Fördermaschine verbunden werden kann, brauchen aber von ihnen nur soviel vorhanden zu sein, als Fördermaschinen gleichzeitig arbeiten. Sie werden deshalb von den letzteren getrennt und in der Centralmaschinenhalle untergebracht. Auf Zollern II sind allerdings die Fördermaschinen gleich mit in die gemeinsame Halle hineingesetzt, da sie gegenüber den Dampfmaschinen klein ausfallen, besonders auch in den Fundamenten. Hin- und hergehende Teile oder grössere Schwungmassen sind bei ihnen nicht mehr vorhanden. Die mächtigen Fördermaschinenhäuser kommen aus diesem Grunde auf alle Fälle zum Verschwinden, sobald man sich nicht mehr die Möglichkeit offen zu lassen braucht, die Förderungen nötigenfalls für Dampfbetrieb umzubauen.

Wie die Gesamtdisposition einer Anlage durch elektrischen Centralbetrieb des Näheren beeinflusst wird, hängt wesentlich davon ab, mit Hülfe welcher Kraft und an welchem Platze der elektrische Strom erzeugt wird. Es sind dafür drei Möglichkeiten gegeben, Dampfbetrieb, Gasmotorbetrieb und Verzicht auf eine eigene Centrale und Bezug des Stromes aus öffentlichen Centralen oder von anderen Werken.

Auf Zollern II, De Wendel und Preussen II sind Dampfcentralen vorhanden. Hier ist unmittelbarer Anschluss des Kesselhauses an das Maschinenhaus gegeben, damit der Dampf mit allen Mitteln der heutigen Technik in den grossen Centralmaschinen ausgenutzt wird. Sind diese auf den genannten Werken auch als Kolbenmaschinen gebaut, so kann doch als sehr wahrscheinlich angenommen werden, dass in zukünftigen Fällen Dampfturbinen an ihre Stelle treten werden. Infolge ihrer hohen Umdrehungszahl und ihres mässigen Dampfverbrauchs eignen sie sich ausgezeichnet zum Antrieb grosser Dynamomaschinen, und ihre Betriebssicherheit ist jetzt auch auf den Gruben des Ruhrbezirks erprobt. Die bisher für Einzelzwecke, wie elektrische Wasserhaltungen und kleine Centralen mit Leistungsfähigkeit bis zu 1300 KW beschafften Turbinen haben sich durchaus bewährt und zeichnen sich auch durch geringen Raumbedarf und geringe Ansprüche an Wartung aus.

Grössere Gasmotorencentralen sind noch nicht vorhanden. Ihre Errichtung gilt aber nur noch für eine Frage der Zeit und der Umstände, wenigstens auf denjenigen Fettkohlenzechen, welche gasreiche Kohlen verkoken und Nebenprodukte gewinnen. Diese werden angesichts der Leistungen und der Betriebssicherheit moderner Gasmotoren ihren Ueberschuss an gereinigten Gasen kaum noch lange unter Kesseln verbrennen, wenn sie in Gasmotoren das Mehrfache an Kraft aus ihnen gewinnen können. Jeder derartige Gasmotorenbetrieb muss aber mit elektrischer Centralisation Hand in Hand gehen, da nur wenige Antriebsmaschinen, wie vielleicht die Kompressoren, für direkten Antrieb durch Gasmotoren geeignet sind. Ausserdem arbeiten die grössten Gasmotoren am vorteilhaftesten und viele mit dieser Maschinenart verbundene Unannehmlichkeiten, als riesige Fundamentierungen, Anlassschwierigkeiten und Reinigungsstillstände, kommen für eine mit Reserven versehene Centrale weniger in Betracht. Alle bisher für Speisung mit Koksofengasen errichteten Gasmotoren treiben zunächst Dynamomaschinen und dasselbe wird auf den in Bau begriffenen oder projektierten Anlagen der Fall sein. Von ersteren sei die Anlage auf Consolidation III/IV erwähnt. Für den Gasüberschuss von 60 Otto-Oefen neuesten Systems werden dort zwei 600 PS-Gasmotoren gebaut, die für die unterirdische elektrische Wasserhaltung bestimmt sind. Die Zeche Rheinpreussen hat für zwei ihrer Schachtanlagen 1500 pferdige Gasmotoren bestellt, sodass die zugehörigen Centralen sich gegenseitig ersetzen können.

Mit Rücksicht auf die Tag und Nacht gleiche Gaserzeugung müssen an solche Centralen, wie bisher an die Gaskessel, in erster Linie die ununterbrochen arbeitenden Maschinen angeschlossen werden.

Das zur Speisung der Gasmaschinen dienende Gas kann leichter als Dampf überall hin geleitet werden. Die Aufstellung der Motore ist daher nicht beschränkt. Wenn für sie eine Dampfreserve vorhanden ist, gehören sie schon derentwegen in die Centralmaschinenhalle. Doch sprechen auch manche Gründe für ihre Aufstellung auf der Kokerei. Die erforderlichen Einrichtungen zur vollständigen Reinigung des Kraftgases von Teer und Cyan schliessen sich am besten an die Nebenproduktengewinnung an, und für die Rückkühlung der Wassermengen, welche zur Kühlung der Cylinder und anderer Maschinenteile dienen, können die auf den Kokereien bereits vorhandenen Gradierwerke leicht vergrössert werden.

Gegen die Einführung der Gasmotoren spricht, dass die über den Eigenbedarf der Koksöfen zur Verfügung stehenden Gasmengen immerhin beschränkt und auch noch zu andern Zwecken, zum Beispiel zur Anfeuerung etwaiger Teerdestillationsblasen, sehr gut zu gebrauchen sind. Ferner schwankt die Gasmenge in Abhängigkeit von der oft ungleichmässigen Kokserzeugung und vermindert sich regelmässig mit der längeren Betriebszeit der Oefen, in denen durch Undichtigkeiten ständig wachsende Verluste entstehen.

Man sucht deshalb zunächst durch die Bauart der Oefen ihren Gasüberschuss zu steigern, was bei dem Ofensystem von Dr. Otto beispielsweise durch Höherlegen der Brenner erreicht ist. Bis dahin gaben diese Oefen so gut wie gar keinen Ueberschuss. Es steht aber auch ein grundsätzlicher Weg zur Gasersparnis offen, der bei den Oefen Kollinschen Systems auf Zeche Graf Moltke eingeschlagen ist, nämlich die Vorwärmung der Verbrennungsluft durch die Abhitze. Der Fortfall der für den Gesamtbetrieb so ungünstig gelegenen Abhitzekessel kann dabei nur als ein Gewinn betrachtet werden.

Zur Bildung selbständiger Reserven und zur Erzeugung von Kraftgas über die Leistungsfähigkeit der Kokerei hinaus kann die Aufstellung von Generatoren dienen, welche sich in andern Bergbaubezirken bereits zur Verwertung minder guter Brennstoffe bewährt haben. Unter Umständen wird angesichts der grossen Mengen geringwertiger Kohlen auf manchen Bergwerken allein jener Gesichtspunkt zu ihrer Einführung und damit zum Gasmotorenbetrieb führen.

Generatoren werden die Errichtung von Gasmotorcentralen nicht nur in der Richtung unterstützen, dass sie den Kokereien die nötigen Gasmengen liefern helfen; wenn sie sich wirklich bewähren, werden sie vielmehr auch die Gas- und Flammkohlenzechen in den Stand setzen, Gasmotoren anzuwenden. Gelingt es, in ihnen die schwer absetzbaren Feinkohlen der Gas- und Flammkohlenflötze zu vergasen, dann können diese Zechen endlich zur Errichtung von Wäschen übergehen und den Bau mancher Flötze in Angriff nehmen, die seither lediglich wegen ihrer Verunreinigung durch Nachfall oder Bergemittel sitzen geblieben sind.

Generatoren gewähren ferner wenigstens die Möglichkeit, Gasmotorbetrieb auf Neuanlagen einzurichten, auf denen doch erst mehrere Jahre nach dem Anhauen der Kohle die Koks- und Gaserzeugung die in Aussicht genommene Höhe erreichen kann. Der Umstand, dass bis zu diesem Zeitpunkte Dampfmaschinen oder dampfelektrische Centralen die volle Maschinenkraft leisten müssen, steht der späteren Einführung von Gasmaschinen bisher sehr entgegen.

Bedingung für die Anwendung von Gasmotoren in grösserem Massstabe ist aber, dass sie mit Kohlen, nicht nur mit Koks arbeiten, sowie dass sie eine gewisse Regulierfähigkeit besitzen. Sonst würde Nachts und an Feiertagen der Brennstoffaufwand zum grossen Teile verloren gehen, da die Aufstellung entsprechend grosser Gasbehälter der Kosten wegen nicht in Frage kommen kann.

Vorläufig statten auch diejenigen Zechen, welche die Koksofengase in Gasmotoren verwerten, ihre elektrischen Centralen noch mit Dampf- und mit Gasdynamos aus. Die Dampfdynamo wird zuerst eingebaut und kann, sobald Gas genug vorhanden ist, in Reserve gestellt werden. Wird die Centrale in mehr als zwei Aggregate zerlegt, so müssen erforderlichen Falls Dampf- und Gasdynamos zusammenarbeiten und miteinander geschaltet werden.

Ohne Generatoren lässt sich die Vereinigung grösserer Gasmengen auf einer Stelle schliesslich noch dadurch erreichen, dass der Kokereibetrieb mehrerer in einer Hand befindlicher Zechen zusammengelegt wird. Dies ist schon früher geschehen, wenn es auf einer Anlage an dem nötigen

Platz für eine Kokerei mangelte. Heute sprechen neben dem Umstande, dass der Platzbedarf mit Einführung der Teer- und Ammoniakgewinnung sehr gewachsen ist, auch innere Gründe dafür. So empfiehlt sich der Anschluss von Benzolfabriken und Teerdestillationsanstalten nur für einen grösseren Betrieb. Viel wichtiger aber ist, dass der immer weitergehende Ausbau der Verkokungsanstalten aus ihnen verwickelte chemische Fabrikationsbetriebe macht, die nur von hochwertigen, selbständigen Aufsichtskräften mit Hülfe guter Laboratorien und dergleichen erfolgreich geleitet werden können. Treibt aber die ganze Entwickelung aus diesen Gründen nach Lösung des technischen und persönlichen Zusammenhangs zwischen Gruben- und Kokereibetrieb, so ist die Vereinigung des letzteren an einem Platze unter einheitlicher, tüchtiger Leitung geradezu gegeben. Dem Gasmotorbetrieb ist es dabei vorbehalten, die Hauptschwierigkeit aufs glücklichste zu beheben, welche in der bisherigen Abhängigkeit des Grubenbetriebes von den Kokskesseln liegt. Eine elektrische Centrale kann den einzelnen Anlagen mehr Kraft zurückgeben, als sie von den Kokskesseln erhielten, und ihnen ausserdem noch als wertvolle Aushülfe in allen möglichen Fällen dienen.

Eine solche Entwickelung scheint auf der Zeche Mathias Stinnes ins Auge gefasst zu sein. Wenigstens wird die neue Anlage III/IV nur mit einer Separation und mit den Verladungseinrichtungen für Stück- und Förderkohle ausgerüstet. Die durchgesiebten Waschkohlen sollen auf einer Hochbrücke nach Schacht I/II gebracht werden, wo schon früher umfangreiche Versuche mit Gasmotoren stattgefunden haben.

Zur Zeit ist die ausschliesslich für elektrischen Betrieb eingerichtete Anlage III/IV an das Essener Elektrizitätswerk angeschlossen und bietet so das erste Beispiel einer Steinkohlengrube, die ihren ganzen Kraftbedarf von ausserhalb bezieht.

Die elektrische Anlage auf der Zeche erfährt bei diesem Vorgehen eine erhebliche Vereinfachung durch den Fortfall der Primärmaschinen, ohne dass die damit verbundene Ersparnis an Anlagekapital in den Betriebskosten, das heisst in dem Preise der elektrischen Kraft notwendig wieder zum Ausdruck kommen müsste. In einer grossen Centrale kann der Anschluss vieler verschiedenartiger Betriebe so geregelt werden, dass ein Ausgleich der wechselnden Beanspruchungen und eine annähernd vollkommene Ausnutzung der Anlagen und Brennstoffe erfolgt. Eine Zechencentrale dagegen wird nur vorübergehend voll beansprucht. Die Gestehungskosten jeder in der Arbeitsmaschine verwandten Krafteinheit werden daher schon durch einen höheren Satz für Verzinsung und Amortisation verteuert. Es kommt hinzu, dass der Energieverbrauch je Kilowattstunde nur dann gering ist, wenn die Maschinen gleichmässig voll belastet sind; bei wechselnden und niedrigen Belastungen steigt der Energieverbrauch sehr erheblich. Die Teilung der Centrale in mehrere Parallelaggregate kann diesen Uebelstand nur teilweise beheben und auch die Akkumulatoren, in denen bei Gleichstromcentralen die Aufspeicherung der über den Augenblicksbedarf erzeugten Energie geschehen soll, können diesen Zweck nur unter Mehraufwendung bedeutender Kapitalien erfüllen.

Die Kosten der Kohlen stellen sich natürlich für eine Zeche niedriger als für ein selbständiges Elektrizitätswerk, und deshalb, wie aus dem Grunde, dass langfristige gute Verträge nötig sind, wird der auf Mathias Stinnes beschrittene Weg hauptsächlich dann Nachfolge finden, wenn bereits eine Art Interessengemeinschaft zwischen Elektrizitätswerk und Zeche besteht. Vielleicht mögen die angeführten Vorteile in Zukunft aber noch manche Bergwerksgesellschaft bewegen, ihrerseits Centralen für eigenen u n d fremden Kraftbedarf einzurichten.

In grösserem Umfange werden zur Zeit noch auf Schacht Thies des Schalker Gruben- und Hüttenvereins die Vorkehrungen zum Bezug elektrischer Kraft in Höhe von etwa 2000 PS. von aussen getroffen und zwar wird die Hochofenanlage derselben Gesellschaft in Bulmke in einer für das Vielfache der genannten Leistung angelegten Gichtgascentrale den Strom erzeugen.

Die Betriebssicherheit kann bei derartigen, mit grossen Reserven arbeitenden Unternehmungen höchstens noch in den Leitungen als möglicherweise gefährdet gelten. So lange diese aber ihren Zweck erfüllen und gegen äussere Beschädigung geschützt werden können, bietet Kraftzuführung von ausserhalb mindestens dieselbe Gewähr, dass der Maschinenbetrieb unter allen Umständen aufrecht erhalten wird, wie Krafterzeugung auf der Zeche.

In Bau begriffene Anlagen, welche noch keine Kohlen fördern und für Wasserhaltung beim Abteufen oder andere Zwecke doch grösserer Kraftmengen benötigen, würden von auswärtiger Zuführung elektrischen Stroms vielleicht den grössten Vorteil haben, umsomehr, als den elektrisch betriebenen Hochdruck-Centrifugalpumpen beim Abteufen die Zukunft zu gehören scheint.

γ) **Kaueneinrichtungen.**

Neben der Tagesförderung und dem Maschinenbetrieb spielen bei der Disposition einer Neuanlage auch die Vorkehrungen eine Rolle, welche der Kontrolle und dem vorübergehenden Aufenthalt der Belegschaft, sowie den damit verknüpften althergebrachten und teilweise bergpolizeilich bekräftigten Wohlfahrtszwecken zu dienen haben. Die westfälischen Belegschaften kommen nicht in ihrem Arbeitszeug zur Grube, sondern kleiden sich dort um und nehmen nach der Schicht ein Bad. Sie erhalten ferner schon aus bergpolizeilichen Gründen ihre Lampen auf der Zeche, abgesehen von den wenigen kleinen Gruben, wo noch offenes Licht in Anwendung steht. Es muss den Leuten ferner Gelegenheit gegeben sein, vor und nach der Schicht mit ihren Vorgesetzten zu sprechen. Für alle diese Zwecke werden grosse Kauengebäude errichtet, in welche gern auch die Magazinräume verlegt werden. Es fällt damit eine stets mit einer gewissen Unfallgefahr verbundene Veranlassung für die Leute fort, sich über den Zechenplatz zu zerstreuen.

Bei den auf Belegschaften von 2000 Mann und mehr berechneten neuen Gruben erhalten die Kauengebäude eine erhebliche Ausdehnung. Sie umfassen zunächst einen grossen Umkleideraum, dessen Erweiterungsfähigkeit durch An- oder Ausbau vorgesehen sein muss. Seitlich des Umkleideraumes befinden sich die Räume für die Brausen, welche jetzt durch Bergpolizeiverordnung durchgängig an Stelle der früher üblichen gemeinsamen Bassins eingeführt sind. Die Anordnung der Brausen seitlich vom Umkleideraum hat gegenüber der auch wohl gewählten Anordnung in der Mitte den Vorzug, dass der Wasserdampf abgesaugt werden kann ohne die aufgehängten Kleider zu durchnässen, welche an Schnüren oder Ketten frei unter das Dach des Umkleideraumes gezogen werden. Die früher üblichen Schränke aus durchlochtem Blech sind für die Aufbewahrung der Kleider nicht mehr beliebt, da sie das Auslüften und Trocknen behindern und die Reinigung der Kaue erschweren. Die Schnüre werden an Schnurständern verschliessbar befestigt.

Für die Arbeiter unter 18 Jahren sind besondere Räume abgeteilt, desgleichen mit Rücksicht auf ihre nassen Kleider für die Schachthauer. Der Abschluss der Tagesarbeiter empfiehlt sich wegen ihrer andern Schichtzeit. Die Fahrhauer erhalten ihre Waschräume meist neben denen der Steiger, welche bald mit Brausen, bald mit Wannen versehen sind.

Von den Umkleideräumen aus sind Aborte zugänglich (Fig. 23 und 28), allgemein allerdings erst seit der schärferen Bekämpfung der Wurmkrankheit. Sie sollen mit dazu beitragen, die Leute an die Verrichtung ihrer Bedürfnisse über Tage statt in der Grube zu gewöhnen, und sind darum öfter mit einem gewissen Komfort ausgestattet.

Der Teil der Kaue, welche die Wasch- und Umkleideräume enthält, wird in der Regel einstöckig aufgeführt. Ausnahmsweise, wie auf Zeche Adolf von Hansemann (Fig. 24), liegen die betreffenden Räume im zweiten Stock, aber nur in seltenen Fällen (Zeche Sterkrade) wird der Umkleideraum jetzt noch der Platzersparnis wegen zweietagig eingerichtet, wie dies früher häufiger, z. B. auf Zeche Zollverein IV/V (Fig. 25) geschehen ist.

Die Bureaus der Betriebsbeamten und die Magazinräume werden mit Vorliebe um einen Lichthof gruppiert, welcher bei den Löhnungen an Stelle besonderer Lohnhallen als Versammlungsraum dient. (Fig. 26—28.)

Die Leute brauchen dann nicht bei schlechtem Wetter im Freien zu warten.
Meist ist dieser Teil der Kaue zweistöckig und enthält ausser den Betriebs-
bureaus diejenigen für die allgemeine Verwaltung und den Direktor. Auf
manchen Zechen (z. B. Minister Achenbach, Fig. 28) ist dafür Sorge getragen,
dass die Bureaus mit den für die Arbeiter bestimmten Teilen des Gebäudes nur durch die Schalter der Beamten in allgemein zugänglicher

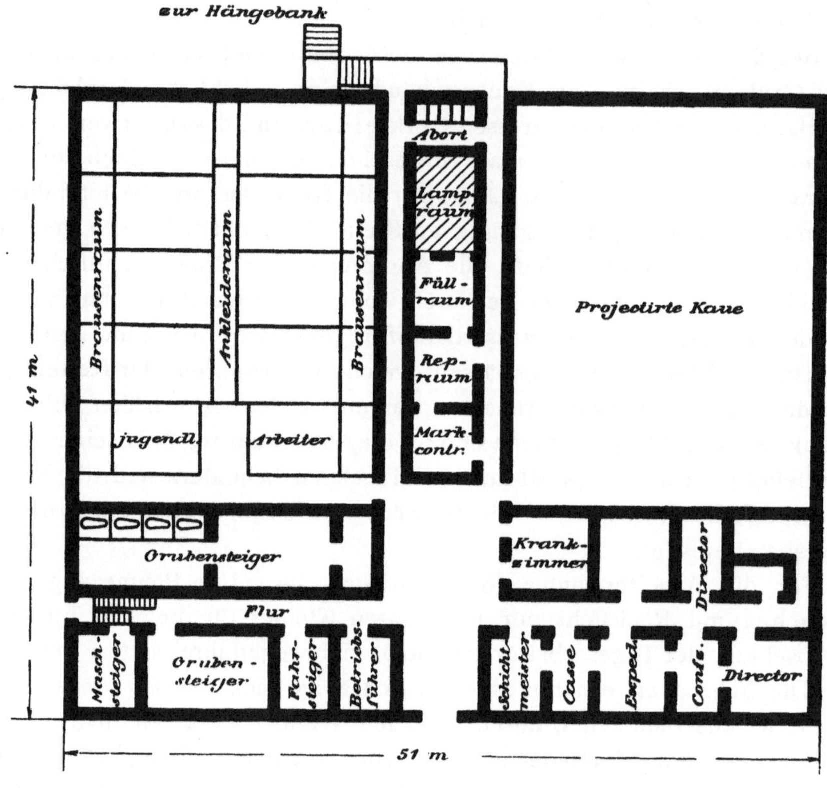

Fig. 23.

Kauenanlage auf Zeche Scharnhorst.

Verbindung stehen. Die Einrichtung ist dann entweder so getroffen, dass
der ganze Arbeiterstrom an allen Schaltern vorbeigeführt wird, oder aber,
dass die Leute, welche an die Schalter treten wollen, sich von dem Hauptstrom abzweigen müssen (Rheinpreussen IV).

Am Eingang zum Kauengebäude ist die Markenkontrolle untergebracht, falls sie nicht in ein besonderes Pförtnerhaus am Eintrittsthor
zum Zechenplatze verlegt ist. Am Ausgang zum Schacht, der nie mit
dem Haupteingang zusammenfällt, befindet sich die Lampenausgabe, meist
in Gestalt eines sogenannten Gitterganges. Um die Anhäufung der An-

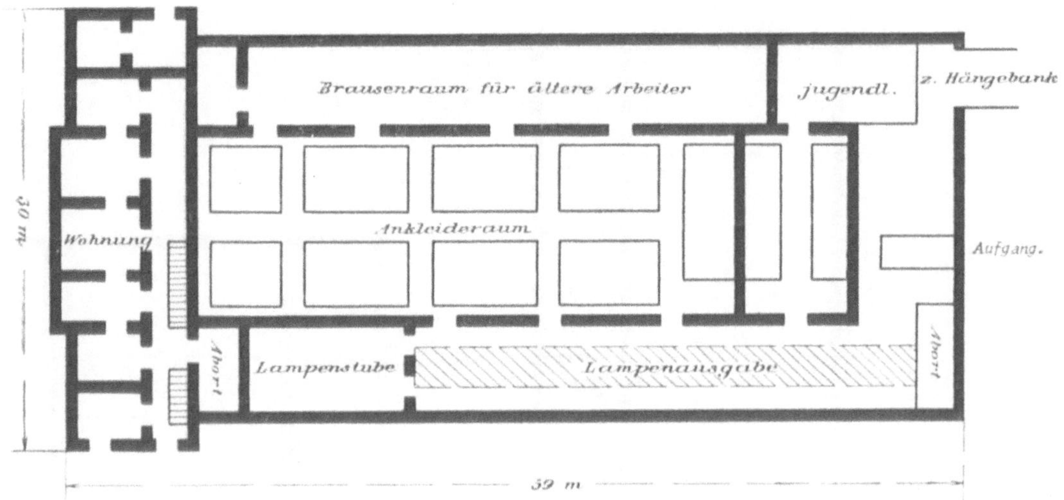

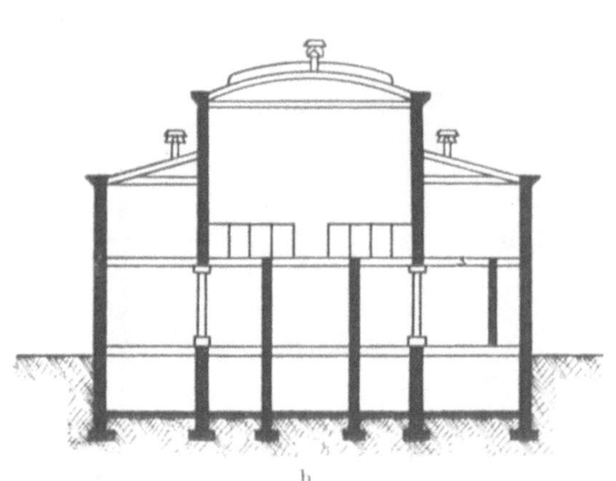

Fig. 24.

Kauenanlage auf Zeche Adolf von Hansemann.

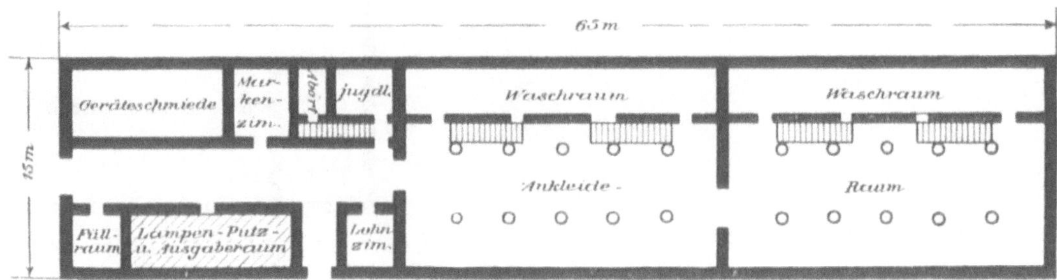

Fig. 25.

Kauenanlage auf Zeche Zollverein IV/V. (Ankleideraum zweietagig.)

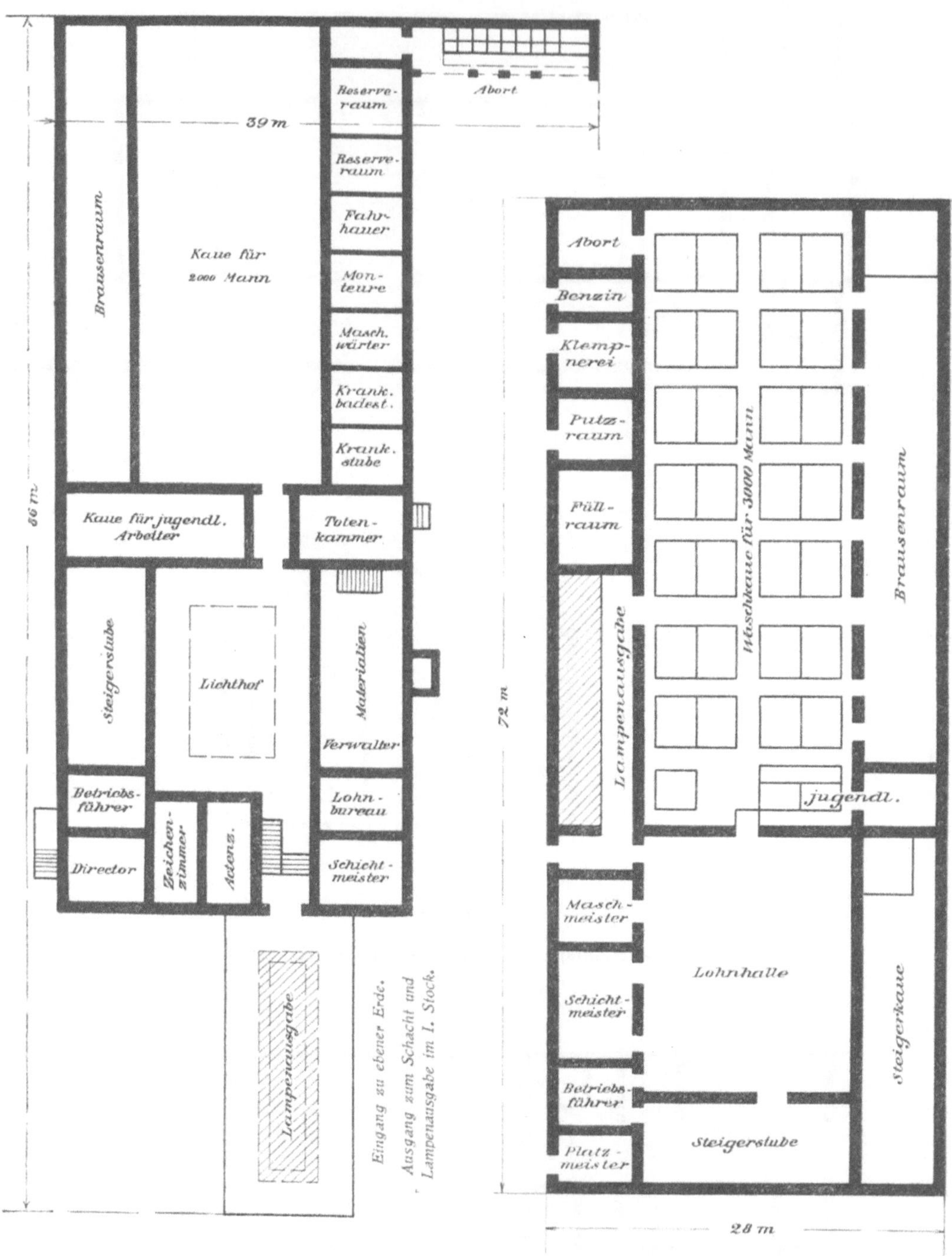

Fig. 26.

Fig. 27.

Kauenanlage auf Zeche General Blumenthal III/IV.   Kauenanlage auf Zeche Rheinelbe III.

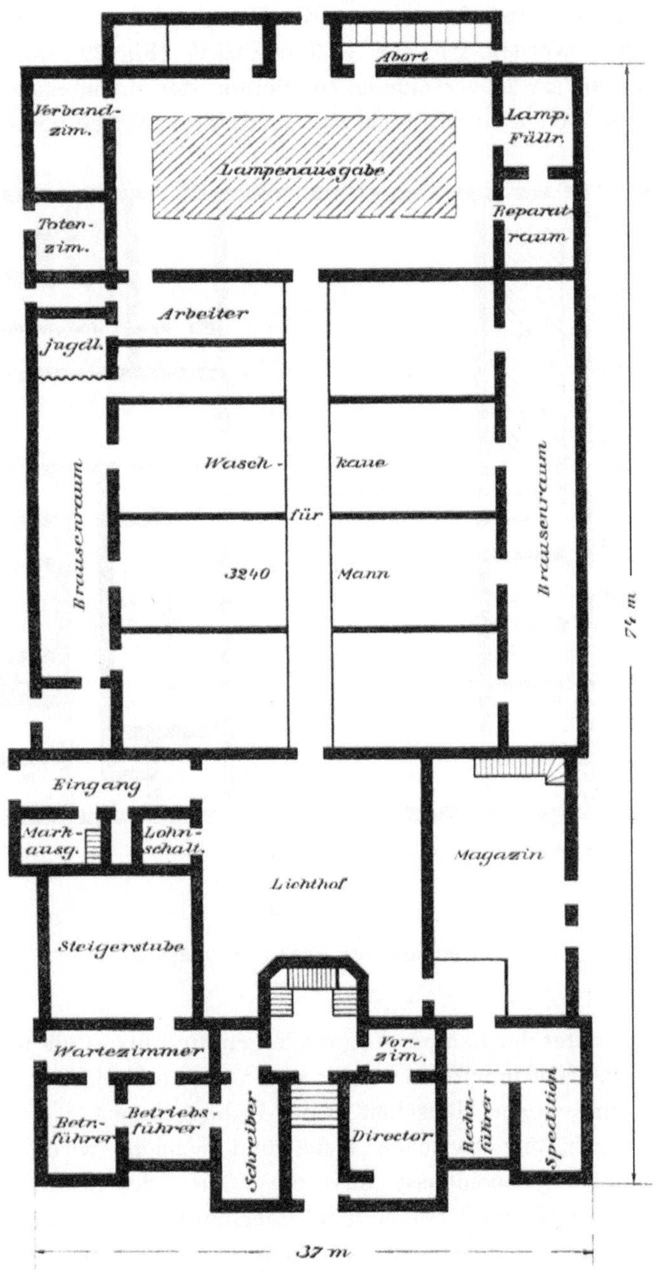

Fig. 28.

Kauenanlage auf Zeche Minister Achenbach.

fahrenden vor einzelnen Schaltern zu vermeiden, ist der Aufbewahrungsraum von dem an ihm entlang führenden Gange durch ein Gitter aus Eisenstäben getrennt, zwischen denen die Lampen hindurch gereicht werden. Wennmöglich werden, wie auf Gladbeck III/IV (Fig. 29), die Ein- und Ausfahrenden an zwei verschiedenen Seiten der Lampenausgabe vorbeigeführt, was sich natürlich auch bei Schaltern erreichen liesse. Neben, zu-

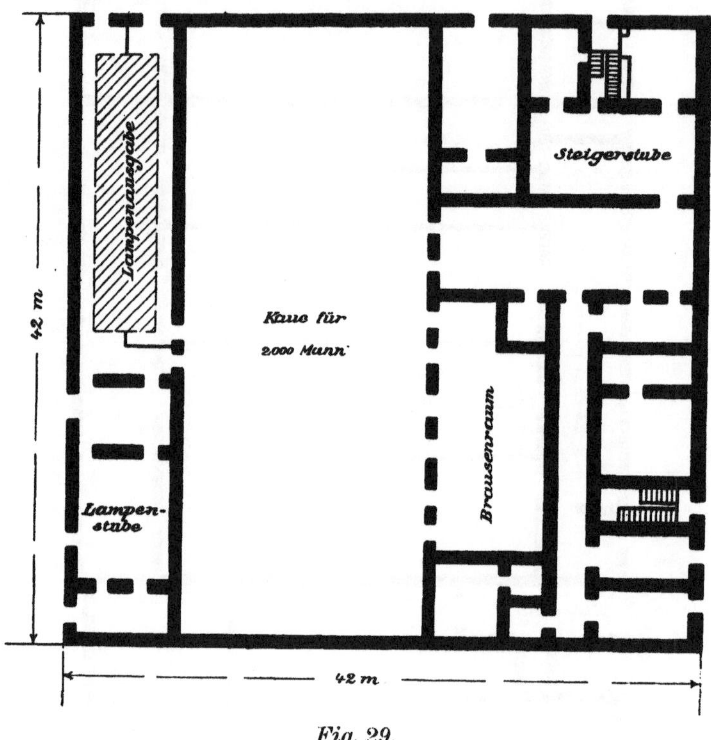

Fig. 29.

Kauenanlage von Zeche Gladbeck III/IV.

weilen auch unter der Lampenausgabe liegen die Putz-, Füll- und Reparaturräume.*) Das Benzin wird entweder unter diesen Räumen in einem Keller oder in einem eigenen Häuschen in der Nähe gelagert.

Die Verbindung zwischen Kaue und Schacht wird oft durch die Polizeibestimmung beeinflusst, dass die Gleise des Zechenbahnhofs von dort nicht beschäftigten Personen nicht überschritten werden dürfen. Liegen daher Gleise zwischen Schacht und Kaue, so muss eine Verbindung durch einen Tunnel oder eine Brücke hergestellt werden. Sind diese Verbindungen überdeckt, so kommen sie auch dem Bedürfnis der Arbeiter

____

*) Vergl. auch Bd. VII, S. 350 ff.

entgegen, zwischen Schacht und Kaue besonders im Winter nach der Schicht nicht dem plötzlichen Temperaturunterschied ausgesetzt zu werden. Dies in Verbindung mit dem Wunsch, die Leute zusammenzuhalten, hat daher auch auf Zechen, wo der Gleise wegen keine Notwendigkeit vorlag, Veranlassung gegeben, Kaue und Schacht durch eine überdachte Brücke (z. B. auf General Blumenthal III / IV) oder einen Tunnel (z. B. auf Sterkrade) zu verbinden. Andere Zechen haben sich wenigstens die Möglichkeit zur Errichtung ähnlicher Anlagen offen gehalten. Auch die Kauen sucht man deshalb nahe an den Schacht zu bringen, wobei jedoch zu beachten ist, dass die Füll- und Reinigungsräume der Benzinlampen nach Polizeivorschrift mindestens 10 m vom Schachtgebäude entfernt bleiben müssen.

Eine andere Rücksicht verlangt, dass die Kaue an den Zugang zur Zeche gelegt wird. Dann wird die Belegschaft schon beim Betreten der Anlagen zusammengefasst und kann sich nicht zerstreuen. Noch mehr wird dies verhindert, wenn die Werkstätten wieder in die Nähe der Kaue gelegt werden. Trotz der auf den meisten Zechen bestehenden Einrichtung der Gezähwagen, müssen die Werkstätten von einem Teile der Belegschaft häufig aufgesucht werden. Man findet daher öfter Kauen und Werkstätten beiderseits der Einfahrt zum Zechenplatze angeordnet.

Da die Tagesarbeiter ihre Pausen grossenteils auf der Zeche zubringen, stellt man für sie eigene Unterkunftsräume her, in denen sie das von ihren Angehörigen gebrachte Essen verzehren können. Auch diese Räume gehören deshalb an den Zecheneingang. Zuweilen werden sie in Verbindung mit dem Pförtnerhause dazu benutzt, den Zugang zur Zeche architektonisch hervorzuheben.

d) **Zechenbahnhöfe.**

Es liegt auf der Hand, dass die Disposition einer Tagesanlage unmöglich allen im Vorgehenden erörterten Anforderungen entsprechen kann. Es wird vielmehr ein möglichst organischer Ausgleich unter den Interessen der einzelnen Seiten des Betriebs erforderlich. Wie unter diesem Gesichtspunkt die Anordnung der Baulichkeiten thatsächlich erfolgt, wird wesentlich durch die Art der Bahnhofsanlagen bestimmt. Die Einrichtung eines einheitlich geschlossenen Zechenbahnhofs, welche fast durchweg die Regel bildet, scheidet ganz natürlich die Betriebsanlagen in solche, welche gewissermassen auf die Bahn münden müssen, und solche, die ebensogut abseits der Bahn in einer zweiten Reihe von Gebäuden untergebracht werden können. Da alle auf die Bahn angewiesenen Anlagen, so weit sie nicht über den Gleisen stehen, zweckmässig in eine Reihe neben einander gelegt werden und noch dazu ihre Längsseite dem Bahnhof zuwenden, ist die Längsausdehnung bei Dispositionen dieser Art vorherrschend. Diese Längsanordnung bleibt sogar häufig auch dann erhalten, wenn ein

Teil der Anlagen, z. B. die Koksöfen, auf die andere Seite des Bahnhofs verlegt wird. Wenn man dagegen, wie es kürzlich in einigen Fällen geschehen ist, auf den geschlossenen Bahnhof verzichtet, um sowohl Separation wie Wäsche, Feinkohlentürme und Koksöfen an besondere Gleise zu legen, so entsteht statt der Längs- eine Queranordnung, da die Gebäude alsdann in einer quer zu der Richtung der Gleise liegenden Richtung hintereinander errichtet werden müssen. Die hiermit ohne weiteres gegebene Erfüllung des für einen flotten Bahnhofsbetrieb wichtigen Grundsatzes, dass die Verladung der verschiedenen Produkte sich nicht gegenseitig behindern darf, kann bei Längsanordnung durch Einrichtung der Verladung über der Bahn und durch Absetzen der Gleise erreicht werden. Abgesetzt werden häufig die Koksofengleise; denn da die Koksverladung richtige Ladebühnenvorladung ist, welche von dem zu diesem Zweck hoch fundamentierten oder auf eine Aufschüttung gelegten langen Kokslöschplatz herab direkt in die Züge erfolgt, ist das zugehörige Gleis, auch wenn es über die Oefen hinaus geführt wird, doch für andere Zwecke so gut wie nutzlos. Selbst das Koksbrechwerk, welchem die Wagen einzeln zugeführt werden müssen, wird besser an das nächste Gleis vorgerückt. Auch Brikettfabriken verlangen einen Strang für sich. Der Zahl der Pressen entsprechend müssen mehrere Wagen hintereinander Aufstellung finden, von denen keiner entfernt werden kann, ehe nicht der vorhergehende gefüllt ist. Dies wirkt sogar insofern auf die Brikettfabrikation zurück, als es der Herstellung verschiedener Grössen von Briketts im Wege steht, welche verschiedene Ladezeiten bedingen. Der Plan der Zeche König Ludwig IV/V (Fig. 30) zeigt, wie lediglich für den Kokereibetrieb bestimmte Gleise, ohne durchgeführt zu werden, doch gefällig an den Bahnhof angegliedert werden können.

Für die Anordnung der Verladebänder und -Taschen über den Gleisen besteht an sich grössere Freiheit. Nur geht man immer mehr dazu über, nicht mehr als ein Verladeband über ein Gleis zu legen, besonders wenn es sich nicht um die Verladung von genau demselben Produkt handelt. Dagegen scheut man sich nicht, Nuss- oder Feinkohlentaschen über dieselben Gleise wie die Ladebänder für Stück- und Förderkohlen zu setzen. Denn die Verladung geht aus den Taschen so rasch vor sich, dass sie nötigenfalls in den Pausen der Förderung vorgenommen werden kann.

Die Verteilung der Verladung auf eine grosse Anzahl von Gleisen hat gegen früher den Platzbedarf der Bahnhöfe sehr erheblich gesteigert, um so mehr, als bei Ueberbauung des Bahnhofs zwischen den Gleismitten ein Abstand von 5—6 m nötig ist. Die Umwälzung geht deutlich aus einem Vergleich des alten gegen früher schon erweiterten Bahnhofs der Emscher-Schächte mit dem heutigen hervor (Fig. 31). Verstärkt ist sie noch durch die Steigerung der Anforderungen der Bahnverwaltung. Diese verlangt

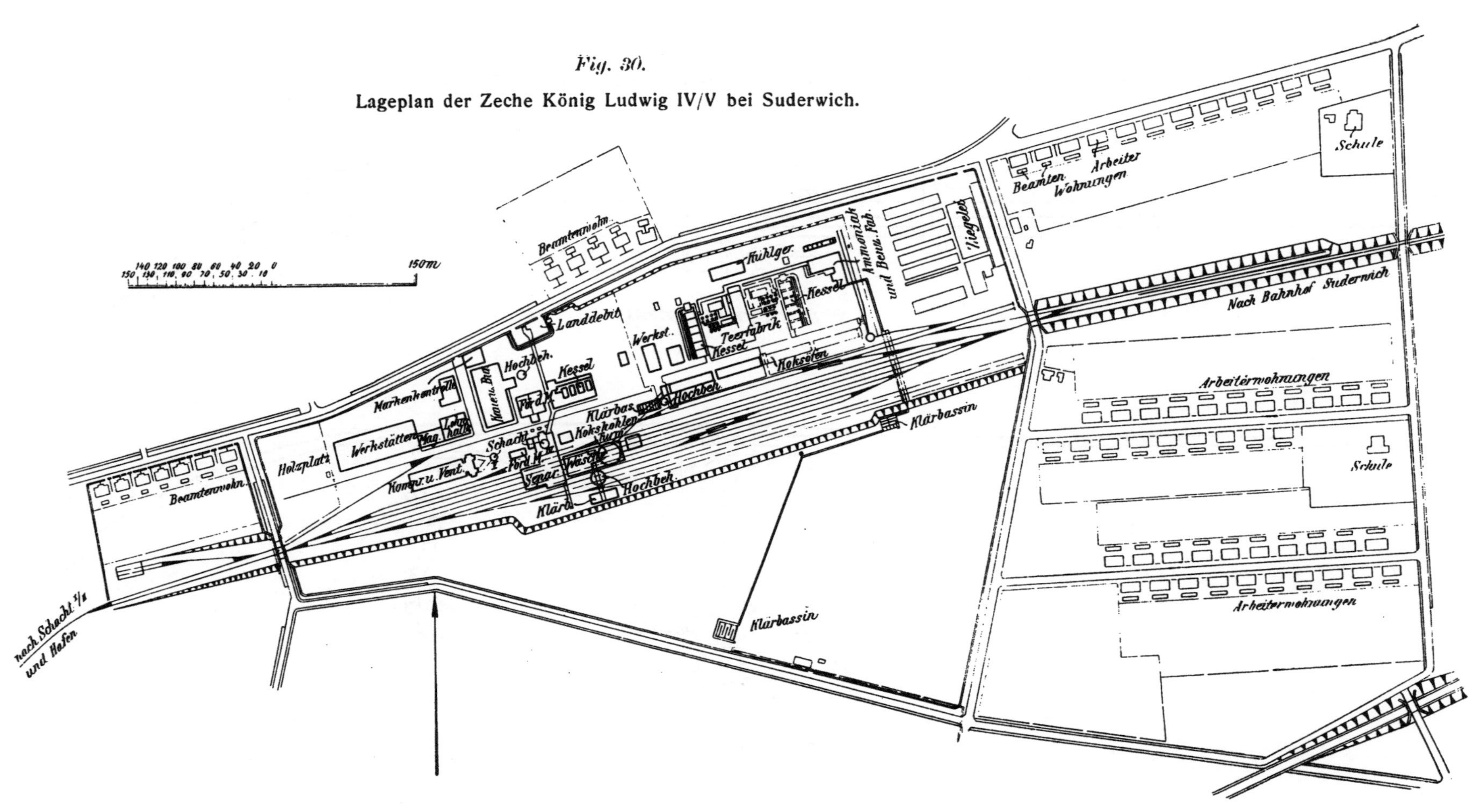

Lageplan der Zeche König Ludwig IV/V bei Suderwich.

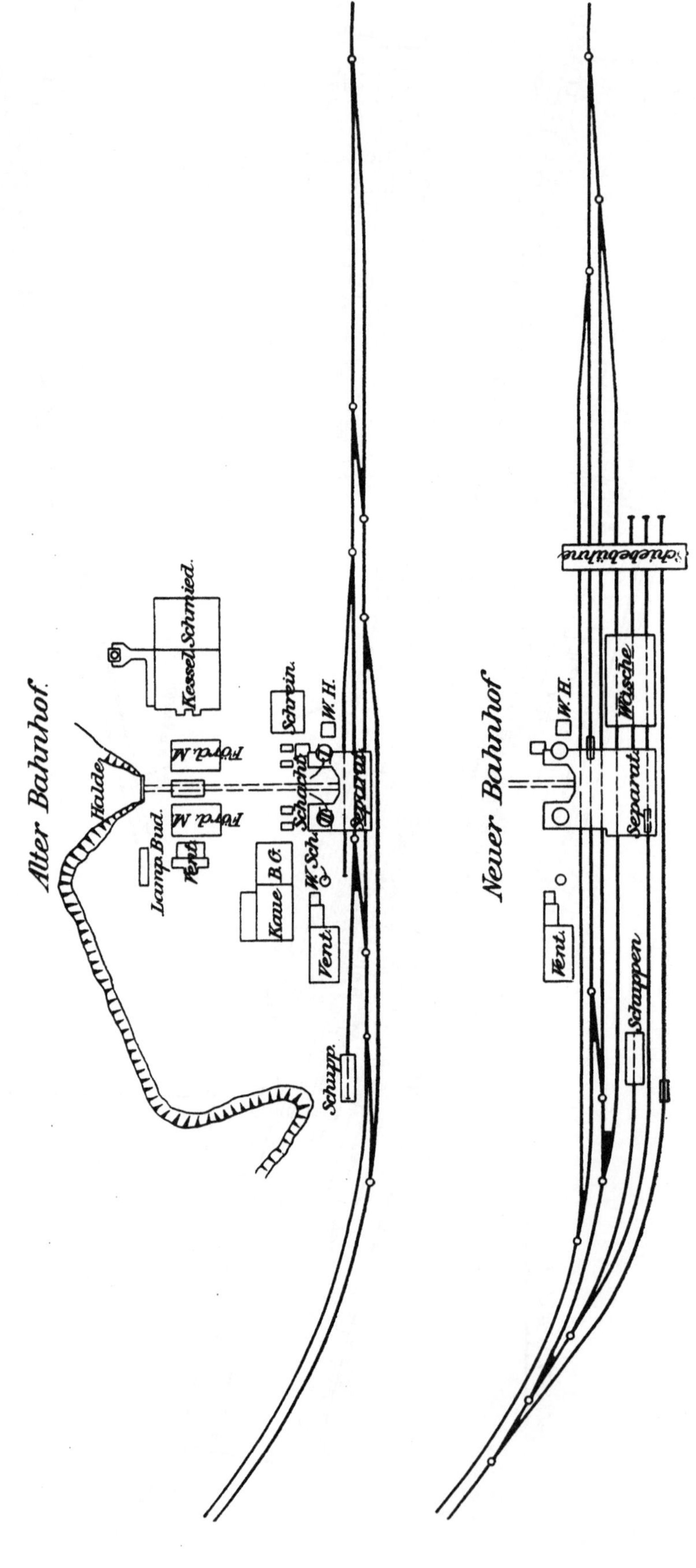

Fig. 31.

Alte und neue Bahnhofsanlage auf Schacht Emscher des Kölner Bergwerksvereins.

zunächst von den Zechen die Anlage von Aufstellungsgleisen bis zur Höhe des Tagesbedarfs, eine Forderung, welche die Kräfte mancher Zechen übersteigt, deren Durchführung aber auch eine grössere Sicherheit in der Wagengestellung gewährt. Wo genügende Aufstellungsgleise fehlen, kann die Zeche von den oft stossweise den Staatsbahnhöfen zulaufenden leeren Wagen nicht immer ihren vollen Anteil in Empfang nehmen. Manche Gesellschaften welche einen entsprechend grossen Bahnhof auf der Zeche nicht anlegen können, besitzen daher noch besondere Aufstellungsgleise in unmittelbarem Anschluss an die Staatsbahnhöfe. Ausser der Aufstellung der Wagen wälzt die Eisenbahnverwaltung, um den Wagenumlauf zu beschleunigen, noch einen Teil der Rangierarbeiten auf die Zechen ab, indem sie von ihnen die Zusammenstellung der Züge nach den einzelnen Fahrtrichtungen verlangt.

Die Vereinigung von Raumersparnis und grosser Leistungsfähigkeit beim Bahnhofsbetriebe wird daher einer der wesentlichsten Gesichtspunkte für die Disposition der Tagesanlagen. Die Lösung und damit die ganze Einrichtung des Bahnhofs hängt von der Wahl des Rangierverfahrens ab, das seinerseits wieder auf die Lage der Verladepunkte zugeschnitten sein muss.

Bei grösseren Anlagen handelt es sich darum, ob Rangieren mit Lokomotiven oder mit Schiebebühnen vorherrschend sein soll. Beim Rangieren mit Lokomotiven müssen sämtliche Gleise vor und hinter der Verladung mit Weichen verbunden sein, welche auf älteren und stückweise erweiterten Anlagen die Bahnhöfe nach allen Richtungen hin in grosser Zahl durchkreuzen und so sehr wertvolle Gleislängen gerade dort, wo man sie am nötigsten hätte, sperren. Zugleich wird der Betrieb verwickelt, unübersichtlich und gefährlich. Neuere Zechen, wie Minister Achenbach, König Ludwig IV/V und andere legen dagegen alle Weichen hinter der Zeche in eine oder zwei Weichenstrassen zusammen, die nach hinten in ein längeres Ausziehgleis auslaufen. Aus ihm stösst die Lokomotive die aus dem Strang für leere Wagen herausgeholten Zugteile in die Gleise, über oder an denen die Verladung stattfindet. Unter der Verladehalle werden die Wagen mit verschiedenen Hülfsmitteln durchgeführt, um beladen von einer zweiten Lokomotive zur Waage gebracht und dann in die Aufstellungsgleise für volle Züge geschoben zu werden. Ein Gleis, das sog. Lokomotivgleis, muss zur Durchfahrt der Lokomotive freibleiben.

Einen typischen Schiebebühnen-Bahnhof zeigt die Zeche Werne (Fig. 32). Die Waggons werden am Ende des Leergleises von der Schiebebühne, oder vielmehr dem darauf angebrachten Spill einzeln über die Leerwaage fortgezogen und darauf in die Ladegleise eingestellt, welche eine kleine Neigung zum Ablauf besitzen. Ausser dem

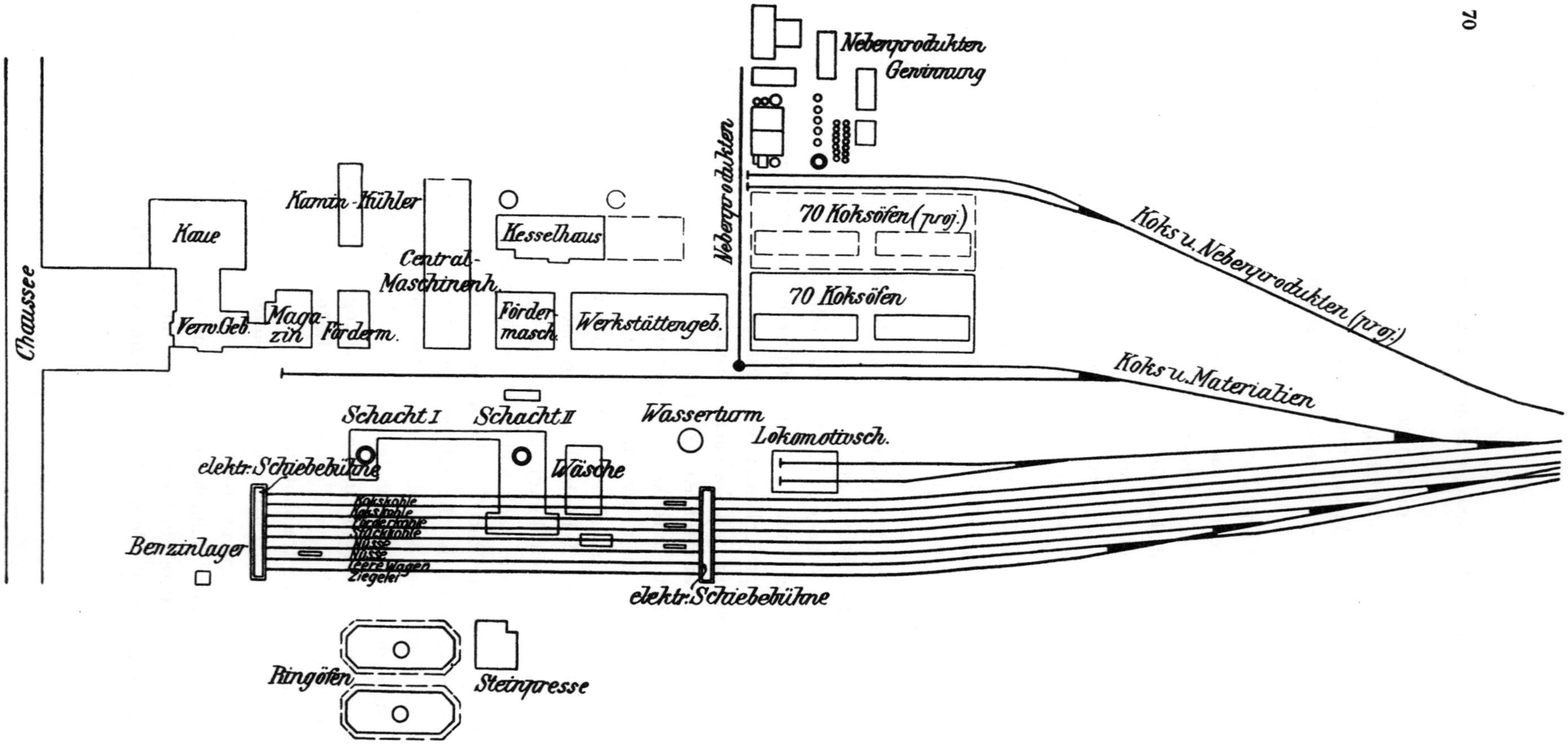

Fig. 32.

Lageplan von Zeche Werne.   Massstab 1:3000.

Leergleis können auch die Gleislängen zwischen Verladung und der End-schiebebühne noch eine erhebliche Menge leerer Wagen aufnehmen. Eine zweite Schiebebühne holt die Waggons unter der Verladehalle weg, lässt sie eine für jedes Gleis vorgesehene Vollwaage passieren und stellt sie vorn auf denselben Gleisen, welche hinten der Verladung der einzelnen Sorten dienen, in Zügen nach den Hauptabfahrtsrichtungen` zusammen. Von dort werden sie mit Lokomotiven abgeholt. Die leeren Züge für Koksverladung werden vorn am Bahnhof in ein besonderes Gleis abge-zweigt. Die Schiebebühnen verursachen keine Gleisunterbrechung mehr, wie bei älteren Anlagen, und sind jetzt mit so starken Spills versehen, dass fünf oder sechs Wagen auf einmal vorgezogen werden können.

Bahnhöfe, welche mit Schiebebühnen ausgestattet sind, bedürfen weniger Gleislänge, als die auf Rangieren mit Lokomotiven zugeschnittenen, da die Weichen, welche mindestens je 30 m Gleis kosten, nebst dem Lo-komotivgleise fortfallen. Auch fallen sie in der Längserstreckung wesent-lich kürzer aus, da an Stelle der langen Weichenstrassen am Ende des Bahnhofs eine schmale Schiebebühne die Verbindung der Gleise bewirkt. Daher kommt es, dass Schiebebühnenbetrieb hauptsächlich in dem Falle gewählt wird, dass die Platzverhältnisse beschränkt sind, oder die Zeche so nahe dem Staatsbahnhof liegt, dass die Beschaffung eigener Lokomotiven — mit Ausnahme etwa von »feuerlosen« — damit ganz umgangen werden kann. Von mancher Seite wird er auch für leistungsfähiger gehalten, be-sonders wenn die Schiebebühnen so weit von der Verladung abgestellt werden, dass gleich grössere Zugteile vorgezogen werden können. Zur Erhöhung der Leistung werden auch Schiebebühnen für die gleichzeitige Aufnahme von zwei Wagen gebaut.

Lokomotiven werden zum Rangieren nach Möglichkeit auf allen den Zechen gebraucht, welche sie zum Betrieb der Anschlussbahn doch haben müssen.

Eine Aufgabe für sich ist gewöhnlich das allmähliche Vorrücken der einzelnen Wagen unter der Verladung. Es wird zuweilen noch, wie im Notfalle alles Rangieren, mit Hülfe von Zugtieren bewirkt, sehr viel häufiger aber von Menschenhand mit Hülfe sogenannter Waggonschieber. Um an Arbeitern zu sparen, hilft man sich jetzt viel mit mechanisch angetriebenen Spills', um die sich ein an die Waggons angeschlagenes Seil aufwickelt. Auf Consolidation I/VI werden die ganzen beladenen Koksźüge mittels eines Șeiles und eines Dampfhaspels über die Waage weggezogen. Auf Zeche Königsborn III/IV ist anstatt des Spills ein Seil ohne Ende unter der Verladung angebracht, mit dem die Waggons durch ein kurzes Anschlag-seil verbunden werden. Die Einrichtung hat sich gut bewährt.

Eine grosse Erschwerung des Rangierbetriebs kann eine ungünstige Lage der Waagen mit sich bringen, zu denen die Waggons auf älteren

Zechen oft über den ganzen Bahnhof hin und her gefahren werden müssen. Gerade solche Anlagen, wie Holland und Friedrich der Grosse, sind deshalb zuerst dazu übergegangen, jede einzelne Beladestelle mit einer Waage zu versehen, auf welcher der Waggon während der Beladung so lange stehen bleibt, bis das richtige Gewicht erreicht ist. Ausser vielen Rangierbewegungen wird auf diese Weise das Ausgleichen des Gewichts durch Zu- oder Abladen von Kohlen vermieden, was an den Waagehäuschen sonst eine ganze Reihe von Menschen in Anspruch nimmt. Bei zweckmässiger Anordnung kann e i n Wiegemeister sämtliche Waagen bedienen. Damit die Benutzung der Gleise für den gewöhnlichen Verkehr die Waagen nicht beschädigt, werden sie ohne Gleisunterbrechung gebaut. Sorgfalt muss nur darauf verwandt werden, dass kein Wasser in die Waagen-Gruben eindringt. Man findet aus diesem Grunde die Waagen häufig dicht vor den Fein- und Nusskohlentaschen statt unter ihnen angeordnet.

Die Abschliessung des Bahnhofs von den übrigen Zechenanlagen war früher durch die Ladebühnen, welche ihn begrenzten, gegeben. Auch jetzt noch erhält der Bahnhof zuweilen eine tiefere Lage, als der Zechenplatz, so besonders, wenn die Anlage an einem Abhang liegt; doch wird der Zechenplatz auch zuweilen absichtlich mit den beim Schachtabteufen fallenden Bergen gegen den Bahnhof erhöht und durch eine Futtermauer abgeschlossen. Die Aufschüttung erleichtert bei manchen Bodenverhältnissen die Fundamentierung der Gebäude und Maschinen und verringert die Höhe des Schachtgerüstes, für welche nur der Abstand zwischen Schienenoberkante und Hängebank, aber nicht der zwischen Zechenplatz und Hängebank bestimmend ist. Zuweilen wird mit dem Zechenplatz auch das Bahnhofsgelände erhöht, womit sich der Vorteil erreichen lässt, dass Niveauübergänge der Zechenbahn in der Nähe der Anlage vermieden werden und die Anschlussbahn unbehindert durch Wegekreuzungen als Ausziehgleis beim Rangieren mitbenutzt werden kann. Auf Zeche Wilhelmine Viktoria II/III ist dieserhalb und zur besseren Abschliessung der Bahnhof um 4 m gegen den Zechenplatz erhöht worden.

Für mehrere zusammenhängende Anlagen erweist es sich immer mehr als ein grosser Betriebsvorteil, wenn sie an derselben Anschlussbahn liegen, so dass Kokskohle, Versatzstoffe und Material ohne Vermittelung der Staatsbahn von einer Zeche zur anderen gebracht werden kann.

b) Beschreibung ganzer Anlagen.

In der Regel wird man bei einer Neuanlage immer einige Punkte und Rücksichten fest gegeben finden, von denen der Entwurf auszugehen hat und nach denen sich die Gesamtanlage richten muss. Auf unebenes Terrain wird man nur sehr schwer eine Queranlage setzen können, und auch bei Längsanordnung wird man in hügeligem oder welligem Gelände gezwungen sein, den Niveaulinien zu folgen und die Anlage so schmal als möglich zu halten, um an Abtragungen und Erdbewegungen zu sparen. Selbst in flachem Gelände kann die Heranführung der Gleise an einen bestimmten Schachtpunkt von der Anschlussstation aus oft nur in einer einzigen Kurve erfolgen. Soll der Schacht in der Nähe der Hauptbahn abgeteuft werden, so verlangen wieder die gewichtigsten Gründe, die An-

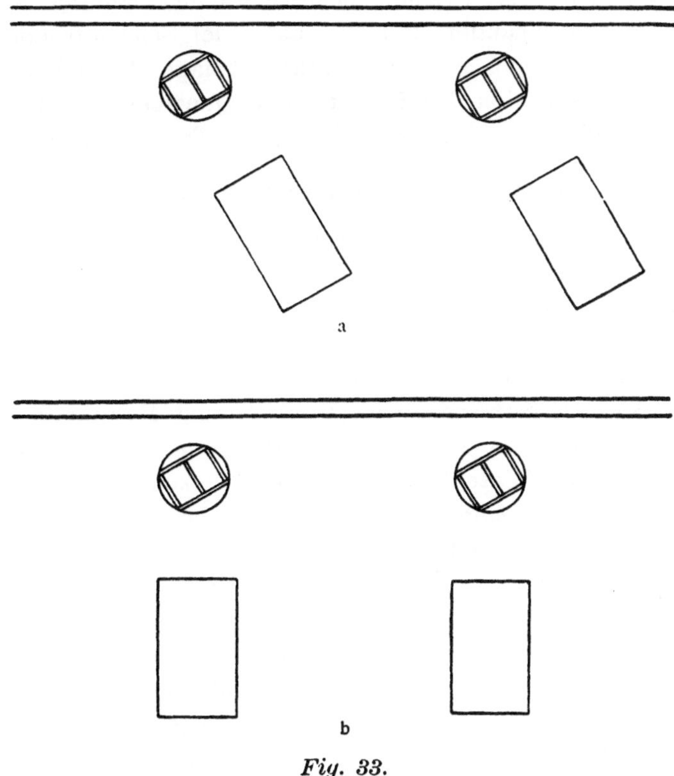

Fig. 33.

ordnung des Zechenbahnhofs parallel zur Hauptbahn zu treffen. Mit der Richtung der Bahn ist aber auch die Stellung etwaiger Zwillingsschächte zu einander so gut wie festgelegt und für die Schachttrumme nur die Wahl parallel oder rechtwinklig zur Bahn gelassen; denn wenn auch die Bewältigung der Förderung zwischen Schacht und Verladung durch die spiesswinklige Stellung der Trumme nicht allzu sehr erschwert werden dürfte, so würde doch durch die Stellung der Fördermaschinen in spitzem Winkel zur Bahn (Fig. 33a) die ganze Anlage verbaut werden, während sich ihre Stellung im spitzen Winkel zu den Schachttrummen (Fig. 33b) besonders bei Doppelförderung einfach mit Rücksicht auf die Konstruktion der eisernen Schachtgerüste verbietet.

Mit der Richtung der Schachttrumme ist unter Tage diejenige der Füllörter festgelegt. Die ausschliessliche Berücksichtigung der oberirdischen Verhältnisse kann daher leicht unter Tage unvorteilhafte Anordnung der Füllörter und selbst grössere Schwierigkeiten bedingen, die sich naturgemäss auf jeder Sohle wiederholen. So lange die Umstände über Tage nicht ganz zwingend sind, richtet man sich daher mit der Stellung der beiden Schächte zu einander und der Lage der Schachttrumme, welche die Grundlagen der ganzen oberirdischen Anlage darstellen, nach der zweckmässigen Disposition der Füllörter und Querschläge unter Tage, natürlich unter möglichster Berücksichtigung des Tagesbetriebs.

α) Preussen I, Scharnhorst, Preussen II.

Ein einziger durch die Verhältnisse fest gegebener Punkt oder die auf ein bestimmtes Betriebsziel in erster Linie gerichtete Absicht des Erbauers können den ganzen Charakter einer Anlage bedingen. Beides wirkt auch unter Umständen zusammen. So ist die charakteristische Queranordnung der neuen Zwillingsschachtanlagen der Harpener Bergbaugesellschaft, Preussen I, Scharnhorst (Tafel V) und Preussen II aus dem Bestreben entstanden, vor allem die Förderung auf der Hängebank zu vereinfachen und grosse Waschkohlenbehälter zu bekommen. Sie kann aber auch zwanglos aus der Einteilung der Schachtscheiben hergeleitet werden, die ihrerseits mit dem verhältnismässig engen Durchmesser der abgebohrten und durch Kuvelagen beengten Schächte zusammenhängt. Diese boten entweder nur Raum für eine mittlere Hauptförderung oder erlaubten doch nur, die mittleren Trumme an den Füllörtern mit den Tomson'schen Hülfsfördergestellen zur Beschleunigung der Schachtbedienung auszustatten. Infolgedessen blieben beiderseits der Hauptförderung Nebentrumme frei, in denen man mit Hülfe von Bandseilen eine einheitliche Nebenförderung einzurichten wusste. Man rückte dazu einfach die Bobinen auf ihrer Welle um den Abstand der Nebentrummmitten auseinander. Die Hauptfördermaschine mit Rundseilen konnte dann unbehindert in derselben Axe hinter die Maschine für die Nebenförderung gelegt werden. Die auf diese Weise entstehenden unmittelbar an die Schächte anschliessenden, sehr langen Maschinenhäuser würden bei rechtwinkliger Lage zur Bahn einer günstigen Gesamtanordnung nach jeder Richtung im Wege gestanden haben. Man stellte dieselben daher parallel zur Bahn und liess sie, indem man Mauerung und Dachkonstruktion über dem Raum zwischen den beiden Schächten durchführte, zu einem einheitlichen Bauwerk zusammenwachsen. Dieser Zwischenraum bildet eine sehr geräumige Hängebank, mit den Kreiselwippern in der Mitte, denen die Förderwagen auf geneigter Ebene

Additional material from *Disposition der Tagesanlagen, Dampferzeugung, Centralkondensation, Luftkompressoren, Elektrische Centralen*
ISBN 978-3-642-50625-3 (978-3-642-50625-3_OSFO4),
is available at http://extras.springer.com

in gerader Linie zulaufen, um durch eine Kette auf die andere Seite des Schachtes zurückgebracht zu werden. Von den unter den Wippern liegenden Sieben wird die Kohle auf zwei Lesebändern über die Gleise gebracht, wo sie auf Längsbänder abgestrichen und verladen wird. Zur Verladung stehen auf Scharnhorst drei, auf Preussen II bereits fünf Gleise zur Verfügung, eins davon ausschliesslich für ungeklaubte, über eine Rutsche abgestürzte Förderkohle. Die eigentliche Verladung befindet sich in einem dem Hauptgebäude zentral vorgelagerten massiven Bau, welcher Platz für eine zweite Separation über denselben Gleisen bietet. Da ein Hauptanfuhrweg neben den Gleisen bis zur Verladung führt, wird von dieser aus der Landdebit mit erledigt, unter Anwendung von Vorkehrungen zur Schonung der Kohle gegen die Folgen der grossen Sturzhöhe.

Die durch die Siebe gegangene Kohle wird unter den Wippern in grossen Vorratstaschen gesammelt, deren Abmessungen durch Gleise usw. in keiner Weise beschränkt sind. Die Lage des Füllrumpfs zwischen den Schächten und seitlich der Verladung bringt es aber mit sich, dass für die Wäsche nur gegenüber der Verladung an der Rückseite des Schachtgebäudes Platz bleibt. Dort werden nun zunächst für die Nusskohlenverladung weitere Gleise erforderlich. Auf Preussen I waren sie noch nicht vorgesehen, weshalb dort in umständlicher Weise die Nusskohlen in Geflutern unter der Hängebank weg an die Hauptfront gebracht und dort aus Taschen über die Stückkohlengleise verladen werden.

Da der Raum neben der Wäsche für Maschinen und Kessel in Anspruch genommen wird, welche in der Nähe der Schächte liegen müssen, sind die Koksöfen in eine weitere Parallelreihe hinter die Wäsche verlegt. Die Feinkohlentürme liegen deshalb auf der rückwärtigen, den Koksöfen zugewandten Seite der Wäsche, und zwar auf Preussen I in demselben und auf Scharnhorst in einem besonderen massiven Gebäude. Auf Preussen II sind die Feinkohlentürme in eine Reihe mit den Koksöfen gerückt. Die ersteren beiden Zechen besitzen eigene Feinkohlenverladegleise, während der Koks auf einem vierten bezw. dritten aus zwei Parallelgleisen bestehenden Bahnhof verladen wird. Auf der Rückseite des letzteren ist Platz für die Anlagen zur Gewinnung von Nebenprodukten vorhanden, hinter denen endlich die Halde folgt.

Auf Preussen I schliesst sich die Maschinenhalle wegen der mechanischen Centralisation der Kraftübertragung (s. oben) unmittelbar an die Wäsche an. Auf Scharnhorst ist je ein getrenntes Maschinenhaus zu jeder Seite der Doppelwäsche angeordnet. Von diesen nimmt das dem Hauptförderschachte zunächst liegende die Kompressoren und Dynamomaschinen, das an den ausziehenden Schacht angrenzende besonders die Ventilatoren auf. Preussen II vereinigt wieder in einem Maschinenhause die elektrische Centrale, Ventilatoren und Kompressoren. In derselben

Längsachse grenzt an jedes Maschinengebäude, bezw. auf Preussen an den für ein zweites Maschinengebäude freigelassenen Platz, ein Kesselhaus Die daraus sich ergebende Lage der Kessel ist ausserordentlich günstig, da sie die Nähe zu den Koksöfen mit der Nähe der Dampfverbraucher, der Fördermaschinen, wie der Maschinenhalle vereinigt und doch noch eine Richtung frei lässt, in der eine beliebige Verlängerung erfolgen kann. Endlich finden sich in der Achse des Schachtgebäudes noch auf einem Flügel die Werkstätten und Magazine, auf dem anderen die Centralkondensation mit grossem Kühlturm, angrenzend an die Hauptfördermaschine.

Alle Anlagen sind symmetrisch zu einer Mittellinie verteilt, welche zwischen den Schächten durchgezogen ist. Diese Linie geht durch die Mitte der Wäsche bezw. zwischen den beiden Wäschen hindurch und tritt von da aus auf Preussen I auch körperlich in Gestalt einer Transportbrücke in Erscheinung, auf welcher die Berge zur Halde und die Feinkohlen in die Linie der Koksöfen gebracht werden, zu denen kurze Abzweigungen hinüberführen. Auf Scharnhorst und Preussen II geht diese Brücke zweckmässigerweise schon von der Hängebank aus (auf Scharnhorst allerdings seitlich an der Wäsche vorbei) mit Abzweigungen sowohl zu den Kesseln für die Zufuhr von Kesselkohlen, wie zu den Koksöfen. Es zeigt sich dabei deutlich ein Hauptvorteil der ganzen Anordnung in Gestalt der kurzen Förderwege über Tage, welcher darauf zurückzuführen ist, dass die Längsachsen der Gebäude usw. quer zur Mittelachse der Gesamtanlage liegen, von der aus sich die Förderung verteilt. Vor dem Hauptschachtgebäude wird die Mitte des Ganzen auch architektonisch durch das Kauen- und Verwaltungsgebäude gekennzeichnet, dessen Mitteleingang den Haupteingang zur Zeche bildet. Eine überdachte Brücke führt die Arbeiter aus der Kaue über die Förder- und Stückkohlenverladung zur Hängebank.

Jede der drei Anlagen soll als Höchstleistung 2000 t fördern, die, wenn vorher auf einer Sohle vereinigt, von jedem einzelnen Schachte bewältigt werden können. Das Zwillingsschachtsystem gewährt also eine volle Reserve, deren Bestehen manche durch die dichte Umbauung der Schächte hervorgerufenen Bedenken entkräftet. Beispielsweise würde der zweite Schacht den ganzen Betrieb während eines Umbaus der Fördermaschine des ersten Schachtes übernehmen können.

Ob diese Anordnung, welche vielen an eine Tagesanlage zu stellenden Ansprüchen oft auf das Ueberraschendste und ohne grosse Baukosten gerecht wird, in Westfalen viel Nachahmung finden wird, dürfte in erster Linie davon abhängen, wie sich der zersplitterte und nicht sehr übersichtliche Bahnhofsbetrieb auf die Dauer gestaltet. Es ist dabei zu berücksichtigen, dass die für das Rangieren notwendige beiderseitige Vereinigung der vielen weit auseinander liegenden Gleise in einer Spitze viel von dem

Platz verbraucht, der durch das enge Zusammendrängen aller Gebäude erspart ist.

β) Concordia IV/V.

Nach ähnlichen Gesichtspunkten wie die neuen Harpener Zechen ist in vielen wesentlichen Teilen auch die neue Zwillingsanlage Concordia IV/V (Fig. 34) angeordnet. Die ursprünglich für ihre beiden Schächte in Aussicht genommene Doppelförderung ist infolge des Syndikatsvertrags von 1903 vorläufig allerdings auf einen Schacht beschränkt geblieben.

Die Unterschiede gegen die eben beschriebenen Anlagen ergaben sich für Concordia zumeist aus dem Umstande, dass die Schachttrumme, wie dies auf der grossen Mehrzahl aller rheinisch-westfälischen Zechen der Fall ist, rechtwinklig zur Bahn liegen. Daraus folgen in dem vorliegenden Falle, da die Schächte zweckmässiger Weise ins Streichen gelegt sind, Vorteile für die Einrichtung der Füllörter und des unterirdischen Betriebes, zugleich aber auch die günstigsten Bedingungen für einfache Längsverladung der Kohle, ohne vorherige Zuführung durch Querbänder.

Mit der Lage der Trumme ist auch die Lage der Fördermaschinen rechtwinklig zur Bahn gegeben. Die beiden Maschinen jedes Schachtes nebeneinander an die Bahn zu stellen hätte sich wegen der dann erforderlichen ungünstigen Konstruktion des Schachtgerüstes verboten. Sie einander gegenüber zu beiden Seiten des Schachtes aufzustellen hätte zur Folge gehabt, dass der Abstand der Schächte von einander zu gross geworden wäre, selbst wenn statt der auf Concordia vorhandenen Trommelmaschinen Treibscheibenförderung gewählt worden wäre.

Vor den Schächten liegen die Hauptgleise, über welchen sich die Verladehalle und die Wäsche mit den Nusskohlentaschen erheben. Alle anderen Gebäude und Betriebsanlagen sind in mehreren Parallelreihen hinter den Schächten errichtet. Mit den Fördermaschinen in einer Reihe liegt noch das alle andern Dampfverbraucher umfassende Centralmaschinenhaus. In der nächsten Reihe folgen die Kessel und dahinter an einem Gleisbündel für sich die Koksofenbatterien. Dampfmaschinen, Dampfkessel und Koksöfen liegen demnach wieder äusserst günstig zu einander. Ueber die Kokerei hinweg gelangt man zu den Ringöfen und der Halde. Kaue und Werkstätten sind an beiden Enden in der Linie der Fördermaschinen angeschlossen. Die Anlage der Wäsche neben der Verladung vereinfacht gegenüber Scharnhorst in wünschenswerter Weise den Bahnhof, hat aber für Concordia den Nachteil weiten Feinkohlentransports zu den Koksöfen. Dieser wird dadurch um einiges verkürzt, dass das Baumsche Entwässerungsband mit dem Feinkohlenturm in die Förderrichtung verlegt ist. Der von einem massiven Gebäude umschlossene Feinkohlenbehälter fasst 2000 t Feinkohlen, also den Bedarf für mehrere Tage. Zwei

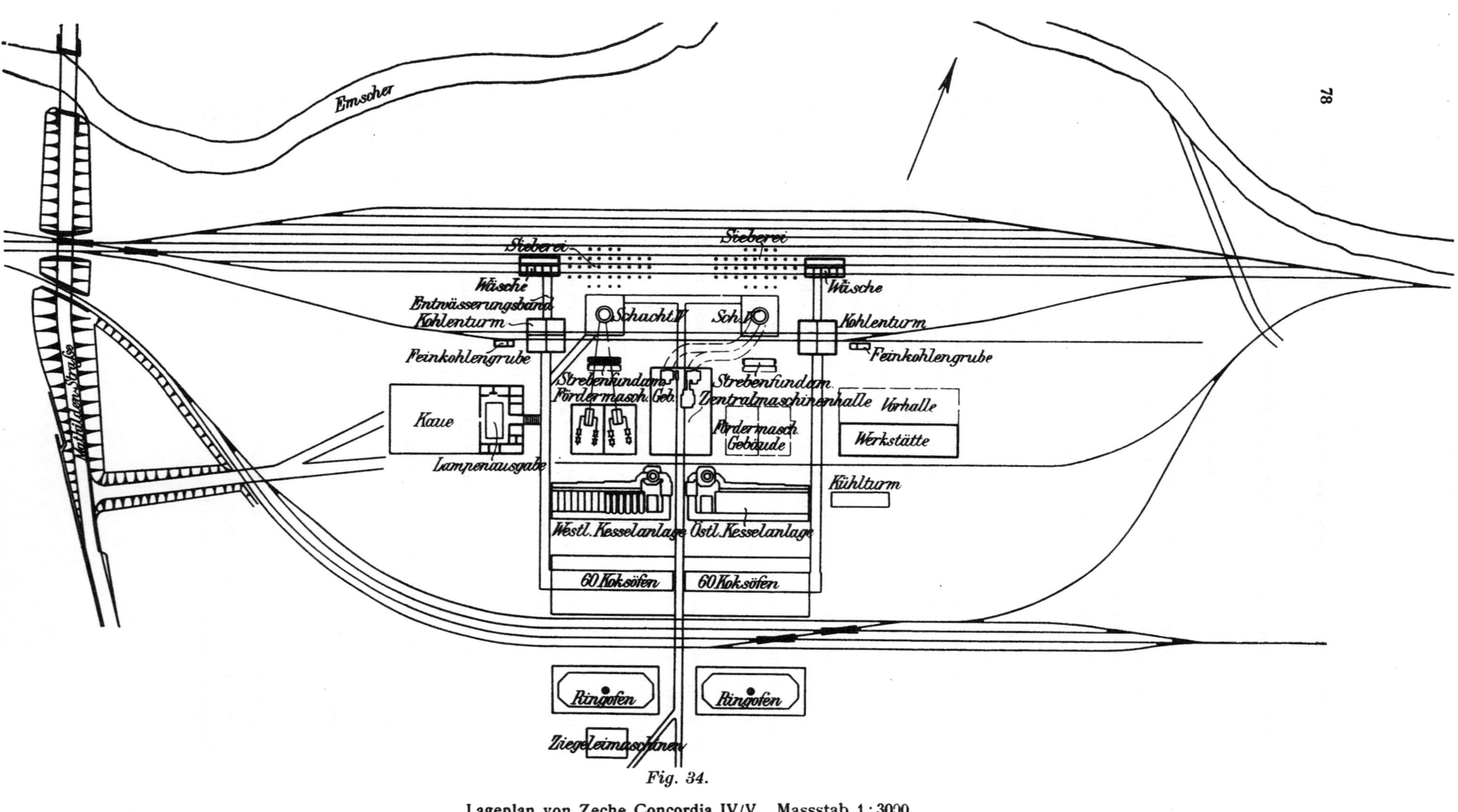

Fig. 34.

Lageplan von Zeche Concordia IV/V. Massstab 1:3000.

Gleise sind unter ihm durchgeführt; eins davon ist für die Zufuhr fremder Feinkohlen bestimmt, welche mittels eines Becherwerks in die Türme gehoben werden können.

Eine elektrische Centrale ist für den Antrieb der Wäsche und eines Ventilators vorgesehen. Von bemerkenswerten Einzelheiten sei noch hervorgehoben, dass die westliche Transportbrücke zweietagig gebaut ist. Die obere Etage entspricht dem Niveau der Hängebank und dient zum Kesselkohlentransport und zur Mannschaftsfahrung zwischen Kaue und Schacht. Auf der unteren Etage werden die Feinkohlen aus dem Turm auf die Koksöfen gebracht.

Die hohen übersichtlichen Werkstätten sind mit einem überdeckten Vorhof zur Ausführung grösserer Arbeiten an Förderkörben und dergleichen versehen. Ein Eisenbahngleis führt dicht an ihnen und den Maschinenhäusern vorbei.

γ) Zollverein IV/V.

Schliesst sich die Disposition von Concordia IV/V bezüglich der Lage von Schächten und Fördermaschinen zu einander den mehr nach den hergebrachten und altbewährten Formen gebauten Neuanlagen an, so unterscheiden sich die letzteren von ihr doch alle dadurch, dass sie für Kohlen- und Koksverladung einen einheitlichen Bahnhof besitzen. Drängen die örtlichen Verhältnisse oder die Neigungen der Erbauer darauf hin, die Anlagen mehr in die Breite als in die Länge zu ziehen, so geschieht dies, indem die Kokereien den Schächten gegenüber auf die andere Seite des Bahnhofs gelegt werden.

Eine vielfach vorbildlich gewordene Anlage dieser Art ist diejenige von Zollverein IV/V (Tafel VI), welche im Anfang der 90er Jahre als eine der ersten grossen Neuanlagen um den Doppelförderschacht IV ausgeführt wurde. Der erst später erforderliche Wetterschacht V musste ganz aus der eigentlichen, schon fertigen Anlage herausgerückt werden, wurde aber aus verschiedenen Gründen ausser mit einem Ventilator auch mit einer kleinen Förderung versehen.

Schon äusserlich fällt beim Betreten der Zeche Zollverein IV/V der grosse Unterschied gegen Preussen und Scharnhorst in die Augen, dass sich die meisten Gebäude um einen grossen freien Zechenplatz gruppieren, der sich aus dem erforderlichen Abstand zwischen den rechtwinklig zur Bahn gestellten Fördermaschinen und dem Schacht ergiebt. Die beiden Trommel-Fördersmaschinen befinden sich in zwei durch eine massive Wand getrennten Räumen. Da sie ihrer Breite wegen nicht beide in die Mittellinie der zugehörigen Fördertrumme gesetzt werden konnten, sind sie, und entsprechend auch die Seilscheiben, in einen solchen Winkel dazu gestellt, dass die grösste seitliche Ablenkung für alle Seile den gleichen mittleren Wert erhält. Die Notwendigkeit, bei Doppelförderung die Fördermaschinen schräg zur Mittelachse zu stellen, besteht allgemein, auch für die schmalen Köpemaschinen. Die Folge ist, dass wie auf Zollverein IV/V die Maschinen in den sie umschliessenden Räumen über Eck gestellt werden müssen. Nur vereinzelt (Recklinghausen II) sind die Maschinenhäuser selbst im Winkel zu einander zu Gunsten der Symmetrie der Innenräume errichtet. An das Gebäude für die Fördermaschinen schliessen sich in derselben Flucht einerseits die Kessel an, anderseits Bureaus, Magazine und Werkstätten.

An der Bahn liegt westlich vom Schacht der Holzplatz, auf den ein eigenes Gleis führt, östlich das Kauengebäude mit einem zweietagigen Umkleideraum. Eine Centralmaschinenhalle ist noch nicht vorhanden. Ein Gebäude für Kompressoren und eins für eine hydraulische Wasserhaltung befinden sich dicht am Schacht. Vor dem Schacht liegt die Separation über zwei Verladegleisen, davor auf einer Art Insel zwischen den Gleisen die Wäsche, deren Produkte auf der anderen Seite über ein Nuss- und ein Feinkohlengleis verladen werden. Die meisten Feinkohlen gehen aber auf einer genau in der Mittellinie der beiden Förderungen angeordneten Brücke zu den Koksöfen, von denen auf der Gegenseite des Bahnhofs vorläufig erst eine Batterie westlich der Brücke errichtet ist. Platz für die symmetrisch anzugliedernde östliche Hälfte ist vorhanden. Die Brücke führt weiter zur Bergehalde. Hinter den Koksöfen in einer neuen Fluchtlinie befinden sich die Gebäude für die Gewinnung der Nebenprodukte, und eine zweite mit der Abhitze der Koksöfen betriebene Kesselanlage. Die Nebenproduktengewinnung ist mit dem Bahnhof durch ein eigenes rechtwinklig abgezweigtes Gleis und eine Drehscheibe in Verbindung gebracht.

In Anlehnung an Zollverein IV/V sind in den letzten 10 Jahren eine ganze Reihe grosser Anlagen ausgeführt oder entworfen, zum Beispiel Constantin IV/V, Neumühl, die Projekte für Hugo, Sterkrade und andere. Die meisten sind Zwillingsanlagen, bei denen die Symmetrie um eine Querachse besonders deutlich hervortritt, z. B. auch in der Lage der Kessel oder des Centralmaschinenhauses zwischen den Fördermaschinen. Wichtig ist, dass die neuen Anlagen Drehscheiben durchaus vermeiden und lieber in grossen Kurven ein oder mehrere Nebengleise an die Nebenproduktengewinnung, Ringöfen usw. heranführen. Das Projekt von Hugo (Tafel IV, hinter S. 48), welches auch noch Lagerplätze für Kohle usw. an diesen Gleisen ins Auge fasst, zeigt, wie sehr dadurch die äussere Aehnlichkeit mit dem Bahnhof von Scharnhorst usw. wächst, wenn es sich bei diesen Abzweigungen auch nur um Nebengleise handelt.

Additional material from *Disposition der Tagesanlagen, Dampferzeugung, Centralkondensation, Luftkompressoren, Elektrische Centralen*

ISBN 978-3-642-50625-3 (978-3-642-50625-3_OSFO5),
is available at http://extras.springer.com

d) **Königin Elisabeth, Schacht Hubert.**

Manche wesentliche Abweichungen gegenüber der Schachtanlage Zollverein IV/V zeigt die sehr symmetrische Anlage Hubert (Fig. 35) der Zeche Königin Elisabeth, welche mit zwei einfachen Förderschächten ausgestattet ist. Die Förderung des Ausziehschachtes muss durch eine Luftschleuse hindurch gebracht werden und gelangt bis zur Ausführung einer zweiten Separation auf einer Brücke zur Separation und Wäsche des Hauptförderschachtes. Zwischen den Fördermaschinen liegt das Verwaltungsgebäude mit Bureaus und Magazin, davor in der Mittellage, unmittelbar anstossend, die Kaue. Die teilweise zum Stochen eingerichteten Kessel liegen sämtlich auf der anderen Seite der Bahn, zwischen den in zwei Batterieen angelegten Koksöfen. Hinter den Kesseln liegt die Hauptmaschinenhalle, doch ist, um den Wetterkanal nicht unter der Bahn durchführen zu müssen, der Ventilator mit seiner Maschine dicht an den Ausziehschacht gesetzt.

Die Besonderheiten der Anlagen folgen aus der Beschaffenheit des Geländes, einer nach mehreren Seiten abgeböschten Bodenwelle, im Verein mit dem Umstande, dass die Zeche hauptsächlich Kokskohlen fördert und ihren Kesselbetrieb in erster Linie auf die Verwertung der Abhitze einrichten muss. Die langen Dampfleitungen zu den Fördermaschinen waren daher nicht zu vermeiden.

Der Bahnhof von Zeche Hubert zeigt die Eigentümlichkeit, dass der Abstand zwischen dem ersten, hauptsächlich für Materialtransport bestimmten Gleise und den Schächten nur $1^{1}/_{2}$ m beträgt. Das Gleis liegt unter der von Säulen getragenen Hängebank. Maschinenteile können daher nötigenfalls mit dem Schachtkabel vom Waggon abgenommen und sofort in den Schacht eingelassen werden. Auch lassen sich Materialien wie Holz und Steine dicht am Schacht abladen.

e) **Gladbeck.**

Als eine neue, sehr grosse Anlage von ähnlichem Grundcharakter wie Zollverein IV/V sei noch Gladbeck I/II (Fig. 36) kurz beschrieben. Die Anlage ist jetzt (1905) bereits mehrere Jahre in Betrieb. Nur die Koksofenanlage ist noch nicht in Bau genommen. Ihre Inangriffnahme wird von der Entwickelung der Flötzverhältnisse abhängen, ist aber auf der Gegenseite des Bahnhofs beabsichtigt und wird dort schon durch eine zweite Kesselanlage, die später mit Gas geheizt werden soll, angedeutet.

Der erste Besitzer des inzwischen in das Eigentum des Bergfiskus übergegangenen Bergwerks Gladbeck hatte ursprünglich nur die Absicht gehabt, die beiden von ihm geplanten Betriebsanlagen mit je einem Doppelförderschachte von höchster Leistungsfähigkeit zu versehen. Ein dritter

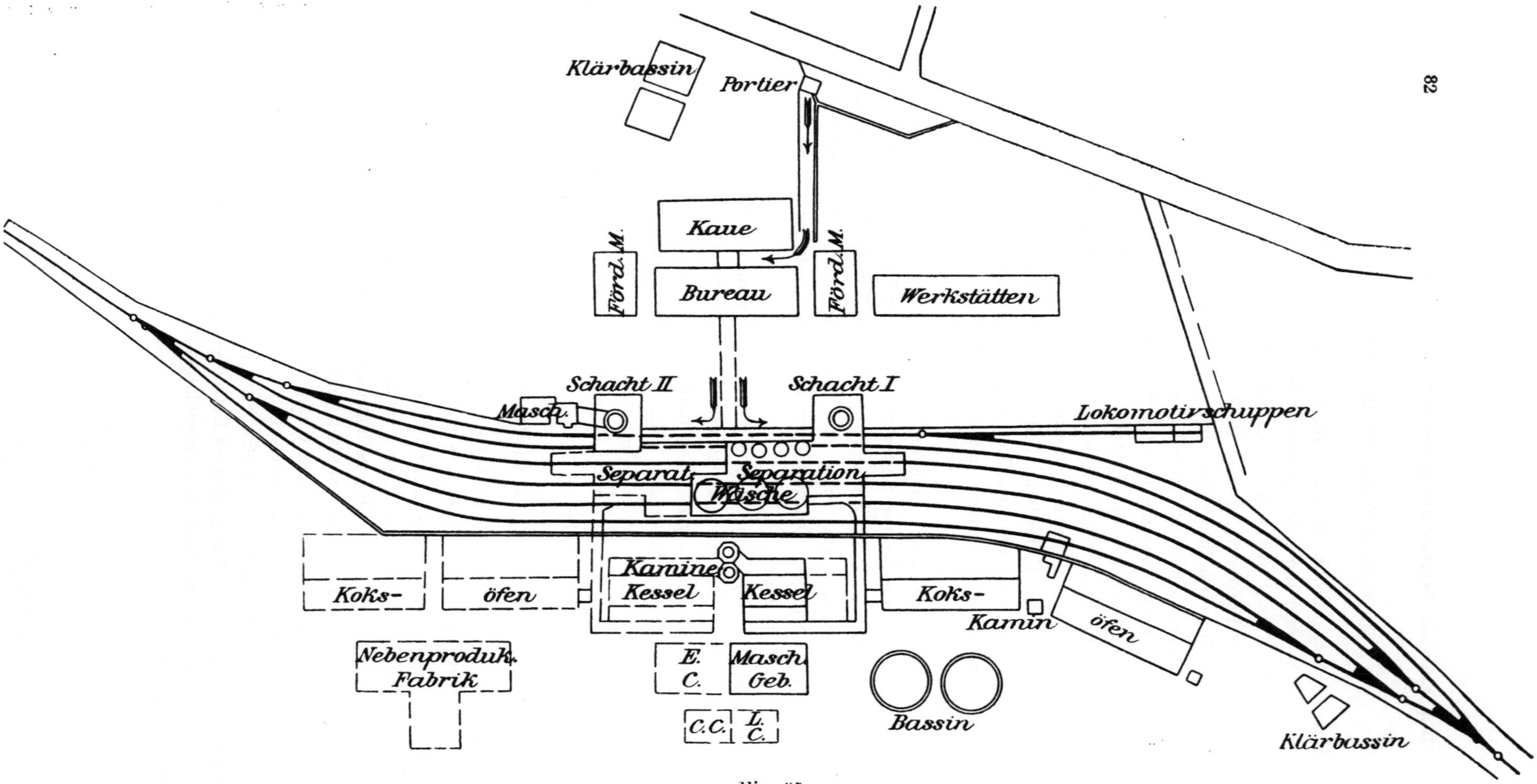

Fig. 35.

Lageplan von Zeche Königin Elisabeth, Schacht Hubert.

Massstab 1 : 2000.

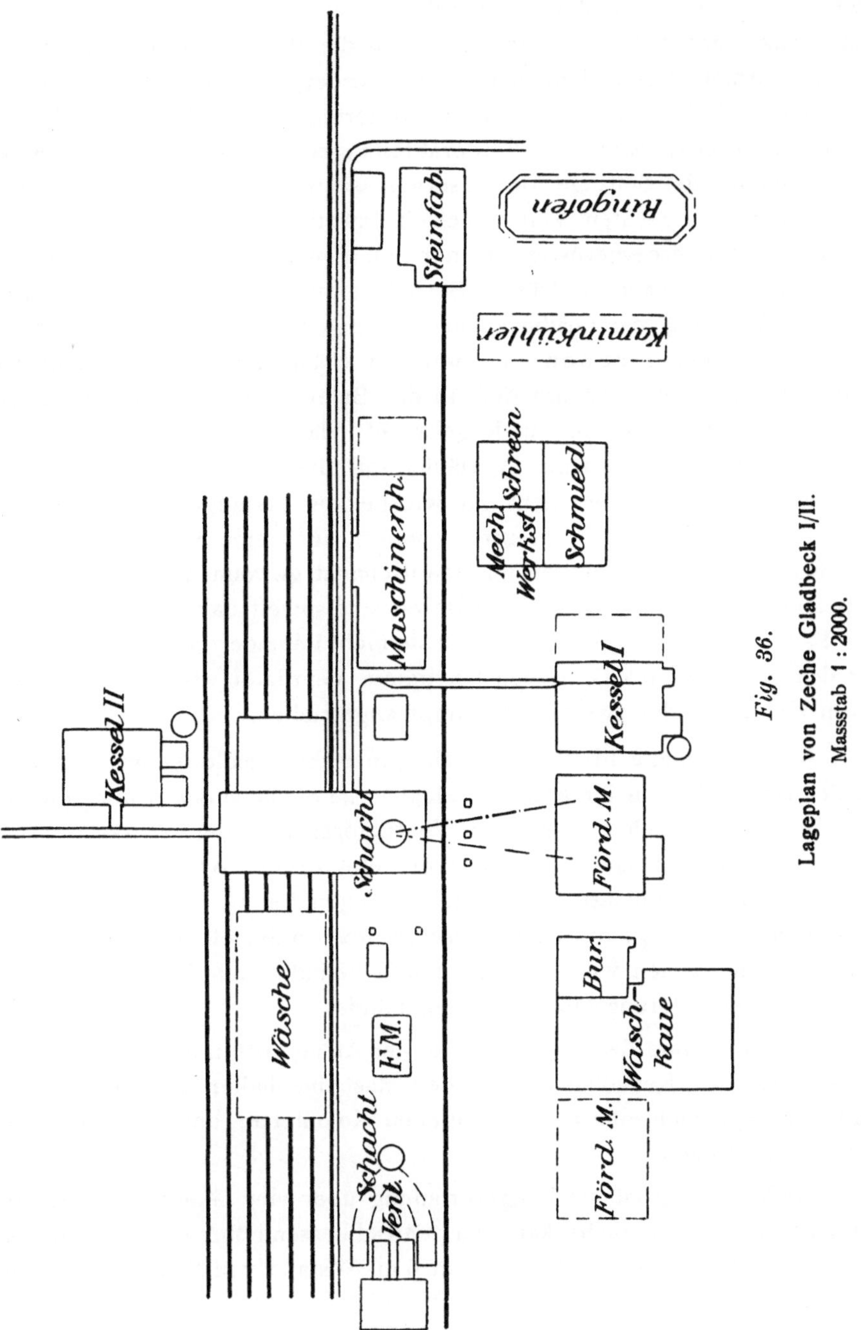

Fig. 36.

Lageplan von Zeche Gladbeck I/II.
Massstab 1 : 2000.

Schacht sollte zwischen den beiden Anlagen als gemeinsamer Ausziehschacht stehen. Im Hinblick auf die beabsichtigte Förderung von **3000** bis

6*

4000 t wurde für Schacht I von vornherein eine Förderreserve vorgesehen, indem man eine dritte Fördermaschine an die Bahn, rechtwinklig zu den anderen projektierte und beim Bau des Fördergerüstes Massnahmen traf, dass die Seilscheiben dieser dritten Förderung (wie auf Prosper II) nach Bedarf über jeder der beiden Förderabteilungen verlagert werden konnten. Zur Aufnahme des Seilzuges der Reservemaschine wurde an das dreibeinige Strebengerüst im rechten Winkel noch eine zweibeinige Strebe angesetzt. Mit Ausnahme des Fördergerüstes ist aber von dem Plan nichts weiter verwirklicht worden, da schon die frühere Betriebsleitung — vornehmlich wohl, um die Aufschliessung der Grube zu beschleunigen — mit dem Abteufen von Auszieh - Schächten n e b e n den jetzigen Schächten I und III begonnen hatte. Die zweiten Schächte sind an der Bahn in solcher Entfernung von den Hauptförderschächten niedergebracht, dass Platz für zwei Fördermaschinen gewonnen wurde. Vorläufig soll allerdings nur je eine eingebaut werden, womit aber nicht nur wie bei der erstgeplanten dritten Fördermaschine eine Maschinenreserve sondern auch eine Schachtreserve für den Fall von Beschädigungen im Hauptschacht gewonnen ist. Die an den Ausziehschächten liegenden Ventilatoren sind soweit davon abgerückt, dass der Bau von Schachtgebäuden durch sie nicht behindert werden kann. Der für den gewöhnlichen Gebrauch bestimmte Ventilator wird auf beiden Anlagen elektrisch, der zweite mit Dampf angetrieben.

Auf der Anlage I/II liegt die Hauptmaschinenhalle neben Schacht I an der Bahn. Der in ihr erzeugte elektrische Strom versorgt auch die Anlage III/IV, auf welcher ausser den Ventilatoren und den Werkstätten die bisher nur dort vorhandene Wäsche für elektrischen Antrieb eingerichtet ist. Dem Maschinenhause von Schacht I gegenüber in einer Reihe mit den Fördermaschinen liegt die Hauptkesselanlage. In derselben Reihe zwischen den Fördermaschinen von Schacht I und II befindet sich das für 2000 Mann bestimmte, erweiterungsfähige Kauengebäude.

Den Abschluss des Zechenplatzes der Anlage I/II in der Längsrichtung bilden quer zum Kesselhause und den Maschinenhallen die Werkstätten. Dahinter liegt noch eine auf den eigenen Koloniebau und auf Landabsatz berechnete Ziegelei.

Die Verladung ist als Längsverladung über vier Gleisen eingerichtet. Eine grosse Doppelwäsche kann daran anschliessend über den Gleisen Platz finden, welche zu diesem Zwecke mit 6 m Abstand von Mitte zu Mitte verlegt sind.

Von dem reichlich bemessenen Bahnhof ist in einiger Entfernung von den Schächten ein Schienenstrang abgezweigt und für Material- und Maschinentransport dicht an den Schächten, den Maschinenhallen und Werkstätten vorbei über den gegen den Bahnhof erhöhten Zechenplatz geführt.

ζ) Rheinelbe III.

Im Gegensatz zu den letztbeschriebenen Anlagen, welche die Koksöfen mit den zugehörigen Einrichtungen auf der einen, die Schächte und
alle übrigen Baulichkeiten auf der anderen Seite des Bahnhofs zeigen,
giebt es eine ganze Reihe von Dispositionen, welche lediglich eine Seite
des geschlossenen Zechenbahnhofs in Anspruch nehmen. Ausser der grossen
Mehrzahl aller reinen Gas- und Gasflammkohlenzechen ist auch eine Anzahl von Fettkohlenzechen mit erheblichem Kokereibetrieb nach diesem
Plane gebaut. Teilweise geschah dies, um die Anordnung dem Gelände
oder der Form und Lage des verfügbaren Grundbesitzes anzupassen,
öfter geschah es aber auch nur der Vorteile wegen, welche mit einer
derartigen Anordnung verbunden sind. Dahin gehört die grosse Uebersichtlichkeit, welche die Ausführung aller Bauten in nur zwei Fluchten gewährt und die Erleichterung der Aufsicht, welche daraus folgt. Ein Gang
über den langgestreckten, mit einem Blick zu übersehenden Zechenplatz
führt an sämtlichen Betriebsvorrichtungen vorüber. Aber auch die Stellung
von Koksöfen zu Kesseln und Maschinen lässt sich unter Umständen in
glücklicher Weise lösen, wenn die Koksöfen in der Nähe des Schachtes beginnen und die Kessel ihnen gegenüber neben den Maschinen aufgestellt
werden. Endlich bleibt die ganze Gegenseite des Bahnhofs frei und für
eine etwaige spätere vollständige Umgestaltung des Tagesbetriebs zur Verfügung.

In dieser Weise ist die Disposition der neuen Schachtanlage Rhein-
elbe III (Fig. 37) getroffen. Da mehrere Ausziehschächte an den Feldes-
grenzen für nötig gehalten wurden, ist nur ein Hauptschacht vorhanden,
dieser aber auf eine Förderung von 3000 t berechnet, welche über 4 Längsbändern separiert und verladen wird. Die durchgesiebte Kohle geht in
zwei über denselben Gleisen liegende Wäschesysteme, deren Nuss- und
Feinkohlenbehälter in vier Reihen unterhalb der eigentlichen Waschvorrichtungen liegen. Die Nusskohlenbehälter liegen an den Aussenseiten des
Gebäudes unmittelbar über den Gleisen, während die zwei Feinkohlen-
systeme nebeneinander die beiden inneren Reihen bilden und zunächst auf
eine gemeinsame Abzugsbühne münden, in der Oeffnungen für direkte
Waggonverladung hergestellt werden können. Für gewöhnlich werden die
Feinkohlen aber auf der Abzugsbühne in Trichterwagen gefüllt und über
eine kurze Brücke zu den sich längs der Bahn erstreckenden Koksöfen
gefahren.

In der zweiten Fluchtlinie liegt den Koksöfen gegenüber die Kessel-
anlage, dem Schacht gegenüber die Hauptfördermaschine, dazwischen die
Centralmaschinenhalle; auf der anderen Seite der Fördermaschine folgt das
Kauengebäude. Infolge der Schachteinteilung und der damit zusammen-

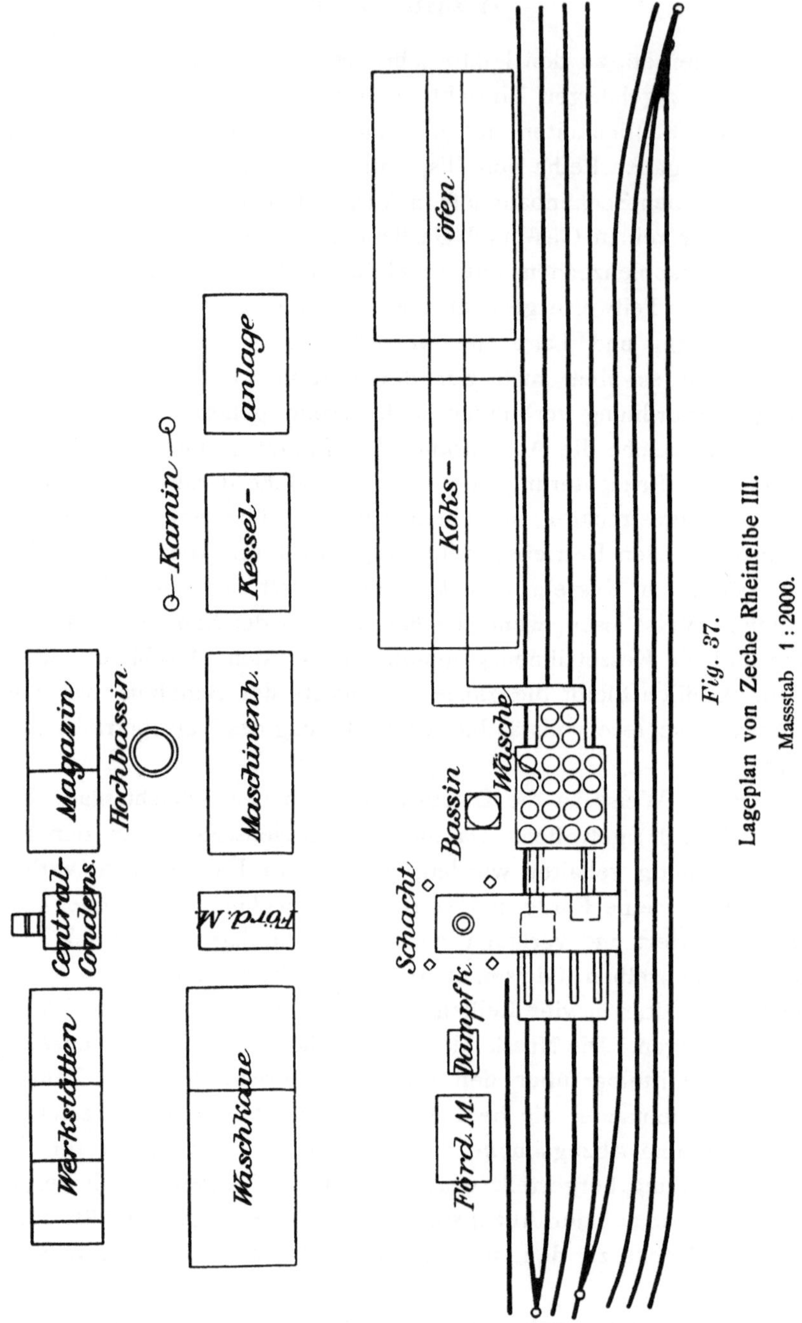

Fig. 37.

Lageplan von Zeche Rheinelbe III.

Massstab 1 : 2000.

hängenden Konstruktion eines vierbeinigen bockartigen Seilscheiben-
gerüstes liegt die Maschine für die zweite, weniger leistungsfähige Förde-

rung rechtwinklig zur Hauptfördermaschine an der Bahn. Werkstätten, Zentralkondensation und Magazin sind in einer dritten Fluchtlinie hinter den Maschinen disponiert.

η) Minister Achenbach, Werne, Königsborn III.

Eine noch ausgesprochenere Längsanordnung zeigt die Zeche Minister Achenbach (Tafel VII), eine neue Anlage mit Zwillingsschächten, von denen der Einziehschacht mit Doppelförderung, der gleich weite Ausziehschacht mit einfacher Förderung ausgerüstet ist. Sämtliche Fördermaschinen sind mit ihren Axen rechtwinklig zur Bahn aufgestellt. Die Verladung findet nur von einem Schachte aus statt, welcher mit dem anderen durch eine Brücke verbunden ist. Es ist Querverladung gewählt im Zusammenhang mit der Errichtung der Wäsche neben den Gleisen. Die Nusskohlen werden über dem Koksgleis verladen. Kessel und Maschinen liegen in der zweiten Fluchtreihe, die Zentralmaschinenhalle zwischen den Fördermaschinen. Zur Verkürzung der Gaskanäle ist eine zweite Kesselbatterie am Ende der Koksofenanlage errichtet, mit dem Ausblick auf eine spätere Verlängerung der letzteren. Zwischen den beiden Kesselhäusern liegt die Nebenproduktengewinnung an einem in weiter Kurve abgezweigten Gleise.

Die auf Rheinelbe III vorhandene dritte Fluchtreihe ist hier dadurch beseitigt, dass die Kaue mit Magazin am Eingang der Tagesanlagen an die Bahn versetzt ist und das Werkstättengebäude ihr gegenüber in die zweite Fluchtlinie. Von der Kaue führt eine Brücke zur Hängebank.

Ein auf dem Zechenplatz verlegtes einzelnes Gleis, neben dem sich eine Becherwerksgrube für ’zugekaufte Feinkohlen befindet, ist mit dem Bahnhof durch eine Schiebebühne in Verbindung gebracht.

Aehnliche Grundzüge wie Minister Achenbach zeigen viele neuere Anlagen und Projekte, mit dem Unterschiede, dass die Schächte meist mehr in die Mitte statt an das eine Ende des Bahnhofs gesetzt werden. Das erleichtert den Rangierbetrieb und schafft für die Zukunft den Vorteil, dass man nach Belieben jeden der beiden Schächte zum Mittelpunkt des Gesamtbetriebs machen kann. Von fertigen Anlagen ähnlichen Charakters seien Shamrock III/IV, Schlägel und Eisen III/IV, König Ludwig IV/V und Werne genannt, von in Ausführung begriffenen Auguste Viktoria, Emscher-Lippe und Bergmannsglück. Eine Verkürzung der Längsanordnung kann dadurch herbeigeführt werden, dass man grössere Gebäude, namentlich Kaue und Centralmaschinenhalle mit ihrer Längsachse senkrecht zur Fluchtlinie stellt. Diese Anordnung lässt auch die Möglichkeit frei, die Gebäude wenn nötig nach hinten zu verlängern.

Auf der Zeche Werne (Fig. 32 auf S. 70) hat dies bei einer sonst durchgeführten Längsanordnung Veranlassung gegeben, die Kessel aus der

Fluchtlinie ganz herauszunehmen und hinter die Hauptfördermaschine zu setzen, wo sie rechtwinklig gegen das weit nach hinten hinausgebaute Maschinenhaus stossen. Diese Lage der Kessel vereint günstige Dampfwege, leichte Zufuhr der Kesselkohlen und volle Erweiterungsfähigkeit, ist aber etwas weit von den Koksöfen entfernt. Allerdings sollen auf längere Jahre hinaus die Feinkohlen von Zeche Werne noch zur Georgs-Marien-Hütte, der Besitzerin der Zeche, geschickt und dort verkokt werden.

Nur in seltenen Fällen und dann meist aus örtlichen Gründen werden die Koksöfen und damit zusammenhängend die Kessel auf beide Seiten des Zechenbahnhofs verteilt. Es geschieht in der Regel nur, wenn keine Nebenproduktengewinnung in Frage kommt, d. h. auf den Zechen, welche Kohlen der Esskohlenpartie verkoken. In solchen Fällen, wie z. B. auf Königsborn III, wird dann gern in die Nähe der zweiten Kesselanlage auch der eine oder andere Dampfverbraucher gesetzt. Auf Königsborn III versorgt die erste Kesselanlage die anstossende Fördermaschine, die zweite die auf der gegenüberliegenden Bahnhofsseite liegenden Maschinen der Separation und Wäsche, sowie der Hauptmaschinenhalle.

Trotz Anlehnung an die immer wiederkehrenden Grundformen können schliesslich unter besonderen Betriebsbedingungen Anordnungen entstehen, in denen das Eigentümliche überwiegt oder doch in den Vordergrund tritt. Als solche scheinbar ganz für sich stehenden Dispositionen seien noch diejenigen von Mathias Stinnes III/IV und von Rheinpreussen IV kurz beschrieben, da beide in ihrer Art als Vorläufer einer Reihe ähnlicher Anlagen betrachtet werden dürfen.

ϑ) **Mathias Stinnes III/IV.**

Mathias Stinnes III/IV (Tafel VIII) ist eine für etwas über 3000 t tägliche Förderung bestimmte Zweischachtanlage mit Doppelförderung in jedem der mit dem gewaltigen Durchmesser von 6,6 m bis ins Steinkohlengebirge hinunter kuvelierten Schächte. Wie bereits auf Seite 57 ausgeführt, ist es die erste Zeche im Ruhrbezirk, welche ihren ganzen Kraftbedarf in Form von elektrischer Energie von einer entfernt gelegenen Centrale bezieht und auf die Errichtung einer Kesselanlage gänzlich verzichtet hat. Die Disposition vereinfacht sich noch weiter dadurch, dass Wäsche und Kokerei nicht vorgesehen sind. Die verkokungsfähigen Kohlen sollen über eine 2 km lange Hochbrücke im Niveau der Hängebank mittels einer Seilbahn nach der Schachtanlage I/II gebracht werden. Verladen werden sollen auf der fertiggestellten Anlage nur Stück- und Förderkohlen.

Für alle verbleibenden Betriebszwecke ist es gelungen, mit drei Hauptgebäuden auszukommen, deren Anordnung den Bedürfnissen des

Additional material from *Disposition der Tagesanlagen, Dampferzeugung, Centralkondensation,*
Luftkompressoren, Elektrische Centralen
ISBN 978-3-642-50625-3 (978-3-642-50625-3_OSFO7),
is available at http://extras.springer.com

Betriebs wie dem Streben nach architektonischer Wirkung in gleicher Weise gerecht wird.

Den Mittelpunkt zwischen den Hallen für die Fördermaschinen bildet die nach hinten herausgebaute hohe Centralmaschinenhalle, welche mit den ersteren zu einem Bauwerk von 95 m Frontlänge vereinigt ist. In der den Schächten zugewandten Fluchtlinie schliesst sich an das Maschinengebäude einerseits das Kauengebäude, andererseits das Werkstättengebäude an. Die beiden letztgenannten Bauten sind der Symmetrie zu Liebe nach Aussen ganz übereinstimmend durchgebildet und besitzen auch die gleichen Abmessungen. Die in gefälligem, modernem Stil entworfene architektonische Behandlung des Ganzen ist auf beiden Längsfronten, sowohl der von den Schächten wie der von der Strasse aus gesehenen, ganz gleichwertig gehalten, wodurch ein einheitlicher und schöner Gesamteindruck erzielt wird.

An Nebengebäuden ist nur das Transformatorenhaus zu nennen, in welchem der Drehstrom von 10 000 Volt zunächst auf 5000 heruntergebracht wird. Die weitere Transformierung und Umformung erfolgt in der Centralmaschinenhalle. Diese enthält ausser den Schaltanlagen und elektrischen Hülfsmaschinen zwei für die vier elektrischen Fördermaschinen bestimmte Ilgner-Apparate, von denen im Herbst 1904 einer aufgestellt war. Ausserdem umfasst die mit Rücksicht auf die schweren Schwungmassen der Ilgnermaschinen mit einem ausserordentlich kräftigen Laufkrahn ausgestattete Halle die elektrisch betriebenen Kompressoren und Ventilatoren. Alle Maschinen, insbesondere die Ventilatoren liegen sehr günstig zum Schacht. Dasselbe gilt von der mit den Magazinen und Bureaus vereinigten Kaue und von den Werkstätten.

Die beiden in Eisenfachwerk unabhängig von den hohen Schachtgerüsten aufgeführten Schachtgebäude sind in Hängebankhöhe durch zwei Brücken miteinander verbunden. Ueber die eine geht die Seilbahn, welche nach Schacht I/II führt. Die Anordnung der Verladung steht zur Zeit noch nicht fest.

i) Rheinpreussen IV.

Die Zeche Rheinpreussen IV, (Fig. 38), ist eine für 2000 t berechnete Einzelschachtanlage in der Nähe des Rheins. Die grossen Kosten und Gefahren des Schachtabteufens im Schwimmsand zwingen dort dazu, das Grubenfeld mit möglichst wenig Schächten aufzuschliessen, was durch zweckmässige Verteilung und vollkommene Ausnutzung von Einzelschächten am besten erreicht wird. So kommt es, dass auch der ausziehende Schacht IV unter Verwendung Henselmannscher Schleusen als selbständige Förderanlage ausgebaut ist. Die Gesamtanordnung erinnert an manche Einzelschächte, welche in den 70er Jahren mit Doppelförderung ausgerüstet

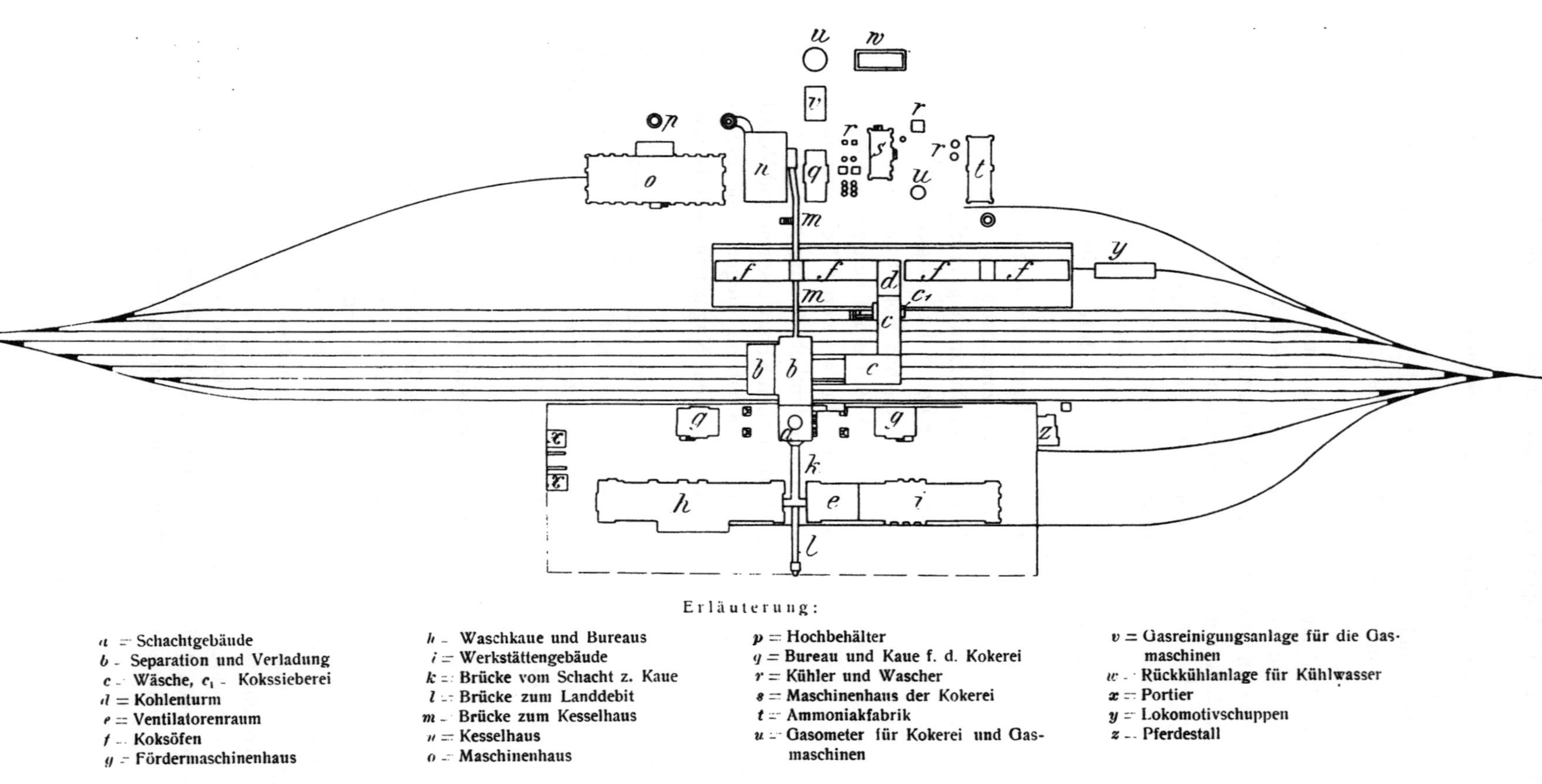

Erläuterung:

a = Schachtgebäude
b = Separation und Verladung
c = Wäsche, c_1 = Kokssieberei
d = Kohlenturm
e = Ventilatorenraum
f = Koksöfen
g = Fördermaschinenhaus

h = Waschkaue und Bureaus
i = Werkstättengebäude
k = Brücke vom Schacht z. Kaue
l = Brücke zum Landdebit
m = Brücke zum Kesselhaus
n = Kesselhaus
o = Maschinenhaus

p = Hochbehälter
q = Bureau und Kaue f. d. Kokerei
r = Kühler und Wascher
s = Maschinenhaus der Kokerei
t = Ammoniakfabrik
u = Gasometer für Kokerei und Gas-
maschinen

v = Gasreinigungsanlage für die Gas-
maschinen
w = Rückkühlanlage für Kühlwasser
x = Portier
y = Lokomotivschuppen
z = Pferdestall

Fig. 38.

Lageplan von Zeche Rheinpreussen IV.

wurden. Sie wird dadurch gekennzeichnet, dass bei rechtwinkliger Lage der Schachttrumme zur Bahn die Fördermaschinen einander gegenüber an die Bahn gesetzt sind. Da Treibscheibenförderung gewählt ist, hat diese Anordnung den Vorteil, dass die Seilscheiben übereinander liegen und keine Seilabweichung auftritt. Allerdings wird der Platz am Schacht neben der Bahn verbaut, doch ist dies heute weniger von Belang, denn nur Verladung und Wäsche und auch diese nur in gewissem Sinne sind noch an den Schacht gebunden, können aber, wie gerade der vorliegende Fall zeigt, sehr günstig vor dem Schacht über die Gleise gebaut werden. Dagegen wird der eigentliche Zechenplatz von den recht hinderlichen Gerüststreben befreit und der weitere Gewinn erzielt, dass andere Gebäude in vorteilhafte Nähe zum Schacht gebracht werden können. Als solche sind an die sonst für die Fördermaschinen in Betracht kommenden Stellen Kaue und Werkstätten dem Schacht gegenüber gesetzt, letztere mit Einschluss eines Raumes für Ventilatoren.

Alles Andere liegt in einer Art Queranordnung auf der anderen Seite des Bahnhofs, an diesem zunächst die 120 Koksöfen mit dem Feinkohlenturm in der Mitte, dem zwei Entwässerungsbänder die Feinkohle über den Bahnhof weg direkt aus der Wäsche zuführen. In einer zweiten Reihe liegen hinter den Koksöfen die Anstalten für Nebenproduktengewinnung und Gasreinigung. Wo die Koksöfen aufhören, fangen in der zweiten Reihe die Kessel an, deren Fortsetzung wieder die Centralmaschinenhalle bildet. Letztere enthält eine dampfelektrische Centrale, welche nach Fertigstellung der ersten 60 Koksöfen als Reserve für eine 1500 PS. liefernde, bereits in Bestellung gegebene Gasdynamo dienen soll. Mit der Entwickelung der Kokserzeugung gedenkt man die elektrische Centrale noch zu vergrössern und dann auch zum elektrischen Antrieb der Fördermaschinen überzugehen. Auf diesen ist alles vorbereitet und die langen Dampfwege zu den Fördermaschinen sind deshalb nur als ein nach einiger Zeit zu überwindender Zustand anzusehen. Der ausserhalb der Maschinenhalle liegende Ventilator wird nur elektrisch betrieben werden.

V. Schluss.

Seit dem Beginn des neuen Jahrhunderts sind Neuanlagen nicht mehr in der Anzahl in Angriff genommen worden, wie im Laufe und besonders gegen das Ende des letztverflossenen Jahrzehnts. Einer Zeit, in welcher das Bestreben nach Ausdehnung im rheinisch-westfälischen Bergbau äusserst lebhaft war, scheint wieder einmal ein Abschnitt ruhiger Entwickelung zu folgen, diesmal aber nicht, wie in den 60er und 80er Jahren, durch eine schlechte Markt- und Geschäftslage hervorgerufen. Eher kann umgekehrt gesagt werden, dass die im neuen Syndikatsvertrage von 1903

vorgenommene Loslösung der Beteiligungsziffer von der Zahl der Förderanlagen, insofern als sie einen Hauptanreiz zu Neugründungen beseitigte,
eine notwendige Bedingung für die gesunde Weiterentwickelung des
Syndikatsverhältnisses und somit für die Erhaltung lohnenden Absatzes war.
Erst seit dem Jahre 1903 kann der Umstand, dass die Zahl und Leistungsfähigkeit der Schachtanlagen der absatzfähigen Förderung immer mehr
voran geeilt war, nicht nur technisch, sondern auch wirtschaftlich im Sinne
der Allgemeinheit als ein Vorzug betrachtet werden.

Für die Technik ist von der neuern Wendung der Dinge kein Stillstand zu befürchten. Sie hat schon jetzt dazu geführt, dass den vielfach gegenüber den Neuanlagen vernachlässigten älteren Zechen wieder
mehr Interesse zugewendet wird. Durch Centralisation des Kraftbetriebs
gelingt es, auf ihnen die Betriebskosten noch wesentlich herunterzubringen
und oft auch die Leistung zu erhöhen. Gleichzeitig nimmt die Gründung
von Neuanlagen, gestützt auf die fast gesetzmässige Zunahme des Kohlen-
bedarfs, ihren Fortgang. Zwar haben viele Gesellschaften, nur um ihre
viel Kapital enthaltenden und billig arbeitenden Neuanlagen auszunützen,
zu dem Mittel greifen müssen, kleinere, ungünstiger arbeitende Werke still
zu setzen und deren Förderung auf die neueren Schächte zu übertragen.
Andere aber, namentlich solche, welche mit Hüttenwerken verbunden
sind und deren ständig steigenden Bedarf als Selbstverbrauch fördern
dürfen, können noch immer neue Schächte abteufen. Dazu kommen die im
Ausbau begriffenen fiskalischen Werke und die Schächte einzelner Gesellschaften, welche sich vorläufig ausserhalb des Syndikats entwickeln wollen.

Die hiernach in Aussicht stehende mehr stetige Vermehrung der
Förderanlagen verbürgt aber in ganz anderem Masse den technischen Fort-
schritt, wie eine plötzliche Gründungsthätigkeit. Sie erlaubt allen
Neuerungen zu folgen und lässt die bei jeder einzelnen Anlage gesammelten
Erfahrungen allen späteren zu Gute kommen. Entsteht dagegen eine
grössere Anzahl von Schachtanlagen auf einmal und, wie es meist in solchen
Fällen geschieht, weit über das wirkliche Bedürfnis hinaus, so pflegen ihre
Einrichtungen selten über das allgemein Erprobte hinauszugehen. Kommt
dann der Rückschlag mit der Stockung aller Bauthätigkeit, so sind die
Zechen für lange Jahre an eine anderwärts längst überholte Technik gebunden. Der rheinisch-westfälische Bergbau darf es als ein Glück betrachten, dass er die Wiederholung dieser auch ihm nur zu geläufigen Erscheinung für die absehbare Zukunft nicht mehr zu befürchten braucht.

Dampferzeugung.

Von Ingenieur Stach.

I. Einleitung.

Den wichtigsten Faktor für den maschinellen Betrieb, ohne den heute der Bergbau nicht mehr denkbar ist, bildet eine stets zuverlässige und auch bei gesteigerten Anforderungen noch ausreichende Kraftquelle. Da Wasserkräfte im Ruhrbezirk kaum in Frage kommen, auch die Verwendung von Verbrennungsmotoren mit Koksofengasen erst in der allerletzten Zeit in Betracht gezogen wird, so muss hier die benötigte Kraft fast ausschliesslich in Dampfkesseln erzeugt werden.

Bei den heute so stark angewachsenen Förderziffern reichen die vorhandenen Kessel vielfach kaum aus. Die Ueberanstrengung derselben ist auf manchen Zechen so gross, dass man dort kaum einen Kessel in Reserve hat, wodurch auch die Betriebssicherheit der ganzen Anlage in hohem Masse gefährdet wird. Mit grossem Eifer sehen wir daher jetzt die Verwaltungen bemüht, ihre Kesselanlagen zu vergrössern oder Einrichtungen zu treffen, um die Kessel zu entlasten.

II. Die Kesselsysteme.

1. Allgemeines.

Der Bestand an Dampfkesseln auf den Zechen und den dazu gehörigen Nebenanlagen im Oberbergamtsbezirk Dortmund betrug am 1. April 1905 ca. 4450 Stück. Davon waren 3900 = 87,7 % feststehende, 550 = 12,8 % bewegliche Kessel. Der Bauart nach zerfallen sie in folgende Systeme:

Zweiflammrohr-Kessel	ca. 2 225 =	50,0 %
Einflammrohr-Kessel	» 750 =	17,0 %
Einflammrohr-Kessel mit Quersiedern . . .	› 250 =	5,5 %
Fairbairn-Kessel	› 140 =	3,2 %
Engröhrige Siederohr-Kessel	› 350 =	8,0 %
Liegende Feuerbuchskessel mit vorgehenden Heizrohren	› 300 =	6,7 %
Rest, verschiedene Systeme	› 435 =	9,8 %

Wie aus obiger Zusammenstellung zu ersehen ist, überwiegt der Flammrohr-Kessel, namentlich der Zweiflammrohr-Kessel, ganz bedeutend. Dies erklärt sich aus der Einfachheit der Konstruktion, verbunden mit der Möglichkeit leichter und schneller Reinigung, sowie innerer und äusserer Ueberwachung, ferner aus der Schwierigkeit, tüchtige Kesselschmiede auf den Zechen zu halten und aus dem Mangel an geeignetem Bedienungspersonal.

Diese Kessel haben ausserdem noch den Vorzug, dass sie infolge der grossen Wasseroberfläche, verbunden mit geringerer Wasserzirkulation, technisch trocknen Dampf liefern. Der grosse Wasservorrat gestattet jederzeit eine wesentliche Steigerung der Dampferzeugung und der grosse Dampfraum ist der geeigneteste Ausgleich für eine wechselnde Dampfentnahme, wie sie ja auf den Zechenanlagen fast unvermeidlich ist.

Die oft geäusserte Ansicht, dass die wirksame Heizfläche der Flammrohre durch Ascheablagerung zu stark herabgedrückt werde, kommt nur in gewissem Sinne bei längeren Betriebsperioden in Betracht.

Quantitativ und qualitativ in ihrer Leistung sind die Flammrohrkessel jedenfalls noch von keinem anderen System erreicht.

Sie haben natürlich auch Nachteile. Vor allen Dingen sind sie begrenzt in der Grösse. Bei grossen Abmessungen und hohen Dampfspannungen erhalten sie bedeutende Gewichte, die sowohl für den Transport, als auch für die spätere Betriebsstätte von Nachteil sein können.

Sie erfordern mehr Raum zur Aufstellung und zum Inbetriebsetzen ist mehr Zeit erforderlich, wie z. B. bei der anderen Hauptgruppe der Röhrenkessel.

Das mehr und mehr fühlbar werdende Bedürfnis, der wechselnden Dampfentnahme nach Möglichkeit gerecht zu werden, ferner der geringe Platzbedarf und der geringe Zeitaufwand, welcher erforderlich ist, um sie in Betrieb zu setzen, hat dem Wasserrohrkessel in seinen verschiedenen Ausführungen vielfach Eingang verschafft auf Anlagen, wo ein Reservekessel schnell in Betrieb genommen werden muss. Einschränkend für die Verwendung der Röhrenkessel ist aber schon das Erfordernis besonders guten Speisewassers. Auch erfordern sie wesentlich mehr Sorgfalt und mehr Unkosten in der Unterhaltung. Denn diese Kessel mit ihren zahlreichen (bis 100 und mehr) Röhren müssen nach jeder Reinigung mit peinlichster Sorgfalt wieder betriebsfähig hergestellt werden, da jedes Rohr je nach der Zahl der Wasserkammern eine oder mehrere Verschraubungen benötigt. Die Reinigung der Rohre und deren Verschlüsse sowie das Einsetzen der Rohre ist eine umständliche, zeitraubende und kostspielige Arbeit, welche durch gewissenhafte Leute vorgenommen werden muss, da schon eine einzige undichte Verschraubung den Betrieb des Kessels unmöglich machen und einen stundenlangen Aufenthalt hervorrufen kann. Des weiteren sind die nahtlosen Rohre nicht immer gleichmässig in der Wandstärke, wodurch schon oft Rohrdefekte entstanden sind. Schliesslich werden solche Defekte auch begünstigt durch die Kesselsteinbildung in den Rohren, der selbst die lebhafte Wasserbewegung nicht Einhalt thun kann.

Für die untersten Rohrreihen kommt ausserdem noch die Einwirkung der heissesten Verbrennungsgase in Frage, welche eine stärkere Ausdehnung dieser Rohre gegenüber den oberen Reihen bewirkt und häufig Undichtigkeiten an der vorderen Wasserkammer zur Folge hat. Nicht zu übersehen ist auch die teurere Unterhaltung der Züge, die meist durch senkrecht zu den Rohrachsen oder in Richtung der Rohre liegende Wände begrenzt werden.

Infolge des lebhaften Wasserumlaufs wird die verhältnismässig kleine Wasseroberfläche von den Dampfblasen häufig durchbrochen, sodass die Kessel selten ganz trocknen Dampf liefern. Die Folge ist das Bestreben verschiedener Fabrikanten dieser Kessel, durch eigenartige Vorrichtungen, welche bei den einzelnen Systemen später beschrieben werden sollen, das mitgerissene Wasser in den Kesseln selbst wieder abzuscheiden.

Die Vorzüge der Flammrohr-Kessel einerseits, grosse Wasseroberfläche und genügend trockner Dampf, sowie der Wasserrohr-Kessel andererseits, lebhafte Wassercirkulation und schnellere Dampfentwickelung suchen die Mac-Nicol-Kessel und ähnliche Kombinationen in sich zu vereinigen, welche man auf manchen Zechen vorfindet und die zur Zufriedenheit arbeiten. Der auch hier nicht ganz trocken entstehende Dampf wird durch analoge Vorrichtungen wie bei den Wasserrohr-Kesseln vom Wasser befreit.

Gegenüber den Flammrohr-Kesseln besitzen solche Kessel noch den Vorzug, dass Ascheablagerungen weniger die Wirkung der Heizflächen abschwächen können und die cylinderischen Kessel kleinere Durchmesser erhalten, also bei gleichen Wandstärken grösseren Drücken widerstehen können. Im Vergleich zum Wasserrohr-Kessel zeigt der eigentliche Mac-Nicol-Kessel kürzere Siederohre und nur einerseits Kammerverschlüsse.

2. Die älteren Kesselsysteme.

Eine nähere Beschreibung der älteren Kesselsysteme, welche sich im Laufe der Zeit als unökonomisch erwiesen haben und jetzt meist den Flammrohr-, Wasserrohr- oder kombinierten Kesseln haben weichen müssen, erübrigt sich, da sie kaum etwas bemerkenswertes bieten. Es sind das die Walzen- und Bouilleur-Kessel, die allerdings infolge ihrer billigen Unterhaltung immer noch ein kleines Kontingent zum Kesselbestand im Ruhrrevier stellen, teilweise wohl auch zu anderen Systemen umgebaut wurden, wie z. B. auf Zeche Victor (siehe Seite 125 u. f.). Die Gefahren aber, die

die Bouilleur-Kessel wegen der schlechten Uebersicht in den Zügen mit sich
bringen, indem sie entstehende Schäden häufig nicht rechtzeitig erkennen
lassen, haben mit zu ihrem Aussterben beigetragen.

3. Flammrohr-Kessel.

a) Einflammrohr- oder Cornwall-Kessel.

α) Mit glattem Feuerrohr.

Das Flammrohr sitzt in den meisten Fällen seitlich, wodurch eine
allerdings nicht bedeutende, aber doch bemerkbare Cirkulation des Wassers
erzielt wird, da an der engen Stelle das Wasser schneller erwärmt wird
und daher dort eine aufsteigende Bewegung annimmt. Des weiteren ist
durch die seitliche Lage die Befahrung und Reinigung der Kessel etwas
erleichtert. Die Gutehoffnungshütte in Sterkrade ordnet das Feuerrohr
ausziehbar an, so dass die Entfernung von Kesselstein bedeutend leichter
und schneller vorgenommen werden kann und auch die Besichtigung des
Feuerrohres sowie des Kesselinneren eingehend und sicher auszuführen ist.
Doch erheischt das Wiedereinsetzen des Rohres grössere Sorgfalt.

Der auf das Flammrohr wirkende äussere Druck beeinflusst dasselbe
ungünstig. Daher wird die lichte Weite aus praktischen Gründen selten
höher als 850 mm bemessen, womit auch die Grösse der wirksamsten Heizfläche begrenzt ist.

Die Verbindungen der einzelnen Flammrohrschüsse müssen geeignet
sein, die Wirkungen der in den Flammrohren auftretenden hohen Wärmegrade
aufzunehmen. In der Gegend der Feuerung ist die Temperatur des Flammrohres oben eine wesentlich höhere als unten, da hier eine Ascheschicht
die Bleche vor der direkten Einwirkung des Feuers schützt. Das Rohr
hat also das Bestreben, sich nach oben zu krümmen, was oft zu beobachten
ist. Hierdurch wird ein Druck bezw. Zug auf die Kesselböden ausgeübt,
welche ihrerseits denselben auf den Mantel zu übertragen suchen. Jeder
Kesselteil erfährt also eine kleine Formänderung. Infolgedessen ist diejenige Konstruktion des Flammrohres die geeignetste, welche in Richtung
der Längsachse den Drücken und Verschiebungen federnd begegnen kann.
Gleichzeitig hat die federnde Verbindung von Flammrohrschüssen auch
die Aufgabe zu erfüllen, das oft über 10 m lange, freitragende Rohr zu
versteifen.

Beiden Anforderungen genügt in ziemlich vollkommener Weise
die Adamsonssche Versteifung (Fig. 39) mit zwischengelegtem Dichtungs-
ring. Sie stellt allerdings an die ausführende Kesselfabrik und das verwendete Material die weitgehendsten Ansprüche bei der Fabrikation, liefert
aber gute Resultate, da beim Gelingen der Bördelung die Güte des Ma-

terials gewährleistet ist. Ausserdem liegt hierbei kein Niet im Feuer, was hauptsächlich für die ersten Schüsse von Wichtigkeit ist. Die Gewerkschaft Orange, die Kesselfabriken Ewald Berninghaus in Duisburg und Herne, Piedboeuf in Düsseldorf, A. Reinshagen in Langendreer und Gutehoffnungshütte in Sterkrade und Oberhausen führen diese Versteifung an vielen Kesseln aus.

Oft angewendet finden wir bei übergeschobenen Rohren, der billigsten Art der Flammrohre, als Versteifung einen aufgenieteten Flacheisen- oder Winkelring (Fig. 40 und 41). Diese Versteifung erfüllt zwar im allgemeinen ihren Zweck, sobald auf gute Ausführung Wert gelegt wird; jedoch ist sie bei kesselsteinhaltigem Wasser von dem zwischen Ring und Blech gelagerten Kesselstein schwer zu reinigen und sollte daher nur zugelassen werden, wo Kondensat oder gereinigtes Wasser gespeist wird.

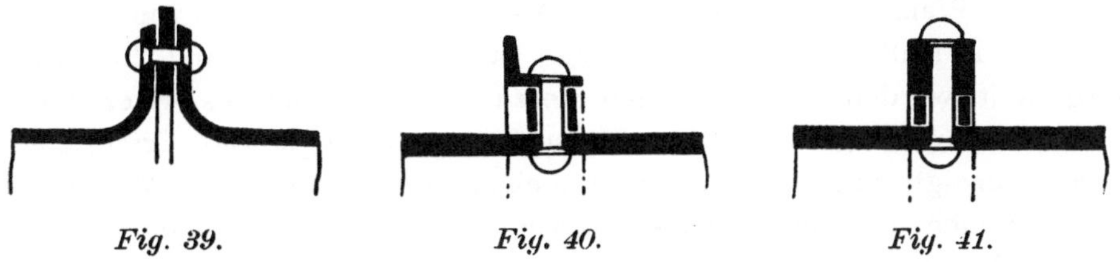

<table>
<tr><td align="center">*Fig. 39.*</td><td align="center">*Fig. 40.*</td><td align="center">*Fig. 41.*</td></tr>
<tr><td align="center">Adamsonsche Flammrohr-
versteifung.</td><td align="center" colspan="2">Flammrohrversteifungen.</td></tr>
</table>

Den oft gerügten Nachteil der überschobenen Schüsse, dass die Niete in den Verbrennungsgasen liegen, findet man dadurch herabgemindert, dass die Schüsse in der Gegend der heissesten Gase nach Art der Adamsonschen Versteifung oder aus sehr langen Blechen hergestellt werden, was die heutigen Einrichtungen der heimischen Walzwerke ermöglichen.

Eine wirksame Versteifung, welche gleichzeitig noch günstig auf die bei Flammrohr-Kesseln nur sehr geringe Wassercirculation einwirkt, erzielen die Galloway-Rohre, vermittelst der Quersieder; sie geben aber anderseits durch die vielen Nietungen häufig Anlass zum Lecken, was noch begünstigt wird durch die oben und unten ungleiche Ausdehnung der Flammrohre. In den Galloway-Rohren wechseln die Heizgase oft ihre Richtung, wodurch sie mit der Verbrennungsluft innig gemischt werden. Die Verbrennung geht daher bei einiger Geschicklichkeit der Heizer vollkommener vor sich als in gewöhnlichen Flammrohren, jedoch ist nicht zu vergessen, dass auch die Ascheablagerung in den Galloway-Rohren eine stärkere ist und die Reinigung derselben von Asche und Kesselstein wegen der Unbequemlichkeit der Arbeit bei nicht sorgfältiger Aufsicht leicht in ungenügender Weise vorgenommen wird.

Nur noch wenige Zechen haben Einflammrohr-Kessel mit glatten Flammrohren und verwenden dabei gereinigtes sowie ungereinigtes

7*

Wasser, dagegen finden sich Galloway-Kessel fast ausschliesslich auf Zechen, welche Wasserreinigungen angelegt haben oder nur in geringem Masse kesselsteinbildendes Wasser speisen. Die Zahl der Galloway-Kessel ist ausserdem in Anbetracht der obenerwähnten Unbequemlichkeiten im Betriebe nur eine beschränkte und nimmt stetig ab.

β) Mit gewelltem Feuerrohr.

Wie erwähnt, ist bei glatten Rohren des äusseren Druckes wegen der Durchmesser und dadurch die Grösse der wirksamsten Heizfläche beschränkt. Auch die eben beschriebenen und sonst noch verwendeten Versteifungen ermöglichen keine erhebliche Ueberschreitung von 850 mm Durchmesser. Man folgte daher anfangs der 80er Jahre dem englischen Beispiel und wendet seitdem sehr viel Wellrohre an, welche in vollkommenster Weise von dem Walzwerk Schulz-Knaudt A.-G. in Essen sowie von Thyssen & Co. in Mülheim/Ruhr und dem Duisburger Eisen und Stahlwerk hergestellt werden. Es lässt sich hierzu nur vorzüglichstes Material verwenden. Sorgfältig ausgeführte Versuche sowie langjährige Erfahrungen haben gezeigt, dass derartige Rohre einen Durchmesser bis 1300 mm erhalten können; bei einer Wandstärke von 11,5 m ist dann noch ein höchster Betriebsdruck von 8,5 Atm. zulässig, so dass sich gegenüber einem glatten Flammrohr von gleicher Länge und 850 mm Durchmesser eine 1,529 fache Vergrösserung der wirksamsten Heizfläche ergiebt, was nicht genug zu schätzen ist.

Noch ein anderer wichtiger Vorzug ist bei diesen Wellrohren beobachtet worden. Nehmen wir zum Vergleiche ein glattes Feuerrohr und ein Wellrohr an und denken uns beide durch dieselbe Veranlassung eingebeult, so wird auf das glatte Rohr während der Einbeulung ein grosser Zug in der Längsachse ausgeübt, den es nur bis zu einer gewissen Grenze auszuhalten vermag und der schliesslich einen Querriss bewirkt. Bei dem Wellrohr hingegen wird zunächst eine Streckung der Wellen durch die Einbeulung hervorgerufen und kann eine übermässige Beanspruchung in der Längsachse nicht eintreten. Das Wellrohr gewährleistet also eine grössere Sicherheit gegen Explosionen infolge Wassermangels als das glatte Rohr.

Die gute Eigenschaft des Wellrohres, bei ungleicher Erwärmung sich in den Wellen zu strecken und weniger auf die Kesselböden zu wirken, ist auch bei normalem Betrieb von grosser Bedeutung und tritt bei der Morisonschen Wellenform (Fig. 42), welche einen grösseren Krümmungsradius aufweist, noch mehr hervor bei der von Fox (Fig. 43).

Professor v. Bach, Stuttgart, hat allerdings neuerdings nachgewiesen, dass trotz der grösseren Wandstärke des Fox-Rohres die Elasticität desselben bedeutender ist als diejenige des Morison-Rohres. Das Mehr an Elasticität entspricht nahezu dem Mehr der Wellenzahlen auf das Meter Rohr oder, was dasselbe ist: Die Federungen für das Meter Rohr verhalten sich unter gleichen Verhältnissen annähernd umgekehrt wie die Wellenlängen.

Fig. 42.

Morisonsche Wellenform.

Fig. 43.

Foxsche Wellenform.

Diese Wellrohre, von den genannten Firmen hergestellt, sind jetzt die allgemein üblichen und im Bezirk am meisten angewendeten.

Weitere Anordnungen dieser Art sind die gewellten oder gerippten Rohre von Purves (Fig. 44) und Deighton (Fig. 45). Die breitere Ausgestaltung des Rostes in einem Wellrohr ermöglicht eine bequemere Handhabung der Beschickung und Bedienung des Feuers.

Fig. 44.

Wellrohre von Purves.

Fig. 45.

Wellrohre von Deighton.

Seitwellrohr-Kessel finden sich fast auf allen grösseren Zechenanlagen. Aus neuer Zeit seien besonders erwähnt: Rhein-Elbe III, Scharnhorst und Hugo.

Eine eigenartige Einrichtung an zwei Wellrohr-Kesseln der Zeche Eintracht Tiefbau ist aus Fig. 46 zu ersehen. Die Kessel sind für 8 Atm. Spannung und Innenfeuerung von der Gutehoffnungshütte in Sterkrade gebaut. Der geteilte Unter- und Seitenzug ist durch senkrechte Schlitze von 50 mm Durchmesser mit einem den Dampfraum umspülenden Oberzug verbunden, wodurch eine Beheizung, mindestens aber eine Isolierung gegen Strahlungsverluste bei gedrosselter Gasgeschwindigkeit erzielt wird.

Die Firma Aug. Reinshagen in Langendreer hat für die Gewerkschaft Deutscher Kaiser in Bruckhausen im Jahre 1899 zwei Dampfkessel mit seitlichem Wellrohr von 1250 mm Durchmesser für je 98 qm Heizfläche und

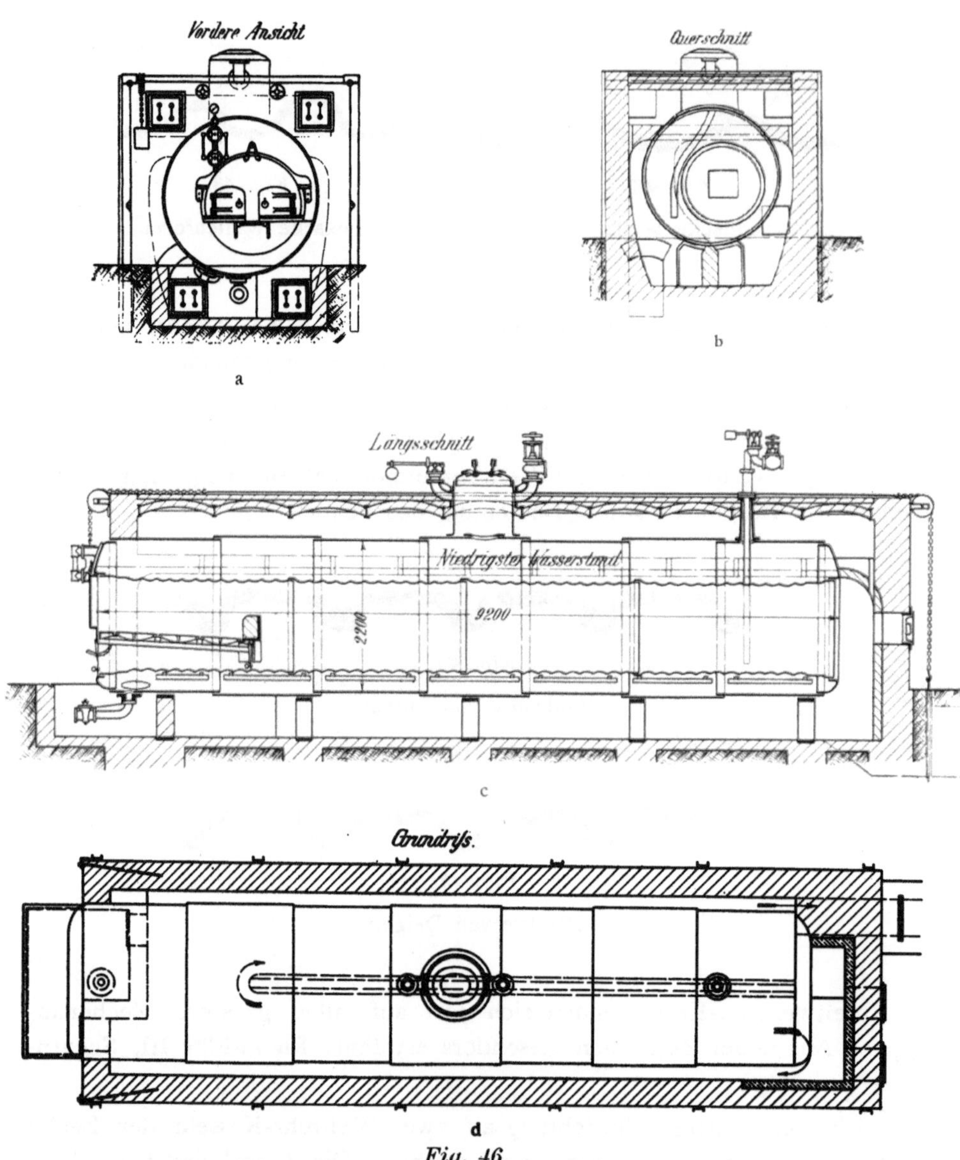

Fig. 46.

Seitwellrohr-Kessel auf Zeche Eintracht Tiefbau. Massstab 1:100.

9 Atm. Betriebsdruck hergestellt (Fig. 47), welche zur Erzielung möglichst trockenen Dampfes mit je einem geräumigen Dampfsammler von 800 mm lichtem Durchmesser und 10 m Länge ausgerüstet wurden; die Heizgase

gelangen aus dem Flammrohr in den mit Coulissen versehenen Seiten- und Unterzug (siehe Grundriss) nach vorne, steigen hier auf und bestreichen

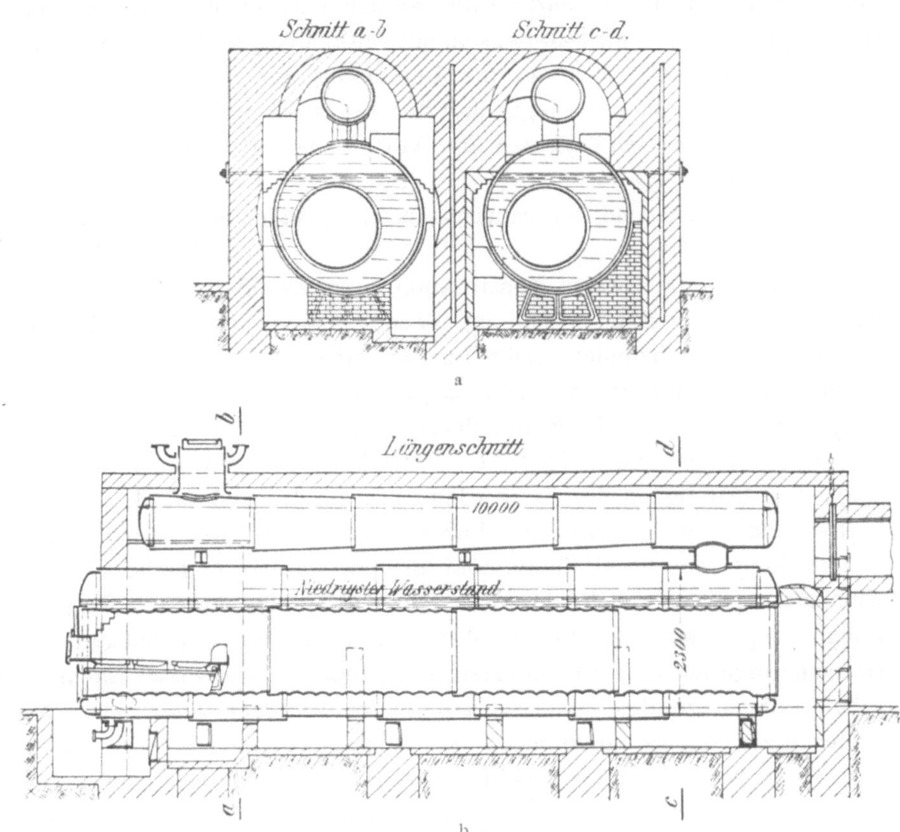

Fig. 47a u. b.

Seitwellrohr-Kessel auf Zeche Deutscher Kaiser.

in einem Oberzug den Dampfsammler, sodann gelangen sie in den Fuchs. Etwas unangenehm im Betriebe dürfte sich die Reinigung des Unter- und Seitenzuges gestalten, da diese unbequem zu befahren sind.

b) Zweiflammrohr- oder Lancashire-Kessel.

Diese Kessel werden von den Zechenverwaltungen vielfach vorgezogen wegen:

1. grösserer wirksamer Heizflächen ohne Strahlungsverluste,
2. gleichmässige Erwärmung des geringeren Wasserraumes und dadurch ermöglichtes schnelleres Anheizen,
3. infolge grösseren Durchmessers des Kesselmantels grosser Dampfraum und trockener Dampf.

Dem gegenüber ist für den vorteilhaften Betrieb kesselsteinfreies oder gut gereinigtes Wasser dem sehr häufig roh verwendeten Wasser vorzuziehen, da die Reinigung des Kesselinnern nicht so bequem auszuführen ist, wie bei Cornwall-Kesseln mit seitlich angeordnetem Flammrohr. Die Doppelfeuerung stellt an die Bedienung immerhin höhere Anforderungen, da die Gefahr vorliegt, dass durch vermehrten Luftüberschuss bei Beschickung von zwei Rosten der Vorteil der grossen Heizfläche aufgewogen wird.

Anschaffungs- und Reparaturkosten sind grösser als bei Cornwall- und Seitwellrohr-Kesseln.

Eine bemerkenswerte Konstruktion eines Zweiflammrohr-Kessels, der sich in mehreren Exemplaren auf Zeche Prosper, Schacht I der Arenbergschen A.-G. befindet, giebt Fig. 48 wieder. Der Kessel hat 110 qm Heizfläche bei der ansehnlichen Länge von 11,5 m, ist für Gasfeuerung eingerichtet und von E. Berninghaus in Duisburg als normaler Kessel mit glatten Flammrohren für 8 Atm. Betriebsdruck konstruiert und gebaut. Nach dem Durchgang durch die Flammrohre werden die Gase durch zwei Seiten- und einen Unterzug zum Fuchs geleitet. Auffallend ist die geringe Verwendung feuerfester Steine und die im ganzen einfache und billige Einmauerung, wodurch Reparaturen sehr erleichtert werden. Der grossen Länge wegen sind die Flammrohre mit Benutzung der mittleren Versteifungsringe auf dem Kesselboden unterstützt. Als gewisser Nachteil erscheint die Lage des Speiserohres in unmittelbarer Nähe des Wasserstandzeigers, da die unvermeidlichen Wallungen beim Speisen zu einer Täuschung über die wahre Wasserhöhe im Kessel führen können.

Fig. 49 zeigt ebenfalls Zweiflammrohr-Kessel, wie sie sich auf Zeche Ewald bei Herten im Betrieb befinden. Sie sind von der Gewerkschaft Orange für 10 Atm. Ueberdruck bei 90 qm Heizfläche und 10 m Länge erbaut. Die Beheizung findet auf einem dreiteiligen Rost statt. Die Gase bestreichen nach Verlassen der Flammrohre einen gemeinsamen Seiten- und Unterzug und gehen dann in einem Oberzug nach dem Fuchs. Die Adamsonsche Versteifung der Flammrohre ermöglicht den gänzlichen Fortfall einer Unterstützung innerhalb des Kessels. Die Kesselkonstruktion sowie die Art der Einmauerung sind als zweckmässig zu bezeichnen. Der Dampf verlässt den Dom trocken, falls keine zu hohe Speisung erfolgt.

Eine brauchbare Einmauerung für einen Zweiflammrohr-Kessel mit Gasfeuerung giebt Fig. 50 wieder. Die Gase bewegen sich durch die Flammrohre, die beiden Seitenzüge und einen Unterzug in den Fuchs. Der Kessel selbst zeigt wenig erwähnenswertes. Ganz besonders ist auf sorgfältige Verlagerung Wert gelegt. Die flachen Stirnböden sind des Ueberdruckes von 8 Atm. halber mit dem Langkessel kräftig verankert. Um die Partie unter den Flammrohren bequem reinigen zu können, ist nach dem

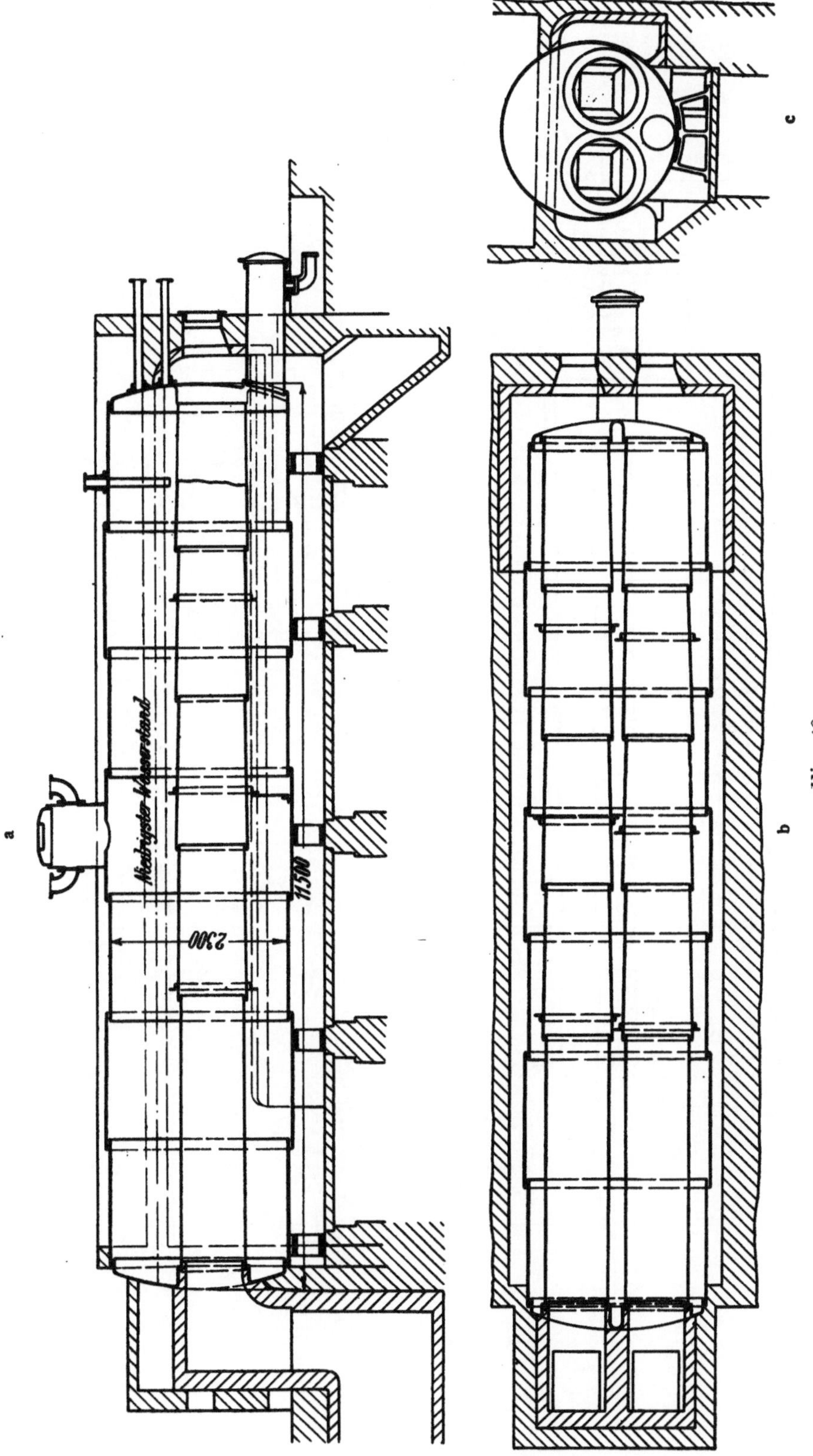

Fig. 48 a—c. Zweiflammrohr-Kessel von Zeche Prosper I. Massstab 1:90.

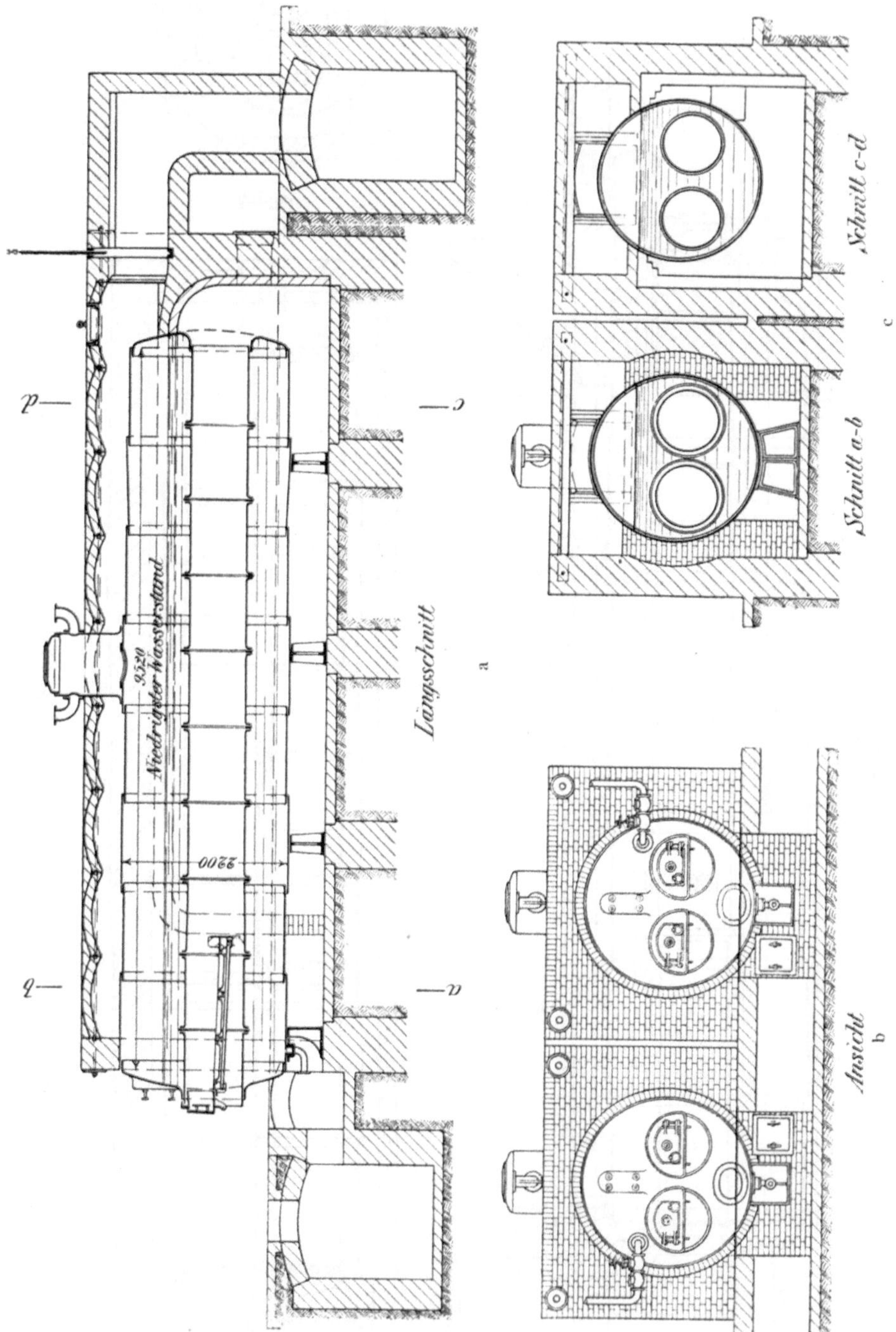

Zweiflammrohr-Kessel auf Zeche Ewald. Massstab 1:100

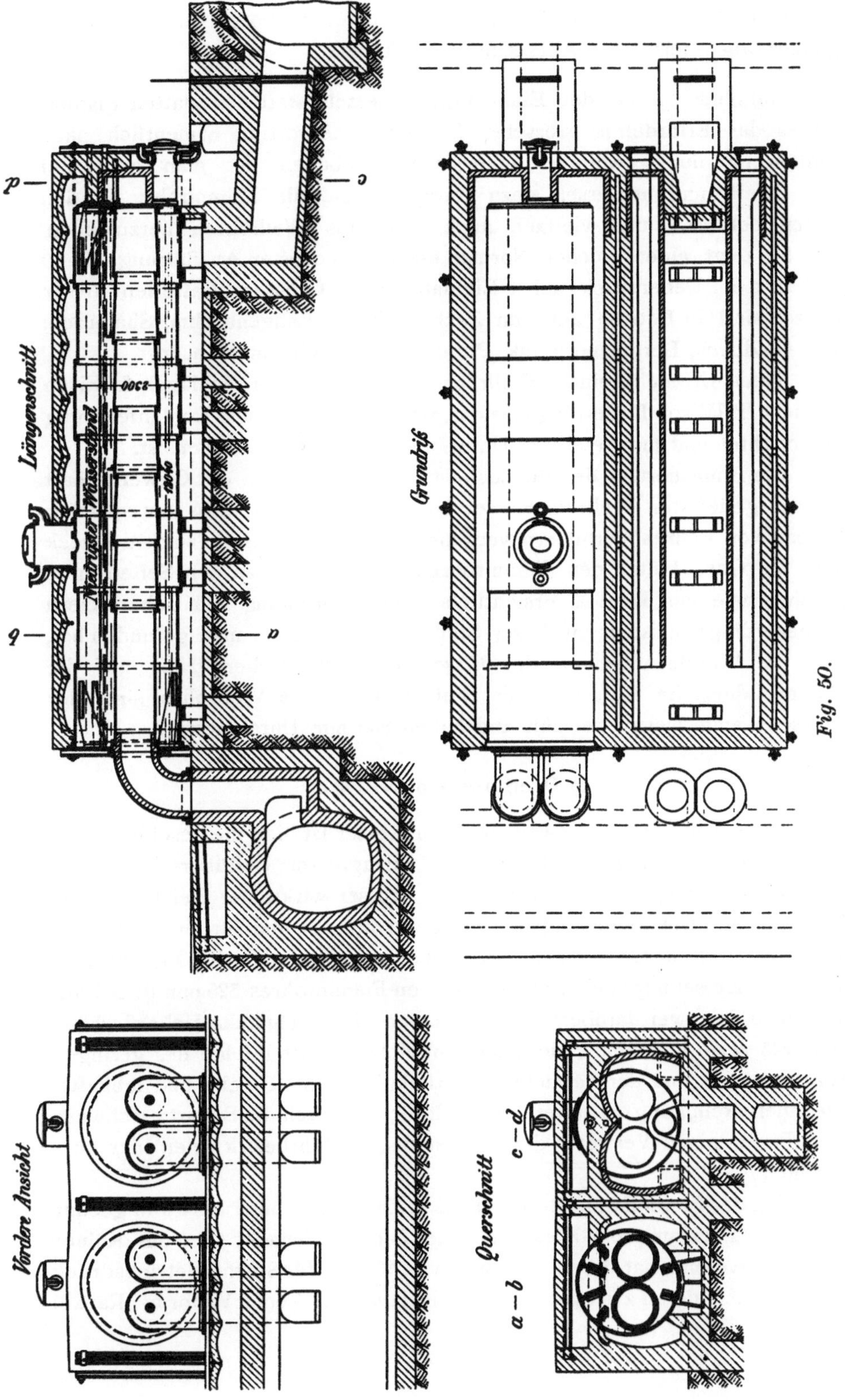

Zweiflammrohr-Kessel von Zeche Helene Amalie. Massstab 1 : 150.

Fuchs zu ein Rohr von 470 mm lichtem Durchmesser vorgebaut, woran sich gleichzeitig Speise- und Ablassstutzen befinden.

Aehnlich wie bei den Einflammrohr-Kesseln statt des glatten Flammrohres das Erfordernis grösserer Elasticität hervortrat, namentlich nach Einführung der gewölbten ankerlosen Stirnböden, ist man auch bei den Zweiflammrohr-Kesseln dazu übergegangen, die Flammrohre in den ersten Schüssen und vielfach auch ganz aus Wellrohren herzustellen. Fig. 51 zeigt einen solchen Normalkessel in neuester Ausführung für 10 und 12 Atm. Ueberdruck nebst Einmauerung. Grössere Batterien dieser Kessel sind in Betrieb auf den Zechen Victor, Langenbrahm, Shamrock, ver. Gladbeck, Bergmannsglück, Pluto Schacht Wilhelm u. a. m.

Tafel IX stellt einen Wellrohrkessel der Zeche Schlägel & Eisen Schacht III/IV von E. Berninghaus dar, welcher für Gas- wie Kohlenfeuerung eingerichtet und mit geteiltem Unter- und Seitenzug versehen ist.

Die Einmauerung der für Zeche ver. Gladbeck von der Gewerkschaft Orange gelieferten Wellrohr-Kessel ist so vorgesehen, dass ein späterer Einbau von Röhrenüberhitzern vorgenommen werden kann; zu dem Zweck sind die Gase hinter den Flammrohren in Schächten zu den Seitenzügen geführt, wie aus Tafel X ersichtlich. Die Anbringung von Ueberhitzern ist neuerdings meistens an dieser Stelle vorgesehen, da man gefunden hat, dass die Wärmeentziehung der Gase durch die Ueberhitzung auf die Dampfbildung im Kessel wenig Einfluss hat. Die Wellrohre sind der grossen Länge wegen gewählt und haben 850 mm Durchmesser.

c) Dreiflammrohr-Kessel.

Noch mehr als beim Zweiflammrohr-Kessel ist hier die geschickte Bedienung von Wichtigkeit, damit nicht allzugrosser Luftüberschuss beim Beschicken der Roste die Vorteile sehr grosser wirksamer Heizfläche hinfällig macht. Die Bedienung der Roste ist hier an und für sich schon erschwert durch deren verschiedene Höhenlage. Bei dem in Fig. 52 dargestellten Kessel liegt der Rost des unteren Flammrohres 525 mm über Flur, die Roste der zwei darüberliegenden haben die ansehnliche Ueberflurhöhe von 1245 resp. 1290 mm. Die Dampfentwickelung ist infolge des geringen Wasserraumes und der vermehrten Cirkulation eine schnelle und lebhafte. Die innere Reinigung des unteren Kesselteiles ist durch die Bauart erschwert.

Die wenigen Vertreter dieses Systems im Ruhrbezirk seien hier kurz erwähnt.

Von der Firma Ewald Berninghaus in Duisburg konstruiert und gebaut finden wir Dreiflammrohr-Kessel auf drei Zechen. Schacht Carl des Kölner Bergwerksvereins hat deren sieben von je 134 qm für 8 Atm. Betriebsdruck und Prosper II deren zwei von je 127 qm Heizfläche. Zeche Victor bei Rauxel

Additional material from *Disposition der Tagesanlagen, Dampferzeugung, Centralkondensation, Luftkompressoren, Elektrische Centralen*
ISBN 978-3-642-50625-3 (978-3-642-50625-3_OSFO8),
is available at http://extras.springer.com

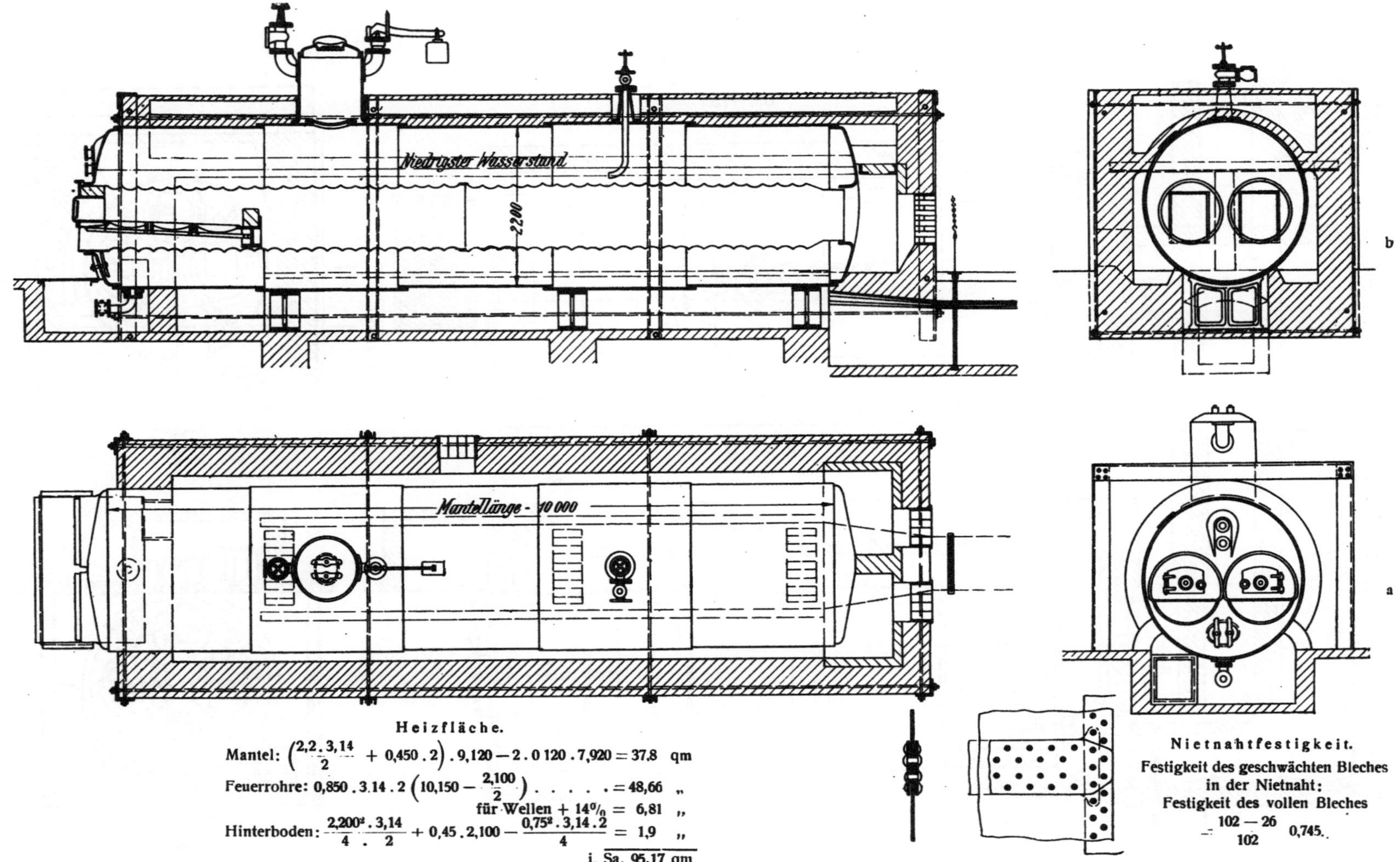

Heizfläche.

$$\text{Mantel: } \left(\frac{2,2 \cdot 3,14}{2} + 0,450 \cdot 2\right) \cdot 9,120 - 2 \cdot 0\,120 \cdot 7,920 = 37,8 \text{ qm}$$

$$\text{Feuerrohre: } 0,850 \cdot 3,14 \cdot 2 \left(10,150 - \frac{2,100}{2}\right) \ldots\ldots = 48,66 \text{ „}$$

$$\text{für Wellen} + 14\% = 6,81 \text{ „}$$

$$\text{Hinterboden: } \frac{2,200^2 \cdot 3,14}{4 \cdot 2} + 0,45 \cdot 2,100 - \frac{0,75^2 \cdot 3,14 \cdot 2}{4} = 1,9 \text{ „}$$

$$\overline{\text{i. Sa. } 95,17 \text{ qm}}$$

Fig. 51 a u. b.

Normal-Zweiflammrohr-Kessel von 95,2 qm Heizfläche.   Massstab 1 : 90.

Nietnahtfestigkeit.

Festigkeit des geschwächten Bleches in der Nietnaht:
Festigkeit des vollen Bleches

$$= \frac{102 - 26}{102} = 0,745.$$

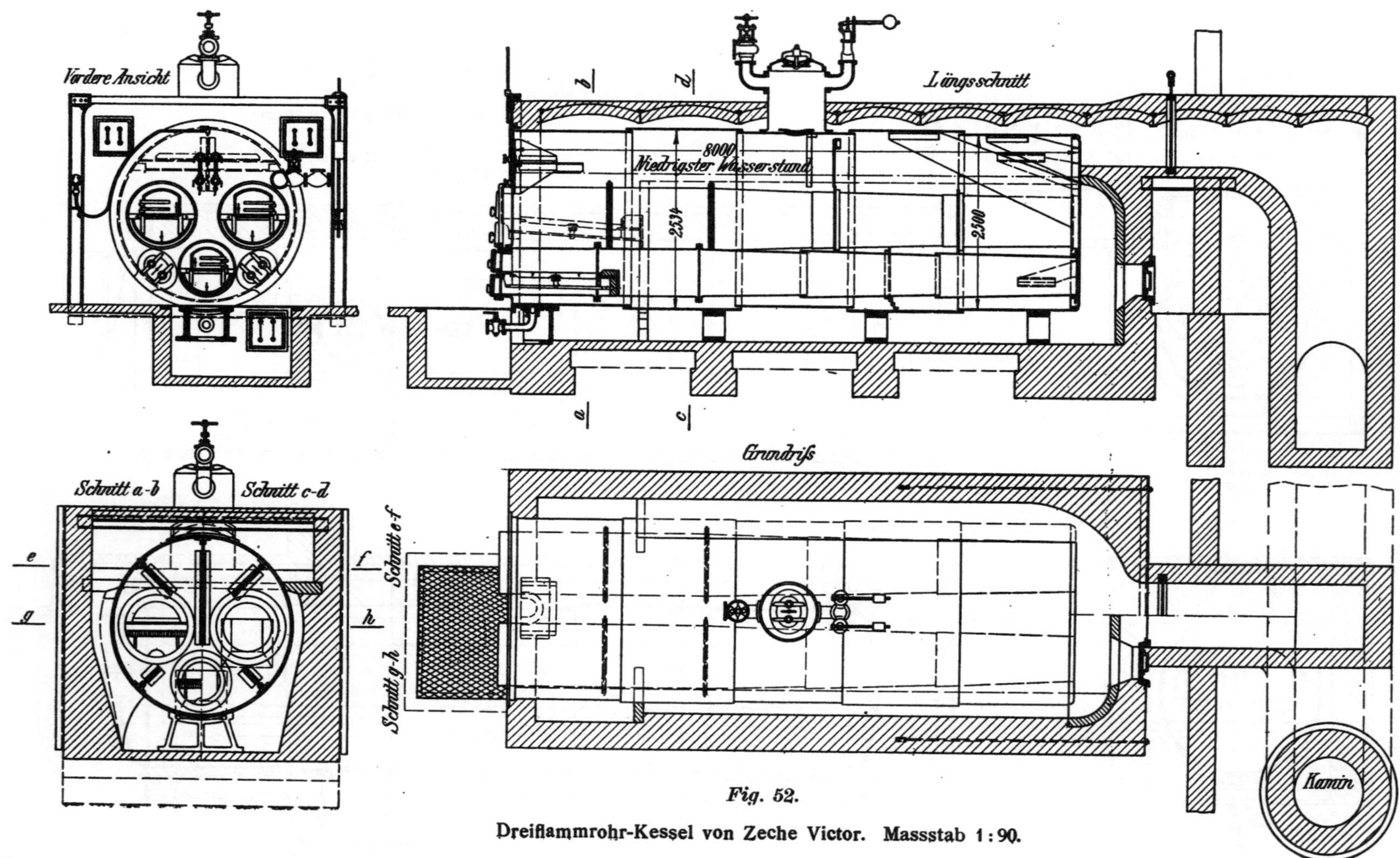

Fig. 52.

Dreiflammrohr-Kessel von Zeche Victor. Massstab 1:90.

besitzt einen solchen von 92 qm Heizfläche und 3,25 qm Rostfläche für 6 Atm. Betriebsdruck bestimmt. Auf letzterer Zeche dient der Kessel als Reserve für zwei Cornwall-Kessel von je 45,81 qm Heizfläche und 1,7 qm Rostfläche. Die Einmauerung ist hierbei so vorgesehen, dass nach Passieren des gemeinsamen Unter- und Seitenzuges die Heizgase noch den Dampfraum umspülen, was neben guter Ausnützung der Temperatur derselben auch eine Vermeidung der Wärmeausstrahlung des Dampfraumes bezweckt. Während Versuche auf Zeche Victor ergaben, dass 1 kg Kohle 6,89 kg Wasserdampf und 1 qm Heizfläche je Stunde 19,41 kg Dampf erzeugt, leisten die Kessel auf Zeche Carl 28,5 kg auf 1 qm Heizfläche bei einer Verdampfung von 7,69 kg*).

Nachstehend seien noch einige weitere Resultate aus den Versuchsberichten des Dampfkessel-Ueberwachungs-Vereins in Essen über Verdampfungsversuche an Flammrohr-Kesseln mitgeteilt.

Tabelle 1.

Kohlenverbrauch stündlich je qm Rostfläche kg	Wärmewert der Kohle W. E.	Dampfleistung stündlich je qm Heizfläche 0^0—100^0 kg	Wasserverdampfung von 1 kg Kohle 0^0—100^0 kg	Wirkungsgrad der Anlage %	Veröffentlichung im »Glückauf«
Zweiflammrohr-Kessel, Schacht I/II der Zeche Holland:					
101,70	8 130	27,30	8,21	64,30	1902 No. 36,
Seitwellrohr-Kessel, Rhein-Elbe III:					
114,40	7 624	24,86	7,72	64,50	1904 No. 48,
Zweiflammrohr-Kessel, Schacht I der Zeche Victor:					
94,98	7 115	20,50	7,49	67,08	1904 No. 51,

Auf die Verdampfungsversuche unter Verwendung von Magerkohlen auf Zeche Heisinger Tiefbau wird später noch eingegangen werden.

In der allgemeinen Anordnung findet sich an Flammrohr-Kesseln nichts weiter beachtenswertes im Ruhrrevier vor. Bezüglich charakteristischer Details der groben und feinen Armatur sei auf die folgenden Abschnitte verwiesen.

4. Wasserrohr-Kessel.

Die Wasserrohr-Kessel, welche in zahlreichen Arten und Exemplaren im Ruhrbezirk vertreten sind, lassen sich in Zwei- und Einkammerkessel einteilen.

---

*) S. Glückauf S. 165 No. 8, 1901.

a) Zweikammer-Kessel.

Den Typus eines Zweikammer-Kessels stellt der Steinmüller-Kessel (Fig. 53) dar, eine Nachbildung des Alban-Kessels, welcher den Anstoss zu den sehr mannigfachen Konstruktionen dieser Art gegeben hat. Zwei

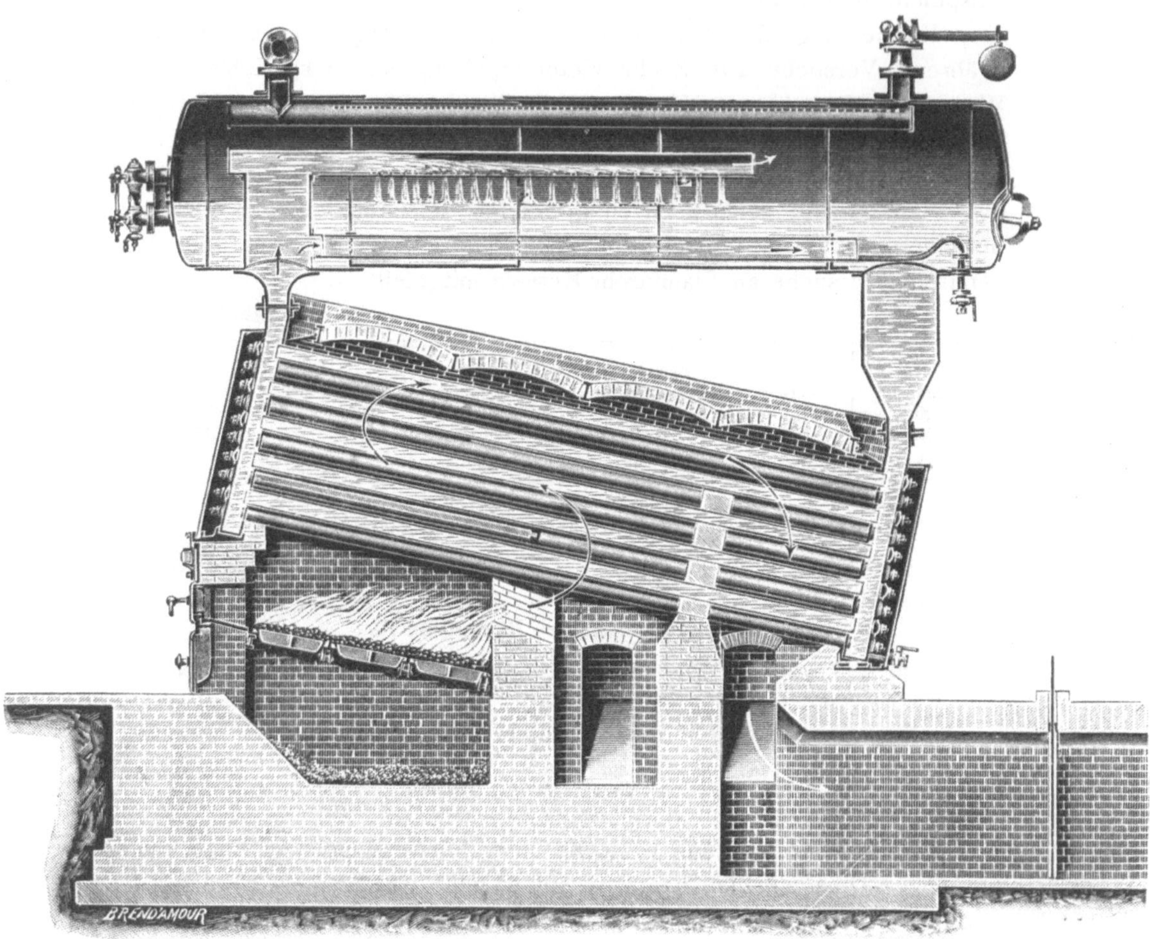

Fig. 53.

Längsschnitt eines Steinmüller-Kessels.

schräg gestellte Wasserkammern sind durch enge Rohre verbunden; auf den Kammern liegt horizontal ein cylindrischer Oberkessel, in welchem sich ein Dampfwasser-Abscheider befindet. Die Einmauerung beschränkt sich auf die Wasserröhren, während der Oberkessel frei bleibt und nur durch eine geeignete Isolation gegen Abkühlung geschützt wird. Die etwas geneigten Wasserrohre geben den sich bildenden Dampfblasen

Gelegenheit, zum Oberkessel aufzusteigen; in derselben Richtung findet auch die Wassercirkulation statt. Das Dampf- und Wassergemisch gelangt aus der höher gelegenen Wasserkammer durch den Wasserspiegel im Oberkessel in einen vierseitig geschlossenen und horizontal gelagerten schmiedeeisernen Kasten, aus welchem durch eine Oeffnung der Dampf austreten kann. Der Kastenboden ist für den Wasserabfluss durchlöchert, das abgeschiedene Wasser fliesst auf den Wasserspiegel zurück, über dem sich der Dampf trocken ansammelt.

Der Verschluss der Wasserkammern wird in verschiedenen Konstruktionen ausgeführt wie aus Fig. 54 ersichtlich; meist wendet man Kappen an, welche durch den Wasserdruck abgedichtet werden.

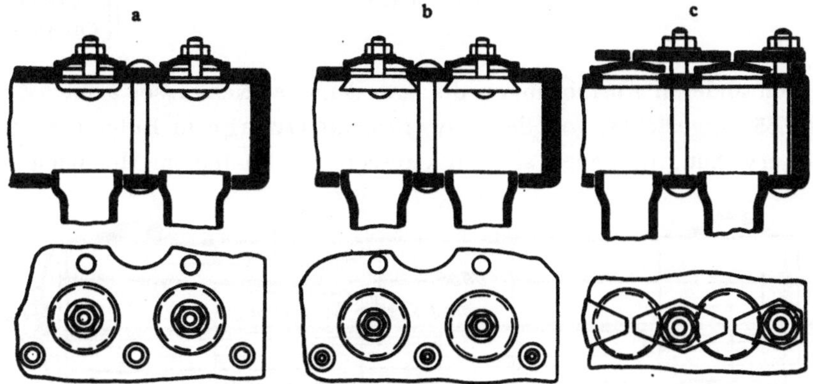

Fig. 54 a — c.

Wasserkammer-Verschlüsse.

Die Steinmüller-Kessel haben sich auch für Gasfeuerung mit Erfolg anwenden lassen. Bezüglich ihrer Leistungen ist zu erwähnen, dass sie bei normalem Betrieb und guten Verhältnissen 15—20 kg trockenen Dampfes je Quadratmeter und Stunde liefern und bei guter Kohle einen kalorischen Nutzeffekt von 65—72 $^0/_0$ ergeben.

Steinmüller-Kessel befinden sich u. a. in Betrieb auf Schacht Carl des Kölner Bergwerksvereins, Eintracht Tiefbau, und Courl. In Verbindung mit Cornwall-Kesseln sind sie ausserdem vorhanden auf den Zechen Preussen I und II, Gneisenau, Scharnhorst u. a. m.

Der eben erwähnte geringe Raumbedarf der Wasserrohr-Kessel gegenüber anderen Systemen fällt besonders in dem Kesselhause der Bochumer Bergschule in die Augen, wo drei verschiedene Kessel von fast gleicher Leistungsfähigkeit aufgestellt sind, über welche in der folgenden Tabelle 2 einige Angaben zusammengestellt sind.

Danach bedarf jeder Cornwall-Kessel eine 2,72 mal so grosse Grundfläche als der Steinmüller-Kessel.

Tabelle 2.

No.	System	Erbauer	Wasser-berührte Heizfläche qm	Totale Rostfläche qm	Erforderliche Grundfläche m
1	Cornwall mit glattem Rohr	} A. Reinshagen, Langendreer {	58,6	1,5	9,6 × 3,3
2	Cornwall mit Wellrohr	ders.	62,227	1,5	9,6 × 3,4
3	Wasserrohr-Kessel . .	{ L. & C. Steinmüller, Gummersbach }	61 6	1,7	5,0 × 1,97 Mauerwerk, 6,0 × 1,97 Oberkessel

Von anderen Ausführungen der Zweikammer-Kessel sei zunächst der in Fig. 55 dargestellte, von der Gewerkschaft Orange in Bulmke erbaute Kessel erwähnt. Er findet sich in Grössen bis zu 160 qm Heizfläche auf

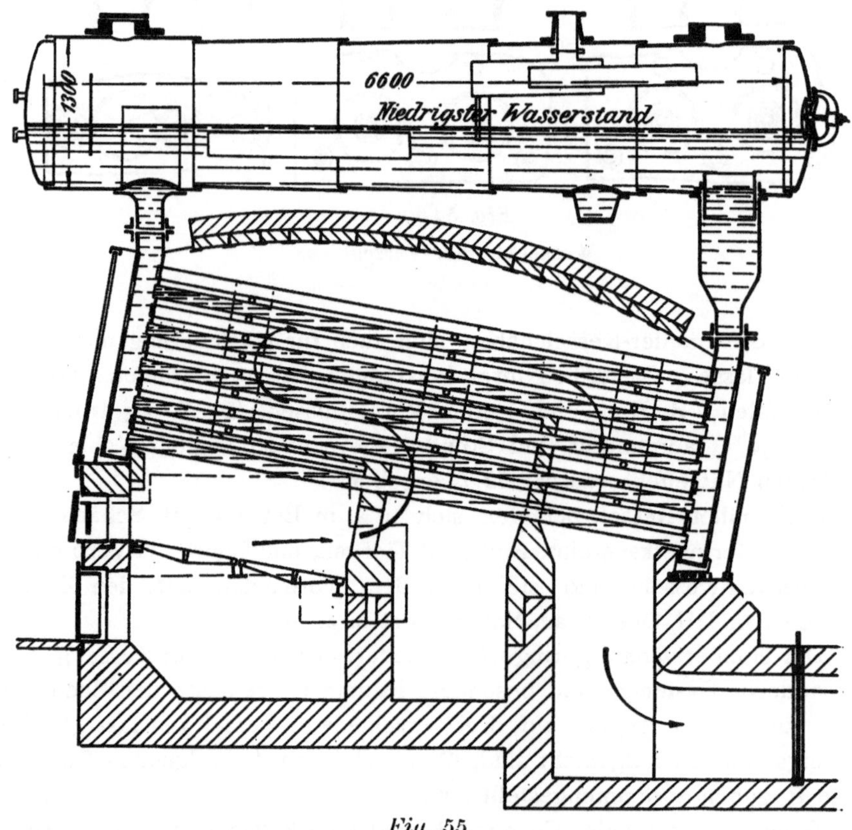

Fig. 55.

Wasserröhren-Kessel auf Zeche Consolidation. Massstab 1 : 50.

den Zechen der A.-G. Consolidation in Schalke und auf Zeche Scharnhorst vor.

Der Weg der Heizgase ist derselbe wie bei dem Steinmüller-Kessel,
jedoch sind die drei Deckengewölbe durch eines mit grosser Stichhöhe
ersetzt, dessen Haltbarkeit durch eine Anzahl eingezogener I-Eisen gesichert wird. Die Speisung erfolgt im heissesten Wasser in einen Kasten,

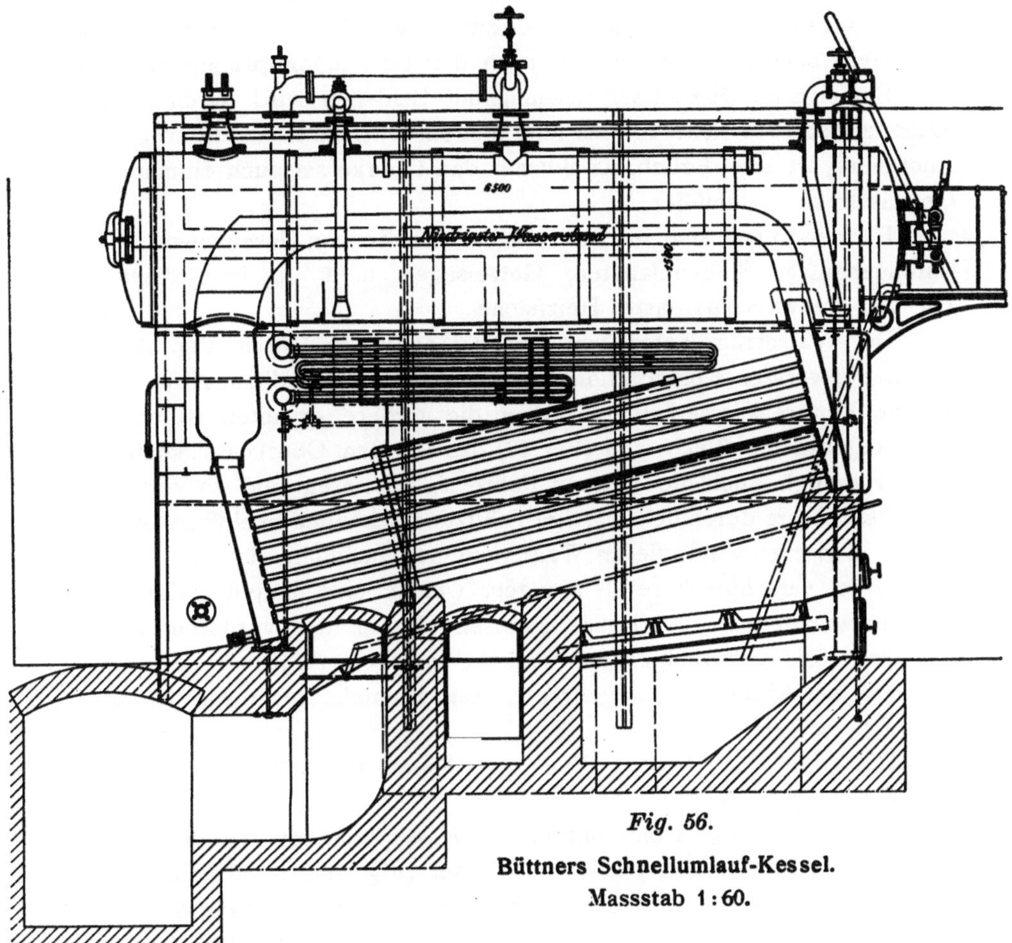

Fig. 56.

Büttners Schnellumlauf-Kessel.
Massstab 1:60.

der durch eine Horizontalwand geteilt ist, sodass ein ruhiges Ausfliessen
des Speisewassers erzielt wird.

Um den Wasserumlauf zu verbessern, setzen A. Büttner & Co.,
Uerdingen a. Rhein, in den Oberkessel in Verbindung mit den Wasserkammern
einen Einsatz, der an der Rückseite und oben offen ist. Nach Untersuchungen, die Büttner angestellt hat, soll man mit dieser Einrichtung,
welche aus Fig. 56 zu ersehen ist, erreichen, dass jedes Wasserteilchen

8*

einen ca. 800 maligen Umlauf vollführt, bevor es zur Verdampfung kommt. Dadurch wird das Rohrsystem gekühlt und eine gleichmässige Wassertemperatur in fast allen Rohren an den gleichgelegenen Stellen erreicht. Wie bei den vorigen Konstruktionen erfolgt auch hier der Wasserumlauf im Gegenstrom zu den Heizgasen, sodass die grösstmögliche Wärmeausnutzung erzielt wird.

Wie die Zeichnung ferner ersehen lässt, ist mit Leichtigkeit ein Ueberhitzersystem anzubringen und zwar liegt dieses im heisseren Gasstrom teils nach dem Gegen- teils nach dem Gleichstromprinzip eingebaut.

Der sich im Oberkessel ansammelnde Schlamm wird durch ein nach unten erweitertes Rohr von 65 mm lichtem Durchmesser entfernt; diese Anordnung ist erforderlich, da Büttner den Oberkessel auch einmauert im Gegensatz zu Steinmüller.

Büttner-Kessel sind im Betriebe auf den Zechen Hasenwinkel, Victor, Carolinenglück, Siebenplaneten, Gottessegen u. a. m. in Grössen von 160—260 qm wasserberührter Heizfläche.

Der Wasserrohr-Kessel von Petry-Dereux in Düren (Fig. 57) zeigt gegen die vorigen Konstruktionen insofern eine wesentliche Abweichung, als die hintere Wasserkammer gegen die vordere erweitert ist und eine darin angebrachte Blechwand (Fig 58) das aus dem Oberkessel kommende Wasser zwingt, auch die unteren Rohre zu passieren und so verhindert, dass diese Rohre durch übermässige Erhitzung schädlich beeinflusst werden. In der Zwischenwand dieser Wasserkammer befinden sich den Rohren gegenüber verschliessbare Oeffnungen, welche eine bequeme Reinigung und Auswechselung der Rohre zulassen. Ueber der vorderen Wasserkammer ist ein mehrteiliger, aus winkelig gebogenen Blechen bestehender Dampfwasser-Abscheider angebracht, der ebenfalls technisch trockenen Dampf liefern soll.

Derartige Petry-Dereux-Wasserrohr-Kessel befinden sich auf Zeche Borussia im Betrieb.

Eine eigenartige Konstruktion der Wasserkammern zeigen die Babcock & Wilcox-Patent-Wasserrohr-Kessel (Fig. 59), da an jeder Kesselseite nicht eine, sondern mehrere getrennte Kammern das Rohrsystem aufnehmen. Jede Kammer fasst in wellenförmiger Anordnung zwei Rohrreihen und ist mit dem Oberkessel durch ein Rohrstück verbunden. Diese scheinbar umständliche Konstruktion ermöglicht ein leichtes Auswechseln einer etwa schadhaft gewordenen Kammer, ohne das ganze Rohrsystem ablegen zu müssen und hindert ausserdem nicht die Ausdehnung der geneigten langen Rohre in dem Masse wie die eine breite und folglich sehr starke Wasserkammer der vorigen Systeme. Die gedrungene Konstruktion der Kammern erübrigt auch die Anwendung von Stehbolzen und Ankern welche ebenfalls Störungen im Betriebe veranlassen können. Die tiefer

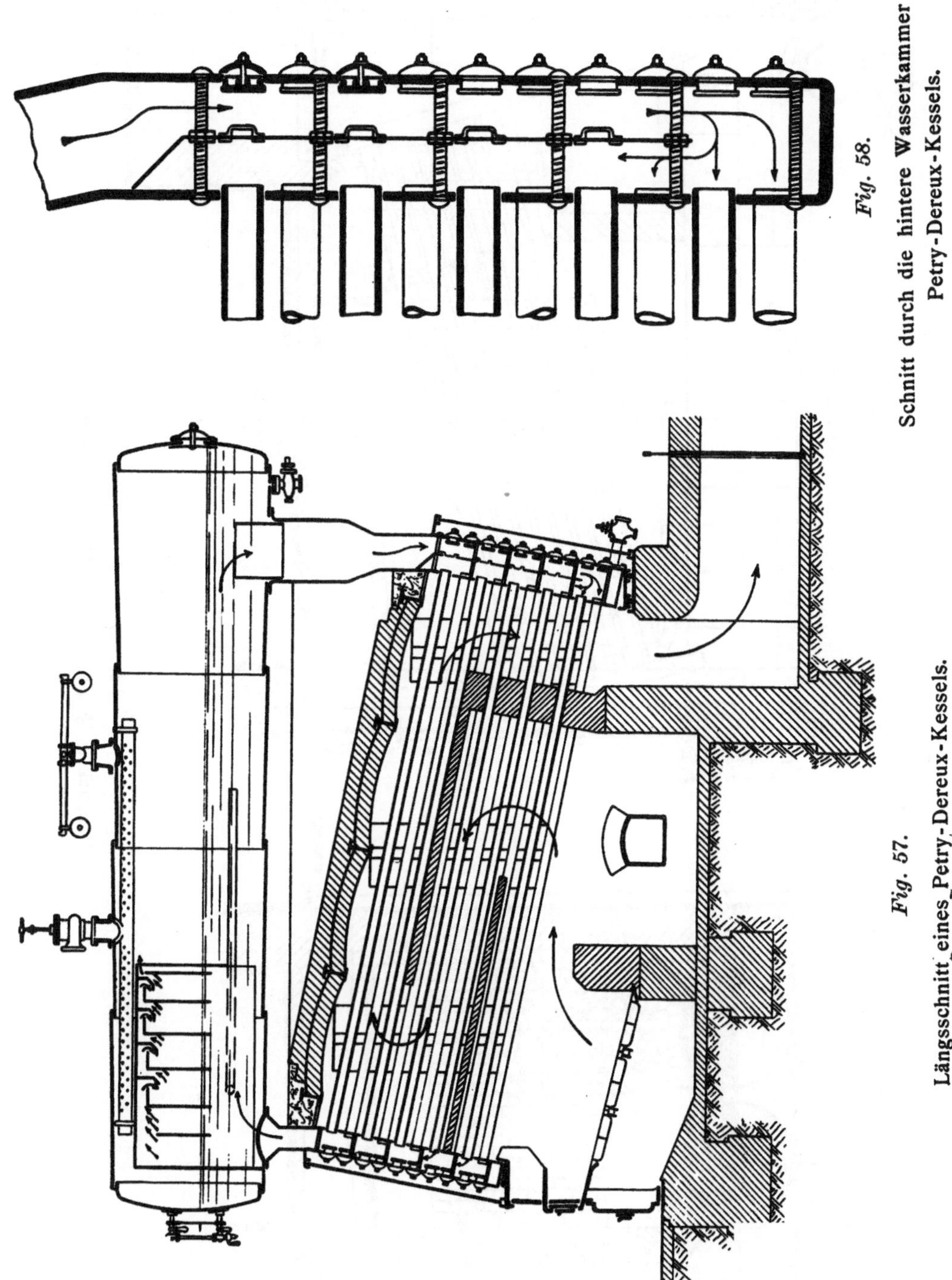

Fig. 58.

Schnitt durch die hintere Wasserkammer eines Petry-Dereux-Kessels.

Fig. 57.

Längsschnitt eines Petry-Dereux-Kessels.

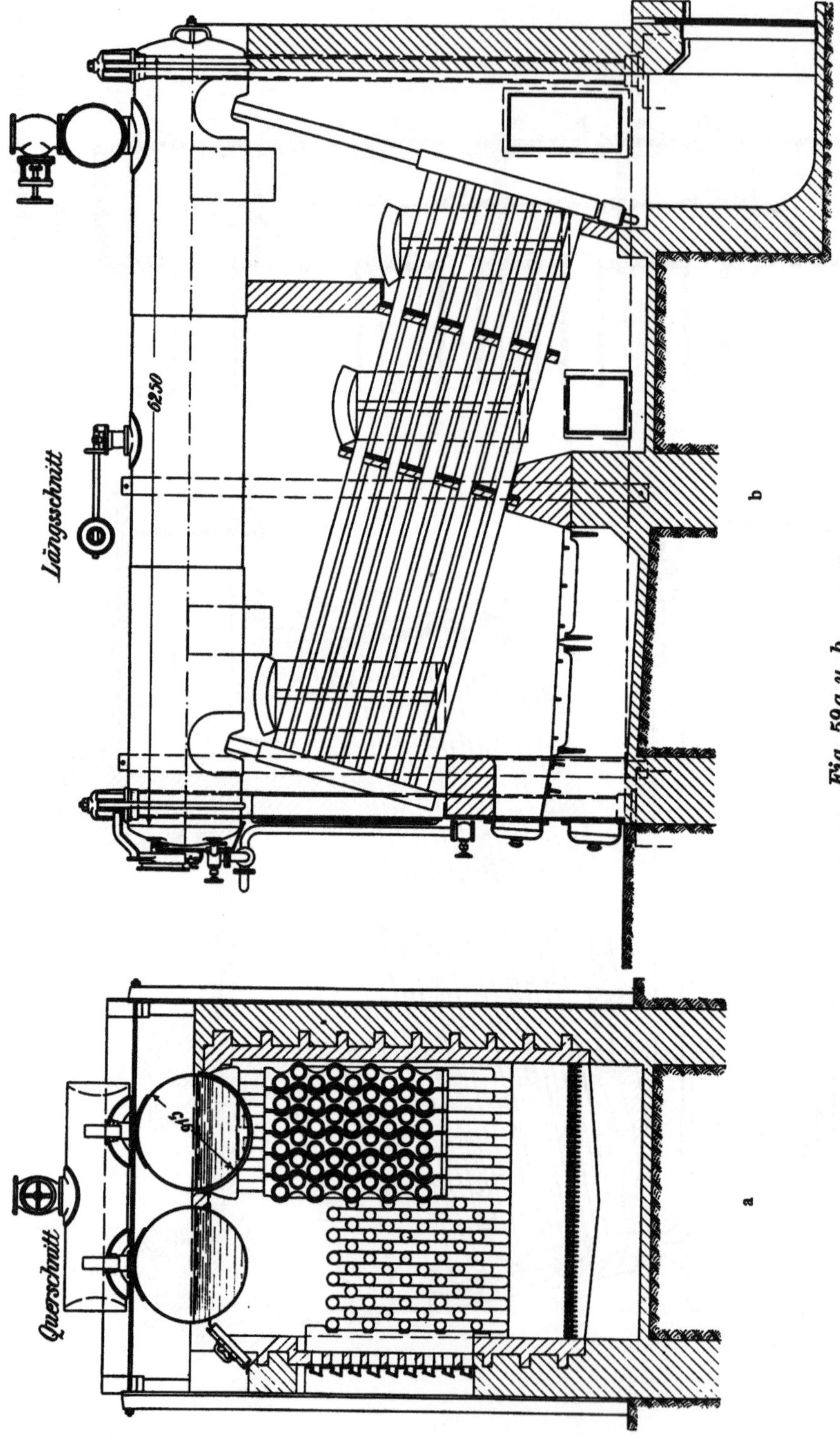

Fig. 59a u. b.
Babcock & Wilcox-Kessel. Massstab 1 : 60.

gelegenen Wasserkammern münden in einen Schlammsammler, der mit einem Ablassventil ausgerüstet ist. Seitlich im Mauerwerk befinden sich drei Systeme von Oeffnungen zum Einführen eines Dampfstrahlrohres zwecks Reinigung der Rohre von Flugasche und Russ. Die beiden Oberkessel tragen einen querliegenden Dampfsammler.

Um dem ganzen Kessel freie Beweglichkeit zu sichern und ihn vom Mauerwerk unabhängig zu machen, ist der Kessel durch Stahlbänder an einem kräftigen Eisengerüst aufgehängt. Vertreter dieser Konstruktion, finden wir auf den Zechen Holland I/II, Zollern, Werne u. a. m.

b) Einkammer-Kessel.

Während die vorherbeschriebenen Wasserrohr-Kessel ohne Ausnahme zwei Wasserkammern, eine vordere und eine hintere, besitzen, sind andere Konstrukteure, wie Dürr und Willmann, bemüht gewesen, die Wassercirkulation mit einer Kammer zu ermöglichen, um der freien Ausdehnung der Rohre Vorschub zu leisten. Dieses an sich beachtenswerte Bestreben ist aber mit einer gewissen Komplikation der Konstruktion verknüpft. Ein Blick auf die Darstellung eines Dürr-Kessels in Fig. 60 zeigt, dass die ineinander geschobenen Rohre und die unvermeidlichen Zwischenwände auch bei noch so geschickter Konstruktion einer eingehenden Reinigung hinderlich sind. Auch das Abblasen im Betriebe wird durch die einzelnen Rohrenden erschwert.

Je nach Erfordernis werden ein oder zwei Oberkessel vorgesehen. Im letzteren Falle sind die beiden Oberkessel einerseits unter sich, andererseits mit der Wasserkammer verbunden, welch letztere durch eine Scheidewand so geteilt wird, dass die vordere Hälfte den inneren Rohren das Wasser zuführt, während das in den äusseren Rohren sich bildende Dampf-Wassergemisch in der hinteren Hälfte aufsteigt. Unter dem einen Oberkessel, in den auch von der Kammerseite her gespeist wird, ist die vordere Abteilung der Wasserkammer abgedeckt, während auf der dahinterliegenden sich ein Aufsatz befindet, der das Dampfwassergemisch weit über den Wasserspiegel führt; unter dem zweiten Oberkessel befinden sich die Abdeckungen in umgekehrter Anordnung. Das frischgespeiste Wasser muss infolgedessen den Weg durch die beiden Oberkessel zurücklegen, bevor es die Wasserkammern erreicht. Denselben Weg legt über dem Wasser der Dampf zurück, bis er in den Dampfdom im nebenliegenden Oberkessel gelangt, und hat auf diesem Wege Musse, sich seines Wassers zu entledigen.

Diese Anordnung hat nun aber im vollkommenen Gegensatz zu allen vorher beschriebenen Wasserrohr-Kesseln zur Folge, dass jedes Wasserteilchen den ganzen Weg im Kessel nur einmal zurücklegt und dann zu Dampf geworden sein muss oder noch so lange sich im Dampfwasserraum aufhält,

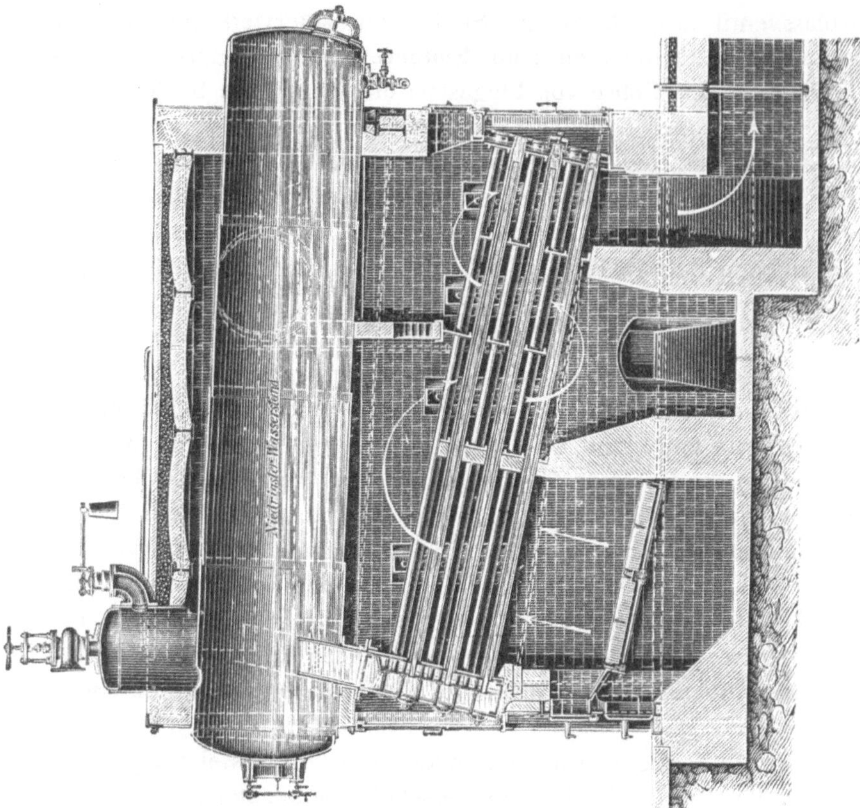

b Längsschnitt.

Fig. 60 a u. b.
Dürr-Kessel.

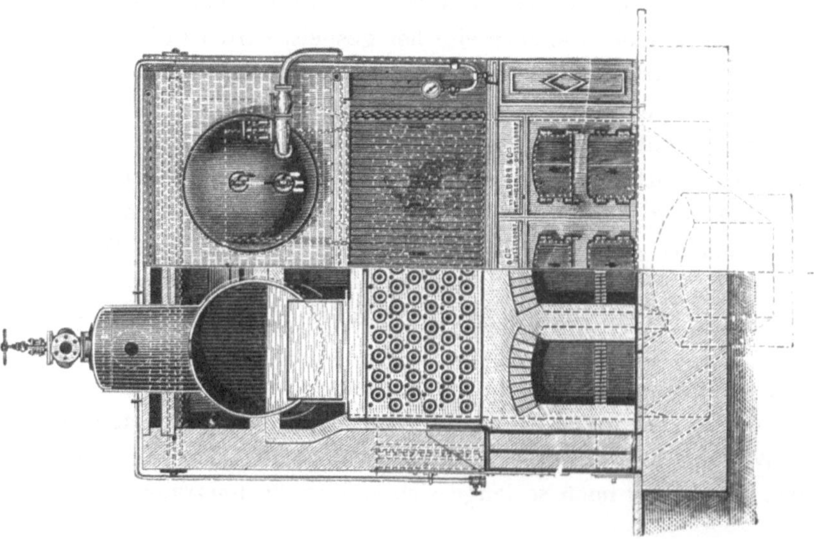

a Querschnitt bezw. Vorderansicht.

bis es zu Dampf wird. Das heisst aber mit anderen Worten, es ist bei den Dürr-Kesseln die Cirkulation keine lebhafte und vielfache; andererseits ist der entstandene Dampf etwa in dem Masse trocken, wie bei einem Cornwall-Kessel, wodurch sich der Dürr-Kessel vor anderen Wasserrohr-Kesseln auszeichnet. Dürr-Kessel sind u. a. auf folgenden Zechen eingeführt: Essener Bergwerks-Verein, Alstaden, Holland III/IV, Ver. Westfalia, Victoria Mathias, Blankenburg, sowie auf einigen Zechen der Bergwerksgesellschaft Hibernia und der Gelsenkirchener Bergwerks-A.-G.

Ganz ähnlicher Konstruktion sind die Willmann-Kessel, deren Beschreibung und Vorführung im Bilde wir uns versagen müssen, da die Firma keine Zeit finden konnte, das wenige erbetene Material zur Verfügung zu stellen.

5. Kombinierte Kessel.

Es erübrigt noch, einige bemerkenswerte Spezialkonstruktionen zu besprechen, welche durch Kombination mehrerer Kesselsysteme entstanden sind.

Eine Vereinigung von Flammrohr- und Walzen-Kessel, hier unter dem Namen Fairbairn-Kessel bekannt, ist so recht der Typus eines Grosswasserraum-Kessels. In den 80er Jahren bestand eine starke Neigung für dieses System und noch heute sind viele Fairbairn-Kessel im Betrieb; doch hat man im letzten Jahrzehnt bei Erweiterungen und Neuanlagen nur noch ganz selten darauf zurückgegriffen. Die Erfahrungen, welche man mit diesen Kesseln machte, haben den Erwartungen in konstruktiver Hinsicht nicht entsprochen. Als besondere Nachteile sind zu erwähnen: leichtes Undichtwerden der Verbindungsstutzen zwischen Walzen und Flammrohr-Kessel, theuere Einmauerung und schweres Anheizen infolge geringer Wassercirkulation, während die qualitative Ausnutzung der Heizgase derjenigen der Flammrohr-Kessel nicht nachsteht. Verdampfungsversuche[*] ergaben folgende Zahlen:

Rost- beanspruchung	Wärmewert Kal.	Dampfleistung je qm Heizfläche	Verdampfung je kg Kohle	Wirkungsgrad %
71,42 kg	7 768	18,91	8,75 fach	71,75
120,88 »	7 768	26,58	7,26 „	59,56

Fairbairn-Kessel arbeiten u. a. in grösserer Anzahl auf den Zechen: Gladbeck, Nordstern, Hugo, Osterfeld, Ver. Wiesche, Deutscher Kaiser, Concordia, Neumühl, Dahlbusch, Zollverein, Carolus Magnus, Recklinghausen II und sind fast ausschliesslich hergestellt von der Gutehoffnungs-

---

[*] Glückauf 1901, No. 40.

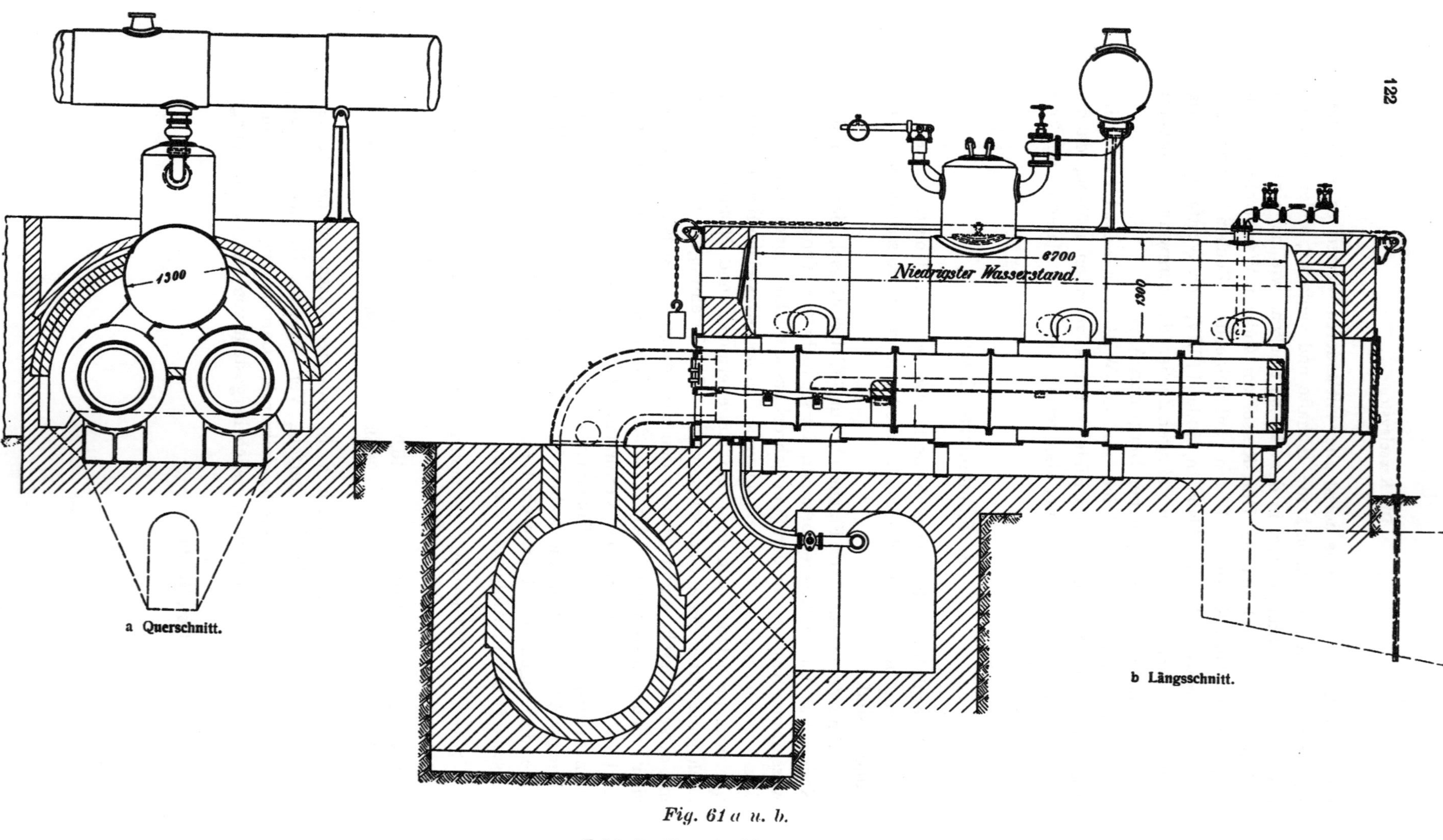

Fig. 61 a u. b.

Fairbairn-Kessel. Massstab 1 : 75.

hütte in Sterkrade; eine Ausführungsform dieser Firma für 101,55 qm Heizfläche und 8 Atm. Ueberdruck ist in Fig. 61 dargestellt.

Eine von Jacques Piedboeuf, G. m. b. H. in Düsseldorf, seit langen
Jahren gebaute, jedoch nur wenig im Ruhrrevier eingeführte Konstruktion
eines Cornwall-Röhrenkessels giebt Fig. 62 wieder; die ausführende
Firma bezeichnet solche Kessel als »Doppel-Dampfraumkessel«. Die Verbindung beider Kessel findet durch einen Stutzen von 550—700 mm Durchmesser statt, vor dem eine im Scheitel des Cornwall-Kessels angenietete und

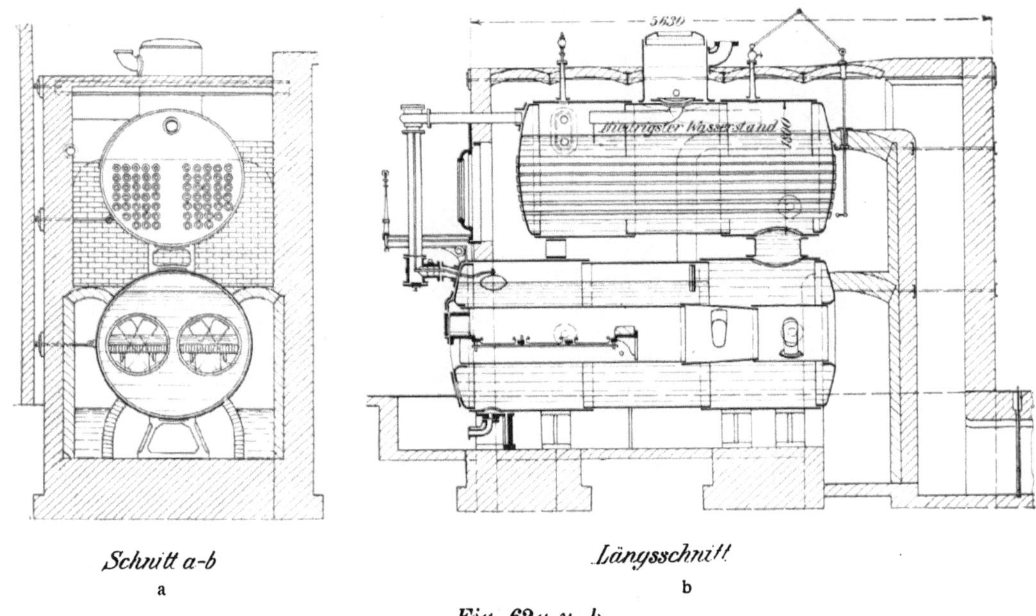

Fig. 62 a u. b.

Cornwall-Röhrenkessel auf Zeche Neuglück. Massstab 1 : 90.

bis ins Wasser reichende Querwand liegt. Hierdurch wird der im Cornwall-
Kessel sich bildende Dampf am Passieren des Verbindungsstutzens gehindert. Die Spannung dieses Dampfes ist entsprechend der auf ihm
lastenden Wassersäule um ca. 0,2 Atm. höher wie die im Rauchrohr-Kessel
herrschende. Beide Dampfräume kommunizieren durch ein Rohr mit
Schwimmerventilverschluss, der die Verbindung unterbricht, sobald die
Dampfmenge im Unterkessel abnimmt und folglich der steigende Wasserstand den Schwimmer bethätigt. Die über den Feuerrohren stehende
grosse Wassermenge verhindert gefährlichen Wassermangel. Diese Konstruktion scheint also ganz besondere Explosionssicherheit zu gewährleisten, nach Angabe der Erbauerin soll noch kein solcher Kessel explodiert

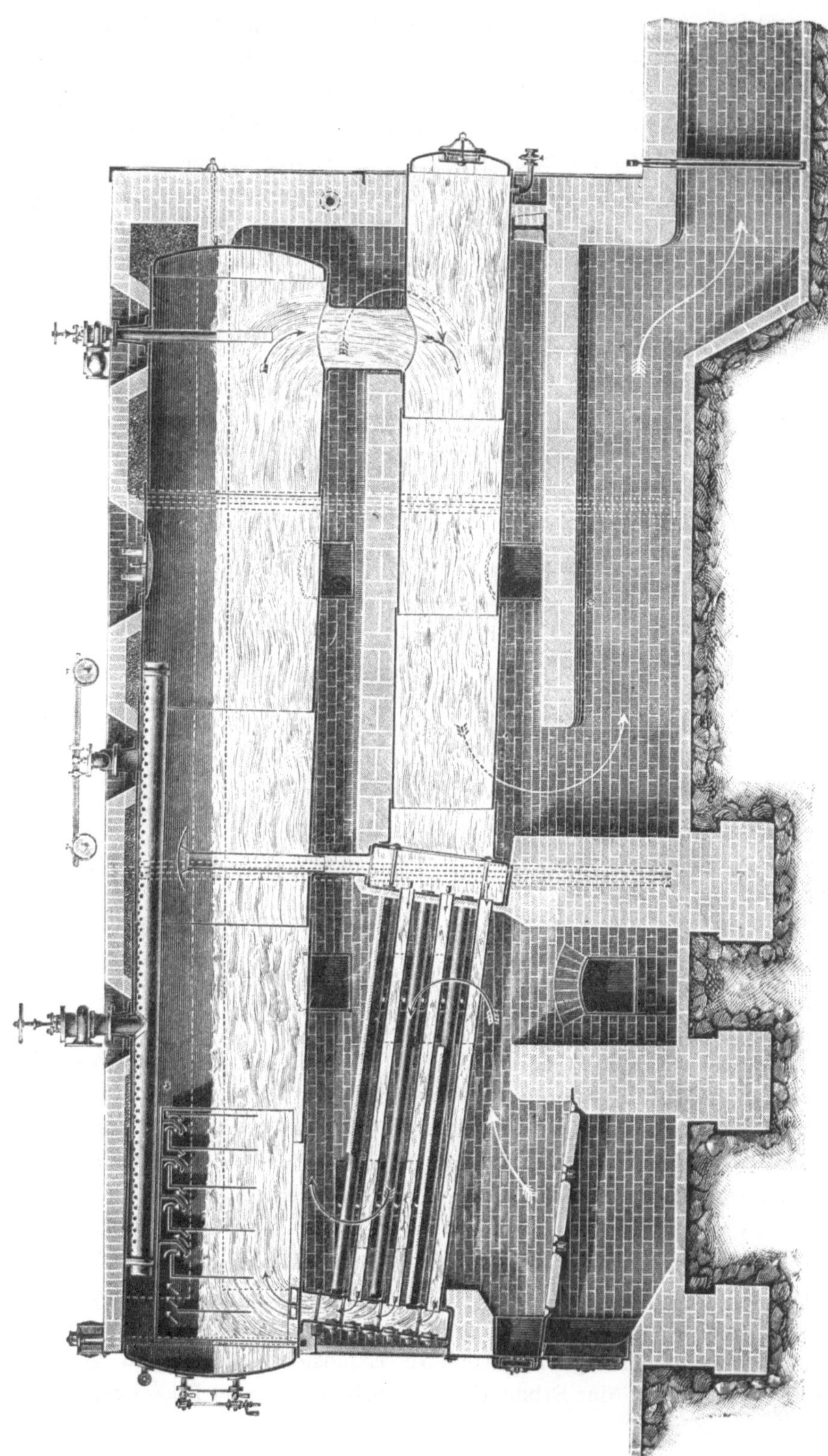

Längsschnitt durch einen Mac-Nicol-Kessel von 150 qm Heizfläche.

sein. Kessel dieser Art sind auf den Zechen ver. Trappe und Neuglück im Betrieb.

Eine Kombination, welche die Vorteile der Grosswasserraum-Kessel mit denen der Wasserrohr-Kessel verbindet, ist der Mac-Nicol-Kessel, in der Ausführung von Petry-Dereux in Düren (Fig. 63). Die tiefer gelegene hintere Wasserkammer ist mit einem horizontalen Bouilleur und nach oben, gleichwie die höhere vordere Wasserkammer und der letzte Schuss des Bouilleurs, mit dem Oberkessel verbunden. Die Wassercirkulation und der Weg der Feuergase ist in der Figur durch Pfeile angedeutet. Der Oberkessel besitzt behufs Dampfwasserabscheidung die gleiche Einrichtung, wie die früher beschriebenen Wasserrohr-Kessel von Petry-Dereux. Gewöhnlich schliessen sich an die Wasserkammer zwei Bouilleure an, welche dann mit zwei Oberkesseln verbunden sind.

Mac-Nicol-Kessel befinden sich auf den Zechen Monopol Schacht Grimberg, Germania, Minister Stein und Dannenbaum für 250 qm Heizfläche, Carolinenglück für 250 und 200 qm, Courl, Vorwärts, Kaiser Friedrich und Borussia für 200 qm in grösserer Anzahl.

Bei der grossen Länge dieser Kessel kann die starre Verbindung der Unter- und Oberkessel ähnlich wie bei den Fairbairn-Kesseln infolge der verschieden hohen Erwärmung der einzelnen Teile leicht Undichtigkeiten veranlassen. Daher hat die Firma A. Büttner & Co. in Uerdingen a. Rh. den Bouilleur vom Rohrsystem getrennt und dadurch der Beweglichkeit der so verschiedenartigen Kesselteile Vorschub geleistet; auch ist bei dieser Konstruktion die oben schon beschriebene Umlaufvorrichtung in Anwendung gebracht. Fig. 64 giebt einen solchen Kessel wieder.

In Fig. 65 ist ebenfalls ein Mac-Nicol-Kessel dargestellt, wie er auf der Zeche Victor bei Rauxel durch Umbau alter Walzenkessel mit darunter liegendem Sieder entstanden ist. Zeche Victor hat jetzt 12 nach Mac-Nicol-System umgebaute Kessel von je 111,75 qm Heizfläche im Betrieb. Die Verwaltung ist damit so zufrieden, dass sie sich bei einer Neuanlage für dieses System entschlossen hat und noch drei neue Kessel von je 188,2 qm Heizfläche in Betrieb genommen hat. Ausserdem haben noch Büttnersche Max-Nicol-Kessel die Zechen Hamburg u. Franziska, u. z. 13 Stück mit zusammen 1950 qm Heizfläche, ferner Margarete und Westfalia vier Stück mit zusammen 700 qm Heizfläche.

Eine eigenartige Anordnung und Vereinigung von Wellrohr- und Wasserrohr-Kessel zeigt Fig. 66. Diese Konstruktion ist von Bergwerksdirektor Tomson angegeben und wird bis zu Grössen von 250 qm Heizfläche ausgeführt. Die Kessel findet man auf Preussen I und II, Gneisenau, Scharnhorst, Neu-Iserlohn und Dahlbusch.

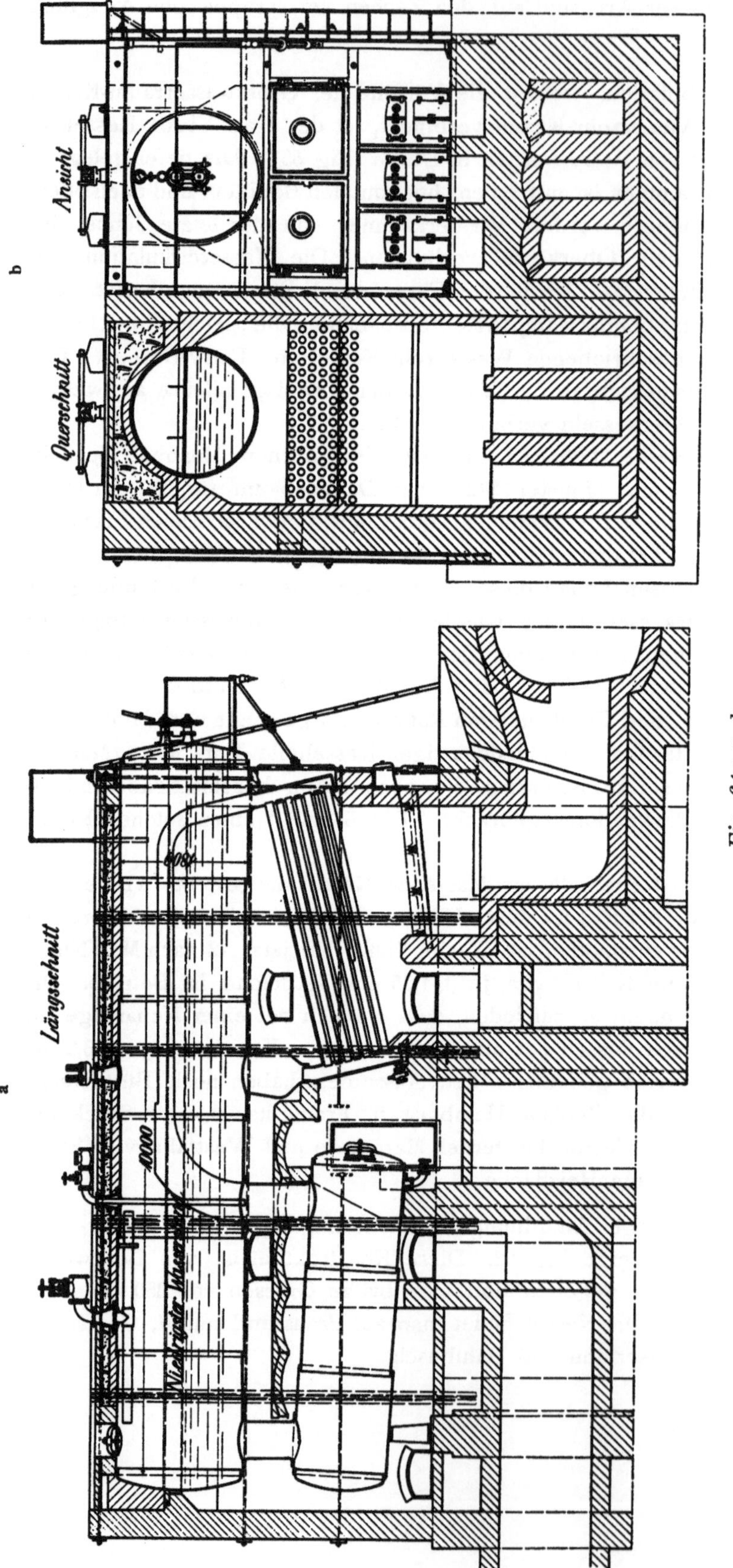

Fig. 64a u. b.

Mac-Nicol-Kessel von Büttner & Co. für Zeche Westfalia.

Massstab 1 : 100.

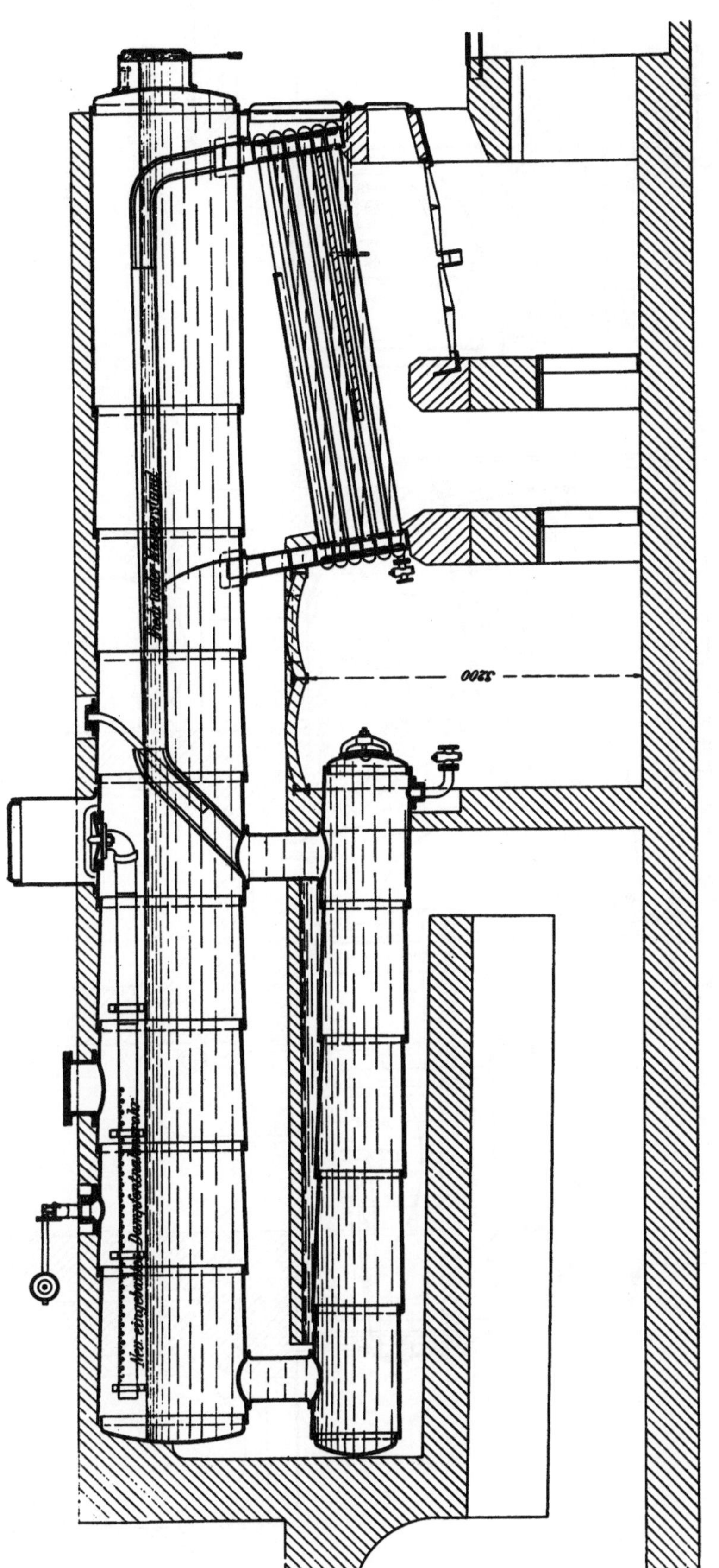

Fig. 65.

Mac-Nicol-Kessel auf Zeche Victor.

Massstab 1:60.

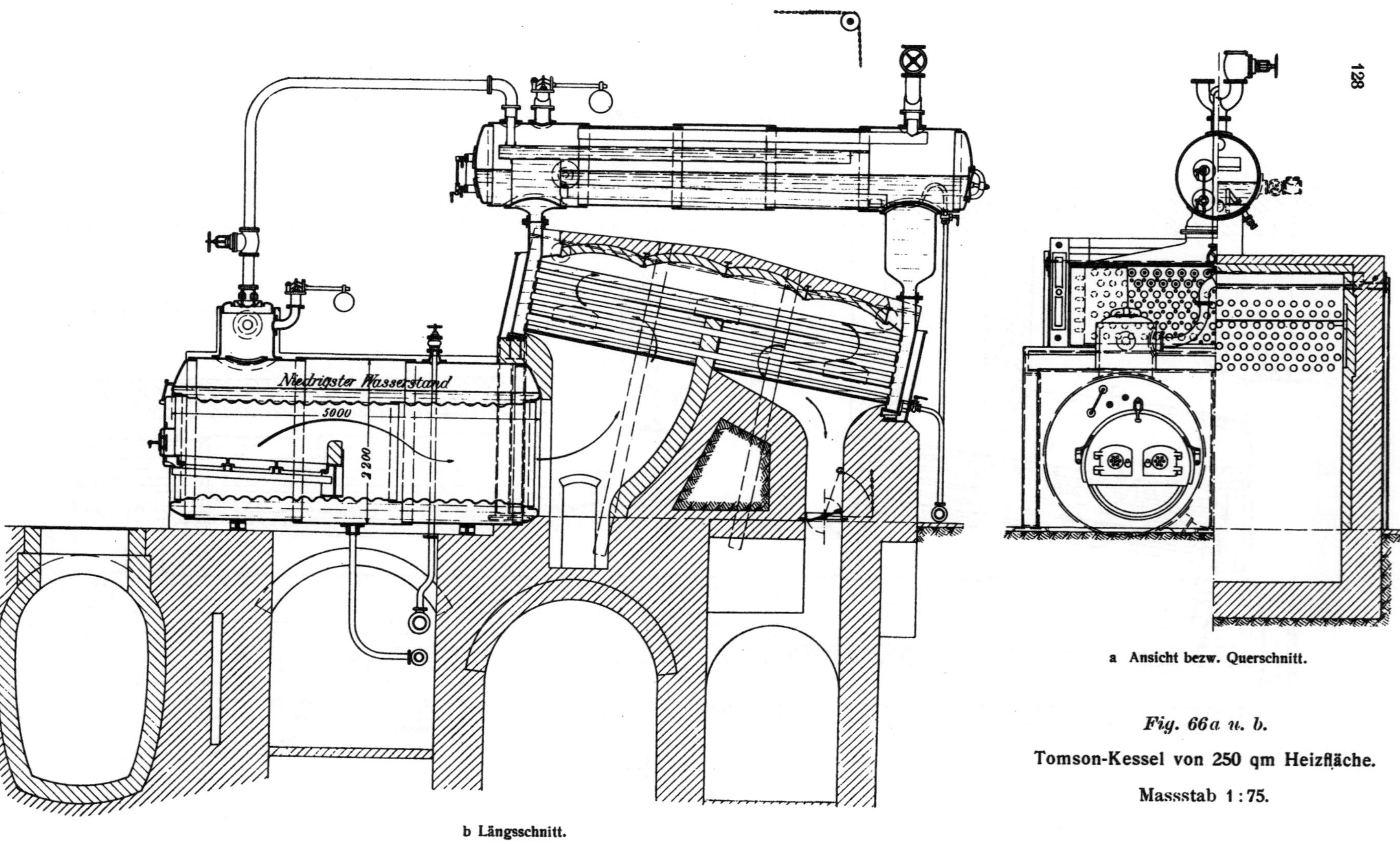

Fig. 66a u. b.

Tomson-Kessel von 250 qm Heizfläche.

Massstab 1:75.

Zwei Vorkessel mit Wellrohren von je 4 m Länge sind mit einem Wasserrohr-Kessel verbunden. Die Feuergase passieren beim Austritt aus den beiden Wellrohren in auf- und absteigender Richtung die Rohre des dahinter liegenden Kessels und ziehen von da in den Schornstein. Die Verbrennungsprodukte haben bei ihrer Ankunft an den Rohrbündeln der Wasserrohrkessel nur noch eine Temperatur von 550—600° C., sodass die Rohre durch die Stichflamme nicht berührt und daher geschont werden. Mit 225—250° C. gelangen die Gase in den Fuchs.

Die Vorkessel werden an ihrem äusseren Mantel von den Feuergasen nicht berührt und sind auch nicht eingemauert, sondern nur mit einer Wärmeschutzmasse umgeben, welche sich leicht abnehmen lässt, um Undichtigkeiten beseitigen zu können. Der Verlust, welcher aus dem Verzicht auf die äussere Mantelheizfläche entsteht, wird kompensiert durch eine weniger kostspielige Vergrösserung der Röhren-Heizfläche.

Die Wasserräume der Vorkessel sind in der unteren Partie durch ein Ausgleichungsrohr und die Dampfräume durch Röhren untereinander und mit dem Dampfbehälter des Röhrenkessels verbunden. Der kombinierte Kessel hat zwei voneinander unabhängige Wasserniveaus, wie die übereinanderliegenden Piedboeuf- und die Berninghaus-Kessel; doch hat man hier vorgezogen, die Wasserkammern getrennt zu speisen.

Bei einem Versuch auf Gneisenau erhielt man nachstehende Resultate:

Auf 0° reduziert betrug das verdampfte Wasserquantum 81,9 l je qm und Stunde in den Vorkesseln und 13,4 l in dem Röhrenkessel, d. s. im Mittel 21,25 l je qm und Stunde. Der Rost in den Vorkesseln misst 3,8 qm, die Verdampfungsfläche beträgt in den Vorkesseln 11,2 qm, in den Röhrenkesseln 7,15 qm. Die Vorkessel enthalten 12 cbm Wasser und 2 cbm Dampf, die Röhrenkessel 7 cbm Wasser und 2,7 cbm Dampf, also insgesamt 19 cbm Wasser und 4,7 cbm Dampf.

1 kg Kohle mit 13 % Rückständen verdampfte 9,05 kg Wasser von 0°.

Bei einem in neuester Zeit auf Dahlbusch ausgeführten Versuch[*] wurden 19 kg Dampf auf 1 qm Heizfläche geleistet bei einer Rostbeanspruchung von 104 kg und einer Ausnutzung des Brennmaterials von 70,20 %. Die verstochte Kohle hatte 7735 Wärmeeinheiten.

Geliefert werden diese Kessel von der Gutehoffnungshütte in Sterkrade, Ew. Berningshaus in Duisburg, L. und C. Steinmüller in Gummersbach, Jacques Piedboeuf G. m. b. H. in Düsseldorf und Gewerkschaft Orange in Bulmke.

---

[*] Glückauf 1905, S. 236.

Die Gesichtspunkte, welchen die vorstehende Anordnung ihre Entstehung verdankt, sind nach Angabe von Tomson

1. Lieferung trocknen Dampfes;
2. hinreichend grosser Dampf- und Wasserraum, für Maschinen mit intermittierendem Gang geeignet;
3. leichte Ueberwachung und Unterhaltung;
4. leichte Zugänglichkeit aller Teile;
5. Möglichkeit der Koksgasfeuerung.

6. Statistisches.*)

Um ein Bild von dem Entwickelungsgang der Dampftechnik in einem bestimmten Zeit- oder Raumgebiet zu gewinnen, kann man zwei Wege einschlagen, die sich allerdings gegenseitig ergänzen und vervollständigen. Man kann die Apparate

1. zur Erzeugung des Dampfes und
2. zur Verwendung des Dampfes

verfolgen. Im Grunde müssen beide Untersuchungen zu demselben Resultate führen. Im Folgenden soll nun versucht werden, auf dem erstgenannten Wege die Entwickelung der Dampftechnik im rheinisch-westfälischen Kohlenrevier darzustellen, soweit dasselbe sich am 1. Januar 1904 im Dampfkessel-Ueberwachungsverein der Zechen im Oberbergamtsbezirk Dortmund zu Essen (Ruhr) vereinigte. Es ist anzunehmen, dass bei der Gleichheit der Verhältnisse das Resultat durch die ausserhalb des Vereins stehenden Zechen nur unwesentlich beeinflusst werden würde. Damit wir das abgeschlossene Bild einer ruhigen Entwickelungsperiode erhalten, soll zur Untersuchung die Zeitspanne von 1890 bis 1902 einschl. — also dreizehn Jahre — gewählt werden, einmal weil zum Beginn dieser Zeit der durch das Thomasverfahren in der deutschen Eisenerzeugung hervorgerufene Umbildungsprozess mit seinen Folgen für den Kesselbau nahezu als abgeschlossen und das Schweisseisen in der Hauptsache als überwunden betrachtet werden darf, zum andern, weil mit dem Abschluss der gewählten Periode sich auch die Zeit ihrem Ende zuneigt, in der seit James Watts Zeiten der Dampfkessel konkurrenzlos die Energie der Kohle auslöste und dienstbar machte. Das Jahr 1903 hat die erste Gasmaschine im Zechenbetriebe gesehen und die folgenden Jahre werden ausser weiteren mit Koksgasen betriebenen Gasmaschinen auch den Generator sehen, der aus den Kohlen direkt der Gasmaschine Nahrung zugeführt.

In diesen 13 Jahren sind auf den Zechen 2203 Kessel neu angelegt worden. Die Untersuchung umfasst also, da der Dampfkesselverein 3053 feststehende Kessel zählte, etwa 72 % des ganzen Kesselbestandes;

---

*) Von Oberingenieur Bütow.

inzwischen wieder abgeworfene Kessel, sowie alle beweglichen Kessel sollen nicht berücksichtigt werden.

Die Kessel sind im Folgenden für das Jahr ihrer behördlichen Genehmigung aufgeführt worden, eventuell, wenn die Zeche ältere Kessel kaufte, ihrer Neugenehmigung, da für die Untersuchungen weniger das Alter der Kessel, als das aus dem Ankauf der Kessel hervorgehende Bedürfnis der Zeche von Wert ist; denn dieses Bedürfnis oder vielmehr die Art seiner Befriedigung giebt Zeugnis von dem jeweiligen Stande der Dampftechnik.

Tabelle 3.

Jahreszahl	Zahl der angelegten Kessel	Durchschnittliche Heizfläche je Kessel in qm	Durchschnittliche Spannung je Kessel in Atm.	Durchschnittliche Spannung je qm Heizfläche in Atm.	Unterschied von Sp. 4 u. 5
1.	2.	3.	4.	5.	6.
1890	120	100	6,32	6,5	0,18
1891	159	107	6,74	6,82	0,08
1892	126	123	7,2	7,4	0,2
1893	119	105	7,1	7,42	0,32
1894	125	104	7,0	7,18	0,18
1895	154	115	7,62	7,9	0,28
1896	198	103	7,52	7,8	0,28
1897	217	108	7,7	7,74	0,04
1898	143	101	7,9	8,1	0,2
1899	186	113	8,2	8,5	0,3
1900	234	112	8,62	8,8	0,18
1901	257	109	8,45	8,66	0,21
1902	165	108	8,7	8,85	0,15

Bei der Betrachtung der Kessel, ohne Rücksicht auf ihre Bauart, nur nach Zahl, Grösse und Spannung erhalten wir die Tabelle 3. Sie giebt in den Rubriken der Reihe nach das Jahr, die Zahl der angelegten Kessel, die durchschnittliche Heizfläche, die durchschnittliche Kesselspannung und in der fünften Rubrik die durchschnittliche Kesselspannung berechnet auf das Quadratmeter Heizfläche. Diese letzte Rubrik hat sich als nötig erwiesen, weil vorzugsweise die Kessel mit grösserer Heizfläche die höheren Betriebsdrucke hatten, sodass die vierte Rubrik gewissermassen ungleichartige Grössen zusammen behandelt. Allerdings ist erfahrungsgemäss die Heizfläche der grösseren, also der Röhrenkessel, nicht gleichwertig derjenigen der Flammrohr-Kessel, jedoch lässt sich eine Verhältniszahl dafür nicht mit genügender Sicherheit aufstellen, um sie in die Statistik einführen zu können. Der Unterschied der vierten und fünften Rubrik ist in

der sechsten angegeben und es zeigt sich, dass die durchschnittliche
Spannung je Quadratmeter Heizfläche in den 13 Jahren um 0,04 bis 0,32 Atm.
höher gewesen ist, als je Kessel, ohne dass jedoch irgend ein besonderes
Entwickelungsgesetz erkennbar wäre.

Die durchschnittliche Kesselgrösse, an der Heizfläche gemessen, zeigt
in den verschiedenen Jahren ein unregelmässiges Schwanken zwischen den
äussersten Grenzen von 100 qm im Jahre 1890 und 123 qm im Jahre 1892.

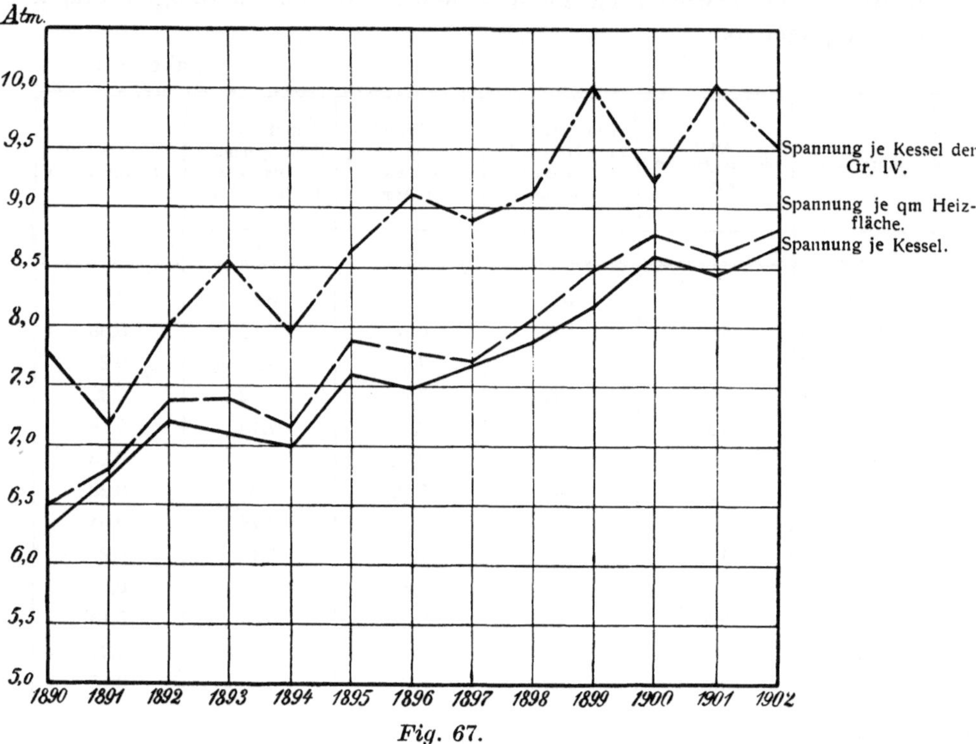

Fig. 67.

Dagegen weisen Rubrik 4 und 5 mit ganz verschwindender Schwankung die
Tendenz der Steigerung auf und geben das klarste Zeugnis für die Fortschritte, die auf technisch-wirtschaftlichem Gebiet auf den Zechen gemacht sind.

Fig. 67 zeigt diese Resultate in graphischer Darstellung, die untere
Linie das Steigen der Spannung je Kessel, die mittlere je Quadratmeter der
Gesamt-Heizfläche.

Ordnet man die Kessel nach Systemen, so ergeben sich folgende
5 Gruppen:

I. Der Zweiflammenrohr-Kessel von fast durchgehends gleicher
Bauart, mit Planrostinnenfeuerung und zwei verschiedenen, gleich häufig

vorkommenden Einmauerungen: entweder zwei getrennte Seitenzüge und gemeinsamer Unterzug, oder zwei durch eine aufgemauerte Zunge getrennte Unterzüge; die älteren Oberzüge, die den Dampf trocknen sollten, sind ihrer Zwecklosigkeit wegen vielfach abgemauert worden. Die Heizfläche schwankt zwischen 65 und 115 qm und geht in Ausnahmefällen bis 55 qm herunter und bis 127 qm hinauf. Eine Tendenz zur Vergrösserung oder Verkleinerung liegt nach der Statistik nicht vor.

II. Der Einflammrohr-Kessel, in der Mehrzahl der Fälle als Seitwellrohrkessel gebaut, in neuerer Zeit hin und wieder mit Oberkessel; ebenfalls mit Planrostinnenfeuerung und zwei Unterzügen, getrennt durch eine Mauerzunge. Die Heizfläche schwankt zwischen 65 und 100 qm, geht in Ausnahmefällen bis 46 qm herunter, und, falls Oberkessel vorhanden, bis 120 qm hinauf.

III. Der (hier im Bezirk sogenannte) Fairbairn-Kessel, bestehend aus 2 Unterkesseln mit je einem ausziehbaren Flammrohr und einem Oberkessel, der mit den Unterkesseln durch je 2 Stutzen verbunden ist. Planrostinnenfeuerung, erster Zug zwischen Ober- und Unterkessel, zweiter Zug entweder oberhalb des Oberkessels oder unterhalb der Unterkessel. Die Heizfläche schwankt zwischen 105 und 140 qm, in einzelnen Fällen zwischen 95 und 156 qm.

IV. Die Wasserröhren-, Feuerröhren- und kombinierten Kessel, die wegen ihrer Vielgestaltigkeit weiter unten ausführlich besprochen werden.

V. Alle übrigen Systeme, als Walzen- und Sieder-Kessel, Dreiflammrohr- und Feuerbüchs-Kessel. Diese fünfte Gruppe spielt keine Rolle mehr, da sie an Zahl nur 1,1 % des Kesselbestandes ausmacht, und ist auch in den Tabellen weiterhin nicht berücksichtigt.

Tabelle 4 giebt eine zahlenmässige Zusammenstellung der Kessel nach den verschiedenen Gruppen. Es ist für jedes Jahr die Zahl von Kesseln jeder Gruppe in Prozenten der Zahl der im Jahre überhaupt angelegten Kessel angegeben. Das grosse Ueberwiegen der einfacheren Kesselsysteme, des Zwei- und Einflammrohr-Kessels, die in Rubrik 4 noch einmal zusammen aufgeführt sind, fällt in die Augen. Die Summe beider schwankt zwischen 57 % im Jahre 1892 und 86,5 % in den Jahren 1896 und 1901. Die letzten 7 Jahre halten sich ziemlich konstant etwas über dem Durchschnitt. Gruppe III ist von geringer Bedeutung, IV hingegen zeigt ein Schwanken zwischen 8 und 37 % in den Jahren 1898 und 1892. Dieses letzte Jahr fällt dementsprechend in der Tabelle 3 durch die hohe durchschnittliche Heizfläche auf. Fig. 68 veranschaulicht in graphischer Darstellung den Inhalt der Tabelle 4.

Tabelle 5 zeigt in denselben Rubriken den Durchschnitt der 13 Jahre berechnet aus Tabelle 4, aber nicht nur nach der Kesselzahl, sondern

Tabelle 4.

1	2	3	4	5	6
Jahres-zahl	Gruppe I %	Gruppe II %	Summe von Gruppe I u. II %	Gruppe III %	Gruppe IV %
1890	70	12,5	82,5	1,7	15
1891	50	29,5	79,5	4,4	16
1892	49	8	57	6,5	37
1893	49	25	74	6	20
1894	50	26,5	76,5	9,6	12
1895	44	24,5	68,5	11	20
1896	54	32	86,5	3,5	10
1897	56	24	80	5	13
1898	50	29	79	11,2	8
1899	61	16,5	77,5	5,4	16
1900	62	20	82	2,1	15
1901	68	18,5	86,5	0,6	11
1902	64	22	86	0	14

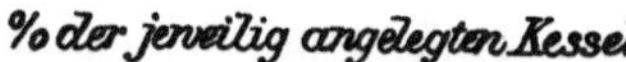
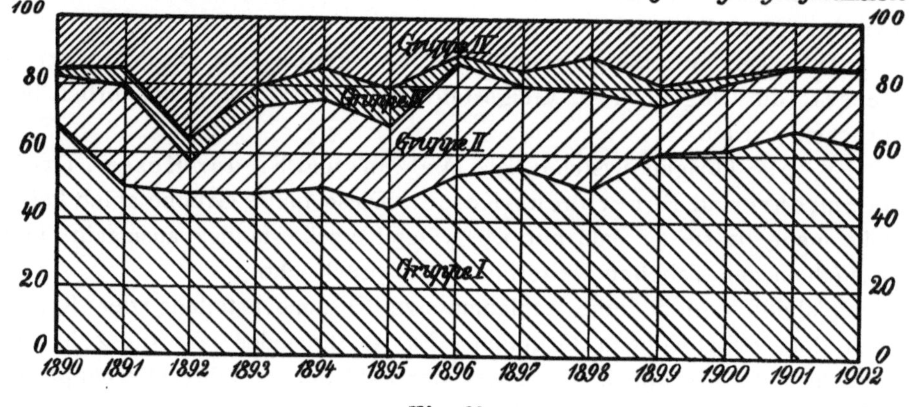

Fig. 68.

Tabelle 5.

1	2	3	4	5	6
Verteilung im Durch-schnitt der 13 Jahre	Gruppe I %	Gruppe II %	Summe von I und II %	Gruppe III %	Gruppe IV %
a) nach Kesselzahl	57	22	79	4,7	15,2
b) nach Kesselzahl u. Atmosphären	54	22,6	76,6	5,1	17,8
c) nach Heizfläche	49	18,6	67,6	5,1	26,4
d) nach Heizfläche u. Atmosphären	45,8	18,7	64,5	5,36	29,8

auch nach Spannung und Heizfläche berechnet. Die vierte Zeile wird allerdings unter Vernachlässigung des verschiedenen Wertes der Heizfläche der Verschiedenheit der Kessel am meisten gerecht, indem auf das Quadratmeter Heizfläche als Einheit zurückgegangen und mit der zugehörigen Atmosphärenzahl multipliziert ist. Hierbei treten nun Gruppe II und I etwas zurück, doch behaupten sie immer noch nahezu $2/_3$ der Gesamtsumme, und ihre Stellung als Zechenkessel par excellence bleibt unerschüttert. Das konstante Verhalten der Entwickelung in den letzten Jahren, ersichtlich aus Fig. 68, lässt nicht auf eine Aenderung in nächster Zeit schliessen. Sind doch auch beide Typen den Anforderungen des Zechenbetriebes durchaus gewachsen.

Gruppe III, der sogenannte Fairbairn-Kessel, ist, wie die Tabellen und die Figur zeigt, von erheblich geringerer Bedeutung und nur auf wenigen Zechen vorhanden. Tabelle 4 weist im Jahre 1901 für Fairbairn-Kessel nur 0,6 $\%$ — d. i einen Kessel — auf, für 1902 gar keinen. Das ist ein Zufall; denn im Jahre 1903, das bei unsern Untersuchungen nicht mehr in Betracht gezogen worden ist, sind 19 neue Fairbairn-Kessel genehmigt worden, darunter 15 zu 10 Atm. — eine Zahl, wie sie kein Jahr der ganzen Reihe sonst aufweist.

Die vierte Gruppe unserer Zusammenstellung umfasst in 363 Kesseln alle Wasser- und Feuerröhren-Kessel, nebst den Kombinationen derselben mit anderen Kesseln. Sie mögen in folgende Gruppen geschieden werden:

I. Zweikammer-Wasserröhren-Kessel . .	119 Stück oder		32,8 $\%$
II. Einkammer-Wasserröhren-Kessel . . .	119 »	»	32,8 »
III. Mac-Nicol und verwandte Kessel . .	68 »	:	18,8 »
IV. Tomson-Kessel	51 »	»	14,0 »
V. Prégardien-Kessel	2 »	»	0,5 »
VI. Feuerröhren-Kessel	4 »	»	1,1 »
			100,0 $\%$

Die erste derselben umschliesst alle die Nachbildungen des alten Alban-Kessels, die aus einem oder zwei Oberkesseln und einem Röhrenbündel bestehen, das vorn und hinten durch je eine Wasserkammer oder durch sogenannte Sektionskammern zusammengefasst ist, wobei natürlich jede Firma ihre eigenen Konstruktionen und Systeme ausführt. An erster Stelle steht mit der Kesselzahl die Rheinische Röhrendampfkesselfabrik A. Büttner & Co., G. m. b. H., Uerdingen a. Rh. Es folgen die Gewerkschaft Orange in Gelsenkirchen, L. & C. Steinmüller in Gummersbach, Maschinenfabrik Humboldt in Kalk bei Köln, Petry Déreux, G. m. b. H., Dampfkesselfabrik in Düren, Deutsche Babcock- und Wilcox-Dampfkessel-Werke Aktien-Gesellschaft, Oberhausen, Schäfer-Cörne, Aktien-Gesellschaft

Hohenzollern in Düsseldorf, Berliner Maschinenbau-Aktien-Gesellschaft vorm. L. Schwartzkopff und Brandt & Sohn in Dortmund.

Die Grösse der Zweikammer-Kessel schwankt zwischen 95 qm, wie sie aber nur in 4 Exemplaren von Schäfer-Cörne ausgeführt sind, und 287 qm Heizfläche bei einem Kessel von Steinmüller, 275 qm von Petry Déreux, 272 von Büttner, 263 von den Babcock- und Wilcox-Werken. Die Gewerkschaft Orange hat mehrere Kessel von nur 72 qm Heizfläche, allerdings für 10 Atm. Druck, gebaut. Die Mehrzahl der Kessel dieser Gruppe hat ungefähr 200 qm Heizfläche.

Die zweite Untergruppe, die Kessel mit nur einer Wasserkammer an dem vorderen Ende des Rohrbündels sind die von den Firmen Düsseldorf-Ratinger Röhrenkessel-Fabrik, vorm. Dürr & Co., Ratingen, und E. Willmann, Dortmund, Röhrendampfkesselfabrik, gebauten Typen. Die erste Firma hat ihre Kessel in Grössen von 120 qm bis zu 255 qm Heizfläche gebaut. Ausserdem hat sie in einem Ausnahmefall einen Kessel von 355 qm für 10 Atm. geliefert, den grössten Kessel im ganzen Revier, mit folgenden Hauptdimensionen: 2 Oberkessel von 1,5 m Durchmesser und 7,2 m Länge, 172 Siederohre von 5,6 m Länge und 0,14 m Durchmesser, eine Wasserkammer von 4,6 × 1,4 × 0,3 m. Dieser Kessel würde in Tabelle 5 in Zeile c den 673. Teil, in Zeile d den 534. Teil der Gesamtsumme an Leistungsfähigkeit darstellen, während er an Kesselzahl in Zeile a nur den 2203. Teil bildet.

Die Einkammer-Wasserrohr-Kessel der Firma Willmann sind in der weitaus grössten Mehrzahl in einer Grösse und zwar zu 187 qm Heizfläche gebaut.

Die der Grösse nach dritte der Untergruppen enthält die Kessel, die dem Vorbilde des alten Mac-Nicol-Kessels entsprechend aus ein oder zwei Oberkesseln, einem kurzen Röhrenbündel vorn über dem Rost, und einem oder zwei dahinter liegenden Unterkesseln besteht. Dazu gehört der Mac-Nicol-Kessel in 36 Exemplaren von Petry Dereux, Büttners Grosswasserraum-Kessel D. R. P. in 23 Exemplaren, und der Mac-Nicol-Kessel von Dürr in zwei Exemplaren. Petry Dereux baut in dieser Gruppe zwei Kesselgrössen von ca. 200 und ca. 250 qm Heizfläche, Büttner vier Grössen zu 150, 200, 250 und 300 qm, und Dürr eine Ausführung zu 200 qm. So stellt sich diese Gruppe als diejenige dar, die im Durchschnitt die grössten Kessel enthält.

Die letzte wesentliche Gruppe ist die der unter dem Namen des Tomson-Kessels bekannten Kombination, die vorne der Stichflamme das Wellrohr im Einflammrohr-Kessel darbietet, und die dann nicht mehr allzuheissen Gase durch ein Röhrenbündel gehen lässt, über dem ein nicht mehr geheizter, aber gegen Wärmestrahlung gut isolierter Oberkessel liegt. Der Tomson - Kessel ist hier gebaut worden in erster Linie von

L. & C. Steinmüller, die den Vorderkessel mit ihrem Original-Steinmüller-Kessel kombinieren, dann auch von der Gewerkschaft Orange, von Dürr und Jacques Piedboeuf, in der Grösse von ca. 170—250 qm Heizfläche.

Es bleiben noch zu erwähnen zwei Prégardien-Kessel, bestehend aus walzenförmigem Ober- und Unterkessel, verbunden durch ein senkrechtes Bündel leicht gebogener Siederöhre, bestimmt für 8 Atm. Druck und mit 160 qm Heizfläche.

Ferner drei Feuerbüchs-Kessel mit vorgehenden Heizrohren, gebaut von der Aktien-Gesellschaft Weser in Bremen zu je 250 qm Heizfläche, ebenfalls für 8 Atm. und ein Feuerröhren-Kessel von K. & Ch. Möller-Brackwede zu 100 qm Heizfläche und für 10 Atm. Druck.

Die Gesamtgruppe IV bildet zwar an Zahl der Kessel nur etwas mehr als den siebenten Teil des Kesselbestandes, und es ist nach der bisherigen Entwickelung nicht anzunehmen, dass sie numerisch jemals eine wesentlich grössere Rolle spielen wird; trotzdem ist aber der Röhrenkessel der Pionier auf dem Wege der Erhöhung der Dampfspannung gewesen. Figur 67 zeigt in der obersten Linie den Verlauf der durchschnittlichen Dampfspannung je Kessel der Gruppe IV. Dieselbe liegt immer 1 bis $1^1/_2$, 1899 sogar 2 Atm. höher, als der Gesamtdurchschnitt der Spannung je Kessel, und hat im Lauf der Jahre auch ungefähr dieselbe Steigerung durchgemacht. Erst als die Röhrenkessel bei Spannungen von 8 und mehr Atm. ihre Betriebssicherheit im Zechendienst erwiesen hatten, folgten mit den höheren Spannungen der Fairbairn-Kessel, der Seitwellrohr-Kessel und der Zweiflammrohr-Kessel, der 1896 zum ersten Mal mit 10 Atm., 1900 zum ersten Mal mit 12 Atm. Betriebsdruck auftritt.

So zeigt das Steigen der Betriebsspannung, dass man bestrebt ist, den Dampf ökonomisch auszunutzen; denn Theorie und Praxis stimmen darin überein, dass der hochgespannte Dampf wirtschaftlich vorteilhafter arbeitet, insbesondere in den Verbundmaschinen, die überhaupt erst von 7 Atm. an eine Berechtigung haben.

Nun hat man in dem letzten Jahrzehnt noch von einem andern Mittel Gebrauch machen gelernt, um wirtschaftlich zu arbeiten; das ist die Dampfüberhitzung, über deren Eigenschaften ja schon an anderer Stelle berichtet ist.

Die Einführung der Ueberhitzung, welche mit Ende der 90er Jahre beginnt, ist in einem älteren Betrieb jedoch mit erheblichen Schwierigkeiten verknüpft, da die auftretenden Temperaturen in Verbindung mit den hohen Spannungen an das Material der Rohre und ihrer Umkleidungen der Maschinen und der bei den Maschinen angewandten Schmiermittel ganz bedeutende Anforderungen stellen. Infolgedessen sind es vorläufig auch nur vereinzelte Anlagen, die von der Dampfüberhitzung wirklich Gebrauch machen, und zwar auch nur dann, wenn die Neuanlage einer Wasser-

Jahr	Datum und Tageszeit	Zeche	Konstruktion des Kessels	Im Jahre
		Dampfkesselexplosionen auf den Steinkohlenzechen in den Jahren 1886		
1886	17. April. 4¹/₂ morgens	Eintracht Tiefbau	Zweiflammrohr	1867
1887	13. Dezember, 6¹/₂ morgens	Margarethe	Zweiflammrohr	1883
1888	18. Februar, 3 nachmittags	Helene Amalie	Walzenkessel m. 1 Sieder	1871
»	11. Dezember, 1 nachts	König Ludwig	Walzenkessel m. 1 Sieder	1873
1889	—	—	—	—
1890	29. April, 1¹/₂ mittags	Gneisenau	Walzenkess. m. 2 Siedern	1887
»	14. Dezember, 9¹/₂ abends	Präsident I	Zweiflammrohr	1885
1891	—	—	—	—
1892	27. Dezember, 8 abends	Heinrich Gustav, Schacht Arnold	Zweiflammrohr	1859
1893	—	—	—	—
1894	8. Juni, 10 morgens	Prinz Wilhelm	Einflammrohr	1857
1895	—	—	—	—
1896	16. März, 8 abends	Victor	Mac-Nicol	1875 umgeb. 1893
»	29. Juli, 5 morgens	Steingatt	Walzenkess. m. 2 Siedern	1871
»	19. August, 4 morgens	Recklinghausen	Einflammrohr	1891
1897	8. November, 10³/₄ morgens	Roland	Zweiflammrohr	1894
1898	16. Januar, 11³/₄ morgens	Maria, Anna & Steinbank	Wasserrohr-Kessel	1884
»	26. November, 12 mittags	Monopol, Schacht Grimberg	Mac-Nicol	1894
1899	—	—	—	—
1900	—	—	—	—
1901	28. März, 10¹/₄ vormittags	Hardenberg	Walzenkessel m. 1 Sieder	1875
»	18. September, 6.25 morgens	Kölner B. V. Scht. Karl	Walzenkessel m. 1 Sieder	1872
1902	12. Dezember, 5 nachmittags	Siebenplaneten	Zweiflammrohr-Kessel	1876
1903	—	—	—	—

Tabelle 7.

Insgesamt von 1886—1903	Deutsches Reich	Oberbergamt Dortmund	Oberbergamt Dortmund Prozent der Gesamtheit
Kesselexplosionen	303	17	5,61
Tödliche Verletzungen .	168	5	2,98
Verwundungen	404	30	7,42

Tabelle 6.

| im Oberbergamtsbezirk Dortmund bis 1903 einschl. | | Durch die Explosion oder infolgedessen | | Anzahl und Folgen der Dampfkessel-explosionen in Deutschland 1886—1903 | | |
Erbaut von	Mutmassliche Ursache der Explosion	getötet	ver-wundet	Zahl der Explo-sionen	Zahl der Ge-töteten	Zahl der Verwun-deten
Heinr. Wittich, Bochum	Wassermangel	Niemand		16	10	13
Brand & Sohn, Dortmund	Wassermangel	Nie-mand	2	14	17	66
Ew. Berninghaus, Duisburg	Wassermangel	„	2	15	4	7
Heinr. Wittich, Bochum	Wassermangel, durch Riss im Sieder	„	1	—	—	—
—	—	—	—	16	6	22
Orange, Bulmcke	Kesselstein od. Schlamm	Nie-mand	2	16	9	12
Orange, Bulmcke	Wassermangel	„	1	—	—	—
—	—	—	—	10	Nie-mand	10
Pollmann, Wetter	Oertliche Blech-schwächung	1	13	18	12	39
—	—	—	—	10	6	15
C. Berninghaus & Sohn, Essen	Wassermangel	1	Nie-mand	35	12	22
—	—	—	—	23	20	54
Büttner & Co., Uerdingen	Mangelhaftes Material eines unteren Siederohres	Nie-mand	2	21	10	15
Heinr. Wittich, Bochum	Oertliche Blech-schwächung	„	2	—	—	—
Ew. Berninghaus, Herne	Wassermangel	Niemand		—	—	—
Gutehoffnungshütte, Sterkrade	Wassermangel	Nie-mand	1	21	17	22
Büttner & Co., Uerdingen	Mangelhafte Konstruktion der Siederohrbefestigung	Niemand		18	3	28
Petry Dereux, Düren	Schlechte Stelle im Siederohr	1	2	—	—	—
—	—	—	—	14	13	22
—	—	—	—	13	6	18
Schalker Verein, Bulmcke	Oertliche Blech-schwächung	2	2	17	10	17
Koerver & Lersch, Krefeld	Wassermangel	Niemand		—	—	—
Robert Wulf, Dortmund	Wassermangel	„		17	7	17
—	—	—	—	9	6	5
17 Explosionen		5	30	303	168	404

Tabelle 8.

| Es entfielen auf eine Kesselexplosion | | |
durchschnittlich	Deutsches Reich	Oberbergamt Dortmund
Tödliche Verletzungen .	0.554	0.294
Verwundungen	1.33	1.76

haltung oder elektrischen Centrale in der Weise vor sich gehen kann, dass auch die dazu notwendigen Kessel und Rohrleitungen ausser Zusammenhang mit dem älteren Dampfleitungsnetz neu angelegt werden. Wegen der wenigen Ueberhitzeranlagen erübrigt sich vorläufig eine besondere Statistik.

Eine Zusammenstellung der in den Jahren 1886 bis 1903 auf den Steinkohlenzechen des Oberbergamtsbezirks, sowie in ganz Deutschland vorgekommenen Dampfkesselexplosionen und ihrer Folgen geben die Tabellen 6—8 auf voriger Seite.

III. Die Befeuerung der Dampfkessel.*)

Es läge nahe, dass der Kohlenbergbau durch mustergültige Kesselanlagen und sparsamsten Betrieb seinen Abnehmern zeigte, in welcher Weise die Aufgabe zu lösen ist, uns durch rationelle Wirtschaft den Kohlenvorrat der Erde so lange als irgend möglich zu sichern. Derartige Musteranlagen sind aber leider längst nicht überall vorhanden. Man hat eben nicht immer erkannt, dass den Zechen der Dampf auch Geld kostet und da vollständige Umwälzungen in den Kraftanlagen mit grossen Kosten verbunden sind, sich auch nicht in kurzer Zeit ohne Betriebsstörungen vollziehen, arbeitet man häufig lieber mit grösseren laufenden Betriebskosten weiter.

Andererseits ist aber noch folgendes zu berücksichtigen: Die Kohlenaufbereitung, die Kokerei und Gewinnung der Nebenprodukte ergeben den Zechen unvermeidliche Rückstände bezw. Abgase und Abhitzen; jene sind im allgemeinen unverkäuflich, diese besitzen noch hohen Heizwert bezw. hohe Temperaturen, eignen sich also vortrefflich zur Gasfeuerung.

Die Verdampfziffer für derartige Abfallkohle lässt sich etwa zu 4—4,5 schätzen, sie ist also höher als diejenige der mitteldeutschen Braunkohle mit 2,8 und nur wenig geringer als die böhmischer Braunkohle.

Im übrigen werden hauptsächlich melierte Kohlen, seltener Nüsse zum Heizen der Dampfkessel verwendet. Man verstocht eben die Kohlensorte, die gerade auf der Zeche am meisten zur Verfügung steht, mit Rücksicht auf Erzielung möglichst niedriger Selbstkosten für die Dampferzeugung. Diese betragen bei Zechen, welche Wasserhaltungen, Fördermaschinen, Ventilatoren, Kompressoren, sowie Werkstättenmaschinen, Separation und Wäschen betreiben, ausserdem gleichzeitig aus Kokereien mit oder ohne Gewinnung der Nebenprodukte noch Abgase verwerten, etwa 2,5 bis 3 % bei gut geleiteten Kesselanlagen. Die Verwendung von Abgasen aus den Koksöfen ohne Nebengewinnung und von Abhitze

---

*) Ergänzt von Ingenieur Arthur Müller.

aus Betrieben mit Nebengewinnung ergiebt eine grosse Ersparnis gegenüber direkter Kohlenfeuerung, da die Verbrennung eine vollkommene ist und die erzeugte Wärme gut ausgenutzt wird. Die Rauch- und Russplage wird bei dieser Feuerung ganz vermieden.

Bei der Bergwerksgesellschaft Hibernia betrug z. B. im Zeitraum von 1890 bis einschl. 1897 die Menge der auf allen Schächten zu den Kokereien gegebenen Kohlen 2 106 253 t. Durch Benutzung der Abhitze aus den Coppéeöfen wurden in derselben Zeit erspart 263 322 t Kohlen, oder nach den jeweiligen Marktpreisen umgerechnet 1 720 252,50 M.

Allgemein lässt sich für die Anlage von Dampfkesseln mit Gasfeuerung annehmen, dass 1 kg zur Kokerei gebrachte Kohle noch 1 kg Dampf zu erzeugen vermag.

Während also auf der einen Seite das Bestreben der Zechen zum Ausdruck kommt, durch Anlage von Gaskesseln eine billige, leicht zu bedienende Dampfquelle zu schaffen, finden wir auf der anderen Seite ein sich erst in den letzten Jahren bemerkbar machendes Streben, auch den Betrieb der Stochkessel wirtschaftlicher zu gestalten.

Wenn von der täglichen Förderung, wie oben erwähnt, 2,5 bis 3 $\%$ in den Kesseln der Zechen verstocht werden, so ist das ein noch viel zu hoher Prozentsatz, der nicht allein bedingt ist durch eine gewisse Dampfverschwendung, sondern auch durch die schlechte Ausnützung der Kesselanlage, durch ungeeignete Kesselkonstruktionen und Einmauerungen, durch mangelhafte Kontrolle der im Fuchs abziehenden Verbrennungsprodukte, oder durch minderwertiges Bedienungspersonal, welches mit dem Wesen der Verbrennung und den dazu nötigen Bedingungen nicht genügend vertraut ist. Der sich wiederholt und merklich fühlbar machende Mangel an geeigneten, genügend für diesen Zweck vorgebildeten Arbeitskräften hat es mit sich gebracht, dass es den Zechen beim besten Willen oft nicht möglich ist, mit ihren Kesselanlagen das zu erreichen, was sonst erreichbar wäre. Dazu kommt wohl auch eine der schwereren Arbeit nicht immer entsprechende Bezahlung und der Mangel an Lehrheizern, wie wir sie sonst in Deutschland haben, besonders dort, wo die Kohlen durch schweres Gold aufgewogen werden müssen.

Die Einrichtungen zum Heizen der Kessel mit Abgasen und Abhitze bieten im Ruhrgebiet nicht viel Neues. Erwähnt sei eine wassergekühlte Zuführungshaube, die den doppelten Zweck verfolgt, die strahlende Hitze der Haube aufzunehmen und das Speisewasser vorzuwärmen. Sie steht auf Zeche Concordia, Schacht II, in Anwendung und ist in Fig. 69 dargestellt. Sie besteht aus einem gusseisernen Krümmer K, welcher derart von der Wasserkammer W umgeben ist, dass seine äusseren Wandungen vom Wasser bespült sind, und somit ein Erglühen dieser ausgeschlossen ist. Die Wasserzu- und -fortleitung ist nicht starr mit der

Haube verbunden, sondern das Wasser tritt durch einen Trichter in die
Wasserkammer ein und läuft frei in eine Rohrleitung ab. Auf diese
Weise ist jederzeit eine bequeme Demontage der Haube möglich.

Auch die Stochfeuerung ist im allgemeinen sehr einfach eingerichtet. Am häufigsten angewendet wird die Planrost-Innenfeuerung
mit gewöhnlichen schmiedeeisernen oder Hartguss-Roststäben. Sehr selten
findet man Polygon- und Schlangenroste, die bei backfähiger Kohle besonders schwer rein zu halten sind und das Abschlacken ungemein erschweren. Zum Verfeuern von Feinkohle und Koksasche sind seit

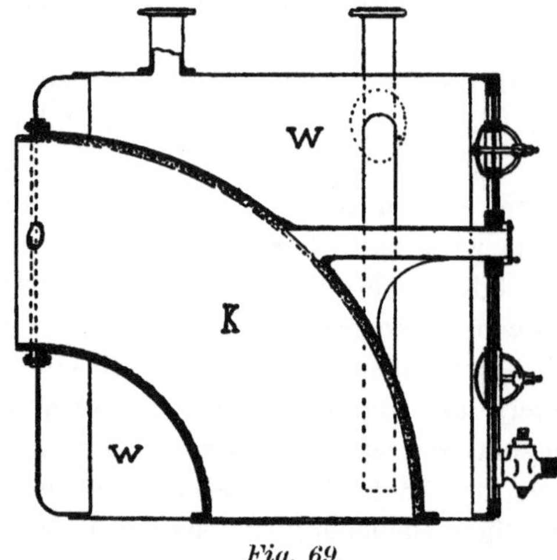

Fig. 69.

Wassergekühlte Zuführungshaube auf Zeche Concordia II.

einigen Jahren Dampf- oder Windgebläse sehr in Aufnahme gekommen.
Am häufigsten sind die Systeme von Kudlicz und Gebr. Körting in
Hannover vertreten, welche so bekannt sind, dass sie wohl nicht näher
beschrieben zu werden brauchen. Erwähnt sei noch, dass nach
Angabe von Thomas das bei der Feuerung auftretende unangenehme
Geräusch dadurch vermieden werden kann, dass die Dampfdüsen bis an
den Aschenkanal verlängert werden.

Die Firma Cornelius Schmidt in Mülheim a. Rh. hat eine Dampf-
schleier-Feuerung auf den Markt gebracht, die u. a. auf den Zechen
Pauline und Heisinger Tiefbau mit gutem Erfolge angewendet wird. Auf
letzterer Zeche wurden von seiten des Dampfkessel-Ueberwachungs-Vereins
der Zechen im Oberbergamtsbezirk Dortmund Versuche*) angestellt, um
festzustellen, ob sich Mager-Feinkohle mit Erfolg auf dieser Feuerung ver-

____

*) Glückauf 1903, S. 1177 ff.

stochen lässt. Die Versuche wurden an 4 Zweiflammrohr-Kesseln von je ca. 100 qm Heizfläche vorgenommen und, um Vergleichswerte zu erhalten, teils mit der Cornelius Schmidtschen Feuerung, teils auf gewöhnlichem Planrost ausgeführt. Die Anordnung der Feuerung ist aus Fig. 70 ersichtlich. Der Rost besteht aus eigenartigen Roststäben, die auf der ganzen Oberfläche mit ca. 30 mm von einander entfernten, 3—4 mm weiten und nach hinten sich konisch erweiternden Düsen versehen sind. Dadurch wird eine sehr kleine freie Rostfläche gebildet, und kann auch die Zuführung der Verbrennungsluft bequem geregelt werden. Der Selbstverbrauch der Feuerung an Dampf wurde zu $7^1/_2$ % des gesamten erzeugten Dampfes ermittelt.

Die Versuche ergaben ferner, dass bei Verfeuerung von gewaschener Nuss-Gruskohle auf der Sparfeuerung die Erzeugungskosten von 1 t Nutzdampf sich am geringsten stellten, nämlich zu 0,71 M. Es ist das ca. 30 % weniger als bei der Verfeuerung der besten Magerstückkohle auf gewöhnlichem Planrost. Verdampft wurde auf 1 qm Heizfläche bei Verfeuerung von guten Kohlen auf Planrost 21,26 kg Wasser bei einer 8fachen Verdampfung, und bei Verfeuerung von gewaschener Nuss-Gruskohle auf der Sparfeuerung 23,7 kg Wasser bei 5,25facher Verdampfung. Der Gesamtwirkungsgrad der Kessel war bei der letztgenannten Feuerungsart 42,5 %, bei der ersteren 64,25 %. Doch treten die Wirkungsgrade wohl hinter der Hauptsache, dem Brennmaterialpreis und den Erzeugungskosten für 1 t Nutzdampf zurück.

Eine ähnliche Feuerung (Fig. 71 u. 72) ist auf Zeche Präsident, Schacht I, von der Firma Percy-Simund in Betrieb gesetzt worden und dient namentlich zur Verfeuerung von Koksasche und Schlammkohle. Auch hier wurden seitens des vorgenannten Vereins Versuche angestellt. Der Selbstverbrauch an Dampf stellte sich hier auf 9,25 %, die Kosten für 1 t erzeugten Dampfes bei Verfeuerung von Koksasche betrugen nur 0,22 M. Diese Werte zeigen, mit welch gutem Erfolge derartige Feuerungen beim Verstochen minderwertigen Brennmaterials Anwendung gefunden haben.

Endlich sei noch die Dahlmann-Vorfeuerung genannt, die sich namentlich zum Verfeuern von Schlammkohle eignet und aus Fig. 73 ersichtlich ist.

Die F e u e r t h ü r e n geben infolge der grossen strahlenden Wärme zu häufigen Reparaturen Veranlassung. Mit gutem Erfolge sind schmiedeeiserne Thüren der Kesselfabrik Julius Lindner in Annen in Westfalen und anderer Firmen im Gebrauch.

Es sei hier noch eine Einrichtung von Josef Büllesbach in Recklinghausen erwähnt, welche die Abführung von Asche, Staub und Rauch durch den Schornstein beim Reinigen des Feuers bezweckt und dadurch die Luft im Kesselhaus frei von Verunreinigungen hält. Die Büllesbachschen Rauch-

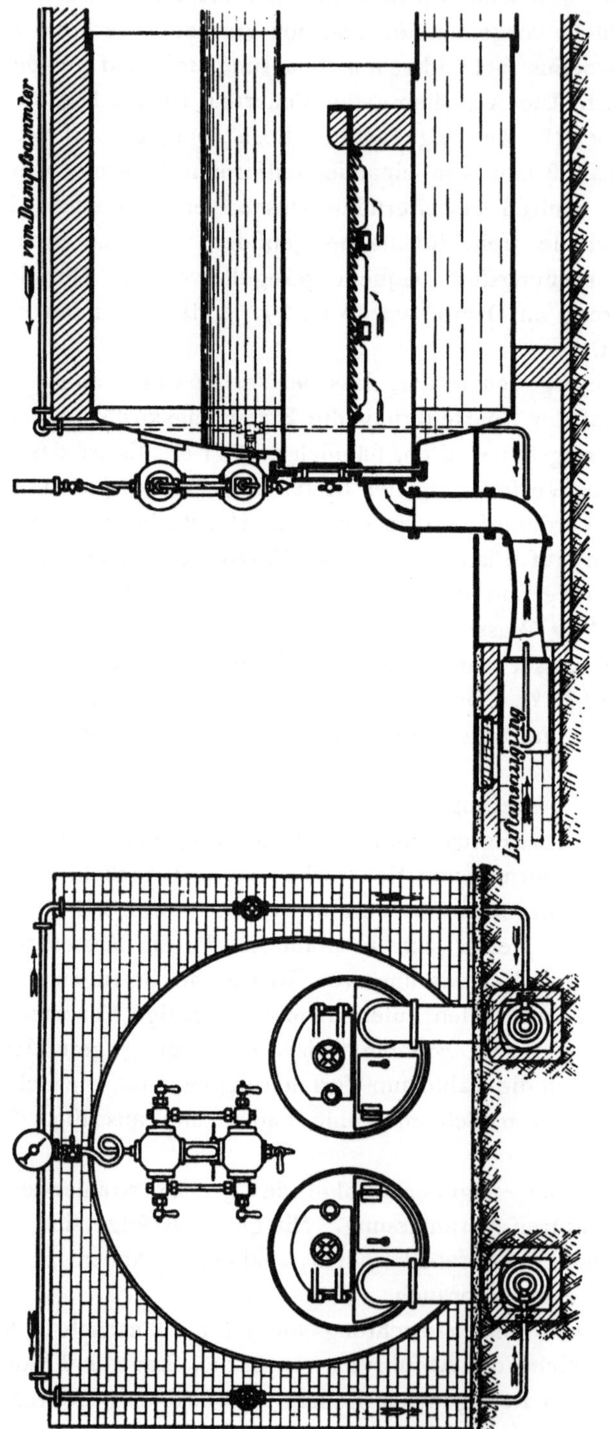

Fig. 70.

Schmidtsche Dampfschleierfeuerung auf Zeche Heisinger Tiefbau.

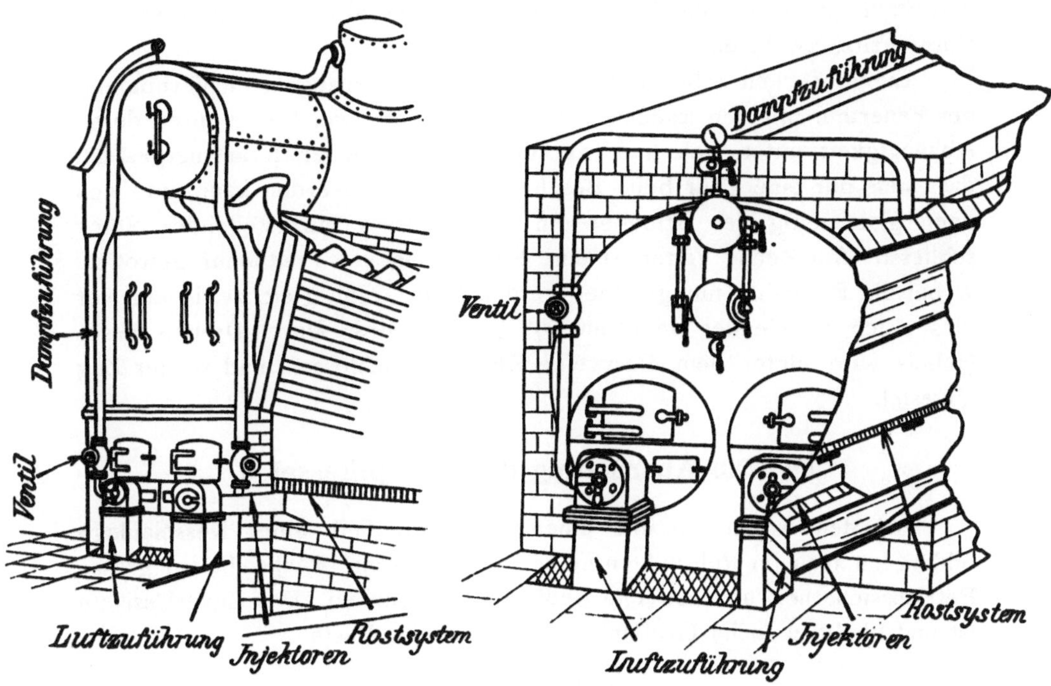

Fig. 71.   Fig. 72.

Percy-Simund-Feuerung.

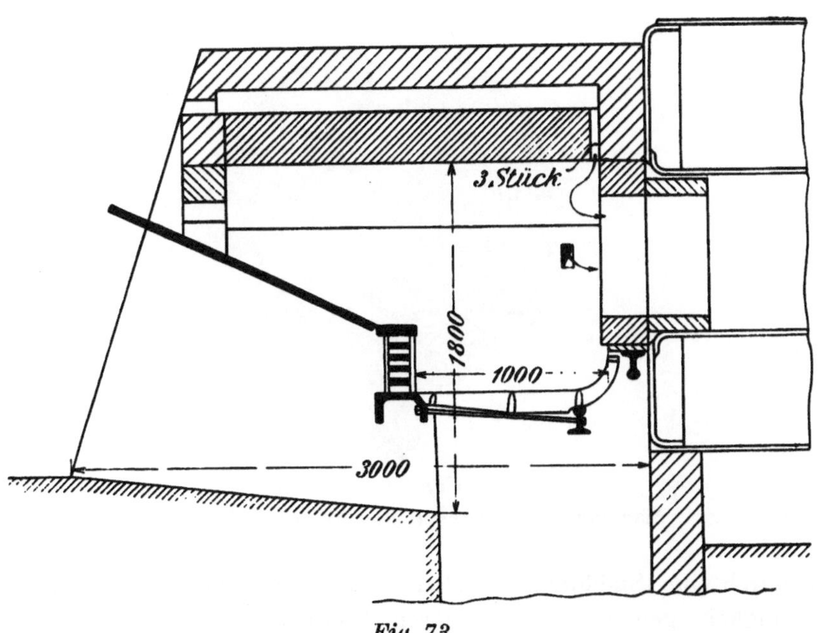

Fig. 73.

Dahlmann-Vorfeuerung.

und Staubfänger sind im Betrieb auf Zeche General Blumenthal, Bismarck, Unser Fritz, Ewald und Prosper.

Einige Zechen haben durch Hebel- oder Rollenzüge eine Verbindung der Feuerthür mit den Rauchschiebern, oder bei zwei Feuerthüren deren Abhängigkeit unter sich und von dem Rauchschieber derart hergestellt, dass stets nur eine Thür beim Beschicken geöffnet werden kann, und sich dann gleichzeitig der Schieber um ein gewisses einzustellendes Stück schliesst. Auf Zeche Victor ist eine Einrichtung von Piedboeuf getroffen, wobei die Feuerthür nur geöffnet werden kann, wenn gleichzeitig ein vor dieser sich befindender Hebel um 90° gedreht wird. Durch Drehen dieses Hebels wird hinter dem Rost eine Klappe geschlossen, und so der Zug abgestellt.

IV. Die Ausrüstung der Dampfkessel.*)

Bei den Armaturen, die einen wichtigen Teil einer Kesselanlage bilden, hat man im Ruhrkohlenrevier in erster Linie Rücksicht auf grosse Betriebssicherheit und einfache Bedienung genommen. Das Zuverlässigste ist und bleibt eben im Grubenbetrieb immer das Beste.

1. Manometer.

An den bekannten Kesselmanometern ist als bemerkenswerte Neuerung zu erwähnen, dass, nach Angabe von Rosenkranz, die Federkraft der Rohr-

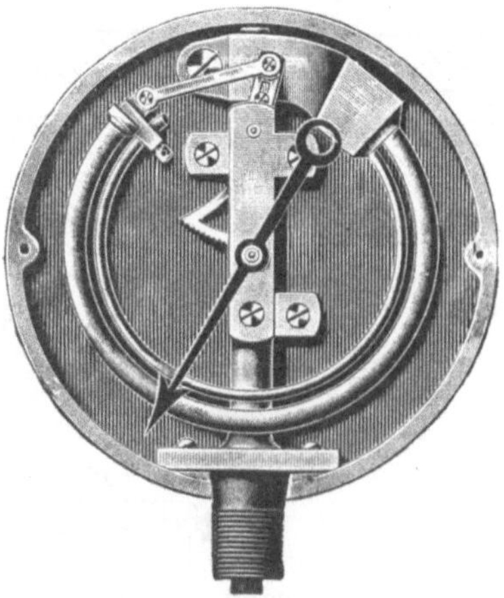

Fig. 74.
Manometer von Dreyer, Rosenkranz & Droop.

feder durch eine Stahldraht-Hülfsfeder unterstützt wird, wodurch die Betriebsfähigkeit gegenüber den älteren Konstruktionen erheblich erhöht

*) Ergänzt von Ingenieur Arthur Müller.

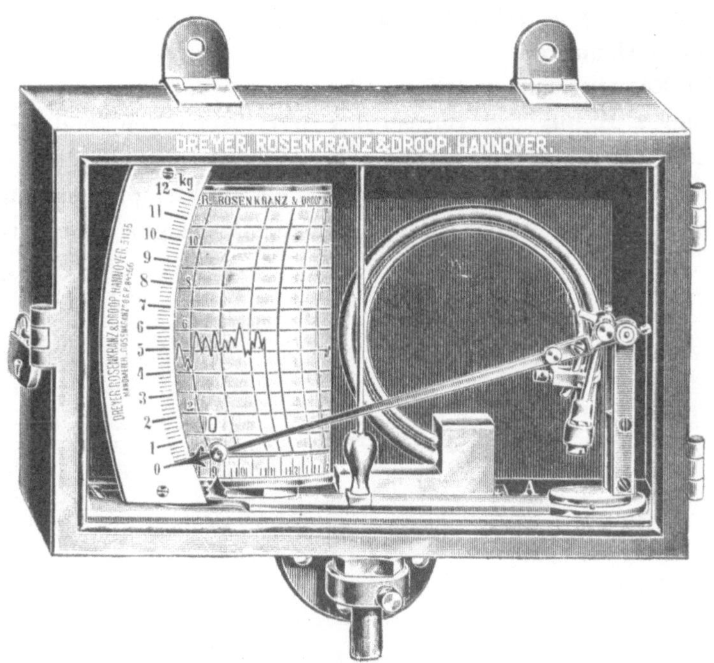

Fig. 75.

Schreibzeug-Manometer von Dreyer, Rosenkranz & Droop.

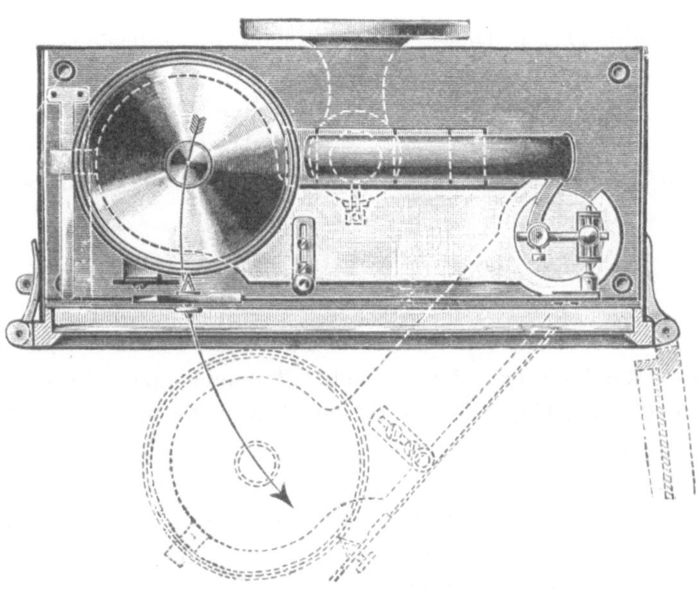

Fig. 76.

Schreibzeug-Manometer von Dreyer Rosenkranz & Droop.

10*

werden soll. Fig. 74 zeigt die Ausführung der Firma Dreyer, Rosenkranz & Droop in Hannover.

Zur Registrierung und Kontrolle des Dampfdruckes auf grössere Entfernungen, z. B. für das Bureau des Betriebsbeamten, sind mehrfach sogenannte Registriermanometer in Anwendung gebracht. Diese erleichtern dem Beamten die Kontrolle über die Dampferzeugung namentlich zur Nachtzeit wesentlich. Fig. 75 und 76 zeigen eine Ausführungs-

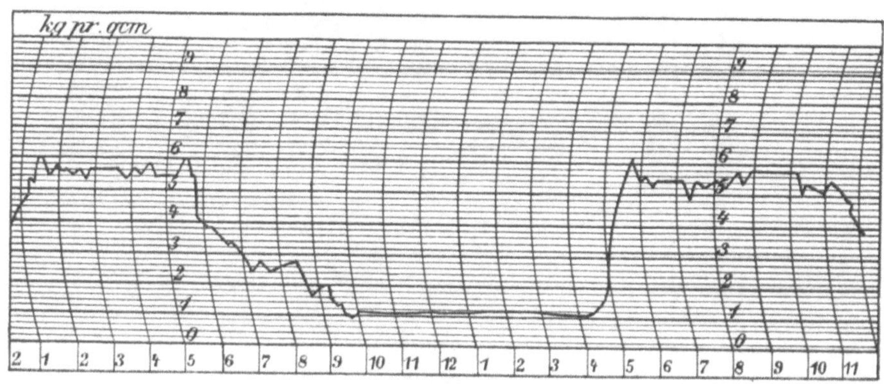

Fig. 77.

Diagramm eines Schreibzeug-Manometers.

form und Fig. 77 ein Diagramm eines solchen Schreibzeug-Manometers, wie es von der Firma Dreyer, Rosenkranz & Droop gebaut wird. Derartige Apparate sind u. a auf den Zechen der Arenbergschen Aktiengesellschaft, der Gewerkschaft Deutscher Kaiser und des Hörder Bergwerkvereins in Benutzung genommen. Fast alle guten Manometerfabriken befassen sich mit der Anfertigung solcher Manometer.

2. Wasserstandszeiger.

Einen sehr wichtigen Faktor für die Sicherheit des Betriebes bilden die Wasserstandszeiger. Man ist wohl allgemein dazu übergegangen, bei grösseren Kesseln Doppel-Wasserstandsgläser, die an einem gemeinsamen Verbindungskörper angebracht sind, zu benutzen. Andernfalls nimmt man aber auch ein Wasserstandsglas und zwei Probierhähne, von denen einer in der Ebene des niedrigsten Wasserstandes angebracht ist. Am häufigsten findet man die Wasserstandsapparate mit gewöhnlichem Kükenverschluss, oder den seit mehreren Jahren gern angewendeten Schnellschluss durch ein Ventil, das an einer mit Doppelgewinde versehenen Spindel sitzt. Durch ein Drehen der Spindel um ca. 120° ist das vollständige Oeffnen oder Schliessen zu bewirken. Für den Fall eines Glasbruches bewirkt eine im Hahnkopf frei bewegliche Kugel infolge des plötzlichen Druckausgleichs den Abschluss des Dampf- oder Wasseraustrittstutzens und bietet somit einen Schutz gegen Verletzung durch austretenden Dampf oder Wasser.

Die Hahnköpfe sind seit einigen Jahren mit einer wesentlichen Verbesserung ausgestattet, welche eine leichte Beweglichkeit und Schonung der Küken bezweckt. Diese besteht, wie Fig. 78 zeigt, in einer Asbesteinlage. Die Einrichtung hat sich aufs beste bewährt. Die Einlage lässt sich leicht erneuern, und das umständliche, Uebung und Geschicklichkeit erfordernde Nachschleifen der Küken fällt fort. Derartige Wasserstands-Hahnköpfe werden von den bekannten Fabriken Dreyer, Rosenkranz & Droop in Hannover sowie Schäffer & Budenberg in Magdeburg - Buckau geliefert und sind auf den Zechen der Gelsenkirchener Bergwerks-Aktiengesellschaft, ferner auf Recklinghausen, Zollverein, Gneisenau, Preussen u. a. m. in Betrieb.

Das Bestreben, die Schürer gegen Verletzungen durch platzende Wasserstandsgläser zu schützen, hat zu den verschiedensten Konstruktionen Veranlassung gegeben. Namentlich hat man Wasserstandsschutzkörper aus Siemens-Drahtglas und Drahtgeflecht hergestellt. Am zweckmässigsten haben sich wohl die im oberen Hahnkopf drehbar aufgehängten Schutzhülsen in Winkel- oder Halbkreisform erwiesen.

Durch emaillierte und mit farbigen Horizontal- oder Schrägstreifen versehene Reflektoren an der Rückseite der Wasserstandsgläser hat man versucht, den Wasserstand augenfälliger zu machen und damit gute

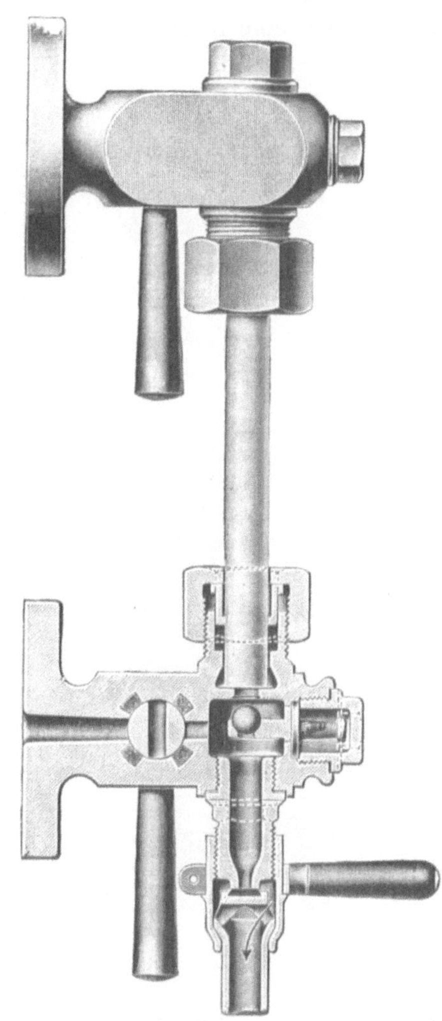

Fig. 78.

Wasserstandshahn von Dreyer, Rosenkranz & Droop.

Resultate erzielt. Etwas sehr gutes in dieser Hinsicht ist der Klingersche
Wasserstand (Fig. 79), der durch ein starkes, flaches und nach innen lang-
rippiges Glas vollständige Absorption des Lichtes erzielt und das Wasser
hinter dem Glas tiefschwarz erscheinen lässt, sodass auch aus grösserer
Entfernung eine Kontrolle des Wasserstandes mit Sicherheit möglich ist.

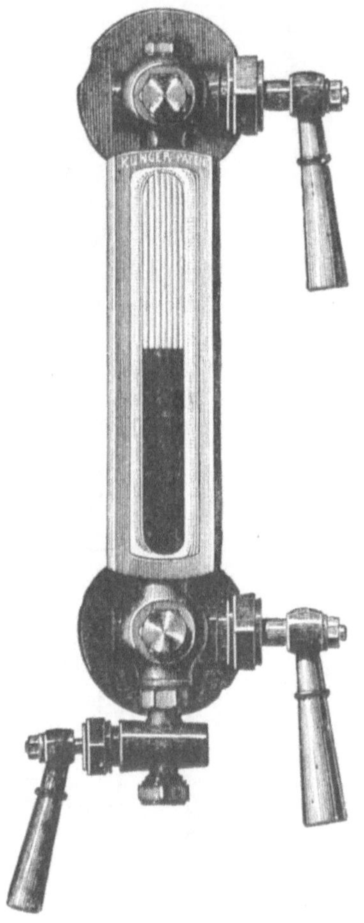

Fig. 79.

Klingerscher Wasserstand.

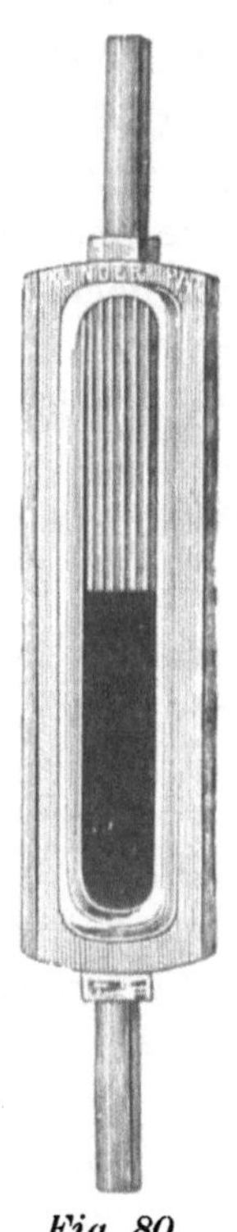

Fig. 80.

Klingerscher Wasserstand mit
Rohrstutzen zum Einsetzen in
vorhandene Hahnköpfe.

Derartige Wasserstände sind auf mehreren Zechen, u. a. auf Shamrock im
Gebrauch. Fig. 80 zeigt einen Klingerschen Wasserstandszeiger mit
Rohrstutzen zum Einsetzen in vorhandene Hahnköpfe.

Die Firma Schumann & Co., Maschinen- und Armaturenfabrik in
Leipzig-Plagwitz hat einen Wasserstandszeiger nach Fig. 81 ausgeführt.
Der Stutzen a ragt in das Glas hinein, wodurch verhindert wird, dass der

Gummidichtungsring in das Glas hineingedrückt wird. Das ist um
so wichtiger, als ein Verstopfen der Gläser durch die Gummiringe
schon häufig Unfälle an Dampfkesseln durch falschen Wasserstand verursacht hat. Ein ähnlicher Zweck wird verfolgt bei dem selbst-
dichtenden Wasserstandsglas Patent Wilhelm Strube, Maschinen- und
Armaturenfabrik in Magdeburg-Buckau. Diese Anordnung zeigt Fig. 82.
Der durch den Dampf nach oben gedrückte Glasflansch hält den Gummiring stets oberhalb der Glasöffnung, sodass ein Verstopfen des Glases nicht

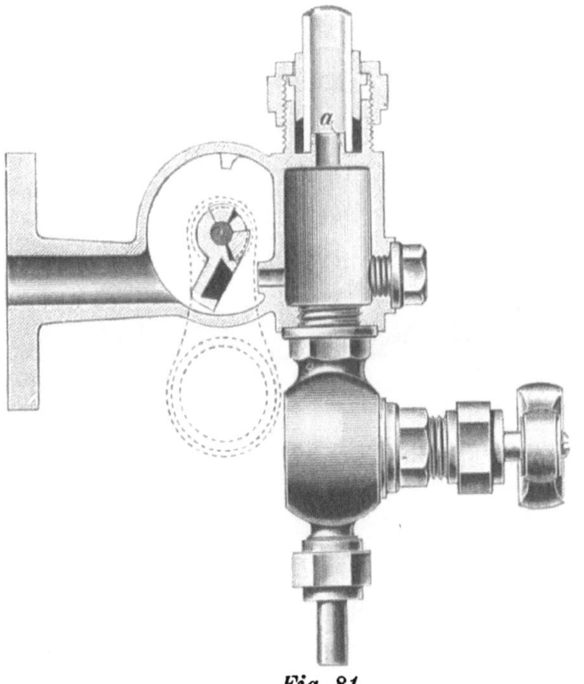
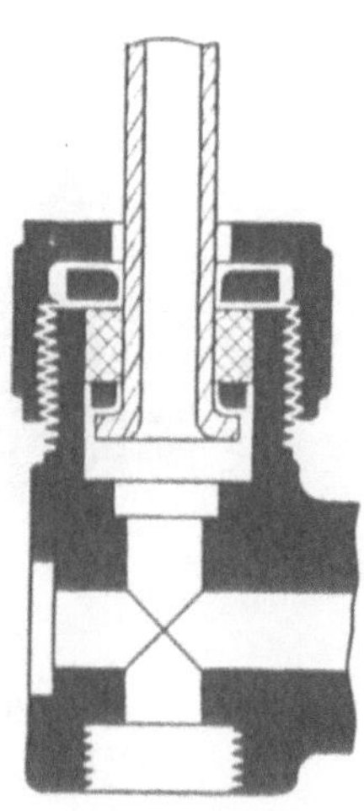

Fig. 82.

Fig. 81.

Wasserstandszeiger von Schumann & Co., Leipzig.

SelbstdichtendesWasser-
standsglas, Patent Strube.

eintreten kann. Ausserdem dichtet der Kesseldruck oben und unten den
Gummiring selbst ab. Es sind infolge dessen an Stelle der Stopfbüchsen
zum Halten des Gummiringes nur Metallringe nötig. Auch diese Anordnung
hat gute Erfolge gezeitigt und ist mehrfach angewendet worden.

Eine andere Konstruktion ist die von Sempel, Rheinische Arma-
turen- und Maschinenfabrik und Eisengiesserei, A.-G. in München-Gladbach. Die Stopfbüchse ist, wie aus den Figuren 83 und 84 zu ersehen ist,
derart konstruiert, dass die Gummidichtung nicht, wie bisher üblich, nach
dem Glase zu, sondern von demselben abfällt. Zugleich hat dieser Apparat ausser der als Schraubspindelventil ausgeführten Hauptabsperrung

eine zweite Absperrung in Gestalt eines Hahnes, der nur geschlossen wird,
wenn im Betriebe an der ersten Absperrung eine Reparatur erforderlich ist.

Zu einer weiteren Sicherung des Betriebes sind vielfach sogenannte
Speiserufer zur Verwendung gelangt, deren Wirksamkeit darauf beruht,
dass, falls das Wasser unter die niedrigste Wasserstandsmarke sinkt, eine
Alarmpfeife oder Glocke ertönt und den Kesselwärter aufmerksam macht.
Am bekanntesten sind die Apparate von Black, Schwartzkopff oder Dael.
Letzterer hat noch den Vorteil, dass, bevor das Alarmsignal ertönt, der
Heizer durch ein sichtbares Zeichen gewarnt wird. Ferner geht dieser

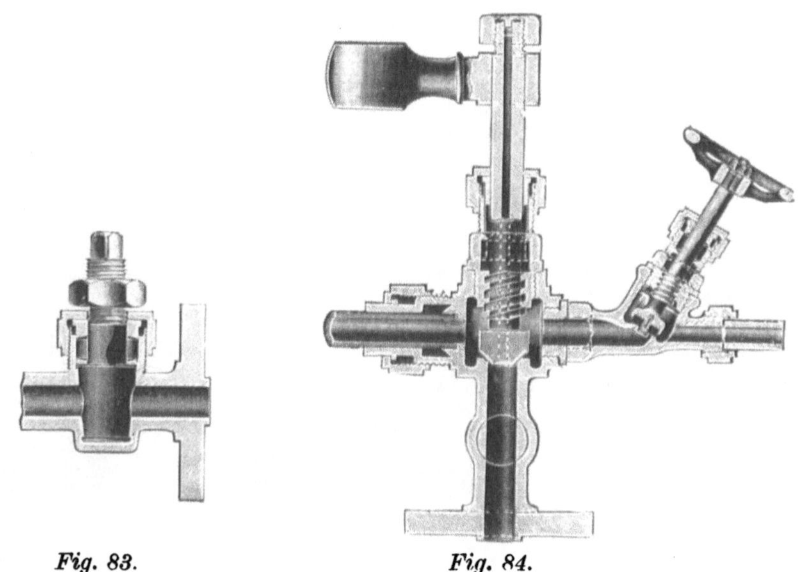

Fig. 83.   Fig. 84.

Wasserstand von Sempel.

Apparat nach der Warnung und Abstellung selbstthätig in die Anfangs-
stellung zurück und ist auch durch ein kleines Ventil seitens der Aufsichts-
beamten direkt mit dem Dampfraum in Verbindung zu setzen und auf
Betriebsfähigkeit zu untersuchen.

3. Sicherheitsventile.

Zur Sicherung des Betriebes der Dampfkessel ist es vor allem notwendig, diese mit einem gut funktionierenden Sicherheitsventil zu versehen. Durch das Bestreben, mit immer höherer Spannung zu arbeiten,
haben die normalen, gewichtbelasteten Ventile ausserordentlich grosse
Abmessungen von Ventilkegeln und Belastungsgewichten erhalten. Da
diese leicht zu Unzuträglichkeiten durch Verbiegen und Ecken der Führung
Anlass gaben, hat man mit Erfolg sogenannte Hochhubsicherheitsventile

gebaut. Ein solches Ventil lässt den Dampfdruck nicht über eine gewisse, genau zu bemessende Höhe steigen, eckt infolge guter Führung nicht und fällt bei gleichen Kegelabmessungen wegen des hohen Hubes viel kleiner aus.

Am bekanntesten ist das Heylandtsche Hochhub-Sicherheitsventil, das von der Maschinen- und Armaturenfabrik vorm. C. Louis Strube in Magdeburg-Buckau auf den Markt gebracht wird. Die Einrichtung ist gemäss Fig. 85 und 86 folgende: Das Sicherheitsventil ist im allgemeinen nach den bekannten Ausführungen konstruiert, dagegen bewegt sich der Ventilkegel innerhalb des Gehäuses, dessen Durchmesser so bemessen ist, dass

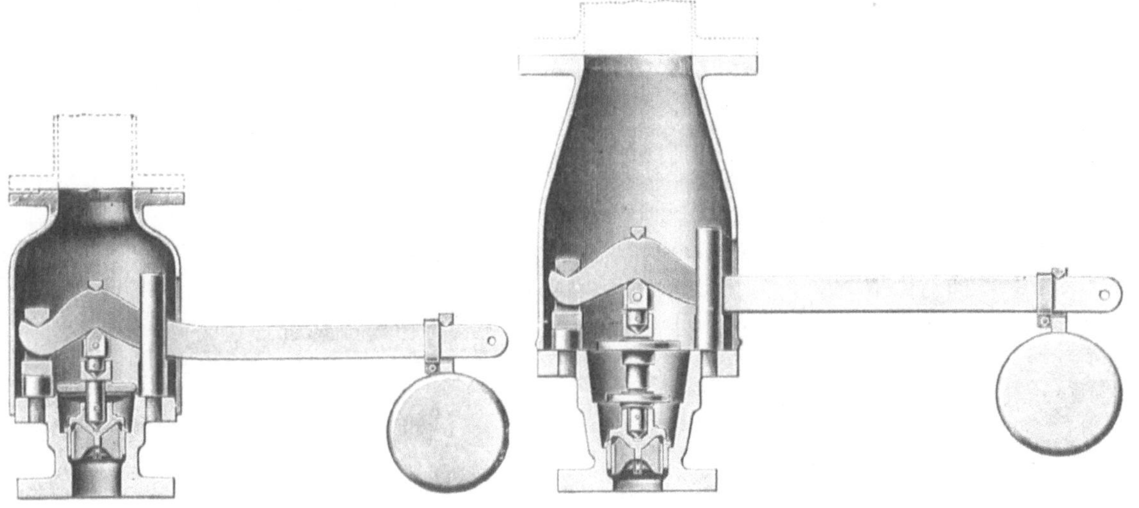

Fig. 85.   Fig. 86.

Heylandts Hochhub-Sicherheitsventil.

der Ring, gebildet vom äusseren Umfang des Ventilkegels und dem inneren Umfang des Gehäuses, dem freien Querschnitt des Ventils entspricht. Ueber dem Gehäuse befindet sich eine frei bewegliche Platte, die an ihrer Auflagefläche mit Aussparungen versehen ist, und durch deren Mitte die Druckstange hindurch geht. Diese ist oberhalb der Platte verstärkt. Uebersteigt der Druck die Belastungsgrenze, so hebt sich der Ventilkegel genau so viel, wie es bei einem gewöhnlichen Sicherheitsventil zu geschehen pflegt. Der ausströmende Dampf entweicht zwischen dem Gehäuserand und der Platte, die sich infolge ihrer Beweglichkeit mehr oder weniger von ersterem entfernt, je nach der Spannung, mit der der Dampf austritt. Steigt der Druck um mehr als $^1/_4$ Atmosphäre über die Belastungsgrenze hinaus, so beginnt die Spannung im Gehäuse unter der beweglichen Platte zu wachsen, bis diese schliesslich durch den ausströmenden Dampf gegen die Verstärkung der Druckplatte gepresst wird. Hierbei wirkt der Druck auf den grösseren Durchmesser der Platte, wodurch allmählich der volle Hub des Ventils erreicht wird.

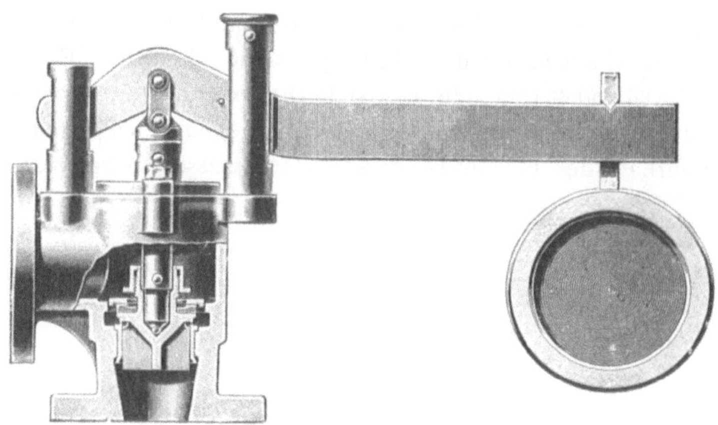

Fig. 87.

Sicherheitsventil »Absolut« von Schäffer & Budenberg.
(Ältere Konstruktion.)

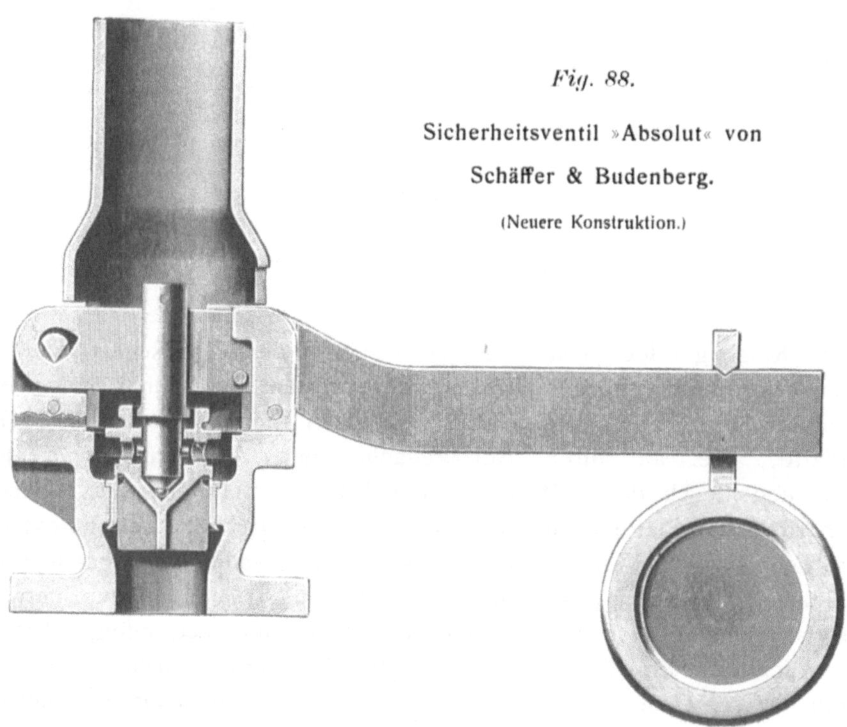

Fig. 88.

Sicherheitsventil »Absolut« von

Schäffer & Budenberg.

(Neuere Konstruktion.)

Den gleichen Zweck verfolgen die unter dem Namen »Absolut« bekannten Sicherheitsventile mit vollem Kegelhub (Fig. 87) von Schäffer & Budenberg in Magdeburg-Buckau. Wie Figur 88 zeigt, ist auch diese Konstruktion neuerdings wesentlich vereinfacht. Angewandt ist sie u. a. auf Zeche Rhein-Elbe III. Aehnliche Sicherheitsventile werden auch von der Firma Dreyer, Rosenkranz & Droop in Hannover gebaut (Fig. 89).

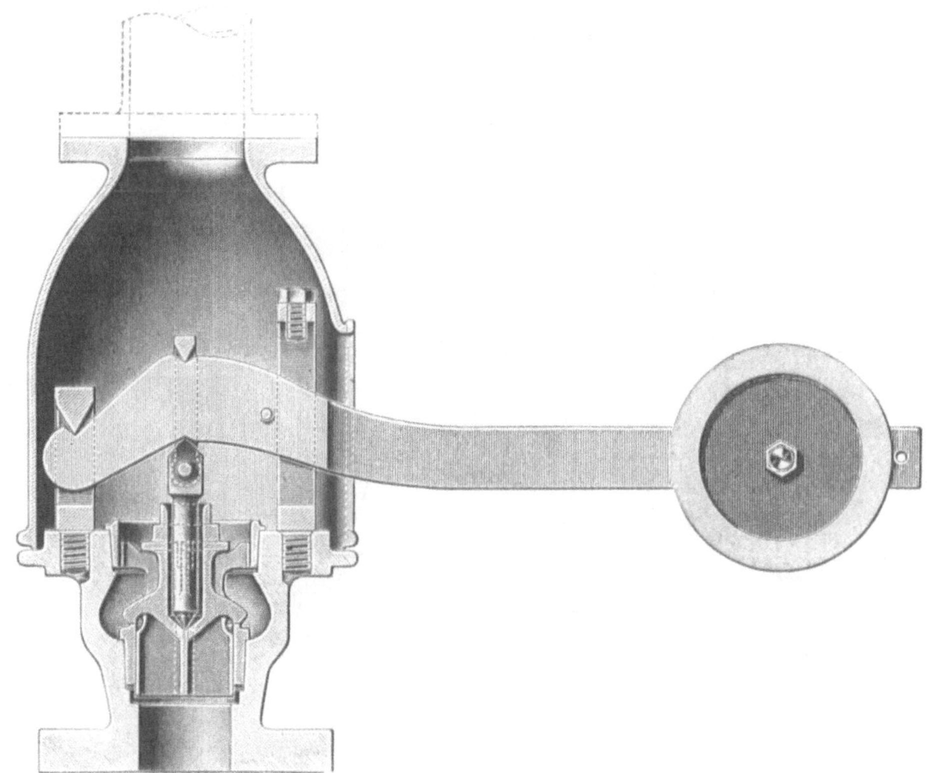

Fig. 89.

Sicherheitsventil von Dreyer, Rosenkranz & Droop.

Von den Sicherheitsventilen mit Federbelastung, wie sie namentlich bei Lokomotiv- und sonstigen beweglichen Kesseln zur Verwendung kommen, ist nicht viel neues zu sagen. Man hat auch hier, um die Feder nicht zu stark machen zu müssen, diese an einem Hebel angreifen lassen.

4. Ablasshähne.

Da durch öfteres Erneuern des Wasserinhaltes eines Dampfkessels die Bildung von Schlamm- und Kesselstein wesentlich herabgemindert wird, so versuchte man, die Kessel durch Oeffnen eines

Ablasshahnes zu reinigen. Die früher üblichen Hähne liessen sich aber im
Betriebe nur schwer öffnen, da meistens ein Festbrennen oder Undichtwerden die Folge war. Es sind nun verschiedene Konstruktionen von
Hähnen in den Handel gebracht worden, die es ermöglichen, den Kessel
bei jedem Druck durch leichtes Oeffnen und Schliessen des Hahnes abzublasen. Bei dem Ablasshahn der Firma Wilhelm Theiss in Düsseldorf
(Fig. 90) ist das Hahngehäuse mit einer sogenannten Anwärmkammer, die
direkt von Dampf umspült wird, umgeben. Lässt man durch ein kleines
Rohr Dampf in die Anwärmkammer eintreten, so erwärmt sich diese bis

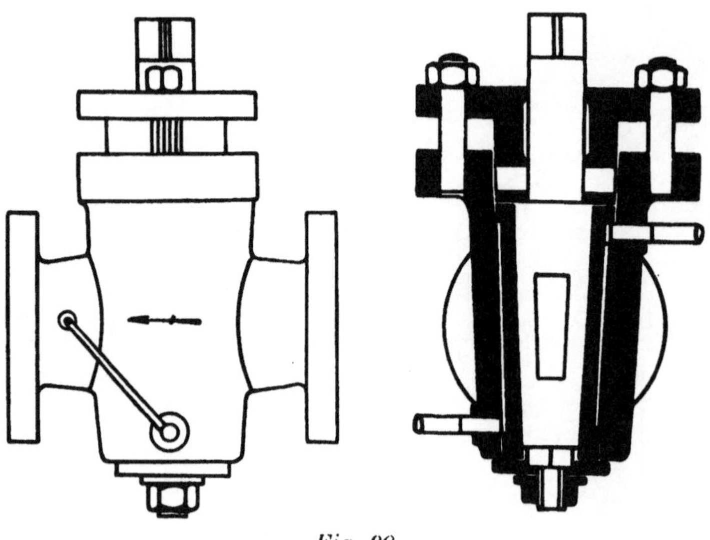

Fig. 90.

Ablasshahn von Theiss.

auf die Temperatur des Kesselwassers und steht auch unter demselben
Druck, wodurch ein leichtes Oeffnen und Schliessen des Hahnes möglich
ist. Zum richtigen Funktionieren dieses Hahnes war aber das Anziehen
der Stopfbüchsen nötig. Um den Apparat auch in dieser Hinsicht von
dem bedienenden Wärter unabhängig zu machen, bringt die Firma neuerdings die in Fig. 91 u. 92 dargestellte Ausführung auf den Markt. Damit
bei schnellerer Erwärmung durch die Ausdehnung des Hahngehäuses der
Kegel nicht lose werden und nachsinken kann, ist er oben mit Rillen versehen und in einer federnden Scheibe gelagert.

Eine ähnliche Konstruktion wird von der Firma Rasmussen & Ernst
in Chemnitz ausgeführt, (Fig. 93 u. 94). Der Hahn ist ebenfalls mit einem
Dampfmantel, auch Anwärmkammer genannt, umgeben. Als Vorteil
führt die Firma an, dass bei Ausdehnung des Hahngehäuses durch die

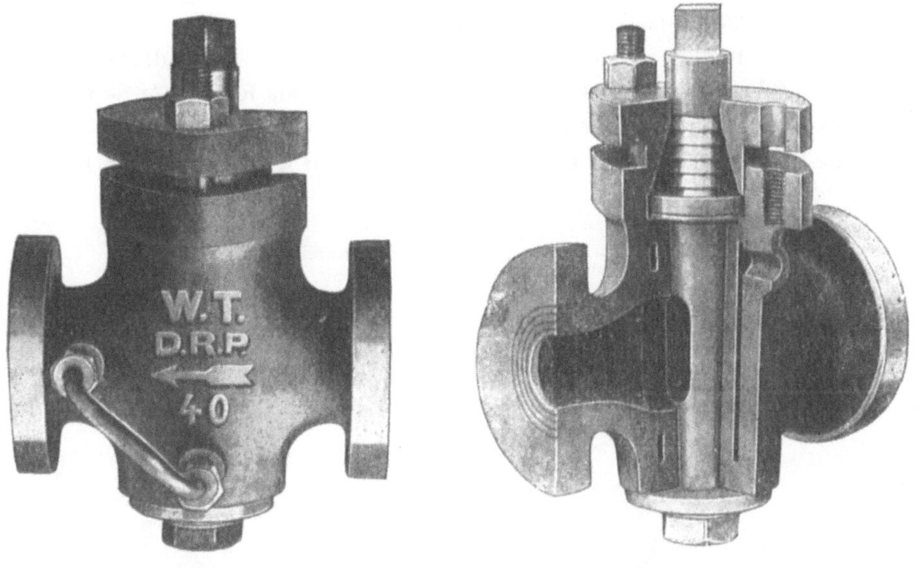

Fig. 91.   Fig. 92.

Ablasshahn von Theiss.

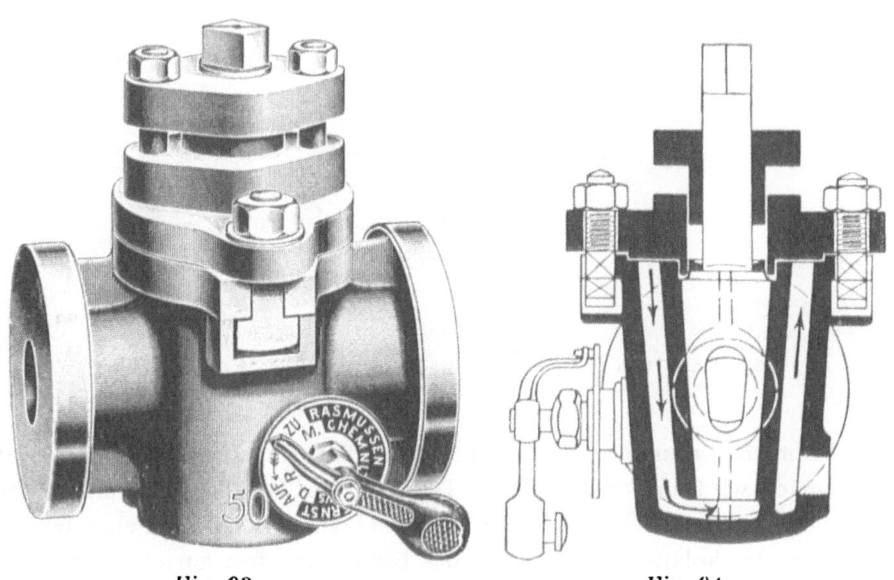

Fig. 93.   Fig. 94.

Ablasshahn von Rasmussen & Ernst in Chemnitz.

Wärme das Nachsinken des Hahnkegels durch den von unten darauf wirkenden Dampfdruck verhindert wird.

Diese beiden Konstruktionen bedürfen eines besonderen kleinen Dampfzuführungsrohres. Dagegen ist von der Firma Ruperti & Schloemann in Düsseldorf neuerdings eine andere Konstruktion ausgeführt, bei der eine leichte Beweglichkeit des Hahnes dadurch erzielt wird, dass durch Drehung

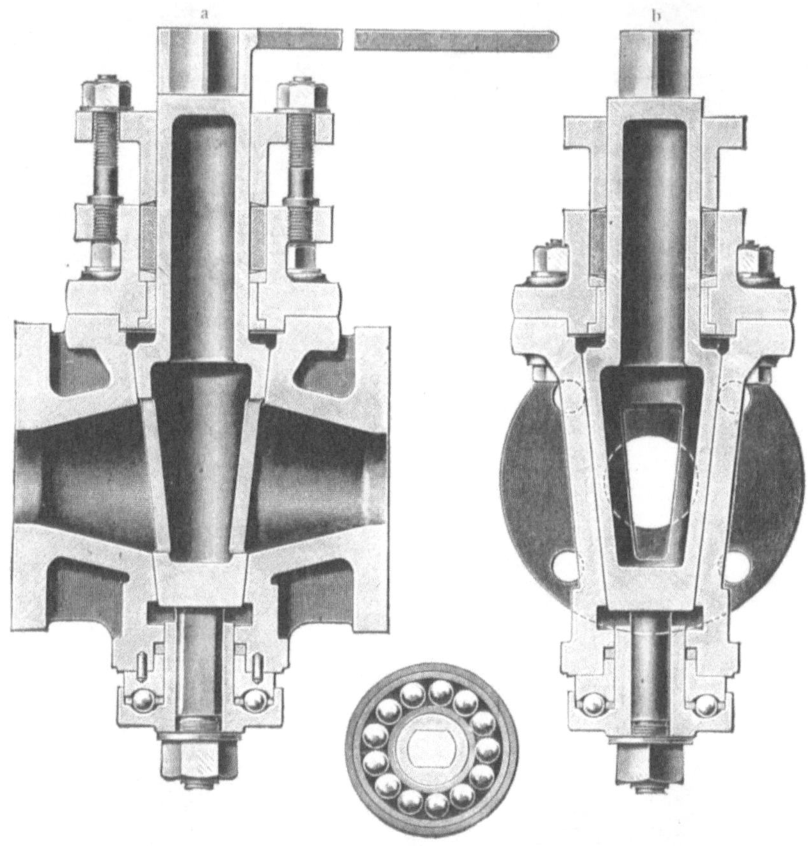

Fig. 95 a — c.

Ablasshahn von Ruperti & Schloemann. (Ältere Konstruktion.)

des Hahnkükens eine um dessen unteren Schaft angeordnete Büchse mitgenommen wird, in deren unterem Teil sich ein Kugellager befindet. Die Kugeln legen sich, wie aus Fig. 95 a—c zu ersehen ist, gegen eine darüber liegende Druckplatte, so dass man das Hahnküken fest anziehen kann.

Neuerdings hat dieselbe Firma auch diese Konstruktion verändert (Fig. 96 a u. b). Der Vorteil bei dieser Anordnung ist, dass das Dichtungsmaterial und die Stopfbüchse keinen Druck auf das Hahnküken ausüben können. Auch kann die Stopfbüchse während des Betriebes verpackt werden. Die Kugellagerung ist wenig oder gar nicht der Abnutzung unterworfen und vor Eindringen von Unreinigkeiten geschützt. Diese Hähne werden bis zu 100 mm Durchgang ausgeführt und können sowohl als Ablass- wie auch als Dreiweg- und Absperrhahn benutzt werden. In Gebrauch stehen sie u. a. auf den Zechen Hibernia, General Blumenthal und

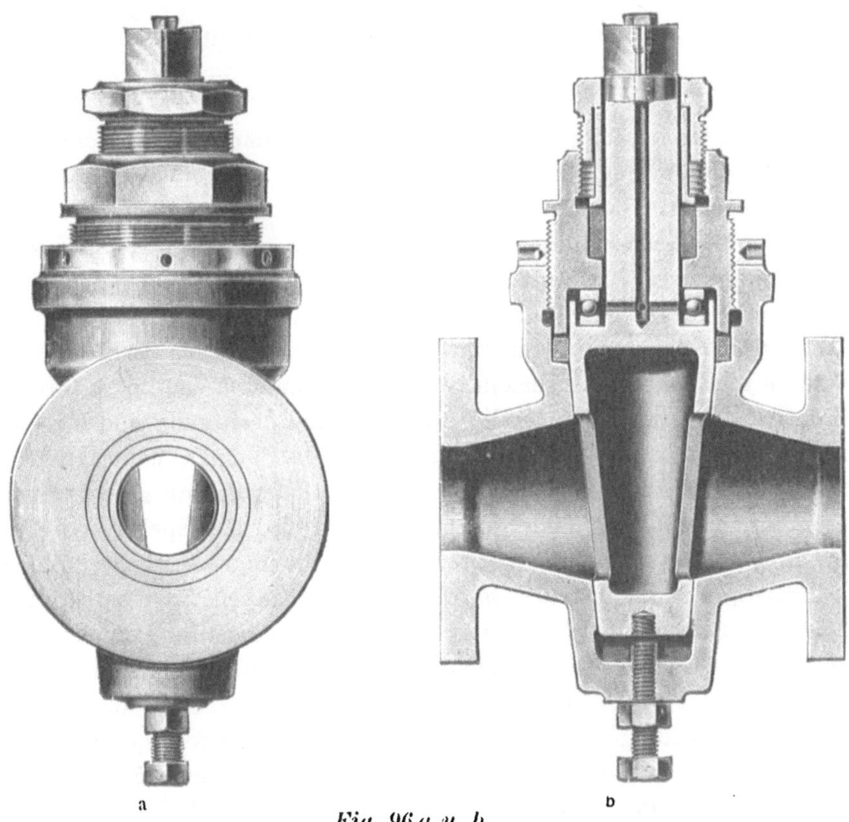

Fig. 96 a u. b.

Ablasshahn von Ruperti & Schloemann. (Neuere Konstruktion.)

Graf Moltke, während die drei zuerst erwähnten Konstruktionen auf den Zechen Langenbrahm, Recklinghausen, Pauline, Herkules, Katharina, Dorstfeld u. a. m. im Betrieb sind.

5. Speisevorrichtungen.

Während man früher bei dem niedrigen Dampfdruck zum Speisen der Kessel häufig die Wasserleitung benutzte, ist man jetzt wohl ganz davon abgekommen und verwendet für diesen Zweck nur noch Speise-

pumpen, Injektoren und neuerdings vereinzelt auch automatische Speisevorrichtungen.

a) Speisepumpen.

Als Lieferanten von Speisepumpen kommen namentlich Spezialfirmen
in Frage. Weit verbreitet sind die Ausführungen

α) der Firma Weise & Monski in Halle a. S.

Sie sind grösstenteils in liegender Anordnung ausgeführt und zwar

1. mit Innenplunger für Drücke bis 12 Atmosphären, wobei als Abdichtung eine Plunger-Stopfbüchse und eine Stangen-Stopfbüchse verwendet werden. Die Ventile sind über dem Plunger angeordnet.

2. mit Aussen-Plunger für höheren Druck. Dadurch ergeben sich als
Dichtungen zwei Plunger-Stopfbüchsen und eine Stangen-Stopfbüchse.
Die Ventile liegen vor und hinter den Plungern. Bei Verwendung von
heissem Wasser sind die empfindlichen Teile nicht aus Stahl oder Eisen,
sondern aus Rotguss hergestellt, so die Plunger und Ventile, während die
Kolbenstangen aus Deltametall bestehen. Zur Beseitigung und Ausnutzung
des Abdampfes und dessen Wärme sind die Pumpen häufig mit einem
Saugrohrkondensator versehen. Der Abdampf der Pumpe gelangt in deren
Saugrohr, woselbst er niedergeschlagen wird und das Speisewasser etwas
anwärmt. Diese Pumpen arbeiten ohne Schwungrad mit wechselweiser
selbstthätiger Schiebersteuerung, die durch die Kolbenstange bethätigt wird.
Bei langen Saugleitungen wird ein Saugwindkessel in Pumpennähe mit
Vorteil angewendet. Die Anordnung dieser sogenannten Duplex-Pumpen
ist aus den Fig. 97—100 zu ersehen. Ausserdem sind auch stehende
Pumpen in Zwillings- oder Compound-Anordnung mit Kurbel und Schwungrad mehrfach in Betrieb, doch ist die Duplexpumpe dieser Anordnung
überlegen, da eine stehende Pumpe bei langsamer Umdrehung leicht an
dem toten Punkt stehen bleibt, während die Duplexpumpe selbst bei
weniger als 10 Hüben in der Minute anstandslos arbeitet.

Ein Vorteil dagegen der stehenden Pumpen, namentlich der mit Ver-
bundmaschinen-Anordnung, besteht in dem geringeren Dampfverbrauch
gegenüber den Duplexpumpen. Eine stehende Compoundpumpe, die bei
55 minutlichen Umdrehungen 1,72 cbm Wasser schafft, ist in Fig. 101
wiedergegeben.

Die Pumpen dieser Firma sind auf den Zechen des rheinisch-
westfälischen Industriebezirks vielfach zur Verwendung gelangt, so auf
Prosper I und II, Konstantin der Grosse, Courl, Dahlbusch, Dannenbaum,
Deutscher Kaiser, Fröhliche Morgensonne, Gneisenau, Graf Moltke, von der
Heydt, Heinrich Gustav u. a. m.

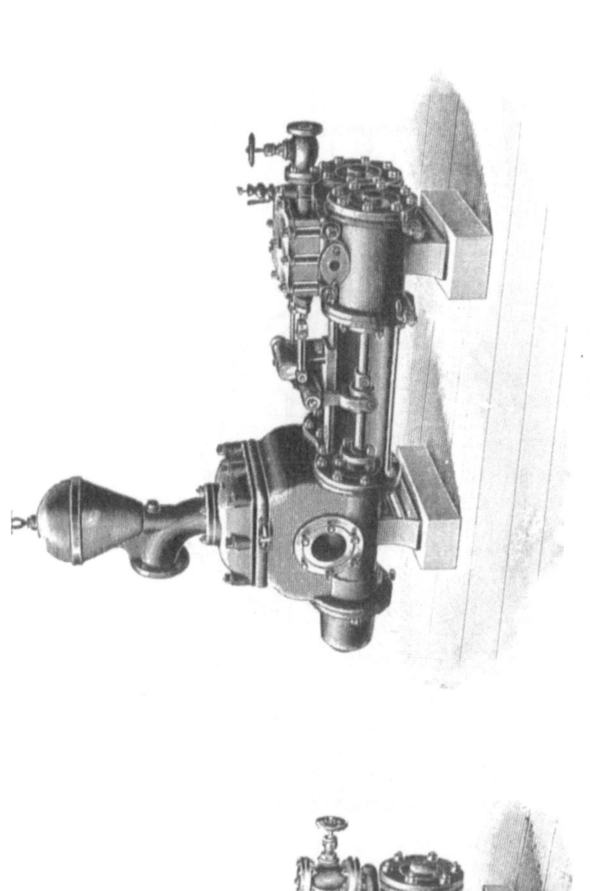

Fig. 98.

Fig. 97.

Duplex-Pumpen von Weise & Monski.

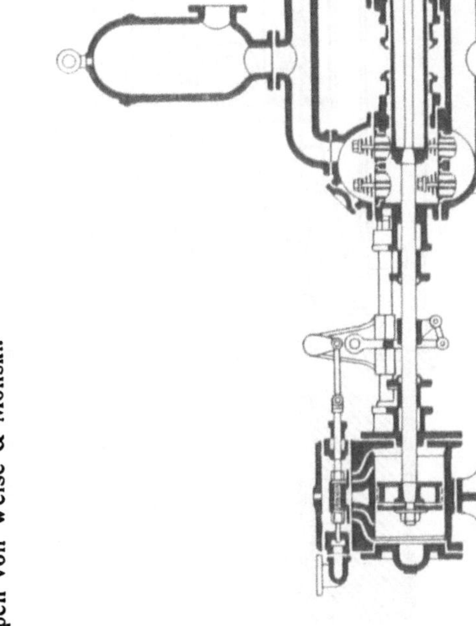

Fig. 100.

Schnitt durch eine Duplexpumpe mit aussenliegenden Plunger-
stopfbüchsen.

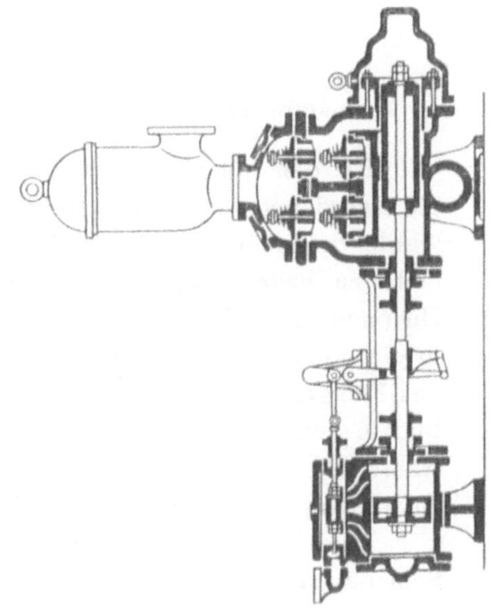

Fig. 99.

Schnitt durch eine Duplexpumpe mit innen liegenden
Plungerstopfbüchsen.

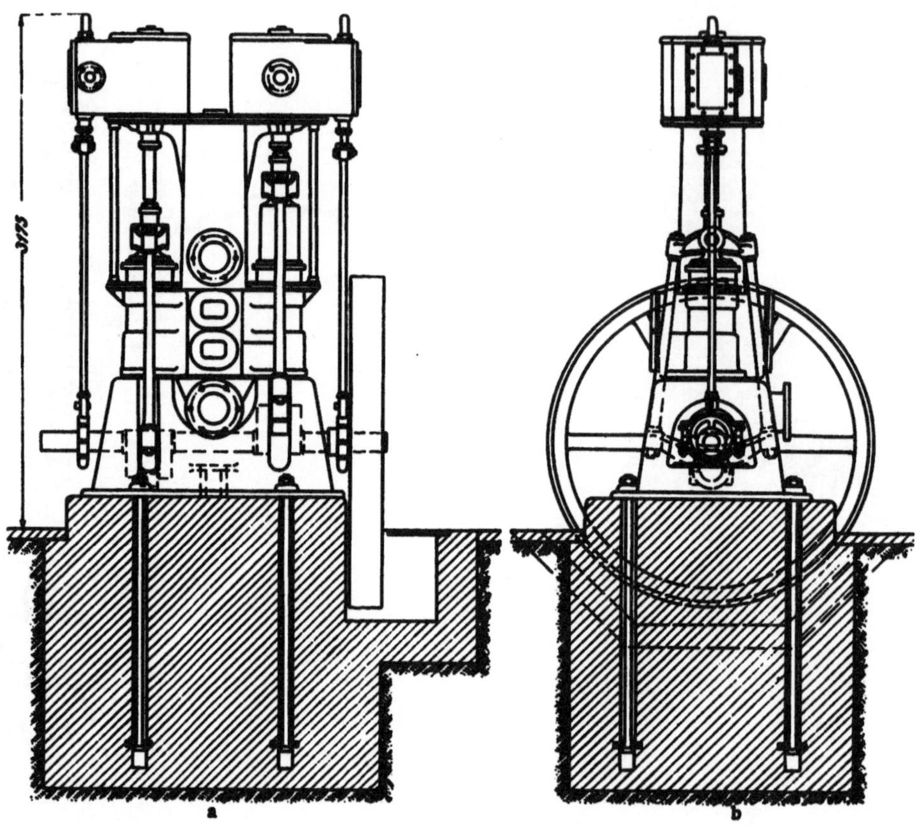

Fig. 101a u. b.

Stehende Compound-Speisepumpe von Weise & Monski. Massstab 1:45.

β) Ausführung von Klein, Schanzlin & Becker, Frankenthal (Pfalz).

Bei den früheren doppelt wirkenden Plungerpumpen der Firma war
die Anordnung so getroffen, dass der Plunger in zwei Stopfbüchsen geführt
wurde, deren obere bei stehender Pumpenanordnung schwer zugänglich und
dicht zu halten war. Bei den neuen Kleinschen Einstopfbüchsen- oder
Unapumpen wird nun der Plunger in einer Büchse geführt, die oben dicht
in einen gusseisernen Körper eingesetzt ist. Hierdurch hat man die Reibung
des Plungers in Stopfbüchsen und eine schwer zu dichtende obere Stopfbüchse vermieden. Diese Konstruktion, die sich seither vollkommen bewährt hat, ist aus Fig. 102 für stehende und aus Fig. 103 für liegende
Anordnung zu ersehen.

Eine einfache Compoundpumpe ohne Expansion, die nur einen
Schieber zur Steuerung für beide Kolben besitzt, ist in Figur 104 wiedergegeben.

Fig. 102.

Stehende Unapumpe von Klein, Schanzlin & Becker, Frankenthal.

Fig. 103.

Liegende Unapumpe von Klein, Schanzlin & Becker, Frankenthal.

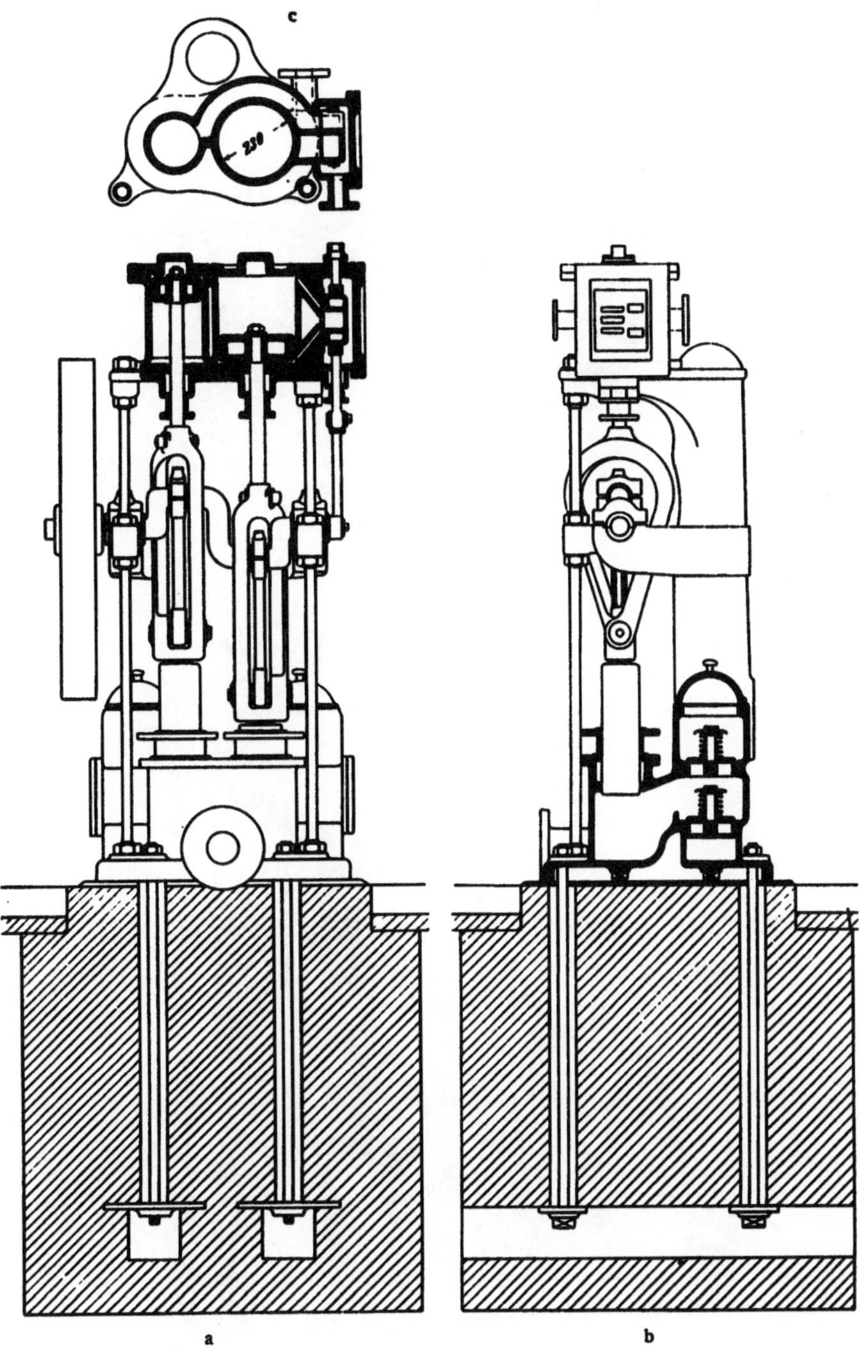

Fig. 104 a—c.

Freistehende Compound-Speisepumpe von Klein, Schanzlin & Becker. Massstab 1:25.

Fig. 105.

Fig. 106.
Speisepumpen von Wolf & Meinel, Halle a. S.

In Bezug auf die Ventile und deren Zugänglichkeit zeichnen sich die Kleinschen Pumpen durch die grösste Einfachheit aus. Die Pumpen dieser Firma sind auf einigen Zechen der Gelsenkirchener Bergwerks-Aktiengesellschaft, ferner auf Mathias Stinnes, Deutscher Kaiser, Siebenplaneten, Victor und Konstantin der Grosse in Betrieb.

γ) Ausführung der Firma Hallesche Union vorm. Wolf & Meinel, Halle a. S.

Auch diese Pumpen (Fig. 105 und 106) haben sich gut bewährt und werden in liegender und stehender Anordnung, nach Zwillings- oder Compound-System wie auch als Duplex-Pumpen gebaut. Zur Erzielung eines ruhigen Ganges bei hohen Tourenzahlen hat man eine grössere Zahl kleinerer Ventile mit Erfolg angewendet. Pumpen dieser Art stehen auf den Zechen Neu-Iserlohn, Nordstern, Recklinghausen, Preussen, Graf Schwerin in Betrieb.

δ) Ausführung von A. L. G. Dehne, Halle a. S.

Das Fabrikat dieser Firma zeigt Fig. 107. Zu bemerken sind bei der stehenden Anordnung die mit den Plungern verbundenen Traversen, welche die Pleuelstangen aufnehmen. Dadurch ergiebt sich eine erhebliche Länge der Kurbelwelle, die aber ohne Belang ist, da die Angriffspunkte sich in Lagernähe befinden. Derartige Pumpen sind zur Aufstellung gelangt auf den Zechen Prosper I und II, Margarethe, Minister Stein, Victor u. a. m.

ε) Ausführung von Otto Schwade & Co., Deutsche Automat-Pumpenfabrik, Erfurt.

Die Automat-Dampfpumpe dieser Firma hat den Vorteil grosser Einfachheit und Betriebssicherheit. Wie aus Fig. 108—109 zu ersehen ist, arbeitet sie ohne Kurbel und Schwungrad. Die Flachschieber der Dampfcylinder werden direkt durch die Kolbenstange gesteuert. Die Pumpe kann auch aus der Entfernung durch einfaches Oeffnen des Dampfeintritts in Gang gesetzt werden. Da die ganze Pumpe betriebsfertig zum Versand kommt, ist die Montage schnell zu bewerkstelligen. Bemerkenswert ist noch, dass das Speisewasser nahezu bis zum Siedepunkt vorgewärmt werden kann, und die Tourenzahl in weiten Grenzen veränderlich ist.

Fig. 110 zeigt die Anordnung einer stehenden Zwillings-Dampfpumpe, wie sie u. a. auf Rhein-Elbe und auf den Zechen des Essener Bergwerksvereins König Wilhelm in Betrieb sind.

Eine ähnliche Konstruktion ist die der Worthington-Pumpen-Kompagnie, Aktien-Gesellschaft, in Berlin. Beide Systeme haben im hiesigen Revier grosse Verbreitung gefunden.

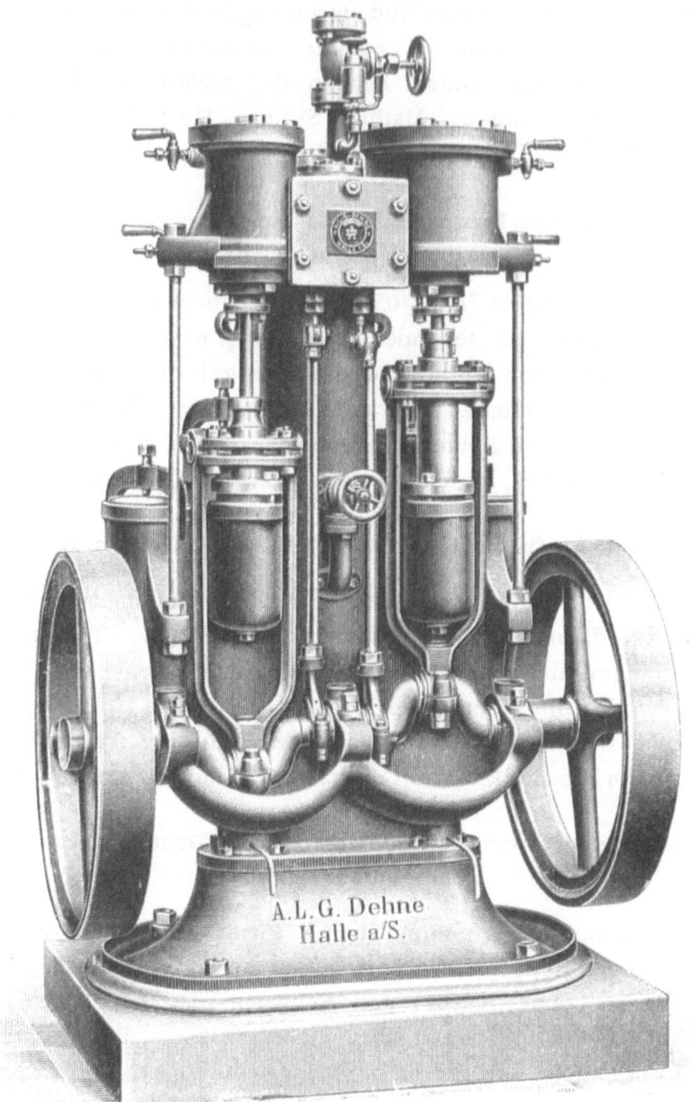

Fig. 107.

Speisepumpe von Dehne, Halle.

b) Injektoren.

Ein grosser Vorteil der Injektoren ist der, dass sie in kurzer Zeit eingewechselt werden können. Der Verschleiss ist ein geringer, da nur die Düsen ab und zu erneuert werden müssen. Zu bemerken ist allerdings, dass ein Funktionieren der Injektoren bei einem Speisewasser von über 60° C. nicht mit Sicherheit zu erreichen ist.

Fig. 108.

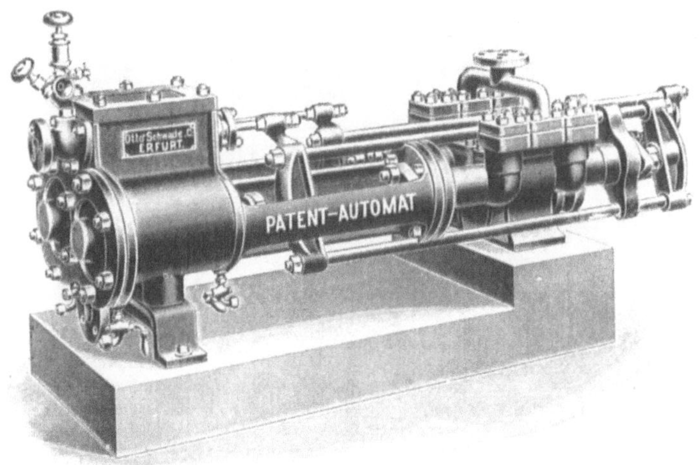

Fig. 109.

Automat-Speisepumpen von Otto Schwade & Co., Erfurt.

Die bekannte Ausführung der Firma Körting in Hannover zeigt Fig. 111. Die Leistung dieser Injektoren schwankt je nach der Grösse zwischen 10 und 600 l je Minute.

Andere Ausführungen von Injektoren werden von den Firmen Dreyer, Rosenkranz & Droop in Hannover und Wilhelm Strube in Magdeburg-Buckau geliefert.

Einen neu patentierten Injektor, den Fig. 112 darstellt, hat die Firma Siemens & Halske, A.-G. in Berlin, in den Handel gebracht. Er ist leicht durch eine einfache Hebelbewegung in Betrieb zu setzen und

Fig. 110.

Stehende Zwillings-Speisepumpe von Otto Schwade & Co., Erfurt.

zeichnet sich vor allem durch leichte Zugänglichkeit aus. Das Rückschlagventil ist zwangläufig angeordnet worden, wodurch sichere Gewähr gegen ein Zurückfliessen des Wassers geboten ist. Die Leistung schwankt zwischen 5 und 500 l in der Minute.

c) Automatische Speisevorrichtungen.

Zum Schluss sei noch eine automatische Speisevorrichtung, System Hannemann, erwähnt, die seit kurzer Zeit auf Zeche Gneisenau in Betrieb ist. Sie hält in Verbindung mit einer Speisepumpe den normalen Wasserstand im Kessel genau aufrecht. Eine schematische Darstellung dieser Speisevorrichtung ist in Fig. 113 wiedergegeben. Ihre Wirkungsweise ist folgende:

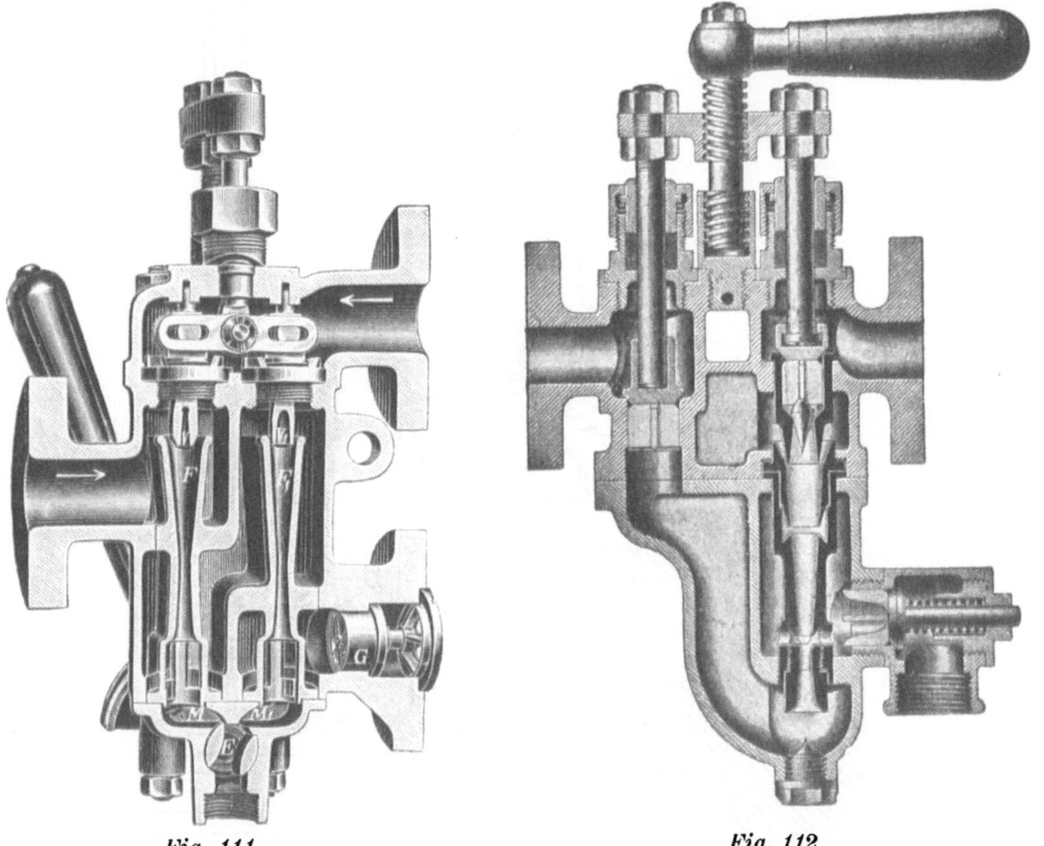

<table>
<tr><td>Fig. 111.</td><td>Fig. 112.</td></tr>
<tr><td>Querschnitt eines Körtingschen Injektors.</td><td>Querschnitt eines Injektors von Siemens & Halske.</td></tr>
</table>

Das Regulierventil V, welches an beliebiger Stelle in die Speiseleitung eingebaut wird, steht in Verbindung mit dem Standrohr S. Sein Kegel ist durch Hebel und Zugstange mit einem im Gehäuse M lagernden Kolben, welcher membranartig aussen abgedichtet ist, verbunden und wird durch ein Gewicht G belastet. Das Standrohr hat ca. 1,5 m Höhe und taucht bis auf den normalen Wasserstand in den Kessel ein, wo es mit einem besonderen Schutzrohr gegen wallendes Wasser und mechanische Ver-

unreinigungen umgeben ist. Dicht über dem Kesselmauerwerk ist das
Standrohr mit einem Absperrventil versehen. Hier wie auch am Ende des
Steigerohres findet sich je ein Wassersack, von welchen je eine dünne
Rohrleitung unter bezw. über den Kolben des Regulierventils führt.

Fig. 113.

Automatische Speisevorrichtung von Hannemann.

Ist der Wasserstand normal, so bleibt das Regulierventil durch das
Gewicht G geschlossen und der Druck in dem Gehäuse M unter und über
dem Kolben ist gleich. Mit fortschreitender Dampfentnahme sinkt nun
allmählich der Wasserspiegel so lange, bis er die Mündung des Standrohres

erreicht. Sobald diese frei wird, fliesst das Wasser aus dem Standrohr in den Kessel zurück, wodurch der Druck auf beiden Seiten des Kolbens im Gehäuse M ein ungleicher wird, und zwar wirkt vom oberen Wassersack aus gegen die untere Kolbenseite der Dampfdruck vermehrt um die Wassersäule H, während von dem unteren Wassersack aus der Dampfdruck, vermindert um die Wassersäule H_1 auf die obere Kolbenfläche einwirkt. Der Wasserdruck H plus H_1 hebt nun den Kolben und das damit verbundene Gewicht G sowie den Ventilkegel an, so dass aus der Speiseleitung Wasser in den Kessel eintritt, bis der Wasserspiegel wieder über die Standrohrmündung gestiegen ist. Mit fortschreitender Kondensation des nun im Standrohr abgeschlossenen Dampfes füllt sich das Standrohr wieder mit Wasser aus dem Kessel an, wodurch der Druck zu beiden Seiten des Kolbens wieder ausgeglichen wird. Damit erfolgt aber wiederum durch das Belastungsgewicht der Abschluss des Regulierventils. Der obige Vorgang wiederholt sich regelmässig und sichert dadurch einen gleichmässigen Betrieb des Kessels.

V. Reinigung und Vorwärmung des Kesselspeisewassers.*)

1. Eigenschaften der Kesselspeisewasser.

Zur Kesselspeisung kommen im Ruhrrevier hauptsächlich in Frage:

a) Grubenwasser, welche entweder nur in Klärteichen oder Sammelbassins mechanisch gereinigt oder vielfach auch chemisch gereinigt werden;

b) Ruhrwasser, welches den Rohrnetzen der verschiedenen Wasserwerke entnommen und in den meisten Fällen ohne weitere Behandlung gespeist wird;

c) Emscherwasser oder solches anderer kleiner Flussläufe;

d) Kondensatwasser aus den Centralkondensationen;

e) in Gräben und Teichen gesammeltes Niederschlagwasser;

f) Brunnenwasser.

Keins der aufgeführten Wasser ist chemisch rein. Am meisten müssten sich diesem Zustande noch die unter d) und e) aufgezählten nähern; jedoch geht bei der Wiedergewinnung des Dampfes als Kondensat immer ein Teil verloren, sodass Frischwasser zugesetzt werden muss, das natürlich Beimengungen mit sich führt und anderseits ist die vollkommene Befreiung des Dampfes von Oel und Fett eine schwierige, immer noch nicht vollkommen gelöste Aufgabe.

Niederschlagwasser muss an sich fast chemisch rein sein, wenn es nicht Gelegenheit findet, vor Erreichung der Sammelstelle wieder Unreinigkeiten, namentlich organische Substanzen, aufzunehmen. Aber es

*) Ergänzt von Ingenieur B r a c h t.

steht nur in seltenen Fällen in solchen Mengen zur Verfügung, dass es den Bedarf eines Grossbetriebes decken kann.

Ruhrwasser wird seltener gereinigt, dagegen bedürfen die unter a), c) und f) aufgezählten Wasser in den weitaus meisten Fällen der Reinigung.

Trotzdem die in Betracht kommenden Fachkreise es nicht an Aufklärung fehlen lassen, werden immer noch wieder sog. Anti-Kesselstein-Mittel in den Handel gebracht. Sie sind in den meisten Fällen nutzlos, oft sogar schädlich, immer aber unsinnig teuer. Der gesunde technische Sinn der Werksleitungen im Ruhrbezirk hat ihnen auf den Zechen von jeher den Eingang gesperrt, ebenso wie man sich nie von den andern vielfach angewendeten Mitteln, so besonders dem Einführen von Petroleum, hat dauernden Erfolg versprechen können. Letzteres Verfahren ist ausserdem mit Gefahr verknüpft, da sich nach Ablassen des Wasserinhaltes oft entzündbare Gase bilden.

Eine leichtere Entfernung — nicht Verhinderung — des angesammelten Kesselsteins wird vielfach durch sogenannte Kesselanstrichmassen erzielt, welche meistens aus gereinigtem Teer mit Beimischungen wie Graphit, Terpentin u. a. bestehen. Zuweilen benutzt man zu dem Zweck auch Graphit mit Firniss oder Essig vermengt. Die Masse wird dünn auf die gereinigten Kesselwandungen aufgetragen und muss, bevor der Kessel gefüllt wird, gut trocknen. Dann bildet sie eine Isolierschicht, auf welcher sich der Kesselstein festsetzt, so dass er beim Klopfen leicht und in grossen Schalen abspringt.

Sichere und vollkommene Befreiung von Kesselsteinbildnern gewährt nur die chemische Reinigung, die auf Grund genauer Analyse des Wassers vorgenommen wird.

Es seien nun die oben aufgeführten Wasser hinsichtlich ihrer Zusammensetzung und der damit verknüpften Bedingungen zur Ausfällung ihrer nicht erwünschten Stoffe einer Besprechung unterzogen.

a) Die Grubenwasser.

Diese Wasser stammen aus verschiedenen Schichten des Erdbodens und enthalten dementsprechend verschiedene Mengen von Salzen in Lösung, wie aus folgender Zusammenstellung ersichtlich ist:

Tabelle 9.

Ursprung	Im 1 Wasser gelöste Salze
aus Granit	0,024 g
» Buntsandstein . . .	0,250 »
» Kalk	0,500 »
» Gips	2,500 »
» Emscher Mergel . .	bis 100,000 »
» der Ruhr	0,130 »

Die gelösten Salze lassen sich in folgende Gruppen ordnen:

I. Kochsalz, kohlensaures Natron, Natriumnitrat, Chlorkalium, Pottasche, Kaliumsulfat, Salpeter, Chlorkalcium, Chlormagnesium, Chlorbarium, Chlorstrontium usw.

II. Karbonate von Kalcium, Magnesium, Eisen und Mangan.

III. Sulfate von Kalcium, Magnesium usw.

Die in der I. Gruppe aufgeführten Salze sind im Wasser leicht löslich und bilden durch Verdampfung des Wassers im Kessels nach und nach eine starke Sole, welche von Zeit zu Zeit abgelassen werden muss.

Die in der II. Gruppe aufgeführten Salze sind in kohlensäurehaltigem Wasser löslich. Durch das Kochen wird aber die Kohlensäure ausgetrieben und die Salze scheiden sich an den heissen Wandungen als Kesselstein ab.

Die Salze der III. Gruppe, hauptsächlich Gips und Bittersalz, sind in kaltem Wasser sehr löslich, scheiden sich jedoch in heissem Wasser und in dem Masse, wie das Wasser verdampft, in Form von Kesselstein aus.

Die Aufgaben der Wasserreinigung, d. s. die Ausscheidung und Entfernung der Fremdstoffe, werden nun auf kaltem oder warmem Wege erfüllt mit Benutzung verschiedener Zusatzmitteln, welche zur Erzielung einer chemischen Reaktion dienen. Nach dem vorher gesagten sind besonders die unter II und III aufgeführten Salze zu entfernen, während die bei I zusammengestellten an sich weniger schädlich sind. Jedoch können sie bei grösserer Konzentration auskrystallisieren, sich auf den Feuerblechen niederlassen und so zu Ueberhitzungen führen. Ausserdem erhöhen sie die Siedetemperatur des Wassers. Häufiges Ablassen des Wasserinhaltes macht sie am besten unschädlich.

Zur Bindung der Karbonate (Gruppe II) kommen als Chemikalien Kalk und Aetznatron (kaustische Soda) in Frage u. zw. Kalk in Form von Kalkmilch, Aetznatron als Natronlauge.

Zur Bindung der Sulfate verwendet man heute ausschliesslich kohlensaures Natron (kalcinierte Soda), da das früher oft verwendete Chlorbarium zu teuer ist und ausserdem auf die Kesselwandungen schädlich einwirkt.

Sind sowohl Karbonate als auch Sulfate im Wasser enthalten, so werden die Reagentien auch gemischt angewendet, sodass man folgende Kombinationen unterscheiden kann:

1. Kalk allein $\begin{cases} \text{kalt} \\ \text{warm,} \end{cases}$

2. Kalk und kalcinierte Soda $\begin{cases} \text{kalt} \\ \text{warm,} \end{cases}$

3. Aetznatron allein, warm,

4. Aetznatron und kalcinierte Soda, warm,

5. Aetznatron und Kalk, warm.

Die Ausscheidung der Kesselsteinbildner geht, wie alle Reaktionen, auf warmem Wege im allgemeinen schneller und ausgiebiger vor sich als auf kaltem.

Um unter denselben Bedingungen verschiedene Wasser vergleichen zu können, hat man die Härtegrade eingeführt. Man unterscheidet deutsche und französische Härtegrade u. zw. hat Wasser

1° deutsche Härte, wenn 1 l enthält 10 mg Kalciumoxyd,

oder wenn 1 l enthält 7,14 mg Magnesiumoxyd,

1° französische Härte, wenn 1 l enthält 10 mg Kalciumkarbonat,

oder wenn 1 l enthält 8,4 mg Magnesiumkarbonat.

1° deutsche Härte entspricht daher 1,8° französischer Härte und 0,56° deutsche Härte entspricht 1,0° französischer Härte.

Ferner spricht man von »Gesamthärte« bei ungekochtem Wasser und von »bleibender Härte« bei gekochtem Wasser. Die Gesamthärte bezeichnet die Menge der gelösten Kalk- und Magnesiasalze und die bleibende Härte die Menge des gelösten Gipses; die kohlensauren Salze fallen, wie oben bemerkt, durch das Kochen aus.

Die Differenz beider, die »temporäre Härte«, entspricht der Menge der kohlensauren Salze.

Durch genügend angewendete Reagentien wäre es denkbar, die im Wasser befindlichen Salze vollständig auszufällen. Doch sieht man in der Praxis davon ab, da hierbei leicht ein Ueberschuss an Reagentien zur Verwendung kommt und beobachtet wurde, dass dann Schäumen im Kessel eintritt und namentlich sodahaltiges Wasser die Armaturen stark angreift. Man begnügt sich in den meisten Fällen mit einer bleibenden Härte von 1,5° bis 2° d. H., wobei durchaus befriedigende Resultate erzielt werden.

Dazu kommt, dass die Härte des Wassers öfteren Schwankungen unterworfen ist und die laufende Kontrolle, wenn sie überhaupt auf den Zechen stattfindet, durch das Bedienungspersonal der Wasserreiniger mit Hilfe alkoholischer Seifenlösung (Seifenspiritus) vorgenommen wird, welche eine Lösung der Kalk- und Magnesiasalze bewirkt und mit Benutzung von Messcylindern, Bürette und einer Tabelle den Härtegrad (Gesamthärte) zwar annähernd, aber niemals vollständig genau angiebt. Die hiernach sich ergebende Menge der Reagentien ist daher besser etwas geringer zu bemessen, um einen Ueberschuss zu verhüten. Die nachstehende Tabelle zeigt die Verschiedenheit der Gesamthärte (Kalk + Magnesia) auf einigen mit Wasserreinigern arbeitenden Zechen:

Tabelle 10.

Name der Zeche	Durchschnittliche Gesamthärte
Schürbank und Charlottenburg . .	32,0°
Maria, Anna und Steinbank. . . .	18,5°
Friedrich der Grosse	18,3°
Victor	16,0°
General Blumenthal	15,8°
Preussen	13,5°
Schlägel und Eisen.	13,5°
Fröhliche Morgensonne.	10,7°
Kölner Bergwerksverein	6,6°
Gneisenau	6,0°

Einige Analysen der Speisewasser für die Bestimmung vorstehender Angaben haben folgendes ergeben:

Tabelle 11.

Bestandteile	Schürbank u. Charlottenburg	Friedr. d Grosse	Victor	General Blumenthal	Schlägel u. Eisen
	Gramm in 1 Liter Wasser				
Kalk.	0,224	0,1780	0,1500	0,1440	0,1280
Magnesia	0,068	0,0032	0,0072	0,0144	0,0054
Chlor	—	0,1044	0,1363	0,0228	0,0322
Schwefelsäure	—	0,0446	0,1150	0,0259	0,0594
Ammoniak.	—	—	—	Spuren	—
Natron, Kali	—	0,1450	0,1571	—	0,1030
Salpetersäure	—	—	—	Spuren	—
Kieselsäure	—	0,0012	0,0010	—	0,0270
Reaktion.	—	—	—	schwach alkalisch. Bei 1 stünd. Kochen kommen je Liter 0,317 g kohlens. Kalk zur Ausscheidung	—

b) Ruhrwasser.

Das Ruhrwasser wird meistens ohne weitere Vorbereitung gespeist und zeigt zuweilen eine sehr gute Zusammensetzung, wie nachstehende Analyse einer aus der oberen Ruhr entnommenen Probe beweist:

$$
\begin{aligned}
\text{Kalk} & \ldots\ldots\ldots\quad 0{,}054 \text{ g im l} \\
\text{Magnesia} & \ldots\ldots\quad 0{,}006 \text{ » » »} \\
\text{Natriumoxyd} & \ldots\quad 0{,}006 \text{ » » »} \\
\text{Kieselsäure} & \ldots\quad 0{,}012 \text{ » » »} \\
\text{Schwefelsäure} & \ldots\quad 0{,}012 \text{ » » »} \\
\text{Chlor} & \ldots\ldots\quad 0{,}008 \text{ » » »} \\
\text{Organische Substanzen} & \quad 0{,}006 \text{ » » »}
\end{aligned}
$$

Vielfach scheidet es jedoch auch reichlich Kesselstein aus, so dass man zur Reinigung übergegangen ist.

c) Emscherwasser und solches anderer kleiner Flussläufe.

Da die Emscher und andere kleine Flüsschen willkommene Gelegenheit zur Ableitung von Abwässern aus Fabriken und Zechen geben, zeigen deren Wasser grosse mechanische Verunreinigungen, sind meist trübe und zur direkten Speisung nicht zu verwenden. Eine Wasserprobe aus der Emscher bei Pöppinghausen zeigte folgende Zusammensetzung:

$$
\begin{aligned}
\text{Kochsalz} & \ldots\ldots\ldots\quad 0{,}91 \text{ g im l} \\
\text{Kalk} & \ldots\ldots\ldots\quad 0{,}21 \text{ » » »} \\
\text{Magnesia} & \ldots\ldots\quad 0{,}08 \text{ » » »} \\
\text{Schwefelsäure} & \ldots\ldots\quad 0{,}33 \text{ » » »} \\
\text{Kieselsäure, Kohlensäure usw.} & \ldots\quad 0{,}13 \text{ » » »}
\end{aligned}
$$

ausserdem enthielt es in der Zersetzung begriffene organische Stoffe.

d) Kondensatwasser.

Kondensat ist an sich das idealste Kesselspeisewasser, da es frei von allen Kesselsteinbildnern sein muss. Leider enthält es aber einen bösen Feind der Kesselwandungen, nämlich das vom Dampf mitgerissene Oel.

Die schädlichen Wirkungen, die Oel im Kesselinnern ausübt, sind von zweierlei Art, einmal chemische und zweitens mechanische.

Die ersteren kommen heute nur noch wenig in Betracht; sie treten nur auf bei animalischen oder vegetabilischen Fetten, die sich im heissen Wasser zersetzen und Fettsäuren bilden. Diese Eigenschaft besitzen die Mineralöle, die jetzt vorwiegend zum Schmieren verwendet werden, nicht.

Dagegen ist die mechanische Wirkung auf die Kessel allen Oelen gemeinsam und viel verderblicher. Schon eine ganz dünne Oelschicht auf den Blechen verhindert den Wärmedurchgang und die Kühlung der vom Feuer bespülten Wandungen durch das Wasser. Das Blech wird überhitzt und deformiert, es treten Erscheinungen auf wie beim Wassermangel.

Wie verhängnisvoll schlechte Dampfentölung wirken kann, zeigt eine Veröffentlichung im Glückauf, Jahrgang 1904, S. 1171 ff.: »Die Ursachen der im August 1903 erfolgten Einbeulungen von Dampfkesseln auf der Zeche Rheinelbe III. Mitteilung des Dampfkessel - Ueberwachungs-Vereins der Zechen im Oberbergamtsbezirk Dortmund, Essen-Ruhr.« Die Zeche war gezwungen, die Förderung für einige Schichten einzustellen, weil die Dampfkesselanlage in Folge der notwendig gewordenen Ausserdienststellung einer Anzahl von Kesseln für den Betrieb nicht mehr ausreichte. Die umfangreichen Untersuchungen ergaben, dass die Oelausscheidung aus dem Kondensat keine genügende gewesen war und dass trotz bester und dauernder Kontrolle der Anlage eine unvorhergesehene Zuführung grösserer Oelmengen aus dem Dampfentöler stattgefunden hatte.

Kondensat in grösseren Mengen wird durch die Centralkondensationen gewonnen, die geeignet sind, die Wirtschaftlichkeit des Betriebes bedeutend zu steigern und deshalb auf den Zechen des Ruhrreviers mehr und mehr Eingang finden. Bedingt wird diese Wirtschaftlichkeit zum nicht geringsten Teil durch die Verwendung des Kondensates als gereinigtes und hoch vorgewärmtes Speisewasser.

Alle Firmen, die sich mit dem Bau von Centralkondensationen beschäftigen, haben deshalb der Frage der Befreiung des Dampfes von mitgerissenem Oel weitgehende Aufmerksamkeit gewidmet. Es geschieht dies in den sogenannten Dampfentölern, auf welche in dem Abschnitt »Centralkondensation« näher eingegangen werden wird.

e) Teich- und Grabenwasser

sind, wenn sie geklärt und von organischen Beimischungen befreit werden, in Folge ihres Ursprunges aus Niederschlagwasser ebenfalls ohne weiteres zum Speisen zu verwenden.

f) Brunnenwasser

hat in vielen Fällen ähnliche Zusammensetzung wie das Grubenwasser und bedarf daher meistens der Reinigung.

2. Die Systeme der Wasserreinigung.

Sämtliche im Ruhrrevier arbeitenden Wasserreiniger beruhen auf dem allein richtigen Prinzip, das Wasser v o r dem Eintritt in den Kessel zu reinigen, wodurch die im Kesselinneren leicht schädlich wirkenden Reagentien von vornherein nach Möglichkeit fern gehalten werden und ausserdem eine Kontrole des gereinigten Wassers mit grösserer Zuverlässigkeit auszuüben ist, als mit Benutzung der Wasserstandshähne am Kessel.

a) Wasserreiniger von Rob. Reichling & Co. in Dortmund.

Die Einrichtung eines solchen Wasserreinigers ist in Fig. 114 dargestellt. Er besteht aus einem schmiedeeisernen Cylinder, mit drei Hauptabteilungen, dem Mischraum a, dem Heizraum b und dem Setzraum c. Das zu reinigende Wasser gelangt entweder aus einem Hochreservoir oder durch eine Pumpe in den Mischraum, wo es gleichzeitig den entsprechenden Zusatz von Sodalauge (bezw. Soda- und Kalklösung) erhält. Durch das Ventil v, welches vom Wasserstande des Setzkastens vermittelst des Schwimmers s bethätigt wird, gelangt darauf das Gemisch in den Heizraum b, rieselt über die Zwischenbleche herab und wird von dem entgegenströmenden Abdampf fast bis zur Siedetemperatur erhitzt. Steht kein Abdampf zur Verfügung, so wird die Erwärmung durch Frischdampf oder durch Kesselwasser vorgenommen.

Die mechanische Reinigung erfolgt sodann im unteren Teil des Apparates. Durch ein Rohr fällt das Wasser in die Schlammhaube des Setzkastens c. Entsprechend dem sich erweiternden Querschnitt dieser Haube verlangsamt sich die Bewegung des Wassers immer mehr, die schwereren Schlammteilchen sinken schneller zu Boden als die leichteren, reissen diese aber auf ihrem Wege mit fort. Nach Verlassen der Haube wiederholt sich der Vorgang in umgekehrter Weise; zwischen Reinigermantel und Haube erweitert sich der Raum trichterartig nach oben, die Wasserbewegung wird noch langsamer, die Schlammteilchen stossen

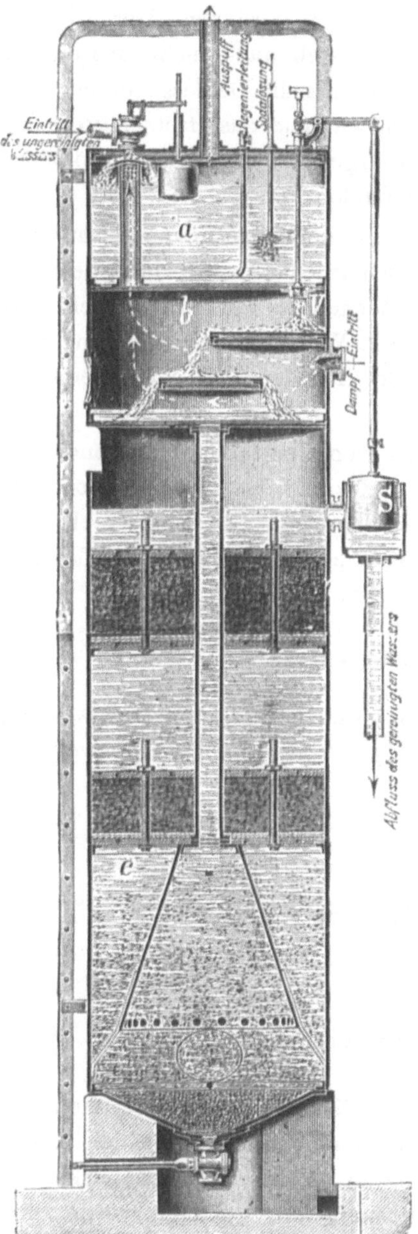

Fig. 114.

Wasserreiniger von Rob. Reichling.

aufeinander, beschweren sich gegenseitig und sinken nach unten. Ganz feine Teilchen, die hier nicht abgesetzt werden, werden von mehreren Nachfiltern aus Holzwolle, Kies oder Sand zurückgehalten. Die Reinigung dieser Filter hat nur alle 4—5 Monate zu geschehen und macht wenig Schwierigkeiten.

Durch das Schwimmerbassin gelangt das Wasser sodann zur Speisepumpe.

Der Betrieb des Apparates ist vollständig automatisch und in Abhängigkeit von der Kesselspeisepumpe, die auch den Antrieb der Sodalauge- und Kalkwasserpumpen übernimmt. Zur Sättigung mit Kalkwasser wird ein besonderer Apparat System Reichling D. R.-P. gebaut, durch welchen die Pumpen einen Teil des Wassers drücken.

Fig. 114 stellt den Normalapparat für Leistungen bis 20 cbm stündlich dar; bei grösseren Leistungen kommen in der Regel die in Fig. 115 wiedergegebenen Apparate zur Anwendung mit zwei, drei oder mehr Absetzgefässen. Es kann aber auch die gleiche Wirkung durch Vergrösserung des Durchmessers erzielt werden.

Neuerdings bringt die Firma einige Aenderungen an ihren Apparaten an (Fig. 116). Der Absetzbehälter ist im wesentlichen geblieben, nur werden in der Regel drei statt zwei Filter eingebaut. Hingegen gelangt das ungereinigte Wasser zuerst in den Vorwärmer, der jetzt seitlich und oberhalb des Mischraumes angeordnet ist; hierdurch wird sowohl eine bessere Vorwärmung als auch eine verstärkte chemische Wirkung im Mischbehälter erreicht. Das Bodenventil der alten Konstruktion, das sich leicht verschlämmte und festsetzte, ist fortgefallen und als einzig bewegter Teil nur das Regulierventil in der Rohwasserleitung geblieben.

Bemerkenswert ist das Reichlingsche Regenerativverfahren, d. h. die Benutzung von Kesselspeisewasser zum Anwärmen, welches angewendet wird, wenn Abdampf nicht zur Verfügung steht. Die Firma vermeidet dadurch den Kalkzusatz ganz, ohne den Sodazusatz erhöhen zu müssen. Die Wirkungsweise beruht auf folgender Betrachtung:

Wenn man doppelt-kohlensaure Kalkverbindungen mittelst Soda fällt, so gelangt das sich bildende doppelt-kohlensaure Natron mit dem Speisewasser zum Kessel. In diesem entweicht in Folge des Kochens ein Aequivalent Kohlensäure und es wird im Kessel dieselbe Menge Soda (einfach-kohlensaures Natron) regeneriert, welche zum Fällen der doppelt-kohlensauren Kalksalze im Reiniger verbraucht worden ist. Setzt man nun dem zu reinigenden Wasser eine bestimmte Menge Kesselwasser zu, so zersetzt die in letzterem enthaltene Soda die doppelt-kohlensauren Kalksalze unter Bildung von doppelt-kohlensaurem Natron, welches mit dem Speisewasser zum Kessel gelangt und dort in einfach-kohlensaures Natron (Soda) umgesetzt wird. Man braucht also nur so viel neue Soda, als zum Zersetzen der schwefelsauren- und Chlorverbindungen notwendig ist.

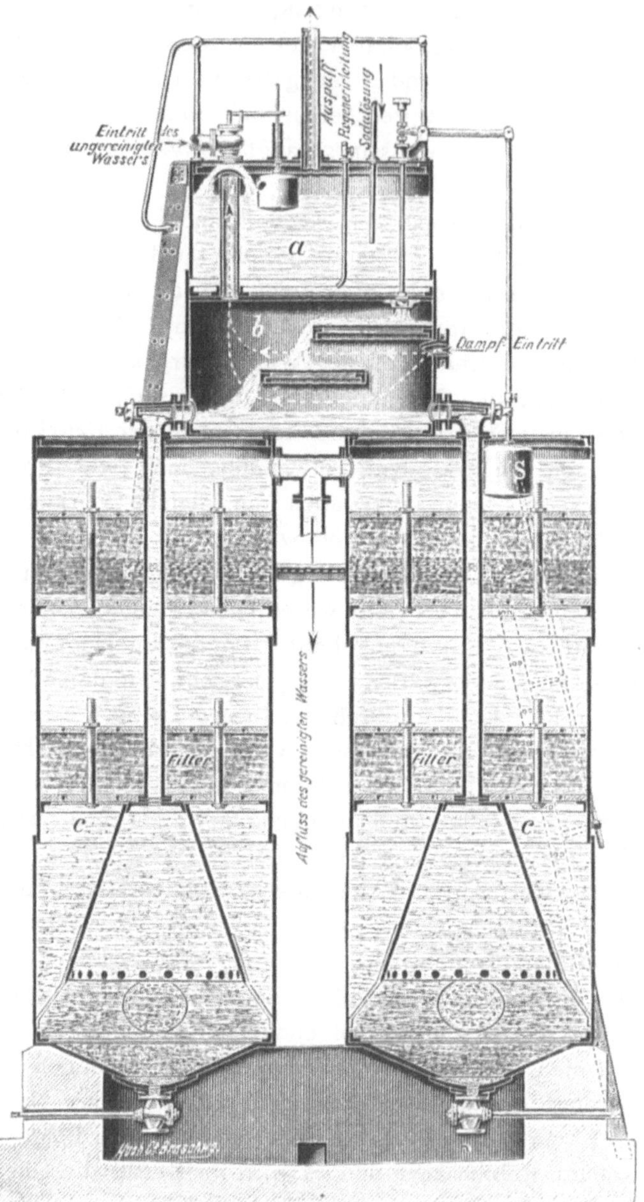

Fig. 115.

Wasserreiniger von Rob. Reichling.

Reichlingsche Wasserreiniger befinden sich u. a. auf den Zechen:

Victor . . . . für 60 cbm stündliche Leistung

Schlägel u. Eisen . . . . . » 30 »   ›   »

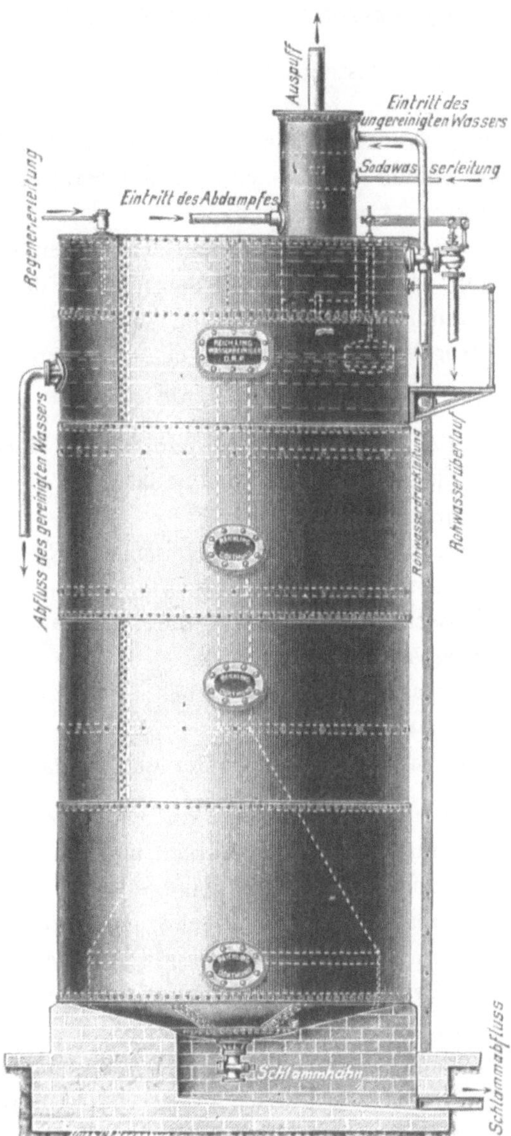

Fig. 116.

Neue Konstruktion des Wasserreinigers von Reichling.

General Blumenthal . . .	für 30	cbm	stündliche	Leistung
Gneisenau	» 30	»	»	»
Heinrich Gustav (Scht. Jakob)	» 25	»	»	»
Preussen	» 25	»	»	»
Monopol Schacht Grimberg	» 25	»	»	»

b) Wasserreiniger von Reinecken.

Der in Fig. 117 dargestellte Apparat ist von A. Reinecken in Düsseldorf an mehrere Zechen geliefert, z. B. Centrum, Zollverein, Siebenplaneten, Hamburg, Franziska, Wallfisch, Ringeltaube, Ad. v. Hansemann, Blankenburg; die beiden letzten sind in der Hauptsache durch Umbau anderseitig gelieferter Apparate entstanden.

Als wesentliches Unterscheidungsmerkmal gegenüber dem Reichlingschen Apparat fällt das gänzliche Fehlen eines Filters und die Selbstkontrole für die automatische Zumessung der erforderlichen Reagentien durch einen Kipptrog-Wassermesser und einen Reagentien-Messapparat auf.

Zu dem Apparat gehören:

1. ein Reagentienauflösebottich c, der mittels Handkurbel betrieben wird und den Zweck hat, die Sodalösung mit dem Kalk durch Rührarme innig zu mischen;
2. ein Dampfstrahlelevator b zum Heben der Reagentien;
3. das Reagentienreservoir a;
4. der automatische Reagentienaufgeber (Messapparat),
5. der Kipptrogwassermesser e;
6. das Mischgefäss f;
7. der Vorwärmer g;
8. der Klärapparat mit Oelabscheider und Schlammablass h,

Mitunter ist noch ein um den unteren konischen Schlammsammler angeordnetes Reservoir für gereinigtes Wasser und ein in die Wasserzuflussleitung eingebautes Schwimmerventil beigegeben.

Wassermesser und Reagentienaufgeber sind durch Hebel und Zugstange miteinander verbunden. Für grössere Anlagen wird der Kipptrog-Wassermesser mit Wasserbremsen versehen, um zu hartem Aufschlagen des Troges zu begegnen.

Konstruktion und Wirkungsweise der automatischen Reagentienaufgabe ist aus Fig. 118 ersichtlich; letztere wird zuweilen auch direkt vom Wassermesser beeinflusst (Zeche Hamburg), indem eine Rolle an diesem ein verstellbares Gleitstück bewegt, das ein Kugelventil am Ausflussrohr des Reagentienreservoirs bethätigt. Durch das verstellbare Gleitstück kann die Ausflussdauer und so die jeweilige Menge der Reagentien sehr genau bemessen werden.

Das abgemessene Wasser und die Reagentien vereinigen sich in dem Mischgefäss f, in welchem sie sich infolge der starken Wasserbewegung beim Kippen innig miteinander mischen. Mit der automatischen Zugabe der Reagentien ist gleichzeitig ein Rührwerk für die Reagentienflüssigkeit verbunden.

Aus dem Mischgefäss gelangt das Wasser durch eine oder mehrere
Oeffnungen mit Syphonverschlüssen in den darunter befindlichen Vorwärmer g, in welchem es durch Abdampf oder in Ermangelung dessen
durch Frischdampf auf eine für die Ausfällung günstige Temperatur gebracht wird. Ist der Vorwärmer mittels Abdampf geheizt, so werden
Dampf und Wasser auf grossen, vom Wasser berieselten Flächen miteinander in Berührung gebracht. Bleibt der Abdampf ganz oder teilweise
aus, sodass die Temperatur des in Behandlung befindlichen Wassers zu
niedrig wird, so öffnet ein Wärmeregler in der unteren, schlitzartigen Ausflussöffnung des Vorwärmers automatisch das Frischdampfventil und schliesst
es wieder, wenn die Temperatur eine
gewisse Grenze erreicht hat.

Da auf den Flächen des Vorwärmers sich bereits ein Teil des
ausgeschiedenen Schlammes absetzt,
sind Abkratzer angebracht, welche
von aussen durch Handgriffe zu bedienen sind.

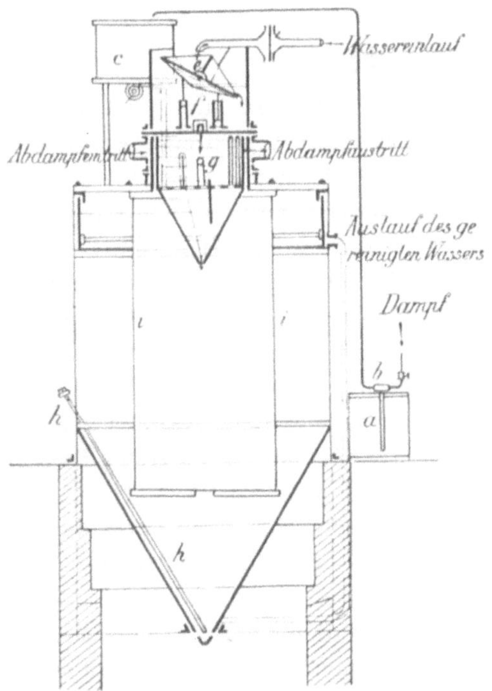

Fig. 117.

Wasserreiniger von Reinecken.

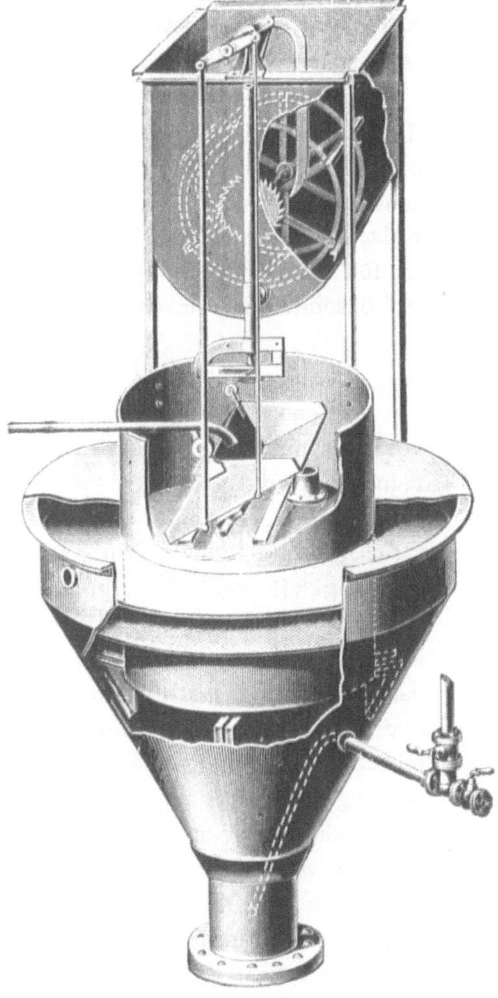

Fig. 118.

Messapparat zum Wasserreiniger
von Reinecken.

Das so präparierte und vorgewärmte Wasser ergiesst sich in den eingehängten inneren Cylinder i, in welchem es sich mindestens 45 Minuten langsam sinkend aufhält. Dabei fallen die Schlammpartikelchen infolge ihres höheren specifischen Gewichtes mit grösserer Geschwindigkeit zu Boden als das Wasser selbst. Hier scheidet sich auch etwaiges Oel ab und kann am oberen Rande des inneren Cylinders entweder abgeschöpft oder durch ein Rohr kontinuierlich abgezogen werden.

Unten ist der cylinderische innere Teil entweder mit einem eingesetzten Konus oder einem im Boden befindlichen konzentrischen Loche versehen, durch welches Wasser und Schlamm mit grösserer Geschwindigkeit hindurchströmen. Der schwerere Schlamm fällt nun in dem grossen Konus des äusseren Mantels zu Boden, während das Wasser bis zum Überlaufring aufsteigt und von dort zur Verwendungsstelle abläuft.

Der ganze Reinigungsvorgang erfordert etwa 4 Stunden. Nur durch diesen langen Zeitraum ist es erklärlich, dass Filter oder Filterpressen entbehrlich werden. Das Wasser wird allerdings nicht absolut klar, sondern es lassen sich durch Filtration noch Schwebestoffe (kohlensaurer Kalk und kohlensaure Magnesia) in grösserer Menge abscheiden. Doch ist es für Speisezwecke durchschnittlich rein genug, sodass Reinecken nur auf besonderen Wunsch auswechselbare Filter mitliefert.

c) Wasserreiniger von Kyll.

Einen möglichst weiten Weg und Schraubenflächen zum Schlammabsatz wendet die Firma P. Kyll in Köln-Bayenthal bei ihrem Wasserreiniger »Der Automat« System Desrumeaux D. R.-P. an.

Derartige Reiniger sind im Betriebe auf den Zechen Sälzer und Neuack, Courl, Carolinenglück, Erin, Tremonia, Mont Cenis, Eintracht Tiefbau u. a. m.

Fig. 119 stellt den Apparat dar, dessen Arbeitsweise die folgende ist:

Das zu reinigende Wasser fliesst in den Behälter B, wobei seine Menge durch ein Schwimmerventil reguliert wird. Hier teilt es sich so, dass ein kleiner Teil dem Kalksättiger J zufliesst zur Bereitung des Kalkhydrates, während der Rest über das Schaufelrad E strömt, welches vermittelst Zahnradgetriebe das Mischwerk des Kalksättigers in steter Bewegung hält.

Behälter G enthält die Sodalösung (event. das Thonerdesulfat); der Ausfluss wird automatisch reguliert. Der central angeordnete Cylinder M dient nun zur Aufnahme des Frischwassers, sowie der Kalk- und Sodalauge und vermittelt die Bildung der auszufällenden Stoffe. Die trübe Flüssigkeit sinkt abwärts bis P, von wo sie langsam den schraubenförmig angeordneten Klärkanälen N folgend, wieder nach oben steigt. Sodann muss sie das Filter A passieren, zu welchem Silex (fein zerkleinerter nordischer Quarz) verwendet wird. Hier wird der Rest etwaiger Verunreinigungen zurückgehalten.   Das geklärte Wasser wird sodann bei Y abgezogen.

Das Bodenventil S dient zur Entfernung des Schlammes.   Es genügt täglich einmaliges Oeffnen zur Reinigung des ganzen Apparates, während

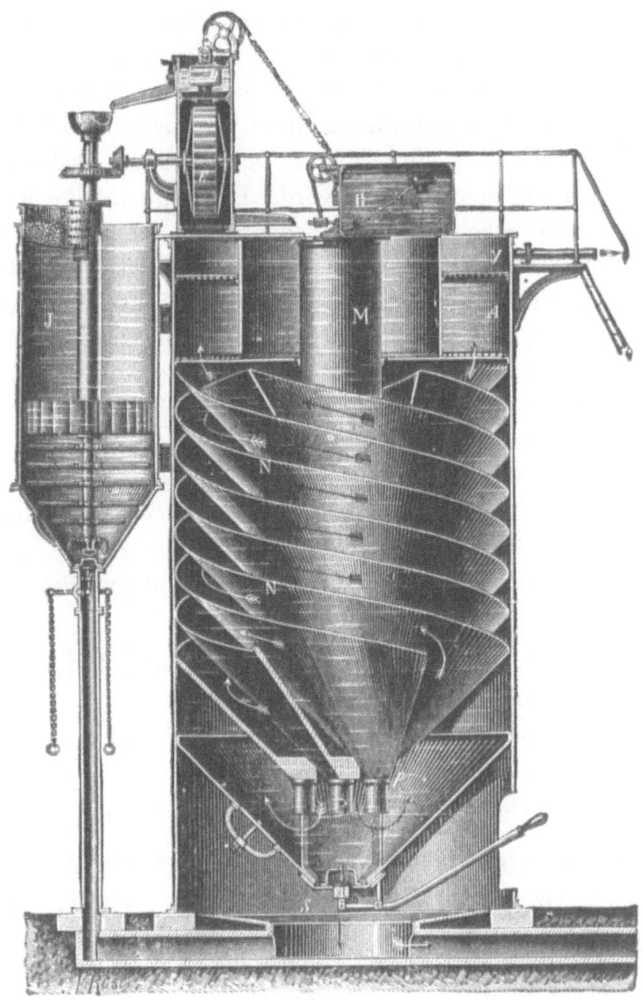

Fig. 119.

Wasserreiniger »Automat« von Kyll.

die Filtermasse nie erneuert zu werden braucht, sondern während des Betriebes durch einfache Umstellung von Hähnen ausgewaschen werden kann.

Der Apparat hat den Vorzug, vollständig selbstthätig zu arbeiten und auch bei Abstellung der Wasserentnahme den Zufluss von Wasser, Kalkmilch und Sodalösung einzustellen, so dass beim Stillstand keine Verluste entstehen.

d) Wasserreiniger der Maschinenbauanstalt Humboldt.

Diese Firma liefert zwei Ausführungsformen von Wasserreinigern. Die ältere rechteckige stellt Fig. 120, die neuere cylindrische Fig. 121 dar.

Konstruktion und Wirkungsweise der älteren Ausführung sind folgende:

Das harte Wasser, gleichgiltig ob warm oder kalt, wird in den Zuflussbehälter a geleitet, aus welchem soviel in den darunter stehenden Reagentienbehälter b fliesst, als die aufzulösenden Zusatzmittel erfordern; b ist zur Erzielung kontinuierlichen Abflusses durch eine Scheidewand geteilt, sodass eine Hälfte vorgerichtet werden kann, während die andere von der Reagentienlösung entleert wird. Der selbstthätige Regulator stellt, dem Bedarf entsprechend, mittels Schwimmer den Zufluss sowohl aus a nach b, wie aus b in den Absetzkasten d ein. Dieser enthält eine Reihe geneigter Zwischenwände, um welche die Flüssigkeit in vielfachen Windungen fliesst, auf ihnen den Schlamm absetzend, der in die Spitzkästen e rutscht, und von da durch Hähne entleert werden kann.

Das weichgemachte Wasser passiert noch eine Filterschicht und fliesst bei f stetig ab.

Enthält das Wasser keine oder nur geringe Mengen kohlensaurer Magnesia, so arbeitet der Apparat kalt; sonst wird das Rohwasser dem Behälter a vorgewärmt zugeführt.

Der stehend angeordnete, cylindrische Apparat von Humboldt (Fig. 121) besteht aus folgenden Hauptteilen:

1. dem oberen Zuflussbehälter mit Abteilung A für hartes Wasser und Abteilung B für Sodalauge;
2. dem Regulator C mit den Abteilungen d und f;
3. dem Kalkwasserbereitungsapparat E;
4. dem Absetzkasten D mit den Absetzblechen p.

Die Weichmachung erfolgt hier in folgender Weise:

Das harte Wasser fliesst aus A zum grössten Teil in die Abteilung f des Regulators und eine kleine, genau regulierbare Menge in den Kalkwasserapparat E. In diesen wird eine grössere Menge Aetzkalk gebracht, welcher durch Wasser aus A aufgelöst wird; um die Lösung vollkommen gesättigt zu erhalten, ist die Einrichtung getroffen, dass durch das Lösungswasser mittels eines Rohres k eine grosse Luftmenge eingesaugt wird, welche beim Entweichen ein fortwährendes kräftiges Aufrühren der Lösung bewirkt. Der grosse Lösungscylinder bezweckt die Herstellung eines gleichmässig ätzkalkhaltigen Wassers, welches durch Rohr L in die mittlere Abteilung des Regulators überfliesst. In Abteilung B wird die Sodalösung hergestellt und dann in den Teil d des Regulators geleitet, der dem Rohwasser der Analyse entsprechende Mengen von Kalk und Soda zuführen

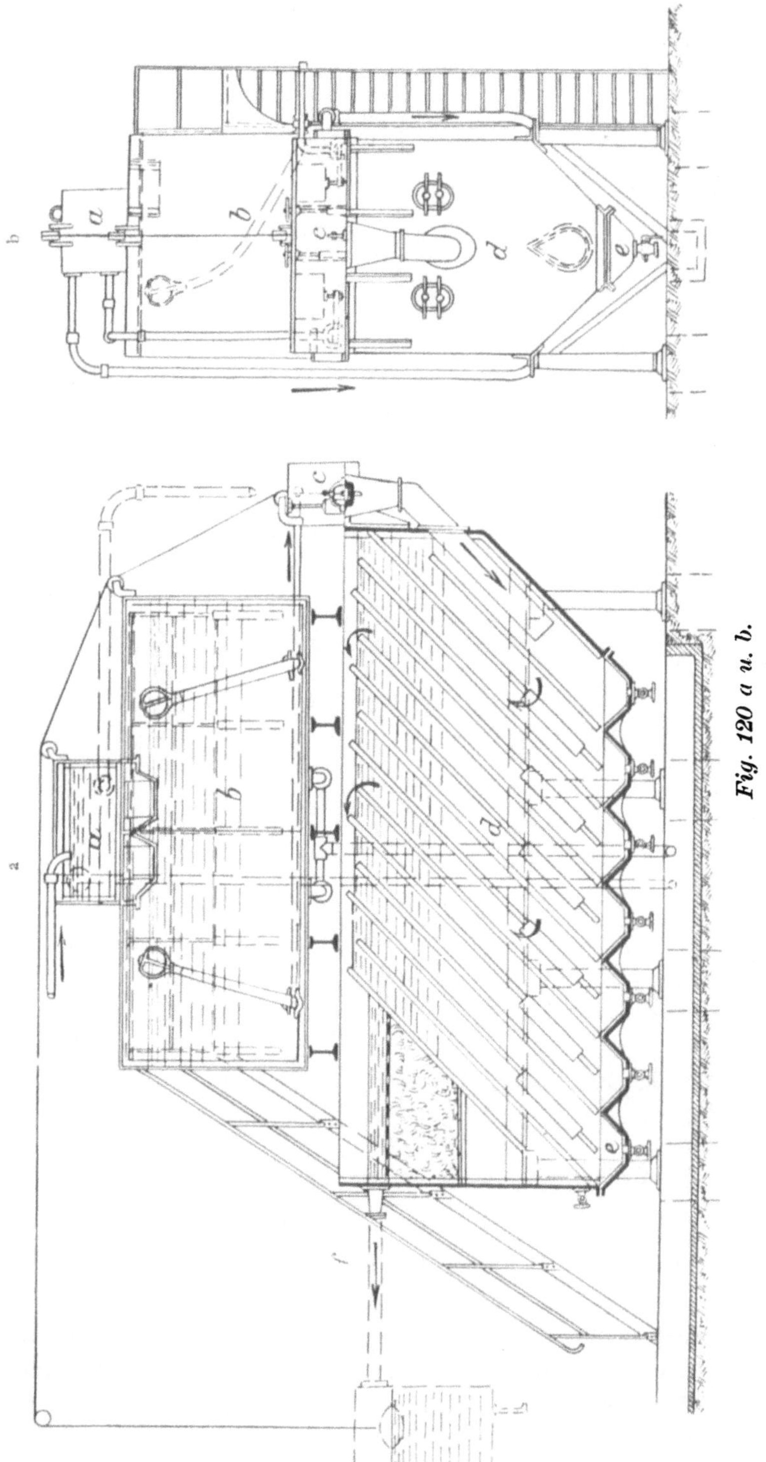

Fig. 120 *a u. b.* Wasserreiniger von Humboldt. (Ältere Form.)

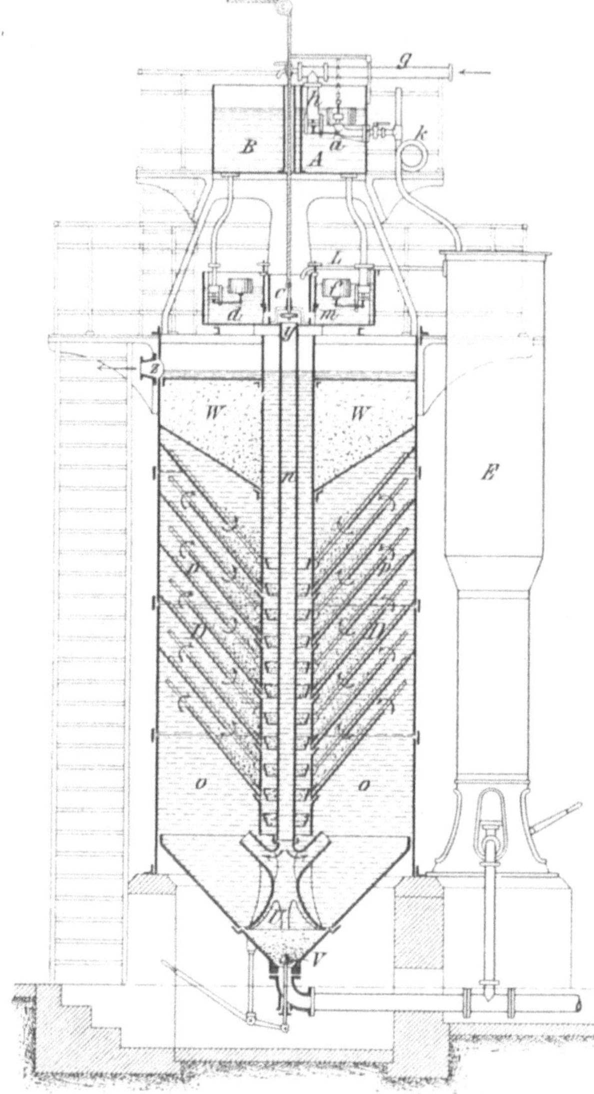

Fig. 121.

Cylindrischer Wasserreiniger von Humboldt.

soll. Durch einstellbare Schieberöffnungen fliessen nun Rohwasser und
Sodalösung, sowie durch einen einstellbaren Hahn Kalkwasser in bestimmtem Verhältnis durch Rohr n in die untere Abteilung des Absetzkastens D. Aehnlich dem älteren Apparat findet die Abscheidung auf
den schrägen Blechen des Absetzkastens statt. Zum Schluss passiert das
Wasser noch ein Filter.

Der Reinwasserspiegel ist durch Schwimmer und Kette mit dem Ventil y in der Regulatorzelle C verbunden und schliesst diese je nach Bedarf, hierdurch auf die Ventile d und a rückwirkend. Der ganze Apparat arbeitet also automatisch.

Die Kosten der Reagentien für 1 cbm weichgemachtes Wasser werden im Durchschnitt zu 2 Pf. angegeben.

Humboldtsche Apparate sind in Thätigkeit u. a. auf den Zechen:

Gustav . . . . mit 17 cbm stündlicher Leistung
Graf Beust . . . . . » 15 » » »
Mathias Stinnes . . . . » 25 » » »

e) Wasserreiniger von Reisert.

Einen Wasserreiniger der Firma H. Reisert in Köln stellt Fig. 122 dar. Der Apparat besteht aus folgenden Teilen:

1) einem Verteilungsapparat,
2) einem kontinuierlich wirkenden Kalksättiger,
3) einem Reaktionsraum,
4) einem Kiesfilter, Patent Reisert.

Der Verteilungsraum besteht aus drei Abteilungen. In die Abteilung R wird das Rohwasser hineingepumpt, in einer zweiten Abteilung C befindet sich eine Sodalösung von bestimmtem Gehalt, die dritte Abteilung J dient dazu, den gebrannten Kalk abzulöschen und zu Kalkmilch anzurühren.

Der Dervauxsche Patentkalksättiger besteht im wesentlichen aus einem aufrecht stehenden konischen Gefäss S, dessen engster Querschnitt sich unten befindet. Durch den Hahn K und das darunter liegende Rohr mit Trichter wird die in der vorigen Arbeitsschicht durch Ablöschen und Verdünnen des Kalkes im Behälter J bereitete Kalkmilch ganz unten in den Kalksättiger eingeführt, nachdem man unmittelbar vorher die ausgelaugten Kalkreste durch den Hahn L entfernt hat. Ein stets gleichbleibender, genau einstellbarer Wasserzulauf aus dem Behälter R fliesst durch den Hahn V unter die vorher eingeführte Kalkmasse und wirbelt diese auf. Das Wasser nimmt Kalk mit in die Höhe, bis die Wassergeschwindigkeit infolge der zunehmenden Querschnittserweiterung so gering wird, dass die schweren Kalkteilchen nicht mehr folgen, wodurch das Kalkwasser, nachdem es sich vollständig mit dem Kalk gesättigt hat, den Sättiger geklärt durch das Rohr U verlässt. Die zurückfallenden Kalkteilchen werden also stets wieder von der Wasserströmung erfasst und vollkommen ausgelaugt.

Aus dem Sättigungsapparat tritt das Kalkwasser in das Mischrohr E im Reaktionsraum D. In dasselbe Rohr fliesst auch aus der Abteilung C des Verteilungsapparates unter Vermittelung des Syphons N die Sodalösung und aus der Abteilung R das Rohwasser. Im Reaktionsraum setzt sich ein Teil des ausgefallenen Schlammes nieder, der von Zeit zu Zeit durch den Hahn W abgelassen wird. Das Wasser steigt im Raum D in

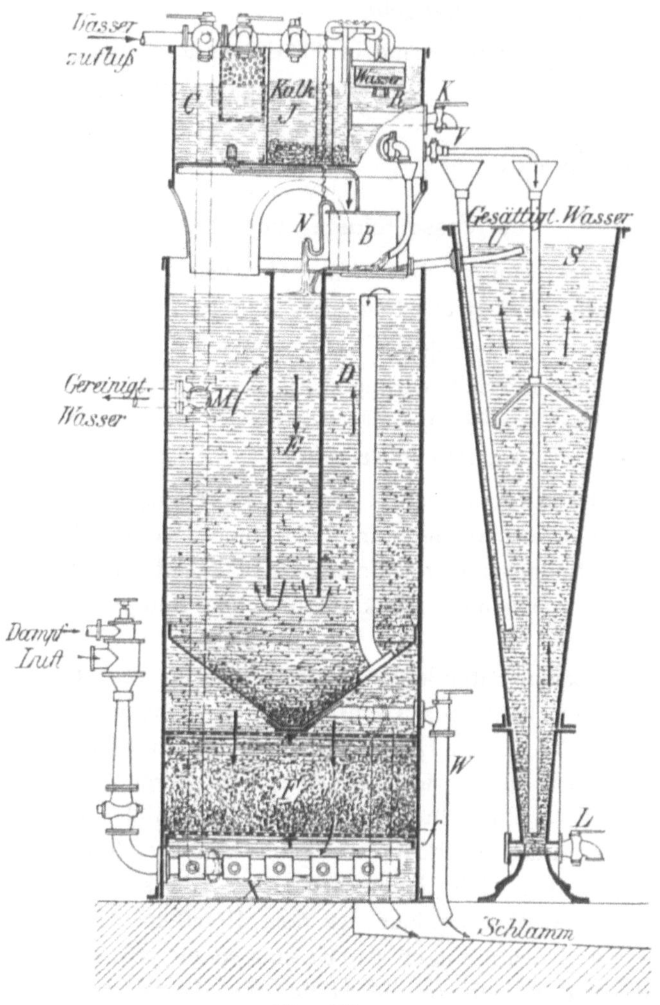

Fig. 122.

Wasserreiniger von Reisert.

die Höhe und fliesst von oben durch ein Ueberlaufrohr in das Reisertsche Patentfilter F, um darauf durch Rohr X und Dreiweghahn M den Reinigungsapparat klar zu verlassen.

Eine Auswechselung des Filtermaterials ist nicht nötig, da seine Reinigung, welche nur ca. 5 Minuten in Anspruch nimmt und täglich ein-

mal zu erfolgen hat, durch rückströmendes Wasser und durch ein Dampf-
strahlgebläse erfolgt.

Reisertsche Wasserreiniger besitzen die Zechen Dannenbaum und
General.

f) Wasserreiniger der Sieg-Rheinischen Hütten A.-G.

Einen Wasserreiniger, der neben der Entfernung der Kesselsteinbildner und hoher Vorwärmung des Speisewassers auch noch eine Ent-

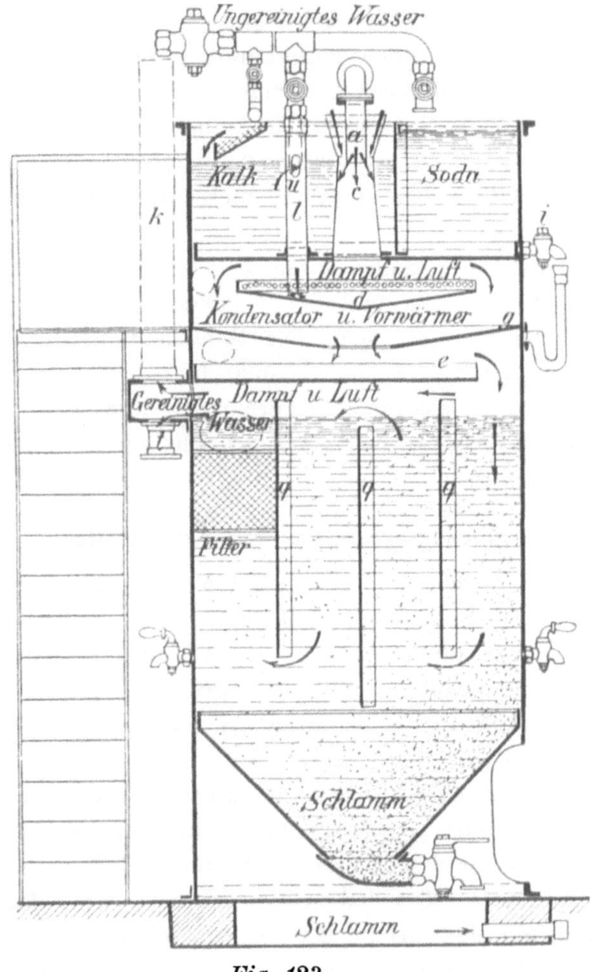

Fig. 123.

Wasserreiniger der Sieg-Rheinischen Hütten A.-G.

eisenung des Wassers bewirkt, baut die Sieg-Rheinische Hütten-Akt.-Ges.
zu Friedrich-Wilhelmshütte, Sieg (Patent Nuss). Er ist in Fig. 123 dargestellt.

Zwei Zwischenböden teilen den aufrechtstehenden, cylindrischen Apparat in drei Hauptabteilungen. In der oberen befindet sich ein Behälter für Kalkwasser und ein solcher für Sodalauge. Die mittlere Abteilung dient als Vorwärmer und Kondensator, während die untere, durch senkrechte Querwände q wieder unterteilt, zur Ausfällung des Schlammes benutzt wird.

Der Abdampf gelangt durch Rohrleitung a in das nach unten erweiterte Rohr c. Die Strömung des Dampfes und der durch einen Kamin hervorgerufene Zug bewirken in der Düse des Rohres c ein lebhaftes Ansaugen der Luft. Durch die Abkühlung sammelt sich Wasser in der Schale d, welche zudem noch ungereinigtes, durch Schlitz u mit Kalkwasser durchsetztes Rohwasser empfängt. Von d fällt die Mischung auf den Boden g, durch dessen mittlere Oeffnung auf Boden e und schliesslich in die rechte Klärkammer, wo durch den Hahn i entsprechende Mengen Sodalauge zugesetzt werden. Luft und noch vorhandener Dampf entweichen durch den Kamin k.

Die Ausfällung der kohlensauren und schwefelsauren Verbindungen, des Kalkes, der Magnesia und der Chlorverbindungen geht in den drei übrigen Klärkammern vor sich. Die Schlammteilchen gelangen in den trichterartigen unteren Teil und können hier durch einen Hahn entfernt werden. Zum Schluss passiert das gereinigte Wasser noch ein Filter.

Ein solcher Reiniger für 7 cbm stündlicher Leistung ist auf Zeche Herkules aufgestellt.

g) Wasserreiniger von Steinmüller.

Einen Reiniger neuerer Konstruktion (Fig. 124) bringt die Dampfkesselfabrik L. & C. Steinmüller in Gummersbach in den Handel.

Das Rohwasser fliesst oben in den Wasserverteiler A, wo es sich durch den Verteilungsüberlauf a in drei Ströme b, c und d teilt.

Der Hauptstrom c gelangt durch den Vorwärmer B in die Mischschale F des Klärbehälters.

Der zweite, schwächere Strom d fliesst zum Kalksättiger und wird durch Rohr f in dessen unterste Spitze geführt. Der aufsteigende Wasserstrom wirbelt die hier lagernden Kalkteilchen auf und mischt sich innig mit ihnen. Die Schirme i und k haben den Zweck, die aufsteigenden Luftblasen aufzufangen und in die Glocke l zu leiten, von wo sie durch das Rohr m wieder nach unten gelangen. Der Apparat erzeugt sich also selbst kohlensäurefreie Luft, da der Zutritt frischer Luft, welche jedesmal einen Teil des Aetzkalkes unbrauchbar machen würde, verhindert wird. Das Kalkwasser strömt dann durch Rohr n ebenfalls in die Mischschale F.

Der dritte Wasserstrom b fliesst in eine Kippschale o, die einen Messbecher p zum Zwecke der Zuführung der Sodalösung bethätigt, welche,

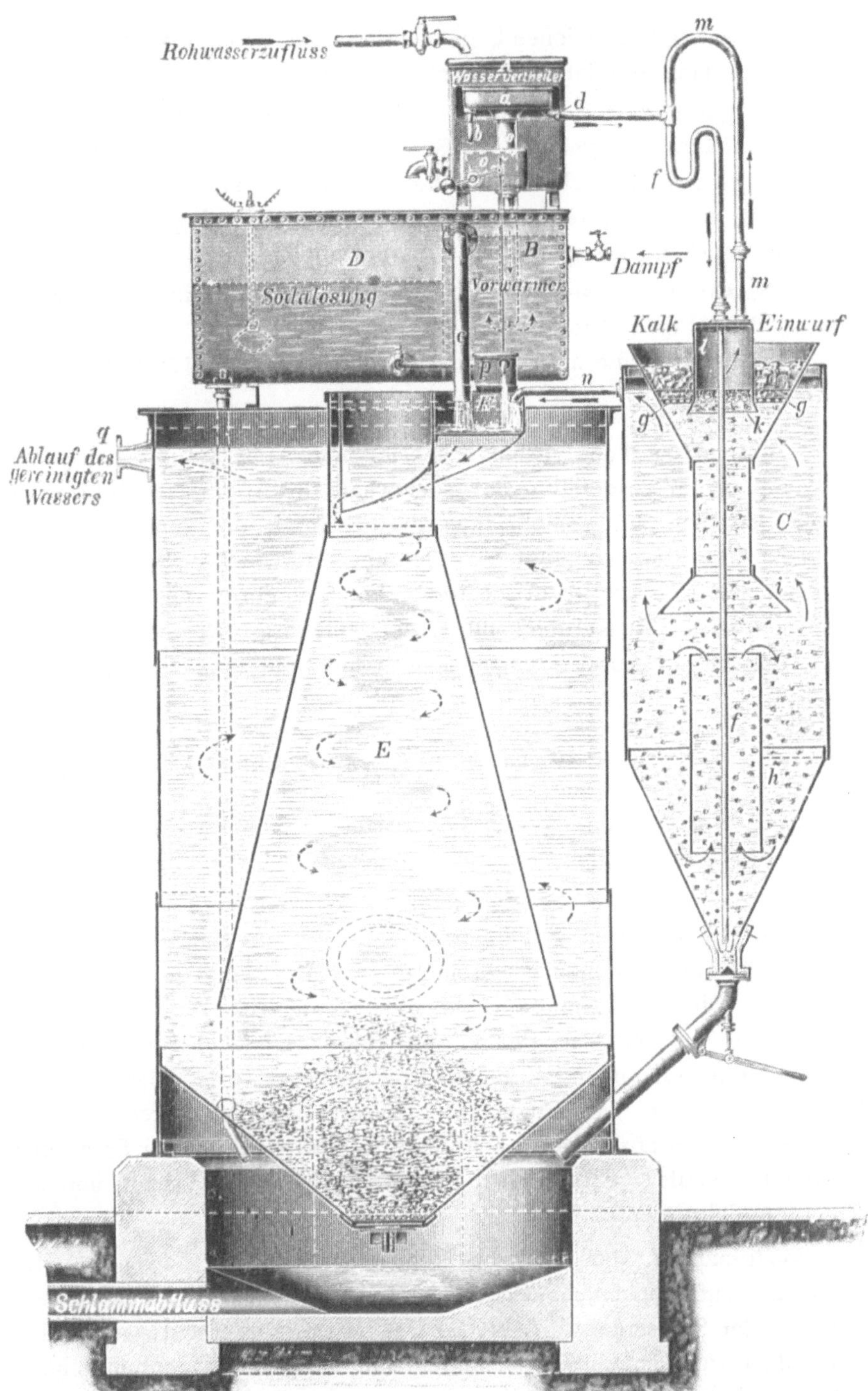

Fig. 124.

Wasserreiniger von Steinmüller.

13*

für mehrere Tage ausreichend, in dem Behälter D angerührt wird. Von p fliesst sie dann ebenfalls zur Mischschale F.

Dem ganzen Gemisch wird nun eine schneckenartige Bewegung durch den Klärbehälter E gegeben. Die Bewegung des Wassers verlangsamt sich allmählich, sodass die Schlammteilchen Zeit haben, sich unten abzusetzen. Filter von auswaschbarem Quarzsand werden nur eingebaut, wenn das Rohwasser viel organische Beimischungen enthält.

Soll warmes Wasser geliefert werden, so wird ein Vorwärmer für Frisch- oder Abdampf vorgesehen.

Ein Apparat dieser Konstruktion ist auf Zeche Grat Bismarck in Betrieb.

Während sämtliche vorher beschriebenen Apparate eine selbstthätige Abscheidung der ausgefällten Salze innerhalb des Apparats selbst bewirken, welche lediglich durch die Schwerkraft erfolgt, die zum Schluss angehängten Filter aber mehr auf Abscheidung organischer Bestandteile des Wassers hinzielen, hat bei den folgenden Reinigern von Dehne und der Maschinenfabrik Grevenbroich die Gesamtanlage geringeren Umfang und ist bei beiden zur Abscheidung der Schlammteile eine Filterpresse vorgesehen.

h) Wasserreiniger von Dehne.

Eine Wasserreinigungsanlage der Maschinenfabrik A. L. G. Dehne in Halle a. d. Saale giebt Fig. 125 wieder. Der Vorgang ist folgender:

Aus einem Hochreservoir gelangt das Wasser durch einen Vorwärmer in einen geschlossenen Fällapparat, von dort in eine Filterpresse, aus welcher die Speisepumpe das gereinigte Wasser absaugt und in den Kessel befördert. Die Speisepumpe dient gleichzeitig zum Betrieb eines Rührbottichs, in welchem die Reagentien aufgelöst und aus dem die Lösung durch die Laugepumpe in den Fällapparat gedrückt wird. Zu wechselweiser Benutzung sind in der Regel zwei Filterpressen aufgestellt und durch Ventile ein- oder abzuschalten. Auch die Verbindung mit der Speisepumpe ist durch Ventile wechselweise ermöglicht. Es kann somit immer ein Filter gereinigt werden.

Während bei den früheren Reinigungsmethoden bewegte Teile für die Laugenzufuhr nicht in Verwendung waren, ist diese hier in Abhängigkeit von der Speisepumpe, d. h. der Bedarfsstelle gebracht; es wird also bei jedem Pumpenhub ein bestimmt abgemessenes Quantum rohen, erwärmten Wassers aus dem Vorwärmer in den Filterapparat gesaugt und gleichzeitig ein gleichfalls abgemessenes Quantum Lauge durch die kleine Laugenpumpe in den Fällapparat gedrückt.

Die Anlage wird auch so ausgeführt, dass die Reinigungsapparate in die Druckleitung der Pumpe eingeschaltet werden.

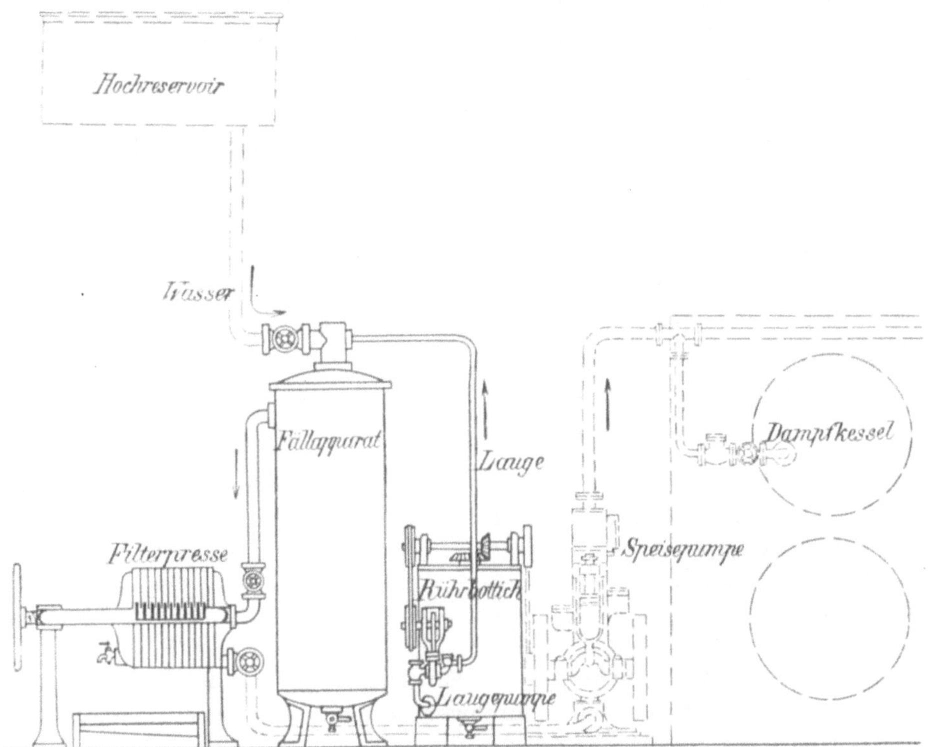

Fig. 125.

Wasserreiniger von Dehne.

Dehnesche Reiniger sind im Betrieb auf den Zechen:

Prosper I und II für je 20 cbm. stündliche Leistung,
Shamrock I, II   ›   20   ›   ›   »
Carolinenglück   ›   16   ›   ›   »   (Reserve),
Kaiser Friedrich   ›   9   ›   »   »   (Reserve).

i) Wasserreiniger der Maschinenfabrik Grevenbroich.

Der Reinigungsapparat der Maschinenfabrik Grevenbroich schliesst sich im Prinzip dem Dehneschen an, nur ist er in der Anordnung gedrängter, indem an Stelle eines Röhrenvorwärmers ein solcher mit Platten gewählt ist. Dahinter befindet sich der Fällapparat und diesem schliesst sich die Filterpresse an, aus der das gereinigte Wasser dem Kessel zugeführt wird.

Auch diese Firma baut zwei Ausführungsformen. Fig. 126 zeigt folgende Anordnung:

Die Laugenpumpe d ist mit der Druckpumpe b mechanisch gekuppelt. Sie entnimmt die Lauge dem Kasten c und presst sie in den Fällkasten a. Das gereinigte Wasser fliesst in den Behälter e ab, von wo es der Speisepumpe zugeführt wird.

Die zweite Anordnung ist in Fig. 127 wiedergegeben.

Das Rohwasser wird einem Hochbassin b entnommen, fliesst durch den Apparat a zur Speisepumpe e und von dieser in den Kessel. Die Laugenpumpe d ist mit der Speisepumpe gekuppelt.

Diese zweite Anordnung ist jedenfalls die einfachere, da Pumpe e gleichzeitig Speisepumpe für den Kessel ist. Vorausgesetzt ist dabei, dass Behälter b von einer Wasserleitung oder durch eine Abzweigung der Steigeleitung einer Wasserhaltung, also ohne ein maschinelles Zwischenglied gefüllt wird, da sonst der Vorteil hinfällig wird.

Ausführungen von Grevenbroich sind vorhanden auf den Zechen:

Hannover I	für 15	cbm stündliche Leistung,		
Kaiser Friedrich	» 42	»	»	»
Massen	» 20	»	»	»
Lothringen	» 35	»	»	»
Neu-Iserlohn	» 20	»	»	»

Die Resultate, welche die Zechenverwaltungen mit den beschriebenen Reinigern erzielt haben, sind durchweg als gute zu bezeichnen, da der rege Wettstreit, welcher im Apparatebau herrscht, nur wohldurchdachte und gut arbeitende Reiniger aufkommen lässt. Ihre Anzahl selbst vergrössert sich von Jahr zu Jahr.

3. Die Vorwärmung des Speisewassers.

Bei der Besprechung der Wasserreiniger wurde bereits erwähnt, dass in den meisten Fällen mit dem Reinigungsprozess eine Vorwärmung des Wassers verbunden ist.

Die Vorteile dieser Einrichtung sind folgende: Der kohlensaure Kalk und die kohlensaure Magnesia werden durch die Kohlensäure des Wassers als doppelt-kohlensaure Salze in Lösung erhalten; bringt man nun das Wasser auf Siedetemperatur oder doch annähernd darauf, so wird Kohlensäure frei und der entstehende einfach-kohlensaure Kalk und die einfach-kohlensaure Magnesia fallen als unlösliche Verbindungen in Gestalt eines weichen, nicht erhärtenden Schlammes aus.

Ausser der Kohlensäure wird durch Erhitzen des Wassers, bevor es in den Kessel gelangt, auch die im Wasser enthaltene Luft ausgetrieben,

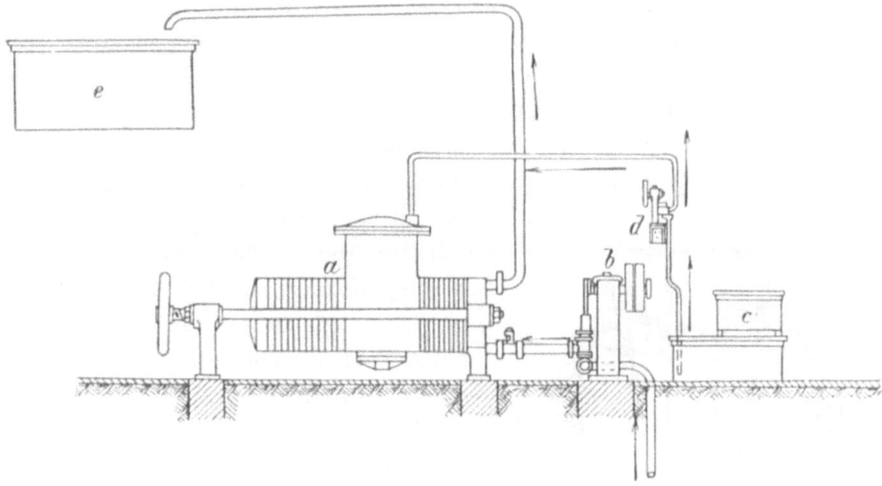

Fig. 126.

Wasserreiniger der Maschinenfabrik Grevenbroich.

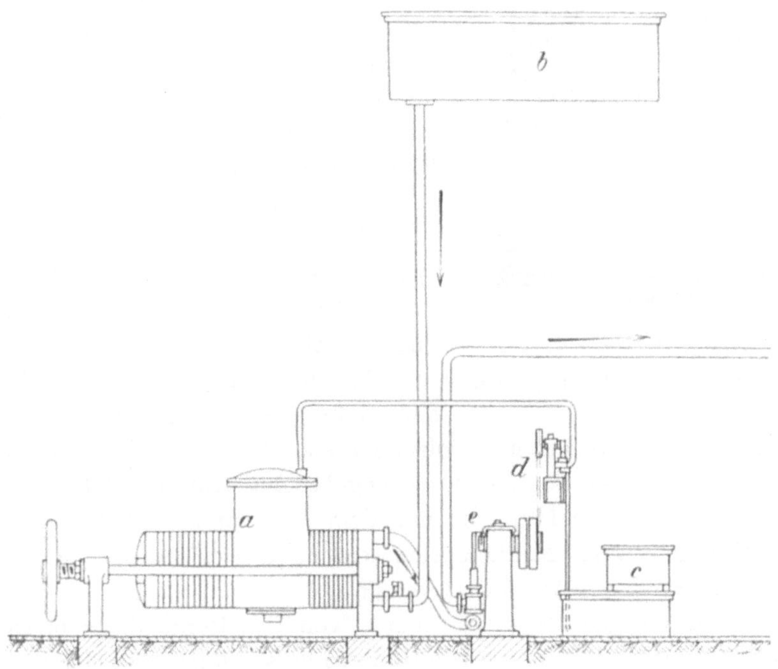

Fig. 127.

Wasserreiniger der Maschinenfabrik Grevenbroich.

die sonst an Stellen, wo sie nicht entweichen kann, zur Bildung von Eisenoxyd führen, d. h. die Wandstärken der Bleche durch Anrosten verringern würde. Ferner wird der ganze Kessel viel mehr geschont, wenn er warm gespeist wird, da er nicht in dem Masse mechanischen Beanspruchungen ausgesetzt wird, als wenn kaltes Wasser über die heissen Bleche strömt.

Schliesslich bringt die Vorwärmung nicht geringe wirtschaftliche Vorteile mit sich, denn sie geschieht fast immer durch Wärmequellen, die sonst unausgenützt bleiben würden, z. B. durch die Abgase der Kessel oder durch den Auspuffdampf der Maschinen.

Aus allen diesen Gründen ist man auf den Zechen schon längst zu dem Bau von Vorwärmern geschritten.

Meist schaffte man sich diese selber, indem man in einen alten Kessel oder einen sonstigen cylindrischen Behälter, welcher z. T. mit Speisewasser angefüllt war, den Abdampf der Maschinen leitete. In neuerer Zeit vermeidet man allerdings lieber die direkte Berührung von Dampf und Wasser, um der Gefahr, die das Oel im Kessel mit sich bringt, aus dem Wege zu gehen, und leitet den Dampf durch weite Rohre oder Bündel engerer Röhren, die man vom Wasser umspülen lässt. Derartige Einrichtungen findet man auf einer grossen Anzahl von Zechen.

Eine eigenartige Vorwärmung des Speisewassers hat sich die Zeche Ver. Pörtingssiepen selbst gebaut; die Einrichtung ist folgende:

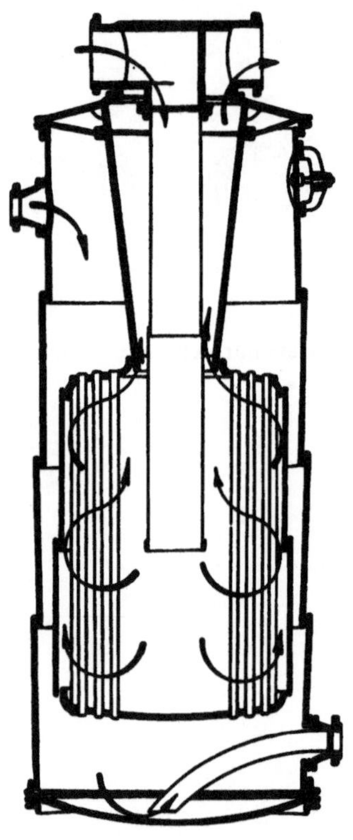

Fig. 128.

Vorwärmer von Berninghaus.

In einem ca. 15 m hohen und 1,5—2,0 qm weiten, rechteckig gemauerten Turm sind abwechselnd rechts und links über einander greifende Schmiedeeisenbleche in Abständen von 20—30 cm angebracht. Auf diese fällt das Wasser von oben herunter und kommt mit dem von unten seitlich eingeführten Auspuffdampf zweier Luftkompressoren in direkte Berührung, wobei es eine Temperatur von 75—80° C. erhält.

Zeche Von der Heydt hat einen von Ew. Berninghaus in Duisburg erbauten Vorwärmer (Fig. 128) in Betrieb, dessen Reinigung alle Vierteljahr vorgenommen und in 24 Stunden ausgeführt wird. Die Wirkungsweise des Apparates ist wohl ohne nähere Erklärung ersichtlich.

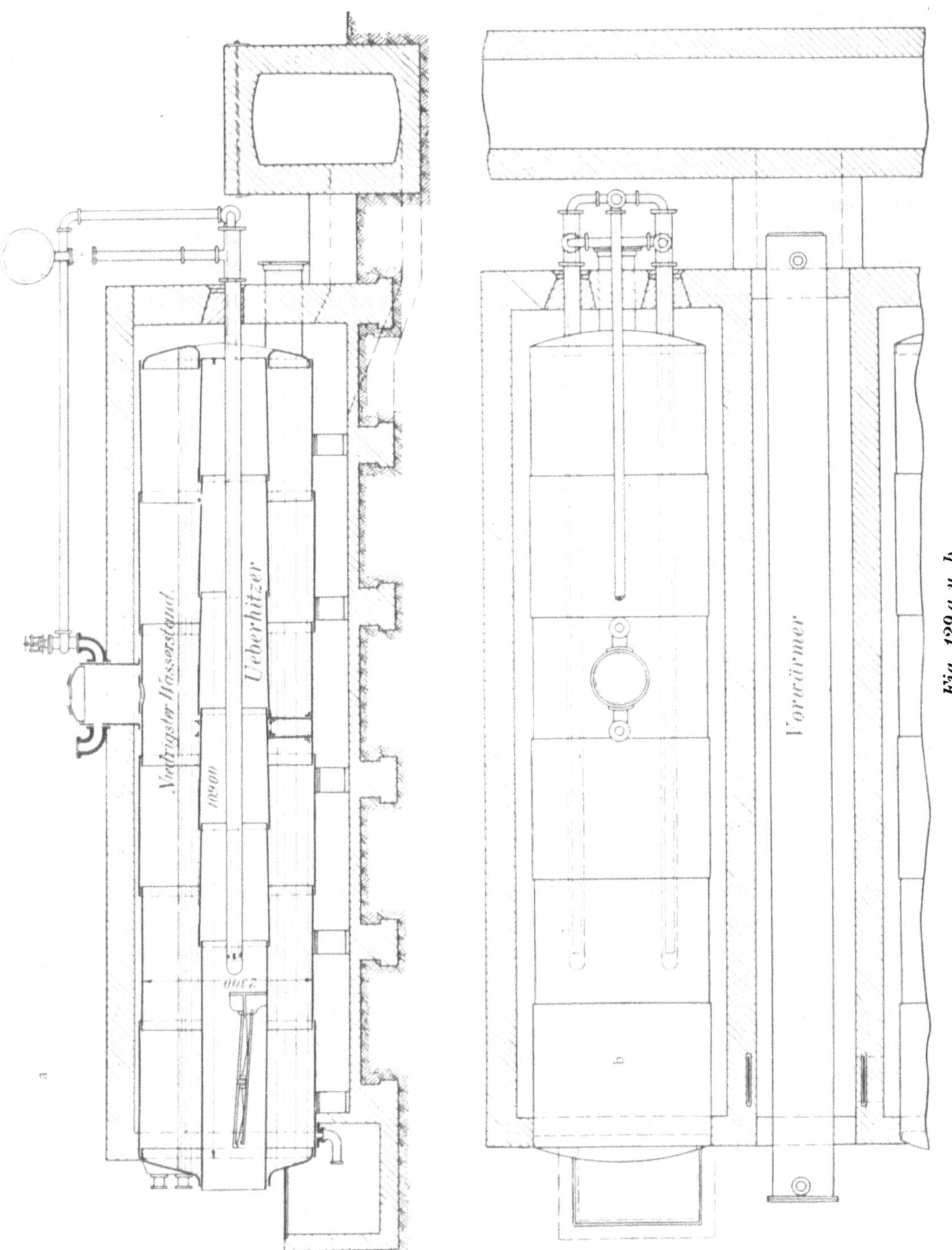

Fig. 129 a u. b.
Lancashire-Kessel mit Vorwärmer und Ueberhitzer.

Die in den Abgasen enthaltene Wärme nutzt die Zeche Königsgrube durch einen Greenschen Economiser aus, der in den Fuchs eingebaut ist. Die Resultate sind günstig, nur macht die Entfernung der Flugasche Schwierigkeiten.

Auf Zeche Mont Cenis II sind zwischen je zwei Lancashirekessel Vorwärmer eingeschaltet, deren Heizung durch die abziehenden Rauchgase erfolgt und die aus Cylindern von 0,8 m Durchmesser und 14 m Länge bestehen (Fig. 129).

Fig. 130 zeigt eine Anlage der Zeche Centrum bei Wattenscheid. Die Abgase von 40 Ottoschen Koksöfen heizen die Röhrenkessel I, II, III und gelangen sodann zu drei alten Flammrohrkesseln 1, 2, 3, in welchen

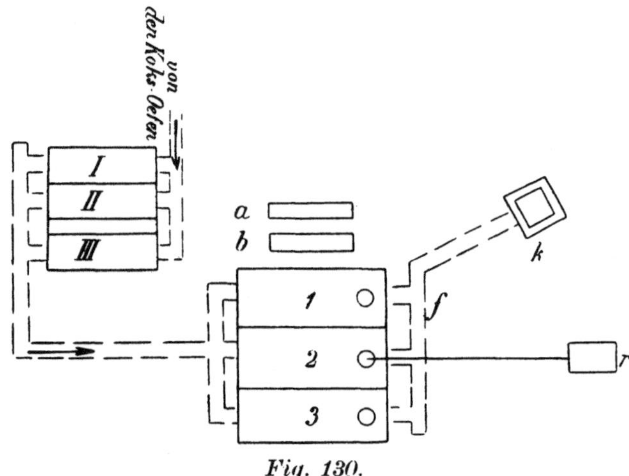

Fig. 130.

Vorwärmung des Speisewassers auf Zeche Centrum.

sie zur Vorwärmung des im Reiniger r gereinigten Speisewassers dienen; durch den Fuchs f werden sie schliesslich zum Kamin k geführt. a und b sind die Speisepumpen.

Die Temperatur des vorgewärmten Wassers schwankt naturgemäss, da sie von den mannigfaltigen Betriebsverhältnissen abhängt. Es werden meist 60—80° angegeben, wobei die höheren Zahlen überwiegen. Economiser erreichen eine noch höhere Temperatur, was die Zeche Königsgrube bestätigt.

VI. Die Ueberhitzung des Dampfes.*)

Schon seit mehr als 50 Jahren weiss man, dass gesättigter Wasserdampf, wenn ihm noch weitere Wärme zugeführt wird, in den »überhitzten«

*) Ergänzt von Ingenieur Bracht.

Zustand übergeht, d. h. eine höhere Temperatur und geringere Dichte bei derselben Spannung annimmt, als im gesättigten Zustande.

Diesen Vorteil auszunützen, hat man erst in neuerer Zeit verstanden und durch hohe Ueberhitzungen bedeutende Dampf- und damit Kohlenersparnisse erzielt.

Im Ruhrrevier ist man erst vereinzelt zur Verwendung überhitzten Dampfes übergegangen. Die weitverzweigten Anlagen einer Zeche lassen es fraglich erscheinen, ob der Dampf noch in wesentlich überhitztem Zustande an die Verbrauchsstellen gelangt. Namentlich spielen hier die langen im Schacht verlegten Leitungen der Dampfwasserhaltungen eine Rolle und die bergtechnisch ins Gewicht fallende Temperaturerhöhung im Schacht. Dazu kommt, dass die Zechen eine ganze Reihe alter Maschinen noch in Betrieb haben, bei denen zu erwägen ist, ob sie den erhöhten Ansprüchen heisseren Dampfes gewachsen sind. Erschwerend für die Einführung überhitzten Dampfes sind auch die vorhandenen Rohrleitungen. Ueberhitzter Dampf bedarf grösserer Dampfgeschwindigkeiten als gesättigter und zwar werden für diesen 15—20, für jenen aber 25—40 m in der Sekunde vorgeschrieben. Das bedingte in den weitaus meisten Fällen einen gründlichen Umbau des Rohrnetzes. Alle diese Umstände müssen in Rechnung gezogen werden, wenn es sich um die nachträgliche Ausrüstung einer Kesselanlage mit Ueberhitzern handelt.

Anders liegen die Verhältnisse bei Neuanlagen namentlich von Centralen, wozu man aus anderweitig schon dargelegten Gründen im Ruhrrevier jetzt vielfach übergeht. Hier kann allen Bedingungen vollkommen Genüge geleistet werden. Die Kessel werden möglichst nahe an das Maschinenhaus gelegt, die Rohrleitungen werden kurz, sind dabei aber gut isoliert, sodass die Verluste an Ueberhitzungstemperatur vom Kessel bis zur Maschine gering ausfallen.

Es seien nun im folgenden einige Ueberhitzertypen beschrieben, die auf den Zechen des Revieres zur Ausführung gelangt sind.

Eine ältere, heute wohl kaum noch angewendete Bauart besitzt die Zeche Consolidation III/IV in Schalke. Sie besteht aus einem Lancashire-Kessel mit darauf befindlichem Rauchrohrkessel (Fig. 131). Der in einer gemeinsamen weiten Leitung aus den Walzenkesseln gesammelte Dampf von 6 Atm. Spannung strömt in den Lancashire-Kessel, wo er das mitgeführte Dampfwasser fallen lässt, welches den Kessel stetig bis etwa zur Hälfte des normalen Wasserstandes füllt, sodass also noch fast ebensoviel Frischwasser zugeführt werden muss. Die Heizgase gelangen aus den Flammrohren in die Rohre des Rauchrohrkessels und schliesslich unter dem Lancashire-Kessel hindurch in den Fuchs. Sie haben vor dem Rauchrohrkessel nach wiederholten Messungen eine Temperatur von 500° C. und dahinter eine solche von 300—350° C. Die Dampftemperatur im Nach-

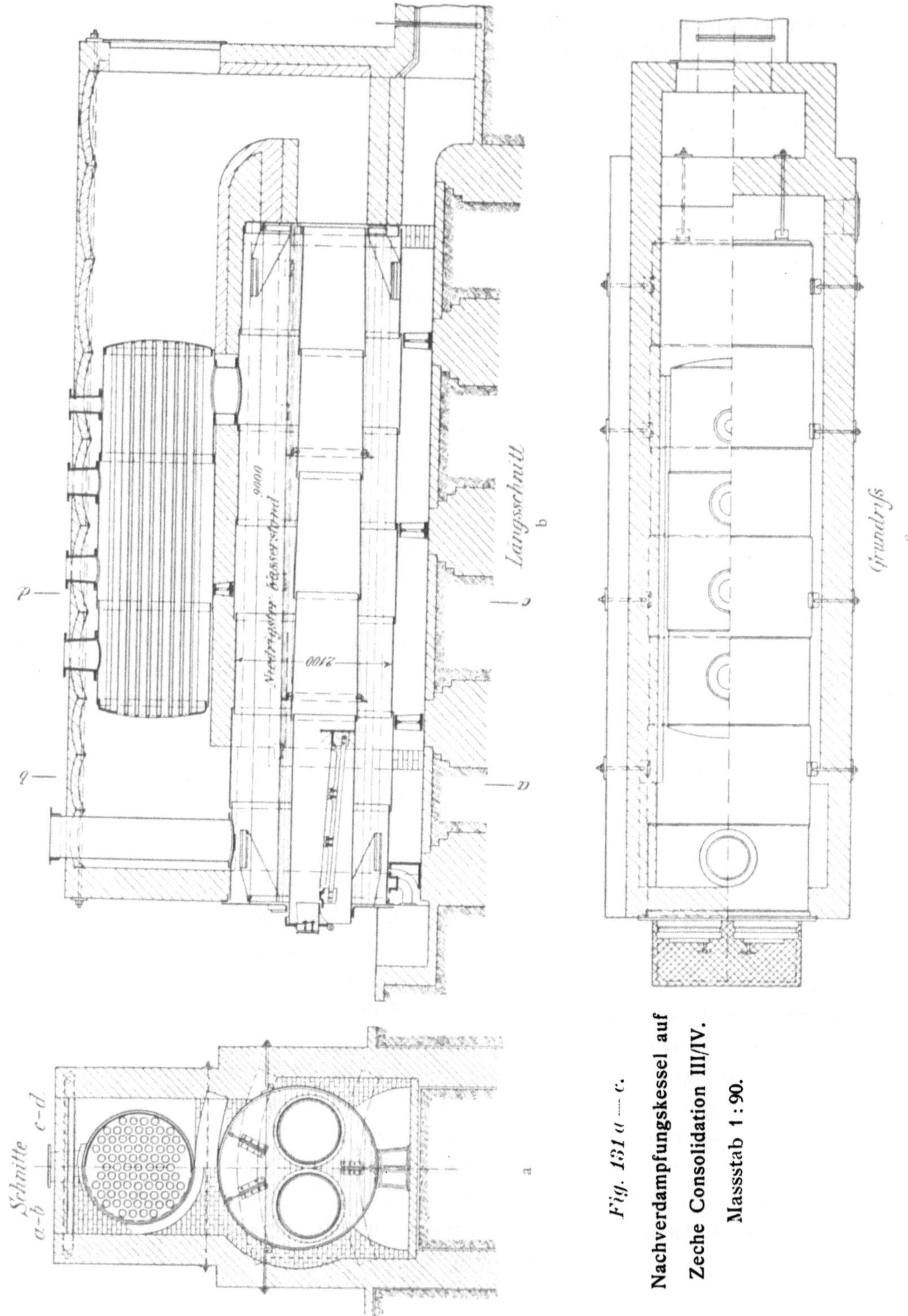

Fig. 131 a—c.
Nachverdampfungskessel auf
Zeche Consolidation III/IV.
Massstab 1:90.

verdampfer ist durchschnittlich zu 188° C. ermittelt worden bei 5,5 Atm. Betriebsspannung.

Weitere Messungen ergaben:

Tabelle 12.

Entfernung vom Kessel m	Dampftemperatur in Graden Celsius
30	180
50	175
70	160

Bei 70 m Entfernung ist also die Temperatur noch so hoch, wie sie gesättigtem Wasserdampf von 5,5 Atm. entspricht. Stärker überhitzten Dampf lassen die Maschinen der Zeche ihrer Konstruktion wegen nicht zu. Der Apparat dürfte eher den Namen eines »Dampftrockners« verdienen; denn von einer wesentlichen Ueberhitzung kann wohl kaum die Rede sein.

Heute kommen nur noch Rohrüberhitzer in Anwendung, welche meist in die Züge der Kessel eingebaut oder auch besonders gefeuert werden.

Auf Zeche Mansfeld Schacht Colonia sind sieben Zweiflammrohr-Kessel, von Jacques Piedboeuf in Düsseldorf für $12^1/_4$ Atm. erbaut, mit Schwoererüberhitzern versehen. Es sind dies rippenheizkörperartige Segmente, die hinter den Flammrohren im Kesselzuge liegen. Die Kessel werden mit den Abgasen einer Kokerei geheizt. Die Höhe der Ueberhitzung des Dampfes am Eintrittsventil der Maschine soll 300° C. betragen bei 12 Atm. Admissionsspannung. Bei Versuchen des Bergbaulichen Vereins und des Dampfkessel-Ueberwachungs-Vereins an dieser Anlage[*]) wurde eine Temperatur von 300° C. an der Maschine erreicht, wenn der Dampf beim Verlassen des Ueberhitzers etwa 20—25° höher überhitzt war. Die freie Dampfleitung war jedoch nur etwa 25 m lang. Der Dampfverbrauch der von Sulzer erbauten Dreifach-Expansionsmaschine betrug 4,256 kg je PS und Stunde bei überhitztem, gegen 5,254 kg je PS und Stunde bei gesättigtem Dampf, mithin erzielte man durch die Ueberhitzung eine Dampfersparnis von 20 %. Interessant und erwähnenswert ist der Umstand dass sich trotz der Temperaturerhöhung des Dampfes noch Kondenswasser gebildet hatte. Es betrug dessen Menge bei einem achtstündigen Versuche 127 kg, während dem gesättigten Dampf bei einem Versuch von gleicher Dauer 352 kg entzogen wurden.

Vielfach in Anwendung gekommen sind Schlangenrohr-Ueberhitzer oder solche mit U-förmig gebogenen Rohren aus Schmiedeeisen, die in einem

---

[*] Glückauf 1904, No. 52.

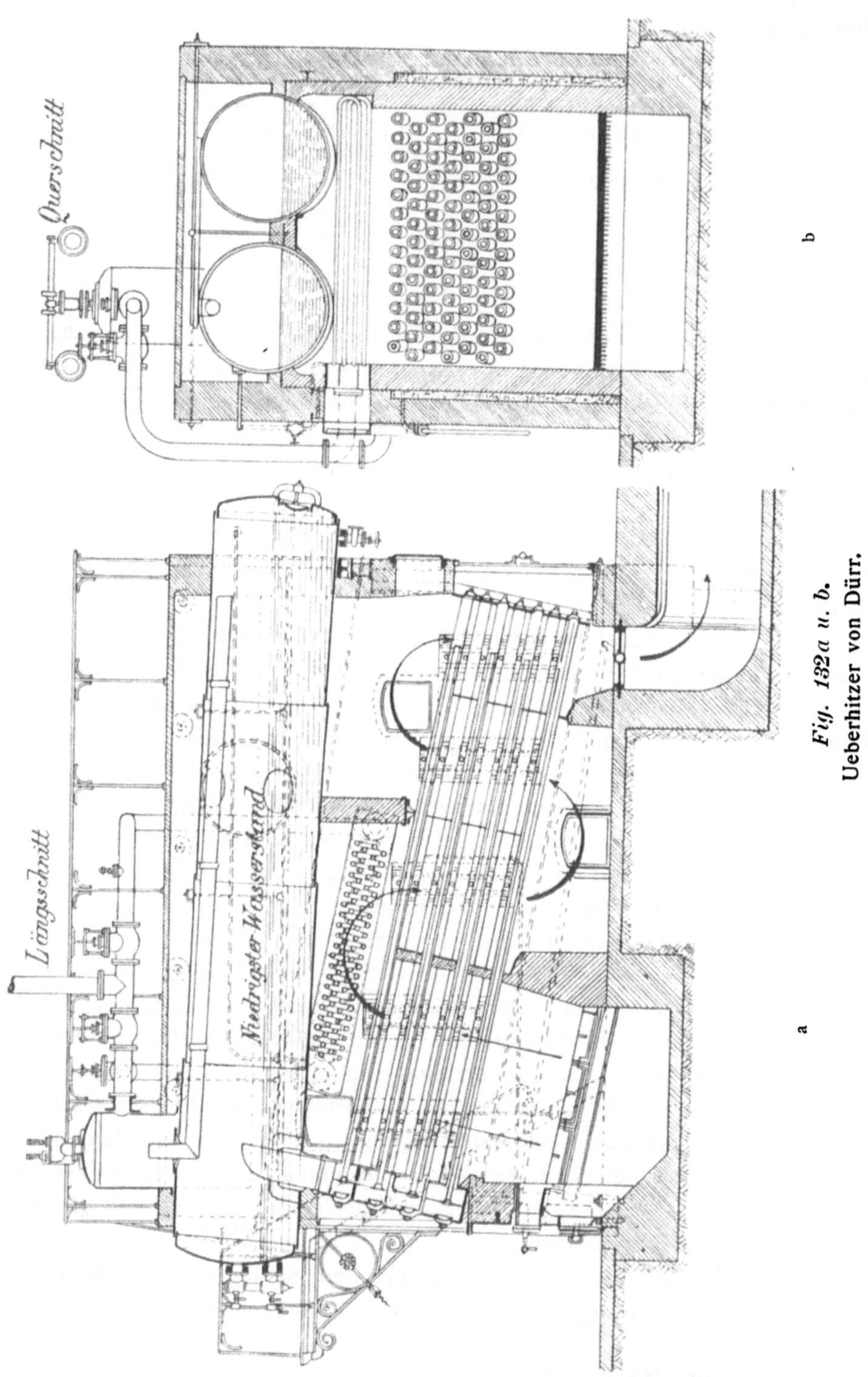

Fig. 132a u. b.
Ueberhitzer von Dürr.

Additional material from *Disposition der Tagesanlagen, Dampferzeugung, Centralkondensation, Luftkompressoren, Elektrische Centralen*
ISBN 978-3-642-50625-3 (978-3-642-50625-3_OSFO9),
is available at http://extras.springer.com

oder mehreren schmiedeeisernen Sammelkästen vereinigt sind. Das ganze System kann nötigenfalls aus den Feuergasen ausgeschaltet werden.

Fig. 132 bringt eine Konstruktion der Düsseldorf-Ratinger Röhrenkesselfabrik vorm. Dürr & Co., eingebaut in die Züge eines Wasserröhrenkessels dieser Firma. Solche Ueberhitzer sind in Betrieb auf den Zechen Graf Beust, Mathias Stinnes, Victoria Mathias, Blankenburg, Fröhliche Morgensonne, Alstaden.

Den Einbau eines Schnellstrom-Ueberhitzers, System Szamatolski, hinter einem Zweiflammrohrkessel der Firma Siller & Jamart in Barmen zeigt Tafel XI. Die Anlage war bestimmt für das Rheinisch-Westfälische Kohlensyndikat. Die Ueberhitzerrohre sind hier senkrecht nach unten hängend angeordnet. Eine Ausschaltung aus den Feuergasen ist ohne weiteres möglich.

Die Zeche Zollern II erhält ihren ganzen Kraftbedarf von einer Centrale, bestehend aus sechs Dampfkesseln, erbaut von den Deutschen Babcock & Wilkox Dampfkesselwerken A.-G. Oberhausen. Der Dampfdruck beträgt 14 Atm., die Ueberhitzung am Eintrittsventil der Dreifach-Expansionsmaschine 250°. Der Ueberhitzer befindet sich zwischen Röhrensystem und Oberkessel liegend angeordnet und besteht aus U-Rohren, die mit jedem Ende in einen Sammelkasten eingewalzt sind.

Schliesslich seien hier noch zwei besonders gefeuerte Ueberhitzer der Zeche Dahlbusch (Fig. 133) erwähnt.

Sie sind erbaut von der Firma C. & L. Steinmüller in Gummersbach und sollen den Dampf von fünf Tomsonkesseln überhitzen, die mit den Abgasen einer Kokerei geheizt werden und 12 Atm. Konzessionsspannung besitzen. Von diesen Kesseln geht eine ca. 70 m lange Dampfleitung zu den Sonderüberhitzern. Hervorzuheben ist, dass in dieser ganzen Leitung kein Kondenstopf eingeschaltet ist; alles Kondensat geht in die unteren Ueberhitzerschlangen und wird hier von neuem verdampft.

Die Ueberhitzer selbst bestehen aus 136 gebogenen nahtlosen Stahlrohren von je 7700 mm Länge bei 38 mm äusserem Durchmesser und aus einer schmiedeeisernen Wasserkammer. Es sind Vorkehrungen getroffen, um jeden der beiden Ueberhitzer aus der Dampfleitung auszuschalten und im Notfall Dampf in gesättigtem Zustande dem im Centralmaschinenhaus aufgestellten Turboalternator (Dampfturbine, System Parsons, mit Drehstromgenerator gekuppelt) zuführen zu können (Fig. 134).

Der Dampfkessel-Ueberwachungs-Verein hatte bei einer Untersuchung dieser Dampfturbine Gelegenheit, auch die Ueberhitzer zu prüfen. Diese wurden zu dem Zwecke mit Kohlen befeuert, während sie später mit Gas von der Kokerei beheizt werden sollen.

Der Dampf trat mit 11,0 Atm. ein und mit 10,7 Atm. Spannung aus, und wurde von 186,9° C. auf 279,3, d. h. um 92,4° überhitzt.

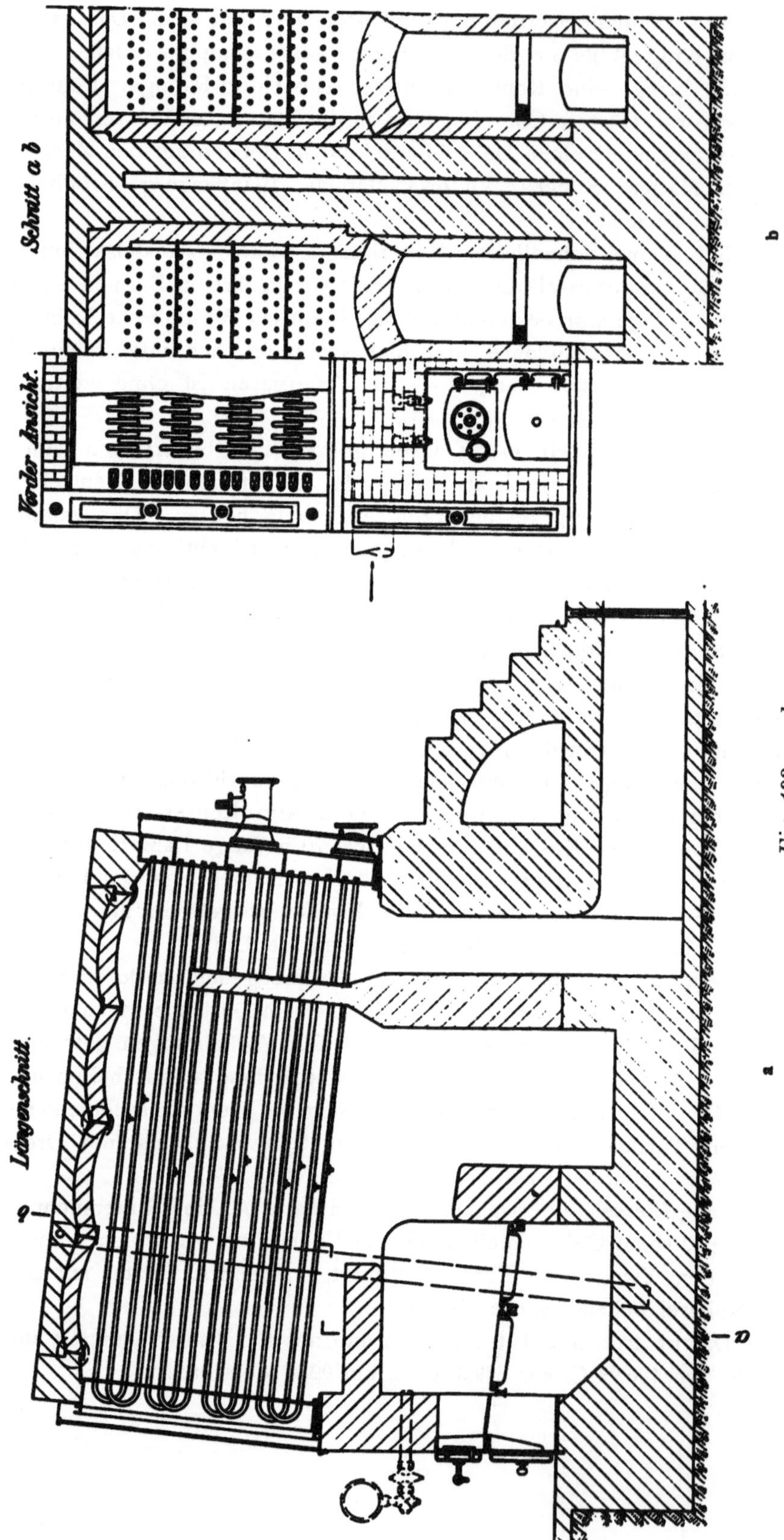

Fig. 133 a u. b.

Direkt gefeuerter Ueberhitzer, System Steinmüller.

Der Wirkungsgrad konnte zu annähernd 42 %/$_0$ ermittelt werden, wobei
jedoch der Umstand zu berücksichtigen ist, dass das gesamte Kondensat

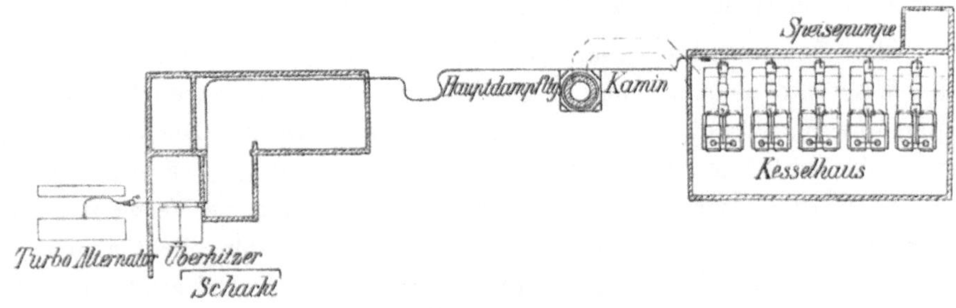

Fig. 134.

Anordnung der Ueberhitzer auf Zeche Dahlbusch.

der langen Leitung nachverdampft werden musste, dessen Menge nicht
bekannt war. Es kann jedoch angenommen werden, dass die wahre Ausnutzung der Ueberhitzer-Anlage dadurch um 10—15 %/$_0$ gesteigert wird.

VII. Die Fortleitung des Dampfes.*)

1. Dampfleitungen.

Die Kesselbatterien der Zechen liegen vielfach von einander getrennt.
Die Stochkessel befinden sich gewöhnlich in unmittelbarer Nähe der Maschinen, sind aber auch oft noch, je nachdem der Bedarf ihre Anlegung
nötig machte, in verschiedene Gruppen zerrissen; die Gaskessel dagegen
liegen fast immer bei den Koksöfen oder den Anlagen für Nebenproduktengewinnung, da ein Gaskanal unverhältnismässig teurer in der Herstellung sein würde, als eine entsprechend lange Dampfleitung. Den entsprechenden Kondens- und Druckverlust sucht man durch gute Isoliermittel
auf ein Minimum zu beschränken.

Leitungen von 300—400 m Länge findet man, auch abgesehen von den
Dampfleitungen unterirdischer Wasserhaltungen, recht häufig. Die längste
dürfte die der Zeche Consolidation sein; sie führt den durch die Abgase
einer Koksofenbatterie gewonnenen Dampf von Schacht I zu dem in Luft-
linie 800 m entfernten Schacht II. Die beträchtliche Ausdehnung einer so
langen Leitung sowie örtliche Verhältnisse bedingten mehrfache Abweichungen von der Graden, sodass die wahre Länge bis zur Verteilungs-
stelle etwa 900 m beträgt. Angestellte Messungen ergaben geringe Ab-

---

*) Ergänzt von Ingenieur Bracht.

kühlungs- und Druckverluste; die von Danco in Dortmund hergestellte
Isolierung hat sich durchaus bewährt, ebenso die Dichtung mit Asbest-
ringen. Die Rohre sind auf 5 m hohen, schmiedeeisernen Böcken verlagert
und in 5,5 m Höhe über die Kaiserstrasse in Schalke geführt.

Bei Betrachtungen über Bau und Material der Rohrleitungen muss man
den Umstand ins Auge fassen, dass bis vor wenigen Jahren hohe Dampfspannungen auf den Zechen selten zu finden waren. Die Höchstgrenze
lag wohl bei 8 Atm., der Durchschnitt erheblich niedriger. Erst neuerdings,
wo die Neigung zur Centralisation des Betriebes und zur Verwendung mo-
dernster Maschinen sich mehr und mehr Bahn bricht, geht man zu bedeutend höheren Spannungen, oft verbunden mit Ueberhitzung, über.
Hierdurch werden an die Güte des Rohrleitungsmaterials wesentlich höhere
Ansprüche gestellt und manche Konstruktion, die für 6—8 Atm. als einwandfrei gelten konnte, wird nunmehr bedenklich.

Die alten Rohrleitungen bestehen fast ausschliesslich aus Gusseisen
mit festen Flanschen. Für neuere Hochdruckleitungen werden dagegen
schmiedeeiserne, patentgeschweisste oder nach dem Mannesmann-Verfahren
hergestellte Rohre verwendet von möglichst grossen Lagerlängen. Auf
Zeche Helene ist z. B. eine Dampfleitung gebaut mit Rohren von 22 m
Länge.

Die Verbindung solcher Rohre geschieht meist durch Bordring mit
lose dahinter liegendem Flansch. Diese Konstruktion ist für die Montage
am bequemsten. Der Bordring ist aufgeschweisst oder aufgewalzt, für
grössere Rohrweiten auch aufgenietet.

Zur Abdichtung werden die dichtenden Flächen meistens mit Ein-
drehung und Ansatz versehen; hierdurch werden einerseits die Rohre gut
centriert, anderseits verhindert der Vorsprung das Herausschleudern der
Dichtung, sodass man auch bei hohem Druck weiches Material (Asbest)
verwenden kann. Im Uebrigen haben auch auf den Ruhrzechen die zahl-
reich in den Handel gebrachten neueren Kompositions- und Metalldichtungen
Eingang gefunden.

Die weitverzweigten Stränge des Rohrnetzes einer Zeche erfordern
naturgemäss gute und reichliche Kompensation. In einfachster Weise
schaffte man diese durch Richtungsänderung unter Einbau verschiedener
Krümmer. Für niedere Pressungen hat sich dieses viel verwendete Hülfsmittel wohl bewährt, indessen müssen ja, wenn eine Kompensation geschaffen werden soll, die Dichtungsflächen sich gegen einander verdrehen,
was zu Undichtigkeiten führt; deshalb sieht man heute vielfach Feder-
rohre nach der Ω-form oder schlanke, im Rohr selbst hergestellte Bogen.
Wenn Raummangel vorhanden ist, z. B. in Schachtleitungen, verwendet
man auch Stopfbüchsen.

Die eben erwähnte grosse Länge der Rohrleitungen zwingt zu guter Isolierung. Diese ist denn auch heute unter Benutzung der mannigfachen zu Gebote stehenden Mittel fast überall durchgeführt, nur selten sieht man noch freiliegende Dampfsammler oder Rohrenden.

Weniger bedacht ist man noch auf Flanschenisolierung, wohl hauptsächlich aus dem Grunde, weil solche das Nachziehen bei Undichtigkeiten erschweren; jedoch sollte man dies kleine Uebel lieber in Kauf nehmen, denn ein unisolierter Flansch wirkt wie ein Rippenheizkörper und strahlt soviel Wärme aus wie 1—$1^{1}/_{2}$ m freies Rohr.

2. Wasserabscheider.

In jeder Rohrleitung, auch der bestisolierten, bildet sich Kondenswasser, für dessen Ableitung gesorgt werden muss, um die den Maschinen verhängnisvollen Wasserschläge zu vermeiden.

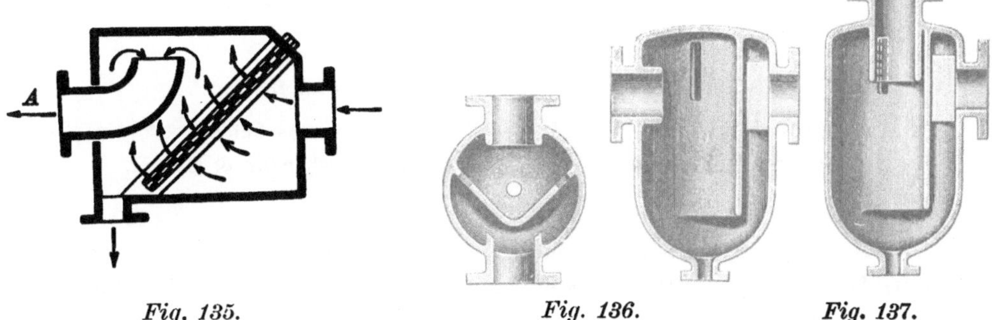

Fig. 135.

Fig. 136.   *Fig. 137.*

Wasserscheider von Körting.   Wasserabscheider von Strube.

Es finden sich hierfür auf den Zechen Konstruktionen mannigfachster Art, die jedoch meist nach denselben Prinzipien erbaut sind; es mögen deshalb nur einige typische Beispiele herausgegriffen und erläutert werden.

Um das Kondenswasser aufzufangen und vom Dampf zu trennen, werden zunächst Wasserabscheider in die Dampfleitungen eingebaut. Sie wirken meistens durch Aenderung der Bewegungsrichtung des Dampfes; dieser prallt gegen Widerstände und scheidet das Wasser aus, das seiner Bewegung nicht mehr zu folgen vermag.

Einige solcher Apparate sind durch die Figuren 135—139 veranschaulicht.

Fig. 135 stellt einen Wasserabscheider von Gebrüder Körting in Hannover dar. Der Dampf strömt durch mehrere Lagen durchlochter Bleche, die leicht herauszunehmen und zu reinigen sind, und entweicht durch den gebogenen Rohrstutzen A.

14*

Einen Entwässerungs-Apparat der Maschinen- und Armaturenfabrik, vorm. C. Louis Strube Akt.-Ges., Magdeburg-Buckau zeigt Fig. 136 und 137. Der Dampf stösst gegen die senkrechte Wand und lässt das Wasser nach unten abfliessen.

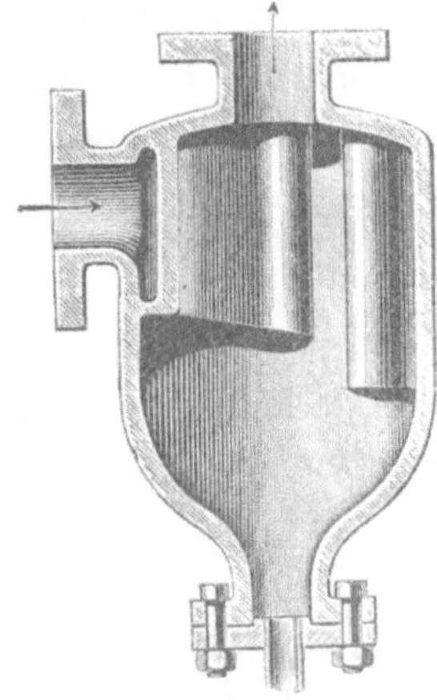

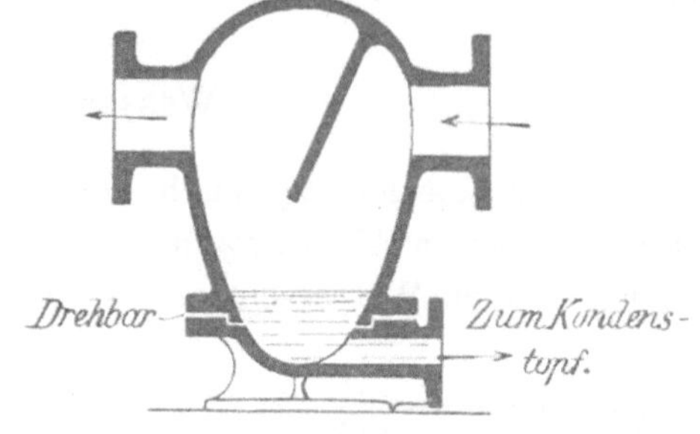

Fig. 138.   Fig. 139.

Wasserabscheider   Wasserabscheider
von Schäffer & Budenberg.   von Klein, Schanzlin & Becker.

Aehnlich wirken die Apparate von Schäffer & Budenberg, Magdeburg-Buckau (Fig. 138) und von Klein, Schanzlin & Becker, Frankenthal (Fig. 139) mit drehbarem Untergestell, das ein bequemes Anpassen für alle Verhältnisse ermöglicht.

3. Kondenstöpfe.

Das Wasser, welches so aufgefangen ist, wird dann durch Kondenstöpfe, die in überwiegender Anzahl als sogen. Schwimmertöpfe ausgebildet sind, entfernt. Auch hier verbietet die Mannigfaltigkeit der in Benutzung stehenden Apparate ein Eingehen auf jede Konstruktion; es seien deshalb nur zwei Apparate im Bilde gebracht, die weiteste Verbreitung gefunden haben und in ihrer Wirkungsweise auf dem Prinzip des Schwimmerventils beruhen: Fig. 140 der Doppelventilkondenstopf der Firma Klein, Schanzlin & Becker und Fig. 141 der Dampfwasser-Ableiter der Firma Dreyer, Rosenkranz & Droop, Hannover mit Hebelschwimmer und auswechselbarem Kegelventil.

4. Rohrbruchventile.

Um bei einem Dampfrohrbruch dem nachströmenden Kesseldampfe den Weg zu verschliessen und so Unfälle in Arbeitsräumen zu verhüten, hat man stellenweise sogen. Rohrbruchventile in die Hauptdampfleitungen eingebaut. Fälle, wo sie gewirkt haben, sind, man darf ja sagen glücklicherweise, noch nicht bekannt. Eine gewisse Vorsicht ist im Förder-

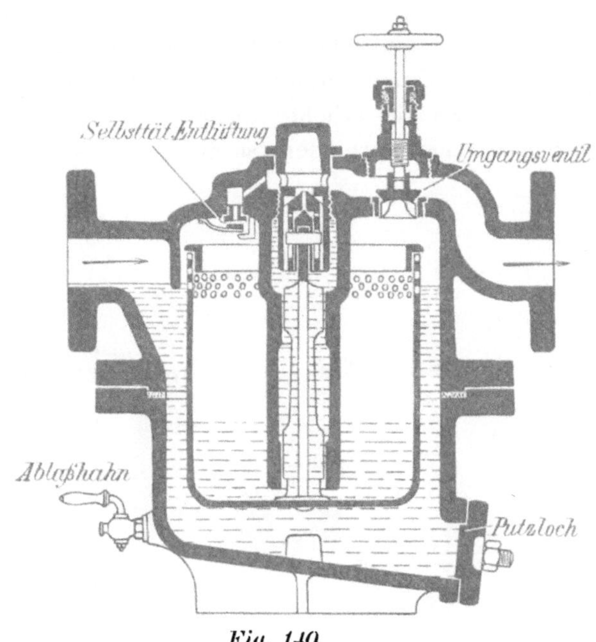

Fig. 140.

Doppelventil-Kondenstopf von Klein, Schanzlin & Becker.

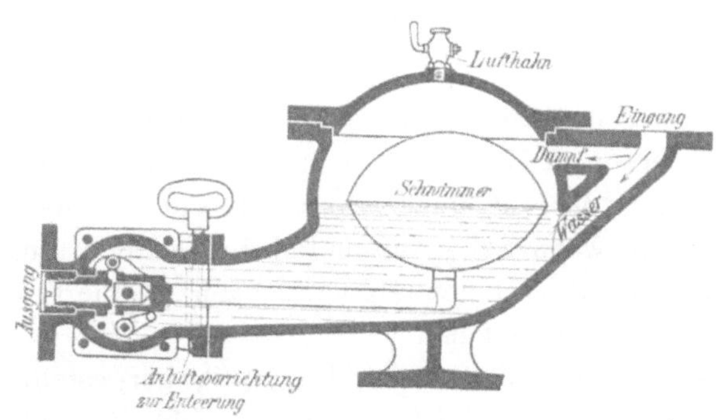

Fig. 141.

Dampfwasserableiter von Dreyer, Rosenkranz & Droop.

maschinenbetriebe immerhin geboten, da die Ventile auch bei momentanen Druckentlastungen, wie sie beim Anlaufen der Fördermaschinen in den Rohrleitungen eintreten, schon in Thätigkeit getreten sind.

Fig. 142 zeigt eine solche Vorrichtung, die auf **Zeche Friedrich Ernestine** in Betrieb ist. Ihre Konstruktion beruht — wie im wesentlichen auch bei allen anderen — auf dem Gesetz der Mechanik, dass die Energie einer bewegten Masse mit dem Quadrat der Geschwindigkeit wächst. Bei dem vorliegenden Rohrbruchventil giebt eine pendelartig aufgehängte Kugel im gewöhnlichen Betriebe den Durchgangsquerschnitt frei; tritt aber durch Platzen der Dampfleitung auf der einen Seite plötzlich Druckentlastung ein, so presst die erhöhte Strömungsenergie des Dampfes die Kugel gegen den Sitz und verhindert so ein weiteres Nachströmen.

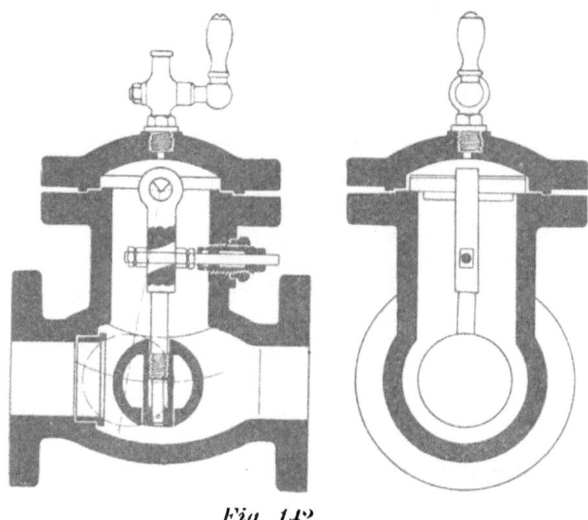

Fig. 142.

Rohrbruchventil auf Zeche Friedrich Ernestine.

Ein anderes selbstthätig schliessendes Absperrventil der Firma Dreyer, Rosenkranz & Droop in Hannover ist in Fig. 143 dargestellt. Die Wirkung beruht darauf, dass der auf einem Dorn geführte Ventilteller T sich gegen seinen Sitz drückt, wenn bei A durch Rohrbruch Entlastung erfolgt. Durch Öffnen des Hahnes P oder den Hebel H kann probiert werden, ob der Teller sich nicht festgesetzt hat.

Ein Absperrventil mit Selbstschlussventil, hergestellt von der Firma Albert Sempell in M. Gladbach, veranschaulicht Fig. 144. Der untere Kegel ist der Selbstschlusskegel, dessen Wirkung folgende ist: Der Dampf strömt in der Pfeilrichtung. Tritt nun ein Rohrbruch ein, so bildet sich vor und hinter dem Kegel ein bedeutender Spannungsunterschied, infolgedessen die Geschwindigkeit des Dampfes eine grössere wird. Der Selbstschlusskegel wird vom durchströmenden Dampf gehoben und auf die Durchströmöffnung gepresst, so den Ausgang versperrend. Die Feder unter

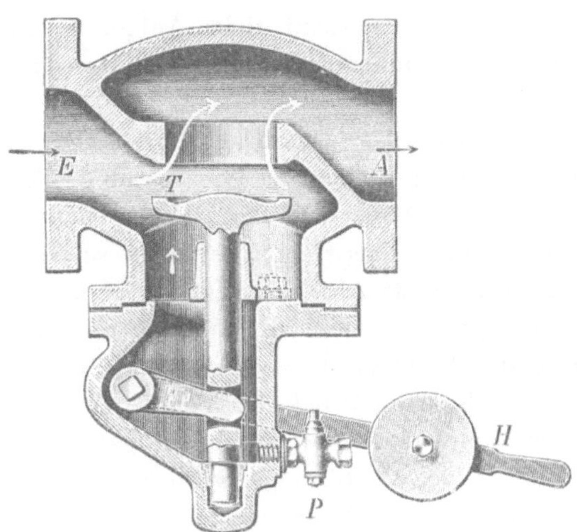

Fig. 143.

Absperrventil von Dreyer, Rosenkranz & Droop.

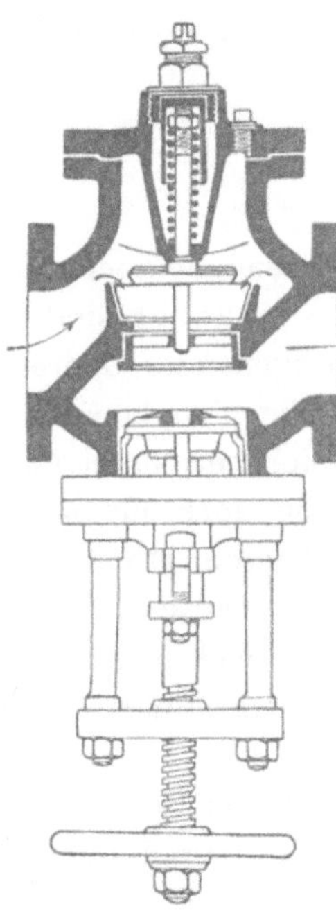

Fig. 144.

Absperrventil mit Selbstschlussventil von Sempell.

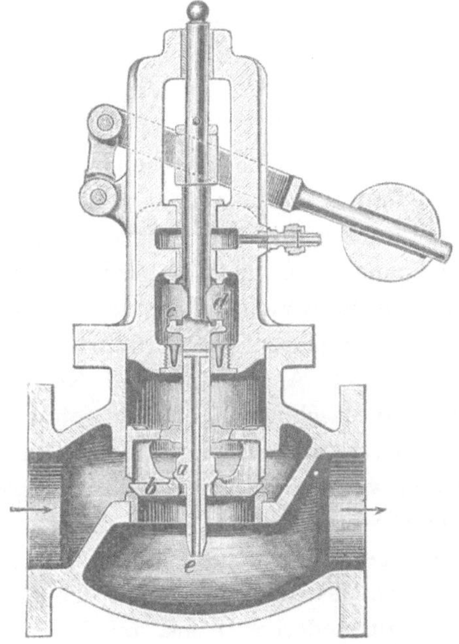

Fig. 145.

Rohrbruchventil von Ewe.

dem Kegel dient dazu, diesen in Ruhe zu halten und bei wechselndem Betriebe, der ja, wie oben erwähnt, beim Anfahren von Fördermaschinen überall gegeben ist, ein unbeabsichtigtes Schliessen der Dampfleitung zu verhindern.

Endlich sei noch das Rohrbruchventil von Hermann Ewe in Bochum (Fig. 145), beschrieben, dessen Wirkung die Firma folgendermassen erklärt: Beim Anlassen wird der Hebel gehoben und dadurch die Ventilkegel a b geöffnet. Das Heben geschieht so lange, bis das in der oberen Kammer d liegende Abschlussventil c oben an seinem Sitze abschliesst. Der Dampf füllt dabei die Leitung und durch die Bohrung e der Ventilstange die Kammer d. Während des gewöhnlichen Betriebes hält der auf c lastende Dampfdruck das Ventil geöffnet; bei einem Rohrbruch nimmt der Dampf eine hohe Geschwindigkeit an und saugt, an dem düsenartigen Ende e der Ventilstange vorbeistreichend, den Dampf aus Kammer d ab. Der auf dem Abschlussventil c lastende Dampfdruck lässt dabei plötzlich nach und die Belastung am Hebel drückt das Ventil sofort zu, sodass ein weiterer Dampfabfluss nicht stattfinden kann.

Das Ventil von Dreyer, Rosenkranz & Droop ist auf folgenden Zechen eingeführt: Hagenbeck, Hannover, Hasenwinkel, Rosenblumendelle, Sälzer und Neuack, Victoria Mathias, das Sempelsche auf den Zechen Eiberg, Pörtingsiepen, Neu-Iserlohn, Hannover, König Ludwig, Konsolidation; das Ewesche ebenfalls auf letzterer Zeche.

5. Reduzierventile.

Die wirtschaftlichen Vorteile, welche die Verwendung hochgespannten Wasserdampfes in einer modernen Maschine mit sich bringt, sind heute so allgemein anerkannt, dass auf Neuanlagen ein weitgehender Gebrauch von hohen Spannungen gemacht wird. Aeltere Betriebe aber können nur allmählich bei notwendig werdenden Ergänzungen sich verjüngen und so ist in den letzten Jahren den Fortschritten der Technik auch auf den Zechen vielfach durch Aufstellung von Kesseln für höheren Druck und entsprechende Maschinen Rechnung getragen worden. Diese Kessel müssen häufig zuerst mit den vorhandenen für niederen Druck gemeinschaftlich betrieben werden, wozu selbstthätig wirkende Druckverminderungs-Ventile eingebaut werden.

Ein Teil der Kessel arbeitet dann mit der höheren Spannung, speist die neueren Maschinen und giebt den überschüssigen Dampf an die Kesselbatterie mit niederem Druck, auf diesen reduziert, ab.

Solch einen Reduzierapparat, erbaut von der Firma Dreyer, Rosenkranz & Droop in Hannover, stellt Fig. 146a und b dar. Seine Wirkung beruht darauf, dass dem Druck des bei E eintretenden hochgespannten

Dampfes durch den auf dem Ventilkegel V_1 bei A ruhenden verminderten Druck und den mittelst Gewicht belasteten Hebel H das Gleichgewicht gehalten wird. Es öffnet sich also das Doppelventil VV_1, wenn der Druck

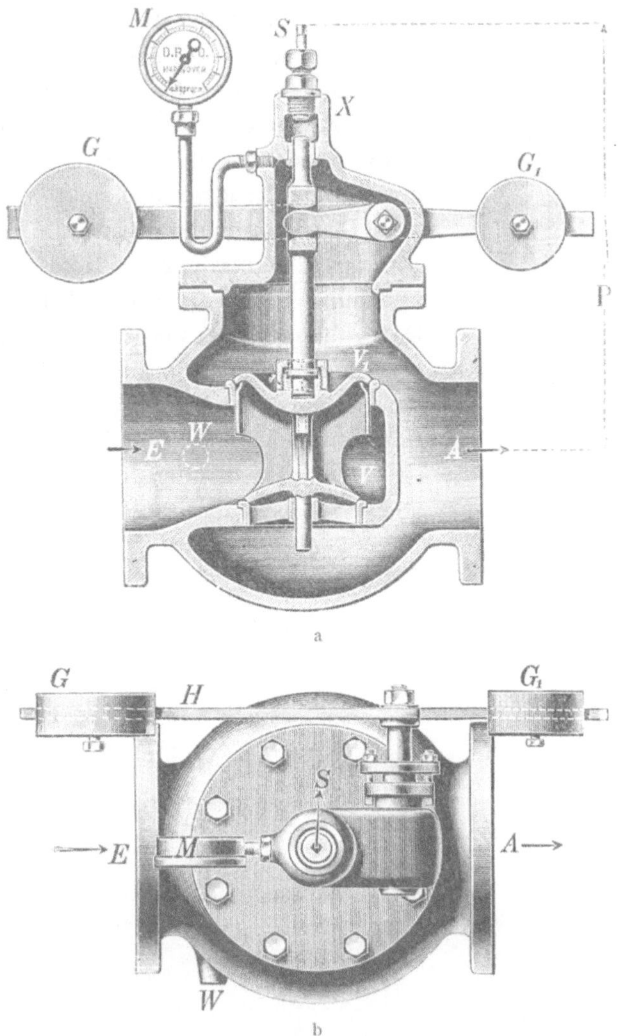

Fig. 146a u. b.

Reduzierventil von Dreyer, Rosenkranz & Droop.

bei A etwas sinkt; dann strömt von E Dampf über, bis wieder Gleichgewicht eintritt und Schluss des Ventils erfolgt.

Einen andern Apparat derselben Firma mit Kissenmembrane, der sich namentlich für engere Dampfleitungen eignet und der hauptsächlich für

Bade- und Heizzwecke auf den Zechen verwandt wird, stellt Fig. 147 dar. Der hochgespannte Dampf tritt zwischen die Ventilkegel VV_1 von E her ein und entweicht bei deren Anheben nach A, indem er durch die Nuten N in den Raum W tritt, solange, bis hier eine Spannung herrscht, welche der Belastung der Kissenmembrane K durch die Feder F entspricht. Schluss oder Oeffnen der Ventile erfolgt je nachdem der Verbrauch bei A eintritt und der Druck etwas unter die durch Feder F und Mutter M einstellbare Druckgrenze sinkt.

Druckverminderungsventile der genannten Firma zur Verbindung von Kesseln verschiedener Spannung haben die Zechen Friedrich Ernestine, Rosenblumendelle, Ver. Trappe, Hansa.

Zeche Alma besitzt ein Reduzierventil von Schäffer & Budenberg, Magdeburg-Buckau (Fig. 148). Der entlastete Doppelsitz-Ventilkegel ist mit einem Kolben verbunden, der sich im oberen Halse des Ventils gut eingeschliffen

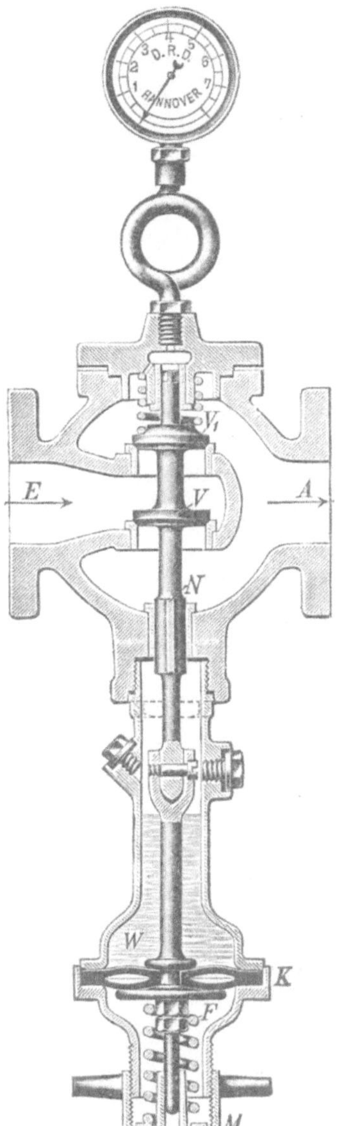

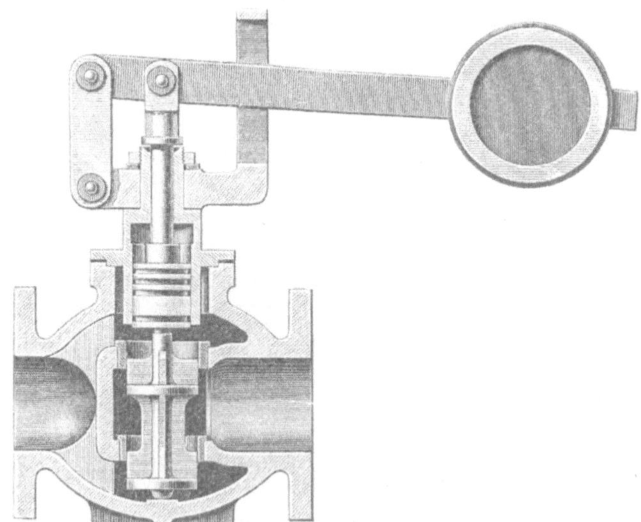

Fig. 147.

**Reduzierventil von Dreyer,
Rosenkranz & Droop.**

Fig. 148.

**Reduzierventil
von Schäffer & Budenberg.**

bewegt. Auf diesem Kolben lastet im Betriebe von unten der reduzierte Druck, von oben eine Belastung mit Gabel und Gewicht. Es kann sich deshalb unter dem Kolben nur soviel Druck bilden, dass dieser der Hebelbelastung das Gleichgewicht hält; ein Steigen bewirkt Heben des Gewichtes und Schliessen des Ventils.

Ein Druckverminderungsventil nach Fig. 149 baut die Firma Koch, Bantelmann & Paasch in Magdeburg-Buckau. Seine Wirkung wird folgendermassen erklärt: Der hochgespannte Dampf tritt in der Pfeilrichtung ein. Der Ventilkegel K und das Wellrohr W haben ungefähr denselben Querschnitt. Da beide durch die Zugstange Z fest mit einander verbunden sind, so wird die Wirkung des hochgespannten Dampfes fast vollkommen ausbalanciert. Gegen das Wellrohr W drückt von unten die Feder f, welcher durch Spindel und Handrad angespannt wird. Wird nun das Wellrohr durch die Feder etwas zusammengedrückt, so öffnet der Ventilkegel K das Ventil entsprechend und der Dampf strömt hindurch. Wird dagegen der Druck, mit welchem der reduzierte Dampf auf den Kegel K drückt, grösser als die Spannung der Feder F, so wird das Ventil durch den Druck des reduzierten Dampfes geschlossen und öffnet sich erst wieder, wenn dessen Spannung etwas gesunken ist.

Ein solcher Apparat ist auf den Emscher Schächten des Kölner Bergwerksvereins in Betrieb. Der Weite der Dampfrohrleitung entsprechend sind fünf Wellrohre zur Anwendung gekommen.

Die Zeche Dorstfeld besitzt ein Druckverminderungsventil von H. & G. Grossmann in Dortmund (Fig. 150).

In dem Ventilgehäuse befindet sich der durch hohe Stege gut geführte Ventilkegel a, welcher am unteren Ende mit einem Korbe b und an seinem oberen Teil mit einem Kragen c versehen ist. Die Ventilspindel e, in den Ventilkegel a drehbar eingeführt, ist unten in der Stopfbüchse und oben in der Spindelbüchse sorgfältig geführt und trägt die fest verbundene Traverse f, an deren beiden Enden die Zugstangen gg

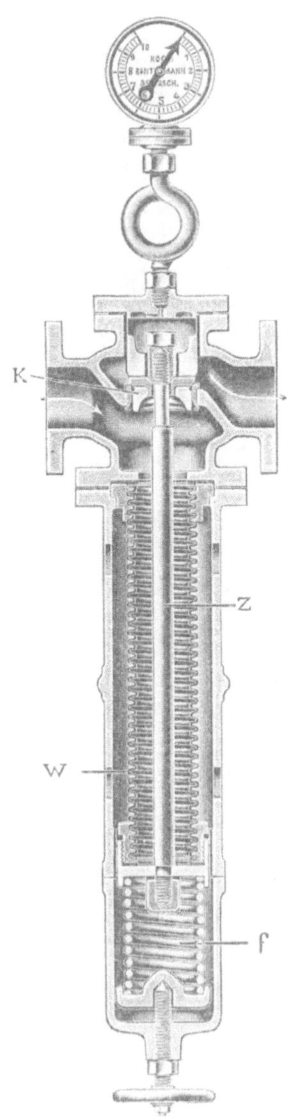

Fig. 149.

Reduzierventil von Koch, Bantelmann & Paasch.

befestigt sind. An diesen Zugstangen ist am unteren Ende ebenfalls eine
feste Traverse h angebracht, in deren Mitte der einarmige Hebel i ruht.

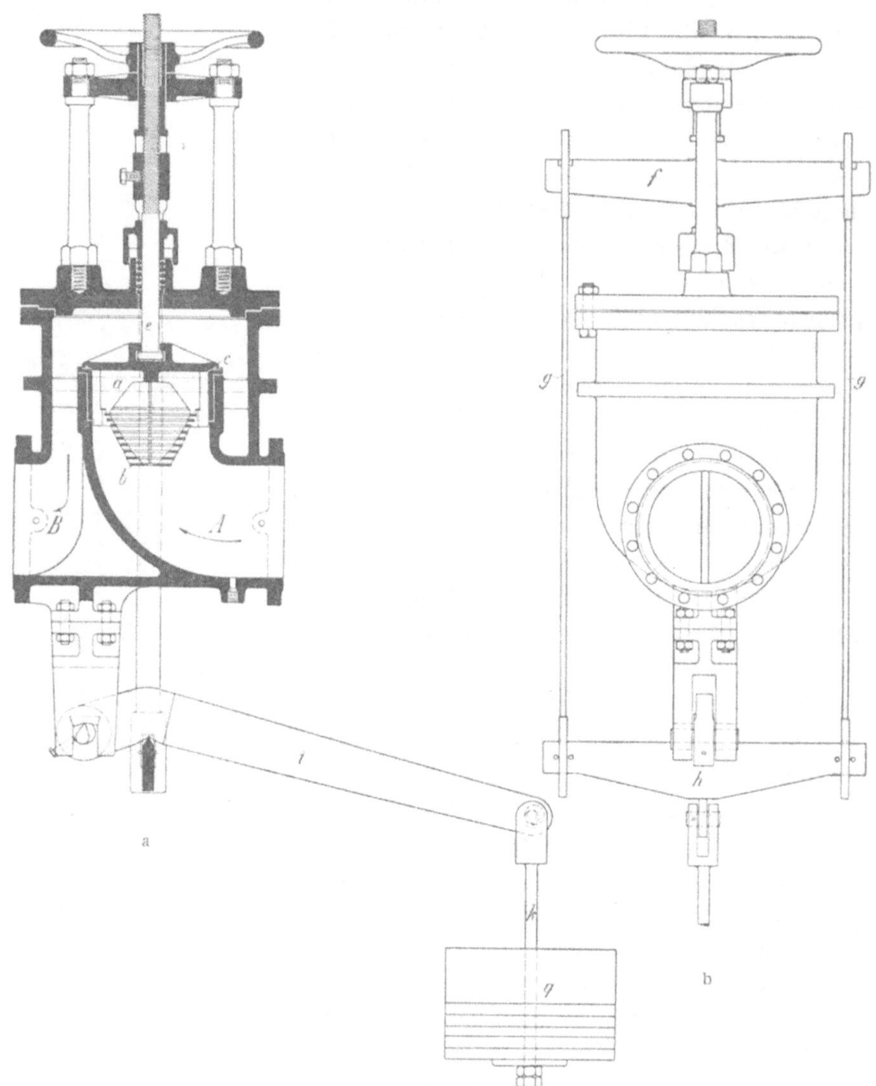

Fig. 150 a u. b.

Reduzierventil von H. & G. Grossmann.

Letzterer wiederum trägt am äusseren Ende die mit dem Belastungsgewicht q versehene Stange k.

Der hochgespannte Dampf tritt nun bei A ein und drückt unter den
Ventilkegel a, auf den von der andern Seite der reduzierte Dampf drückt.

Da die Querschnitte auf beiden Seiten gleich sind, so wird die erforderliche Druckdifferenz durch das Gewicht q hervorgerufen. Vermindert sich der Dampfdruck auf der Seite B, so öffnet sich das Ventil solange, bis der Druck des minder gespannten Dampfes plus dem durch das Gewicht q

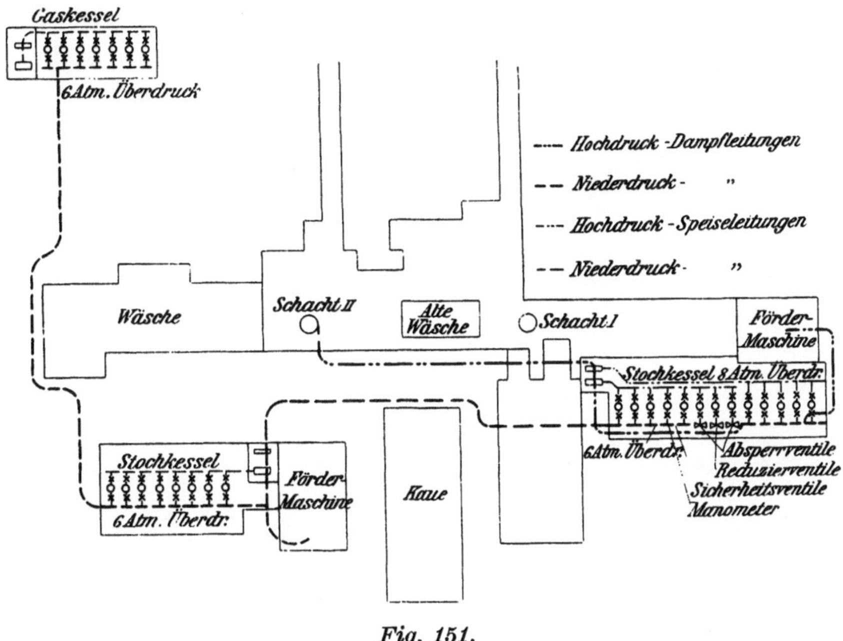

Fig. 151.

Anordnung einer Reduzieranlage.

auf dem Ventilkegel a hervorgerufenen Druck wieder dem Druck des hochgespannten Dampfes gleich ist. Ebenso verhält es sich, wenn sich der Druck auf Seite A erhöht.

Einen systematischen Plan der Verbindung von Kesseln verschiedener Spannung zeigt Fig. 151.

Centralkondensation.

Von Ingenieur Stach, ergänzt von Ingenieur Schimpf.

I. Allgemeines.

Der Ruhm, für den Betrieb der Dampfmaschinen die Vorteile der
Kondensierung des Dampfes zwecks Bildung eines Vakuums erkannt und
nutzbar gemacht zu haben, gebührt unstreitig dem Engländer James Watt.
Er liess als erster seine Maschinen mit Expansion arbeiten, versah sie zugleich mit einem eigenen Kondensator und versuchte so, die dem Dampfe
innewohnende Energie so weitgehend als möglich auszunutzen.

Gerade der Bergbau hat der Anwendung der Kondensation unendlich
viel zu verdanken, indem die oberirdischen Dampfwasserhaltungen schon
sehr früh mit Kondensation ausgerüstet wurden. Erst in dem letzten Jahrzehnt des vorigen Jahrhunderts ging man dazu über, auch die übrigen
zahlreichen Maschinen der Zechen an eine gemeinsame Kondensationsanlage anzuschliessen. Der Grund dafür, dass man sich erst so spät zu
diesem Schritt entschloss, war folgender: Zur Verdichtung des Dampfes
giebt es kein geeigneteres Mittel als kaltes Wasser; da aber die erforderlichen Kühlwassermengen bei grossen Dampfanlagen in den meisten Fällen
nur schwer und mit grossen Kosten zu beschaffen sind, so kann hierdurch
der Nutzen der Kondensation wesentlich vermindert, wenn nicht gar aufgehoben werden.

Auf einen Ausweg und dadurch zur ausgedehnteren Anwendung der
Kondensation bei grossen Anlagen führten die auf den Salinen schon lange
in Gebrauch stehenden Gradierwerke, welche in den verschiedensten
Formen zur Rückkühlung der warmen Kondensationswässer benutzt wurden.
Für grosse Kühlwassermengen beanspruchen solche Gradierwerke aber
leider wegen der geringen in ihnen herrschenden Luftcirkulation grosse
Grundflächen, ganz abgesehen von dem Uebelstand, dass die Reiser an
Kühlfläche starke Einbusse erleiden, falls die Wasser Schlammteile ent-
halten, welche in den Reisigbündeln zurückgehalten werden.

Vor etwa 15 Jahren kam Klein auf den glücklichen Gedanken, die
Gradierwerke durch einen hölzernen Turm zu ersetzen, dessen Inneres
durch eine grosse Zahl senkrecht stehender Bretterwände ausgefüllt war.
Das zu kühlende Wasser wurde durch eine Centrifugalpumpe derart auf

diese Bretter gehoben, dass es an ihnen herabrieseln musste, während ein seitlich angebrachter Ventilator einen Luftstrom dem Wasserstrom entgegen bewegte. Die Wirkung des Apparates erfüllte durchaus die Erwartungen, jedoch beanspruchte der Betrieb einen nicht unerheblichen Kraftaufwand, während die nötige Grundfläche im Vergleich zu den Gradierwerken bedeutend kleiner ausfiel.

Ingenieur Balcke, Mitinhaber der Firma Balcke & Co. in Bochum, konstruierte dann zuerst einen Kaminkühler mit natürlichem Luftzug; der Ventilator fiel also fort, und der Kraftbedarf für die Rückkühlung wurde wesentlich verringert.

Die guten Erfolge mit dieser Art der Kühlung ermunterten auch andere Firmen, in mannigfachen Modifikationen derartige Kühlwerke zu bauen. Diejenigen Konstruktionen, welche im rheinisch-westfälischen Kohlenrevier Anwendung gefunden haben, sind unten eingehender beschrieben.

Nachdem so die Hauptschwierigkeit für eine rationelle Kondensation beseitigt war, ging man dazu über, Kondensatoren zu schaffen, welche die Zusammenfassung der Abdämpfe sämtlicher Maschinen in einem Apparat ohne Störung der Betriebsweise der einzelnen Maschinen und ohne Schwanken der Luftleere selbst bei stark wechselnder Belastung gestatten.

Verhältnismässig einfach ist dieses bei kontinuierlich arbeitenden Maschinen mit geringen Schwankungen in der Belastung; bedeutendere Anforderungen stellen dagegen die intermittierend laufenden oberirdischen Wasserhaltungen und noch mehr die Fördermaschinen, welche für wenige Sekunden grosse Mengen Abdampf liefern und dann wieder grössere Pausen machen. Thatsächlich hat man sich anfangs schwer entschliessen können, diese Maschinen an die Centralkondensation anzuschliessen und erst das tadellose Arbeiten einiger angeschlossener Fördermaschinen hat gezeigt, dass bei richtiger Wahl des Kondensators die Betriebssicherheit nicht nur nicht verringert, sondern wesentlich erhöht und der Betrieb ökonomischer gestaltet wird.

Die Betriebssicherheit steigt namentlich bei den Verbund-Fördermaschinen. Diese zeigen bei Indizierungen ohne Kondensation im Hochdruckcylinder häufig die drei- bis vierfache Leistung des Niederdruckcylinders; dadurch wird es notwendig, dass der Niederdruckcylinder, wenn er bei Beginn des Treibens im Anzug ist, mit Frischdampf gefüllt, der Receiverdampf also nutzlos abgeblasen wird. Ist nun die Verbundmaschine an die Kondensation angeschlossen, so wird das Anzugsmoment des Niederdruckcylinders wesentlich vermehrt, die erwähnte Manipulation fällt fort, und man spart ausser an Dampf auch beträchtlich an Zeit, von der Erleichterung der Arbeit für den Fördermaschinisten ganz abgesehen.

Ausser mit dem erwähnten plötzlichen Auftreten grosser niederzuschlagender Dampfmengen muss im Zechenbetriebe besonders auch mit den Eigenschaften des zur Verfügung stehenden Kühlwassers gerechnet werden. Die endgültige Entscheidung über die Wahl des zweckmässigsten Systems erfordert daher eingehendes Studium der örtlichen Verhältnisse und grosse Sachkenntnis.

II. Die verschiedenen Systeme der Centralkondensation.

Bei der Wahl des Systems der Kondensation ist in erster Linie der Gesichtspunkt massgebend, ob das Kondensat zur Kesselspeisung benutzt werden soll oder nicht.

Im ersteren Falle müssen Kühlwasser und Dampf von einander getrennt bleiben, eins von beiden wird daher durch geschlossene Rohre bezw. Apparate mit darin befindlichem Rohrsystem geleitet — Oberflächen-Kondensation; im andern Falle kann die Kondensation in einem geschlossenen Apparate durch Vermischung des Dampfes mit dem Wasser stattfinden — Misch-Kondensation.

Zieht man nun noch in Betracht, dass Dampf und Wasser nach dem Gegenstrom- oder nach dem Gleichstrom-Prinzip geführt werden können, so ergeben sich folgende Arten der Kondensation:

1. Oberflächen-Kondensation.

a) mit Gegenstrom,

α) in vollkommen geschlossenen Räumen,

β) in aussen berieselten Rohren,

γ) in Bassinkühlern;

b) mit Gleichstrom in geschlossenen Räumen.

2. Misch-Kondensation.

a) mit Gegenstrom,

b) mit Gleichstrom.

Ueber die Verbreitung dieser Systeme im rheinisch-westfälischen Bezirk und die Maximalleistungen der einzelnen Anlagen giebt Tabelle 13 Aufschluss, in welche auch die noch in der Ausführung begriffenen Anlagen aufgenommen worden sind.

15*

Centralkondensationen im Ruhrbezirk.

Tabelle 13.

Art der Kondensation	Zeche	Maximale Leistung in kg Dampf je Stunde	Geliefert von
Geschlossene Oberflächen-Gegenstrom-Kondensation	Kaiserstuhl II ...	10 500	Balcke & Co., Bochum
	Alstaden	23 400	
	Crone	30 000	
	Hagenbeck	20 000	
	Adolf von Hansemann	44 000	
	Gneisenau	25 000	
	Scharnhorst	39 000	
	Graf Schwerin ...	53 500	
	Carolinenglück ...	—	Maschinenfabrik Grevenbroich, Grevenbroich
	Kaiser Friedrich ..	28 000	
	Dorstfeld	33 000	
	Holland I/II	25 000	Westf. Maschinenbau-Industrie Moll & Co., Neubeckum
	Holland III/IV ...	40 000	
	Consolidation I/VI .	36 000	Westf. Maschinenbau-Industrie Moll & Co., Neubeckum
	Consolidation II ..	18 000	
	Rhein-Elbe III ...	50 000	Aschersleb. Maschinen-Fabrik vorm. Schmidt & Co., A.-G.
	Monopol, Scht. Grillo	32 000	
Oberflächen-Berieselungs-Kondensation mit Gegenstrom	Ewald I/II	12 000	Balcke & Co., Bochum
	Ewald III/IV	27 700	
	Langenbrahm ...	8 000	
	Freie Vogel & Unverhofft	16 500	
	Neumühl	20 000	
	Centrum	25 000	
	Rosenblumendelle ..	12 000	
	Tremonia	21 800	
	Amalie	28 000	Schwarz & Co., Dortmund
	Courl	28 000	Westf. Maschinenbau-Industrie Moll & Co., Neubeckum

Fortsetzung von Tabelle 13.

Art der Kondensation	Zeche	Maximale Leistung in kg Dampf je Stunde	Geliefert von
Oberflächen-Bassin-Kondensation mit Gegenstrom	Zollern I/II	19 000	Klein, Schanzlin & Becker, A.-G., Frankenthal
	Recklinghausen II . .	21 000	Schwarz & Co., Dortmund
	Margarethe	26 000	
	Schleswig	25 000	
	Rheinpreussen . . .	32 000	
	Constantin IV/V . .	28 000	
	Dannenbaum	28 000	
	Prinz-Regent	35 000	
	Victor I/II	50 000	Thyssen & Co., Mülheim
	Julie	24 000	Klein, Schanzlin & Becker, A.-G., Frankenthal
Geschlossene Oberflächen-Gleichstrom-Kondensation	Consolidation	10 000	Balcke & Co., Bochum
Misch-Kondensation mit Gegenstrom	Mont Cenis	23 000	Balcke & Co., Bochum
	Pluto	14 700	Brinkmann & Co., Witten
	Maria, Anna u. Steinbank	10 000	
	Ver. Wiesche . . .	12 000	Maschinenfabrik Burckhardt in Basel
	Graf Beust	12 500	
	Mathias Stinnes . .	15 000	
	Carolus Magnus . .	12 500	

Diese Zusammenstellung zeigt bei den Balckeschen Kondensationen eine häufige Anwendung der Berieselungskondensatoren, dann in neuester Zeit eine Abschwenkung zu den geschlossenen Oberflächen-Kondensatoren.

Klein, Schanzlin & Becker und in neuester Zeit auch Schwarz & Co. haben ihre Spezialität der Bassinkondensatoren beibehalten. Bei der Misch-Kondensation ist hauptsächlich der Weisssche Kondensator vertreten, während Gleichstrom-Kondensation nur in einem Exemplar vorhanden ist, ausgeführt von Balcke & Co.

Abgesehen von den Weissschen Kondensatoren dürfte für die hiesigen Arbeits- und Wasserverhältnisse die Zukunft den geschlossenen Oberflächen- und den Bassinkondensatoren gehören und zwar besonders den ersteren, soweit die Beschaffenheit des Kühlwassers es irgend zulässt.

Maximal-Leistungen der an die Kondensation

Lfde. No.	Angeschlossene Maschinen	Carolus-Magnus	Centrum	Consolidation	Dorstfeld	Ewald I/II	Ewald III/IV	Freie Vogel und Unverhofft	Graf Beust
1	Fördermaschine I . . .	580	620	—	1 000	580	550	700	700
2	» II . . .	290	400	—	350	—	550	—	—
3	» III . . .	—	—	—	—	—	250	—	—
4	Ventilator 1	104	183	—	350	480	310	75	160
5	» II	—	—	—	—	—	—	—	—
6	Compressor I	250	200	—	300	150	210	75	250
7	» II	170	—	—	—	2 à 35 = 70	100	200	—
8	Kondensationsmaschine	36	30	25	—	30	40	25	36
9	Elektr. Lichtmaschine .	siehe Ventilatormaschine	—	120	60	—	40	20	50
10	Elektr. Kraftmaschine .		—	150	—	110	90	—	siehe Ventilatormaschine
11	Oberird. Wasserhaltung	—	275	—	—	700	—	—	—
12	Separationsmaschine . .	22	28	—	31	50	40	50	40
13	Kohlenwäschemaschine	130	140	—	75	—	50	—	130
14	Kesselspeisepumpen . .	—	—	20	32	—	—	—	—
15	Dampfaufzüge	—	—	—	22	—	—	—	—
16	Haspel für Zwischenförderung	—	—	—	—	—	—	—	—
17	Schreinereimaschinen .	—	—	—	—	—	—	—	—
18	Schlossereimaschinen .	—	—	—	40	35	15	—	32
19	Ziegeleimaschinen . . .	—	—	—	—	90	—	—	—
20	Maschinen für Nebenproduktengewinnung	—	55	180	—	—	—	—	—
21	Kettenbahn	—	—	20	—	—	—	—	—
22	Koksbrechanlage . . .	—	—	25	—	—	—	—	—
23	Brikettfabrikmaschine .	—	—	—	—	—	—	75	—
24	Bergeaufzüge	—	—	—	10	—	—	—	—
25	Kondenstöpfe	—	—	—	—	—	—	—	—
	Anzahl der PSi zusammen	1 582	1 931	540	2 270	2 295	1 445	1 220	1 398

Anmerkung zur Spalte Ewald III/IV (Zeilen 1–3): nur teilweise in Betrieb.

In Tabelle 14 sind die auf einzelnen Zechen an die Centralkondensation angeschlossenen Maschinen und ihre Maximalleistungen zusammengestellt. Nur auf wenigen Anlagen sind die Fördermaschinen nicht mit angeschlossen.

angeschlossenen Maschinen.   Tabelle 14.

Kaiser Friedrich	Kaiserstuhl II	Langenbrahm	Margarethe	Maria, Anna und Steinbank	Mathias Stinnes	Neumühl	Pluto	Recklinghausen II	Rosenblumendelle	Schleswig	Ver. Wiesche	Zollern I
700	—	120	260	—	1		—	550	600	720	600	350
350	—	—	98	—	1		—	—	300	300	—	—
—	—	—	—	—	1		—	—	—	—	—	—
30	} 164	—	24	} 300	—		384	135	45	—	250	220
—		—	—		—		440	—	—	—	—	—
500	320	105	184	—	1		245	210	280	125	165	285
—	—	248	—	—	—		—	—	30	—	—	110
60	37	35	46	25	1		48	45	25	34	25	50
30	45	27	} 60	—	1		40	80	} 650	—	—	50
—	—	400		—	—		—	—		—	—	—
—	275	—	—	900	—		—	850	400	—	525	—
65	20	45	12	—	2		22	—	200	31	—	42
120	200	Brech-werk 30	70	—	1		} 168 55	100	250	380	150	137
—	—	—	8	—	—		—	—	2 Stück	—	—	—
—	—	—	—	—	—		—	—	—	—	—	—
—	—	—	—	—	—		—	—	—	—	—	—
10	—	—	—	—	—		—	} 30	—	—	—	—
10	—	20	—	—	1		—		—	—	15	32
—	—	—	—	—	—		94	150	—	—	—	—
—	—	—	—	—	—		—	—	—	—	—	—
—	—	—	—	—	—		—	—	—	8	—	—
—	—	—	—	—	—		—	—	—	—	—	—
—	—	—	135	—	—		—	—	—	—	—	—
—	—	—	—	—	—		—	—	—	—	—	—
—	—	—	—	—	10		—	—	—	—	—	—
1 875	**1 061**	**1 030**	**897**	**1 225**	**1 500**		**1 496**	**2 150**	**2 780**	**1 598**	**1 730**	**1 276**

Mathias Stinnes: Die Leistungen der einzelnen Maschinen sind nicht mitgeteilt, es ist daher nur deren Anzahl bemerkt.

Neumühl: Siehe Versuch mit der Centralkondensation, S. 262 ff.

Im folgenden sollen nun die einzelnen Arten der Kondensatoren unter Berücksichtigung der Betriebsverhältnisse, für welche sie sich besonders eignen, kurz charakterisiert und auf die wichtigsten Ausführungsformen näher eingegangen werden.

1. Oberflächen-Kondensation.

a) Mit Gegenstrom.

α) In vollkommen geschlossenen Räumen.

Der Kondensator besteht aus einem mit Deckeln geschlossenen schmiedeeisernen Kessel, in dessen Innern sich zahlreiche, in schmiedeeisernen Rohrböden befestigte Messingrohre befinden, welche von dem Kühlwasser durchflossen werden. Durch Scheidewände sind mehrere Abteilungen hergestellt, sodass der Dampf, dem Wasser entgegen, mehrmals hin und her strömen muss, bis er zum Luftabsaugestutzen gelangt, in dessen Nähe das kalte Wasser eintritt. Die Luft verlässt daher den Kondensator mit der Kaltwassertemperatur plus 3 bis 5° C. und nimmt mithin ein geringes Volumen ein, welches durch eine kleine Luftpumpe abgesaugt werden kann.

Das Kühlwasser verlässt den Kondensator in der Nähe des Dampfeintrittsstutzens mit einer um 3—4° niedrigeren Temperatur, als sie der eintretende Dampf, dem jeweiligen Vakuum entsprechend, besitzt. Bei 85 % Vakuum beträgt z. B. die Abwassertemperatur 54 — 3 bezw. 4°, d. s. 51 bezw. 50° C.

Der Kondensator wird zweckmässig so gross bemessen, dass gegenüber der in den Rohren enthaltenen Wassermenge die Unterschiede in der Dampfzuströmung von den Förder- oder Wasserhaltungsmaschinen nicht in Betracht kommen.

Das durch den Dampf mitgeführte Oel wird entweder aus dem Kondensat mit Hülfe von Koks-, Hobelspan- oder Kiesfiltern entfernt oder in neuerer Zeit zweckmässiger durch später zu besprechende Dampfentöler vor Eintritt des Dampfes in den Kondensator abgeschieden.

Die zur Kondensation gehörige Pumpenanlage besteht ausser dem Betriebsmotor aus

> einer trockenen Luftpumpe,
> einer Oelwasserpumpe,
> einer Kondensatpumpe,
> einer Cirkulationspumpe für das Kühlwasser.

Diese Art der Kondensation empfiehlt sich, wenn

A) das Wasser, welches zur Kühlung dient, nicht schlammhaltig ist, dagegen

B) Kesselsteinbildner enthält,

C) salzhaltig ist,

D) ausserdem die Platzfrage mitspricht, da sämtliche Apparate im Maschinenraum über den Maschinen angeordnet werden können.

Zu B und C sei bemerkt, dass schwefelsaurer Kalk und Magnesia bei der Temperatur des austretenden Kühlwassers (ca. 50° C.) sich nicht als Kesselstein absetzen, dass der sich etwa abscheidende kohlensaure Kalk immer wieder gelöst und fortgeschafft wird, während die Löslichkeit des Salzes in Wasser durch Temperaturerhöhung sich vermehrt.

Ist das Kühlwasser nur in geringer Menge vorhanden, so kann ein Rückkühler aufgestellt werden. Man kommt dann mit einem laufenden Zusatz von 75—100 % des Kondensats aus.

Entöler, Kondensator und Pumpenanlage werden nebst den zugehörigen Rohrleitungen entweder in einem gemeinsamen Maschinenhaus untergebracht, wie aus Tafel XII ersichtlich, oder Kondensator und Entöler finden im Freien Aufstellung.

Ausführung der Firma Balcke & Co. in Bochum.

(Tafel XII.)

Die wichtigsten Teile sind:

der Gegenstrom-Röhren-Kondensator,
der Dampfentöler,
die Pumpenanlage,
der Kaminkühler.

Der zu kondensierende Dampf gelangt zunächst in den Dampfentöler, welcher aus einem schmiedeeisernen Kessel mit inneren Absatzblechen besteht (Fig. 152). Der mit grosser Geschwindigkeit in den Entöler schiessende Dampf prallt mehrfach gegen diese Bleche und muss häufig seine Bewegung ändern, wobei sich das Oel und andere Verunreinigungen abscheiden. Das Oel sammelt sich mit

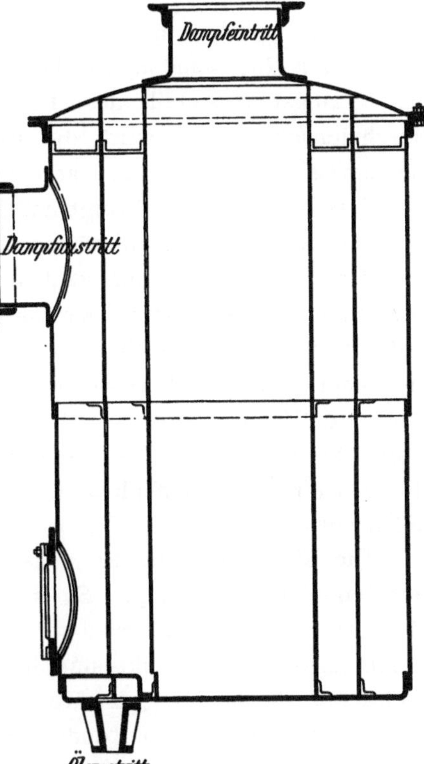

Fig. 152.

Dampfentöler von Balcke & Co.

etwas Kondensat am Boden des Entölers und wird von hier stetig durch eine kleine Pumpe entfernt.

Die Abscheidung vermittelst des Entölers allein hat sich in vielen Fällen als unzureichend erwiesen, was durch die häufig aufgetretenen Kesseldefekte, besonders Flammrohreinbeulungen, bei Verwendung von Kondensat als Kesselspeisewasser bestätigt wird. Schon bei einem Oelgehalt von 0,01 g im Liter erscheint eine Nachfiltrierung angebracht, zumal in den Kesseln eine Oelanreicherung der Länge der Betriebszeit entsprechend stattfindet. Deshalb sind bei fast allen Neuanlagen ausser dem Dampfentöler noch Filteranlagen eingebaut worden. Vor allen Dingen müssen die Filteranlagen reichlich bemessen sein und das Wasser darf nur mit geringer Geschwindigkeit hindurchgehen, da sonst das emulsierte Oel nicht herausfiltriert wird. Als Filtermasse finden vielfach Holzwolle, Koks und neuerdings auch Filz Verwendung, eine sachgemässe Erneuerung ist natürlich von Zeit zu Zeit erforderlich.

Fig. 153a und b stellt eine solche Filteranlage dar, wie sie auf Zeche Ewald in Gebrauch steht.

Mineralöle werden leichter ausgeschieden als vegetabilische Oele und Talg, denn bei den meisten Flammrohrdefekten ist beobachtet worden, dass in den Rückständen, welche in der Regel verkohlt waren, Mineralöle den geringsten Anteil des Fettgehaltes ausmachten. Bei intensiver Maschinenschmierung wird die Entölung schwieriger, es ist deshalb auf gleichmässige und nicht zu starke Schmierung zu achten.

Das Nachfiltrieren bringt natürlich Wärmeverluste und Unkosten mit sich, die bei einer Rentabilitätsberechnung mit einzusetzen sind.

Der ölbefreite Dampf geht nun in den Kondensator. Das aus ihm gewonnene Niederschlagwasser ist vollständig frei von Kesselsteinbildnern und zum Kesselspeisen ohne weiteres brauchbar. Nach einer Analyse des Bochumer Stadtchemikers Schulte besass das aus dem Kondensator entnommene Wasser einer mit Dampfentöler arbeitenden Kondensation im Liter 0,007 g Fettbestandteile und hatte nur 0,5 deutschen Härtegrad, war also von einer Beschaffenheit, wie sie eine Wasserreinigung nicht zu erzielen vermag.

Die Einrichtung des Kondensators selbst entspricht der auf Seite 232 gegebenen Beschreibung. Es sei hier erwähnt, dass die Wasserrohre häufig zu eng gewählt werden; die Folge ist eine rapide Querschnittsverminderung durch Inkrustation und eine dadurch bedingte Beeinträchtigung der Wirkung des Kondensators. Treten zufällig noch schlammführende Wasser in den Kondensator, so wird die Gefahr leicht bis zu völligem Versagen der Kondensation gesteigert. Die Luft wird aus dem Kondensator durch eine trockene Schieberluftpumpe abgesaugt, das Kondensat durch eine besonders konstruierte Plungerpumpe mit Druck-

Additional material from *Disposition der Tagesanlagen, Dampferzeugung, Centralkondensation,
Luftkompressoren, Elektrische Centralen*
ISBN 978-3-642-50625-3 (978-3-642-50625-3_OSFO10),
is available at http://extras.springer.com

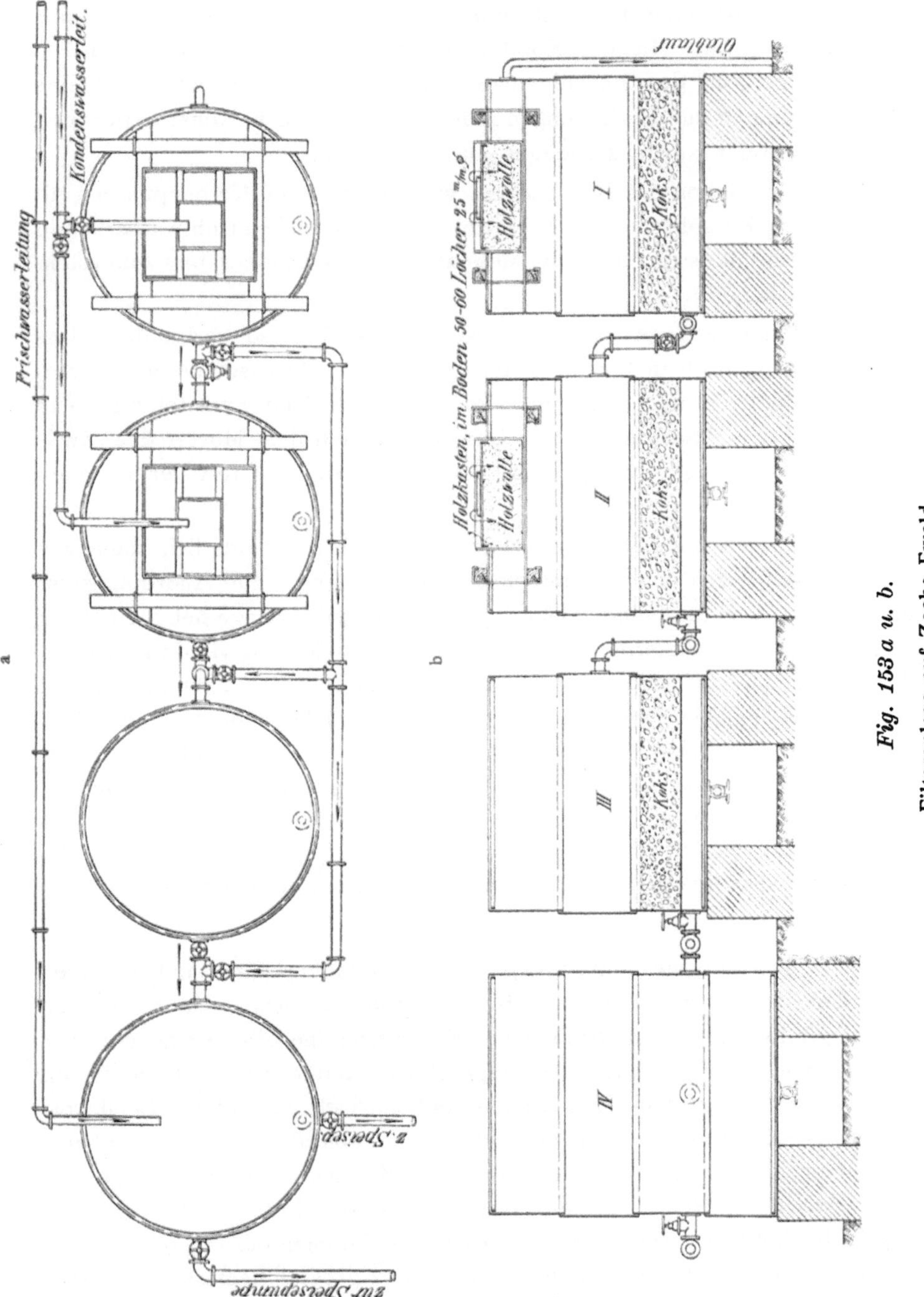

Fig. 153 a u. b.
Filteranlage auf Zeche Ewald.

ausgleichung, wodurch die Kondensatpumpe bei jedem Hube in direkte Verbindung mit der Luftpumpe gebracht wird, sodass in beiden Pumpen die gleiche Spannung herrscht und ein Versagen der Kondensatpumpe ausgeschlossen ist. Mit der Kondensatpumpe verbunden oder durch Excenterantrieb von der Maschinenwelle angetrieben ist ferner die kleine Oelwasserpumpe zur Entleerung des Entölers, welche in Konstruktion und Arbeitsweise der Kondensatpumpe ganz ähnlich ist.

Die Cirkulation des Kühlwassers wird durch eine Kolbenpumpe mit Ventilen aus Phosphorbronze vermittelt, welche aus dem Kühlwasserbassin saugt und das Wasser durch die Messingrohre des Kondensators zum Rückkühler drückt.

Die Pumpenanlage ist mit der Antriebsmaschine so verbunden, dass jeder Riemenantrieb in Fortfall kommt. Die Antriebsmaschine besitzt entlastete Ridersteuerung und einen Regulator zur Tourenverstellung. Die Anordnung der Maschine und der Pumpen ist nach dem Muster der Zwillingsmaschinen vorgesehen, und das Ganze baut sich auf fest verbundenen Fundamentrahmen auf.

Statt durch eine Eincylinder-Maschine, wie auf Tafel XII, kann der Antrieb auch durch eine Verbundmaschine erfolgen. Die Anordnung ist dann derart, dass die beiden Dampfcylinder in Zwillingslage nebeneinander liegen; an der verlängerten Kolbenstange des Hochdruckcylinders hängen die Luft-, Kondensat- und Oelwasserpumpe, während die Kühlwasserpumpe von der verlängerten Kolbenstange des Niederdruckcylinders angetrieben wird. Die Steuerung des Hochdruckcylinders erfolgt durch einen entlasteten Riderschieber, die des Niederdruckcylinders durch Corliss-Schieber. Die Regulierung ist wie im vorigen Falle.

Ausführung der Maschinenfabrik Grevenbroich, A.-G.

(Tafel XIII.)

Die geschlossene Anordnung der Verbundmaschine mit dahinter liegender Cirkulations-, Luft- und Kondensatpumpe, sowie einer von der Schwungradwelle aus angetriebenen Oelwasserpumpe erinnert an die Ausführung von Balcke. Auch der eigentliche Kondensator ist in seiner inneren Einrichtung dem Balckeschen ähnlich, doch wird abweichend von diesem das Kühlwasser unten ein- und oben abgeführt, auch saugt die Luftpumpe nicht an der obersten Stelle des Kondensators, sondern an der Seite etwa in der Höhe der Mittelaxe ab. Da die Luft an dieser Stelle wegen der höheren Temperatur ein grösseres Volumen besitzt, so muss die Luftpumpe bei dieser Anordnung entsprechend grösser bemessen werden.

Die Entölung des Dampfes findet in einem vorgeschalteten stehenden Cylinder statt, in dem der Dampf verschiedene Abteilungen passieren

Additional material from *Disposition der Tagesanlagen, Dampferzeugung, Centralkondensation, Luftkompressoren, Elektrische Centralen*
ISBN 978-3-642-50625-3 (978-3-642-50625-3_OSFO11),
is available at http://extras.springer.com

muss, die nur durch enge Röhren untereinander verbunden sind. Die hierdurch bedingten häufigen Richtungs- und Geschwindigkeitsänderungen des
Dampfes bewirken die Oelabscheidung.

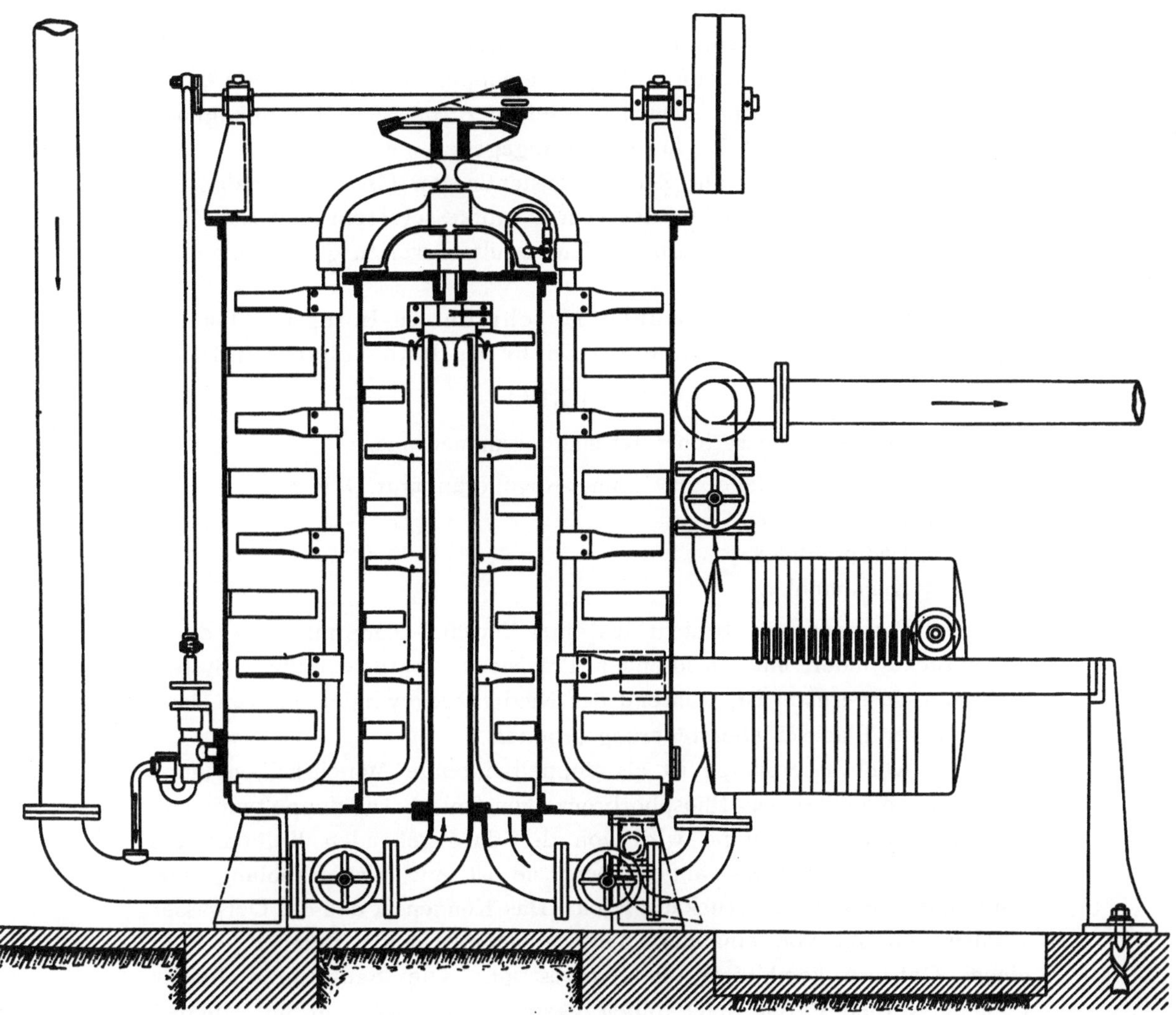

Fig. 154.

Wasserentöler der Maschinenfabrik Grevenbroich.

Neuerdings hat die Maschinenfabrik Grevenbroich einen Apparat
konstruiert (Fig. 154), der das Kondensatorwasser unter Zusatz »einer Art
kohlensauren Kalkes« auf chemischem Wege von Oel befreien will.

Die Wirkungsweise der Anlage ist folgende:

Im äusseren Raum des Cylinders befindet sich ein Rührwerk, das die Chemikalien in einem bestimmten Verhältnis mit Wasser zu einer Lauge vermischt. Diese wird durch eine kleine Pumpe dem Kondenswasserstrom zugesetzt und mit ihm ebenfalls im inneren, geschlossenen Cylinder gehörig durcheinandergerührt. Das Gemenge wird dann durch eine Filterpresse gedrückt und kann direkt zur Speisung verwendet werden. Aus praktischen Gründen wird die Filterpresse doppelt ausgeführt, um während ihrer Reinigung den Apparat nicht stillsetzen zu müssen. Die Reinigungskosten werden zu 0,5—1 Pf. für 1 cbm angegeben.

Die Einrichtung ist auf Zeche Constantin der Grosse III aufgestellt und ist noch im Probebetrieb, der vom Dampfkesselverein zu Essen überwacht wird. Die bis jetzt vorliegenden Resultate weisen gute Erfolge auf.

Ausführung der Westfälischen Maschinenbau-Industrie Gustav Moll & Co. in Neubeckum auf Zeche Holland Schacht III/IV.

(Tafel XIV.)

Die Centralkondensation setzt sich zusammen aus:

der Pumpenanlage mit Vakuum-Regulierapparat D. R. P.,
2 Kondensatoren,
1 Dampfentöler,
1 Kaminkühler.

Die Pumpenanlage besteht aus einer Verbund-Dampfmaschine, deren Hochdruckcylinder mit auslösender Präzisions - Ventilsteuerung, System Eckmann, ausgerüstet ist, während der Niederdruckcylinder mit von Hand verstellbarer Flachschiebersteuerung arbeitet.

Die Kühlwasserpumpe ist als doppeltwirkende Mönchskolbenpumpe mit Gruppenventilen aus Phosphorbronze konstruiert. Die doppeltwirkende trockene Schieberluftpumpe wird von der durchgehenden Kolbenstange des Niederdruckcylinders angetrieben; sie ist mit Wasserkühlung versehen und arbeitet mit Druckausgleich. Das Kondensat und das Oelwasser werden getrennt von einander durch einfachwirkende Pumpen, die in einem Gehäuse kombiniert sind, angesaugt. Die Saugventile beider Pumpen werden durch den Kolben gesteuert, wodurch ein unbedingtes Ansaugen selbst beim höchsten Vakuum gesichert wird.

Durch den Einbau des Vakuumregulierapparates soll ein nahezu konstantes Vakuum auch dann erzielt werden, wenn die Belastung der Maschinen stark schwankt, wie es ja im Bergwerksbetriebe häufig vorkommt. Der Regulierapparat besteht aus einer von dem jeweiligen Vakuum beeinflussten Membran, welche einen Kolbenschieber bethätigt. Dieser wirkt dann seinerseits auf den Centrifugalregulator, welcher den

Additional material from *Disposition der Tagesanlagen, Dampferzeugung, Centralkondensation, Luftkompressoren, Elektrische Centralen*
ISBN 978-3-642-50625-3 (978-3-642-50625-3_OSFO12),
is available at http://extras.springer.com

Gang der Maschinen, Wasser-, Luftpumpen etc., also sämtlicher Kondensationsorgane derart beeinflusst, dass das Vakuum ohne Hülfe des Maschinisten selbstthätig auf mittlerer Höhe erhalten wird. Auch verhütet der Regler bei eintretender gänzlicher oder teilweiser Entlastung der Kondensationsorgane das Durchgehen der Dampfmaschine.

Die Kondensatoren, welche ausserhalb des Maschinenhauses Platz gefunden haben, sind als stehende Röhrenbündelkondensatoren ausgebildet und zwar so, dass das Wasser dem Dampfe dreimal entgegenströmt, wodurch eine ausgezeichnete Ausnutzung des Kühlwassers erzielt wird. Die Stopfbüchsenverschraubungen gestatten den Rohren eine freie Längenausdehnung bei Vermeidung jedweder Undichtigkeit.

Der Dampfentöler besteht aus einem schmiedeeisernen Kessel mit eingebauten schmiedeeisernen Oelabsatzflächen (Fig. 155). Das Kondensat, welches sich in den Kondensatoren bildet, wird von der Kondensatpumpe in das Nachreinigungsfilterbassin gedrückt, von wo es, befreit von dem emulsierten Oel, den Speisepumpen zufliesst.

β) In aussen berieselten Rohren.

Der zu kondensierende Dampf wird durch ein System von schlangenförmigen Rohren geführt, welche an ein weites Standrohr (zur Dampfverteilung) und an ein engeres (zur Kondensatsammlung) angeschlossen sind. Ueber dem System befindet sich ein Verteiler für das Kühlwasser, welches die Rohre von aussen berieselt und welchem der Dampf entgegenströmt. Die Pumpenanlage und Oelabscheidung ist wie bei α) ein-

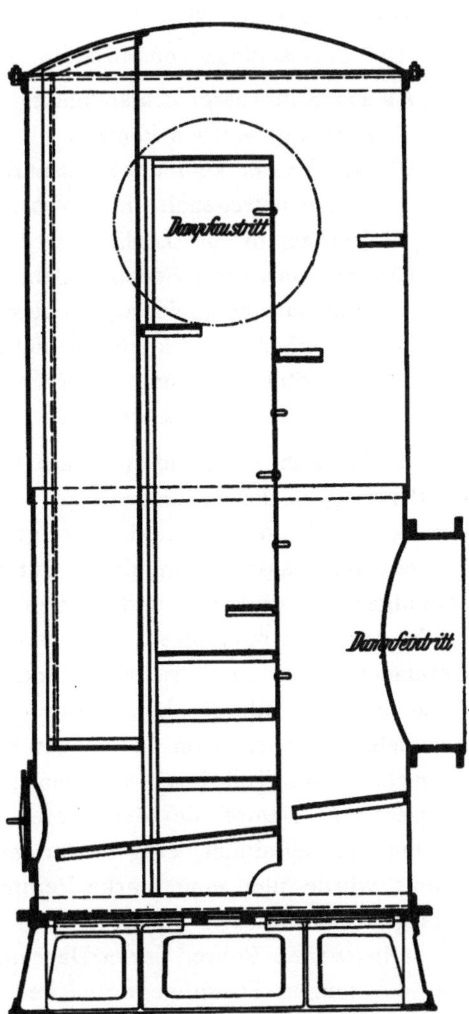

Fig. 155.

Dampfentöler von G. Moll & Co.

gerichtet. Der Kondensator wird am besten mit dem Rückkühler so verbunden, dass der durchziehende Luftstrom das Rieselwasser gleichzeitig
bestreicht. (Vergl. Fig. 169 auf Seite 259.) Inbetreff der Wasserreserve für
wechselnde Belastung gilt dasselbe wie bei Oberflächen-Kondensation in
vollkommen geschlossenen Räumen.

Die Berieselungs-Kondensation ist am Platze, wenn

A) das Kühlwasser schlammhaltig ist, da die Rohrsysteme im Betriebe
   gereinigt werden können,
B) das Wasser keinen kohlensauren Kalk enthält, da im Luftstrom der
   Kohlensäuregehalt des Wassers abnimmt und dadurch die Be-
   dingung für die Löslichkeit des kohlensauren Kalkes fortfällt,
C) das Kühlwasser wenig salzhaltig ist, da infolge des Luftstromes
   eine Salzausscheidung leicht stattfinden kann,
D) ausserdem die Platzfrage nicht allzusehr ins Gewicht fällt, da die
   Rückkühlanlage um den Raum, den der Berieselungs-Kondensator
   erfordert, vergrössert wird.

Es ist wohl einleuchtend, dass bei engen Dampfrohren die Wärme-
übertragung an das Kühlwasser am leichtesten vor sich gehen muss. Dies
hat sich auch in der Praxis gezeigt, sobald die Geschwindigkeiten von
Dampf und Wasser klein sind. Für Kondensationen würden aus kleinen
Dampfgeschwindigkeiten und kleinen Rohrquerschnitten aber sehr umfangreiche Apparate resultieren, man wendet daher absichtlich Rohre grösseren
Durchmessers in der Praxis an und hat gefunden, dass der Güte der
Kondensation dadurch kein Abbruch geschieht. Namentlich bei der
Berieselungskondensation liegt ausserdem der Fall so, dass der Rohr-
querschnitt zum Teil durch kondensierten Dampf ausgefüllt ist und dieses
Wasser dem Dampf, der den oberen, hauptsächlich vom Kühlwasser be-
netzten Teil einnimmt, entgegenströmt. Bei zu klein bemessenem Querschnitt würde nun eine starke Reibung auftreten, wodurch das Vakuum
herabgedrückt werden würde.

Die weiten Rohre, deren Durchmesser selten unter 100 mm beträgt,
und die langen Dampfwege machen den Berieselungs-Kondensator sehr
teuer und halten wohl auch von der Beschaffung eines solchen ab, selbst
wenn, namentlich bei schlammigem Wasser, seine Anlage durchaus ge-
rechtfertigt wäre.

Ausführung der Westfälischen Maschinenbau-Industrie,
G. Moll & Co. auf Zeche Courl (Fig. 156).

Der Dampf, von sämtlichen Maschinen kommend, passiert zuerst den
Entöler und wird sodann durch ein Verteilungsrohr den einzelnen Abteilungen des Kondensators zugeführt. Diese setzen sich aus gusseisernen

Standrohren und Kühlrohren von Messing zusammen, welch letztere in den Standrohren durch stopfbüchsenartige Verschraubungen befestigt sind. Die ganze Konstruktion des Kondensators ist so eingerichtet, dass der Ausdehnung der Rohre in jeder Weise Rechnung getragen ist.

Die äussere Reinigung der Rohre geschieht von Podesten aus, welche an dem Rohrtraggerüst angebracht sind. Man ist jedoch nicht auf diese

Fig. 156.
Berieselungs-Kondensation von G. Moll & Co. auf Zeche Courl.

mechanische Reinigung der Rohre angewiesen, da es leicht möglich ist, den Kesselstein, welcher den Berieselungsrohren anhaftet, zum Abspringen zu bringen. Auf diese Weise ist man in der Lage, für die Berieselungs-kondensatoren dieses Systems auch das schlechteste Grubenwasser als Kühlwasser zu verwenden, wie es bei der Anlage auf Zeche Courl der Fall ist. Der Kondensator ist, wie schon erwähnt, in einzelne von einander unabhängige Abteilungen zerlegt, welche während des Betriebes ein- und ausgeschaltet werden können, so dass der ganze Kondensator allmählich ohne Unterbrechung des Betriebes gereinigt werden kann.

Mit dieser Anlage wird ein Vakuum von 85 bis 90 % erreicht.

Der Dampfentöler ist ein stehender Kessel, an dessen innerem Ausbau sich das Oel abscheidet, worauf es von der Oelwasserpumpe abgesaugt wird. Das im Kondensator gewonnene Kondensat wird durch die Kondensatpumpe angesaugt und in das Nachreinigungs-Filterbassin ausgegossen. Die Filteranlage ist so eingerichtet, dass sie im Betriebe gereinigt werden kann, ohne dass die Entölung des Kondensats beeinträchtigt wird.

Wie aus Fig. 156 ersichtlich, setzt sich die Pumpenanlage zusammen aus einer Eincylinderdampfmaschine mit Rider-Rundschieber, der durch einen Hartungschen Leistungsregulator bethätigt wird, und einer Schieberluftpumpe, deren verlängerte Kolbenstange mittels Kreuzkopf, Winkelhebel und Zugstange die unter Flur stehende kombinierte Kondensat- und Oelwasserpumpe antreibt.

Ausführung von Balcke & Co. in Bochum (Tafel XV).

Der Kondensator besteht aus einer oder mehreren vertikalen Rohrwänden, die aus U-förmig gebogenen, in Horizontalebenen liegenden Messingrohren gebildet werden. Diese sind einerseits an ein weites andererseits an ein enges gusseisernes Standrohr mit Kupferdichtungen und Flanschen angeschlossen. Die U-förmig gebogenen Rohre sind verschiebbar gelagert, so dass sie sich nach Belieben ausdehnen und zusammenziehen können, ohne dass Undichtigkeiten zu befürchten sind. An das unterste Ende der engen Standrohre schliesst die Saugleitung der Kondensatpumpe, an das oberste Ende der weiten Standrohre die Luftsaugleitung an.

Die Bewegung des Dampfes ist bei der horizontalen Lage der U-Rohre nicht als eine reine Gegenstrombewegung zum Wasser anzusehen, sondern als eine Transversalbewegung, durch die der Dampfweg wesentlich verlängert wird, so dass die Kondensierung des Dampfes und die Abkühlung der Luft in vollkommenster Weise vor sich gehen.

Die Cirkulationswasserpumpe saugt das gekühlte Wasser aus dem Kühlerbassin und drückt es auf den Wasserverteilungsapparat über dem Kondensator. Die Pumpenanlage ist wie bei den geschlossenen Oberflächen-Kondensationen eingerichtet und kann in beliebiger Entfernung vom Kühler untergebracht werden.

γ) In Bassinkühlern.

Der Kondensator besteht aus einer grossen Anzahl von Messingrohren, welche bündelweise in wassergefüllten Bassins liegen. Die Bündel sind zu Gruppen vereinigt, die nach Bedarf ein- und ausgeschaltet werden können. Das Kühlwasser, meist von Gradierwerken oder Kaminkühlern

Additional material from *Disposition der Tagesanlagen, Dampferzeugung, Centralkondensation, Luftkompressoren, Elektrische Centralen*
ISBN 978-3-642-50625-3 (978-3-642-50625-3_OSFO13),
is available at http://extras.springer.com

kommend, läuft in den gemauerten Bassins dem die Rohre durchströmenden Dampf entgegen.

Betreffs der Brauchbarkeit solcher Bassinkühler gilt das unter *α*) A bis C Gesagte, dagegen erfordern die Bassins, wie die Berieselungs-Kondensatoren, einen beträchtlichen Platz in der Nähe des Kühlwerks. Dieser Platz ist bei den neueren Anlagen dadurch gespart worden, dass man die Bassins unter den Kühlturm gelegt hat.

Ein grosser Vorzug der Bassinkondensation liegt darin, dass plötzlich, z. B. bei Anschluss der Fördermaschinen, auftretende grosse Abdampfmassen stets auf grosse Kühlflächen bezw. Wassermassen stossen. Auch kann man sehr schmutziges und schlammführendes Grubenwasser ungeklärt als ·Kühlwasser benutzen.

Ausführung von Klein, Schanzlin & Becker in Frankenthal.
(Fig. 157 und 158.)

Die Anlagen bestehen aus:

1. 4 Röhrenbündel-Kondensatoren in Bassins mit je zwei hintereinander geschalteten Rohrsystemen,

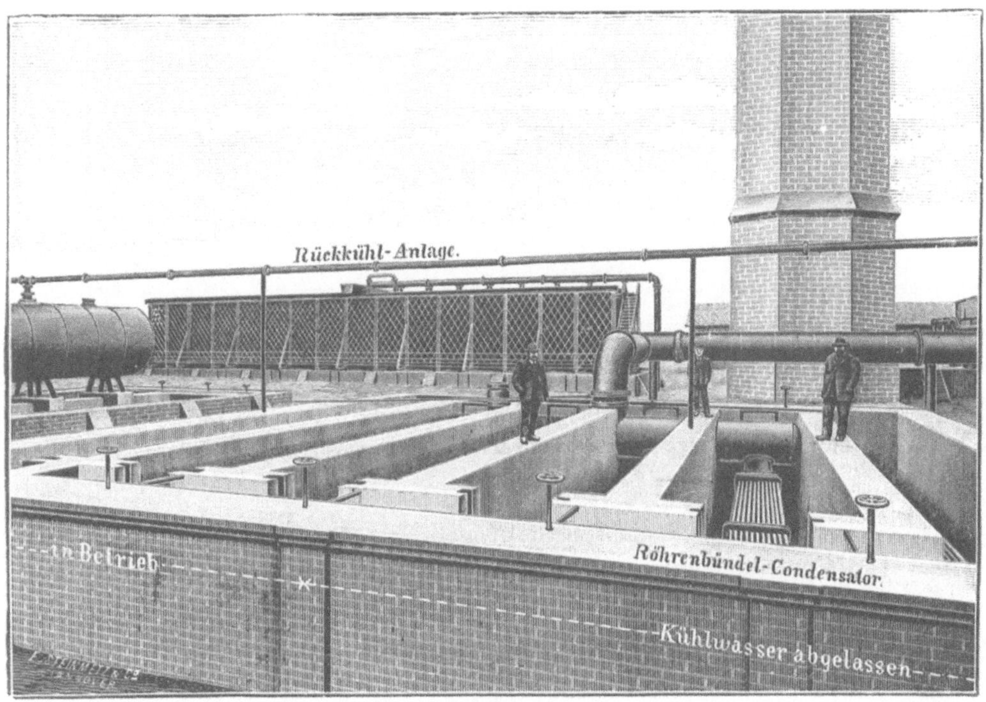

Fig. 157.

Bassinkondensation von Klein, Schanzlin & Becker.

16*

2. einer liegenden Eincylinderdampfmaschine mit Leistungsregulator, Patent Weiss, mit

3. an die Maschine gehängter Luftpumpe,

4. von der Kurbel (bei der Anlage auf Zollern durch Riemen) angetriebener, tiefer stehender Kondensatpumpe und einer durch Riemen

Fig. 158.

Pumpenanlage für die Centralkondensation von Zeche Zollern.

von dem als Riemenscheibe ausgebildeten Schwungrad angetriebenen Centrifugalpumpe zum Heben des Kühlwassers,

5. einem Rückkühler, und zwar einem selbstventilierenden Reisergradierwerk (z. B. auf Zollern), einem Lattengradierwerk (z. B. auf Recklinghausen II) oder einem Kaminkühler (z. B. auf Margarethe).

Bei den Anlagen auf Zollern und Recklinghausen II wird das Oel erst aus dem Kondensat ausgeschieden, wozu Sand-, Kies- und Koksfilter benutzt werden; auf Zeche Margarethe dagegen geschieht die Oelabscheidung aus dem Dampf vor dem Kondensator in ähnlicher Weise wie oben bereits beschrieben (Fig. 159).

Ausführung von Louis Schwarz & Co. in Dortmund.

Die von der genannten Firma auf Zeche Schleswig ausgeführte Anlage (Fig. 160) setzt sich zusammen aus:

1. zwei Röhrenbündel-Kondensatoren in Bassins mit je zwei hintereinander geschalteten Doppelbündeln,
2. einem Dampfentöler, gleichzeitig ausgebildet als Dampfsammler,
3. einer liegenden Eincylinderdampfmaschine mit vom Regulator beeinflusster Expansionssteuerung,
4. einer Transmission zum Antrieb der Pumpen mit zwei Friktionskupplungen, Pat. Lindsay, für rechte und linke Hälften,
5. zwei liegenden Innenplungerpumpen für Riemenbetrieb,
6. zwei liegenden Schieberluftpumpen,
7. zwei tiefstehenden Kondensatpumpen,
8. einer Oelpumpe,
9. einem Kaminkühler.

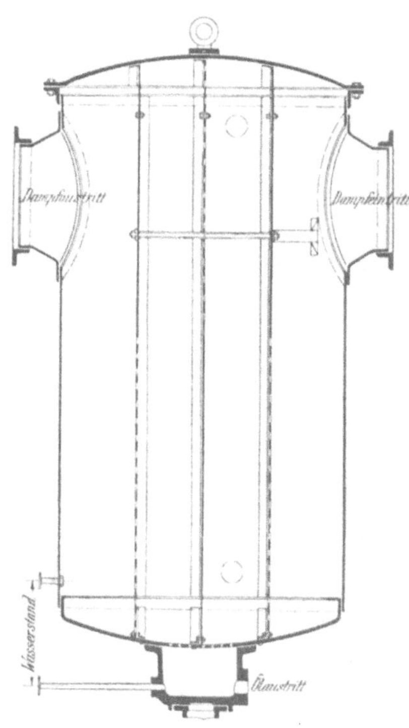

Fig. 159.

Dampfentöler von
Klein, Schanzlin & Becker.

Durch diese Anordnung ist zum ersten Male und mit vortrefflichem Erfolge eine Doppelanlage geschaffen, sodass vermittelst der beiden Kupplungen auf der Antriebswelle bei halbem Betriebe entweder die rechte oder die linke Abteilung ausgeschaltet werden kann, während die andere Hälfte in Thätigkeit bleibt. In gleicher Weise können auch die Röhrenbündel getrennt in Betrieb genommen werden, zu welchem Zweck zwischen dem Dampfentöler und den beiden Kondensatoren Absperrschieber vorgesehen sind.

Da während ca. 8 Stunden täglich die Fördermaschinen stillstehen, deren Dampfverbrauch fast die Hälfte der gesamten Dampfmenge ausmacht, so wird sofort bei Stillstand derselben mittels eines einzigen Handgriffes die rechte oder linke Hälfte der Kondensation ausser Betrieb gesetzt. Die Anlage arbeitet daher sehr wirtschaftlich und ist ausserdem in hohem

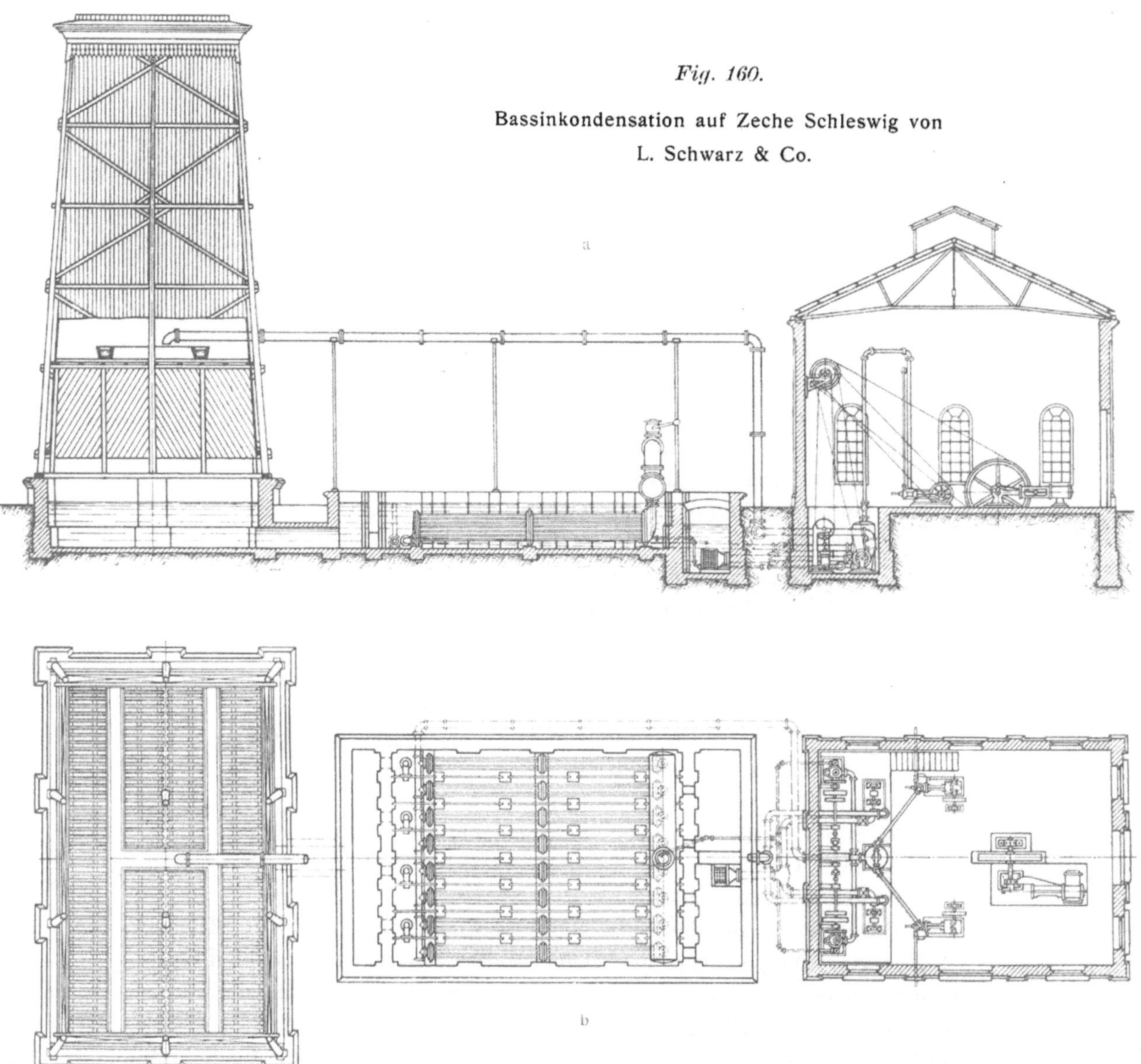

Fig. 160.

Bassinkondensation auf Zeche Schleswig von
L. Schwarz & Co.

Masse betriebssicher, denn während des Stillstandes einer Hälfte können die Pumpen nachgesehen und in Stand gesetzt werden, ohne die Kondensation ganz abstellen zu müssen. Der Riemenantrieb der Pumpen beansprucht ja allerdings eine beständige Mehraufwendung an Kraft gegenüber direkter Kupplung, doch hat der heutige Stand des Transmissionsbaues diesen Mehrverbrauch sehr reduziert; andererseits bewirkt der Riementrieb als elastisches Zwischenglied aber auch einen ruhigen Gang der Pumpen.

Die seither konstruierten und im wesentlichen zur Zufriedenheit arbeitenden Dampfentöler zeigten den Uebelstand, dass in dem abgeschiedenen Oel je nach der Aussenlufttemperatur mehr oder weniger Kondensat enthalten war, welches aus dem Oel bekanntlich schwer zu entfernen und als Verlust bei der Kondensation zu betrachten ist. Auf Zeche Schleswig ist noch ein solcher Oelabscheider aufgestellt. Die dort gemachte Beobachtung des Verlustes infolge der Dampfkondensierung durch die Wärmeausstrahlung des nicht umhüllten Entölers brachte nun die Firma Schwarz & Co. auf den Gedanken, den Entöler doppelwandig herzustellen und die entölten Dämpfe als schützenden Mantel beim Prozesse der Entölung zu benutzen.

Die Einrichtung verspricht eine erhebliche Herabsetzung der Kondensatverluste. Ausserdem ist auch ein grösserer Teil des gewonnenen Oels als Schmiermittel zu verwenden, worin ein Ersparnisfaktor liegt, der die höheren Kosten dieses Entölers sehr bald wett machen wird.

b) Mit Gleichstrom in geschlossenen Räumen.

Die Einrichtung des Kondensators zeigt wenige Unterschiede gegen den unter a) beschriebenen Gegenstrom-Kondensator. Dampf wie Wasser strömen nur zweimal hin und her und zwar in gleicher Richtung. Das Kondensat und die mitgeführte Luft werden zusammen durch die Nassluftpumpe entfernt. Ausserdem sind noch eine Oelwasser- und eine Kühlwasserpumpe erforderlich.

Anwendbar ist diese Art der Kondensation in denselben Fällen wie die Gegenstrom-Oberflächen-Kondensatoren; doch dürfte in Rücksicht auf die günstigere Wärmeentziehung die Anlage eines Gegenstromkondensators vorteilhafter sein, wenngleich er etwas teurer ist.

Fig. 161a und b giebt die Ausführung von Balcke & Co. in Bochum wieder.

Von einer Verbundmaschine wird an der Hochdruckseite die Nassluftpumpe, an der Niederdruckseite die Kühlwasserpumpe angetrieben. Beide sind gleicher Konstruktion und haben Ventile aus Phosphorbronze mit Gummiarmierung. Der Hub der Ventile ist gering, ihre Anzahl dem erforderlichen Durchgangsquerschnitt entsprechend bemessen, sodass ein ruhiger und stossfreier Gang erzielt wird. Der Raum über den Druckventilen ist als Windhaube ausgebildet. Im übrigen bedarf die Abbildung keiner weiteren Erklärung.

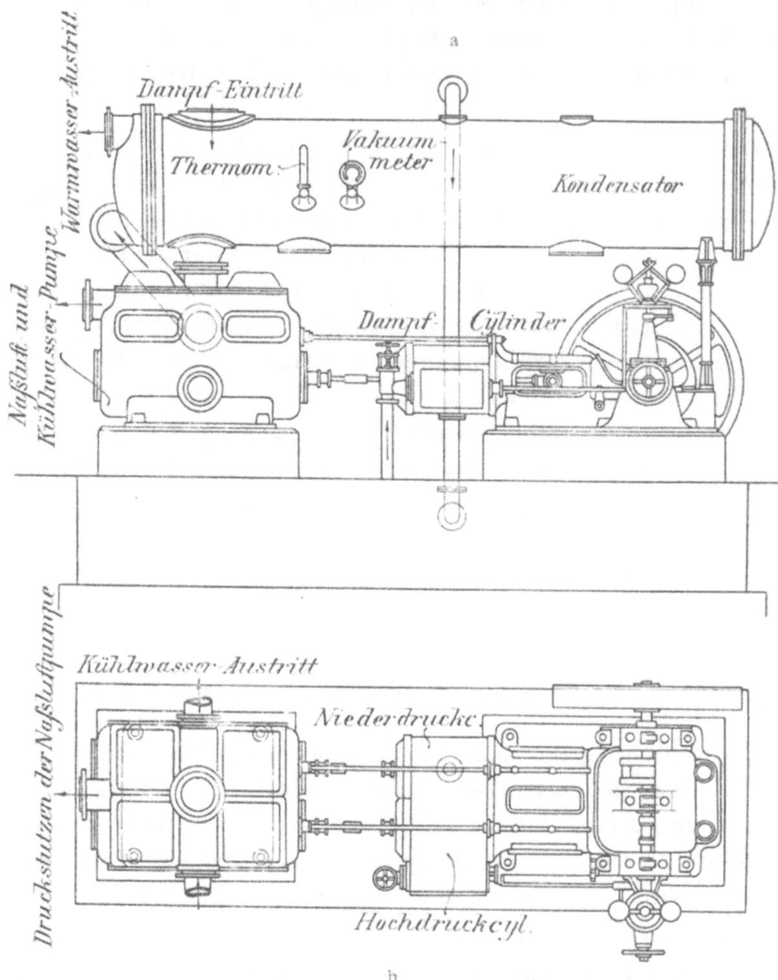

Fig. 161 a u. b.

Gleichstrom-Oberflächen-Kondensation von Balcke & Co. in Bochum.

2. Misch-Kondensation.

a) Mit Gegenstrom.

Als Vorbild dieser Kondensation, bei welcher die gesonderte Gewinnung des Kondensats fortfällt, hat der s. Z. grosses Aufsehen erregende
Kondensator von W e i s s gedient.

Der Dampf tritt unterhalb des Wasserzuflusses ein, das Wasser läuft
über Teller oder Trichter dem Dampf entgegen und wird in den Kondensator hineingepumpt oder durch die in letzterem herrschende Luftleere

angesaugt. Eine Ausgleichung für wechselnde Belastung haben die Firmen
Balcke & Co. und Schwarz, wie später erörtert werden wird, geschaffen.
Weiss hat darauf weniger Rücksicht genommen. In jedem Falle muss die
Tourenzahl der Pumpen der Belastung bis zu einem gewissen Grade an-
gepasst werden können.

Die Pumpenanlage setzt sich zusammen aus

1. einer trockenen Luftpumpe,
2. einer Kondensatpumpe, von welcher auch etwa zum Kesselspeisen
    zu entnehmendes Wasser durch eine Zweigleitung fortge-
    drückt wird,
3. einer Oelwasserpumpe.

Oelabscheidung ist auch hier in der einen oder anderen Form zweckmässig. Findet Rückkühlung statt und wird kein Wasser zur Kesselspeisung
entnommen, so ist Zusatzwasser nicht erforderlich.

Diese Art der Kondensation ist anwendbar, wenn

A. das Wasser nicht zu schlammhaltig,
B. das Wasser kalk- oder salzhaltig,
C. das Gemisch aus Kühlwasser und Kondensat bei Benutzung zur
    Kesselspeisung nicht zu hart ist oder eine Wasserreinigung da-
    für vorgesehen wird,
D. das Anlagekapital sehr mitspricht, da diese Kondensation weitaus
    die billigste ist.

Ausgeführt wird die Gegenstrom-Mischkondensation nach Patenten und
Konstruktionen von Civilingenieur F. J. W e i s s in Basel, u. a. von der Firma
B r i n k m a n n & C o. in Witten. Fig. 162 stellt eine solche Weisssche
Kondensation dar.

Die Wirkungsweise ist folgende: Der Abdampf tritt in einer Höhe
von etwa 11 m über dem Bassinwasserspiegel in den Kondensator ein. Ihm
entgegen läuft das durch eine Centrifugalpumpe c in die obere weite
Haube gedrückte Wasser, welches sich durch ein Verteilungssystem mit
dem Dampfe innig mischt, ihn kondensiert und dann mit dem
Kondensat in dem Abfallrohr a in einer der jeweiligen Luftleere
entsprechenden Höhe steht. Dieses Rohr ist etwas höher als der barometrischen
Wassersäule entsprechend gewählt, da die durch Vibration im Kondensator in pendelnde Schwingungen geratene Wassersäule sonst leicht in die
Abdampfleitung treten könnte. Eine unten angebrachte Rückschlagklappe
soll diese Schwingungen mildern und erfüllt ihren Zweck recht gut, ohne
zu Betriebsstörungen Veranlassung zu geben.

Eine trockene Schieberluftpumpe l saugt die gesättigte Luft an der
kältesten Stelle, d. i. am oberen Teile der Haube, beständig ab. Das mitgerissene Wasser scheidet sich in dem weiteren Rohr w aus, an welches

sich ein zweites, engeres Abfallrohr r anschliesst. Dieses ist ebenfalls
mit einer Rückschlagklappe versehen, die sich öffnet, wenn die Wasser-
ansammlung über die barometrische Höhe steigt. Infolge der herrschenden
Luftverdünnung würde sich die Klappe aber sehr bald wieder schliessen,
sodass nicht alles Wasser aus dem engen Abfallrohr entweichen könnte.
Es ist daher die Einrichtung getroffen, dass sich das erste ausfliessende
Wasser in einen Blechtopf ergiesst, der an einem zweiarmigen Ventilhebel
sitzt; der wassergefüllte Topf erhält nun das Uebergewicht über das am

Fig. 162.

Weisssche Gegenstrom-Mischkondensation.

Hebel befestigte Belastungsgewicht und durch das kleine mit der Vakuum-
leitung verbundene Röhrchen r_1 wird durch Eintritt atmosphärischer Luft
die Verdünnung so weit und so lange herabgedrückt, bis alles Wasser zum
Ausfliessen gelangt ist. Hierdurch wird erreicht, dass die Entleerung des
kleinen Abfallrohres nur in grösseren Pausen stattfindet. Bei gut geleiteter
Kondensation und niedrig gehaltener Rückkühlung findet oft tagelang keine
Entleerung statt.

Der Wasservorrat des Weissschen Kondensators hat offenbar für die
wechselnden Dampfmengen unserer Zechen nicht genügt, um grosse
Schwankungen in der Luftleere zu verhüten. Man hat daher z. B. auf den
Zechen Carolus Magnus und Mathias Stinnes (s. Tabelle 21 auf S. 289) den
Abdampf durch sog. Vorkondensatoren, vorgeschaltete alte Cornwallkessel,
über die Wasser rieselt, gehen lassen, ehe er in den eigentlichen Kondensator gelangt.

Es sei noch bemerkt, dass sich die Centrifugalpumpen für Kondensationen gut bewährt haben. Sie lassen sandiges und etwas schlammiges Wasser eher zu, als Ventilpumpen und bedürfen weniger Reparaturen bei geringerem Anschaffungspreis.

Ausführung von Balcke & Co. in Bochum (Fig. 163).

Der Kondensator ist aus zwei Teilen zusammengesetzt. Der untere ist ein grosser, annähernd horizontal liegender Kessel, der obere ein Gegenstromkondensator mit tellerförmigen Einsätzen. Der Kondensator saugt sich das gekühlte Wasser bis zu 5 m Höhe durch eine mit Schwimmerventil ausgerüstete Saugleitung selbstthätig an. Das Wasser fällt über die tellerförmigen Einsätze abwärts in den darunter liegenden Vorratskessel, in dem eine grössere Menge Wasser durch Zwischenwände derart aufgestaut ist, dass es dem in den Kessel eintretenden Dampf eine grosse Berührungsfläche darbietet. Der Kessel enthält stets eine bestimmte Füllung. Das aus dem Kondensator stammende überschüssige Wasser läuft selbstthätig der Pumpe zu.

Der zu kondensierende Dampf tritt durch einen Dampfentöler in den unteren Teil des Kessels ein, durchströmt denselben und gelangt alsdann in den eigentlichen Kondensator, wo er durch das herunterfallende Wasser vollständig verdichtet wird. Oben am Kondensator saugt die Luftpumpe. In die Luftleitung ist ein Wasserabscheider eingeschaltet, welcher etwa mitgerissene Wasserteilchen entfernt und der Wasserpumpe zuführt.

Der Leistungsregulator der Maschine gestattet die Tourenzahl der Pumpenanlage je nach der Belastung einzustellen.

Die Pumpenanlage ist die gleiche wie bei der Balckeschen Oberflächenkondensation. Die Wasserpumpe besitzt Ausgleichventile, Patent Balcke, durch deren Vermittelung in ihr während der Saugperiode stets das gleiche Vakuum erhalten wird, wie in der Luftpumpe, sodass ihr das Wasser aus dem Kondensator gleichmässig zufliesst.

Die Balckesche Einrichtung besitzt in dem Vorratskessel das Ausgleichungsmittel bei wechselnder Dampfzufuhr, welches dem Weiss'schen Kondensator fehlt. Die auf Zeche Mont Cenis I in dieser Art ausgeführte Anlage hat sich als zuverlässig bei gleichbleibendem Vakuum bewährt.

b) Mit Gleichstrom.

Die Kondensation erfolgt in einem geschlossenen schmiedeeisernen Kessel durch Einspritzen von Wasser; Einrichtung und Betrieb sind einfach, Raumbedarf und Preis gering.

Im Ruhrkohlenrevier sind derartige Kondensatoren für Centralanlagen seither nicht angelegt, eine eingehendere Beschreibung derselben erübrigt sich daher.

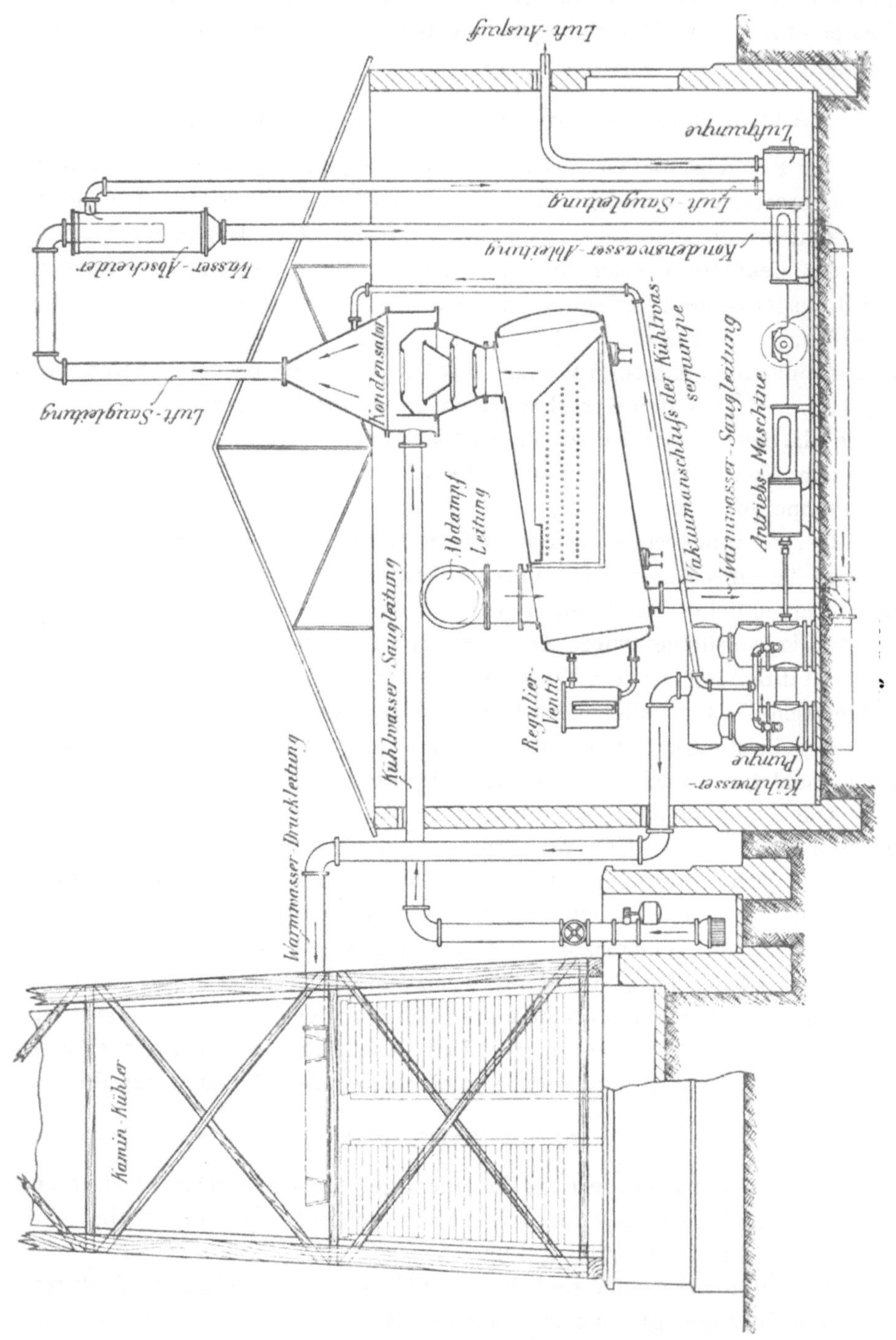

Gegenstrom-Mischkondensation von Balcke & Co. in Bochum.

III. Die Dampfzuleitung zu den Kondensatoren.

Während man die Frischdampfleitungen durch sorgfältige Umhüllungen nach Möglichkeit gegen Wärmeverluste zu schützen pflegt, lässt man den Abdampf durch nicht isolierte Rohre zur Centralkondensation strömen, um ihm Gelegenheit zu geben, möglichst viel Wärme an die Aussenluft abzugeben und so die Arbeitsleistung der Kondensationsapparate herabzudrücken. Die Abdampfleitungen werden im übrigen möglichst sorgfältig hergestellt und verlegt, da ja schon eine einzige undichte Stelle in der Leitung das Vakuum auf Null zurückführen kann. Die einzelnen, meist schmiedeeisernen und genieteten Rohre nimmt man so lang als möglich, bis 12 m, um die Flanschenzahl zu verringern; denn die Flanschendichtungen sind ja stets die wunden Punkte einer Dampfleitung.

Der Feststellung der Rohrquerschnitte wird gewöhnlich eine Abdampfgeschwindigkeit von 90 bis 100 m je Sekunde zu Grunde gelegt. Scharfe Krümmungen und plötzliche Querschnittsänderungen sucht man nach Möglichkeit zu vermeiden. Die zu diesem Zweck erforderlichen Façonstücke vermehren natürlich bei umfangreichen Leitungen die Anlagekosten ganz erheblich; aus diesem Grunde lassen sich die Gesamtanlagekosten einer Centralkondensation, wie sie die Tabelle 21 auf S. 289 enthält, nicht ohne weiteres vergleichen.

Alle Rohrleitungen werden zur Sicherung des Betriebes mit einem automatischen Ventil ausgerüstet, das während des normalen Ganges der Kondensation durch den äusseren Luftdruck geschlossen gehalten wird, und bei Steigerung des Druckes in der Leitung infolge Versagens der Kondensation sich öffnen kann. Das Ventil erhält denselben Durchgangsquerschnitt, wie die Leitung und kann bei dem höheren Druck und folglich geringeren Dampfvolumen die ganze Abdampfmenge bequem und schnell entweichen lassen.

IV. Die Rückkühlung des Wassers.

Auf die Entwickelung der Rückkühlanlagen ist im einleitenden Teile des vorliegenden Abschnittes bereits eingegangen, es erübrigt daher nur, die verschiedenen im Ruhrbezirk eingeführten Konstruktionen im einzelnen zu besprechen.

Wir finden in mehr oder minder zahlreichen Ausführungen:

　　　1. Reiser-Gradierwerke,
　　　2. Latten-Gradierwerke,
　　　3. Kaminkühler.

1. Reiser-Gradierwerke.

Die Einrichtung derselben ist so allgemein bekannt, dass von einer bildlichen Darstellung abgesehen werden kann. Man erzielt mit den Reiser-Gradierwerken anfangs ganz zufriedenstellende Resultate, doch wird die Wirkung durch Ansatz von Schlamm und durch Verwittern und Abbröckeln der Rinde des Reisigs sehr bald stark beeinträchtigt, da die abfallende Rinde die Luftkanäle in den Reisigbündeln verstopft, so dass die für eine gute Abkühlung erforderliche feinste Verteilung des Wassers unmöglich gemacht wird. Der schädliche Einfluss auf die Vegetation durch Verwehen des zu kühlenden Wassers ist oben bereits erwähnt.

Die neueren Anlagen werden mit Reiser-Gradierwerken nicht mehr ausgerüstet, da sich die folgenden Systeme besser bewährt haben.

2. Latten-Gradierwerke.

Die Firma Albert Munzinger in Kaiserslautern hat diesen Kühlwerken ihre besondere Aufmerksamkeit geschenkt. Sie sind auch unter

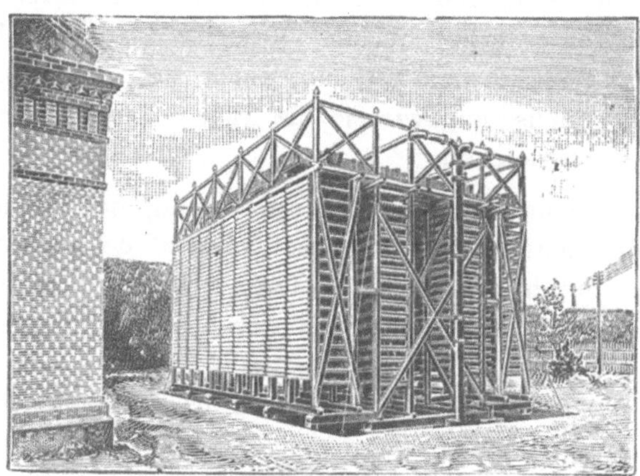

Fig. 164.
Zschocke-Gradierwerk.

dem Namen Zschockes-Gradierwerke bekannt und besitzen folgende aus Fig. 164 ersichtliche Einrichtung:

Das zu kühlende Wasser wird in den auf dem Kühlwerk befindlichen Verteilungstrog gehoben und läuft aus demselben durch feine Röhrchen in darunter befindliche Verteilungskästen; diese sind über das ganze Kühlwerk so verteilt, dass immer noch ein genügender freier Querschnitt für die durchstreichende Luft verbleibt.

Durch die Kästen wird eine Verteilung des Wassers in feinen Strahlen auf die darunter angeordneten Patent-Horden erzielt. Die Horden

Fig. 165.

Lattengradierwerk von L. Schwarz & Co.

Fig. 166.

Lattengradierwerk von L. Schwarz & Co.

sind gegen die Horizontale geneigt und zwar abwechselnd von Lage zu
Lage; ihre Anordnung ist eine derartige, dass kein Wassertropfen durch
mehrere Hordenlagen hindurchfallen kann, ohne auf einen Stab der Horden
aufzuschlagen und durch den heftigen Anprall zu zerstäuben, so dass sich
die hindurchstreichende Luft innig mit dem Wasser berühren und ihm eine
grosse Menge Wärme entziehen kann.

Solche Gradierwerke eignen sich besonders zur Bewältigung grosser
Wassermassen. Sie beanspruchen jedoch grössere Grundflächen als die
nachstehend besprochenen Kaminkühler und müssen möglichst frei aufgestellt werden, damit der Luftzutritt von allen Seiten unbehindert ist.

An den Aussenflächen der offenen Kühlwerke sind Jalousien angebracht, durch welche ein Verwehen und Verspritzen des Wassers vermindert wird, ohne den Luftzutritt zu hindern.

Die Figuren 165 und 166 geben Ausführungsformen von L. Schwarz
& Co. in Dortmund wieder.

3. Kaminkühler.

Diese Apparate werden mit Vorteil überall da angewendet, wo es an
Platz mangelt oder wo die Kühlwerke in der Nähe von Gebäuden aufgestellt werden müssen und jedes Verwehen und Verspritzen von Wasser
sowie jede Belästigung durch abziehenden Dunst ausgeschlossen sein soll.

Die innere Einrichtung der Zschockeschen Kaminkühler ist genau
wie die der Latten-Gradierwerke. Hier wie bei allen anderen Konstruktionen wird die Kühlwirkung durch den natürlichen Luftzug hervorgerufen,
den der einem Kamin ähnliche Aufsatz bewirkt. Die Luft wird durch das
in einer Höhe von 6—7 m eintretende warme Wasser erwärmt, dadurch
leichter als die Aussenluft, steigt nach oben und saugt von unten stets
kalte Luft nach.

Einen solchen Kühler, mit eisernem Gerüst wie ihn die Maschinen-
und Armaturenfabrik vorm. Klein, Schanzlin & Becker in Frankenthal
für Zeche Mathias Stinnes geliefert hat, zeigt Fig. 167.

Eine abweichende Einrichtung haben die Balckeschen Kaminkühler
(Fig. 168). Der Kamin ist ganz aus Holz hergestellt. Das Gerüst besteht
aus Rundholzmasten mit kräftig verschraubten Quer- und Diagonal-Ver-
strebungen, die Verschalung aus gehobelten und mit Feder und Nut verbundenen Brettern.

Unten ist der Kamin mit einer Anzahl Lufteintrittsöffnungen in Form
horizontaler Schlitze versehen, welche nach oben hin immer schmaler
werden. Der oberste Schlitz liegt etwa 3,5 m über Bassinoberkante. Der
Kamin ist mit dem Fundament-Mauerwerk verankert und so stark konstruiert, dass alle Teile mit mindestens 10-facher Sicherheit einem Wind-

druck von 125 kg/qcm widerstehen. Dieser Beanspruchung entspricht auch die Stärke der Fundamente.

Der innere Ausbau des Balckeschen Kühlers besteht aus der Wasserverteilungsvorrichtung und der eigentlichen Kühlvorrichtung. Die erstere

Fig. 167.

Kaminkühler von Klein, Schanzlin & Becker.

liegt in der Höhe von 4—6 m über Fundamentoberkante und besteht aus einem hölzernen Trog mit vertikalen Auslaufröhren und einem System von gezackten hölzernen Verteilungsrinnen. Das warme Wasser wird in den Trog eingeführt und durch die vielen Auslaufröhrchen in die einzelnen Ver-

teilungsrinnen geleitet, welche es in feinen Strahlen auf die Kühlvorrichtung geben.

Die Kühlvorrichtung besteht aus einer grossen Anzahl jalousieartig
übereinanderliegender hölzerner Böden. Das Wasser fällt von einem Boden
zum andern und spritzt dabei von den schrägen Flächen ab. Durch diese

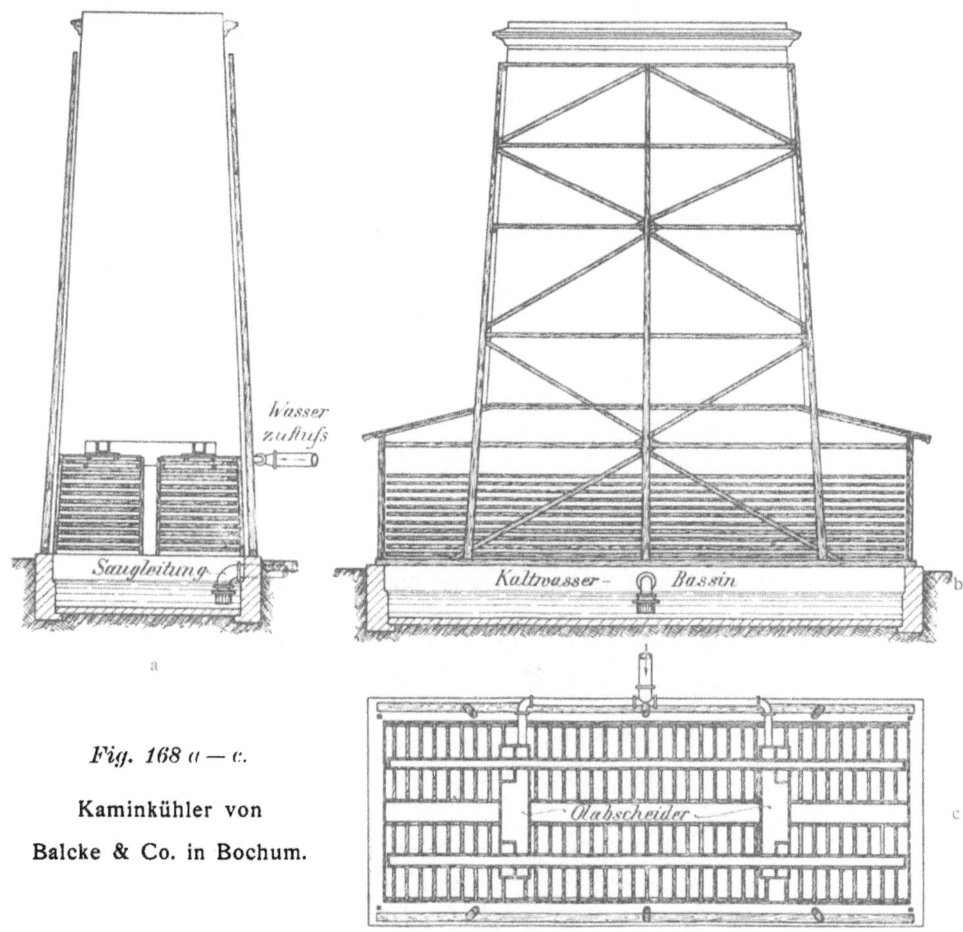

Fig. 168 a — c.

Kaminkühler von

Balcke & Co. in Bochum.

Vorrichtung wird das Wasser in feinste Tröpfchen zerteilt, welche mit der
durch die Schlitze in den Kamin eintretenden kalten Luft in innigste Berührung kommen und daher rapide gekühlt werden. Ein Mittelgang teilt
die Kühlvorrichtung in zwei Hälften und erleichtert die Zugänglichkeit
aller Teile.

Der Verteilungstrog enthält bei Misch-Kondensation ausserdem noch
eine Oelabscheidevorrichtung, doch ist diese Einrichtung nicht unumgänglich nötig, da das Oel von den Holzteilen des Kühlers aufgesaugt wird. Es
trägt sogar wesentlich zur Erhaltung derselben bei.

An Stelle der hölzernen Kühltürme werden zuweilen auch runde
g e m a u e r t e Kamine (Fig. 169) gewählt, welche weniger Reparaturen
erfordern und vermöge ihrer grösseren Höhe einen stärkeren Luftzug erzeugen.

Neuerdings stellt die Firma Balcke auch Kaminkühler gänzlich aus
E i s e n her. Sie erzielt damit bei geringer Grundfläche und relativ

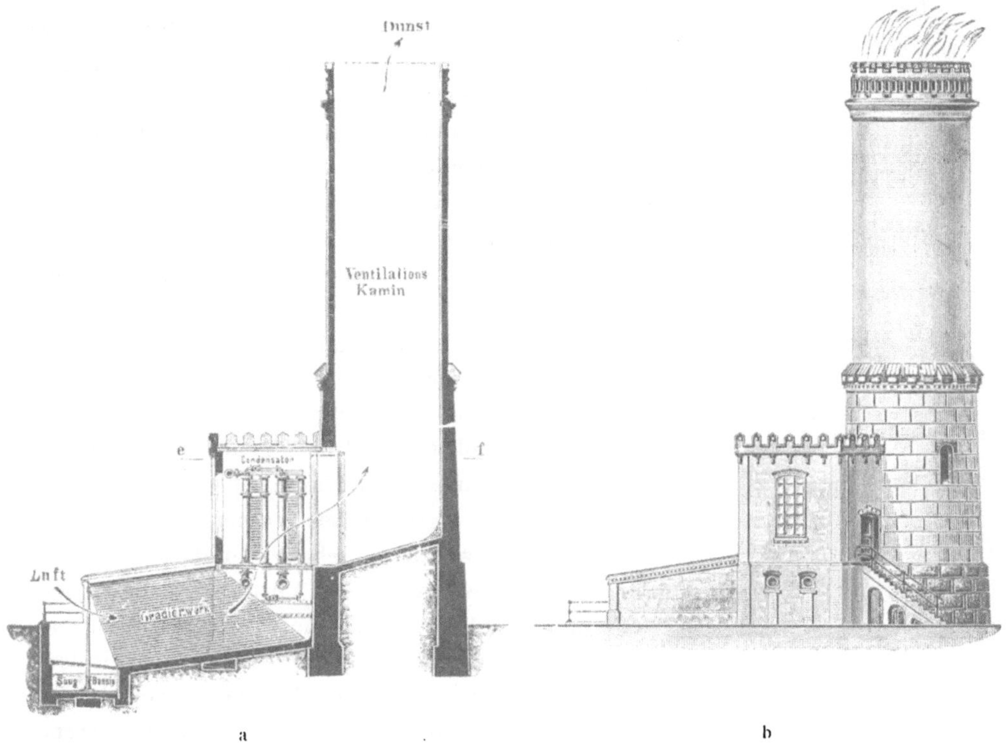

Fig. 169 a u. b.

Berieselungskondensator in einem gemauerten Kaminkühler mit unterirdischer
Wassercirkulation von Balcke & Co.

grosser Höhe eine vorzügliche Kühlung. Dem starken Luftzuge entsprechend ist hier auf die Wasserverteilung die grösste Sorgfalt verwendet
und zwar geschieht dieselbe in einer durch Patent geschützten Weise
durch Siebbleche. Durch die Siebe wird das Wasser in lauter feine
Streifen verteilt, an welchen der Luftstrom vorüberströmt und das Wasser
kühlt. Die Siebbleche sind in Etagen übereinander angeordnet. Oben befindet sich eine ebenfalls aus Siebblechen hergestellte Rinne, durch welche
das Wasser auf das oberste Blech gleichmässig verteilt wird, um alsdann
von Etage zu Etage zu fallen. Durch die Verteilungsrinne ist ein Verstopfen der Löcher in den Siebblechen durch Schmutzteilchen unmöglich

gemacht. Bei der Gesamtanordnung ist auf leichte Zugänglichkeit aller
Teile zum Zwecke der Reinigung und Instandhaltung weitgehendste Rücksicht genommen, sodass bei sachgemässer Instandhaltung dem eisernen
Kühler gegenüber dem hölzernen eine weitaus grössere Lebensdauer zu-
gesprochen werden muss. Ein weiterer Vorteil des eisernen Kaminkühlers
ist darin zu erblicken, dass derselbe dem geringen Raumbedarf entsprechend ein kleineres Fundament erfordert als der hölzerne Kühler.

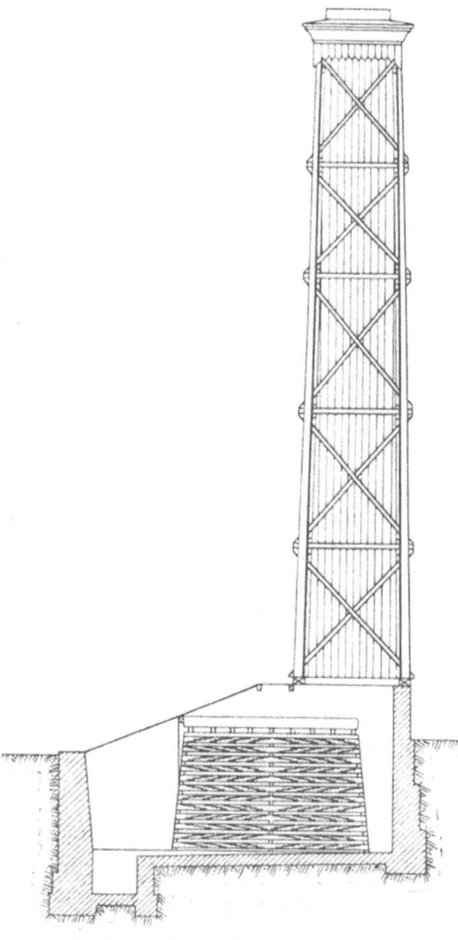

Fig. 170.

Unterflurkühler von L. Schwarz & Co.

Die Kaminkühler von S c h w a r z
& C o. besitzen nach denselben Grundsätzen wie bei Balckes Kühlern hergestellte Gerüste, doch ist die Kühlvorrichtung davon abweichend.
Letztere beginnt in einer Höhe von
5 m über Flur und reicht bis zum
unteren Ende der Verschalung. Sie
besteht im wesentlichen aus einer Anzahl über- und nebeneinander angeordneter Rieselbretter, welche nach
oben dachartig verlaufen, sodass sie
vollständig freie Kanäle für den Lufteintritt und Durchzug bilden.

Das heisse Wasser wird in einen
Haupttrog gehoben und durch Abzweigungen zu Verteilungsrinnen geführt, welche am oberen Rande drei-
eckige Einschnitte haben, die mit den
Spitzen über gleichfalls dreieckigen
Ansätzen der Seitenbretter liegen.
Die Ansätze liegen wiederum genau
über den zu berieselnden Latten. Die
herabfallenden Tropfen fallen von
Latte zu Latte und bilden durch ihre
Zerstäubung einen gleichmässigen
feinen Regen.

Die Wirkung dieser Wasserverteilung ist die denkbar günstigste und
hat selbst an heissen Tagen gute Resultate ergeben.

Um das Vakuum im Einspritz- oder Mischkondensator zum Heben des
Wassers zu benutzen und so eine besondere Pumpe zur Wasserhebung zu
sparen, werden sog. U n t e r f l u r k ü h l e r (Fig. 170) angewendet, bei
welchen das zu kühlende Wasser dem Kühlwerk selbstthätig zuläuft. Die

innere Kühleinrichtung ist dieselbe wie bei den oberirdischen Kaminkühlern. Die Unterflurkühler haben aber den Nachteil, dass sie die Anlagekosten bedeutend erhöhen, weil sie grössere Bassins und grössere Grundflächen erfordern als oberirdische Kaminkühler. Ein weiterer Nachteil liegt in der erschwerten Zugänglichkeit des Kühlwerksinnern.

Bei den Kaminkühlern der Westfälischen Maschinenbau-Industrie M o l l & C o. entspricht der Kühlturm selbst den vorher beschriebenen Ausführungen. Die Wasserverteilungsvorrichtung besteht aus einem hölzernen Trog mit seitlich eingebohrten Löchern. Unter diesem Verteilungstrog befinden sich eine grosse Anzahl Verteilungsrinnen, welche mit vielen eingeschnittenen Kerben und Zacken versehen sind.

Das zu kühlende Wasser gelangt aus dem Trog in die Verteilungsrinnen und alsdann fein verteilt über die eigentliche Rieselkühleinrichtung. Letztere besteht aus einer grossen Anzahl übereinander liegender, versetzt angeordneter Rieselkörper. Durch diese Anordnung wird eine ausserordentlich feine Verteilung des Wassers bewirkt und durch die in horizontaler und vertikaler Richtung eintretende, entgegenströmende kalte Luft eine energische Kühlung erzielt. Für die Regulierung der Luftzufuhr nach der Mitte der Kühleinrichtung sind über jedem Luftkanal verstellbare Klappen angebracht.

Alle Kühleinrichtungen sind in ihrer Wirkung sehr von der Witterung abhängig. Trockene Luft giebt natürlich eine bessere Kühlung als schon mit Wasserdampf gesättigte, kalte eine günstigere als warme. Durchschnittlich kann man annehmen, dass bei günstiger Witterung die Temperatur des gekühlten Wassers um ca. 2—3 ° C., bei ungünstiger um 4 bis 6 ° C. über derjenigen der Aussenluft bleibt. Besonders günstiges Wetter ergiebt bei Gradierwerken guter Konstruktion sogar Unterschreitung der Lufttemperatur. Aus den bereits angegebenen Gründen sind aber Kaminkühler selbst gutwirkenden Gradierwerken vorzuziehen.

V. Betriebsergebnisse ausgeführter Centralkondensations-Anlagen.

Weiss sagt in seiner vortrefflichen Abhandlung über den »Nutzen der Kondensation«:

»Am sichersten wäre eine unmittelbare Prüfung derart, dass man eine Zeitlang die Dampfmaschinen ohne und dann unter sonst genau gleichen Umständen mit Kondensation betreiben und in beiden Fällen den Kohlenverbrauch aufschreiben würde. Diese Prüfung, so einfach sie scheint, lässt sich jedoch nur in seltenen Fällen durchführen; manchmal ist die Belastung der Maschinen in der Weise veränderlich, dass es nicht gelingt, sie längere Zeit ohne und mit Kondensation die gleiche Arbeit verrichten zu lassen; in anderen Fällen ist für die in Betracht fallenden Maschinen nicht eine besondere Kesselanlage vorhanden usw. Man wird sich deswegen meistens mit der Prüfung mittels des Indikators begnügen müssen«.

Das Gesagte trifft im weitesten Sinne bei Centralkondensations-Anlagen auf Zechen zu. Jedoch ist eine solche Prüfung mit grosser Peinlichkeit und weitgehendster Berücksichtigung aller Nebenumstände auf Zeche Neumühl bei Hamborn durchgeführt worden, welche seitens der Zeche von dem verstorbenen Professor Herbst überwacht und seitens der Firma Balcke & Co. in Bochum durch Ingenieur Eicheler ausgeführt wurde.

In dem Vertrage der Zeche mit der Firma Balcke & Co. war vorgesehen, dass die Bezahlung der Anlage aus den fortlaufenden Ersparnissen an Kohlen, Kesselspeisewasser und Kesselreinigung zu erfolgen hatte und es waren die Preise für

$$\begin{array}{llll}
1000 \text{ kg ersparte Kohlen mit} & 6{,}00 \text{ M.,} \\
100 \text{ cbm Kondensat} & » & 10{,}00 & » \\
\text{und für die Kesselreinigung} & » & 0{,}01 & »
\end{array}$$

je Kubikmeter Speisewasser festgesetzt.

Da die Ergebnisse der Versuche auch über die Arbeitsverhältnisse der Maschinen einer Zeche im allgemeinen interessante Aufschlüsse gewähren, seien sie ausführlich hier wiedergegeben.

1. Betriebsergebnisse der Balckeschen Berieselungskondensation auf Zeche Neumühl.

Versuchsdauer m i t Kondensation:

22. September 1898, 2 h. 28 nachm. bis 24. September, 12 h. 38 nachm.

Versuchsdauer o h n e Kondensation:

6. Oktober 1898, 2 h. 15 nachm. bis 8. Oktober, 2 h. 30 nachm.

Es waren in beiden Fällen dieselben Wochentage gewählt.

Kohlen- und Wassermengen wurden gemessen und die Hauptmaschinen indiciert. Die Wassermessung erfolgte in drei hölzernen Kästen, u. zw. dienten zwei derselben abwechselnd zur Kondensatmessung, ein dritter zum Messen des Zusatzwassers. Das gemessene Speisewasser lief durch Leerlaufleitungen in das Speisewasserbassin. Beim Versuch ohne Kondensation dienten die Kondensatkästen zum Messen des Ruhrwassers.

Die Kohlen wurden nach Bedarf gekippt und der Wageninhalt durchschnittlich zu 550 kg angenommen.

Der Wasserstand im Speisewasserbassin und in den Kesseln wurde nach Stillsetzen der Speisepumpen festgestellt und die Dampfspannung notiert.

Die Feuer waren gerade soweit abgebrannt, dass neu beschickt werden musste; dann begann der Versuch. Zum Schluss des Versuches wurden die einzelnen Verhältnisse möglichst genau wie am Beginn wiederhergestellt.

Halbstündlich wurden Kesselspannungen, Tourenzahlen der Maschinen, gekippte Kohlen, Förderungs- und sonstige Betriebsverhältnisse genau notiert (siehe Tabellen 15 und 16.)

Bei den Fördermaschinen, sowie bei der Abteufmaschine wurde die Anzahl der Züge und das geförderte Gut an der Hängebank unter Berücksichtigung der Seilfahrten, Holz- und Geschirrzüge notiert.

Es wurden gemessen:

1. **Mit Kondensation:**

An Kohlen	An Wasser
59400 kg oder	342,056 cbm Kondensat
108 Wagen à 550 kg	171,000 « Ruhrwasser
	513,056 cbm Speisewasser

2. **Ohne Kondensation:**

An Kohlen	An Wasser
74 800 kg oder	614 cbm Ruhrwasser
136 Wagen à 550 kg.	

Die in Tabelle 17 eingetragenen Leistungen der einzelnen Maschinen sind teilweise auf Grund der Indikatordiagramme unter Vernachlässigung der durch die Kolbenstangen entstehenden Reduktion der Kolbenflächen nach der Formel berechnet:

$$N_i = \frac{F \cdot p_i \cdot 2 \cdot s \cdot n}{60 \cdot 75}$$

worin bedeutet N_i : indizierte Pferdestärken,

F: Kolbenfläche in qcm,

s: Kolbenhub in m,

n: Tourenzahl je Minute,

p_i : mittlerer ind. Druck in kg/qcm.

Die Leistungen der beiden Fördermaschinen sind als effektive Arbeit aus der Hebung der einzelnen Lasten berechnet, wobei die effektive Arbeit als auf die Dauer einer Schicht gleichmässig verteilt angenommen ist.

Der mechanische Wirkungsgrad von Fördermaschine I hat sich zu $\eta = 75\,\%$ ergeben. Bei Fördermaschine II, welche mit Zahnradübersetzung

(Fortsetzung auf S. 276.)

Garantieversuche
Übersicht über die Betriebsverhältnisse
Beginn des Versuches am 22. September mittags 2^{38},

Maschinen	Rundgang	1.	2.	3.
		2^{38}—4^{00}	4^{50}—5^{45}	$6^{\underline{10}}$—$11^{\underline{00}}$
	Datum	22. 9.	22. 9.	22. 9.
		2^{38}—3^{47}	3^{47}—5^{12}	5^{12}—$10^{\underline{00}}$
1. Fördermaschine I	Volle Züge v. d. II. Sohle	35	42	119
fördert von der II. Sohle Teufe 271 m	Volle Züge v. d. I. Sohle	—	6	—
	Seilfahrten	10	—	15 nach unten
	Holz nach unten	—	—	—
2. Ventilatormaschine . . .	Touren je Minute	72	74	72
	Depression in mm . . .	140	140	130
		2^{38}—3^{30}	3^{30}—4^{30}	4^{30}—$6^{\underline{00}}$
3. Kondensationsmaschine .	Dampfspannung in atm.	6,3	5,9	6,0
	Touren je Minute	50	56	56
	Vakuum in $^0/_0$	82	83	79
	Temp. im Luftsaugrohr .	26°	29°	29°
4. Zwillingskompressor . .	Touren je Minute	33,5	33,5	34
	Druck der Pressluft . .	4,55	4,45	4,6
		2^{38}—3^{45}	3^{45}—5^{20}	5^{20}—$10^{\underline{00}}$
5. Fördermaschine II . . .	Züge Kohle	3	2	10
fördert von der III. zur II. Sohle Teufe 96 m	Züge Steine	8	9	20
	Wasser	—	7	28
	Seilfahrten	30	—	11
	Leere Züge	—	—	18
6. Dampfturbine	Nur nachts in Betrieb: am ersten Tag von 7^{30}—7^{10}, am zweiten			
		2^{15}—$6^{\underline{00}}$	6^{00}—$12^{\underline{00}}$	—
7. Abteufmaschine } . . . Teufe 86 m	Kübel Wasser	30	46	47
8. Ventilator am neuen Schacht	Ist in 24 Stunden ca. 4 Stunden in Betrieb.			
9. Separationsmaschine . .	In Betrieb von morgens 6^{00} bis 2^{00} mittags und von 3^{00} nach-			
10. Unterird. Wasserhaltung	In Betrieb: 4^{00}—7^{00}, $11^{\underline{00}}$—$5^{\underline{00}}$.		—	—
11. Lokomotive.	Zeit der Füllung	—	3^{55}—4^{10}	5^{45}—6^{00}
	Dampfspannung	—	2—5,2 atm	1,6—6,8 atm
12. Kesselspeisepumpe . .	Die Kesselspeisepumpe läuft fortwährend mit 43 T. je M., die			
13. Dampfaufzug	Züge	—	2^{00}—$10^{\underline{00}}$	71
14. Schreinereimaschine . .	Täglich mit grösseren Zwischenräumen ca. 1,5 Stunden in Betrieb.			
15. Schlossereimaschine . .	Am 1. Versuchstag von 6^{00}—$10^{\underline{00}}$, am 2. Versuchstag von 6^{00}—			
16. Ziegeleimaschine	Nur am 2. Tag in Betrieb: 6^{00}—8^{30}, 9^{00}—12^{00}, 1^{00}—3^{30}, 4^{00}—$6^{\underline{00}}$.			

auf Zeche Neumühl.

während der Arbeit **mit** Kondensation.

Ende des Versuches am 24. September 1898 mittags 12^{38}. **Tabelle 15.**

4.	5.	6.	7.	8	9.	10.
7^{30}—9^{00}	9^{50}—10^{50}	1^{45}—3^{25}	5^{20}—6^{40}	10^{00}—11^{00}	8^{15}—9^{50}	11^{30}—12^{38}
23. 9.	23. 9.	23. 9.	23. 9.	23. 9.	24. 9.	24. 9.
10^{00}—6^{00}	6^{00}—10^{30}	10^{30}—2^{00}	2^{00}—5^{36}	5^{36}—10^{00}	10^{00}—6^{00}	6^{00}—12^{38}
27	133	101	75	101	69	179
—	—	—	4	—	—	—
16 nach oben	—	—	10	16 nach unten	18 nach oben	—
24	—	—	—	—	25	—
72	72	70	72	72	72	72
136	140	140	140	140	140	140
6^{00}—10^{00}	10^{00}—6^{00}	6^{00}—10^{22}	10^{22}—2^{00}	2^{00}—10^{00}	10^{00}—6^{00}	6^{00}—12^{38}
6,0	7,4	7,2	6,75	6,2	7,0	6,8
52	53,7	51	50,9	52	53	54
72	70	78	81	68	70	83
23°	21°	23°	27°	21°	20°	25°
34	34	26	34	34	26	30
4,5	4,4	4,0	4,9	4,5	4,5	4,6
10^{00}—6^{00}	6^{00}—10^{22}	10^{22}—2^{00}	2^{00}—5^{30}	5^{30}—10^{00}	10^{00}—6^{00}	6^{00}—12^{38}
21	8	15	7	7	5	6
4	28	60	23	22	30	35
104	—	—	3	78	1	—
29	—	5	23	54	2	—
112	1	—	3	84	1	4

Tag von 7^{20}—7^{00}. Leistung 70 Amp. 120 Volt.

4.	5.	6.	7.	8	9.	10.
12^{00}—6^{00}	6^{00}—12^{00}	—	12^{00}—6^{00}	6^{00}—12^{00}	12^{00}—6^{00}	6^{00}—12^{38}
47	33	—	41	51	52	61

mittags bis 11^{00} abends. Mittlere Tourenzahl 95 je M.

4.	5.	6.	7.	8	9.	10.
—	8^{00}—10^{00}	—	3^{00}—4^{30}	11^{00}—3^{15}	9^{00}—11^{00}	—
—	—	1^{30}—1^{45}	3^{50}—4^{05}	5^{45}—6^{00}	8^{30}—8^{45}	—
—	—	2,4—6,8 atm	2,5—6,4 atm	1,6—6,4 atm	3,4—6,2 atm	—

Pumpe für die Brause läuft fortwährend mit durchschn. 44 T. je M.

4.	5.	6.	7.	8	9.	10.
—	6^{00}—2^{00}	81	$\dfrac{2^{00}-10^{00}}{34}$	—	$\dfrac{6^{00}-12^{38}}{50}$	—

n = 150 T. p. M.

12^{00} in Betrieb. Stillstand 8^{30}—9^{00}, 12^{00}—1^{00}, 3^{30}—4^{00}. n = 50 T. p. M.

n = 76 T. p. M.

För-

Förderung von der II. Sohle	Wagen Kohle	—	Nachmittag-schicht 186	—
	Wagen Steine	—	385	—
Förderung von der III. zur II. Sohle	Wagen Kohle	—	3	—
	Wagen Steine	—	63	—
Über die Separation	Wagen Kohle	—	136	—
Ohne Separation gestürzt .	Wagen Kohle	—	50	—

Kessel-

22. September

	2^{38}	3^{00}		4^{00}		5^{00}		6^{00}		7^{00}		8^{00}		9^{00}	
Zeit	2^{38}	3^{00}		4^{00}		5^{00}		6^{00}		7^{00}		8^{00}		9^{00}	
atm.	6,3	5,3		5,5		5,5		5,7		5,5		5,8		6,2	
Mittel			5,5		5,3		5,5		5,6		6,0		5,5		6,1

23. September

	6^{00}		7^{00}		8^{00}		9^{00}		10^{00}		11^{00}		12^{00}	
Zeit	6^{00}		7^{00}		8^{00}		9^{00}		10^{00}		11^{00}		12^{00}	
atm.	7,4		7,7		7,0		7,2		6,8		6,8		5,0	
Mittel		7,4		7,9		7,5		7,3		6,8		6,5		5,5

	11^{00}		12^{00}		1^{00}		2^{00}		3^{00}		4^{00}		5^{00}		6^{00}
Zeit	11^{00}		12^{00}		1^{00}		2^{00}		3^{00}		4^{00}		5^{00}		6^{00}
atm.	7,0		7,8		7,0		7,5		6,3		6,8		7,5		7,3
Mittel		7,3		7,2		6,8		5,7		5,8		7,5		7,9	

24. September

	6^{00}		7^{00}		8^{00}		9^{00}		10^{00}		11^{00}		12^{00}	12^{38}
Zeit	6^{00}		7^{00}		8^{00}		9^{00}		10^{00}		11^{00}		12^{00}	12^{38}
atm.	7,3		7,5		7,0		6,8		7,3		6,5		6,0	6,3
Mittel		7,5		7,5		7,0		6,8		6,7		5,8		

Sonstige

		2^{38} — 4^{30}		4^{30} — 8^{30}
Kohlen in das Kesselhaus .	Wagen	25	—	40
Wasser gespeist	fortwährend.			
Temperatur des Kondensates	. . . .	47,5 °	52 °	54 °
Temperatur der Aussenluft.	. . . .	17 °	16,5 °	15,5 °
Temperatur des gekühlten Wassers	. . . .	32 °	31 °	31,5 °

Fortsetzung von Tabelle 15.

d e r u n g.

Nachtschicht	Frühschicht		Nachmittag-schicht	Nachtschicht	Frühschicht	
38	230	—	150	98	101	—
40	446	—	360	102	427	—
—	14	—	9	—	6	—
31	124	—	63	43	45	—
—	247	—	105	—	171	—
—	21	—	45	—	28	—

s p a n n u n g e n.

$\frac{10^{00}}{6,0}$ 6,3 $\quad$ $\frac{11^{00}}{6,5}$ 6,3 $\quad$ $\frac{12^{00}}{6,3}$ 7,0 $\quad$ $\frac{1^{00}}{7,3}$ 7,3 $\quad$ $\frac{2^{00}}{7,5}$ 6,4 $\quad$ $\frac{3^{00}}{7,2}$ 7,3 $\quad$ $\frac{4^{00}}{7,9}$ 6,8 $\quad$ $\frac{5^{00}}{6,4}$ 7,2 $\quad$ $\frac{6^{00}}{7,4}$

$\frac{1^{00}}{5,5}$ 7,0 $\quad$ $\frac{2^{00}}{8,0}$ 7,3 $\quad$ $\frac{3^{00}}{7,5}$ 7,8 $\quad$ $\frac{4^{00}}{7,0}$ 7,5 $\quad$ $\frac{5^{00}}{7,0}$ 6,7 $\quad$ $\frac{6^{00}}{6,5}$ 6,3 $\quad$ $\frac{7^{00}}{6,0}$ 5,8 $\quad$ $\frac{8^{00}}{6,0}$ 5,9 $\quad$ $\frac{9^{00}}{6,5}$ 6,0 $\quad$ $\frac{10^{00}}{6,3}$ 6,5

Im Mittel 6,65 atm.

B e m e r k u n g e n.

		$8^{00} - 12^{00}$		$2^{00} - 11^{00}$	9^{00}	
—	—	10	—	31	2	—
58 °	59,2 °	38 °	39,7 °	55,8 °	60 °	45 °
13 °	10 °	12 °	16 °	10 °	7 °	10 °
31 °	29 °	29 °	31 °	30 °	27 °	27 °

Garantieversuche

Übersicht über die Betriebsverhältnisse

Beginn des Versuches am 6. Oktober 1898 mittags 2^{15},

Maschinen	Rundgang	1.	2.	3.	4.
		2^{15}—4^{00}	5^{20}—7^{00}	$9^{4\cdot}$—11^{20}	
	Datum	6. 10.	6. 10.	6. 10.	6.—7. 10.
		2^{15}—4^{00}	4^{00}—6^{00}	6^{00}—10^{00}	10^{00}—6^{00}
1. Fördermaschine I. . . .	Volle Züge v. d. II. Sohle	36	49	83	32
fördert von der II. Sohle Teufe 271 m	Volle Züge v. d. I. Sohle	—	—	—	8
	Seilfahrten	12	—	16 nach unten	18 nach oben
	Holz nach unten	—	—	—	—
	Leere Züge	—	—	—	17 v. d. 1. Sohle 59 v. d. 2. Sohle
2. Ventilatormaschine . . .	Touren je Minute. . . .	73	73	80	72
	Depression in mm . . .	140	140	140	135
3. Kondensationsmaschine.	Während des Versuches nicht in Betrieb.				
4. Zwillingskompressor . .	Touren je Minute. . . .	37	32	33	28
	Druck der Pressluft . .	4,3	4,2	4,5	4,25
		2^{00}—4^{00}	4^{00}—5^{35}	5 —9^{50}	9^{50}—6^{00}
5. Fördermaschine II . . .	Züge Kohle	4	5	17	3
fördert von der III. zur II. Sohle Teufe 96 m	Züge Steine	8	25	31	10
	Wasser	—	—	—	—
	Seilfahrten	26	—	10	48
	Leere Züge	5	—	26	40
6. Dampfturbine.	Im Betrieb nachts von 6^{30}—7^{30} u. 6^{00}—7^{30}. Leistung 70 Amp., 120 Volt.				
7. Abteufmaschine Teufe 86 m	Kübel	—	2^{15}—6^{00} 5 Mörtel 6 Steine	—	6^{00}—12^{00} 6 Schlamm
8. Ventilator am neuen Schacht	Läuft in 24 Stunden ca. 4 Stunden.				
9. Separationsmaschine . .	Läuft morgens 6^{00}—2^{00} und nachmittags 3^{00}—11^{00} mit 95 T. je M.				
10. Unterird. Wasserhaltung	Läuft am 1. Tag 5 Stunden, am 2. Tag 2 Stunden. n = 40.				
11. Lokomotive	Zeit der Füllung	3^{45}—4^{00}	5^{55}—6^{10}	—	—
	Dampfspannung	2—7 atm	2—7 atm	—	—
12. Kesselspeisepumpe . . .	Die Kesselspeisepumpe läuft fortwährend mit 52 T. je M., die Pumpe				
13. Dampfaufzug Hubhöhe 8 m	Züge	15	30	—	—
14. Schreinereimaschine . .	Läuft täglich ca. 1¹/₂ Stunden in grösseren Zwischenräumen. n = 150.				
15. Schlossereimaschine . .	Lief am 1. Tag mit 4 stündiger Pause des Nachts, am 2. Tag mit				
16. Ziegeleimaschine	Läuft: 6^{00}—8^{30}, 9^{00}—12^{00}, 1^{00}—3^{30}, 4^{00}—6^{00}. n = 76.				

auf Zeche Neumühl.

während der Arbeit **ohne Kondensation.**

Ende des Versuches am 8. Oktober mittags 2^{30}.   **Tabelle 16.**

5.	6.	7.	8.	9.	10.	11.	12.
7^{00}—8^{00}	11^{00}—1^{00}	2^{00}—3^{80}	5^{00}—6^{00}	9^{00}—10^{10}	7^{00}—8^{80}	1^{00}—2^{00}	2^{00}—2^{80}
7. 10.	7. 10.	7. 10.	7. 10.	7. 10.	8. 10.	8. 10.	8. 10.
6^{00}—7^{00}	7^{00}—12^{00}	12^{00}—2^{00}	2^{00}—5^{00}	5^{00}—9^{50}	9^{50}—6^{00}	6^{00}—2^{80}	—
14	134	41	49	82	60	165	—
—	—	—	—	8	—	—	—
13	16	—	15	17 nach unten	17 nach oben	17	5
—	—	—	—	—	—	—	—
—	—	—	—	8	51	—	—
72	80	72	72	72	73	72	—
130	150	120	130	130	135	140	—
32	30	34	34	36	32	36	—
4,7	4,3	4,6	4,0	4,1	4,3	4,5	—
6^{00}—7^{00}	7^{00}—11^{55}	11^{55}—2^{00}	2^{00}—5^{00}	5^{00}—9^{40}	9^{40}—6^{00}	6^{00}—2^{80}	—
2	17	6	10	10	13	16	—
3	63	20	7	31	18	74	—
—	—	—	—	—	—	—	—
7	—	3	33	19	54	7	7
2	4	12	8	15	30	24	—
12^{00}—6^{00}	6^{00}—12^{00}	—	12^{00}—6^{00}	6^{00}—12^{00}	12^{00}—6^{00}	6^{00}—2^{80}	—
15 Mörtel 16 Steine	30 Wasser	—	37 Wasser	40 Wasser	34 Wasser	30 Wasser	—
—	8^{45}—9^{00}	11^{40}—12^{55}	4^{05}—4^{20}	—	6^{10}—6^{25}	10^{25}—10^{40}	—
—	2,4—7,0 atm	3—6,4 atm	1,8—6,2 atm	—	1,6—6,8 atm	2,4—7 atm	—

für die Brause läuft fortwährend mit durchschn. 44 T. je M.

8	41	15	18	29	—	11	—

2stündiger Pause. Ausserdem Stillstand: 8^{30}—9^{00}, 12^{00}—1^{00} und 3^{30}—4^{00}. n = 50.

För-

		Nachmittag-schicht		Nachtschicht	
Förderung von der II. Sohle	Wagen Kohlen	—	277	—	61
Förderung von der II. Sohle	Wagen Steine	—	402	—	65
Förderung von der III. zur II. Sohle	Wagen Kohlen	—	18	—	—
Förderung von der III. zur II. Sohle	Wagen Steine	—	72	—	13
Über die Separation	Wagen	—	173	—	—
Ohne Separation gestürzt .	Wagen	—	104	—	—

Kessel-

6. Oktober $\begin{cases}\text{Zeit} \\ \text{atm.}\end{cases}$ Zeit 2^{15} atm. 7,5 — 7,6 — 3^{00} 7,4 — 7,5 — 4^{00} 7,5 — 7,6 — 5^{00} 7,5 — 7,4 — $6^{\underline{00}}$ 7,5 — 6,5 — $7^{\underline{00}}$ 6,0 — 6,25 — $8^{\underline{00}}$ 6,5 — 7,0 — $9^{\underline{00}}$ 7,35 — 7,5

7. Oktober $\begin{cases}\text{Zeit} \\ \text{atm.}\end{cases}$ Zeit 6^{00} atm. 7,25 — 7,5 — 7^{00} 7,25 — 7,75 — 8^{00} 7,5 — 7,75 — 9^{00} 7,0 — 7,5 — 10^{00} 7,25 — 7,25 — 11^{00} 6,75 — 6,25 — 12^{00} 6,75 — 6,75 — 1^{00} 6,75 — 7,5

Zeit $12^{\underline{00}}$ atm. 6,5 — 7,0 — $1^{\underline{00}}$ 6,75 — 6,75 — $2^{\underline{00}}$ 7,0 — 6,75 — $3^{\underline{00}}$ 6,5 — 6,25 — $4^{\underline{00}}$ 6,25 — 6,75 — $5^{\underline{00}}$ 6,75 — 7,0 — 6^{00} 7,0

8. Oktober $\begin{cases}\text{Zeit} \\ \text{atm.}\end{cases}$ Zeit 6^{00} atm. 7,0 — 7,0 — 7^{00} 6,0 — 6,0 — 8^{00} 7,25 — 7,5 — 9^{00} 7,75 — 7,5 — 10^{00} 7,25 — 7,0 — 11^{00} 7,0 — 7,5 — 12^{00} 7,0 — 7,25 — 1^{00} 6,75 — 7,0

Sonstige

		2^{00}	$6^{\underline{30}}$	$10^{\underline{00}}$	
Kohlen ins Kesselhaus . . .	Wagen	29	21	10	—
Wasser gespeist	fortwährend.				
Temperatur des Kondensats	} fallen aus.				
Temperatur der Aussenluft.					
Temperatur des gekühlten Wassers					

Fortsetzung von Tabelle 16.

d e r u n g.

	Frühschicht		Nachmittag-schicht	Nachtschicht		Frühschicht	
—	203	—	218	111	—	193	—
—	565	—	332	126	—	460	—
—	25	—	21	—	—	16	—
—	86	—	38	31	—	74	—
—	135	—	274	—	—	273	—
—	139	—	55	—	—	31	—

s p a n n u n g e n.

$\frac{10^{00}}{7,5}$ 7,0 $\frac{11^{00}}{7,25}$ 7,5 $\frac{12^{00}}{7,75}$ 7,75 $\frac{1^{00}}{7,25}$ 7,75 $\frac{2^{00}}{7,75}$ 7,0 $\frac{3^{00}}{8,0}$ 7,0 $\frac{4^{00}}{7,0}$ 7,25 $\frac{5^{00}}{7,0}$ 7,0 $\frac{6^{00}}{7,25}$

$\frac{2^{00}}{7,5}$ 7,0 $\frac{3^{00}}{8,0}$ 7,5 $\frac{4^{00}}{6,75}$ 7,0 $\frac{5^{00}}{7,0}$ 7,5 $\frac{6^{00}}{7,0}$ 7,0 $\frac{7^{00}}{6,75}$ 6,75 $\frac{8^{00}}{6,25}$ 6,0 $\frac{9^{00}}{6,0}$ 6,5 $\frac{10^{00}}{6,25}$ 6,5 $\frac{11^{00}}{6,75}$ 6,75

$\frac{2^{00}}{7,2}$ 7,3 $\frac{2^{30}}{7,5}$ Im Mittel 7,16 atm.

B e m e r k u n g e n.

7^{00}	11^{00}—12^{00}		6^{30}	9^{30}	7^{00}	10^{30}	1^{00}
7	16	—	20	15	10	6	2

Garantieversuche auf Zeche Neumühl.

Zusammenstellung der Maschinenleistungen während der Versuchsperioden.

Tabelle 17.

Lfde. No.	Schicht		Mittlere Tourenzahl		Mittlere Leistung in PS₁		Betriebsdauer in Stunden		Anzahl d. geleisteten Stundenpferde	
			Mit	Ohne	Mit	Ohne	Mit	Ohne	Mit	Ohne
			Kondensation		Kondensation		Kondensation		Kondensation	
	Ventilatormaschine.									
	Nachmittagschicht	2⁰⁰—10⁰⁰	73	75	138,2	156,6	7,4	7,75	1 022,7	1 213,7
	Nachtschicht . . .	10⁰⁰—6⁰⁰	72	72	136,3	150,6	8	8	1 090,4	1 204,8
	Frühschicht . . .	6⁰⁰—2⁰⁰	71	75	134,5	156,6	8	8	1 076,0	1 252,8
1.	Nachmittagschicht	2⁰⁰—10⁰⁰	72	72	136,3	150,6	8	8	1 090,4	1 204,8
	Nachtschicht . . .	10⁰⁰—6⁰⁰	72	73	136,3	152,1	8	8	1 090,4	1 216,8
	Frühschicht . . .	6⁰⁰—2⁰⁰	72	72	136,3	150,6	6,6	8,5	899,6	1 280,0
							46,0	48,25	6 269,5	7 372,9
	Zwillingskompressor.									
	Nachmittagschicht	2⁰⁰—10⁰⁰	33,5	34	215,2	215	7,4	7,75	1 592,5	1 666,0
	Nachtschicht . . .	10⁰⁰—6⁰⁰	34	28	218	177	8	8	1 744,0	1 416,0
	Frühschicht . . .	6⁰⁰—2⁰⁰	30	32	193	203	8	8	1 544,0	1 624,0
2.	Nachmittagschicht	2⁰⁰—10⁰⁰	34	35	218	222	8	8	1 744,0	1 776,0
	Nachtschicht . . .	10⁰⁰—6⁰⁰	26	32	167	203	8	8	1 336,0	1 624,0
	Frühschicht . . .	6⁰⁰—2⁰⁰	30	36	193	228	6,6	8,5	1 273,8	1 824,0
							46,0	48,25	9 234,3	9 930,0
	Fördermaschine I.									
	Nachmittagschicht	2⁰⁰—10⁰⁰	—	—	65	70	7,4	7,75	481,0	589,0
	Nachtschicht . . .	10⁰⁰—6⁰⁰	—	—	10	17	8	8	80,0	136,0
	Frühschicht . . .	6⁰⁰—2⁰⁰	—	—	82	90	8	8	656,0	720,0
3.	Nachmittagschicht	2⁰⁰—10⁰⁰	—	—	54	61	8	8	432,0	488,0
	Nachtschicht . . .	10⁰⁰—6⁰⁰	—	—	25	29	8	8	200,0	232,0
	Frühschicht . . .	6⁰⁰—2⁰⁰	—	—	63	69	6,6	8,5	415,8	586,5
							46,0	48,25	2 264,8	2 751,5
	Fördermaschine II.									
	Nachmittagschicht	2⁰⁰—10⁰⁰	—	—	7,5	6,0	7,4	7,75	55,5	46,5
	Nachtschicht . . .	10⁰⁰—6⁰⁰	—	—	12,0	1,0	8	8	96,0	8,0
	Frühschicht . . .	6⁰⁰—2⁰⁰	—	—	8,2	6,6	8	8	65,6	52,8
4.	Nachmittagschicht	2⁰⁰—10⁰⁰	—	—	12,0	4,1	8	8	96,0	32,8
	Nachtschicht . . .	10⁰⁰—6⁰⁰	—	—	2,0	3,0	8	8	16,0	24,0
	Frühschicht . . .	6⁰⁰—2⁰⁰	—	—	3,0	5,6	6,6	8,5	19,8	47,6
							46,0	48,25	348,9	211,7

Fortsetzung von Tabelle 17.

Lfd. No.	Schicht	Mittlere Tourenzahl		Mittlere Leistung in PSi		Betriebsdauer in Stunden		Anzahl d. geleisteten Stundenpferde	
		Mit	Ohne	Mit	Ohne	Mit	Ohne	Mit	Ohne
		Kondensation		Kondensation		Kondensation		Kondensation	
	Abteufmaschine.								
	Nachmittagschicht 12⁰⁰—6⁰⁰	—	—	4,4	0,16	3,4	3,75	15,2	0,6
	Nachtschicht I. . 6⁰⁰—12⁰⁰	—	—	4,2	0,55	6	6	25,2	3,3
	Nachtschicht II. . 12⁰⁰—6⁰⁰	—	—	4,3	0,29	6	6	25,8	1,7
	Frühschicht . . . 6⁰⁰—12⁰⁰	—	—	3,0	2,77	6	6	18,0	16,6
5.	Nachmittagschicht 12⁰⁰—6⁰⁰	—	—	3,8	3,42	6	6	22,8	20,5
	Nachtschicht I. . 6⁰⁰—12⁰⁰	—	—	4,7	3,70	6	6	28,2	22,2
	Nachtschicht II. . 12⁰⁰—6⁰⁰	—	—	4,8	3,14	6	6	28,8	18,8
	Frühschicht . . . 6⁰⁰—12⁰⁰	—	—	5,6	2,77	6,4	8,5	35,8	23,6
						46,0	48,25	199,8	107,3
	Unterirdische Wasserhaltung.								
	Nachmittagschicht 2⁰⁰—10⁰⁰	40	—	97,2	97,2	3	2	291,6	194,4
	Nachtschicht . . 10⁰⁰—6⁰⁰	40	—	97,2	—	6	—	583,2	—
	Frühschicht . . . 6⁰⁰—2⁰⁰	40	—	97,2	97,2	2	3	194,4	291,6
6.	Nachmittagschicht 2⁰⁰—10⁰⁰	40	—	97,2	97,2	1,5	4	145,8	388,8
	Nachtschicht . . 10⁰⁰—6⁰⁰	40	—	97,2	—	4,25	—	418,1	—
	Frühschicht . . . 6⁰⁰—2⁰⁰	40	—	97,2	97,2	2	4	194,4	388,8
						18,75	13	1827,5	1263,6
	Ziegeleimaschine.								
	Nachmittagschicht 2⁰⁰—10⁰⁰	76	76	—	85,4	—	2,9	—	247,7
	Nachtschicht . . 10⁰⁰—6⁰⁰	—	—	—	—	—	—	—	—
	Frühschicht . . . 6⁰⁰—2⁰⁰	76	76	85,4	85,4	6,5	6,5	555,1	555,1
7.	Nachmittagschicht 2⁰⁰—10⁰⁰	76	76	85,4	85,4	3,5	3,5	298,9	298,9
	Nachtschicht . . 10⁰⁰—6⁰⁰	—	—	—	—	—	—	—	—
	Frühschicht . . . 6⁰⁰—2⁰⁰	76	76	85,4	85,4	5,5	5,5	469,7	469,7
						15,5	18,4	1323,7	1571,4
	Separationsmaschine.								
	Nachmittagschicht 2⁰⁰—10⁰⁰	95	95	33,4	33,4	7	7	233,8	233,8
	Nachtschicht . . 10⁰⁰—6⁰⁰	95	95	33 4	33,4	1	1	33,4	33,4
	Frühschicht . . . 6⁰⁰—2⁰⁰	95	95	33,4	33,4	8	8	267,2	267,2
8.	Nachmittagschicht 2⁰⁰—10⁰⁰	95	95	33,4	33,4	7	7	233,8	233,8
	Nachtschicht . . 10⁰⁰—6⁰⁰	95	95	33,4	33,4	1	1	33,4	33,4
	Frühschicht . . . 6⁰⁰—2⁰⁰	95	95	33,4	33,4	6,6	8	220,4	220,4
						30,6	32	1022,0	1068,8

Fortsetzung von Tabelle 17.

Lfde. No.	Schicht	Mittlere Tourenzahl		Mittlere Leistung in PSi		Betriebsdauer in Stunden		Anzahl d. geleisteten Stundenpferde	
		Mit Kondensation	Ohne Kondensation	Mit Kondensation	Ohne Kondensation	Mit Kondensation	Ohne Kondensation	Mit Kondensation	Ohne Kondensation
	**Kondensationsmaschine.**								
	Nachmittagschicht 2^{00}—10^{00}	54	—	48	—	7,4	—	355,2	—
	Nachtschicht . . . 10^{00}—6^{00}	52	—	46	—	8	—	368,0	—
	Frühschicht . . . 6^{00}—2^{00}	52	—	46	–	8	—	368,0	—
9.	Nachmittagschicht 2^{00}—10^{00}	51	—	45	—	8	—	360,0	—
	Nachtschicht . . . 10^{00}—6^{00}	53	—	47	—	8	—	376,0	—
	Frühschicht . . . 6^{00}—2^{00}	54	—	48	—	6,6	—	316,8	—
						46,0	—	2 144,0	—
	**Dampfturbine.**								
	Nachmittagschicht 2^{00}—10^{00}	—	—	20,4	20,4	2,5	3,5	51,0	71,4
	Nachtschicht . . . 10^{00}—6^{00}	—	—	20,4	20,4	8	8	163,2	163,2
	Frühschicht . . . 6^{00}—2^{00}	—	—	20,4	20,4	1,2	1,5	24,5	30,6
10.	Nachmittagschicht 2^{00}—10^{00}	—	—	20,4	20,4	2,7	4	55,1	81,6
	Nachtschicht . . . 10^{00}—6^{00}	—	—	20,4	20,4	8	8	163,2	163,2
	Frühschicht . . . 6^{00}—2^{00}	—	—	20,4	20,4	1	1,5	20,4	30,6
						23,4	26,5	477,4	540,6
	**Kesselspeisepumpe.**								
	Nachmittagschicht 2^{00}—10^{00}	43	52	11,3	13,1	7,4	7,75	83,6	101,5
	Nachtschicht . . . 10^{00}—6^{00}	43	52	11,3	13,1	8	8	90,4	104,8
	Frühschicht . . . 6^{00}—2^{00}	43	52	11,3	13,1	8	8	90,4	104,8
11.	Nachmittagschicht 2^{00}—10^{00}	43	52	11,3	13,1	8	8	90,4	104,8
	Nachtschicht . . . 10^{00}—6^{00}	43	52	11,3	13,1	8	8	90,4	104,8
	Frühschicht . . . 6^{00}—2^{00}	43	52	11,3	13,1	6,6	8,5	74,6	111,4
						46,0	48,25	519,8	628,1
	**Pumpe für die Brause.**								
	Nachmittagschicht 2^{00}—10^{00}	44	44	9,4	9,4	7,4	7,75	69,6	72,9
	Nachtschicht . . . 10^{00}—6^{00}	44	44	9,4	9,4	8	8	75,2	75,2
	Frühschicht . . . 6^{00}—2^{00}	44	44	9,4	9,4	8	8	75,2	75,2
12.	Nachmittagschicht 2^{00}—10^{00}	44	44	9,4	9,4	8	8	75,2	75,2
	Nachtschicht . . . 10^{00}—6^{00}	44	44	9,4	9,4	8	8	75,2	75,2
	Frühschicht . . . 6^{00}—2^{00}	44	44	9,4	9,4	6,6	8,5	56,4	79,9
						46,0	48,25	426,8	453,6

Fortsetzung von Tabelle 17.

Lfde. No.	Schicht		Mittlere Tourenzahl		Mittlere Leistung in PSi		Betriebsdauer in Stunden		Anzahl d. geleisteten Stundenpferde	
			Mit	Ohne	Mit	Ohne	Mit	Ohne	Mit	Ohne
			Kondensation		Kondensation		Kondensation		Kondensation	
Schreinereimaschine.										
	Nachmittagschicht	2^{00}—10^{00}	150	150	10,82	10,82	1,5	1,5	16,2	16,2
	Nachtschicht . .	10^{00}—6^{00}	—	—	—	—	—	—	—	—
	Frühschicht . . .	6^{00}—2^{00}	150	150	10,82	10,82	1,5	1,5	16,2	16,2
13.	Nachmittagschicht	2^{00}—10^{00}	—	—	—	—	—	—	—	—
	Nachtschicht . .	10^{00}—6^{00}	—	—	—	—	—	—	—	—
	Frühschicht . . .	6^{00}—2^{00}	150	150	10,82	10,82	1,5	1,5	16,2	16,2
							4,5	4,5	48,6	48,6
Schlossereimaschine.										
	Nachmittagschicht	2^{00}—10^{00}	50	50	7,01	7,01	6,9	7,25	48,4	50,8
	Nachtschicht . . .	10^{00}—6^{00}	50	50	—	7,01	—	4	—	28,0
	Frühschicht . . .	6^{00}—2^{00}	50	50	7,01	7,01	6,5	6,5	45,6	45,6
14.	Nachmittagschicht	2^{00}—10^{00}	50	50	7,01	7,01	7,5	7,5	52,8	52,8
	Nachtschicht . . .	10^{00}—6^{00}	50	50	7,01	7,01	2	6	14,0	42,1
	Frühschicht . . .	6^{00}—2^{00}	50	50	7,01	7,01	6,75	6,75	47,3	47,3
							29,05	38,00	208,1	246,6
Dampfaufzug.										
	Nachmittagschicht	2^{00}—10^{00}	—	—	0,19	0,13	7,4	7,75	1,4	1,0
	Nachtschicht . . .	10^{00}—6^{00}	—	—	—	—	—	—	—	—
	Frühschicht . . .	6^{00}—2^{00}	—	—	0,34	0,19	8	8	2,7	1,5
15.	Nachmittagschicht	2^{00}—10^{00}	—	—	0,10	0,17	8	8	0,8	1,4
	Nachtschicht . . .	10^{00}—6^{00}	—	—	—	—	—	—	—	—
	Frühschicht . . .	6^{00}—2^{00}	—	—	0,15	0,03	6,6	8,25	1,0	0,3
							30,0	32,00	5,9	4,2
Lokomotive.										
	Nachmittagschicht	2^{00}—10^{00}	—	—	3,3	4,2	8,4	7,75	27,7	32,6
	Nachtschicht . . .	10^{00}—6^{00}	—	—	3,3	4,2	8	8	26,4	33,6
	Frühschicht . . .	6^{00}—2^{00}	—	—	3,3	4,2	8	8	26,4	33,6
16.	Nachmittagschicht	2^{00}—10^{00}	—	—	3,3	4,2	8	8	26,4	33,6
	Nachtschicht . . .	10^{00}—6^{00}	—	—	3,3	4,2	8	8	26,4	33,6
	Frühschicht . . .	6^{00}—2^{00}	—	—	3,3	4,2	6,6	8,5	21,8	35,7
							46,0	48,25	155,1	202,7
							Summa . .		26 506,7	26 401,6

arbeitet, ist $\eta = 55\,\%$ angenommen, der Wirkungsgrad der Abteufmaschine zu $\eta = 70\,\%$.

Berechnung der Fördermaschine I.

In der Nachmittagsschicht mit Kondensation sind gefördert:

$$186 \text{ Wagen Kohlen à } 550 \text{ kg} \left.\right\} \text{ in } 196$$
$$385 \quad \text{« } \quad \text{Steine « } 750 \text{ « } \left.\right\} \text{ Zügen,}$$

ausserdem fanden 25 Seilfahrten statt.

Infolge der gleichen Schalenbelastung bei der Seilfahrt ist für Anfahren, Halten und Umsetzen $\frac{1}{10}$ der Leistung gerechnet, welche sich bei Produktenförderung ergeben würde. Jeder Korb war bei einer Seilfahrt durchschnittlich mit 17 Mann à 75 kg belastet.

Die mittlere, während einer Schicht geleistete Arbeit von Fördermaschine I berechnet sich demnach bei einer Teufe von 271 m zu:

$$N_i = \frac{(186 \cdot 550 + 385 \cdot 750 + 25 \cdot 17 \cdot 75 \cdot 0{,}1) \cdot 271}{8 \cdot 3600 \cdot 75 \cdot 0{,}75} = 66 \text{ PS}_i.$$

Von $9^{\underline{00^h}}$ bis $9^{\underline{30^h}}$, also während der Nachmittagsschicht, wurde die Belegschaft für die Nachtschicht auf nur einer Schale hintergelassen, was berücksichtigt ist. Ohne Rücksicht auf die Seilfahrt leistet die Maschine 0,5 P.S$_i$ weniger.

Anders lagen die Verhältnisse bei der Nachtschicht, in der die Belegschaft der Nachmittagsschicht gefördert wird, also nur die aufgehende Schale belastet ist.

Für die Nachtschicht mit einer Förderung von 38 Wagen Kohlen, 40 Wagen Berge und 16 Seilfahrten ergiebt sich:

$$N_i = \frac{(38 \cdot 550 + 40 \cdot 750 + 16 \cdot 17 \cdot 75) \cdot 271}{8 \cdot 3600 \cdot 75 \cdot 0{,}75} = 10 \text{ PS}_i.$$

Berechnung der Fördermaschine II.

Es wurden in jeder Schicht mehrere Seilfahrten und leere Züge gemacht, d. h. die Schalen waren mit leeren Wagen belastet, welche meist eingehängt wurden. Für beide Fälle wurden 150 kg Belastung je Zug eingesetzt.

Die Teufe betrug 96 m; der Wirkungsgrad wurde zu $\eta = 0{,}55$ angenommen.

Bei 41 Seilfahrten,
18 leeren Zügen
—————————
59 Fahrten à 150 kg, sowie

bei einer Förderung von 3 Wagen Kohle à 550 kg
63 « Berge « 750 «
35 « Wasser « 1000 «

berechnet sich die Leistung zu

$$N_i = \frac{(3 \cdot 550 + 63 \cdot 750 + 35 \cdot 1000 + 59 \cdot 150) \cdot 96}{8 \cdot 3600 \cdot 75 \cdot 0,55} = 7,5 \, \mathrm{PS_i.}$$

Berechnung der Abteufmaschine.

Dieselbe arbeitete in 4 Schichten à 6 Stunden. Mit Kondensation wurden nur Wasser und Mergel gefördert. Die Teufe betrug 86 m.
Belastungen: 1 Kübel leer 250 kg
Inhalt 750 «
im Mittel 43 m Seil à 5 kg 215 «
Sa. 1215 kg.

Das Zwischengeschirr ist nicht in Rechnung gestellt.
Die leeren Kübel wurden hinuntergebremst.

In der Nachmittagsschicht wurden 30 Kübel Wasser gefördert; auf die Dauer von 2^{15h} bis 6^{00h} gleichmässig verteilt, ergiebt das:

$$N_i = \frac{30 \cdot 1215 \cdot 86}{3,75 \cdot 3600 \cdot 75 \cdot 0,7} = 4,4 \, \mathrm{PS_i.}$$

Beim Arbeiten ohne Kondensation wurden eine Anzahl Kübel mit Steinen nach unten gefördert. Um bei der Berechnung der hierbei geleisteten Arbeit einen Anhalt zu haben, wurde folgende Betrachtung angestellt:
Es betrug: das Gewicht des Kübels leer   250 kg.
«   «   « Inhalt (Steine) 675 «
«   «   von 60 m Seil à 5 kg 300 «
1225 kg..

Die Maschine brauchte während 3 Sekunden Dampf zur Ueberwindung der Leerlaufwiderstände beim Anspringen. Die Leerlaufarbeit betrug rund 30 P.S$_i$., dann arbeitete die Maschine ohne Dampf. Die niedergehenden Massen überwanden die Reibungswiderstände und beschleunigten sich, bis sie in einer Teufe von 60 m eine Geschwindigkeit von 6 m erlangt hatten. Die lebendige Kraft war mithin:

$$A = \frac{G}{g} \cdot \frac{v^2}{2} \cdot \frac{1}{75} = \frac{1225 \cdot 6^2}{9,81 \cdot 2 \cdot 75} = 30 \, \mathrm{PS_i.}$$

In ca. 3 Sekunden wurde diese lebendige Kraft durch Gegendampf und schliesslich durch Aufwerfen der Bremse vernichtet. Der Kübel brauchte im Ganzen 30 Sekunden, um von der Hängebank bis zum Schachttiefsten zu gelangen; in dieser Zeit hatte die Maschine während 6 Sekunden je 30 P.S, also

$$\frac{6 \cdot 30 \, P.S.}{30 \cdot Sek.} = 6 \, PS.$$

im Mittel zu leisten.

Wenn die Maschine dagegen in 30 Sek. einen Kübel 86 m hoch hob, so leistete sie:

$$\frac{1225 \cdot 86}{75 \cdot 0,7 \cdot 30} = 66 \, PS_i.$$

Beim Hinunterlassen leistete also die Maschine annähernd dasselbe, als wenn sie $\frac{1}{10}$ des Gewichtes förderte.

Hiernach berechnet sich die Arbeitsleistung in der ersten Nachmittagschicht, in welcher 11 Kübel hinabgelassen wurden, zu

$$N_i = \frac{11 \cdot 1225 \cdot 0,1 \cdot 86}{75 \cdot 0,7 \cdot 3600 \cdot 3,75} = 0,16 \, PS_i.$$

In derselben Weise sind die Leistungen in den übrigen Schichten berechnet.

Berechnung des Dampfaufzuges.

Die durchschnittlich zu Grunde gelegte Belastung ist 550 kg, die Hubhöhe 8 m, der Wirkungsgrad $\eta = 0,7$.

Während der ersten Nachmittagschicht beim Arbeiten mit Kondensation sind in 71 Hüben geleistet:

$$N_i = \frac{71 \cdot 550 \cdot 8}{3600 \cdot 7,4 \cdot 75 \cdot 0,7} = 0,19 \, PS_i.$$

In derselben Weise sind die Arbeitsleistungen in den übrigen Schichten berechnet.

Berechnung der Dampfturbine.

Wirkungsgrad nach Cedeblan 0,56. Es wurden 70 Amp. bei 120 Volt erzeugt, also

$$N_i = \frac{70 \cdot 120}{736 \cdot 0,56} = 20,4 \, PS_i.$$

Berechnung der Lokomotive.

Bei der feuerlosen Lokomotive, welche von der Kesselanlage gespeist wird, wurde vor und nach jeder Füllung der Dampfdruck notiert.

Für die erste Füllung berechnet sich das zugeführte Dampfquantum zu:

Gesamtinhalt d. Kessels einschl. Dampfraum 8,4772 cbm

Wasserinhalt . . . . 6,6959 «

Dampfraum . . . . 1,7813 cbm

bei 2 Atm. Ueberdruck oder 132,8° C.

Die Ermittelung des Dampfverbrauches wurde auf Grund der aus den einzelnen Füllungen festgestellten Wasserstände und Dampfdrücke vorgenommen, wie folgt:

Wärmemengen vor der Kesselfüllung.

a) Wasserinhalt . . . . 6,6959 cbm
Dampfdruck vor der Füllung 2   Atm.
Temperatur bei 2 Atm. 132,8   ° C.

Bei 130° C. beträgt das Volumen von 1000 kg Wasser: 1,06936 cbm, (bei 4° C.: 1,0). Daher Gewicht von 1 cbm Wasser bei 130° C.

$$\frac{1}{v} = \frac{1 \cdot 1000}{1,06936} = 937 \text{ kg}$$

und Gesamtgewicht des Wassers im Kessel

$$937 \cdot 6,6959 = 6274 \text{ kg}$$

Flüssigkeitswärme 6274 . 133,863 = 839 793 Kal.

b) Dampfinhalt . . . . 1,7813 cbm
1 cbm Dampf von 2 Atm. wiegt . . . 1,5332 kg
also sind im Kessel 1,7813 . 1,5332 = 2,91   kg.

Die Wärmemenge von 1 kg Dampf von 2 Atm. ist 647,003 Kal., also die Wärmemenge des im Kessel enthaltenen Dampfes

$$2,91 \cdot 647,003 = 1883,0 \text{ Kal.}$$

Die im Kessel überhaupt enthaltene Wärmemenge ist also

$$\begin{array}{r} 839\,793 \\ +\ 1\,883 \\ \hline 841\,676 \ \text{Kal.} \end{array}$$

Wärmemenge nach der Kesselfüllung.

a) Wasser-Gewicht . . . . 6 274 kg
Wärmeinhalt bei 5,2 Atm. . . . . . . 1 009 738 Kal.

b) **Dampf.** 6 274 kg Wasser nehmen bei 5,2 Atm. ein Volumen ein von

$$6{,}274 \cdot 1{,}10179 = 6{,}9126 \ \text{cbm,}$$

daher Dampfraum

$$8{,}4772 - 6{,}9126 = 1{,}5646 \ \text{cbm.}$$

1 cbm Dampf von 5,2 Atm. wiegt 3,23 kg und hat einen Wärmeinhalt von 655,063 Kal. je kg.

Der Wärmeinhalt des Dampfes beträgt also:

$$1{,}5646 \cdot 3{,}23 \cdot 655{,}063 \sim 3310 \ \text{Kal.}$$

und der Wärmeinhalt von Wasser und Dampf zusammen

$$\begin{array}{r} 1\,009\,738 \\ +\ 3\,310 \\ \hline 1\,013\,048 \ \text{Kal.} \end{array}$$

Der Dampfkesselanlage sind also entnommen

$$1\,013\,048 - 841\,676 = 171\,372 \ \text{Kal.}$$

Träger derselben sind $\dfrac{171\,372}{655{,}603} \sim 261$ kg Dampf von 5,2 Atm.

Auf Kondensationsverluste und dadurch bedingte Wasservermehrung im Kessel ist keine Rücksicht genommen.

Der von der Lokomotive konsumierte Dampf betrug im Durchschnitt je Stunde

während des Versuches mit Kondensation 34,10 kg

«   «   « ohne   «   41,57 «

Es muss demnach der Wasserverbrauch während der Versuchsperioden um die entsprechenden Verbrauchziffern der Lokomotive verringert werden, ebenso auch der Kohlenverbrauch.

Um für sämtliche Maschinen eine einheitliche Zusammenstellung zu haben, wurde die Leistung der Lokomotive bei einem Dampfverbrauch von 10 kg/Stde. festgestellt.

Die Durchschnittsleistung ergab sich bei dem Versuch mit Kondensation zu

$$\frac{34{,}10}{10} = 3{,}4 \ \text{PS}_\text{i.,}$$

bei dem Versuch ohne Kondensation zu

$$\frac{41{,}57}{10} = 4{,}2 \ \text{PS}_\text{i.}$$

Die Dimensionen und Leistungen der übrigen Maschinen sind aus der nachfolgenden Tabelle 18 zu entnehmen.

Tabelle 18.

Maschinen	Hub	Cylinder Durchm.	Tourenzahl		Mittlerer Druck		Indizierte Leistung	
			mit	ohne	mit	ohne	mit	ohne
			Kondensation		Kondensation		Kondensation	
Zwillings-Ventilator	800	400	72	72	2,34	2,12	150,56	136,30
Zwillings-Kompressor. . .	1000	700	32	37	1,88	1,85	231,4	234,11
Kondensationsmaschine. .	700	400	38	—	2,27	—	33,74	—
Unterirdische Wasser-haltung	330	375/575	40	40	3,187	3,187	97,2	97,2
Ziegeleimaschine	600	450	76	76	2,65	2,65	85,4	85,4
Separationsmaschine . . .	500	300	95	95	2,239	2,239	33,4	33,4
Schlossereimaschine . . .	360	225	50	50	2,95	2,95	7,01	7,01
Schreinereimaschine . . .	250	150	150	150	2,093	2,093	10,82	10,82
Zwillings-Kesselpumpe I .	250	220	45	52	2,975	2,975	11,3	13,06
Zwillings-Kesselpumpe II .	250	220	44	44	2,518	2,518	9,36	9,36

Die mittleren Kesselspannungen waren:

mit Kondensation 6,65 Atm.

ohne » 7,16 »

Letztere war höher, damit die Maschinen genügend leisteten.

Nach Tabelle 17 betrug die Gesamtleistung aller Maschinen:

26 506,7 Stundenpferde mit Kondensation,
26 401,6 » ohne »

Davon leisteten die an die Kondensation angeschlossenen Maschinen:

23 447,1 Stundenpferde mit Kondensation,
23 813,7 » ohne »

Die nicht angeschlossenen Maschinen:

3 059,1 Stundenpferde mit Kondensation,
2 587,9· » ohne »

Demnach betrugen die mittleren indizierten Leistungen

1. der angeschlossenen Maschinen
a) m i t Kondensation

$$\frac{23\,447,1}{46} = 509,7 \sim 510 \text{ PS}_{\text{i}},$$

b) **ohne Kondensation**

$$\frac{23\,813,7}{48,25} = 494 \ \mathrm{PS_i.}$$

2. der nicht angeschlossenen Maschinen
a) **mit Kondensation**

$$\frac{3\,059,1}{46} = 66,5 \ \mathrm{PS_{i..}}$$

b) **ohne Kondensation**

$$\frac{2\,587,9}{48,25} = 53,7 \ \mathrm{PS_i.}$$

Der Dampfverbrauch betrug

A. mit Kondensation je Stunde

$$\text{Kondensat} \ \frac{342\,000}{46} = 7435 \ \mathrm{kg,}$$

$$\text{Ruhrwasser} \ \frac{171\,000}{46} = 3717,4 \ \mathrm{kg.}$$

Es verbrauchten die angeschlossenen Maschinen je Stunde und PSi.

$$\frac{7\,435}{510} = 14,6 \ \mathrm{kg,}$$

die nicht angeschlossenen Maschinen

$$\frac{3\,717,4}{66,5} = 55,9 \ \mathrm{kg.}$$

In der letzten Zahl sind enthalten: Heizdampf, Verluste durch Undichtigkeiten und Kondensation, während die erste Zahl ohne Verluste
berechnet ist.

B. Ohne Kondensation je Stunde.

Die nicht angeschlossenen Maschinen arbeiteten mit und ohne
Kondensation unter gleichen Verhältnissen, sie verbrauchten also ebenfalls
55,9 kg/Stunde und PSi., daher

$$55,9 \cdot 53,7 = 3001,8 \ \mathrm{kg/Stunde.}$$

Der Dampfverbrauch aller Maschinen war 614 000 kg, also je Stunde

$$\frac{614\,000}{48,25} = 12\,725 \ \mathrm{kg.}$$

Mithin verbrauchten die angeschlossenen Maschinen

$$\begin{aligned}
&12\,725,0 \\
-\ &3\,001,8 \\
\hline
&9\,723,2 \ \mathrm{kg \ je \ Stunde.}
\end{aligned}$$

Für 1 PSi. waren also durchschnittlich erforderlich:

$$\frac{9\,723,2}{494} = 19,7 \text{ kg.}$$

Die Ersparnis durch Kondensation betrug also

$$19,7 - 14,6 = \textbf{5,1 kg/Stunde und PSi.}$$

oder **25,9 %**.

Der Kohlenverbrauch je Stunde betrug:

$$\text{m i t Kondensation} \quad \frac{59\,400}{46} = 1291 \text{ kg,}$$

$$\text{ohne Kondensation} \quad \frac{74\,800}{48,25} = 1550 \text{ kg,}$$

mithin war die Verdampfung:

$$\text{mit Kondensation} \quad \frac{11\,152}{1291} = 8,64 \text{ fach,}$$

$$\text{ohne Kondensation} \quad \frac{12\,725}{1550} = 8,21 \text{ fach.}$$

Der höhere Wert m i t Kondensation erklärt sich durch das wärmere Speisewasser.

Auf 1 qm Heizfläche werden verdampft

m i t Kondensation 21,4 kg (Dampf war wohl feucht),
o h n e   »   20,2 »

Der Kohlenverbrauch je 1 PSi. und Stunde betrug:

$$\text{m i t Kondensation} \quad \frac{14,6}{8,64} = 1,69 \text{ kg,}$$

$$\text{ohne Kondensation} \quad \frac{19,7}{8,21} = 2,4 \text{ kg.}$$

Die durch Kondensation erzielte **Kohlenersparnis** betrug je Stunde und PSi. $2,4 - 1,69 = 0,71$ kg bei 19,7 kg Dampfverbrauch, also für 20 000 kg Stundendampf und 720 Arbeitsstunden im Monat:

$$\frac{20\,000 \cdot 720 \cdot 0,71}{19,7} = 519\,000 \text{ kg.}$$

Laut Vertrag wurden je Tonne ersparte Kohlen gezahlt 6,00 M., je Kubikmeter Kondensat 0,10 M., es ergab sich demnach an monatlicher Ersparnis:

$$6 \cdot 519 = 3\,114 \text{ M. an Kohlen,}$$
$$0,10 \cdot 10\,670 = 1\,067 \text{ » für Kondensat,}$$
$$\underline{144 \text{ » für Kesselreinigungsersparnis.}}$$

Sa. 4 325 M.

oder im Jahre **51 900 M.**

Stellt man dieser seitens der Zeche als zu Recht bestehend anerkannten jährlichen Ersparnis von **51 900 M.** die Gesamtkosten der Kondensationsanlage von **115 000 M.** gegenüber, so kann über den Nutzen von Centralkondensationen kein Zweifel mehr bestehen.

Es mögen hier noch die Betriebsergebnisse einiger weiterer Centralkondensationen folgen.*)

2. Betriebsergebnisse der Centralkondensation auf Zeche Freie Vogel und Unverhofft.

Die Anlage, an welche zum Teil alte Eincylindermaschinen, darunter eine alte Zwillings-Fördermaschine angeschlossen sind, hat eine Leistung von normal 12 800 und maximal 16 800 kg Stundendampf. Der Kesseldruck beträgt $4^1/_2$—5 Atm.

Erspart werden 319,66 t Kohlen monatlich. Da die Tonne mit 6 M. berechnet wird, ergeben sich 2 517,96 M. oder rund 2 518 M. Ersparnis. Hierzu kommt die vereinbarte feste Ersparnis von 100 M. je Monat für Reinigung des Speisewassers, sodass die monatliche Gesamtersparnis 2618 M. und die jährliche 31 416 M. beträgt, wobei zu beachten ist, dass nach der Vereinbarung eine Wasserersparnis nicht in Anrechnung gebracht wird.

Die Anlage kostete einschl. Rohrleitungen und Mauerung rund 100 000 M.; sie bringt also, obwohl sie unter recht ungünstigen Verhältnissen arbeitet, in $3^1/_3$ Jahren ihre Anlagekosten durch die Ersparnisse wieder ein.

3. Betriebsergebnisse der Centralkondensation auf Zeche Kaiserstuhl II.

Die Kondensation wurde erbaut für 10 000 kg Stundendampf; angeschlossen sind durchweg Verbundmaschinen. Der Kesseldruck beträgt 8 Atm.

Der Minderverbrauch an Kohlen nach Fertigstellung der Kondensation betrug 400 t monatlich, der Minderverbrauch an Wasserleitungswasser 3 900 cbm im Monat. Die ersparten Kohlen wurden berechnet mit 6,6 M. je Tonne, das Wasser mit $6^1/_3$ Pf. je Kubikmeter, sodass monatlich erspart wurden:

$$
\begin{array}{lr}
\text{an Kohlen} & 2\,400 \text{ M.} \\
\text{» Wasser} & 244 \text{ »} \\
\hline
\text{Sa. } & 2\,644 \text{ M.}
\end{array}
$$

*) Nach Glückauf 1899, S. 49.

oder rund 2650 M. bezw. im Jahre 31 800 M. Betriebskosten. Die Gesamtanlagekosten haben 50 500 M. betragen. Es werden also die Anlagekosten in kaum zwei Jahren gedeckt.

4. Betriebsergebnisse der Centralkondensation auf Zeche Recklinghausen II.

Die Anlage ist gebaut für eine stündliche Leistung von 21 000 kg Dampf von 5—6 Atm. Kesselspannung. Um den der Centralkondensation zuzuschreibenden ökonomischen Erfolg festzustellen, wurden der Berechnung zu Grunde gelegt die Monate März bis Mai 1898 für den Betrieb ohne, die Monate August 1898 bis Ende Januar 1899 für den Betrieb mit Kondensation. Die Monate Juni und Juli konnten wegen kleiner Betriebsstörungen nicht in Frage kommen.

Tabelle 19.

	Ohne Kondensation	Mit Kondensation
Zahl der Arbeitstage	23,9	25,5
Gesamtförderung	24 379 t	29 566 t
Förderung je Tag	1 020 t	1 159,6 t
Kohlenverbrauch je Monat	1 983 t	1 681,3 t
Prozentsatz des Kohlenverbrauches von der Gesamtförderung	8,13	5,68

(Im Durchschnitt je Monat)

Es ergiebt sich eine monatliche Ersparnis an Kesselkohlen von 1983 — 1681,3 = 301,7 t; der Selbstverbrauch verminderte sich um 8,13 — 5,68 = 2,45 ∽ 31 %.

Da sich das tägliche Förderquantum um 1159,6 t — 1020 t = 139,6 t oder etwa 13 % vermehrte, muss auch angenommen werden, dass sich ein Mehrverbrauch an Kohlen ohne Kondensation ergeben hätte, der in Rücksicht auf die Betriebsverhältnisse auf 6 % geschätzt werden kann.

Es wären dann an Selbstverbrauch ohne Kondensation 2101,98 t statt 1983 t zu setzen. Bei 7,50 M. je Tonne Kohlen ergiebt sich eine jährliche Kohlenersparnis von (2101,98—1681,3) 7,5 . 12 ∽ 37 800 M.

Die Ersparnis an Kesselspeisewasser wurde durch Feststellung der Kondensatmenge ermittelt. Diese betrug 360 cbm je Arbeitstag oder 9720 cbm bei 27 Arbeitstagen (2 Arbeitstage für die Sonntage gerechnet). Bei dem Ruhrwasserpreis von 0,10 Mk. ist das eine jährliche Ersparnis von 9720 . 0,10 . 12 = 11 664 Mk.

Die jährliche Gesamtersparnis beträgt demnach 37 800 + 11 664 = 49 464 M.

Die zum Betriebe der Kondensation ausgegebenen Werte an Löhnen und Material sind jährlich $(223{,}66 + 154{,}56) \cdot 12 = 4538{,}64$ M. Der Lohnbetrag ist heute niedriger, da der Wärter zugleich die in demselben Raume laufende elektrische Beleuchtungsmaschine zu bedienen hat.

Man kann schätzen, dass diese Ausgaben durch die ersparten Kosten für Kesselschürung und Reinigung gedeckt werden, sodass die obigen 49 464 Mk. als Ueberschuss anzusehen sind.

Die Kosten der Anlage setzen sich zusammen aus:

Vollständiges Gradierwerk	31 550 M.
Maschinenhaus	8 500 »
Kondensatwasser-Reinigungsbassin	6 550 »
Maschinen, Ventile, Rohrleitungen etc.	70 800 »
Nachträglicher Rohranschluss an die Steinpresse	1 100 »
	118 500 M.

Bei 10 % jährlicher Amortisation und Verzinsung ergiebt sich

$$49\,464 - 11\,850 = 37\,614 \text{ M. Reingewinn.}$$

Der Einfluss der Centralkondensation auf die Kraftleistung der Maschinen drückt sich auch in der erhöhten Tourenzahl aus. Bei derselben Spannung von 5 Atm. und derselben Füllung ergeben sich folgende Veränderungen:

Tabelle 20.

	vorher	nachher	Zunahme
Ventilator.	28	38	10
Beleuchtungsmaschine . . .	68	80	12
Luftkompressor.	25	38	13

Die Depression stieg beim Ventilator von 125 auf 145 mm Wassersäule. Bei der grossen Woolf'schen Wasserhaltung, die bereits früher mit Kondensation arbeitete, stieg die Luftleere von 0,7 auf 0,2 Atm. abs.

Tabelle 21 auf S. 288 ff. über die »Betriebsergebnisse von Centralkondensationen«, in welcher die Angaben der betr. Zechenverwaltungen zusammengestellt sind, giebt manche interessante Aufschlüsse über den Betrieb. Von den 22 Kondensationen wird z. B. nur eine durch einen eigenen Maschinisten bedient, es ist daher als erwiesen zu betrachten, dass mit der Anlage einer Kondensation keine Komplikationen des Maschinenbetriebes einer Zeche verknüpft sind. Bei dem einen Falle der Einzelbedienung liegen die Kondensationsmaschinen von anderen Maschinen sehr weit entfernt.

Mit der Thatsache der gemeinsamen Bedienung mögen auch die wechselvollen Angaben über die Betriebskosten der Centralkondensation zusammenhängen, die der Vergleichbarkeit wegen auf 1000 t Förderung erbeten waren. Die höheren Zahlen sind durch die Ausgaben für Reinigung der Rohrsysteme, Bassins, Kühler usw. begründet und könnten in vielen Fällen bei Verwendung reineren Kühlwassers erheblich verringert werden.

Ebenfalls schwankend sind die Angaben über den Selbstverbrauch an Kohlen vor und nach Anlage der Kondensation; neben sehr erfreulichen Resultaten finden wir auch recht hohe Beträge, namentlich bei den Zechen ohne Kokereien.

Aus den Angaben über die Gesamtzahl der in einer Schicht geleisteten PS_i ist zu entnehmen, dass etwa 35 % der seither betriebenen Anlagen in der Nachtschicht nur etwa zur Hälfte belastet sind; eine derartige Reduktion des Betriebes in der Nacht ist aber auch bei allen übrigen und den noch in der Herstellung befindlichen Anlagen für die Zukunft keineswegs ausgeschlossen. Es wäre daher eine allgemeinere Anwendung von Doppelanlagen, wie sie die Firma Schwarz & Co. neuerdings baut, in wirtschaftlicher Beziehung durchaus zu empfehlen, ganz abgesehen von der damit verbundenen grösseren Betriebssicherheit.

Die Zusammenstellung giebt ferner Aufschluss über die ausgedehnte Verwendung des Grubenwassers als Kühlwasser.

Die Kaminkühler überwiegen bedeutend als Rückkühlanlagen. Bei den offenen Gradierwerken hat sich durch vom Winde fortgeführtes salzhaltiges Spritzwasser häufig eine Beeinträchtigung der Vegetation ergeben, die dazu führte, die Gradierwerke mit Lattenverschlägen zu versehen.

Erfreuliche Zahlen weisen auf den ersten Blick die Angaben über die durchschnittliche Luftleere auf, doch sei an dieser Stelle auf die Unzulässigkeit der Güteabschätzung einer Kondensation nach der Luftleere hingewiesen. Das Güteverhältnis ist lediglich durch den Quotienten auszudrücken:

$$\text{Güte der Kondensation} = \frac{\text{Jährliche Ersparnisse durch die Kondensation}}{\text{Anlagekosten der Kondensation}}$$

Für die Feststellung des Zählers dieses Bruches müssen natürlich die Betriebskosten einschliesslich des Geldwertes für den Kraftverbrauch der Kondensationsmaschinen sowie die Amortisation entsprechend in Anrechnung gebracht werden. Es ist dann leicht einzusehen, dass bei geringerer Luftleere in Folge kleinerer Kühlwassermengen und damit verbundenen Ersparnissen für die Wasserhebung die Güte einer Kondensation sehr wohl befriedigender sein kann als bei hohem Vacuum.

Betriebsergebnisse von

Lfd. No.	Schachtanlage	Angeschlossene Maschinen		Es laufen PS_i in den Schichten			Stündliche Maximal-Leistung der Kondensation in kg Dampf
		Anzahl	PS_i	Früh	Mittag	Nacht	
1	Carolus Magnus	8	1582	1582	800	390	12500
2	Centrum	9	1931	1655	1655	413	25000
				Wasserhaltung geht innerhalb 14 Tagen 24 Std.			
3	Consolidation (Teerkokerei) . .	12	540	420	540	540	10000
4	Courl	8	2200	2200	2200	700	28000
5	Ewald I/II	11	2295	1558	1558	1225	12000
6	Ewald III/IV	10	1445	1405	1405	975	27700
7	Freie Vogel und Unverhofft . .	8	1220	1220	1170	850	16500
8	Graf Beust	8	1398	1350	1350	446	12500
9	Holland III/IV	13	2800	2700	2700	770	38—40000
10	Kaiser Friedrich	10	1875	1845	1845	620	28000
11	Kaiserstuhl II	8	1061	740	740	520	10500
12	Langenbrahm	9	1030	1030	1030	Anlage steht	8000
13	Margarethe	11	897	897	744	382	26000
14	Maria, Anna und Steinbank . .	4	1225	1225	1225	1225	10000
15	Mathias Stinnes	12	1500	—	—	—	15000
16	Neumühl	Die näheren Verhältnisse sind ausführlich in dem Abschnitt »Prüfung					
17	Pluto	9	1496	1496	1496	1157	14700
18	Recklinghausen II	9	2150	1220	2070	1870	21000
19	Rosenblumendelle	12	2780	2380	2155	1900	12000
20	Schleswig	7	1598	1598	920	125	25000
21	Ver. Wiesche	7	1730	1205	1630	1265	12000
22	Zollern I	9	1276	1276	1276	650	19000

Centralkondensationen.

Tabelle 21.

Bedienung der Kondensation		Anlagekosten einschl. Rohrleitungen und Mauerung	Kosten für Wartung, Reinigung und Reparatur, auf 1000 t der Förderung bezogen M.	Kohlenverbrauch in Prozenten der Förderung		Art und Beschaffenheit des Kühlwassers	Rückkühlung erfolgt durch
allein	in Verbindung mit anderen Maschinen			vor	nach		
				Anlage der Kondensation			
—	ja	49000	4,38	3,612	3,045	Teichwasser u. teilweise Ruhrwasser	Balckeschen Kaminkühler
—	ja	145000	4,60	2,46	1,852	Ruhrwasser, später Grubenwasser	do. mit gemauertem Turm
—	ja	50000	lassen sich nicht feststellen			Ruhrwasser	Latten-Gradierwerk
—	ja	—	—	—	—	Grubenwasser	—
—	ja	80000	3,54	5,26	4,5	schlammiges und salzhaltiges Grubenwasser	Gradierwerk und Kaminkühler
—	ja	120000	1,70	5,62	4,35	Brunnenwasser, zum Kesselspeisen und Trinken ungeeignet	Kaminkühler
—	ja	101000	25,00	11,00	8,50	schlammiges Grubenwasser	Balckeschen Kaminkühler
—	ja	48780	3,86	nicht ermittelt wegen veränderter Betriebsverhältnisse		Grubenwasser	Zschockes Gradierwerk
—	ja	—	—	—	—	Brunnenwasser	Kaminkühler
—	ja	100000	wegen Umbau der Kondensationsanlage nicht mitgeteilt			salzhaltiges und schlammiges Grubenwasser	Balckeschen Kaminkühler
—	ja	50500	6,00	Gaskessel		Grubenwasser und Leitungswasser	Balckeschen Kaminkühler
—	ja	70000	5 40	4 % mit Fettkohlen-Zusatz	3,8 % ohne Fettkohlen-Zusatz	salzhaltiges Grubenwasser	achtstündigen Stillstand in der Nacht
—	ja	81965	11,05	10,00	7,00	etwas schlammiges Grubenwasser	Kaminkühler von Schwarz & Co.
—	ja	18000	6,00	nicht anzugeben		etwas salziges und schlammiges Grubenwasser	nicht vorhanden
—	ja	83000	5,00	2,40	1,80	Ruhrwasser	Balckeschen Kaminkühler
ausgeführter Kondensationsanlagen‹ mitgeteilt.				—	—	—	—
—	ja	48000	3,00	nicht ermittelt	4,0	Ruhrwasser	Zschockes Gradierwerk
—	ja	117400	13,00	8,00	5,60	2½ % salzhaltiges Grubenwasser	Latten-Gradierwerk von Klein, Schanzlin & Becker
—	ja	60000	nicht ermittelt worden			schlammiges Grubenwasser	Balckeschen Kaminkühler
ja	—	102486	12,70	9,62	7,8	Ruhrwasser vom Dortmunder Wasserwerk	Schwarzschen Kaminkühler
—	ja	50000	nicht ermittelt worden			schlammiges Grubenwasser	Balckeschen Kaminkühler
—	ja	120000	5,70	3,18	1,68	salziges und schlammiges Grubenwasser	Reisergradierwerk von Klein, Schanzlin & Becker

Lfd. No.	Schachtanlage	Durchschnittliche Luftleere in Prozenten	Durchschnittliche Temperatur des Kühlwassers		Kühlwasser-Ergänzung in 24 Stunden cbm
			einlaufend	ablaufend in Celsiusgraden	
1	Carolus Magnus	79	25	42	480
2	Centrum	84	28	46	48
3	Consolidation (Teerkokerei)	88	14	25	100
4	Courl	88—90	24	—	—
5	Ewald I/II	80	34 Zusatzwasser 12	50	nicht ermittelt
6	Ewald III/IV	85—86	30 Zusatzwasser 6—8	42	80
7	Freie Vogel und Unverhofft	83	22	35	240
8	Graf Beust	80	35	65	4
9	Holland III/IV	85	—	—	2 $^0/_0$ des ges. Kühlwassers
10	Kaiser Friedrich	kontraktlich 80% konnte seither nicht erzielt werden	17	35	laut Kontrakt 25 $^0/_0$
11	Kaiserstuhl II	70—75	30	45	nicht ermittelt
12	Langenbrahm	70	19	28	ca. 40
13	Margarethe	80	36	47	625
14	Maria, Anna und Steinbank	90	16	34	2700—3000 durchlaufendes Grubenwasser
15	Mathias Stinnes	86	42	54	600
16	Neumühl	Die näheren Verhältnisse sind ausführlich in dem Ab-			
17	Pluto	80	30	60	nicht ermittelt
18	Recklinghausen II	75	26	41	240
19	Rosenblumendelle	85	nicht bestimmt		nicht ermittelt
20	Schleswig	85	25	37	380
21	Ver. Wiesche	90	28	60	nicht ermittelt
22	Zollern I	85	35	48 im Sommer	580

Fortsetzung von Tabelle 21.

| Benutzung des Kondensats zur Kesselspeisung | Zusatz zum Kondensat | | Ölabscheidung erfolgt aus dem | | Reinigung und Verwendung des Öls | Missstände an der Kondensation | Schädliche Einflüsse auf die Vegetation |
	in 24 Stunden cbm	wird gereinigt	Kondensat	Dampf			
ja	480	nein	—	—	nein	keine	keine
ja	527,52	nein	—	ja	nein	keine	keine
ja	503	—	—	ja	nein	bei mehr als 85% Vakuum ungenüg. Ölabscheidung	keine
ja	—	—	durch Koksfilter	ja	—	keine	keine
ja	30% geschätzt	nein	durch Filter	—	nein	keine	keine
ja	72	nein	—	ja	nein	keine	keine
—	—	—	durch ein Überlaufrohr u. Ölfilter	—	nein	Ölfiltrierung ungenügend	keine
ja	480	nein	Ölabscheider im Gradierwerk	—	Schmierung untergeordneter Teile	keine	keine
ja	—	—	durch Koksfilter	ja	—	keine	keine
ja	nicht ermittelt	ja	durch Ölfilter	—	ungereinigt für Wagenschmierung	das Vakuum lässt sich nicht auf 80% bringen	keine
ja	nicht ermittelt	nein	—	ja	nein	keine	keine
ja	80—100	ja	durch ein Überlaufrohr u. Ölfilter	—	nein	Ölfiltrierung nicht genügend	keine
ja	nicht ermittelt	nein	—	ja	nein	keine	keine
nein	nein	nein	nein	—	nein	—	—
teilweise	nicht ermittelt	—	Holzwollfilter	—	nein	beim Zusammenarbeiten der drei Fördermaschinen Vakuumschwankung	—

schnitt »Prüfung ausgeführter Kondensationsanlagen« mitgeteilt.

—				—		—	—
ja	nicht ermittelt	nein	durch Abschöpfen	—	nein	keine	keine
ja	1/3 vom Kondensat	nein	durch zwei Koksfilter	—	wird mit dem schmutzigen Koks verbrannt	keine	durch das Gradierwerk
ja	20	nein	nicht vorhanden		nein	keine	keine
ja	70	nein	—	Kleinscher Ölabscheider	nein	keine	keine
nein	—	—	—	—	—	keine	—
ja	230	nein	durch Koksfilter	—	zur Wagenschmierung	Kesselsteinbildung auf den Rohrbündeln	durch das Gradierwerk

19*

Das Kondensat wird fast überall zur Kesselspeisung benutzt und das erforderliche Zusatzwasser nur selten einer Reinigung unterzogen. Die Angaben über die Kühlwasserergänzung in Folge Verdunstung bei der Rückkühlung scheinen teilweise zu niedrig gegriffen zu sein und beruhen wohl meistens auf unkontrollierbaren Schätzungen.

5. Einfluss des überhitzten Dampfes auf die Leistung der Centralkondensation.

Die oben mitgeteilten Betriebsergebnisse stellen es ausser allem Zweifel, dass die Centralkondensationen eine erhebliche Verringerung des Dampfverbrauchs im Zechenbetriebe ermöglichen. Dasselbe Ziel sucht man neuerdings durch ausgedehnte Verwendung überhitzten Dampfes zu erreichen, mit dem Erfolge, dass bei genügender Ueberhitzung eine Dampf- bezw. Kohlenersparnis von rd. 20 % schon wiederholt durch Versuche nachgewiesen wurde.

Unwillkürlich drängt sich nun die Frage auf: Wie wirkt die Verwendung überhitzten Dampfes auf die Leistung der Kondensation ein?

Die Antwort ist nur in günstigem Sinne zu geben, denn durch die Arbeit des Dampfes im Cylinder geht die Ueberhitzung vollständig verloren. Ein Teil der Ueberhitzung wird durch den Wärmeaustausch zwischen Dampf und Cylinderwandungen absorbiert, während der Rest durch die Arbeitsleistung der Maschine verbraucht, also direkt in Arbeit umgewandelt wird. Man hat demnach beim Betriebe mit überhitztem Dampfe am Eintritt in den Kondensator keine höhere Dampftemperatur als beim Betriebe mit nassem Dampfe. Da nun aber zu einer bestimmten Kraftleistung durchschnittlich 20 % weniger überhitzter Dampf notwendig ist als gesättigter Dampf, so braucht man selbstredend auch 20 % weniger Wasser zum Kondensieren, wodurch sowohl die Kondensatoren als auch die Rückkühlanlagen bedeutend entlastet werden und der Kraftverbrauch der Centralkondensation entsprechend verringert wird. Andererseits können bei einer bestehenden Kondensationsanlage durch Einführung der Dampfüberhitzung die Maschinenanlagen um 20 % vergrössert werden, eine Aussicht, die in vielen Fällen bei den wachsenden Förderziffern freudig zu begrüssen sein wird.

Luftkompressoren.

Von Ingenieur Karl J. M ü l l e r.

I. Einleitung: Die Verwendung der Pressluft im Grubenbetriebe.

Die Benutzung von Pressluft zu Kraftzwecken im Grubenbetriebe ist lange bekannt. Gefahrlosigkeit und grosse Betriebssicherheit, wozu noch die Möglichkeit kommt, komprimierte Luft für die verschiedensten Zwecke in gleichem, ja sogar noch ausgedehnterem Masse wie die Dampfkraft als Kraftquelle verwenden zu können, hat sehr zur Verbreitung dieses Betriebsmittels beigetragen.

Dem Dampf gegenüber fällt die Belästigung durch Erwärmung weg, und die Leitungen werden bedeutend billiger, da eine Isolierung überflüssig ist. Ferner sind Verluste durch Kondensation, die sich bei langen Dampfleitungen besonders störend bemerkbar machen, bei Luftleitungen vollständig ausgeschlossen. Die Gefahren, welche die Elektrizität besonders in Schlagwettergruben mit sich bringt, werden bei Verwendung von Pressluft vermieden, wobei noch als besonderer Vorzug die einfache Montage der Luftleitungen, welche auch von weniger geschulten Mannschaften ausgeführt werden kann, ins Gewicht fällt.

Deshalb hat sich der Pressluftbetrieb, obwohl ihm manche Mängel vorgeworfen werden, ein immer grösseres Gebiet erobert. Trotz gegenteiliger Behauptungen kann bis jetzt noch keine Abnahme in der Verwendung der komprimierten Luft nachgewiesen werden.

Benutzt wird die Druckluft:

zur Förderung (Haspel, Streckenförderung, Aufzüge),

zum Heben von Grubenwässern (Antrieb von Wasserhaltungen, Zubringe-, Schacht- und Mammutpumpen),

zur Sonderbewetterung (direktes Ausströmen, Antrieb von Ventilatoren, Strahlapparaten),

zum Betrieb von Bohr- und Schrämmaschinen, sowie Pressluftwerkzeugen, und endlich

zur Erhöhung der Leucht- oder Heizkraft von Brennern.

Alle diese Verwendungsarten der Druckluft sind schon in anderem Zusammenhange eingehend besprochen worden. Es erübrigt daher nur noch, auf die E r z e u g e r der Pressluft, die K o m p r e s s o r e n näher einzugehen.

II. Entwickelungsgeschichte der Kompressoren.

Die älteste Kompressorgattung ist der N a s s k o m p r e s s o r , der heute nicht mehr neu gebaut wird und auf modernen Anlagen wohl nur noch als Reserve anzutreffen ist. Während im Jahre 1902 noch eine ganze Anlage von 9 solchen Kompressoren auf Zeche Shamrock I/II im Betrieb zu finden war, ist nunmehr auch diese vollständig umgebaut worden. Besonders durch die Versuche des D a m p f k e s s e l - U e b e r w a c h u n g s - V e r e i n s der Zechen im Oberbergamtsbezirk Dortmund zu Essen-Ruhr wurde klar erwiesen, dass die Arbeitsweise dieser Maschinen keineswegs mehr den Anforderungen eines modernen Betriebes genügte.

Die geringe Umdrehungszahl, mit der sie laufen mussten, bedingten einen verhältnismässig grossen Platzbedarf. Ein Nasskompressor für 1000 cbm stündliche Saugleistung nimmt z. B. annähernd den gleichen Raum ein wie ein moderner Stufenkompressor für 5000 cbm. Ausserdem traten noch folgende Nachteile hinzu: geringe Anpassungsfähigkeit an den Betrieb, sehr feuchte Luft und geringer volumetrischer Wirkungsgrad bei höherer Umdrehungszahl. Durch den hohen Feuchtigkeitsgehalt der Luft wurde die Eisbildung bei den Arbeitsmaschinen sehr begünstigt, sodass man zur Aufrechterhaltung des Betriebes stellenweise besondere Wärmöfen einschalten oder die Luft sogar mit Dampf vorwärmen musste.

Diese Kompressoren wurden fast nur als Eincylindermaschinen mit Antrieb durch Eincylinderdampfmaschinen ausgeführt. Nur vereinzelt fanden sich Zwillingsanlagen, bei denen je ein Dampfcylinder auf jeder Maschinenseite mit je einem Luftcylinder gekuppelt war. Der Luftenddruck betrug meistens 6 Atm. abs. Zur Erzielung grösserer Saugmengen wählte man langhübige Maschinen, da man mit der Umdrehungszahl nicht gut in die Höhe gehen konnte.

Diese Nachteile des Nasskompressors und der gesteigerte Luftbedarf in der Grube beförderten die Einführung der t r o c k e n e n b e z w. h a l b - n a s s e n K o m p r e s s o r e n. Die ältesten Anlagen dieser Art stammen aus den 70er Jahren und waren als Eincylinderkompressoren mit Eincylinderdampfmaschinen ausgeführt. Dabei wurde entweder Tandemanordnung (Dampfmaschine und Kompressor hintereinander) gewählt oder Zwillingsanordnung (Kompressor und Dampfmaschine nebeneinander). Später ging man zu Zwillingsanlagen über. Die beiden Dampfcylinder waren zunächst der Schwungradachse angeordnet und mit den beiden Kompressoren direkt gekuppelt. Diese Anlagen wurden bis zu einer stündlichen Saugleistung von 4000 cbm Luft gebaut, wobei man kaum über 60 minutliche Umdrehungen hinausging.

Bei trockenen Kompressoren dieses Systems wurde immer **Mantel**kühlung der Luftcylinder vorgesehen. Diese Art der Kühlung war indessen wegen der schlechten Wärmeleitung der Luft und der kurzen Dauer der Kompressionsperiode nur wenig wirksam. So wurden bei Versuchen bei noch nicht 6 Atm. abs. Pressdruck Endtemperaturen bis zu 180° C. gemessen. Abgesehen von der Unwirtschaftlichkeit bringen derartig hohe Temperaturen noch dadurch Gefahren mit sich, dass durch das Vergasen des Schmieröls Explosionen hervorgerufen werden können.

Man versuchte deshalb, eine wirksamere Kühlung durch Einspritzen von Wasser in die Cylinder während der Kompression zu erreichen — halbnasse Kompressoren. Es sei an dieser Stelle bemerkt, dass das hier und da in Gebrauch gewesene Einspritzen von Kühlwasser während der Saugperiode vollständig zwecklos ist.

Bei unreinem Wasser leiden die Cylinderwandungen und Kolben durch die Einspritzkühlung sehr. Der Zerstäuber verlangt dauernde Aufsicht auch bei ganz reinem Wasser wie z. B. gekühltem Kondensat. Bei nicht genügender Aufmerksamkeit versagt diese Kühlung oft und die Temperatur steigt dann ebenso hoch wie bei den trockenen Kompressoren. Eingeführt wird das Kühlwasser mittels einer kleinen Pumpe oder durch den Druck der Pressluft des Druckraums. Die erforderliche Kühlwassermenge beträgt bis zu 5% der angesaugten Luftmengen.

Die vorgenannten Systeme waren bis etwa 1896 die allein vorhandenen. Von diesem Jahre ab trat der Stufenkompressor in Erscheinung dank der Initiative Riedlers. Er eroberte sich von Jahr zu Jahr ein grösseres Gebiet und wird heutzutage fast ausschliesslich gebaut. Infolge der niedrigen Dampfspannung der damaligen Zeit wählte man zuerst Zwillingsdampfmaschinen zum Antrieb, welche auch heute noch bei Dampfspannungen bis zu 6 Atm. Ueberdruck am Platze sind.

Die Arbeitsweise des Verbundkompressors ist bedeutend ökonomischer und auch betriebssicherer infolge der niedrigeren Temperaturen wie bei den anderen Systemen; die Wartung ist einfacher wie bei den halbnassen Kompressoren. Die Rückkühlung der Luft erfolgt zwischen den beiden Druckstufen in einem besonderen Zwischenkühler, der meist als Röhrenkühler ausgebildet wird.

Während man so schon früh den jetzigen Grad der Vollkommenheit der Luftkompressoren im Prinzip erreicht hatte, blieb man im Bau der Antriebsdampfmaschinen zurück. An die sonstigen Betriebsdampfmaschinen stellten die Zechen immer höhere Anforderungen, die Kompressorantriebsmaschine dagegen wurde bis vor kurzer Zeit noch immer nach dem alten Stil gebaut. So findet man auch heute noch oft in Lieferungsbedingungen als normale minutliche Umdrehungszahl 50 vorgeschrieben, obwohl es schon längst erwiesen ist, dass auch grosse Kompressoren ohne Anstand mit 100 minutlichen Umdrehungen dauernd laufen können. Erst in den letzten Jahren ging man dazu über, Verbunddampfmaschinen mit oder ohne Kondensation zu wählen und dadurch einen weiteren Schritt in der Oekonomie des Pressluftbetriebes zu thun. Mit Erfolg hat man in neuester Zeit sogar versucht, Dreifach-Expansionsmaschinen mit geteilten Niederdruckcylindern in den Kompressorbau einzuführen.

Die allgemeinere Anwendung der Elektrizität im Bergbau veranlasste den Bau e l e k t r i s c h angetriebener Kompressoren und als Abart die f a h r b a r e n Kompressoren für den Betrieb unter Tage.

III. Die Arbeitsweise der Kompressoren.

1. Allgemeines.

Bei der Beurteilung der Kompressoren sind einige theoretische Erwägungen nicht zu umgehen.

Die Leistung eines Kompressors wird zunächst durch die angesaugte Luftmenge bedingt, zu deren Bestimmung man den v o l u m e t r i s c h e n W i r k u n g s g r a d festlegen muss. Man versteht unter volumetrischem Wirkungsgrad (η_1) das V e r h ä l t n i s d e s n u t z b a r e n H u b v o - l u m e n s z u m t h a t s ä c h l i c h e n. a b c d (Fig. 171) stelle das Diagramm

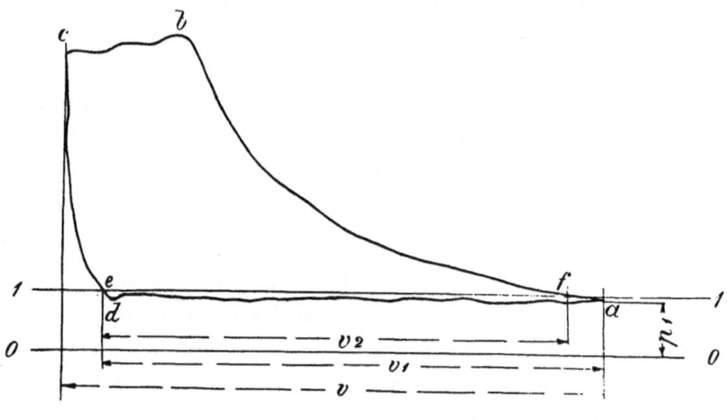

Fig. 171.

eines Kompressors dar, dessen Hubvolumen gleich der ganzen Länge v gesetzt werde. Da alle Werte auf Luft von atmosphärischer Spannung zu beziehen sind, so ist der nutzbare Hub e f $= v_2$ und der volumetrische

Wirkungsgrad $\eta_1 = \dfrac{v_2}{v}.$

Auf anderem Wege kann man diesen Wert ebenfalls erhalten. Jedes Luftquantum hängt von dem Volumen v_x, dem Druck p_x und der zugehörigen absoluten Temperatur T_x ab (kombiniertes Mariotte-Gay-Lyssacsches

Gesetz), und zwar ist der Wert $\dfrac{p_x \cdot v_x}{T_x}$ konstant.   Bei einem Kompressor bezieht man am besten alle Werte auf die Temperatur der angesaugten Luft und kann deshalb bei der Ausrechnung des volumetrischen Wirkungsgrades T_x vernachlässigen.

Hiernach berechnet sich der volumetrische Wirkungsgrad zu $\dfrac{p_1 \cdot v_1}{v}$, welcher Wert gleich dem vorherigen $\dfrac{v_2}{v}$ ist.

Man begegnet noch oft der Ansicht, dass der volumetrische Wirkungsgrad gleich $\dfrac{v_1}{v}$ sei, da in dem Punkte a die Kompression beginne. Dass dies nicht richtig ist und oft nur behauptet wird, um über den wahren Wert eines Kompressors hinwegzutäuschen, erhellt aus dem oben Gesagten, da der Unterdruck unter die Atmosphäre nicht berücksichtigt ist.

Es kann auch infolge von Schleuderwirkung beim Ansaugen die Saugkurve d a über die Atmosphäre steigen (Fig. 172).

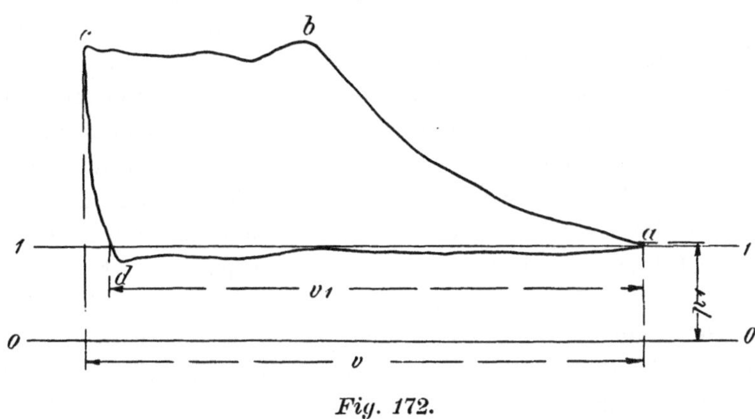

Fig. 172.

Auch in diesem Falle ist der volumetrische Wirkungsgrad gleich $\dfrac{p_1 v_1}{v}$ und kann sogar in gewissen Fällen grösser als 1 werden. Aus vorstehendem ergiebt sich mithin für alle Fälle für den volumetrischen Wirkungsgrad der Wert $\dfrac{p_1 v_1}{v}$ oder in Prozenten $\dfrac{p_1 v_1 \cdot 100}{v}$.

Zur Berechnung der Luftmenge wird auch oft der sogenannte Lieferungsgrad (η_2) benutzt, dessen Einführung auf eine Anregung von Ingenieur Goetze-Bochum*) erfolgt ist. Bezeichnet man die Endpressung

---

*) Glückauf 1902, No. 3.

in Atm. abs. mit p_e, die der Fortdrucklinie entsprechende Luftmenge mit v_e und die absolute Temperatur der Pressluft mit T_e (zusammengesetzt aus $273 + t_e$, der abgelesenen Temperatur), so ist das Pressluftvolumen $\frac{v_e \, p_e}{T_e}$ gleich dem angesaugten Volumen $\frac{v_x \, p_x}{T_x}$. Da es sich um Luft von Atmosphärenspannung handelt, so ist $p_1 = 1$ und $T_x = 273 + t_x$ (der abgelesenen Temperatur der angesaugten Luft) bekannt und v_x berechnet sich zu

$$\frac{v_e \, p_e \cdot T_x}{T_e}.$$

Dieses v_x durch das Hubvolumen v dividiert giebt den Lieferungsgrad η_2.

Indessen ist es nicht möglich η_2 absolut genau zu berechnen, da die Temperaturmessung der Pressluft auf Schwierigkeiten stösst und meist zu geringe Werte ergiebt, so dass v_x zu gross wird. Für die Praxis genügt daher die Bestimmung der angesaugten Luftmenge aus dem volumetrischen Wirkungsgrad.

Der mechanische oder dynamische Wirkungsgrad ist das Verhältnis der indizierten Kompressorleistung zur indizierten Dampfleistung. In vielen Fällen begnügt man sich bei der Beurteilung einer Kompressoranlage damit, nur den volumetrischen und mechanischen Wirkungsgrad zu Grunde zu legen. Es ist jedoch ausdrücklich zu betonen, dass diese beiden Werte nicht ausreichen, da hierbei Temperaturverhältnisse, Luftenddruck und Umdrehungszahl nicht berücksichtigt sind. Der beste Wert für die Beurteilung einer Kompressoranlage ist immer die stündliche Saugleistung für 1 indiziertes Dampfpferd bei einem bestimmten Druck der Pressluft und einer gegebenen Tourenzahl. Hierin ist alles zur Beurteilung der Leistungsfähigkeit nötige enthalten. Aus dem Dampfverbrauch für das indizierte Dampfpferd ist alsdann auch der Dampfverbrauch für das Kubikmeter angesaugter Luft zu berechnen.

Die Kompressoren arbeiten entweder einstufig oder zweistufig, soweit sie für den Grubenbetrieb verwandt werden, wobei hier nur die trockenen Kompressoren besonders berücksichtigt werden sollen. Die Zustandsänderung der Luft erfolgt entweder isothermisch oder adiabatisch. Die Arbeit für isothermische Kompression der Luft ist bekanntlich die kleinste und je mehr sich die Kompressionsarbeit eines Kompressors der isothermischen Kompression nähert, um so günstiger arbeitet er. Da nun ein grosser Teil der Arbeit immer in Wärme umgesetzt wird, nähert sich die Kompressionskurve der Adiabate, ja deckt sich fast mit ihr.

Für einen schädlichen Raum von $3\,^0/_0$, einen volumetrischen Wirkungsgrad von $89{,}9\,^0/_0$, einen Enddruck von 8 Atm. abs., stellt a c d f (Fig. 173) das Diagramm für 20° Ansaugtemperatur und einstufige adiabatische Kompression dar*). Für zweistufige Kompression müssen nun zur Erzielung der günstigsten Arbeitsweise, die Arbeiten im Hoch- und Niederdruckcylinder gleich und die Endtemperatur möglichst klein sein. Dies wird erreicht, wenn die Kompressionsverhältnisse in beiden Cylindern gleich sind, also

$$= \sqrt{}\ \text{abs. Enddruck.}$$

In dem vorliegenden Falle bei einer Kompression auf 8 Atm. abs. muss also das Kompressionsverhältnis- $\sqrt{8} = 2{,}83$ sein. Die Luft muss daher im Niederdruckcylinder auf 2,83 Atm. abs. gepresst werden. Hierbei erwärmt

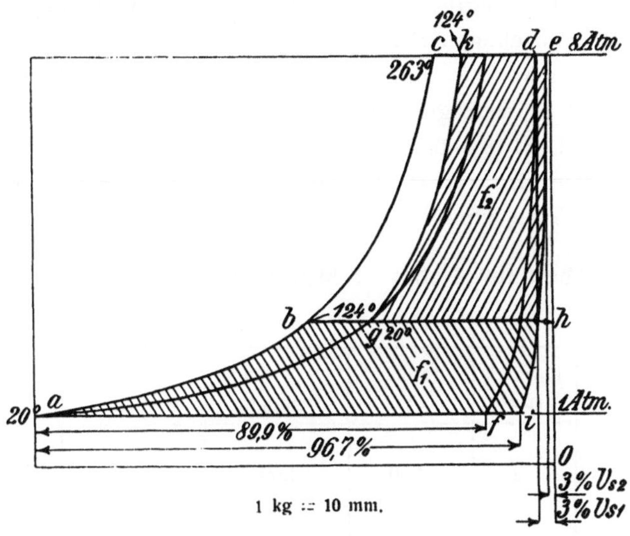

Fig. 173.

sie sich auf 124° C. Die erforderliche Arbeit ist gleich der Diagrammfläche a b h i. Die Strecke b h stellt darin das Endvolumen nach Verlassen des Niederdruckcylinders dar. Der volumetrische Wirkungsgrad beträgt nunmehr 96,7 %, gegenüber 89,9 % bei der einstufigen Kompression.

Das Endvolumen b h wird in dem Zwischenkühler von 124° C. auf 20°, die Ansaugetemperatur, zurückgekühlt und gelangt nun als Volumen g h in den Hochdruckcylinder, wo es auf 8 Atm. abs. komprimiert wird. Die Arbeit entspricht der Fläche g k e h. Das Kompressionsverhältnis $\frac{8}{2{,}83}$ ist wieder gleich 2,83, wie im Niederdruckcylinder, und die Endtemperatur beträgt ebenfalls 124° gegen 263° bei einstufiger Kompression.

---

*) Figur und Daten sind einer Abhandlung der Firma Pokorny & Wittekind entnommen.

Die Diagrammfläche a c d f für einstufige Kompression hat $\sim$ 2550 qmm
Inhalt, die beiden Flächen für zweistufige (a b h i + g k e h) $\sim$ 2340 qmm.
Da für einstufige Arbeit bei 89,9 % Ansaugung der Flächeninhalt 2550 qmm
beträgt, sind für 96,7 % Ansaugung $\sim$ 2740 qmm nötig. Die Arbeit ist dem
Flächeninhalt direkt proportional, so dass für einstufige Kompression
$\left(\dfrac{2740 - 2340}{2340} \right) 100 = 17 \, \%$ Mehrarbeit zu leisten ist.

Dieser theoretische Wert stellt sich in der Praxis etwas geringer.
Aus den Versuchen des Dampfkessel-Ueberwachungs-Vereins zu Essen ist
die effektive Arbeit bei ein- und zweistufiger Kompression für ein Kubikmeter minutlich angesaugter Luft berechnet und in Beziehung zu der theo-
retischen (isothermischen) Arbeit gesetzt worden.

Bezeichnet man die theoretische Arbeit mit L_t und den Enddruck
in Atm. abs. mit p_e, so ergiebt sich für die einstufige Kompressionsarbeit
die Formel $L_1 = L_t \,(1,18 + 0,035 \, p_e)$ und für die zweistufige Kompressionsarbeit die Formel $L_2 = L_t \,(1,17 + 0,011 \, p_e)$. Nachstehende Tabelle giebt
die erhaltenen Werte wieder:

Arbeit für 1 cbm je Minute angesaugte Luft.

Tabelle 22.

Enddruck Atm. abs.	Theoret. PSe.	Wirkliche Arbeit PSe.	
		einstufig	zweistufig
2	1,59	1,99	—
3	2,52	3,24	—
4	3,18	4,20	3,86
5	3.70	5,01	4,53
6	4,11	5,71	5,09
7	4,46	6,36	5,56
8	4,77	6,96	6,00
9	5,04	7,53	6,40

Trägt man in ein rechtwinkliges Koordinatensystem als Ordinaten die
effektiven Pferdestärken und als Abscissen die Pressungen in Atm. abs.,
so erhält man die in Fig. 174 dargestellten Kurven: I für die isothermische,
II für einstufige und III für zweistufige Kompression.

Die Ersparnis für zweistufige Kompression berechnet sich hieraus:

für 5 Atm. abs. Enddruck auf 10,6 %
« 6 « « « « 12,2 %
« 7 « « « « 14,4 %
« 8 « « « « 16,0 %

Für grössere Kompressoren und dauernden Betrieb kann deshalb
schon bei 5 Atm. abs. Pressdruck zu zweistufiger Kompression geraten
werden.

Da die Temperaturen der Cylinderwandungen auch ohne besondere
Mantelkühlung niedrige sind, ist der Schmierverbrauch bei Verbundkompressoren geringer und die Schmierung selbst sicherer zu bewerkstelligen

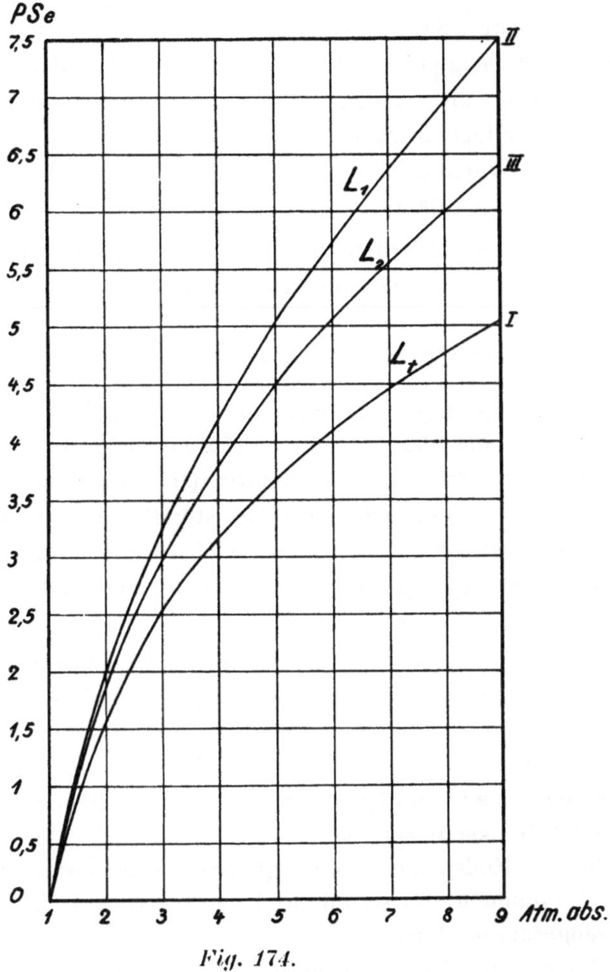

Fig. 174.

als bei einstufigen Kompressoren. Dies und die einfachere Bethätigung
der Kühlung erleichtern die Wartung der Anlagen sehr. Die Lebensdauer
von Verbundkompressoren ist infolge der besseren Schmierung und der
dadurch bedingten geringeren Abnutzung eine längere.

Ein anderer wesentlicher Vorteil ist bisher nur in den wenigsten
Veröffentlichungen hervorgehoben: Im Zwischenkühler scheidet sich immer

so viel Wasser aus, dass die in den Hochdruckcylinder eintretende Luft grade gesättigt ist. Hierdurch wird naturgemäss die Pressluft trockener gegenüber der einstufiger Kompressoren und damit die Gefahr der Eisbildung bei den Arbeitsmaschinen verringert.

Zusammenstellung der Vorzüge zweistufiger Kompression.

1. Grösserer volumetrischer Wirkungsgrad.
2. Geringerer Kraftbedarf bei gleicher Saugleistung oder grössere Saugleistung bei gleichem Kraftbedarf.
3. Trockenere Luft, weniger Eisbildung bei den Arbeitsmaschinen.
4. Geringerer Oelverbrauch.
5. Leichtere Wartung.
6. Längere Lebensdauer.

Weitere Vorzüge ergeben sich noch, wenn man auf den Dampfverbrauch der Antriebsdampfmaschine zurückgeht.

2. Dampfverbrauch der Kompressoren.

Bei einem einstufigen Kompressor in Eincylinder- oder Zwillingsanordnung ist für eine Saugleistung von 2000 cbm in der Stunde und eine Endpressung von 6 Atm. abs. ein Kraftbedarf von rund 230 indizierten Dampfpferden zu setzen. Der normale stündliche Dampfverbrauch für die indizierte PS. beträgt 14 kg., woraus sich für die erwähnte Saugleistung ein Dampfverbrauch von 3220 kg in der Stunde berechnet, mithin für 1 cbm angesaugter Luft ein solcher von 1,61 kg.

Diese Zahlen ändern sich auch für grössere Betriebe nur unwesentlich, da man, wie in dem erwähnten Beispiel auf Shamrock I/II zur Erzielung grösserer Saugleistungen nicht etwa grössere, sondern stets mehrere Apparate aufstellte.

Durch die zweistufige Kompression erzielt man, wie vorher ausgeführt, eine Arbeitsersparnis von annähernd 12 %. Bei gleicher Saugleistung, gleicher Endspannung und gleicher Antriebsdampfmaschine wie vorher beträgt nunmehr der stündliche Dampfverbrauch 0,88 . 1,61 = 1,42 kg für 1 cbm angesaugter Luft.

Eine Verbunddampfmaschine, welche mit Auspuff arbeitet, benötigt bei dem obigen Kraftbedarf von 230 PS. für 1 PS_i stündlich rund 9 kg Dampf. Die damit erzielte Ersparnis beträgt 36 %; man hat also nur 64 % des früheren Verbrauches nötig und für 1 cbm angesaugter Luft sind nur noch 0,64 . 1,42 = 0,91 kg Dampf erforderlich.

Dieser Aufwand kann noch durch Verwendung von Kondensation vermindert werden. Eine moderne Verbundmaschine mit Kondensation arbeitet mit einem stündlichen Dampfverbrauch von 7,5 kg für die PS_i. Bei einer derartigen Anlage sinkt also der Dampfverbrauch um $46\,^0/_0$, sodass der Dampfaufwand für 1 cbm angesaugte Luft auf $\dfrac{100-46}{100} \cdot 1{,}42 = 0{,}77$ kg zurückgeht.

Eine neuere Stufenkompressoranlage braucht daher bei Antrieb durch eine Verbunddampfmaschine mit Kondensation nicht halb so viel Dampf wie eine ältere Einstufenkompressoranlage.

Zum Vergleich sei an dieser Stelle noch erwähnt, dass neuerdings mit überhitztem Dampf betriebene Dreifach-Expansionsmaschinen als Antriebsmaschinen für Kompressoren gebaut werden. Bei einer derartigen Anlage der Firma Pokorny & Wittekind in Frankfurt a/M. wurde nach Angabe der Erbauerin bei einem Dampfverbrauch von 4,75 kg für eine PS_i je Kubikmeter angesaugter Luft bei 6 Atm abs. Endpressung ein Verbrauch von 0,45 kg Dampf ermittelt. Dieses Beispiel zeigt, in welchem Grade der Kompressorbetrieb noch verbesserungsfähig ist.

Versuche über den Kraftverbrauch e l e k t r i s c h angetriebener Kompressoren liegen zur Zeit noch nicht vor.

3. Die Luftdiagramme.

Bei jeder Maschinenanlage sind Indizierversuche von grösstem Wert. Bei dem Kompressordiagramm treten nun immer besonders typische Kennzeichen auf, die einen guten Rückschluss auf die Arbeitsweise gestatten.

Ein normales Diagramm zeigt Fig. 175. Die Ansauglinie $\overline{AB}$ fällt nach einer kleinen Schwankung mit der Atmosphärenlinie 1—1 zusammen. Es ist mithin kein Saugwiderstand vorhanden. Eine derartige Sauglinie erhält man, wenn ein Kompressor ohne Ventilwiderstand direkt aus dem Freien, also ohne Filter und ohne Saugleitung ansaugt. Die K o m - p r e s s i o n s l i n i e $\overline{BC}$ müsste so verlaufen, dass sie sich möglichst der Marriotschen Kurve nähert. In der Praxis fällt sie durch die Erwärmung der Luft natürlich näher an die Adiabate. Die D r u c k l i n i e $\overline{CD}$ verläuft in dem gewählten Diagramm wellenförmig. Dieser Umstand zeigt, dass die Luft keinen Widerstand im Druckventil gefunden hat. Die Luft in der Druckleitung gerät in wellenförmige Schwingungen und diese zeigen sich in dem Diagramm in der gezeichneten Weise. Der von dem Kompressor gelieferte Enddruck p_n ist dann die Winkelhalbierende der von D an die Wellen gezogenen beiden Tangenten. Es ist zu erwähnen, dass die Wellenbildung nicht immer so vollständig auftritt, Ansätze hierzu sind aber bei freiem Durchgang und genügend grossem Querschnitt stets vorhanden. Eine vollständig grade Drucklinie $\overline{CD}$ nach Fig. 176 deutet auf Ventilwiderstand hin. Der Verlauf der Drucklinie nach Fig. 177 wird durch eine zu enge und lange Druckleitung bedingt. Man kann diesem Uebelstand abhelfen, wenn man einen Windkessel hinter dem Druckventil einschaltet oder die Druckleitung durch Wahl von grösserem Rohrdurchmesser entsprechend erweitert. Die Drucklinie $\overline{CD}$ geht alsdann in $\overline{C_1 D}$ über und die Kraftersparnis entspricht der schraffierten Fläche. So wurden in einem Falle 7 % Ersparnis durch Einbau eines Windkessels erzielt. Die R ü c k - e x p a n s i o n s l i n i e $\overline{DA}$ (Fig. 175) fällt gut ab. Ist keine Deckelkühlung vorhanden, so geht sie in $\overline{DA_1}$ über und bedingt einen geringeren volumetrischen Wirkungsgrad $\overline{A_1 B}$: v, wenn v dem ganzen Hubvolumen entspricht.

Liegt die Sauglinie unter der Atmosphäre und läuft dieser fast parallel (Fig. 176), so lässt dies auf inneren Widerstand in den Steuerungsorganen schliessen. Der volumetrische Wirkungsgrad $\dfrac{\overline{A^1 B^1}}{v}$ ist dann geringer, wie in dem Diagramm nach Fig. 175. Bei längerer Saugleitung ist eine gewisse Beschleunigungsarbeit der Luftsäule nötig, die sich bei freiem Durchgang in den Cylinder als ein Ansteigen der Sauglinie über die Atmosphäre zeigen kann (Fig. 178). Der volumetrische Wirkungsgrad ist dann gleich $(A B . p_1)$: v und kann unter Umständen prozentual grösser wie 100 werden. Es ist zu betonen, dass dies nicht ohne weiteres ein Gewinn ist, da immerhin zur Beschleunigung der Saugsäule Kraft nötig ist und diese Arbeit nur teilweise wieder gewonnen wird. So wurden in einem Falle bei langer Druckleitung 9,8 cbm Luft für ein indiziertes Dampfpferd bei 6 Atm. abs. Luftenddruck und 99 % volumetrischem Wirkungsgrad angesaugt, während ohne Druckleitung die Saugleistung 9,95 cbm bei 96,5 % Ansaugung betrug. Wird die Umdrehungszahl entsprechend geändert, so kann man eine Sauglinie $\overset{..}{A}B$ nach Fig. 177 erhalten. Bei dieser Sauglinie treten die Wellenschwingungen der Saugsäule ganz deutlich, ähnlich wie bei normalem Verlauf der Drucklinie, hervor.

Bei einigen Diagrammen zeigt sich im Punkt E (Fig. 179) eine Drucksteigerung in der Kompressionslinie, verursacht durch ein Zurückströmen der im schädlichen Raum verbleibenden Pressluft am Ende des Saughubs. Der Arbeitsverlust entspricht der schraffierten Fläche. Ein ähnlicher Arbeitsverlust tritt auch in den Diagrammen von Kompressoren mit Druckausgleich zu Tage, besonders bei grossem, schädlichem Raum. Bei der Untersuchung eines Köster-Kompressors ergab sich ein Diagramm nach Fig. 180. Als Ursache wurde ermittelt, dass der Sitz des Rückschlagventiles gesprungen war und sich das Ventil festgesetzt hatte. Gab nun der Schieber den Druckraum frei, so strömte die Pressluft in den Cylinder zurück und bewirkte dort den Gegendruck. Der Arbeitsverlust ist durch die schraffierte Fläche dargestellt. Ein Kompressor mit freigängigen Ventilen hätte in diesem Falle versagt; da jedoch der mit Schiebersteuerung versehene Kompressor immer noch die gleiche Luftmenge ansaugte und

die Luftsteuerung innerhalb Jahresfrist nicht nachgesehen worden war,
hatte man den Kompressor ruhig weiter laufen lassen. Dieses Beispiel
zeigt, wie notwendig ein öfteres Indizieren der Kompressoranlagen ist.

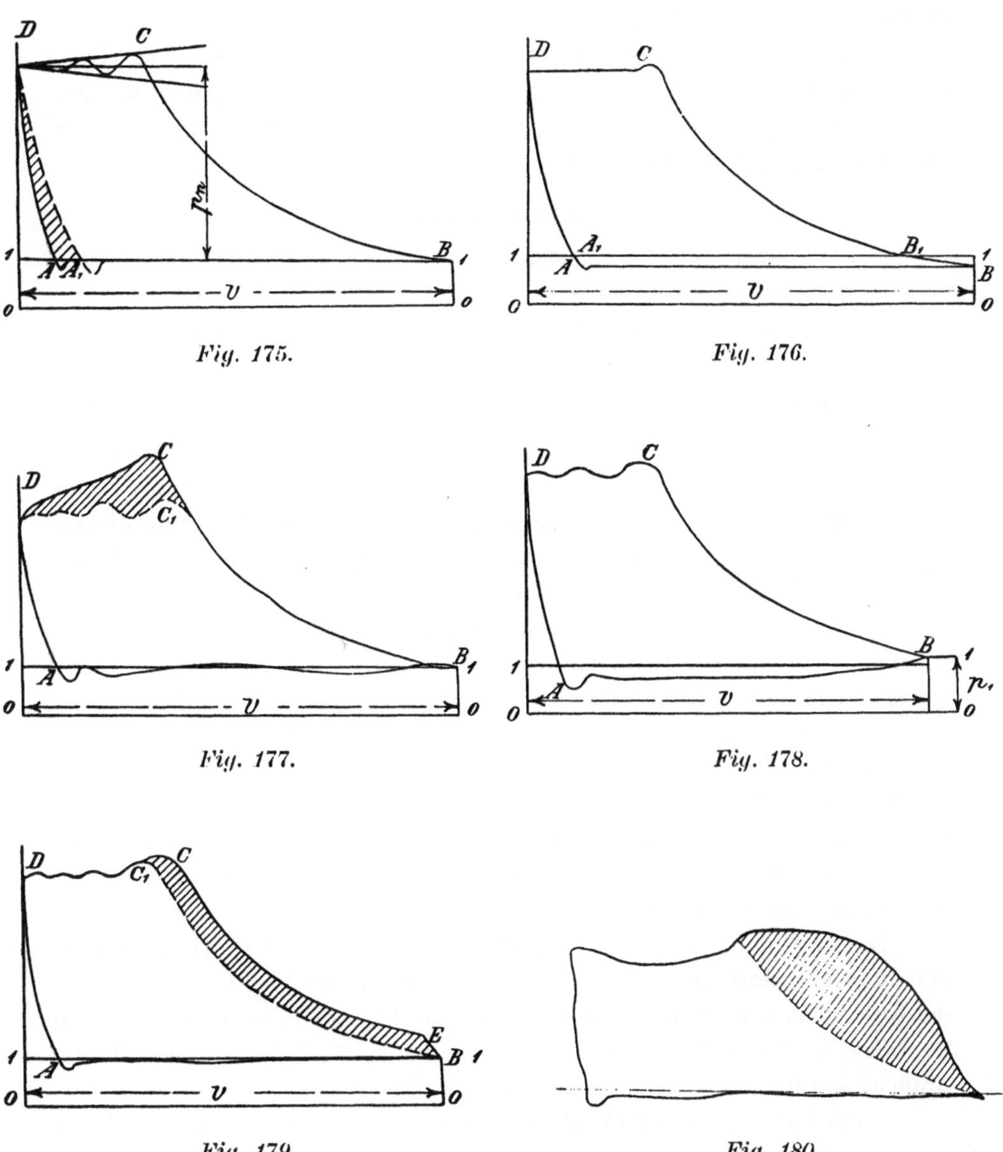

Fig. 175.

Fig. 176.

Fig. 177.

Fig. 178.

Fig. 179.

Fig. 180.

Durch die vorstehend gegebenen Beispiele dürfte dem Leser das Ver-
ständnis der später wiedergegebenen Versuchsergebnisse erleichtert
werden.

4. Kosten des Kompressorbetriebes.

Zur Vergleichung der Betriebskosten möge die Rechnung für eine
Saugleistung von 6000 cbm Luft in der Stunde bei einer Endpressung von
6 Atm. abs. durchgeführt werden, da jetzt Kompressoren dieser Grösse im
Grubenbetrieb sehr beliebt sind.

In den Anlagekosten treten bei den verschiedenen Arten von Kompressoren nur geringe Abweichungen auf, sodass sie gleich gesetzt werden
können, unter der Voraussetzung, dass auch für einstufige Kompression
nur e i n Aggregat gewählt wird.

a) Anlagekosten.

1. Kompressoranlage einschliesslich Montage   . 75 000 M.,
2. Rohrleitung und Sammler . . . . 15 000 »
3. Fundamente und Nebenkosten . . . . . . 12 000 »

Zusammen 102 000 M.

Wie bereits besprochen, erfordert 1 cbm angesaugte Luft für 6 Atm.
abs. Endpressung bei Antrieb eines e i n s t u f i g e n Kompressors durch eine
Eincylinder- oder eine Zwillingsmaschine 1,61 kg Dampf; 6000 cbm brauchen
mithin 9660 kg Dampf in der Stunde.   Zur Erzeugung dieser Dampfmenge
sind bei 20 kg stündlicher Verdampfung je Quadratmeter Heizfläche
6 Zweiflammrohrkessel*) von je 85 qm Heizfläche nötig.   Ein Kessel ist zur
Reserve anzusetzen, sodass insgesamt 595 qm Heizfläche anzulegen sind.
Hierzu ist bei einem Kostenaufwand von 150 M. für das Quadratmeter
Heizfläche einschliesslich Rohrleitungen und Mauerwerk ein Anlagekapital
von 89 250 M. aufzubringen.   Bei z w e i s t u f i g e m Kompressor mit
Zwillingsdampfmaschine braucht man für das Kubikmeter Luft 1,42 kg
Dampf, also für 6000 cbm 8520 kg.   Die Kesselanlage muss dann mit Re-
servekessel aus 6 Zweiflammrohrkesseln von je 90 qm Heizfläche = 540 qm
Gesamtheizfläche bestehen.   Die Kosten für die Kesselanlage betragen
mithin 540 . 150 = 81 000 M.

Die zweistufige Kompressoranlage mit A u s p u f f - V e r b u n d dampfmaschine erfordert 6000 × 0,91 = 5460 kg Dampf in der Stunde.   Die Grösse
der Kesselanlage ist daher zu 4 Zweiflammrohrkessel (ein Reservekessel ein-
begriffen) à 95 qm Heizfläche anzusetzen, wofür 380 × 150 = 57 000 M. gebraucht werden.

Unter Anwendung einer Verbundmaschine m i t K o n d e n s a t i o n stellt
sich der Dampfverbrauch auf 6000 . 0,77 = 4620 kg Dampf, welchen (einschliesslich Reserve) 4 Zweiflammrohrkessel von je 80 qm Heizfläche liefern
können, die 320 . 150 = 48 000 M. Anlagekapital erfordern.

---

*) Dieses Kesselsystem wurde gewählt, da es in dem hiesigen Bezirk am
meisten verbreitet ist

Die Gesamtanlagekosten betragen mithin:

a) für einstufige Kompression mit Zwillingsdampfmaschine
89 250 + 102 000 = ... 191 250 M.,

b) für Stufenkompressor mit Zwillingsdampfmaschine
81 000 + 102 000 = ... 183 000 M.,

c) für Stufenkompressor mit Auspuffverbundmaschine
57 000 + 102 000 = ... 159 000 M.,

d) für Stufenkompressor mit Kondensationsverbund-
maschine 48 000 + 102 000 . . . . 150 000 M.

b) Betriebskosten.

Für Fall »a« müssen zur Bedienung der Anlage bei Stochkesseln für eine 10stündige Tagesschicht 1 Maschinist mit 4 M. Tagelohn und zur Bedienung der 6 Kessel 3 Heizer mit je 3,50 M., sowie ein Hülfsarbeiter mit 3 M. Tagelohn vorhanden sein, woraus sich ein Tagelohn von 17,50 M. und bei 360 Betriebstagen ein Jahreslohn von 6300 M. berechnet.

Fall »b« bedingt einen Maschinisten und 3 Heizer für 5 Stochkessel, mithin Tageslohn 14,50 M., Jahreslohn 5220 M.

Für Fall »c« und »d« sind 1 Maschinist und 2 Heizer nötig. Der Tagelohn beträgt 11 M. und der Jahreslohn 3960 M.

Zur Berechnung der Dampfkosten soll die Tonne Kohlen mit 7 M. Selbstkosten angesetzt werden, sodass bei 7facher Verdampfung 1000 kg Stundendampf 1 M. kosten. Hieraus kann man bei 360 Betriebstagen von je 10 Stunden die Dampfkosten berechnen: für Fall »a« zu $\frac{9660}{1000} \cdot 1 \cdot 10 \cdot 360 = 34\,776$ M.; für Fall »b« zu $\frac{8520}{1000} \cdot 1 \cdot 10 \cdot 360 = 30\,672$ M., für Fall »c« zu $\frac{5460}{1000} \cdot 1 \cdot 10 \cdot 360 = 19\,656$ M. und für Fall »d« zu $\frac{4620}{1000} \cdot 1 \cdot 10 \cdot 360 = 16\,632$ M.

Die in der umstehenden Tabelle 23 mit aufgeführten Zahlen für die Schmierölkosten sind nach den Angaben verschiedener Zechen zusammengestellt.

Aus diesen Gesamtkosten für 6000 cbm Luft und 360 zehnstündige Betriebstage berechnen sich die Kosten für 1 cbm stündlich angesaugter Luft bei einem Enddruck der Pressluft von 6 Atm. abs.

a) für einstufige Kompressoren zu . . . . 0,33 Pf.,

b) für Stufenkompressoren mit Zwillingsdampfmaschinen 0,30 »

c) » » » Auspuff-Verbundmasch. 0,23 »

d) » » » Kondensations-Verbund-
maschinen . . . . 0,21 »

Zusammenstellung der jährlichen Betriebskosten in Mark.

Tabelle 23.

	a) Ein-stufen-Kompressor	Zweistufenkompressor		
		b) Zwil-lings-Dampf-maschine	c) Auspuff-Verbund-maschine	d) Konden-sations-Verbund-maschine
1. 15 % Amortisation und Verzinsung der Kosten für die Kompressoranlage (102 000 . 0,15)	15 300	15 300	15 300	15 300
2. 15 % Amortisation und Verzinsung des Anlagekapitals für die Kesselanlage . .	13 388	12 150	8 550	7 200
3. Dampfkosten	34 776	30 672	19 656	16 632
4. Kosten für Bedienung des Kompressors und der Kessel	6 300	5 220	3 960	3 960
5. Kosten für Oel, Putzwolle usw. . . .	2 100	2 000	1 900	1 900
Gesamtkosten . .	71 864	65 342	49 366	44 992

Fall d gewährt hiernach eine Ersparnis gegen Fall a von $\dfrac{33 - 21}{33}$ = 0,36 oder **36** %.

Die Kosten für eine Endpressung von 7 Atm. abs. werden naturgemäss entsprechend höher; man kann hier je Kubikmeter stündlich angesaugter Luft rechnen:

$$
\begin{aligned}
&\text{für Fall a} \ . \ . \ . \ . \ . \ \ 0{,}41 \text{ Pf.,} \\
&\quad »\quad» \ \ \text{b} \ . \ . \ . \ . \ . \ \ 0{,}37 \ » \\
&\quad »\quad» \ \ \text{c} \ . \ . \ . \ . \ . \ \ 0{,}30 \ » \\
&\quad »\quad» \ \ \text{d} \ . \ . \ . \ . \ . \ \ 0{,}27 \ »
\end{aligned}
$$

Versuche über die Kosten des elektrischen Betriebes von Kompressoren sind bisher noch nicht gemacht worden.

5. Vorbedingungen für den wirtschaftlichen Betrieb von Kompressoren.

Bei der Beschaffung einer Kompressoranlage werden gewisse Vorarbeiten von den Zechen selbst vorgenommen, deren unsachliche Ausführung die Wirtschaftlichkeit der Anlage in Frage stellen kann.

Der Ort, an welchem der Kompressor aufzustellen ist, muss möglichst kühl und staubfrei sein, damit die angesaugte Luft möglichst dicht in den Cylinder tritt und ein Verschleiss der Kolben und Cylinderwandungen durch die Staubteilchen vermieden wird. Unzweckmässig ist es daher, den Kompressor direkt aus dem Maschinenhaus oder der freien Luft nur durch ein einfaches Sieb ansaugen zu lassen; vielmehr wird jetzt fast stets ein Luftfilter eingeschaltet, um staubfreie Luft zu erhalten. Die Entnahmestelle der Luft muss auch möglichst trocken gewählt werden, da feuchte Luft die Cylinder mehr angreift. Die Luftleitungen selbst legt man möglichst an kühle Stellen und vermeidet dabei besonders die Nähe von Dampfleitungen. Die Saugleitung wählt man zur Verringerung der Saugwiderstände zweckmässiger Weise recht kurz, ohne Krümmungen, und so weit, dass eine Luftgeschwindigkeit von 15 m in der Sekunde nicht überschritten wird.

Bei Stufenkompressoren empfiehlt es sich, den Zwischenkühler, der in manchen Fällen von den Zechen selbst gestellt wird, möglichst gross

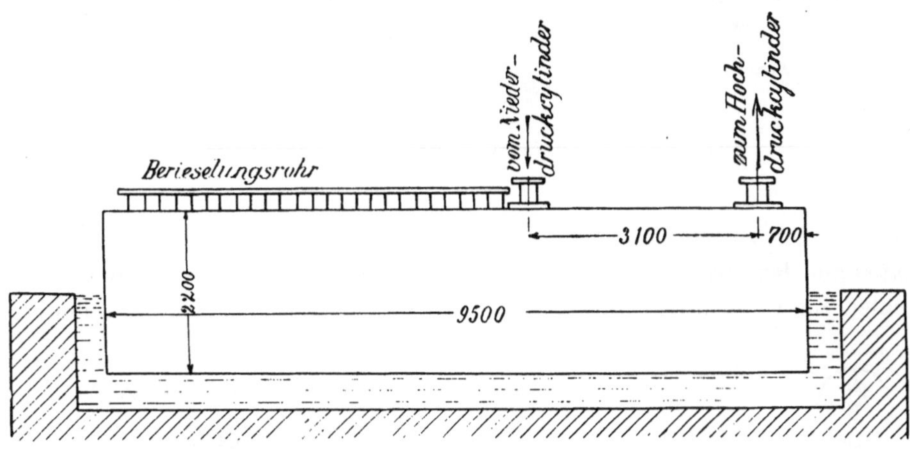

Fig. 181.

Unzweckmässiger Zwischenkühler.

zu wählen. Niedrige Temperatur der rückgekühlten Luft und geringe Zwischenkühlerwiderstände haben einen wesentlichen Einfluss auf den Kraftbedarf des Kompressors.

Wegen mangelhafter Zwischenkühlung in Folge unzweckmässiger Konstruktion des Zwischenkühlers wurde der mechanische Wirkungsgrad eines Kompressors um rund 3 % gegen normale Anlagen herabgedrückt. Der Zwischenkühler (Fig. 181) bestand aus einem alten Zweiflammrohrkessel, dessen Flammrohre entfernt waren. Bei einer Gesamtlänge von 9500 mm wurde die Luft 3800 mm von dem einen Ende eingeführt und trat 700 mm von demselben aus. Es wurde also nur ⅓ der Gesamtlänge des Kessels zur Kühlung wirklich ausgenutzt, mithin die übrigen zwei Drittel, welche auf die Kühlung der Luft gar keinen Einfluss hatten, umsonst berieselt. Eine zweckmässige Zwischenkühlerkonstruktion ist in Fig. 182 wiedergegeben.

Auch die Leitung von Niederdruckcylinder zum Zwischenkühler nimmt man gern möglichst kurz, weit und ohne viele Krümmungen. Bei

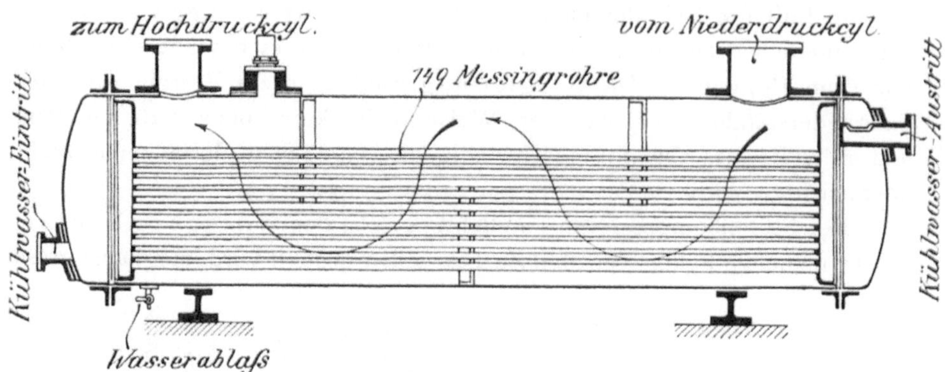

Fig. 182.

Zweckmässige Ausführung eines Zwischenkühlers.

einer nicht zu empfehlenden Ausführung (Fig. 183) war die Leitung 25 550 mm lang bei acht Krümmungen. Es war infolgedessen im Zwischenkühler ein Unterdruck von $1/_2$ Atm. gegenüber dem Niederdruckcylinder

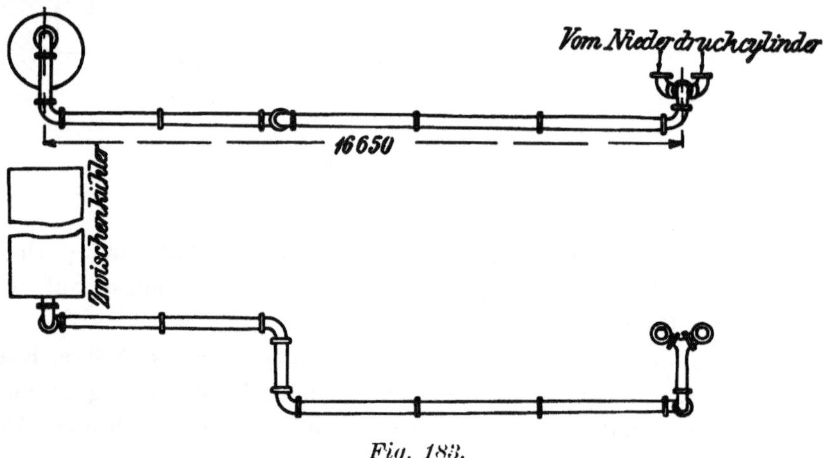

Fig. 183.

Unzweckmässige Ausführung einer Saugleitung.

vorhanden, so dass der mechanische Wirkungsgrad auf 84 % sank, während andere Anlagen dieses Systems meist 87—88 % hatten.

Bei der Druckleitung ist wieder die erste Anforderung: möglichst kurz und nicht zu eng. Man gehe keinesfalls über eine sekundliche Geschwindigkeit von 15 m hinaus.

Der Sammler für die Pressluft steht im Interesse einer kurzen Druckleitung möglichst nahe an dem Hochdruckluftcylinder.

Die Fundamente sollen wie bei allen Maschinen möglichst in Hartbrandziegelsteinen und verlängertem Cementmörtel ausgeführt werden.

Durch Beachtung vorstehender Gesichtspunkte kann die Zeche, wenn sie die Ausführung selbst übernehmen sollte, wesentlich zur Verbilligung des Kompressorbetriebes beitragen.

Eine weitere Vorarbeit betrifft das Aufstellen der Lieferungsbedingungen, worauf später eingegangen werden wird.

IV. Die Regulierung der Antriebsdampfmaschinen.

Die Kompressoren müssen, dem jeweiligen Bedarf entsprechend, meist mit stark wechselnden Umdrehungszahlen arbeiten. Die älteren Maschinen waren deshalb mit Vorrichtungen zum Verstellen der Füllung von Hand versehen, um die erforderlichen Umdrehungen und damit die Leistung regulieren zu können. Dies liess sich zwar bei den älteren Maschinen, die, wie bereits erwähnt, meist mit Meyer- oder Rider-Steuerung arbeiteten, leicht ausführen, war indessen den Maschinisten häufig zu unbequem. Sie regelten daher lieber mit dem Absperrventil durch Drosselung des Dampfes den Gang der Maschine. Dass bei einer derartigen Betriebsweise eine grosse Dampfvergeudung eintrat, ist wohl ohne weiteres zu verstehen. Bei Versuchen wurden oft Maschinen gefunden, deren Schieber 2—3 mm tief für eine bestimmte Füllung in die Laufflächen eingeschliffen waren, so dass überhaupt nur noch mit Drosselung durch das Absperrventil gefahren werden konnte.

Bei Kompressoren handelt es sich um eine Regulierung auf veränderliche Umdrehungszahl bei gleicher Belastung für eine Umdrehung. Die Belastung ist nämlich konstant, da der für jede Umdrehung zu überwindende Widerstand als nahezu gleich angesehen werden kann. Diesen Bedingungen entsprechen am besten die sogenannten Leistungsregulatoren, welche eine Veränderung der Umdrehungszahl in weitesten Grenzen zulassen. Sie werden deshalb auch bei neueren Kompressoranlagen immer angebracht.

Die älteste und vorbildliche Konstruktion ist die von Ingenieur Weiss, Basel (1890). Ausser diesem Regulator findet man noch die von Hartung und Stumpf.

Bei dem Regulator von Weiss (Fig. 184) ist ohne weiteres verständlich, dass durch die Verlängerung des Gestänges kleinere Füllung und damit Rückgang der Umdrehungszahl und eine geringere Leistung erzielt wird. Das Gestänge wirkt nämlich direkt auf die Steuerung zur Veränderung der Füllung. Da bei dem Weissschen Regulator ein Durchgehen der Maschine nicht ohne weiteres verhindert wird, hat man durch eine besondere Auslösevorrichtung (Fig. 185) diesem Missstand abgeholfen. In der Höchstlage der Regulatormuffe stösst nämlich ein Hebel gegen

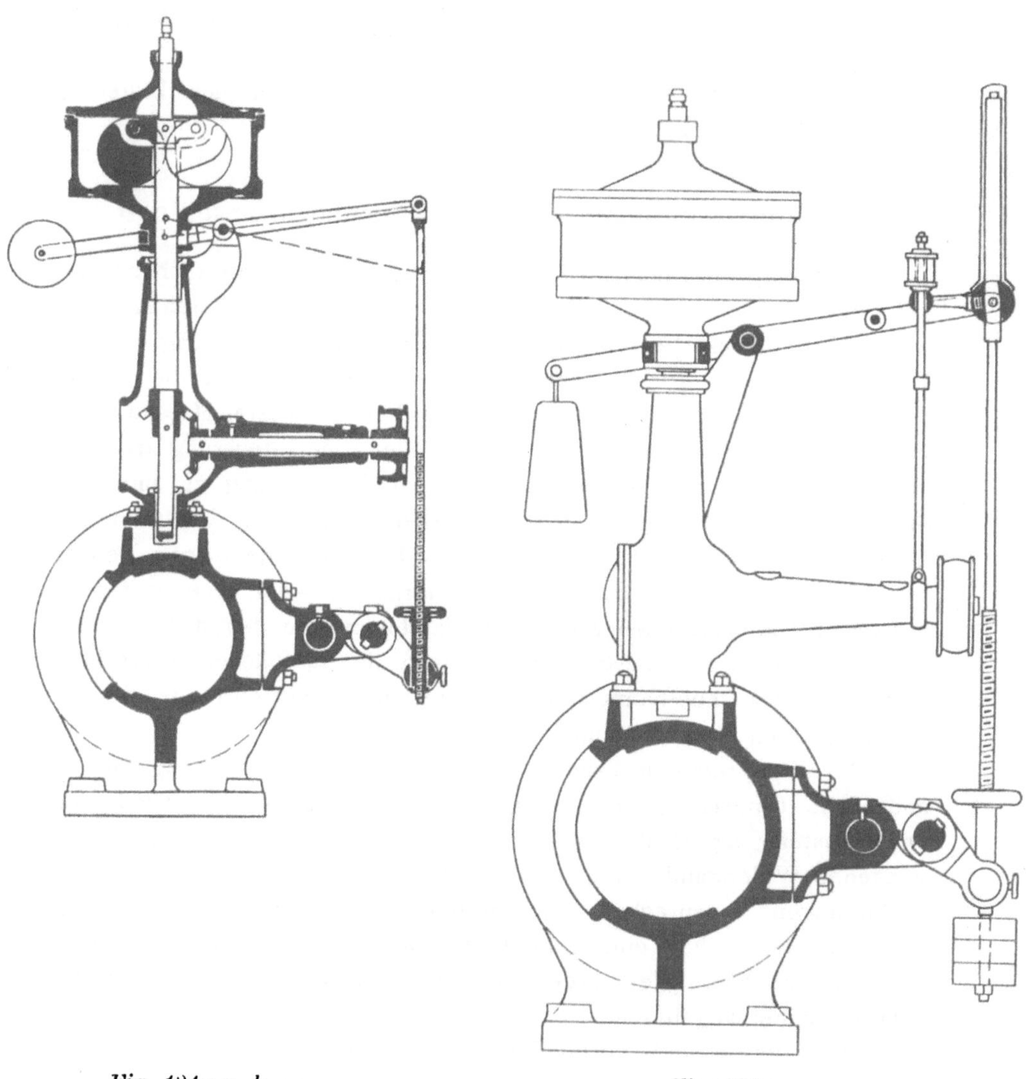

<table>
<tr><td align="center">Fig. 184a u. b.</td><td align="center">Fig. 185.</td></tr>
<tr><td align="center">Leistungsregler von Weiss.</td><td align="center">Weissscher Regulator mit Auslösevorrichtung.</td></tr>
</table>

einen Anschlag, wodurch die Regulatorstange freien Durchtritt nach unten bekommt und die Füllung der Maschine auf Null gestellt wird. Hierdurch wird der Dampf abgesperrt.

Bei dem Hartung-Regulator, gebaut von Herm. Hartung, Düsseldorf,
(Fig. 186) tritt bei höchster Umdrehungszahl der geringste und bei
niedrigster Umdrehungszahl der grösste Druck der Spannfeder f ein.

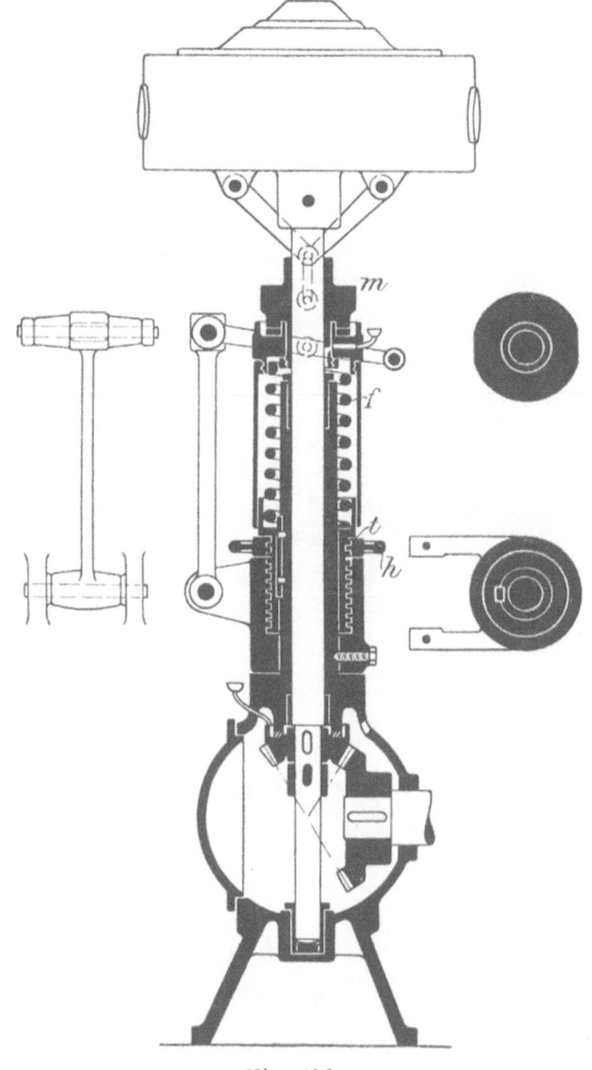

Fig. 186.

Regulator von Hartung.

Damit ist eine geringste Abnutzung der Reibungsflächen zwischen Gleit-
ring und Muffe m erzielt und einem Heisslaufen vorgebeugt. Die Aenderung
der Umdrehungszahl geschieht durch Anspannen der Feder f mittels des
auf- und abschraubbaren Federtellers t und des Handrades h. Beim

Durchgehen der Maschine stellt sich der Regulator selbstthätig auf Null-
stellung ein.

In ähnlicher Weise wirkt der Regulator von Professor Stumpf
(Fig. 187). Hat sich die Hülse bei Steigerung der Umdrehungszahl um

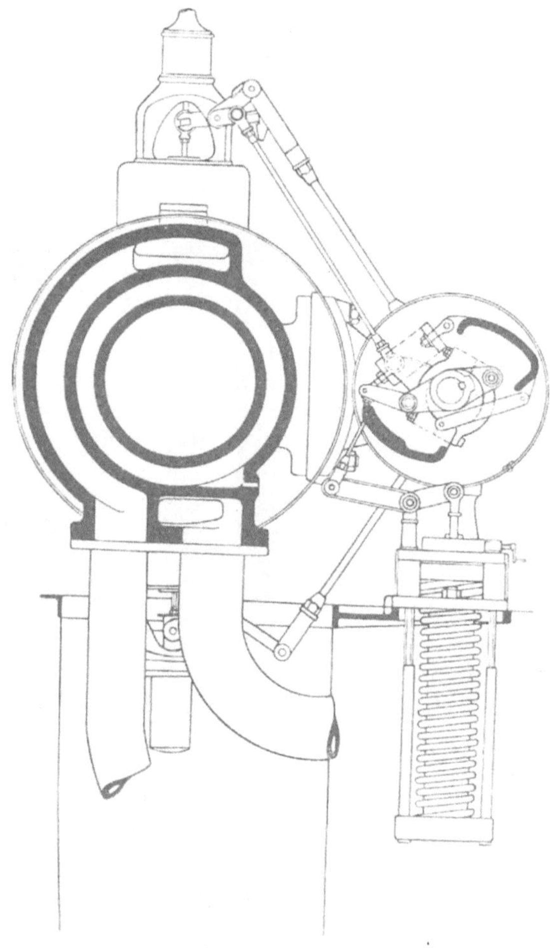

Fig. 187.

Regulator von Stumpf.

einen bestimmten Teil ihres Weges gehoben, so wirkt der Regulator
pseudoastatisch wie ein gewöhnlicher Tourenregulator. Beim Ueberschreiten der höchstzulässigen Umdrehungszahl geht dann die Hülse schnell
in ihre oberste Lage und stellt Nullfüllung her. Bei dem Hartung- und
Stumpf-Regulator wird mithin ein Durchgehen der Maschine auch ohne
besondere Ausrückvorrichtung verhindert.

Vereinzelt findet man bei älteren Kompressoren auch gewöhnliche Regulatoren, bei denen die Einstellung auf die verschiedenen Umdrehungszahlen mittelst eines Laufgewichts L erfolgt (Fig. 188). Zur Verstellung auf die verschiedenen Umdrehungszahlen in weiteren Grenzen sind dann indessen schwerere Konstruktionen zu wählen, die einen komplizierteren Antriebsmechanismus bedingen. Ausserdem hängt man mehr von dem Maschinisten ab, da eine Einregulierung auf eine andere Geschwindigkeit nur durch Verschiebung des Laufgewichtes besorgt werden kann.

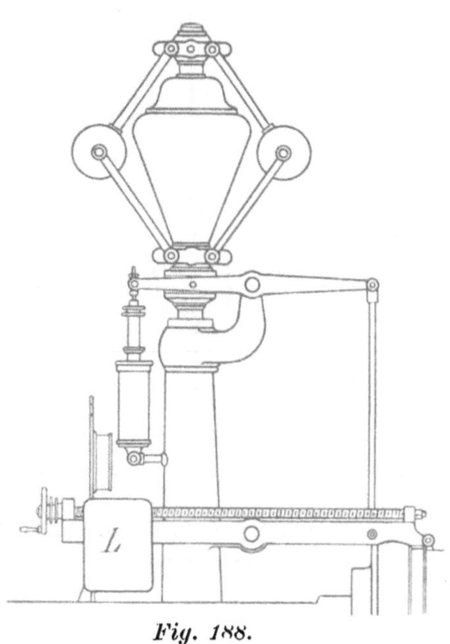

Fig. 188.

Regulator älterer Konstruktion.

Man hat auch versucht, mit Hülfe der Pressluft den Gang der Maschine zu beeinflussen. Lässt man in einem Lufttopf, der mit der Hochdruckluftleitung in Verbindung steht, sich einen Kolben luftdicht auf- und abbewegen, auf den von der anderen Seite eine einstellbare Feder als Gegendruck wirkt, so kann durch eine einfache Gestängeübertragung zum Regulator eine Beeinflussung des Ganges der Maschine entsprechend dem gewünschten Luftdruck erfolgen. Diese automatischen Vorrichtungen scheinen sich indessen nicht so sehr in der Praxis bewährt zu haben, da man sie in einer Reihe von Fällen ausser Thätigkeit gesetzt und sich mit der Regulierung durch den Regulator allein begnügt hat.

Bei Zwillingsdampfmaschinen wird oft jede Maschinenseite mit je einem Regulator versehen. Es empfiehlt sich jedoch mehr, die Regulierung nur durch einen einzigen Regulator bewerkstelligen zu lassen, der durch einfache Hebelübersetzung die Füllungen beider Maschinenseiten gleichmässig einstellt.

V. Bauart der Kompressorenanlagen.

In Fig. 189—194 ist eine schematische Darstellung der verschiedenen Kompressortypen mit Dampfantrieb gegeben. Die Skizzen sind wohl ohne weitere Erklärung verständlich. Als besondere Neuerungen sind die Kompressoren nach Fig. 193 u. 194 zu erwähnen, bei welchen die Luftcylinder vorne angeordnet sind. Man verfolgt hierbei denselben Zweck, den man

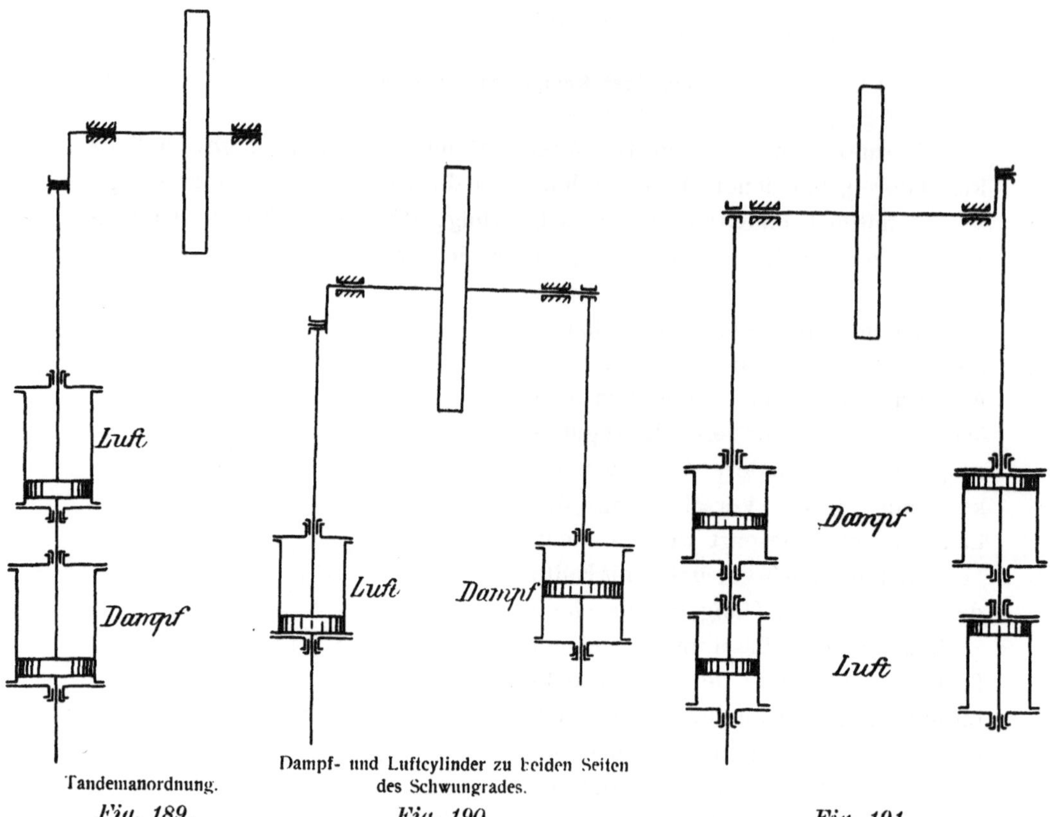

Tandemanordnung.

Fig. 189.

Dampf- und Luftcylinder zu beiden Seiten
des Schwungrades.

Fig. 190.

Fig. 191.

Eincylinder-Kompressoren mit Eincylinder-Dampfmaschinen.

Zwillingskompressor mit Zwillingsdampfmaschine.

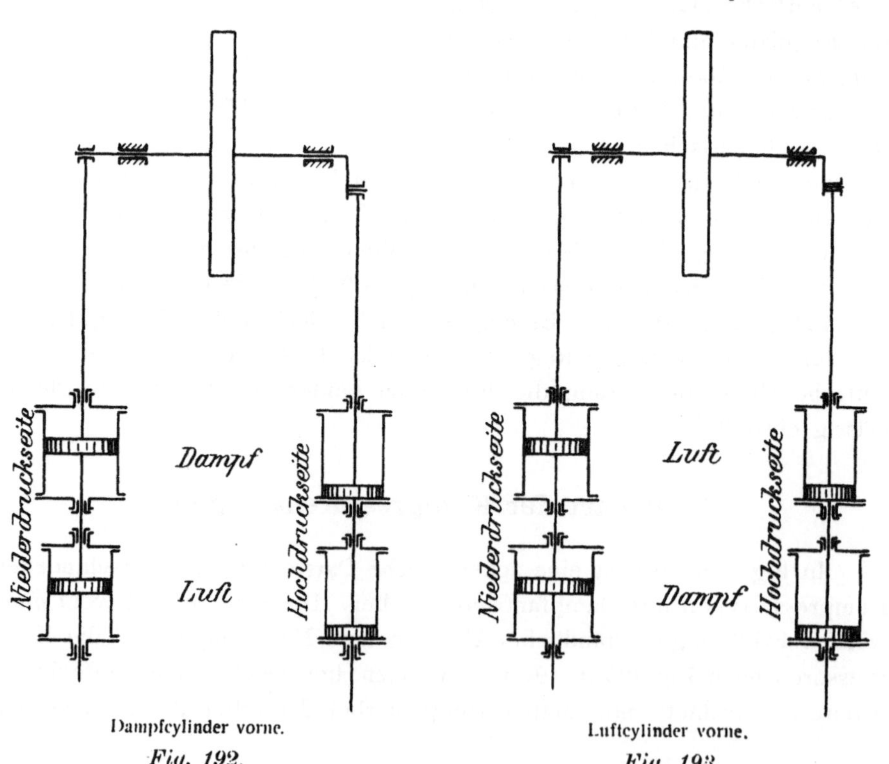

Dampfcylinder vorne.

Fig. 192.

Luftcylinder vorne.

Fig. 193.

Stufenkompressoren mit Verbunddampfmaschinen.

bei Tandemverbunddampfmaschinen dadurch zu erreichen sucht, dass man den Niederdruckcylinder nach vorne legt. Es soll nämlich eine schädliche Einwirkung der Hochdruckcylinder auf den Rahmen und die Lager vermieden werden. Dieser Zweck wird bei einer Kompressoranlage noch besser erreicht, da wegen der Kühlung der Luftcylinder die Temperatur derselben und ihrer Umgebung nur wenig verschieden ist. Die erste der-

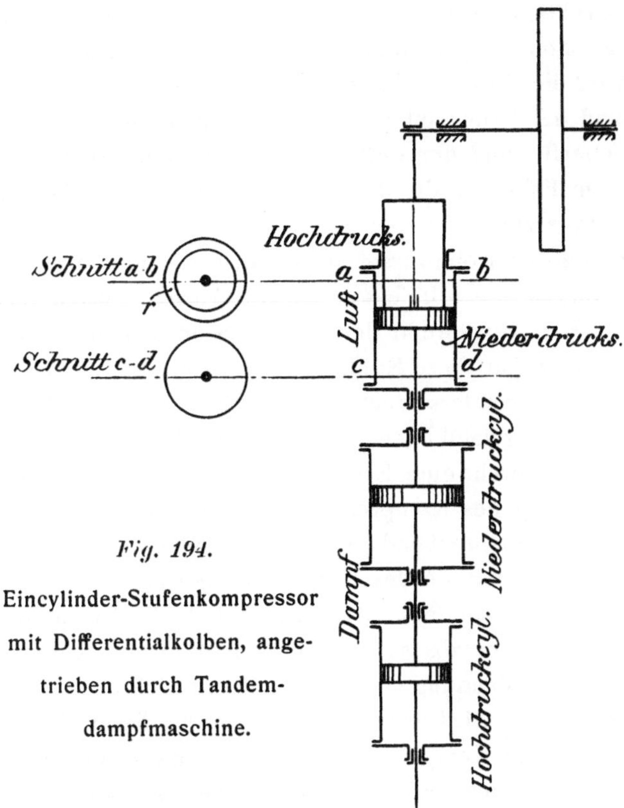

Fig. 194.

Eincylinder-Stufenkompressor mit Differentialkolben, angetrieben durch Tandemdampfmaschine.

artige Anlage nach Fig. 194 war im Jahre 1902 auf der Gewerbe- und Industrieausstellung zu Düsseldorf von der Firma Pokorny & Wittekind in Frankfurt a/M. ausgestellt.

Fig. 194 zeigt ausserdem eine beachtenswerte Konstruktion insofern, als hier Hoch- und Niederdruckseite eines Kompressors in einem Cylinder vereinigt sind. Der Kolben ist als Differentialkolben ausgebildet, so dass der Hochdruckkolben einen kreisringförmigen Querschnitt besitzt. Diese Anordnung ist überall da am Platze, wo man möglichst an Raum sparen will.

Bei den neueren Kompressoren vergrössert man meist die Saug- und Druckräume bedeutend. Zuweilen schaltet man sogar vor dem Eintritt bezw. nach dem Austritt besondere Windkessel ein. Es wird hierdurch zunächst für die Saugperiode der Widerstand geringer, da die Arbeit für die Beschleunigung der Luftmasse nicht so gross ausfällt. Beim Herausdrücken der Pressluft kommt nach dem Ausstossen auf jeder Kolbenseite die Luftmenge in der Leitung zur Ruhe und muss jedesmal wieder beschleunigt werden. Die hierdurch erforderliche Mehrarbeit zeigt sich deutlich in den Diagrammen durch starkes Sinken der Fortdrucklinie. Dieser Missstand tritt besonders bei langer und enger Druckleitung hervor. Durch die obenerwähnte Konstruktion oder durch den Einbau von besonderen Windkesseln wird dieser Nachteil herabgemindert. Nach dem Ausstossen auf jeder Kolbenseite wird die Geschwindigkeit infolge des erweiterten Querschnittes verlangsamt und der Druck pflanzt sich allmählich nach dem Sammler fort, so dass die Ueberführung der Luft ohne bedeutende Arbeitsleistung stattfindet. In einem Falle wurde durch Einbau eines Windkessels eine Ersparnis von 6,7 % erzielt.

Bei den meisten Kompressoren ist Mantel- und Deckelkühlung der Cylinder vorgesehen. Indessen ist die Ansicht falsch, dass dies zur Abführung der Wärme während der Kompression geschehe. Bei langsam laufenden Maschinen hat diese Kühlung ja wohl etwas Einfluss, der Hauptzweck jedoch ist, besonders auch bei schneller laufenden Kompressoren, der, dass die Cylinderwandungen möglichst kühl gehalten werden sollen. Zunächst wird hierdurch eine Erwärmung der Luft beim Ansaugen vermieden. Die Leistung des Kompressors wird dem grösseren Gewicht der kälteren Luftmenge entsprechend vergrössert und zwar um so viel als die absolute Temperatur zu Ende des Saughubs niedriger ist im Verhältnis zu der des ungekühlten Cylinders. Ausserdem fällt die Rückexpansionslinie bei Deckelkühlung steiler ab, so dass der nutzbare Hub vergrössert wird. Dadurch, dass die Wandungen und Kolben nicht so hohen Temperaturen ausgesetzt sind, wird ferner die Schmierung dieser Teile erleichtert.

Die Rahmen der Kompressoranlagen sind meist als Bajonettrahmen ausgeführt, wodurch auch die Anordnung einer Stirnkurbel geboten ist. Neuerdings hat man mit Erfolg auch gegabelte Rahmen und gekröpfte Wellen angewandt, da hierdurch die auftretenden Kräfte und die Reibungsarbeit besser als beim Bajonettrahmen aufgenommen werden.

Die älteren Antriebsdampfmaschinen sind fast immer mit von Hand verstellbarer Schiebersteuerung (Rider- oder Meyer-Steuerung) ausgerüstet. Bei modernen Anlagen kommt jetzt nur noch Ventilsteuerung für den Hochdruckcylinder in Frage, wobei die Steuerung vom Regulator beeinflusst wird und gleichzeitig auch von Hand einstellbar ist. Der Niederdruckcylinder arbeitet meist mit fester Expansion. Ventilsteuerungen sind hierbei am meisten vertreten, doch findet man auch Hahn- oder Schiebersteuerungen. Auf die Ausführung selbst wird bei der Besprechung der einzelnen Anlagen noch näher eingegangen werden.

VI. Die Kompressorsteuerungen.

An dieser Stelle sei zunächst die Frage erörtert, welchen Anforderungen eine gute Kompressorsteuerung genügen muss.

Von grösster Wichtigkeit ist, dass die Luftsteuerung möglichst betriebssicher ist, d. h. einen präcisen und dichten Abschluss der einzelnen Perioden gewährleistet und zu möglichst wenig Reparaturen Veranlassung bietet.

Der Widerstand beim Ansaugen, wie beim Fortdrücken der Luft soll recht gering und dabei ein hoher volumetrischer Wirkungsgrad möglich sein. Durch grosse Saugwiderstände in der Steuerung oder durch Drosselung der Luft beim Eintritt wird nämlich der volumetrische Wirkungsgrad ungünstig beeinflusst. Ferner muss die Steuerung sich den wechselnden Betriebsverhältnissen anpassen können, dadurch dass sie ein Aendern der Umdrehungszahl in weitesten Grenzen zulässt, ohne erst für jede Geschwindigkeit besonders eingestellt werden zu müssen. Die Abnutzung der einzelnen Teile muss gering sein, damit die Lebensdauer der Steuerung möglichst gross ist. Das Geräusch beim Betrieb muss minimal sein. Die eintretende Luft soll endlich beim Ansaugen nicht erwärmt werden, ein Missstand, der besonders bei geringem Durchgangsquerschnitt leicht auftritt.

Dem Prinzip nach teilt man die Kompressoren ein in solche mit **freigängigen Ventilen**, und in solche mit **zwangsweise beeinflussten Steuerungsorganen**.

Nach den Gummiringventilen der Nasskompressoren traten zunächst als **freigängige Ventile** die **Luftkataraktventile** in Erscheinung. Das Wesen dieser Ventile besteht darin, dass sie mit einem Luftpuffer versehen sind, der kurz vor Ende des Oeffnens oder Schliessens den Hub des Ventiles verlangsamt und so einen sanften Schluss herbeiführt. Diese Ventile leiden vor allem an dem Missstande, dass die Oeffnung und der Schluss zu langsam erfolgen und ausserdem leicht ein Festsetzen des Ventils oder des Pufferkolbens eintritt. Sie erfordern aus diesem Grunde eine sehr sorgfältige Wartung. Bei höheren Umdrehungszahlen wird ausserdem infolge des langsamen Ventilschlusses der volumetrische Wirkungsgrad gering. Diese Ventile werden deshalb fast garnicht mehr gebaut. Besser wirken die Ventile mit **Oelkatarakten**, welche durch das **Collmann-Ventil** vertreten sind.

Die Firmen, welche freigängige Ventile bauen, bevorzugen jetzt fast sämtlich leichte Konstruktionen, wie dünne Metallplatten oder -Ringe, um den Ventilwiderstand möglichst klein zu halten.

Bei den **zwangsweisen Steuerungen** sind zunächst diejenigen zu nennen, bei denen als Steuerungsorgan Ventile benutzt werden, deren Schlussbewegung gesteuert wird.

Den Flachschieber als Steuerungsmittel benutzte zunächst Weiss-Basel, wobei ein besonderes Rückschlagventil auf dem Schieber die Druckperiode mit steuerte. Die Steuerung durch Schieber erfolgt auch mittels Dreh- oder Rundschieber, sowie Kolbenschieber. In jedem Falle erfolgt jedoch die Regelung der Druckperiode unter Mitwirkung besonderer, meist freigängiger Ventile. Auf die Einzelheiten der Steuerungen wird bei der Beschreibung der einzelnen Anlagen noch näher eingegangen; hier soll nur eine Uebersicht der verschiedenen Steuerungsarten und der Erbauer gegeben werden.

Allgemeine Uebersicht der Systeme und Erbauer.

I. Kompressoren mit freigängigen Ventilen:

a) mit Gummiringventilen (nur bei Nasskompressoren angewandt):
1. Maschinenbauanstalt Humboldt, Kalk,
2. Dinglersche Maschinenfabrik, Zweibrücken;

b) mit Luftkataraktventilen:
1. G. A. Schütz, Wurzen,
2. R. Meyer, Mülheim-Ruhr,
3. Maschinenbauanstalt Humboldt, Kalk,
4. Friedrich-Wilhelmshütte, Mülheim-Ruhr,
5. Menk & Hambrock, Altona;

c) mit Oelkataraktventilen;
Schüchtermann & Kremer, Dortmund;

d) mit leichten Metallplatten oder Ringventilen:
1. Rud. Meyer, Mülheim-Ruhr,
2. Thyssen & Cie., Mülheim-Ruhr,
3. Gutehoffnungshütte, Sterkrade-Oberhausen,
4. Maschinenbau A.-G. Union, Essen,
5. Gebr. Meer, M. Gladbach,
6. Hohenzollern A.-G., Düsseldorf,
7. A. Borsig, Berlin;

e) mit Metallklappen (System Gutermuth):
Maschinenbauanstalt Humboldt, Kalk;

II. Kompressoren mit zwangsweiser Luftsteuerung:

a) mit zwangsweiser Ventilsteuerung (System Riedler):
Schüchtermann & Kremer, Dortmund;
b) mit Drehschiebersteuerung:
1. G. A. Schütz, Wurzen,
2. A. Borsig, Berlin,
3. Th. Calow & Co., Bielefeld;

c) mit Flachschiebersteuerung (System Weiss):
 1. Burckhardt A.-G., Basel,
 2. Duisburger Maschinenfabrik vorm. Bechem & Keetmann, Duisburg;
d) mit Kolbenschiebersteuerung:
 1. Thyssen & Cie, Mülheim-Ruhr,
 2. Neuman & Esser, Aachen,
 3. Pokorny & Wittekind, Frankfurt-Main.

VII. Im Ruhrbezirk ausgeführte Anlagen und Versuchsergebnisse.*)

1. Nasskompressoren.

Die Nasskompressoren sollen nur kurz besprochen werden, da sie im hiesigen Revier kaum noch im Betrieb angetroffen werden und mithin nur historisches Interesse bieten. Die Gründe für ihr Verschwinden sind oben bereits angegeben.

Gebaut waren diese Anlagen meist von der Maschinenbauanstalt Humboldt, Kalk und der Dinglerschen Maschinenfabrik, Zweibrücken. Von letzterer befand sich bis Mitte 1904 noch eine grössere Anlage auf Zeche Shamrock I/II in Betrieb, welche nunmehr ganz umgebaut ist.

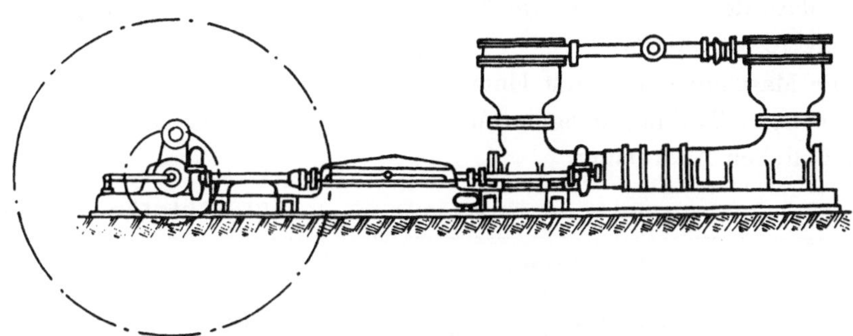

Fig. 195.

Nasskompressor von Dingler.

Die Bauart dieser Kompressoren zeigt Fig. 195. Bei allen Kompressoren dieses Systems ist der Querschnitt nach oben zu erweitert, um einen möglichst ruhigen Wasserspiegel zu erhalten. Eine kleine Druck-

---

*) Sämtliche Versuchsergebnisse sind, wenn nicht anders vermerkt, den Veröffentlichungen des Dampfkessel-Ueberwachungs-Vereins der Zechen im Oberbergamtsbezirk Dortmund zu Essen-Ruhr in der Zeitschrift »Glückauf« oder im Jahresbericht des Geschäftsjahres 1902/1903 entnommen.

pumpe besorgt die Erneuerung des Wassers. Die Saug- und Druckventile sind in dem erweiterten Teile konzentrisch angeordnet und bestehen aus geschlossenen Gummiringen, die sich im Betriebe gut bewährt haben. Die Dampfmaschine, welche meist auf der anderen Seite der Achse lag, war mit von der Hand verstellbarer Meyer-Steuerung ausgerüstet.

Bei den Versuchen an Anlagen der Dinglerschen Maschinenfabrik zeigte es sich, dass der volumetrische Wirkungsgrad mit steigender Umdrehungszahl bedeutend abnahm. Um einen Einblick in diese Erscheinung zu bekommen, wurde eine Anlage von 20 minutlichen Umdrehungen an untersucht und bei jeder neuen Versuchsperiode die Umdrehungszahl um etwa 5 erhöht (No. 3 in der nachstehenden Tabelle). Trägt man in ein rechtwinkliches Koordinatensystem die aus diesem Versuche ermittelten Wirkungsgrade als Ordinaten und die minutlichen Umdrehungen als Abszissen ein, so erhält man die in Fig. 196 dargestellte Kurve, aus deren regelmässigem Verlauf man auch auf die Wirkungsgrade für die dazwischen liegenden minutlichen Umdrehungen schliessen kann. Natürlich ergeben sich bei den einzelnen Anlagen Abweichungen, die von den Betriebsverhältnissen abhängen.

In ähnlicher Weise nimmt auch der mechanische Wirkungsgrad ab.

Die Betriebssicherheit lässt auch viel zu wünschen übrig, da bei höherer Umdrehungszahl ein präziser und sicherer Schluss der Ventile nicht zu erreichen ist. Dies wird am besten durch die Thatsache bewiesen, dass der Kompressor No. 3 bei 30 minutlichen Umdrehungen mehr Luft lieferte als bei 45.

Die Maschinenbauanstalt Humboldt baute ausser der erwähnten Anordnung noch Zwillingsanlagen mit zwei Luft- und zwei Dampfcylindern in der üblichen Anordnuug.

Versuchsergebnisse von

| No. | Kompressor Abmessungen | | | | | Dampf- Ab- | | |
	Cylinder-Durchmesser mm	Kolbst.-Durchmesser Kurbel mm	Deckel mm	Hub mm	Leistung PS	Cylinder-Durchmesser mm	Kolbst.-Durchmesser Kurbel mm	Deckel mm
1	540	85	—	1 100	77,1 78,0	550	85	60
2	540	85	—	1 100	69,0	550	85	60
3	540	85	—	1 100	44,7 58,34 71,19 73,69 80,78 70,98	557 — — — — —	85 — — — — —	60 — — — — —

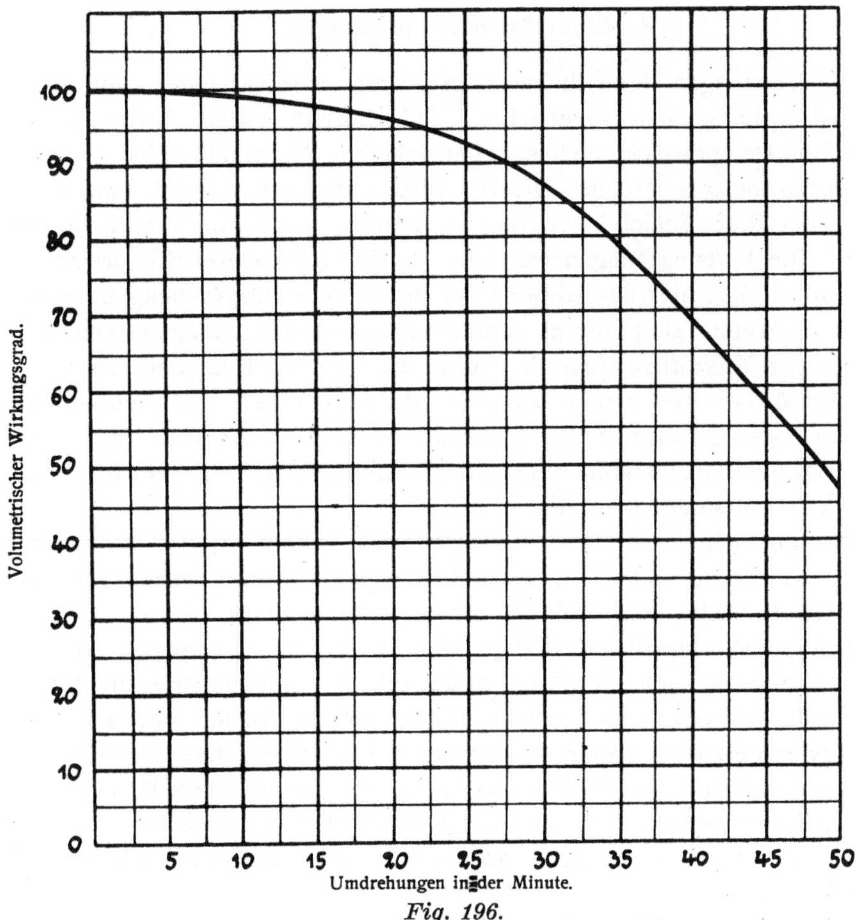

Fig. 196.

Wirkungsgrad von Nasskompressoren bei zunehmender Tourenzahl.

Nasskompressoren.   Tabelle 24.

| maschine messungen | | Umdreh-ungen in der Minute | Mecha-nischer Wirk.-grad % | Volume-trischer Wirk.-grad % | Druck der Pressluft Atm. abs. | Stündliche Luftmenge | | | Kessel-spannung Atm. Ueberdruck |
| | | | | | | insgesamt cbm | für das indicierte | | |
Hub mm	Leistung PS						Dampf-pferd cbm	Kompress.-pferd cbm	
1 100	95,4	34	80,7	82	5,4	823,3	8,6	10,7	7,2
	102,31	38	76,4	76	5,4	854,6	8,4	10,96	6,2
1 100	84,4	34,7	82	73,2	5,9	752	8,9	10,9	6,3
1 100	51,74	19,7	86,5	96,2	5,3	567,07	10,96	12,66	6,4
—	67,06	24,6	87,0	92,3	5,3	679,4	10,13	11,65	6,1
—	81,71	30,7	87,12	87,8	5,6	806,54	9,87	11,33	6,1
—	88,77	34,6	83,01	77,8	5,6	803,14	9,05	10,90	6,1
—	96,61	40,1	83,61	68,9	5,6	826,72	8,55	10,23	6,3
—	89,23	45,0	79,5	58,2	5,6	783,66	8,78	11,04	6,4

2. Eincylinderkompressoren.

Die einstufigen Eincylinderkompressoren werden meist von Eincylinderdampfmaschinen angetrieben. Wie bereits erwähnt, liegen Kompressor und Dampfmaschine meist nebeneinander. Mehrfach ist jedoch auch Tandemanordnung vertreten. Die Dampfmaschinensteuerungen sind meist Meyer- oder Rider-Schiebersteuerungen, welche von Hand verstellt werden können. Die Luftsteuerungen weichen von denen grösserer Kompressoren kaum ab, so dass hier der Hinweis auf die spätere Besprechung genügen möge. Vertreten sind diese Kompressoren durch Anlagen von der Duisburger Maschinenfabrik, vorm. Bechem & Keetmann zu Duisburg, der Maschinenfabrik Burckhard A.-G., Basel, (mit Weissscher Schiebersteuerung), der Firma Neuman & Esser, Aachen (mit entlasteter Kolbenschiebersteuerung), der Firma Menck & Hambrock-Altona (mit Luftkataraktventilen) u. a. m.

Die einstufigen Eincylinderkompressoren finden wegen ihrer geringen Wirtschaftlichkeit hauptsächlich nur für vorübergehende Zwecke z. B. zum Betriebe von Bohrmaschinen, Verwendung, zumal da sich die ganze Anlage ziemlich gedrängt bauen lässt. Spielt dagegen bei Beschaffung eines Kompressors für dauernden Grubenbetrieb die Platzfrage und Billigkeit eine grosse Rolle, so ist immer der bei den Verbundkompressoren näher zu besprechende zweistufige Eincylinderkompressor mit Differentialkolben am Platze, der bei gleichem Raumbedarf eine bedeutend grössere Leistungsfähigkeit und Oekonomie aufweist. Der einstufige Eincylinderkompressor wird daher bald aus dem Zechenbetriebe verschwinden.

In Tabelle 25 sind die Ergebnisse von Versuchen mit einigen der-

Versuchsergebnise von Eincylinder-Kompressoren

No.	Lieferant	Kompressor Abmessungen					Dampf-Ab-		
		Cylind.-Drchm. mm	Kolbst.-Drchm. Kurbel mm	Kolbst.-Drchm. Deckel mm	Hub mm	Leist. PS	Cylind.-Drchm. mm	Kolbst.-Drchm. Kurbel mm	Kolbst.-Drchm. Deckel mm
1	Burckhard A.-G., Basel . .	400	55	—	450	49,52 64,77	450	55	—
2	Neuman & Esser, Aachen .	550	85	85	800	136,85	650	85	85
3	Bechem & Keetmann, Duisburg	510	80	70	700	114,53 134,79	580	80	70
4	Menck & Hambrock, Altona	650	100	100	1 000	141,27	650	100	100

artigen Kompressoren zusammengestellt. Es sei erwähnt, dass die Arbeitsweise des Kompressors No. 2 von Neuman & Esser durch schlechte Kühlung und den Umstand, dass sich das Fundament des linken Hauptlagers gesenkt hatte, ungünstig beeinflusst war.

3. Zwillingskompressoren.

Die noch bis in die neueste Zeit im Ruhrbezirk aufgestellten Zwillingskompressoren werden immer von Zwillingsdampfmaschinen angetrieben. Sie haben aus dem Grunde noch viele Anhänger, weil man bei etwaigen Beschädigungen einer Seite mit der anderen allein den Betrieb aufrecht erhalten kann. Dieser Grund dürfte jedoch im allgemeinen nicht stichhaltig sein, da bei einem grösseren Schaden doch meist die ganze Anlage stillliegen muss, während geringe Schäden, wenn genügend Reserveteile vorhanden sind, meist in kurzer Zeit ausgebessert werden können. Der Vorteil, dass man die Reserveteile nur einmal zu beschaffen braucht, fällt nicht sehr ins Gewicht, da sich die doppelten Reserveteile des Stufenkompressors bald in Folge der Dampfersparnis bezahlt machen. Als Hauptnachteile stehen diesen angeblichen Vorteilen der grössere Kraftbedarf, der geringere volumetrische Wirkungsgrad und die starke Erwärmung der Luft bei trockenen Kompressoren, bei halbnassen dagegen die bereits besprochenen Nachteile der Einspritzkühlung entgegen. Die Maschinen sind alle bis auf die von der Duisburger Maschinenfabrik vorm. Bechem & Keetmann und der A.-G. Burckhardt, Basel, welche Weiss'sche Schiebersteuerung haben, mit Luftkataraktventilen ausgerüstet. (Erbauer: G. A. Schütz, Wurzen, R. Meyer, Mülheim-Ruhr und Friedrich-Wilhelmshütte, Mülheim-Ruhr.) Als allgemeiner Typ ist

mit Eincylinder-Dampfmaschinen. Tabelle 25.

maschine messungen		Umdrehungen in der Minute	Mechanischer Wirkungsgrad	Volumetrischer Wirkungsgrad	Druck der Pressluft:	Stündliche Luftmenge			Kesselspannung
						insgesamt	für das indicierte		
Hub mm	Leistung PS		grad %	grad %	Atm. abs.	cbm	Dampf-pferd cbm	Kompress.-pferd cbm	Atm. Ueberdruck
450	55,13	85,0	89,8	93,2	5,1	530,4	9,62	10,71	5,2
	71,40	103,5	90,7	92,9	5,4	694,57	9,73	10,72	5,1
800	152,1	66	90	88,6	6,5	1350	8,88	9,89	4,3
700	131,58	65	87,3	94,6	6,3	1055,3	8,02	9,21	4,7
	158,01	79	85,3	94,5	6,2	1281,3	8,11	9,51	4,7
1 000	165,40	44,7	85,4	88,2	5,6	1532,86	8,68	10,80	7,5

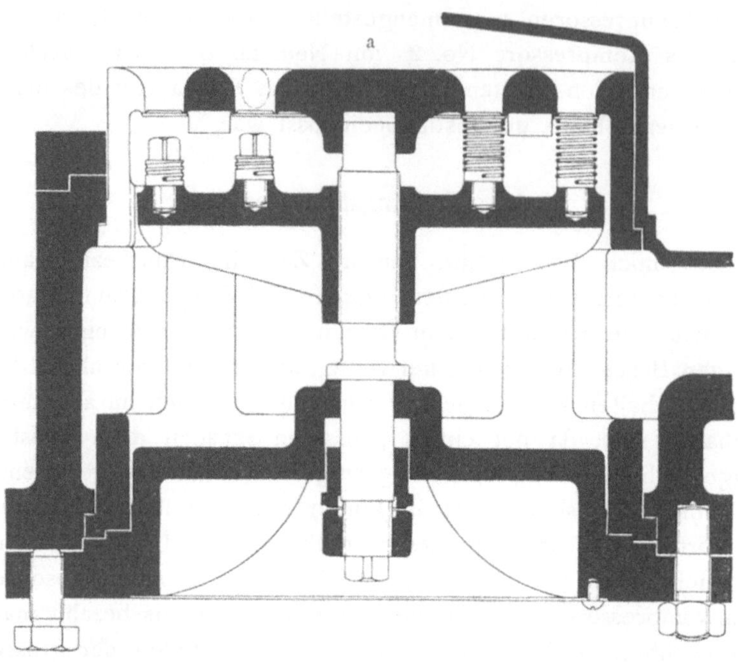

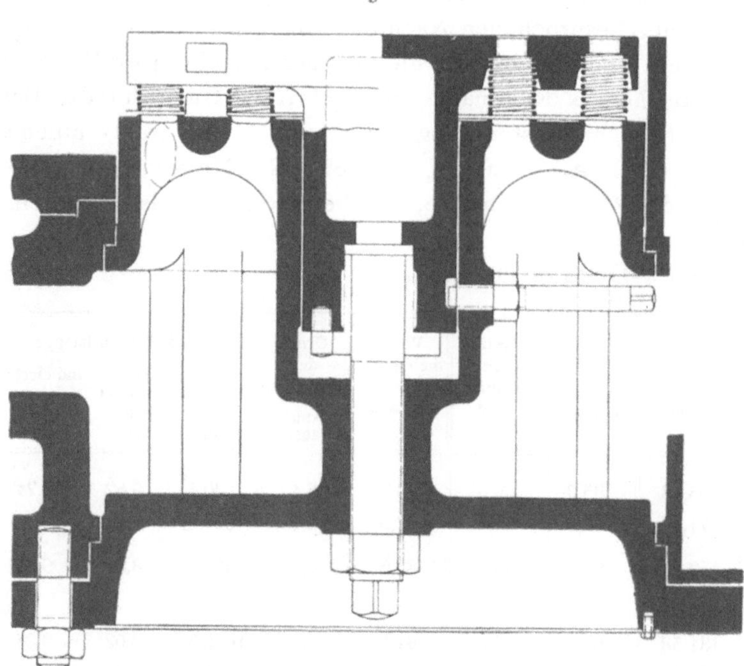

Fig. 197 a u. b.

Ringventile der Gutehoffnungshütte.

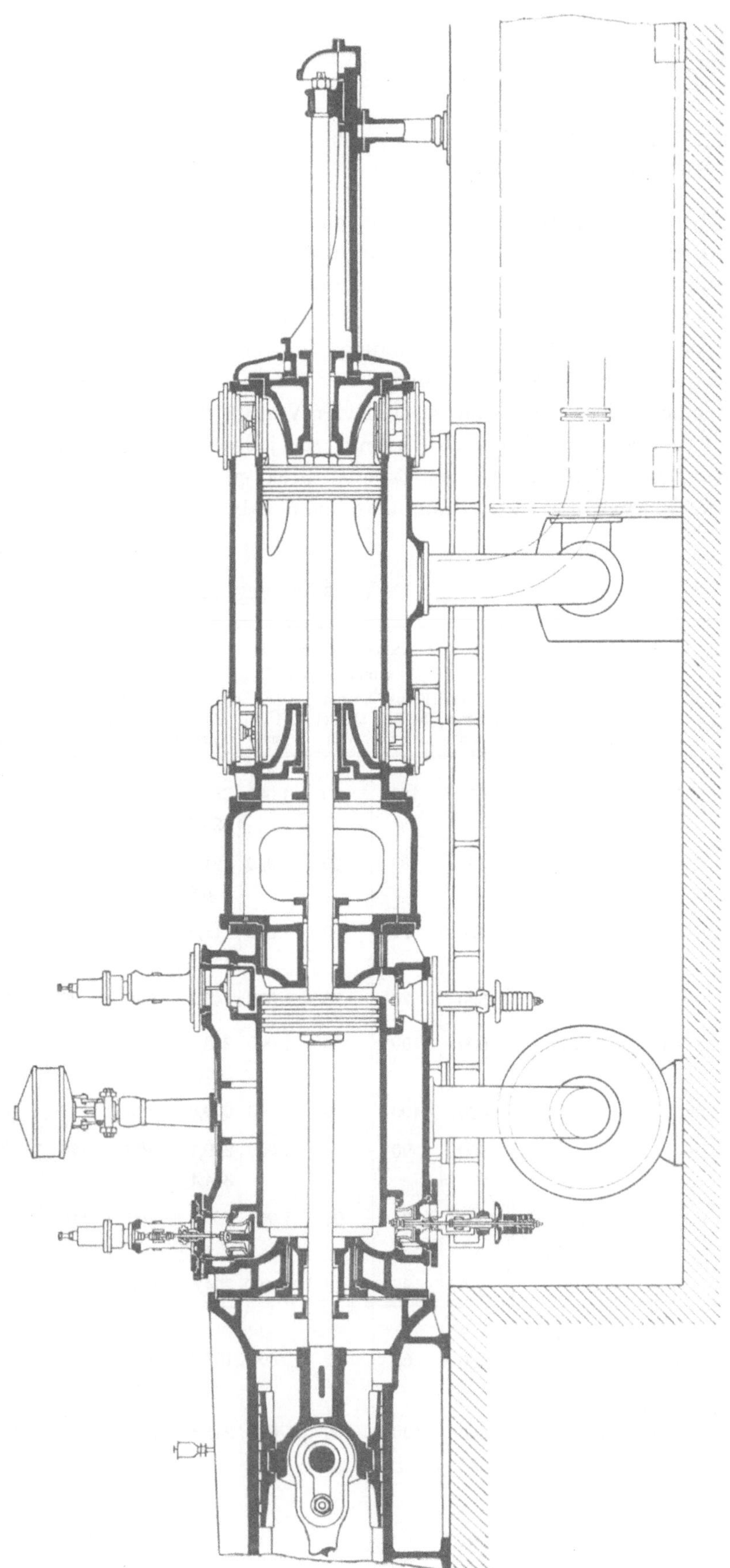

Fig. 198.

Stufenkompressor der Gutehoffnungshütte.

die Abbildung einer Kompressoranlage der Friedrich-Wilhelmshütte beigegeben (Tafel XVI).

Die Gutehoffnungshütte, Sterkrade, hat für ihre Zechen mehrere Zwillingskompressoren mit Ringventilsteuerung erbaut. Die Ventile (Fig. 197 a und b) bestehen aus mehreren konzentrisch angeordneten federbelasteten Ringen aus dünnem Stahlblech. Der Hub des Ventiles beträgt nur etwa 5—8 mm, so dass zur Erzielung des nötigen Durchgangsquerschnittes grosse Sitzlängen nötig sind. Der Durchmesser der Ventile ist daher ziemlich gross. Im ganzen sind vier Ventile für den Cylinder vorhanden, je ein Saug- und ein Druckventil für jede Kolbenseite. Die Dampfcylinder liegen vorn und treiben mittelst direkt gekuppelter Kolbenstange den Kompressor an. Die Dampfmaschinen haben bei den älteren

Versuchsergebnisse von Zwillings-

No.	Firma	Kompressor Abmessungen					Dampf- Ab-		
		Cylind.-Drchm. mm	Kolbst.-Drchm. Kurbel mm	Deckel mm	Hub mm	Leist. PS	Cylind.-Drchm. mm	Kolbst.-Drchm. Kurbel mm	Deckel mm
1	G. A. Schütz, Wurzen . . .	650	110	110	1 000	263,8 329,2	700	120	110
2	do. . . .	550	80	80	800	191,7 236,1	600	90	80
3	do. . . .	450	70	70	600	115,9 151,5	550	75	70
4	do. . . .	500	70	70	800	143,2	550	80	70
5	R. Meyer, Mülheim-Ruhr . .	600	100	100	1 000	298,1 361,2	700	115	100
6	do. . .	600	100	100	1 000	279,0	700	115	100
7	do. . .	600	90	90	1 000	239,1 314,1	700	110	90
8	do. . .	600	95	95	1 000	229,2 298,98	700	110	95
9	Burckhard A.-G., Basel . .	575	85	75	600	204,6	625	85	85
10	Friedrich-Wilhelmshütte, Mülheim-Ruhr	400	65	65	800	108,2	500	70	70
11	Duisburger Maschinen-Fabr. vorm. Bechem & Keetmann	600	120	80	800	246,4	670	95	120

Additional material from *Disposition der Tagesanlagen, Dampferzeugung, Centralkondensation, Luftkompressoren, Elektrische Centralen*
ISBN 978-3-642-50625-3 (978-3-642-50625-3_OSFO14),
is available at http://extras.springer.com

Anlagen Widnmannsche Einexcentersteuerung, bei den neueren Ventilsteuerung eigener Konstruktion der Firma. In jedem Falle wird die Dampfmaschine durch einen Weissschen Leistungsregler beeinflusst. Die Abmessungen der Anlagen sind folgende:

Luftcylinder-Durchmesser . . . 650 mm,

Dampfcylinder-Durchmesser . . 700 »

Gemeinsamer Hub . . . . . . 1 000 »

Bei 50 minutlichen Umdrehungen saugen die Kompressoren 3 650 cbm bei 75 Umdrehungen 5475 cbm Luft in der Stunde an und verdichten sie einen Druck von 7 Atm. abs.

Die Gutehoffnungshütte baut neuerdings auch Stufenkompressoren deren Anordnung aus Fig. 198 ersichtlich ist.

kompressoren mit Zwillingsdampfmaschinen. Tabelle 26.

| maschine messungen | | Umdrehungen in der Minute | Mechanischer Wirkungsgrad % | Volumetrischer Wirkungsgrad % | Druck der Pressluft: Atm. abs. | Stündliche Luftmenge | | | KesselSpannung Atm. Ueberdruck | Erbaut im Jahre |
| Hub mm | Leist. PS | | | | | insgesamt cbm | für das indicierte | | | |
							Dampfpferd cbm	Kompress.pferd cbm		
1 000	304,0	43,2	86,8	88,5	6,1	2 957,6	9,73	11,21	7,7	1890
	385,3	57,1	85,5	88,0	6,1	3 885,5	10,08	11,80	7,8	
800	227,1	51	84,4	83	6,7	1 890,1	8,32	9,86	5,3	1893
	272,3	61	85,1	83	5,8	2 260,7	8,30	9,58	5,2	
600	137,2	59,2	84,5	89,5	6,2	1 257,4	9,17	10,85	4,5	1900
	178,12	78	85,0	87,9	6,2	1 532,2	8,60	10,14	4,5	
800	167,3	47,1	85,7	88 7	5,9	1 544,1	9,22	10,8	4;1	1893
1 000	338,2	50	88,1	92	6,4	3 040,9	8,99	10,20	4,7	1900
	412,7	60	87,5	89	6,6	3 523,1	8,53	9,75	5,3	
1 000	303,3	50,3	91,9	91	5,4	3 019,6	9,95	10,82	3,3	1901
1 000	258,1	41,2	92,6	89,0	5,9	2 432,5	9,42	10,17	5,3	1901
	361,2	58,2	86,9	84,5	6,2	3 262,5	9,03	10,39	5,6	
1 000	252,1	40,4	90,9	87,7	6,0	2 344,1	9,30	10,23	4,5	1894
	332,6	50,9	89,9	88,4	6,0	2 976,9	8,95	10,0	4,8	
600	227,7	58,1	89,8	94	6,1	2 003,2	8,8	9,8	5,0	1894
800	135,8	49,7	79,8	92,7	6,5	1 082,2	7,97	10,00	5,4	1895
800	295,1	50,5	83,5	95,4	6,2	2 539,8	8,61	10,31	5,2	Wahrscheinlich 1894

Die Zwillingskompressoren der anderen Firmen sind meist älteren Datums, wie aus der Tabelle 26 hervorgeht, da jetzt nur noch die Anlage von Stufenkompressoren anzuraten ist.

Von Diagrammen sind nur die eines Kompressors von G. A. Schütz, Wurzen, (No. 1 der Tabelle 26) aufgeführt (Fig. 199—202). Zu bemerken ist noch, dass alle untersuchten Anlagen mit Auspuffdampfmaschine arbeiteten.

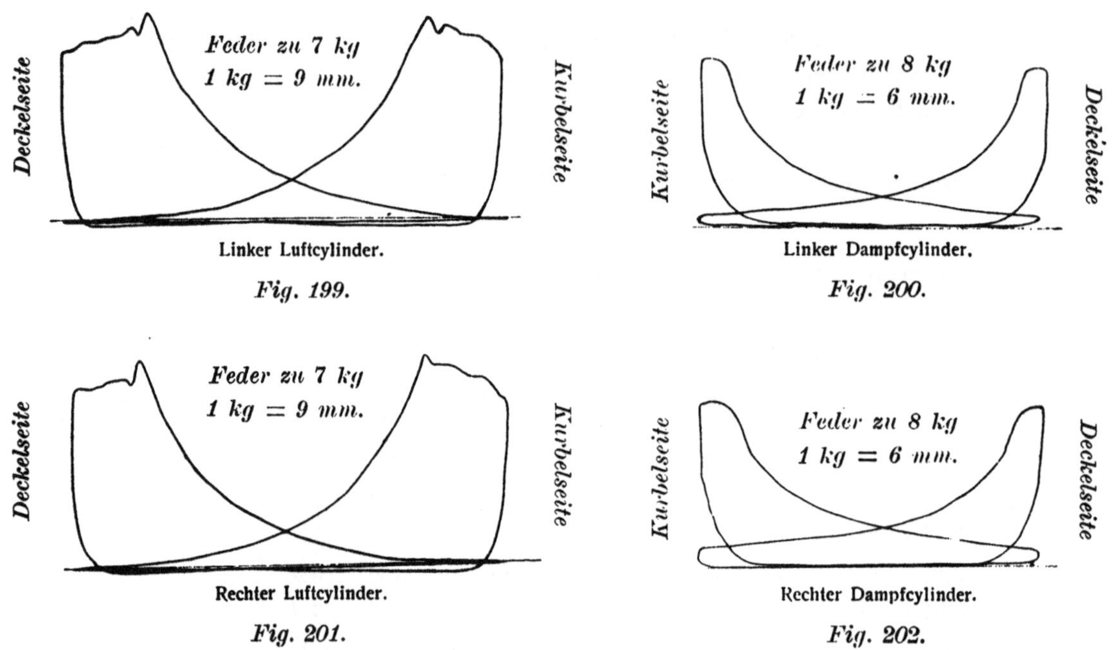

Fig. 199.　　　　　　　　　　Fig. 200.

Fig. 201.　　　　　　　　　　Fig. 202.

Diagramme eines Zwillingskompressors mit Zwillingsdampfmaschine von G. A. Schütz, Wurzen.

Wie aus Tabelle 26 ersichtlich, ergiebt sich für den Kompressor der Friedrich-Wilhelmshütte eine etwas geringere Leistung. Dieser Umstand ist darin begründet, dass der rechte Kurbelfinger etwas schief sass und infolgedessen Neigung zum Heisslaufen vorhanden war.

4. Stufenkompressoren.

a) Mit Luftkataraktventilen.

Stufenkompressoren mit Luftkataraktventilen als Steuerungsorgane sind im Ruhrbezirk geliefert worden von den Firmen G. A. Schütz, Wurzen, R. Meyer, Mülheim-Ruhr und Maschinenbauanstalt Humboldt, Kalk.

Die Ausführung der Ventile zeigen die Fig. 203—205. Es ist hieraus zu ersehen, dass der Ventilteller einen Ansatzkolben trägt, welcher sich in

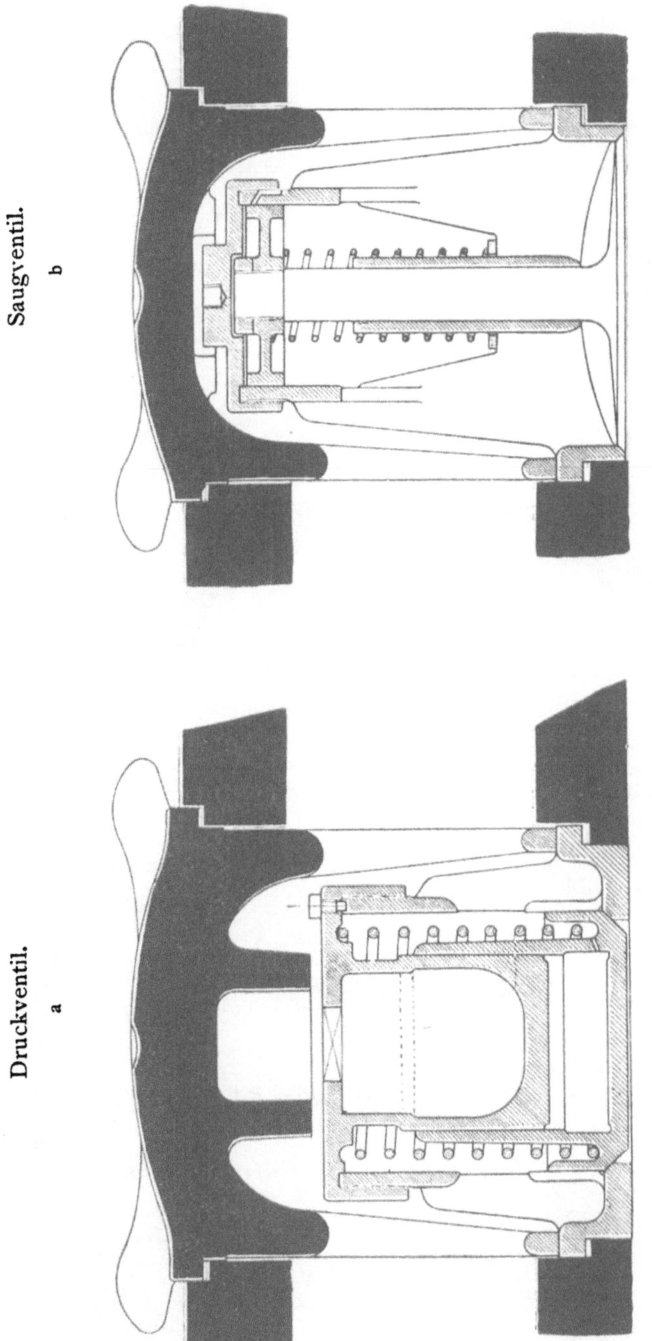

Fig. 203.

Luftkataraktventile für kleinere Kompressoren von R. Meyer, Mülheim.

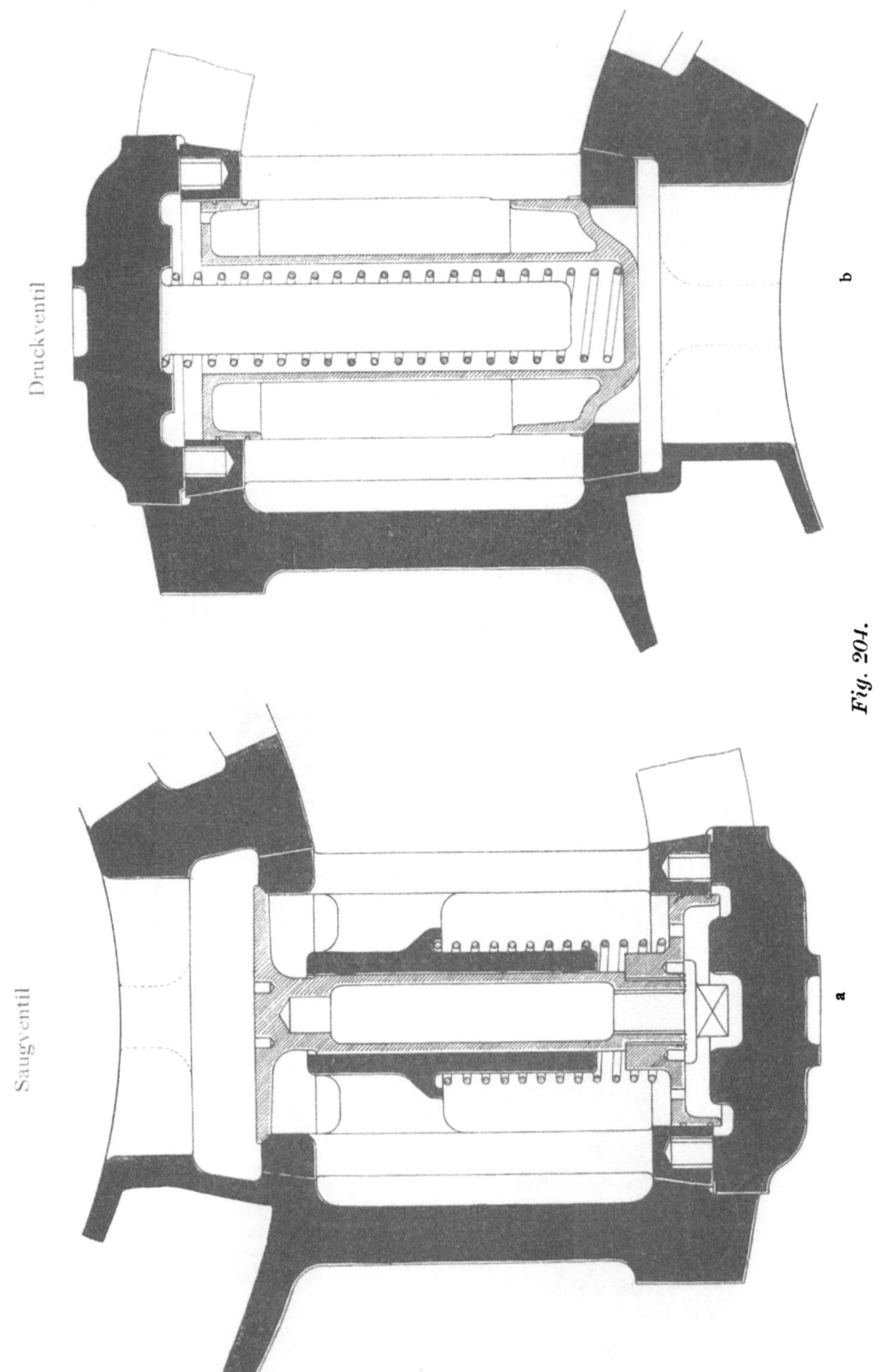

Fig. 204.

Luftkataraktventile der Maschinenbauanstalt Humboldt.

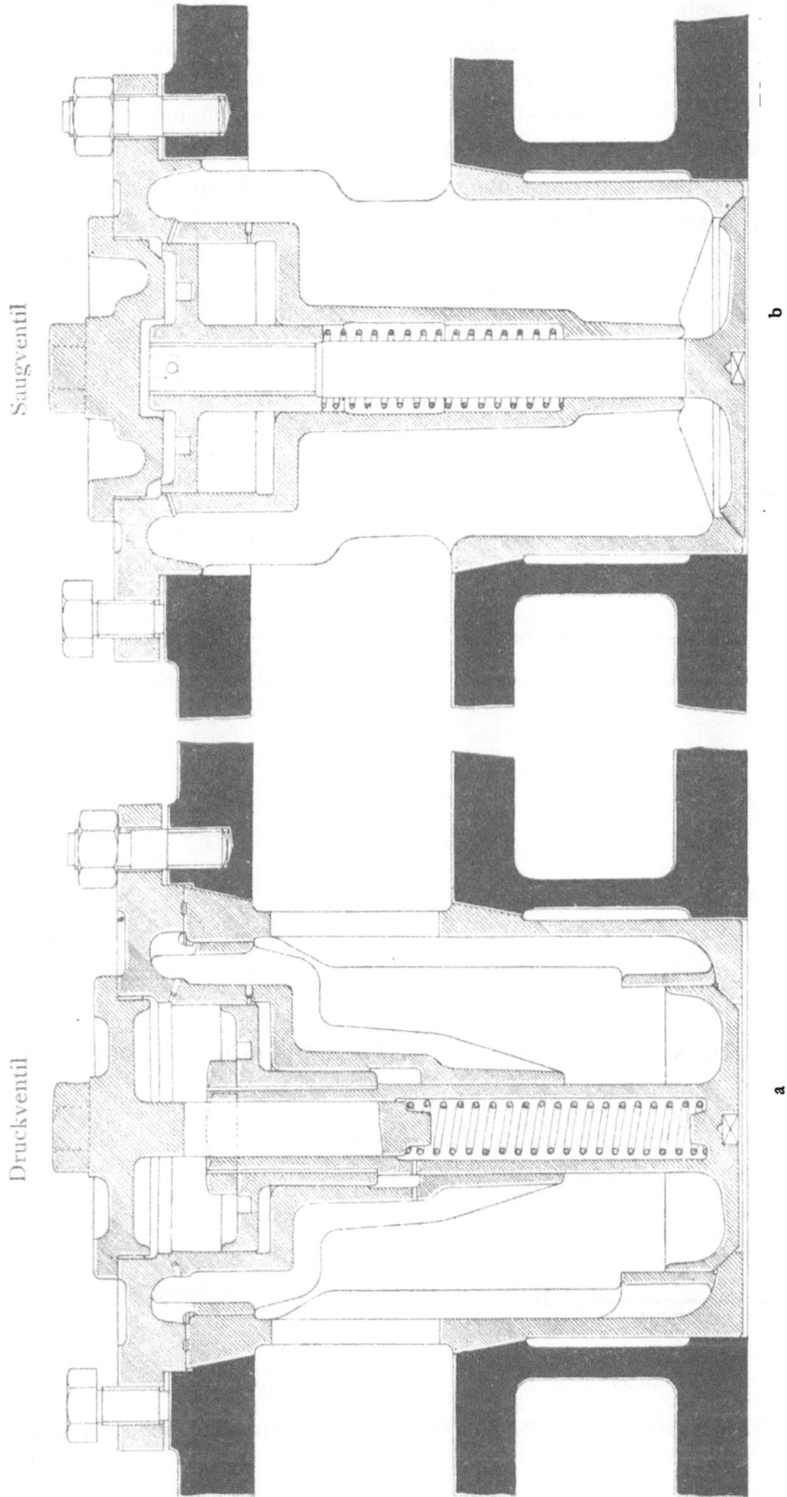

Fig. 205.

Luftkataraktventile von G. A. Schütz, Wurzen.

einem besonderen Cylinder führt. Dieser Cylinder besitzt an seinem
oberen Ende kleine Durchbohrungen (Ausführung von Schütz und Meyer),
oder der Kolben ist selbst mit solchen versehen (Ausführung von Humboldt).
Oeffnet sich das Ventil, so findet infolge des Widerstandes gegen schnellen
Austritt der im Cylinder befindlichen Luft wegen der kleinen Oeffnungen
eine Pufferwirkung statt, die ein Schlagen des Ventils verhindert. Beim
Schliessen des Ventils ist der Vorgang umgekehrt und ein Aufschlagen auf
den Sitz soll vermieden werden. Die Pufferwirkung der Luft ist indessen
nicht besonders gut zu nennen. Entweder tritt bei schnellerem Gang ein
Schlagen des Ventils ein oder der Schluss und das Oeffnen desselben er-

M. 1 : 2.

Feder zu 3 kg; 1 kg = 20 mm.

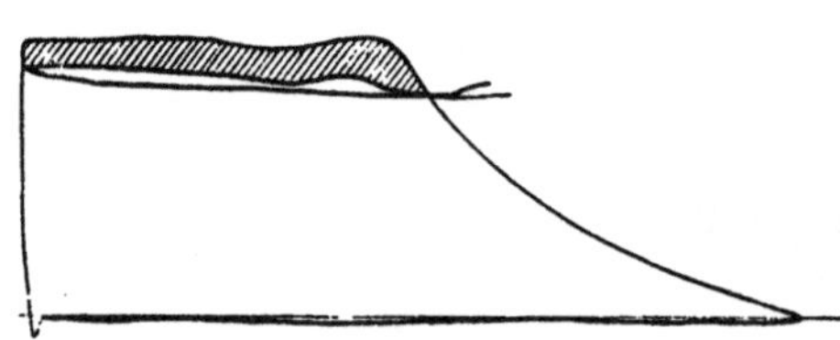

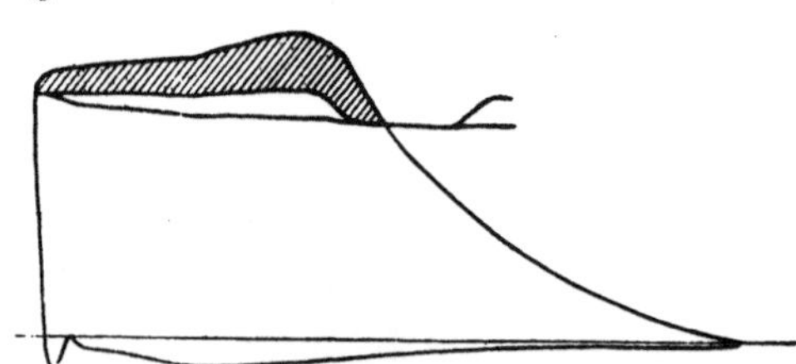

Fig. 206. Niederdruckseite (n = 20).   *Fig. 207.* Niederdruckseite (n = 48).

Feder zu 7 kg; 1 kg = 9 mm.

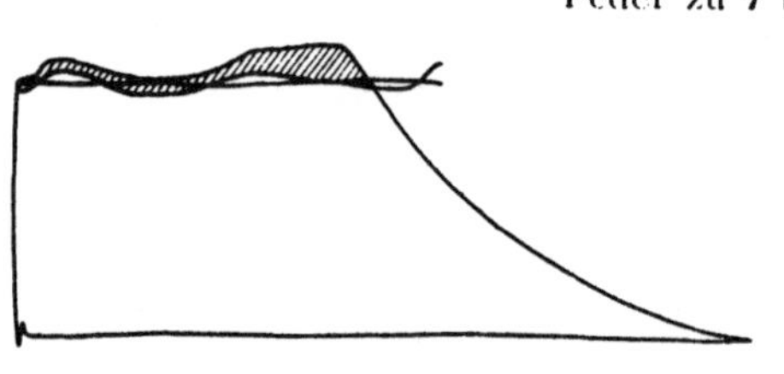

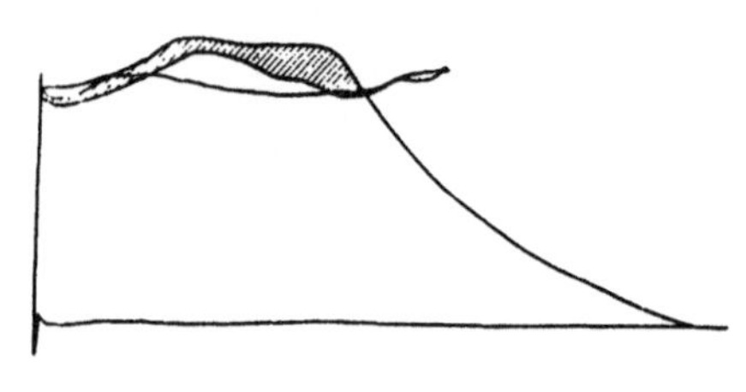

Fig. 208. Hochdruckseite (n = 20).   *Fig. 209.* Hochdruckseite (n = 48).

Feder zu 1 kg = 50 mm.

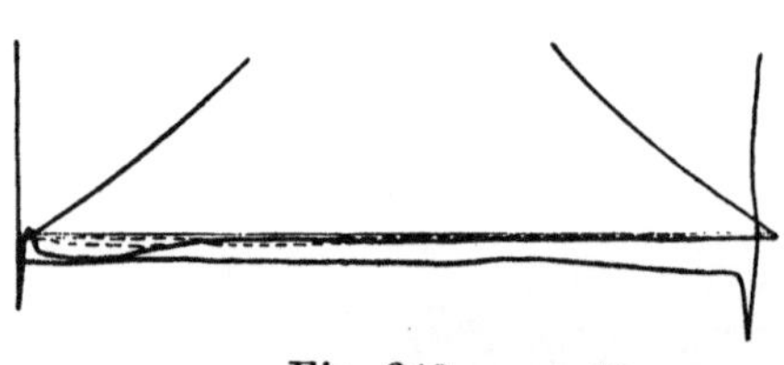

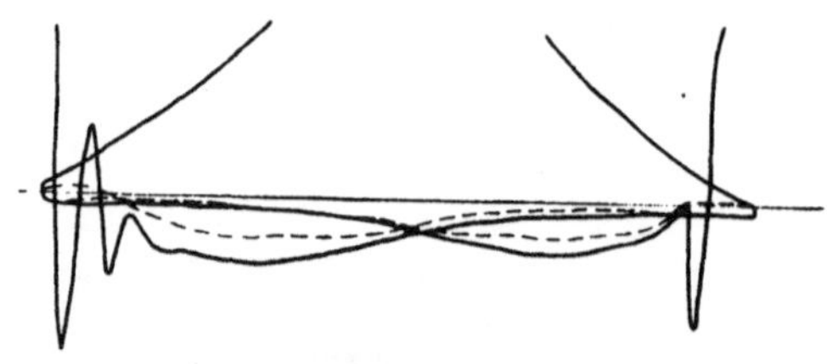

Fig. 210. n = 20.   *Fig. 211.* n = 48.

Druck- und Saugdiagramme eines Meyer-Kompressors mit Luftkataraktventilen auf Rhein-Elbe III.

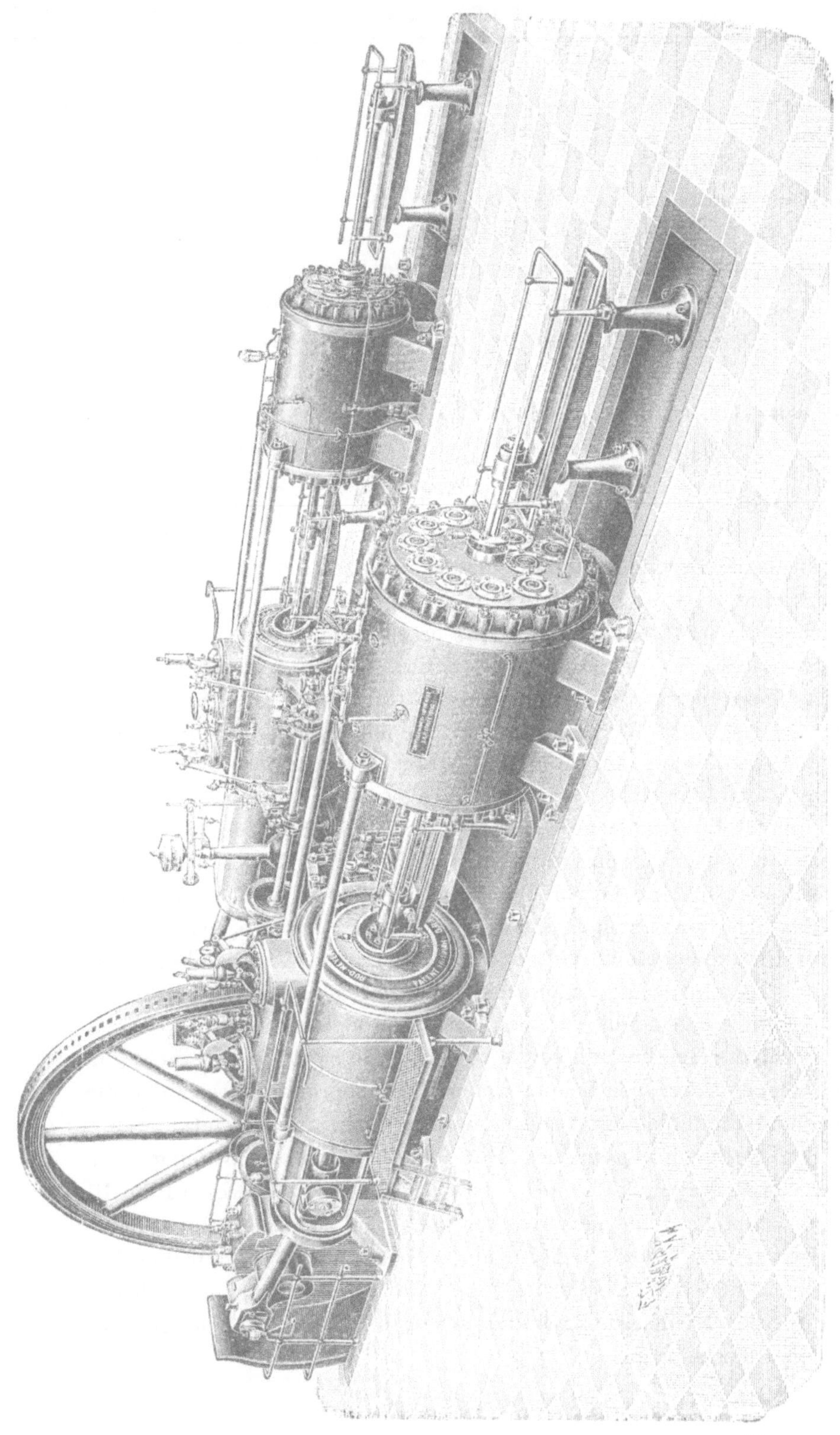

Fig. 212.

Stufenkompressor mit Verbunddampfmaschine von R. Meyer, Mülheim, auf Zeche Rhein-Elbe III.

Versuchsergebnisse von Stufenkompressoren

No.	Lieferant	Zeche	Kompressor Abmessungen					Dampf-Ab-		
			Cylind.-Drchm. mm	Kolbst.-Drchm. Kurbel mm	Deckel mm	Hub mm	Leist. PS	Cylind.-Drchm. mm	Kolbst.-Drchm. Kurbel mm	Deckel mm
1	G. A. Schütz	Mansfeld, Kolonia	450/700	80	80	700	156,6 206,4	550	90	80
2	R. Meyer	Rhein. Anthracit-Kohlenwerke . .	575/900	100	100	1 000	310,21 418,8	700	115	100
3	»	Rhein-Elbe III . .	600 975	100	100	1 200	391,2	670/950	140	100
4	Humboldt	Holland III/IV . .	490/800	90	90	1 000	341,2	550/850	100	100
5	»	Ewald I/II	415/685	80	80	900	201,7 242,8	500/775	90	90

folgt zu langsam. Besonders dieser letztere Umstand ist für die Anwendung der Kataraktventile bei modernen Anlagen hinderlich gewesen, da sie bei höheren Tourenzahlen nicht mehr präzise funktionieren.

Die Arbeitsweise der Luftkataraktventile ist aus den Druck- bezw. Saugdiagrammen eines Meyer-Kompressors (Fig. 206—211) zu ersehen. Sie zeigen, dass der Ventilwiderstand ziemlich gross ist. Berechnet man die für das Ventil aufgewandte Arbeit aus dem Verhältnis der schraffierten Diagrammfläche zur gesamten, so ergiebt sich bei 20 minutlichen Umdrehungen für die Druckventile des Hochdruckcylinders $\sim 5\%$, bei 48 Umdrehungen $\sim 6\%$ der zugehörigen Cylinderarbeit, bei den Druckventilen des Niederdruckcylinders entsprechend 9,5 kg bezw. 10,5 $\%$. Die Diagramme des Saugraums zeigen ebenfalls deutlich, dass die Arbeitsweise bei höherer Umdrehungszahl infolge des bedeutenden Ventilwiderstandes schlecht ist. Es wird somit das bereits oben Gesagte bestätigt, dass die Luftkataraktventile nicht gut für den modernen Schnellbetrieb geeignet sind. Für geringere Geschwindigkeiten bewähren sie sich dagegen recht gut.

Die Anlagen von G. A. Schütz sind mit Schieberdampfmaschinen, die von Meyer und Humboldt mit Ventildampfmaschinen ausgerüstet.

Fig. 212 giebt ein allgemeines Bild der üblichen Anordnung. Die Anlage ist von R. Meyer, Mülheim im Jahre 1899 für Zeche Rhein-Elbe III erbaut und ist s. Zt. eine der grössten gewesen. Die Antriebsdampfmaschine ist mit von Weissschem Regulator beeinflusster Widnmannscher Ventilsteuerung für den Hochdruck-, mit Daumensteuerung und fester Expansion für den Niederdruckcylinder versehen. Sie ist an eine Centralkondensation angeschlossen.

mit Luftkataraktventilen.   Tabelle 27.

| maschine messungen | | Umdr. in der Minut. | Mechanischer Wirk.-grad % | Volumetrisch. Wirk.-grad % | Druck der Pressluft: Atm. abs. | Stündl. Luftmenge | | | Kesselspannung Atm. Ueberdruck | Bemerkungen |
Hub mm	Leist. PS					insgesamt cbm	Dampfpferd cbm	Kompress.pferd cbm		
700	180,8	58,5	86,6	94,0	7,5	1 754,4	9,70	11,20	5,2	Zwillingsdampfmasch.
	229,2	69,3	90,0	93,0	7,0	2 056,1	8,97	9,96	4,9	ohne Kondensation
1 000	351,3	47,0	88,3	93,0	6,6	3 295,7	9,38	10,62	4,6	Desgleichen
	467,0	61,6	89,7	91,9	6,9	4 268,4	9,14	10,19	5,8	
1 200	426,3	40,7	91,8	97,3	6,1	4 212,8	9,88	10,77	8,1	Verbunddampfmaschine mit Kondensation
1 000	379,8	60,6	89,8	94,0	7,0	3 392,8	8,93	9,95	7,3	Desgl. ohne Kondensat.
900	228,9	61,9	88,0	95,1	5,6	2 298,96	10,04	11,40	6,0	Desgl. mit Kondensat.
	275,6	69,7	88,1	94,6	6,0	2 588,7	9,39	10,65	5,9	

Es ist noch zu erwähnen, dass die Firmen R. Meyer und Humboldt heute keine Kompressoren mit Kataraktventilen mehr bauen.

In Tabelle 27 sind einige Versuchsergebnisse von Stufenkompressoren mit Luftkataraktventilen zusammengestellt.

b) Stufenkompressoren mit Oelkataraktventilen.

Zur Erreichung höherer Umdrehungszahlen baut die Firma Schüchtermann & Kremer in Dortmund Kompressoren mit Oelkataraktventilen, Patent Collmann (Fig. 213a u. b). Die Ventile selbst sind aus Aluminiumbronze hergestellt. Der Schluss derselben wird durch Spiralfedern F beschleunigt und geht ungehindert vor sich, bis das Ventil fast den Sitz erreicht hat. Dann erst tritt der Oelpuffer in Wirksamkeit, sodass das Ventil geräuschlos auf den Sitz aufsetzt. Der charakteristische Teil der Ventile besteht also in dem auf der Ventilspindel angeordneten und während des Ganges einstellbaren Oelpuffer. In Verbindung mit der Ventilspindel steht ein in einen mit Oel gefüllten Cylinder C tauchender Pufferkolben K. Durch ausgekerbte Löcher von der Form O am Umfang des Cylinders findet ein Umlauf des Oeles statt. Die Löcher gewähren je nach der dem Ventilhub entsprechenden Stellung des Pufferkolbens einen grösseren oder kleineren Durchflussquerschnitt, welcher eine freie Ventilbewegung zulässt. In der letzten Schlussperiode, kurz vor dem Aufsetzen des Ventils, wird der Umlaufsquerschnitt und damit die Ventilgeschwindigkeit infolge des sehr geringen Querschnitts der Auskerbungen so vermindert, dass ein geräuschloser und sanfter Ventilschluss stattfindet. Eine im Pufferkolben

22*

angebrachte Rückschlagklappe giebt beim Anhub des Ventils den Umlauf
so lange frei, bis die Löcher des Cylinders weit genug geöffnet sind. Be-

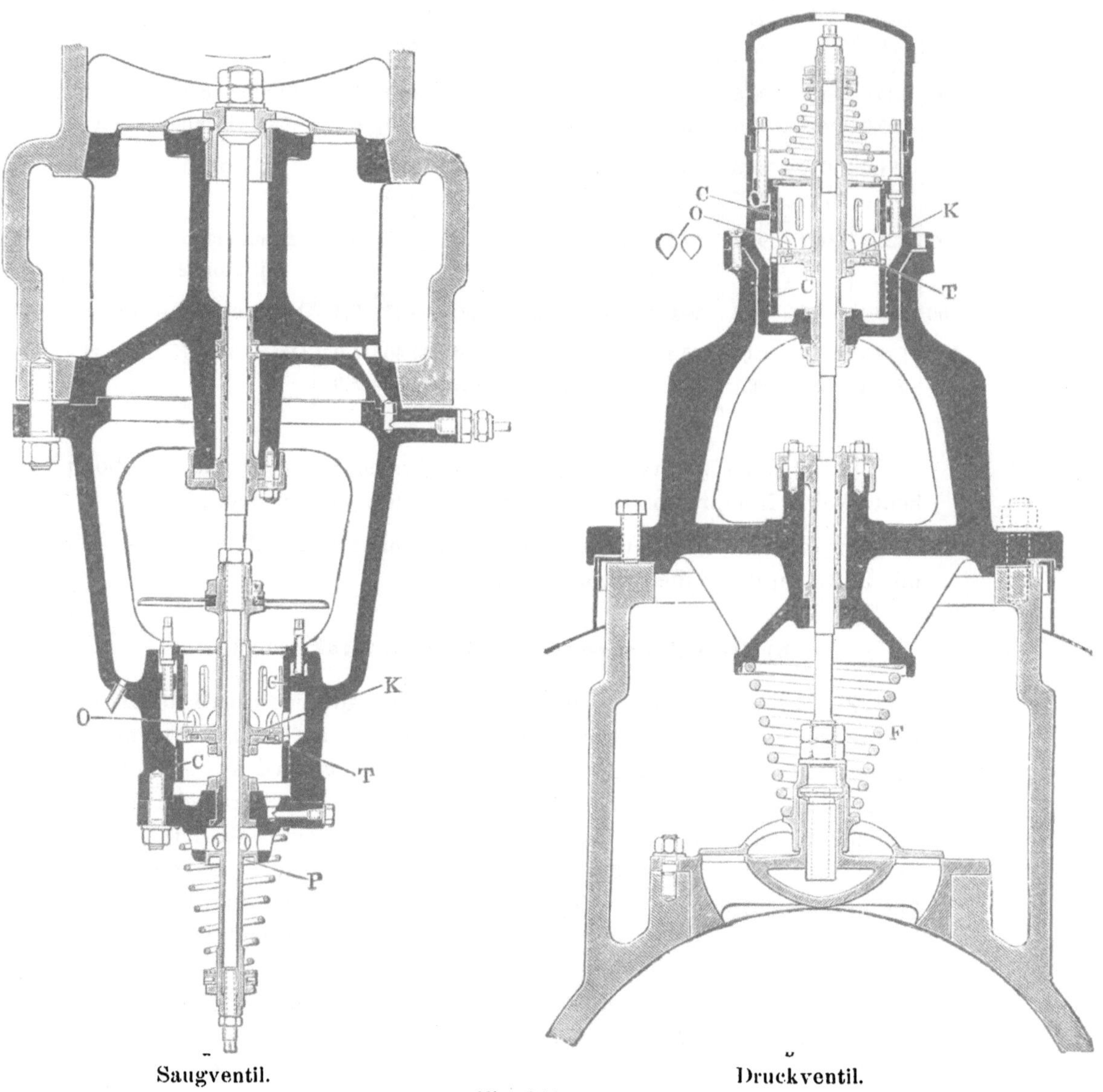

Fig. 213.

Oelkataraktventile, Patent Collmann.

dingung für ein exaktes Arbeiten des Kataraktes ist, dass ein genaues
Einstellen des Puffers durch den Maschinisten stattfindet. Geschieht dies
nicht, so tritt bei höherer Umdrehungszahl ein Schlagen der Ventile

ein. Beim Saugventil wird der Hub durch einen kleinen Luftpuffer P begrenzt.

Zur Ermittelung der Ventilarbeit wurden an mehreren Anlagen des hiesigen Reviers die Druckräume mit den Cylindern zusammen indiziert und die Diagramme in der in Fig. 214 u. 215 gezeichneten Weise

Feder zu 7 kg; 1 kg = 9 mm.

Feder zu 3 kg; 1 kg = 20 mm.

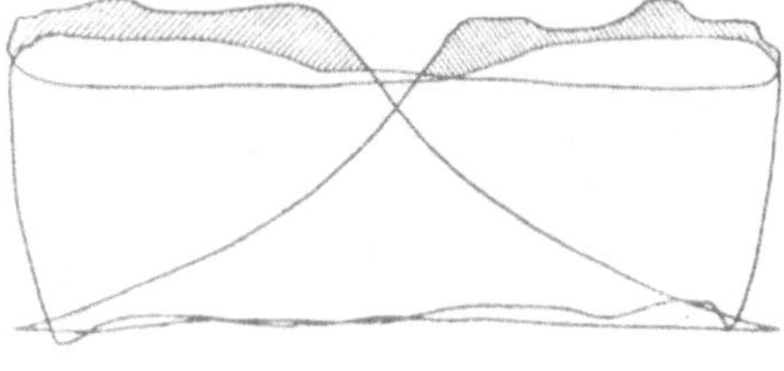

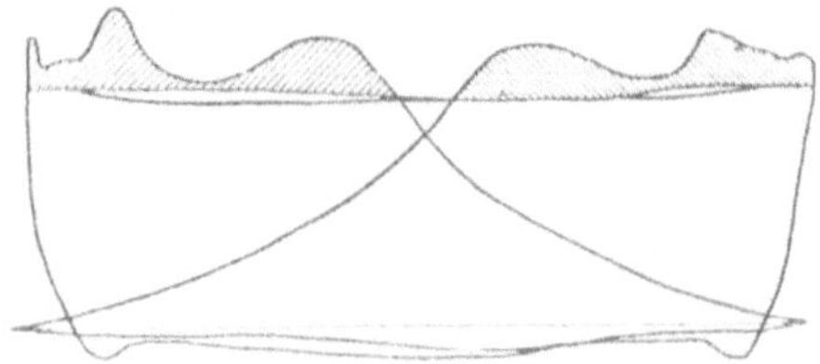

Hochdruckseite.

Niederdruckseite.

Fig. 214.

Fig. 215.

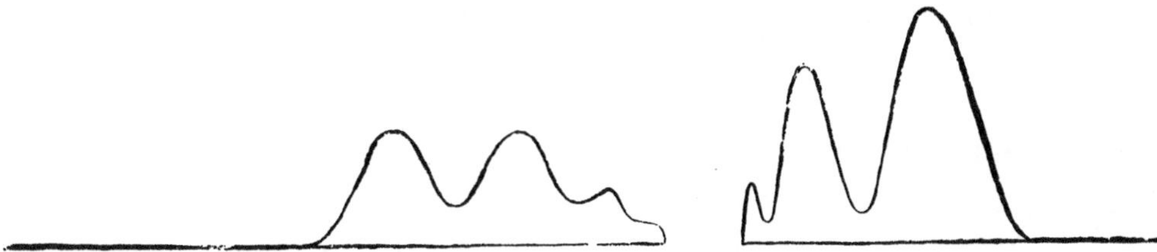

Fig. 216. Druckventil.

Fig. 217. Saugventil.

Ventilerhebungsdiagramm.

Fig. 218

Stufenkompressor mit Zwillingsdampfmaschine von Schüchtermann & Kremer.

zusammengelegt. Nach dem bereits beschriebenen Verfahren berechnet sich die Ventilarbeit für den Hochdruckcylinder bei 51 minutlichen Umdrehungen zu 6,4 % und bei 72 Umdrehungen zu 8,9 %; für den Niederdruckcylinder beträgt diese bei 60 Umdrehungen 9 bis 9,5% der zugehörigen Cylinderarbeit. Der Ventilwiderstand ist somit besonders bei höherer Umdrehungszahl ziemlich gross.

Versuchsergebnisse mit

No. 3 arbeitet mit Konden-

No.	Zeche	Kompressor Abmessungen					Dampf- Ab-		
		Cylind.-Drchm. mm	Kolbst.-Durch. Kurbel mm	Kolbst.-Durch. Deckel mm	Hub mm	Leist. PS	Cylind.-Drchm. mm	Kolbst-Drchm. Kurbel mm	Kolbst-Drchm. Deckel mm
1	Siebenplaneten. . . . . . . (Diagr. Fig. 219—222)	400/700	90	—	900	181,5 255,3	500	95	90
2	Friedrich der Grosse. . . .	575/900	110	—	1000	358,0	700	130	110
3	Rhein-Elbe III . . . . (Diagr. Fig. 223—226)	700/1100	120	—	1200	606,5 743,4 948,5	700/1100	135	120

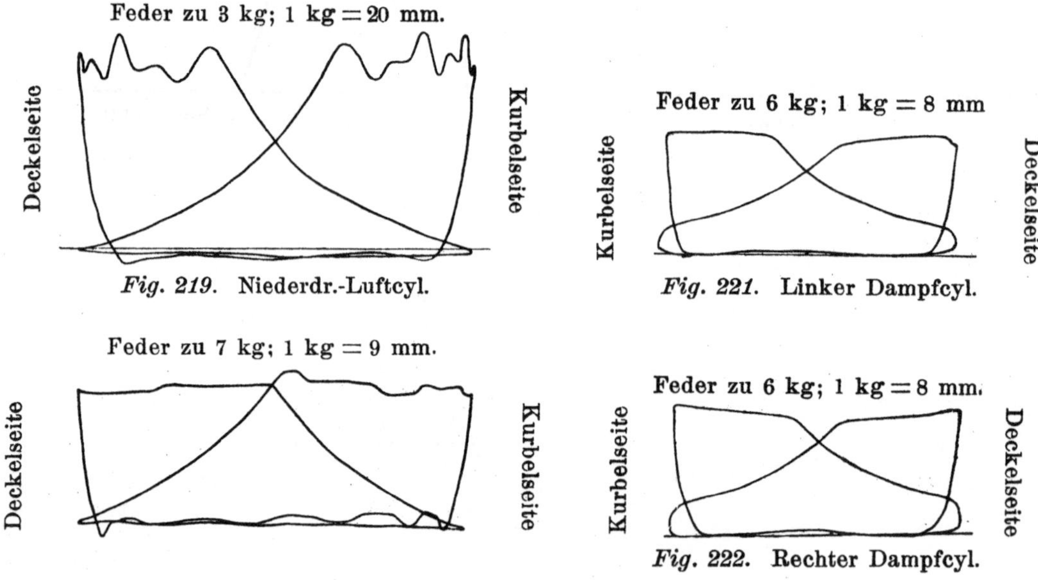

Fig. 219. Niederdr.-Luftcyl.   *Fig. 221.* Linker Dampfcyl.

Fig. 222. Rechter Dampfcyl.

Fig. 220. Hochdr.-Luftcyl.

Fig. 219—222.

Diagramme eines Stufenkompressors mit Zwillingsdampfmaschine.
von Schüchtermann & Kremer.

Die Ventil-Erhebungsdiagramme (Fig. 216 u. 217) zeigen, dass zwar ein sanfter Schluss der Ventile stattfindet, dass aber andererseits die Ventileröffnung sehr stark schwankt. Hierdurch werden naturgemäss Arbeitsverluste bedingt.

Die Kompressoren der Firma Schüchtermann & Kremer werden meist ohne Mantelkühlung ausgeführt. Der Zwischenkühler ist genügend gross

Schüchtermannschen Kompressoren.

sation, 1 und 2 mit Auspuff.

Tabelle 28.

maschine messungen		Umdr. in der Minute	Mechanischer Wirk.-grad %	Volumetrischer Wirk.-grad %	Druck der Pressluft: Atm. abs	Stündliche Luftmenge			Kesselspannung Atm. Ueberdruck
Hub mm	Leist. PS					insgesamt cbm	für das indizierte		
							Dampf-pferd cbm	Kompress.-pferd cbm	
900	204,8	53,8	88,6	89	6,3	1973,2	9,64	10,9	5,2
	289,3	73 8	88,2	88	6,7	2776,7	9,60	10,9	5,1
1000	397,7	50,9	90,0	93,9	7,1	3721,6	9,13	10,12	5,7
1200	676,3	50,2	89,7	92,5	7,2	6316,6	9,34	10,41	8,2
	816,3	60,2	91,1	93,6	6,9	7664,9	9,39	10,31	7,3
	1044,5	72,9	90,8	92,2	6,8	9143,1	8,75	9,64	7,2

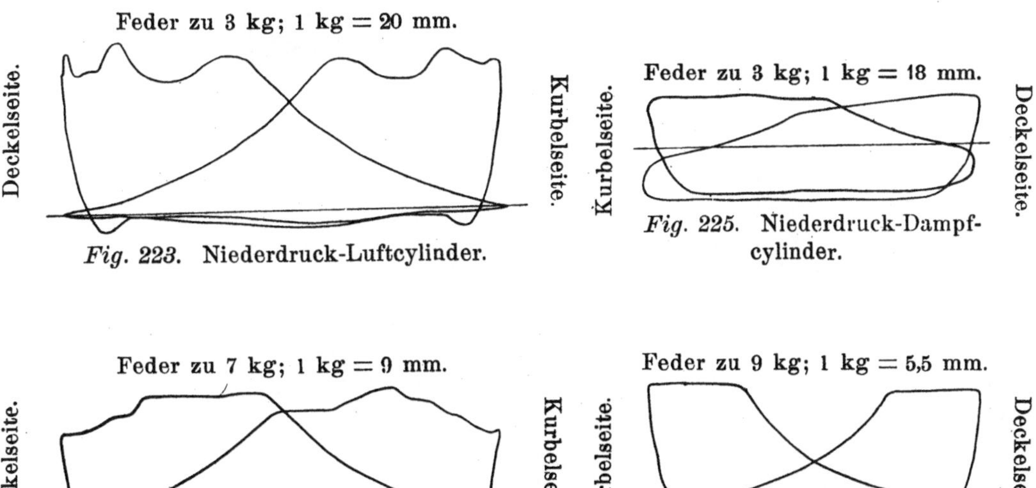

Fig. 223. Niederdruck-Luftcylinder.

Fig. 225. Niederdruck-Dampfcylinder.

Fig. 224. Hochdruck-Luftcylinder.

Fig. 226. Hochdruck-Dampfcylinder.

Fig. 223—226.

Diagramme eines Stufenkompressors mit Verbunddampfmaschine von Schüchtermann & Kremer.

und kühlt die Luft oft bis auf Ansaugetemperatur zurück. Als Dampfsteuerung ist die neue Collmann-Steuerung, eine Ausklinksteuerung mit
dem bereits beschriebenen Oelkatarakt angeordnet. Die Hochdruckseite
wird meist von einem Weissschen oder Hartungschen Regulator beeinflusst.

In der üblichen Anordnung (Fig. 218) liegen die Dampfcylinder vorne.
Die nach hinten durchgeführten Dampfkolbenstangen sind mit den vordern
Kompressorkolbenstangen durch einen auf einer kräftigen Gradführung
gleitenden Kupplungsschuh verbunden. Die Dampf- und Luftkolben sind
als breite Tragkolben ausgebildet, so dass von der Durchführung der Luftkolbenstange nach hinten abgesehen werden konnte.

c) Stufenkompressoren mit leichten Metallventilen.

α) Kompressoren von Rud. Meyer, Mülheim-Ruhr.

Die Luftsteuerungsorgane sind freigängige Ventile (Fig. 227). Für jede
Kolbenseite sind ein Saug- und ein Druckventil, mithin für jeden Cylinder im
Ganzen nur 4 Ventile vorhanden. Sie bestehen aus etwa 2—3 mm starken
durchbrochenen Blechplatten aus bestem Sägeblattstahl. Die Führung ge-

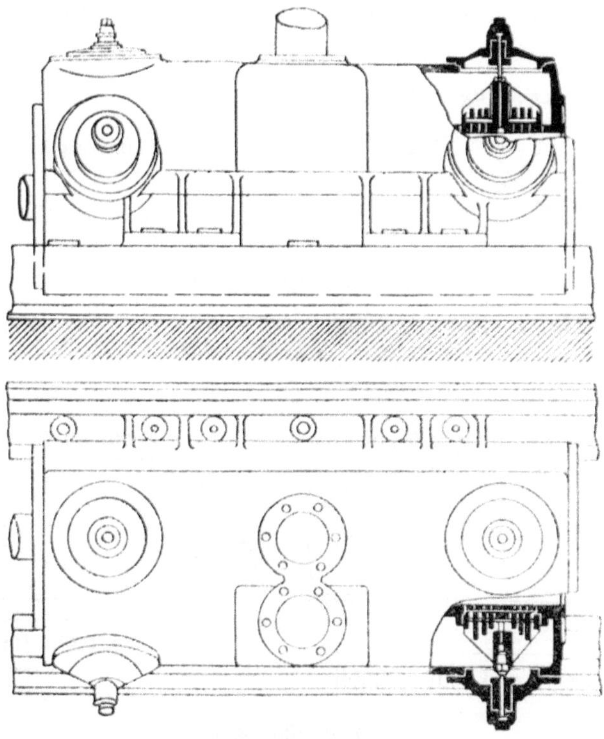

Fig. 227.

Luftventile eines Meyerschen Kompressors.

schieht im Ventilsitz durch Stifte, welche in entsprechende, etwa 1—2 mm weitere Löcher der Platten eingreifen. Durch die weitere Bohrung dieser Löcher wird ein Aufhängen der Ventile vermieden und letztere werden reibungslos geführt. Sie legen sich beim Oeffnen gegen einen festen Hubbegrenzer, der einen Ventilhub bis zu 8 mm, je nach der Grösse des Kompressors, gestattet. Die Luftkolben sind sehr breit ausgeführt und wirken dadurch, dass sie mit dem entsprechenden Ende unter die Ventile treten, als Verdränger der unter diesen befindlichen Pressluft.

Die Ventile waren bisher meist so angeordnet, dass die Saugventile unten, die Druckventile oben lagen (s. Fig. 232).

Neuerdings bringt die Firma die Saugventile seitlich an, wie aus Fig. 227 ersichtlich. Die Zugänglichkeit der Ventile ist hierdurch eine leichtere und das Schmiermaterial hält sich besser in dem Cylinder. Ein

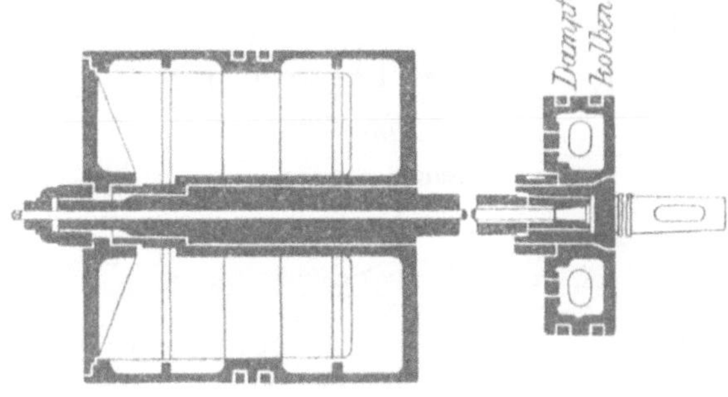

Fig. 228.

Verbindung von Dampf- und Luftkolbenstange.

Verschmieren der Saugventile wird vermieden und somit die Lebensdauer derselben verlängert. Hervorzuheben ist noch besonders, dass durch diese Konstruktion eine Betriebskontrolle durch das Ohr ermöglicht wird, so dass die Bedienung wesentlich einfacher wird.

Als Dampfmaschinensteuerung verwendet die Firma die Widnmansche Einexcenter-Steuerung, wobei nur ein Excenter den Ein- und Auslasshebel für eine Kolbenseite bethätigt. Die Steuerung selbst ist eine Wälzhebel-steuerung und hat sich auch bei höheren Umdrehungszahlen gut bewährt. Die Regulierung erfolgt durch die oben beschriebenen Leistungsregulatoren von Weiss oder Hartung.

Eigenartig ist die Kupplung der Dampf- und Kompressorkolben-stangen (Fig. 228). Die Dampfkolbenstange ist bei vorne liegenden Dampf-cylindern an ihrem hinteren Ende als Mutter ausgebildet, in welche die vorne mit Gewinde versehene Luftkolbenstange eingeschraubt wird. Zur Sicherung der Verschraubung ist eine Zugstange angebracht, welche durch

die durchbohrte Luftkolbenstange hindurchgeht. Durch einen Konus am
vorderen Ende der Zugstange wird die im Gewinde geschlitzte Luftkolbenstange fest in die Mutter der Dampfkolbenstange gepresst und so die Ver-

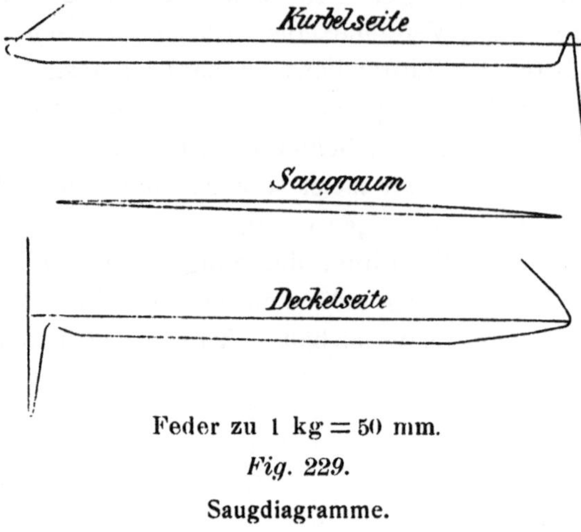

Feder zu 1 kg = 50 mm.

Fig. 229.

Saugdiagramme.

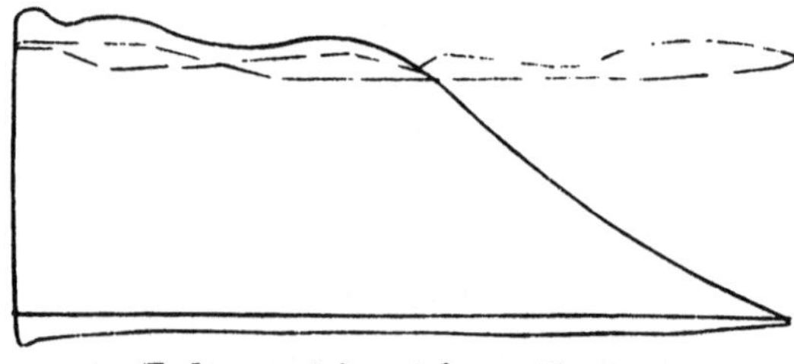

Feder zu 2 kg; 1 kg = 25 mm.

Fig 230.

Niederdruck-Luftcylinder-Druckdiagramm.

Feder zu 6 kg; 1 kg = 10 mm.

Fig. 231.

Hochdruck-Luftcylinder-Druckdiagramm.

schraubung gesichert. Auf diese Weise ist es möglich, die Luftkolben ohne
Demontage der Dampfkolben herausnehmen zu können. Bei vorne liegendem
Luftcylinder ist die Anordnung umgekehrt.

Zur Ermittlung der Ventilarbeit wurden bei einem Stufenkompressor von 600/900 mm Cylinderdurchmesser und 1000 mm Hub auf Zeche Graf Bismarck III die Saug- und Druckräume mit den Luftcylindern zusammen bei 60 minutlichen Umdrehungen indiziert (Fig. 229—231). Die entsprechenden Diagramme übereinander gelegt, ergeben eine Ventilarbeit für die Druckventile des Hochdruckcylinders von 4,2 %, des Niederdruckcylinders von 5,3 % der zugehörigen Cylinderarbeit. Der Kraftaufwand ist mithin bedeutend geringer wie bei den Luftkataraktventilen trotz der höheren Umdrehungszahl.

Die allgemeine Anordnung dieser Kompressoren veranschaulicht Fig. 232. Die Dampfmaschine liegt vorne. Der Rahmen ist ein Bajonettrahmen.

Unter anderm hat die Firma einen derartigen Kompressor von 1215/790 Luftcylinderdurchmesser, 865/1300 mm Dampfcylinderdurchmesser und 1350 mm gemeinsamem Kolbenhub für Zeche Neumühl gebaut, welcher bei 70 minutlichen Umdrehungen 12 500 cbm Luft in der Stunde ansaugt.

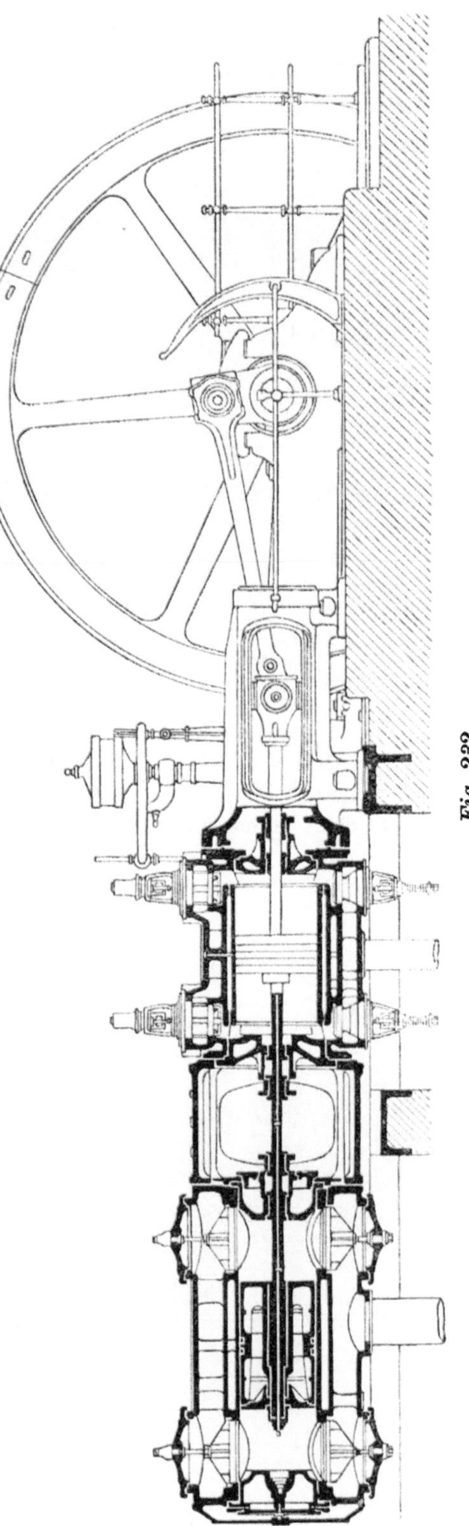

Fig. 232.
Kompressor von R. Meyer, Mülheim-Ruhr.

Fig. 233.
Ansicht eines Stufenkompressors von R. Meyer auf Zeche Neumühl.

Fig. 234.
Stufenkompressor von R. Meyer auf Zeche Concordia IV/V.

Diese Anlage (Fig. 233) dürfte eine der grössten Kompressoranlagen, die gebaut sind, darstellen und ist bis jetzt der grösste Kompressor des Reviers.

Neuerdings legt die Firma auch die Luftcylinder vorne hin, wobei der Rahmen als Gabelrahmen mit gekröpfter Welle ausgeführt wird. Die Vorteile dieser Anordnung sind bereits auseinandergesetzt. Eine derartige Anlage auf Zeche Concordia IV/V zeigt Fig. 234.

Elektrisch angetriebene Kompressoren werden von R. Meyer in zwei Ausführungen gebaut (Fig. 235—237 und 240) und zwar als zweistufige Eincylinderkompressoren mit Differentialkolben, wobei die Hochdruckseite einen kreisringförmigen Kolben-Querschnitt hat (Fig. 236).

Fig. 235.

400 PS zweistufiger Zwillingskompressor mit elektrischem Antrieb auf Zeche Zollern II.

Die Kompressoren nach Fig. 235 u. 236 auf Zeche Zollern II sind für eine stündliche Saugleistung von 4070 cbm und für einen Pressdruck von 7 Atm. abs. bei 130 minutlichen Umdrehungen als Zwillingsanlagen ausgeführt, so dass sich auf jeder Seite des Elektromotors ein Kompressor von rd. 2000 cbm Leistung befindet. Die Kompressoren sind mit Mantel-, Deckel- und Zwischenkühlung versehen. Ausserdem wird die Luft durch den hohlen Plungerkolben der Hochdruckseite infolge der Luftcirkulation an den Wandungen derart gekühlt, dass die Mantel- und Deckelkühlung zeitweise abgestellt werden konnte. Der Elektromotor befindet sich an Stelle des Schwungrades und ist als Gleichstrom-Nebenschluss-Motor für 500 Volt gebaut. Die Regulierung erfolgt von Hand durch Verändern der Felderregung, so dass eine Schwankung des Nutzeffektes kaum eintritt. Die Regulierwiderstände werden mittelst Gallscher Ketten bethätigt. Die

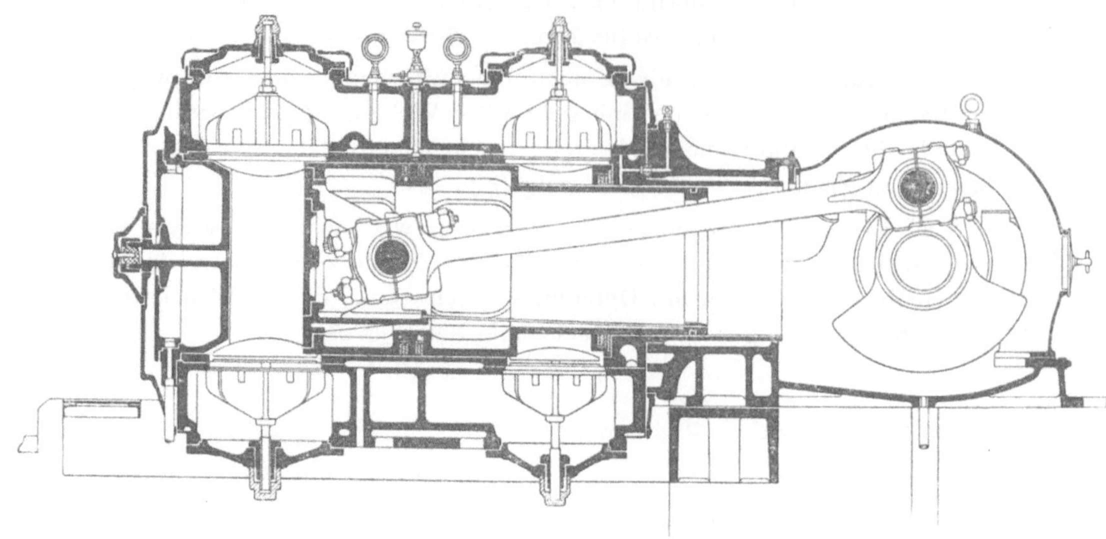

Fig. 236.

Schnitt durch einen elektrisch angetriebenen Kompressor von R. Meyer.

Fig. 237.

Elektrisch angetriebener Eincylinderkompressor mit Differentialkolben von R. Meyer.

Umdrehungen können von 77—150 in der Minute verstellt werden. Die Niederdruckseite hat einen Kolbendurchmesser von 760 mm, die Ringfläche der Hochdruckseite einen äusseren Durchmesser von 760 mm, einen innern von 585 mm, der gemeinsame Hub beträgt 600 mm.

Diese Kompressoren sind die ersten grösseren Grubenkompressoren für elektrischen Betrieb, welche im Ruhrbezirk gebaut worden sind.

Zum Beschicken der Windkessel von Wasserhaltungen führt die Firma dreistufige Kompressoren für Pressungen bis 100 Atm. aus (Fig. 238). Bei

Fig. 238.

Dreistufiger Luftkompressor mit Dampfbetrieb für Drücke bis 100 Atm.

einem Hub von 75 mm, 200/150/70 mm Luftcylinderdurchmesser, 230 mm Dampfcylinderdurchmesser und 150 minutlichen Umdrehungen saugt der Kompressor in der Minute 0,3 cbm Luft an. Ein solcher Kompressor steht z. B. auf Zeche Gladbeck in Betrieb.

Bei grösseren Arbeiten vor Ort ist es oft erwünscht, Kompressoren direkt an der Arbeitsstelle in der Grube aufstellen zu können. Derartige Kompressoren müssen fahrbar eingerichtet werden, damit die Beweglichkeit grösser ist, und wenig Raum beanspruchen. Zuweilen werden sie direkt auf dem Windkessel montiert (Fig. 239). In den meisten Fällen setzt man den Windkessel auf einen besonderen Wagen und versieht den

Kompressor mit direktem elektrischen Antrieb (Fig. 240). Bei einer Saugleistung von 360 cbm in der Stunde und 8 Atm. abs. Luftenddruck reicht
ein solcher Kompressor für den Betrieb von 4 Gesteinsbohr- oder Schrämmaschinen aus.

Die Meyerschen Kompressoren sind im hiesigen Revier, besonders
auch wegen der Einfachheit der Steuerung, sehr verbreitet.

Fig. 239.
Fahrbarer zweistufiger Kompressor für Riemenantrieb,
montiert auf dem Windkessel, von R. Meyer.

Von elektrisch angetriebenen Kompressoren liegen z. Z. noch keine
Versuche vor. Von Kompressoren mit Dampfantrieb seien zwei Versuche
wiedergegeben, von denen Anlage I mit Zwillingsdampfmaschine und
Auspuff, Anlage II mit Verbunddampfmaschine und Kondensation arbeitet.
Der Versuch mit Anlage II ist deswegen noch besonders bemerkenswert,
weil der Dampfverbrauch durch Wiegen des in die Kessel gespeisten

Wassers bestimmt wurde. Das Kondensat aus der Dampfleitung wurde
vor dem Absperrventil der Maschine aufgefangen und sein Gewicht von
der festgestellten Speisewassermenge in Abzug gebracht. Anlage II ist
mit Mantel- und Deckelkühlung, Anlage I ohne besondere Kühlung ausgeführt. Beide Anlagen haben einen Röhrenzwischenkühler. Bei Anlage II
war die Rückkühlung der Luft trotz grossen Zwischenkühlers nicht besonders
gut. Der Zwischenkühler musste nämlich im Keller direkt neben den

Fig. 240.

Fahrbarer zweistufiger Eincylinderkompressor mit elektrischem Antrieb von R. Meyer.

Dampfleitungen aufgestellt werden, weil kein anderer Raum zur Verfügung
stand, und kam deshalb nicht voll zur Wirkung. In einem solchen Falle
ist eine gute Isolierung des Röhrenzwischenkühlers immer zu empfehlen.
Diagramme sind von Anlage II beigefügt (Fig. 241—244). Zu bemerken
ist noch, dass das Dichthalten der Druckventile bei den Versuchen dadurch
geprüft wurde, dass man bei geöffneten Indikatorhähnen den vollen Druck
aus dem Sammler auf die Ventile liess. Dabei zeigten sich dieselben
vollkommen dicht, denn es war kein Zug aus den Hähnen zu bemerken.
Es sei noch besonders auf den Wert der Mantelkühlung hingewiesen, da
sich für Anlage I ein besseres Ergebnis bei Vorhandensein derselben erwarten liess.

Abmessungen der untersuchten Anlagen.　　Tabelle 29.

No.		Anlage I mm	Anlage II mm
1	Durchmesser der Dampfcylinder	657	550/835
2	Durchmesser der Luftcylinder	900/600	800/510
3	Durchmesser der Dampfkolbenstangen, Kurbel- und Deckelseite je	115	95
4	Durchmesser der Luftkolbenstangen, Kurbel- seite je.	115	95
5	Gemeinsamer Hub	1000	800

Anlage I befindet sich auf Zeche Graf Bismarck, Anlage II auf Zeche Carolinenglück.

Aufzeichnungen und Ergebnisse.　　Tabelle 30.

No.		Anlage I Versuch A	Anlage I Versuch B	Anlage II Versuch A	Anlage II Versuch B
1	Dauer des Versuches in Stunden.	6	2	6	3
2	Minutliche Umdrehungszahl.	62	68	85,1	102,45
3	Leistung der Dampfmaschine PSi.	431,14	493,88	404,91	502,20
4	Leistung des Kompressors PSi.	380,47	437,64	358,05	452,06
5	Mechanischer Wirkungsgrad %	88,5	88,8	88,4	90,0
6	Volumetrischer Wirkungsgrad %	98,5	98,3	96,6	97,5
7	Angesaugte Luft in der Stunde cbm	4624,2	5061,3	3938,92	4786,17
8	Angesaugte Luft für ein indiziertes Dampf- pferd.	10,7	10,3	9,73	9,53
9	Angesaugte Luft für ein indiziertes Kom- pressorpferd	12,2	11,5	11,0	10,59
10	Druck der Pressluft Atm. abs.	6,1	6,1	7,0	7,0
11	Temperatur der angesaugten Luft ° C.. . .	23	23	19	24
12	Temperatur nach dem Niederdruckcylinder ° C.	116	117	107	117
13	Temperatur nach dem Zwischenkühler ° C.	42	42	34	39
14	Temperatur nach dem Hochdruckcylinder ° C..	134	137	119	126
15	Dampfdruck vor dem Hochdruckdampf- cylinder Atm. abs.	—	—	7,8	8,3
16	Vakuum %	—	—	76	76
17	Speisewassermenge n. Abzug d. Kondensats	—	—	19640	—
18	Stündlicher Dampfverbrauch	—	—	3273	—
19	Dampfverbrauch für eine indizierte Dampf.-PS..	—	—	8,08	—

Niederdruckluftcylinder.

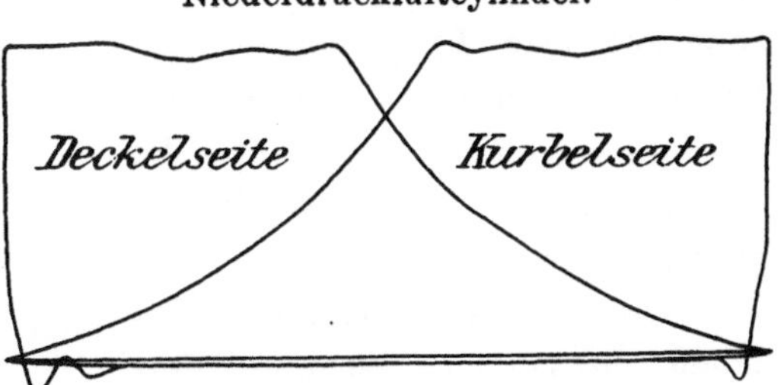

Fig. 241. Feder zu 3 kg; 1 kg = 20 mm.

Hochdruckluftcylinder.

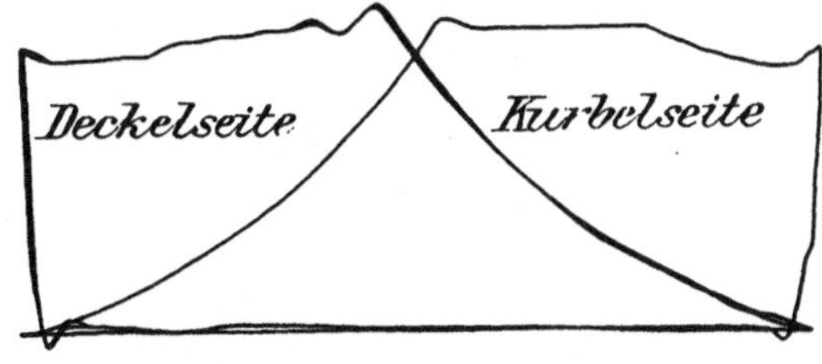

Fig. 243. Feder zu 7 kg; 1 kg = 9 mm.

Niederdruckdampfcylinder.

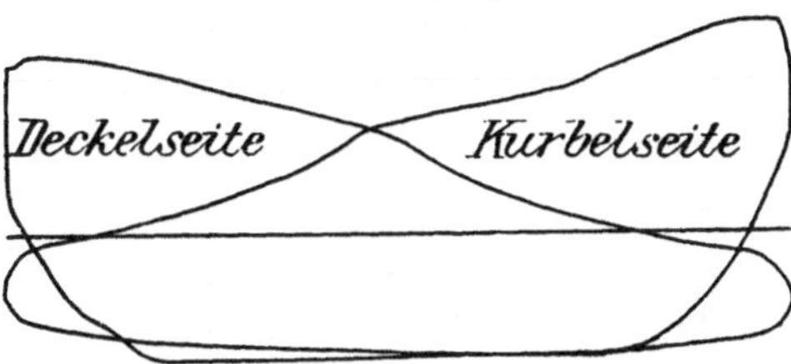

Fig. 242. Feder zu 3 kg; 1 kg = 20 mm.

Hochdruckdampfcylinder.

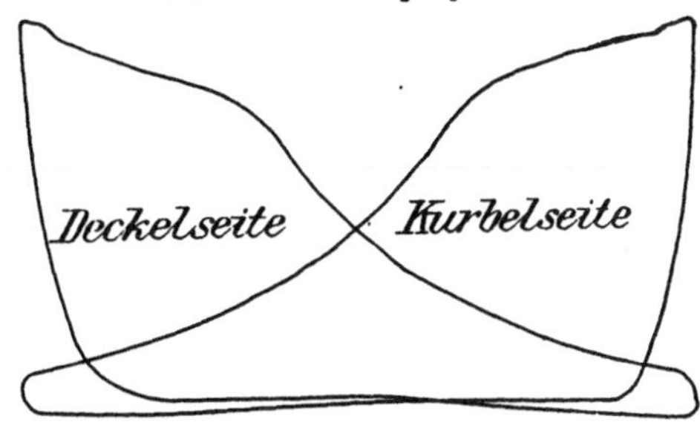

Fig. 244. Feder zu 8 kg; 1 kg = 8 mm.

Fig. 241—244.

Diagramme eines Kompressors von R. Meyer, Mülheim-Ruhr.

Minutl. Umdrehungszahl 85,1. M. 1 : 2.

β) **Kompressoren mit freigängigen Plättchenventilen von Thyssen & Co., Mülheim-Ruhr.**

Die Luftsteuerungsorgane sind sogenannte »Plättchenventile«, welche aus einer leichten, federbelasteten Metallplatte bestehen. Die Ventile sind in einer Gruppe zu mehreren auf einer gemeinsamen Sitzplatte angeordnet und können durch Lösen einiger Schrauben leicht ausgebaut werden. Für jede Kolbenseite ist je eine Saug- und eine Druckventilplatte vorgesehen. Die Saugventile liegen unten, die Druckventile oben.

Die Kompressoren sind mit Mantel- und Deckelkühlung versehen. Zur Rückkühlung der Luft ist ein Röhrenzwischenkühler zwischen Nieder- und Hochdruckcylinder eingeschaltet. Die Querschnitte sind gross gewählt und sind zur Vermeidung von Reibungsverlusten möglichst grade gehalten.

Die Dampfmaschine, welche wie aus Fig. 245 ersichtlich, vorne angeordnet ist, hat vom Regulator beeinflusste Ventilsteuerung auf der

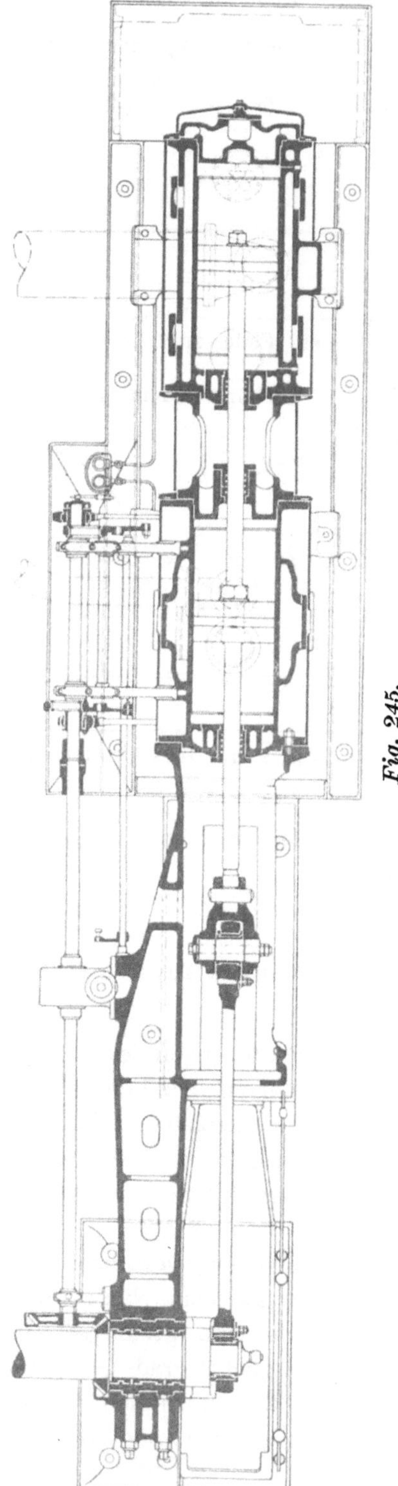

Fig. 245.

Kompressor mit Plättchenventilen von Thyssen & Co.

Hochdruckseite und Daumensteuerung mit fester Expansion auf der Niederdruckseite. Ein Weissscher Leistungsregulator gestattet die Regulierung der Tourenzahl in den gewünschten Grenzen.

Um die Dampfcylinder nachsehen zu können, ist eine Vorrichtung zum Zurückziehen der Luftcylinder getroffen. Es wird hierdurch zwischen dem Zwischenstück und dem Dampfcylinder genügend Platz frei, um Dampfcylinder und Kolben zugänglich zu machen. Abgesehen von der Möglichkeit, die Maschine in kurzer Zeit untersuchen und wieder betriebsfertig machen zu können, wird hierdurch besonders auch eine bessere Zugänglichkeit der Deckelschrauben gewährleistet gegenüber gewöhnlichen Zwischenstücken.

Die Abmessungen mehrerer für die Königliche Berginspektion Gladbeck und die Gewerkschaft Deutscher Kaiser ausgeführter Anlagen (Fig. 245) sind:

Dampfcylinderdurchmesser
600/950 mm
Luftcylinderdurchmesser
600/900 mm
Gemeinsamer Hub   1200 mm

Die Maschinen sind mithin im Verhältnis zu den Cylinderdurchmessern sehr langhübig, wodurch der Einfluss der Mantelkühlung verbessert wird. Diese Kompressoren sind im Stande bei 60 minutlichen Umdrehungen 5400 cbm stündlich angesaugter Luft auf 6 Atm. abs. zu pressen.

Versuche mit diesen Kompressoren sind z. Z. noch nicht bekannt gegeben.

Die Kompressoren mit Schiebersteuerung derselben Firma sollen später besprochen werden.

γ) **Kompressoren der Maschinenbauanstalt Union, Essen-Ruhr und von Gebr. Meer, M. Gladbach.**

Als Luftventlile sind Plattenlenkerventile, System Hörbiger (Fig. 246 und 247) angeordnet. Diese Ventile können in jeder Lage arbeiten, da durch die Lenker eine unabhängige Führung gewährleistet wird. Das

Fig. 246.   Fig. 247.

Plattenlenkerventile, System Hörbiger.

Ventil selbst besteht aus einer dünnen Metallplatte. Der Ventilhub, welcher durch einen Ventilplattenfänger (Fig. 246) begrenzt wird, beträgt je nach der Grösse des Kompressors 3—6 mm. Die Lenker bestehen aus elastischen Stahlblättern und sind einerseits an dem Ventilfänger, andererseits an der Ventilplatte befestigt. Infolge der eigenartigen Aufhängung der Ventilplatte ist ein Festsetzen des Ventils ausgeschlossen. Durch die geringen Massen wird ein geräuschloser Gang selbst bei hohen Umdrehungszahlen gewährleistet.

Die Anordnung der Ventile findet auf zweierlei Art statt. Bei der einen Konstruktion (Fig. 248) sind sie in vertikalen Ebenen angebracht, sodass sie bequem zugänglich sind. Die direkte Befestigung der Ventile in der Cylinderwand lässt einen sehr geringen schädlichen Raum und somit einen hohen volumetrischen Wirkungsgrad zu.

Bei einer Stufenkompressoranlage dieser Konstruktion für Zeche Neu-
essen von 1000 cbm stündlicher Saugleistung, beträgt der Durchmesser des
Niederdruckluftcylinders 550 mm, des Hochdruckluftcylinders 350 mm, der
gemeinsame Hub 800 mm und die normale Umdrehungszahl für die
Minute 50. Die Luft wird auf 6 Atm. abs. verdichtet.

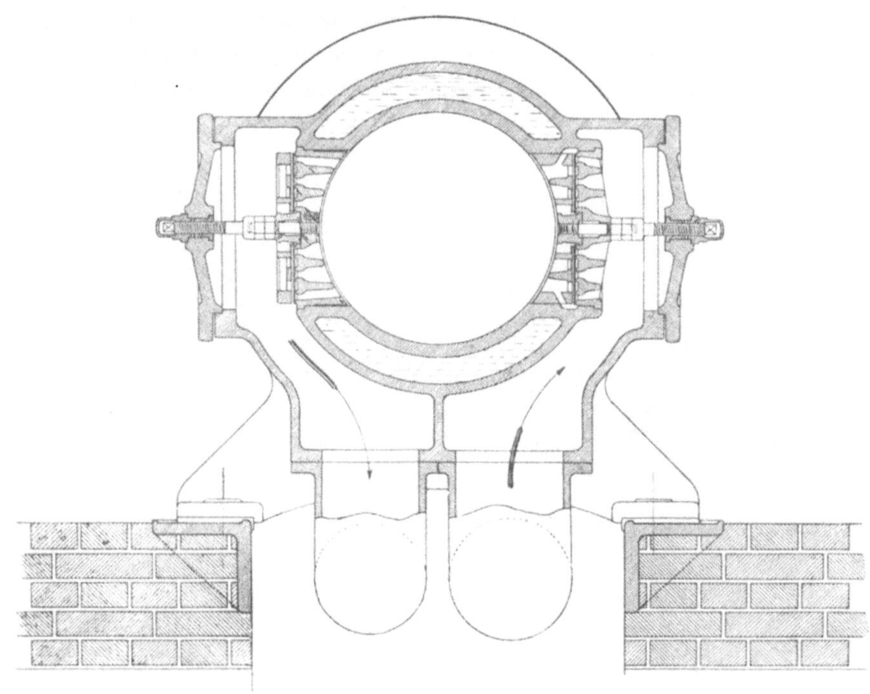

Fig. 248.

Schnitt durch den Luftcylinder eines Hörbiger-Kompressors.

Bei der zweiten Konstruktion mit Differentialkolben befinden sich
die Niederdruckventile im Deckel, die Hochdruckventile seitlich in der
Cylinderwand. In dieser Weise ist ein elektrisch angetriebener Kompressor zur Aufstellung unter Tage auf Zeche Courl ausgeführt (Fig. 249).
Der Verwendungszweck bedingt eine möglichst gedrängte Bauart. Der
Antriebselektromotor sitzt direkt auf der Kurbelwelle. Die Hauptlager sind
staubdicht abgeschlossene Ringschmierlager. Das Triebwerk ist vollständig eingekapselt. Durch eine selbstthätige Reguliervorrichtung wird
der Kompressor so geregelt, dass bei Erreichung des Maximaldruckes
der Kompressor nur leer mitläuft, dagegen beim Nachlassen des Druckes
wieder auf die Druckleitung arbeitet. Hierdurch wird die Wartung sehr

vereinfacht. Der für eine stündliche Saugleistung von 880 cbm bei 150 minutlichen Umdrehungen gebaute Kompressor hat 540/420 mm Durchmesser des Stufenkolbens und 450 mm Hub.

Die in Rede stehenden Kompressoren sind mit ausgiebiger Mantel-, Deckel- und Zwischenkühlung versehen.

Die Firma Gebr. Meer, M.-Gladbach verwendet als Steuerungsorgan ebenfalls Hörbiger-Ventile.

Unter anderen ist von ihr ein Kompressor zu Versuchszwecken für die Bergschule in Bochum geliefert worden (Fig. 250). Der Kom-

Fig. 249.

Elektrisch angetriebener Hörbiger-Kompressor auf Zeche Courl.

pressor ist auf einem fahrbaren schmiedeeisernen Untergestell montiert. Der Antrieb erfolgt durch einen Elektromotor vermittelst Zahnradübersetzung. Anlasser und Motor sind gleichfalls auf dem Untergestell angeordnet. Der Kolben ist als Differentialkolben ausgeführt und bildet mit seiner hinteren Fläche die Niederdruckseite, mit der vorderen Ringfläche die Hochdruckseite. Zur Kühlung ist ausser Mantel- und Deckelkühlung ein nach dem Gegenstromprinzip arbeitender Röhrenzwischenkühler vorgesehen. Der Kompressor ist mit einer automatischen Luftdruckregulierung ausgerüstet, welche den Kompressor beim Überschreiten des Grenzdruckes selbstthätig ausschaltet. Diese Regulierung wirkt in der Weise, dass ein Saugventil zwangsweise offengehalten wird und so die Luft bei der

Kompressionsperiode in den Saugraum zurücktritt. Der Kompressor saugt bei 300 minutlichen Umdrehungen 4 cbm Luft in der Minute an.

Versuchsergebnisse über Kompressoren beider Firmen liegen noch nicht vor.

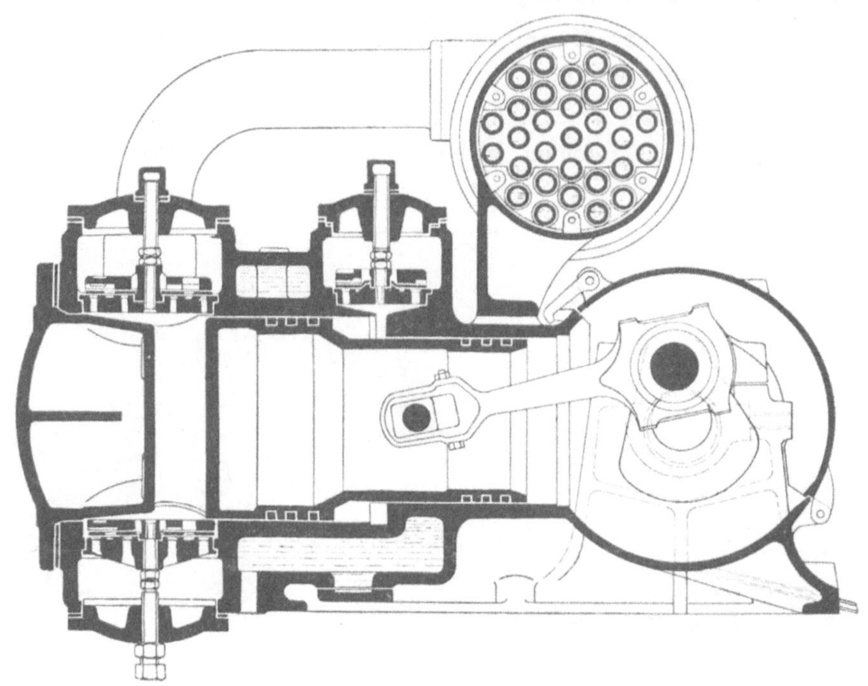

Fig. 250.

Kompressor von Gebr. Meer in der Bergschule zu Bochum.

d) Kompressoren der A.-G. Hohenzollern, Düsseldorf.

Die Ventile bestehen aus Ringen, welche aus feinstem, gehärtetem Federstahl nach besonderem Verfahren hergestellt sind und die sich um einen mit regelmässigen Durchbohrungen versehenen und als Rotationskörper ausgebildeten Ventilträger legen. Die Ringe werden in Stegen geführt, welche den Hub der Ventile begrenzen. Der Hub beträgt 3—4 mm. Die Massenwirkung der Ventile ist gering und infolgedessen ein geräuschloses Arbeiten gegeben. Selbst nach längerem Betriebe ist ein Verschleiss der Ventile nicht zu bemerken.

In Fig. 251 und 252 sind die Ventile eines Hochdruckcylinders wiedergegeben, während ihre Anordnung aus dem Cylinderschnitt (Fig. 253) zu ersehen ist.

Eine auf Zeche Neumühl ausgeführte Anlage für eine Saugleistung

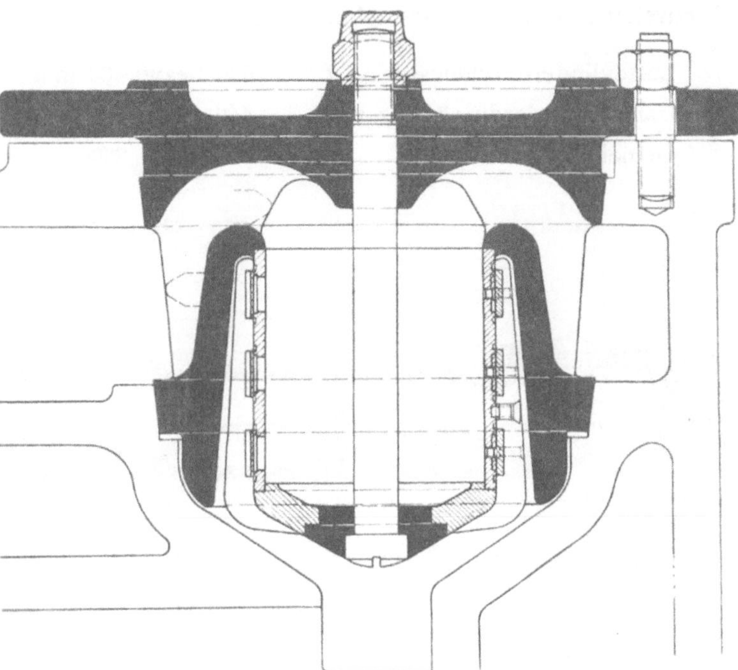

Fig. 251.

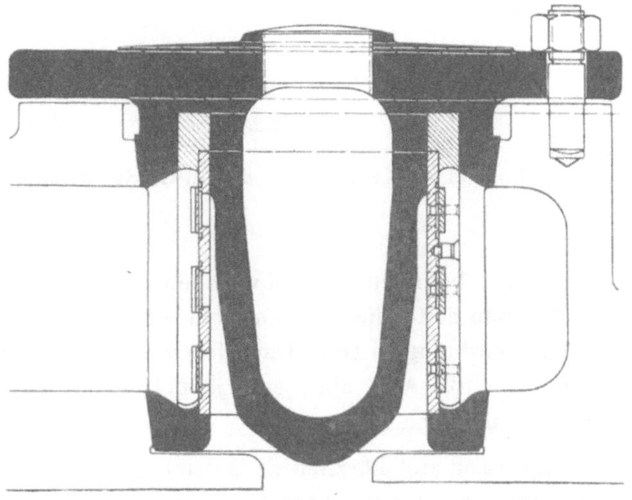

Fig. 252.

Kompressorventile der A.-G. Hohenzollern.

von 3000 cbm in der Stunde und 6 Atm. abs. Endpressung bei 100 minutlichen Umdrehungen hat folgende Abmessungen:

Luftcylinderdurchmesser	620 bezw. 400 mm
Dampfcylinderdurchmesser . . .	460 » 685 »
Gemeinsamer Hub	850 »

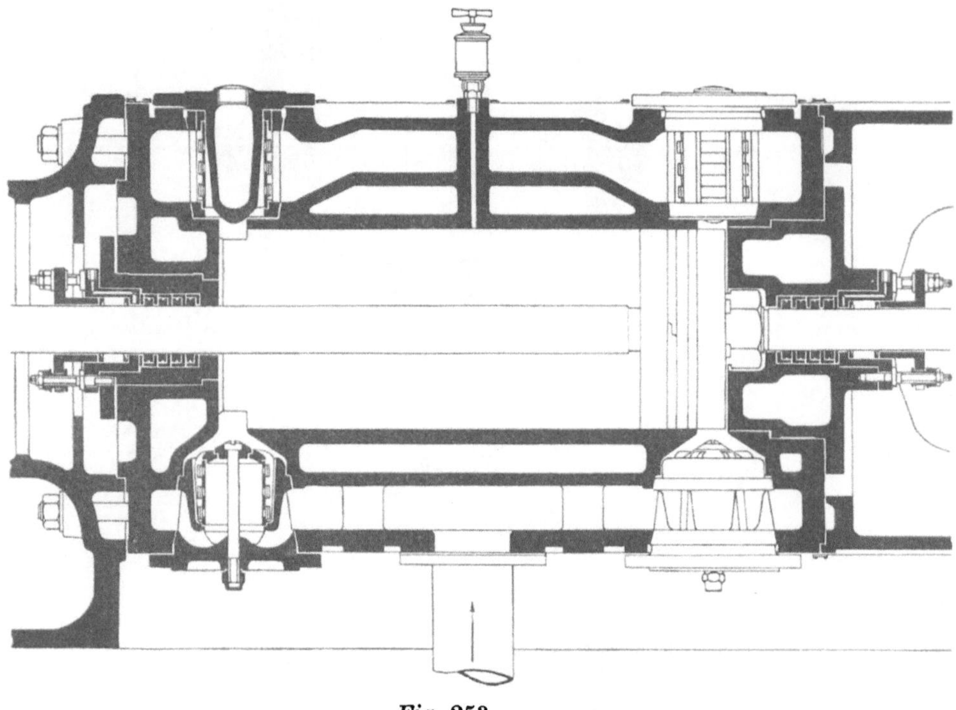

Fig. 253.

Querschnitt eines Kompressors der A.-G. Hohenzollern.

Die Luftcylinder befinden sich abweichend von der sonst üblichen Bauweise auf der einen Seite, die Dampfmaschine auf der entgegengesetzten Seite in Tandemanordnung. Die Dampfmaschine arbeitet mit einer Eintrittsspannung von 10,5 Atm. abs., soll jedoch auch bei 7,5 Atm. die volle Umdrehungszahl halten können.

Da der Kompressor erst kürzlich in Betrieb genommen wurde, liegen noch keine vollständigen Versuchsergebnisse vor. Von der Firma selbst entnommene Luftdiagramme lassen auf ein gutes Arbeiten der Luftsteuerung schliessen.

c) Kompressoren mit Guthermuthschen Metallklappen der Maschinenbauanstalt Humboldt, Kalk.

Die Luftsteuerung der neuen Humboldt-Kompressoren ist nach den Patenten von Professor Guthermuth ausgeführt. Da bekanntlich gewöhnliche Ventile bei höherer Umdrehungszahl Schwierigkeiten machen können, will Guthermuth diesem Missstande durch Anordnung federnder Klappen statt der Ventile begegnen (Fig. 254). Es ist hierdurch bei grossen Durchflussquerschnitten und günstigen Strömungsverhältnissen eine sehr kleine Masse und geringe Federbelastung erreicht worden. Der Hub der Klappen

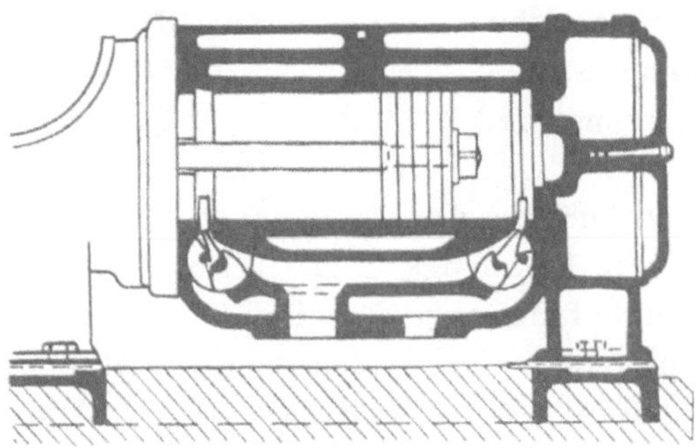

Fig. 254.

Schnitt durch einen Kompressorcylinder mit Guthermuthschen Metallklappen.

wird durch Form und Dicke des Flüssigkeitsstromes bedingt. Ein Versagen der Klappen ist infolge ihrer leichten Beweglichkeit ausgeschlossen. Der Ventilsitz ist mit schmalen Gittern versehen, um ein Durchschlagen der Platten zu verhindern. Die Klappen sind in einem Gehäuse vereinigt, welches die Demontage sämtlicher Klappen auf einmal ermöglicht.

Die zugehörige Dampfmaschine ist mit Freifall-Ventilsteuerung, Patent Humboldt versehen. Die Gesamtanordnung ist die allgemein übliche mit vorne liegenden Dampfcylindern, die Regulierung erfolgt am Hochdruckcylinder durch einen gewöhnlichen Tourenregulator mit verschiebbarem Laufgewicht.

Im hiesigen Bezirk befindet sich eine Anlage für 5000 cbm Stundenleistung und 7 Atm. Druck auf Zeche Ewald-Fortsetzung in Betrieb.

d) Stufenkompressoren mit zwangsweise gesteuerten Ventilen (System Riedler).

Diese Kompressoren wurden früher von der Firma Schüchtermann & Kremer, Dortmund gebaut. Die Schlussbewegung der Ventile des Kompressors erfolgt zwangsweise durch zwischengeschaltete Federn von der Kurbelachse aus. Die Antriebsmaschine einer untersuchten Anlage ist als Verbundmaschine ausgeführt. Ein näheres Eingehen auf das System erübrigt sich, da es heutzutage nicht mehr im Ruhrbezirk ausgeführt wird, weil die Ventile nach Angabe der Firma zu häufigen Reparaturen Veranlassung geben und die Erwartungen bezüglich der Oekonomie nicht vollständig in Erfüllung gegangen sind.

Versuchsergebnisse einer Anlage auf Zeche Pluto, Schacht Wilhelm.

	Versuch I.	Versuch II.
Minutliche Umdrehungen	40,6	58,9
Leistung der Dampfmaschine	372,33 PSi.	552,94 PSi.
Leistung des Kompressors	296,01 PSi.	485,88 PSi.
Mechanischer Wirkungsgrad	79,5 %	87,9 %
Dampfdruck	5,5 Atm. abs.	6,0 Atm. abs.
Volumetrischer Wirkungsgrad	87,6 %	86,6 %
Stündlich angesaugte Luftmenge	3646,54 cbm	5229,79 cbm
Stündlich angesaugte Luftmenge für 1 indiziertes Dampfpferd	9,79 cbm	9,45 cbm
Druck der Pressluft	5,5 Atm. abs.	5,7 Atm. abs.

Die untersuchte Anlage hat 621/1000 mm Luftcylinderdurchmesser und 700/1100 Dampfcylinderdurchmesser bei einem gemeinsamen Hub von 1100 mm.

e) Stufenkompressoren mit Drehschiebersteuerung.

α) Von G. A. Schütz, Wurzen.

Zur Erzielung eines guten Abschlusses der einzelnen Perioden ist ein Drehschieber mit besonderen, nach dem Druckraum abdichtenden Rückschlagventilen angeordnet. Die entsprechenden Schieberkanten geben Saug- bezw. Druckräume frei, wobei eine gute Führung der Luft stattfindet. Den Druckraum dichten besondere Rückschlagventile ab, welche bei einem Ueberdruck im Cylinder die Druckleitung freigeben.

Die Firma G. A. Schütz wandte, wie aus Fig. 255 ersichtlich ist, als Rückschlagventile Luftkataraktventile an. Neuerdings ist sie jedoch zu einer anderen Konstruktion übergegangen, wobei das Ventil aus einer dünneren und leichten Metallplatte besteht, welche durch eine Feder belastet ist.

Der Drehschieber hat nach den Erfahrungen der Praxis manche Mängel. Bei starker Erwärmung der Luft klemmt er sich leicht in der Führung, wodurch sich die ohnehin schon reichlich grosse Eigenreibung und damit der Kraftbedarf vermehrt. Der Schmierölverbrauch ist ein ziemlich erheblicher. So findet man bei manchen grösseren Anlagen für jeden Drehschieber eine Schmierpumpe in Thätigkeit. Der Mechanismus zum Antrieb der Drehschieber ist etwas kompliziert. Durch alle diese

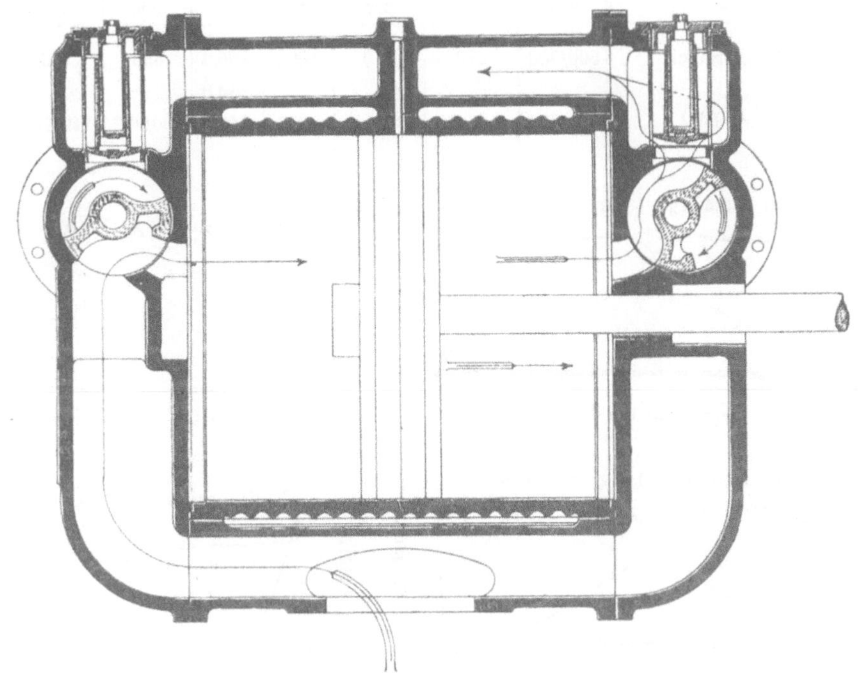

Fig. 255.

Luftcylinderschnitt eines Kompressors mit Drehschiebersteuerung
von G. A. Schütz, Wurzen.

Umstände wird der mechanische Wirkungsgrad der Anlage ungünstig beeinflusst.

Die Anordnung der Dampfmaschine und ihre Regulierung unterscheidet sich nicht von der allgemein üblichen Ausführung.

Umstehend sind die Versuchsergebnisse von 2 Anlagen wiedergegeben, von denen die erste mit Zwillingsdampfmaschine und Auspuff, die zweite mit Verbundmaschine und Kondensation arbeitete (zu II gehören die Diagramme Fig. 256—259). Die Arbeitsweise von Anlage II wurde durch etwas zu niedrigen Dampfdruck ungünstig beeinflusst.

Es sei noch erwähnt, dass die Firma G. A. Schütz ein neueres System mit freigängigen Ventilen baut. Letztere sind der Ausführung des Rückschlagventils ähnlich und bestehen aus dünnen Metallplatten.

Versuchsergebnisse von

No.	Zeche	Kompressor Abmessungen					Dampf-Ab-		
		Cylind.-Drchm. mm	Kolbst.-Durchm. Kurbel mm	Kolbst.-Durchm. Deckel mm	Hub mm	Leist. PS	Cylind.-Drchm. mm	Kolbst.-Durchm. Kurbel mm	Kolbst.-Durchm. Deckel mm
1	Graf Bismarck I .	600/900	110	110	1000	286,8	650	110	110
2	Centrum I/III . .	600/900	110/120	110/120	1000	360,8 318,1	580/900	110/120	110/120

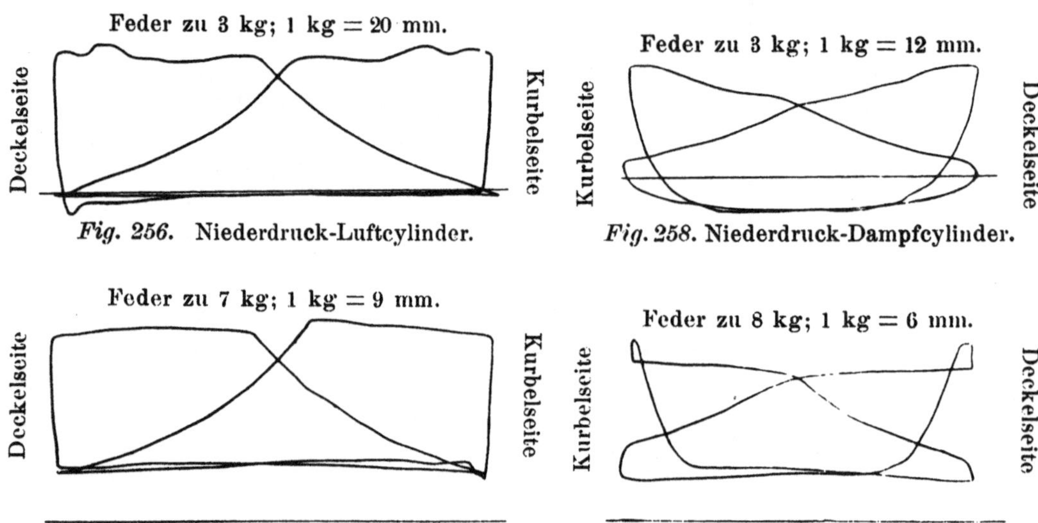

Fig. 256. Niederdruck-Luftcylinder.

Fig. 258. Niederdruck-Dampfcylinder.

Fig. 257. Hochdruck-Luftcylinder.

Fig. 259. Hochdruck-Dampfcylinder.

Fig. 256—259.

Diagramme eines Stufenkompressors mit Verbunddampfmaschine
von G. A. Schütz, Wurzen.

**β) Kompressoren von A. Borsig, Berlin (Riedler-Kompressor mit rück-
läufigen Ventilen, Patent Stumpf).**

Die Drehschieber steuern nur die Saugperiode, wobei ihre Bewegung zur Erzielung schneller Eröffnung durch Einschaltung einer Corliss-
Scheibe gethätigt wird, deren Antrieb von der Steuerwelle aus mittelst
eines Schraubenräderpaares erfolgt. Die Druckperiode beeinflussen rück-
läufige Ventile Patent Stumpf (Fig. 260). Die Ventile, welche sich bei
einem geringen Ueberdruck im Cylinder öffnen, sollen durch den Kolben
im Hubende sanft geschlossen werden. In dem Kolben angebrachte
Federn sollen ein stossfreies Auffangen der Ventile ermöglichen. Die
Ventile, deren Einzelteile aus Fig. 262 zu ersehen sind, arbeiten präzise

Schützschen Kompressoren.   Tabelle 31.

| maschine messungen | | Umdr. in der Minute | Mecha-nischer Wirk.-grad | Volume-trischer Wirk.-grad | Druck der Pressluft: | Stündliche Luftmenge | | | Kessel-spannung |
| | | | | | | | für das indizierte | | |
Hub mm	Leist. PS		%	%	Atm. abs.	insgesamt cbm	Dampf-pferd cbm	Kompress.-pferd cbm	Atm. Ueberdruck
1000	334,3	40,3	85,8	96,0	5,7	2909,3	8,70	10,14	5,2
	413,2	51	87,3	95,3	6,2	3654,3	8,85	10,13	5,2
1000	374,1	46,9	85,0	96,6	6,8	3396,1	9,08	10,68	7,1

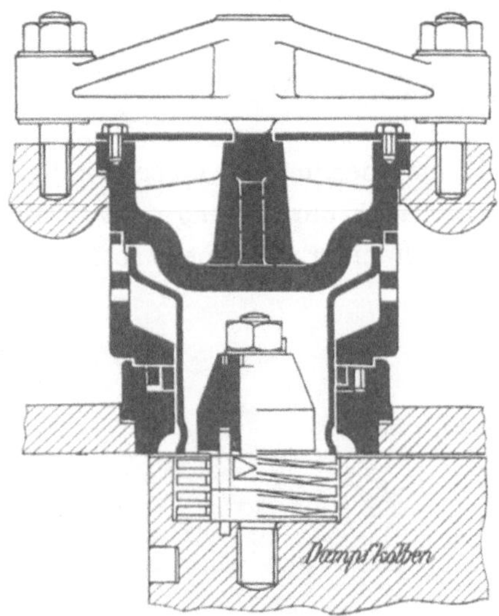

Fig. 260.

Stumpf-Ventil mit festem Sitz.

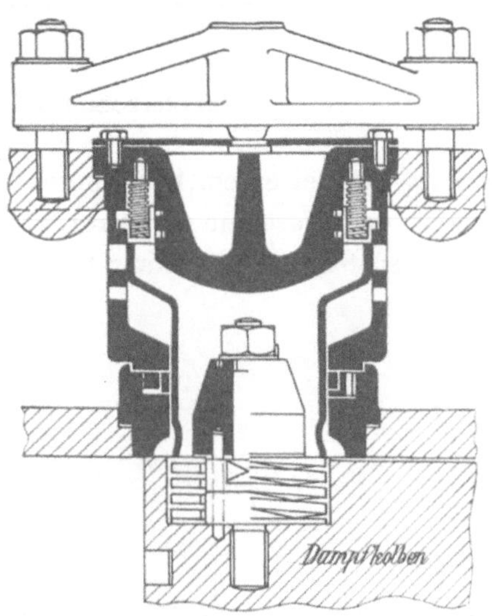

Fig. 261.

Stumpf-Ventil mit federndem_Sitz.

Fig. 262.

Einzelteile des Stumpf-Ventils.

und ohne jedes Flattern, wie aus dem Ventilerhebungsdiagramm (Fig. 263) hervorgeht.

Nach Angabe der Firma hat sich die Ventilkonstruktion für grosse Ventile nicht bewährt. Wohl sei es möglich, die Ventile so einzustellen,

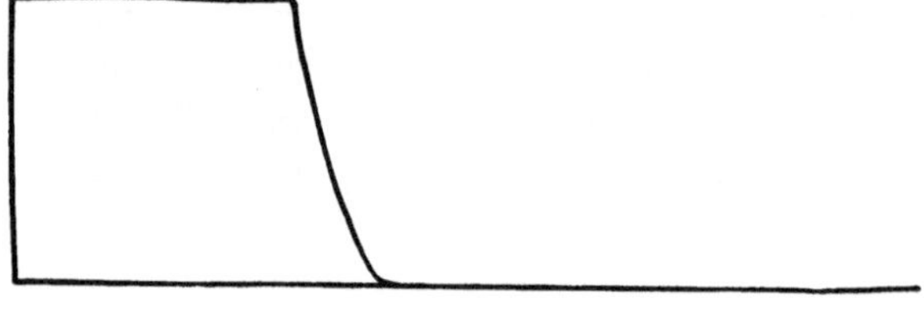

Fig. 263.

Ventilerhebungsdiagramm eines Stumpf-Ventils.

dass sie bei einem bestimmten Druck und einer bestimmten Geschwindigkeit der Maschine stossfrei arbeiteten, aber auch nur so lange, als diese beiden Faktoren konstant blieben. Aendere sich einer von ihnen, so fingen

Fig. 264.

Borsig-Kompressor auf Zeche Alma.

die Ventile an laut zu schlagen. Um diese Uebelstände zu mildern, wurde ein Umbau in der Weise vorgenommen, dass die Ventile auf einen federnden Sitz aufsetzten (Fig. 261); indessen wurde auch damit der gewünschte Erfolg nicht ganz erreicht.

Eine für Zeche Alma ausgeführte Anlage zeigt Fig. 264. Der Kompressor hat 850/570 mm Luftcylinderdurchmesser, 620/950 mm Dampfcylinderdurchmesser und 1200 mm gemeinsamen Hub. Wie üblich, liegen die Dampfcylinder vorn. Die Abmessungen der Maschine sind so gewählt, dass sich bei 80 minutlichen Umdrehungen eine Saugleistung von 6000 cbm

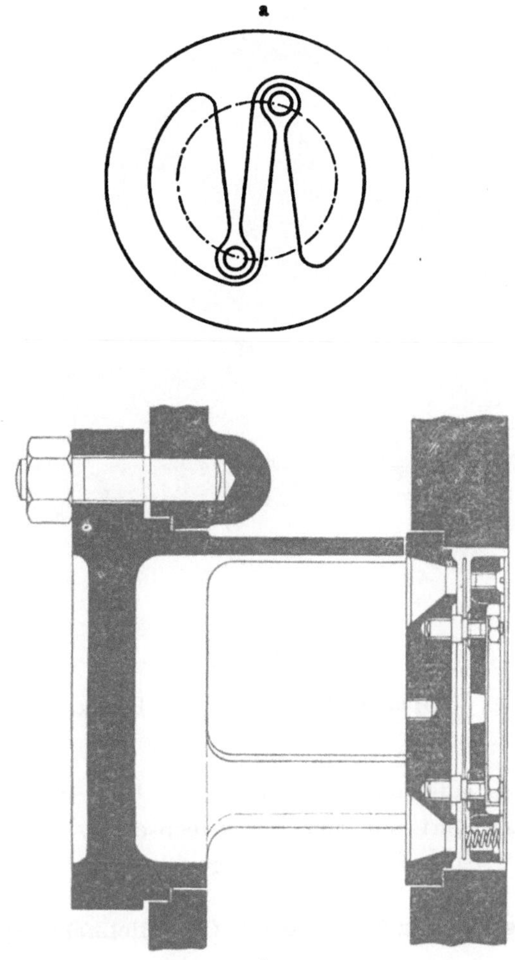

Fig. 265 a u. b.
Neueres Plattenventil von Borsig.

in der Stunde bei einem Enddruck von 7 Atm. abs. ergiebt. Unter Annahme eines volumetrischen Wirkungsgrades von 0,935 musste dann ein Durchmesser von 850 mm für den Niederdruckcylinder und unter gleichen Arbeitsbedingungen von 570 mm für den Hochdruckcylinder gewählt werden. Angestellte Versuche ergaben einen günstigeren Wirkungsgrad.

Die Dampfmaschine hat die bekannte Collmann-Steuerung, welche von einem Hartung-Regulator beeinflusst wird.

Die Maschinenfabrik Borsig hat auf Grund neuerer Erfahrungen ein Ventil konstruiert, welches aus einer leichten Stahlplatte besteht die an

Fig. 266.

Neuerer Kompressor von Borsig.

federnden Armen aufgehängt ist (Fig. 265). Die Saug- und Druckventile sind gleich ausgeführt und leicht auswechselbar. Ein Kompressor mit dieser Steuerung ist in Fig. 266 wiedergegeben.

γ) Kompressoren von Th. Calow & Co., Bielefeld, System Strnad.

Das Wesentliche der Strnadschen Steuerung besteht darin, dass die Rückschlagventile direkt im Rundschieber angeordnet sind. Wenn der Rundschieber den Saugkanal freigegeben hat, decken sich die Ventile mit dem Eintrittsspalt in den Cylinder. Bei dem nötigen Ueberdruck stellen die Ventile dann die Verbindung mit dem Druckraum her. Im Totpunkt sperrt der Schieber wieder den Druckraum ab und giebt die Saugleitung frei. Die Rückschlagventile stehen dann nicht mehr unter der Einwirkung der Pressluft und haben genügend Zeit, sich unter dem Einfluss der leicht gespannten Belastungsfeder zu schliessen. Der Antrieb der Steuerungs-

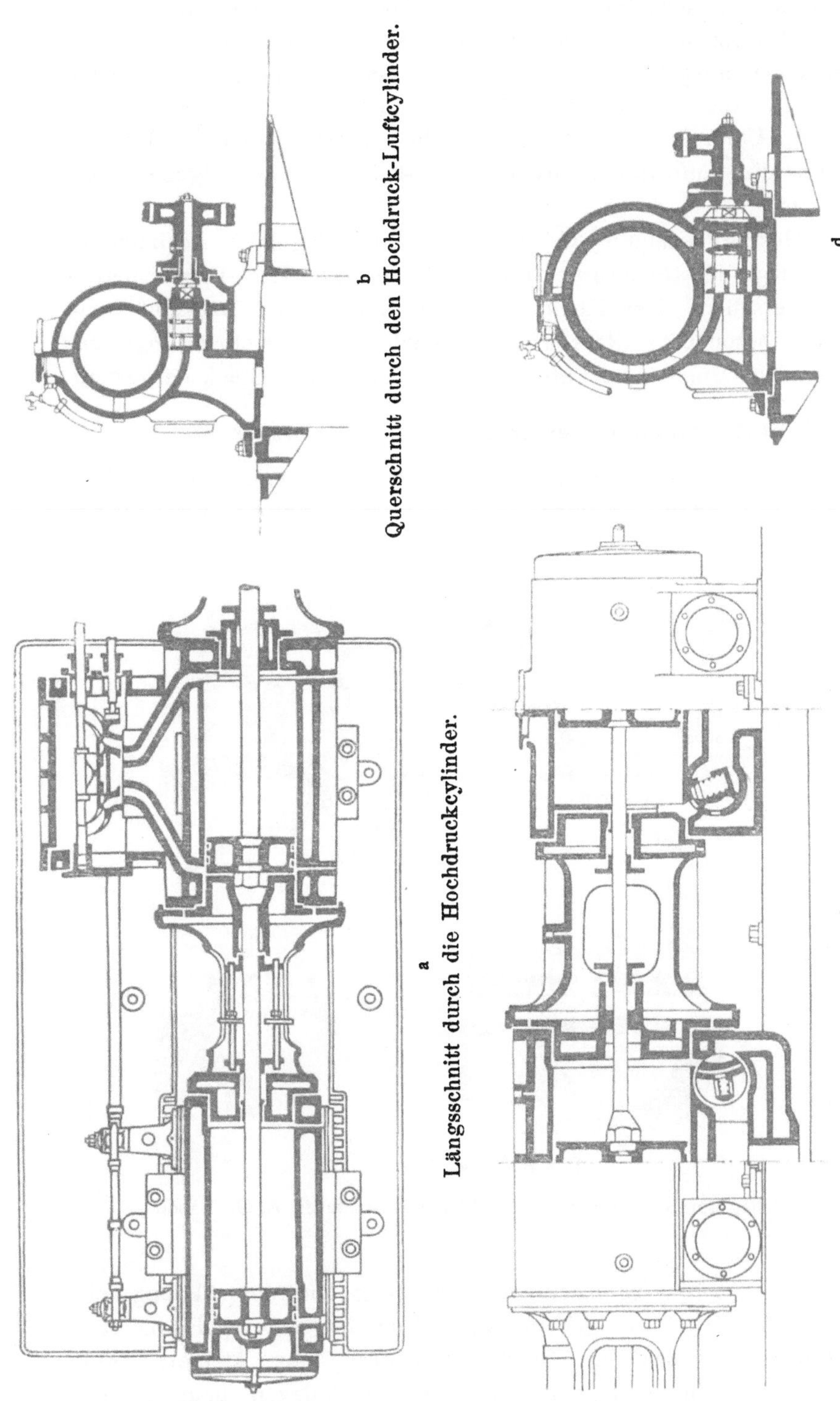

Fig. 267 a—d.

Liegender Stufenkompressor von Th. Calow & Co., Bielefeld, auf Zeche Schnabel ins Osten.

organe (je eines gleichzeitig für Ein- und Austritt auf jeder Kolbenseite)
erfolgt durch Excenter und Schwinge von der Steuerwelle aus.

Bei einer ausgeführten Anlage auf Zeche Schnabel ins Osten
(Fig. 267 a—d) für eine stündliche Saugleistung von 1800 cbm bei 100
minutlichen Umdrehungen betragen die Dampfcylinderdurchmesser
380/580 mm, die Luftcylinderdurchmesser 540/350 mm, der gemeinsame
Hub 700 mm.

Der Hochdruckdampfcylinder ist mit vom Regulator beeinflusster
Ridersteuerung, der Niederdruck-Dampfcylinder mit Trick-Rundschieber-
steuerung versehen. Der Kompressor hat Mantel- und Deckelkühlung,
sowie einen besonderen Röhrenzwischenkühler. Die Kolbenstange der
entsprechenden Dampf- und Luftcylinder ist aus einem Stück hergestellt.

f) Stufenkompressoren mit Flachschiebersteuerung.

Eine der ältesten Schiebersteuerungen ist die bekannte Flachschiebersteuerung von Weiss, welche von der Duisburger Maschinen-

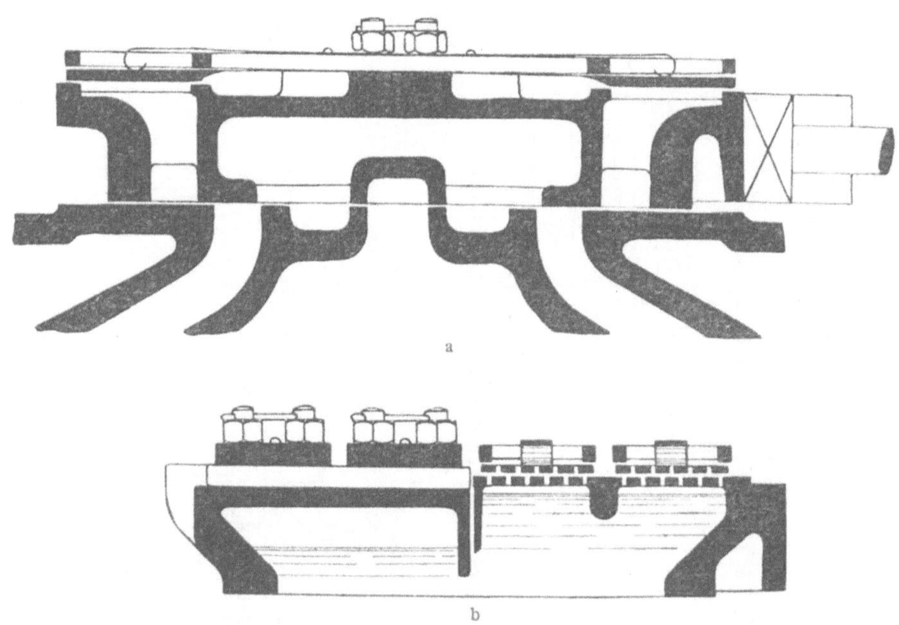

Fig. 268 a u. b.

Luftschieber der Kompressoren der Firma Burckhardt, A.-G., Basel.

fabrik, vorm. Bechem & Keetmann, Duisburg und der Aktiengesellschaft Burckhardt, Basel gebaut wird. Von der ersteren Firma sind
keine Stufenkompressen in Betrieb, sondern nur kleinere Ein-
cylinder- bezw. Zwillingskompressoren. Kleinere Anlagen, hauptsächlich

für Montagezwecke, baut auch die Firma Fröhlich & Klüpfel, Barmen.

Der Schieber (Fig. 268a und b) ist ein Flachschieber mit darauf angeordnetem Rückschlagventil. Das Charakteristische des Weiss'schen Schiebers besteht in dem sogenannten Druckausgleich. Durch einen besonderen Kanal wird nämlich bei Beginn der Druckperiode eine Verbindung mit der anderen Cylinderseite hergestellt, sodass die im schädlichen Raume zurückgebliebene Pressluft auf die andere Seite schiesst und dort die auch aus den Diagrammen (Fig. 269—272) ersichtliche Druckerhöhung hervorruft. Dadurch wird die beträchtliche Vergrösserung des Anfangs-

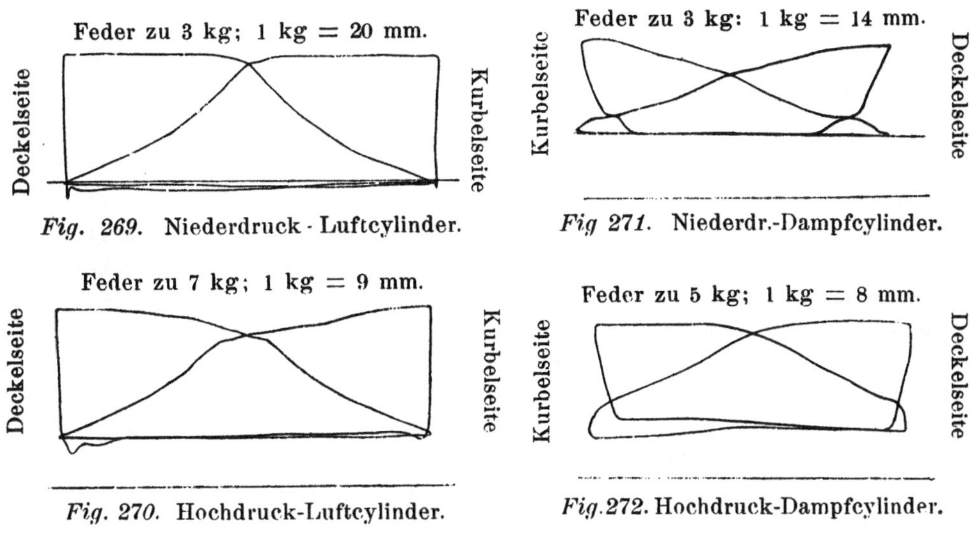

Fig. 269. Niederdruck-Luftcylinder.

Fig 271. Niederdr.-Dampfcylinder.

Fig. 270. Hochdruck-Luftcylinder.

Fig. 272. Hochdruck-Dampfcylinder.

Fig. 269—272.

Diagramme eines Stufenkompressors mit Verbunddampfmaschine von Burckhardt, A.-G., Basel.

druckes bei Beginn des Kolbenhubes verkleinert und einer übermässigen Beanspruchung des Triebwerks vorgebeugt. Der volumetrische Wirkungsgrad wird dagegen bedeutend grösser, da die Rückexpansion der sonst im schädlichen Raume zurückbleibenden Pressluft wegfällt. Indessen ist der Druckausgleich immer mit höherem Kraftbedarf verbunden. Um diesen zu verkleinern, werden die Schieber recht niedrig konstruiert und die schädlichen Räume möglichst klein gehalten.

Ein anderer Fehler der Flachschiebersteuerung ist der, dass die Schieber für grössere Saugleistungen, besonders am Niederdruckcylinder verhältnismässig gross und schwer werden. Bei dem ohnehin schon erheblichen Flächendruck des Flachschiebers wird hierdurch die Reibungsarbeit vergrössert und die Schmierung sehr erschwert.

Die Abmessungen zweier untersuchter Anlagen sind:

	Anlage I	Anlage II
Durchmesser der Dampfcylinder . .	500/800	625/1000
» » Luftcylinder . . .	650/400	850,550
Gemeinsamer Hub	700	700

Anlage I steht auf Zeche Graf Beust, Anlage II auf Zeche Hannover III/IV in Betrieb.

Die Gesamtanordnung ist die allgemein übliche mit vorn liegenden Luftcylindern. Anlage I arbeitet mit Kondensation, Anlage II mit Auspuff. (S. Diagramme von Anlage II. Fig. 269—272)

Versuchsergebnisse. Tabelle 32.

	Anlage I		Anlage II	
Minutliche Umdrehungen	69,4	78,2	55,2	69,1
Leistung der Dampfmaschine PSi	190,65	234,79	256,01	323,11
Leistung des Kompressors PSi	166,71	199,76	220,87	273,83
Mechanischer Wirkungsgrad %	87,4	85,1	86,3	84,8
Kesselspannung während des Versuches Atm. abs.	7,3	6,7	7,0	7,0
Volumetrischer Wirkungsgrad %	96	96	96 7	96,7
Stündliche Luftmenge cbm	1822,23	2064,56	2512,73	3151,17
Stündliche Luftmenge für ein indiziertes Dampfpferd cbm	9,61	8,79	9,81	9,75
Druck der Pressluft Atm. abs.	5,3	5,7	6,0	5,9

Die Arbeitsweise von Anlage II ist durch eine sehr lange Druckleitung und die infolgedessen aufzuwendenden grossen Beschleunigungsarbeit ungünstig beeinflusst. Das zeigt sich besonders bei dem Versuch mit erhöhter Umdrehungszahl. Der Einbau von Druckwindkesseln wäre hier sehr am Platze.

g) Stufenkompressoren mit Kolbenschiebersteuerung.

α) Von Thyssen & Co., Mülheim.

Ausser dem bereits besprochenen System mit Plättchenventilen baut die Firma Thyssen & Co., Mülheim-Ruhr auch noch Kompressoren mit Kolbenschiebersteuerung (Fig. 273). Hierbei ist das zur Abdichtung gegen den Druckraum nötige Rückschlagventil direkt mit dem Schieber, der gleichzeitig als Ventilsitz dient, fest verbunden und macht so die Schieberbewegungen

mit. Bei Verbindung des Druck-
raumes mit dem Cylinder-
innern durch den Schieber
sperrt das Ventil den Zugang
zum Druckraum so lange ab,
bis im Cylinder der zum
Oeffnen des Ventils nötige
Ueberdruck vorhanden ist.
Nach Beendigung der Druckperiode sperrt der Schieber
im Totpunkt des Kolbens den
Austritt der Luft ab und das
Ventil hat während der nun
beginnenden Saugperiode Zeit,
sich unter Einwirkung einer
schwachen Belastungsfeder
sanft zu schliessen. Auch hier
ist die besprochene Vorrichtung zum Zurückziehen der
Luftcylinder vorgesehen, welche eine bequeme innere Besichtigung der Dampfcylinder
ermöglicht.

Eine derartige für Zeche
Pluto ausgeführte Anlage (Fig.
273) hat eine Ventil-Zwillings-
dampfmaschine von 760 mm
Cylinderdurchmesser bei 1100
mm Hub. Die Durchmesser
der Luftcylinder betragen
1000/640 mm bei demselben
Hub. Die minutliche Umdrehungszahl lässt sich zwischen
40 und 80 in der Minute verstellen. Die Luftcylinder sind
ohne Kühlmantel ausgeführt.
Die Rückkühlung zwischen
den beiden Druckstufen erfolgt
in einem besonderen Röhrenzwischenkühler. Die Kurbellager sind als Ringschmierlager ausgebildet.

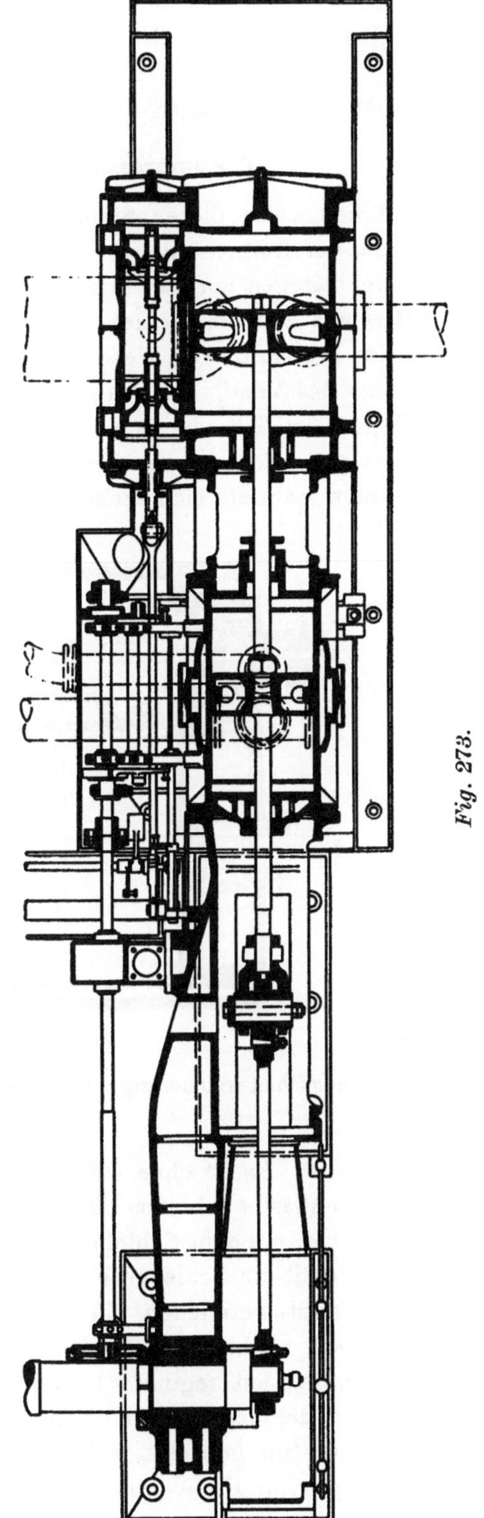

Fig. 273.

Kompressor mit Kolbenschiebersteuerung von Thyssen & Co. auf Zeche Pluto.

Die Gesamtanordnung ist die übliche mit hinten liegenden Luftcylindern.

Versuche mit derartigen Kompressoren liegen noch nicht vor.

β) Kompressoren von R. Schütz.

Die Arbeitsweise dieser Steuerung ähnelt der vorher besprochenen
von Thyssen, der Kolbenschieber steuert auch hier Anfang und Ende der
Saugperiode, dagegen nur das Ende der Druckperiode. Das Rückschlagventil hat seinen Sitz im Schieber und öffnet sich zu Beginn des Fort-
drückens der Pressluft. Das Wesentliche dieser Steuerung ist der zwangsweise Schluss des Ventils durch den Kolbenschieber.

In Fig. 274 ist links der Schieber gezeichnet, nachdem er das Ventil
auf den Sitz gedrückt hat. In dieser Kolbenstellung wird von links die
Luft angesaugt, während sich rechts das Ventil ganz geöffnet hat und die

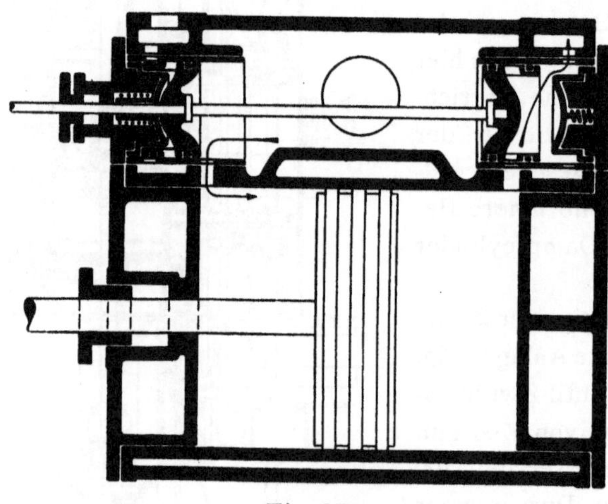

Fig. 274.

Kolbenschiebersteuerung eines Kompressors von R. Schütz.

Druckluft austritt. Es ist ohne weiteres zu verstehen, dass der Kolbenschieber ganz entlastet arbeitet. Das Ventil selbst steht, sobald es seinen
Sitz verlassen hat, mit dem Schieber in keiner Verbindung mehr.

Da das Ventil die Schieberbewegung nicht mitmachen muss, wird ein
Flattern des Ventils vermieden. In der Totlage des Hauptkolbens öffnet
der um etwa 90° nacheilende Schieber den linken Saugkanal, während
rechts die Kompression beginnt. In der Mittelstellung des Kolbens beim
Rechtsgang hat der Schieber seine linke Endstellung erreicht und das
Ventil auf seinen Sitz gepresst, welches nun bei der Schieberumkehr mitgenommen wird. Zur Erleichterung des Ventilschlusses ist eine schwache

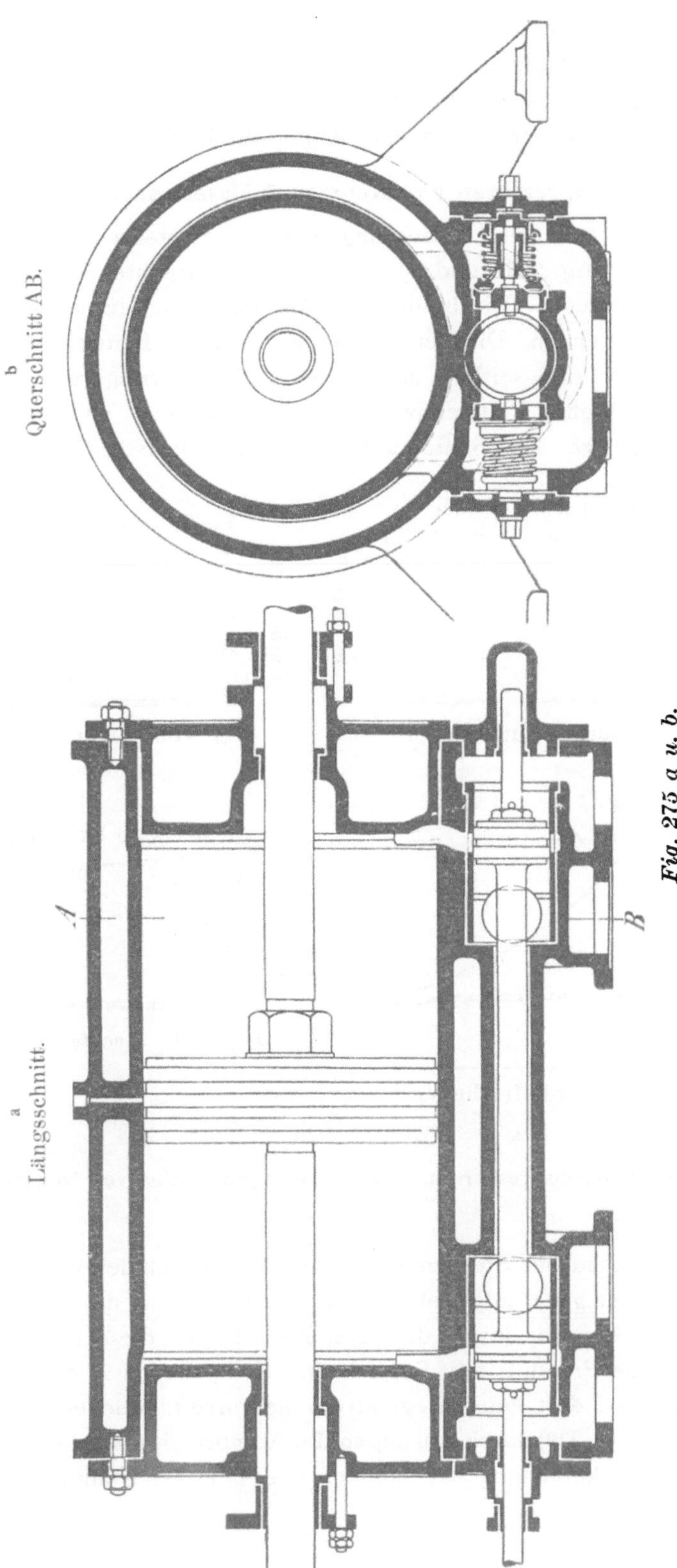

Fig. 275 a u. b.

Schnitte durch den Hochdruck-Luftcylinder eines Kompressors von Neuman & Esser.

Belastungsfeder vorgesehen. Der Ventilhub kann infolge der eigenartigen
Pufferwirkung sehr gross gewählt werden; infolgedessen wird die Sitzlänge
sehr gering. Kompressoren dieser Art sind bis jetzt im Ruhrbezirk noch
nicht ausgeführt, kommen indessen in Kürze auf Zeche Helene in Betrieb.

γ) Kompressoren von Neuman & Esser, Aachen.

Die Firma baut eine Steuerung eigenen Systems mit entlastetem
Kolbenschieber (Fig. 275a und b). Diese hat getrennte Saug- und gemeinsame Druckräume. Die beiden Kolbenschieber sind durch eine gemeinsame Stange verbunden. Die den Druckraum von der Leitung trennenden
Rückschlagventile sind seitlich angeordnet. Zur Verringerung des Einflusses des schädlichen Raumes ist der Druckraum dicht an die Kolbenstange herangeführt. Der Schieber selbst arbeitet vollständig entlastet.

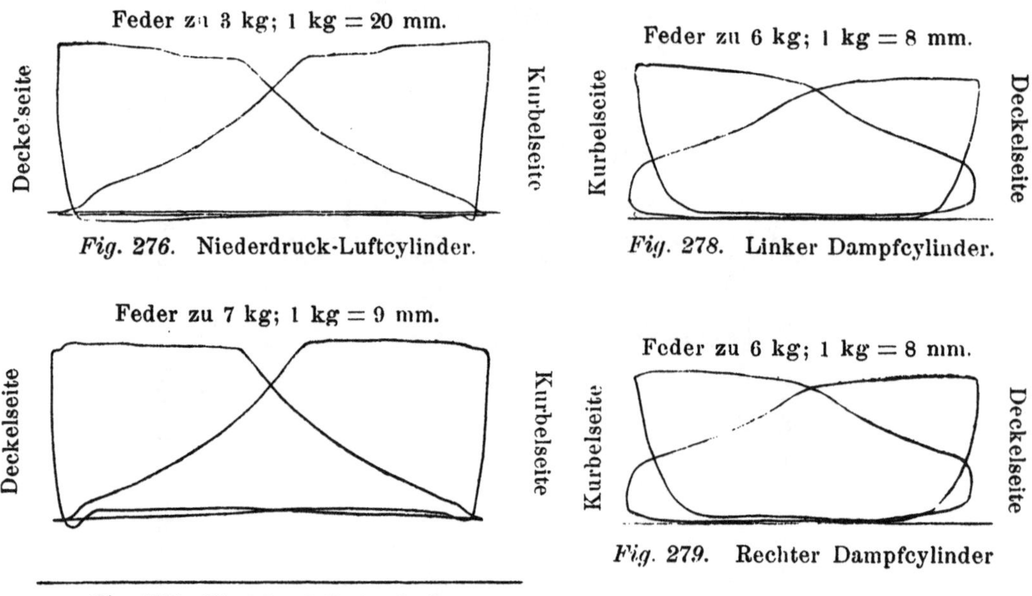

Fig. 276. Niederdruck-Luftcylinder.

Fig. 278. Linker Dampfcylinder.

Fig. 279. Rechter Dampfcylinder

Fig. 277. Hochdruck-Luftcylinder.

Fig. 276—279.

Diagramme eines Stufenkompressors mit Zwillingsdampfmaschine von Neuman & Esser.

Ein Uebelstand der Steuerung, welcher auch durch den kleinen schädlichen Raum nicht ganz aufgehoben wird, besteht darin, dass beim Freigeben des Druckraums durch den Schieber die in diesem schädlichen
Raum befindliche Pressluft bei Beginn der Kompression in den Cylinder
zurückschiesst und dort einen Gegendruck hervorruft, welcher in den Diagrammen (Fig. 276—279) durch Ansteigen der Kompressionskurve bemerkbar
wird. Diese Druckerhöhung hat, ähnlich wie bei den Kompressoren mit

Druckausgleich, einen erhöhten Kraftbedart zur Folge. Diese Thatsache wird auch durch die Saugleistung für eine indizierte Dampfpferdekraft bewiesen.

Die Zeit zum Schliessen des Rückschlagventils wird durch eine ziemlich grosse Ueberdeckung der Schieber gewonnen. Die Bewegungsübertragung auf den Schieber erfolgt in gleicher Weise wie bei den älteren Ausführungen der Firma Pokorny & Wittekind, sodass an dieser Stelle ein Hinweis auf Fig. 291 genügt. Auch hier gilt, dass die vielen Glieder und gelagerten Teile der Bewegungsorgane von ungünstiger Einwirkung auf die Arbeitsweise sind.

Eine untersuchte Anlage mit entlasteter Kolbenschiebersteuerung auf Consolidation III/IV hatte 570/900 Luftcylinderdurchmesser, je 600 mm Dampfcylinderdurchmesser (Zwillingsmaschine) bei 1000 mm Hub (s. Diagramme Fig. 276—279).

Versuchsergebnisse.

Minutliche Umdrehungszahl	52
Leistung der Dampfmaschine (Auspuff)	422,98 PS$_i$
» des Kompressors	373,82 PSi
Mechanischer Wirkungsgrad	88,4 %
Dampfdruck	6,1 Atm. abs.
Volumetrischer Wirkungsgrad	94,8 %
Stündlich angesaugte Luftmenge	3716,82 cbm
» » » für 1 ind. Dampfpferd	8,78 cbm
Druck der Pressluft	7,1 Atm. abs.

Feder zu 7 kg; 1 kg = 9 mm.

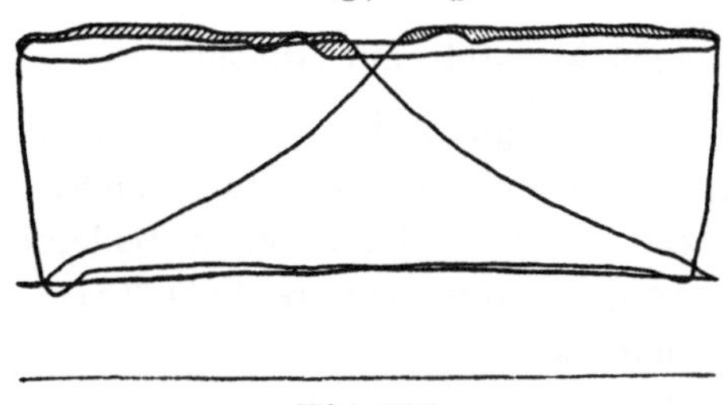

Fig. 280.

Druckdiagramme der Hochdruckseite.

Nach den Druckdiagrammen (Fig. 280) ist die Ventilarbeit bei 52 minutlichen Umdrehungen ziemlich gering und beträgt beim Hochdruckcylinder etwa 3 % der zugehörigen Cylinderarbeit.

Die Antriebsdampfmaschinen der Firma sind mit Sulzer-Steuerung versehen, welche meist von einem Weissschen Leistungsregulator beeinflusst wird. Die Gesamtanordnung ist die allgemein übliche mit hinten liegenden Luftcylindern.

Ausser dieser Steuerung führt die Firma, wie bereits erwähnt, auch die Köster-Steuerung aus. In neuerer Zeit legt sie dabei die Luftcylinder nach dem Vorgang der Firma Pokorny & Wittekind nach vorne. Es sei dieserhalb auf den folgenden Abschnitt verwiesen.

Eine der untersuchten Anlagen auf Zeche Bonifacius III war s. Z. im Jahre 1902 eine der grössten, die im hiesigen Bezirk in Betrieb waren. Ihre Abmessungen sind folgende:

Luftcylinderdurchmesser . . . . 1002/636 mm

Dampfcylinderdurchmesser . . . . . 808,8/1035,1 mm

Gemeinsamer Hub . . . . 1200 mm.

Die Versuchsergebnisse sind nachstehend wiedergegeben:

Tabelle 33.

	Versuch I	Versuch II
Minutliche Umdrehungen	60,3	76,4
Leistung der Dampfmaschine	808,75 PS$_i$	1035,10 PS$_i$
Leistung des Kompressors	726,68 PS$_i$	909,54 PS$_i$
Mechanischer Wirkungsgrad	89,8 %	87,9 %
Dampfdruck	8,8 Atm. abs.	8,1 Atm. abs.
Volumetrischer Wirkungsgrad	94,7 %	93,8 %
Stündliche Luftmenge	6393,11 cbm	8009,8 cbm
Stündliche Luftmenge für 1 ind. Dampfpferd	7,90 cbm	7,73 cbm
Druck der Pressluft	7,0 Atm. abs.	6,2 Atm. abs.

Die Dampfmaschine arbeitete mit Auspuff.

Die beiden Versuche zeigen beim Vergleich deutlich, dass der Effekt infolge zu enger Querschnitte der Luftleitung sinkt. Der Versuch mit höherer Umdrehungszahl ergiebt nämlich einen bedeutend geringeren mechanischen Wirkungsgrad, während letzterer bei höherer Tourenzahl gerade hätte besser werden müssen.

Von neueren Anlagen liegen noch keine Versuchsergebnisse vor. Es lässt sich jedoch erwarten, dass deren Arbeitsweise eine bedeutend bessere ist. Die Luftcylinder sind dabei nach vorne gelegt.

Die Abmessungen eines derartigen Kompressors auf Zeche Erin (Fig. 281) sind folgende:

Luftcylinderdurchmesser . . . . . . 1025/626 mm,

Dampfcylinderdurchmesser . . . . . 725/1201 »

Gemeinsamer Hub . . . . 1100 »

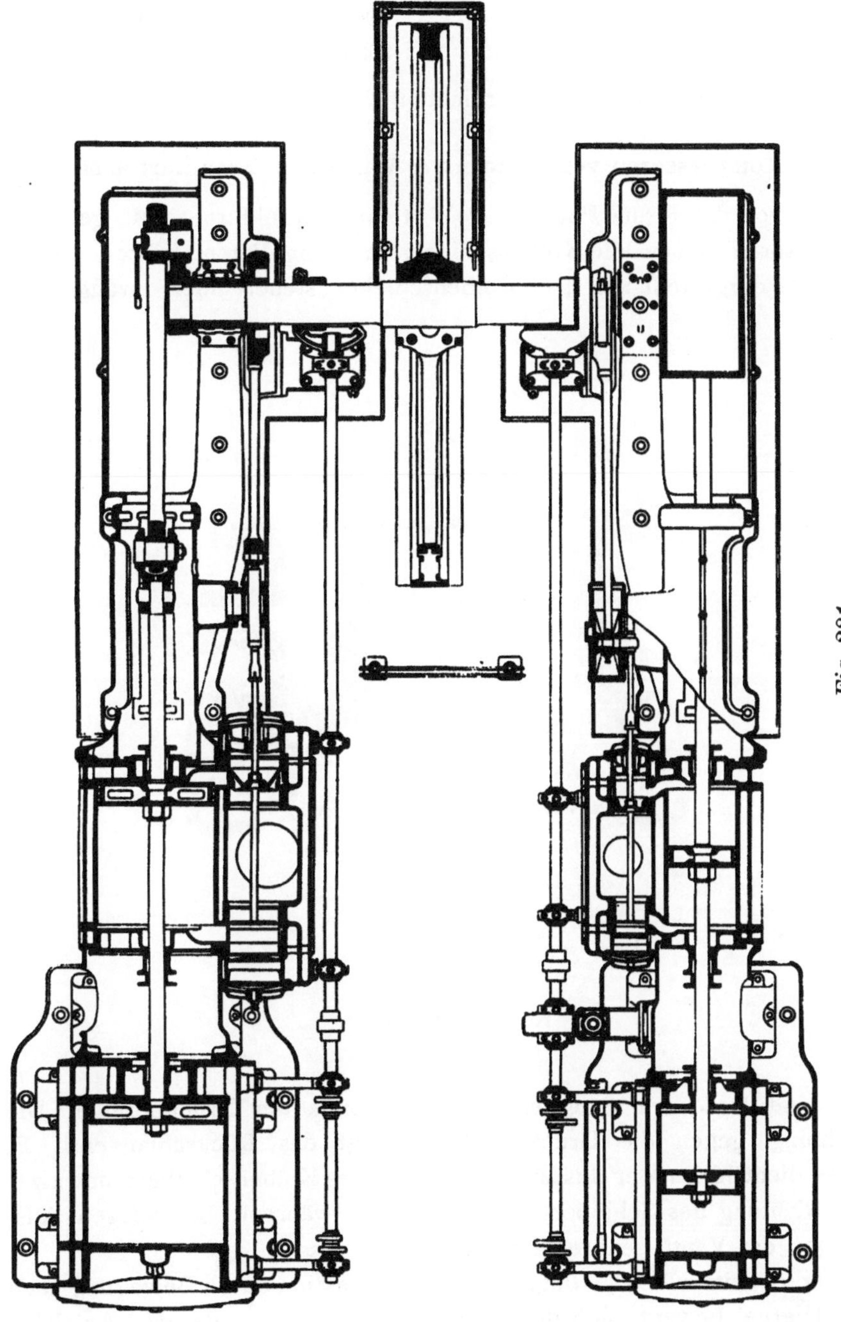

Fig. 281.

Stufenkompressor von Neuman & Esser auf Zeche Erin.

Der Kompressor soll

bei 50 minutlichen Umdrehungen 5000 cbm Luft
  » 60   »   »   6000 » » (normal)
  » 80   »   »   8000 » » (maximal)

ansaugen und auf 7 Atm. abs. verdichten.

d) **Kompressoren von Pokorny & Wittekind, Frankfurt a. M.**

Die von der Firma Pokorny & Wittekind, Frankfurt a. M. gebauten
Kompressoren haben alle Kolbenschiebersteuerung Patent Köster, welche
in Fig. 282 dargestellt ist. Der Kolbenschieber steuert hier zwangsweise

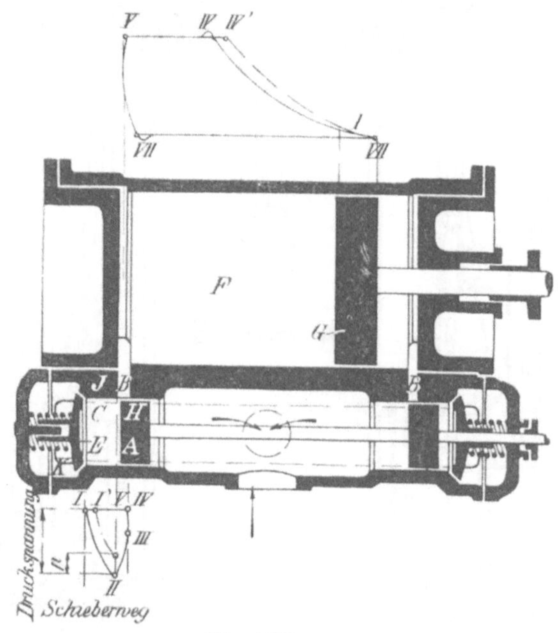

Fig. 282.

Köster-Steuerung.

Beginn und Ende der Saugperiode, sowie Ende der Druckperiode. Die
Abdichtung gegen die Druckleitung besorgt das Rückschlagventil E,
welches dicht hinter der äussersten Stellung des Kolbenschiebers und zwar
in der Richtung des Schiebers angebracht ist, während bei älteren Ausführungen das Ventil senkrecht zum Schieber sass.

Der Arbeitskolben G beginnt die Kompression durch Bewegung nach
links. Hierbei bewegt sich der Schieber nach rechts, da das Antriebs-
excenter um $90 + \delta°$ der Kurbel nacheilt, wobei δ meist 10—12° beträgt.
Die Kanäle B werden infolgedessen kurz nach dem Hubwechsel geöffnet

und zwar in unserem Falle rechts zur Verbindung mit dem Saugraum, links
mit dem Druckraum. Infolge der Rechtsbewegung des Steuerkolbens wird
der Kompressionsraum vergrössert und die Kompressionslinie verläuft
flacher wie bei einem reinen Ventilkompressor. Stellt das Diagramm
VII VIII IV' V das Diagramm eines Ventilkompressors dar, so ist VII VIII
IV V das Diagramm des Kösterkompressors. Die Differenzfläche VIII IV' IV
stellt hierbei die vom Schieber geleistete Arbeit dar. Hat nämlich der
Steuerkolben seinen Totpunkt überschritten, so nimmt er an der Kom-
pressions- und Fortdruckarbeit teil. Die geleistete Arbeit wird durch das
Diagramm I II III IV dargestellt. Diese Diagrammfläche muss die gleiche

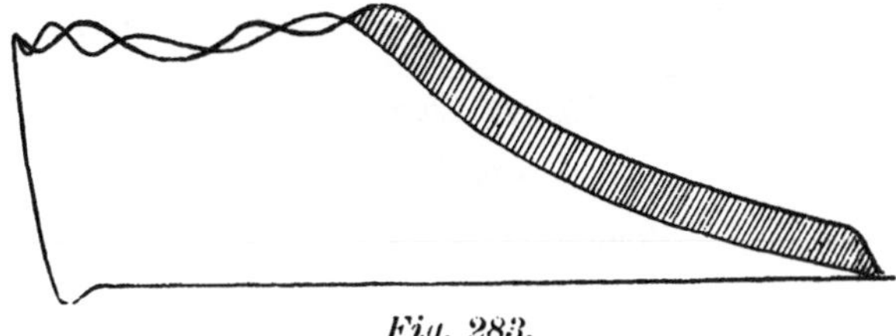

Fig. 283.

Diagramm bei verspätetem Ventilschluss.

Arbeitsleistung ergeben, wie die Differenzfläche VIII IV' IV. Die Verdräng-
Arbeit des Steuerkolbens wird nun nach Umkehr des Hauptkolbens noch
so lange geleistet, bis der Steuerkolben seinen Totpunkt erreicht hat. Aus
praktischen Gründen lässt man zwischen Rückschlagventil und Schieber
soviel Pressluft zurück, dass diese sich beim Rückgang bis auf Atmosphärenspannung ausdehnt, sodass keinerlei Rückströmen oder Druckerhöhung in
dem Cylinder stattfindet und eine ungünstige Einwirkung des schädlichen
Raumes vermieden wird. Das Rückschlagventil hat nun unter Einwirkung
einer schwachen Feder Zeit, sich während des Weges I II zu schliessen,
denn in Punkt II erfolgt der Rückweg des Schiebers. Bei zu spätem
Schluss des Ventils erfolgt die Rückexpansion nach der Linie I' und II'
und würde dann beim Oeffnen des Kanals eine Druckerhöhung eintreten,
deren Mehrarbeit durch die schraffierte Fläche des Diagramms Fig. 283
zum Ausdruck kommt.

Es wird oft behauptet, dass die nutzbare Arbeit des Schiebers Nachteile im Gefolge habe. Dies könnte der Fall sein, wenn die Schieberarbeit im Vergleich zur Kolbenarbeit sehr gross wäre und müsste sich
dann im mechanischen Wirkungsgrad zeigen. Nach Versuchen ist letzterer
jedoch keineswegs kleiner als bei anderen Systemen, sodass von
einem schädlichen Einfluss der Schieberarbeit nicht die Rede sein kann.
Der Rückdruck auf die Excenter ist bei richtiger Dimensionierung der
Laufflächen ebenfalls nicht von schädlicher Einwirkung.

Die hinter dem Rückschlagventil befindliche Pressluft wirkt im letzten Moment der Eröffnung als Puffer und trägt somit zum ruhigen Gang wesentlich bei. Ein bei 129 minutlichen Umdrehungen entnommenes Ventilerhebungs-Diagramm zeigt deutlich das ruhige Arbeiten des Ventils (Fig. 284). Das Diagramm ist auf dem Steuerkolbenweg mit Indikatorantrieb von der Steuer-Kolbenstange aus entnommen. Das Ventil öffnet

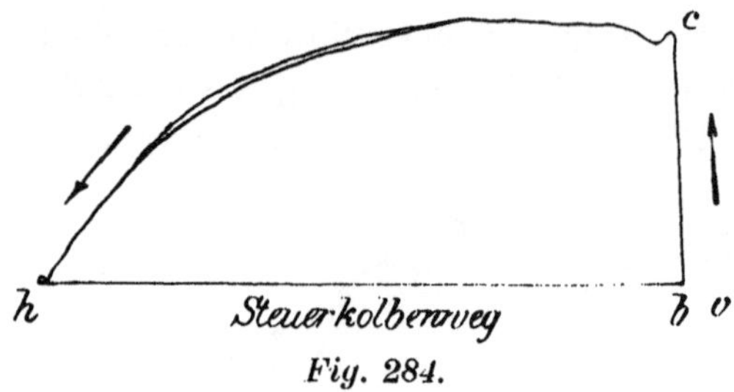

Fig. 284.

Ventilerhebungsdiagramm.

ungefähr im vorderen Totpunkt des Steuerkolbens. Bei ganz geöffnetem Ventil tritt der Luftpuffer in Wirksamkeit, wie aus der kleinen Welle bei c zu ersehen ist. Das Ventil bleibt nun offen und schliesst sich dann ganz allmählich durch die schwache Belastungsfeder, sodass es in der hinteren Totlage des Steuerkolbens ganz geschlossen ist.

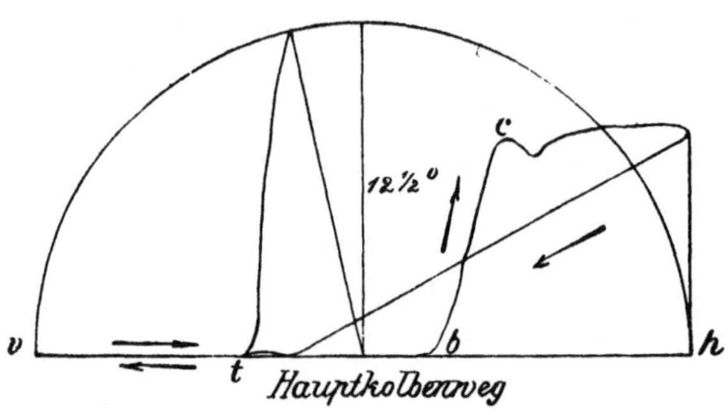

Fig. 285.

Ventilerhebungsdiagramm.

Diese Vorgänge werden noch deutlicher, wenn man die Ventilerhebungsdiagramme bezogen auf den Hauptkolbenweg (also mit dem üblichen Indikatorantrieb vom Kreuzkopf) nimmt. Die Vorgänge des Ventilspiels sind dann gegen vorher um etwa 90° versetzt, da der Steuerkolben wie erwähnt, um ca. 90°, nacheilt. Das Diagramm Fig. 285 ist ebenfalls bei ca. 130 minutlichen Umdrehungen entnommen. Das Ventil öffnet im Punkt b sehr rasch, bei c ist die Pufferwirkung zu ersehen. Bis zum hintern Totpunkt des Arbeitskolbens bleibt das Ventil ganz offen. Dann lässt es noch die vom Steuerkolben verdrängte Luftmenge durch und ist im hinteren Totpunkt des Steuerkolben (Punkt t) geschlossen.

Es zeigt sich mithin, selbst bei höherer Umdrehungszahl, ein ruhiges und präzises Arbeiten des Ventils.

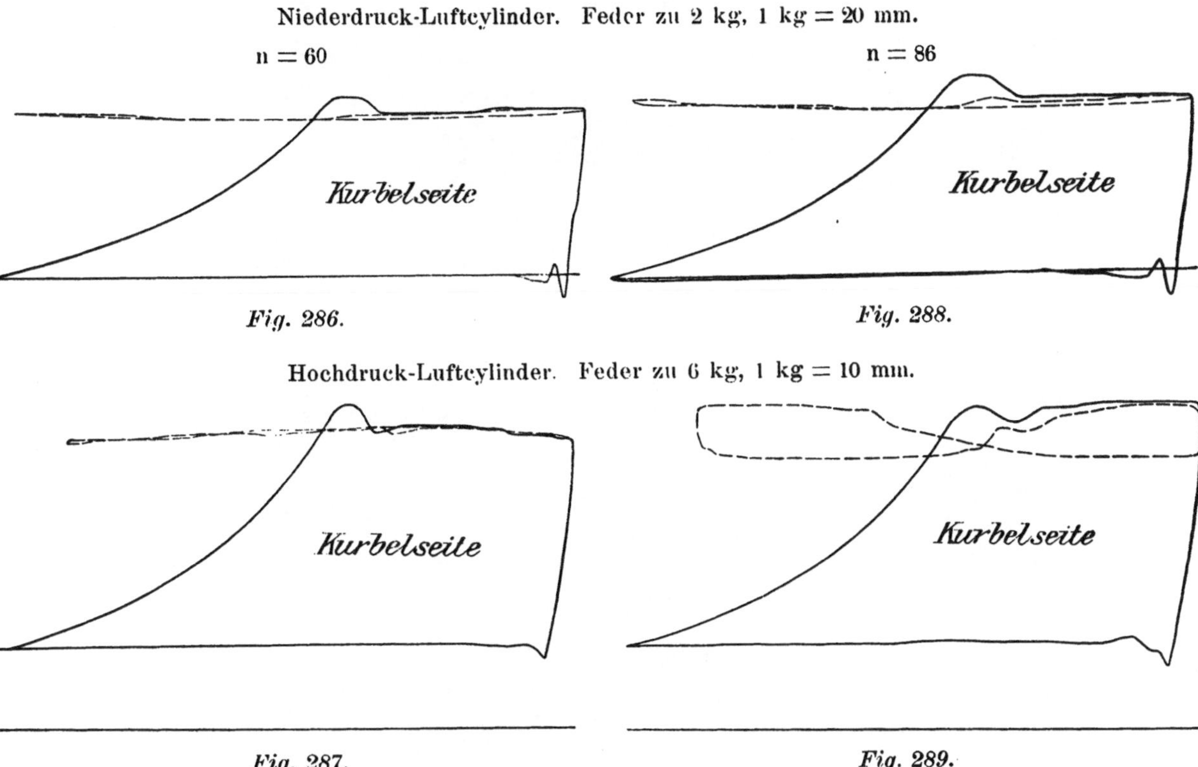

Fig. 286—289.

Druckdiagramme eines Kompressors von Pokorny & Wittekind, Frankfurt a. M. auf Zeche Neuessen, Schacht Heinrich.

Der Arbeitsbedarf des Rückschlagventils ist minimal. Bei den einer modernen Anlage entnommenen Druckdiagrammen (Fig. 286—289) zeigt sich bei 60 minutlichen Umdrehungen kein praktisch wahrnehmbarer Arbeitsaufwand, bei 86 minutlichen Umdrehungen sind auf der Hochdruckseite nur 2,5 %, auf der Niederdruckseite 3,6 % der zugehörigen Cylinderarbeit als Ventilarbeit aufzuwenden.

Die bei verschiedenen Geschwindigkeiten an mehreren Anlagen entnommenen Saugdiagramme beweisen, dass keine Saugwiderstände in der

Fig. 290.
Verbundkompressor, angetrieben durch Zwillingsdampfmaschine, von Pokorny & Wittekind,

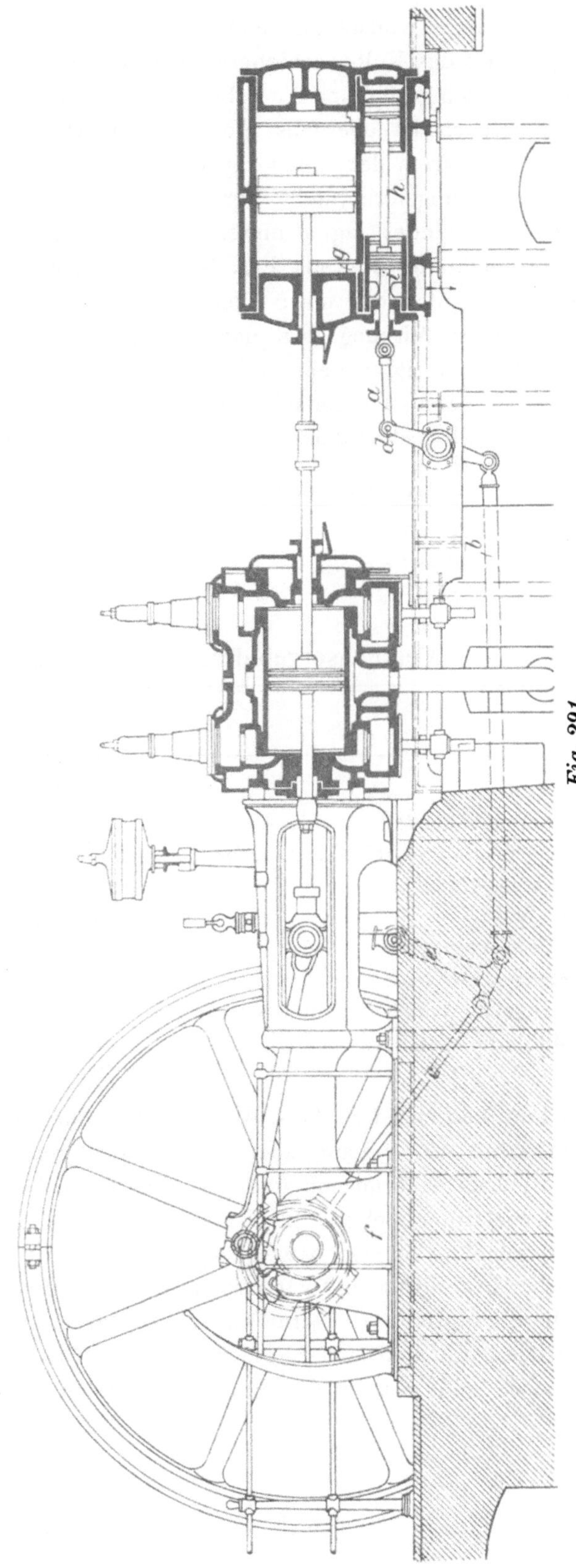

Fig. 291.

Stufenkompressor mit Zwillingsdampfmaschine von Pokorny & Wittekind.

Steuerung auftreten können, da sich die Saugdiagramme mit den Saug-
linien des Kolbendiagramms vollständig decken.

Die Reibungsarbeit des Kolbenschiebers ist infolge der vollständigen
Entlastung der Laufflächen gering und die Lebensdauer des Kolbenrings eine
grosse. Der Oelverbrauch ist ebenfalls niedriger; meist wird nur eine
Schmierung in den Saugstrom der Luft vorgesehen.

Die älteste Ausführungsform stellt Fig. 290 in Ansicht und 291 im
Schnitt dar. Die Luftcylinder lagen hinten und die Steuerung unten.
Diese Konstruktion bedingte die aus Fig. 291 ersichtliche komplizierte
Bewegungsübertragung a, d, b, e, c mit 5 Gelenken und drei festen Lagern,
welche den mechanischen Wirkungsgrad natürlich ungünstig beeinflusste.
Da die Anlagen heutzutage nicht mehr in dieser Weise ausgeführt werden,
seien nur die Versuchsergebnisse einer solchen auf Zeche Lothringen wieder-
gegeben, wobei die Zwillingsdampfmaschine mit Auspuff arbeitete.

Abmessungen.

Luftcylinderdurchmesser . . . . 740/460 mm
Dampfcylinderdurchmesser je . . . . .   525 »
Gemeinsamer Hub . . . .   950 »

Versuchsergebnisse.   Tabelle 34.

	Versuch I	Versuch II
Minutliche Umdrehungen	56,1	72,2
Leistung der Dampfmaschine PSi..	269,77	334,18
Leistung des Kompressors (einschl. Schieberarbeit)	244,99	299,67
Mechanischer Wirkungsgrad $^0/_0$	90,8	89,7
Dampfdruck Atm. abs.	5,2	4,7
Volumetrischer Wirkungsgrad $^0/_0$	97,5	97,1
Stündliche Luftmenge cbm	2650,10	3396,65
Stündliche Luftmenge für 1 indiz. Dampf PS.-cbm	9,82	10,16
Druck der Pressluft Atm. abs.	7,5	7,1

Es muss betont werden, dass diese Anlage für normal 55 minutliche
Umdrehungen im Jahre 1897 gebaut war. Infolge des gesteigerten Betriebes musste sie jedoch dauernd mit über 70 minutlichen Umdrehungen,
also mit 30 % Ueberbelastung mehrere Jahre hindurch laufen. Dass sie dies,
ohne Schaden zu nehmen, konnte, beweist die solide Bauart der Anlage.

Die der vorher besprochenen Ausführungsreform anhaftenden Mängel
in den Schieberbewegungsorganen veranlassten die Firma zu einer Neu-
konstruktion, bei der die Steuerung seitlich, wie aus Fig. 292 zu sehen
ist, angebracht wurde und zwar in derselben horizontalen Ebene wie die

Fig. 292.

Neuerer Kompressor, angetrieben durch Verbunddampfmaschine, von Pokorny & Wittekind auf Zeche Zollverein VI.

Maschinenachse, sodass der Antrieb in gerader Richtung vom Excenter aus erfolgen konnte. Der Gang der Steuerung zeichnete sich nunmehr durch bedeutend grössere Ruhe aus.

Bemerkenswert ist auch die Ausführung des Rückschlagventils, welches durch seine eigenartige Form und sein Material (geschmiedeter Stahl) bei grosser Leichtigkeit doch sehr widerstandsfähig und steif ist. Infolge des geringen Ventilgewichtes werden die Widerstände sehr klein, zumal auch ein grosser Ventilhub bei der Vordrängwirkung des Kolbens jede Drosselung vermeidet.

Der Erfolg dieser Neukonstruktionen war eine grössere Oekonomie und die Möglichkeit höherer Umdrehungszahlen.

Die Abmessungen einer untersuchten Anlage auf Zeche Zollverein VI (Fig. 292) waren

$$\begin{array}{ll}
\text{Luftcylinderdurchmesser} & \ldots \ldots \quad 749{,}3/470{,}3 \;\text{mm} \\
\text{Dampfcylinderdurchmesser} & \ldots \ldots \quad 559{,}7/873{,}7 \;\text{»} \\
\text{Gemeinsamer Hub} & \ldots \ldots \ldots \quad 950 \;\text{»}
\end{array}$$

Versuchsergebnisse.

Tabelle 35.

Minutl. Umdreh.	Leistung PSi.		Wirkungsgrad %		Stündl. Luftmenge cbm		Druck der Pressluft
	Dampfm.	Kompr.	mech.	vol.	insgesamt	für 1 indiz. Dampf-PS.	Atm abs.
83,8	422,87	371,32	87,8	99,9	4161,52	9,84	6,7

Der Dampfdruck betrug bei dem Versuche 7,7 Atm. abs. Die Arbeitsweise wurde dadurch ungünstig beeinflusst, dass die für Kondensation gebaute Dampfmaschine beim Versuche mit Auspuff arbeiten musste.

Einen weiteren markanten Fortschritt bezeichnet die in Fig. 293 und 294 wiedergegebene Ausführung nach zwei Richtungen. Zunächst fiel bei der ersten s. Z. auf der Düsseldorfer Ausstellung ausgestellten Anlage auf, dass der Luftcylinder vorne lag. Die Begründung hierfür ist oben bereits gegeben. Man erstrebte nämlich eine gleichmässige Temperatur in der Nähe des Rahmens, damit dieser vor der Einwirkung der Erwärmung durch die Dampfcylinder geschützt würde. Dieser Zweck ist durch die neue Konstruktion bei der Mantelkühlung der Luftcylinder erreicht. Neu war ferner die zweistufige Kompression in nur e i n e m Cylinder, wodurch der Raumbedarf für den Kompressor sehr verringert wurde. Der Schieberkasten ist aus einem Stück gegossen, wobei der Hoch- und Niederdruckraum durch eine Scheidewand mit einem Cylinder, in welchem ein mit der Schieberstange verbundener Kolben die Abdichtung besorgt, getrennt ist. Der Querschnitt des Hochdruckkolbens ist ein Kreisring. Die Antriebsdampfmaschine ist als Tandemverbundmaschine

Fig. 293.

Ansicht eines Stufenkompressors mit Differentialkolben von Pokorny & Wittekind.

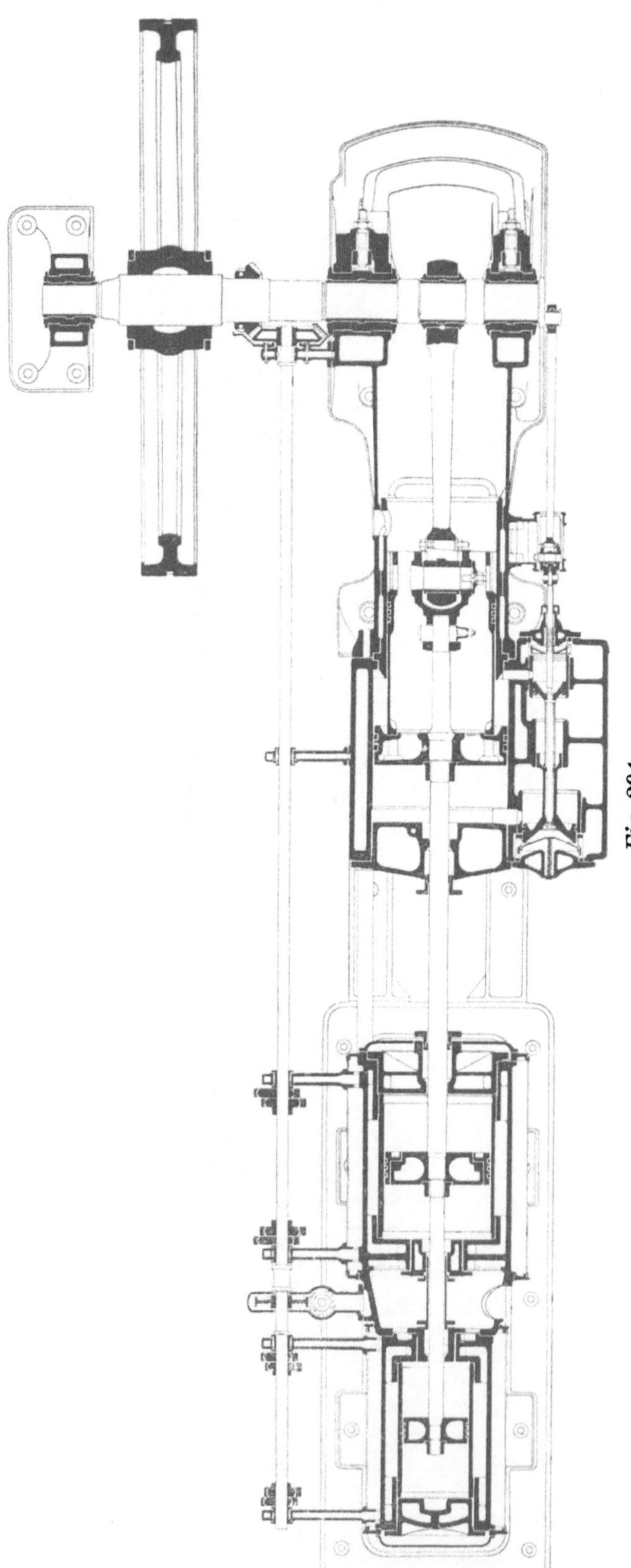

Fig. 294.

Schnitt durch einen Stufenkompressor mit Differentialkolben von Pokorny & Wittekind.

mit hinten liegendem Hochdruckcylinder ausgeführt. Als Dampfsteuerung ist wie bei fast allen Ausführungen der Firma am Hochdruckcylinder vom Regulator beeinflusste Kaufhold-Steuerung, am Niederdruckcylinder Daumensteuerung mit fester Expansion angeordnet. Die Anlage ist so konstruiert, dass sie bei grosser Saugleistung wenig Raum in Anspruch nimmt. Die Ausführung des Differentialkolbens und die Anordnung der Luftcylinder vorne sind von der Firma Pokorny & Wittekind m. W. zuerst eingeführt und für manche Neuanlage vorbildlich gewesen.

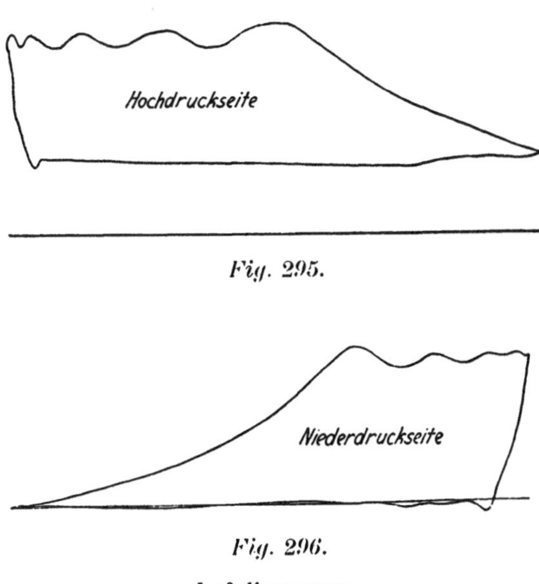

Fig. 295.

Fig. 296.

Luftdiagramme.

Eine ausgeführte Anlage auf Zeche Graf Beust hat 425/650 mm Dampfcylinderdurchmesser, 810/650 mm Luftcylinderdurchmesser (Differenzialkolben) und 650 mm gemeinsamen Hub. Bei 130 minutlichen Umdrehungen beträgt die Saugleistung in der Stunde 2500 cbm für 7 Atm. abs. Luftenddruck.

Die Arbeitsweise dieser Kompressoren zeigen die in Fig. 295 und 296 wiedergegebenen Luftdiagramme, wobei besonders auf die idealen Luftwellen der Fortdrucklinien hingewiesen sei.

Die üblichen Grubenkompressoren führt die Firma jetzt stets mit vorne liegendem Luftcylinder aus, wobei zur besseren Aufnahme der Kräfte und Reibungen gekröpfte Wellen und Gabelrahmen gewählt sind.

Einen derartigen Kompressor auf Zeche Neuessen, Scht. Heinrich, zeigt Fig. 297 in Ansicht und 298 im Schnitt durch die Hochdruckseite.

Die Abmessungen sind folgende:

Durchmesser des Hochdruckdampfcylinders . . . 599,6 mm
　　　　　» 　» Niederdruckdampfcylinders . . . 899,0 »
　　　　　» 　» Hochdruckluftcylinders . . . . 540,5 »
　　　　　» 　» Niederdruckluftcylinders . . . . 850,3 »
Gemeinsamer Kolbenhub 900

Fig. 297.

Verbundkompressor, angetrieben durch Verbunddampfmaschine,
von Pokorny & Wittekind auf Zeche Neuessen

Durchmesser der Dampfkolbenstangen

　　　Kurbelseite je . . . . 105 mm

　　　Deckelseite je . . . . —

Durchmesser der Luftkolbenstangen

　　　Kurbelseite je . . . . 105 mm

　　　Deckelseite je . . . . 105 »

Die für Kondensation gebaute Dampfmaschine arbeitete mit Auspuff.
(Diagramme s. Fig. 299—302.)

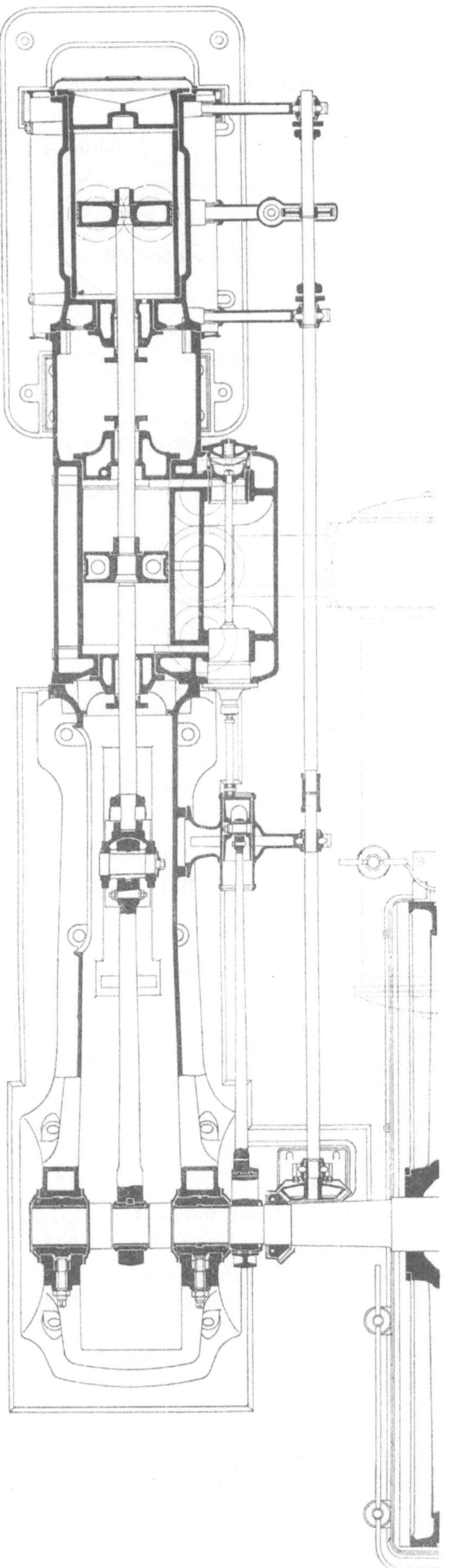

Fig. 298.

Schnitt durch einen Stufenkompressor von Pokorny & Wittekind auf Zeche Neuessen.

Niederdruck-Luftcylinder.

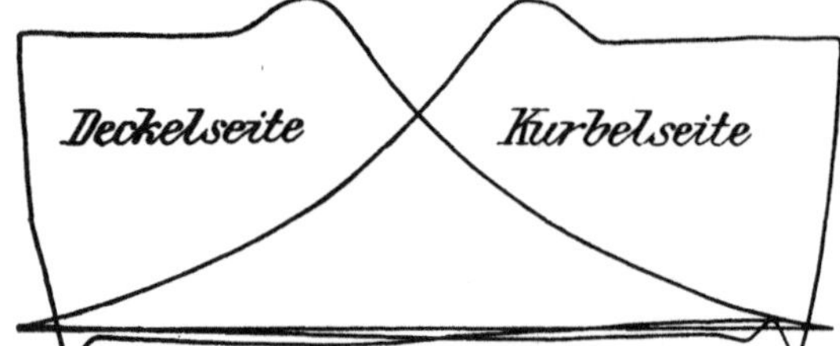

Fig. 299. Feder zu 3 kg; 1 kg = 20 mm.

Hochdruck-Luftcylinder.

Fig. 301. Feder zu 7 kg; 1 kg = 9 mm.

Niederdruck-Dampfcylinder.

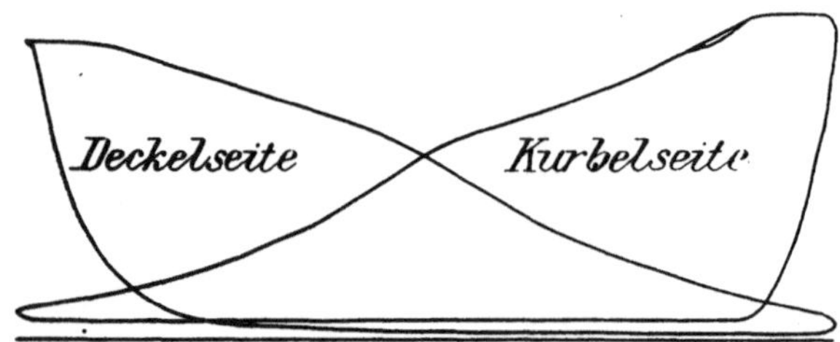

Fig. 300. Feder zu 3 kg; 1 kg = 20 mm.

Hochdruck-Dampfcylinder.

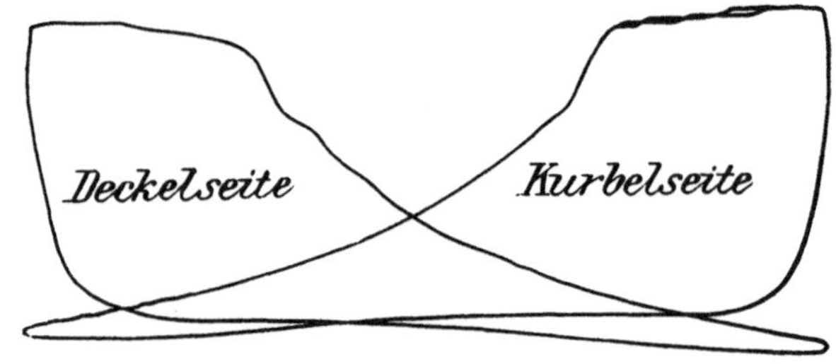

Fig. 302. Feder zu 10 kg; 1 kg = 6 mm.

Fig. 299—302.

Diagramm eines Kompressors von Pokorny & Wittekind, Frankfurt a. M.

Minutliche Umdrehungszahl 86,3. M. 1 : 2.

Versuchsergebnisse.

1. Dauer des Versuchs in Stunden	6	2
2. Minutliche Umdrehungszahl	86,3	92,3
3. Leistung der Dampfmaschine PSi	510,2	566,77
4. Leistung des Kompressors PSi	456,14*)	502,09
5. Mechanischer Wirkungsgrad %	89,4	88,6
6. Volumetrischer Wirkungsgrad %	98,0	97,6
7. Angesaugte Luft in der Stunde cbm	5186,76	5524,72
8. » » » » » » für ein indiziert. Dampfpferd cbm	10,11	9,75
9. » » » » » » für ein indiziert. Kompr.-Pferd cbm	11,37	11,03

*) Einschl. 4 % Schieberarbeit nach Angabe der Lieferantin.

10. Druck der Pressluft Atm. abs. . . . .　7,13　7,2
11. Temperatur der angesaugten Luft °C. . . . . . .　29　30
12.　　»　　　nach dem Niederdruck-Luftcylinder °C. .　111　115
13.　　»　　　　»　　»　Zwischenkühler °C. . . . .　33　36
14.　　»　　　　»　　»　Hochdruck-Luftcylinder °C. .　124　129
15. Dampfdruck vor dem Hochdruck-Dampfcylinder Atm.
　　　Ueberdruck . . . .　9,8　8,9
16. Gesamte Speisewassermenge nach Abzug von 526 kg
　　　Kondensat . . . . 26 824　—
17. Stündlicher Dampfverbrauch kg . . . . 4 470,7　—
18. Dampfverbrauch für ein indiz. Dampfpferd kg . . .　8,76　—

Eine andere Anlage auf Zeche Helene saugte bei 70,9 minutlichen Umdrehungen, 591,07 indizierten Dampfpferden und 6,9 Atm. abs. Luftenddruck 10,5 cbm, bei 81,7 Umdrehungen 695,16 ind. Dampfpferden und 7,2 Atm. abs. Luftenddruck 10,1 cbm Luft stündlich für ein indiziertes Dampfpferd an. Diese Ergebnisse sind als ausserordentlich günstig zu bezeichnen.

Die Abmessungen einer gleichen Anlage auf Zeche Minister Achenbach für 9700 cbm stündliche Saugleistung bei 85 minutlichen Umdrehungen sind:

　　　Luftcylinderdurchmesser . . . . 1040/670 mm
　　　Dampfcylinderdurchmesser . . . . . 720/1085 »
　　　Gemeinsamer Hub . . . . 1200 »

Die Luftendpressung beträgt 7 Atm. abs.

Ein weiterer Schritt in der Wirtschaftlichkeit des Kompressorbetriebes wird durch die Einführung der Dreifachexpansionsmaschine mit geteilten Niederdruckcylindern zum Antrieb des Kompressors gekennzeichnet. Es dürfte dies wohl die wertvollste Neuerung für den Zechenkompressor darstellen, da die Dreifachexpansionsmaschine mit Ueberhitzung und Kondensation bei genügend hohem Dampfdruck bedeutend wirtschaftlicher als die gewöhnliche Verbundmaschine arbeitet.

Eine für die Zeche Werne ausgeführte Anlage dieser Konstruktion zeigt Fig. 303.

Die Abmessungen sind folgende:

　　　Luftcylinderdurchmesser . . . 1020/650 mm
　　　Dampfcylinderdurchmesser . . 500/800/2 mal 900 mm
　　　Gemeinsamer Hub . . . . . 1040 mm

Der Kompressor verdichtet bei 83 minutlichen Umdrehungen stündlich 8000 cbm angesaugte Luft auf 7 Atm. abs.

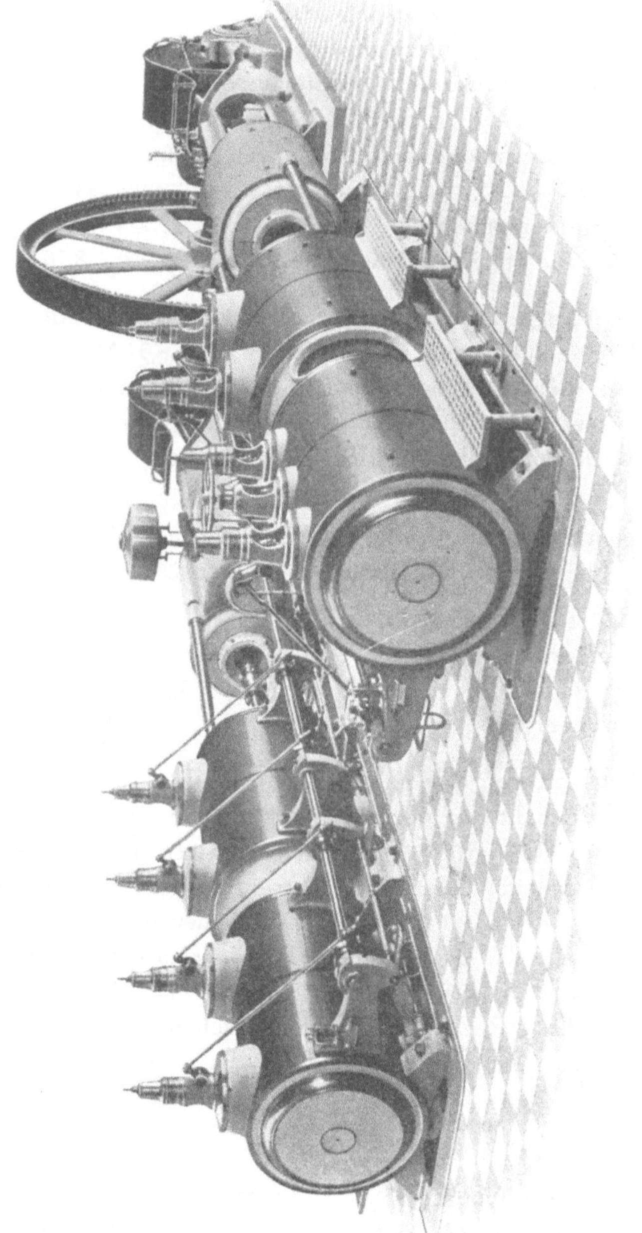

Fig. 303.

Verbundkompressor, angetrieben durch Viercylinder-Dreifachexpansionsdampfmaschine, von Pokorny & Wittekind auf Zeche Werne.

Die Eintrittsdampfspannung beträgt 12—13 Atm. Ueberdruck, die Ueberhitzung 70 ° C.

Die Firma hat auch einige Kompressoren stehender Anordnung nach Fig. 304 für die Zechen Minister Stein und Crone ausgeführt, wobei zu erwähnen ist, dass stehende Kompressoren anderer Firmen im hiesigen Bezirk nicht vorhanden sind.

Die Hauptabmessungen sind:

Luftcylinderdurchmesser . . . . . . 950/590 mm
Dampfcylinderdurchmesser . . . . . 685/1025 »
Gemeinsamer Hub . . . . 900 »

Bei 85 minutlichen Umdrehungen saugt der Kompressor 6000 cbm Luft stündlich an und presst sie auf 7 Atm. abs. Enddruck.

Zur besseren Ausgleichung der Massen liegen die Dampfcylinder innen, die Luftcylinder aussen. Die Schieberarbeit beträgt 2,5 %.

Nach Versuchen von Goetze-Bochum*) beträgt bei dem Kompressor auf Minister Stein die indizierte Dampfarbeit 662 PSi., die Luftarbeit 573 PSi., der mechanische Wirkungsgrad 86,5 %, der volumetrische Wirkungsgrad infolge der Schleuderwirkung 105 %, die gesamte Luftmenge in der Stunde 6400 cbm und die für eine indiz. Dampf-PS. angesaugte Luftmenge 9,7 cbm bei 6,8 Atm. abs. Luftenddruck. Die Arbeitsweise wurde durch die lange Druckleitung und das Fehlen eines Windkessels hinter dem Hochdruckcylinder ungünstig beeinflusst. Nach Einbau eines Windkessels ergab sich ein Gewinn von 6,7 %.

Die stehende Anordnung der Maschinen gewährleistet einen geringen Raumbedarf. Die Kompressoren benötigen eine Grundfläche von 4,4 × 9,2 m bei einer Bauhöhe von 5,73 m.

Einige besondere Differentialkompressoren für kleinere Leistungen zeigen die Fig. 305—307. Diese Modelle sind für hohe Umdrehungszahlen gebaut und eignen sich besonders zur Aufstellung unter Tage oder für fahrbare Kompressoren. Zwecks Raumersparnis ist bei dem Kompressor nach Fig. 306 der Röhrenzwischenkühler direkt auf den Cylinder angeordnet. Der Kompressor nach Fig. 307 ist für 600 minutliche Umdrehungen gebaut und eignet sich besonders für direkten elektrischen Antrieb.

Der Einführung der Kompressoren mit Drehstromantrieb stand bisher die Schwierigkeit der Tourenverstellung zwecks Erzielung verschiedener Saugmengen entgegen. Eine Neueinrichtung der Firma ermöglicht indessen, die Leistung des Kompressors durch Beeinflussung des volumetrischen Wirkungsgrades o h n e Tourenverstellung zu verändern (Fig. 308). Ausser dem normalen Steuercylinder ist unterhalb des Niederdruck-Luftcylinders

*) Zeitschr. des Vereins deutscher Ingenieure 1902.

Fig. 304.

Stehender Stufenkompressor von Pokorny & Wittekind auf Zeche Minister Stein.

Fig. 305.

Differentialkompressor mit elektrischem Antrieb von Pokorny & Wittekind.

ein Hülfssteuercylinder angebracht. In diesem laufen zwei Steuerkolben, die mittels Schnecken-Rechts- und Linksgewinde einander genähert und voneinander entfernt werden können. Die Einstellung geschieht durch das ,Handrad a, welches seitlich angebracht ist. Die Wirkung dieser Hülfssteuerung, welche ein sehr einfaches Mittel zur Veränderung der Saugleistung eines Kompressors bei gleichbleibender Umdrehungszahl an die Hand giebt, besteht darin, dass man bei Beginn

Fig. 306.
Differentialkompressor von Pokorny & Wittekind.

des Druckhubes diesen Hilfsschieber eine Zeit lang offen lässt, sodass ein Teil der angesaugten Luft durch den Schieber in den Saugraum zurücktritt und nur die nach Abschluss durch den Hülfsschieber im Cylinder zurückbleibende Luftmenge komprimiert wird. Der Hülfsschieber ist von Hand so einstellbar, dass er überhaupt nicht öffnet (Grenzlage für volle Leistung) oder überhaupt nicht schliesst (Grenzlage für Nullleistung). Zwischen diesen Grenzen ist jede beliebige Lage möglich, sodass zwischen Vollbelastung und Leerlauf jedes Luftqantum komprimiert werden kann.

Fig. 307.

Differentialkompressor von Pokorny & Wittekind.

26*

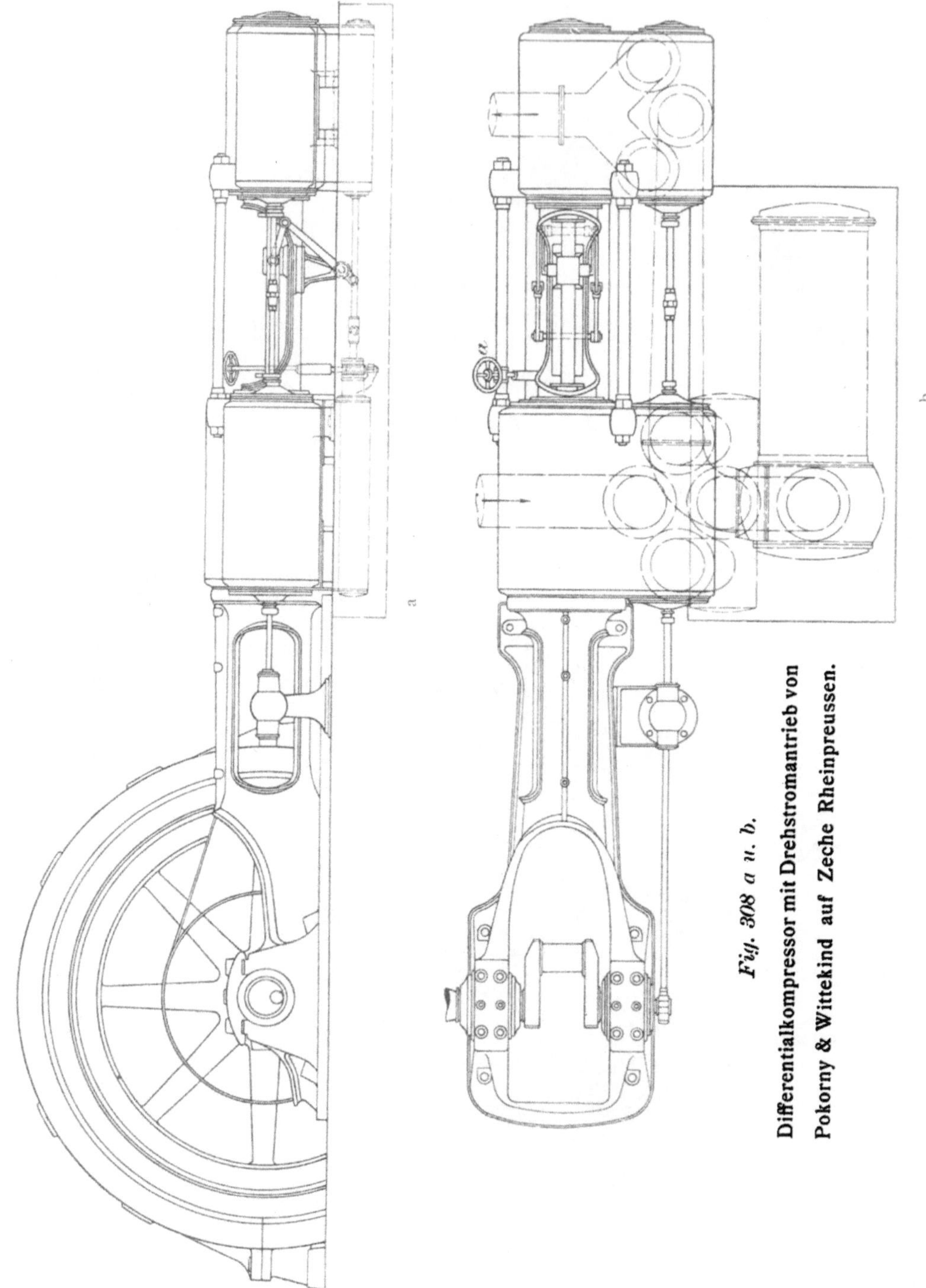

Fig. 308 a u. b.

Differentialkompressor mit Drehstromantrieb von
Pokorny & Wittekind auf Zeche Rheinpreussen.

Eine auf Zeche Rheinpreussen ausgeführte Anlage (Fig. 308) für 8000 cbm Luft bei 122 minutlichen Umdrehungen hat 970/625 mm Luftcylinderdurchmesser bei 800 mm Hub. Der Luftenddruck beträgt 7 Atm. abs. Die Luftcylinder liegen in Tandemanordnung hintereinander, wobei der Niederdruckcylinder vorn angeordnet ist. Angetrieben wird der Kompressor von einem Drehstrommotor für 5000 Volt. Das Diagramm Fig. 309 ist massgebend

> 1. für Vollbelastung,
> 2. für $^3/_4$ Belastung,
> 3. für $^1/_2$ Belastung.

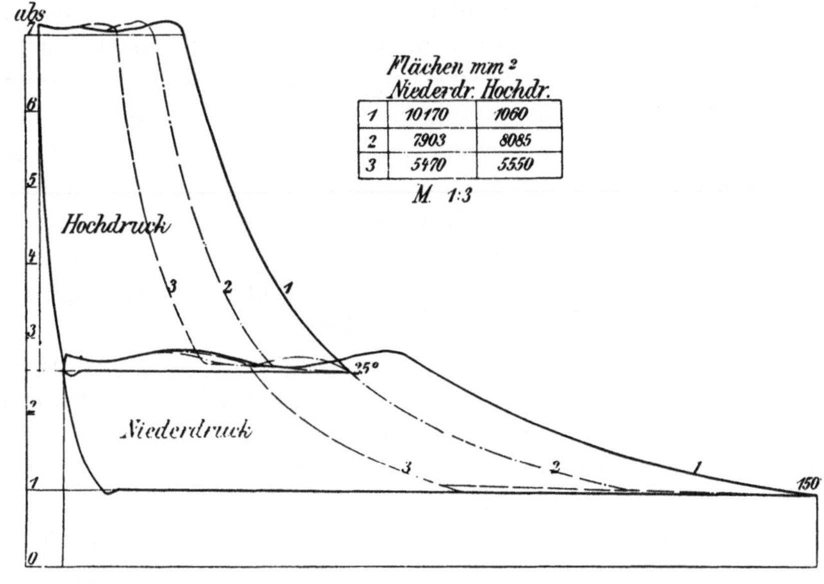

Fig. 309.

Auf Wunsch ist eine Veränderung der stündlichen Saugleistung zwischen 4000 und 8000 cbm vorgesehen. Dieser Kompressor dürfte der grösste elektrisch angetriebene im hiesigen Bezirk, wenn nicht sogar der grösste bis jetzt überhaupt ausgeführte dieser Art sein.

Die Kompressoren mit Köster-Steuerung sind im Ruhrrevier sehr verbreitet und beliebt. Der Hauptgrund hierfür ist die Betriebssicherheit der Schiebersteuerung an sich und die gute Ausführung der von der Firma Pokorny & Wittekind gelieferten Anlagen.

VIII. Die Schmierung der Kompressoren.

Die Schmierung der nassen und halbnassen Kompressoren war verhältnismässig leicht und wurde schon zum grossen Teil durch das Wasser selbst besorgt. Schwieriger ist die Schmierfrage bei den trockenen Kompressoren, wenn auch hier ein günstiger Einfluss guter Mantelkühlung nicht zu verkennen ist. Schlechtes Oel harzt leicht und verengt dann die freien Durchgangsquerschnitte des Kompressors. Auch können leicht Zersetzungen des Oeles stattfinden und in Verbindung mit der Luft Explosionen entstehen. Man soll deshalb zur Schmierung nur bestes Mineralöl von hohem Flammpunkt, welches vollständig säurefrei ist und nicht harzt, verwenden. Andere Schmiermittel für Kompressorcylinder sind wegen der durch sie möglichen Gefährdung des Betriebes gänzlich zu verwerfen. So war z. B. früher ein oft angewandtes Schmiermaterial Seifenwasser. Man lasse sich niemals durch die scheinbare Billigkeit zum Gebrauch solcher Schmiermittel verleiten; ihre Anwendung rächt sich immer durch schnelleren Verschleiss, wenn nicht noch schlimmere Folgen, wie Explosionen, auftreten.

Ferner müssen die Steuerungsorgane, besonders bei einstufigen Kompressoren, stets gut gereinigt werden, damit nicht durch Staub und sonstige Verunreinigungen das Oel verdickt wird und seine Schmierfähigkeit verliert. Es sei an dieser Stelle erwähnt, dass beim Reinigen eines Kompressors nach etwa sechsmonatlichem Betrieb auf der Hochdruckseite nicht weniger als 5,5 kg Oelrückstände, vermischt mit Staub und ähnlichen Verunreinigungen, herausgeholt wurden.

In einer nachstehend wiedergegebenen Veröffentlichung des Dampfkessel-Ueberwachungs-Vereins zu Essen-Ruhr*) sind zwei Unfälle behandelt, die im Zusammenhang mit der Oelfrage stehen.

Im ersten Falle handelte es sich um die vollständige Zerstörung des Luftsammlers, eines ehemaligen Zweiflammrohrkessels. Der im Kompressorhause anwesende Maschinenwärter bemerkte kurz zuvor einen brenzlichen Geruch und das Hervordringen von Rauch unterhalb des rechten Luftcylinders. Er setzte sofort die Maschine still und beabsichtigte, Luftsammler und Zuleitungsrohr ausser Druck zu setzen. Als er kaum die Thür erreicht hatte, erfolgte die Explosion, die ihn zu Boden warf. Verletzungen haben aber weder er noch andere Personen erlitten. Der Luftsammler, welcher etwa 40 m vom Maschinenhaus entfernt an der Schreinerei lag, zeigte folgendes Bild. Mantel und Ventilstutzen waren unversehrt, der Kessel war um 30 cm auf den Kesselstühlen nach Norden vorgerückt. Beide Stirnböden waren in den Nietreihen glatt abgerissen. Der nördliche, an welchem ein Stück einer Verankerungsstange hängen geblieben war, hatte einen Weg von etwa 50 m gemacht, einen Gittermast der elektrischen Beleuchtung geknickt und war auf der jenseits des Zechenbahnhofes befindlichen Bergehalde niedergefallen. Der südliche Kesselboden war in drei Stücke gesprungen, welche zum Teil mehrere hundert Meter weit geflogen waren

---

*) Glückauf 1903 No. 37.

und nachher an verschiedenen Stellen im Dorfe gefunden wurden. Durch den Luftdruck waren Fenster und Thüren der umliegenden Zechengebäude eingedrückt und auch im Dorfe noch viele Fensterscheiben gesprungen.

Zum Luftsammler war ein alter Dampfkessel umgebaut, Herkunft und Alter des Materials liessen sich nicht mehr feststellen. Die Untersuchung des Materials der Böden ergab eine nicht mehr den heutigen Anforderungen entsprechende chemische Beschaffenheit und Festigkeit. Der normale Betriebsdruck im Sammler war 3 Atm.; das Sicherheitsventil war auf 5 Atm. eingestellt; der Gesamtinhalt betrug etwa 39 cbm.

Der Zwillingsluftkompressor hat 700 mm Dampf, 600 mm Luftcylinderdurchmesser und 1000 mm gemeinsamen Kolbenhub und arbeitet mit zwangläufiger Drehschiebersteuerung. Die Luftcylinder sind mit selbstthätigen Patent-Kataraktventilen ausgerüstet, die ringförmig verteilt im Cylinderdeckel sitzen. Die Dichtung der Cylinderdeckel bestand ursprünglich aus mit Leinöl getränkten Pappdeckeln. Nachdem sich aber herausgestellt hatte, dass dieses Material den auftretenden Temperaturen auf die Dauer nicht stand hielt, wurden Packungen aus Gummi, Blei und später solche aus Asbest, die letzteren mit befriedigendem Erfolge, verwendet.

Die Kühlung der komprimierten Luft erfolgt durch Einspritzwasser und Mantelkühlung. Die letztere scheint aber wenig wirksam gewesen zu sein, da die Temperaturerhöhung des abfliessenden Kühlwassers nach Angabe des Maschinenmeisters nur 2° Celsius betragen hat. Die Schmierung der Cylinder wurde von der Maschine selbstthätig durch je eine Zwillingsschmierpresse für jede Maschinenseite besorgt. Dieselben waren bis zur Explosion mit Friktionsantriebsscheiben versehen, die aber seitdem gegen Zahnräder mit Sperrklinkenvorschub ausgewechselt worden sind. Das verwendete Oel hatte nach Feststellung des Chemikers einen Entflammungspunkt von 229° Celsius, einen Entzündungspunkt von 294° Celsius war frei von Harz, Teerölen und verseifbarem Fett, also als Mineralöl mittlerer Qualität einwandfrei.

Der Kompressor hatte bereits eine kleine Explosion vor drei Jahren durchgemacht, durch welche das erste Leitungsrohr unter dem rechten Luftcylinder zerstört wurde. Später sind dann noch zweimal starke Temperaturerhöhungen eingetreten, derart, dass die Rohrleitungen innerhalb des Maschinenraumes, einmal sogar ein Rohr im Freien fast rotglühend wurden.

Nach der Explosion fanden sich am Boden des Luftsammlers eine Schicht breiiger Rückstände und im Ventilkörper des Einlassventils Stücke eines zerreibbaren, braunkohlenähnlichen Körpers vor. Die chemische Untersuchung dieser Reste lässt einen sehr naheliegenden Schluss über die zur Explosion führenden Vorgänge im Kompressor und der Luftleitung zu. Da beide von der Zerstörung gar nicht betroffen sind, so kann sich nur innerhalb des Sammlers ein explosibles Gasgemisch befunden haben. Die Entstehung eines solchen wird durch die Unterschiede in den Analysen des frischen Kompressoröles und der vorgefundenen Rückstände völlig erklärt.

Der braunkohlenähnliche Körper im Einlassventil enthielt:

    12,36 % Asphaltkörper,
     0,40 » teerartige Körper,
    21,34 » Paraffine,
    24,79 » freien und von Eisen gebundenen Kohlenstoff,
    10,12 » Eisenoxyd,
    30,99 » sonstige unorganische Substanzen,
    ———————
   100,00 %.

Der im Luftkessel vorgefundene Rückstand ergab für wasserfreie Substanz:

     4,51 % Asphaltkörper,
     0,52 » teerartige Körper,
    41,16 » Paraffine,
    24,85 » Kohle
    28,96 » Eisenoxyd und erdige Substanzen
    ———————
   100,00 %.

Beide Analysen zeigen, dass es sich um Ansammlungen von zersetzten und chemisch veränderten Mineralölen handelt, welche bei dem Rückstande aus dem Ventil durch mitgerissenen Staub, Kohlen- und Eisenteile zu einem festen, braunkohlenartigen Körper zusammengebacken sind, während sich im Kessel selbst durch gleichzeitige Kondensation von Wasserdampf ein Brei von zersetztem Schmieröl, Wasser, Kohlenstaub usw. bildete. Es sind das Vorgänge, ähnlich der trockenen Destillation, wobei ein Teil des Oels in gas- und dampfförmige Produkte übergegangen ist, während der zurückgebliebene Teil eine Anreicherung an teer- und asphaltartigen Körpern erfahren hat. Das Oel muss also einer]Temperatur ausgesetzt gewesen sein, die über seinem Zersetzungspunkte lag; die Menge der vorgefundenen Rückstände beweist ferner, dass die Zersetzung kontinuierlich lange Zeit hindurch vor sich gegangen ist. Die vergasten Teile des Oeles haben sich der Druckluft beigemengt und mit ihr ein explosibles Gemisch (Knallgas) gebildet, das sich aber bei der geringen Beimengung brennbarer Gase nicht selbst hat entzünden können. Die Möglichkeit der Zündung ist aber gegeben durch die Anwesenheit von Eisen in den Rückständen, und zwar in metallischer Form, wie durch den Magneten nachgewiesen wurde. Dieses Eisen kann in das Oel nur durch die Reibung des Kolbens am Cylinder gekommen sein, und da der rechte Luftcylinder stets höhere Temperaturen zeigte als der linke, so ist anzunehmen, dass das Mehr an Erwärmung ebenfalls auf die übermässig grosse Kolbenreibung zurückzuführen ist, die sogar bis zum Funkenreissen und somit zur Zündung geführt haben kann, wenn es auch nicht ausgeschlossen ist, dass die lokale Ueberhitzung eines kleineren Luftquantums in den Kompressorcylindern oder ein anderer Zufall die Zündung der Knallgasmischung veranlasst hat.

Ein Laboratoriumsversuch, bei dem das verwendete Kompressoröl zum Teil verdampfte und die Dämpfe mit einem Luftstrom abgesaugt wurden, ergab in dem abgesaugten Gemisch neben Kohlensäure vor allem schwere Kohlenwasserstoffe, die bei einem Mischungsverhältnis von 3 : 100 mit der Luft Knallgas bildeten.

Die Vorbeugungsmassregeln, die dieser Unfall nahe legt, gehen in erster Linie dahin, auf die chemische Zusammensetzung der zu verwendenden Oele mit grösster Sorgfalt zu achten und nur Oel mit sehr hoher Entzündungstemperatur zu wählen. Ferner ist der Temperaturzustand der Kompressoranlage durch die vorhandenen Thermometer dauernd zu kontrollieren, und im Falle einer lokalen Ueberhitzung der Kompressor, der Sammler und die Leitung durch geeignete Abschlussorgane, die der Maschinist möglichst vom Maschinenraume aus bethätigen kann, gegeneinander abzusperren. Ein weiteres wichtiges Mittel zur Kontrolle des Betriebszustandes ist die zeitweise Entnahme von Luftproben aus Sammler und Rohrleitung zum Zwecke der chemischen Analysierung. Dieselben geben darüber Auskunft, ob die Bildung von Kohlenwasserstoffen durch Veränderung des Schmieröls stattfindet.

Eine zweite Explosion ist unter anderen Umständen an anderer Stelle beobachtet worden und die chemische Untersuchung hat zur Erkenntnis ganz anderer, sehr bemerkenswerter Ursachen geführt. Es handelte sich um einen Zwillingskompressor von 700 mm Dampf- und 600 mm Luftcylinderdurchmesser und 1000 mm gemeinsamem Hub. Die Dampfverteilung wurde durch Doppelschiebersteuerung bewirkt.

Die Explosion verlief sehr viel harmloser als die ersterwähnte. Nachts 12 Uhr hörte der Maschinist einen Knall an der Rohrleitung, die vom Luftsammler nach dem Schacht führt, und gleichzeitig begann das Sicherheitsventil auf dem Luftsammler heftig abzublasen. Der Betriebsführer liess den Sammler öffnen und den Deckel des Absperrventils abbauen. Nach einer Stunde wurde der Sammler befahren und das Ventilgehäuse revidiert. In letzterem fanden sich noch glimmende Rückstände vor. Ferner waren drei Flanschendichtungen herausgeflogen bezw. verbrannt. Nach gründlicher Reinigung des Sammlers und Ventils und Auswechselung der Dichtungen konnte die Maschine um 4 Uhr 15 Min. wieder in Betrieb gesetzt werden.

Die chemische Untersuchung ergab folgendes:

Das Schmieröl war reines Mineralöl mittlerer Qualität,
Entflammungspunkt bei 215 ⁰ C.,
Entzündungspunkt bei 237 ⁰ C.,
also einwandfrei.

Sechs Pressluftproben, aus verschiedenen Teilen der Leitung entnommen, ergaben keinerlei Spuren von Kohlenwasserstoffen, sondern atmosphärische Luft, es hatte also keine Zersetzung des Oels stattgefunden; dagegen hatte sich in den Röhren, in denen die Luftproben enthalten waren, ein kleiner Anflug von Oel niedergeschlagen. Durch Ausspülen mit Aether wurden aus den 600 ccm Rauminhalt der Röhren 0,0568 g Oel gewonnen. Das Oel hatte sich nicht zersetzt, war aber doch verdampft und in den Leitungen und im Sammler kondensiert. Die wässerigen Rückstände aus dem Sammler wiesen ebenfalls Oelniederschläge auf; ausserdem aber hatte das Wasser infolge seines Gehaltes an organischen Säuren aus den mitgerissenen und im Luftsammler niedergefallenen erdigen und organischen Schmutzteilen u. a. relativ beträchtliche Mengen von Eisen ausgelaugt. Die Ansammlung von Wasser im Sammler ist wohl als zufällig anzusehen. Das Eisen war durch die Reibung des Kolbens an den Cylinderwänden losgerissen.

Koksartige Rückstände aus der Luftleitung zeigten Reaktionen des Eisenoxyds und des Eisenoxyduls, also wiederum die Anwesenheit von Eisen. Ein anderer rostartiger Rückstand aus der Luftleitung wies ebenfalls 68,74 $\%$ Eisenoxyd auf.

Das Gutachten nimmt nun als für die Erklärung der Explosion am wichtigsten die Thatsachen der Anwesenheit von fein verteiltem Schmieröl und Eisenoxyd in der Luftleitung an. Fein verteiltes Schmieröl neigt schon bei gewöhnlicher Temperatur zu lebhafter Oxydation und damit verbundener Erwärmung, die bis zur Selbstentzündung führen kann. Aus diesem Grunde ist z. B. auch der Transport ölgetränkter, gebrauchter Putzwolle mit der Eisenbahn verboten, weil zahlreiche Brände auf dieses Material zurückzuführen sind. Da aber hier in den Luftleitungen das Oel noch in enge Verbindung mit einem Sauerstoffträger par excellence, mit Eisenoxyd, gebracht ist, so ist die Gefahr der Selbstentzündung umso grösser. Es haben nach Angabe des Maschinisten auch mehrfach kleinere Brände in der Luftleitung stattgefunden, bei denen sich ein Gemisch von Eisenoxyd und koksartiger Kohle als Rückstand bildete, welches sich im Laufe der Zeit von neuem mit Mineralöl belud, sich wieder entzündete und neue Reste von Koks- und Eisenoxyd hinterliess. Durch diese Anreicherung ist allmählich Gelegenheit zu immer grösseren Bränden gegeben worden. Somit ist es klar, dass unter besonders günstigen Umständen bei einer plötzlichen derartigen Selbstentzündung grösserer Mengen von Oelresten leicht ein Ueberdruck in der Luftleitung entstehen konnte, welcher eine schwache Explosion, wie die beobachtete, zur Folge hatte.

Im Interesse der Betriebssicherheit ist mithin geboten, nur gutes Schmieröl mit hohem Flammpunkt zu verwenden, ferner öftere Reinigung der Cylinder und Steuerungskanäle und vor allem aufmerksame Wartung der ganzen Anlage.

Im übrigen unterscheidet sich die Anordnung und Bethätigung der Schmiergefässe, bezw. Schmierölpumpen und Schmierapparate in keiner Weise von den bei einer gewöhnlichen Betriebsdampfmaschine üblichen Ausführungen. Es kann daher eine genauere Besprechung der Einzelheiten entbehrt werden.

IX. Zweckmässige Lieferungsbedingungen.

Die Lieferungsbedingungen sollen erst jetzt, am Schluss dieses Abschnittes, besprochen werden, da der Leser gewiss selbst schon auf einige wichtige Punkte bei der Beschreibung ausgeführter Anlagen gestossen sein wird.

Vor allen Dingen ist bereits gezeigt, dass es falsch ist, sich nur den volumetrischen und mechanischen Wirkungsgrad für einen Kompressor garantieren zu lassen, da beide Begriffe nicht allein die rationelle Arbeitsweise bedingen. In erster Linie ist vielmehr die minutliche Umdrehungszahl festzulegen, für welche Garantie geleistet werden soll; man nehme aus Zweckmässigkeitsgründen hierbei immer die höchste. Dann lege man die Oekonomie durch die Saugleistung für ein indiziertes Dampfpferd bei der gewünschten Umdrehungszahl und dem erforderlichen Luftdruck fest. Nur nach diesem Begriff, der von der Dampfspannung ganz unabhängig ist, kann man die Güte der Maschine beurteilen.

Bei Garantien vermeide man vor allem Grenzwerte. Ein volumetrischer Wirkungsgrad von 95—98 % ist ein Unding. Es sind eben nur 95 % garantiert und die höhere Grenze hat oft nur eine Täuschung des Abnehmers zum Zweck.

Bei der Ausfertigung des Vertrages bestimme man, was fast nie geschieht, die Luftgeschwindigkeiten und lege Wert darauf, dass dieselben bei der höchsten Umdrehungszahl nicht zu sehr wachsen, da sonst immer eine ungünstige Arbeitsweise die Folge ist.

Die übrigen Bedingungen sind die gleichen wie bei allen Maschinenanlagen, jedoch achte man auch darauf, dass die Lager wegen der bei Kompressoren aufzunehmenden Kraft genügend dimensioniert sind, da sonst die Hauptlager leicht heiss laufen.

Als B e i s p i e l seien die Lieferungsbedingungen für einen Stufenkompressor mit Verbunddampfmaschine von 6000 cbm stündlicher Saugleistung wiedergegeben:

»Der Kompressor ist als liegender Stufenkompressor für eine
stündliche Saugleistung von 6000 cbm bei einer m a x i m a l e n Umdrehungszahl von 85 auszuführen, wobei die angesaugte Luft auf
7 Atm. abs. zu pressen ist.

Dabei soll die für eine indizierte Dampfpferdestärke stündlich
angesaugte Luftmenge bei der höchstzulässigen Umdrehungszahl
von 85 mindestens 10 cbm betragen.

Die Verbunddampfmaschine soll für 9,5 Atm. Ueberdruck am
Hochdruckcylinder (Kesselspannung 10 Atm.) gebaut sein, muss
jedoch auch bei 7 Atm. Ueberdruck die volle Leistung entfalten
können. Der stündliche Dampfverbrauch soll bei 9,5 Atm. Eintrittsspannung 10 kg für die Pferdestärke nicht überschreiten. Die
Maschine ist mit von einem Leistungsregulator beeinflusster
Ventilsteuerung am Hochdruck- und mit fester Expansionssteuerung
am Niederdruckcylinder zu versehen und soll für späteren Anschluss an eine Centralkondensation gebaut sein, jedoch vorläufig
mit Auspuff arbeiten. Der Rahmen ist als Gabelrahmen und die
Hauptlager als Ringschmierlager auszuführen. Die Luftcylinder sind
nach vorne zu legen und mit den Dampfcylindern durch kräftige
Laternen zu verbinden.

Sämtliche Bolzen sind aus Stahl anzufertigen und zu härten,
die Augen hierfür sind mit Stahlbuchsen auszufüttern.

Die Zahnräder sind zu bearbeiten. Das Schwungrad ist ab-
zudrehen und auszubalancieren.

Das abspritzende Oel muss bequem aufzufangen sein und es
ist dafür zu sorgen, dass kein Oel in die Fundamente dringen kann.

Die Luftcylinder sind mit Mantel- und Deckelkühlung zu
versehen. Zur Rückkühlung der Luft ist ein genügend grosser
Zwischenkühler anzubringen, der bei einer Kühlwassertemperatur
von 20° C. die Luft auf mindestens 30° rückkühlt.

Thermometer sind in den Saugräumen und unmittelbar hinter
den Druckventilen so anzubringen, dass sie bis in die Mitte des
Luftstroms frei eintauchen und nicht von der Kühlung beeinflusst
werden können.

Manometer sind nach dem Niederdruck- und dem Hochdruckcylinder anzubringen.

Die Luftgeschwindigkeiten sollen in der Saugleitung nicht
mehr als 10 m, in den Saugsteuerungsorganen nicht mehr als
15 m und in den Drucksteuerungsorganen nicht mehr als 20 m

betragen. Vor den Saugventilen und nach den Druckventilen sind kleine Windkessel anzuordnen.«

Die weiteren Punkte, wie Wahl der Cylinderabmessungen, Wahl der Schmiervorrichtungen, Zahlungsbedingungen usw. sind hier nicht berücksichtigt, da hierfür immer nur die Verhältnisse und die Ansichten des Käufers massgebend sind und sich diese Punkte nicht in ein Schema bringen lassen.

X. Schluss.

Zum Schluss sei noch betont, dass es nicht Zweck dieser Abhandlung war, ein oder das andere System besonders hervorzuheben. Wenn einer Firma ein grösserer Raum zur Besprechung zur Verfügung gestellt ist, als einer anderen, so liegt dies nur an der Vielseitigkeit der Ausführungsformen. Neuerungen sind, soweit sie zugänglich waren, vollständig berücksichtigt und nach ihrer Zweckmässigkeit gewürdigt. Wenn die Versuchsergebnisse mancher Anlage weniger günstig sind, so soll damit nicht immer ein Schluss auf die Arbeit des Lieferanten im allgemeinen gezogen sein.

Vor allem lasse man sich jedoch nicht ausschliesslich von dem Gesichtspunkte der Oekonomie leiten, sondern bedenke, dass im Zechenbetrieb immer die wichtigste Anforderung die Betriebssicherheit ist.

Elektrische Centralen.

Von Professor Baum.

1. Kapitel: Die Anwendung des elektrischen Stromes im Ruhrkohlenbergbau.

Dem Genie Werner von Siemens war es Ende der sechziger Jahre beschieden, die wichtigen Erfindungen auf elektrophysikalischem Gebiete, die in der ersten Hälfte des abgelaufenen Jahrhunderts von einer Reihe in- und ausländischer Gelehrten gemacht waren, in die Praxis zu übersetzen. Das von ihm entdeckte dynamo-elektrische Prinzip gab die Grundlage für die beispiellose Entwickelung der Elektromaschinentechnik.

In den siebziger Jahren beginnt die Verwendung des elektrischen Stroms für Beleuchtungszwecke, das achte Jahrzehnt bringt die erste Entwickelungsperiode der elektrischen Kraftübertragung, die in den neunziger Jahren ihren Siegeszug durch fast alle Gebiete der Technik antritt und vornehmlich im Bergbau die anderen Kraftübertragungsarten, Druckluft und Druckwasser, stark zurückdrängt und die Centralisation des Maschinenbetriebes in dem grossen Umfange ermöglicht, wie sie heute auf fast allen neueren Anlagen durchgeführt oder in der Durchführung begriffen ist.

In der Zeit, wo der Strom nur zur Lichterzeugung verwandt wurde, und auch in der ersten Entwickelungsperiode der elektrischen Kraftübertragung beherrschte im Ruhrkohlenbergbau, wie auch fast überall sonst, das Gleichstromsystem das Feld. Die Vorzüge des Wechselstroms, die Möglichkeit der Erzeugung hoher Spannung und daraus hervorgehend die Fortleitungsfähigkeit der Kraft auf langen, dünnen und deshalb billigen Leitungen und die leichte Umformbarkeit des Stroms konnten nur in wenigen Fällen, beispielsweise bei der anfangs der neunziger Jahre angelegten Wechselstromlichtcentrale der Zeche Zollverein, die Bedenken überwinden, die sich für den Wechselstrom aus der Schwierigkeit ergaben, die Motoren unter Belastung anlaufen zu lassen. Zudem stand auch die Minderwertigkeit des Wechselstromlichtes der Einführung dieser Stromart hindernd im Wege, umsomehr, weil damals die Kraftübertragung noch wenig entwickelt war und ein grosser Teil des Stroms für Beleuchtungszwecke verwandt wurde.

Um die Fortleitungsfähigkeit des Gleichstroms zu heben, stellte man Gleichstrommaschinen von aussergewöhnlich hoher Intensität in Dienst — so die im Jahre 1892 auf Zeche Bonifacius in Betrieb gesetzte Schuckertsche Primärmaschine, die einzige Gleichstromhochspannungsanlage des Bezirks, die der alten Ventilatoranlage Gleichstrom von 1200 V lieferte, — oder man schaltete zwei Gleichstrommaschinen hintereinander und verdoppelte so die Spannung, ein Notbehelf, dessen man sich bei der ebenfalls anfangs der neunziger Jahre aufgestellten Primärstation des unterirdischen Ventilators auf Zeche Rhein-Elbe bediente.

Es war kein Zufall, dass diese beiden ersten grösseren elektrischen Kraftübertragungsanlagen des Ruhrbezirks für die Bethätigung von Ventilatoren geschaffen wurden. Die hohe Umlaufsgeschwindigkeit, der leichte Anlauf und der gleichbelastete Dauerbetrieb der Wetterräder bot der Kuppelung mit dem normalen Elektromotor keinerlei Schwierigkeiten. Bei der Dampfmaschine dagegen musste der grosse Geschwindigkeitsunterschied zwischen dem neueren schnelllaufenden Ventilator und dem Antriebsmotor durch umständliche, raumverbrauchende und kraftverzehrende Kuppelungen überbrückt werden. Ausserdem verursachten die kleinen, wegen der Entfernung von der Hauptanlage meistens mit eigenen Kesseln versehenen Dampfanlagen auf den Wetterschächten hohe Unkosten. Mussten die Ventilatoren unter Tage aufgestellt werden, so traten noch die Schwierigkeiten der Kraftzuleitung hinzu.

Die hervorspringenden Vorteile, welche die elektrische Kraft grade für die Bethätigung der Ventilatoren bot, haben ihr ungeachtet einiger Schwierigkeiten*) für normale Fälle die Alleinherrschaft in diesem Betriebszweige gesichert.

Epochemachend für die Entwickelung der elektrischen Kraftübertragung war die Erfindung des Drehstroms, der glänzende Erfolg der deutschen Elektrotechnik auf der elektrotechnischen Ausstellung zu Frankfurt a. M. im Jahre 1891. Das neue Stromsystem wies alle Vorzüge des Wechselstroms auf. Dem Bau von Hochspannungsmaschinen standen konstruktive Schwierigkeiten, die für Gleichstrommaschinen von über 500 V schon zu besonderen Vorkehrungen nötigten, nicht im Wege. Man konnte also den Vorteil der hohen Spannung, grössere Energiemengen auf längere Strecken fortzuleiten, voll und ganz ausnutzen. Ausserdem standen die Drehstrommotoren den Gleichstrommotoren an Anlaufskraft nur wenig nach, eine Eigenschaft, die ersteren die umständlichen Anlassvorrichtungen der Motoren des einfachen Wechselstromsystems ersparte.

____

*) S. Band VI, S. 316 ff.

Die erste grössere Drehstromübertragungsanlage des Ruhrreviers, die 1896 in Betrieb gesetzte elektrische Wasserhaltung der Zeche Zollverein, arbeitete schon mit 1000 V Spannung und bot auch nach anderer Seite hin besonderes Interesse. Um die lästigen Vorgelege zu umgehen, die man bei andern Wasserhaltungen, beispielsweise der 1894 errichteten Gleichstromanlage auf Zeche Deutscher Kaiser und der Drehstromanlage auf Zeche Ver. Maria Anna und Steinbank, zur Ueberbrückung des Geschwindigkeitsunterschiedes zwischen den schnelllaufenden Motor und die langsam laufende Pumpe eingeschaltet hatte, war hier von der Elektrizitäts-A.-G. vormals W. Lahmeyer & Co. in Frankfurt a. M. eine Sonderkonstruktion geschaffen, ein 300 PS.-Motor von nur 62 Uml./Min., der sich direkt mit einer Pumpe von normaler Tourenzahl kuppeln liess. Aus konstruktiven Rücksichten wählte man einen Strom von geringer Periodenzahl, dessen Verwendung für andere Betriebszwecke Schwierigkeiten bereitet hätte. Neben diesem Grunde sprach auch der grosse Kraftverbrauch und die mit der Stärke der Wasserzuflüsse schwankende Belastung und Betriebsdauer der Wasserhaltungen dafür, zur Bethätigung der Pumpen eigene Centralen zu schaffen. So entstand eine Reihe von Einzelkraftübertragungen auf den Zechen Centrum, Tremonia Hamburg und Fransciska, Rheinpreussen u. a., bei denen die Primärmaschinen nur je einen oder zwei Pumpenmotoren mit Strom versorgen.

Bei der Konstruktion dieser abnorm langsam laufenden Motoren war der Elektrotechniker dem Pumpenbauer auf ganzem Wege entgegengekommen. Die hohen Kosten dieser Spezialtypen von Motoren und ihre für andere Betriebszwecke unbequeme niedere Phasenzahl drängten auf den Bau schneller laufender, d. h. etwa 120—200 Uml./Min. machender Pumpen hin, die sich mit Motoren von normaler Bauart und Phasenzahl betreiben lassen. Die Pumpentechniker Riedler, Ehrhardt & Sehmer, Bergmanns u. a. befriedigten dieses Bedürfnis durch die Konsruktion der schnelllaufenden Expresspumpen, die um das Jahr 1900 in beträchtlicher Anzahl im Revier zur Aufstellung gelangten. Grössere Centralen für den Betrieb von Expresspumpen wurden u. a. auf den Zechen Mansfeld (ca. 3000 PS. primär einschl. Reserve), Engelsburg, A. von Hansemann, Kaiserstuhl II, Neu-Iserlohn, Königsgrube, Königin Elisabeth und Julius Philipp errichtet.

Der rastlose Fortschritt der Technik hat aber neuerdings dem vor einem Dezennium aufgetauchten und vor 5 Jahren in grösserem Massstabe eingeführten Expresspumpensystem in der Hochdruckcentrifugalpumpe, einer Idealmaschine für elektrischen Antrieb, einen Wettbewerb geschaffen, der nach den bisher vorliegenden Erfahrungen berufen erscheint, die Kolbenpumpe wenigstens dort, wo sie nicht direkt durch Dampf angetrieben werden kann, aus der Wasserhaltung zu ver-

drängen.*) Während die normalen Kolbenpumpen der Zollverein-
type ungewöhnlich langsam laufende und deshalb sehr grosse und teure
Motoren erforderten, verlangen die Hochdruckcentrifugalpumpen ausserordentlich schnell laufende Motoren, die kleine Abmessungen aufweisen
und sich deshalb sehr billig stellen.

Die Entwickelung der Centralen wird durch diesen Uebergang von
dem einen zu dem anderen Extrem des Motorenbaus recht günstig beeinflusst. Der Motor der schnell laufenden Express- und Hochdruckcentrifugalpumpen wird durch Drehstrom von normaler Phasenzahl betrieben,
verlangt also nicht mehr eine besondere Primäranlage, sondern lässt sich
ohne Schwierigkeiten an ein Verteilungsnetz anschliessen. Eigene
Primärstationen für die Wasserhaltungen werden sich deshalb nur mehr
für Fälle empfehlen, wo die Zuflüsse so starken periodischen Schwankungen
unterworfen sind, dass sich durch die aufspeichernde Wirkung der Sumpf-
strecken ein Ausgleich der Wasserförderung nicht mehr erreichen lässt,
und dort, wo auch die Heranziehung von Primäranlagen, die beispielsweise während der Tagesschicht andere Betriebe mit Energie versorgen, für die Verstärkung der Pumpleistung in der Nachtschicht nicht
genügt.

Die elektrische Wasserhaltung hat in einer etwa 12jährigen Entwickelung den an sich recht wirtschaftlichen, wegen der Energiezuleitung
in den tiefen, oft engen und meistens sehr teuren Schächten aber zum
mindesten lästigen, wenn nicht unausführbaren Dampfbetrieb stark zurück-
gedrängt und in den letzten Jahren auch der hydraulischen Kraftübertragung,
die einzig und allein für den Pumpenantrieb noch in Frage kam, nur mehr
eine kümmerliche Entfaltung gestattet. Die gegenwärtig auf Ruhrzechen
im Betrieb stehenden elektrischen Wasserhaltungen beanspruchen eine
Primärleistung von über 30 000 PS.

Da die Pumpen meistens unmittelbar bei den Schächten in gut be-
wetterten Räumen aufgestellt werden können, trat der Verwendung der
elektrischen Uebertragung für diesen Betriebszweck nicht das Hindernis
entgegen, das der Einführung der Elektromotoren in schlagwettergefährdete
Teile des Grubengebäudes im Wege stand, die Möglichkeit, einer Schlag-
wetterzündung durch die an Motoren, Apparaten oder Leitungen auftretenden
Funken oder Glühwirkungen.

Die Bedenken hinsichtlich der Schlagwettergefährlichkeit beeinflussten
die Entwickelung des elektrischen Antriebes für die Zwecke der Gewinnung,
der Strecken- und Bremsbergförderung sowie der Sonderbewetterung in
der ungünstigsten Weise.

Bezüglich der Gewinnungsmaschinen war das Ausfallen der Elek-

---

*) S. Glückauf 1904, S. 1083 f. u. S. 1095 ff.

trizität leicht zu verschmerzen. D r e h e n d arbeitende Bohrmaschinen, die sich leicht elektrisch antreiben lassen, haben im Ruhrkohlenbergbau bisher wenig Anwendung gefunden, wohl deshalb, weil die Mehrleistung der motorischen Bethätigung gegenüber dem Handbetrieb, bezogen auf die ganze Bohrzeit, zu gering ist, um die Kraftkosten zu decken. Die in mehreren Systemen vertretenen elektrischen Stossbohrmaschinen haben sich auch bei der Gewinnung von Mineralien, wo eine Schlagwettergefahr nicht auftrat, wegen der hohen Anlage- und Reparaturkosten nur in geringem Umfange eingeführt. Rad- und Ketten s c hr ä m maschinen, von denen die erstere Type sich auf mehreren Zechen, so insbesondere auf Dorstfeld, recht gut bewährt hat, lassen sich ohne mechanische Schwierigkeiten elektrisch bethätigen. Doch hatte man bei diesen Apparaten, die direkt am entgasenden Kohlenstosse verwandt werden, sehr mit der Schlagwettergefahr zu rechnen. Ausserdem würde auch die Berührungsgefahr, welche durch die Notwendigkeit der allen Unbilden des Abbaubetriebes ausgesetzten beweglichen Stromzuleitungen erheblich vermehrt wird, nur niedrige Spannungen (bis etwa 250 V. Gleich- und 300 V. Wechselstrom) zulassen. In England und Amerika, wo die Schrämmaschinen vielfach elektrisch bethätigt werden, sind die Verhältnisse in den Abbauen der Verwendung der Elektrizität meistens günstiger.

Unter diesen Umständen wird sich die Pressluftübertragung, der man im übrigen wegen des geringen Nutzeffektes sowie der starren, deshalb unbequemer und dazu noch recht teuren Zuleitungen nur noch wenig zugethan ist, wahrscheinlich allein für den Betrieb der Stossbohr- und Schrämmaschinen noch erhalten. Ob man aber das alte System der centralen Presslufterzeugung über Tage und der Energieverteilung mittels kilometerlanger, das ganze Grubengebäude durchziehender Rohrleitungen beibehalten wird, erscheint mehr als zweifelhaft. Aller Wahrscheinlichkeit nach wird sich hier eine kombinierte Betriebsart, die Presslufterzeugung durch Elektromotoren in der Nähe der Verbrauchsstelle, einbürgern. Diese Uebertragungsmethode giebt trotz der doppelten Umsetzung der Kraft: Dampf- oder Gaskraft in Elektrizität, Elektrizität in Pressluft, einen guten Wirkungsgrad, weil die Vorteile der wirksameren elektrischen Uebertragung auf der weitaus grösseren Leitungsstrecke ausgenutzt und die stärkeren Verluste des Lufttriebwerks nur in der kurzen Rohr- oder Schlauchverbindung zwischen dem nahe der Verbrauchsstelle aufgestellten Kompressor und den Gewinnungsmaschinen auftreten.

Die Kosten der Anlage beschränken sich auf einen Anteil an der Centrale und dem meistens für Beleuchtungs- oder Kraftübertragungszwecke schon im Schachte oder gar im Querschlage vorhandenen Kabel, den elektrisch bethätigten Kompressor und die kurze Verbindungsleitung zwischen

---

*) S. Glückauf, 1903.

dem letzteren und den Gewinnungsmaschinen. Da die durch Un-
dichtheiten und durch die Adiabasie entstehenden Verluste sehr eingeschränkt werden, steht an den Gewinnungsmaschinen ein Druck von 6 bis
8 Atm. zur Verfügung, während bei dem alten Pressluftverteilungssystem oft
nur 3—4 Atm. (50 % der Luftspannung am Kompressor) vor Ort gelangen.
Der höhere Druck befähigt die Gewinnungsmaschinen zu weit höherer
Leistung. Die Bohrmaschinen liefern schon bei viel geringerem Cylinderdurchmesser und entsprechend leichterer Bauart eine Schlagwirkung, die
bei dem geringen Druck der von Tage aus zugeführten Pressluft nur mit
schweren Typen zu erreichen war. Ist am Aufstellungsort der Kompressoren
das Auftreten von Schlagwettern zu befürchten, so lassen sich die in Betracht kommenden Motoren und ihre Nebenapparate leicht durch Schutzvorrichtungen sichern.

Bei der Wahl des Antriebes für die mit Seil oder Kette betriebene
Streckenförderung, deren Motoren meistens am Schachte oder in gut ven-
tilierten Strecken aufgestellt werden können, spielte die Schlagwettergefahr
nur eine geringe Rolle. Deshalb griff man bei neu anzulegenden Förderungen schon seit Mitte der neunziger Jahre nur selten mehr auf die früher
verwandten Motoren für Dampf-, Druckluft- oder Wasserbetrieb zurück.

Bewegt sich die Streckenförderung nur in schlagwetterfreien Teilen
des Grubengebäudes — das wird nach der ausserordentlichen Verbesserung
der Wetterführung in dem verflossenen Dezennium für die **Mehrzahl** der
Ruhrzechen zutreffen —, so steht sogar der Verwendung mit Ober-
leitung arbeitender elektrischer Lokomotiven, eines zweifellos sehr zu-
kunftsreichen Förderungsmittels, nichts im Wege. Die Zeche Ver. Maria
Anna und Steinbank hatte in den letzten Jahren bei einer kleineren Lokomotivförderanlage unter ungünstigen Verhältnissen recht gute Ergebnisse
erzielt und mit Genehmigung der Bergbehörde bereits eine beträchtliche
Erweiterung der Anlage vorgesehen. Mit der Einstellung der Zeche im
letzten Jahre kam die Anlage ausser Betrieb. Auf den Emscher-Schächten
des Kölner Bergwerksvereins wurde neuerdings eine Lokomotivförderanlage
eingerichtet, die sich ebenfalls bewährt haben soll.

Der Einführung des elektrischen Betriebs bei den unterirdischen
Förderhaspeln standen anfänglich konstruktive Schwierigkeiten, neuerdings nur mehr die Bedenken hinsichtlich der Schlagwettergefährlichkeit entgegen, die heute, wo man gelernt hat, gegen Schlagwetter hinreichend geschützte Motoren, Apparate und Leitungen herzustellen, wenig Berechtigung
mehr haben und dort, wo Schlagwetter selten auftreten und die Wetterführung ihre Schuldigkeit thut, ganz hinfällig sind*). Zu diesem Stand-
punkt hat sich auch die Bergbehörde bekannt und einer Reihe von Zechen

---

*) Glückauf 1904, S. 391.

die Aufstellung elektrischer Förderhaspel gestattet. Auf der Zeche Courl stehen bereits 18 elektrische Förderhaspel im Betrieb. Es ist nur mehr eine Frage der Zeit, dass die Elektrizität auch auf diesem Gebiete die für den Wettbewerb nur in Frage kommende Pressluftübertragung vollkommen verdrängt.

Doch genügt es der Elektrotechnik nicht mehr, die kleineren Maschinen der Strecken- und Haspelförderung in ihren Bereich gezogen zu haben, sie hat den Dampf in seiner bisher sichersten Position, der Hauptschacht-förderung, angegriffen, ob mit einem endgültigen Erfolg, lässt sich noch nicht absehen. Im Jahre 1902 wurde zuerst auf einem Wetterschacht der Zeche Germania eine etwa 120 pferdige Maschine aufgestellt, deren Förder-trommel von einem Drehstrommotor durch ein zwischengeschaltetes, die Motorgeschwindigkeit herabsetzendes Zahnradvorgelege angetrieben wurde. Bei den grösseren 1000 bezw. 1800 PS. leistenden Fördermaschinen der Zechen Preussen II und Zollern II, die in den beiden folgenden Jahren in Betrieb genommen wurden, konnten die Motoren mit den Seilträgern, Koepescheiben, direkt gekuppelt werden. Der Motor der Drehstromförder-maschine auf Preussen II wird mittels eines Flüssigkeitsanlassers in und ausser Betrieb gesetzt. Die Gleichstromfördermaschine auf Zollern II ist nach dem Ilgnersystem ausgeführt, bei dem die störende Rückwirkung der Belastungsschwankungen auf die Centrale durch einen zwischen Primär-maschine und Fördermotor geschalteten Umformersatz mit Schwungradaus-gleich vermieden wird. Gegenwärtig ist man auf der Zeche Mathias Stinnes mit der Aufstellung von vier grossen elektrischen Fördermaschinen be-schäftigt. Die Energie wird dort nicht von einer Werkscentrale, sondern von dem Rheinisch-Westfälischen Elektrizitätswerk in Essen geliefert. Diese riesige Centrale, deren Maschinenapparat neuerdings durch eine Dampf-turbine von 10 000 PS. auf eine Gesamtleistung von etwa 28 000 PS. erweitert wurde, deren ringförmig angelegte Kabelleitungen schon das ganze Ruhrgebiet durchziehen, hat mit einer Reihe von Zechen Verträge über Stromlieferung abgeschlossen, meist allerdings nur für den Fall, dass die Werkscentrale, sei es für die Vornahme von Reparaturen, sei es aus Anlass von Betriebs-störungen, stillgesetzt werden muss. Die Zechen sparen in letzterem Falle Reserveanlagen. Das Elektrizitätswerk schafft sich durch die Abgabe des Stromes an die Zechen in der Tagesschicht, wo der Bedarf der sonst von ihm versorgten Gemeinden ein geringer ist, eine bessere Ausnutzung seiner Maschinen. Die billige Erzeugung des Stromes im Grossbetriebe gestattet die Abgabe zu sehr mässigen Preisen.

Zweifellos lässt sich durch die elektrische Bethätigung der Förder-maschinen bei sehr flottem Gange der Förderung auch den in letzterer Zeit sehr vervollkommneten Dampffördermaschinen gegenüber eine Dampf-ersparnis erzielen, deren Wert weit grösser ist als die Verzinsungs- und Ab-

schreibungsquote des bei der elektrischen Anlage 2—3 mal höheren Anlagekapitals. Die äusserst wirtschaftlich arbeitenden und Belastungsschwankungen vorzüglich ausregulierenden Dampfmaschinen der Centralen kommen
im Dampfverbrauch, wie wir später sehen werden, bis auf 4,2 kg je PS_i
herunter und verlangen, wenn man für die Verluste bei der Umsetzung
des Stroms in den Anlass- und Regulierapparaten, im mechanischen Ge-
triebe der Fördermaschine usw. gar 100 % der indiz. Dampfleistung zu-
schlägt, nur 8,4 kg Dampf je Schachtpferd. Zu dem Dampfverbrauch der
Förderung muss ein Zuschlag für die Leerlaufarbeit der Primäranlage,
bei dem Ilgner-System auch des Umformersatzes und des Schwungrades, gemacht werden, der natürlich um so grösser wird, je länger die
Pausen zwischen den einzelnen Förderzügen sind. Bei sehr flotter Förderung fällt dieser Faktor nicht ins Gewicht; treten aber öfters längere Pausen
ein, wie sie in einer grossen Zahl von Fällen der nicht zu regulierende
unterirdische Betrieb verursacht, dann wird eine Erparnis gegen den
Dampf, dessen vervollkommnete Maschinen jetzt auch mit etwa 20 kg
Dampf je Schachtpferd auskommen, kaum zu erzielen sein. Doch werden
die verbesserten Einrichtungen der neuen Schächte, und, was ebenfalls
von grösster Wichtigkeit ist, auch der Zubringeförderung unter Tage
die Verhältnisse für den Schnellbetrieb der Schachtförderung und deshalb
auch für die Einführung der elektrischen Hauptfördermaschinen immer
günstiger gestalten. Den gleichen Erfolg werden die Bestrebungen auf
Verbilligung der Stromerzeugung durch die Aufstellung der äusserst wirtschaftlich arbeitenden Grossdampfmaschinen, und vor allem auch der
Dampfturbinen und Koksgasmotoren zeitigen. Der bedeutende Kraftverbrauch der Fördermaschinen setzt natürlich sehr gross bemessene Centralen
voraus.

Einen erheblichen Vorteil weist in dieser Hinsicht das Ilgnersystem dadurch auf, dass die Centralen dank der ausgleichenden Wirkung des
Schwungrades nur für eine der mittleren Belastung entsprechende Stromabgabe bemessen zu sein brauchen.

Wie schon weiter oben erwähnt, ist der elektrische Antrieb bei den
Hauptventilatoren schon längst namentlich dort zur Regel geworden,
wo man diagonale Wetterführung mit von der Hauptanlage weit abliegenden Wetterschächten hat. Auch für die Bethätigung der Sonder-
ventilatoren eignet sich der Elektromotor viel besser, als die hier mit ihm
in Wettbewerb stehenden kleinen Druckluftmotoren und Wasserturbinen.*)
Seiner Einführung in diesen Betriebszweig standen bisher nur Bedenken
hinsichtlich der Schlagwettergefahr entgegen, die sich aber auf ein
Minimum reduzieren dürften, weil sich die Ventilatoren mit den vollkommen

---

*) Bd. VI. S. 511 ff.

funkenlos arbeitenden Kurzschlussankermotoren des Drehstromsystems betreiben lassen.

In den Betriebsanlagen über Tage, den Verladungen, Transportbahnen, Separationen, Kohlenwäschen, Nebenproduktenfabriken, Kokereien, Werkstätten usw. wird der Elektromotor in solchem Umfange zum Antrieb der verschiedenartigsten Arbeitsmaschinen verwandt, dass man bei der Bemessung neuer Centralen bis zu 600 PS. für diese Zwecke vorsieht.

Das Bild einer sehr weit fortgeschrittenen Centralisation der Antriebsmaschinen über und unter Tage liefert die Zeche Courl.

Die Centrale liefert dort 909 PS für 26 Motoren über und 707 PS für 34 Motoren unter Tage. Wie verschiedenartig die Verwendung der Motoren ist, geht aus nachstehender Tabelle hervor.

Elektrische Maschinen auf Zeche Courl.

Tabelle 36.

Ueber Tage			Unter Tage		
Motoren			Motoren		
Zahl	Leistg. PS	Betriebszweck	Zahl	PS	
1	100	Umformer	1	95	Kompressor
1	30	»	1	75	»
1	360	Ventilator	1	12	Pumpe
1	12	Seilbahn z. Kokstransport	1	75	Seilförderung
1	25	» z. Bergetransport	2	je 60 / 120	»
1	100	» nach Zeche Schlesw.			
1	15	Kettenbahn	1	25	»
5	je 25 / 125	Aufzüge	1	72	»
1	5	Aufzug	1	8	»
1	8	Becherwerk	18	je 25 / 450	Förderhaspel
1	12	Separation	7	5	Ventilatoren
	je 25 / 50	2 Kratzbänder	34	937	
1	30	Kratzband			
2	je 12 / 24	Transmissionen			
2	je 12 / 24	Kreissägen			
1	8	Schreinerei			
1	5	Klempnerei			
1	5	Elektrische Werkstatt			
1	3	Lampenkaue			
26	811				

Bisher erzeugt man auf den Ruhrzechen in der Hauptsache nur Strom für den eigenen Bedarf. Abgesehen von der Abgabe kleinerer Strommengen an die benachbarten Gemeinden ist man an den Verkauf von Elektrizität, den Gruben anderer Kohlenbezirke bereits in grösserem Umfange betreiben, noch nicht herangetreten. Die Aktiengesellschaft Rheinisch-Westfälisches Elektrizitätswerk nutzt bis jetzt allein die grossen Vorteile aus, welche die Erzeugung elektrischer Kraft an der Förderstelle der Brennstoffe selbst gewährt. Sie hat ihre Riesencentrale neben die Zeche Victoria Mathias gelegt und verbraucht einen beträchtlichen Teil ihrer Förderung. Bei den hohen Spannungen bis 10 000 V, mit denen man dank der Fortschritte der Kabeltechnik heute arbeiten kann, lässt sich das Verteilungsnetz recht weit spannen. Dieser Weg, den Kohlenabsatz zu fördern, ist besonders für die Zechen beachtenswert, die mit grösseren Mengen von Abfallkohlen zu rechnen haben, wie die Magerkohlenwerke, ferner für solche, die sehr unreine Flötze bauen, deren Kohle hohe Waschkosten verursacht oder die aus sonstigen Gründen ihre Förderung schwer verfrachten können. Auf diese Art lassen sich au$\dot{Z}$e die Kohlenschlämme Koksaschen und ähnliche Produkte verwerten, die entweder in einer Kesselanlage mit geeigneter Feuerung oder in einem Gasgenerator zu gute gemacht werden können.

Zweifellos ist auch diese Frage für die zukünftige Entwickelung der elektrischen Centralen auf den Ruhrzechen von grossen Wichtigkeit.

Der in dem letzten Dezennium von Jahr zu Jahr wachsende Elektricitätsbedarf hatte eine sehr schnelle Entwickelung der Centralen zur Folge. Während man im Jahre 1892 eine hundertpferdige und i   re 1898 eine fünfhundertpferdige Bergwerkscentrale als Wunderding anstaunte, sind jetzt 3000pferdige Primäranlagen keine Seltenheit mehr.

Das Feld der Kraftübertragung wird von dem Drehstrom beherrscht. Neuere Gleichstromcentralen für Kraftzwecke, wie die auf Zeche Zollern II, bei der die Aufstellung der Fördermaschinen für die Wahl des Gleichstroms sprach, finden sich nur vereinzelt. Dagegen betreibt man die Beleuchtungsanlagen, die oft besondere Dynamos erhalten, wegen der besseren Lichtausbeute, die der Gleichstrom in Bogen- und Glühlampen liefert, lieber mit dieser Stromart.

Die Maschinen der Primäranlagen, sowohl Antriebsmotoren wie Dynamos, wurden in demselben Masse vervollkommnet, wie die Centralen sich vergrösserten. Der Kolbendampfmaschine, die bisher im Centralenbetriebe Alleinherrscherin war, sind neuerdings in der Dampfturbine und dem Grossgasmotor recht gefährliche Konkurrenten erwachsen. Von geringer Bedeutung, aber immerhin erwähnenswert sind auch die kleinen unterirdischen Primäranlagen mit Wasserturbinenantrieb, die auf einer Reihe von Zechen Strom für die Beleuchtung der Füllörter, Maschinenräume, Pferdeställe usw., ab und zu auch für kleine Motoranlagen liefern. Als Betriebskraft dienen aufgefangene Grubenwasser, die auf dem Wege nach der Wasserhaltungssohle ausgenutzt werden.

Die kleinen, schnurrenden Dynamomaschinen der Zeiten um 1890, deren Anker man durch mehrfache Riemenübersetzung auf die erforderliche Umdrehungszahl von 1500—2000 je Min. bringen musste, sind im Ruhrrevier historische Sehenswürdigkeiten geworden. In würdigem Laufe, mit 60—120 Uml./Min. drehen sich die 4—5 m im Durchmesser haltenden Räder unserer modernen Riesendynamos.

2. Kapitel: Die Antriebsmaschinen der Centralen.

I. Die Kolben-Dampfmaschinen.

1. Allgemeines.

Die Herausbildung eines brauchbaren Antriebsmotors für elektrische Centralen war in dem verflossenen Dezennium eine der wichtigsten Aufgaben der Dampfmaschinentechnik. Die kleinen, sehr schnell laufenden Lichtmaschinen, die sich anfangs der neunziger Jahre einzubürgern begannen, trieb man meistens durch Riemen- oder Seilvorgelege an, eine Art der Bethätigung, die später auf die grossen Maschinen übertragen wurde und bis zum Ablaufe des Jahrhunderts sehr beliebt war. Dieser Zeit entstammen die mit Riemen- oder Seilgetrieben arbeitenden (Riemen bis 150 Ps., Seilen darüber) älteren Primärstationen auf den Zechen Scharnhorst, Ver. Maria Anna und Steinbank, Kölner Bergwerksverein, Consolidation u. a. Es handelt sich hier meistens um Anlagen mittlerer Grosse (300—500 PS.), bei denen die Dampfmaschine 60—80, die Dynamomaschine 300—500 Uml./Min. macht. Die kleinen, sehr schnell laufenden (mit über 350—1000 Uml./Min.) Dampfdynamos nach Art der in Fig. 310 abgebildeten erwarben sich im Ruhrrevier, wie auch sonst in Grossbetrieben, wegen des verhältnismässig hohen Dampfverbrauchs und des schnellen Verschleisses der Teile nur wenig Freunde. Sie finden noch als Erregermaschinen bei Drehstromanlagen eine beschränkte Verwendung und treten auch dort meistens nur beim Anlassen der Maschinen vorübergehend in Betrieb, während für die Dauererregung durch Elektromotoren bethätigte Erregermaschinen in Dienst gestellt werden.

Grösserer Beliebtheit als diese ungewöhnlich schnell laufenden Motoren erfreuten sich die seit Mitte der 90er Jahre bis in die jüngste Zeit hinein
vielfach beschafften stehenden Betriebsmaschinen der »Torpedobootstype«,
deren Tourenzahlen selten über 200 je Min. hinausgehen, meistens aber
zwischen 100—150 je Min. liegen. Unter anderen weisen die Centralen
der Zechen Rhein-Elbe III, Zollverein, Minister Stein, sowie Ver. Hamburg
und Franciska solche Maschinen von 300—700 PS. auf. Als man aber
neuerdings dazu überging, verhältnismässig langsam, d. h. mit 80—100 minut-

Fig. 310.

Schnell laufende Dampfdynamomaschine.

lichen Umdrehungen laufende Maschinen von noch grösserer Leistung,
bis zu 2000 PS. hinauf, aufzustellen, da kehrte man gern wieder zu der
liegenden Maschine zurück. Sie eignet sich besser für den Betrieb mit
Präzisionssteuerungen und ist in ihren einzelnen Teilen zugänglicher als
die stehende Maschine.

Der Massenbedarf an schnelllaufenden Betriebsmaschinen, der sich
mit der Ausbreitung der elektrischen Kraftübertragung und Beleuchtung
einstellte, hat auf die Entwickelung der Dampfmaschinen sehr fördernd
gewirkt. Im Gegensatz zu vielen anderen Arbeitsmaschinen (Pumpen, Ventilatoren usw.) verlangt die Dynamo einen äusserst regelmässig arbeitenden
und bei Belastungsschwankungen genau regulierenden Antriebsmotor, besonders dann, wenn sie Strom für Lichtzwecke abgiebt oder in Parallel-

schaltung mit anderen Generatoren arbeitet. Als brauchbare Steuerungen standen anfangs der 90er Jahre, wo die Einführung der elektrischen Krafterzeugung in grösserem Umfang begann, die vom Regulator beeinflussten Steuerungen mit flachen, runden und Kolbenschiebern, Drehschiebern oder Ventilen zur Verfügung, die aber alle für die besonders genaue Regulierung, die der elektrische Betrieb verlangte, erst weiter ausgebildet werden mussten. Für Schwankungen um 25% der Vollbelastung forderten die Elektrotechniker einen Gleichförmigkeitsgrad von 1,5%. Bei plötzlich eintretender vollkommener Entlastung durfte die Schwankung 3% nicht überschreiten. Diesen hochgespannten Anforderungen wurden die Dampfmaschinenbauer durch die weitere Ausbildung der Steuerung und die Erhöhung der Regulatorempfindlichkeit gerecht. Dem Centrifugalpendelregulator erwuchs insbesondere bei den Schiebersteuerungen kleinerer und mittlerer Maschinen ein erfolgreicher Mitbewerber in dem Flachregler der Bauarten Dörfel, Proell, Lentz u. a., die einen einfacheren und wirksameren Antrieb der Steuerungsteile ermöglichen, als Centrifugalpendelregler.

Mit diesen auf eine verbesserte Regelung der Umdrehungszahl abzielenden Bestrebungen ging ein scharfes Drängen der Maschinentechnik auf Herabsetzung des Dampfverbrauches Hand in Hand. Die elektrische Kraft weist als nicht geringsten ihrer Vorzüge die Möglichkeit einer einfachen und genauen Messung des Stroms in allen Stadien der Stromerzergung und -Verteilung auf. Die Stromausbeute der Dynamo, deren Wirkungsgrad unter verschiedenen Betriebsverhältnissen (veränderter Umdrehungszahl und Belastung) immer der Charakteristik der Maschine entspricht, gestattet einen genauen Rückschluss auf die jeweilige Energielieferung des Antriebsmotors. So liefert die Beobachtung der elektrischen Messinstrumente in Verbindung mit der Ermittelung des Kohlenund Speisewasserverbrauchs und der Diagrammentnahme an den Cylindern ein scharfes Bild der Wirtschaftlichkeit des Dampfdynamobetriebes. Bei anderen Arbeitsmaschinen (Pumpwerken, Fördermaschinen usw.) sind derartig genaue Leistungsbestimmungen unausführbar.

Deshalb ist es kein Zufall, dass mit der fortschreitenden Einführung der elektrischen Kraft eine Verbesserung im Dampfmaschinenbetriebe die andere jagte.

Die Einführung der Kondensation, erst der Einzelkondensatoren, die von den Maschinen selbst betrieben wurden, dann der riesigen Centralkondensationen, an die jetzt sogar die Fördermaschinen angeschlossen werden, die Mantelheizung der Cylinder, die Erhöhung der Dampfspannung und die mit ihr Hand in Hand gehende vermehrte Ausnutzung der Expansionswirkung in Zwei- und Dreifach-Verbundmaschinen, die Verwertung der Hitze der Abgase zur Heissdampferzeugung, das sind die Marksteine des Entwickelungsganges der neueren Dampftechnik.

Wie fördernd diese Verbesserungen auf die Wirtschaftlichkeit des
Dampfbetriebes eingewirkt haben, ergiebt sich aus nachstehender Tabelle,
die Dampfverbrauchsgarantien der Vereinigten Maschinenfabrik Nürnberg
und Maschinenbaugesellschaft Augsburg für Maschinen verschiedener Betriebsart enthält.

Tabelle 37.

	Eincylindermaschine		Verbundmaschine		Dreifach-Expansions-maschine	
	mit	ohne	mit	ohne	mit	
	Kondensation					
Bei einem Dampfdruck von	6—10		8—12		10—14	Atm. Ueberdr.
Bei einer Ueberhitzung von 300^0	7,5—9,0	8,7—11,5	5,1—8,0	7,0—9,7	4,5—6,0	kg/PSe Stde.
Mit trockenem ge-sättigtem Dampf . .	9,75—11,5	11,5—14,5	6,5—9,5	9,1—11,8	5,7—6,5	kg/PSe Stde.

Der in den Centralen der Ruhrzechen vorherrschende Maschinentyp
ist die Zweifach-Expansionsmaschine mit Ventilsteuerung, die man für
Leistungen von etwa 500 bis zu 2000 PS. und Dampfdrücke bis zu 10 Atm.
wählt. Die neueren Maschinen sind — wie bereits erwähnt — meistens
liegend angeordnet. Die beiden Cylinder treiben gewöhnlich in Zwillingslage je eine Kurbel an, doch fehlt es auch nicht an Beispielen für die
Tandemtype. Die 2200 PS.-Maschine der Zeche Germania I ist beispielsweise
als Zwillingstandem ausgeführt.

Die Fortschritte des Kesselbaues gestatten heute eine Erhöhung der
Dampfspannung bis auf 12 und 14 Atm. Um dabei zu grosse Temperaturgefälle und ihnen entspringende Kondensationsverluste zu vermeiden, ging
man zu einer Dreiteilung der Expansion in den Dreifach-Verbundmaschinen
über, wodurch man das Temperaturgefälle in einem Cylinder auf 38—40° C.
verringern konnte.

Wenn auch die mit der Vermehrung der Cylinder wachsende Strahlungsfläche die Mehrausnutzung des Dampfes etwas beeinträchtigt, so liefert die
dreifache Expansion doch immer um 15—20 % mehr Kraft als die einfache.
Die Ersparnis an Brennmaterial wird auch auf Kohlenbergwerken, wo das
zur Verfügung stehende Heizmaterial leider oft zu gering bewertet wird,
die erhöhte Verzinsungsquote des Anlagekapitals für die etwas teureren
Maschinen übersteigen.

Um Anlage- und Bedienungskosten zu sparen, bevorzugt man auf den
Ruhrzechen die zweikurbelige Ausführung der Dreifach-Expansionsmaschine.

Bei ihr ist je einer der beiden Cylinder, in welche der Niederdruckraum unterteilt ist, mit dem Hoch- bezw. Mitteldruckcylinder in Tandemanordnung vereinigt (Zechen Mansfeld, Zollern II u. a.). Der einzige Nachteil dieser Type gegenüber der dreikurbeligen Ausführung, der geringere Massenausgleich, fällt nicht so sehr ins Gewicht, da die starken Schwungmassen der auf den Wellen sitzenden Magneträder einen hinreichenden Ausgleich herbeiführen.

Die Dreifach-Expansionsmaschinen erreichen namentlich bei Heissdampfbetrieb einen so hohen Grad von Wirtschaftlichkeit, dass sie zweifellos sich in den immer grösser werdenden neuen Centralen weit mehr als bisher einbürgern werden, wenn nicht in dem begonnenen Wettstreit Dampfturbinen und Gasmotoren die Kolbendampfmaschinen überhaupt verdrängen.

An der Lieferung der Dampfmotoren für die Centralen der Ruhrzechen ist eine grössere Anzahl von Maschinenfabriken beteiligt, von denen nachstehende Firmen besondere Erwähnung verdienen:

Schüchtermann & Kremer, Dortmund,
Thyssen & Co., Mülheim a. Ruhr,
Haniel & Lueg, Düsseldorf,
Maschinenfabrik Gutehoffnungshütte, Oberhausen,
Sundwiger Eisenhütte, Sundwig i. Westf.,
Maschinenbau-Anstalt Humboldt, Kalk,
Maschinenfabrik Grevenbroich,
Gebrüder Meer, München-Gladbach,
Neuman & Esser, Aachen,
Ascherslebener Maschinenbau A.-G.,
Maschinenfabrik Magdeburg-Buckau,
G. Kuhn, Stuttgart,
Maschinenbau A.-G. vorm. Ph. Swiderski, Leipzig,
Maschinenfabrik vorm. Richard Hartmann, Chemnitz,
Gebr. Sulzer, Winterthur und Ludwigshafen.

2. Die Systeme der Kolbendampfmaschinen.

a) Maschinen mit Schiebersteuerung.

α) Mit Flachschiebersteuerung.

Die kleinen und mittleren Betriebsmaschinen der ältesten auf den Ruhrzechen zur Aufstellung gekommenen Dynamos arbeiteten meistens mit der weitverbreiteten Flachschiebersteuerung Bauart Rider, die in Fig. 311a und b wiedergegeben ist. Die steuernden Organe sind ein Muschelschieber, der auf dem Schieberspiegel liegt und ein Expansionsschieber, der mit seiner gekrümmten Auflagerungsfläche in dem entsprechend geformten Rücken des Grundschiebers gleitet.

Bei der dargestellten Ausführung tritt der Frischdampf durch den Stutzen A in den Heizmantel des Cylinders ein und gelangt von dort durch

a Querschnitt durch den Schieberkasten.

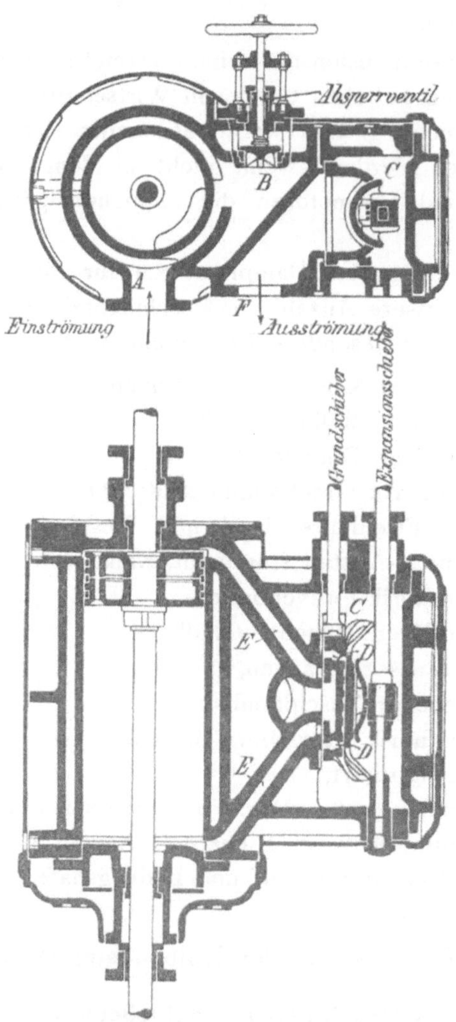

b Längsschnitt durch den Schieberkasten.

Fig. 311 a und b.

Ridersteuerung der Maschinenbauanstalt Humboldt, Kalk.

das Absperrventil B und die Kanäle D und E des Schieberkastens C in den Cylinder.

Der Abdampf strömt durch die Bohrung F aus. Beide Schieber

werden von der Kurbelwelle aus durch Excenter angetrieben. Bei Belastungsschwankungen verdreht der Centrifugalpendel- oder Flachregler den Expansionsschieber und verändert den Querschnitt der Dampfeinströ-

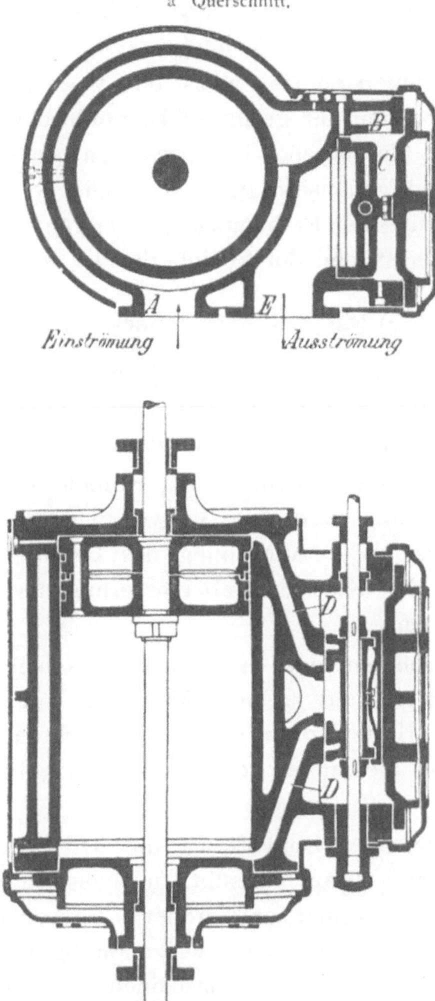

Fig. 312 a und b.

Trickschiebersteuerung des Niederdruckcylinders einer Verbundmaschine der Maschinenbauanstalt Humboldt.

mung, indem er die schrägen Durchgangsschlitze der beiden Schieber mehr oder weniger zur Deckung bringt.

. Der Niederdruckcylinder der Humboldt-Maschine ist mit einem Trickschieber, einem Flachschieber mit Umlaufkanal (Fig. 312) ausgerüstet, der rasche Oeffnung und schnellen Schluss der Dampfkanäle gestattet. Dadurch werden die Drosselverluste eingeschränkt. Der Dampf tritt aus dem Ueberströmrohr des Hochdruckcylinders durch den Stutzen A in den zugleich als Receiver dienenden Heizmantel des Niederdruckcylinders und gelangt dann durch die Oeffnung B, den Schieberkasten C und die Kanäle D in den Cylinder. E ist der Auspuff.

Die Flachschiebersteuerung weist den Vorzug einer guten Dichtung auf, eignet sich aber nur für geringere Dampfdrücke (bis etwa 7 Atm. max.) und für kleinere Maschinen. Bei grösseren Ausführungen werden die Schiebermassen und -gehäuse zu gross. Das hohe Gewicht der Schieberteile und die Verbreiterung der Reibungsfläche verlangt viel Kraft, zudem erhöht die grosse Strahlungsfläche der Schieberkästen den Dampfverbrauch.

β) Mit Kolbenschiebersteuerung.

Von diesen Nachteilen ist der Kolbenschieber frei, der mit sehr kleinen Schieberräumen auskommt und wegen seiner geringen Masse und Oberfläche leichter zu bewegen ist als der Flachschieber.

Der hauptsächlichste Fehler des Kolbenschiebers, der geringere Schluss wird neuerdings durch die Verwendung federnder Dichtungsringe sehr herabgedrückt. Die Anordnung des Grund- und des Expansionsschiebers ist bei den Kolbenschiebersteuerungen verschiedener Herkunft eine sehr abweichende.

Kleinere Maschinen sind mit Einkammerschiebern ausgerüstet, während man für mittlere und grössere Maschinen mit Rücksicht auf die Beschränkung der Verluste durch mangelnde Dichtung Doppelschieber vorzieht, die entweder ineinander gesteckt oder in getrennten Kammern verlagert sind.

Um der ungünstigen Einwirkung, die der Verschleiss der Schieberteile auf den Dampfverbrauch ausübt, zu begegnen, sind die Laufbüchsen der Schieber auswechselbar angeordnet. Eine der normalen, aus dem System Rider herausgebildeten zweikammerigen Kolbenschiebersteuerungen, die bei stehenden Dampfmaschinen mehrerer Centralen auf den Ruhrzechen Verwendung gefunden haben, ist in Fig. 313 a und b wiedergegeben.

Der Dampf tritt bei A in den Schieberkasten, gelangt zunächst in den hohlen Expansionsschieber und durch dessen Verteilungsschlitze und die Kanäle B in die Kammer des Grundschiebers. Er passiert dessen ringförmige Einschnürungen C und strömt dann bei D in den Arbeitscylinder.

Nach der Arbeitsleistung tritt er in die Kammern E, die mit dem Auspuffrohr F in Verbindung stehen. Mit den vorderen Kammern E ist der gleichgestaltete Raum G durch die Bohrung a verbunden. Infolgedessen a Querschnitt.

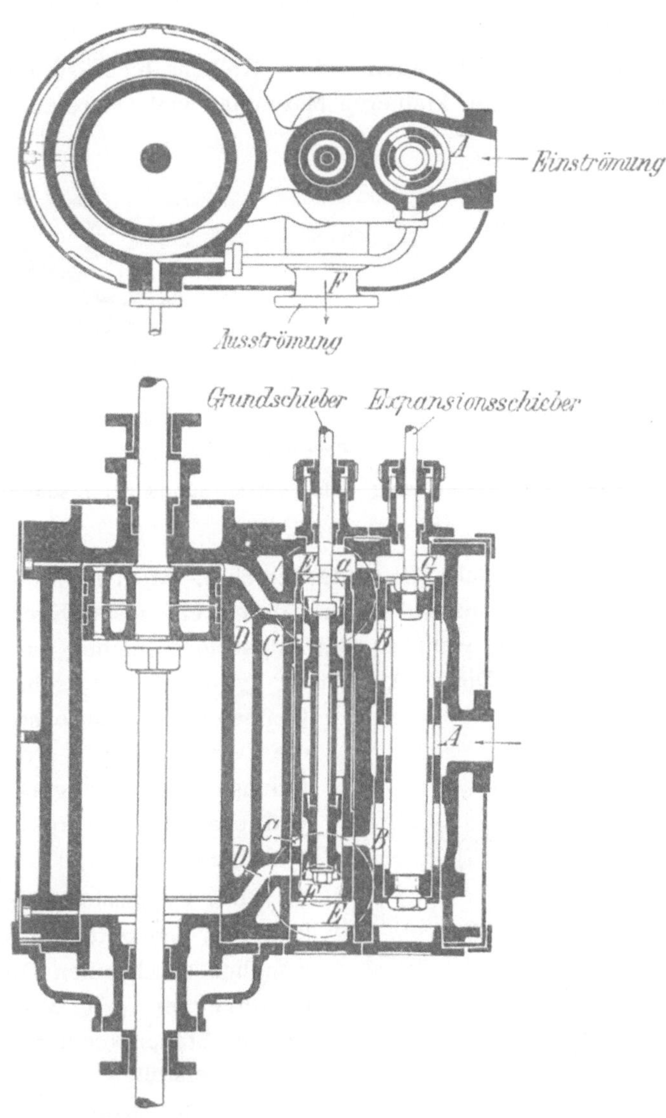

b Längsschnitt.

Fig. 313 a und b.

Kolbenschiebersteuerung mit zwei Schieberkammern.
Maschinenbauanstalt Humboldt.

wird die Stopfbüchsendichtung der beiden Schieberstangen nur durch den
geringen Druck des Auspuffdampfes beansprucht. Der Expansionsschieber
steht mit dem Regulator in Verbindung.

Maschinen dieser von der Maschinenbauanstalt Humboldt für verschiedene Zechen gelieferten Ausführung eignen sich auch sehr gut für Heissdampfbetrieb.

Neben dieser ist auch die Kolbenschiebersteuerung Patent Doerfel (Fig. 314) bei kleineren Maschinen viel vertreten. Bei ihr wird

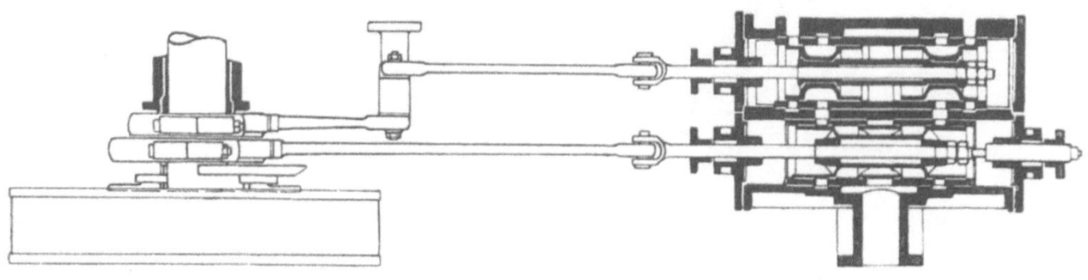

Fig. 314.

Kolbenschiebersteuerung, Pat. Doerfel. Sundwiger Eisenhütte.

der dem Cylinder zunächst liegende Schieber, welcher die Voröffnung für den Dampfein- und ·auslass steuert, durch ein festes Excenter von der Kurbelwelle bethätigt, während der Expansionsschieber nur den Dampfeinlass vermittelt. Diese Anordnung gestattet ein sehr frühzeitiges Oeffnen des Expansionsschiebers, dem die Voröffnung ja von dem Verteilungsschieber abgenommen wird, und schafft deshalb grosse Durchgangsöffnungen.

Der Expansionsschieber wird bei kleineren und mittleren Maschinen gewöhnlich durch einen Doerfelschen Flachregler (Fig. 315) beeinflusst, der das Steuerexcenter der Schieberstange verstellt.

Der Flachregler setzt sich aus einer Scheibe und 2 drehbar aufgehängten Schwunggewichten mit Spannfedern zusammen, deren Schleuderbewegung durch den in der Abbildung ersichtlichen Hebelmechanismus auf das Excenter übertragen wird.

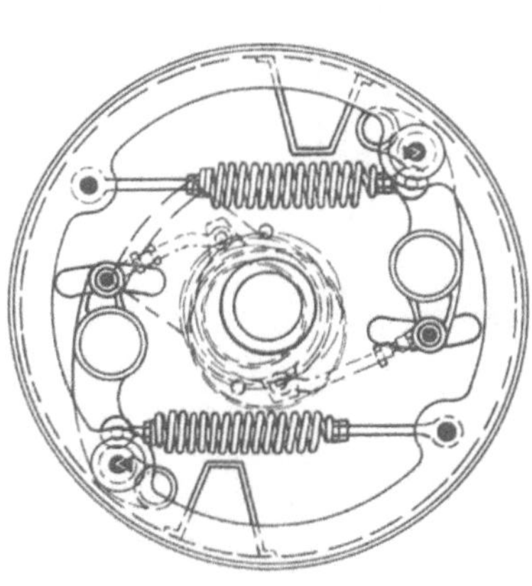

Fig. 315.

Flachregler, Pat. Doerfel.
Sundwiger Eisenhütte.

Der Flachregler eignet sich auch für Einkolbensteuerungen, deren Verwendung sich aber auf Maschinen von geringer Leistung beschränkt.

Als Beispiel für grössere Maschinen mit Kolbenschiebersteuerung sei

eine der drei stehenden Verbundmaschinen der Wasserhaltungscentrale
auf Zeche Ver. Hamburg & Franziska hier vorgeführt. (Fig. 316 und
Tafel XVII.) Die Maschinen sind von der Firma Haniel & Lueg in Düssel-

Fig. 316.

Stehende Verbundmaschine mit Kolbenschiebersteuerung auf Zeche Hamburg & Franziska.

dorf-Grafenberg für eine Leistung von je 750 PS. bei 125 Uml./Min. ausgeführt. Die Cylinder haben folgende Abmessungen:

Durchmesser des Hochdruckcylinders . . . 680 mm
     »   » Niederdruckcylinders . . 1100 »
Hub . . . . 700 »

Die Steuerung des Hochdruckcylinders ist als Trickschieber ausgebildet und unter die Einwirkung des zwischen Hoch- und Niederdruckcylinder angeordneten und von der Hauptwelle durch ein Kegelrädervor-

gelege angetriebenen Centrifugalregulators gestellt, während der Schieber des Niederdruckcylinders durch ein hohles Excenter bethätigt wird. Die Cylinder sind allseitig geheizt und werden durch kräftige Träger gegen die Fundamentplatte abgestützt. An den Tragesäulen sind die Führungsstücke der Kreuzköpfe angeschraubt.

Die von der Maschinenfabrik Magdeburg-Buckau gelieferten 600 PS.-Verbundmaschinen der 3 Drehstromgeneratoren auf Zeche Rhein-Elbe III weisen ebenfalls stehende Anordnung auf und werden durch Kolbenschieber gesteuert.

Das gleiche Steuerungssystem besitzen die beiden im Jahre 1901 auf der Zeche Margarethe bei Sölde aufgestellten Tandemverbundmaschinen von je 550 PS. Leistung, die aus den Werkstätten der Maschinenfabrik Grevenbroich hervorgegangen sind.

γ) Mit Drehschiebersteuerung.

Von einer ganzen Reihe von Firmen, so der Sundwiger Eisenhütte (Maschinen auf Kaiserstuhl II, Neu-Iserlohn, von der Heydt), der Elsässischen Maschinenbaugesellschaft (Maschine auf Courl), usw. werden Drehschieber zur Steuerung der Niederdruckcylinder stehender und liegender Maschinen benutzt, deren Hochdruckcylinder mit Kolbenschiebern oder Ventilen arbeiten.

Bei den Niederdruckcylindern kommen folgende Vorteile des Drehschiebers besonders zur Geltung:

1. Sehr geringer schädlicher Raum;
2. einfacher Antrieb und leichter Gang;
3. dauerhafte Dichtung, da etwa eindringender Schmutz durch den Drehkolben von der Schieberbahn gekehrt wird;
4. geringer Verschleiss wegen der breiten Laufflächen und des centrischen Angriffs der Kuppelungsstangen;
5. leichte Zugänglichkeit, da der Schieber nach Entfernung der Antriebskuppelung und des Deckels freiliegt.

Als Beispiel für eine Drehschiebersteuerung neuester Art sei hier die von der Sundwiger Eisenhütte herrührende Ausführung beschrieben, die mit der weiter unten besprochenen Hochdruckventilsteuerung System Radovanovic bei den Maschinen auf Kaiserstuhl II usw. in Betrieb steht.

Die Fig. 317 giebt links eine Ansicht der vier aussen liegenden Kurbeln der Drehschieber, die von der Welle aus durch eine Excenterstange, die Antriebsscheibe und die vier an ihr angreifenden Hebel bethätigt werden, rechts einen Schnitt durch den unteren Teil des Cylinders und die Organe, welche den Dampfein- und -auslass vermitteln.

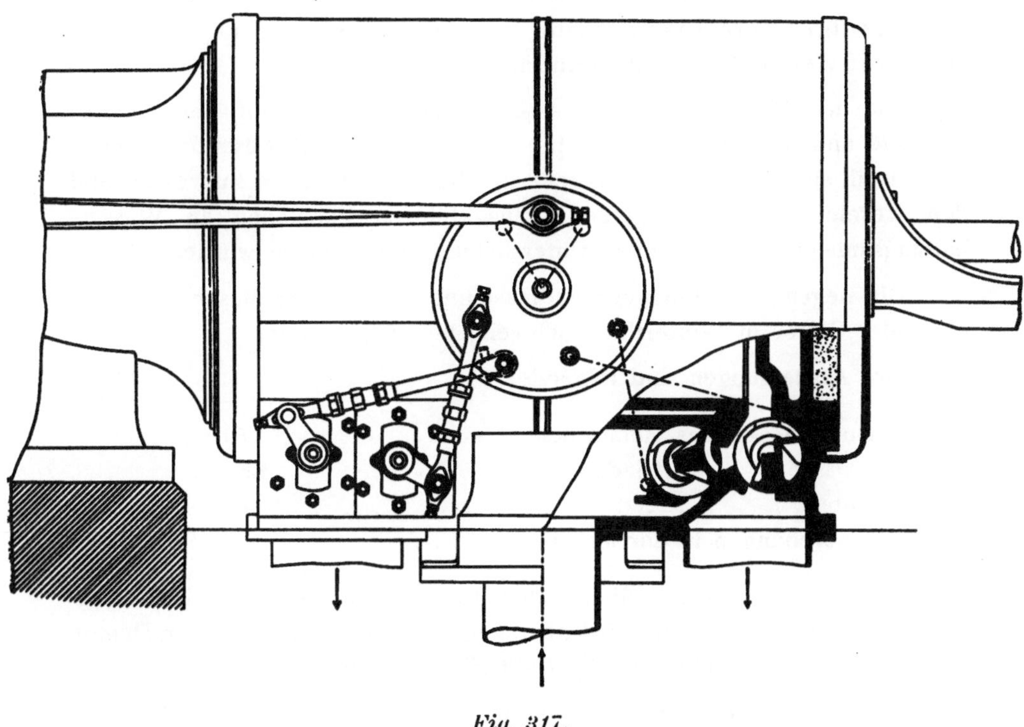

Fig. 317.

Drehschiebersteuerung der Sundwiger Eisenhütte.

b) Maschinen mit Ventilsteuerung.

Die neueren grossen Verbundmaschinen der Zechencentralen sind fast allgemein mit auslösenden oder zwangläufigen Ventilsteuerungen an beiden Cylindern, in manchen Fällen auch nur am Hochdruckcylinder ausgerüstet, während der Niederdruckcylinder mit einer Drehschiebersteuerung arbeitet.

Die Ventile sind namentlich bei den mittelschnell laufenden (80 bis 120 Uml./Min.) Grossmaschinen und hohen Dampfdrücken jedem anderen Steuerungsorgan in der Präzision der Dampfverteilung und in der Dampfausnutzung überlegen.

Die ventilgesteuerten Maschinen werden neuerdings bis auf wenige Ausnahmen als liegende Verbundmaschinen ausgeführt. Von der grossen Anzahl von Steuerungen dieses Systems, die auf den Zechen vertreten sind, seien nachstehend diejenigen behandelt, welche entweder als Typen gelten können oder sich durch bemerkenswerte Einzelheiten der Konstruktion auszeichnen.

Als Typus einer ventilgesteuerten Verbundmaschine sei zunächst die 1500pferdige Betriebsmaschine der neuen Wasserhaltungscentrale auf Zeche Victor aufgeführt.

Mit den Maschinen der Wasserhaltungscentralen auf den Zechen Mansfeld und A. von Hansemann bietet sie auch deshalb besonderes Interesse, weil sie bei den vom Verein für die bergbaulichen Interessen und dem Verein Deutscher Ingenieure ausgeführten Versuchen an Wasserhaltungsanlagen einer genauen Untersuchung unterworfen wurde.

Die liegende Zwillingsverbundmaschine ist aus der Maschinenfabrik Gebrüder Sulzer in Winterthur (Schweiz) hervorgegangen.

Ihre Abmessungen sind folgende:

Durchmesser des Hochdruckcylinders . . . . . 760 mm
      »   » Nieder-   »   . . . . . 1250 »
Hub . . . . 1100 »
Umdrehungen in der Minute . . . . 110—113.

Die Maschine ist für überhitzten Dampf von 250° C. bei 7,5 Atm. Zutrittspannung ausgeführt, wird aber gegenwärtig mit gesättigtem Dampf von 7,5 Atm. im Anschluss an die Centralkondensation betrieben.

Die Fig. 318 giebt einen Aufriss der Maschine und einen Schnitt durch den hinteren Teil des Hochdruckcylinders. Die Cylinder sind mit dem Bajonettrahmen durch Schrauben verbunden und stützen sich an den Enden auf gusseiserne Fundamentplatten, auf denen sie so befestigt sind, dass sie sich unter dem Einfluss der Wärme ausdehnen können. Beide haben Dampfmäntel, welche von dem Arbeitsdampfe des betreffenden Cylinders durchströmt werden.

Die Kolbenstangen werden vor beiden Cylinderenden geführt, sodass ihr Gewicht nicht auf die Lauffläche drückt. Ihre Abdichtung gegen die Cylinderdeckel erfolgt durch bewegliche Metallstopfbüchsen, die sich im Betriebe gut bewährt haben. Um ein Heisslaufen der Kreuzkopfführungen und der Lager zu verhindern, hat man sie mit Wasserkühlung ausgerüstet. Die in Hohlguss ausgeführten Führungsbalken sind mittels dreier Füsse, von denen einer am Kurbellager und je einer an dem vorderen und hinteren Ende der Führung sitzt, auf dem Fundament verlagert. Die Lager haben vierteilige Schalen und werden mit Hülfe einer Rotationspumpe, welche das ablaufende Oel wieder in die Lagerkammern zurückführt, selbstthätig geschmiert. Die Kurbeln der Pleuelstangen sind um 90° gegeneinander versetzt. Das Magnetrad des Generators sitzt direkt auf der Kurbelwelle und liefert das erforderliche Schwunggewicht.

Beide Cylinder werden durch viersitzige, entlastete Ventile gesteuert.

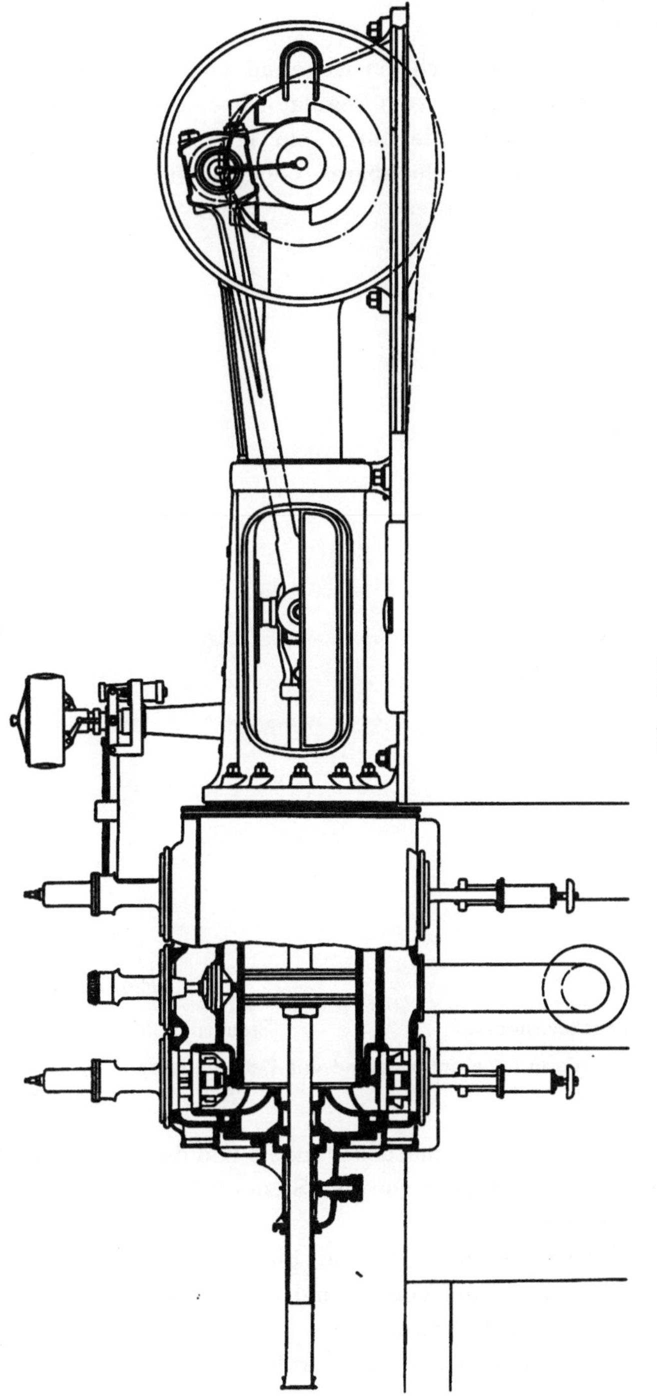

Fig. 318.

Liegende Zwillings-Verbunddampfmaschine auf Zeche Victor.

Die von dem Regulator beeinflusste Steuerungseinrichtung des Hochdruckcylinders führt Fig. 319 vor.

Die Steuerwelle wird durch ein Kegelrad von der Kurbelachse aus angetrieben. Sie bethätigt die vom Regulator beeinflusste Auslösesteurung System Sulzer der Einlassventile durch ein Hebelgetriebe. Der Federregulator kann durch ein verschiebbares Gewicht für verschiedene Umdrehungszahlen eingestellt werden.

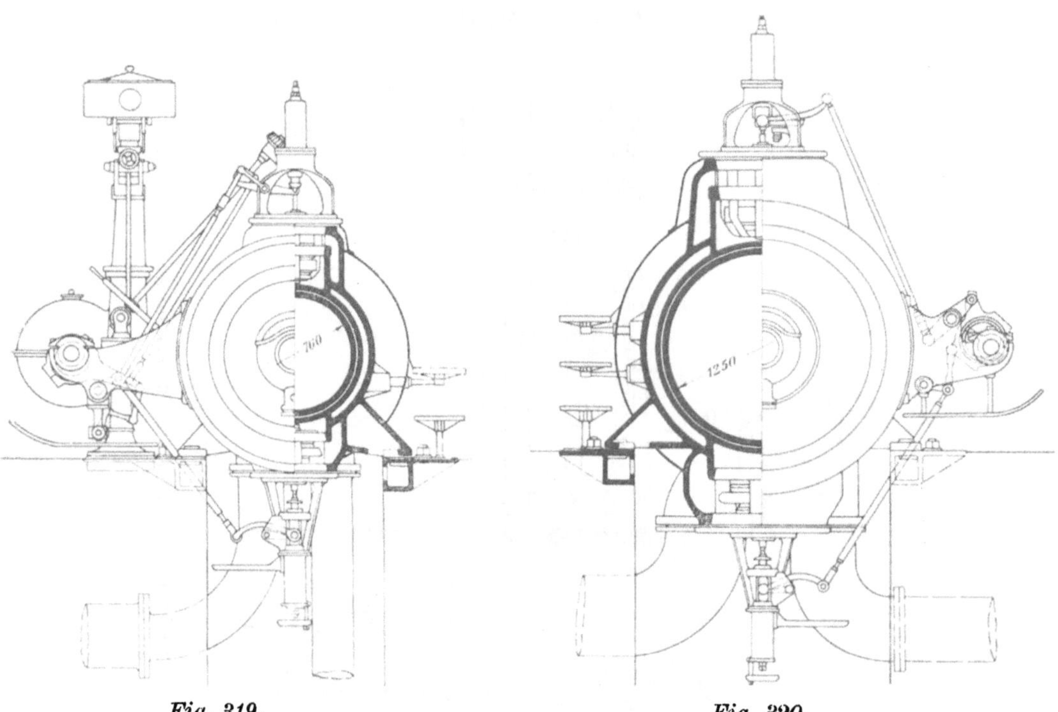

Fig. 319.   Fig. 320.

Steuerung des Hochdruckcylinders.   Steuerung des Niederdruckcylinders.

Verbunddampfmaschine auf Zeche Victor.

Die Auslassventile des Hochdruckcylinders und die Ventile des Niederdruckcylinders (Fig. 320) werden von der Steuerwelle aus durch Excenter und Wälzhebel bewegt.

Das Anschlussdampfventil ist, wie Fig. 319 erkennen lässt, in den Mantel des Hochdruckcylinders verlegt und kann durch ein Kegelradvorgelege und Handrad verstellt werden.

Bei den Wasserhaltungsversuchen wurde die Maschine, wie auch die anderen, zweimal geprüft, einmal nachdem den Lieferanten Gelegenheit gegeben war, eine gründliche Instandsetzung vorzunehmen (Paradeversuch) und ein zweites Mal dann, wenn die Maschine nach der erstmaligen Untersuchung etwa 1000 Stunden im Betriebe gestanden hatte (Betriebsversuch).

Bei dieser letzteren Untersuchung wurden an der Maschine die in den Figuren 321—324 wiedergegebenen Diagramme entnommen.

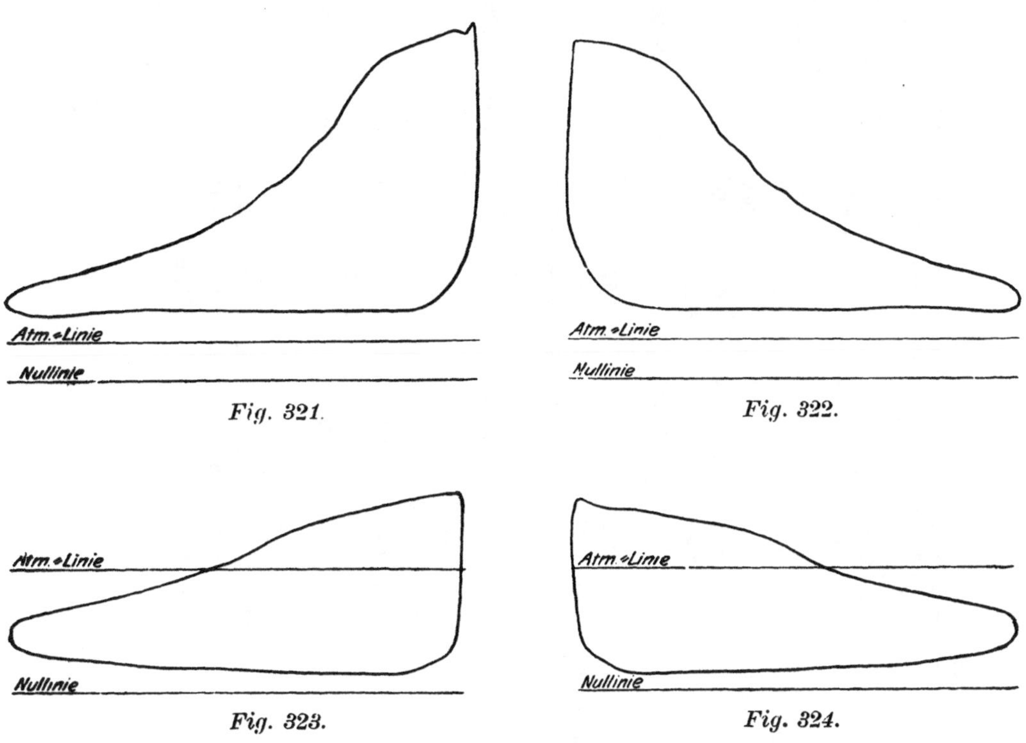

Fig. 321.

Fig. 322.

Fig. 323.

Fig. 324.

Fig. 321—324.

Diagramme der Zwillingsverbundmaschine auf Zeche Victor.

Aus der Tabelle 38 ergeben sich folgende Mittelwerte:

Dampfdruck am { Hochdruckcylinder . 8,84 Atm. abs.
{ Niederdruckcylinder . 1,58 » »
Vakuum . . . . 66,6 cm
Umdrehungszahl/Min. 110,07
Dampfverbrauch je PS./st. . . . . . . 6,76 kg gesättigt. Dampf.

Dabei ist zu berücksichtigen, dass die Maschine nicht ihrer ursprünglichen Bestimmung gemäss mit überhitztem, sondern mit gesättigtem Dampf arbeitet. Die Verwendung von Heissdampf hätte das Ergebnis natürlich weit günstiger gestaltet.

Die Zahlenergebnisse waren folgende:

Tabelle 38.

Art und Datum des Versuches	Dauer des Versuches		Hochdruckcylinder			Niederdruckcylinder			Umdr.-Min.	Va-kuum cm	Baro-metr.-stand cm	Wasser-verbrauch kg	Dampf-ver-brauch für 1 PSi/Std. kg
			Kurbel-seite	Deckel-seite	Mittel	Kurbel-seite	Deckel-seite	Mittel					
Parade-Vor-versuch am 25. Nov. 1903	von 11³⁰ Uhr vorm. bis 4³⁰ Uhr nachm. = 5 Std.	Eintritts-Dampfspannung Atm. abs.			9,14			1,59					
		mittlerer Kolbendruck . . . kg/qcm	3,28	3,26	3,27	0,874	0,894	0,884					
		Leistung der Cylinderseite PSi	384,29	381,12	383,12	283,72	290,21	286,96					
		» jedes Cylinders . »		766,24			573,92						
		Gesamtleistung d. Maschine »		1 340,16					109,65	66,5	76,0	44 720[1]	6,674
Parade-Haupt-versuch am 26. Nov. 1903	von 10 Uhr vorm. bis 6 Uhr nachm. = 8 Std.	Eintritts-Dampfspannung Atm. abs.			8,84			1,57					
		mittlerer Kolbendruck . . . kg/qcm	3,35	3,33	3,34	0,877	,0898	0,888					
		Leistung der Cylinderseite PSi	390,78	390,54	390,66	284,51	291,39	287,95					
		» jedes Cylinders . »		781,32			575,90						
		Gesamtleistung d. Maschine »		1 357,22					109,64	67,7	75,4	74 219[2]	6,836
Betriebs-Vor-versuch am 18. Febr. 1904	von 12¹⁵ Uhr nachm. bis 3¹⁵ Uhr nachm. = 3 Std.	Eintritts-Dampfspannung Atm. abs.			8,64			1,54					
		mittlerer Kolbendruck . . . kg/qcm	3,05	3,04	3,05	0,84	0,82	0,83					
		Leistung der Cylinderseite PSi	359,30	358,60	359,20	274,54	268,00	271,27					
		» jedes Cylinders . »		718,40			542,54						
		Gesamtleistung d. Maschine »		1 260,94					110,4	64,1	74,4	25 472[3]	6,73
Betriebs-Haupt-versuch am 19. Febr. 1904	von 8³⁰ Uhr vorm. bis 4³⁰ Uhr nachm. = 8 Std.	Eintritts-Dampfspannung Atm. abs.			8,75			1,63					
		mittlerer Kolbendruck . . . kg/qcm	3,23	3,21	3,22	0,88	0,88	0,88					
		Leistung der Cylinderseite PSi	381,71	379,35	380,53	288,14	288,14	288,14					
		» jedes Cylinders . »		761,06			576,28						
		Gesamtleistung d. Maschine »		1 337,34					110,6	68,1	75,6	73 115[4]	6,834

Die Wasserverbrauch-Werte sind ausschl. des Verbrauches der Erregermaschine.

[1] Nach Abzug von 800 kg Kondensationswasser.
[2] » » » 1460 » »
[3] Nach Abzug von 468 kg Kondensationswasser.
[4] » » » 1161 » »

Die ebenfalls bei den Wasserhaltungsversuchen geprüfte liegende
Verbundmaschine der Zeche A. von Hansemann (Tafel XVIII) ist nur
am Hochdruckcylinder mit Ventilsteuerung, am Niederdruckcylinder aber mit
Drehschiebersteuerung ausgerüstet, gehört also zu den weiter unten besprochenen Maschinen mit gemischter Steuerung.

Die Ventilsteuerung des Hochdruckcylinders ist von der Maschinenfabrik Schüchtermann & Kremer in Dortmund nach dem neuen
Collmann-System ausgeführt, dessen bemerkenswertester Teil ein Flüssig-
keitspuffer von eigenartiger Anordnung ist (Fig. 325). Der mit der Spindel
des Einlassventils fest verbundene Kolben K des Puffers bewegt sich allseits
abgedichtet in dem mit Oel gefüllten Cylinder C, dessen Wandung eine Reihe
von Oeffnungen von der in Fig. 325a dargestellten Form besitzt. Der

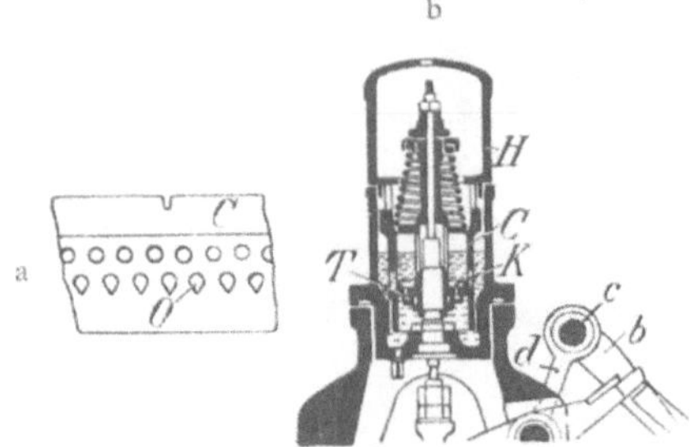

Fig. 325a und b.

Anordnung des Oelpuffers bei der neuen Collmann-Ventilsteuerung.

Kolben trägt das Tellerventil T. In der gezeichneten Stellung, d. h.
bei geschlossenem Einlassventil, schneidet die Kolbenkante gerade mit
dem untersten Rand der Oeffnungen in der Cylinderwand ab. Beim Anhub des Ventils gelangt das über dem Kolben befindliche Oel rasch und
ungehindert durch die Oeffnungen des Cylinders und das Ventil T unter
den Kolben K, sodass ein Vakuum dort nicht entstehen kann. Wird nun
der Ventilhebel durch den äusseren Steuermechanismus freigegeben, so
fällt das Ventil unter dem Druck der im Ventilkasten untergebrachten
starken Feder F (Fig. 326) mit grosser Geschwindigkeit auf seinen Sitz,
da das Oel unter dem Pufferkolben fast widerstandslos durch die Oeffnungen O (Fig. 325) entweichen kann. Kurz bevor das Ventil seinen Sitz
erreicht hat, gelangt der Kolben mit seiner unteren Kante an jene Stelle
der Oeffnungen, an welcher sie sich verengen. Es tritt also knapp vor
Ventilschluss eine Drosselung des Oeles im Puffercylinder und damit im
letzten Augenblicke eine Verzögerung der Ventilbewegung ein. Die genaue Einstellung des Puffers kann in einfachster Weise während des
Ganges der Maschine durch Verdrehung der oberen Haube H (Fig. 325)

erfolgen, und zwar so, dass das Ventil aufsitzt, wenn der Kolben die Oeffnungen vollständig geschlossen hat.

Die Anordnung des Steuermechanismus ist aus den Fig. 325 und 326 ersichtlich. Der auf der Steuerwelle sitzende Excenter bewegt die Steuer-

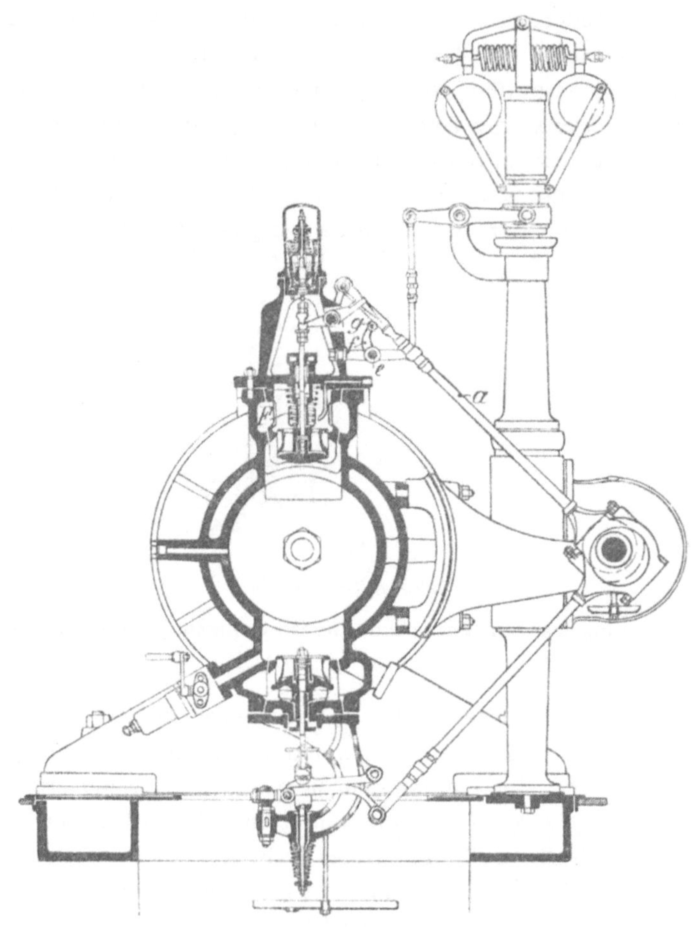

Fig. 326.

Schnitt durch die Ventile des Hochdruckcylinders.

stange a und damit den aktiven Mitnehmer b (Fig. 325b), der um Punkt c frei drehbar ist; c wird durch den Lenker d geführt.

Der Regulator wirkt auf eine horizontal angeordnete Welle e (Fig. 326), auf welche der Hebel f aufgekeilt ist, der an seinem Ende die Rolle g trägt. Durch das Verdrehen der Welle und den dadurch bewirkten Ausschlag wird der aktive Mitnehmer früher oder später zum Ausklinken gebracht und das Einlassventil ebenso der Belastung entsprechend geschlossen.

Das Ueberheben des aktiven Mitnehmers über die Schneide des Ventilhebels ist sehr gering, und das Aufsetzen erfolgt unmittelbar nach der Totpunktlage des Steuerexcenters, also fast ohne Geschwindigkeit und deshalb ohne Stoss. Die Kanten der Ausklinkteile werden nur wenige Millimeter überschliffen, sodass der Rückdruck auf den Regulator sehr gering ist.

Die Dampfmaschinen liegender Anordnung der Ascherslebener Maschinenbau-A.-G. auf den Zechen Monopol, Scht. Grillo, Bonifacius, Präsident und Kölner Bergwerksverein, Emscherschächte, sind nach dem Verbundsystem in Zwillings- (eine Maschine auf Grillo, eine auf Präsident) oder Tandem- (2 Maschinen auf Bonifacius, eine auf den Emscherschächten) anordnung ausgeführt, während die beiden je 1500-pferdigen Maschinen auf Zollern II mit dreifacher Expansion arbeiten.

Nähere Angaben über Abmessungen und Leistungen der von der erwähnten Firma gelieferten Maschinen giebt die nachstehende Tabelle.

Tabelle 39.

Zeche	Anzahl	Leistung der einzelnen Maschine PSi.	Gesamt-leistung der Maschinen	Uml./ Min.	Cyl.-Durchm. mm	Hub mm	Auf-stellungs-jahr
Monopol, Scht. Grillo	1	1050	1050	94	700/1120	1300	1902
Präsident	1	600	600	94	650/1025	900	1902
Kölner Bergwerks-verein, Emscher-schächte. . . .	1	500	500	125	500/800	900	1904
Bonifacius	2	450	900	107	550/850	1000	1902
Zollern II	2	1500	3000	90	630/1000 1100/1100	1200	1902
Sa. . .	7	—	6050	—	—	—	—

An den Maschinen ist die zwangläufige Ventilsteuerung Patent König und die ebenfalls gesetzlich geschützte Anordnung der Stopfbüchsen bemerkenswert.

Die beiden entlasteten Doppelsitzventile des Dampfein- und -austritts einer Cylinderseite werden hier durch ein Excenter gesteuert, es sind also für die vier Ventile eines Cylinders nur zwei Excenter erforderlich. Die in üblicher Weise von der Hauptwelle vermittelst eines Kegelräderpaares angetriebene Steuerwelle dreht sich in der Richtung des Pfeils. (Fig. 327.)

Die Stange des Einlassventils und der Excenterring sind bei g bezw. bei a durch die Schwinge d miteinander verbunden. Der Bolzen a beschreibt stets die gleiche elliptische Kurve, während sich die Kurven bei g entsprechend den Füllungsgraden ändern. Die Füllung wird in folgender Weise verändert:

Der Regulator greift an einem Ende der Welle an, auf welcher der Lenker x aufgekeilt ist. Zwischen seinen Schenkeln ist der Lenker l angeordnet, der die erwähnte Einlassventilstange und die Schwinge d trägt. Da der Bolzen n des Lenkers l um m einen Kreisbogen mit dem Radius m n beschreibt, so bewegt sich die bei n in l gelagerte Schwinge d

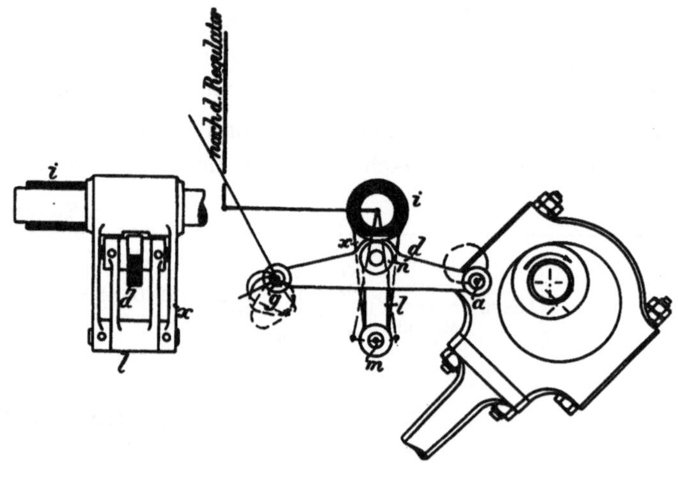

Fig. 327.

Schema der zwangläufigen Ventilsteuerung Pat. König.

ebenfalls auf einem Kreisbogen. Je kleiner dieser Radius genommen wird, desto schneller steigt und sinkt Punkt g der Schwinge bezw. das Ende der Einlassventilstange. Je nachdem nun der Regulator die Welle i verstellt und damit den mit ihr starr verbundenen Lenker x, ändert sich die Bahn von g und die Füllung. Liegt Punkt m auf dem eingezeichneten Kreisbogen am weitesten rechts, was der Höchstlage des Reglers entspricht, so ist die Füllung = 0, während bei der entgegengesetzten äussersten Lage die grösste Ventilöffnung bezw. Füllung vorhanden ist. Die Lage des Bolzens n ist so gewählt, dass der Punkt m zwischen der Stellung für grösste und kleinste Füllung nur einen kurzen Weg vollführt. Der Regulatorhebel kann deshalb recht lang gewählt werden, sodass der Anhub den Regler nur wenig beansprucht. Durch die centrische Aufhängung werden die Hebel und Wellen zwischen Regler und Schwingwelle entbehrlich. Die Steuerung ist an der Reglerwelle aufgehängt, wird also nicht allein von ihr verstellt, sondern auch getragen. Da alle Hebel centrisch gelagert sind, wird jedes einseitige Arbeiten vermieden; die Kräfte wirken alle in einer Ebene, sodass ein Ecken und Klemmen der Steuerungsteile ausgeschlossen ist.

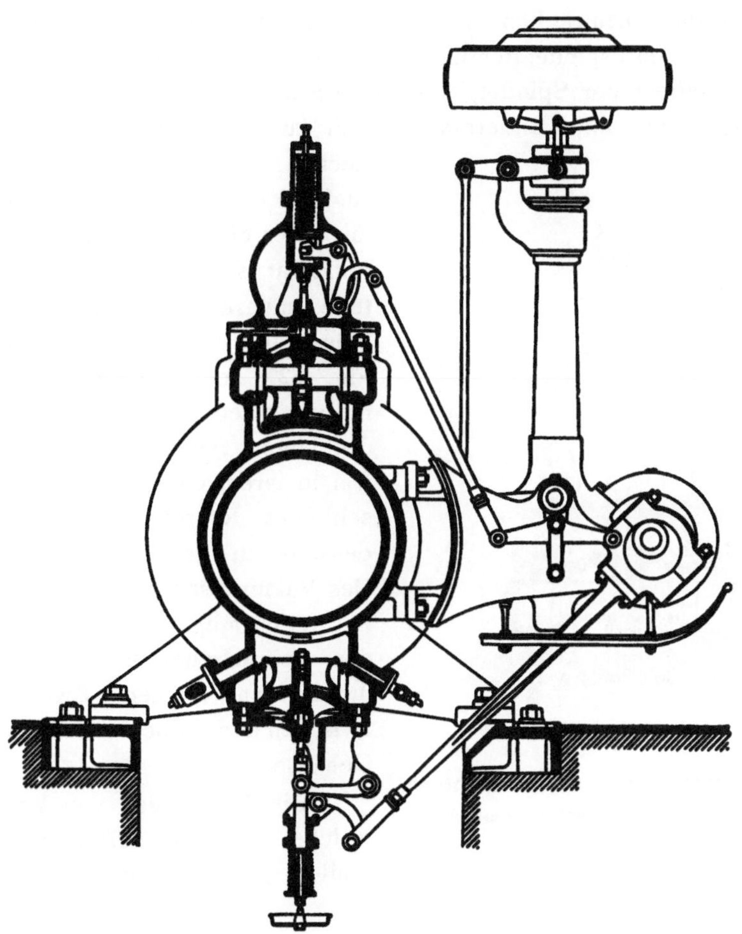

Fig. 328.

Ventilsteuerung, Pat. König, der Ascherslebener Maschinenbau-A.-G.

Diese einfache Anordnung macht die Anhubbeschleunigung der Einlassventile für alle Füllungen konstant. Ferner ist für die in Betracht kommenden Füllungen reichlicher Ventilhub gewährleistet und eine störende Voröffnung bei kleinen Ventilhüben ebenso vermieden als ein zu grosser Hub bei grösseren Füllungen. Die vier Ein- und Auslassventile werden für alle Füllungsgrade von dem zwangläufigen Steuermechanismus mit zunehmender Geschwindigkeit gehoben und mit abnehmender Geschwindigkeit so rasch geschlossen, als die Rücksicht auf dauernde Dichthaltung der Ventilsitze es gestattet.

Den Einbau der Steuerung in den Hochdruckcylinder zeigt die Figur 328.

Um die Unzuträglichkeiten zu vermeiden, die ein zu scharfes Anziehen der Ventilspindeldichtung im Gefolge führt, die Möglichkeit eines Hängenbleibens der Spindel, die starke Reibung und den Verschleiss der Packungen, um aber andererseits auch zu starke Dampfverluste durch Lecken der Dichtungen zu verhüten, sind die Ventilspindeln dieser Maschinen mit einer eigenartigen Labyrinthdichtung, Pat. König, versehen, deren Vorteile unverkennbar sind. Wie der Schnitt durch das Ventilgehäuse in Fig. 329 zeigt, bewegt sich die mit verschiedenen rillenförmigen Ausdrehungen versehene Ventilspindel frei in ihrem Gehäuse, das durch ein seitliches Röhrchen mit dem Kondensator in Verbindung gesetzt ist. Das Vakuum saugt das Schmiermittel im Labyrinthgange von aussen in den Spindelraum, und verstopft dadurch den kleinen Zwischenraum zwischen den Spindelwülsten und dem Gehäuse.

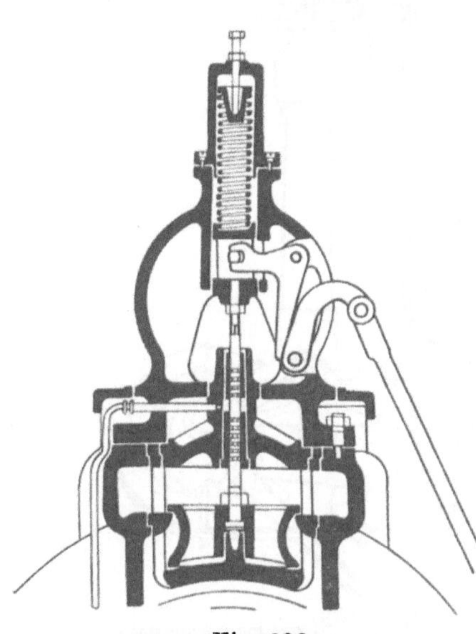

Fig. 329.

**Ventilspindel mit Labyrinthdichtung.
Ascherslebener Maschinenbau-A.-G.**

Die Ergebnisse von Versuchen, welche mit den Dreifachverbundmaschinen dieses Systems auf Zeche Zollern gemacht wurden, sind weiter unten mitgeteilt.

Die Sächsische Maschinenfabrik A.-G. vorm. Rich. Hartmann in Chemnitz hat neuerdings für die Harpener Bergbau-A.-G. eine grössere Anzahl von Maschinen geliefert, so 3 Verbundmaschinen von je 500 PS. für Preussen II (Fig. 330), zwei von je 680 PS. für Gneisenau, zwei von je 350 PS. für Recklinghausen und eine von 500 PS. für Courl. Diese Maschinen werden am Hochdruckcylinder durch zwangläufig bewegte und vom Regulator beeinflusste Ventile gesteuert. Die Steuerung (Fig. 331) setzt sich aus folgenden Hauptteilen zusammen:

1. Dem von der Steuerwelle bethätigten Mechanismus, bestehend aus dem Excenter r, der Excenterstange s, der kleinen Schub-

Fig. 330.

Centrale von Zeche Preussen II mit drei Zwillingsverbundmaschinen der Sächs. Maschinenfabrik vorm. Rich. Hartmann in Chemnitz.

stange b und den drei Wälzhebeln l, m und n, von denen der
letztere unter den Knauf der Ventilspindel greift;

2. Dem von dem Regulator angetriebenen Gestänge, das sich aus
den Zugstangen c und z, und der mit letzterer durch die

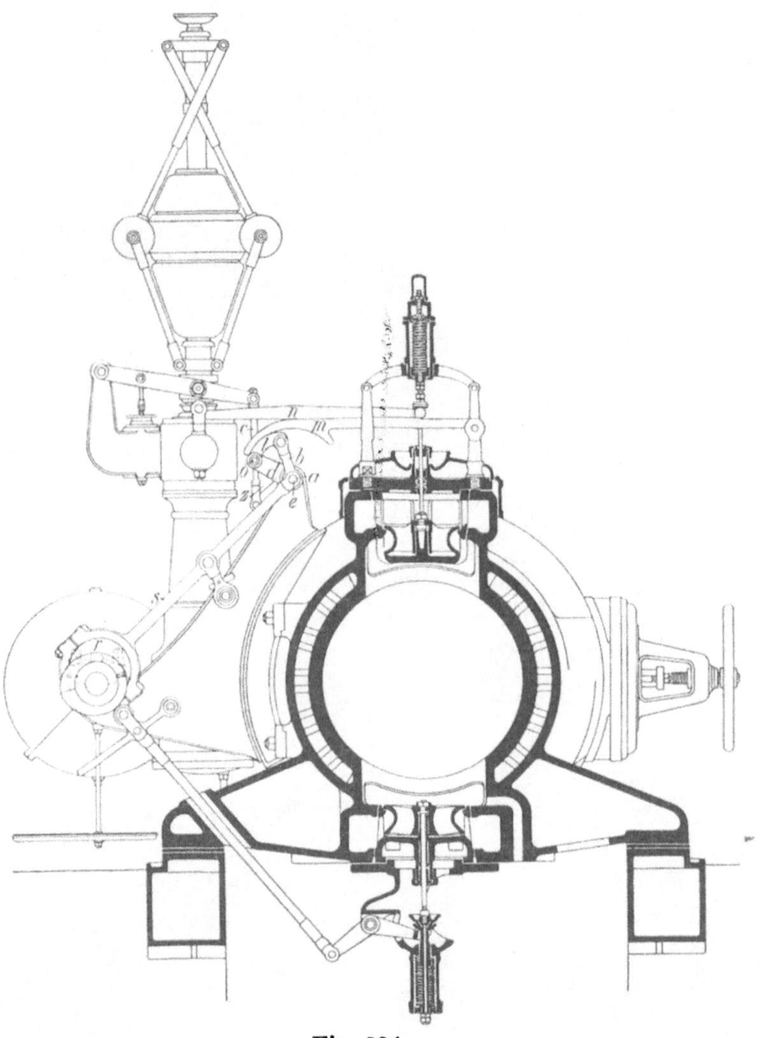

Fig. 331.

Zwangläufige Ventilsteuerung der Dampfmaschinen der Sächs. Maschinenfabrik
vorm. Rich. Hartmann in Chemnitz.

Kurbel d gekuppelten Achse a zusammensetzt. a wird also
von dem Regulator entsprechend der jeweiligen Geschwindigkeit eingestellt.

Der Endpunkt e der von der Steuerwelle bewegten Excenterstange s
beschreibt eine elipsenähnliche Bahn und bewegt durch die Schubstange b
den bogenförmigen Hebel l um seinen Drehpunkt o. Durch das Spiel
von l in dem Kurvenstück des Hebels m wird dieser und mit ihm der
zweite Wälzhebel n sowie die Ventilspindel so gehoben und gesenkt, dass
bei der Ventilöffnung die Antriebskraft am grossen, der Widerstand am
kleinen Hebelende angreift, das Ventil also ruhig und mit geringem Kraftaufwand in die Höhe gezogen wird.

Bei der in Fig. 331 wiedergegebenen Totpunktstellung der Maschine
ist das Einlassventil der Voreilung entsprechend geöffnet. Der Mittel-

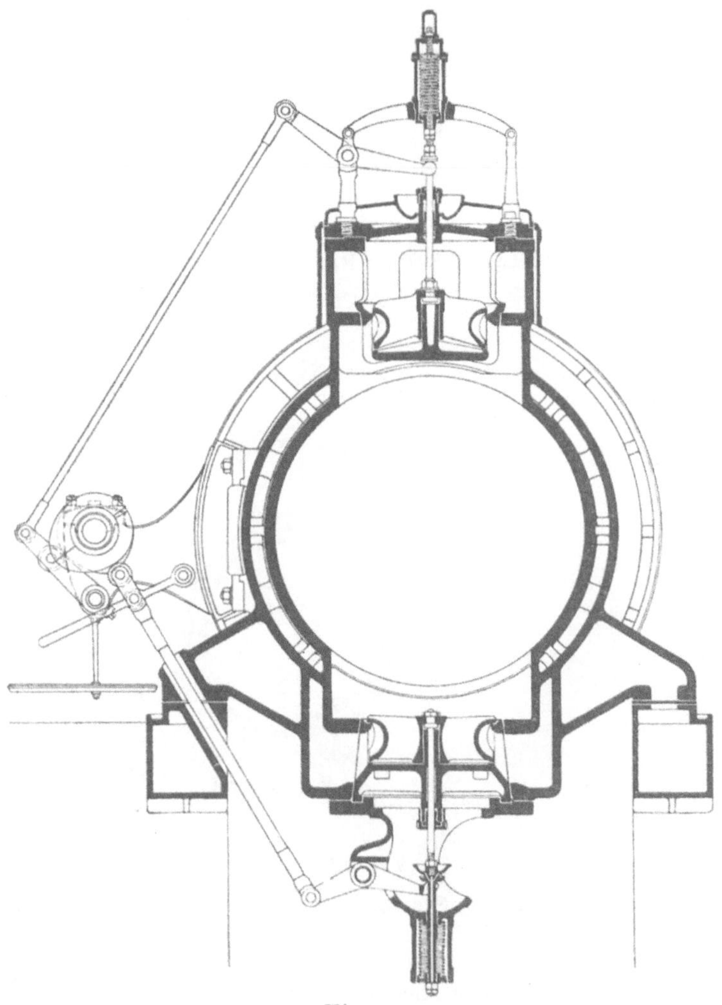

Fig. 332.

Daumenwellensteuerung des Niederdruckcylinders bei den Verbunddampfmaschinen
der Sächs. Maschinenfabrik vorm. Rich. Hartmann in Chemnitz.

punkt des Bolzens e deckt sich mit dem der durch den Regulator bethätigten Welle a. Daher bleibt eine Drehung von a, die durch den
Hebel l auf die Kurbel d übertragen wird, ohne Einfluss auf die Voreilung.

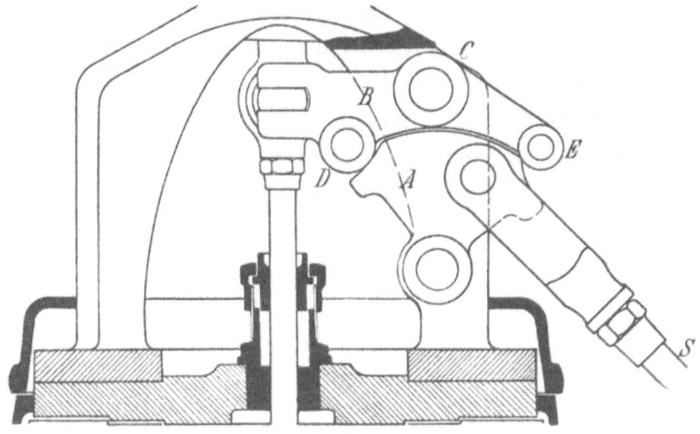

Fig. 333.

Zwangläufige Ventilsteuerung, System Radovanovic, der Sundwiger Eisenhütte.

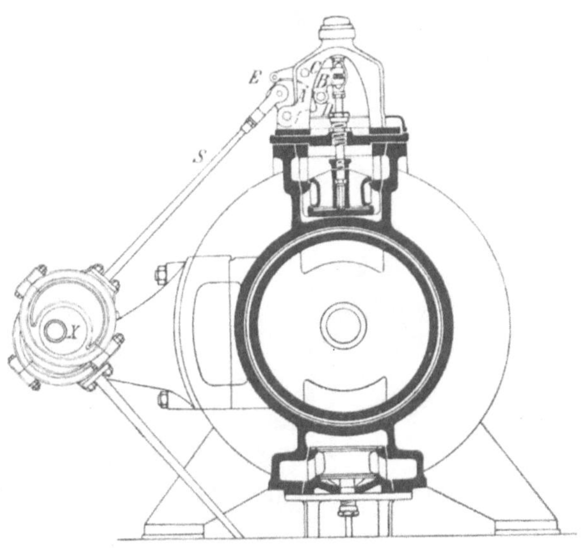

Fig. 334.

Zwangläufige Ventilsteuerung, System Radovanovic, der Sundwiger Eisenhütte.

Mit dem Weiterlaufe der Maschine lässt die Excenterstange das durch
b mit ihm gekuppelte Bogenstück l von rechts nach links über das Kurvenstück von m gleiten, letzteres um so stärker hebend und dadurch die
Füllung um so grösser bemessend, je mehr der Drehpunkt o durch das

Regulatorgestänge c—z—a—d nach aussen geschoben wird. l hebt m und das mit ihm verbundene Einlassventil bis zur Rückkehr in die anfangs innegehabte Stellung. Beim Weitergange drückt die Excenterstange den Hebel l herab.

Es lassen sich durch diese Steuerung, die mit einem verhältnismässig einfachen und wenig Kraft verbrauchenden Apparat arbeitet, leicht die verschiedensten Füllungsgrade erreichen.

Die Niederdruckcylinder werden durch die in Fig. 332 dargestellte einfache Daumenwellensteuerung bethätigt.

Die liegenden Verbundmaschinen der Zechen Kaiserstuhl II, Neu-Iserlohn und von der Heydt mit zwangläufiger Ventilsteuerung, System Radovanovic, am Hochdruckcylinder.

Die Steuerung (Fig. 333 und 334), die in mancher Hinsicht der vorbeschriebenen Steuerung des Hochdruckcylinders bei den Maschinen der Sächsischen Maschinenfabrik ähnelt, umgeht die bei den anderen Systemen, sowohl den zwangläufig gesteuerten als auch den auslösend wirkenden, notwendige Belastungsfeder und bethätigt das Ventil nicht nur bei der Oeffnung, sondern auch beim Schluss vollkommen zwangläufig, sodass ein Hängenbleiben ausgeschlossen ist.

Die von dem Steuerexcenter geführte Stange S (Fig. 333) erteilt der Kurvenscheibe A eine schwingende Bewegung, die von ihr direkt auf den bei C drehbar verlagerten, mit den Gleitrollen D und E versehenen Antriebshebel übertragen wird.

Beim Aufwärtsgange der Stange S hebt die Kurvenscheibe das Ventil durch die Rolle D an. Bei dieser Bewegung bleibt aber die Schliessrolle E ständig in Berührung mit dem entsprechend geformten Schliessstück der Kurvenscheibe, sodass bei der dann eintretenden Abwärtsbewegung der Schluss anfangs rasch und erst im letzten Augenblick langsam erfolgt, wodurch selbst bei den höchsten Tourenzahlen ein sanftes Aufsetzen des Ventils auf seinen Sitz erreicht wird.

Um etwaige Drehungen usw. zu vermeiden, ist zwischen Ventil und Spindel ein elastisches Zwischenstück in Gestalt einer kleinen Feder gesetzt.

Liegende Dreifachverbundmaschinen mit Ventilsteuerung.

Eine der imposantesten Centralen des Ruhrreviers, die 3000pferdige Primärstation der Wasserhaltung auf Zeche Mansfeld ist mit 2 liegenden Dreifachexpansionsmaschinen der Maschinenfabrik Gebr. Sulzer

Fig. 335.

Centrale der Wasserhaltung auf Zeche Mansfeld mit zwei 1500 PS-Dreifachverbundmaschinen von Gebr. Sulzer und direkt gekuppelten Drehstromgeneratoren der Allgemeinen Elektrizitäts-Gesellschaft.

in Winterthur und Ludwigshafen ausgerüstet, deren Cylinderabmessungen folgende sind:

Durchmesser des Hochdruckcylinders . . 610 mm
» » Mitteldruckcylinders . . 950 »
» der Niederdruckcylinder . . 1100 »
Hub . . . . 1200 »

Umdrehungszahl/Min 98
Leistung . . . . 1500 PS.

Die Maschinen sind als Zwillingstandemmaschinen ausgeführt (Fig. 335 und 336). Den nebeneinander liegenden Hoch- und Mitteldruckcylindern ist nach der Kurbelseite zu je einer der beiden parallel mit Dampf versorgten Cylinder vorgebaut, auf welche der Niederdruckraum verteilt ist. Sie sind durch Flanschverschraubungen an dem einen Ende mit dem Maschinenrahmen, an dem andern mit dem Verbindungsstück des Hoch- bezw. Mitteldruckcylinders verbunden. Das Zwischenstück ruht mit breiten Füssen auf dem Mauerfundament bezw. auf den gusseisernen Grundplatten. Die vorderen Enden der Hoch- und Mitteldruckcylinder sind an dem Zwischenstück ebenfalls durch Flanschverschraubung befestigt, während die hinteren sich mit Füssen auf Traversen stützen, welche über die Cylindergruben gelegt sind. Die Querstücke sind mit den vorerwähnten Fundamentplatten zu einem Rahmen vereinigt, auf dem die Füsse des Zwischenstücks und der Cylinder so aufgesetzt sind, dass sie sich unter dem Einflusse der Längenausdehnung durch die Wärme entsprechend verschieben können.

Während der Mittel- und die Niederdruckcylinder mit Dampfmänteln ausgerüstet sind, hat man dem Hochdruckcylinder mit Rücksicht auf die Verwendung hochüberhitzten Dampfes keinen Mantel gegeben. Am Hochdruckcylinder wird der überhitzte Kesseldampf den Einlassventilen durch zwei unter der Verschalung liegende, schmiedeeiserne Rohre zugeführt und von den Auslassventilen durch zwei gleiche Rohre abgeleitet. Bei den übrigen Cylindern wird der Abdampf des vorhergehenden Cylinders durch ein Rohr in den Dampfmantel und aus diesem den Einlassventilen zugeführt, während der Abdampf aus dem gemeinsamen Auslasskanal durch ein Rohr weiter geleitet wird. Die Antriebsmechanismen zur Bethätigung des Dampfabsperrventils, der Cylinder-Entwässerungshähne, der Einspritzhähne, sowie der Vorwärm- und Heizventile, sind zu einem am Hochdruckcylinder angeordneten Stande geführt, von wo die Bedienung aller dieser Vorrichtungen erfolgt.

Der Maschinenrahmen ist aus Hohlguss in einem Stück hergestellt. Er ruht mit drei breiten Füssen, einem unter dem Kurbellager und je einem unter dem vorderen und hinteren Ende der Führung, auf dem

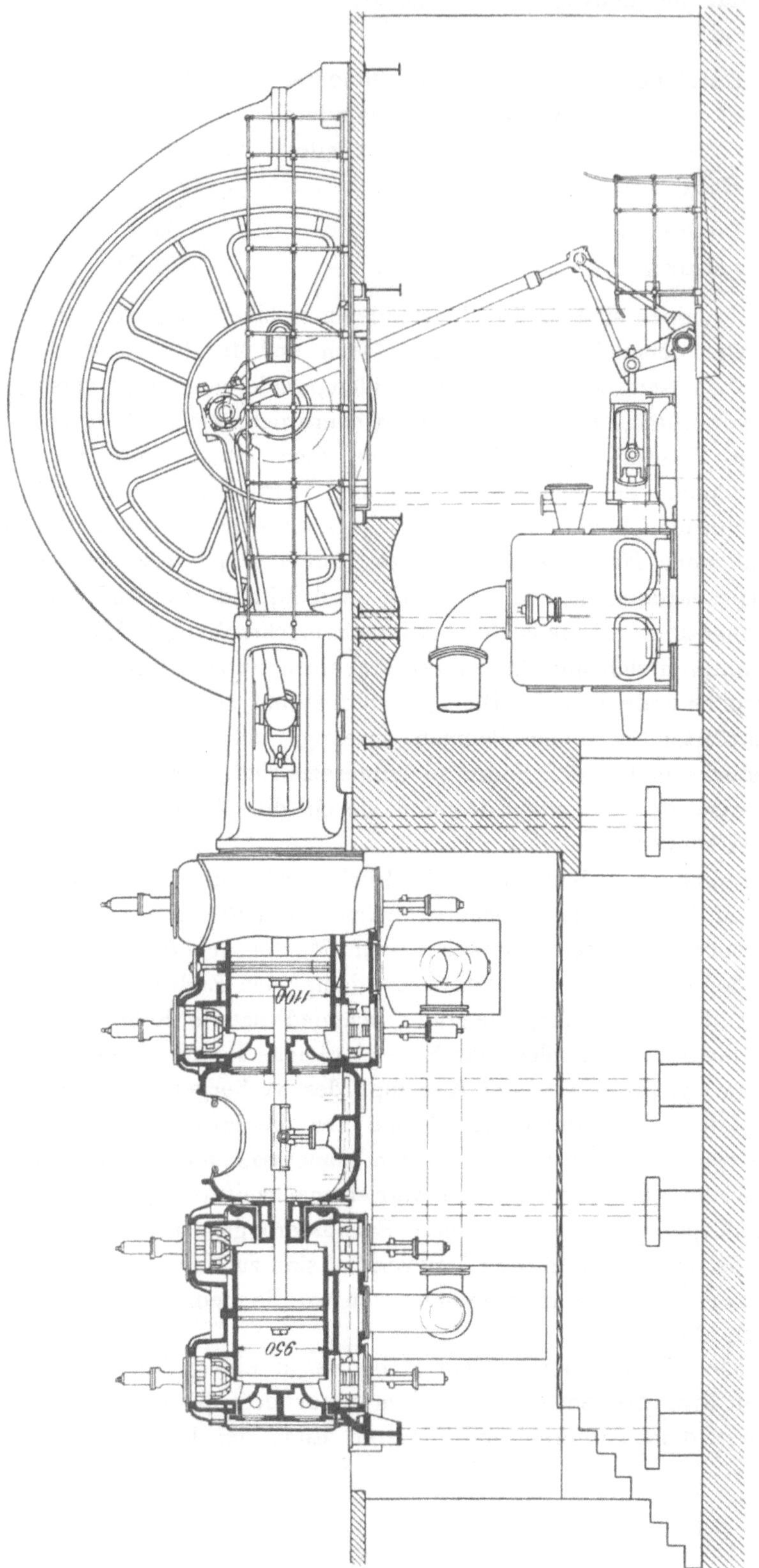

Fig. 336.

Aufriss und Schnitt durch die Cylinder einer Dreifachexpansionsmaschine auf Zeche Mansfeld.

Fundament. Die Kolbenstangen sind durch die beiden um 90° gegeneinander versetzten Stirnkurbeln mit der Welle verbunden, auf welche mitten zwischen den beiden Lagern das Magnetrad des Drehstromgenerators aufgesetzt ist. Die vierteiligen Lagerschalen sind aus Stahl gegossen und mit Weissmetall ausgefüttert. Ihre nach der Cylinderseite gelegenen Seitenbacken können durch Keile nachgestellt werden. Die Steuerung weicht in ihrer Anordnung nur bezüglich des Regulators und des Antriebs der Einlassventile des Hochdruckcylinders wesentlich von der ab, welche bei der vorbeschriebenen Maschine der Zeche Victor verwandt ist. Die Einlassventile des Hochdruckcylinders werden hier abweichend von der letzteren durch eine Auslösesteuerung, System Riedler, bethätigt, bei welcher die Füllung durch einen auf der Steuerwelle sitzenden Achsenregulator beeinflusst wird. Letzterer kann während des Ganges für Umdrehungszahlen innerhalb der Grenzen 90 bis 120 eingestellt werden. Alle übrigen Ventile werden, wie auf Victor, durch Wälzhebel und einen den beiden Ventilen jeder Cylinderseite gemeinsamen Excenter bewegt. Die Steuerwelle wird auch hier durch ein Kegelradvorgelege von der Kurbelachse aus getrieben.

Die Schubstange besitzt die $5^{1}/_{2}$fache Länge des Kurbelarmes. Sie ist am Kurbelende mit einem offenen Schraubenkopf und am Kreuzkopfende mit einer Gabel versehen, in welche der Kreuzkopfzapfen konisch eingesetzt ist. Das Kreuzkopflager kann durch eine Mutter, deren Gewinde sich auf dem vorderen Ende der Kolbenstange befindet, nachgestellt werden. Der untere Gleitbacken ist allseitig beweglich mit dem Kreuzkopf verbunden, sodass seine Fläche sich ganz der Führungsfläche anpassen kann.

Die Kolbenstange wird vor den Niederdruckcylindern und im Zwischenstück durch ein Traglager unterstützt; mit dem Kreuzkopf ist sie durch Keile verbunden, während die Kolben durch Muttern gehalten werden. Mittel- und Hochdruckkolben können nach hinten aus den Cylindern herausgezogen werden. Um die Niederdruckkolben zu entfernen, wird das mittlere Unterstützungslager der Kolbenstange weggenommen und der hintere Cylinderdeckel sowie der Kolben unter die Oeffnung des Zwischenstückes geschoben, worauf die Kolbenmutter gelöst und der Kolben von der Stange abgezogen wird. Die Kolbenstange kann dann nach vorn durch die Führung herausgenommen werden. Besonders konstruierte Schraubenschlüssel mit langem Hebelarm und Vorrichtungen zum Abziehen der Kolben, sowie zu ihrer Unterstützung während des Ein- und Ausbringens im Zwischenstück, erleichtern diese Arbeit.

Die zwei Luftpumpen, eine für jede Maschinenseite, liegen im Erdgeschoss (Fig. 336). Sie sind horizontal angeordnet, doppelt wirkend und werden vom verlängerten Kurbelzapfen durch Schubstange und Winkelhebel angetrieben.

Bei den Wasserhaltungsversuchen wurde eine der beiden gleich-
gebauten Maschinen eingehend untersucht. Von den Ergebnissen dieser

Versuchsergebnisse der Dreifach-

No.	Art und Datum des Versuches	Dauer		Hochdruckcylinder		
				Kurbel-seite	Deckel-seite	Mittel
I	Paradeversuch mit Ueberhitzung des Dampfes und erhöhter Umdrehungszahl am 21. Juli 1903	von 10⁴⁵ Uhr vorm. bis 1⁴⁵ Uhr nachm. = 3 Stunden	Eintritts-Dampfspannung Atm. abs. Eintritts-Dampftemperatur ⁰ C. Mittlerer Kolbendruck . . kg/qcm Leistung der Cylinderseite PSi. » jedes Cylinders . » Gesamtleistung d. Maschine »	12,7 301,2 3,61 295,27	 300,8 3,72 322,16 617,89	 301,0 3,67 308,95
II	Paradeversuch ohne Ueberhitzung des Dampfes am 23. Juli 1903	von 10³⁰ Uhr vorm. bis 5⁴⁵ Uhr nachm. = 7¹/₄ Stunden	Eintritts-Dampfspannung Atm. abs. Mittlerer Kolbendruck . . kg/qcm Leistung der Cylinderseite PSi. » jedes Cylinders . » Gesamtleistung d. Maschine »	13,1 3,76 277,27	 3,25 252,87 530,14	 3,51 265,07
III	Betriebsversuch mit Ueberhitzung des Dampfes und normaler Umdrehungszahl am 16. Dez. 1903	von 9¹⁵ Uhr vorm. bis 5¹⁵ Uhr nachm. = 8 Stunden	Eintritts-Dampfspannung Atm. abs. Eintritts-Dampftemperatur ⁰ C. Mittlerer Kolbendruck . . kg/qcm Leistung der Cylinderseite PSi. » jedes Cylinders . » Gesamtleistung d. Maschine »	13,3 273,8 3,62 273,59	 274,2 3,62 288,75 562,34	 274,0 3,62 281,17
IV	Betriebsversuch ohne Ueberhitzung des Dampfes am 21. Dez. 1903	von 9¹⁵ Uhr vorm. bis 5¹⁵ Uhr nachm. = 8 Stunden	Eintritts-Dampfspannung Atm. abs. Mittlerer Kolbendruck . . kg/qcm Leistung der Cylinderseite PSi. » jedes Cylinders . » Gesamtleistung d. Maschine »	13,1 3,39 258,35	 3,20 257,39 515,74	 3,30 257,87

[1]) Nach Abzug von 82 kg Kondenswasser.
[2]) »   »   » 852 »   »

Prüfungen seien nachstehend einige Zahlenwerte (Tabelle 40) sowie einige Diagramme (Fig. 337—344) von dem Betriebsversuch wiedergegeben.

verbundmaschine auf Zeche Mansfeld.

Tabelle 40.

Mitteldruck-cylinder			Rechter Niederdruck-cylinder			Linker Niederdruck-cylinder			Umdrehungszahl der Maschine in der Minute	Vakuum in cm	Barometerstand in cm	Gesamt-wasserverbrauch in kg	Dampfverbrauch für 1 ind. Dampf-pferd in kg
Kurbel-seite	Deckel-seite	Mittel	Kurbel-seite	Deckel-seite	Mittel	Kurbel-seite	Deckel-seite	Mittel					
	2,427												
1,046	1,004	1,025	0,354	0,348	0,351	0,348	0,330	0,339	110,67	69,0	75,3	17 838[1]	4,178
214,70	210,65	212,68	97,09	96,20	96,65	95,45	91,25	93,34					
		425,35		193,29			186,67						
			1423,20										
	2,64												
1,056	1,016	1,036	0,39	0,37	0,38	0,355	0,377	0,366	99,54	67,3	75,5	49 000[2]	5,254
194,96	191,73	193,35	96,21	91,99	94,10	87,57	93,73	90,65					
		336,69		188,20			181,3						
			128 ,33										
	2,42												
0,94	0,89	0,92	0,38	0,35	0,37	0,35	0,36	0,36	102,02	66,4	75,0	48 334[3]	4,73
177,86	172,13	175,0	96,08	89,18	92,63	88,49	91,73	90,11					
		349,99		185,26			180,22						
			1277,81										
	2,57												
1,04	0,96	1,00	0,40	0,38	0,39	0,39	0,40	0,40	102,87	68,0	76,5	57,924[4]	5,5
198,43	187,22	192,83	101,98	97,64	99,81	99,43	102,78	101,11					
		385,65		199,62			202,21						
			1303,22										

[3]) Nach Abzug von 374 kg Kondenswasser.
[4]) » » » 594 » »

Die Tabelle 40 zeigt deutlich, wie stark sich der Dampfverbrauch bei schnellerem Gang der Maschine und höherer Ueberhitzung verringert. Unter diesen Verhältnissen konnte das ausserordentlich günstige Resultat eines Verbrauchs von 4,178 kg Dampf je ind. PS./St. erreicht werden.

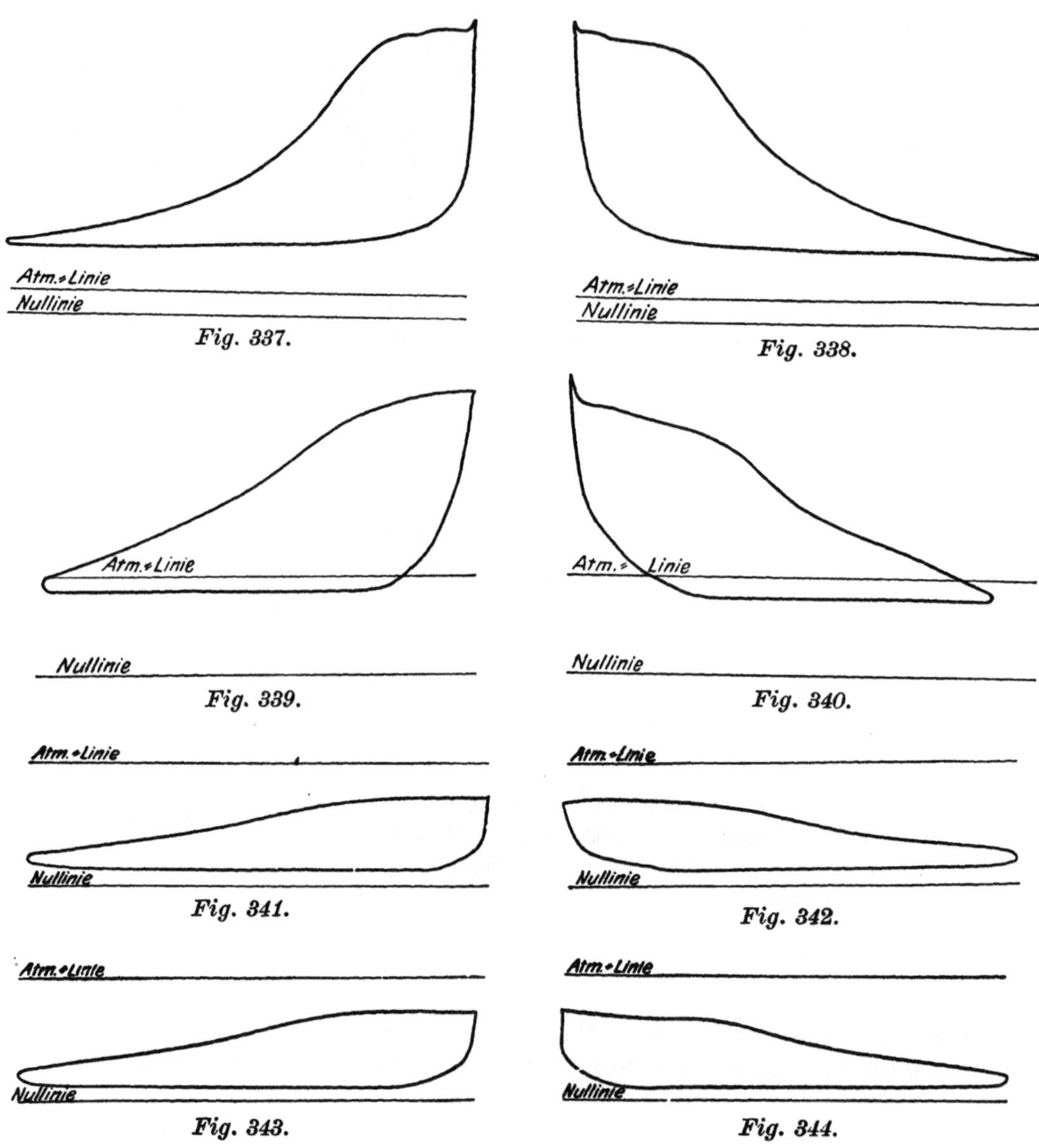

Fig. 337—344.

Diagramme einer Dreifachverbundmaschine auf Zeche Mansfeld, entnommen bei dem Betriebsversuch am 16. Dezember 1903.

Mit liegenden Dreifachexpansionsmaschinen ist auch die einzige grosse Gleichstromcentrale im Ruhrrevier, die auf Zollern II (Fig. 345) ausgerüstet. Die von der Ascherslebener Maschinenbau-A.-G. gelieferten Maschinen haben ungefähr die gleiche Leistung wie die Sulzerschen auf Zeche Mansfeld, mit denen sie auch in der Unterteilung des Niederdruckraums in zwei

Fig. 345.

Centrale der Zeche Zollern II mit Ascherslebener Dreifachexpansions-Heissdampfmaschinen, direkt gekuppelt mit Gleichstromdynamos.

Cylinder übereinstimmen. Doch ist die Zusammenstellung der Cylinder eine andere wie auf Mansfeld. Die beiden Niederdruckcylinder sind hier nicht vor, sondern hinter dem Hoch- bezw. Mitteldruckcylinder verlagert. Da die Schwungmasse der auf den Achsen sitzenden Gleichstromanker geringer ist, wie die der Magnetträger von Drehstromgeneratoren, mussten zur Herbeiführung des erforderlichen Gleichmässigkeitsgrades Schwungräder vorgesehen werden.

Die von der Ascherslebener Maschinenbau-A.-G. auch bei diesen Maschinen verwandte Ventilsteuerung und Stopfbüchsenabdichtung ist bereits weiter oben (S. 449/50) beschrieben.

Die Abmessungen der beiden vollkommen gleich gebauten Maschinen auf Zollern sind folgende:

Hochdruckcylinder	630 mm Durchmesser,
Mitteldruckcylinder	1000 „ „ ,
Zwei Niederdruckcylinder . . .	1100 „ „ ,
Hub	1200 „ „ .

Die Einlassventile der Hochdruckcylinder werden von einem Regulator beeinflusst, der von Hand für verschiedene Tourenzahlen ($\pm 7\,\%$) eingestellt werden kann. Das Schwungrad hat 6,5 m Durchmesser und wiegt 32 t. Der Ungleichförmigkeitsgrad beträgt dabei 1 : 300.

Jede Maschine ist mit einem unter Flur aufgestellten Oberflächenkondensator von 300 qm Kühlfläche ausgerüstet. Zwei Einspritzkondensatoren stehen in Reserve. Es wird ein Vakuum von 85 % erreicht.

Durch die im Frühjahr 1904 vorgenommenen Leistungsversuche wurde bei einer mittleren Maschinenleistung von 1434,22 PSi ein Dampfverbrauch von 5,32 kg je PSi-Stunde und ein Speisewasserverbrauch von 8,57 kg je KW-Stunde festgestellt.

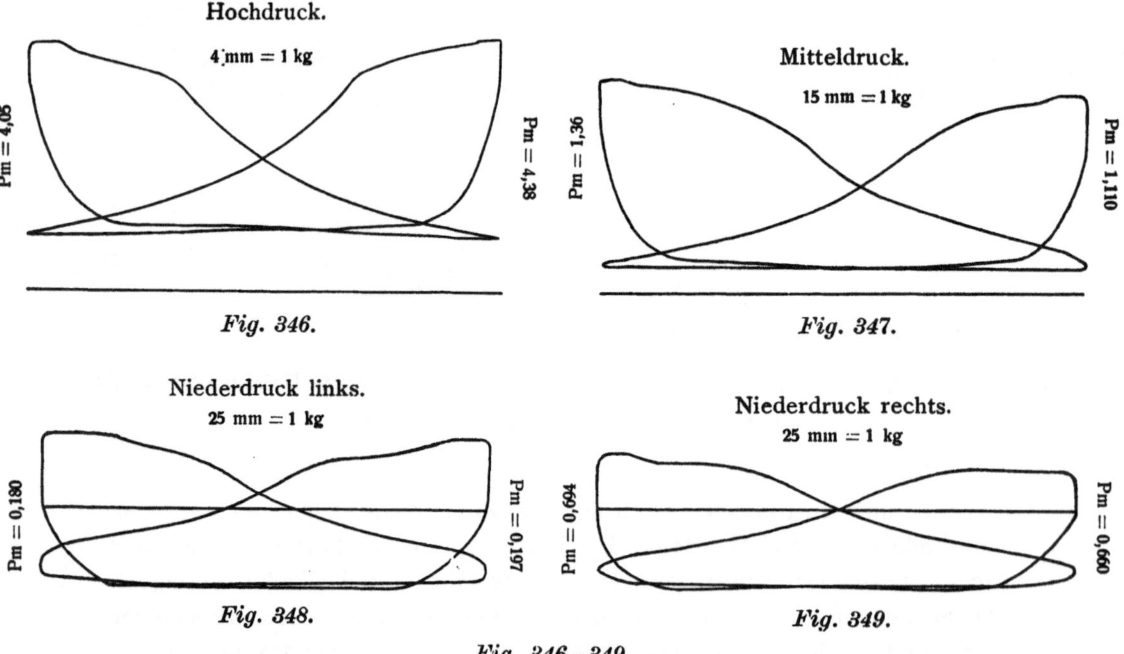

Fig. 346—349.

Diagramme einer 1500 PS.-Dreifachverbundmaschine für Heissdampfbetrieb auf Zeche Zollern II.

Die Indikatordiagramme (Fig. 346—349) und das rankinisierte Diagramm in Fig. 350 lassen die Dampfwirkung in den einzelnen Expansionsstufen erkennen.

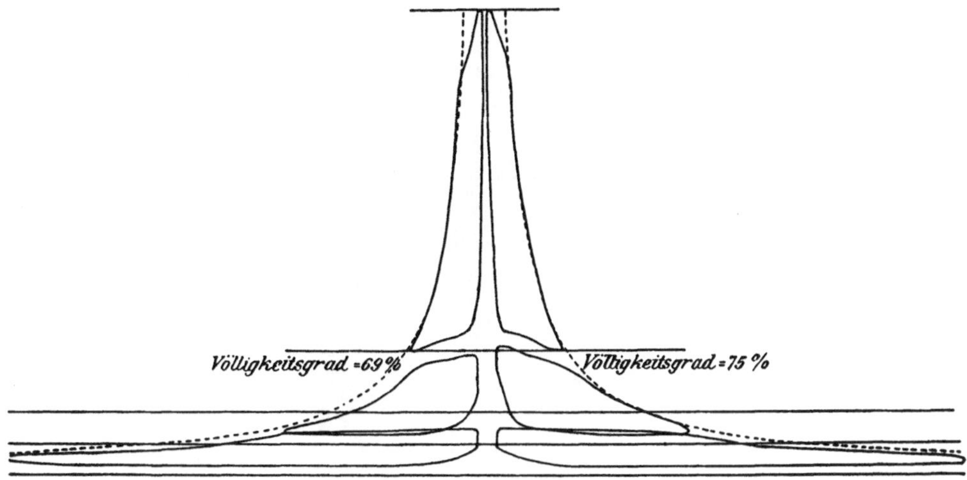

Fig. 350.

Rankinisiertes Diagramm der Maschine auf Zeche Zollern II.

c) Verbundmaschinen mit gemischter Steuerung.

Eine Reihe von Verbundmaschinen der Zechencentralen ist mit einer gemischten Steuerung: Kolbenschieber- oder Ventilsteuerung am Hochdruck- und Drehschiebersteuerung am Niederdruckcylinder ausgerüstet.

Die in Fig. 351 a u. b dargestellte stehende Zwillingsverbundmaschine der Gewerkschaft Ver. Felicitas bei Hoerde ist am Hochdruckcylinder mit Lentzscher Ventilsteuerung, die durch einen Achsenregulator des gleichen Konstrukteurs beeinflusst wird, am Niederdruckcylinder mit einer Trickkolbenschiebersteuerung versehen.

Ventile und Kolbenschieber werden von der Kurbelwelle durch Excenter angetrieben. Die Abmessungen der aus der Maschinenfabrik von Gebr. **Meer** in München-Gladbach hervorgegangenen Maschine sind folgende:

Hochdruckcylinder: 500 mm Durchmesser
Niederdruckcylinder: 850 „ „
Hub: 500 „ „

Die Maschine arbeitet mit Heissdampf von 300 ° C. und 11 Atm. Druck und leistet bei 187 Uml./Min. 580 PSi.

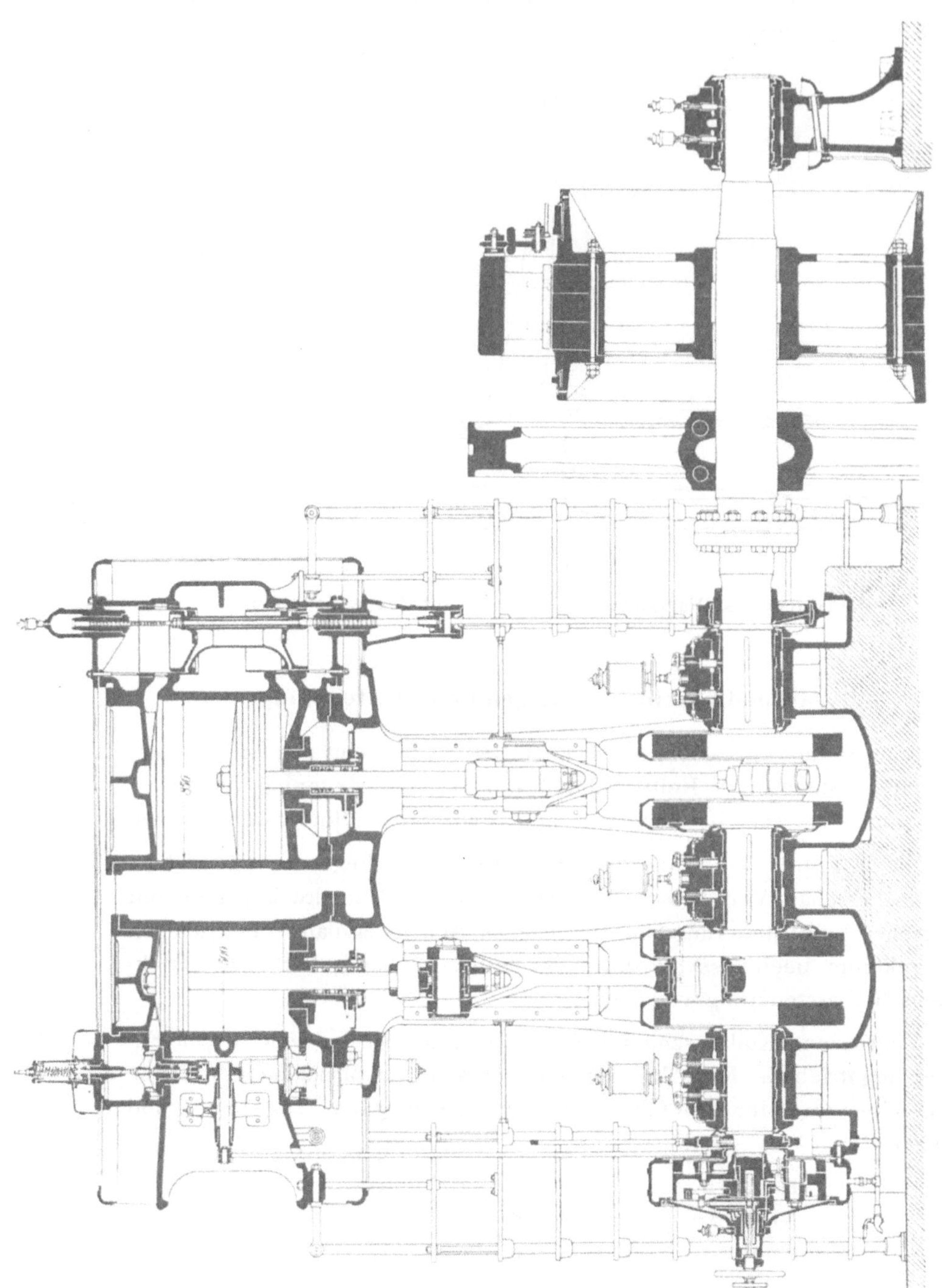

a Längsschnitt der Maschine.

Fig. 351 a.

Stehende Verbundmaschine, System Lentz, der Maschinenfabrik Gebr. Meer in München-Gladbach auf Zeche ver. Felicitas.

Weitere Verbreitung hat die Zusammenstellung:

Ventilsteuerung am Hochdruckcylinder und
Drehschiebersteuerung am Niederdruckcylinder

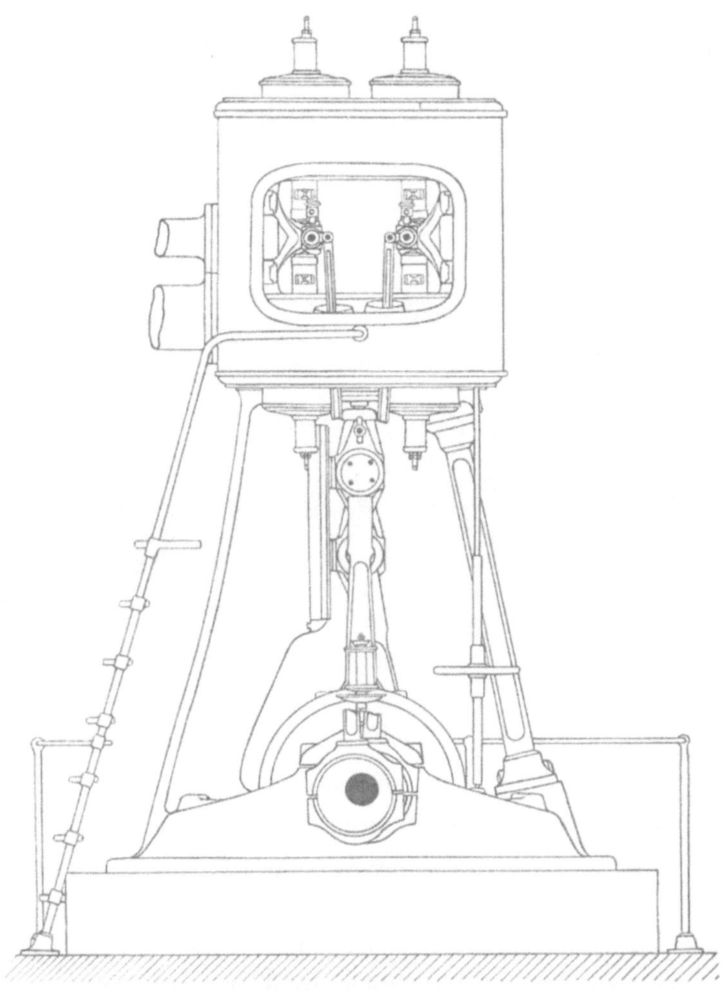

b Seitenansicht.

Fig. 351 b.

**Stehende Verbundmaschine, System Lentz, der Maschinenfabrik Gebr. Meer
in München-Gladbach auf Zeche ver. Felicitas.**

gefunden, die sich bei den Maschinen der Sundwiger Eisenhütte und der
Maschinenfabrik von Schüchtermann & Kremer findet. Die von diesen beiden
Firmen für die Dampfverteilung am Hochdruckcylinder verwandten Ventil-
steuerungen, System Radovanovic bezw. Collmann, haben, wie die als

typisch vorgeführte Drehschiebersteuerung der Sundwiger Eisenhütte, bereits oben Erwähnung gefunden, sodass es hier nur erübrigt, die Zusammenstellung der Maschinen zu behandeln.

Die Maschinen der Sundwiger Eisenhütte sind entweder in Zwillings-
(Zechen von der Heydt und Neu-Iserlohn) oder Tandemanordnung (Zeche
Kaiserstuhl) gebaut. Bei letzterer Anordnung (Fig. 352) wird die
rotierende Bewegung der Ventilsteuerungswelle durch ein Kegelräder- und

Fig. 352.

940 PS. Tandemverbundmaschine der Sundwiger Eisenhütte
auf Zeche Kaiserstuhl II.

Kurbelvorgelege, das neben dem Cylinder aufgestellt ist, in die für den
Antrieb der Drehschieber erforderliche oscillierende Form umgesetzt. Die
Ausführung der Drehschieber entspricht im übrigen ganz der Abbildung
in Fig. 317 auf Seite 439.

Die liegende Zwillingsverbundmaschine der Maschinenfabrik
von Schüchtermann & Kremer auf der Zeche A. von Hansemann.

Die bei den Wasserhaltungsversuchen geprüfte Maschine ist für eine
Leistung von 850 PS. bei 83,5 Uml./Min. und 6 Atm. Dampfdruck gebaut.
Die Abmessungen der Cylinder sind folgende:

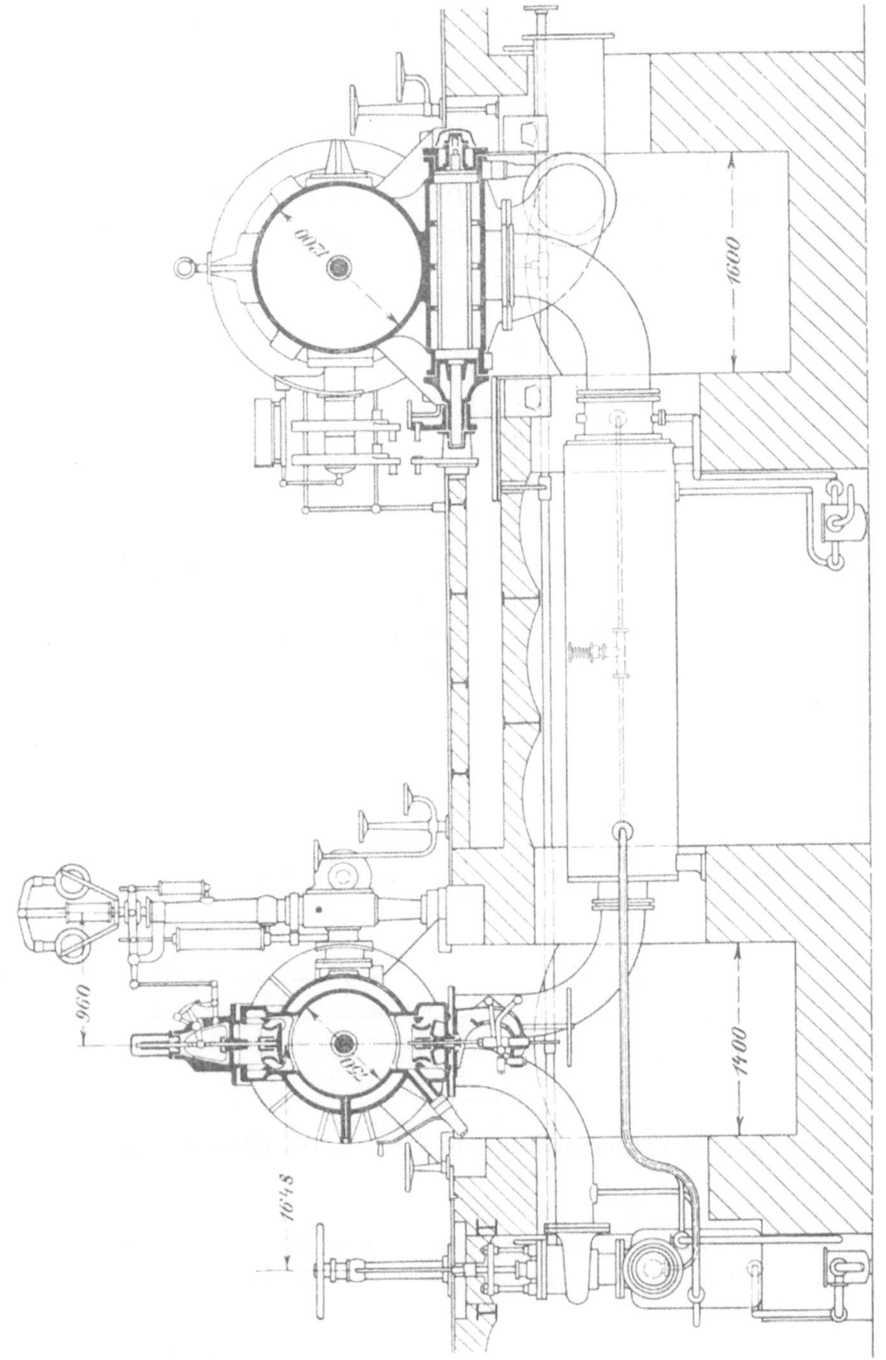

Fig. 353.

Schnitt durch die Steuerung des Hoch- und Niederdruckcylinders der liegenden Verbundmaschine auf Zeche A. von Hansemann.

Durchmesser des Hochdruckcylinders   . . . .   750 mm
»   » Niederdruckcylinders . . . . 1200 »
der beiden Kolbenstangen vorn . 145 »
»   »   »   hinten . 125 »
Hub . . . . 1200 »

Die Collmann-Ventilsteuerung des Hochdruckcylinders ist auf Seite 445
bereits behandelt.   Die Anordnung der Drehschiebersteuerung des Niederdruckcylinders sowie die Zusammenstellung beider Cylinder veranschaulichen Fig. 353 und Tafel XVIII.

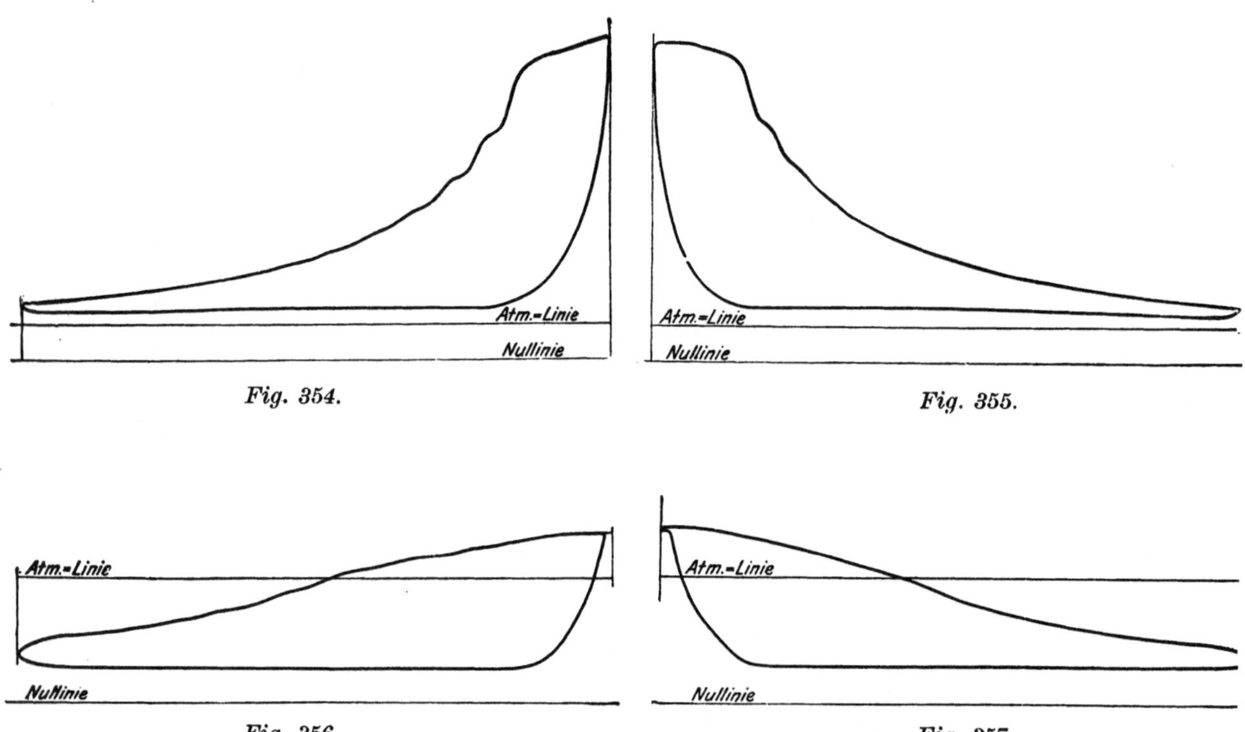

Fig. 354.   Fig. 355.

Fig. 356.   Fig. 357.

Fig. 354—357.

Diagramme der Verbundmaschine auf Zeche A. von Hansemann.

Die Arbeitsweise der Steuerung wird durch die bei dem Betriebs-
versuche an der Maschine entnommenen Diagramme (Fig. 354—357) veranschaulicht.

Die Zahlenergebnisse der Versuche sind in der folgenden Tabelle 41
zusammengestellt:

Additional material from *Disposition der Tagesanlagen, Dampferzeugung, Centralkondensation, Luftkompressoren, Elektrische Centralen*
ISBN 978-3-642-50625-3 (978-3-642-50625-3_OSFO16),
is available at http://extras.springer.com

Ergebnisse der Versuche mit der Verbundmaschine auf Zeche A. von Hansemann. Tabelle 41.

Art und Datum des Versuches	Dauer des Versuches		Hochdruckcylinder			Niederdruckcylinder			Umdr.-Min.	Va-kuum cm	Baro-meter-stand cm	Gesamt-Wasser-verbrauch kg	Dampf-ver-brauch für 1 PSi-Std. kg
			Kurbel-seite	Deckel-seite	Mittel	Kurbel-seite	Deckel-seite	Mittel					
Parade-versuch am 5. und 6. März 1904	von 1^{45} Uhr vorm. bis 7^{45} Uhr vorm. $= 6$ Std.	Eintritts-Dampfspannung Atm. abs.	8,7			1,006							
		Mittlerer Kolbendruck . . . kg/cqm	2,22	2,20	2,21	0,560	0,558	0,559					
		Leistung der Cylinderseite PSi	210,29	210,49	210,39	139,01	139,05	139,03					
		» jedes Cylinders . »	420,78			278,06							
		Gesamtleistung d. Maschine »	698,84						83,53	59,7	75,6	27 230,5[1]	6,5
Betriebs-versuch am 10. und 11. September 1904	von 12 Uhr bis 5^{30} Uhr vorm. $= 5^{1}/_{2}$ Std.	Eintritts-Dampfspannung Atm. abs.	8,63			1,4							
		Mittlerer Kolbendruck . . . kg/qcm	2,26	2,28	2,27	0,55	0,59	0,57					
		Leistung der Cylinderseite PSi	212,47	216,49	214,48	135,50	145,91	140,71					
		» jedes Cylinders »	428,96			281,41							
		Gesamtleistung d. Maschine »	710,37						82,9	54,3	76,3	26 300[2]	6,7

[1] Nach Abzug von 1479,5 kg Kondensationswasser.
[2] » » » 700 » »

3. Betriebsergebnisse der Kolbendampfmaschinen.

Die Kolbendampfmaschinen haben sich fast allgemein den scharfen Anforderungen, welche die oft stark schwankende Belastung der Zechencentralen an ihre Regelungseinrichtungen und der durch wenig Pausen unterbrochene Betrieb an die Dauerhaftigkeit der Konstruktion stellt, vollkommen gewachsen gezeigt. Die Wirtschaftlichkeit wurde durch die immer weitergehende Dampfausnutzung (Kondensation, Verbundwirkung, Mantelheizung und Ueberhitzung), die Aufstellung der Maschinen in Centralmaschinenhäusern zusammen mit Ventilatoren, Pumpen usw., welche die Bedienung der Centrale auf einen Wartungsanteil herabsetzte und die Verringerung der Schmierkosten durch Einführung verbesserter Schmiervorrichtungen (Centralschmierung, Oelpumpen usw.) und Oelreinigung bedeutend gehoben. Die Anschaffungskosten sowohl der Dampf- als auch der Dynamomaschinen haben sich infolge der verbesserten Fabrikationsmethoden bedeutend ermässigt.

Als Anhalt für die Aufstellung von Projekten seien hier in den Schaulinien der Figuren 358 und 359 die Anschaffungskosten (angenäherte Preise) von Gleich- und Drehstromanlagen (Dampfmaschinen mit Kondensation und Rohrleitungen, Gleichstromdynamos für 220 bezw. 500 V und Drehstromgenerator für 3000 V und 50 Perioden, letzterer mit angebautem Erreger, Magnetregulator, Verbindungsleitungen, Schaltanlage mit Apparaten, Fracht, Verpackung und Montage) dargestellt.

Der nachstehenden Kostenberechnung einer Kilowattstunde sind Angaben zu Grunde gelegt, die der Praxis des Ruhrreviers entnommen und den Verhältnissen gut eingerichteter und ausgenutzter Grosscentralen entsprechen. Da aber die Kostenberechnung auf einer Reihe von Annahmen basiert, die nur für bestimmte Verhältnisse zutreffen, so seien sie nur unter allem Vorbehalt wiedergegeben.

Annahmen.

1. Bezüglich der verfügbaren Leistung der Centrale: 3000 PS $\sim$ 2200 KW.

Durchschnittliche Belastung:

a) beider Aggregate mit 75 % = 1650 KW während der beiden Tagesschichten (16 Stunden) an 300 Tagen im Jahr oder 25 Tagen im Durchschnittsmonat:

Leistung im Tage: $1650 \times 16 = 26\,400$ KW-Std.

   »   » Monat: $26\,400 \times 25 = 660\,000$ »

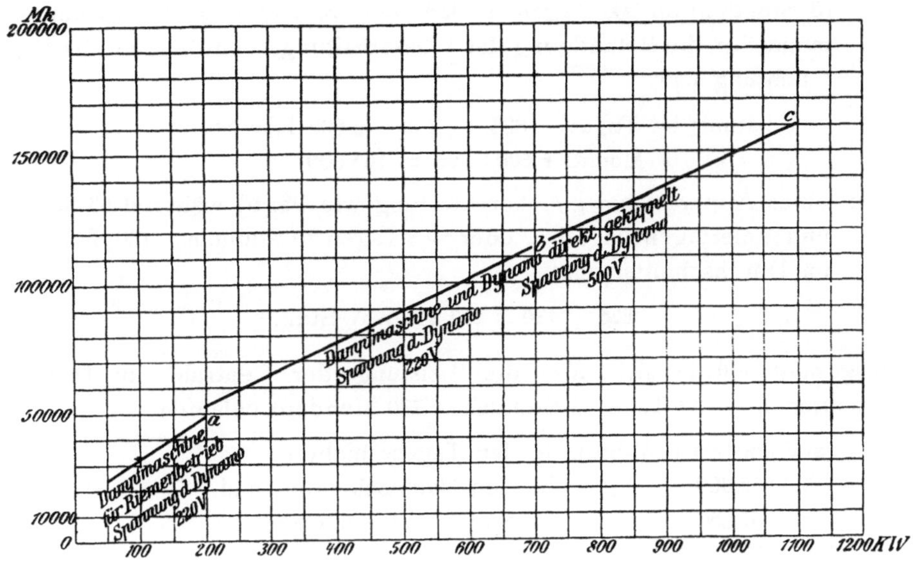

Fig. 358.

Kosten von Dampfdynamoanlagen für Gleichstrom.

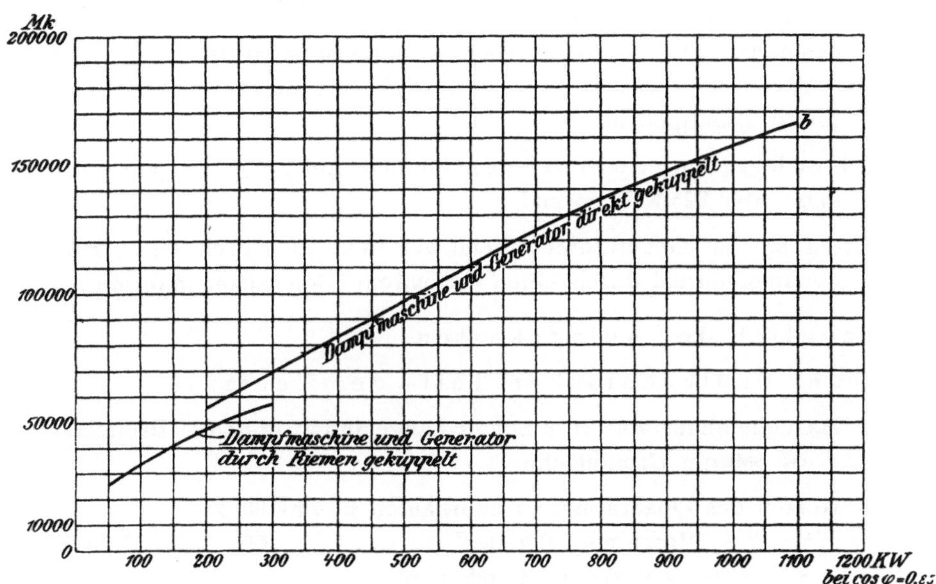

Fig. 359.

Kosten von Dampfdynamoanlagen für Drehstrom.

b) eines Aggregats mit $75\,\%\, = 825\,\mathrm{KW}$ während der Nachtschicht (8 Stunden) an 300 Tagen im Jahr oder 25 Tagen im Durchschnittsmonat für die Bethätigung der Wasserhaltung, Ventilatoren, die Beleuchtung usw.:

$$\text{Leistung im Tage:} \quad 825 \times 8 = \quad 6\,600 \ \text{KW-Stdn.}$$
$$\text{»} \qquad \text{» Monat: } 6\,600 \times 25 = \ 165\,000 \qquad \text{»}$$

c) eines Apparats bei gleicher Leistung wie bei b) während 65 Sonn- und Feiertagen im Jahre oder ~ 5 Tagen 10 Stunden $= 130$ Stunden im Durchschnittsmonat:

$$825 \times 130 = 107\,250 \ \text{KW-Stdn.}$$

Insgesamt würde sich also die Leistung der Centrale im Durchschnittsmonat (30 Tage 10 Stunden $= 730$ Stunden) belaufen

auf 660 000 KW-Stdn. in den Tagesschichten,
  » 165 000   :   in den Nachtschichten und
  » 107 250   »   an Sonn- und Feiertagen.

oder auf 932 250 KW-Stdn. insgesamt, oder im Stundendurchschnitt auf

$$\frac{932\,250}{730} = 1277 \ \text{KW}.$$

2. **Bezüglich der Maschinensysteme:**

     2 **Dampfdynamos** von je 1750 PS Leistung bei max. Belastung, bestehend aus Dreifachverbunddampfmaschinen für 10 Atm. Zutrittspannung und Heissdampfbetrieb mit eigener Kondensation, direkt gekuppelt mit

     2 **Drehstromgeneratoren** für eine Leistung von je 1100 KW max. oder 825 KW normal.

     Erregung der Generatoren: beim **Anlassen** durch eine Dampfdynamo, normal durch einen Drehstrom-Gleichstromumformer.

3. **Bezüglich der Anlagekosten:**

     a) **des bautechnischen Teils der Centrale:**

     Maschinenhaus von 31 m lichter Länge und 21 m lichter Breite $= 651$ ~ 660 qm Grundfläche.

     Kosten des Quadratmeters überbauten Raums 80 M.
       »   » Maschinengebäudes . . . . . . $660 \times 80 = 52\,800$ M.
       »   von ~ 1300 cbm Fundamente zu je
                16 M. das cbm $1300 \times 16 = 20\,800$

       Zusammen bautechnischer Teil . . . 73 600 M.

b) des maschinentechnischen Teils der Centrale:

α) 2 Dreifachverbunddampfmaschinen von je 1750 PS Leistung bei
Vollbelastung mit angebauter Kondensation und allem Zubehör
(ohne Schwungräder), fertig montiert einschl. Rohrleitungen . . . . 280 000 M.

β) 2 Drehstromgeneratoren für eine Leistung von je
1100 KW bei Vollbelastung (3000 V Spannung und
50 Perioden in der Sekunde) . . . . 140 000 »

γ) 1 Dampfdynamo für die Anlass- und 1 Drehstrom-
Gleichstromumformer für die Dauererregung zu 7000
bezw. 5000 M. . . . . 12 000 »

δ) Schaltanlage und Verbindungsleitungen . . . . . 15 000 »

ε) 1 Laufkran mit Katze für 15 t Tragkraft . . . . . 12 000 »

ζ) für die Beleuchtungseinrichtung und sonstiges Inventar der Centrale sowie für Unvorhergesehenes . 6 000 »

Zusammen maschinentechnischer Teil 465 000 M.

c) Gesamte Anlagekosten.

Bautechnischer Teil . . . . 73 600 M.
Maschinentechnischer Teil . 465 000 »

Zusammen 538 600 M.

Zur Abrundung 1 400 »

Summe der Anlagekosten 540 000 M.

4. Bezüglich der Betriebskosten im Monat:

a) Verzinsung und Amortisation des Kapitals zu
12 % . . . . 5 400,00 M.

b) Dampfkosten:

Kosten der Tonne gesättigten Dampfes . 1,80 M.
»   »   » bis auf 300⁰ C. überhitzten Dampfes*) . . 2,20 »

Dampfverbrauch der Maschinen:

bei Vollbelastung je PS_i.Stde. 4,73 kg,
je abgegebene KW-Stde. 7,64 kg.

Uebertrag: 5 400,00 M.

*) Einschliesslich Amortisation, Bedienungs- und Reparaturkosten der Kessel
und Ueberhitzungsanlage.

Uebertrag: 5 400,00 M.

bei $^3/_4$ Belastung je PS$_i$-Stde. 4,93 kg,

    (Annahme)

je abgegebene KW-Stde. 7,80 kg.

Die Dampfkosten im Durchschnittsmonat berechnen

sich daraus zu $\dfrac{932\,250 \times 7,8 \times 2,2}{1000} = $ . . . . .   15 997,41 »

c) **B e d i e n u n g s k o s t e n :** (Annahme 2 Wärter und 1 Hilfswärter in den Tagesschichten, 1 Wärter und 1 Hilfswärter in den Nachtschichten):

5 Wärterschichten . je 4,00 M. ⎰ zugleich für Reini-
3 Hilfswärterschichten » 2,40 » ⎱ gung d. Maschinen
Im Monat: $(5 \times 4 \times 3 \times 2,4)$ 30 . . . .   816,00 »

d) **K o s t e n d e s S c h m i e r - u n d P u t z m a t e r i a l s :**

α) Schmiermaterialverbrauch im Monat:

1200 kg Maschinenöl, das kg zu 0,35 M. = 420 M.
1000 » Cylinderöl,   »   » » 0,65 » = 650 »
———————   ———————
2200 kg   1070 M.

Da das Oel zum grossen Teil wiedergewonnen und zur Schmierung anderer Maschinen neu verwandt wird, sollen die Beschaffungskosten hier nur zu $^2/_3$ angesetzt werden: $^2/_3 \times 1070$ M. ∾ . . . .   712,00 »

β) Kosten des Putzmaterials . . . .   30,00 »

e) **K o s t e n d e r R e p a r a t u r e n** . . . .   70,00 »

Summe der Betriebskosten im Monat . 23 025,41 M.

Die Gestehungskosten der KW-Stde. bei durchschnittlicher $^3/_4$ Belastung ergeben sich daraus zu $\dfrac{2\,302\,541}{932\,250} = \mathbf{2,47\ Pf.}$

Von dem Gestehungspreise von 1000 KW-Stdn. = 24,70 M. entfallen:

1. auf die Verzinsung und Amortisation der Anlagekosten . . .   5,79 M.
2. »   den Dampf (7800 kg) . . . .   17,16 »
3. »   die Kosten der Bedienung . . . .   0,88 »
4. »   das Schmiermaterial (2,36 kg Oel) . . . .   0,77 »
5. Putz- und Nockungsmaterial . . . .   0,03 »
6. »   die Reparaturen . . . .   0,07 »

Zusammen . 24,70 M.

II. Die Dampfturbinen.

1. Kurze Entwickelungsgeschichte.

So einfach es auf den ersten Blick erscheint, gespannte Gase, insbesondere Dampf, in ähnlicher Weise wie Druckwasser zum Betrieb von Turbinenrädern zu verwenden, so schwierig gestaltet sich die konstruktive Ausführung dieser Idee, an der sich seit Hero von Alexandrien (120 v. Chr.) bis in die Neuzeit hinein eine grosse Schar von Erfindern erfolglos abgemüht hat. Die Schwierigkeit liegt in der ungeheuren Geschwindigkeit, welche der Dampf bei der Expansion vor dem Schaufelrad selbst annimmt und auf dieses überträgt. Während beispielsweise Wasser von 3 Atm. Druck mit 24 m/sec. Geschwindigkeit aus der Düse austritt, legt Dampf von 10,5 Atm. frei ausströmend 870 sec.-m und in einem Vakuum von 710 mm Quecksilbersäule gar 1200 m/sec. zurück. Da die günstigste Bedingung für die Beaufschlagung dann vorliegt, wenn die Umfangsgeschwindigkeit des Turbinenrades die Hälfte der Dampfgeschwindigkeit erreicht, müsste bei dem erwähnten Dampfdruck der Schaufelradumfang 450 bezw. 600 m/sec. ablaufen. Bei derartigen Geschwindigkeiten versagten die konstruktiven Mittel der alten Maschinentechnik. Da zudem die Kupplung von Motoren mit so hohen Umdrehungszahlen mit den gebräuchlichen, langsam laufenden Arbeitsmaschinen (Pumpen, Hebewerken usw.) neue Schwierigkeiten ergeben hätte und unrationell erschien, kam dieser unmittelbare Weg, die Arbeit des Dampfes in eine drehende Bewegung umzusetzen, halb in Vergessenheit und räumte dem umständlicheren Verfahren, den Dampf zur Bewegung eines Kolbens zu benutzen und die zunächst erzielte geradlinige Kraftform durch ein Schubkurbelgestänge in die verwendungsfähigere rotierende umzusetzen, voll und ganz das Feld ein, der Idee, mit deren praktischer Gestaltung James Watt der Kultur einen unschätzbaren Dienst geleistet hat.

Erst die grossen Vorteile, welche beim Antrieb der schnellaufenden Dynamos durch Wasserturbinen zutage traten, spornten im Verein mit der in den letzten Jahrzehnten riesenhaft ausgedehnten Verwendung elektrischer Kraft die Erfinder an, schnellaufende rotierende Dampfmaschinen zu konstruieren, welche die gleichen Vorteile versprachen wie die [Wasserturbinen.

Die ersten Dampfturbinen, die anfangs der 90er Jahre auf dem Kontinent in grösserer Zahl aufgestellt wurden, waren nach dem System des Schweden de Laval gebaut Für Deutschland hatte die Maschinenfabrik Humboldt in Kalk die Ausführung übernommen.

Wenn auch den Turbinen dieses Systems der Ruf vorausging, dass ihr Dampfverbrauch ein recht hoher sei, so behoben doch die Vorzüge

der Raumersparnis, der einfachen Bedienung, des geringen Schmier-
materialverbrauches und der genauen Regelung die Bedenken soweit,
dass schon in der zweiten Hälfte der neunziger Jahre auf den Zechen
Rheinelbe und Centrum je zwei Laval-Turbodynamos von 100 bezw. 30 PS,
und auf der Zeche Ewald eine 90 PS-Turbine aufgestellt wurden, und
zwar alle als Reservemaschinen für Dynamos, die mit Kolbendampfmaschinen
gekuppelt waren.

In England trat in den achtziger Jahren Parsons, der Besitzer der
Maschinenfabrik Heaton Works bei Newcaste - on - Tyne, mit einer
Turbinenkonstruktion hervor, die sich der Lavalturbine gegenüber
durch eine wesentlich geringere Umdrehungszahl auszeichnete. Die neue
Maschine fand besonders im Vaterlande des Erfinders bald Anerkennung.

Ueber den Entwickelungsgang dieses Motors, das stete Wachstum der
Maschinengrössen und ihre rasch zunehmende Verbreitung giebt die nachstehende Tabelle Auskunft, welche die zur Fortbewegung von Schiffen
dienenden Maschinen nicht berücksichtigt.

Tabelle 42.

Im Jahre	1890	1896	1902
betrug die Gesamtzahl der in Betrieb befindlichen Turbinenanlagen . . .	360	600	834
die Gesamtleistung der in Betrieb befind-lichen Turbinenanlagen	5000 PS	40 000 PS	230 000 PS
die Leistung der grössten Turbine . . .	20 PS	600 PS	5000 PS

In dem Zeitabschnitt	1884–1890	1890 · 1896	1896–1902
nahm die Gesamtzahl der Turbinen-anlagen zu um	360	240	234
die Gesamtleistung der Turbinenanlagen um	5000 PS	35 000 PS	190 000 PS
die durchschnittliche Leistung der in dem Zeitabschnitt errichteten Turbinen-anlagen betrug	14 PS	145 PS	815 PS

Auf dem europäischen Festland hatte die Firma Brown, Boveri & Co.
in Baden (Schweiz) und Mannheim, welche die Parsonssche Konstruktion
wesentlich verbessert hat, schon gegen Ende des Jahres 1901 40 Turbinen
mit einer gesamten Leistung von 30 000 PS, oder 750 PS für die einzelne
Turbine, in 34 Anlagen aufgestellt.

Im Jahre 1904 hatte Parsons selbst Turbinen mit einer Gesamtleistung von 600 000 PS, die Firma Brown, Boveri & Co. solche mit einer Gesamtleistung von 200 000 PS entweder geliefert oder in Auftrag erhalten.

In der neuesten Zeit führen sich die mit Dynamos direkt gekuppelten Turbinen, die Turbodynamos, auch auf den Ruhrzechen ein.

Die Zeche Schlägel und Eisen war im Jahre 1903 mit der Bestellung einer 260 KW-Turbodynamo vorausgegangen, die sich im Betriebe so bewährt, dass die Hiberniaverwaltung für Zeche Schlägel und Eisen eine zweite Maschine und weitere für ihre Zechen Hibernia und General Blumenthal in Auftrag gegeben hat.

Die Zeche Dahlbusch,hat einen 1200 PS.-Turbogenerator dieses Systems seit einiger Zeit im Betrieb, dessen Ergebnisse auch hier die Verwaltung vollkommen zufriedenstellen. Ferner ist eine 1000 PS-Turbine auf Zeche Zollverein I/II aufgestellt. Demnach stehen z. Zt. (Anfang 1905) folgende Anlagen mit Parsons-Dampfturbinen auf Ruhrzechen im Betrieb oder werden in nächster Zeit in Betrieb kommen:

Tabelle 48.

Z e c h e	Leistung in PS_i
1. Schlägel und Eisen	390
2. » » »	550
3. Hibernia	390
4. Zollverein	1 000
5. Dahlbusch	1 200
6. General Blumenthal	2 zu 750 = 1 500
Sa. 7 Turbinen mit insgesamt	5 030 PS

Neben diesem bisher verbreitetsten System einer Grossturbine haben bisher in vereinzelten Exemplaren die Turbinensysteme

1. des bekannten Ventilatorkonstrukteurs Rateau,

2. der Allgemeinen Elektrizitäts-Gesellschaft, welches aus dem System der Professoren Riedler und Stumpf hervorging, und

3. des Direktors der Maschinenfabrik Escher, Wyss & Co. in Zürich, Zoelly,

Eingang in das Ruhrrevier gefunden.

Eine 1300 PS-Rateau-Turbine in der Ausführung der Maschinenfabrik Oerlikon in Zürich hat im Jahre 1904 die Zeche Holland aufgestellt. Fast

gleichzeitig nahm die Zeche Scharnhorst eine 600 PS-Turbine der Allgemeinen Elektrizitäts-Gesellschaft in Betrieb. Die Zeche Neu-Essen hat
eine Zoelly-Turbine von 320 PS, die Harpener Bergbau-A.-G. für Zeche
Courl eine solche von etwa 1700 PS in Auftrag gegeben.

Eine Uebersicht über die auf Ruhrzechen zur Aufstellung gelangten
oder in Auftrag gegebenen Turbinen neuerer Systeme, die wie die Parsons-
Turbinen meistens für den Antrieb von Drehstromgeneratoren bestimmt
sind, giebt die nachstehende Tabelle:

Tabelle 44.

Zeche	System	Leistung PS	Ausführende Firma
Holland . . .	Rateau	900	Maschinenfabrik Oerlikon, Zürich.
Scharnhorst . .	Allg. Elektr.-Ges. Berlin	600	Vereinigte Dampfturbinen-fabriken, Berlin.
Neu-Essen . .	Zoelly	320	Vereinigte Maschinenfabrik Augsburg und Maschinenbau-gesellschaft Nürnberg.
Courl	»	1 700	
Zusammen . .		3 520	

Mit Hinzurechnung der Parsons-Turbinen werden also auf den hiesigen
Zechen in der nächsten Zeit schon Grossturbinen von zusammen über
9000 PS im Betriebe stehen. Das rege Interesse, welches sich für diese
Maschinen allenthalben kundgiebt, verheisst ihnen eine sehr grosse Zukunft.

2. Der Bau der Dampfturbinen.

a) Allgemeines.

Bei den Turbinen Lavalschen Systems expandiert der Dampf bereits
in der beaufschlagenden Düse (Fig. 360) bis zum Atmosphärendruck oder,
wenn die Turbine mit Kondensation arbeitet, sogar unter diesen. In den
Düsen setzt sich der Dampfdruck in Strömungsenergie um, die das
Schaufelrad in Bewegung setzt (Fig. 361).

Die Bohrung der Düse ist so gestaltet und bemessen, dass die Expansion unter den günstigsten Bedingungen vor sich geht. Der praktischen
Ausführung und der Verwendung dieser einstufigen Turbine stellten
sich aber Schwierigkeiten in den Weg, die der oben erwähnten ungeheuren
Geschwindigkeit des expandierenden Dampfes entsprangen.

Räder von solcher Umlaufsgeschwindigkeit konnte man früher nicht im Schwerpunkte centrieren. Laval umging die Schwierigkeiten der Ausbalancierung auf einem genialen Wege dadurch, dass er das Laufrad auf eine sich selbst im Schwerpunktmittel einstellende biegsame Welle setzte, und überbrückte die Geschwindigkeitsdifferenz zwischen seiner sehr schnelllaufenden Turbine und der angetriebenen Maschine durch ein Zahnradvorgelege von ganz eigenartiger Anordnung.

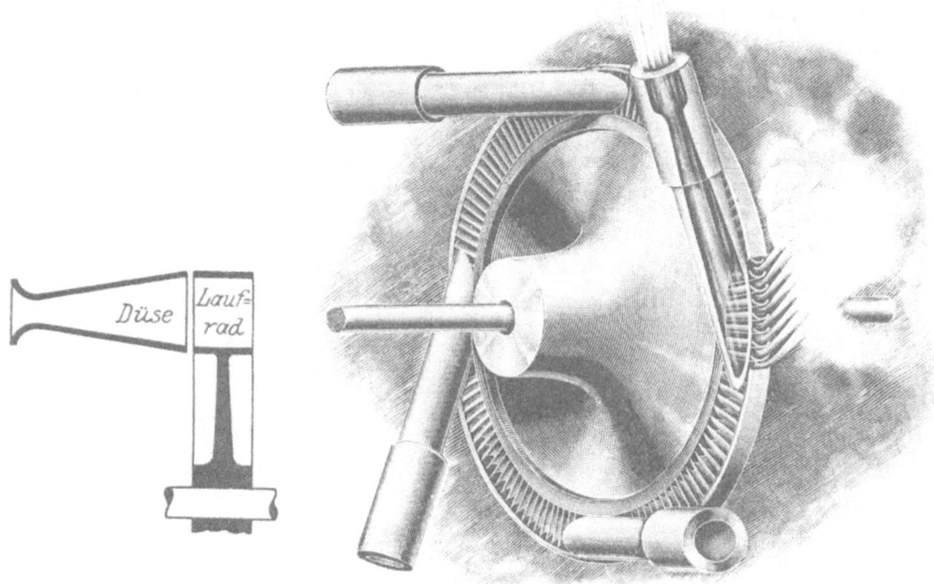

Fig. 360.

Schematische Darstellung
der Dampfexpansion.

Fig. 361.

Schaufelrad mit Düsen.

Dampfturbine von Laval.

Riedler und Stumpf erzielen eine Verringerung der Umlaufszahl der Räder durch Vergrösserung des Umfangs. Die Umfangsgeschwindigkeit wird hier durch die vergrösserte Radperipherie zu einem kleineren Umlaufszahlquotienten aufgeteilt. Dank der Fortschritte der Präzisionsmechanik lassen sich jetzt Laufräder von über 2 m Durchmesser mit genügender Schwerpunktscentrierung herstellen.

Die übrigen Konstrukteure suchten und fanden das Mittel, Turbinen mit brauchbaren Umlaufszahlen zu schaffen, in einer mehrfachen Abstufung des Dampfdruckes. Die Beaufschlagung dieser mehrstufigen Turbinen erfolgt dabei, wie bei den Wasserrädern, nach dem Aktions- oder nach dem Reaktionsprinzip.

Der Dampf passiert nacheinander eine grössere Anzahl feststehender und beweglicher Schaufelungen; den umlaufenden Rädern stehen, wie bei den Wasserturbinen, ruhende Leiträder gegenüber.

Parsons verteilte die Dampfwirkung ursprünglich auf zahlreiche Druckstufen (50—100), deren Zahl allerdings in neuerer Zeit unter gleichzeitiger Vergrösserung der Raddurchmesser bedeutend herabgemindert ist. Der Dampf beaufschlagt das erste Laufrad (Fig. 362 u. 363), expandiert dort in dem sich erweiternden Schaufelzwischenraum um ein geringes Mass, strömt dann aus den Laufradschaufeln in einer für den Stoss geeigneten Richtung in das erste Leitrad über, wo er wieder um ein geringes Mass

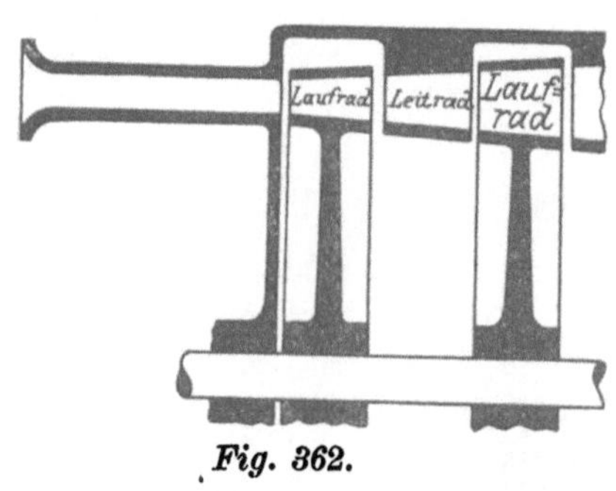

Fig. 362.

Schematische Darstellung der Dampfexpansion in der Parsons-Turbine.

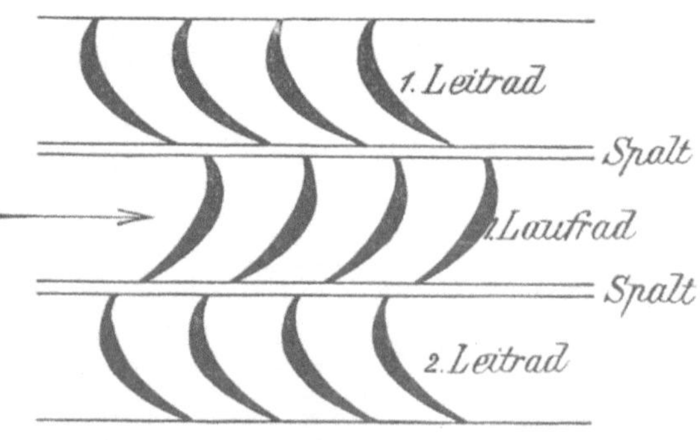

Fig. 363.

Schaufelung der Parsons-Turbine.

entspannt wird. So geht er im Zickzackwege durch die zahlreichen Leit- und Schaufelräder und giebt dabei seine lebendige Kraft an die Laufräder ab.

Beim Uebertritt des Dampfes aus dem Lauf- in das Leitrad entsteht ein Stoss, dessen Kraft auf das Laufrad zurückwirkt. Die Turbine arbeitet mit dem Druck und Gegendruck, sie ist also eine kombinierte Aktions- und Reaktionsturbine. Ein dichtes Aneinanderpassen der Lauf- und Leiträder ist natürlich bei den hohen Umlaufsgeschwindigkeiten der ersteren ebenso unmöglich, wie eine Liderung der Laufradperipherie gegen das Gehäuse. Deshalb sind Zwischenräume zwischen den Lauf- und Leiträdern unumgänglich. Durch Dampfübergang innerhalb dieser schaufelleeren Räume entstehen die Spaltverluste, die aber wegen des geringen Druckunterschiedes in den einzelnen Radzellen nicht erheblich sind.

Im Gegensatz zu dem Parsons-System, das mit voller Beaufschlagung der Laufräder sowie mit Aktion und Reaktion des Dampfes arbeitet, ist die Turbine von Rateau eine partiell beaufschlagte Aktionsturbine (Fig. 364). Der Dampf expandiert hier nur in den Leiträdern, nicht auch im Laufrade, es wird also die Geschwindigkeit und nicht der Druck des Dampfes ausgenutzt. Durch den dampfdichten Einbau der Leiträder in das Turbinengehäuse sind getrennte Kammern geschaffen, in denen sich je ein Laufrad dreht. Der Dampfdruck gleicht sich innerhalb dieser einzelnen Zellen auf beiden Seiten des Laufrades aus; es tritt deshalb ein Spaltverlust, wie er sich beim Parsons-System findet, nicht auf. Man kann also ohne Herabsetzung des Güteverhältnisses grössere Zwischenräume zwischen die Leit- und Laufräder legen.

Die Turbine von Zoelly unterscheidet sich hinsichtlich der Arbeitsweise des Dampfes nicht von dem Rateau-System, weicht dagegen in der konstruktiven Ausführung wesentlich von ihr ab.

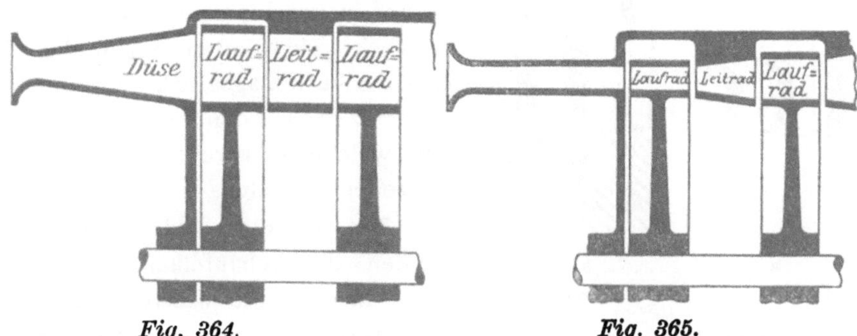

Fig. 364.	Fig. 365.
Schematische Darstellung eines Schauflungssystems für Druckabstufung.	Schematische Darstellung einer mehrstufigen Aktionsturbine.

Auch die Riedler-Stumpf-, jetzt AEG-Turbine wird gewöhnlich als eine mehrstufige Aktionsturbine ausgeführt bei der aber die Verminderung der Radgeschwindigkeit dadurch erreicht wird, dass zu der Druckabstufung die Geschwindigkeitsherabsetzung des Dampfes hinzugezogen wird, eine Kombination, der sich auch der Amerikaner Curtis bei seinem Turbinensystem bedient (Fig. 365). Die Laufräder der Riedler-Stumpf-Turbine werden lediglich durch die Strömungsenergie des Dampfes bewegt. Eine Expansion findet nur in den Leiträdern statt. Der nach dem Austrittsende fortschreitenden Druckverminderung und Volumenvermehrung entsprechend ist der Durchgangsquerschnitt der nachgeordneten Laufräder verbreitert. Das Laufrad zehrt nur einen Teil der Dampfgeschwindigkeit und -kraft auf, weil es viel langsamer umläuft, als der Strömungsgeschwindigkeit entspricht. Die letztere wird stufenweise in einem zweiten, dritten usw. Rade herabgesetzt.

Zur weiteren Verminderung der Umlaufszahl wird bei den grösseren Turbinen dieses Systems, wie bereits erwähnt, neben der Geschwindigkeitsabstufung, die leicht eine Verringerung der Umdrehungsgeschwindigkeit auf $1/3$—$1/4$ der einstufigen Räder ermöglicht, noch das bereits erwähnte

Mittel einer Vergrösserung des Raddurchmessers angewendet. Es liefert Räder von hoher Umfangsgeschwindigkeit bei verhältnismässig geringer Umlaufszahl.

b) Die konstruktive Ausführung der Dampfturbinen.

α) Die Turbine von Laval.

Wie Fig. 361 auf S. 481 zeigt, wird das Schaufelrad von mehreren schräg seitlich angeordneten Düsen beaufschlagt. Zur Herbeiführung der Expansion sind die letzteren nach dem Rade zu konisch erweitert. Aus der Düsenmündung austretend trifft der Dampf in geschlossenem Strahl auf die schwach gekrümmten Schaufeln. Ihre nach der Aufschlagseite hin zugeschärften Kanten zerschneiden den Strahl in Streifen, welche stossfrei in die einzelnen Radzellen eintreten.

Bei den Rädern kleinerer Turbinen werden die Schaufelkanäle vom Umfange aus in eine massive Stahlscheibe eingefräst. Bei grösseren Ausführungen stellt man die Schaufeln einzeln her und presst sie zwischen den koncentrisch geteilten Radkörper. In beiden Fällen wird die Peripherie durch einen umgezogenen Schrumpfring gesichert.

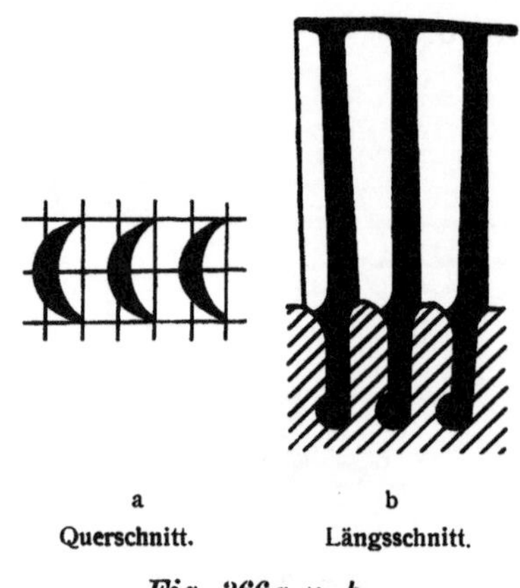

a   b
Querschnitt.   Längsschnitt.

Fig. 366a u. b.

Die Schaufelung der Laval-Turbine.

Der Raddurchmesser schwankt bei den ausgeführten Maschinen zwischen 100 und 760 mm, bei Maschinen von 5—50 PS zwischen 100 und 200 mm.

Die Umfangsgeschwindigkeit des Laufrades hält sich zwischen 157 und 416 sec.-m, die Welle macht dabei 30 000—10 500 Uml.-Min.

Bei dieser rasenden Geschwindigkeit führte die Wirkung der Centrifugalkraft, welche sich beispielsweise bei 30 000 Uml.-Min. für das Kilogramm Radgewicht auf nicht weniger als 100 kg stellt, bei der geringsten Excentricität des Radschwerpunktes zu Wellenbrüchen. Diese Schwierigkeit umging Laval durch die Anordnung der biegsamen Welle (Fig. 367).

Fig. 367.

Laufradwelle der Laval-Turbine.

Der an sich geringe Wellendurchmesser (bei einer 15 PS-Turbine 9, bei einer 100pferdigen 30 mm) ist an einer Stelle (bei 4 in der Fig. 367) auf 7 bezw. 25 mm herabgemindert. Infolge der Elasticität schwingt die Welle mit der Steigerung der Tourenzahl immer mehr nach der schwereren Radseite hin und centriert sich dadurch in der Schwerpunktachse. Diese Anordnung beseitigt zugleich den ungeheuren Druck, den eine starre Welle auf die Lager übertragen würde. Von ihnen ist, wie die Abbildung der Turbinenteile in Fig. 368 zeigt, das linke (H) zur Aufnahme des bei der einseitigen Beaufschlagung entstehenden achsialen Druckes und zur Verringe-

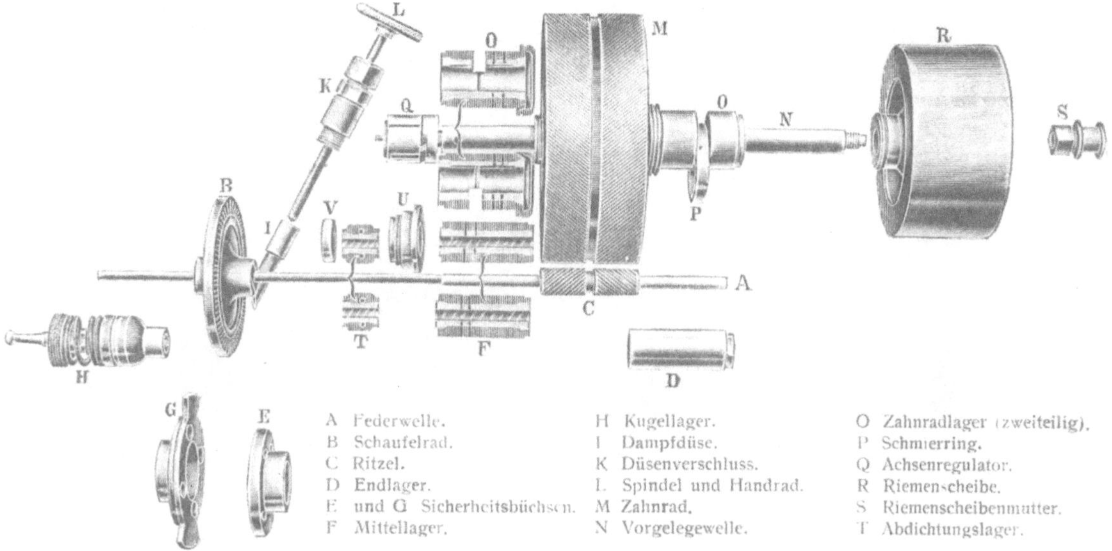

A Federwelle.	H Kugellager.	O Zahnradlager (zweiteilig).
B Schaufelrad.	I Dampfdüse.	P Schmierring.
C Ritzel.	K Düsenverschluss.	Q Achsenregulator.
D Endlager.	L Spindel und Handrad.	R Riemenscheibe.
E und G Sicherheitsbüchsen.	M Zahnrad.	S Riemenscheibenmutter.
F Mittellager.	N Vorgelegewelle.	T Abdichtungslager.

Fig. 368.

Einzelteile der Lavalschen Dampfturbine.

rung der Reibung als elastisch abgestütztes Kugellager ausgeführt, während das rechte Endlager D nur aus einer einfachen Büchse besteht. Ausserdem wird die Welle noch durch ein zweiteiliges Mittellager F und ein kleineres Lager T gestützt, das in erster Linie eine Abdichtung des Dampfraumes bezweckt. Da die Umdrehungszahl des Schaufelrades selbst für die schnelllaufenden Dynamos, Centrifugalpumpen und Ventilatoren viel zu hoch ist, muss sie durch ein Zahnradvorgelege erst ins Langsame übersetzt werden.

Bei der in Fig. 368 wiedergegebenen Ausführung teilt das Ritzel C seine Bewegung dem Zahnrade M mit. Verbreiteter ist die u. a. auf Zeche Rhein-Elbe aufgestellte Type, bei der durch das eine Ritzel 2 neben ihm verlagerte Zahnräder angetrieben werden. Dann ist jede der beiden Zahnradachsen mit einer Riemscheibe ausgerüstet oder mit einem Dynamoanker gekuppelt (s. Fig. 373).

Mehrdüsige Turbinen werden für Kraftabgaben, die unter der Normalleistung liegen, durch Schliessen eines Teiles der Düsen vermittelst der Spindel K (Fig. 368) eingestellt. Belastungsschwankungen im Betriebe gleicht der Achsenregulator Q aus, der in Fig. 369 und 370 besonders dargestellt ist. Auf der Vorgelegewelle sitzt die Laterne 10, um die sich ein aus zwei Hälften (8) zusammengesetzter Hohlcylinder legt. Die Halbcylinder dienen als Schwunggewichte und besitzen in Schneiden auslaufende, radiale Ansätze, mit denen sie in der Laterne verlagert sind. Drängt die Fliehkraft die beiden Cy-

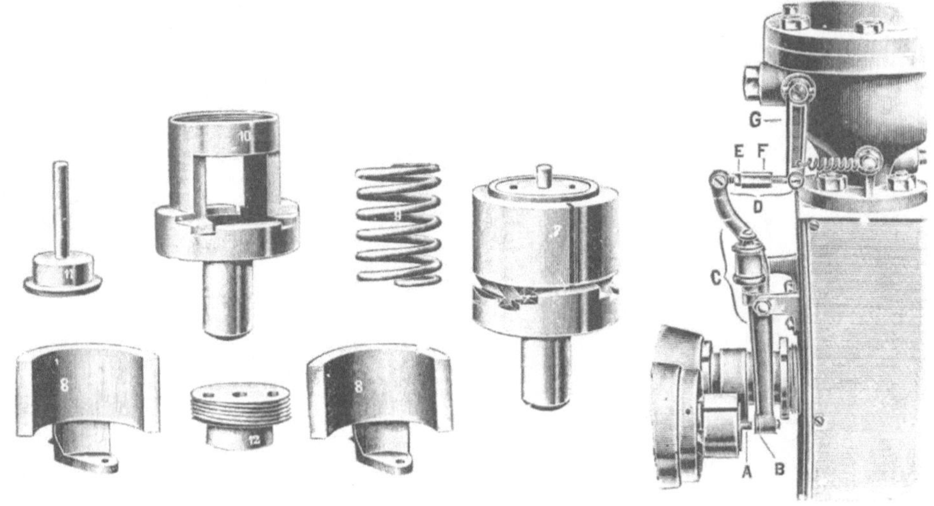

Fig. 369.
Die Teile des Regulators der Laval-Turbine.
Fig. 370.
Der Regulator der Laval-Turbine.

linderhälften auseinander, so verschieben die Ansätze den in der Laterne liegenden Kolben 11 in achsialer Richtung. Dabei muss der Gegendruck der Spiralfeder 9 überwunden werden, deren anderes Ende durch das mit der Laterne verschraubte Widerlager 12 festgehalten wird.

Den zusammengebauten Achsenregulator giebt das Bild 7 der Fig. 369 wieder. Die Uebertragung der achsialen Bewegung wird durch eine kleine Kolbenstange, welche in der Abbildung des Reguliermechanismus (Fig. 370) mit A bezeichnet ist, und durch ein einstellbares Hebelgestänge (B, C, G) auf das im Dampfzuflussrohr eingebaute Regulierventil übertragen.

Den Aufbau einer 30 PS-Turbine erläutern die Figuren 371 a—d. In dem Vertikalschnitt (Fig. 371 a) stellt C das Dampfeintrittsrohr, D das Regulierventil, E den ringförmigen Raum, aus welchem der Dampf in die Düsen tritt, F das Turbinenrad, R den Sammelraum für den Abdampf und

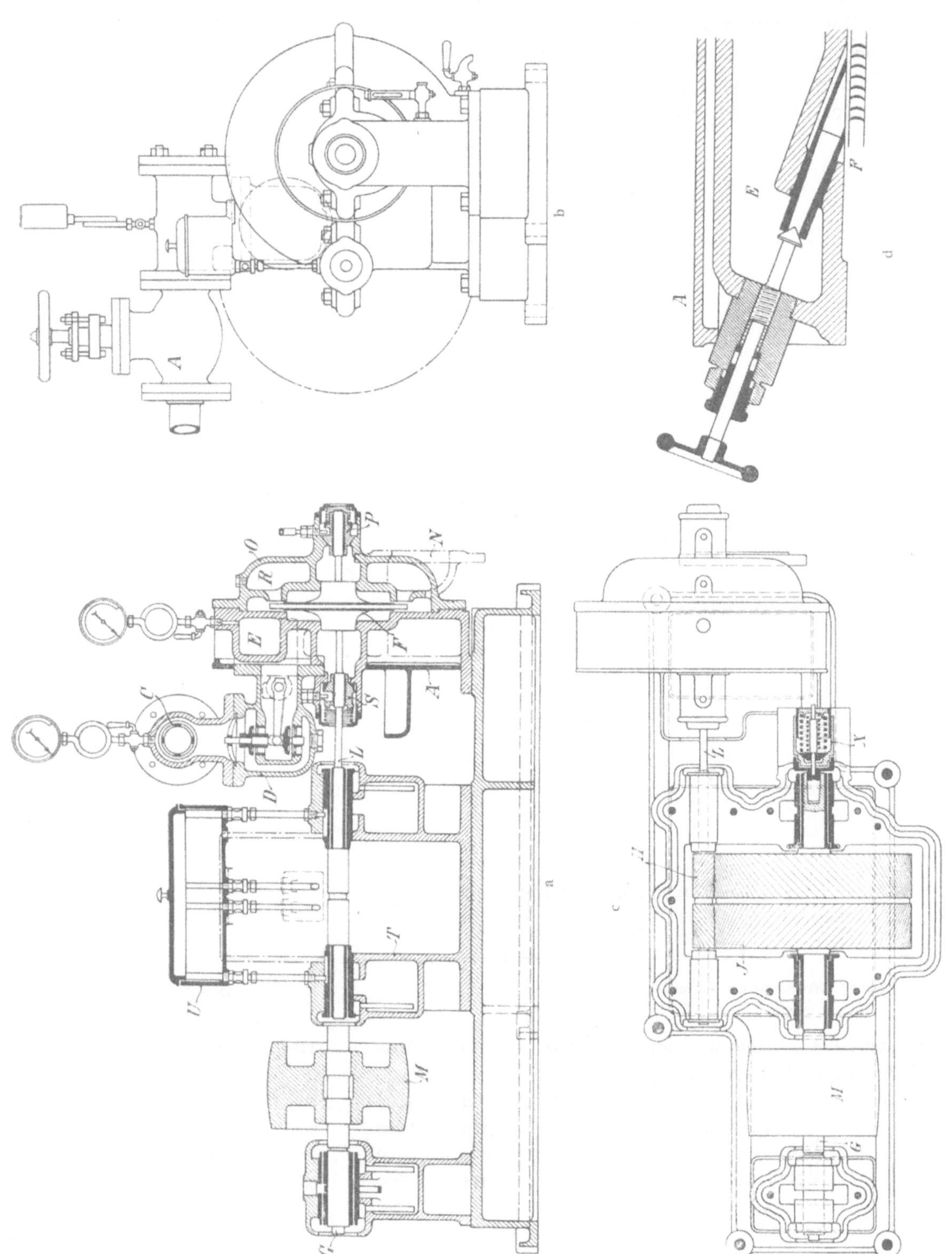

Fig. 371a—d.

30pferdige Laval-Dampfturbine nebst Dampfdüse und Absperrspindel.

S den Achsenregulator dar. L bezeichnet die dünnste Stelle der Feder-
achse. Der wagerechte Schnitt bezw. Grundriss in Fig. 371c veranschaulicht
die Anordnung der Lager, sowie der Turbine und des Vorgeleges auf der
Grundplatte, während Fig. 371 b einen Aufriss giebt. Fig. 371 d lässt den
Einbau der Düse und ihrer Regulierspindel erkennen.

Fig. 372.

Laval-Dampfturbine für Riemenvorgelege.

Effektive Pferdestärke der Turbinen	$1^{1}/_{2}$	3	5	10	15
Leistung der Dynamo in Watt .	800	1 650	3 000	6 110	9 420
Umdrehungen der Vorgelegewelle in der Minute	3 000	3 000	3 000	2 400	2 400
Raumbedarf { Länge in mm . . .	770	1 150	1 700	1 850	2 000
Breite » » . . .	285	390	500	730	750
Höhe » » . . .	300	415	800	1 000	1 000

Eine kleinere Turbine mit einer Vorgelegewelle ist in Fig. 372 abgebildet. Für den Antrieb von Dynamos grösserer Leistung (über 30 PS) zieht man die Motoren mit zwei Vorgelegewellen (Fig. 373) vor, deren jede mit einem Dynamoanker gekuppelt ist. Die beiden Dynamowicklungen können nach Bedarf neben- oder hintereinander, wie auf Rhein-Elbe, geschaltet werden.

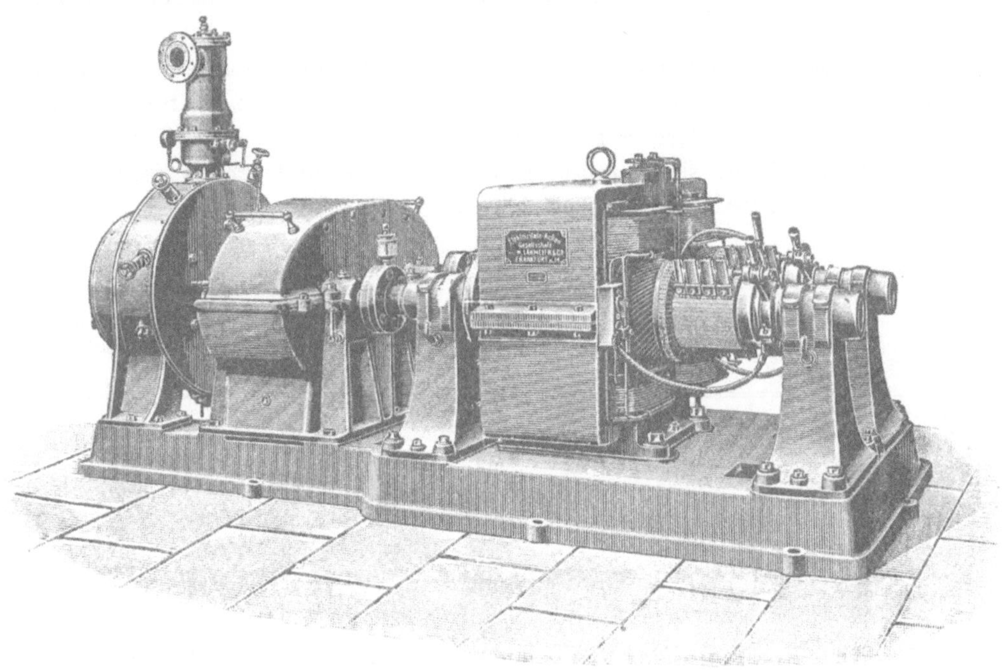

Fig. 373.

Laval-Dampfturbine mit Doppelankergleichstromdynamo.

Ueber die Leistungen und Abmessungen der verschiedenen Typen der mit Gleichstromdynamomaschinen direkt gekuppelten Laval-Turbinen giebt Tabelle 45 Auskunft.

Tabelle 45.

20	30	50	75	100	150	200	300
12 580	19 140	32 250	48 500	66 000	100 000	132 000	200 000
2 000	2 000	1 500	1 250	1 050	1 050	750	750
2 230	2 320	2 650	3 020	3 470	4 000	4 450	4 900
900	900	1 000	1 100	1 320	1 500	1 600	2 000
1 100	1 100	1 360	1 320	1 460	1 460	1 500	1 530

Ein Fehler des Laval-Systems liegt darin, dass trotz der hohen Tourenzahlen das für den Betrieb rationellste Verhältnis 1 : 2 zwischen der Geschwindigkeit des Schaufelradumfanges und des Dampfes bei weitem nicht
erreicht wird, da der von der Radperipherie zurückgelegte Weg im Mittel
($\sim$ 360 sec.-m) nur $^1/_3$—$^1/_4$ der Dampfgeschwindigkeit ausmacht.

Nachteilig ist auch die zu hohe Tourenzahl, welche die Einschaltung
eines kraftverzehrenden Vorgeleges zwischen Motor und Arbeitsmaschine
erforderlich macht.

Ueber den Dampfverbrauch der Laval-Turbinen liegen aus dem Ruhrrevier keine genaueren Angaben vor. Es wird nur übereinstimmend die
Ansicht geäussert, dass er ziemlich hoch ist.

Nachstehend sind einige durch Versuche andererorts festgestellte
Dampfverbrauchszahlen wiedergegeben.

Dampfverbrauch der Laval-Turbinen*).   Tabelle 46.

Leistung der Turbinen KW	Dampfdruck der Versuchsanlage Atm	Vakuum der Kondensation %	Dampfverbrauch je Kilowattstunde kg
36,5	7,6—8,2	67	12,1
110	7,9	68,5	11,5
220	10,47	80	10,2

β) Die Turbine von Parsons in der Ausführung der Firma Brown, Boveri & Co.

Die Anordnung der Leit- und Laufschaufelräder in dem Turbinengehäuse wird durch Fig. 374 veranschaulicht.

Der Dampf tritt zunächst in den Vorraum E, passiert darauf den Regulierapparat, gelangt durch A in den eigentlichen Turbinencylinder und
durchströmt in achsialer Richtung hintereinander die Leit- und Laufräder
des Hoch-, Mittel- und Niederdrucksatzes. Da sich das Dampfvolumen mit
der fortschreitenden Expansion vermehrt, ist der Durchmesser und damit
die Durchflussweite der Mittel- und Niederdruckräder stufenartig erhöht.
Die Uebergangsräume zwischen den einzelnen Stufen stehen durch die
Leitungen i_1, i_2, i_3 mit den links von dem Dampfeintritt A liegenden Entlastungskolben k_1, k_2, k_3 in Verbindung, deren Durchmesser dem der
Schaufelsätze entspricht. Die Kolben werden dadurch unter einen seitlichen Druck gesetzt, welcher dem von dem Dampf auf die Turbinenwalze
ausgeübten entgegen gerichtet ist, sodass eine Ausgleichung erfolgt und
der seitliche Schub der Welle aufgehoben wird.

---

*) Mewes, »Die Dampfturbinen«. S. 237 bezw. 239.
    Riedler, »Ueber Dampfturbinen«. S. 45 u. 46.

Die Abdichtung der umlaufenden Kolben gegen den feststehenden Cylinder erfolgt durch ein sog. »Labyrinth«, d. h. dadurch, dass äussere ringförmige Erhöhungen und Vertiefungen der Kolben in entsprechend geformte Rillen des Turbinengehäuses greifen (s. auch Fig. 376). Die Dampffüllung der Zwischenräume, welche zur Verhinderung einer Reibung zwischen den feststehenden und den umlaufenden Dichtungsteilen verbleiben müssen, bildet unter der gemeinsamen Einwirkung der Dampfreibung, der Drosselung in den Rillen und der Centrifugalkraft einen dichten Dampfschleier, welcher dem Durchströmen des Innendampfes einen

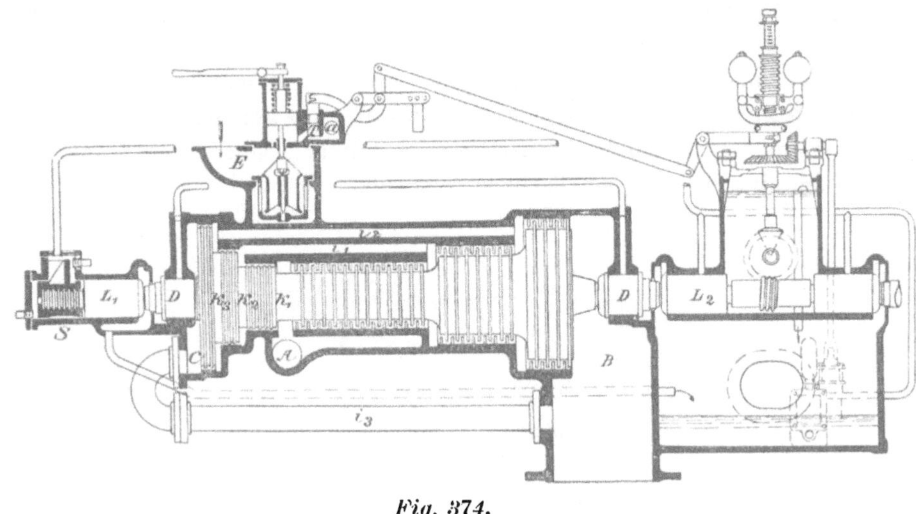

Fig. 374.

Längsschnitt der Parsons-Turbine. (Schematische Darstellung.)

unüberwindbaren Widerstand entgegensetzt. Bei diesem idealen Abdichtungsorgan fällt jede Reibung metallischer Flächen und damit auch eine Schmierung und Abnutzung derselben fort.

Eine weitere Abdichtung ist an den in Fig. 374 mit D bezeichneten Stellen erforderlich, wo die Welle aus dem Cylinder heraustritt. Auch hier ist das Labyrinthprinzip verwendet. Bei Auspuffturbinen erhält der Cylinder an den Stellen D den bereits expandierten Dampf, dessen Druck beinahe auf den der atmosphärischen Luft gesunken ist, sodass die Abdichtung bei D auf beiden Seiten nur geringen Drucken Stand zu halten hat; bei Turbinen mit Kondensationsbetrieb herrscht im Cylinder an der Stelle B das Vakuum des Kondensators. Da nun in letzterem Fall der Druck der ausserhalb des Cylinders befindlichen atmosphärischen Luft grösser ist, so ist die Möglichkeit nicht ausgeschlossen, dass bei etwaigen kleinen Undichtigkeiten Luft in das Vakuum des Cylinders eintritt. Das würde jedoch eine erhebliche Herabsetzung der Kondensationswirkung bedeuten, welche dadurch vermieden wird, dass man den Dichtungsstellen D geringe Mengen Dampf zuführt. Sie bewirken die Abdichtung und verhüten den Zutritt der Luft. Der Eintritt dieser geringen Dampfmengen in den Cylinder macht sich im Vakuum nicht schädlich bemerkbar, da sie zusammen mit dem Abdampf der Turbine sofort kondensiert werden.

Die Erfahrung zeigt, dass die Zuführung von sehr wenig Dampf für diesen Zweck ausreicht, ein Beweis für die Zweckmässigkeit der Labyrinthdichtung.

Der zur Abdichtung verwendete Dampf ist kein Frischdampf, sondern wird dem weiter unten besprochenen Dampfeinlassapparat entnommen, nachdem er dort bereits Arbeit verrichtet hat.

Verhindern die Entlastungskolben auch mit hinreichender Sicherheit eine dauernde Verschiebung der Schaufelwalze, so genügen sie doch nicht, ein Hin- und Herpendeln der Achse zu verhüten. Dafür ist ein Kammlager S an der linken Seite der Turbine angeordnet.

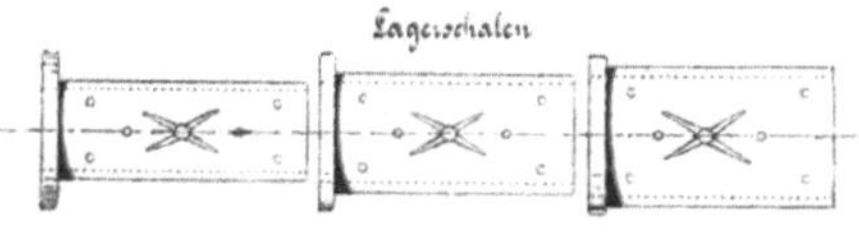

Fig. 375

Aussenlager der Parsons-Turbine.

Besondere Beachtung verdient die Konstruktion der Aussenlager L_1 und L_2. Sie bestehen aus einer Anzahl übereinander geschobener Lagerbüchsen (Fig. 375). Zwischen die innerste Büchse und die Welle sowie zwischen die einzelnen Büchsen wird Schmieröl unter dem Druck einer Schmierpumpe (1,5 Atm.) eingeführt. Die zwischen den Büchsen vorhandenen Oelschichten gewähren ihnen etwas Spielraum und ermöglichen so in gewissen Grenzen eine Centrierung der Welle nach der Schwerpunktsachse der umlaufenden Walze.

Das verbrauchte Oel wird wieder von der Pumpe angesaugt und dem Oelbehälter, der in Fig. 374 rechts von der Turbine steht, zugeführt. Der Druck des zwischen die Lagerschalen gepressten Oeles ist so gewählt, dass er dem spezifischen Druck der Welle auf die Lagerschalen gleichkommt, die Welle also gleichsam vom Oel getragen wird. Diese sinnreiche Anordnung hat sich im Betriebe vorzüglich bewährt. Bei einem sehr geringen Oelverbrauch erhitzen sich die Lager trotz der hohen Tourenzahlen nur wenig. Die Oelpumpe wird, wie Fig. 374 rechts erkennen lässt, von der Turbinenwelle aus durch ein Schneckenradvorgelege angetrieben, welches zugleich den Regulierapparat bethätigt.

Fig. 376.

450 PS-Parsons-Turbine mit abgehobenem Deckel in der Ausführung der Firma Brown, Boveri & Co.

Die Photographie einer 450 PS-Turbine mit abgehobenem Deckel (Fig. 376) zeigt die Unterteilung des Turbinengehäuses nach einem wagerechten Schnitt, eine Anordnung, welche die Schaufelkränze ausserordentlich leicht zugänglich macht.

Die feststehenden Schaufeln sind im Innern des stufenartig abgesetzten Cylinders befestigt, während die Laufschaufeln in schwalbenschwanzförmigen Rillen des walzenartigen Hohlkörpers sitzen.

Der Abstand zwischen den aufeinanderfolgenden Schaufelkränzen beträgt 3—5 mm. Der Zwischenraum zwischen den Laufschaufeln und der Cylinderwandung ist so bemessen, dass ein Schleifen ausgeschlossen ist; er verringert sich bei der dem Dampfeintritt abgewandten Seite auf 2 bis 3 mm.

Fig. 377.

Dampfturbine von Brown, Boveri & Co. mit einer Dynamomaschine direkt gekuppelt.

Die Schaufeln werden von Brown, Boveri & Co. aus einer geschmiedeten Spezialbronze hergestellt und so bemessen, dass sie der normale Betrieb nur auf $1/20$ bis $1/40$ ihrer Festigkeit beansprucht.

Die Aussenansicht einer solchen Turbine giebt die Fig. 377 wieder.

In der Abbildung bezeichnen

    H: Handrad des Hauptdampfventils,

    C: Einlassventil,

    A: Handhebel zum ersten Anheben des Regulatorventils bei der Inbetriebsetzung,

    P: Regulator und Gestänge des Regulierventils,

    Z: Gegendruckfeder zum Einstellen der Umdrehungszahl,

    N, K: Kammlager,

D, B: Oelpumpe,

L: Windkessel der Oelpumpe,

D: Handkurbel zur Bethätigung der Oelpumpe vor dem Anlassen der Turbine.

Die Regulierung der Belastungsschwankungen erfolgt in eigenartiger Weise mit Hülfe des Doppelsitzventils V, das den Dampf nicht dauernd, sondern stossweise in einzelnen Aufgaben eintreten lässt. Das Regulierverfahren hat Aehnlichkeit mit der bei Kolbendampfmaschinen gebräuchlichen, durch den Regulator vorgenommenen Veränderung des Füllungsgrades.

Das Schwunggewicht des Regulators, der in Fig. 378 dargestellt ist, überträgt seine Bewegung mittels des Hebelgestänges W, R_4, R_2, q auf den kleinen Kolbenschieber T, der dadurch dauernd eine auf- und

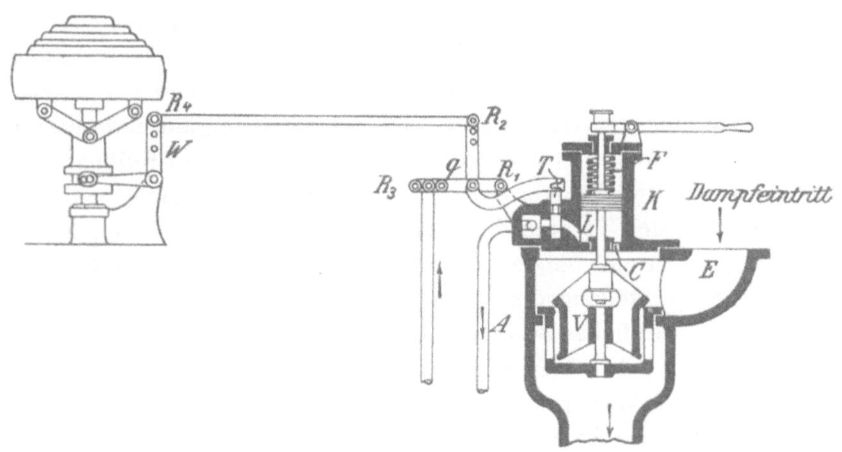

Fig. 378.

Schematische Darstellung des Regulators der Parsons-Turbine.

niedergehende Bewegung erhält. Der Raum unter T steht durch den Kanal L mit dem unteren Teile des grösseren Cylinders in Verbindung, der den Kolben K aufnimmt und seinerseits durch den Kanal C mit dem Dampfeinlass E der Turbine kommuniziert.

Wird das Einlassventil geöffnet, so tritt der Dampf durch C unter den Kolben K, der, selbst gehoben, das Doppelsitzventil V gegen den Druck der Feder F in die Höhe zieht und dadurch die Einströmungsöffnung freigiebt. Gleichzeitig mit der Turbine beginnen dann der Regulator und die Oelpumpe zu arbeiten.

Die Abstellung der Turbine vollzieht sich ebenfalls in der einfachsten

Weise durch das Schliessen des Haupteinlassventils oder schneller durch die Verschiebung des Kölbchens T.

Wird der Dampfeinlass abgeschlossen, so überwindet die Feder F den sinkenden Gegendruck, der auf den Kolben K wirkt, und bringt V auf seinen Sitz. Die gleiche Wirkung wird erzielt, wenn der Kolben T durch den bei R_3 an dem Regulatorgestänge angreifenden senkrechten Hebel so verschoben wird, dass der Kanal L mit dem Auslassrohr A in Verbindung kommt. Aus dem Kanal C, der wesentlich enger ist als L, kann nicht soviel Dampf nachströmen, als notwendig wäre, um die schliessende Feder F zurückzuhalten.

Der Hebel q wird durch die mit der Turbinenachse zwangläufig gekuppelte Oelpumpe dauernd in eine auf und niedergehende Bewegung gesetzt; das Ventil V wird dadurch fortwährend geöffnet und geschlossen.

Ausser der Oelpumpe wirkt auch das Hebelgestänge $W\,R_1\,R_2$ des Regulators auf T ein, und zwar derart, dass der Regulator die mittlere Schwingungslage von T höher oder tiefer einstellt und infolgedessen der Weg, welchen T zwischen einem Schliessungs- und einem Oeffnungsmoment zurücklegen muss, der Belastung entsprechend verkürzt oder verlängert wird.

Diese Reguliervorrichtung hat sich im Betriebe glänzend bewährt und Ergebnisse geliefert, die von den Präzisionsregulatoren der Kolbenmaschinen nicht entfernt erreicht werden, hauptsächlich wohl auch, weil bei der Laufräderwalze der Turbine die Massenschwingungen vollkommen ausgeglichen sind, während bei dem Gestänge der Dampfmaschinen an eine solch gleichmässige Verteilung der Massenwirkungen nicht zu denken ist.

Einen vortrefflichen Beweis für die grosse Regulierfähigkeit der Parsons-Turbine haben die Abnahmeversuche an der für Zeche Dahlbusch bestimmten 900 KW-Turbine geliefert, die von dem Dampfkessel-Ueberwachungsverein der Zechen ausgeführt wurden.

Die Turbine treibt einen Drehstromgenerator an, der bei 1500 Uml.-min. 325 A. und 2000 V $=$ 1125 Kilovoltampere abgiebt.

Unter Annahme des $\cos\varphi$ zu 0,8 entspricht die Voltampereleistung einer effektiven Kraftäusserung von 900 KW.

Die bei den Versuchen entnommenen Tachometerdiagramme sind in Fig. 379 wiedergegeben.

Für die Regulierung war von Seiten der liefernden Firma garantiert:

Tabelle 47.

Belastungsveränderung in $\%$	Höchste Schwankung der Umdrehungszahl in $\%$
25	1,5
100	5

Festgestellt wurde bei dem Versuche:

Tabelle 48.

Belastungsveränderung in %		Schwankung der Um-drehungszahl in %
50		1,5
100	beim Ausschalten	1,5
	beim Einschalten	2,3

Bei den Versuchen lieferte die Turbine folgende Tachometerdia-gramme (Fig. 379), die zur Genüge zeigen, wie rasch ganz beträchtliche Belastungsschwankungen ausgeglichen werden.

Fig. 379.

Tachometerdiagramme der 900 KW-Parsons-Turbine auf Zeche Dahlbusch.

Die Zahlenergebnisse der Versuche waren folgende:

Tabelle 49.

Fig. 379	Be- resp. Entlastung KW	Belastungs-schwankung in % d. Vollast	Geschwindigkeits-veränderung in % ermittelt	garantiert	Spannungs-schwankung Anfangs-wert	End-wert	Spannungs-schwankung in % der Anfangswerte
a	0 auf 300	33,0	0,6	—	2 020	2 000	1,0
b	600 » 0	67,0	1,2	—	2 009	2 103	4,6
c	400 » 950	50,0	1,0	1,5	2 131	2 027	5,0
d	900 » 400	45,0	1,0	—	2 034	2 120	4,2
e	0 » 700	78,0	1,0	—	2 120	2 014	5,0
f	900 » 0	100,0	1,5	5,0	2 020	2 300	14,0

Beim Ausschalten steigt die Spannung des mit der Turbine gekuppelten Generators vorübergehend etwas, geht dann aber sofort wieder herunter.

Der Sicherheitsregulator, der selbstthätig den Dampf absperren soll, wenn die Umdrehungszahl infolge einer plötzlichen Entlastung der Dynamo zu stark anwächst, trat bei einer Erhöhung der Umdrehungszahl um $7\,^0/_0$ über die normale in Wirkung.

γ) Die Rateau-Turbine in der Ausführung der Maschinenfabrik Oerlikon.

Wie bei der Gegenüberstellung der einzelnen Turbinensysteme weiter oben bereits erwähnt ist, wird das Gehäuse der Rateau-Turbine (Fig. 380)

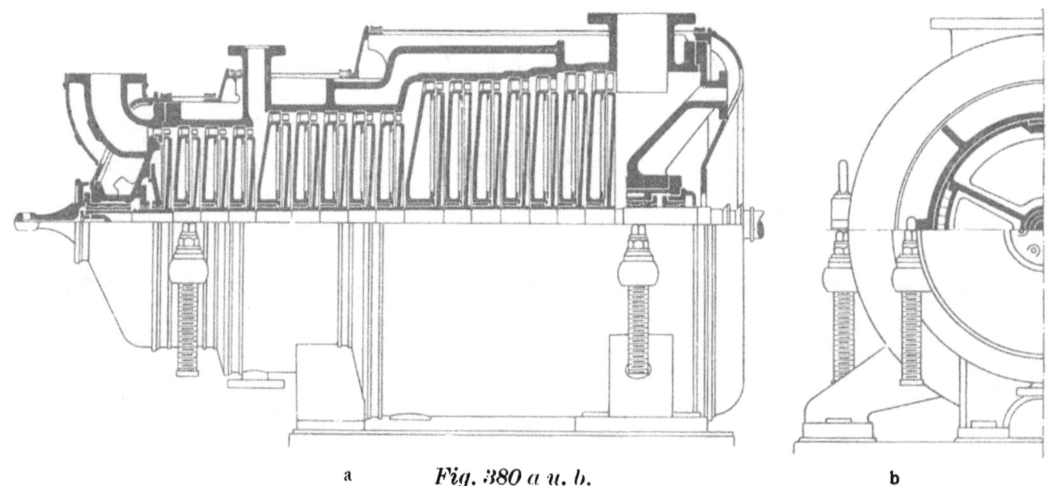

a   Fig. 380 a u. b.   b

Rateau-Turbine in der Bauart der Maschinenfabrik Oerlikon.

durch die Leiträder (Fig. 381) in einzelne Zellen geteilt, in denen sich die Laufräder (Fig. 382) drehen.

Die Verminderung des Dampfleitungsquerschnittes bietet den Vorteil, dass man auch trotz der hohen Umfangsgeschwindigkeit für diese Räder Schaufeln von normaler Grösse verwenden kann. Die partielle Beaufschlagung wird mit Hülfe von Durchbrüchen an der Peripherie der Leiträder erzielt (Fig. 381), in welche die Leitschaufeln in einer mit dem Raddurchmesser wachsenden Anzahl eingesetzt sind.

Der Durchmesser der Leit- und Laufräder wächst wie bei der Parsons-Turbine nach der dem Dampfeintritt abgewandten Seite entsprechend der fortschreitenden Expansion.

Die Leiträder werden aus Blechscheiben zusammengenietet und tragen in der Mitte eine massive Nabe, welche die Dichtung gegen die Laufrad-

Fig. 381.
Leiträder der Rateau-Turbine mit partieller Beaufschlagung.

Fig. 382.
Laufräder der Rateau-Turbine.

welle herstellt. Die Leitschaufelsegmente sind aus Messingbronze gegossen.

Die Laufradschaufeln werden aus Stahlblech gestanzt, auf Specialmaschinen bearbeitet und mit dem lappenartigen Fuss auf den umge-
bördelten Rand der Trägerscheiben genietet (Fig. 382). Nach aussen hin

Fig. 383.

Der Einbau des Laufrädersystems in das Gehäuse einer Rateau-Turbine.

wird ein Bindering um den Schaufelkranz gelegt. Die Schaufeln greifen
mit zapfenartigen Ansätzen in entsprechende Passlöcher des Kranzes ein.

Lauf- und Leiträder werden für sich zusammen- und in das nach
einem wagerechten Schnitt unterteilte Gehäuse eingesetzt (Fig. 383).

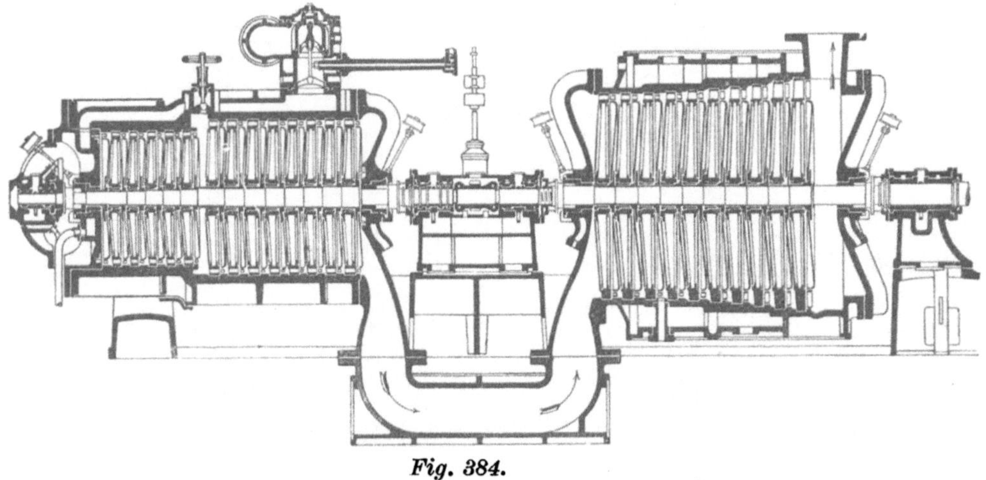

Fig. 384.

Senkrechter Längsschnitt durch eine Rateau-Turbine.

Die übliche Anordnung der Rateau-Turbine ist die einer aus einem Hoch- und einem Niederdrucksatz zusammengesetzten Doppelmaschine, deren Welle durch drei Lager getragen wird (Fig. 384). Das linke Endlager ist in das Turbinengehäuse eingebaut und muss zur Verminderung des Einflusses der Dampfwärme mit gekühltem Oel geschmiert werden. Das Mittel- und das linke Endlager sind freistehend ausgeführt. Die Welle ist an den Austrittsstellen aus dem Turbinengehäuse durch eine mit Wasser gefüllte Muffe abgedichtet.

Die Rateau-Turbine auf Zeche Holland weist einen eigenartigen Regulator auf, dessen Konstruktion noch geheim gehalten wird.

d) Die Turbine von Zoelly.

Zoelly erreicht wie Riedler und Stumpf eine Herabsetzung der Druckstufen- und Räderzahl durch Erhöhung der Umlaufsgeschwindigkeit; er steigert die Leistung der einzelnen Laufräder durch Verwendung verhältnismässig langer Schaufeln mit grosser wirksamer Oberfläche.

Die Verbreiterung der dampfbeaufschlagten auf Kosten der unwirksamen Radfläche bietet natürlich den Vorteil, dass der rotierende Teil sehr leicht wird, setzt aber vorzügliches Konstruktionsmaterial, sowie eine präzise Bemessung und eine ausserordentlich sichere Verbindung der einzelnen Teile des Laufkörpers voraus, Aufgaben, welche Zoelly mit einem seltenen Geschick gelöst hat.

Die Turbine wird gewöhnlich, wie die von Rateau, als Verbundturbine mit einer Hochdruck- und einer Niederdruckstufe ausgeführt. In der ersteren werden die Räder partiell, in der letzteren dem grösseren Dampfvolumen entsprechend voll beaufschlagt. Die Führung des Dampfes übernehmen die Leitschaufelräder, welche, wie bei dem Rateauschen System, als Scheidewände die einzelnen, je ein Laufrad aufnehmenden Druckstufenzellen dampfdicht abgrenzen.

Der innere massive Teil der Leitschaufelräder (Fig. 385 a—d) ist in Stahlguss ausgeführt und trägt am Umfange Stege p, in die ein umgelegter schmiedeeiserner Ring h nach Art der Feder- und Nutverbindung eingreift. So entstehen, durch den inneren Radkranz und den äusseren Ring sowie durch je zwei Stege begrenzt, segmentförmige Zellen (Fig. 385a, b u. d), in denen die einzelnen Leitschaufelgruppen untergebracht werden. In den Zellen ist der innere Radkranz auf der äusseren und der Aussenring auf der inneren Seite mit schrägen Schlitzen l versehen. Sie nehmen die Lappen n (Fig. 385 c) der gewellten Schaufeln m (Fig. 385b) auf. Ein Herausfallen der letzteren nach der offenen Seite des Schlitzes wird durch die beiden mit dem Radkranz bezw. dem Aussenring verschraubten Ringe o_1 und o_2 verhindert, die in eingedrehte Nuten bündig eingelassen sind

(Fig. 385 d). Auf der anderen Seite hat der Aussenring einen reifenartigen
Ansatz k, die äussere Begrenzung der scheibenförmigen Laufradkammer,
die durch das Zusammensetzen je zweier Leiträder gebildet wird. Einer
seitlichen Verschiebung der Leitkränze durch den dagegen strömenden
Dampf beugt ein Vorsprung des Gehäuses, gegen den sich der äusserste
Leitkranz legt, vor.

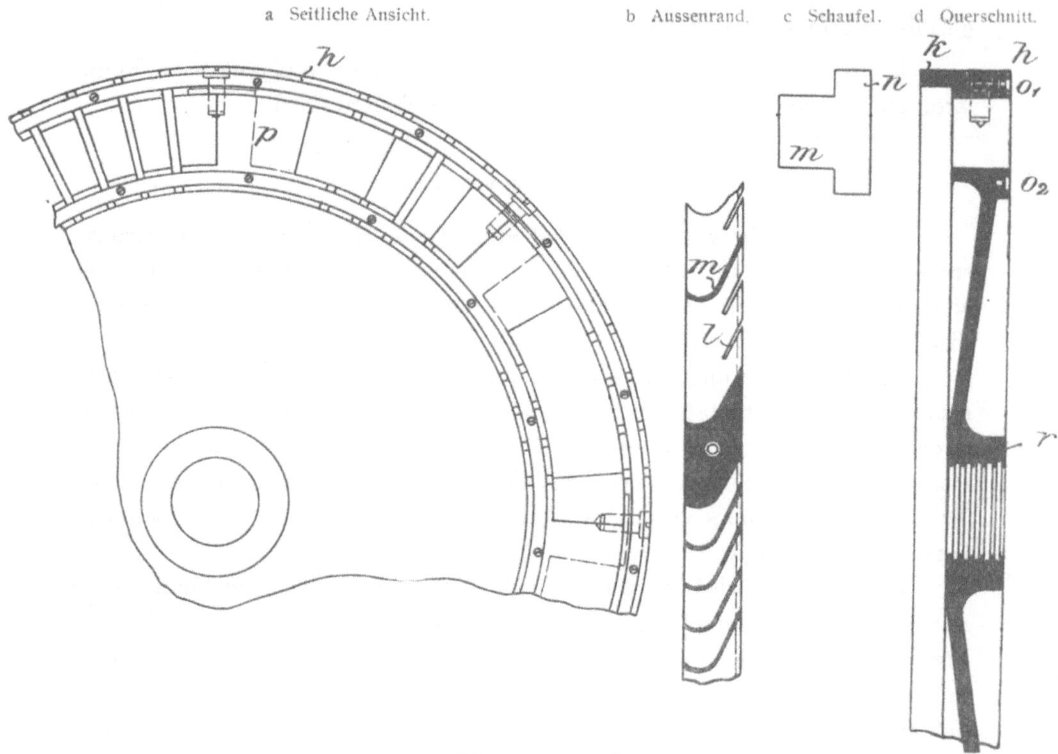

Fig. 385 a — d.

Die Leiträder der Zoelly-Turbine.

Im Gegensatz zu der Rateau-Turbine, deren Leitrad ein Ganzes
bildet, stellt Zoelly, wie Parsons, die Leitkörper in zwei genau in der
Mittelachse geteilten Hälften her, deren eine in dem unteren Teil
des Gehäuses angeordnet ist, während die obere in dem Deckel verlagert ist und mit diesem abgehoben wird (Fig. 386). Da die Erfahrung bei
den Parsons-Turbinen ergeben hat, dass das Aufeinanderpressen polierter
Flächen vollkommen genügt, um einen Dampfdurchtritt zu verhindern, verschwindet der Nachteil, welchen das Erfordernis einer Abdichtung zwischen
den Leitradhälften bildet, gegenüber dem Vorteil einer leichteren Demontage
und einer grösseren Zugänglichkeit der Lauf- und Leiträder. Die Liderung

der letzteren gegen die Welle fällt einer Labyrinthdichtung zu, deren innere
Ringe auf der Welle sitzen, während die äusseren in die Achsenmuffe der
Leiträder eingedreht sind (Fig. 385 d bei r). An den Austrittsstellen aus dem
Gehäuse wird die Welle durch eine kombinierte Stopfbüchsen- und Labyrinth-
dichtung verwahrt.

Fig. 386.

500 PS-Turbogenerator mit Zoelly-Verbundturbine.

(Von dem Hochdruckgehäuse ist der Deckel abgehoben.)

Den Aufbau der Laufräder veranschaulichen die Photographie Fig. 387,
sowie die Ansicht und Schnittzeichnungen Fig. 388 a—c.

Träger der Schaufeln ist die in einem Stück aus Siemens-Martinstahl
geschmiedete Laufradscheibe. Sie ist am Rande so eingedreht, dass sie
zusammen mit dem angeschraubten Ring s einen schwalbenschwanzförmigen

Kanal bildet. Darin werden abwechselnd die Fussstücke der strahlenartig auseinandergehenden Schaufeln und der Stahlklötze, welche diese in gleichen Abständen voneinander halten, eingesetzt. Die Schaufeln sind zur Verhinderung des Rostens und zur Erhöhung der Widerstandsfähigkeit gegen Bruch aus Nickelstahl hergestellt. Ihr Querschnitt nimmt von aussen gegen die Radachse hin in einem derartigen Verhältnis zu, dass die Beanspruchung des Materials in der ganzen Schaufellänge annähernd dieselbe bleibt und

Fig. 387.

Ansicht des Laufrades der Zoelly-Turbine.

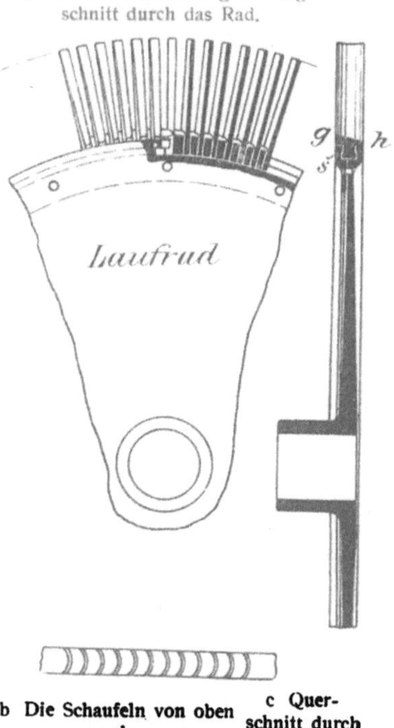

Fig. 388.

Laufrad der Zoelly-Turbine.

Festigkeitsunterschiede fehlen. An der Stelle g h (Fig. 388 c), wo die aus den Abstandsklötzen und den beiden seitlichen Wänden heraustretende Schaufel am meisten beansprucht wird, setzt sie infolge der gewählten Materialstärke und der gewölbten Form einer Durchbiegung den grössten Widerstand entgegen.

Vor der Verwendung von Schaufeln mit gleichem Querschnitt in der ganzen Länge hat diese, an jeder Stelle der Beanspruchung entsprechende Materialverteilung den schätzenswerten Vorzug, dass die Schaufel ohne Gefährdung der Sicherheit sehr lang und verhältnismässig leicht bemessen und deshalb die Umfangsgeschwindigkeit des Rades gesteigert und die Zahl der Räder stark vermindert werden kann.

Die Oberfläche der Zwischenstücke ist in einer die Führung des Dampfes begünstigenden Kurve abgerundet. Um die Radreibung im Dampfraum nach Möglichkeit herabzusetzen, sind die Laufradwände und -Ringe sowie die Schaufeln und Zwischenstücke poliert. Die Räder werden vor dem Einbau in das Gehäuse bei einer Geschwindigkeit, die weit über der

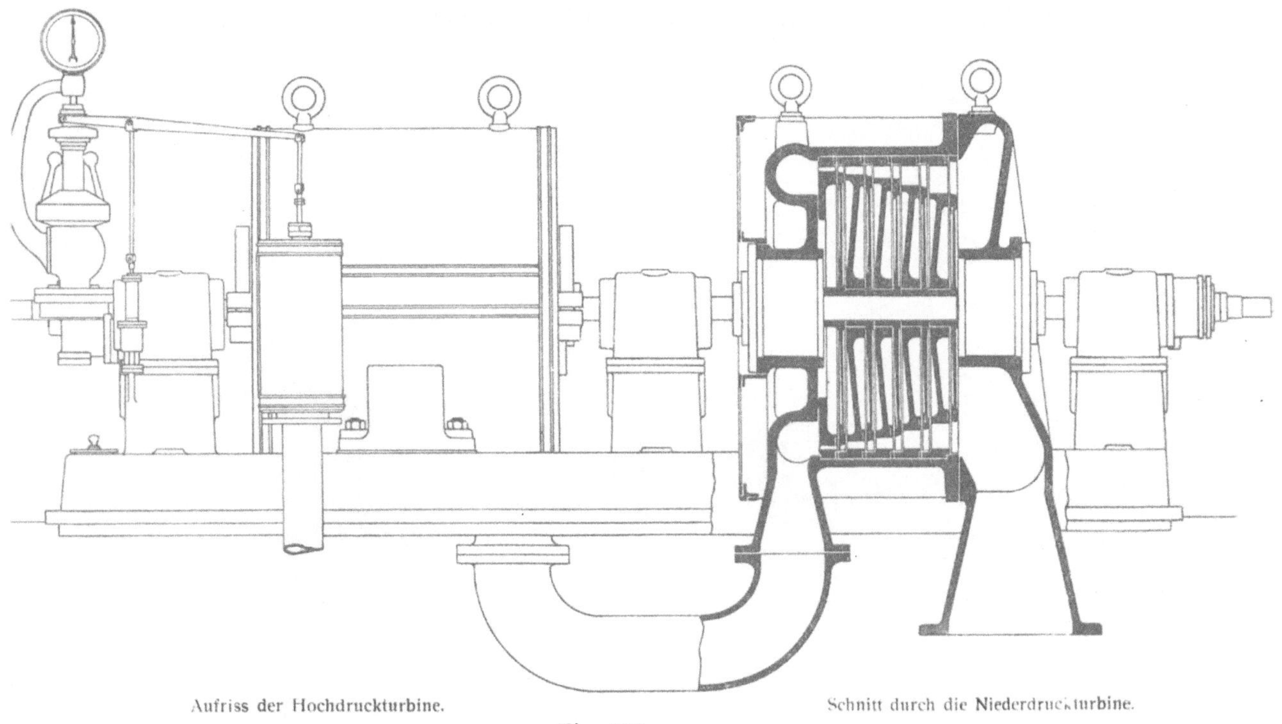

Fig. 389.

Verbundturbine von Zoelly.

normalen Umdrehungszahl der Turbine liegt, ausbalanciert. Die Schaufeln und Zwischenstücke stellt man im Wege der Massenfabrikation auf Specialmaschinen her.

Der zunehmenden Expansion entsprechend, vergrössert sich, wie der Längsschnitt der Niederdruckturbine einer Verbundmaschine (Fig. 389) erkennen lässt, die Länge und die beaufschlagte Schaufelfläche, während der Durchmesser der Laufradscheiben sich in gleichem Masse verringert. Darin liegt ein bemerkenswerter Unterschied gegenüber der Parsons- und Rateau-Turbine, bei denen der Durchmesser der Schaufelkränze, entsprechend der fortschreitenden Expansion, stufenweise wächst.

Der Dampf wird nach seinem Eintritt in das Gehäuse durch einen
ringförmigen Kanal auf die Schaufelung verteilt und nach dem Durchgang
in einem gleichen Kanal gesammelt und dem Austrittsstutzen zugeführt.
Zur Verhinderung von Strahlungsverlusten ist das Turbinengehäuse mit
einem Isoliermantel umgeben, der nach aussen mit Stahlblech um-
kleidet ist.

In der normalen Ausführung der Turbine als Verbundmaschine wird
die Welle durch drei freistehende Lager getragen, von denen das mittlere
zwischen den Gehäusen der Hoch- und Niederdruckturbine angeordnet ist.

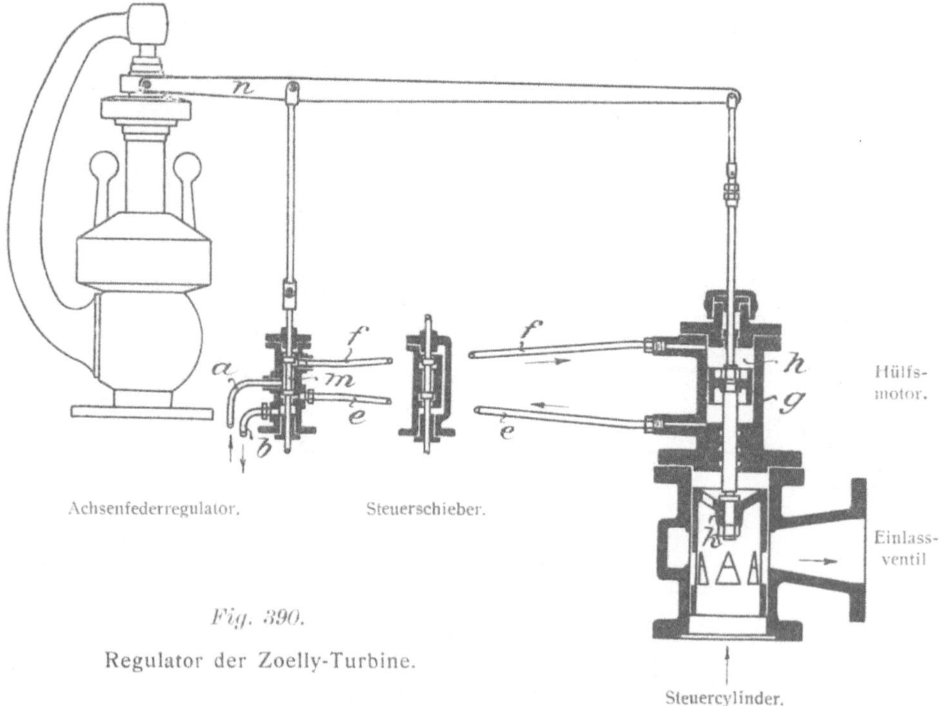

Fig. 390.

Regulator der Zoelly-Turbine.

Eine kleine, von der Turbinenachse durch ein Schneckenradvorgelege angetriebene Druckpumpe führt den Lagern dauernd Oel zu. Das von den
Schmierstellen abfliessende Oel läuft in einen im Maschinenrahmen angeordneten Behälter, wird dort durch eine Rohrschlange abgekühlt und darauf
von neuem von der Pumpe aufgenommen.

Der Regulator beeinflusst wie bei dem Parsons-System den Dampf-
eintritt in die Turbine und arbeitet in derselben Weise, wie eine von der
Firma Escher, Wyss & Co. zur Regelung von Wasserturbinen verwandte
Konstruktion. Der von dem Centrifugalpendel verstellte Arm n (Fig. 390)
ist einerseits mit der Steuerschieberstange eines kleinen hydraulischen
Hülfsmotors und andererseits mit der Ventilspindel des Dampfeinströmungs-

ventils gekuppelt. Durch eine kleine, von der Turbinenwelle aus mittels eines Schneckenradvorgeleges angetriebene Rotationsdruckpumpe wird Wasser oder Oel in den Druckraum eines winzigen Akkumulators gepresst der durch die Leitung a mit dem Druckraum des Steuerschiebercylinders m in Verbindung steht. Bei einer Erhöhung der Umlaufszahl lässt der von dem Regulator gehobene Schieber m Druckflüssigkeit durch das Rohr f in den oberen Raum h des Hülfsmotorcylinders treten. Unter dem Drucke senkt sich der Kolben des Hülfsmotors und das auf derselben Spindel sitzende Einlassventil k. In dem Moment, wo der Schieber m den oberen Cylinderraum des Hülfsmotors unter Druck setzt, entlastet er den unteren g, indem er die Rückleitung e öffnet und die Flüssigkeit in das Ansaugrohr b der Druckpumpe zurücktreten lässt. Durch den Niedergang des Kolbens g wird das Ventil k seiner Schlussstellung genähert. Dabei sinkt die Dampfspannung und mit ihr die Umlaufsgeschwindigkeit der Turbine, und der Regulator und der Steuerkolben m kehren wieder in die Mittellage zurück.

Diese Regelungsvorrichtung arbeitet recht präzis.

Für den Fall eines Versagens der Dampfzuströmungsregulierung ist die Turbine noch mit einem Sicherheitsregulator versehen, welcher für eine bestimmte, beispielsweise zehnprozentige Erhöhung der Tourenzahl über die normale Geschwindigkeit eingestellt werden kann. Bei der Ueberschreitung der gewählten Grenze schliesst der Regulator durch eine ausgelöste Feder das Regulierventil vollkommen.

Ein weiteres, unter der Einwirkung des Tourenregulators stehendes Ventil gestattet, Frischdampf direkt in die zweite oder dritte Expansionsstufe einzuführen und dadurch die Kraft der Turbine beträchtlich über die Höchstleistung zu heben, welche sie bei der normalen Arbeit erreicht. Bei der Anwendung dieses bequemen Mittels einer Leistungserhöhung sinkt natürlich der Wirkungsgrad, weil die Expansion des in die höheren Stufen eingeleiteten Teilstromes eine unvollkommene ist.

Ueber die den verschiedenen Dauerleistungen entsprechenden Tourenzahlen der Zoelly-Turbinen machen Escher, Wyss & Co. die in der Tabelle 50 enthaltenen Angaben, für welche bei gesättigtem Dampf ein Ueberdruck vor dem Einlassventil von 9 Atm. und ein Vakuum von 85 %/0 vorausgesetzt ist.

ι) Die Turbinen von Riedler-Stumpf und der Allgemeinen Elektrizitäts-Gesellschaft.

Die ursprünglich Riedler-Stumpfsche Konstruktion, deren Patente von der Allgemeinen Elektrizitäts-Gesellschaft angekauft wurden, hat durch diese Firma wesentliche Abänderungen erfahren.

Leistungen und Tourenzahlen der Zoelly-Turbinen.

Tabelle 50.

Grösse	Leistung	Tourenzahl in der Minute	Bemerkung
I. a. b. c.	75—100 PS 100—200 » 250—350 »	3000	
II. a. b.	400—500 » 600—700 »	»	
III. a. b.	750— 850 » 900—1000 »	»	
IV. a. b. c.	900—1000 » 1000—1250 » 1300—1550 »	1500	Nur für Gleichstromerzeugung
V. a. b. c.	1800—2100 » 2400—2600 » 3000—3300 »	»	Nur für Drehstromerzeugung
VI. a. b. c.	2400—26C0 » 3000—4000 » 4000 – 5000 »	1000	Nur für Gleichstromerzeugung
VII.	über 5000 »	vorläufig 1000	

Bei den mit Geschwindigkeitsabstufung arbeitenden Turbinen trifft
der Dampf durch Umkehrschaufeln entweder wieder auf denselben Schaufelkranz zu einer zweiten Beaufschlagung zurück oder geht, durch eine Schleifen-
umkehrung umgeleitet, in einen zweiten daneben angeordneten Kranz.

Fig. 391 zeigt ein Laufrad, das nur einmal beaufschlagt wird, während
das doppelkränzige Rad der Fig. 392 für eine mit Geschwindigkeitsabstufung
verbundene zweifache Beaufschlagung gebaut ist.

Wie die Figuren 393 und 394 erkennen lassen, sind die taschenartigen,
dachschindelförmig übereinandergeschichteten Schaufeln in den Rand einer
Stahlscheibe eingefräst. Die Schaufeln ähneln in der Form denen des
Pelton-Wasserrades, unterscheiden sich aber von ihnen dadurch, dass sie mit
seitlichen Rändern versehen sind, um Dampfverluste zu vermeiden. Während der Wasserstrahl nach ausgeübter Wirkung nach allen Seiten von
dem Pelton-Löffel abläuft, wird der Dampfstrahl bei der Riedler-Stumpf-

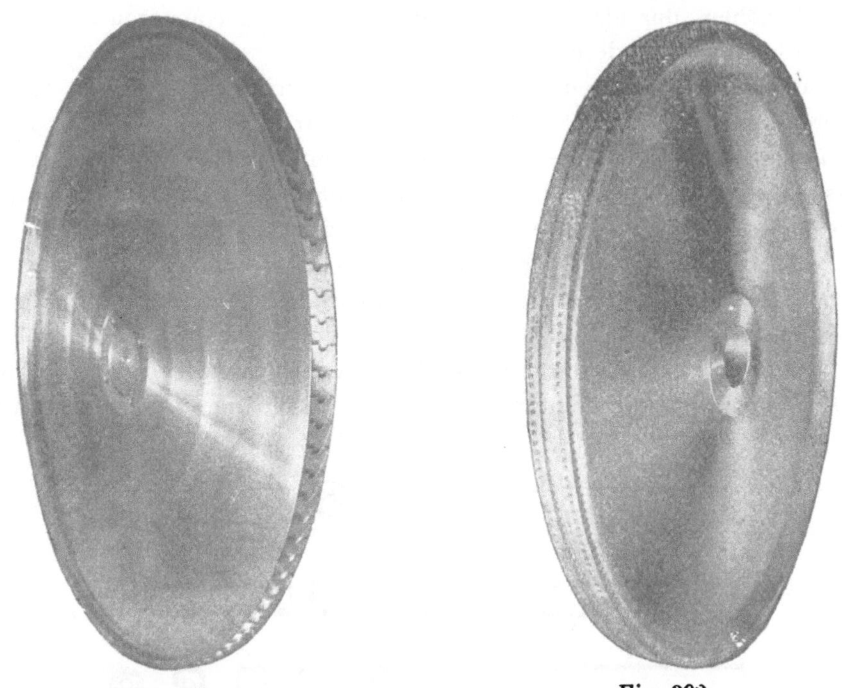

Fig. 391.   Fig. 392.

Laufräder des A. E. G.-Turbinensystems für einfache und für doppelte Beaufschlagung.

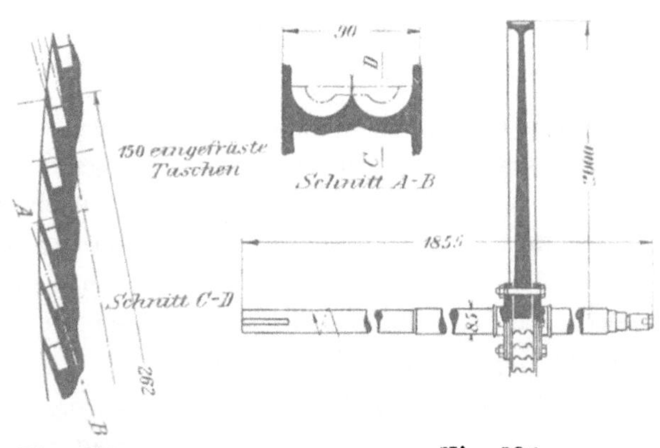

Fig. 393.   Fig. 394.

Schaufelung und Querschnitte der A. E. G.-Turbine.

Schaufelung auch beim Austritt in einer für die Wirkung günstigen Weise durch begrenzende Flächen geführt.

Die Schaufeln bildet man entweder als einfache oder als doppelte Taschen aus. Bei den ersteren (Fig. 394) tritt der Dampf seitlich in die

Schaufelhöhlen, durchläuft sie und verlässt sie auf der anderen Seite nach einer Richtungsveränderung von 180 °.

Bei dem Doppelkranzrad erfolgt der Eintritt des Dampfes an der inneren Seite der linken Schaufeln. Er durchströmt diese nach aussen hin, wird dann durch die Umkehrschaufeln in dem Aussenkranz links in die äusseren Schaufeln des rechten Kranzes geführt, beaufschlagt diesen und tritt endlich gegen die Mitte zu in das Gehäuse aus.

Die Beaufschlagung der Laufräder ist wesentlich anders als bei Laval. Der Dampf strömt aus einer grossen Anzahl von Düsen aus und trifft die Stirnfläche des Rades, nicht den Seitenrand.

Wie die Zeichnungen der Fig. 395 erkennen lassen, verengt sich der Düsenquerschnitt kurz hinter der Einströmungsöffnung zu dem doppel-

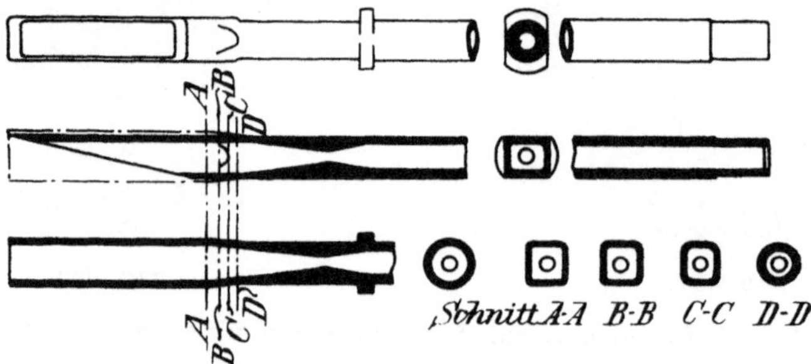

Fig. 395.

Ansicht, Quer- und Längsschnitte der Düsen.

konisch eingeschnürten Expansionsteil und geht hinter ihm aus der runden Form in eine quadratische über. An dem Ausströmungsende ist die Düse schräg abgeschnitten, wodurch eine rechteckige Beaufschlagungsöffnung von grossem Querschnitt entsteht (oberste Ansicht von Fig. 395), während bei Laval die Abschrägung der cylindrischen Düse eine elliptische Ausflussöffnung liefert. Das Verhältnis der verschiedenen Düsenquerschnitte ist dem angestrebten Expansionsgrade angepasst.

Da ein Rosten der Düsen die Reibung des ausströmenden Dampfes sehr vergrössern und infolgedessen den Wirkungsgrad ungünstig beeinflussen würde, fertigt man die Strahlrohre aus einer gegen Oxydation gefeiten, hochnickelhaltigen Stahlbronze an.

Dank ihrer viereckigen Form lassen sich die Düsen leicht zu Gruppen vereinigen. Die flachen Seiten der Ausströmungsstücke legen sich dabei so dicht aneinander, dass die einzelnen hintereinander ausströmenden Dampfschichten einen geschlossenen Ring bilden, in welchem das Schaufelrad rotiert.

Bei kleineren Turbinen, welche mit Teilbeaufschlagung arbeiten, werden die Düsen zu einer Gruppe zusammengeschoben. Grössere, vollbeaufschlagte Maschinen sind mit ununterbrochenen Düsenkränzen (Fig. 396 und 397) ausgerüstet, in denen ein Strahlrohr neben dem andern liegt.

Den Düsenkränzen wird der Dampf durch eine Reihe von Rohrleitungen zugeführt, welche in die Verteilungskammer münden. Fig. 398 zeigt diese Organe der Dampfzuführung an einer durch Abnahme des linken Verschalungsschildes freigelegten Turbine. Aus der Stellung der Düsenzuleitungen geht hervor, dass die Laufräder partiell beaufschlagt werden.

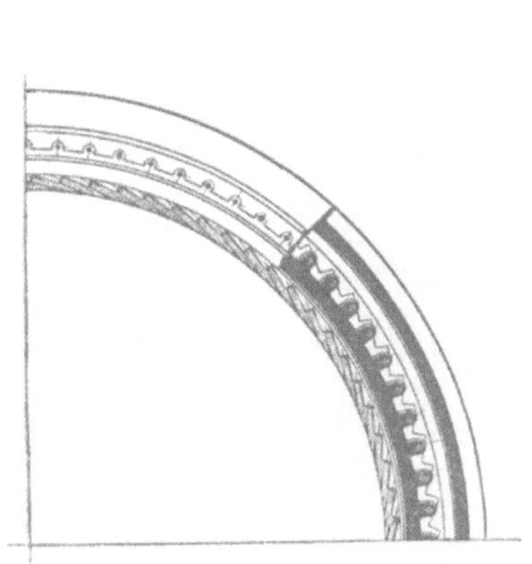

Fig. 396.

Schnitt bezw. Ansicht eines Düsenkranzsegmentes.

Fig. 397.

Ansicht eines Düsenkranzes.

Je nach den Dampfverhältnissen (Spannung, Auspuff- oder Kondensationsbetrieb usw.) wird die A. E. G.-Turbine verschiedenartig ausgeführt.

Für verhältnismässig niederen Druck bestimmt ist die in Fig. 399 wiedergegebene Type geschaffen, deren Laufrad zwei nacheinander beaufschlagte Kränze trägt. Fig. 400 gestattet einen Blick in das Innere einer solchen Turbine und lässt auch den Flansch erkennen, durch den das Rad mit der Welle gekuppelt wird.

Die in Fig. 401 dargestellte Type weist vier Druckstufen mit je einem einfach beaufschlagten Laufrade auf. Beide Gehäuse ruhen auf einer Grundplatte, die auch die Dynamomaschine trägt.

Da die Turbinenräder im Verhältnis zum Durchmesser sehr schmal sind — bei der Turbine auf Zeche Scharnhorst (Fig. 405) beträgt beispielsweise der Durchmesser 1500 mm, die Kranzbreite 40 mm —, können die Räder fliegend auf die verlängerten Wellenenden gesetzt werden. Die

Gehäuse ruhen entweder auf der Grundplatte der Dynamomaschine, wie in
Fig. 401, oder sind seitlich an die Grundplatte angebaut, wie in Fig. 402.

Bei den Verbundturbinen ist das Verhältnis der Hochdruckseite so
gewählt, dass in der Zwischenstufe annähernd atmosphärischer Druck

Fig. 398.

A. E. G.-Dampfturbine nach Abnahme des linken Kopfschildes der Verschalung.

herrscht, während die Niederdruckmaschine hauptsächlich mit dem Saug-
druck des Kondensators arbeitet. Dabei wird natürlich die Abdichtung
der Hochdruckseite sehr wenig beansprucht. Bei höherer Dampfspannung
steigt der Ueberdruck im Hochdruckraum auf etwa $1/_2$ Atm.

Der Regulator ist als Achsenregulator ausgeführt und auf die an
der Hochdruckseite verlängerte Turbinenwelle gesetzt. Er arbeitet in der

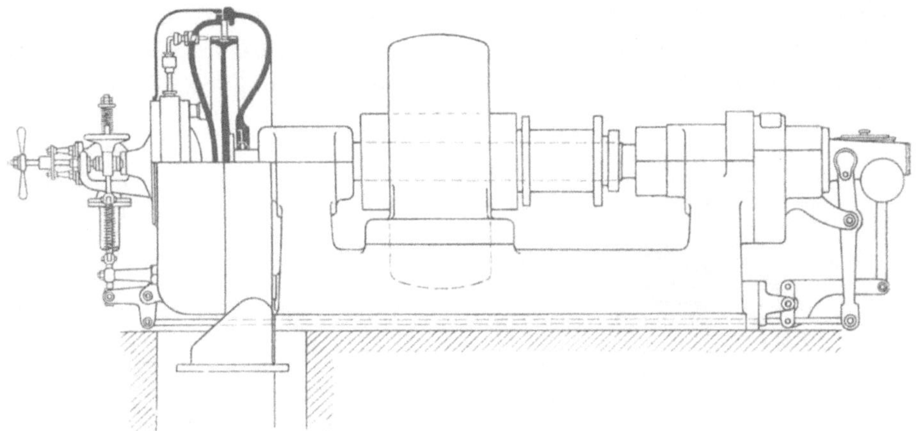

Fig. 399.
A. E. G.-Turbine mit einer Druckstufe für eine Leistung von 100 KW.

Fig. 400.
Gehäuse einer A. E. G.-Turbine mit eingebauten Laufrädern
nach Abnahme des Deckels.

Weise, dass er durch ein Regulierband aus Stahl mit zunehmender Geschwindigkeit eine immer grössere Zahl von Düsen abdeckt. Das
Band wird durch den von innen wirkenden Dampf gegen den Mantel

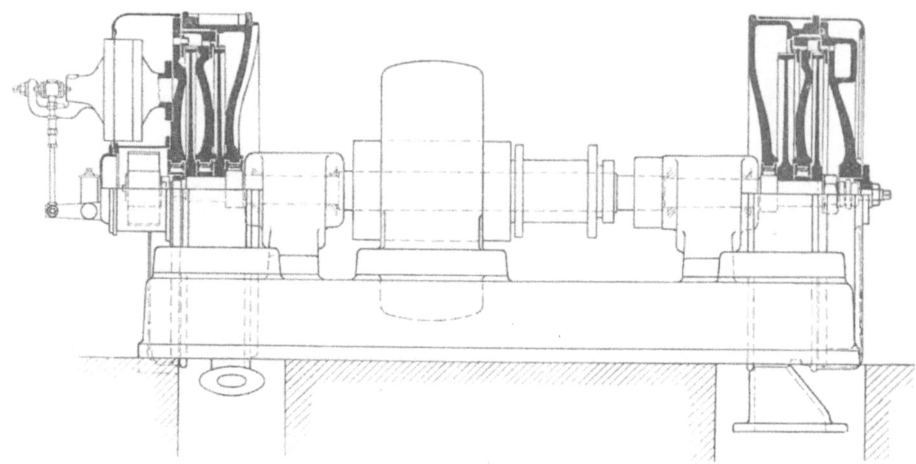

Fig. 401.

A. E. G.-Turbine mit vier Druckstufen für eine Leistung von 1000 KW.

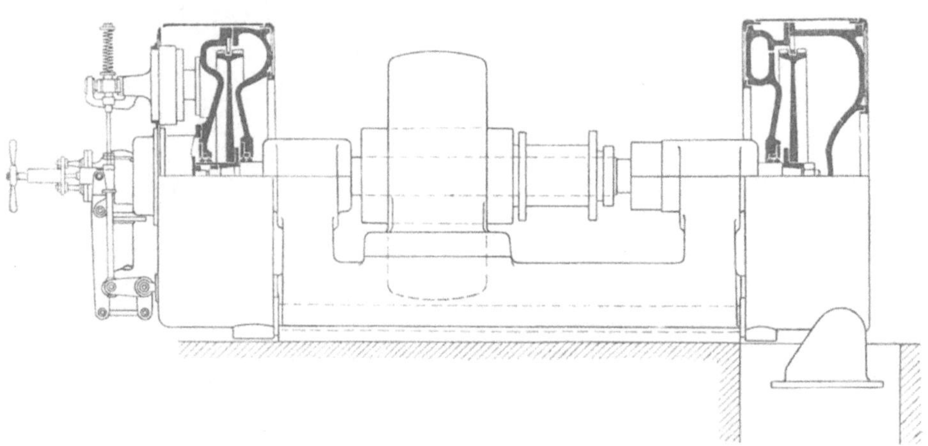

Fig. 402.

A. E. G.-Turbine mit 2 Druckstufen und 2 fliegend an dem Dynamorahmen
angebauten Gehäusen.

der Dampfverteilungskammer gepresst. Der Geschwindigkeitsregler, der
für Pendel- oder Federwirkung ausgebildet wird, verdreht die in Fig. 403
dargestellte Scheibe dem Gang der Turbine entsprechend nach der einen
oder anderen Richtung und wickelt dadurch entweder das Band auf die
Scheibe auf, wobei dann die Düsenleitungen am Kammermantel für die

Fig. 403.
Regulator der A. E. G.-Turbine.

Fig. 404.
Dampfeinlass und Dampfverteilungskammer der A. E. G.-Turbine.

Dampfeinströmungen freigegeben werden, oder er rollt bei zu grosser Geschwindigkeit das Band ab, das sich dann gegen die cylindrische Kammerwand legt und eine dem Drehwinkel und der abgerollten Bandlänge entsprechende Zahl von Düsenleitungen abdeckt. Fig. 404 zeigt die Dampfverteilungskammer, von der 5 Düsen ausblasen, während die übrigen durch das Regulierband geschlossen sind.

Fig. 405.

A. E. G.-Turbine von 600 PS Leistung auf Zeche Scharnhorst.

Es leuchtet ein, dass die Verdreharbeit den Regler nur wenig beansprucht, da die geringe Reibung verursachenden und überdies sehr leicht gehaltenen Reglungsorgane direkt bethätigt werden. Die Geschwindigkeitsveränderung beträgt bei plötzlicher Belastung vom Leerlauf bis zur Vollarbeit nur 4—5, bei einer 25 %igen Belastungsveränderung nur 2 %.

Der in Fig. 401 dargestellten Type entspricht bezüglich des Aufbaus die 600 PS-Verbundturbine der Zeche Scharnhorst (Fig. 405).

Die beiden Gehäuse dieser Turbine sind für den Fall einer übermässigen Drucksteigerung mit selbstthätigen Sicherheitsventilen versehen.

Die Abdichtung der Welle gegen das Gehäuse erfolgt durch zwei voreinandergesetzte zweiteilige Ringe, deren einzelne Hälften durch den Dampfdruck gegen die Weichmetallpackung der Stopfbüchse gepresst werden.

Die gusseisernen, mit Weissmetall gefütterten Lagerschalen werden durch Wasser gekühlt. Eine kleine, ventillose Rotationspumpe, die von der Turbinenwelle aus durch ein Rädervorgelege angetrieben wird, führt ihnen das Oel zu.

Die Hochdruckstufe hat 28, die Niederdruckstufe 68 Düsen. Beide sind durch ein Ueberleitungsrohr verbunden.

Nach Angabe der Zechenverwaltung erreicht die Reguliervorrichtung den oben mitgeteilten Genauigkeitsgrad.

3. Die Sonderkondensationen der Dampfturbinen.

Eine Vorbedingung für eine gute Dampfausnutzung in der Turbinenschaufelung ist der Anschluss der Turbine an eine Kondensation von hohem Vakuum. Die Centralkondensationen werden, namentlich wenn sie bereits mit unregelmässig arbeitenden Fördermaschinen verbunden sind, nur selten eine ausreichende und gleichmässige Luftverdünnung liefern, zumal das auf den Zechen zur Verfügung stehende Wasser meistens ziemlich warm und deshalb in seiner Kühlwirkung beschränkt ist. Aus diesen Gründen empfiehlt es sich, für die Turbinencentralen e i g e n e Kondensations- und Wasserkühlanlagen vorzusehen.

Für den Betrieb der Turbinen mit eigener Kondensation spricht auch der Umstand, dass ihr Kondensat nur Spuren von Oel enthält, während bei Kolbendampfmaschinen die starke Cylinderschmierung ein ölreiches Kondensat liefert, das nicht wie das von der Turbine erhaltene ohne weiteres wieder zur Kesselspeisung verwandt werden kann.

Daher empfehlen sich für Turbinencentralen Oberflächenkondensatoren, weil bei ihnen keine Mischung des Kondensats mit dem Kühlwasser erfolgt, wie bei den Einspritz- und Strahlkondensatoren.

Die Kondensatoren werden gewöhnlich in dem Keller unter der Turbine aufgestellt.

Die Einzelheiten derartiger Anlagen führen die Figuren 406—408 vor.

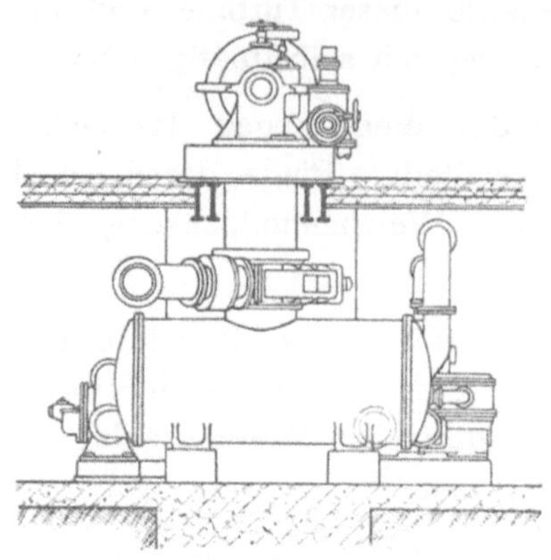

a Queraufriss.

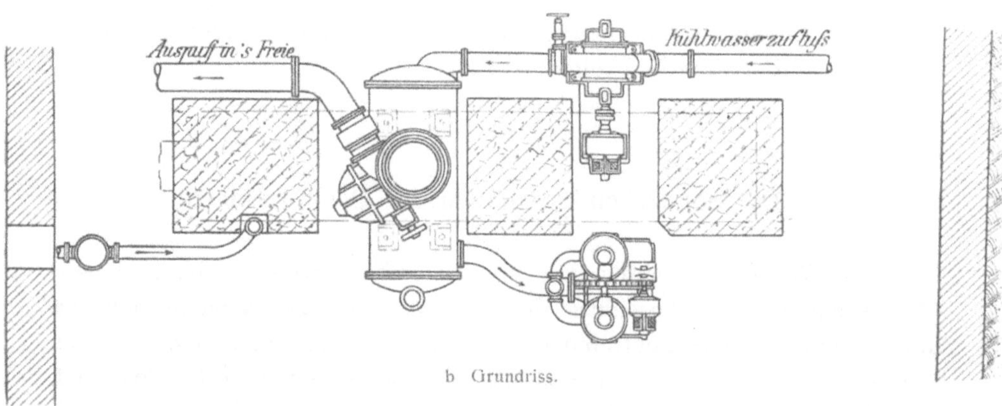

b Grundriss.

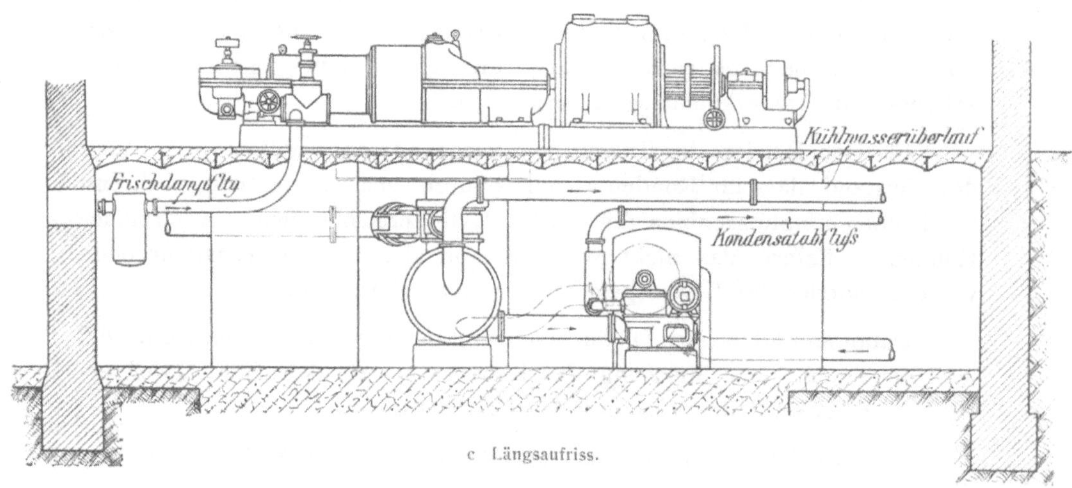

c Längsaufriss.

Fig. 406 a — c.

Parsons-Turbine mit Oberflächenkondensator.

Die Kühlwasser- und Luftpumpen werden entweder durch Dampfmaschinen oder, was im allgemeinen wegen der vereinfachten Bedienung empfehlenswerter erscheint, durch Elektromotoren, die ihren Strom von dem Turbogenerator beziehen, angetrieben.

Auf Zeche Dahlbusch dienen beispielsweise 2 Motoren dem Antriebe der Sonderkondensation (Fig. 407) der 900 KW-Parsons-Turbine.

Ein 60 PS-Motor, der 500 Uml./Min. macht, bethätigt die Centrifugalpumpe für die Kühlwasserversorgung, ein 15pferdiger treibt die Vakuum-

Fig. 407.

Sonderkondensation der 900 KW-Parsons-Turbine auf Zeche Dahlbusch.

pumpe und die mit ihr gekuppelte Kondensatpumpe durch ein Riemenvorgelege an. Der Kraftverbrauch der Kondensationsanlage ist hier ziemlich hoch, weil das verbrauchte Kühlwasser (6,5 cbm/min.) durch eine lange, mit vielen Krümmungen versehene Leitung auf 13 m Höhe gehoben werden muss. Der Kraftaufwand für diese Zwecke einschl. der Verluste in einem ihre Motoren mit Strom versorgendem Transformator (2000/400 V) wurde durch Versuche, wie folgt, festgestellt:

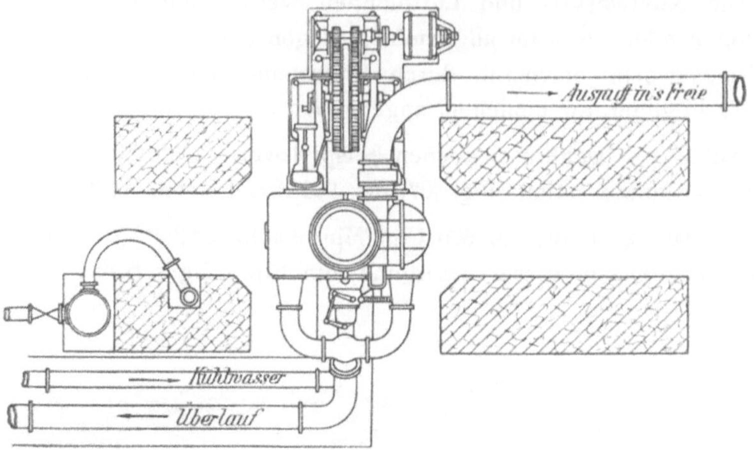

a Grundriss.

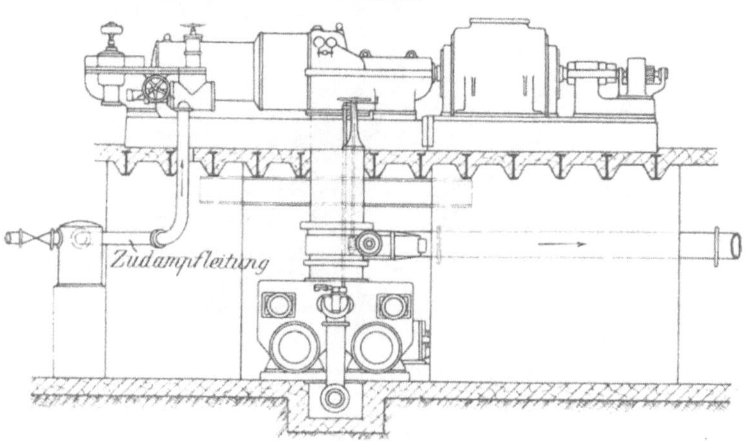

b Längsaufriss

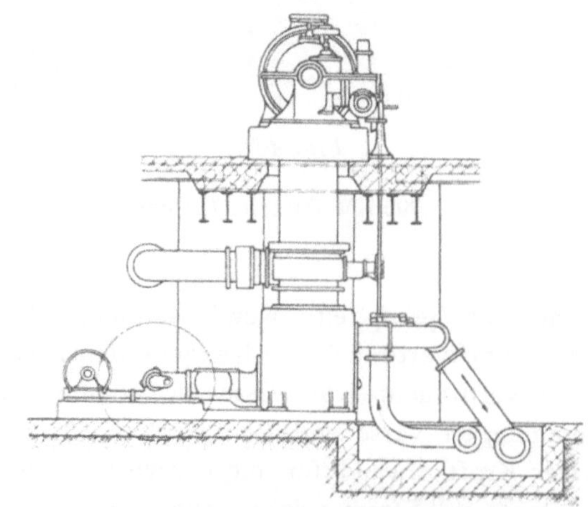

c Queraufriss.

Fig. 408 a—c.

Parsons-Turbine mit Einspritzkondensation.

Tabelle 51.

Grad der Belastung ungefähr	$^1/_1$	$^3/_4$	$^1/_2$	$^1/_4$	0
Belastung in KW	924,7	675,2	458,4	265,0	0
Energieverbrauch der Kondensationsmotoren ohne Transformatorverlust	47,8	45,0	43,2	42,5	42,0
Energieverbrauch der Kondensationsmotoren mit Transformatorverlust in KW . . .	49,5	46,5	44,7	44,0	43,5

Die Einspritzkondensatoren sind in der Beschaffung billiger als die des Oberflächensystems. Die ersteren werden dort vorzuziehen sein, wo reines, die Verwendung des Kondensates für direkte Kesselspeisung nicht beeinträchtigendes Kühlwasser zur Verfügung steht, ein Fall, der allerdings auf den Zechen des Ruhrbezirks nicht häufig ist.

Den Anbau einer Einspritzkondensation an eine Parsons-Turbine veranschaulicht Fig. 408a—c.

Die Strahlkondensatoren von Körting haben sich bei Dampfturbinen ebenfalls recht gut bewährt. Sie sind sehr billig in der Anschaffung, verlangen aber sehr viel Wasser, und wenn das Kondensat wieder verwandt werden soll, neues Wasser, dessen Mehrkosten den Vorteil der billigeren Beschaffung dieser Apparate hinfällig machen.

4. Vergleich der Dampfturbinen und Kolbendampfmaschinen.

Die Parsons-Turbinen, welche nun seit einer Reihe von Jahren in städtischen Centralen, auf schlesischen Bergwerken und anderorts in Verwendung stehen, haben sich sowohl hinsichtlich der Sicherheit als auch der Wirtschaftlichkeit des Betriebes den Kolbendampfmaschinen so überlegen gezeigt, dass die Bedeutung der letzteren für den Antrieb von Stromerzeugern einen starken Stoss bekommen hat. Die Revision einer auf dem Aschenbornschacht in Oberschlesien aufgestellten Turbine nach einer Betriebszeit von 17 200 Stunden ergab, dass weder die Lager noch die Schaufelung merkbare Abnutzung zeigten, ein glänzender Beweis für die Haltbarkeit der Maschine. Die anfänglich geäusserten Bedenken, die Ausdehnung der Leit- und Schaufelräder und der Turbinenwelle könne ein Schleifen der bewegten an den feststehenden Teilen und dadurch eine Zerstörung der Maschine verursachen, haben sich im Betriebe einiger sogar mit stark überhitztem Dampf arbeitenden Turbinen nicht bewahrheitet.

Das Fehlen der bei Heissdampfmaschinen schwierigen und teuren Cylinderschmierung und die einfache aber wirksame Wellendichtung lässt für die Turbinen die Ausnutzung stärkerer Ueberhitzung zu als bei Kolbendampfmaschinen.

Die P r e i s e der Turbogeneratoren waren bisher annähernd die gleichen wie bei Kolbenmaschinen und Dynamos gleicher Leistung, haben aber in der letzten Zeit infolge des scharf einsetzenden Wettbewerbs eine starke Ermässigung erfahren. Während noch vor einiger Zeit für einen 400 KW-Turbogenerator einschl. Erregermaschine, Schaltbrett und Montage 83 000 M. gezahlt wurden, werden von den Vertretern der verschiedenen Systeme heute nur mehr 58 000—68 000 M. gefordert.

Ein Turbogenerator System Parsons einschliesslich Erregermaschine kostet heute:

bei einer Leistung von 365 KW etwa . . 48 000 M.
»   »   »   »   400   »   »   . . 57 000 »
»   »   »   »   500   »   »   . . 60 000 »

Die Preise der A. E. G.- und Zoelly-Turbinen sind nach dem vorliegenden Material etwas höher.

Ist jetzt schon der Preis der Turbogeneratoren niedriger als der von Kolbendampfdynamos, so erfahren die Anlagekosten eine sehr wesentliche Verringerung durch den g e r i n g e n R a u m v e r b r a u c h und die b i l l i g e F u n d a m e n t i e r u n g der ersteren.

Die Abmessungen mittelgrosser Turbodynamos verschiedener Systeme sind folgende:

Tabelle 52.

Turbine		Dampf-druck	Grösste Abmessungen der Turbodynamos		
System	Leistung KW	Atm	Länge mm	Breite mm	Höhe vom Maschinenhausboden mm
Parsons-Brown-Boveri	365	7,5	7 190	1 230	1 860
»	400	8,0	7 000	1 700	1 800
»	500	10,5	7 930	1 400	1 900
Allg. Elektrizitäts-Gesellschaft	400	7	4 500	2 000	2 050
Zoelly	415	7	6 000	1 700	1 500

Der grosse Unterschied im Raumverbrauch zwischen Dampfturbine und Kolbendampfmaschine und die daraus hervorgehende Boden-, Gebäude- und Fundamentkostenersparnis bei ersterer wird durch die Grundrisse zweier gleich starker Centralen, einer mit drei Kolbendampfmaschinen in Tandemanordnung und einer mit drei Parsons-Turbinen, verdeutlicht (Fig. 409).

Eine interessante Gegenüberstellung beider Maschinenarten gewährt auch das Bild der Centrale auf Schacht III/IV/VI der Zeche Dahlbusch. (Fig. 410.) Der im Vordergrund stehende Turbogenerator leistet 900 KW, die dahinter aufgestellte Dynamo in Zwillingsanordnung bei mindestens dem doppelten Raumverbrauche nur 325 KW.

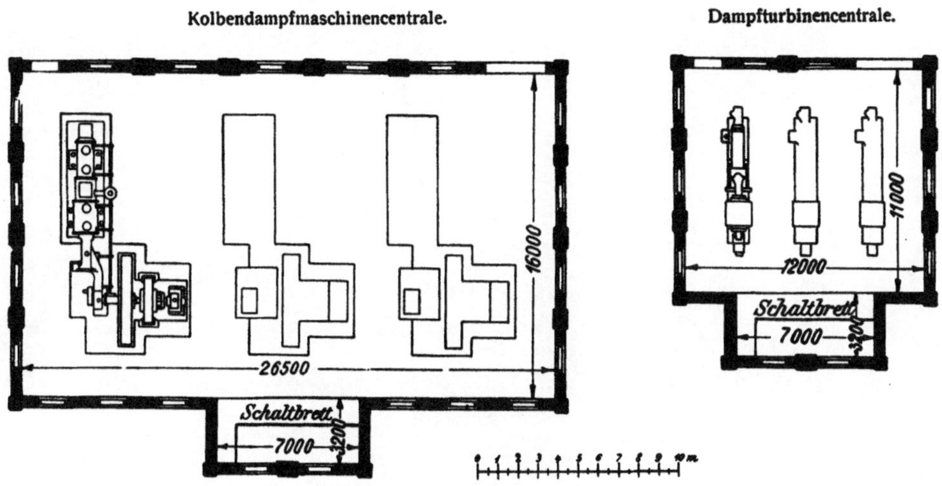

Fig. 409.

Grundrisse einer Kolbendampfmaschinen- und Dampfturbinencentrale
gleicher Leistung.

Die Kolbendampfmaschinen erfordern auch weit stärkere Fundamente, deren Kosten sich für einen mittleren Turbogenerator von 400 KW auf 500—600 M., für eine Maschine der doppelten Grösse etwa auf 1000 M. stellen.

Bei den laufenden Betriebskosten kommt zunächst der Dampfverbrauch in Frage. Hier liegen von den verschiedenen Grossturbinensystemen nur bezüglich der Parsons-Turbine durch längeren Betrieb auf anderen deutschen Werken bestätigte Angaben vor. Von den auf Zechen des Ruhrreviers aufgestellten Turbinen ist, wie bereits erwähnt, die auf Zeche Dahlbusch durch den Dampfkesselüberwachungsverein einer Prüfung unterzogen worden, deren Resultate nachstehend mitgeteilt seien.

Der mit der Turbine gekuppelte Drehstromgenerator leistet bei 1500 Uml./Min. 325 Amp. und 2000 V bei der Annahme des cos φ zu 0,8 also etwa 900 KW. Die Zahl der Perioden ist 50.

Fig. 410.

Centrale der Zeche Dahlbusch Schacht III/IV/VI.

Bei einer Zutrittsspannung von 10 Atm. und 250 ° Ueberhitzung des Dampfes, beide gemessen am Einlassventil, sowie 90 % Vakuum war der Dampfverbrauch seitens der Lieferanten garantiert

bei voller Belastung (900 KW) zu   9,2 kg für die KW-Stunde
   » $^3/_4$ »   (675 ») »   9,6   »   »   »   »
   » halber   »   (450 ») »   11,0   »   »   »   »

Das Ergebnis der Versuche ist in der Tabelle 53 und in den Schaulinien der graphischen Darstellung Fig. 411 wiedergegeben.

Feststellungen bei den Leistungsversuchen an der 900 KW-Dampfturbine der Zeche Dahlbusch.

Tabelle 53.

	Datum des Versuchs 1904.						
	18. Oktober	21. Oktober	19. Oktober	19. Oktober	19. Oktober	11. Dezember	11. Dezember
No. des Versuchs:	I	II	III	IV	V	VI	VII
Belastung.	Vollast	Vollast	ca. $^3/_4$ Belastung	ca. $^1/_2$ Belastung	ca. $^1/_4$ Belastung	Leerlauf ohne Erregung	Leerlauf mit Erregung
Art des Versuchs:							
Kondensation	mit	ohne	mit	mit	mit	mit	mit
Höhe der Belastung KW	924,8	894,8	674,5	458,4	265,0	—	—
Dauer des Versuchs in Stunden	8	$8^1/_4$	1	54 Min.	1 Min.	1,0	1,0
Atm. Dampfdruck. ⎱ vor d. Ab-	10,4	10,4	10,6	10,8	10,9	9,9	10,9
Dampftemperatur ° C. ⎰ sperrvent.	254,0	249,0	249,0	254,5	257,0	232,4	237,0
Vakuum:							
Barometerstand cm	76,3	—	77,1	77,1	77,1	74,8	74,8
Abgelesen cm	65,9	—	69,8	68,4	70,7	68,9	69,7
$^0/_0$	86,4	—	90,5	88,7	91,6	92,2	93,1
reduziert auf 76,0 cm Barometerstand	65,6	—	68,8	67,4	69,6	70,1	70,7
$^0/_0$	86,4	—	90,5	88,7	91,6	92,2	93,1
Umdrehungen minutl. gemessen							
mittels Handtachometers	1 524,0	1 513,0	1 527,0	1 527,0	1 529,0	1 474,7	1 477,0
» Maschinentachometers	1 531,0	1 519,0	1 532,0	1 533,7	1 534,0	1 498,0	1 506,0
Erregermaschine:							
Volt	106,9	108,4	117,2	94,9	99,9	—	103,3
Ampère	96,0	94,2	86,3	87,0	78,5	—	78,7
KW	10,3	10 2	10,1	8,2	7,8	—	8,1
Generator:							
Volt	2 003,4	2 006,0	2 002,7	1 999,4	2 004,5	—	—
Ampère	297,9	288,5	205,4	161,9	80,7	—	—
KW	924,3	894,8	674,5	458,4	265,0	—	—
cos φ	0,895	0,894	0,947	0,818	0,946	—	—
Kondensat-Temperatur	43,8	—	36,0	41,0	37,0	39,7	41,6
Dampfverbrauch für 1 KW in kg:							
a) bestimmt aus dem Kondensat	8,3	—	9,2	10,2	11,7	—	—
b) bestimmt aus dem Kesselspeisewasser nach Abzug des Kondensats in der Leitung	8,6	—	—	—	—	—	—
Dampfverbrauch, umgerechnet auf 90 $^0/_0$ Vakuum, in kg stündlich:							
a) bestimmt aus dem Kondensat[1]	7 392	—	6 239	4 630	3 153	—	—
b) bestimmt aus dem Kesselspeisewasser nach Abzug des Kondensats in der Leitung	7 608	—	—	—	—	—	—
für 1 KW in kg:							
a) bestimmt aus dem Kondensat[1]	8,0	15,3	9,25	10,1	11,9	—	—
b) bestimmt aus dem Kesselspeisewasser nach Abzug des Kondensats in der Leitung	8,2	—	—	—	—	—	—
Kraftbedarf der Kondensation in KW	49,5	—	46,6	44,7	44,1	43,5	—
Kraftbedarf der Kondensation in $^0/_0$ der Generatorleistung	5,3	—	6,9	9,7	16,6	—	—

[1] Die Umrechnung erfolgte nach Angaben der Firma Brown, Boveri & Co. derart, dass der stündlich festgestellte Dampfverbrauch im Verhältnis des hierbei jeweilig gemessenen zum anzunehmenden Vakuum (hier 90 $^0/_0$) reduziert wurde.

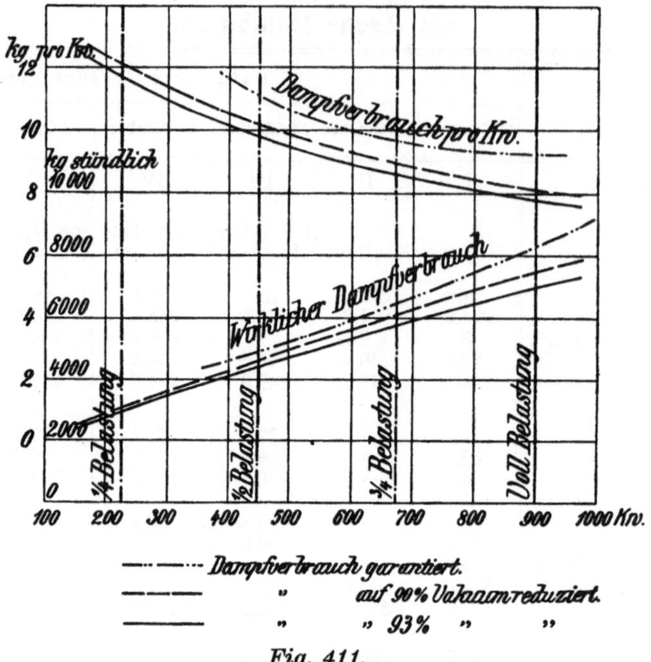

--- · — · — · Dampfverbrauch garantiert.
— — — — „ auf 90% Vakuum reduziert.
———— „ „ 93% „ „

Fig. 411.

Graphische Darstellung der Ergebnisse von Leistungsversuchen an der 900-KW-
Turbine, System Parsons, auf Zeche Dahlbusch.

Zieht man den Selbstverbrauch der Kondensationsmotoren von der
Leistung der Turbine ab, so erhält man folgende Werte:

Tabelle 54.

	Datum des Versuchs: 1904.			
	19. Oktober	19 Oktober	19. Oktober	19. Oktober
Wirklich abgegebene KW	875,3	627,9	413,7	220,9
Dampfverbrauch für 1 KW (berechnet aus dem gewogenen Kondensat)	8,8	9,8	11,3	14,0

Tabelle und Diagramm lassen erkennen, wie sehr das Vakuum der
Kondensation den Dampfverbrauch beeinflusst (Versuch I u. II der Tabelle).

Die Ueberhitzung des Dampfes erhöht, wie aus der Tabelle hervorgeht, seine Nutzwirkung ebenfalls in stark steigendem Masse. Anderwärts
wurde festgestellt, dass der Dampfverbrauch sich für je 5—6 ⁰ C. Mehrüber-
hitzung um 1 %/% ermässigt.

Trotzdem bei den Versuchen auf Dahlbusch die Vorbedingungen der
Garantieleistung hinsichtlich der Höhe des Dampfdrucks, der Ueberhitzung

und des Vakuums nicht dauernd herzustellen waren, lagen die Dampfverbrauchsziffern unter den gewährleisteten.

Weitere Feststellungen über den Dampfverbrauch haben bei einer
für die Zeche Preussen bestimmten A. E. G.-Turbine von 500 KW-Leistung
bei cos $\varphi = 0{,}8$ stattgefunden. Das Ergebnis war folgendes:

Tabelle 55.

	Vollbelastung kg	³/₄ Belastung kg	¹/₂ Belastung kg
Garantierter Dampfverbrauch bei 90 % Vakuum und 10 Atm. Eintrittsspannung des überhitzten Dampfes kg (mit 5% Toleranz)	10,3	10,4	11,3
Leistung KW bei den Versuchen	469,9	353,7	236,4
Stündlicher Dampfverbrauch, gemessen in kondensiertem Wasser (Dampf überhitzt auf 228—244 ° C., Spannung 10 Atm.) kg	4 736,6	3 713	2 886
Dampfverbrauch je KWst. bei 90 % Vakuum	10,58	11,22	12,04
Dampfverbrauch, berechnet auf 85 % Vakuum (Anschluss an die Central-kondensation)	11,6	12,1	12,8

Dampfverbrauchsziffern von anderwärts aufgestellten Turbinen sind
in der Zeitschrift »Glückauf« 1903, S. 804 ff, 1904, S. 721 u. 764 ff 1905,
S. 635 mitgeteilt.

Einen interessanten Vergleich der Leistungen und Wirkungsgrade von
Kolbendampf- und Turbodynamos gewährt die Zusammenstellung der
Ergebnisse von den Versuchen (vergl. S. 444 ff, 460 ff und 464), die von
dem Dampfkesselüberwachungsverein*) oder unter seiner Mitwirkung an
Maschinen beider Gattungen ausgeführt wurden (Tabelle 56).

Es ist dabei zu berücksichtigen, dass der Dampfverbrauch der
Dreifachexpansionsmaschine auf Zeche Mansfeld ein aussergewöhnlich
günstiger war.

Im allgemeinen kann man annehmen, dass die einzelnen Turbinensysteme im Dampfverbrauch von einander und von guten Kolbendampfmaschinen nicht viel abweichen.

---

*) »Glückauf« 1905, S. 905.

Vergleichende Zusammenstellung der Ergebnisse von Versuchen an Kolbendampfmaschinen und der Dampfturbine auf Dahlbusch.

Tabelle 56.

	Eintrittsspannung	Uml.-Min.	Indizierte Leistung	Vom Generator abgegebene Leistung	Wirkungsgrad der Maschine	Dampfverbrauch	
						je PSi-Stunde	je KW-Stunde
	Atm.		PSi	KW	%	kg	kg
Dampfturbine auf Dahlbusch mit eigener Kondensation und Ueberhitzung arbeitend	10,8	153,1	1 479,0	875,3	85,0	5,51	9,44
Dreif.-Expans.-Maschine auf Mansfeld mit eigener Kondensation und Ueberhitzung arbeitend . .	13,3	102,0	1 277,8	790,9	85,9	4,73	7,64
Dreif.-Expans.-Masch. auf Zollern II mit eigener Kondensation und Ueberhitzung arbeitend.	13,6	88,3	1 820,0	1 134,5	84,7	5,23	8,45
Verbundmaschine auf Victor an die Centralkondensation angeschlossen, ohne Ueberhitzung arbeitend.	8,75	110,6	1 337,3	849,0	86,1	6,83	10,77

Hinsichtlich der übrigen Faktoren der laufenden Betriebskosten, der Ausgaben für Reparaturen, Wartung, Schmier- und Putzmittel ergiebt sich folgendes:

Was zunächst die Lebensdauer und die Notwendigkeit der Reparaturen angeht, so konnte, wie bereits erwähnt, bei einer Parsons-Turbine nach einem 17 000 stündigen Betrieb ein merkbarer Verschleiss weder an den Lagern noch an der Schaufelung festgestellt werden.

Wie gross ist dagegen der Verschleiss bei der Kolbenmaschine! Dort befinden sich Cylinder, Kolben, Stopfbüchsen, Kreuzkopf, Kolbenführung, dann die Lager der Pleuelstange, Kurbel und Welle in fortwährend er Reibung. Bei Schiebermaschinen kommen dazu noch die Excenter, Führungsbüchsen, Schieber und Schieberspiegel, bei Ventilmaschinen die verschiedenen Lager der Steuerwelle, die Excenter, unrunden Scheiben, Zapfen, Rollen, Klinkwerke, Ventile usw. Bei Verbund- und Dreifachexpansionsmaschinen verdoppelt und verdreifacht sich die Zahl dieser Teile, welche Wartung, Instandhaltung und ab und zu einen Ersatz erfordern.

---

*) Hinsichtlich der Umrechnung der Dampfturbinenleistung auf indizierte Pferdestärken s. »Glückauf« 1905, S. 897 ff.

In allgemein vergleichenden Zahlen lassen sich die mit dem System, der Art und Dauer des Betriebs, der Sorgfältigkeit der Wartung usw. schwankenden Ausgaben für Reparaturen an Kolbenmaschinen nicht angeben. Soviel ist aber sicher, dass diesem wechselnden Faktor in ihrer Betriebskostenbilanz ein minimaler Wert auf der Turbinenseite gegenübersteht.

Die Anspruchslosigkeit der Turbine in der Wartung ist über jeden Zweifel erhaben. Ein Wärter kann bei der präzisen Regulierung der Turbine und der sicheren selbstthätigen Schmierung bequem zum mindesten zwei Turbogeneratoren grösserer Bemessung — etwa von 1000 KW — bedienen. Die Wartekosten, die bisher bei den ausgeführten kleineren und mittleren Anlagen mit etwa 240 M. im Monat (60 Wärterschichten) noch verhältnismässig hoch sind, aber doch bei einer 400 KW-Anlage mit 22stündigem Betriebe im Tage und durchschnittlicher $^3/_4$ Belastung nur etwa 0,12 Pf. je Kilowattstunde betragen, werden sich bei gleichen Annahmen für die 900 KW-Anlage der Zeche Dahlbusch auf etwa 0,05 Pf. KW-st. verringern.

Die Ausgaben für Putzarbeit und Reinigungsmaterial sind bei den Turbinen ebenfalls äusserst gering. Nur der Regulator hat einige blanke Teile. Es wird aber kein Oel verspritzt und tritt kein Kondenswasser durch leckende Stoffbüchsen aus. Damit fallen also die Hauptursachen für die Verschmutzung der Kolbenmaschinen fort.

Es genügt, die Turbinen alle 8—14 Tage einmal auf eine Stunde stillzusetzen, um die Generatoren und Erregermaschinen vom Staub zu befreien.

Der Oelverbrauch der Parsons-Turbinen ist für Leistungen von 100—1500 PS in einer grösseren Anzahl von Anlagen zu 0,4—0,12 g je KW-st. festgestellt worden.

Die 275 KW-Turbine auf Zeche Schlägel und Eisen verbraucht beispielsweise in 3000 Betriebsstunden nur 200 kg Oel zu 0,6 M. je Kilogramm. Bei Annahme einer durchschnittlichen Belastung von 75 $^0/_0$ ergiebt sich daraus ein Oelverbrauch von 0,32 g und ein Schmierkostenaufwand von 0,02 Pf. je KW-st. Dabei wird das abfliessende Oel zum Schmieren anderer Maschinen wieder verwandt. Anderwärts angestellte vergleichende Beobachtungen ergaben die Schmierkosten einer 600 PS-Turbine zu 523 M., die einer gleich grossen Kolbendampfmaschine zu 3100 M.

In gleicher Weise wie bei den Kolbendampfmaschinen, und unter demselben Vorbehalt, soll auch für eine maximal 3000 PS $\sim$ 2200 KW abgebende Turbogeneratorencentrale, bestehend aus zwei gleich grossen Aggregaten, eine Berechnung der Betriebskosten je Kilowattstunde durchgeführt werden (s. S. 474).

Es seien auch hier im Durchschnittsmonat 932 250 KW-st. zu liefern. Die Betriebsbedingungen sollen wie dort so liegen, dass die beiden Turbinen bei durchschnittlicher $^3/_4$ Belastung während der Tagesschichten

1650 KW abgeben und dass während der Nachtschichten und an Sonn- und Feiertagen nur eine Turbine mit 825 KW Lieferung im Betriebe steht. Die Maschinen seien Parsons-Turbinen.

Da die Dampfturbinen fast ausschliesslich zur Bethätigung von Dynamomaschinen dienen und deshalb die Dampfverbrauchsbestimmungen immer auf die abgegebene Kilowattstunde bezogen werden, können getrennte Angaben für den Wirkungsgrad der Turbine und des Generators hier nicht gemacht werden.

Die Erregung soll in gleicher Weise wie bei der Kolbendampfmaschinenanlage bei dem Anlassen der Turbine durch eine kleine Dampfdynamo und während des Dauerbetriebes durch einen Drehstrom-Gleichstromumformer erfolgen.

I. Annahmen bezüglich der Anlagekosten.

a) Bautechnischer Teil der Centrale:

Maschinenhaus von 14 m lichter Länge und 10 m lichter Breite = 140 qm Grundfläche. Da Massenschwingungen bei den Turbinen nicht auftreten, kann das Maschinenhaus weit leichter ausgeführt werden als bei den Kolbendampfmaschinen. Ferner ist es unbeschadet genügenden Lüftungsraumes angängig, auch die Höhe des Gebäudes geringer zu nehmen, weil die Turbinenaggregate viel niedriger sind als die durch Kolbenmaschinen betriebenen Dampfdynamos.

Diesen Verhältnissen dürfte man gerecht werden, wenn das Quadratmeter überdachten Raum bei dem Turbinengebäude zu 60 M. eingesetzt wird.

Kosten des Maschinengebäudes $140 \times 60 = $ . . . . 8 400 M.

   »   der Fundamente für Turbinen und Kondensationseinrichtung: 200 cbm = ... 3 200 »

                                 Sa. bautechnischer Teil . . 11 600 M.

b) Maschinentechnischer Teil der Centrale:

α) 2 Parsons-Dampfturbinen, jede für eine Höchstleistung von 1770 PS, direkt gekuppelt mit Generatoren für je 1100 KW bei 3000 V, fertig montiert einschl. Rohrleitungen . . 300 000 M.

β) Kondensationsvorrichtung mit elektrischem Antrieb . . 25 000 »

γ) Eine Dampfdynamo für die Anlass- und ein Drehstrom-Gleichstromumformer für die Dauererregung zu 7000 bezw. 5000 M. . . . . 12 000 »

δ) Schaltanlage und Verbindungsleitungen . . . . . . 15 000 »

ε) Ein Laufkran mit Katze für 12 t Tragkraft . . . . . 8 000 »

ζ) Für die Beleuchtungseinrichtung und sonstiges Inventar der Centrale sowie für Unvorhergesehenes . . . . . 5 000 »

                     Sa. maschinentechnischer Teil 365 000 M.

c) **Gesamte Anlagekosten:**

bautechnischer Teil . . . . 11 600 M.

maschinentechnischer Teil . . . . 365 000 »

zur Abrundung . . . . 3 400 »

Sa. . . 380 000 M.

II. Annahmen bezüglich der Betriebskosten im Monat.

α) Verzinsung und Amortisation des Anlagekapitals zu 12 %

3 800,00 M.

β) **Dampfkosten:**

Kosten des überhitzten Dampfes je t: 2,20 M.

Dampfverbrauch der Turbinen (Annahme):

bei Vollbelastung und 95 % Vakuum je abgegebene
KW-st.: 8 kg.

bei $^3/_4$ Belastung je abgegebene KW-st. 8,8 kg

Die Dampfkosten im Durchschnittsmonat berechnen
sich daraus wie folgt:

$$\frac{932\,250 \times 8,8 \times 2,2}{1000} \quad \ldots \ldots \ldots \quad 18\,048,36 \text{ M.}$$

d) **Bedienungskosten:**

Täglich 3 Wärterschichten je 4 M.

Im Monat 30 . 3 . 4,0 M. . . . . 360,00 »

e) **Kosten des Schmier- und Putzmaterials:**

α) Schmiermaterialverbrauch im Monat . . . . 73,71 »

Annahme: 0,12 g je KW-st., also 932 250 × 0,12 g
= 111,87 kg, das Kilogramm zu 0,65 M.

β) Putzmaterial . . . . 5,00 »

f) **Kosten der Reparaturen** . . . . 20,00 »

Sa. Betriebskosten im Monat . . 22 307,07 M.

Die Gestehungskosten der KW-Stunde bei durchschnittlicher $^3/_4$ Belastung ergeben sich daraus zu

$$\frac{22\,307,07}{932\,250} = 2,392 \text{ Pf.}$$

Von dem Gestehungspreise von 1000 KW-Stunden = 23,92 M. entfallen:

1. Auf Verzinsung und Amortisation . . . . 4,07 M.

2. Auf Dampf . . . . 19,36 »

3. Auf Bedienung . . . . 0,39 »

4. Schmiermaterial (0,120 kg) . . . . 0,078 »

5. Putzmaterial . . . . 0,005 »

6. Reparaturen . . . . 0,02 »

Sa. . . 23,923 M.

34*

Beim Vergleich dieser Zahlen mit den für allerdings ausserordentlich gute Kolbendampfmaschinen errechneten ergiebt sich, dass die Gestehungskosten beider Betriebsarten sich nicht erheblich von einander unterscheiden. Was beim Dampfturbinenbetrieb an Anlagekosten, Bedienung, Schmier- und Putzmaterial gespart wird, wird durch die höheren Dampfkosten grösstenteils wieder aufgezehrt.

Zu Gunsten der Dampfturbinen muss allerdings noch hervorgehoben werden, dass die Kosten der Bodenfläche des Maschinenhauses, die auf Gruben mit engen Plätzen recht hoch sein können, nicht in Anschlag gebracht sind. Der geringe Raumverbrauch und die bescheidenen Ansprüche an die Fundamentierung dürften auch deshalb für die Wahl der Dampfturbinen massgebend sein, weil ihre kleinen aber doch sehr leistungsfähigen Centralen sich dicht an den Kesselhäusern und Schächten in vorhandenen Räumen aufstellen lassen, wodurch sich eine Verringerung der Anlagekosten und der Kondensationsverluste in den Dampfleitungen erzielen lässt.

Jedenfalls ist durch die vergleichende Berechnung dargethan, dass sich mit beiden Maschinensystemen in mittelgrossen Centralen — als grosse Centralen wären nach neueren Begriffen solche von 5000 PS anzusehen — und bei einer durchschnittlichen $^3/_4$ Belastung der Krafterzeuger die Kilowattstunde zu rund 2,4 Pf. erzeugen lässt.

III. Die Gasmotoren.

1. Allgemeines und Geschichtliches.

In dem Wettstreite um die Palme der Betriebsökonomie hat sich ausser den beiden Dampfmaschinenarten noch ein dritter Bewerber, der Gasmotor, eingestellt. Ihm steht von vornherein der grosse Vorteil zur Seite, dass auf dem Wege der direkten Umsetzung der Gasenergie in mechanische Kraft die Brennstoffe in ihrer wirksamsten Form mit dem Luftsauerstoff in Verbindung gebracht und bis zu 35 % nutzbar gemacht werden, während der beste Dampfmotor über eine Gesamtökonomie von 15 % nicht hinauskommt. Für eine grosse Anzahl von Zechen bot dieses neue Verfahren der Krafterzeugung aber auch deshalb grosses Interesse, weil ihnen ausgedehnte Kokereien billige und, wie der nachstehende graphische Vergleich verschiedener Gasarten (Fig. 412) zeigt, hochwertige Abfallgase in grossen Mengen liefern.

Es kommt danach das Koksgas dem Leuchtgas an Wärmewert fast gleich und übertrifft das Gichtgas, das jetzt der deutschen Eisenindustrie wohl schon über 200 000 PS. stellt, sowie das Generator- und Mondgas um ein mehrfaches an Heizwert.

Mittlere Zusammensetzung in Volumen-Prozenten. Unterer Heizwert des Gases.

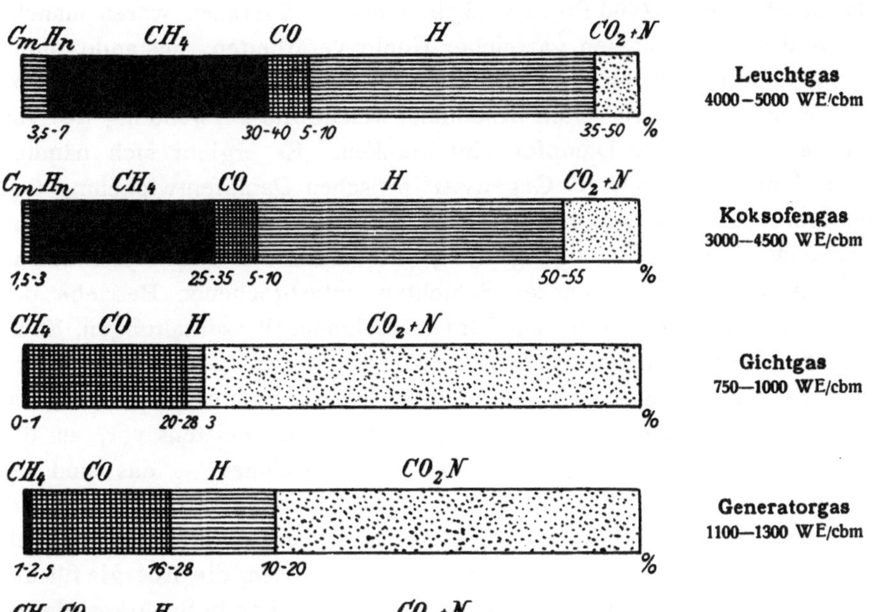

Fig. 412. Graphischer Vergleich verschiedener Gasarten.

Wenn das Gasausbringen der Tonne Ruhrkohlen mit Rücksicht auf die mitverarbeiteten gasärmeren Sorten im Mittel zu 220 cbm angenommen und davon der Gasbedarf für die Ofenheizung mit etwa 150 cbm je Tonne Kohle abgerechnet wird, so verbleiben 70 cbm überschüssiges Gas von einem mittleren Heizwert von 3500 WE oder bei 30stündiger Garungszeit $\frac{70}{30}$ 3500 $\sim$ 8160 WE in der Stunde.

Da ein grosser Koksgasmotor, wie bei Versuchen festgestellt wurde, schon mit 1660 WE für die Pferdekraftstunde auskommt, kann die Tonne Kokskohle die Energie für annähernd 5 PS während der ganzen Verkokungsdauer oder insgesamt von 150 PS-st. liefern. Da bei einer Jahresproduktion von über 10 Mill. Tonnen Koks täglich im Ruhrrevier mindestens 39 000 t Kokskohle zur Verkokung kommen, ergäbe eine vollkommene Ausnutzung der Koksgase einen Kraftgewinn von 195 000 PS. Auf dem bisher üblichen Wege der Koksgasverwertung im sog. »Gaskessel«-Betriebe ist eine derartig vollkommene Ausnutzung dieses hochwertigen Energieträgers bei weitem nicht zu erreichen, da die Dampfmotoren selbst bei Nutzbarmachung der Ofenabhitze zur Vorwärmung des Kesselspeisewassers mindestens das

Doppelte an Wärme verbrauchen, also aus dem im Ruhrrevier verfügbaren Koksgas höchstens 97 000 PS entwickeln könnten. Trotzdem wären manche Zechen, die grosse Massen gasreicher Kohle verarbeiten, imstande, ihren ganzen Dampfbedarf durch die Koksgasverbrennung zu erzeugen, wenn nicht gewisse Schwierigkeiten beständen, welche die Verwendung des von Gaskesseln gelieferten Dampfes einschränken. Es ergiebt sich nämlich im Betriebe ein gewisser Gegensatz zwischen Dampfentwickelung und Dampfverbrauch aus dem Umstande, dass die Gaslieferung der Oefen und daher auch die Dampferzeugung stetig ist, während die Dampfentnahme bei dem oft während ganzer Schichten unterbrochenen Betriebe der grössten Bergwerksmotoren, der Fördermaschinen, Wasserhaltungen, Kompressoren, Wäscheantriebsmaschinen usw. in weiten Grenzen schwankt. Da es natürlich ausgeschlossen ist, die Verkokung diesem wechselnden Kraftanspruch entsprechend zu führen, zieht man es meistens vor, an die Gaskessel nur die im Dauerbetrieb stehenden Maschinen — das sind oft nur die Ventilatoren und Antriebsmotoren für die elektrischen Primärmaschinen, in anderen für die Gasverwertung günstigeren Fällen auch Kompressoren und Wasserhaltungen — anzuschliessen, die Energie für die grössten Dampfverbraucher, die Fördermaschinen, aber in Schürkesseln zu erzeugen, deren Betrieb sich leichter der wechselnden Dampfentnahme anpassen lässt.

Wie gering sich das unter den Kesseln verbrannte Koksgas bewertet, — zu etwa 0,29 Pf. je Kubikmeter — ist bereits an einer anderen Stelle dieses Werkes*) dargelegt. Den Forderungen der Wirtschaftlichkeit kann deshalb die Verbrennung des Koksgases unter den Kesseln nimmermehr entsprechen. Die Verwendung zum Gasmotorbetriebe würde infolge der zweimal besseren Wärmeökonomie den Wert des Kubikmeters schon auf $0,29 \times 2 = 0,58$ Pf. heben.

Die wirtschaftlichste Verwendung des Koksofengases — das sei auch an dieser Stelle unter Hinweis auf die früheren Ausführungen betont — wird die Abgabe desselben für Heiz- und Beleuchtungszwecke an Ortschaften und Städte sein, ein Verfahren, das in Amerika bereits zahlreiche grosse Kokereien in ihren Dienst gestellt haben und zu dem auch im Ruhrrevier und in Schlesien einige Werke übergegangen sind.

Den kräftigsten Ansporn zur Verwendung der Koksgase zum Gasmotorenbetriebe haben die ausserordentlichen Erfolge gegeben, welche man in den letzten Jahren mit den Gichtgasmotoren im Eisenhüttenwesen erzielt hat. Dem dort gegebenen Beispiele folgend ist nun eine Reihe von Zechen dazu übergegangen, Grossgasmaschinen u. zw. fast ausschliesslich für die Drehstromerzeugung in Betrieb zu nehmen, nachdem schon seit

---

*) Bd. VII, S. 384.

längerer Zeit auf den Zechen Dannenbaum, Mansfeld, Lothringen u. a. m. kleinere Motoren erfolgreich mit Koksgas gespeist worden waren.

Den ersten Versuch, das Gas in Grossmaschinen zu verwenden, machte die Zeche Mathias Stinnes. Es gelangten dort im Jahre 1901 drei von der Firma Fried. Krupp, Grusonwerk, gebaute Maschinen von je 300 PS zur Aufstellung, die aber wegen vorhandener Schwierigkeiten, vor allem Mangel an Gas, bisher nicht dauernd in Betrieb genommen werden konnten und erst nach dem weiteren Ausbau der Kokerei ihre Thätigkeit aufnehmen sollen. Die Gelsenkirchener Bergwerks-Aktiengesellschaft beschaffte ein Jahr später für Versuche auf Zeche Minister Stein einen 125 pferdigen Motor, System Deutz. In neuester Zeit hat die Zeche Lothringen ihren vorhandenen kleineren Motoren (8 bezw. 50 PS.) einen 350 pferdigen hinzugefügt. Bald wird jedoch das Ruhrrevier eine führende Stellung in der Bergwerksmaschinentechnik auch auf diesem Gebiete einnehmen, da eine Reihe von Kokereigasmotoren in der Ausführung begriffen bezw. in Bestellung gegeben sind. Nähere Daten über die Grösse und das System der Maschinen giebt die umstehende Tabelle 57.

Für einen wirtschaftlichen Betrieb von Motoren ist die Befreiung des Gases von Teer, Ammoniak, Cyan und Schwefel eine Vorbedingung. Die Kondensation von Teer und Ammoniak in den normalen Apparaten der Nebenproduktenfabriken genügt, wie die Erfahrungen auf Zeche Minister Stein und auf anderen Werken ergeben haben, nicht, um dem Gase den notwendigen Grad der Reinheit zu geben, sondern es hat sich bei den bisher bestehenden Einrichtungen eine gründliche Nachreinigung des aus der Ammoniak- und sogar des aus der Benzolfabrik austretenden Gases erforderlich gezeigt. Das rohe Gas setzte in kurzer Zeit in den Motoren soviel Schmutz ab, dass der Betrieb unterbrochen werden musste. Deshalb bedeutet auch die Verwendung billiger, aber ungenügender Reinigungsapparate auf die Dauer alles andere als eine Ersparnis. Die Summe, die an der Reinigung erübrigt wird, steht in keinem Verhältnis zu den Verlusten an Zeit und Geld, welche Betriebsstörungen und die Verringerung der Gebrauchsdauer der Motoren verursachen.

Infolgedessen sind die Anlage- und Betriebskosten der Reinigungsanlagen für die Wirtschaftlichkeit des Gasmotorenbetriebes von der allergrössten Bedeutung. Die Anforderungen, welche an die Nachreinigung des Kraftgases zu stellen sind, schwanken ihrerseits wieder nach der Art der Kondensationsvorrichtungen.

Die ersten Ideen für den Bau von Explosionskraftmaschinen entwickelten die Physiker Abbé Hautefeuille (1670), Huyghens (1680) und Papin (1690). Sie wollten die Kraft des Pulvers in den friedlichen Dienst des Antriebes sogenannter atmosphärischer Maschinen stellen, des Systems, das

Tabelle 57.

| Zeche | Motoren | | An-zahl | Stärke eines Motors PS | Gesamt-stärke der Anlage |
	System	Lieferant			
Minister Stein	Nürnberg-Augsburg	Nürnberg-Augsburger Maschinenfabrik.	1	500	500
Consolidation	»	»	2	680	1360
»	»	»	1	160	160
Kölner Bergwerks-verein, Scht. Anna	Oechelhäuser	Aschers-lebener Maschinenfabrik.	1	550	550
König Ludwig	Nürnberg-Augsburg	Friedrich-Wilhelms-hütte Mülheim a. d. Ruhr.	1	550	550
Neuköln	»	»	1	350	350
Lothringen	»	»	1	350	350
Graf Moltke	Körting	Gebr. Körting, Hannover.	1	475	475
Shamrock III/IV	Nürnberg-Augsburg	Maschinenfabrik Haniel & Lueg.	1	900	900
Minister Achen-bach	Deutz	Gasmotorenfabrik Deutz.	1	250	250
Constantin der Grosse	»	»	1	600	600
»	Nürnberg-Augsburg	Nürnberg-Augsburger Maschinenfabrik.	1	1200	1200
Rheinpreussen	»	Maschinenfabrik Haniel & Lueg.	1	1500	1500
			Sa. 14	—	8745

auch bei den ersten Dampfmotoren von Papin und Newcomen (1705) zur Verwendung kam. Bei ihm wurde die Explosions- bezw. Dampfkraft nicht unmittelbar zur Bewegung des Kolbens, sondern zur Herstellung einer Luftverdünnung im Cylinder benutzt, in welchen der Druck der Aussenatmosphäre den Kolben beim kraftäussernden Hub hineinpresste. Im 19. Jahrhundert trat die Entwickelung der Gaskraftmaschine beinahe bis zum Ende gegenüber den gewaltigen Fortschritten, die in der Ausbildung des Dampfmotors gemacht wurden, sehr in den Hintergrund, wohl hauptsächlich deshalb, weil es der Technik an den Hülfsmitteln zur Überwindung der konstruktiven Schwierigkeiten gebrach, die der Bau des Gasmotors bot. Zwar beschäftigten sich einzelne Erfinder, besonders in dem damals auf dem Gebiete der Maschinentechnik fast unumschränkt herrschenden England, dauernd mit der Idee, die Gasenergie direkt in Betriebskraft umzusetzen; ihre Versuche lieferten zwar wertvolles Material für die nachkommenden Konstrukteure, aber keine brauchbare Maschine.

Der erste Motor, der in der Praxis Interesse erregte, war die Gasmaschine von Lenoir, die anfangs der 60er Jahre erschien, um bald darauf wegen ihres ausserordentlich hohen Gasverbrauchs wieder zu verschwinden. Diese Konstruktion unterschied sich nur wenig von der Dampfmaschine; das explosible Gemenge, karburierte Luft, wurde durch den Schieber abwechselnd in den vorderen und hinteren Cylinderraum eingelassen und zur Entzündung gebracht. Der Kolben leistete bei jedem Hube unter dem Druck der expandierenden Verbrennungsgase Arbeit, es handelte sich also um einen sogenannten Eintaktmotor.

Auf der Pariser Ausstellung im Jahre 1867 erregte die mit Zahnstangenantrieb arbeitende atmosphärische Maschine der Deutschen Otto und Langen, deren Modell auf der Düsseldorfer Ausstellung 1902 zu sehen war, wegen ihres sparsamen Gasverbrauchs (800 l Leuchtgas je 1 PS-st. gegenüber 2500 l bei Lenoir) grosses Aufsehen. Doch war auch diese Konstruktion zu kompliziert, um den Bedürfnissen der Praxis zu entsprechen. Fast gleichzeitig mit Lenoir hatten Million und Beau de Rochas neue Verfahren zur Umwandlung der Gaskraft in Arbeitsenergie angegeben, deren wesentlichste Merkmale in der Herabsetzung der Cylinderabmessungen, die bei der Verwendung ungespannter Gemische ausserordentlich gross genommen werden mussten, sowie in der Erzeugung einer kürzeren und vollkommeneren Verbrennung bestanden, alles erzielt durch die Kompression des Gasgemisches vor der Explosion. Beau de Rochas ging noch einen Schritt weiter und empfahl den Arbeitsvorgang, der bis in die neueste Zeit hinein für die Entwickelung der Gaskraftmaschine grundlegend war, die Viertaktwirkung. Bei ihr wird die Motorarbeit in einzelne Perioden von je 4 Hüben zerlegt. Innerhalb einer Periode ist das Spiel der Maschine folgendes:

1. Hub (Saughub): Kolbenvorgang*), Ansaugen des Gasgemisches;
2. Hub (Verdichtungshub): Kolbenrückgang*), Verdichtung des Gasgemisches;
3. Hub (Arbeitshub): Explosion des Gasgemisches und Kolbenvorgang unter Arbeitsleistung;

---

*) Kolbenvorgang: nach der Kurbelseite, Kolbenrückgang: nach der Cylinderseite.

    4. Hub (Auspuffhub): Kolbenrückgang, dabei Verdrängung der Verbrennungsprodukte aus dem Cylinder.

Das Einströmventil ist während des Saughubes gelüftet. Das Auspuffventil öffnet sich am Ende des Arbeitshubes für die Dauer des Auspuffhubes.

In einer derartigen Periode liefert das Gas also während des 3. Hubes nicht allein die vom Motor abzugebende, sondern auch die für die Ausführung der 3 übrigen Hübe notwendige Kraft, die in rotierenden Schwungmassen aufgespeichert werden muss.

Mitte der 70er Jahre erkannte Otto die Vorzüge der Gemischkompression wie des Viertaktsystems und verwertete sie bei einer Ausführung, die als erster praktisch verwendbarer Gasmotor 1878 auf der Pariser Ausstellung erschien. Zur Ausnutzung der Ottoschen Erfindungen wurde in Deutschland die Gasmotorenfabrik Deutz gegründet. Im Ausland nahm eine grössere Anzahl von Firmen das Ottosystem auf. Im Jahre 1885 gingen auch die Gebrüder Körting, die einige Jahre vorher mit der Konstruktion eines Eintaktmotors hervorgetreten waren, zu dem Viertaktsystem über.

Der eigentliche Aufschwung der Gasmotorenindustrie fällt mit der beispiellosen Entwickelung der elektrischen Kraftübertragung zusammen. Die Zwischenschaltung der elektrischen Transmission zwischen Gasmotor und Arbeitsmaschine vergrösserte das Verwendungsgebiet des ersteren ausserordentlich, weil dieser indirekte Weg die Gaskraft zum Antrieb von Maschinen befähigte, für deren unvermittelte Bethätigung sie nicht verwendbar war. Die Aera des Baues von Grossgasmotoren setzte mit den Anfängen der Gichtgasverwertung gegen Mitte der 90er Jahre ein. Den bereits erwähnten Fabriken Deutz und Körting, die sich sehr grosse Verdienste um die Entwicklung der Gasmotoren erworben haben, gesellte sich damals eine Reihe altbewährter Konstruktionsfirmen zu, von denen die Nürnberg-Augsburger Maschinenbau-Akt.-Ges. u. a. das Viertaktsystem adoptierten, während die Deutsche Kraftgas-Gesellschaft in Berlin, A. Borsig in Tegel und die Ascherslebener Maschinenfabrik als Lizenznehmer die Verwertung der Patente von Wilhelm von Oechelhäuser auf einen Zweitaktmotor übernahmen. Bei diesem System sind die Arbeitsvorgänge, welche sich beim Viertaktmotor auf 4 Hübe verteilen, auf 2 Hübe folgendermassen beschränkt:

    1. Hub: Krafthub, an dessen Ende Auspuff der Explosionsgase und Ansaugen neuen Gemenges.

    2. Hub: Das Gemisch wird durch die Kolben komprimiert und zur Entzündung gebracht.

In dieser weiter unten eingehend dargelegten Weise arbeiten die Zweitaktmaschinen von Gebrüder Körting und Oechelhäuser. Diese Konstruktionen zielen wie die neueren Ausführungen von doppeltwirkenden Viertaktmotoren durch die Gasmotorenfabrik Deutz und die Nürnberg-Augsburger Maschinenbauanstalt darauf ab, der Gaskraftmaschine im Verhältnis zu ihren Abmessungen und ihrem Gewichte eine erhöhte Kraftwirkung zu verleihen und ausserdem eine grössere Gleichmässigkeit des Ganges als bei dem einfachen Viertaktsystem herbeizuführen.

2. Die Systeme der Gasmotoren.

a) Viertaktmotoren.

α) Einfachwirkende.

Viertaktmotoren der Gasmotorenfabrik Deutz.

Als Grundtypus der neueren Viertaktmaschinen ist der Otto-Motor der Gasmotorenfabrik Deutz anzusehen. Wie Fig. 413 zeigt, ist bei ihm der Cylinder A^1 in den Rahmen A so eingesetzt, dass zwischen A und A^1 ein konzentrisch begrenzter Raum zur Aufnahme des Kühlwassers frei bleibt.

Auf der anderen Seite trägt A die Lager der Kurbelachse. Mit dem Cylinder ist der Cylinderkopf B, der die Ventile und die Zündvorrichtung aufnimmt, durch eine Flanschenkupplung verbunden. Das Einströmventil H und das Ausströmventil K (Fig. 414 u. 415) sind übereinander angebracht und zwar so, dass H von oben, K von unten in den Cylinderkopf hineinragt. Ersteres öffnet sich nach unten, letzteres nach oben. Um ein Verziehen der Ventilspindeln zu verhindern, werden beide besonders gekühlt. Die Mischung von Gas und Luft geht in dem Gehäuse des Einströmventils H vor sich. Die Luft strömt aus der Ansaugeleitung in den unteren Teil des Ventilgehäuses, das Gas tritt durch den Gashahn N (Fig. 414) und das seitlich angebrachte Gasventil C in den oberen Teil und mischt sich, aus ihm in zahlreichen Löchern austretend, innig mit der im unteren Gehäuseteil enthaltenen Luft. Das Gas- und Luftgemisch gelangt dann durch das Einströmventil in den Cylinder.

Die Zündung erfolgt durch den elektrischen Funken, seltener durch ein Glührohr.

Den Strom für die erstere Zündmethode liefert die kleine magnetelektrische Maschine F (Fig. 413 u. 414), bestehend aus einem Satz Stahlmagnete und einem zwischen ihren Polen drehbaren Anker.

Durch einen von der Steuerwelle bethätigten Hebel P wird der Anker bei jedem zweiten Umlauf der Maschine gegen die Magnete verdreht. Dabei wird eine Feder gespannt, die den Anker gleich darauf zurückschnellen lässt. Bei der Bewegung der Spule durch das magnetische Feld entsteht ein kurzer kräftiger Strom, der zu dem im Cylinderkopf eingebauten Unterbrecher (Fig. 416) geleitet wird. Der letztere besteht aus dem Gehäuse x^5,

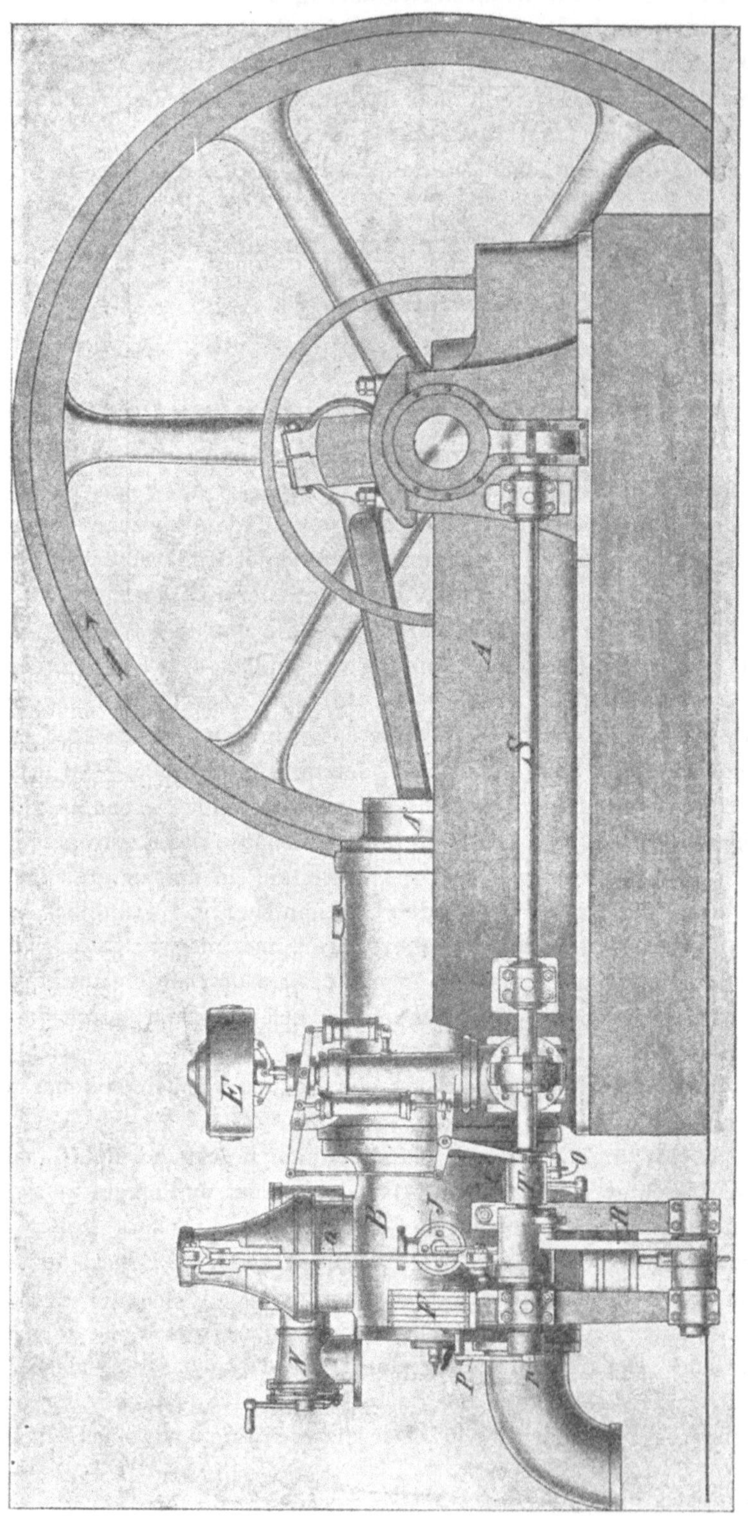

Fig. 413.

Eincylindriger Viertakt-Gasmotor, System Otto der Gasmotorenfabrik Deutz.

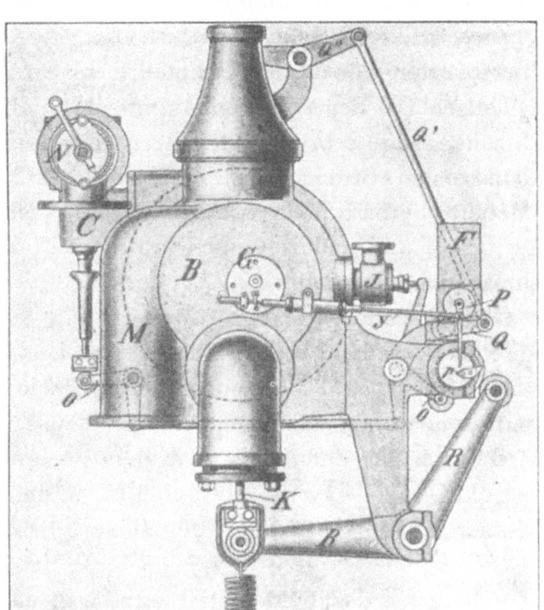

Fig. 414.

Rückenansicht des Ventilkopfes.

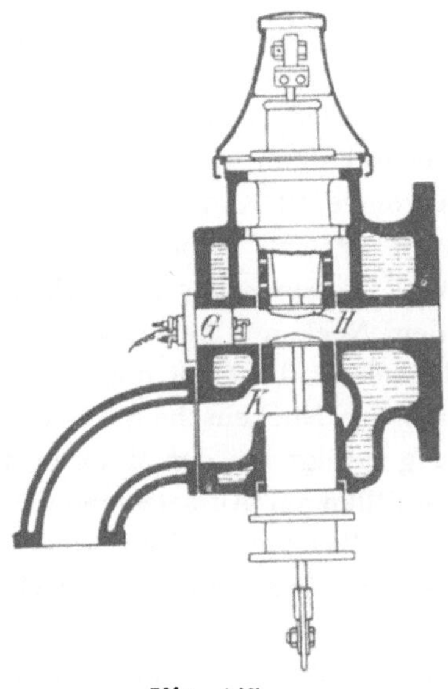

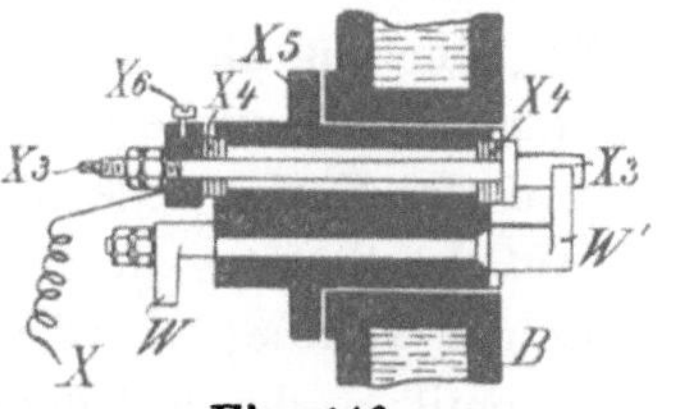

Fig. 416.

Elektrische Zündvorrichtung.

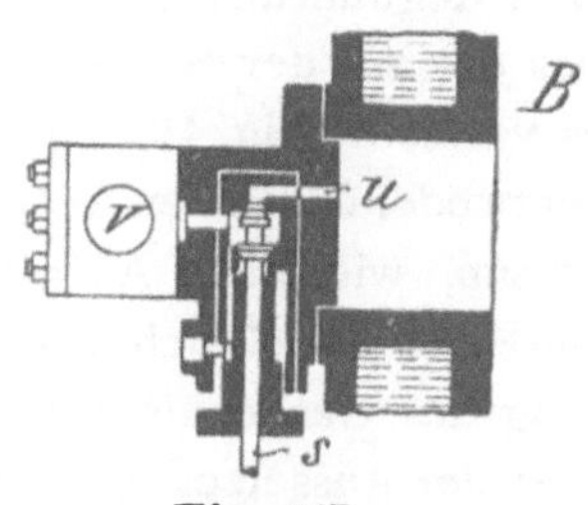

Fig. 415.

Schnitt durch das Ventilgehäuse.

Fig. 417.

Glührohrzündung.

in welchem der durch Asbestplättchen isolierte Zündstift x^3 und darunter der Zündhebel WW^1 sitzt. Im Ruhezustande liegt der innere Arm des Hebels W an dem isolierten Kontaktstift, welcher durch den Draht x mit dem gleichfalls isolierten Pol des Magnetinduktors verbunden ist, während der andere im Erdschluss liegende Pol W^1 mit dem ebenfalls geerdeten Gehäuse des Stromerzeugers in leitender Berührung steht.

Den geschlossenen Stromkreis unterbricht die von dem zurückschnellenden Hebel P bethätigte Stossstange (Fig. 414), welche den Hebel W aus seiner Lage bringt und dadurch einen kräftigen Unterbrechungsfunken in der Explosionskammer erzeugt.

Bei der Glührohrzündung (Fig. 417) wird ein in dem Brennergehäuse V befindliches Porzellanröhrchen durch einen Bunsenbrenner bis zur Glut erhitzt. Das Rohr ist auf der einen Seite geschlossen und steht auf der anderen mit dem Kompressionsraum durch den Zündkanal u in Verbindung; u wird durch das Zündventil s in dem geeigneten Moment freigegeben. s ist als Doppelsitzventil ausgebildet. Sein innerer Sitz verbindet den Cylinder mit dem Zündrohr, der äussere das Zündrohr mit der Atmosphäre.

Vor der Zündung werden beide Sitze kurze Zeit durch die Steuerung geöffnet. Dabei treibt der Druck im Cylinder die im Zündkanal und in seiner Nähe befindlichen unverbrennbaren Gase aus, an deren Stelle frisches, zündfähiges Gemenge tritt. Gleich darauf schliesst das Ventil den Ausgang nach der Atmosphäre ab; es stauen sich die Gase im Zündrohr und kommen zur Explosion.

Die Steuerung aller bewegten Organe wird durch eine am Motor entlang geführte Steuerwelle S (Fig. 413) ausgeführt, welche durch Schneckenräder von der Kurbelwelle mit ihrer halben Umdrehungszahl angetrieben wird. Auf der Steuerwelle sitzende Nockenscheiben wirken auf die Hebel der einzelnen Ventile; so wird das Ausströmventil K durch Hebel R, das Einströmventil H durch Hebel Q, Stange Q′ und Hebel Q″, das Gasventil C durch Hebel O betätigt (Fig. 414). Die Steuerung des elektrischen Zündapparates erfolgt durch den von dem Nocken p bewegten Hebel P.

Zur Regulierung der Geschwindigkeit dient das Centrifugalpendel E, welches die auf der Steuerwelle verschiebbare Nockenscheibe T des Gasventils verstellt (Fig. 413). Die Regulierung erfolgt bei den Motoren dieser Type entweder durch den Ausfall ganzer Gasfüllungen (Aussetzerregulierung) oder wenn, wie beim Antriebe elektrischer Maschinen, diese wegen des verlangten hohen Gleichförmigkeitsgrades nicht anwendbar ist, durch Veränderung des Gasgehältes der Ladung (Gemischregulierung).

Bei der Aussetzerregulierung kommt ein schmaler, grader Gasnocken zur Verwendung, der bei der Ueberschreitung der zulässigen Umdrehungszahl von dem Regulator so abgelenkt wird, dass er das Gasventil nicht öffnen kann. Es tritt also in der Saugperiode nur Luft in den Cylinder und eine Kraftäusserung auf den Kolben unterbleibt so lange, bis mit der sinkenden Umdrehungszahl der Regulator wieder in seine normale Stellung zurückgeführt wird.

Bei der Gemischregulierung bethätigt das Centrifugalpendel einen schrägen Nocken, welcher das Gasventil mehr oder weniger weit öffnet und so Ladungen von wechselnder Kraftleistung herstellt.

Eine besondere Sicherung ist für den Fall vorgesehen, dass der Motor bei Ueberlastung oder Betriebsstörungen plötzlich stehen bleibt. Hat der Nocken dann das Gasventil geöffnet, so könnte ein Gasaustritt durch das Gehäuse des Einströmventils und die Luftleitung in den Maschinenraum erfolgen. Um diese Gefahr zu verhindern, hat man an dem Regulator eine Einrichtung getroffen, die beim Unterschreiten einer gewissen Mindestumdrehungszahl die Nockenscheibe nach links ablenkt, wobei das Gasventil geschlossen bleibt.

Zum Anlassen des Motors wird durch ein selbtthätig gesteuertes Anlassventil J (Fig. 413 und 414) und ein ebenfalls automatisches Rückschlagventil Pressluft in den Cylinder geleitet. Vor dem Ingangsetzen stellt man durch ein Reibungsschaltwerk das Schwungrad so ein, dass die Kurbel etwas über denjenigen inneren Totpunkt hinaus in die Lage kommt, in der die Zündung erfolgt. Auf der Nockenscheibe des Austrittsventils befindet sich ein zweiter, sog. Anlassnocken, der für den Betrieb nicht in Betracht kommt, sondern lediglich zur Erleichterung der Schwungradeinstellung dient. Dazu bringt man den Antrieb des Ausströmventils in eine derartige Stellung, dass er über beide Nocken geht. In der Kompressionsperiode wird dann ein Teil der Ladung durch das geöffnete Ventil aus dem Cylinder gedrängt, sodass beim Andrehen des Rades der Widerstand des Kompressionsdruckes fortfällt. Zur weiteren Vorbereitung des Anlassens wird die beim Stillsetzen von dem Regulator ausgerückte Nockenscheibe durch Einklinken eines am Regulatorgestell verlagerten Anlasshebels wieder in die Betriebslage gebracht. Dann lässt man die Pressluft zu, worauf sich der Motor in Gang setzt. Beim Ueberschreiten einer gewissen Tourenzahl fällt der Anlasshebel selbstthätig in seine normale Stellung zurück und giebt den Regulator frei; der Druckluftzufluss wird durch das Ventil J so reguliert, dass nur während eines Teiles des Kolbenweges jeder Arbeitsperiode Druckluft in den Cylinder tritt, die in der Ausblaseperiode durch das Ausströmventil entweicht. Nach einigen Umdrehungen öffnet man den Gashahn und stellt nach der ersten Zündung die Druckluft ab.

Zur Cylinderschmierung dient eine Oelpumpe, deren Gang von der Motorwelle aus reguliert wird. Die Kurbelachsenlager sind mit Ringschmierung versehen.

Die neueste Type G 9 der Deutzer Gasmotorenfabrik (Fig. 418) zeigt

Fig. 418.

Einfachwirkender Viertakt-Motor.   Neuere Ausführung der Gasmotorenfabrik Deutz.

gegenüber der vorbeschriebenen eine weitere Vereinfachung der Bauart, die sich auch äusserlich bemerkbar macht (Fig. 418).

Der Boden des Cylinderkopfes, eine Platte, wird aufgeschraubt, wodurch ermöglicht wird, dass sich die Wandungen des Explosionsraumes gegen den Kühlwassermantel ausdehnen, ohne dass schädliche Spannungen entstehen.

In dem aus Spezialhartguss hergestellten Cylinder ist der langgehaltene Kolben durch federnde Ringe aus weichem Gusseisen abgedichtet. Das Kolbenbolzenlager im Innern des Tauchkolbens ist mit einem widerstandsfähigen, schwerschmelzigen Weissmetall ausgekleidet. Zum Ausgleich der hin- und hergehenden Massen sind direkt an der Kurbel Gegengewichte angebracht. Das Schwungrad wird bei Eincylindermotoren ausserhalb der Lager auf die Kurbelachse gesetzt, die durch ein drittes äusseres Lager gestützt wird. Bei Zwillingsmotoren ist das Rad auf der doppeltgekröpften Welle mitten zwischen beiden Cylindern angeordnet.

Die Ventile sind in Gehäusen übereinander leicht zugänglich eingebaut und werden zwangläufig durch grade Nocken gesteuert. Das Gehäuse des Einströmventils kann abgehoben werden. Dabei wird der Explosionsraum freigelegt. Das Ausströmventil ist mit einem auswechselbaren Sitz und einer gekühlten Spindelführung versehen. Das Einströmventil trägt auf seiner Spindel einen Luftschieber und ein Gasventil. Da die letzteren Organe sich immer gleichzeitig und gleich weit bewegen, werden für den Gas- und Luftzutritt stets proportionale Querschnitte freigelegt, einerlei, ob der jeweiligen Füllung entsprechend mit grossen oder kleinen Ventilhüben gearbeitet wird.

Von der Aussetzer- und Gemischregulierung, die bei dem älteren Modell zur Verwendung kamen, hat man bei der Type G 9 vollkommen abgesehen und für sie eine Regelung durch Volumenveränderung der in der Zusammensetzung gleichbleibenden Ladung angenommen. Der von der Steuerwelle aus durch Zahnräder angetriebene Federregulator verändert, wie die Fig. 419 und 420 zeigen, durch Verlegung des Steuerhebelstützpunktes vermittelst einer verstellbaren Rolle den Hub des Einströmventils derart, dass bei zu schnellem Gange, also bei zu geringer Belastung, kleinere, bei zu langsamem Laufe infolge stärkerer Belastung grössere Ladungen in den Cylinder treten.

Da bei geschlossenem Einströmventil zwischen der Rolle und dem Steuerhebel ein geringer Zwischenraum vorhanden ist, kann der Regulator sich frei bewegen. Nur während der Einströmperiode, also während des vierten Teiles des Arbeitsspieles, wird der Regulatorhebel belastet und der Regulator festgehalten.

Da die Verlegung des Drehpunktes an dem ausbalancierten Steuerhebel leicht vor sich geht, hat der Regulator nur eine sehr geringe Kraft

zu äussern. Die Regelung soll so präzise erfolgen, dass bei plötzlicher Be-
und Entlastung der Maschine um 25 $^0/_0$ die Schwankung der Umdrehungszahl $1^1/_2 \%$ nicht überschreitet und der Motor nach wenigen Sekunden auf
die normale Tourenzahl kommt.

Für den Antrieb von Arbeitsmaschinen mit wechselnder Tourenzahl
werden die Motoren mit einer Tourenverstellvorrichtung ausgerüstet, welche

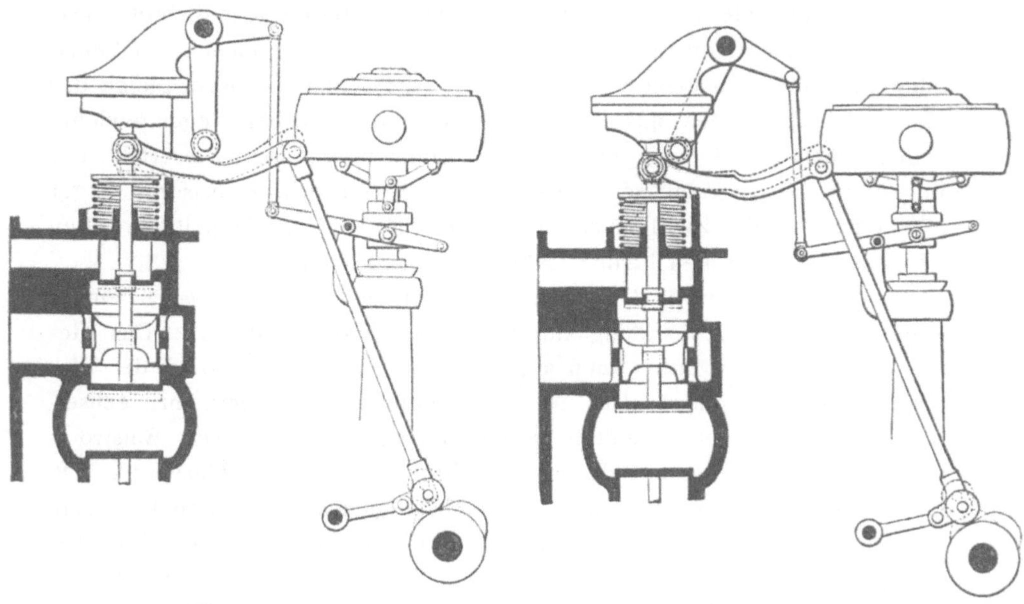

<table>
<tr><td>Fig. 419.</td><td>Fig. 420.</td></tr>
<tr><td>Einstellung für die grösste Füllung
bei Vollbelastung.</td><td>Einstellung für die kleinste Füllung
beim Leerlauf.</td></tr>
</table>

Geschwindigkeitsveränderungen bis zu 60 $^0/_0$ zulässt. Für Variationen bis
$\pm\ 7^1/_2 \%$ genügt eine Federwage, mit welcher die Tourenzahl während des
Ganges von Hand einreguliert werden kann.

Die Zündung erfolgt bei dieser Type nur mehr auf elektrischem
Wege; den Strom liefern gewöhnlich Magnetinduktoren, seltener Akkumulatoren.

Der Cylinder, Cylinderkopf, Ventildeckel und, wenn erforderlich, das
Ausströmventil sind, wie Fig. 421 zeigt, mit eigenen Kühlvorrichtungen
versehen, was den Vorteil bietet, dass man jeden Teil unabhängig von
dem anderen kühlen kann. Gegen das Ausbleiben des Kühlwassers trifft
die Gasmotorenfabrik Deutz zwei verschiedene Sicherheitsmassregeln.
Durch die eine wird die Zündung bei Wassermangel selbstthätig ausgeschaltet, die andere sorgt bei eintretendem Frost, sobald die Temperatur

des Maschinenraumes unter 0 ° sinkt, dafür, dass das Kühlwasser aus dem Cylindermantel abgelassen wird. Dadurch soll einem Platzen des letzteren vorgebeugt werden.

Bei der neueren Type ist auch der Kolbenbolzen mit einer regulierbaren Abstreichschmierung versehen. Den Lagerschalen des Kurbelzapfens wird das Oel durch die Schleuderwirkung eines rotierenden Ringes zugeführt, die Schmierung der Ventilspindeln kann auch während des Mo-

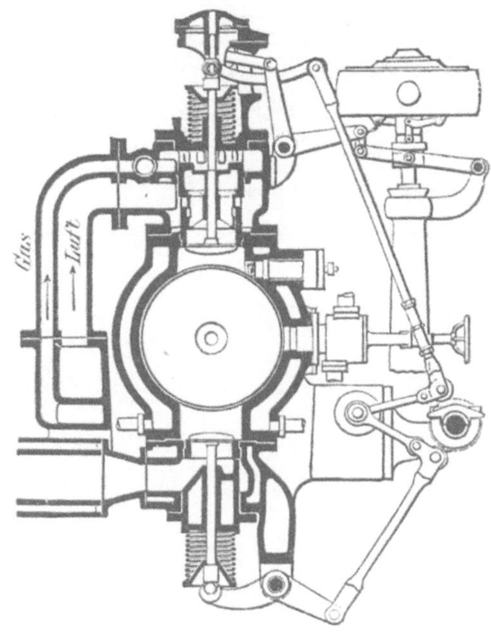

Fig. 421.

Schnitt durch den Ventilkopf eines Deutzer Gasmotors neuester Konstruktion.

torbetriebes ohne Gefahr vorgenommen werden. Um ein Verspritzen des Oeles in dem Maschinenraum zu verhindern, ist die Kurbel mit einem Oelfang- und Schutzblech abgedeckt.

Die Deutzer Motoren haben sich beim Koksgasbetrieb auf Zeche Minister Stein und einigen kleineren Anlagen recht gut bewährt.

Viertaktmotoren von Gebr. Körting, Hannover.

Die Firma Gebrüder Körting in Körtingsdorf bei Hannover führt für mittlere Leistungen die in den Fig. 422—424 veranschaulichten Motoren aus. Die Type hat in dem Aufbau grosse Aehnlichkeit mit dem Deutzer Motor.

Der Cylinder ist einerseits in eine Stopfbüchse des Maschinenrahmens eingeschoben und andererseits mit dem Ventilkopf durch Flanschenkuppa Längsschnitt durch den Cylinder.

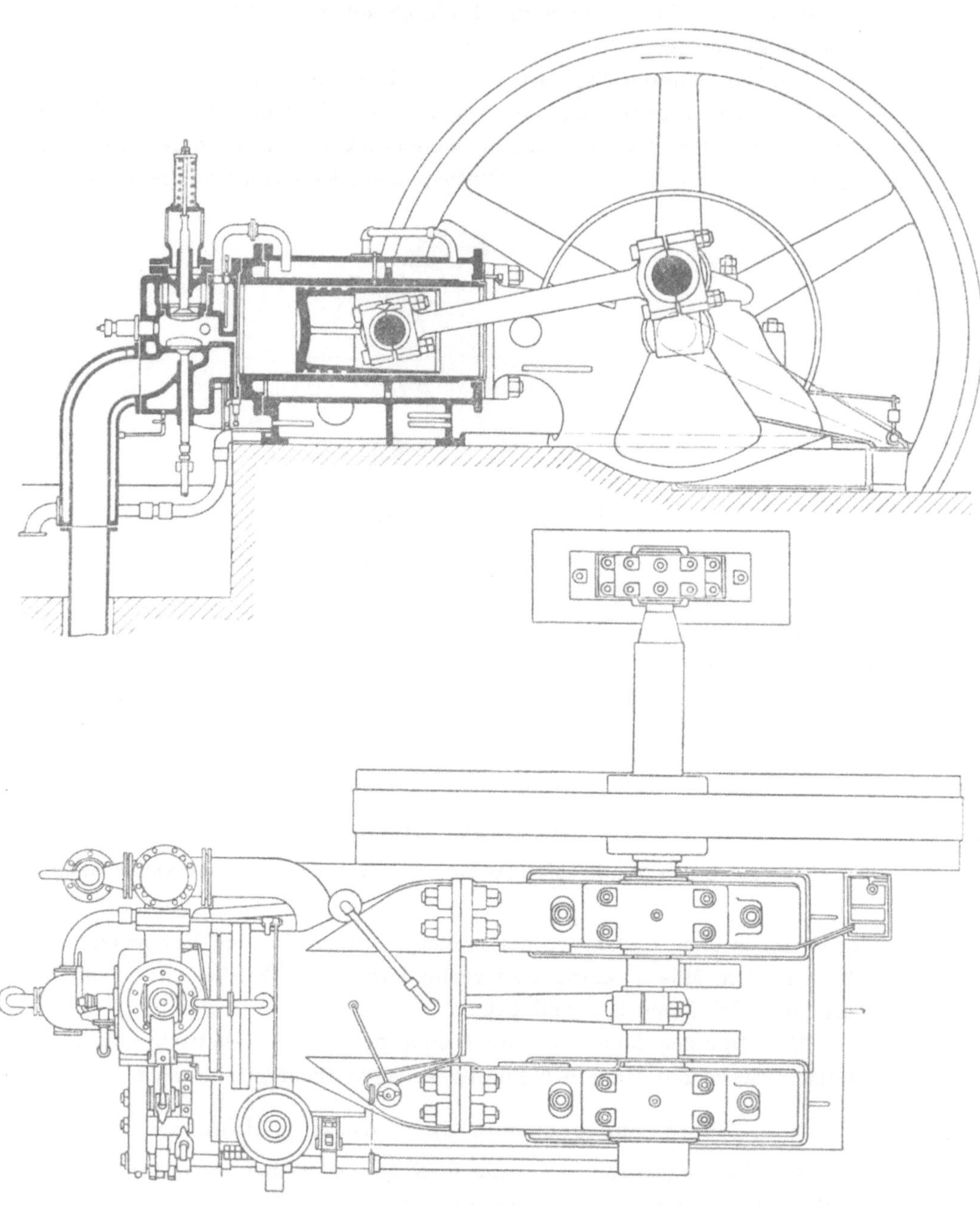

b Obere Ansicht.

Fig. 422 a u. b.

Einfachwirkender Viertaktmotor von Gebr. Körting in Körtingsdorf bei Hannover.

lung verbunden. Er besitzt eine walzenförmige Gestalt, die beim Fehlen
seitlicher Angüsse ein Verziehen in hoher Temperatur verhindert. Die
Wassermäntel für Cylinder und Ventilkopf sind unten zu einem Ablagerungs-
boden für etwaige Unreinigkeiten des Kühlwassers erweitert. Dadurch

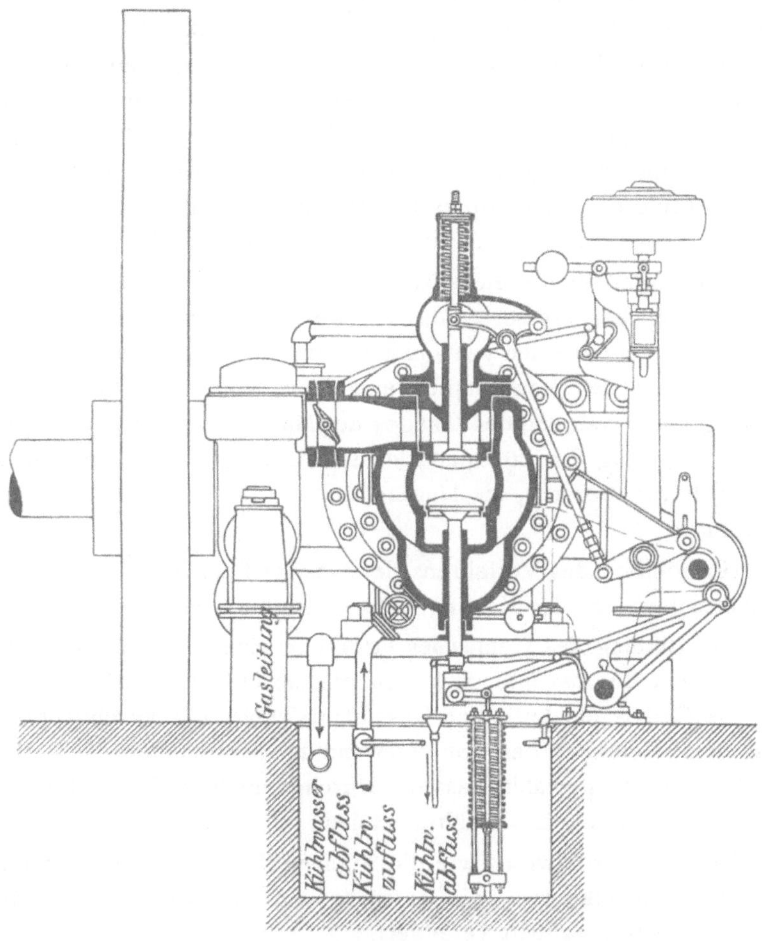

Fig. 423.

Querschnitt durch den Ventilkopf.

wird stets ein genügender Wasserraum offen gehalten. Der aus dem
Wasser niedergeschlagene Schlamm kann durch die im Boden der Mäntel
eingelassenen Reinigungsluken entfernt werden.

Um die Vorteile, welche eine hohe Kompression in der Vergrösserung
der Leistungsfähigkeit des Motors bietet, voll auszunützen, hat man auf die
Verbesserung der Kühlung besonderen Wert gelegt und an der hinteren

Abdeckung des Ventilkopfes einen wassergekühlten Vorsprung angebracht. Diese Vergrösserung der Kühlfläche soll die bei starker Verdichtung drohenden Vorzündungen hintanhalten und einen höheren Verdichtungsgrad zulassen.

Die Ventile zeigen die einfache Telleranordnung, sie werden durch Federn belastet und von der Steuerwelle aus durch Nocken und Hebel bethätigt (Fig. 423). Das Einlassventil ist oben, das Ausströmventil unten angeordnet; das letztere hat man höher als die Unterkante des Cylinders gelegt, damit Oelrückstände aus dem Cylinder nicht in den Tellersitz kommen und einen vollkommenen Schluss verhindern. Die Spindel des Auslassventils wird gekühlt. Nach Abnahme des grossen Deckels am hinteren Ende des Ventilkopfes ist der Verbrennungsraum und der Cylinder zugänglich, ohne dass ein Ausbau des Kolbens erforderlich wäre.

Der Strom für die elektrische Zündung wird bei kleineren Motoren durch einen, bei grösseren durch zwei Magnetinduktoren geliefert, die ähnlich bethätigt werden wie beim Deutzer System. Der Unterbrecher ist in den Deckel des Ventilkopfes eingebaut (Fig. 424). Der Zeitpunkt der Zündung kann während des Ganges der Maschine geändert werden. Durch die Verlängerung der Zündperioden ist die Möglichkeit gegeben, den Gasverbrauch von Motoren, die längere Zeit nicht voll belastet sind, herabzusetzen.

Hinsichtlich des Verfahrens der Gasmischung und Geschwindigkeitsregulierung weicht der Körting-Motor wesentlich von dem Deutzer ab.

Die Bildung des Gemisches erfolgt in einem besonderen Mischventil, das vor dem Einlassventil, zwischen diesem und der Gasleitung, eingebaut ist. Die Grösse der Luft- und Gaseintrittskanäle des Mischventils wird je nach dem Heizwert des zur Verwendung kommenden Gases bemessen. Ihre Form ist so gewählt, dass die Durchgangsquerschnitte bei jeder Oeffnungslage in gleichem Verhältnis stehen.

Der Regulator wirkt, wie die Figuren 422 b und 423 erkennen lassen, auf eine Drosselklappe, die entsprechend der wechselnden Kraftbeanspruchung den Gaszutritt verändert.

Kleinere Körting-Motoren werden auf den Kokereien der Zechen Lothringen (50 PS), Dannenbaum (60 PS) und Pluto (60 PS) seit mehreren Jahren ohne Schwierigkeiten mit Koksofengas betrieben.

β) Mehrfach wirkende Viertaktmotoren.

Aeltere Ausführungen.

Die Gasmotoren der Zeche Mathias Stinnes (Fig. 40 in Bd. VI, S. 313) sind nach einer nunmehr veralteten Anordnung aus zwei einfachwirkenden

Fig. 424.

Seitenansicht eines einfachwirkenden Viertaktmotors von Gebr. Körting.

und zu beiden Seiten der Kurbel angeordneten Viertaktcylindern zusammengebaut. Die Ventile sind auf die obere und untere Cylinderseite verteilt und werden durch Nocken von der seitwärts verlagerten Steuerwelle bethätigt.

Die Vorteile, welche diese aus mehreren einfachwirkenden Viertaktcylindern zusammengesetzten Motoren in der Bauart und der Gleichmässigkeit des Ganges aufweisen, werden durch die Nachteile eines hohen Raumbedarfes, gewaltigen Maschinengewichtes und grossen Oelverbrauches, also hoher Anlage- und Betriebskosten, stark beeinträchtigt.

Deshalb haben die Firmen, welche das Viertaktsystem auch für Grossmotoren beibehalten, die Gasmotorenfabrik Deutz und der Nürnberg-Augsburger Maschinenbau - A.-G., den Bau von Doppelviertaktmotoren aufgenommen. Bei dieser Type sind je zwei einfache Viertaktcylinder so vereinigt, dass der gemeinsame Kolben bei jedem 2. Hub abwechselnd der Wirkung einer im hinteren oder im vorderen Cylinderraum erfolgenden Explosion ausgesetzt wird. Die Verdopplung der Kraftimpulse befähigt den Cylinder, bei annähernd gleichen Abmessungen die zweifache Kraft abzugeben wie der einseitig arbeitende und nur bei jedem 4. Hub Kraft äussernde Viertaktcylinder der älteren Motoren.

Doppelviertaktmotoren der Gasmotorenfabrik Deutz.

Fig. 425 giebt einen Längsschnitt durch den Cylinder, Fig. 426 eine Ansicht der Deutzer Ausführung, von der Steuerseite aus gesehen.

Die Ventilanordnung ist dieselbe wie bei der auf Seite 539 ff. beschriebenen einfachwirkenden Type; doch werden die federbelasteten Ventile wie bei allen neueren Ausführungen von Grossmotoren nicht mehr durch einen besonderen Ventilkopf, sondern durch den Cylinder selbst aufgenommen. Der Gas- und Lufteintritt ist zwischen die beiden Ausströmungsventile verlegt. Da der Kolben durch eine vordere und hintere Gradführung sich mit leichtem Spiel im Cylinder bewegt, ist die Reibung weit geringer als bei den älteren Viertaktkolben. Der Kolbenkörper ist zur Aufnahme einer Zirkulationskühlung ringförmig gekammert. Das Kühlwasser wird durch die hohle Kolbenstange zu- und abgeleitet.

Bei der doppeltwirkenden Bauart sind die Stopfbüchsen, welche bisher im Gasmotorenbau nur selten (bei Tandemmaschinen) Verwendung fanden, nicht zu umgehen. Da nicht nur die Kolbenstange, sondern auch die Cylinderdeckel gekühlt werden, soll die Temperatur der Stopfbüchsen im Betriebe 40° C nicht überschreiten. Die Abdichtung der Kolbenstangendurchführungen erfolgt durch Metallpackungen, die des Kolbens durch selbstspannende Ringe aus weichem Gusseisen.

Das Cylinderrohr ist mit dem Rahmen verschraubt und ruht ausserdem in einem gusseisernen Bett, das in der Mitte einen ringförmigen

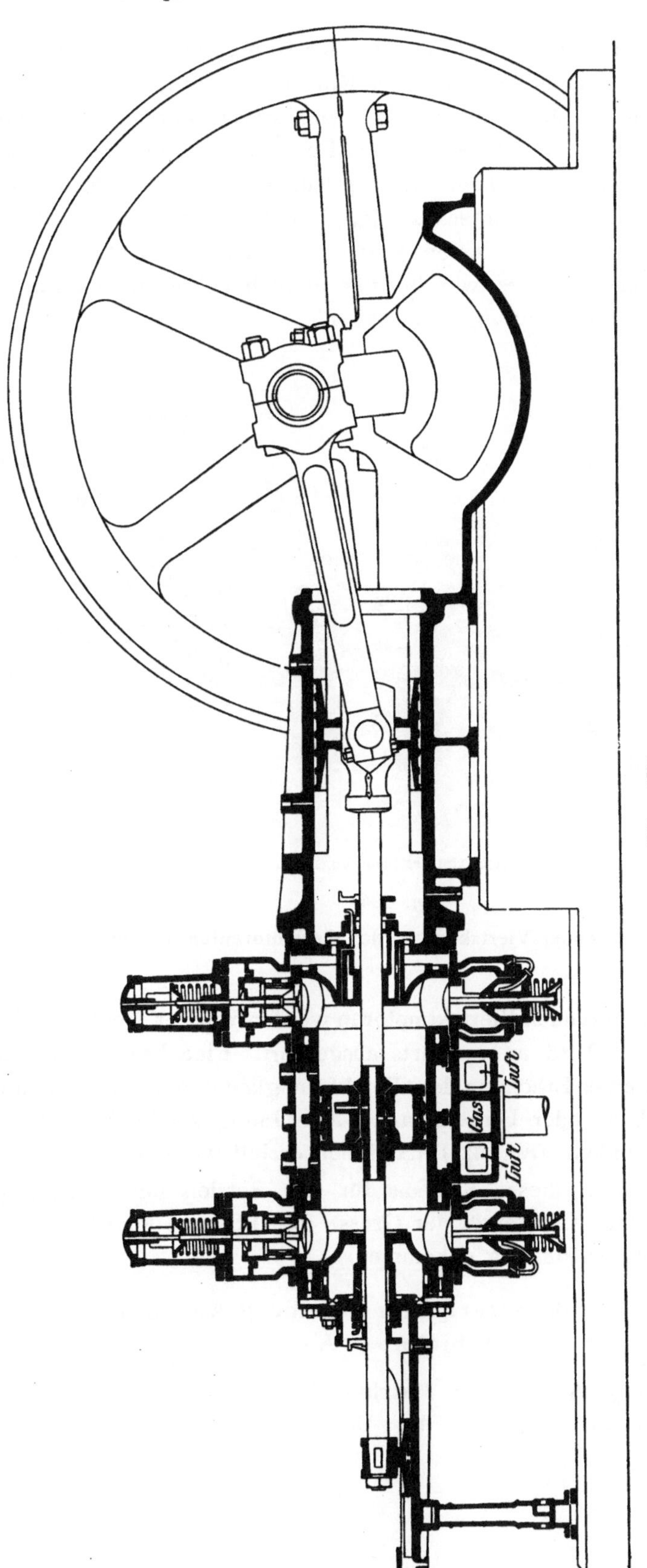

Fig. 425.

Schnitt durch den Cylinder eines doppeltwirkenden Viertaktmotors der Gasmotorenfabrik Deutz.

Kühlraum freilässt. Aus dem Unterteile des Bettes, in welchen die Gas-
und Luftleitungen einmünden, saugt der Kolben die für jede Cylinderseite
zu bildende Ladung. Die Reinigung der Kühlwasserräume wird dadurch
sehr erleichtert, dass der obere Teil des Bettes abgehoben werden kann.
Ausserdem sind an der Bodenfläche des Kühlwassermantels Reinigungsluken vorgesehen. Nach hinten ist der Cylinder durch einen einfachen
Deckel verschlossen, nach dessen Entfernung sich der Kolben herausnehmen lässt, ohne dass es wie bei den einfachen Viertaktmotoren notwendig ist, Teile der Steuerung auszubauen.

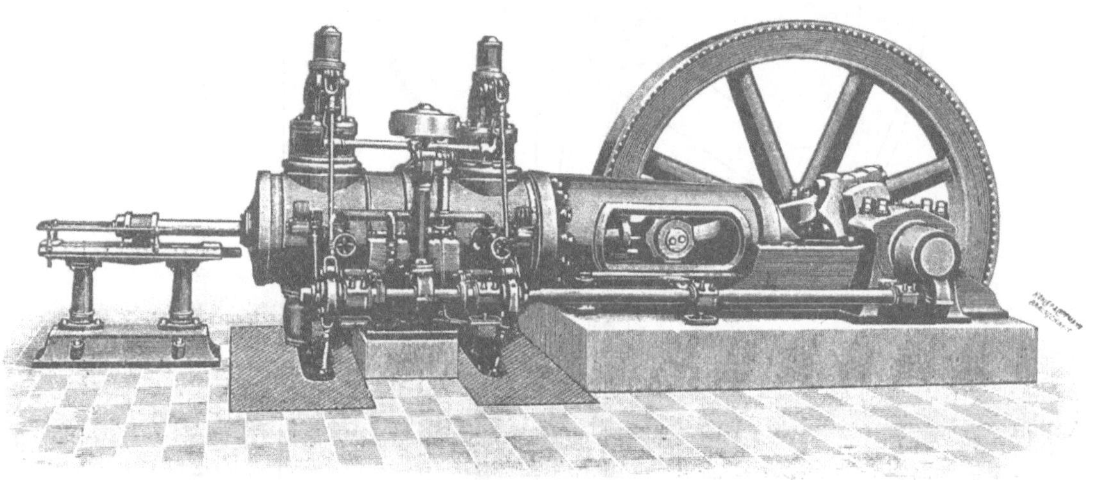

Ansicht von der Steuerungsseite.

Fig. 426.

Doppeltwirkender Viertaktmotor der Gasmotorenfabrik Deutz.

Die doppeltwirkenden Viertaktmotoren werden von der Deutzer Fabrik
für Grössen von 150 PS an aufwärts ausgeführt. Eine Verdopplung der
Leistung, die mit einer Erhöhung des Gleichförmigkeitsgrades verbunden ist,
kann durch Neben- oder Hintereinander-Anordnung zweier Cylinder zu
Zwillings- und Tandem- (Fig. 427) maschinen erzielt werden.

Deutzer Motoren dieses Systems für den Betrieb mit Koksofengas
sind auf den Zechen Constantin der Grosse (600 PS) und Minister Achenbach (250 PS) zur Aufstellung gekommen.

Doppelviertaktmotoren der Nürnberg-Augsburger Maschinenbau-A.-G.

Die Nürnberg-Augsburger Maschinenbau-A.-G. hat für den Bau
von Grossmaschinen ebenfalls die Doppelviertakt-Anordnung ange-

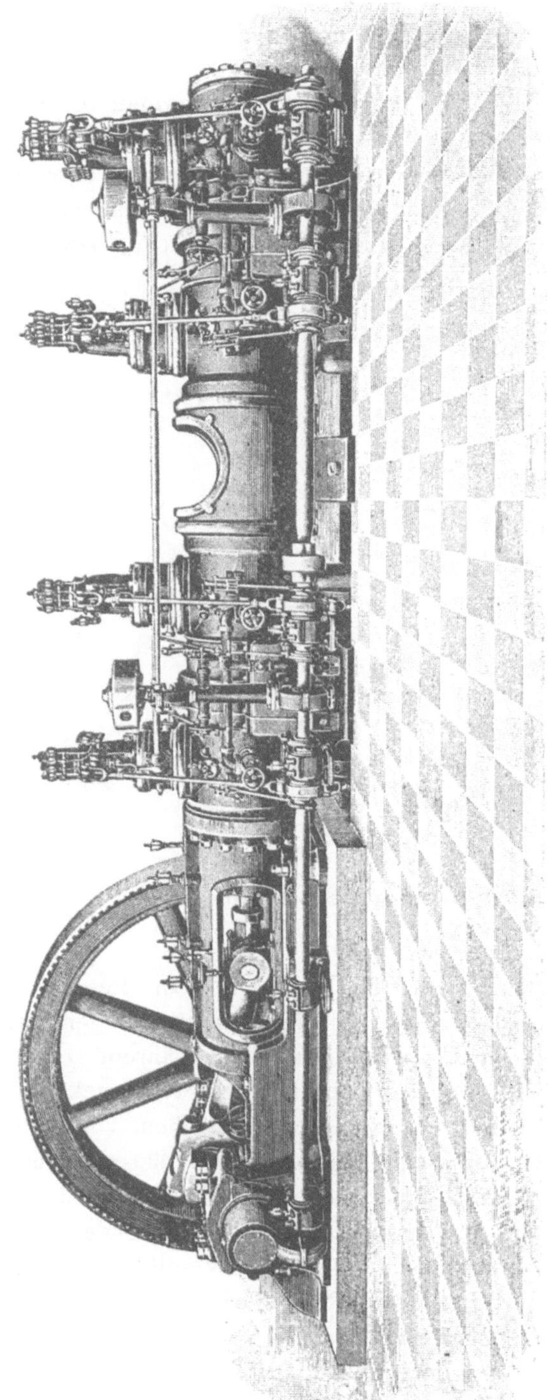

Fig. 427.

Zweicylindriger doppeltwirkender Viertaktmotor der Gasmotorenfabrik Deutz.

nommen. Einen Längschnitt durch die Cylinder einer 800—1000 PS
Tandemmaschine, wie sie von einem Lizenzträger der Nürnberger Fabrik,
der Aktiengesellschaft Bergwerksverein Friedrich-Wilhelms-Hütte zu Mülheim a. d. Ruhr, gebaut wird, giebt die Tafel XIX. Wie bei der Deutzer
Ausführung sind die Ventile übereinander angeordnet, die Einlassventile
oben, die wassergekühlten Auslassventile unten. Jedem Einlassventile ist
ein Mischventil vorgeschaltet, auf welches der Regulator einwirkt. Je nach
der Belastung wird der Beginn des Gaseintritts verändert, während der
Zeitpunkt des Ventilschlusses der gleiche bleibt (Fig. 428). Infolge der

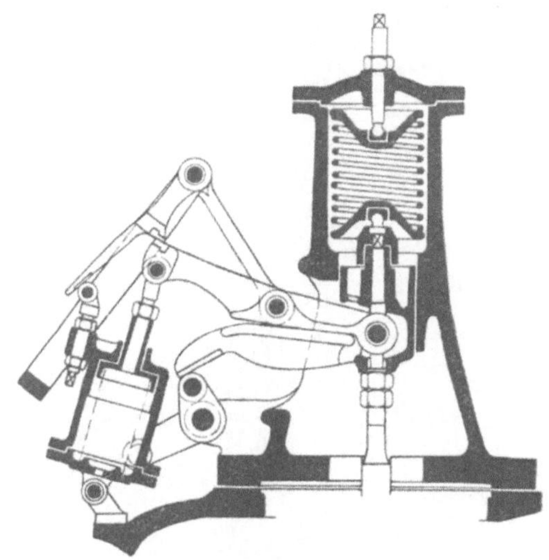

Fig. 428.

Steuerung des Gasventils.

variablen Oeffnungsdauer entsteht je nach dem Regulatorstand ein
armes oder ein reiches Gemisch. Die Mischventile zeigen Doppelsitzan-
ordnung und werden im Freifalle gesteuert, während die einsitzigen
Einlassventile zwangläufig bewegt werden. Die wassergekühlten Auslassventile hält der Explosionsdruck auf ihren Sitzflächen.

Die Kurbelwelle treibt, wie die Figuren 429 und 430 erkennen lassen, die
längs der Cylinder verlagerte Steuerwelle durch in Oel laufende Schrauben-
und Stirnräder an. Die Steuerwelle, welche ein besonderes Schwungrad
trägt, betätigt die 8 oberen und die 4 unteren Ventile durch Exzenter und
Wälzhebel und setzt ausserdem den Regulator in Bewegung.

Jede Cylinderseite ist mit einer doppelten Unterbrecherzündvorrichtung
versehen, deren von einer kleinen Akkumulatorenbatterie mit Energie ver-
sorgter Stromkreis erst kurz vor der Zündung geschlossen wird. Das Ab-

Additional material from *Disposition der Tagesanlagen, Dampferzeugung, Centralkondensation, Luftkompressoren, Elektrische Centralen*
ISBN 978-3-642-50625-3 (978-3-642-50625-3_OSFO17),
is available at http://extras.springer.com

reissen der Kontakte erfolgt durch Elektromagnete. Der Zündungszeitpunkt lässt sich während des Betriebes verändern.

Der Aufbau der Motoren (s. Tafel XIX und Fig. 430) lässt die Mitwirkung erfahrener Dampfmaschinenkonstrukteure erkennen. Der auf seiner ganzen Länge unterstützte Rahmen ist, um den Zugang zum Kreuzkopf zu erleichtern,

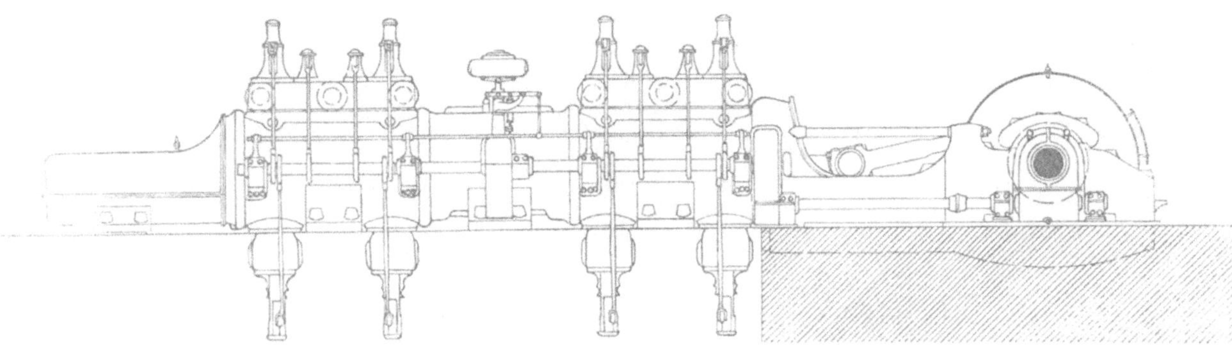

a Seitenansicht.

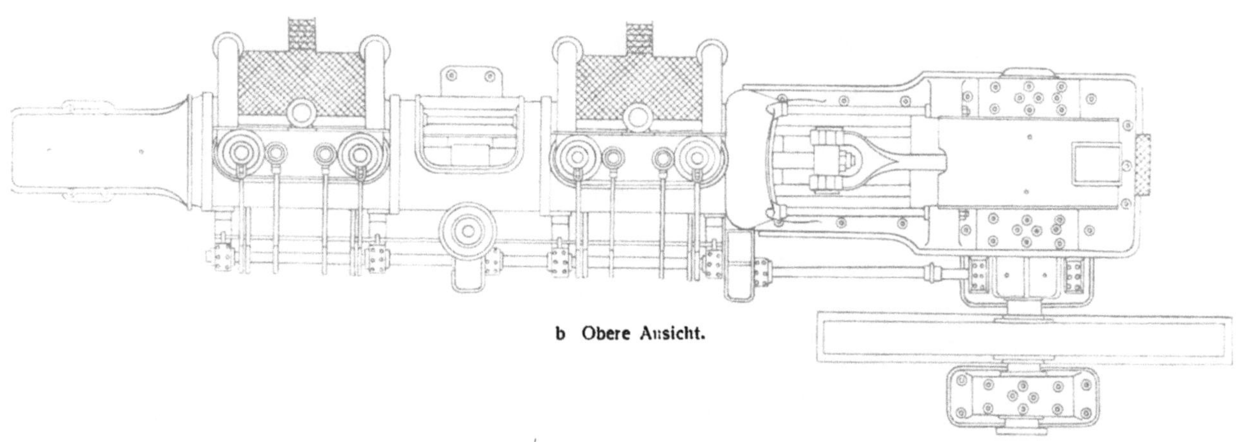

b Obere Ansicht.

Fig. 429 a u. b.

Doppeltwirkender Viertaktmotor, System Nürnberg, in Tandemanordnung.

nicht bis zur Maschinenhöhe aufgeführt, aber im oberen Teile durch Spannstangen versteift. Der Kreuzkopf wird einseitig auf der Unterseite geführt; einem Abheben des mit Weissmetall gefütterten Schuhes ist durch die Anordnung von Führungsleisten vorgebeugt.

Der erste Cylinder ist in üblicher Weise direkt mit dem Rahmen verschraubt. Wärmespannungen im Guss werden durch die einfache Form der Cylinder verhindert.

Arbeits- und Mantelcylinder sind in einem Stück hergestellt. Wie die Figuren 431—433 zeigen, braucht der vordere Kreuzkopf bei der Entfernung des Kolbens nicht aus seiner Bahn genommen zu werden. Zwischen beiden Cylindern liegt der Kühlraum. Das mit etwa 6 m Säulendruck zu-

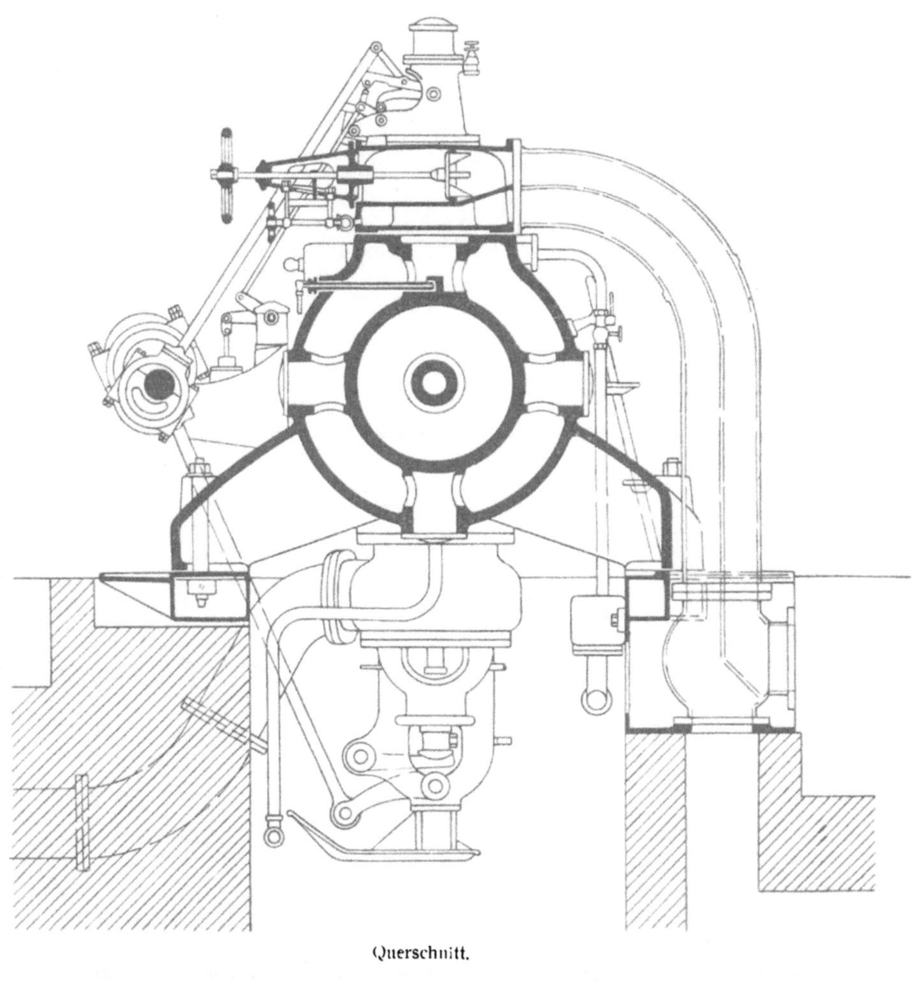

Querschnitt.

Fig. 430.

Doppeltwirkender Viertaktmotor, System Nürnberg.

geleitete Kühlwasser wird nach dem Gegenstromprinzip so geführt, dass es beim Eintritt die heissesten Stellen der Cylinderwandung trifft. In die Cylinder sind oben die Oeffnungen für die Einström-, unten diejenigen für die Auspuffventile eingelassen. Die auf den Cylindern sitzenden Ventilkästen, in denen sich Luft und Gas mischen, nehmen die Einlass- und

Mischventile auf und tragen auch die Ventilbügel und die Steuerungsteile. Die Gehäuse der Auslassventile sind an den Cylinderboden angeschraubt und so eingerichtet, dass die Ventile nach unten herausgenommen werden können, ohne dass es notwendig ist, die Auspuffleitung zu entfernen.

Nach den Seiten werden die Cylinder durch die wassergekühlten Deckel mit den Stopfbüchseneinsätzen abgeschlossen. Die Kolben sind so kurz gebaut, wie es die Festigkeit zulässt, und mit selbstspannenden gusseisernen Dichtungsringen versehen. Um mit Sicherheit zu erreichen, dass die äusseren Führungen das Gewicht von Kolben und Stange aufnehmen, werden die Kolbenstangen grosser Motoren so hergestellt, dass sie sich in unbelastetem Zustande nach oben durchbiegen. Die Verbindung der Stangen vermittelt bei der Tandemtype der im Verbindungsstücke der Cylinder gleitende Kreuzkopf. Die Stopfbüchsen sind ebenfalls mit selbstspannenden Ringen ausgerüstet, hinter denen eine durch Federn angedrückte, nach allen Seiten bewegliche Metallpackung liegt.

Wegen der entgegenwirkenden Beschleunigungskräfte muss das zur Kühlung der Kolbenstange und des Kolbens dienende Kühlwasser auf einen höheren Druck gebracht werden als das, welches für die Kühlung der Cylinder, ihrer Deckel und der Auslassventile bestimmt ist. Die Druckerhöhung erfolgt durch eine kleine von der Kurbelwelle angetriebene Pumpe. Der ausgebohrten Kolbenstange wird das Wasser an den Gleitschuhen durch Gelenkrohre zugeführt.

Der Wasserdurchlauf kann bei sämtlichen Kühlstellen durch Veränderung der Abzugsquerschnitte geregelt werden. In die zu dem Sammelbehälter gehende Leitung ist ein Absperrschieber eingebaut, welcher beim Anlassen des Motors geöffnet, beim Abstellen geschlossen wird.

Das Oel für die Schmierung der Kolben, Stopfbüchsen und Spindelführung der Auslassventile wird durch Oelpumpen auf höheren Druck gebracht, während es den aussenliegenden Reibstellen aus einem hochliegenden Sammelbehälter zufliesst. Die Hebel und Steuerexzenter können bei der geringen Umdrehungszahl mit Fett geschmiert werden.

Mit vollem Recht legt man bei diesem Motorsystem besonderen Wert auf die Zugänglichkeit aller der Revision, Reinigung und Auswechselung bedürftigen Teile, welche durch die Tandemanordnung erschwert ist. Die Oeffnung des Zwischenstückes, das beide Cylinder verbindet, ist so bemessen, dass die Deckel leicht herausgenommen werden können.

Die Figuren 431—433 veranschaulichen die einfachen Vorbereitungen zum Reinigen der Ventile, Cylinder und Kolben.

Die Nürnberger Gasmaschinen werden bis zu 2000 PS als einfache, bis 4000 PS als Zwillingstandemmaschinen gebaut.

Auf den Ruhrzechen werden nach der weiter oben gegebenen Aufstellung in nächster Zeit 10 Motoren dieses Systems mit einer Gesamtleistung

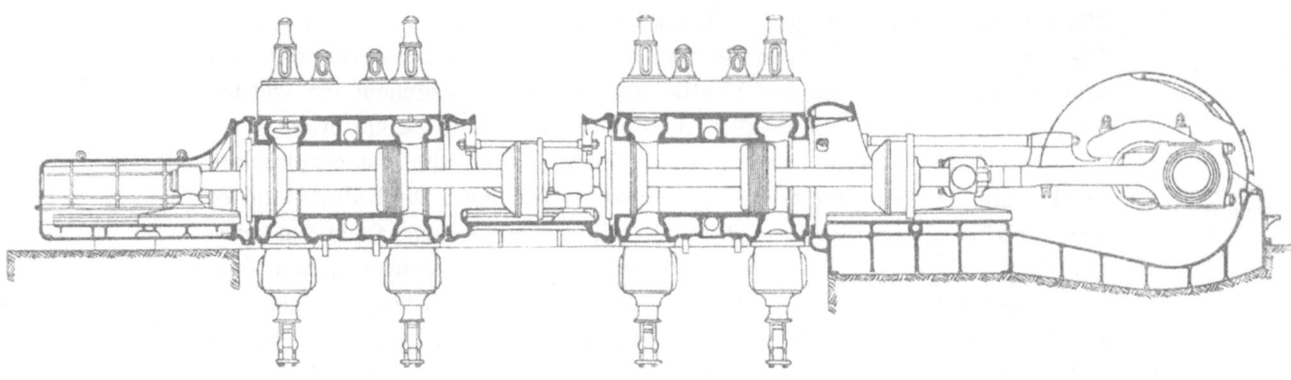

Fig. 431.

Reinigung der vorderen Ventile.

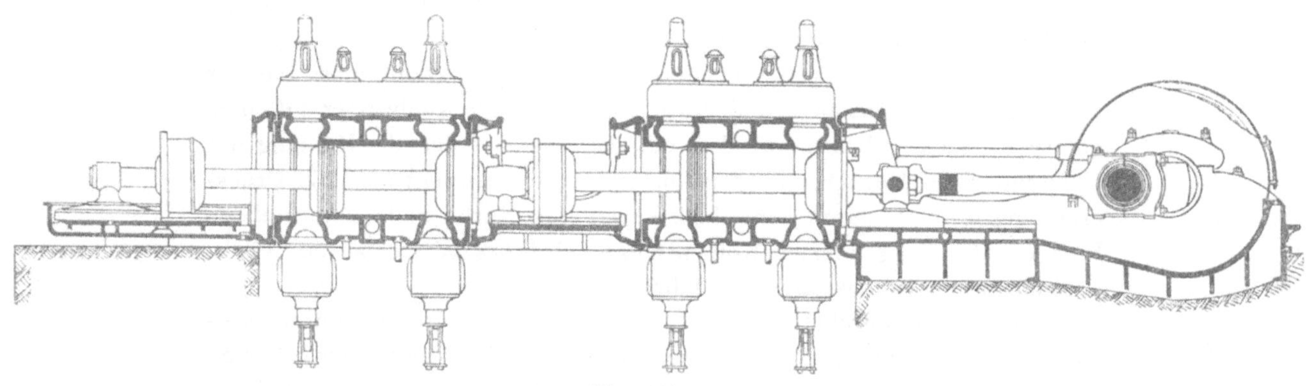

Fig. 432.

Reinigung der hinteren Ventile.

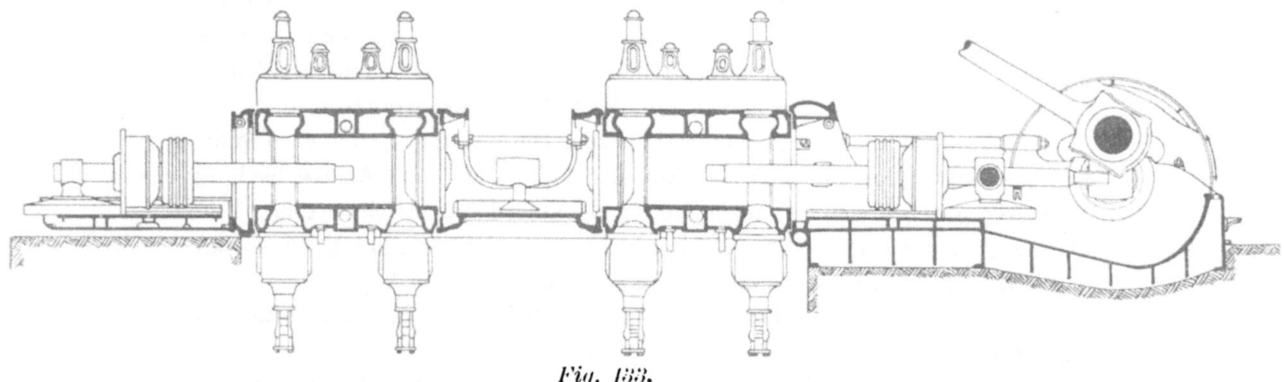

Fig. 433.

Reinigung der Cylinder und Kolben.

Fig. 431—433. Vorbereitungen zur Reinigung der Ventile, Cylinder und Kolben eines doppeltwirkenden Viertaktmotors. System Nürnberg-Augsburg.

von 6870 PS (alle für Koksgasbetrieb und Drehstromerzeugung) zur Aufstellung kommen.

Als Reserve für die Gaserzeugung bei Betriebsstörung der Kokerei ist auf Zeche Minister Stein eine Generatorgasanlage vorgesehen.

b) Zweitaktmotoren.

Die Zweitaktmotoren unterscheiden sich zunächst von den Motoren des Viertaktsystems prinzipiell dadurch, dass bei ihnen das Gasgemenge nicht durch den Treibkolben in den Arbeitscylinder gesaugt, sondern ihm durch besondere Ladepumpen zugeführt wird.

α) Zweitaktmotoren von Gebr. Körting, Hannover.

Dieses System wird durch Tafel XX und die Textfiguren 434 und 435 veranschaulicht.

Gas und Luft werden dem Arbeitscylinder durch seitlich von ihm angeordnete besondere Ladepumpen CP bezw. LP (Fig. 434a) mit einem Druck von etwa 0,3 Atm. zugeführt. Da die Kolben beider Pumpen durch die gemeinsame Kolbenstange starr verbunden sind und deshalb mit gleichem Hub arbeiten, entsprechen die angesaugten Mengen von Gas und Luft lediglich dem Kolbenquerschnitt, der dem Heizwert des Betriebsgases angepasst werden muss. Aendert sich der letztere erheblich, so bemisst man die Pumpen für das schwächste Gas und verdünnt reicheres durch Zufuhr indifferenter Luft soweit, bis es den Heizwert des ärmeren erreicht hat. Die Pumpen fördern Gas und Luft in getrennten Kanälen den tellerförmigen, federbelasteten Einlassventilen (Fig. 435) zu, welche von oben in den Cylinder eingelassen sind (Fig. 434b u. c) und durch Nocken von einer längs des Cylinders verlagerten Steuerwelle bethätigt werden. Die Form der Einlasskammern an den Cylinderenden ist, wie Fig. 434a zeigt, so gewählt, dass sich die Gase nach ihrem Eintritt gleichmässig vor der Kopffläche des Kolbens verteilen. Durch den nach dem Einlassventil vorgehenden Kolben wird das Gemenge verdichtet und nahe der inneren Totpunktstellung durch den Unterbrechungsfunken zweier Magnetinduktoren zur Explosion gebracht. Der Kolben beginnt darauf seinen Krafthub und lässt, nachdem er die Mitte des Cylinders passiert und beinahe die äusserste Totpunktstellung erreicht hat, die Verbrennungsgase durch Schlitze, welche in den Cylinder eingelassen und von einem ringförmigen Auspuffkanal S umgeben sind, austreten. Nach der sehr kurz bemessenen Auspuffperiode führen die Ventile während eines weiteren kleinen Zeitraums Strahlen reiner Luft durch die Explosionskammer. Die Luft spült die letzten Reste der Verbrennungsgase aus und verhindert als Isolierschicht eine direkte Berührung zwischen den heissen Verbrennungsgasen und der am Ende des

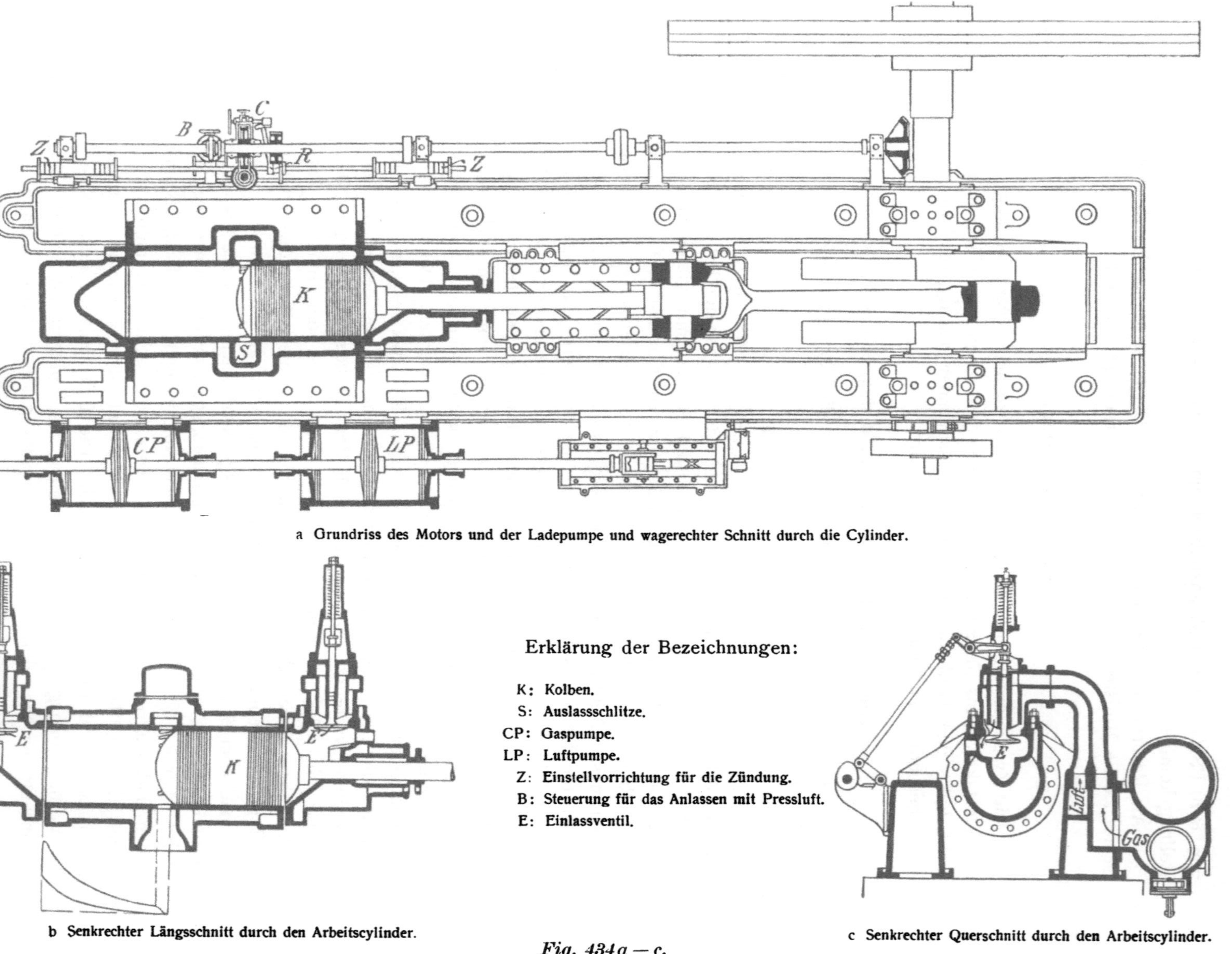

Fig. 434a — c.

Doppeltwirkende Zweitaktmaschine, System Körting.

Additional material from *Disposition der Tagesanlagen, Dampferzeugung, Centralkondensation,*
Luftkompressoren, Elektrische Centralen
ISBN 978-3-642-50625-3 (978-3-642-50625-3_OSFO18),
is available at http://extras.springer.com

Hubes eintretenden neuen Ladung und daher eine vorzeitige Entzündung der letzteren. Das ist erforderlich, weil der Hub, mit dem der Treibkolben beim Viertaktsystem die Verbrennungsgase verdrängt, fehlt.

Das Vordrängen des Spülluftstrahles vor dem Gemisch erzielt der Konstrukteur durch die Voreilstellung der Luft- vor der Gaspumpe. Bei der ersteren wird der Saugkanal beim Wechsel der Kolbenstellung zum Druckkanal, während der Kanal, aus dem eben noch die gepresste Luft entwich, mit dem Saugraume verbunden wird.

Die Gaspumpe geht eine gewisse Strecke leer. Der Kanalwechsel tritt hier erst ein, nachdem der Kolben schon einen halben Hub ausgeführt hat. Während desselben bleibt der Druckraum geschlossen, sodass die vorher angesaugte Gasmenge wieder in den Saugraum zurückbefördert wird. Erst in der zweiten Hubhälfte wird der Saugkanal abgedeckt und der Druckraum geöffnet, wobei die Wirkung der Gaspumpe einsetzt. Der in den

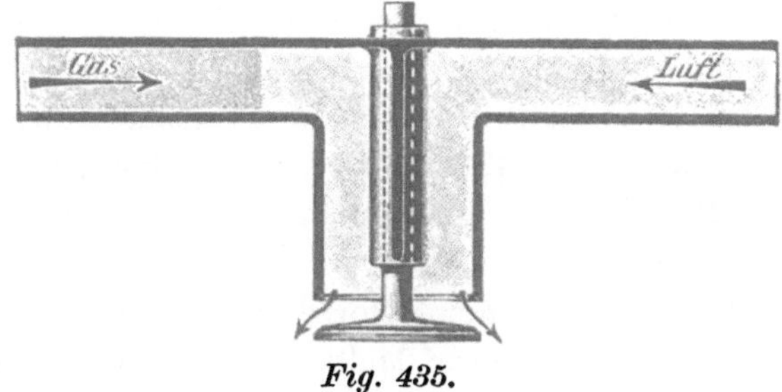

Fig. 435.

Schematische Darstellung des Einlassventiles des Körtingschen Zweitaktmotors.

Ventilkanal geführte Gasstrom findet aber, wie Fig. 435 durch Schraffierung erkennen lässt, dort schon die vorgeeilte Luftmenge vor, welche zuerst durch das geöffnete Einlassventil tritt und die isolierende Luftschicht zwischen den Verbrennungsgasen und dem nachkommenden Gemenge herstellt.

Die Regelung der Umlaufsgeschwindigkeit erfolgt durch Veränderung der Gemischzusammensetzung, welche auf zwei verschiedenen Wegen bewirkt wird.

Einmal verstellt der Regulator den Stein der von zwei Exzentern bethätigten Steuerkulisse (siehe Tafel XX) des Gaspumpenschiebers so, dass die Ansaugeöffnung verändert wird. Ausserdem wirkt er auf eine Absperrvorrichtung ein, welche in den von der Pumpe zu dem Einlassventil führenden Kanal eingebaut ist. Es findet also je eine Regulierung der Gaszuführung in dem Ein- bezw. Austrittskanal der Pumpe statt, während die Luftförderung die gleiche bleibt. Jede Cylinderseite ist mit 2 Zündvorrichtungen versehen, welche durch 4 Magnetinduktoren mit Strom versorgt

werden. Die Bethätigung der 4 Zünder weicht von der bei anderen Motor-
systemen gebräuchlichen insofern ab, als sie durch eine besondere, von der
Hauptsteuerwelle mittels Stirnräder angetriebene Welle erfolgt. Der auf
der Zünderwelle Z sitzende Trieb ist auf ihr nicht fest aufgesetzt, sondern kann
in einer schraubenförmigen Nut so verschoben werden, dass der Zünder-
antrieb der Steuerwelle voreilt oder hinter ihr zurückbleibt. Diese Einrichtung bietet die Möglichkeit, den Zeitpunkt der Zündung entsprechend
der jeweiligen Heizkraft des Gases — armes Gas muss beispielsweise früher
gezündet werden als reiches — zu verlegen. Ferner kann man beim Anlassen die Zündung hinter dem Totpunkt der Maschine eintreten lassen,
wobei der Motor langsam anläuft und Vorzündungen vermieden werden.

Zur Inbetriebsetzung der Maschinen wird Pressluft durch einen ein-
rückbaren, von der Steuerwelle verstellten Verteilungsschieber B, der ebenso
arbeitet wie bei Dampfmaschinen, abwechselnd in die rechte oder linke
Cylinderseite geleitet.

Nach zwei Pressluftfüllungen wird die Kolbenbewegung von der Explosionswirkung übernommen.

Der Cylinder ist mit einem Kühlmantel versehen, der sich auch um
den Auspuffkanal legt (Fig. 434a und b). Dem langgehaltenen Kolben,
welcher in gekühlten Stopfbüchsen geführt wird, strömt das Kühlwasser
durch die hohle Stange zu.

Ein mit Koksgas betriebener Motor dieser Type mit einer Leistung
von 475 PS ist auf der Zeche Graf Moltke zur Aufstellung gelangt.

β) Zweitaktmotoren von Oechelhäuser (Fig. 436 und 437).

Bei dem Oechelhäuser-Motor hat man auch die Einlassventile fallen
gelassen, als Ein- und Auslassöffnungen Schlitze gewählt und sämtliche
Steuerungsbewegungen den beiden Arbeitskolben übertragen, welche sich
innerhalb des an beiden Seiten offenen Cylinders bei innerer Kurbel-
stellung aufeinander zu, bei äusserer von einander fort bewegen (Fig. 436).
Die Stange des Arbeitskolbens K_2 ist mit der Ladepumpe L direkt gekuppelt. Ihr Kolben saugt je nach der Vorwärts- oder Rückwärtsbewegung
von K_2 auf der einen Seite Gas aus der Leitung D_g und auf der anderen
Luft aus dem Rohre D_l an und drückt sie beim nächsten Hube mit 0,3 bis
0,4 Atm. Pressung in die Luft- bezw. Gassammelräume S_g oder S_l, welche
als Ringkanäle um den Cylinder angeordnet und mit ihm durch 2 parallele
Reihen von Schlitzen C_g und C_l verbunden sind.

Giebt der Kolben K_2 beim Rückgang die Luftschlitze C_l frei, so tritt
Spülluft in den Cylinder. Um zu vermeiden, dass Gas durch die Auspuff-
kanäle tritt, ist dafür gesorgt, dass zwar Luft in den Laderaum für Gas,
aber nicht Gas in den Raum für Luft eintreten kann. Weiter wird durch
zweckmässige Bemessung des Cylinders erreicht, dass er bei stärkster Kraft-

leistung bis höchstens 70 % seines Inhalts mit Gemenge gefüllt ist. Bei
der weiteren Kolbenbewegung zur äusseren Totpunktstellung werden auch
die Schlitze C_g der Gaseinströmung geöffnet, und es bildet sich das Ex-
plosionsgemisch. Nachdem der äussere Totpunkt überschritten ist, führt
die dreifach gekröpfte Kurbelwelle den Kolben K_1 durch die mittlere Pleuelstange und den Kolben K_2 durch das doppelte Umführungsgestänge gegeneinander, dabei bewegt sich K_1 zunächst über die Auspuffschlitze C_a und
komprimiert zusammen mit dem ihm entgegenkommenden Kolben K_2 das
Gasgemisch, das nahe der inneren Totpunktlage durch die doppelte

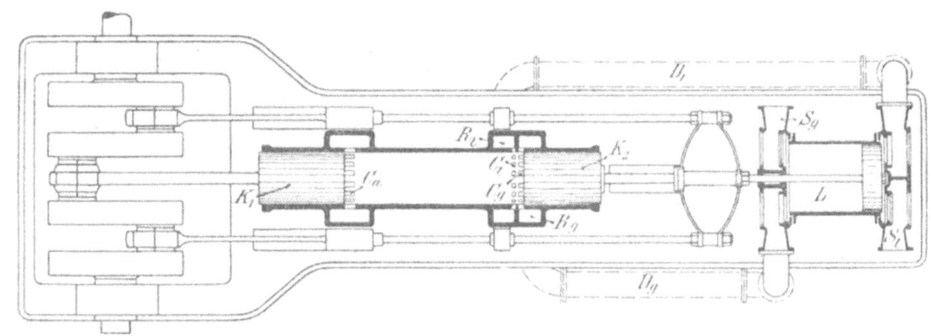

Fig. 436.

Schematische Darstellung eines wagerechten Längsschnittes durch den
Oechelhäuser-Motor.

elektrische Zündung zur Explosion gebracht wird. Das explodierende
Gemisch treibt die Kolben nach aussen. Dabei giebt zunächst K_1 die Auspuffschlitze frei, aus denen die noch gespannten Verbrennungsgase austreten. Sobald ihr Druck auf den der Atmosphäre gekommen ist, giebt
Kolben K_2 auch die Schlitzreihe C_l frei, worauf die Spülluft eintritt, welche die
letzten Reste der Verbrennungsgase aus dem Cylinder bläst. So wiederholt sich das Spiel.

Die Regulierung erfolgt nach der Methode der Gemischänderung,
welche durch die Verstellung zweier zwischen der Ladepumpe und dem
Cylinder, also vollkommen kaltliegender Ventile für Luft und Gas bewirkt wird.

Wenn ein besonders hoher Gleichförmigkeitsgrad gefordert wird,
sieht man zudem eine Volumenregulierung vor. Der Regulator verstellt
dabei einen Schieber, welcher sich je nach der Belastung schliesst oder
einen mehr oder weniger grossen Teil des Gemisches durch eine besondere Leitung aus dem Druckraum in die Saugleitung zurücktreten lässt.
Mit dieser Reguliervorrichtung werden nur Motoren für den Antrieb von
Arbeitsmaschinen mit präzisem Gang (Dynamos) ausgerüstet. Sie werden

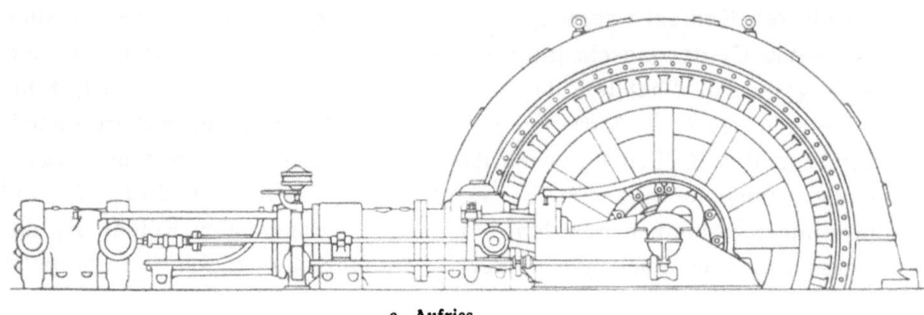

a Aufriss.

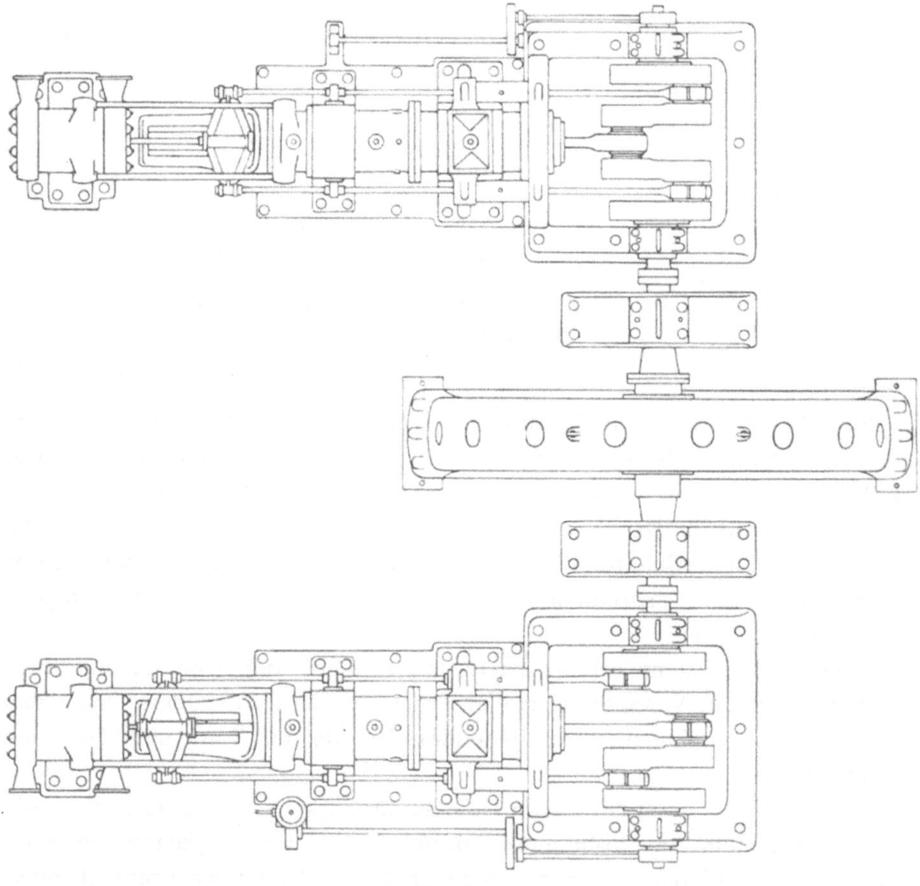

b Grundriss.

Fig. 437 a u. b.

Zwillingsmotor, System Oechelhäuser, mit einem Drehstromgenerator direkt gekuppelt.

auch mit Einrichtungen versehen, die eine Verstellung der Tourenzahl um ± 5 % gestatten. Für andere Zwecke, wie die Bethätigung von Pumpen, Gebläsen usw., genügt eine Handregulierung durch Einstellung der Absperrventile in der Gas- und Luftleitung. Auf diesem Wege lässt sich die Tourenzahl etwa auf die Hälfte der normalen herabsetzen. Ausserdem wird für gewöhnlich eine selbstthätige Steuerung zur Verhinderung des Durchgehens der Maschine bei plötzlicher Entlastung eingebaut.

Der Aufbau des Motors ist einfach, Cylinderdeckel und in der Hitze arbeitende Ventile sind nicht vorhanden. Die Kolben laufen in Buchsen, welche in den Cylinderrahmen eingesetzt sind und gekühlt werden. Ihnen wird das Kühlwasser durch die hohlen Kolbenstangen zugeführt. Der Verbrennungsraum ist cylindrisch und hat keine Vorsprünge oder Winkel, die eine Ablagerung von Schmutz oder ein Zurückbleiben von heissen Verbrennungsrückständen begünstigen könnten. Die Spülluft, welche bei jedem zweiten Hube durch den Cylinder geht, wirkt der Erwärmung entgegen. Da die beiden Kolben der Explosionswirkung die doppelte Fläche bieten wie bei einem Motor mit einem Cylinder, so kommt man mit verhältnismässig geringen Cylinderquerschnitten aus. Beispielsweise beträgt der Cylinderdurchmesser einer Maschine von 1700 bis 1800 PS nur 1100 mm.

Durch die Anordnung des Triebwerkes der beiden gegeneinander arbeitenden Kolben wird ein weitgehender Ausgleich der Massen erzielt, welcher die Gleichmässigkeit des Ganges fördert. Diesen Vorzügen des Doppelkolbensystems steht aber der Nachteil entgegen, dass die grossen Kolbenflächen eine nicht unbeträchtliche Reibung verursachen.

Für grössere Leistungen wird der Oechelhäuser-Motor in Zwillingsanordnung ausgeführt (Fig. 437). Ein 550 PS-Motor dieses Systems ist auf einer Zeche des Kölner Bergwerksverein zur Aufstellung gelangt.

3. Der Betrieb der Gasmotoren.

Bleibt ein Motor beim Stillsetzen in einer für das Anlassen oder Reinigen ungünstigen Lage stehen, so muss er durch Andrehen in eine für diese Zwecke geeignete Stellung gebracht werden. Bei kleineren Motoren benutzt man zum Andrehen von Hand bewegte, bei grösseren von Elektromotoren usw. angetriebene Klinkwerke, deren Angriffshebel oder Zahnräder in Vertiefungen der Schwungräder eingreifen. Mechanisch bethätigte Anlassvorrichtungen sind bei grösseren Motoren unumgängig.

Das eigentliche Anlassen erfolgt meistens durch Pressluft von höherem Druck (bei den Borsigschen Motoren: 20 Atm.); die Druckluft liefert gewöhnlich ein kleiner, von einem Gas- oder Elektromotor bethätigter Kompressor. Der nötige Luftvorrat wird in einem Sammelbehälter aufgespeichert. Die Steuerung des Anlassventils der Motoren geschieht von Hand oder durch einen vom

Motor bewegten Schieber. Seltener setzt man die Motoren mit Hülfe eines explosiblen Gemisches von Gas bezw. Benzindampf und Luft in Bewegung.

Bei einigen Anlagen wird das in einem Kompressor auf 6—7 Atm. gepresste Gemisch in drei Anlasstöpfen für je einen Motor aufgespeichert. Man dreht mit der Hand die Maschine so weit, bis der eine der beiden Kolben auf Hub steht, d. h. eben den inneren Totpunkt passiert hat, dann lässt man das gepresste Gemisch aus dem Anlasstopf mittels eines Hahnes in den Cylinder und erteilt dadurch dem Kolben den ersten Impuls. Darauf wird die Zündung eingeleitet, welche für die Anlassperiode auf Nacheilung gestellt wird. Beim zweiten Krafthub setzt die normale Explosionsarbeit ein. Anderwärts wird das zum Anlassen erforderliche Benzin- und Luftgemenge in einem sog. Carburator hergestellt. Man setzt den Motor erst durch ein Klinkwerk nach einer Seite in Bewegung, wobei das Gemisch angesaugt wird; dann wechselt man die Drehrichtung und komprimiert das Gemisch durch Rückführung des Kolbens bis nahe in die Totpunktlage. Darauf erfolgt die Zündung, unter deren Wirkung der Motor seinen Lauf beginnt.

Für Gasmotoren, die mit Gleichstromdynamos gekuppelt sind, kommt noch eine dritte Methode des Anlassens in Frage, nämlich ein vorübergehender Betrieb der Dynamo als Motor. Voraussetzung ist natürlich, dass eine andere Gleichstromquelle, ein zweiter Stromerzeuger oder eine Akkumulatorenbatterie vorhanden ist, die genug Strom für den Leerlaufsverbrauch von Dynamo und Gasmotor abgeben kann.

Für die Betriebsfähigkeit der Gasmotoren und daher auch gegebenenfalls für die erforderliche Stärke der Reserven ist in erster Linie die Leistungsfähigkeit der Gasreinigung massgebend. Bei der Verwendung von ungereinigtem Gas war der Motor einer Zeche schon nach 8—10 Tagen so verschmutzt, dass man ihn stillsetzen musste. Nach der Einführung von Sägemehlreinigern kam man mit 4—6 wöchentlichen Reinigungsfristen aus. Die Einführung regelmässiger Perioden von etwa 4 Wochen für die Kolben- und 14 Tagen für die Ventilreinigung, einerlei ob diese Fristen durch die vorliegenden Verhältnisse gefordert werden oder nicht, wird die Betriebssicherheit erheblich fördern, da dann auch den Folgen eines zufälligen Versagens sonst gut wirkender Teerabscheider oder Trockenreiniger vorgebeugt wird. Beim Putzen werden die Verbrennungsrückstände und Krusten von verbranntem Oel im Cylinder, am Kolben usw. mit kleinen Schaufeln abgestossen, dünnere Schmutzschichten durch Abwaschen mit Petroleum beseitigt. Die Ventile und ihre Sitze reinigt man auf gleiche Weise und schleift sie, wenn notwendig, ab.

Sehr unangenehme Erscheinungen beim Gasmotorenbetriebe sind unzeitige Zündungen, Früh- oder Spätzündungen, welche den Kolben in einer für die Kraftäusserung ungeeigneten Stellung treffen und durch den Explosionsstoss die Festigkeit der Maschinenteile so beanspruchen, dass diese

den geäusserten Kräften oft nicht widerstehen und brechen. Tritt auch
kein derartiger Maschinenschaden ein, so macht sich die Störung doch im
Betriebe namentlich elektrischer Maschinen äusserst unangenehm bemerkbar.

Die Ursachen für die unzeitigen Zündungen liegen entweder in der
Zusammensetzung des Gemisches oder dem Zustand bezw. der Arbeitsweise der Maschine.

Das Gemisch entzündet sich bei dem Ueberschreiten einer Ver-
dichtungsgrenze, die von seiner Zusammensetzung abhängt, von selbst.
Ein Auftreten von Knallgas in dem Gemisch setzt diese Grenze beträchtlich herab. Das Knallgas bildet sich aus dem im Koksgas reichlich enthaltenen Wasserstoff und dem Sauerstoff der Luft, die durch Undichtigkeiten der Ofenwände, Apparate und Rohrleitungen eingesaugt wird.

In schlecht geputzten oder mit ungenügend gercinigtem Gas betriebenen Motoren entzünden die von der letzten Explosion her nach-
glühenden Krusten von verbranntem Oel und sonstigen Rückständen, die
wegen ihrer geringen Wärmeleitungsfähigkeit durch die Kühlung nicht
zeitig genug gelöscht werden, das Gemisch schon vor vollendeter Kompression. Deshalb ist auf die Verwendung eines ohne Rückstände ver-
dampfenden Oeles zu halten und eine überreichliche Schmierung zu vermeiden. Die Arbeitsweise der Maschine sollte durch periodische Diagrammentnahme darauf kontrolliert werden, ob der Zündpunkt richtig liegt und
der Zündantrieb nicht voreilt oder zurückbleibt, was zu Vor- oder Spätzündungen führt.

4. Beurteilung der Gasmotoren in wirtschaftlicher Hinsicht.

Erfahrungen über den Betrieb von Gross-Gasmotoren mit Koksgas
liegen bisher aus dem Ruhrrevier noch nicht vor.

Die Anlagekosten setzen sich zusammen aus den Ausgaben für
    1. die Gasreinigung,
    2. die Gasdynamos nebst Schaltanlagen und sonstigem Zubehör,
    3. die Fundamente und das Maschinenhaus nebst Einrichtung
       (Laufkran usw.).

Die Kosten der Gasreinigungsanlagen schwanken nach der Natur des
Gases bezw. dem Gehalt an Unreinigkeiten, den das Koksgas nach dem
Durchgang durch die Nebenproduktenfabrik noch aufweist. Eine Berück-
sichtigung des Generatorgasbetriebs erscheint entbehrlich, da er für die
Ruhrzechen vorerst nur als Reserve für eine etwaige Unterbrechung
der Koksgaslieferung in Frage kommt.

Die Kosten der Gasreinigungen für Anlagen von 300, 450, 600 und
840 cbm Leistung in der Stunde sind nach Ermittlungen auf verschiedenen
Zechen folgende:

Kosten der Gasreinigung.

Tabelle 58.

Anlage I		Anlage II		Anlage III		Anlage IV	
Stündliche Leistung in Kubikmeter Gas							
300 cbm		450 cbm		600 cbm		840 cbm.	
Gegenstand	Kosten M.	Gegenstand	Kosten M.	Gegenstand	Kosten M.	Gegenstand	Kosten M.
Ein rotierender Kugelwascher mit Elektromotor . . Zwei Reiniger (3 × 4 qm Fläche, 1,25 m Tiefe) . . . . . Verbindungsleitungen, Armaturen, Laufkatze für d. Deckeltransport.	14 000	1 Teerabscheider 1 Hordenreiniger mit 2 Abteilungen von 3 × 4 m Grundfläche und 2 m Tiefe für 4 Hordenlagen mit Holzhorden 1 Vorrichtung zum Heben u. Transportieren der Reinigerdeckel 1 Hängebahn mit Laufkatze und Flaschenzug, sowie 2 Transportwagen zum Verfahren der Masse im Reiniger- und Regenerierraum	22 000	Ein Kugelwascher, drei Reiniger von 4 × 6 qm Fläche und 1,3 m Tiefe Verbindungsrohrleitungen im Reinigergebäude . . Verbindungsleitung nach dem vorhandenen Gasbehälter	23 500 5 700 1 400	Reinigeranlage	
Reinigergebäude .	20 000	Reinigergebäude und Regenerierraum . . . . Verbindungsleitungen, Schieber und Druckausgleicher	9 000 2 000	Wasserleitung . . . Laufkran mit Zubehör . . . . Gebäude	300 3 300 50 000		
Gesamtkosten	34 000		33 000		84 200		60 000
Kosten je Kubikmeter stündl. Leistg.	113,00		73,30		140,30		71,40

Im Mittel sollen die Anlagekosten der Gasreinigung zu 80 M. je Kubikmeter stündliche Leistung angenommen werden.

Die Kosten von Gasmotoren gleicher Grösse aber verschiedener Systeme weichen erheblich von einander ab. Nachstehend seien die Beschaffungskosten einiger Motoren, die auf Ruhrzechen Aufstellung gefunden haben, mitgeteilt:

1. Eincylindriger Viertaktmotor System Körting, Leistung 120 PS   19 900 M.

2. Zweitaktmotor System Oechelhäuser, Leistung 550 PS . . .   52 000 »

3. Doppeltwirkender Viertaktmotor in Tandemanordnung, System Nürnberg-Augsburg mit Zündbatterie, Leistung 900 PS   88 800 »

Bezüglich der Aufstellungskosten ist zunächst zu bemerken, dass der Raumverbrauch der Gasmotoren bei gleicher Grösse noch etwas grösser als der von Kolbendampfmaschinen ist und den für Dampfturbinen erforderlichen, wie Fig. 438 zeigt, um ein mehrfaches übertrifft.

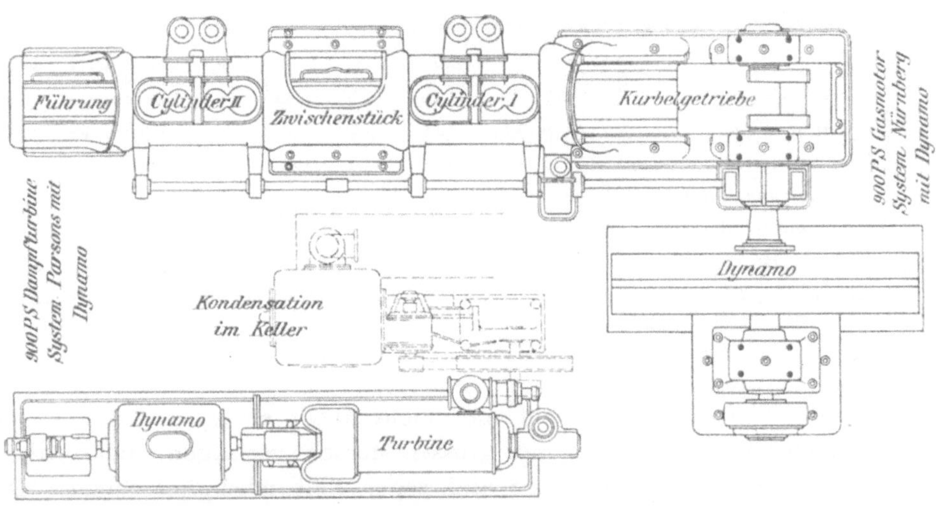

Fig. 438.

Vergleichende Gegenüberstellung einer Gasdynamo mit Nürnberger Tandemmotor und einer Parsons-Turbodynamo von gleicher Leistung.

Ueber die Abmessungen der doppeltwirkenden Viertaktmotoren, die von den verschiedenen Systemen die gedrängteste Bauart aufweisen, macht die Ver. Maschinenfabrik Augsburg und Maschinenbaugesellschaft Nürnberg folgende Angaben:

Hauptmasse der Nürnberger Gasmotoren.

Motoren in einfacher Tandemanordnung.

Tabelle 59.

Type	D.T.6a	D. T. 7	D.T.7a	D. T. 8	D. T. 9	D.T.10	D.T.11	D.T.12	D.T.13
Leistung PSe	350	480	530	685	870	1 050	1 200	1 500	1 850
Uml./Min.	150	150	125	125	120	110	100	94	90
Durchmesser des Schwungrades mm .	4 100	4 900	4 900	4 900	5 100	5 500	6 100	6 500	6 750
Grösste Breite mm . .	5 500	5 700	6 000	6 250	6 500	6 750	7 000	7 250	7 500
Gesamtlänge einschl. Schwungrad mm . .	10 550	11 700	12 450	13 200	14 170	15 250	16 550	17 500	18 375

Motoren in Zwillingstandemanordnung.

Tabelle 60.

Type	D. 6a	D. 7	D. 7a	D. 8	D. 9	D. 10	D. 11	D. 12	D 13
Leistung PSe	160	220	245	315	400	480	550	690	845
Uml./Min.	150	150	125	125	120	110	100	94	90
Durchmesser des Schwungrades mm .	4 100	4 900	4 900	4 900	5 100	5 500	6 100	6 500	6 750
Grösste Breite mm . .	4 500	5 000	5 500	6 000	6 250	6 500	6 750	7 000	7 250
Gesamtlänge mm . .	7 500	8 300	8 650	9 150	9 800	10 555	11 750	12 450	13 375

Der Gasmotor verbraucht aber nicht allein einen grösseren Raum, die Schwungbewegungen seiner grossen Massen verlangen auch stärkere Fundamente als Dampfturbinen und sogar Kolbendampfmaschinen. Das tritt in den von einigen Zechen mitgeteilten Anlagekosten ihrer Koksgasmotoranlagen deutlich in Erscheinung. (Siehe Tabelle 61.)

Aus diesen Zusammenstellungen ergiebt sich, dass die Anlagekosten für die installierte Pferdestärke bei grösseren Gasmotoranlagen zu etwa 160 M. angenommen werden können. Nimmt man den Gasverbrauch je Pferdekraftstunde zu 0,7 cbm an, so ergiebt sich nach den obigen Ausführungen für die Anlagekosten der Reinigeranlage noch ein Zuschlag $0,7 \times 80 = 56$ M., sodass die Kosten der Gesamtanlage zu **216 M.** je Pferdekraft veranschlagt werden können.

Anlagekosten einiger Koksgasmotoren. **Tabelle 61.**

Anlage I		Anlage II		Anlage III		Anlage IV	
Leistung 120 PS		Leistung 550 PS		Leistung 900 PS		Leistung 1800 PS	
Gegenstand	Kosten M.	Gegenstand	Kosten M.	Gegenstand	Kosten M	Gegenstand	Kosten M.
Eincylindriger Viertaktmotor System Körting mit Rohrleitung und Anlassvorrichtung (Luftkompressor und Kessel) . .	19 900	Ein Zweitaktmotor System Oechelhäuser.	52 000	Ein doppeltwirkender Viertaktmotor in Tandemanordnung, Syst. Nürnberg-Augsburg .	88 000	Drei Gasmotoren von je 600 PSe einschl. Rohrleitungen, fertig montiert . . .	240 000
		Montage	3 900				
		Eine Anlassvorrichtung, betrieben vom vorhandenen Luftkompressor	600	Akkumulatorenzündbatterie mit		Laufkran m. Katze für 15 t Tragkraft	12 000
Gebäude und Fundamente . .	23 000	Rohrleitungen innerhalb des Gebäudes	2 900	Zubehör. . . .	800	Maschinenhaus . .	25 000
		Rohrleitungen ausserhalb des Gebäudes. einschl. Auspuffrohr	2 000	Hauptgasleitung, Luftleitung, Gas-Auspuffleitung, sowie Saug- und Druckleitung des Anlassluftkom-		Fundamente . . .	12 000
		Kostenanteil an dem Hochbehälter für Kühlwasser . . .	3 140				
		Kostenanteil am Maschinengebäude	21 000	pressors. . . .	3 900		
		Fundament: 115 cbm armierter Beton und 333 cbm Cementmauerwerk	9 500	Kühlwasserleitung	1 800		
				Gebäude und Fundamente (geschätzt)	50 000		
		Kostenanteil am Hebekran .	2 750				
Gesamtanlagekosten	42 900		97 790		144 500		289 000
oder je PS rund M.	357		177		160		160

Durch den Aufwand für den elektrischen Teil der Centrale erhöhen sich die Kosten der vier auf voriger Seite aufgeführten Anlagen einschliesslich der Gasreinigungen wie folgt:

Tabelle 62.

	I	II	III	IV
Motorleistung . . . . PSe	120	550	900	1800
Elektrische Anlage: Leistung . $\sim$. KW	88	404	662	1315
Kosten des elektrischen Teils:	M.	M.	M.	M.
				3 Masch.
a) Dynamos	7 500	20 300		100 000
b) Schaltanlage u. Verbindungs-		Anteil	53 000	
leitungen	2 000	1 500		17 000
Kosten des elektrischen Teils . .	9 500	21 800	53 000	117 000

Kosten der Gesamtanlage:

	I	II	III	IV
	M.	M.	M.	M.
1. Gasreinigungsanlage.	34 000	33 000	40 000	60 000
2. Gasmotorenanlage	42 900	97 790	144 500	289 000
3. Elektrische Anlage	9 500	21 800	53 000	117 000
Gesamtkosten . .	86 400	152 590	237 500	466 000
Kosten je installiertes KW in M. . .	981	377	358	351

Bei noch grösseren Anlagen werden die Anlagekosten, bezogen auf die geleistete Krafteinheit, sich weiter ermässigen.

Die Firma Haniel & Lueg in Düsseldorf macht über die Anlagekosten einer Gasmotorencentrale von 5150 PS = 3790 KW Leistung ohne Gasreinigung folgende Angaben:

Anlagekosten für 5150 PS = 3790 KW, gemessen am Schaltbrett:

1. 3 Gasmotoren mit Dynamos von je 1260 KW mit allem Zubehör, einschliesslich Schaltanlage, fertig montiert . . . . 551 000 M.
2. 1 Laufkran von 25 m Spurweite, 15 t Tragkraft mit Laufbahn . . . . 22 000 »
3. Rohrleitungen usw. . . . . 20 000 »
4. Fundamente und Aushub 1600 cbm à 16 M. . . . 25 600 »
5. Gebäude, 24 m breit, 25 m lang, 600 qm à 80 M. . . 48 000 »

666 600 M.

Uebertrag: 666 600 M.

Für Beaufsichtigung, Unvorhergesehenes usw. 4,6 % der
Kaufsumme . . . . 30 600 »

697 200 M.

Reserven 15 % der Gesamtanlage . . . . 104 580 »

801 780 M.

Die Reinigeranlage würde sich, wenn man den auf Seite 572 errechneten Grundpreis von 56 M. je installierte Pferdekraft berücksichtigt, auf
288 400 M. stellen. Für die Gesamtanlage ergäben sich die Gestehungskosten zu 1 090 180 M. oder zu $\sim$ 290 je KW.

Es geht daraus hervor, dass die Anlagekosten der Gasmotoren auch
dann, wenn man die Gasreinigungen nicht berücksichtigt, gegenüber den
Baukosten von Kolbendampfmaschinen- und Dampfturbinencentralen recht
hoch sind. Die Aufwendungen für die Gasmotoranlage werden auch dadurch erheblich verteuert, dass man für die alle zwei bis vier Wochen
notwendig werdenden Reinigungs- und Reparaturpausen den Motor zum
mindesten eine Schicht ausser Betrieb setzen muss. Der Ausfall an Kraft
muss durch einen Reservemotor gedeckt werden; deshalb ist es zweckmässig, die Einheiten bei Gasmotoren nicht zu gross zu nehmen, weil die
Reserveanlagen sonst ebenfalls sehr reichlich bemessen werden müssen.
Für eine Motoranlage von 1200 PS Dauerleistung empfiehlt es sich beispielsweise, 3 Motoren von je 600 PS (einen in Reserve), für eine 3000pferdige
Centrale 4 Motoren von je 1000 PS (einen in Reserve) aufzustellen.

Was nun die B e t r i e b s k o s t e n der Gasmotorcentralen anlangt, so
stellt sich der Hauptfaktor, die Ausgaben für die B e t r i e b s e n e r g i e,
das Koksgas, unter den gegenwärtigen Verhältnissen sehr billig. Wie auf
Seite 384 in Bd. VII nachgewiesen ist, bewertet sich das Kubikmeter Rohgas bei
der jetzt üblichen Verbrennung unter dem Kessel zu 0,29 Pf. Das Koksofengas
ist eben jetzt noch ein Abfallprodukt und deshalb wie das Gicht- und das
Schwelgas eine sehr billige Betriebskraft. Diese Verhältnisse würden
sich vollkommen ändern, wenn das Koksofengas als Heiz- oder Leucht-
energie einen höheren Preis erzielte als jetzt. In Amerika wird bereits
einer grösseren Anzahl von Städten das Heiz- und Leuchtgas von Kokereien
geliefert, und die Erfahrung hat gezeigt, dass die Fernübertragung des
Gases in gepresstem Zustande keinerlei Schwierigkeiten verursacht. Auch
in Deutschland hat man bereits einige Gasübertragungen von über 10 km
Länge, die sich wirtschaftlich recht gut bewährt haben. Man ist deshalb zu
der Hoffnung berechtigt, dass das Koksofengas in Zukunft eine lohnendere
Verwertung findet als die Verbrennung als Abfallgas, sei es unter dem
Kessel oder im Gasmotor.

Ueber die Betriebskosten der Gasreinigungsanlagen, die den Kosten des Rohgases noch zuzuschlagen sind, liegen bisher aus dem Ruhrrevier noch wenig Erfahrungen vor.

Eine Reinigungsanlage von 12 000 cbm Leistung in 24 Stunden, die 40 000 M. gekostet hat, erfordert an reinen Betriebskosten täglich 5,50 M. Unter Berücksichtigung einer 12 %igen Verzinsung und Amortisation betragen dann die Gesamtbetriebskosten im Tage $\sim$ 13,00 + 5,50 = 18,50 oder je Kubikmeter Gas 0,15 Pf.

Das Kubikmeter gereinigtes Gas stellt sich danach auf

$$0,29 + 0,15 = 0,44 \text{ Pf.}$$

Ausser der Betriebsenergie erfordert der Gasmotor noch Kühlwasser und Oel.

Gruben- und auch Mergelwasser ist wegen der zu befürchtenden Niederschläge in den Cylindermänteln und -Deckeln, Kolben und Kolbenstangen usw. für die Kühlung nicht zu verwenden. Es kommt nur reines Wasser in Frage, das von den meisten Zechen gekauft wird. Nach der Erwärmung (40 ° C.) wird das Wasser in der Rückkühlanlage wieder auf die ursprüngliche Temperatur gebracht. Die Kühlanlage nebst Pumpen usw. verursacht unter Umständen nicht unbeträchtliche Anlagekosten, erforderte beispielsweise in einem Falle für eine 500 PS-Centrale 37 000 M. Unter Berücksichtigung der Anlage- und Betriebskosten der Rückkühlung, der in ihr entstehenden Verluste und des ziemlich hohen Kaufpreises des Wassers können die Gestehungskosten des Kubikmeters Kühlwasser zu 5 Pf. angenommen werden. Der Kühlwasserverbrauch kann nach den vorliegenden Erfahrungen zu 40 l je effektive PS-st. oder unter Berücksichtigung eines Nutzeffektes der Dynamo von 93 % zu 58 l je geleistete KW-st. angenommen werden.

Die Schmierungskosten schwanken je nach dem System und der Grösse der Motoren (der Zahl und der Oberfläche der Schmierstellen) und dem Preise des verwandten Oeles; sie kommen nach den auf einigen Zechen gemachten Garantien auf 1,3 g je PS-Stunde oder 1,9 je KW-Stunde zu stehen. Nimmt man an, dass der Oelverbrauch sich zur Hälfte auf Cylinderöl zum Preise von 0,7 M. je kg — wegen der starken Erhitzung der Cylinder kann nur ein gutes Oel verwandt werden —, zur anderen Hälfte aus Maschinenöl zum Preise von 0,5 M. je kg zusammensetzt, so beziffern sich die Oelkosten je geleistete KW-Stunde zu

$$0,06 \times 1,9 = 0,114 \text{ Pf.}$$

Der Verbrauch an Putz- und Packmaterial wird zu 0,06 Pf. je KW-st. angegeben.

Für Verzinsung und Amortisation soll ein Betrag von 15 % des Anlagekapitals eingestellt werden, wobei ein schnellerer Verschleiss der Gasmotoren gegenüber den Kolbendampfmaschinen und Dampfturbinen berücksichtigt ist.

Auch für die Bedienung sind sogar den Kolbendampfmaschinen gegenüber erhöhte Aufwendungen zu machen, wenn man die Kosten des Zeit-
verbrauches und die Beanspruchung des Personals durch die Reinigung der
Motoren, die bei Gasmotoren ziemlich umständliche Parallelschaltung der
Generatoren usw. in Rechnung zieht.

Unter diesen Annahmen soll in gleicher Weise wie für die Kolbendampfmaschinen und Dampfturbinen eine Betriebskostenberechnung
für eine Kilowattstunde, erzeugt in einer Gasmotorencentrale
von 2200 KW Leistung durchgeführt werden. Es seien 4 Gasmotoren
von je 1000 PS Leistung aufgestellt, von denen einer in Reserve bleibt.

I. Annahmen bezüglich der Anlagekosten.

a) Bautechnischer Teil der Centrale:

Maschinenhaus von 38 m lichter Länge und 20 m lichter Breite =
760 qm Grundfläche.

Die starken Massenbewegungen der Gasmotoren lassen einen
massiven Ausbau des Gebäudes empfehlenswert erscheinen. Es seien
deshalb hier wie bei der Kolbendampfmaschinencentrale die Kosten
des Quadratmeters überbauten Raumes zu 80 M. angenommen.

Kosten des Maschinengebäudes . . . . 60 800 M.
    »   der Fundamente mit Aushub . . . . 25 000 »
                                   85 800 M.

b) maschinentechnischer Teil der Centrale:

α) 4 doppeltwirkende Viertaktmotoren in Tandemanordnung mit Schwungrad für eine durchschnittliche
Leistung von je 1000 PS, einschliesslich Rohrleitungen
u. s. w., fertig montiert . . . . 480 000 M.

β) Druckluftanlassvorrichtung für die Motoren, betrieben
von einem vorhandenen Kompressor . . . . 4 000 »

γ) 4 Drehstromgeneratoren für eine Leistung bis zu 735
KW je Maschine bei 3000 V Spannung und 50 Perioden
einschl. Montage, Verbindungsleitungen usw. , . . . 248 000 »
                                Uebertrag: 732 000 M.

Uebertrag: 732 000 M.

δ) Eine Dampfdynamo für die Anfangs- und ein Drehstrom-
     Gleichstromumformer für die Dauererregung . . . .   12 000 »

ϵ) Schaltanlage und Verbindungsleitungen . . . . . .   25 000 »

ζ) Ein Laufkran für 15 t Tragkraft mit Laufbahn . . . .   15 000 »

η) Für die Beleuchtungsvorrichtung und sonstiges Inventar
     der Centrale sowie für Unvorhergesehenes . . . . .   6 000 »

Sa. maschinentechnischer Teil . .   790 000 M.

c) **Gesamtanlagekosten*):**

bautechnischer Teil . . . . .   85 800 M.

maschinentechnischer Teil . .   790 000 »

Sa. . .   875 800 M.

Zur Abrundung*) . . . . . .   200 »

876 000 M.

II. Annahmen bezüglich der Betriebskosten im Monat.

a) **Verzinsung und Amortisation des Anlagekapitals zu 15 %:**
131 340 M. im Jahre oder im Monat . . . .   10 950,00 M.

b) **Gaskosten:**

Gaskosten je Kubikmeter (s. S. 576) 0,44 Pf. Der
Gasverbrauch eines 1000 PS-Gasmotors wird für den
Durchschnittsbetrieb zu 2500 Wärmeeinheiten je PS-st.
garantiert. Nimmt man den durchschnittlichen Heizwert des Koksgases zu 3500 WE an, so berechnet
sich der Gasverbrauch für die vom Motor geleistete
PS-Stunde zu $\sim$ 0,7 cbm und bei einem Wirkungsgrade der Dynamo von 93 % für die von letzterer
abgegebene KW-Stunde zu etwa 1 cbm im Werte von
0,44 Pf.

     Die Gaskosten betragen also für eine monatliche
Leistung von 932 250 KW-st. = 932 250 . 0,44 Pf. = . .   4 101,90 »

Uebertrag: 15 051,90 M.

---

*) Die Reserven bleiben hier wie bei der Kostenzusammenstellung für
Kolbendampfmaschinen und Dampfturbinen unberücksichtigt.

Uebertrag: 15 051,90 M.

c) Kosten des Kühlwassers:

Monatlicher Kühlwasserverbrauch $932\,250 \times 58\,\mathrm{l} =$
54 070,5 cbm zu je 5 Pf. . . . . 2 703,52 »

d) Kosten des Oels (s. S. 576):

Monatlicher Oelverbrauch $932\,250 \times 1,9\,\mathrm{g} = \sim 1771\,\mathrm{kg}$
zu 0,6 M. . . . . 1 062,60 »

e) Kosten des Putz- und Packungsmaterials:

$932\,250 \times 0,06$ Pf. . . . . 559,35 »

f) Bedienung:

Die 3 Motoren und die Schalttafel erfordern in den
beiden Tagesschichten 2×3 Wärter- und 2×2 Hülfswärterschichten, in der Nacht zwei Wärter- und eine
Hülfswärterschicht, also in 24 Stunden 8 Wärter- und
5 Hülfswärterschichten $= 8 \times 4 + 5 \times 2,40 = 44$ M. im
Tage oder im Monat . . . . 1 320,00 »

g) Reparaturen:

Die Ausgaben für Reparaturen, Aufsicht usw. sollen
auf $5\,^0/_0$ der Beschaffungskosten der Gasmotoren veranschlagt werden . . . . 2 000,00 »

Sa. der Betriebskosten im Monat . . 22 697,37 M.

Die Gestehungskosten der KW-Stunde bei durchschnittlicher $^3/_4$ Belastung ergeben sich daraus zu

$$\frac{22\,697,37}{932\,250} = 2,435\ \text{Pf.}$$

Von dem Gestehungspreise von 1000 KW-Stunden $= 24,35$ M. entfallen:

Auf Verzinsung und Amortisation der Anlagekosten . 11,75 M.
» Gas (1000 cbm) . . . . 4,40 »
» Kühlwasser (58 cbm) . . . . 2,90 »
» Oel (1,9 kg) . . . . 1,14 »
» Putz- und Packungsmaterial . . . . 0,60 »
» Bedienung . . . . 1,42 »
» Reparaturen . . . . 2,14 »

24,35 M.

Des Vergleiches halber seien nachstehend die Kosten von 1000 KW-
Stunden bei Kolbendampfmaschinen, Dampfturbinen- und Koksgasmotoren-
betrieb einander gegenübergestellt:

37*

Tabelle 63.

Gegenstand	Kolben-dampfma-schinenbetrieb M.	Dampf-turbinen-betrieb M.	Koks-gasmotoren-betrieb M.
1. Verzinsung und Amortisation des Anlagekapitals	5,79	4,07	11,74
2. Betriebsenergie (Dampf bezw. Gas) .	17,16	19,36	4,40
3. Kühlwasser	—	—	2,90
4. Bedienung	0,88	0,39	1,42
5. Schmiermaterial	0,77	0,078	1,14
6. Putz- und Packungsmaterial	0,03	0,005	0,60
7. Reparaturen	0,07	0,02	2,14
	24,70	23,923	24,35

Es geht aus den Zahlen dieser Aufstellung, die soweit als möglich der Praxis entnommen sind, wenn sie auch natürlich keine allgemeine Gültigkeit beanspruchen können, hervor, dass die hohen Anlagekosten bei der voraussichtlich geringen Lebensdauer, sowie die übrigen Betriebsausgaben die Ersparnisse, welche dem Gasmotor durch die Billigkeit der Betriebsenergie geboten werden, grösstenteils wieder verschlingen. Die Elektrizitätserzeugung wird sich also durch Gasmotoren wohl kaum viel billiger stellen als bei guten Dampfmaschinen, und die Betriebskosten werden wahrscheinlich höhere sein als die von Dampfturbinen.

---

3. Kapitel: Die elektrische Ausrüstung der Centralen.

I. Die Stromerzeuger.

1. Gleichstrommaschinen.

a) Allgemeines.

Die ersten Gleichstrommaschinen, die Aufstellung auf den Ruhrzechen fanden, waren Hauptstrommaschinen, bestimmt, die Bogenlampen der Zechenplatzbeleuchtung mit Strom zu versorgen. Bei dieser Maschinentype (Fig. 439) sind die Feldmagnete und der Anker hintereinander (in Serie) geschaltet. Der Ankerstrom geht also in voller Stärke durch die Windungen der Magnete, erregt sie und tritt dann in den äusseren Stromkreis.

Bei dieser Anordnung beeinflussen alle Widerstandsveränderungen im äusseren Stromkreise die Spannung und Stromstärke und infolgedessen auch die Feldmagneterregung und führen einen unruhigen Gang der Maschine herbei, ein Nachteil, der die Verwendung dieser Type dort, wo auf konstante Spannung gehalten werden muss, wie z. B. bei der Glühlichtbeleuchtung oder in einem Kraftverteilungsnetz unmöglich macht.

Die mit Hauptstrommaschinen ausgerüsteten Kraftanlagen waren deshalb ausschliesslich Einzelübertragungen für den Betrieb von Ventilatoren (Baaker Mulde, Consolidation, Rhein-Elbe, Ver. Maria Anna und Steinbank) oder Pumpen (Deutscher Kaiser). Hier bot die Hauptstrommaschine zunächst den Vorteil, dass sie sich für höhere Spannungen ausführen liess, z. B. 1200 V auf Bonifacius, 1100 V auf Ver. Maria Anna und Steinbank, als die Gleichstrommaschinen der anderen Systeme. Ferner konnte die Stromerzeugung lediglich durch Veränderung der Umdrehungsgeschwindigkeit und damit der Leistung der Primärmaschine in weiten Grenzen verändert werden, was bei den Ventilatoren stark ins Gewicht fiel.

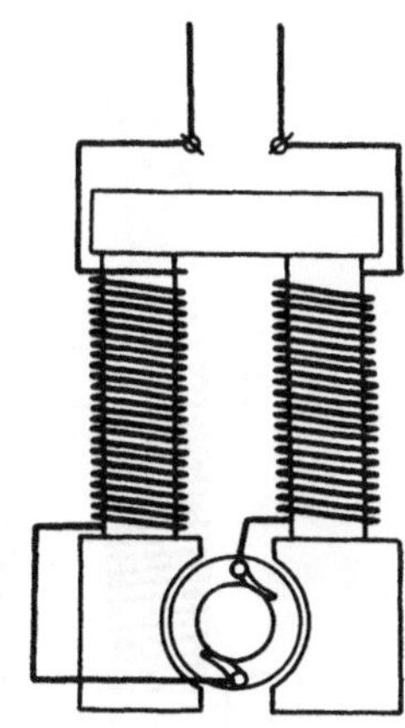

Fig. 439.

Hauptstromdynamo-
maschine.

Die Einführung von Bogenlampen, die im Gegensatz zu den ersten Systemen auch in Parallelschaltung brannten, und vor allem die Anlage ausgedehnter Stromverteilungsnetze drängte die Hauptstrommaschine in den Hintergrund.

Anfangs der neunziger Jahre begann — allerdings nur für etwa ein Quinquennium — die Vorherrschaft der beiden anderen Gleichstrommaschinentypen, der Nebenschluss- und der Compoundmaschine.

Bei der ersteren (Fig. 440) ist die Erregerwicklung der Feldmagnete nicht hinter den Anker, wie bei der Hauptstrommaschine, sondern parallel den Ankerwindungen geschaltet. Die Leitung zum äusseren Stromkreis zweigt schon an den Bürsten ab. In die Nebenschlusswicklung, die nur den Erregerstrom, einen kleinen Teil der Energie, aufnehmen soll und deshalb nur einen geringen Querschnitt hat, ist der Magnetregulator, ein veränderlicher Widerstand, gelegt, der es gestattet, die Spannung des Erregerstroms, mit ihr die Dichte des magnetischen Feldes und die Ankerspannung zu regulieren.

Da das Eisen der Feldmagnete immer etwas remanenten Magnetismus aufweist, erregt sich die Nebenschlussmaschine — wieder im Gegensatz zu der Hauptstromtype — unabhängig von der Stromstärke im äusseren Stromkreis von selbst. Der schwache Erregerstrom (2—4 $^0/_0$ des Haupt-

stroms) wird durch das Ausschalten der einzelnen Spulen des Magnetregulators stufenartig bis zur vollen Spannung verstärkt. Dann ist erst
das richtige Stromverteilungverhältnis zwischen Magnetwindungen und
äusserem Stromkreis hergestellt, die beiden Ströme sind im Gleichgewicht.

Zu dem Anlaufen unter Strom gesellt sich bei der Nebenschlussmaschine ein zweiter Vorteil, der einer gewissen Selbstregelung. Sinkt
beispielsweise durch Zuschaltung von Lampengruppen oder Motoren der
Widerstand im äusseren Stromkreis, nimmt letzterer also mehr Strom auf,
dann erhalten die Erregerwindungen der Maschine weniger Strom und die
magnetische Feldstärke und mit ihr die Spannung geht zurück.

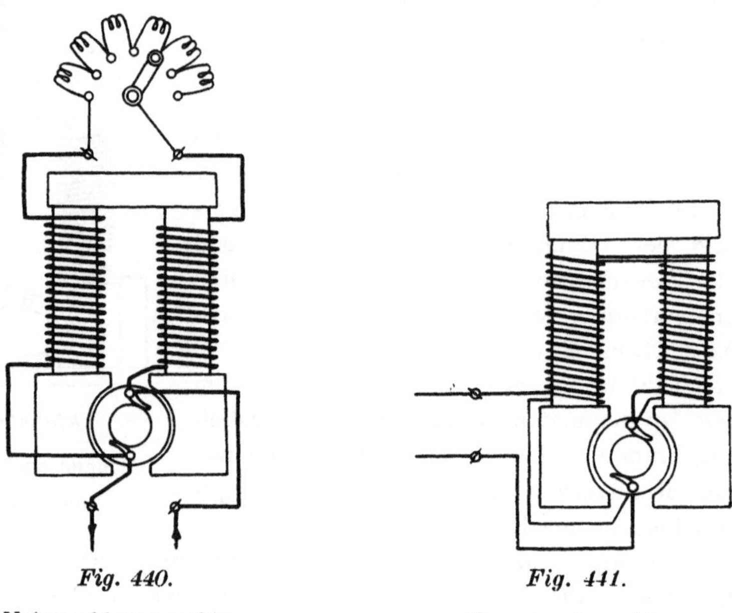

Fig. 440.

Nebenschlussmaschine.

Fig. 441.

Compoundmaschine.

Wird umgekehrt durch einen gegenteiligen Vorgang, etwa durch
Ausschalten einer Lampengruppe, der Widerstand des Aussenkreises
erhöht, droht also die Spannung zurückzugehen, dann fliesst mehr Strom
durch die Nebenschlusswicklung, das magnetische Feld wird stärker und
die Spannung erhöht sich. Diese Selbstregelung der Nebenschlussmaschine
reicht bei schwankend belasteten Kraftverteilungsanlagen oft noch nicht
aus, um die Spannung konstant zu halten und Zuckungen eingeschalteter
Glühlampen zu verhindern. Man nimmt deshalb oft noch ein weiteres
Mittel, einen selbstthätigen Spannungsregler, zu Hülfe, der auf die
Magneterregung einwirkt (s. S. 610).

Eine weitergehende Selbstregelung wie bei der Nebenschlussmaschine
wird bei den Maschinen mit gemischter Wicklung oder Com-

poundmaschinen erzielt. Hier ist um die Magnete ausser der dünnen Nebenschlusswicklung noch eine dicke Hauptstromwicklung gelegt, die an den Bürsten abzweigt und zum äusseren Stromkreis führt (Fig. 441). Wird dort der Widerstand geringer, fliesst also mehr Strom durch die Hauptstromwicklung, dann erhalten die Nebenschlussspulen weniger Strom; im umgekehrten Falle wird beim Anwachsen des äusseren Widerstandes die Nebenschlusswicklung stärker erregt. Es findet also eine Wechsel- wirkung der beiden das magnetische Feld beeinflussenden Wicklungen statt, die bei der richtigen Bemessung des Verbundverhältnisses und einem guten Gleichförmigkeitsgrad des Antriebsmotors innerhalb eines bestimmten Spannungsbereiches die Feldstärke und mit ihr die Spannung konstant hält.

Wenn sich auch die Compoundmaschine in der Beschaffung etwas teurer stellt als die Nebenschluss- maschine, und letztere im Wirkungsgrad nicht er- reicht, so giebt man ihr doch für Gleichstrom- verteilungsnetze mit stark wechselnder Belastung, wie z. B. bei Lokomotivförderungen, Förderhaspeln usw., mit Recht den Vorzug, vorausgesetzt natürlich, dass nicht der Ausgleich der Belastungsschwankungen durch Akkumulatoren erfolgt.

Fig. 442.

Feldmagnetanordnung der Edison-Type.

Der Aufbau der Gleichstrommaschinen hat in den zwanzig Jahren ihrer Hauptentwickelung ausser- ordentliche Veränderungen erfahren.

Bei den ältesten Maschinen, die ja nur kleine Abmessungen hatten, bevorzugte man vielfach das stehende Magnetjoch der sogenannten Edison- type (Fig. 442), dessen Schenkel oft durch schmiedeeiserne Säulen von rundem Querschnitt gebildet wurden. Die Verbindung des Schmiedeeisens mit den gewöhnlich gusseisernen Polschuhen und der aus demselben Material bestehenden Jochbrücke erfolgte durch Verschraubung oder durch Angiessen des Gusseisens an die Magnete.

Diese umständliche Art der Herstellung wich bald einer einfacheren, bei der man das Joch der Magnete mit der Grundplatte und den Lager- konsolen aus einem Stück goss, eine beliebte Type von Siemens & Halske, die auch im Ruhrrevier viel Verbreitung fand (Fig. 443). Die Pole sind oben zur Verringerung der Kraftlinienstreuung abgeschrägt.

Eine ähnliche Anordnung zeigt eine von der Allgemeinen Elektrizi- täts-Gesellschaft herrührende Ausführungsform (Fig. 444), deren Magnete mit der Grundplatte zusammen aus einem Stück gegossen sind. Der Quer- schnitt der Magnete, an welche die Lagerhalter angeschraubt sind, ist hier ein rechteckiger.

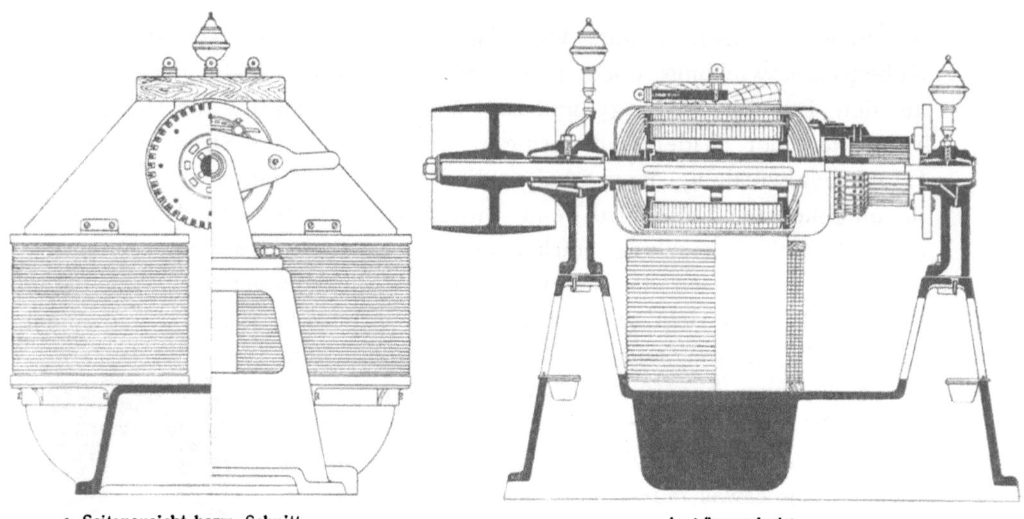

a Seitenansicht bezw. Schnitt.　　　b Längsschnitt.

Fig. 443.

Gleichstrommaschine, Type L H von Siemens & Halske.

Fig. 444.

Aeltere Gleichstrommaschine für kleinere Leistungen.　Allgemeine Elektrizitäts-Gesellschaft.

Während bei den vorbeschriebenen Typen die Polschuhe dicht an den Spulenkästen anschliessen, ist bei der »Manchestertype« (Fig. 445) die obere und untere Jochbrücke der beiden (schraffierten) schmiedeeisernen Magnete zu Polen ausgebildet. Diese Maschine war ebenfalls in einer Reihe von

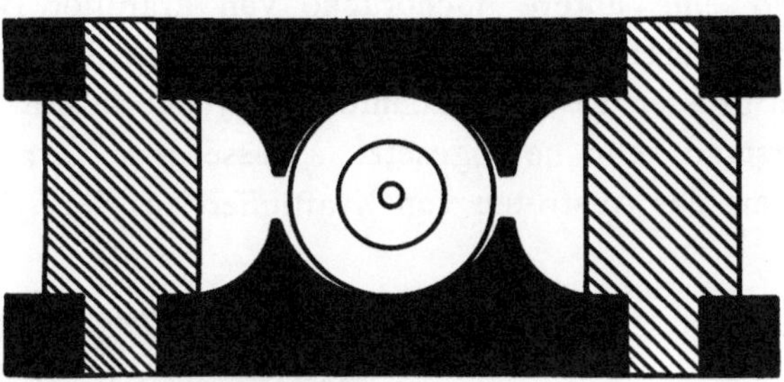

Fig. 445.

Gleichstrommaschine, Manchestertype.

Exemplaren im Ruhrrevier vertreten. Grosser Beliebtheit erfreute sich längere Zeit auch die Flachringmaschine von Schuckert, deren eigenartiger Aufbau durch Fig. 446 wiedergegeben wird. Die beiden Jochbrücken sind

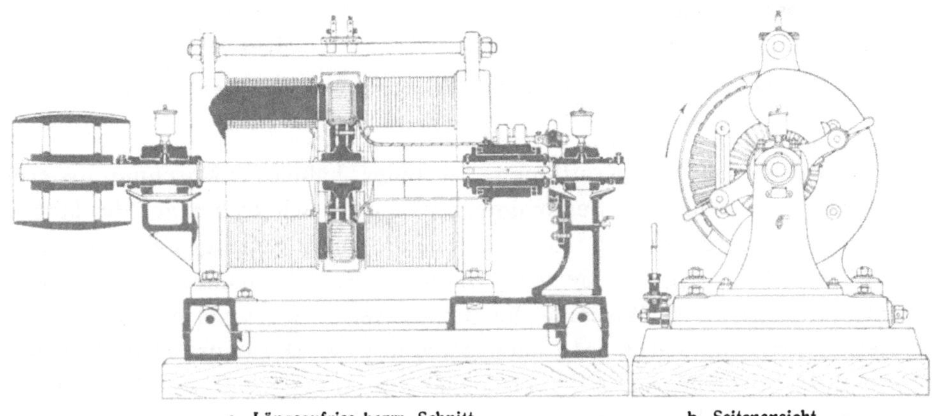

Fig. 446.

Flachringmaschine von Schuckert.

hier senkrecht, die vier Magnete, deren Pole gegen die flachen Seiten des Kreuzankers gerichtet sind, dagegen wagerecht angeordnet. Bewährte sich diese Maschine namentlich beim Betrieb von Bogenlampen auch sehr gut, so war sie doch zu teuer in der Herstellung und zu wenig stabil.

Den Weg zum Bau einfacher und sehr wirksamer Maschinen, die dabei recht gute magnetische Eigenschaften aufweisen, zeigte die Firma Lahmeyer, die in ihrer geschlossenen Dynamo (Fig. 447 u. 448) den Grundtyp des modernen Dynamobaues schuf. Das Magnetgehäuse, das in einem Guss-stück besteht, hat zwei kurze Pole von rechteckigem Querschnitt, die durch eine obere und eine untere Jochbrücke von kräftiger Bemessung verbunden werden. Durch den geringen Abstand der Erregerspulen vom Anker und den grossen Eisenquerschnitt der Jochbrücken wird der magnetische Widerstand sehr herabgesetzt. Ausserdem verhindert die geschlossene Bauart das Austreten von Kraftlinien aus dem Gehäuse.

<table>
<tr><td>Fig. 447.</td><td>Fig. 448.</td></tr>
<tr><td>Längsschnitt durch das Pol-
gehäuse.</td><td>Ansicht einer zweipoligen Dosen-
dynamo.</td></tr>
</table>

Elektrizitäts-Gesellschaft vorm. W. Lahmeyer & Co., Frankfurt a. M.

Den Verlauf der Kraftlinien bei einer Lahmeyer-Maschine neuerer Anordnung, bei der das Feldmagnetgerüst nicht wie früher auf der langen Seite des Rechtecks ruht, sondern auf die kurze Seite gestellt ist, giebt die Fig. 449 in den punktierten Linien. Durch Vermehrung der Polzahl entstehen aus dieser Maschine die für grössere Leistungen gebräuchlichen vierpoligen (Fig. 450 u. 451), sechspoligen usw. Dynamos. Die Gehäuse erhielten bei mehrpoligen Typen früher eine polygone (Fig. 451), jetzt allgemein eine runde Aussenbegrenzung (Fig. 450).

Mit der Grösse der Maschine wächst die Zahl der Pole. Fig. 452 stellt das Polgehäuse einer schnelllaufenden Maschine von Lahmeyer mit 10 Polen, Fig. 453 eine grosse Gleichstrommaschine der Siemens-Schuckert-Werke mit 12 Polen dar.

Bei sehr grossen Maschinen, wie der zuletzt erwähnten, wird das Polgehäuse zur Erleichterung des Transportes und der Montage gewöhnlich unterteilt. Die Magnetkerne sind durch Schrauben an dem Kranze

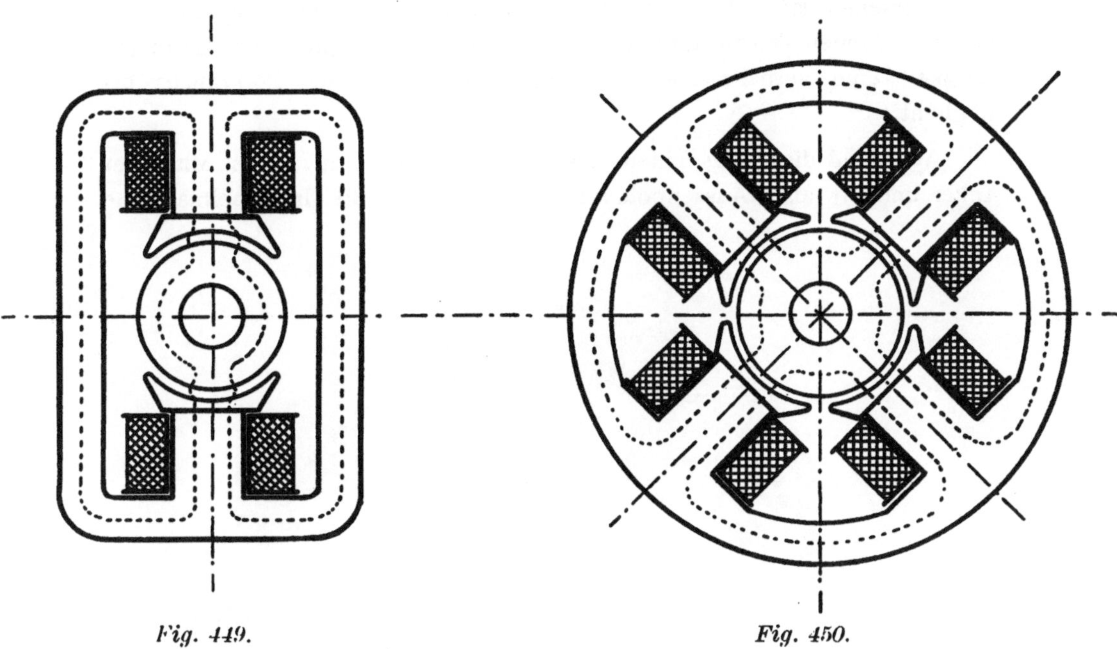

Fig. 449.　　　　　　　　　　　　　　Fig. 450.

Kreislauf des magnetischen Stromes

bei einer zweipoligen Dynamo.　　　　　bei einer vierpoligen Dynamo.

Fig. 451.

Ansicht einer vierpoligen Dynamomaschine mit eckigem Gehäuse.

Elektrizitäts-Gesellschaft vorm. W. Lahmeyer & Co., Frankfurt a. M.

befestigt, der aussen mit Furchungen, innen mit Auflageflächen für die
Pole versehen ist. Das Material der Gehäuse ist heute allgemein ein
weicher Siemens-Martinstahl, dessen vorzügliche magnetische Leitungs-
fähigkeit eine verhältnismässig leichte Ausführung des Polkranzes ermöglicht.

Während diese Maschinen aussen Pole haben, in deren Mitte der
Anker umläuft, also »Aussenpoldynamos« sind, weist die Innenpolmaschine

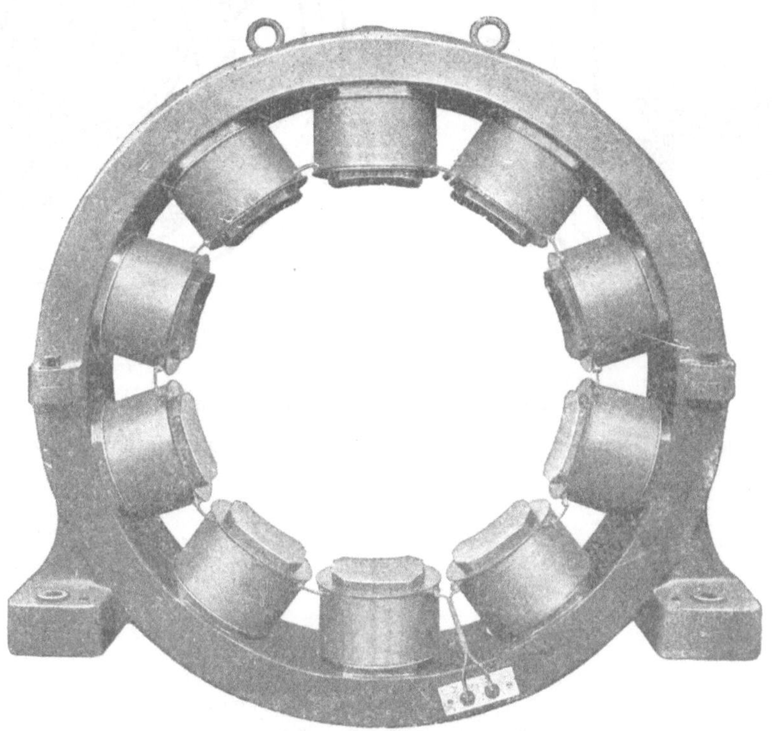

Fig. 452.

Polgehäuse einer 10poligen schnelllaufenden Gleichstrommaschine von
Lahmeyer & Co.

von Siemens & Halske (Fig. 454), eine jetzt verlassene Konstruktion, die
umgekehrte Anordnung auf. Hier liegen die an dem Maschinenfundament be-
festigten Magnete im Inneren des Ankerringes, der durch einen sternförmigen
Träger mit der Achse verbunden ist. Die Bewickelung des Ringes besteht
gewöhnlich aus Kupferstäben, die an der Aussenseite blank sind. Die
Stromabnahmebürsten schleifen direkt auf ihnen, ein besonderer Kollektor
ist also nicht vorhanden.

Das grosse Gewicht des Ankerringes verleiht der Innenpolmaschine ein so hohes Schwungmoment, dass ein besonderes Schwungrad bei der Dampfmaschine meistens entbehrlich ist. Bei dem grossen Durchmesser

Fig. 453.

12polige Gleichstromdynamo der Siemens-Schuckert-Werke für eine Leistung von 1750 KW bei 100 Uml./Min.

des Ringes genügt auch eine mässige Tourenzahl, um die erforderliche Peripheriegeschwindigkeit hervorzubringen.

Die Bewickelung der Feldmagnete wird bei diesen grossen Maschinen auf Spulenkästen gebracht, die dann auf die Pole aufgesetzt werden.

An Ankerkonstruktionen sind zu unterscheiden:

1. der Trommelanker,
2. der Flachringanker,
3. der Walzenringanker.

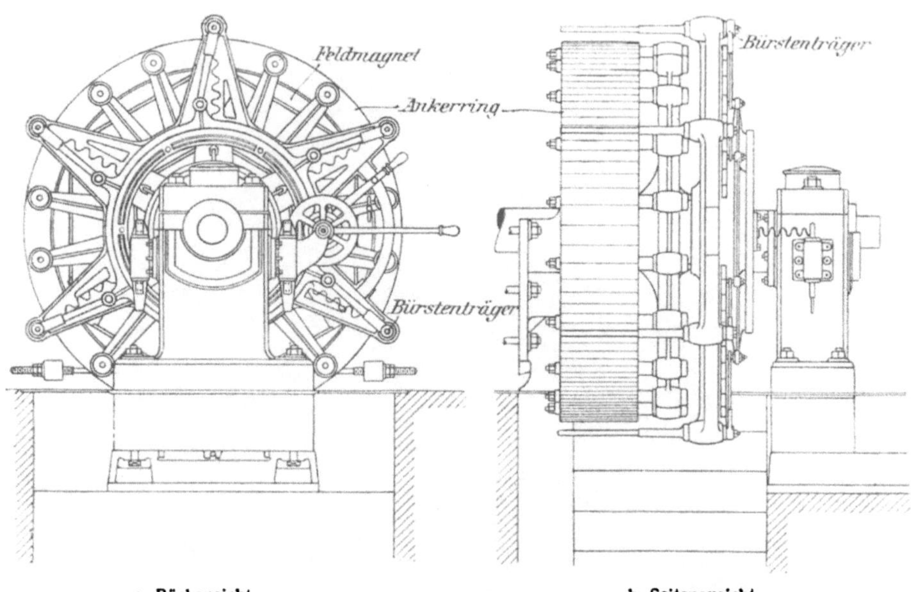

a. Rückansicht.   b. Seitenansicht.

Fig. 454 a u. b.

Innenpoldynamo von Siemens & Halske.

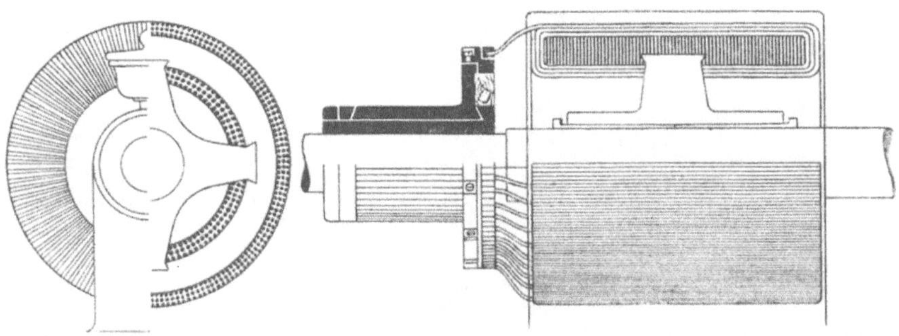

a. Seitenansicht bezw. Schnitt.   b. Längsschnitt bezw. Ansicht.

Fig. 455a u. b.

Grammescher Ringanker.

Da die unter 2 und 3 aufgeführten Ringankerkonstruktionen heute weniger Bedeutung besitzen, sei ihre Besprechung der des wichtigeren Trommelankers hier vorangestellt.

Mit einem Flachringanker, einer Schuckertschen Sonderkonstruktion, ist die in Fig. 446 dargestellte Gleichstrommaschine versehen. Wie der Schnitt in Fig. 446a zeigt, sind die langen Seiten des rechteckigen Ringquerschnitts der Einwirkung der Magnetpole ausgesetzt, während die wagerechten kurzen Seiten nicht direkt vom Magnetismus beeinflusst wurden. Schuckert wollte damit den von den Kraftlinien der Magnete unmittelbar getroffenen Teil der Ankerwickelung vergrössern und den weniger wirksamen Einfluss der Pole auf einen verhältnismässig geringen Teil der Wicklungslänge beschränken. Bei dem Grammeschen Walzenring, Fig. 455, dessen Querschnitt die Form eines langgezogenen liegenden Rechtecks hat, ist die Länge des unwirksameren Teils recht gross, da nur die äussere Seite des Ringes der direkten Einwirkung der Magnete ausgesetzt wird, die drei übrigen Seiten mittelbar magnetisiert werden.

Die Art der Bewickelung (Fig. 456) ist bei beiden Ringankertypen die gleiche.

Das Ende jeder der gleichgerichteten Spulen wird mit dem Anfang der nächsten verbunden und von der Verbindungsstelle eine Ableitung zu je einer Kollektorlamelle geführt.

Die Verwendung von Ringankern, die früher besonders für Maschinen mit höherer Spannung viel gebraucht wurden, ist unter der Herrschaft des Drehstroms, den man heute bei Hochspannungsanlagen ausschliesslich in den Dienst

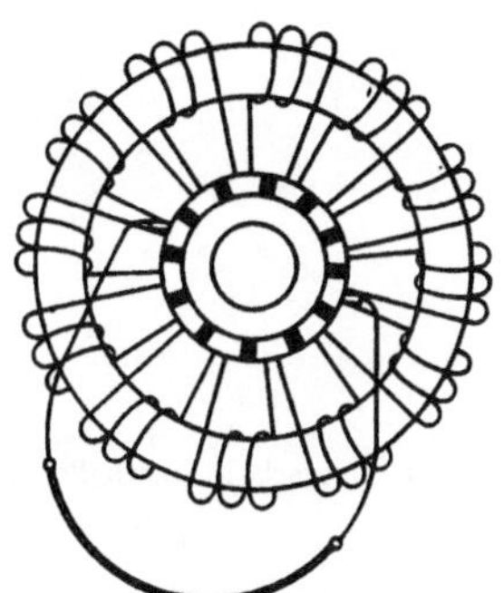

Fig. 456.

Schema einer Ringankerwicklung.

nimmt, sehr zurückgegangen, da fast alle Firmen für die jetzt gebräuchlichen Nieder- und Mittelspannungsdynamos die Trommelwicklung vorziehen.

Der Eisenkörper des Trommelankers wird entweder als glatter oder genuteter Kern aus einzelnen Platten von weichem Eisenblech hergestellt, die gegeneinander durch Papier- oder Lackschichten isoliert auf die Achse gesetzt werden. Der Quer- bezw. Längsschnitt einer Lahmeyer-Maschine in Fig. 457a und b lässt auch den Aufbau eines Nutenankers erkennen. Die Blechscheiben des Eisenkerns B sitzen auf dem hülsenartigen Träger A, der auf die Welle W aufgekeilt ist. Zwischen dem Eisenkern und der Tragehülse verbleibt ein cylindrischer Kühlungsraum, der an den Seiten und in der Mitte, hier durch den in der Figur erkennbaren Lüftungsschlitz mit der Aussenatmosphäre in Verbindung steht. Eine ausreichende Ventilation der Maschinen wurde zu einer der wichtigsten Konstruktionsaufgaben des modernen Dynamobaues, als sich der Betrieb nicht mehr wie anfänglich bei den Beleuchtungsdynamos auf einige Stunden im Tage beschränkte, sondern die Stromerzeuger für die Versorgung von

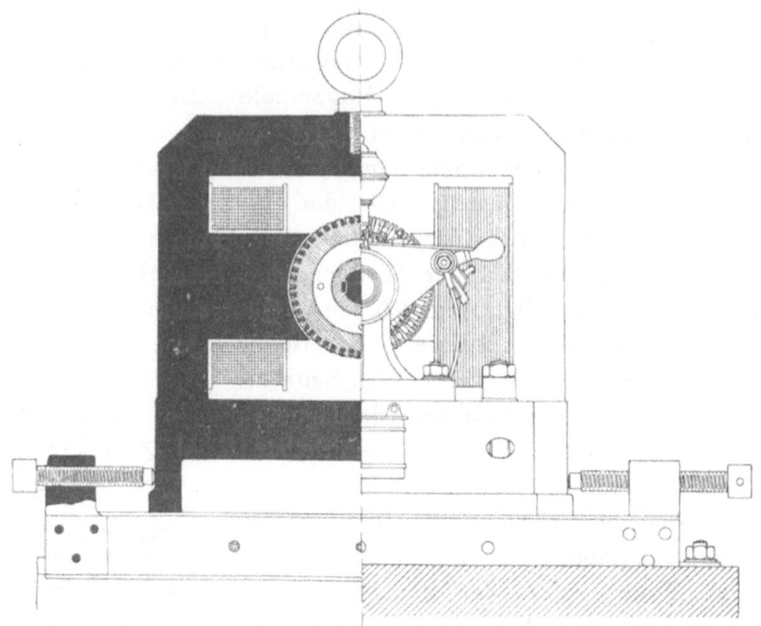

a Querschnitt durch Polgehäuse und Anker.   Vorderansicht des Polgehäuses und Ankers.

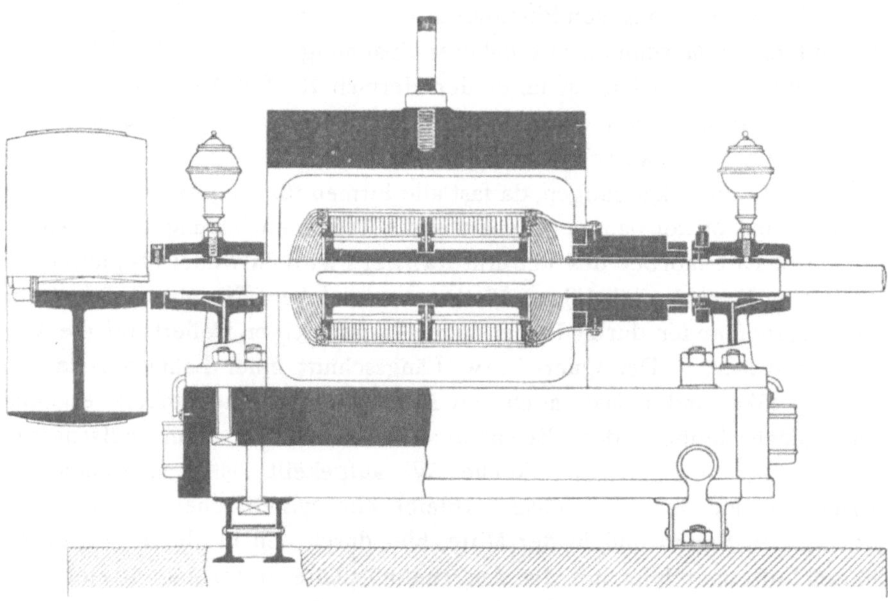

b Längsschnitt durch die Maschine.

Fig. 457a u. b.

Gleichstrommaschine älterer Anordnung von Lahmeyer.

Kraftanlagen, wie insbesondere Ventilatormotoren, oft eine Woche lang ohne Unterbrechung durchlaufen mussten. Deshalb giebt man der Ankerwicklung moderner Maschinen eine die Luftkühlung begünstigende Form, ordnet ausserdem oft noch besondere Luftflügel an, versieht die Anker und auch die Gehäuse mit Lüftungsschlitzen, führt den Anker als Hohltrommel aus und lässt die Rippen des Eisenkerns von der Wicklung unverdeckt in der kühlenden Luft umlaufen. Ausser einer besseren Kühlung bietet die Nutenankerkonstruktion Vorteile in der sicheren Befestigung der Wicklung und einem geringeren magnetischen Widerstand, da der Luftzwischenraum zwischen Feldmagnet und dem Ankereisen hier kleiner ist als bei dem vollkommen bewickelten Anker mit glattem Kern. Diese Vorzüge fallen so schwer ins Gewicht, dass der Nutenanker die andere Ausführung vollkommen verdrängt hat.

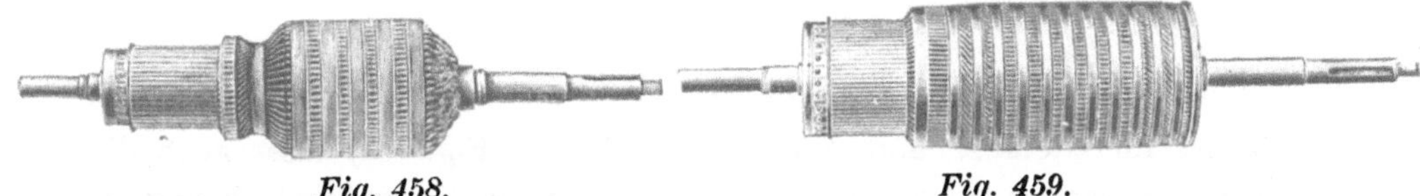

Fig. 458.

Trommelanker mit Drahtwicklung.

Fig. 459.

Trommelanker mit Stabwicklung.

Die Wicklung besteht je nach Grösse und Spannung der Maschine aus einer oder mehreren Drahtwindungen von geringerem oder aus Flachkupferstäben von grossem Querschnitt. Sie wird in die mit Isoliermaterial ausgefütterten Nuten eingelegt und dort durch Holzkeile und um den Ankerkörper gelegte Drahtbandagen festgehalten. Je nachdem das Kupfer in der einen oder anderen Form zur Verwendung gekommen ist, unterscheidet man Draht- oder Stabanker (Fig. 458 und 459). Bei zweipoligen Maschinen (Fig. 457) wird die Wicklung scheitelartig um den Ankerkörper gelegt. Durch die Kreuzung der einzelnen Drähte an den Kopfenden des Ankers entstehen hier Wulste (Fig. 458). Der Stabanker, dessen massive Windungen nicht in dieser Art gezogen werden können, schneidet dagegen an den Kopfenden flach ab (Fig. 459). Bei mehrpoligen Maschinen umspannt die Ankerwindung den Eisenkern nicht in der Scheitelrichtung, sondern umfasst nur ein mit dem Anwachsen der Polzahl sich verschmälerndes Segment des Ankers (Fig. 460).

Eine wesentliche Erleichterung der Bewicklung der Maschinen wurde durch die Einführung der Schablonenwindungen erzielt. Der Leiter, Stab oder Draht, wird auf einer Schablonenspule in die zur Einlegung in die Ankernuten geeignete Form gebracht (Fig. 461). Lötungen innerhalb der Windung, die früher oft zu Störungen Veranlassung gaben, werden dadurch ganz vermieden. Auch lassen sich die Schablonenwindungen bei Reparaturen viel leichter aus dem Anker nehmen als die von Hand gewickelten.

Die nach diesem neueren Verfahren hergestellten Gleichstromanker zeichnen sich gegen die älteren Ausführungsformen durch einen äusserst

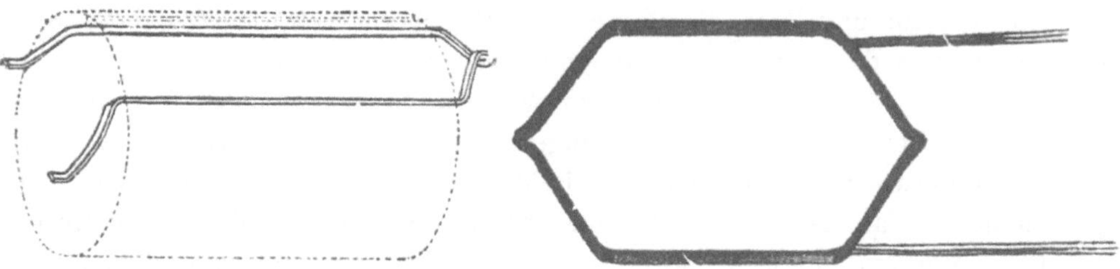

Fig. 460.

Schematische Darstellung eines mehrpoligen
Trommelankers mit einer Windung.

Fig. 461.

Schablonenspule für einen
Trommelanker.

geschlossenen und festen Bau aus. Das Bild eines Ankers mit Schablonenwicklung für kleinere und mittlere Maschinen (Fig. 462) lässt auch die Bandagen erkennen, die man zur Sicherung gegen die Centrifugalwirkung um die Windungen legt. Die Nuten des Eisenkörpers verlaufen bei dieser Aus-

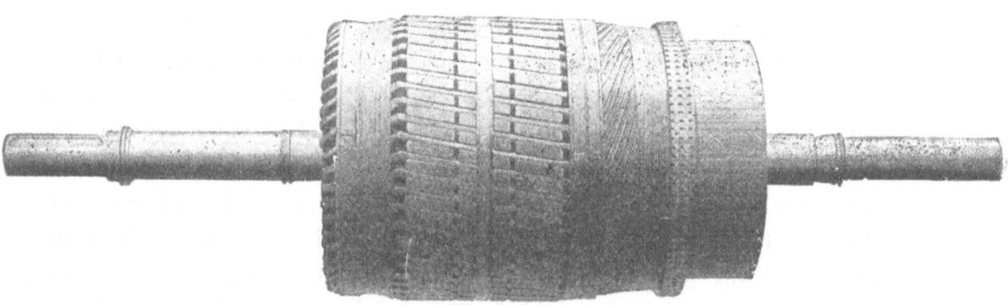

Fig. 462.

Anker mit Schablonenwicklung.
Lahmeyer & Co.

führung schräg zur Trommelachse, wodurch der linke Teil der Wicklung eine andere Stellung im magnetischen Feld erhält als der rechte. Bei dem Uebergang einer Ankerwindung aus dem Felde eines Magnetpols in das des Nachbarpols hat also der linke, voreilende Teil der Windung schon das neue Feld erreicht, während der rechte sich noch im alten befindet. Dadurch wird die Einwirkung des Felderwechsels und mit ihr die Funkenbildung am Kollektor abgeschwächt.

Den Aufbau von Gleichstrommaschinen grösserer Leistung, die für direkte Kuppelung mit dem Antriebsmotor bestimmt sind, veranschaulicht die Fig. 463. Auf die aus Siemens-Martinstahl hergestellte und beiderseits konisch verjüngte Welle ist der Träger aufgekeilt. Seine Seitenwände sind durchbrochen, um der kühlenden Luft Eintrittsöffnungen zu bieten, und umfassen mit ihrem Aussenrande den lamellierten Eisenkern, der durch

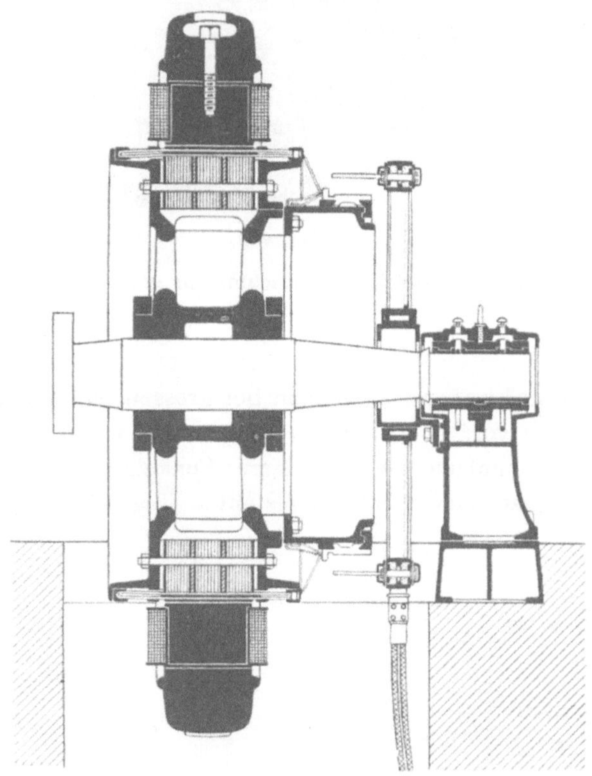

Fig. 463.

Längsschnitt einer Gleichstrommaschine grösserer Leistung.
Lahmeyer & Co.

Schrauben zwischen den Trägerwänden gehalten wird. In dem Ankereisen sind zwei Lüftungsschlitze vorgesehen. Die Wicklung wird durch Keile in den Ankernuten festgehalten und liegt ausserdem auf den seitlichen Trageringen des Gestelles auf. Die Kollektorlamellen sitzen auf einer Hohltrommel, die auf der einen Seite an den Ankerträger angeschraubt ist, und stehen durch festgelötete Ableitungen mit der Wicklung in Verbindung. Zur Isolation der aus hartgezogenem Kupfer hergestellten Lamellen wird heute ausschliesslich Glimmer verwendet.

Das Bild eines Ankers für eine grössere Gleichstrommaschine wird durch Fig. 464 wiedergegeben.

Fig. 464.

Anker einer Gleichstrommaschine für grössere Leistung.
Lahmeyer & Co.

Zur Stromabnahme zieht man bei grossen Maschinen die Kohlenbürsten (Fig. 465) vor, da sie weniger Bedienung verlangen, den Kollektor nicht so stark abnutzen und geringere Funkenbildung verursachen als die aus Kupfergaze oder Blech hergestellten (Fig. 466).

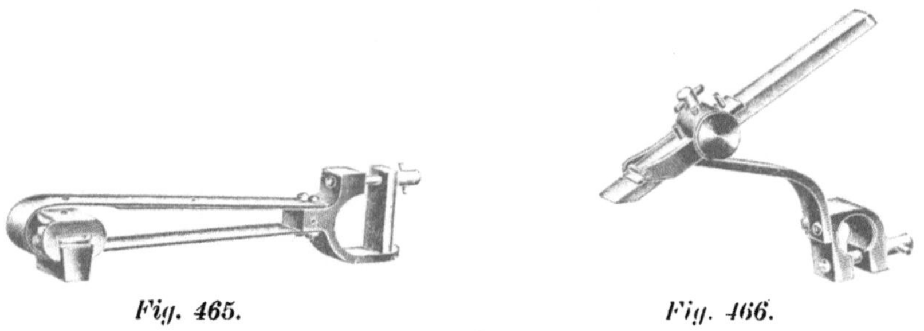

Fig. 465.   *Fig. 466.*

Kohlenbürste mit Halter.   **Metallbürste mit Halter.**
Siemens-Schuckert-Werke.

Die Wartung des Kollektors beschränkt sich auf das Nachstellen der Bürsten, das aber immer erst nach längeren Betriebsperioden erforderlich wird, und die Reinhaltung der Lauffläche. Die Tragehülse des Bürstenträgers (Fig. 467) ruht drehbar auf dem Ansatz eines der Hauptlager. Die kräftige Ausführung des Trägers soll Vibrationen der Bürsten und die daraus entstehende Funkenbildung hintanhalten. Die Bolzen der Bürstenträger sind abwechselnd mit der + oder − Sammelschine verbunden, die isoliert und völlig verdeckt in einen Gusseisenring von I-förmigem Querschnitte liegen. Einem Kurzschluss an der Bürstenbrille ist dadurch nach Möglichkeit vorgebeugt. Der Träger kann durch die seitliche Stellschraube, deren Mutter am Trägerkranz befestigt ist, während ihr Fuss auf der Grundplatte des Lagerbocks ruht, in die richtige Stellung gebracht werden.

Die Magnetpole sind, wie Fig. 463 erkennen lässt, durch Schrauben an dem Gehäuse verbunden.

Für die Entwickelung des Elektromaschinenbaues ist die Vervollkommnung der Isoliermaterialien von der grössten Wichtigkeit. Zur

Fig. 467.

Bürstenträger einer grösseren Gleichstromdynamo mit Verstellvorrichtung.
Lahmeyer & Co.

Isolierung der Bewickelung von Magnetpolen, Ankerkernen usw. verwendet man heute entweder reinen Glimmer oder Pressspahn mit Glimmereinlage und ähnliche Fabrikate in Hülsen-, Ring- und Plattenform, bei denen dem Glimmer in der Hauptsache die Isolierung zufällt. Dieses vortreffliche Isoliermaterial hebt die Betriebssicherheit der Maschinen ausserordentlich.

Bei der in Fig. 468 wiedergegebenen Grossdynamo der Siemens-Schuckert-Werke wird der Bürstenträger durch das mit dem Magnetgehäuse verschraubte und zur Verbesserung der Lüftung vielfach durchbrochene Lagerschild gehalten, eine Ausführung, welche die Zugänglichkeit des Kollektors bedeutend hebt.

Die vorbeschriebenen Konstruktionen der Firma Lahmeyer & Co. können als typisch für die Ausführungen auch der übrigen grossen Fabriken angesehen werden. Die Mehrzahl der auf den Ruhrzechen aufgestellten Maschinen sind von der Allgemeinen Elektrizitäts-Gesellschaft und der mit ihr nunmehr verbundenen Union-Elektrizitäts-Gesellschaft, den Siemens-Schuckert-Werken bezw. den in ihnen vereinigten Firmen Siemens & Halske, Berlin und E.-A.-G. vormals Schuckert & Co., Nürnberg sowie der E.-A.-G. vormals

Fig. 468.

Gleichstromdynamomaschine der Siemens-Schuckert-Werke für direkten Zusammenbau mit der Betriebsmaschine.

W. Lahmeyer & Co., Frankfurt a. M. geliefert worden. In kleinerem Massstabe waren an den Lieferungen beteiligt:

die Elektrizitäts-Aktiengesellschaft Helios in Köln,

die Elektrizitäts-Aktiengesellschaft vorm. Max Schorsch & Co. in Rheydt,

die Firma Christian Weuste in Mülheim a. d. Ruhr,
die Deutschen Elektrizitätswerke-Aktiengesellschaft vormals Garbe,
    Lahmeyer & Co. in Aachen,
die Gesellschaft für elektrische Industrie in Karlsruhe und
die Maschinenfabrik Oerlikon in Zürich.

Die einzige g r o s s e Gleichstromcentrale des Reviers auf Zeche Zollern II ist mit zwei Nebenschlussmaschinen ausgerüstet, die 16 Pole aufweisen und für eine normale Dauerleistung von je 1100 KW bei 525 V gebaut sind, vorübergehend aber je 1450 KW abgeben können. Bei den Maschinen sind ausser dem Kollektor je drei Schleifringe vorgesehen, die, mit ebensovielen, je 120 ° von einander abstehenden Punkten der Ankerwickelung verbunden, die Anker befähigen, gleichzeitig auch Drehstrom bis zu einer Leistung von 165 Kilovoltampère abzugeben. Bei gleichzeitiger Entnahme von Gleich- und Drehstrom geht die Höchstleistung auf 1100 KW zurück. Bei den im Frühjahre 1905 angestellten Leistungsversuchen wurde der Wirkungsgrad der Dynamos zu 94,5 $\%$ festgestellt. Die Anker der Maschinen sind direkt auf die Dampfmaschinenwelle (s. S. 463, Fig. 345) aufgekeilt. Die letztere trägt zur Erhöhung der Gleichförmigkeitswirkung noch ein besonderes Schwungrad.

Zur Benutzung bei der Aufstellung von Kostenüberschlägen bringt die umstehende Tabelle 64 Annäherungswerte der Kosten von Gleichstromdynamos für 1 bis zu 200 KW Leistung. Die Beschaffung von Gleichstrommaschinen grösserer Leistung dürfte heute unter der Herrschaft des Drehstromsystems zu den Seltenheiten gehören.

Die Preise je KW Leistung fallen von 146,4 M. bei der 10 KW-Maschine auf etwa 58,5 M. bei der 200 KW-Maschine.

Ueber die Anlagekosten von fertig installierten Dampfdynamos für die Gleichstromerzeugung giebt die graphische Darstellung Fig. 358, S. 473 Auskunft.

b) Gleichstrommaschinen für Dampfturbinenantrieb.

Eine eigenartige Ausbildung haben die Dynamomaschinen erfahren, die für den Antrieb durch Dampfturbinen bestimmt sind. Die hohe Umdrehungszahl des Antriebsmotors fordert besondere Massnahmen zur Sicherung des umlaufenden Teils gegen die Schleuderkräfte. Aber auch die elektrischen Verhältnisse sind ganz eigenartige. Um die Eisenverluste und die Erwärmung des Ankers einzuschränken, wählt man die Polzahl so niedrig als möglich. Da nun jeder Pol ein Bürstensystem beansprucht, wird auch die Zahl der Bürstenhalter sehr gering. Unter diesen Verhältnissen kann, da zudem eine Vergrösserung des Kollektordurchmessers bei der starken Schleuderwirkung Bedenken bietet, die notwendige Be-

Wirkungsgrad, Umdrehungszahl, Abmessungen und Preise von Gleichstromdynamos für Leistungen von 1 bis 200 KW und 500 V Spannung (Annäherungswerte). Tabelle 64.

Lfd. No.	Leistung KW	Uml./Min.	Wirkungsgrad %	Preis[1] der Dynamo M.	des Regulierwiderstandes M.	der Gleitplatte bezw. Gleitschienen mit Fundamentanker M.	der Dynamo mit Zubehör M.
1	1[2])	1 260	73	420	38	45	503
2	5	1 140	83	850	58	67	975
3	10	980	86	1 320	58	86	1 464
4	15	900	87	1 540	60	95	1 695
5	20	850	87	1 850	60	112	2 022
6	25	950	87,5	2 100	120	55[3])	2 275
7	30	850	88	2 450	120	100	2 670
8	35	800	89	3 050	180	160	3 390
9	40	800	89	3 350	180	160	3 690
10	45	750	90	3 650	180	160	3 990
11	50	750	90	4 150	180	160	4 490
12	60	700	90,5	4 400	180	230	4 810
13	70	700	91	5 000	180	230	5 410
14	80	650	91	5 300	220	230	5 750
15	100	650	91	6 150	240	230	6 620
16	120	600	91,5	6 700	240	230	7 170
17	140	600	91,5	8 200	240	230	8 670
18	160	550	92	9 400	260	320	9 980
19	180	550	92	10 200	260	320	10 780
20	200	500	92	11 000	270	440	11 710

[1]) Die Preise sind nach den Listen mehrerer grösserer Elektrizitätsfirmen aufgestellt. Da diese Listenpreise im allgemeinen etwas hoch sind, kann bei den grösseren Maschinen angenommen werden, dass Fracht und Montage in den obigen Preisen mitenthalten sind.

[2]) Wird nur für Spannungen bis 150 V gebaut.

[3]) Für diese und die folgenden Maschinen werden Gleitschienen verwandt.

rührungsfläche zwischen Bürsten und Kollektor nur durch eine starke Verbreiterung des Kollektors erreicht werden, wie die Fig. 469 und 470 zeigen.

Der Nutenanker ist, um die Befestigung der einzelnen Leiterstäbe zu verstärken und die Zahl der Kollektorlamellen zu vergrössern, mit Ringwickelung versehen. Die Stäbe werden in den halbgeschlossenen Nuten durch Keile festgehalten und an den Seiten durch aufgesetzte Kappen aus Stahlguss gebunden. Um die langen Kollektorlamellen ist in der Mitte zur besseren Verfestigung ein Schrumpfring gelegt. Die Ankerwicklung wird

durch breite Kupferstreifen mit den Lamellen verbunden. Die Lamellen gleicher Spannung sind durch Leiter im Innern des Kommutators
parallel geschaltet. Jeder der vier Bürstenhalter, die zur Verringerung der
freitragenden Länge, wie Fig. 470b erkennen lässt, in der Mitte befestigt sind,
ist mit 6 Bürsten ausgerüstet. Die Sammelschienen sind in der Mitte der
Bürstenstifte angeschlossen.

Die Verstellung des Bürstenträgers erfolgt in bekannter Weise durch
Schraube und Handrad. Zum Schutze der Anker- und Magnetwicklung
ist das gusseiserne Gehäuse nach beiden Seiten verbreitert (Fig. 470b u. c).
Die gussstählernen Magnetpole weisen einen runden Querschnitt auf.

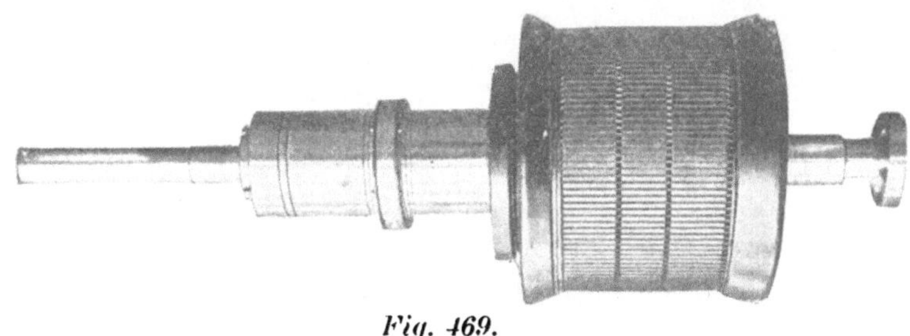

Fig. 469.

Anker einer Gleichstrommaschine für Dampfturbinenantrieb.

Lahmeyer & Co.

Der Anker der von Brown, Boveri & Co. gebauten Gleichstrom-
turbodynamos ist in ähnlicher Weise ausgeführt. Die Feldmagnete (Fig.
471) werden dagegen abweichend von der Lahmeyerschen Anordnung
aus lamelliertem Eisen hergestellt und in ein Gusseisengehäuse eingesetzt.
Die beiden Magnetspulen sind ähnlich wie die Bewickelung der Anker
von Drehstromgeneratoren in die Nuten des Eisens eingelegt.

Bei den normalen Gleichstromdynamos schaffen die eigenartigen
Konstruktionsbedingungen für den Kollektor, insbesondere die Notwendigkeit
des geringen Durchmessers, recht ungünstige Kommutierungsverhältnisse,
da die starke Ankerrückwirkung das zur Kommutierung erforderliche neutrale
Feld beeinträchtigt. Diesem Missstande hilft man durch sog. Kompensa-
tionspole ab (Fig. 472). Es sind das Hülfspole von geringerer Bemessung,
die zwischen den normalen Polen angeordnet und um eine halbe Polteilung
gegen letztere verschoben sind. Die Kompensationswicklung wird vom
Anker-, also dem Hauptstrome oder einem Teile desselben durchflossen und
erzeugt in der neutralen Zone ein magnetisches Feld, das der Ankerrückwirkung an Stärke proportional, aber entgegengerichtet ist. Daher wird

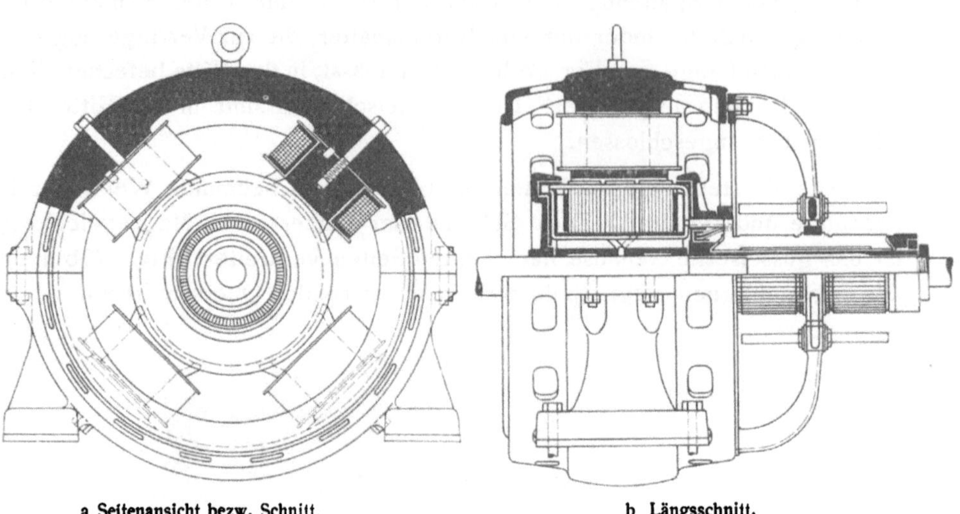

a Seitenansicht bezw. Schnitt.	b Längsschnitt.

c Ansicht

Fig. 470a—c.

Gleichstromturbodynamo von Lahmeyer & Co.

die Rückwirkung des Ankers aufgehoben und das für eine ungestörte
Kommutierung erforderliche Feld in der neutralen Zone geschaffen.

Ist die Wicklung auf den Hauptpolen der kompensierten Dynamo als
Nebenschlusswicklung ausgeführt, so verursacht die Belastung, wie bei

Fig. 471.

Gehäuse einer Gleichstromturbodynamo von Brown, Boveri & Co.

der gewöhnlichen Nebenschlussmaschine, infolge der Widerstandsverminde-
rung im äuseren Stromkreis einen Spannungsabfall, der mittels des
Nebenschlussreglers ausgeglichen werden muss. Will man dieser Notwendigkeit überhoben sein, so muss noch eine vom Hauptstrome durchflossene

und koncentrisch zur Nebenschlusswicklung angeordnete Compound-
wicklung vorgesehen werden.

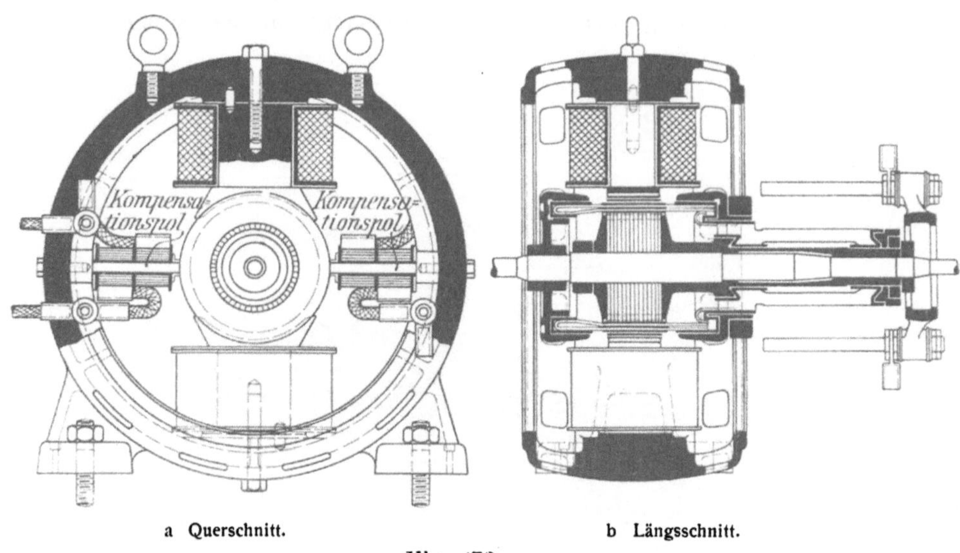

Fig. 472.

**Zweipolige 30 KW-Gleichstromturbodynamo mit Kompensationspolen.
Lahmeyer & Co.**

Die kompensierten Dynamomaschinen weisen als grossen Vorzug
funkenfreien Gang bei gleichbeibender Bürstenstellung in allen Belastungs-
phasen und sogar bei Ueberlastung auf.

c) Der Betrieb der Gleichstromanlagen.

Die Gleichstrommaschinen lassen sich leicht hintereinander und auch
ohne grosse Schwierigkeiten nebeneinander schalten. Bei der Hinter·
einanderschaltung summieren sich die Spannungen. Man hat diese Verbindung Ende der achtziger Jahre auf den Ruhrzechen mehrfach benutzt, um
die Spannung für Gleichstromübertragungen auf grössere Entfernungen zu
erhöhen, so u. a. bei der alten Ventilatoranlage auf Zeche Rhein-Elbe. Aus
demselben Grunde sind auch die Anker der Doppeldynamo für Dampfturbinenantrieb auf Zeche Ewald in Serie verbunden.

Grundbedingung für die Parallelschaltung ist die Spannungsgleich-
heit der zu kuppelnden Maschinen. Bei Nebenschlussmaschinen wird die zuzu-
schaltende Dynamo (D_2 in Fig. 473) zunächst für sich auf d i e Tourenzahl gebracht, mit welcher sie die Spannung der schon im Betrieb befindlichen
Maschine D_1 erreicht. Darauf wird mit Hülfe des Magnetregulators R die Ma-

schine D_2 allmählich erregt, bis sie in der Spannung der anderen gleichkommt. Nun erst schaltet man die Maschinen parallel. Nach der Vereinigung sucht die zugeschaltete Maschine D_2 zunächst eine höhere Spannung
anzunehmen als D_1, diese zu entlasten und als Motor anzutreiben.
Da aber mit der Entlastung die Ankerrückwirkung zurückgeht, so beginnt
die Spannung von D_1 sofort wieder zu steigen, während die von D_2 infolge der stärkeren Belastung soweit sinkt, bis beide Maschinen gleiche
Spannung haben und mit dieser weiterlaufen.

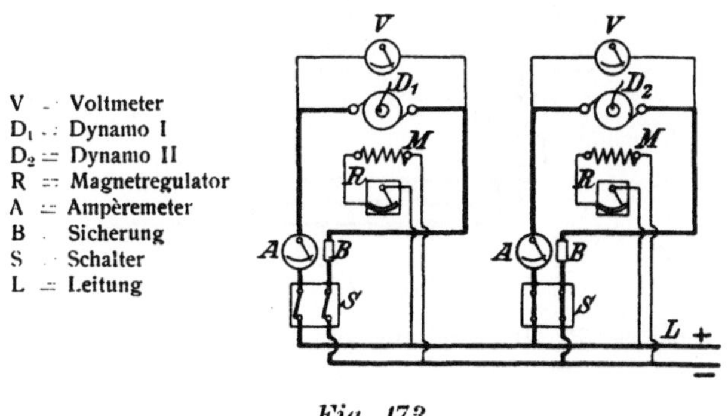

Fig. 473.

Schema der Parallelschaltung von Nebenschlussmaschinen.

Bei der Abstellung einer Maschine z. B. D_2 wird umgekehrt verfahren.
Man schwächt zunächst das Magnetfeld mit Hülfe des Magnetregulators.
Der sinkenden Spannung entsprechend fällt die Leistung von D_2, während
D_1 den Ausfall zu decken sucht. Mit der wachsenden Belastung letzterer
Maschine verstärkt sich aber auch die Ankerrückwirkung und es tritt deshalb die Notwendigkeit ein, einem Rückgang der Spannung durch Verstärkung des magnetischen Feldes vorzubeugen.

In gleicher Weise wird die Parallelschaltung der Compoundmaschinen
vorgenommen. Der Schalter S (Fig. 474) ist hier dreiteilig, da er auch die
Hauptwicklung der Magnete mit der Ausgleichsleitung G verbinden muss,
die zu der Hauptwicklung der anderen Maschine führt. Auf diese Weise
wird der Strom gleichmässig in die Haupt- und Nebenschlusswicklung
beider Maschinen verteilt. Das Abstellen erfolgt in gleicher Weise wie
bei den Nebenschlussmaschinen.

An die Antriebsmotoren von Dynamomaschinen, die in Parallelschaltung arbeiten sollen, ist in erster Linie die Forderung einer ausserordentlichen Präzision des Ganges zu stellen, da bei einer Verschiebung der
Umdrehungszahlen sofort Spannungsverluste eintreten.

Eine sehr wichtige Rolle spielt beim Gleich- wie auch beim Dreh-
strombetrieb der Regulator, der hier unmittelbar und dort über die Er-

regermaschine hin auf die Ankerspannung einwirkt. Die Einrichtung eines Nebenschlussregulierwiderstandes wird durch Fig. 475 vorgeführt. Durch die Verstellung des Kontakthebel H, der mit der Ableitung N_1 der Feld-

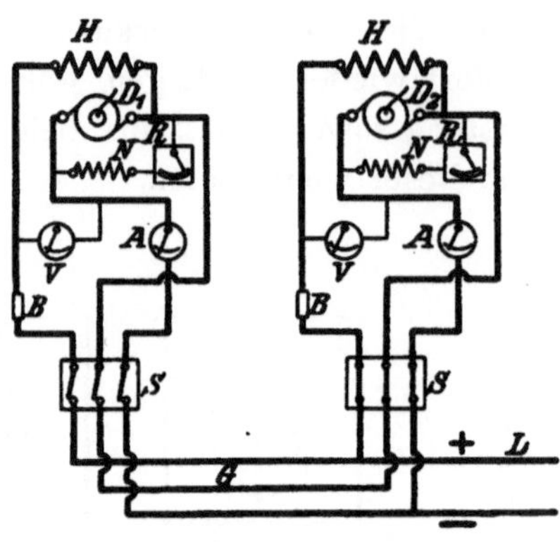

Fig. 474.

Schema der Parallelschaltung von Compoundmaschinen.

magnetwickelung in Verbindung steht, zwischen den Endkontakten A und B kann eine wechselnde Anzahl der Widerstandsspiralen R in den Nebenschluss-stromkreis eingeführt werden. Berührt H den Kontakt A am Ende der Wider-

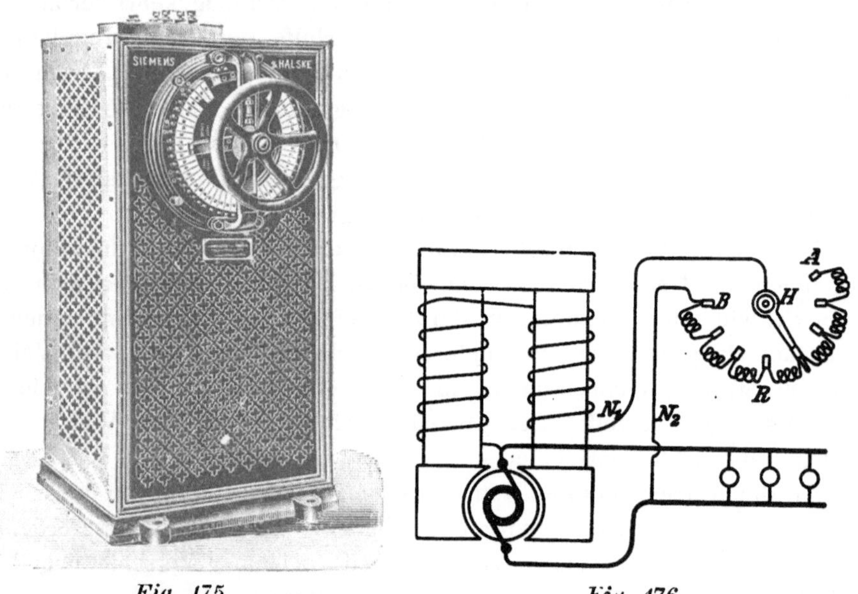

Fig. 475.   Fig. 476.

Ansicht eines Regulierwiderstandes.   **Schaltungsschema einer Nebenschlussdynamo**
Siemens-Schuckert-Werke.   **mit Regulierwiderstand.**

standsreihe, dann ist das Magnetfeld am schwächsten; liegt er auf dem Kontakt B, dann fliesst der Strom unvermindert in die Leitung N_2 zurück.

Treten Spannungsschwankungen im äusseren Stromkreise ein, so muss der Wärter den Hebel nach der einen oder anderen Seite schieben. Da die stete Beobachtung des Voltmeters die Bedienung ausserordentlich erschwert, sieht man häufig sog. »Spannungswecker« vor, die ein akustisches Signal geben, wenn die Spannung unter eine bestimmte Grenze sinkt oder über ein gewisses Mass steigt. Der Voltmeterzeiger schliesst in

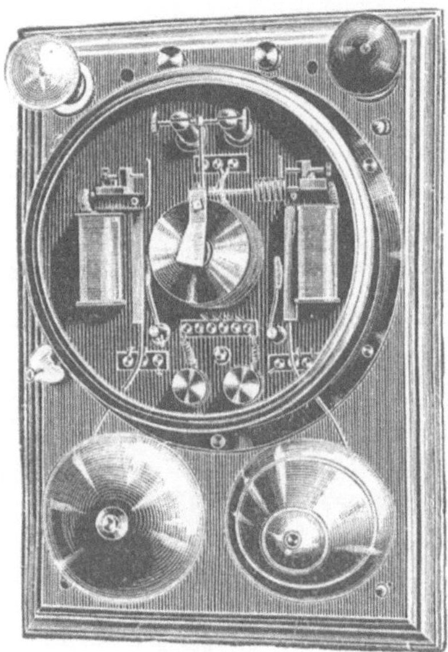

Fig. 477.

Spannungswecker.
Allgemeine Elektrizitäts-Gesellschaft.

den beiden Grenzstellungen die Stromkreise von Relais, die ihrerseits vermittelst je eines Solenoides eine elektrische Schelle bethätigen, bei einigen Konstruktionen auch bunte Signallampen zum Aufleuchten bringen (Fig. 477).

Das gefährliche Anwachsen der Stromstärke oder Spannung, sowie das Unterschreiten einer bestimmten Mindestgrenze bei beiden Stromfaktoren wird durch automatische Maximal- oder Minimal-Strom- oder Spannungsausschalter verhindert. Bei Akkumulatoranlagen finden selbstthätige Ausschalter gleichen Prinzips Verwendung, die den Strom nur nach einer Richtung durchfliessen lassen und sofort in Thätigkeit treten, wenn er aus der Batterie in die Maschine zurücktritt.

Diese selbstthätigen Unterbrecher bestehen meist aus einem gewöhnlichen Handhebelschalter, auf den ausserdem ein Magnet einwirkt. Als Typus dieser »Automaten« sei eine Ausführung der E.-A.-G. vormals

Schuckert & Co. (Fig. 478 u. 479) hier beschrieben, die den besonderen
Vorteil bietet, ein Wiedereinschalten erst zu gestatten, wenn die Ursache
der Ueberlastung beseitigt ist.

Der Stromschluss wird durch ein Hauptkontaktstück c (Fig. 478) und ein
im Nebenschlusse zu ersterem liegendes Hülfskontaktstück d bewirkt. c ist aus
dünnen Kupferfedern zusammengesetzt, die elastisch auf der Unterlage
schleifen und somit einen guten Kontakt herstellen. Die gleiche Wirkung
ist auch bei d durch die federnde Anordnung der Kontakte erzielt. c und

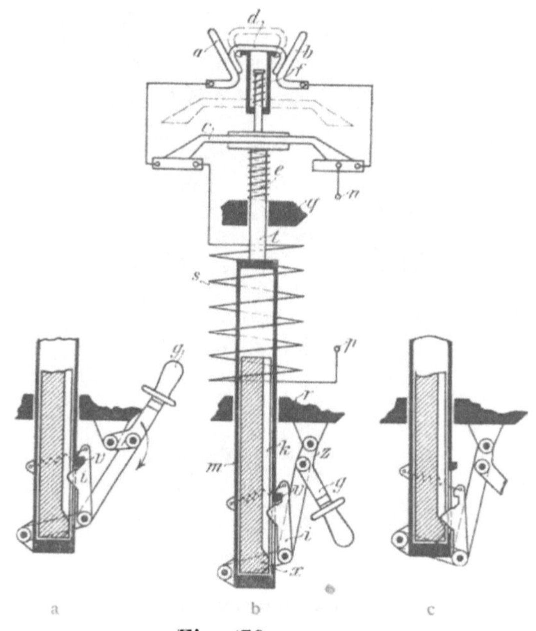

Fig. 478 a — c.

Selbstthätiger Ausschalter.　E.-A.-G. vorm. Schuckert & Co.

d stehen nicht in starrer Verbindung miteinander, sondern kommen beim
Ein- und Ausschalten nacheinander in bezw. ausser Kontakt. d wird von
einer Hülse getragen, welche den cylindrischen nach oben verlängerten
Halter t des Kontaktstückes c umschliesst. Am unteren Ende von t ist
eine Röhre m befestigt, die an den Stellen q und r samt ihrem Träger t
senkrecht geführt wird. Durch den Handgriff g wird ein Kniehebel in Bewegung gesetzt, welcher mit der in einen Vorsprung v von m eingreifenden
Sperrklinke i in Verbindung steht.

Fig. 478a zeigt den unteren Teil des Apparates in ausgeschalteter
Stellung. Die Hülse, welche das Stück d trägt, ruht dann auf dem Kopfe
des verlängerten Trägers t. Wird der Handhebel g nach unten gedrückt,

so nimmt die Sperrklinke i die Röhre m nebst dem Halter t mit. Hierbei gerät zunächst d mit a und b in Berührung, die durch den Druck der Feder f verstärkt wird. Bei der Weiterbewegung von d kommt auch das Kontaktstück c zum Schluss. Ist der Hebel g in der in Fig. 478b gezeichneten Stellung angekommen, so ist der Kniehebel durchgedrückt und der Apparat vollständig eingeschaltet. Steigt die Stromstärke über ein ge-

a Betriebsstellung.   b Kurzschluss bei 250 Volt.

Fig. 479 a u. b.

Ansicht des selbstthätigen Ausschalters von Schuckert.

wisses Mass, so wird der innerhalb der Röhre m befindliche Eisenkern k von der Stromspule s nach oben gezogen, wobei die Nase x gegen den Vorsprung der Sperrklinke i stösst und sie auslöst. Dadurch wird die Röhre m frei und der Träger t kann der Kraft der Feder e folgen, die ihn nach oben schnellt. Dabei öffnet sich zunächst der Hauptkontakt c und dann der Nebenkontakt d.

Ein Lichtbogen kann nur an diesen beiden leicht auswechselbaren Teilen entstehen, die zudem der löschenden Wirkung eines magnetischen

Feldes ausgesetzt sind. Dieses wird gebildet durch zwei seitliche Eisen-
platten, Verlängerungen eines von der Spule s erregten Elektromagneten,
die hinter den Stücken a, b und d angeordnet sind. Fig. 478c veranschaulicht den unteren Teil des Apparates in der Stellung, die er nach der
Ausschaltung einnimmt, während ihn Fig. 479a und b in der Betriebsstellung
und in dem Momente der Ausschaltung zeigen. Der Schalter kann
erst wieder geschlossen werden, wenn die Ursache für die ausserge-
wöhnliche Steigerung der Stromstärke beseitigt ist. Ist das nicht der Fall,
so schnellt der Eisenkern unter der verstärkten Wirkung der Spule immer
wieder hoch, löst die Sperrklinke aus und unterbricht dadurch den Strom.

Für Verteilungsnetze, die zu gleicher Zeit wechselnd belastete Motoren und Glühlicht mit Strom versorgen, empfiehlt sich die Steuerung des
Nebenschlusswiderstandes durch einen selbstthätigen Regler.

Für diesen Zweck haben die verschiedenen Firmen Konstruktionen
geschaffen, von denen nachstehend eine im Ruhrrevier mehrfach verwandte Ausführung der Allg. Elektrizitäts-Gesellschaft beschrieben sei.

Der steuernde Teil dieses selbstthätigen Spannungsreglers, System
Thury, ist, wie das Schaltungsschema (Fig. 480) zeigt, das mit einem Widerstand w in Serie geschaltete Spannungssolenoid S. Der Anker von S, der
röhrenartige Eisenkern E, wirkt auf einen drehbaren Hebel h ein, der je
nach der Lage des Solenoidkerns bei normaler Spannung durch die Feder
f mitten zwischen die Kontakte a und b gezogen, bei höherer Spannung
durch die vereinigte Feder- und -Solenoidkraft aber nach oben gegen den
Kontakt a gehoben wird, bei niederer Spannung dagegen durch sein Eigen-
gewicht vermindert um den Betrag der Federkraft auf den Kontakt b
sinkt. Im ersteren Falle erhält der Elektromagnet A, im letzteren der Magnet B
Strom. Zwischen den Polen von A und B ist eine Eisenscheibe c angeordnet, die an dem einen Ende der etwas verschiebbaren Welle W sitzt.
Die letztere trägt ausserdem die beiden Ritzel d und e eines Wenderäder-
getriebes und wird durch einen kleinen Motor V_2 mittels eines Schnurlaufs
in Drehung (200—300 Uml./Min.) versetzt. Je nachdem nun die Scheibe c
unter dem Einfluss einer Spannungserhöhung gegen den Magnet A oder
unter der Einwirkung eines Spannungsabfalles gegen den Magnet B gezogen wird, schiebt sich W nach rechts oder links und kuppelt das Ritzel d
bezw. e mit dem horizontal gelagerten Kegelrad g. Dementsprechend läuft
die an g sitzende Welle W_2 nach rechts bezw. nach links um und verschiebt vermittelst des Schneckenradvorgeleges den Kontakthebel k des
Regulierwiderstandes nach der einen oder anderen Seite, schaltet also bei
hoher Spannung Widerstand ein, bei niederer Spannung Widerstand aus.

Der Regler ist ausserdem noch mit einer Vorrichtung versehen, die
bei wachsendem Stromverbrauch selbstthätig die Spannung der Maschine
entsprechend dem grösseren Widerstande der Leitung steigert. Die beiden

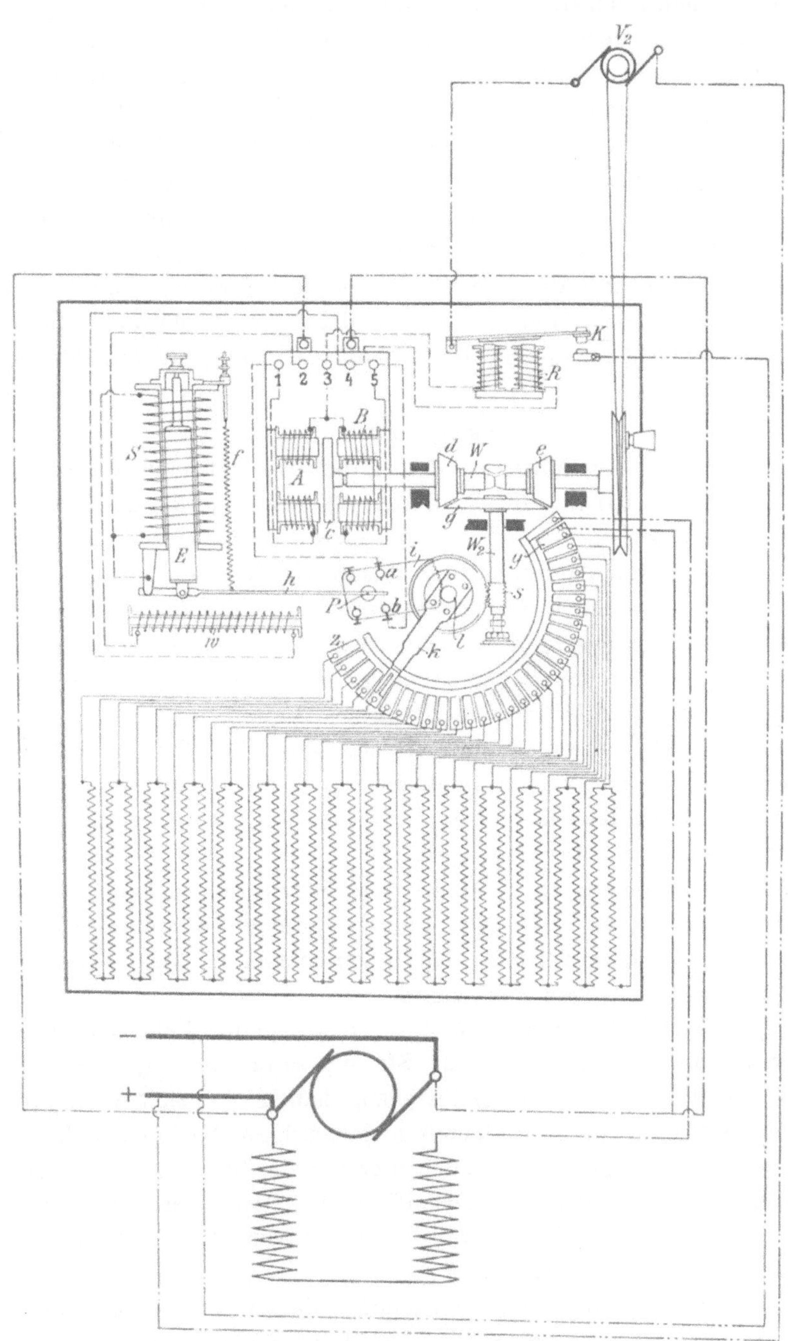

Fig. 480.
Selbstthätiger Spannungsregler, System Thury.
Allgemeine Elektrizitäts-Gesellschaft.

Kontakte a und b sitzen auf einem um P drehbaren Schilde, das durch eine Verzahnung mit dem Triebe l des Hebels k gekuppelt ist. Liegt der Hebel k nun auf dem Kontakte y, ist also die Dynamo stark belastet und aller Widerstand ausgeschaltet, so stellt sich das Schildchen mit den beiden Kontakten a und b so, dass der Hebel h dem Kontakte, der den spannungssteigernden Magneten einschaltet, näher steht als dem andern und deshalb eine Erhöhung eher eintritt als eine Schwächung der Spannung.

Ferner ist an dem Apparat noch ein Relais R mit dem Kohlenausschalter K angeordnet, das den Stromkreis des Antriebsmotors V_2 erst dann schliesst, wenn der Hebel h mit a oder b in Berührung kommt, also Spannungsschwankungen eintreten, während bei ruhigem Gang der Dynamomaschine V_2 ausser Betrieb ist.

Akkumulatoren.

Ein vorzügliches Mittel zum Ausgleich von Spannungsschwankungen sind Akkumulatoren, durch deren Verwendung in den nachstehend skizzierten Fällen eine Reihe von Vorteilen erzielt werden kann.

1. Eine Akkumulatorenbatterie leistet als Reserve einer Maschinenanlage bei notwendigen Betriebspausen (zur Vornahme von Reparaturarbeiten, Betriebsstörungen usw.) vortreffliche Dienste. Beispielsweise lassen sich die Stromerzeuger kleinerer Beleuchtungsanlagen beim Vorhandensein von aufspeichernden Batterien, die am Tage geladen werden, für die Nacht still setzen. Man spart dann die Wärterlöhne und Maschinenbetriebskosten in der Nachtschicht, die weit bedeutender sind als die Aufwendungen für die Batterie, und der durch die Umformung entstehende Stromverlust (15—20 % der Primärenergie).

Da die Spannung einer Akkumulatorenbatterie nicht den Schwankungen unterworfen ist, wie sie bei wechselnd belasteten Stromerzeugern eintreten, brennt Glüh- wie Bogenlicht in schöner weisser Farbe und frei von den lästigen Zuckungen.

2. Während die Akkumulatoren in dem ersten Falle als Speicherbatterien hauptsächlich dann zur Stromlieferung herangezogen werden, wenn die Primärmaschinen stillstehen, haben sie sich neuerdings als Pufferbatterien auch für einen gleichzeitigen Betrieb mit den Stromerzeugern eingebürgert. Sie sollen hier nur die Stromschwankungen ausgleichen, die der Betrieb intermittierend arbeitender oder wechselnd belasteter Motoren (z. B. von Förderlokomotiven, Häspeln usw.) in dem Kraftverteilungsnetz verursacht.

Dynamos und Akkumulatoren arbeiten dann in Parallelschaltung. Wird zeitweilig der erzeugte Strom von den Motoren nicht aufgezehrt, so fliesst er in die Batterie, die ihn sofort wiedergiebt, wenn sich im Netz ein Mehrverbrauch von Energie geltend macht. Die Batterie unterstützt also die Dynamomaschine und hält ihr zugleich die Stromstösse fern.

Wie wechselnd die Belastung einer Centrale ist, die Strom für stossweise betriebene Motoren liefert, und wie ausgleichend die Einschaltung einer Akkumulatorenbatterie wirkt, geht aus den Diagrammen der Tafeln XXI und XXII hervor, die an der Gleichstrom-Centrale der Zeche Ewald mittels Ampèreschreibers (registrierenden Ampèremeters) aufgenommen sind.

Handelt es sich darum, die Belastungsschwankungen einzelner grosser Motoren, wie z. B. von Fördermaschinen, auszugleichen, so muss man zu anderen Massregeln greifen. Die Versuche, dafür Akkumulatoren in Gestalt von Zuschaltungsbatterien zu verwenden, haben kein günstiges Ergebnis gehabt. Dagegen scheint die Einführung eines mechanischen Kraftausgleichers, des Schwungrad-Umformers von Ilgner, dem bestehenden Mangel abgeholfen zu haben. Wenn auch die Besprechung dieser für die Förderung geschaffenen Einrichtung ausserhalb dieses Kapitels liegt, so seien hier doch einige Belastungsdiagramme (Tafel XXIII) wiedergegeben, die bei den Versuchen an der Förderanlage auf Zollern II entnommen wurden. Die auf und niedergehende Belastungslinie der Dynamomaschine des Ilgnersatzes lässt die wechselnde Beanspruchung des Fördermotors erkennen. Ein Vergleich dieser Kurven mit dem Volt- und Ampèrediagramm des Generators zeigt, in welch wirksamer Weise das Umformeraggregat den Einfluss der Kraftschwankungen von der Primäranlage abhält.

Für kleinere Motoren würde sich der Betrieb von derartigen mechanischen Ausgleichvorrichtungen zu teuer und zu umständlich gestalten. Hier tritt der Akkumulator in seine Rechte. Auf einer Reihe von Zechen hat man Batterien für Speicher- oder Pufferzwecke aufgestellt.

Die am meisten vertretene Akkumulatortype entstammt der Akkumulatorenfabrik A.-G. Hagen-Berlin. Sie hat Batterien für die Zechen Ewald, Neu-Iserlohn, Kölner Bergwerksverein, Louise Tiefbau, Hugo, Bonifacius Gottessegen, Consolidation, Zollern u. a. geliefert.

Die positiven Platten des Hagener Akkumulators werden aus Blei hergestellt und nach dem Plantéprinzip formiert, d. h. die äussere Schicht des Plattenkerns wird durch fortwährendes Laden und Entladen in eine schwammig-kristalline Masse umgewandelt, die durch den bei der Ladung gebildeten, am positiven Pol entstehenden Sauerstoff bezw. den bei der Entladung dorthin gehenden Wasserstoff in vollkommenster Weise oxydiert bezw. desoxydiert wird. Früher war dieser Formationsprozess so zeitraubend und deshalb so kostspielig, dass die Plantéplatten im Wettbewerb mit den billigeren des Faureschen Systems nicht bestehen konnten, die durch Eintragen von Mennige oder Bleiglätte in Bleigitter hergestellt werden. Doch wies dieses einfache Verfahren grosse Nachteile darin auf, dass Teile der Bleioxydfüllung, besonders der positiven Platten, infolge der Gasentwickelung und der eintretenden Formveränderungen der Platten abbröckelten oder durch die Säure abgespült wurden, dass also ein Massen-.

verlust eintrat, der die Wirkung des Akkumulators bald stark verminderte. Deshalb griff man, als Mitte der neunziger Jahre ein sehr abgekürzter Planté-Formationsprozess erfunden wurde, gern wieder auf dieses Verfahren zur Herstellung der positiven Platten zurück und behielt das Faure-Verfahren nur für die negativen Platten bei.

Die Lebensdauer der positiven Platten ist gleich der Zeit, in der das Blei des meist rippenförmigen Plattenkörpers durch die Umwandlung in Bleioxyd aufgebraucht ist. Die Einwirkung der Flüssigkeit, die beim Ladeprozess, besonders kurz vor der Beendigung der Ladeperiode, durch die starke Gasentwickelung in lebhafte Cirkulation gerät, lässt Teilchen

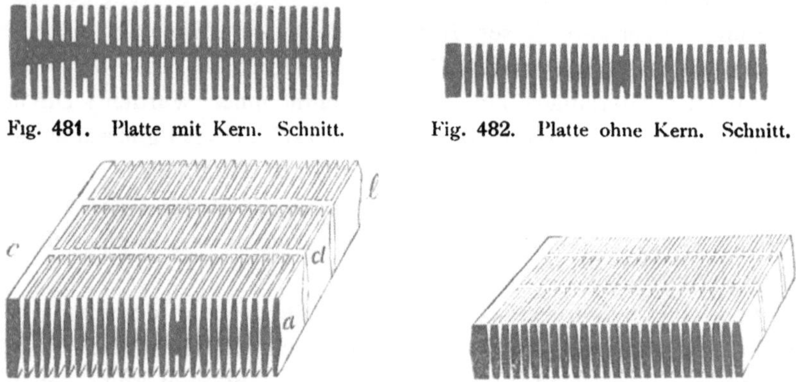

Fig. 481. Platte mit Kern. Schnitt.		Fig. 482. Platte ohne Kern. Schnitt.

Fig. 483—484. Platten ohne Kern. Ansicht.

Fig. 481—484.

Positive Platten der Akkumulatoren. Akkumulatorenfabrik A. G. Berlin-Hagen.

der Bleisuperoxydschicht auf den Boden der Elemente fallen. Dieses von nun ab unwirksame Material wird durch neues Blei aus dem Plattenkörper ersetzt. Die Lebensfähigkeit der Platten steht also in direktem Verhältnis zu ihrem Bleivorrat. Andererseits ist das Verhältnis Leistung : Gewicht der Platte bezw. Leistung : Kosten der Batterie umso günstiger, je grösser die Plattenoberfläche und mit ihr die Angriffsfläche für die Säure ist. Daher geht das Bestreben der Akkumulatorenfabriken darauf hinaus, die Oberfläche der Platten möglichst zu vergrössern. Während die Rippen der älteren Platten noch in der Regel durch einen durchgehenden Kern (Fig. 481) verbunden werden, haben die neueren Platten parallelgestellte Rippen, von denen oft zwei (Fig. 482 und 483) zur Verstärkung des Gitters in H-form ausgeführt sind.

Typische Plattenkonstruktionen neuerer Art sind in den Figuren 483—486 wiedergegeben.

Additional material from *Disposition der Tagesanlagen, Dampferzeugung, Centralkondensation, Luftkompressoren, Elektrische Centralen*
ISBN 978-3-642-50625-3 (978-3-642-50625-3_OSFO19),
is available at http://extras.springer.com

Die negativen Platten werden nach dem Faureschen Verfahren durch
Eintragen der aktiven Masse (Bleiglätte) in gegossene Bleigitter hergestellt.

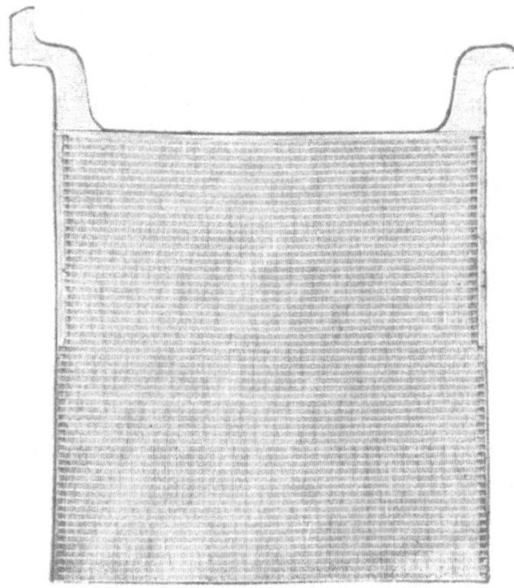

Fig. 485.

Ansicht einer Platte.

Als Behälter dienen bei kleineren Akkumulatoren Glaskästen (Fig. 486),
bei grösseren mit Blei ausgeschlagene Holzkästen. Beim Einbau der Platten

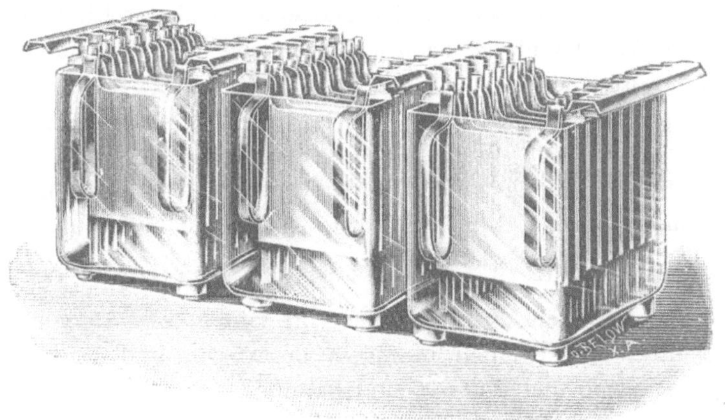

Fig. 486.

Akkumulatoren in Glasgefässen.

in die Gefässe beginnt man an der einen Wand mit einer negativen und
lässt ihr dann abwechselnd positive und negative folgen, bis an der anderen
Wand eine negative Platte den Schluss bildet. Die Ableitungsstreifen der

Elektrodensysteme werden durch Bleileisten verbunden. Die Platten sind in den Gefässen so aufgehängt, dass die abfallenden Bleioxydteilchen sich am Boden ansammeln können, ohne die Plattenenden zu berühren, eine Massregel zur Verhinderung eines Plattenkurzschlusses, der den Akkumulator sehr rasch zerstören würde. Die einzelnen Elemente werden auf Holzgerüsten aufgestellt, gegen welche die Gefässe durch Porzellan isoliert sind.

Eine Abbildung der Batterie auf Zeche Ewald giebt Fig. 487, welche die Aufstellung und Verbindung der Elemente, die Isolation der Platten durch Glasröhren usw. erkennen lässt.

Der Akkumulator gebraucht zur Ladung eine höhere Spannung, als er nachher abgeben kann. Ein Element, dessen Spannung in der Ruhe 2 V beträgt, erfordert an Ladespannung beim Beginn der Ladung 2,2, später bis zu 2,75 V. Die Entladespannung setzt mit etwa 1,95 V ein und darf dann je nach der Höhe der Entladestromstärke bis 1,83 V bezw. 1,73 V herabgehen. Unter diesen Grenzen fällt die Spannung plötzlich stark ab. Da ein Betrieb mit der zurückgegangenen Spannung den Elementen sehr schädlich ist, muss die Batterie, sobald dieser Spannungsabfall eintritt, ausgeschaltet werden.

Andererseits würde der Betrieb einer Glühlichtanlage mit der hohen Spannung der Batterie beim Beginn der Entladung die Glühlampen rasch zerstören. Die Spannungsunterschiede in den verschiedenen Stadien der Stromabgabe werden dadurch vermieden, dass man in der ersten Entladungsperiode vermittelst des »Zellenschalters« einen Teil der Elemente von der Batterie abschaltet und sie dann entsprechend der sinkenden Spannung wieder in Betrieb nimmt.

Beträgt beispielsweise bei einer Batterie von 60 Elementen, die für eine 110 V-Anlage gewählt wird $\left(\dfrac{110 \text{ V Betriebsspannung}}{1{,}83 \text{ V mittlere Entladespannung}} = \text{rund } 60\right)$, die Spannungsdifferenz 2,75 — 1,83 = 0,92 V, so sind beim höchsten Stadium der Ladung (Spannung 2,75 V) $\dfrac{0{,}92}{2{,}75}$ oder rund ein Drittel der Elemente, von 60 also 20, abzuschalten. Die Verbindung von Dynamo, Batterie, Zellenschalter und Lampen in einem derartigen Fall zeigt das Schema Fig. 488. Dynamo und Batterie sind parallel geschaltet. Der Strom des negativen Dynamopols a verzweigt sich bei f in eine Leitung, die direkt zu einem Pole der Batterie geht, und eine zweite, die zu einem Pol der parallelgeschalteten Lampengruppe führt. Der positive Dynamopol b steht mit dem anderen Pol der Batterie in Verbindung. Der Strom geht in der ganzen Stärke durch die rechte, vermittelst des Zellenschalters abgetrennte Elementgruppe, die beispielsweise 10 Zellen umfassen soll, und verzweigt sich vor der 11. Zelle wieder in zwei Teil-

Fig. 487.

Akkumulatorenbatterie der Zeche Ewald.

ströme, von denen der eine durch die Hauptgruppe der Batterie (beispielsweise 50 Elemente) zu der negativen Leitung geht, während der andere
über den Zellenschalterkontakt den positiven Pol der Lampengruppe erreicht. Die Stärke des Teilstroms, welcher die kleinere Elementgruppe
passiert, ist dem Widerstande der Lichtleitung proportional. Da dieser
Widerstand immer etwas geringer ist wie bei der Hauptgruppe von Elementen, so wird auch die Ladespannung der abgeschalteten Elemente
etwas höher sein als dort. Nimmt man für jedes Element der kleineren
Gruppe eine Ladespannung von 2,3 V an, für die ganze Gruppe also 23 V,
dann hätte die Dynamo 110 V für die Lichtleitung $+$ 23 V für die Ladung

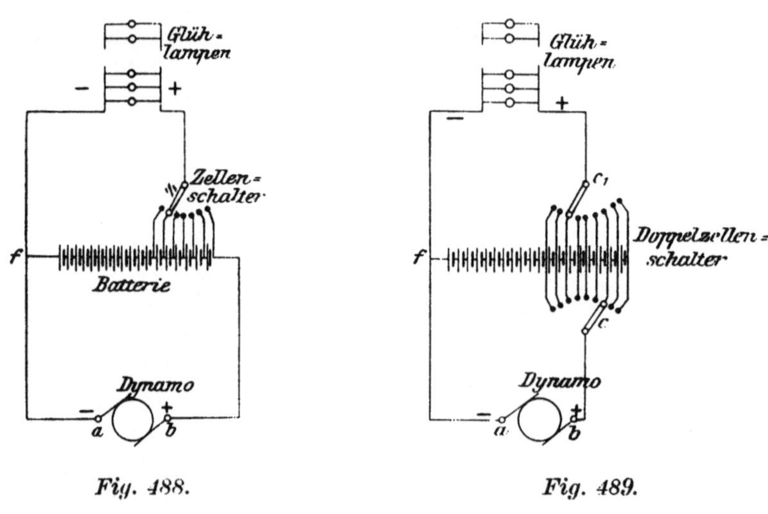

Fig. 488.   Fig. 489.

Mit Zellenschalter.   Mit Doppelzellenschalter.

Fig. 488 und 489. Schaltungsschemen von Akkumulatorenanlagen.

der 10 Elemente, insgesamt also 133 V zu leisten. Die Spannung der 50
im Nebenstromkreise liegenden Elemente ist $= 50 \times 2,2 = 110$ V. Steigt
mit dem weiteren Fortschreiten des Ladevorgangs die Spannung der
Zellen in der Hauptgruppe, so müssen von ihr neue Zellen abgeschaltet
werden. Wächst der Stromverbrauch der Lichtleitung, so nimmt der Lade-
strom ab, bis er schliesslich $= 0$ wird und die Batterie auf die Lichtleitung
arbeitet. Beim Weiterbetriebe werden entsprechend der abnehmenden
Batteriespannung allmählich Zellen zugeschaltet, bis schliesslich alle 60 Elemente in den Stromkreis eingereiht sind.

    Wenn die Lichtleitung im Stromkreise liegt, hat die vorbeschriebene
Anordnung den Nachteil, dass die abgeschalteten Elemente während der
ganzen Ladungsperiode die gesamte Lichtstromstärke aufnehmen müssen,
während die Zellen der Hauptgruppe nur die Differenz Maschinenstrom —

Lichtstrom durchzuleiten haben. Da zudem die ersteren Zellen weniger entladen werden als die letzteren, so ist bei ihnen die Ladung früher beendet. Andererseits ist aber die Ladezeit bei beiden Gruppen gleich, es findet also bei dieser Schaltung eine Ueberladung statt, die einen Kraftverlust darstellt und die Lebensdauer der Elemente stark herabsetzt.

Diesem Missstand wird dadurch abgeholfen, dass man für die Nebengruppe nach der Maschinenseite zu einen zweiten Zellenschalter anordnet, an dessen Schalthebel die von b kommende Leitung gelegt wird. Neben dem Hauptkontakt trägt der Zellenschalterhebel ein zweites isoliertes Kontaktstück, das sich vor dem ersteren um eine Zelle voreilend über die Anschlussplatten der einzelnen Elemente bewegt. Zwischen die Ableitungen des Neben- und des Hauptkontaktes ist ein Voltmeter eingeschaltet, das die Spannung der Zelle angiebt, die der Lichtleitung zunächst liegt. Zeigt das Instrument die maximale Ladespannung (2,75 V), dann wird die vollständig geladene Zelle abgeschaltet. Diesen Fall veranschaulicht Fig. 489, wo bereits einige Zellen aus dem Stromkreis genommen sind.

Fig. 490.

Einfach-Zellenschalter für Handbetrieb und Stromstärken bis zu 400 A.

Die beiden Einfachzellenschalter (Fig. 490) werden gewöhnlich zu einem Doppelzellenschalter vereinigt und als Dreh- oder Schlittenschalter für Hand- oder selbstthätigen Betrieb ausgebildet (Fig. 491).

Die Zellenschalter für selbstthätigen Betrieb sind bei der Siemensschen Ausführung entweder mit einem Klinkwerk ausgerüstet, das durch einen besonderen Elektromotor oder ein Vorgelege angetrieben und von einem Regler gesteuert wird.

Der in Fig. 491 dargestellte Schalter grösserer Bemessung wird vermittelst Kettenrad und Kette durch einen Elektromotor bethätigt. Endausschalter unterbrechen den Motorstrom, wenn die Schleifbürsten die äusserste Stellung erreicht haben. Der Motor wird von einem Zwischenrelais, das durch einen Steuerapparat beeinflusst wird, aus- und eingeschaltet. Um gegebenenfalls auch von Hand regulieren zu können, ist ein Druckkontakt parallel zum Steuerapparat vorgesehen.

Die Kontakte und die zwischen ihnen angeordneten Glasstücke bilden eine vollkommen ebene Schleifbahn für die Bürsten.

Um eine Beschädigung der Zellen und starke Funkenbildungen zu verhindern, die in dem Momente entstehen würden, wo das Schleifstück des Schalters mit der einen Kante schon eine neue Kontaktplatte er-

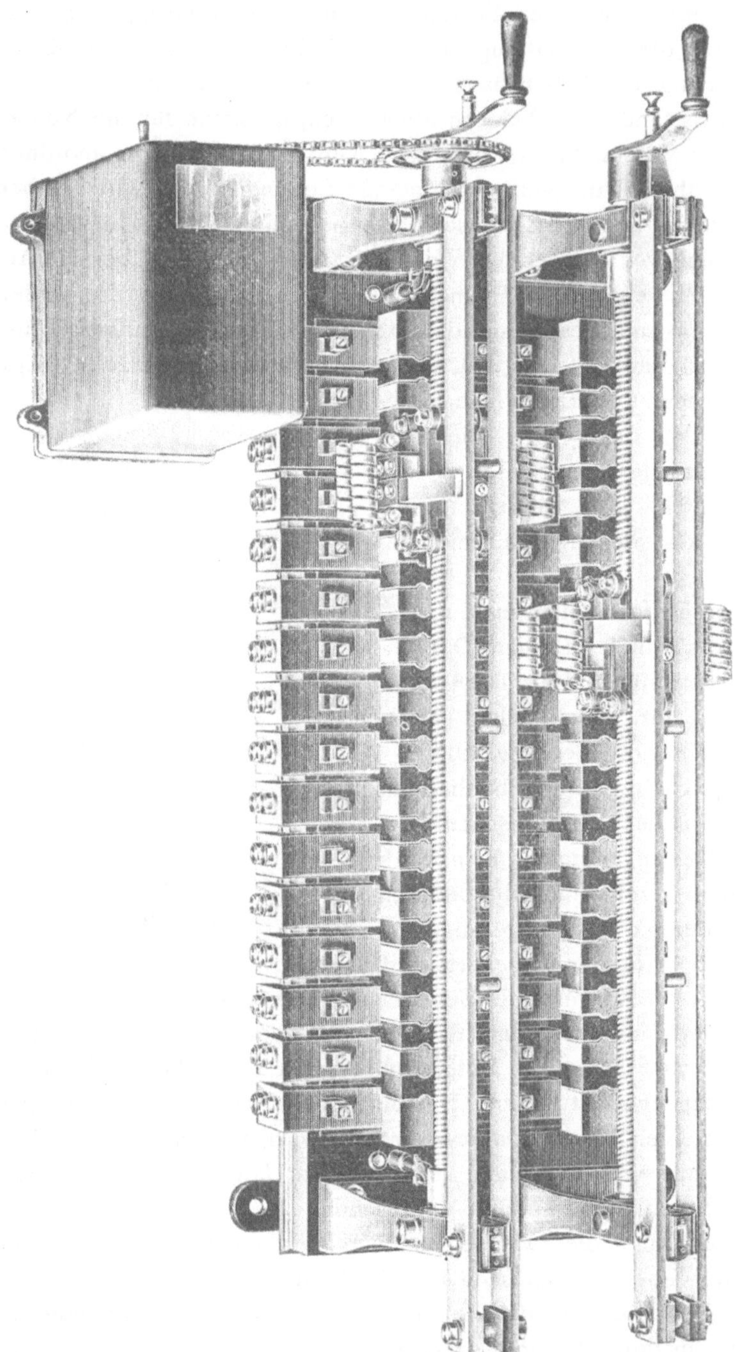

Fig. 491.
Selbstthätiger Doppel-Zellenschalter für 1000 Ampère.
Siemens-Schuckert-Werke.

reicht hat, während die andere noch auf der eben berührten Platte ruht, die zwischenliegende Zelle also kurz geschlossen ist, ordnet man zwischen den Hauptkontaktplatten noch Hülfskontakte H (Fig. 492) an, die mit der vorhergehenden Platte durch zwischengeschaltete Uebergangswiderstände W in Verbindung stehen. So wird die betreffende Zelle bei der Bewegung des Kontakthebels nicht kurz-, sondern auf den Uebergangswiderstand geschlossen und eine Beschädigung der Zelle sowie eine starke Funkenbildung an den Kontakten vermieden.

Bei Anwendung der in Fig. 489 dargestellten Schaltung geht während der stärksten Belastung der Batterie der Batterie- und Maschinenstrom

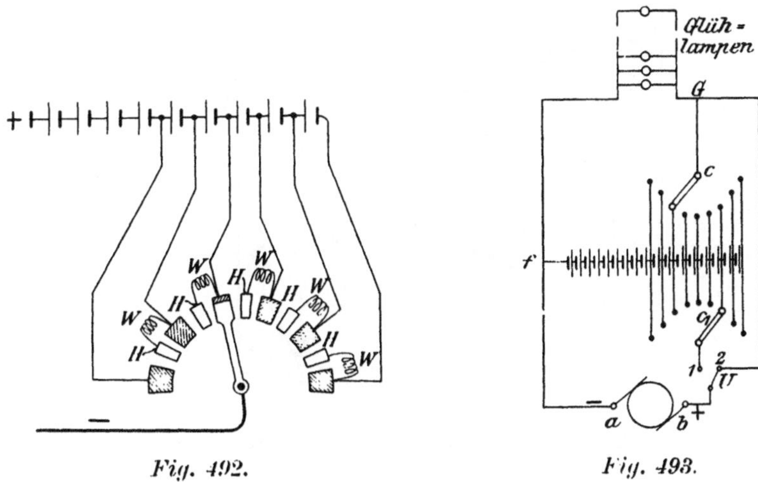

Fig. 492.

Zellenschalter mit Hülfskontakten und
Uebergangswiderständen.

Fig. 493.

Akkumulatorenschaltung mit Haupt-
stromumschalter.

durch den Zellenschalter, was dazu nötigt, den letzteren ausserordentlich stark zu bemessen. Man kommt aber mit einem normalen Schalter aus, wenn zwischen der Maschine und dem Zellenschalter ein Umschalter U (Fig. 493) angeordnet wird, dessen Hebel während der Ladung des Akkumulators auf dem Kontakt 1 und während der Entladung auf dem Kontakt 2 steht. Im ersteren Falle ist die Strecke 2 G ganz aus dem Stromkreis geschaltet, in letzterem geht der aus der Maschine kommende Strom den Weg b U 2 G und vereinigt sich in G mit dem Entladestrom des Akkumulators.

Zu den notwendigen Schaltapparaten einer Akkumulatorenanlage gehört ausserdem noch ein Minimalstromausschalter, der in Thätigkeit tritt, wenn der Maschinenstrom unter eine bestimmte Grenze gesunken ist, und verhindert, dass die Batterie sich in die Maschine entlädt.

Die vorbeschriebenen Ladeschaltungen verlangen eine Veränderung der Dynamospannung in sehr weiten Grenzen. Will man eine Akkumulatorenbatterie an eine bereits bestehende Gleichstromanlage, deren Maschine nur eine Erhöhung der Spannung um einige Volt gestattet, anschliessen, so wendet man mit Vorteil die Reihenschaltung (Fig. 494) an um die erforderliche Spannungserhöhung für das Laden der Elemente zur Verfügung zu haben.

Man teilt die Batterie zu diesem Zwecke in zwei Hälften A A$_1$ und B B$_1$, die während der Ladeperiode parallel und bei der Entladung hintereinander geschaltet werden. Diese Schaltmanöver werden mit Hülfe eines Wechselkontaktes, des »Reihenschalters« C, ausgeführt. Wird der Kontakt

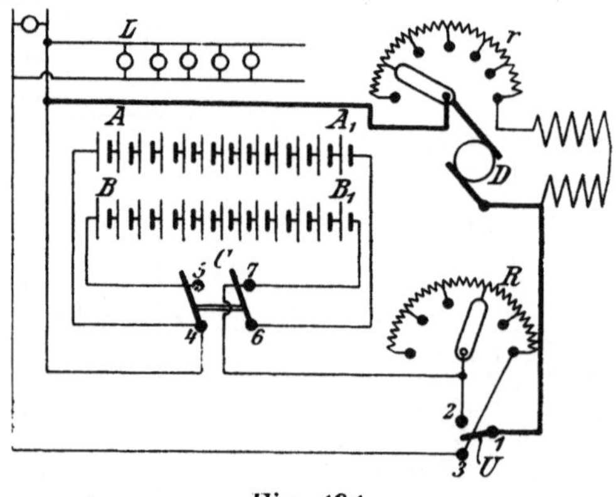

Fig. 494.

Reihenschaltung von Akkumulatoren.

4 mit 5 und 6 mit 7 verbunden, dann sind die beiden Zellenreihen nebeneinander geschaltet, während durch das Aneinanderlegen von 6 und 7 die Serienanordnung hergestellt wird. Ausserdem liegt bei der Ladung der Vorschaltwiderstand R solange im Stromkreise, bis die Ladespannung der Batterie die Voltzahl der Maschine erreicht hat. Für die Ladung wird der Umschalter U so eingestellt, dass der Kontakt 1 mit 2 verbunden wird, während man bei der Entladung entweder 1 an 3 legt oder 1 in die durch Fig. 494 dargestellte Mittelstellung bringt. In ersterem Falle erhalten Lampen und Batterie gleichzeitig Strom, in letzterem liefert die Batterie allein den Strom, der durch den Regulator R eingestellt werden kann. Bei dieser Schaltung tritt im Betrieb der Lampen L keine Störung ein. Ist es möglich, die Lampen vor der Ladung auszuschalten, so kann natürlich die Maschinenspannung — in bestimmten Grenzen — vermittelst des Magnetregulators r dem jeweiligen Stadium des Ladevorganges angepasst werden.

Grosse Vorteile für den vereinigten Dynamo- und Batteriebetrieb bietet die Erhöhung der Maschinenspannung auf die Ladespannung der

Akkumulatoren durch die Zuschaltung einer Zusatzmaschine zur Hauptdynamo. Die Zusatzmaschine liefert das Mehr an Spannung, das die Akkumulatoren bei der Ladung gegenüber der Entladungsintensität gebrauchen.
Ist die Ladespannung 2,7, die Entladespannung dagegen 1,8 V, so muss die
Zusatzmaschine für jede der vorhandenen Zellen 0,9 V leisten. Die Ge-
samtladespannung ist also die Summe der normalen Intensität der Hauptmaschine und der Spannung der mit ihr in Hintereinanderschaltung ver-

a Ansicht.

b Anker.

Fig. 495 a u. b.

Zusatzmaschine für die Ladung von Akkumulatoren.

bundenen Zusatzmaschine. Die letztere (Fig. 495) ist eine Motordynamo,
bestehend aus einem von der Hauptmaschine mit Strom versorgtem Motor,
der die Dynamo antreibt. Der Kollektor der Dynamoseite ist breiter als
der auf der Motorseite, weil dort bei niederer Spannung die ganze Lade-
stromstärke übergeleitet werden muss. Die Zusammenschaltung der Motordynamo mit der Batterie und der Hauptmaschine zeigt Fig. 496.

Dem Nebenschlussmotor des Zusatzaggregates E ist ein Anlasswider-
stand vorgeschaltet, während im Nebenschlussstromkreise der Zusatzdynamo
ein Magnetregulator liegt, der es gestattet, die Spannung auf die jeweilig er-

forderliche Höhe einzustellen. Zur Ladung der Batterie wird der Umschalterkontakt 1 mit 2 verbunden und die hierdurch addierte Spannung beider Maschinen den Zellen zugeführt.

Sollen Batterie und Hauptdynamo zusammen auf das Netz arbeiten, so wird der Umformersatz durch Ausschalten des Motors ausser Betrieb gesetzt und durch die Verstellung des Umschalterkontakts 1 auf 3 die Zusatzmaschine aus- und der äussere Stromkreis eingeschaltet. Soll der letztere von der Batterie allein versorgt werden, so öffnet man den Ausschalter A.

Diese Anordnung bietet folgende Vorteile:

1. Die Batterie braucht während der Ladung keinen Strom an die Lampen abzugeben, deshalb beschränkt sich die Zahl der mittels des Zellenschalters abzusondernden Elemente auf etwa 10 % der Gesamtzahl.

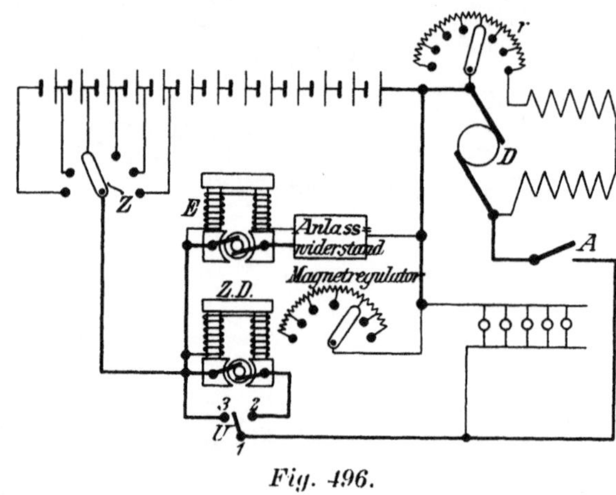

Fig. 496.

Schaltungsschema einer Akkumulatorenanlage mit Zusatzmaschine.

2. Die Hauptmaschine kann mit ihrer normalen Spannung weiter betrieben werden, während sie beim Fehlen einer Zusatzdynamo in der Ladeperiode der Zellen bis zu 50 % Ueberspannung erzeugen und deshalb weit grösser bemessen sein muss, als für die Versorgung des Verteilungsnetzes notwendig wäre.

Das Schema der Maschinen- und Batterieschaltung auf Zeche Ewald, Schacht Hilger und Hagedorn, wird durch Fig. 497 wiedergegeben.

Die Centrale setzt sich zusammen aus

1. einer Nebenschlussmaschine, System Lahmeyer, für eine Leistung von 66 KW bei 325—350 V,
2. einer Nebenschlussmaschine, System Siemens & Halske, für eine Leistung von 200 KW bei 350—490 V,

3. einer Doppelankerdynamo, System Lahmeyer (s. S. 489, Fig. 373), für eine Leistung von 66 KW bei 325—330 V. Diese Maschine wird durch eine Laval-Dampfturbine von 100 PS angetrieben. Wie das

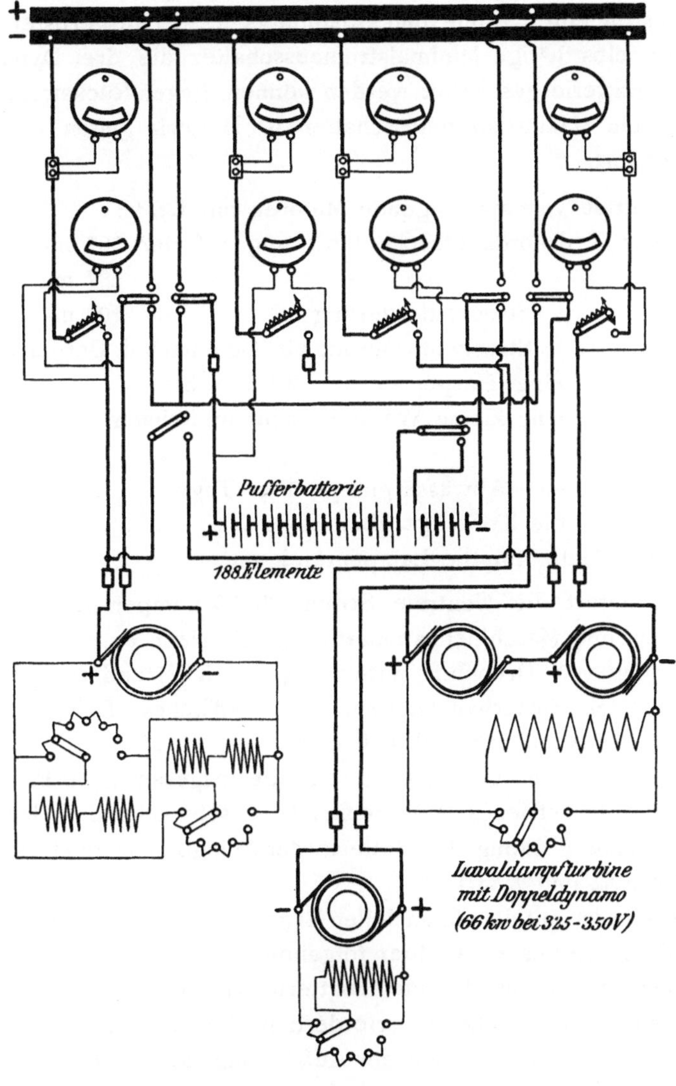

Fig. 497.

Schaltungsschema der Gleichstromanlage mit Akkumulatorenbetrieb auf Zeche Ewald.

Schema (Fig. 497) erkennen lässt, sind die Wickelungen der beiden Anker hintereinander geschaltet, sodass sich die Einzelspannungen ($\sim$ 165 V) addieren,

4. einer Pufferbatterie der Akkumulatorenfabrik A.-G. Berlin-Hagen von 156 Elementen für eine Kapazität von 296 Ampèrestunden. Die Batterie ist neuerdings noch um 32 Elemente verstärkt worden.

Jede der Maschinen wie auch die Batterie sind mit einem getrennten Satz Messinstrumente (Strom- und Spannungsmesser) ausgerüstet. Ausserdem sichern selbstthätige Minimalstromausschalter die drei Dynamos, die alle auf die Batterie geschaltet werden können, gegen Rückstrom, während andererseits ein Maximalstromausschalter die Batterie gegen eine Ueberlastung verwahrt.

Die Centrale versorgt folgende Motoren mit Kraft:

1. Einen Motor f. d. nördl. Streckenförderung auf der 587 m-Sohle 55 PS,
2. » » » » östl. » » » 587 m- » 55 »
3. » » » » Streckenförderung » » 100 m- » 45 »
4. » » » » » Streckenförderung üb. Tage nach d. Bergehalde 30 »
5. » » » einen Haspel auf der 587 m-Sohle . . . . . . 75 »
6. » » » eine kleine Wasserhaltung auf Schacht Hilger (587 m-Sohle) 25 »
7. » » » eine Abwässerpumpe über Tage . . . . 5 »
8. » » » die Kreissäge über Tage . . . . 25 »
9. » kleinen Motor für die Lampenreinigung.

Ferner liefert die Centrale Strom für 90 Lampen zur Beleuchtung von Füllörtern und Maschinenkammern, zum Betriebe eines Heizrohres für die Anwärmung von Druckluft unter Tage (6 KW) und zweier Magnete zum Oeffnen der Sicherheitslampen, ein treffliches Beispiel für die· mannigfaltige Verwendbarkeit des Stromes.

Die fünf ersten Förderungsmotoren mit insgesamt 260 PS sind der Natur des Förderbetriebes entsprechend so schwankend belastet, dass die ausgleichende Wirkung der Batterie der Anlage sehr zu statten kommt. (vergl. Tafel XXI und XXII).

Die Zeche ist mit dem finanziellen Ergebnis des Akkumulatorbetriebes sehr zufrieden. Sie macht darüber folgende Angaben:

Vor der Beschaffung der Pufferbatterie war zum Betrieb der Centrale eine Dampfmaschine von 300 PS erforderlich, die aber nur stossweise in Betrieb genommen wurde. Nach der Aufstellung der Batterie kommt man mit einer 120 PS-Dampfmaschine aus, die täglich 16 Stunden arbeitet. Dadurch werden täglich

$$300 - 120 \times 16 = 180 \times 16 = 2880 \text{ PS-Stunden}$$

gespart.

Eine weitere Verminderung der Betriebskosten tritt dadurch ein, dass die Batterie einen Betrieb der Dampfmaschine in der Nachtschicht entbehrlich macht, während früher eines der 66 KW-Aggregate für die Beleuchtung und etwa eintretenden Kraftbedarf die Nacht durch laufen musste.

Hier liegt also eine Ersparnis von $120 \times 8 = 960$ PS-Stunden vor.

Im Ganzen hat mithin die Dampfmaschinenanlage $2880 + 960 = 3840$ PS-Stunden im Tage weniger zu leisten.

Hinsichtlich der Gestehungskosten der Dampfkraft ist zu berücksichtigen, dass die Wartungskosten während der beiden Tagesschichten trotz der geringeren Kraftleistung der Centrale dieselben geblieben sind, und hier nur die Kosten für Brenn- und Schmiermaterial eine Verringerung erfahren, die von der Zeche zu 1 Pf. je PS-Stunde veranschlagt wird. Es wird also während des Tagesbetriebes eine Gesamtersparnis von 28,80 M. erzielt. Für die Nachtschicht kommen auch die früher gezahlten Wärterlöhne und die erhöhten Kosten für den Dampfbetrieb, die insgesamt zu 3 Pf. je PS-Stunde veranschlagt werden, in Wegfall, was eine weitere Kostenverringerung von $3 \times 960 = 28{,}80$ M. bedeutet. Diesen Ersparnissen, die für den Tag- und Nachtbetrieb 57,60 M. täglich oder $57{,}60 \times 300 =$ 17 280 M. betragen, stehen die Kosten der Batterie gegenüber.

Die Anlagekosten betrugen für 188 Elemente (172 im Betrieb, 16 in Reserve) je 89,68 M., insgesamt . . . . 16 860 M.

Die Betriebskosten setzen sich zusammen aus folgenden Aufwendungen:

    1. den Kosten für Verzinsung und Amortisation des Anlage-
       kapitals (zusammen 13 %) = rund . . . . 2 183 M.
    2. Unterhaltungskosten . . . . 1 536 »

                                $\sim$ 3 720 M.

Bringt man die Batteriekosten von der oben errechneten Summe von 17 280 M. in Abzug, so ergiebt sich eine Ersparnis zu Gunsten des Batteriebetriebes von 13 560 M. im Jahre, einer Summe, die beinahe dem Anlagekapital gleichkommt.

Ueber die Kosten stationärer Akkumulatorenanlagen macht Professor Heim-Hannover in seinem bekannten Werke über elektrische Beleuchtungsanlagen folgende Angaben (Tabelle 65 Seite 628).

2. Wechselstrommaschinen.

Wegen der geringen Lichtausbeute der Wechselstrombeleuchtung und des umständlichen Betriebes ihrer Motoren hat diese Stromart im Betriebe der Ruhrzechen keine Bedeutung erlangt. Eine ältere, von der Firma Helios in Köln gebaute Lichtcentrale, die mit Transformatoren arbeitete, stand bis Mitte der neunziger Jahre auf der Zeche Zollverein im Betrieb, ist aber längst durch vervollkommnete Einrichtungen ersetzt worden. Das Interesse für den normalen Wechselstrom einer und mehrerer

Tabelle 65.

Kapazität in Amp.-Stunden bis 3 stündiger Entladung	Batterie für 3 stündige Entladung														
	20	35	55	70	90	120	150	200-300	300-400	400-500	500-600	600-700	800 bis 1000	1000 bis 1500	1500 bis 2000
Preis einer Zelle, bezogen auf 1 Amp.-Stunde, Pf.	43	37	31	28	26	24,5	24,0	22	21,7	21,5	21,3	20,8	20,3	19,8	19,4
Nebenkosten einschliesslich Preis der Hülfsapparate, ausgedrückt in Prozenten obiger Beschaffungskosten:															
Holzgestell	—	—	8	—	—	—	5	—	3	—	2	1,8	—	—	1,5
Schwefelsäure	—	—	3	—	—	—	3	—	3	—	3	3	—	—	3
Schaltbrett mit Hülfs- und Messapparaten, ausschl. Zellenschalter, einschl. Montage	—	—	30	—	—	—	10	—	7	—	4	4	—	—	4
Doppelzellenschalter mit Handbetrieb für 30 % der Zellen	—	—	10	—	—	—	9	—	7	—	5,5	5	—	—	4
Nebenteile der Batterie (Glasfässer, Kupfertiegel, Säurebottich, sowie Verpackung der Hülfsapparate)	—	—	2	—	—	—	2	—	2	—	2	2	—	—	2
Montage der Batterie	—	—	15	—	—	—	8	—	6	—	4,5	3,5	—	—	3
Verpackung	—	—	8	—	—	—	7	—	6	—	5	4,5	—	—	3,5
	—	—	76	—	—	—	44	—	34	—	26	23,8	—	—	21

Phasen schwand vollkommen, als anfangs der neunziger Jahre in einer Wechselstromart, dem Dreiphasen- oder Drehstrom, ein ausgezeichnetes Kraftübertragungsmittel gefunden wurde.

3. Drehstrommaschinen.

a) Normale Generatoren.

Im Gegensatz zu den Gleichstrommaschinen, die man, von einigen Ausnahmen (s. S. 588) abgesehen, mit Aussenpolen versieht, werden die Drehstromerzeuger meistens als Innenpoldynamos gebaut. Diese Anordnung gewährt den grossen Vorteil, dass der Hochspannung führende und mit einer weitläufigen Wickelung versehene Anker stillsteht und feste Ableitungen hat, während die von Gleichstrom niederer Spannung durchflossene Magnetradwickelung auf dem umlaufenden Teil liegt. Die Windungen der Hochspannungswickelung des feststehenden Ankers brauchen natürlich in mechanischer Hinsicht viel weniger gesichert zu sein, als wenn der Anker beweglich wäre.

Den Aufbau eines normalen Drehstromgenerators veranschaulicht die schematische Darstellung in Fig. 498*). Wie die Abbildung zeigt, sind die einzelnen Magnete des Rades so bewickelt, dass Nord- und Südpole abwechseln. Der zu ihrer Erregung notwendige Gleichstrom wird von einer besonderen Stromquelle geliefert und durch die beiden Schleifringe und Bürsten B_I B_{II} dem Magnetrad zugeführt. Der feststehende Aussenanker trägt in seinen Innennuten drei Wickelungssysteme, die sich immer mit $1/_3$ Spulenlänge übergreifen. In Fig. 498 wird das Wickelungssystem I durch die stark gezeichneten Windungen b e h l o r, das Wickelungssystem II durch die schwächer gezeichneten c f i m p s und das Wickelungssystem III durch die gestrichelten Windungen a d g k n q dargestellt. Jedes der drei Wickelungssysteme hat also 6 Spulen, deren Mitten an der Kreisperipherie um $\frac{360}{6} = 60°$ von einander abstehen. Im ganzen ist der Anker mit 18 Spulen versehen, deren Mitten wegen der übergreifenden Lage $\frac{360}{18} = 20°$ von einander entfernt sind.

In der Ausführung der Drehstromgeneratoren bestehen bei Fabrikaten verschiedener Herkunft grössere Unterschiede wie bei den Gleichstromdynamos.

Die Magneträder werden von einigen Firmen aus Gusseisen bezw. Stahlguss, im ersteren Fall mit aufgeschraubten Polen, in letzterem mit aufgesetzten Polschuhen aus Schmiedeeisen hergestellt. Ein Magnetrad dieser Art ist in Fig. 499 dargestellt.

---

*) Brüsch, Leitfaden der Elektrizität im Bergbau.

Fig. 498.

Schematische Darstellung eines Drehstromgenerators.

Fig. 499.

Magnetrad mit aufgeschraubten Polschuhen für eine schnelllaufende
Drehstromdynamo. Lahmeyer.

Die Stahlgussräder werden namentlich für grosse Maschinen verwandt.
Einzelne Firmen, so beispielsweise die Allg. Elektrizitäts-Gesellschaft, ziehen
es vor, die Pole der Magneträder wie die Anker aus Eisenblechscheiben

Fig. 500.

Centrale der Zeche Mansfeld mit 2 Drehstromgeneratoren von je 830 KW-Leistung.

aufzubauen, die durch Schrauben zwischen zwei Tragekränzen befestigt sind.
Als Beispiel für eine derartige Ausführung seien die beiden je 830 KW
leistenden Drehstromgeneratoren der Zeche Mansfeld angeführt, deren
Magneträder mit Rücksicht auf die sehr grossen Abmessungen aus zwei an

der Nabe und dem Kranze miteinander verschraubten Teilen bestehen. Die
aus einzelnen Blechplatten zusammengesetzten Pole sind in den Tragering
schwalbenschwanzförmig eingesetzt und durch Keile befestigt. Die
Spulenkästen der Magnete werden je nach Grösse der Maschinen und der
Erregerspannung entweder mit isoliertem Draht oder mit Flachkupferband
bewickelt. Im letzteren Falle stehen die einzelnen Windungen gegen den

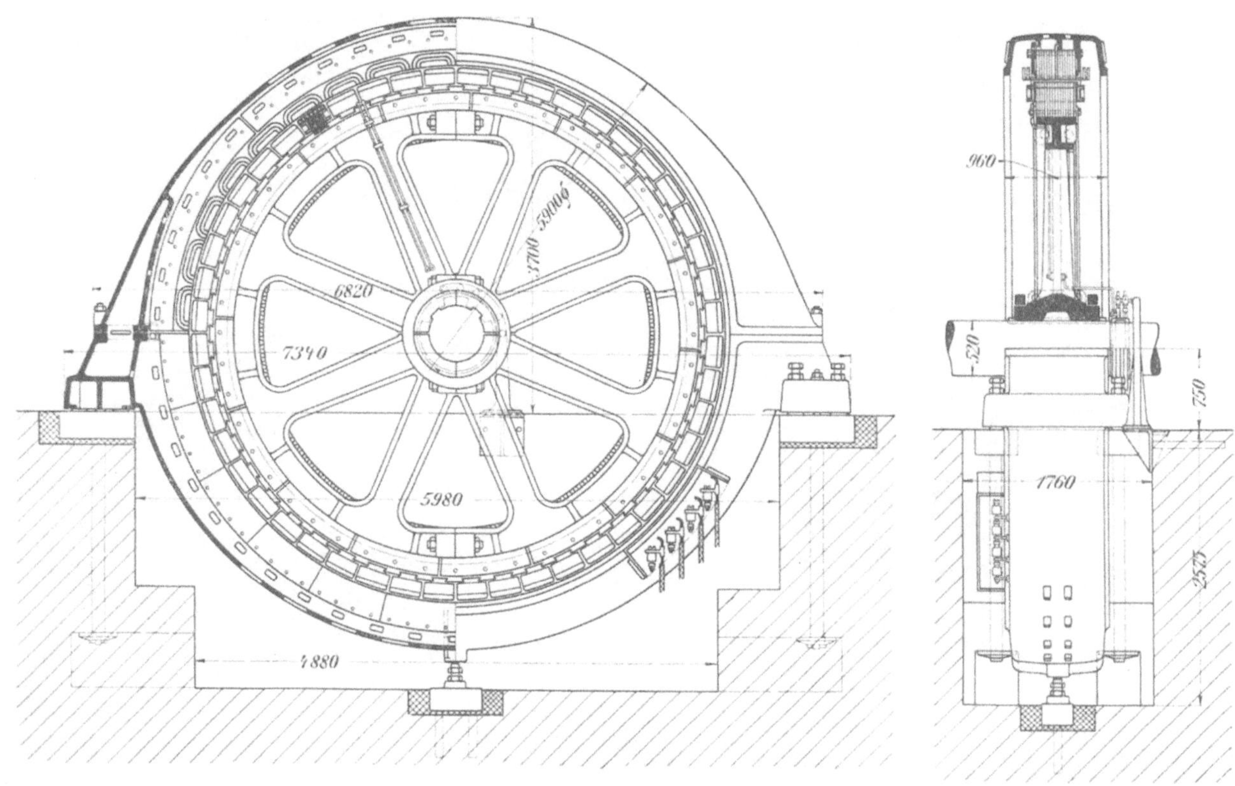

a Seitenansicht bezw. Schnitt.   b Kopfansicht bezw. Querschnitt.

Fig. 501 a u. b.

830 KW Drehstromgeneratoren der Zeche Mansfeld. Allg. Elektrizitäts-Gesellschaft.

Pol zu auf Hochkant und sind von einander durch Zwischenlagen von Isoliermaterial getrennt. Die Spulenkästen werden durch Schrauben, die aufgesetzten Polschuhe durch Keile auf den Magnetkernen festgehalten.

Zur Aufnahme der feststehenden Anker dienen Gehäuse aus massivem,
oder durch Verspannung gefestigtem Gusseisen und neuerdings auch aus
Flusseisen. Die Anordnung der Gusseisengehäuse der oben erwähnten
Drehstromgeneratoren der Zeche Mansfeld wird durch die Ansichten bezw.
Schnitte in Fig. 500 und 501 veranschaulicht. Der Drehstromring

ist in das massive, wagerecht unterteilte Hohlgussgehäuse so eingebaut, dass die gewölbten Seitenabdeckungen wenig mehr als die innere Ringkante hervorstehen lassen (Fig. 501 b).

Die Verlagerung und Befestigung des aktiven Eisenringes, der durch Schrauben zwischen einen festen Ansatz des Gehäuses und einen aufgelegten Kopfring gepresst wird, lässt dieselbe Figur erkennen.

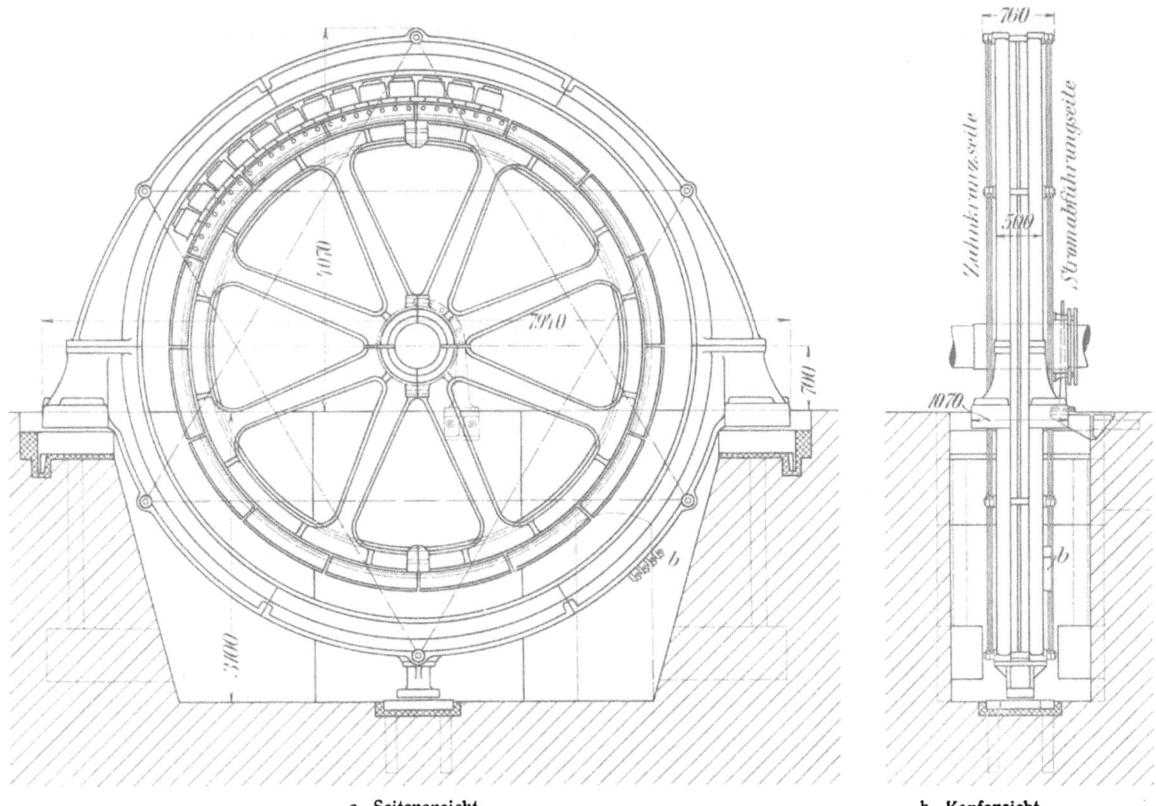

a Seitenansicht.b Kopfansicht.

Fig. 502 a u. b.

Generator der Zeche Victor.

Der untere Teil des Gehäuses ruht in der Maschinengrube und ist mit dem oberen durch Verschraubung verbunden. Eine auf der Sohle der Grube verlagerte Stellschraube erleichtert die Centrierung des Gehäuses mit der Dampfmaschinenwelle.

Das Gewicht der massiv gusseisernen Gehäuse ist bei Grossdynamos natürlich ein ganz gewaltiges. Um das Gehäuse leichter zu gestalten, hat die Allgemeine Elektrizitäts-Gesellschaft die auf verschiedenen Zechen (u. a.

Victor und Preussen II) vertretene »Spannwerkstype« (Fig. 502 und 503)
geschaffen.

Wie die Figuren erkennen lassen, wird der Blechkörper des feststehenden Teils durch zwei seitliche Gusseisenkränze getragen, welche
durch Schrauben so miteinander verbunden sind, dass der mittlere Teil
des Blechringes mit dem Lüftungsschlitz vollkommen freiliegt. Auch an
den Seiten lassen die schmalen Kanten der Trageringe die kühlende Luft
an den Blechkörper annähernd auf $^3/_4$ seiner Oberfläche herantreten. Die
Stabilität des an sich sehr leichten Gestells wird durch die Verspannung

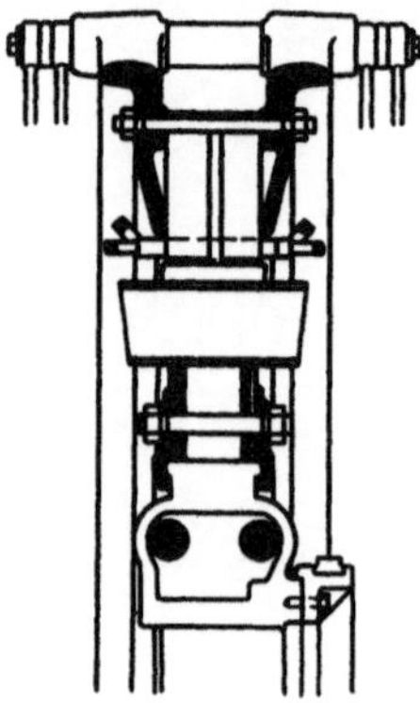

Fig. 503.

**Schnitt durch den feststehenden und den laufenden Kranz des Generators[auf
Zeche Victor.**

der Seitenringe mit schmiedeeisernen Zugstangen (Fig. 502 und 503), welche
zu zwei Dreiecken kombiniert und an den Verbindungsschrauben ange-
hängt sind, sehr erhöht.

Derselbe Grund, welcher die Allgemeine Elektrizitäts-Gesellschaft zu
der Ausbildung der Spannwerkstype geführt hat, bestimmte die Siemens-
Schuckert-Werke zur Herstellung von Flusseisengehäusen für grosse Generatoren. Das Bild des Drehstromgenerators der Zeche Ewald (Fig. 504)
lässt die Flusseisenkonstruktion des wagerecht unterteilten und durch Fluss-
eisensockel abgestützten Trageringes erkennen.

Während die vorstehend beschriebenen Drehstromgeneratoren alle
als Innenpolmaschinen ausgeführt sind, hat sich neuerdings, insbesondere
für Gasmotorenantrieb, wieder eine Aussenpoltype eingebürgert. Sie unterscheidet sich aber von den Aussenpoldynamos, die in den Zeiten der Einführung des Drehstroms aus den Gleichstrommaschinen herausgebildet
wurden, dadurch, dass auch bei ihr der Drehstromring feststeht und
von den Polen des umlaufenden Magnetrades umkreist wird. Der Anker

ist ähnlich wie die Feldmagnete der Siemensschen Gleichstromdynamo mit Innenpolen durch einen sternförmigen Träger an dem Lagerbock befestigt. Diese Ausführung bezweckt eine Hebung des Gleichförmigkeitsgrades durch die Vergrösserung der Schwungmassen des Magnetgrades. Das letztere erhält, wie Fig. 505 erkennen lässt, ein ausserordentliches Gewicht dadurch, dass der Polträger als schwerer Schwungring mit sehr kräftigen Speichen ausgebildet ist.

Fig. 504.

Drehstromgenerator mit Flusseisengehäuse auf Zeche Ewald.
Siemens-Schuckert-Werke.

Die Bewickelung der immer genuteten Drehstromanker wird je nach der Maschinengrösse und der Spannungshöhe aus Draht oder aus Stäben hergestellt. Da bei den feststehenden Ankern Rücksichten auf Schleuderkräfte nicht zu nehmen sind, und auch hinsichtlich der Magnetwirkung des Ankereisens selten Hindernisse auftreten, versieht man es gewöhnlich mit offenen Nuten, welche das Einlegen der vorher auf Schablonen geformten Spulen ermöglichen und deshalb die Ausführung der Wickelung ausserordentlich erleichtern. Fig. 506 veranschaulicht drei zum Einbau fertige

Schablonenspulen*), während die Bilder in Fig. 507 und 508 Abschnitte eines
mit Draht- bezw. Stabwicklung versehenen offenen Nutenankers wieder-

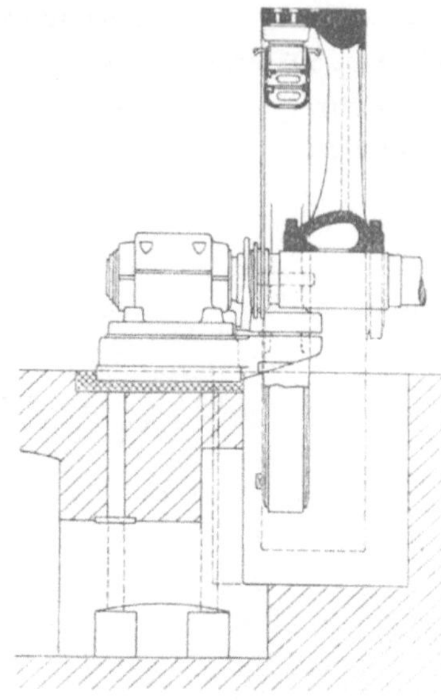

Fig. 505.

**Drehstromgenerator mit verstärktem Schwungmoment (Aussenpoldynamo).
Allgemeine Elektrizitäts-Gesellschaft.**

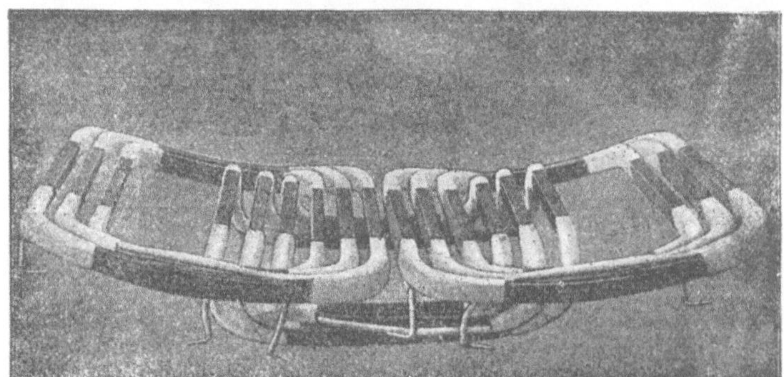

Fig. 506.

Schablonenspulen zum Einbau in einen Drehstromanker.

geben. Die Nuten werden mit Hülsen aus Glimmerpappe ausgefüttert.
Obwohl auch die Leiter selbst noch mit einer geschlossenen Isolierschicht
umgeben sind, nimmt die Isolation doch den Nutenquerschnitt nicht zu

---

*) Philippi, Elektrische Kraftübertragung.

sehr in Anspruch, weil die Spulen vorher auf den Schablonen vorgeformt sind.

Bei halb- oder ganzgeschlossenen Nuten wird die Stabwicklung in der Art ausgeführt, dass die einzelnen Leiter von der Seite in die vorher mit Isoliermaterial ausgefütterte Oeffnung des Eisens eingeschoben und dann

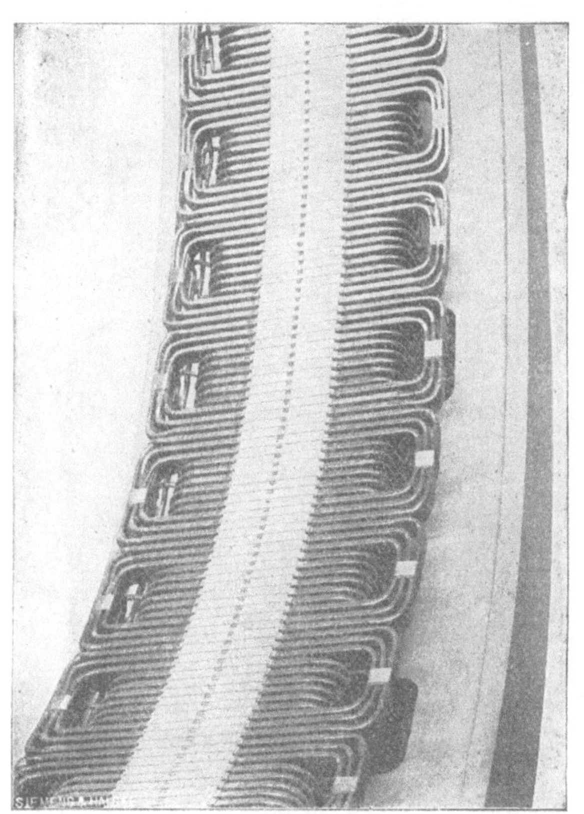

Fig. 507.

Drahtwicklung.

Fig. 508.

Stabwicklung.

Abschnitte von Drehstromankern mit von aussen eingelegten Wicklungen.

durch Ueberleitungsstreifen zu Spulen und Spulensätzen verbunden werden (Fig. 509). Viel mühsamer ist die Herstellung von Drahtwicklungen, bei denen der Draht in der ganzen Spulenlänge durch die Nuten gezogen werden muss.

Die Wicklung der Drehstromanker kann als Wellen- oder Schleifenwicklung ausgeführt werden. Die erstere läuft zickzackförmig durch den

Anker (Fig. 510), während die letztere (Fig. 511) in wiederkehrenden Schleifen das Eisen umschlingt. Die beiden Schaltungsskizzen stellen die Wicklung gewöhnlicher Wechselstrommmaschinen mit nur 2 Ableitungen dar, während beim Drehstrom natürlich 3 Ableitungen erforderlich sind.

Fig. 509.

Abschnitt eines Drehstromankers mit seitlich in die Nuten eingeschobener Wicklung.

Die einzelnen Spulensysteme werden entweder nach der Stern- oder nach der Dreieckschaltung mit einander verbunden (Fig. 512 u. 513). Bei der vorteilhafteren Stern- oder offenen Schaltung, die im allgemeinen für Generatoren bevorzugt wird, sind die drei Wicklungen in dem sogenannten neutralen Punkte verbunden, während bei der Dreieckschaltung das Ende des einen Wicklungssystems immer an den Anfang des nächsten gelegt ist. Die Ableitungen schliessen im ersten Falle an den freien Spulenenden, im letzteren Falle an den Verbindungsstellen der einzelnen Spulen an. Die Vorzüge der Sternschaltung bestehen einmal in einer erheblich geringeren

Fortsetzung auf S. 642.

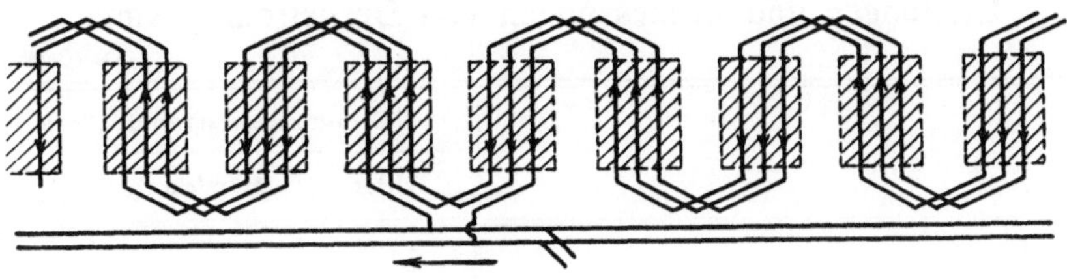

Fig. 510.

Wellenwicklung einer Wechselstrommaschine.

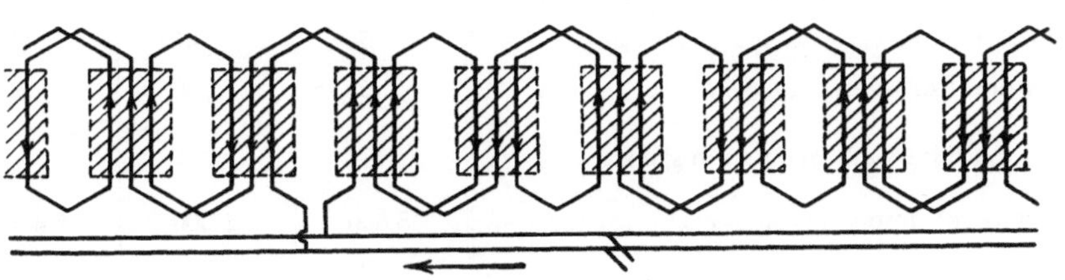

Fig. 511.

Schleifenwicklung einer Wechselstrommaschine.

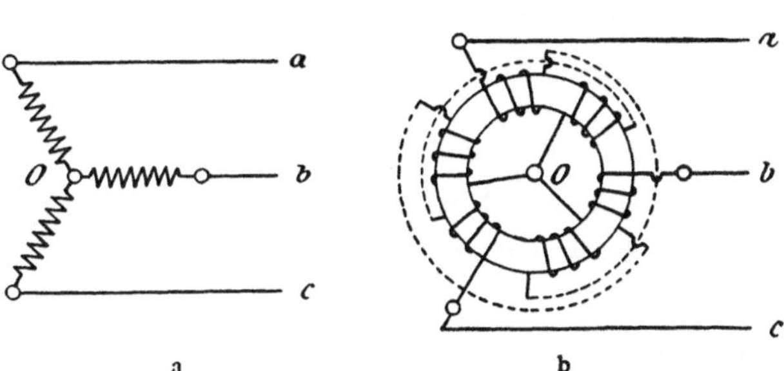

Fig. 512 a u. b.

Sternschaltung.

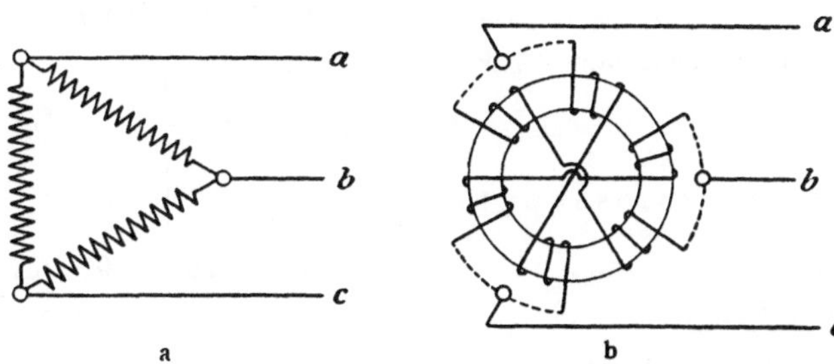

Fig. 513 a u. b.

Dreieckschaltung.

Leistungen und Abmessungen von Drehstromdynamos.

Tabelle 66.

	Drehstromgeneratoren der Zeche		
	Victor	Mansfeld	A. von Hanse-mann
Leistung K W.	1 055	830	750
Spannung V	5 250	3 000	3 200
Stromstärke A.	127	223	135
Uml./min.	113	97,5	83,5
Zahl der Pole	56	48	72
Zahl der Perioden	52,75	39	50
Ankerabmessungen:			
Bohrung $\varnothing$ mm	5 800	5 000	5 450
Breite mm.	200	390	225
Zahl der Luftschlitze	1 v. 20 mm Breite	1	1
Nuten je Pol und Phase	2	6	2
Form der Nuten.	halb geschloss.	halb geschloss.	halb geschloss.
Wicklung	Drahtwickelung	Stabwickelung	Drahtwickelung
Tiefe der Nuten mm	38	26,5	31,5
Breite » » »	28,5	9,8	22
Stärke des Kranzes mm.	26,0	250	150
Zahl der Stäbe bezw. Drähte je Nute. . .	6	1	5
Querschnitt der Stäbe bezw. Drähte qmm.	—	103	—
Länge der Stäbe mm	—	570	—
Länge der Gabel mm	—	500	—
Querschnitt der Gabel qmm.	—	70	—
Stärke des Kranzes mm	260	250	—
Ankereisengewicht kg.	—	13 000	—
Schaltung	Sternschaltung	Sternschaltung	Sternschaltung
Luftzwischenraum zwischen Anker und Magnetrad mm	7,1	6,5	8—10
Magnetradabmessungen:			Polschuhaus-trittsfläche
Polquerschnitt qmm	183 × 120	150 × 320	158 × 225
Windungen je Pol.	—	120	44
Stab- oder Drahtquerschnitt qmm	—	44,5	2,5 × 40 (Flachkupfer)
Mittlere Windungslänge mm	—	1 260	—

Ergebnisse der Versuche.

Tabelle 67.

	Drehstromgeneratoren der Zeche		
	Victor	Mansfeld	A. von Hanse-mann
Versuchsverhältnisse:			
Leistungsfaktor cos φ	0,915	0,798	0,762
Normalleistung bei Berücksichtigung obigen			
Leistungsfaktors . . . . KW	—	923,5	572
Thatsächliche Leistung . . . . „	860	803	431
Belastung in Prozent der Nennleistung			
bei obigem Leistungsfaktor . . . . %	85,5	87	75,3
Feststellungen am Generator:			
a) Generator ausschliesslich Erregung:			
Zugeführte Leistung . . . . KW	898,17	—	456,12
Verluste:			
Ankerkupfer . . . . „	9,25	—	8,5
Ankereisen . . . . „	28,5	—	23,27
Abgegebene Leistung . . . . „	860,40	—	424,35
Wirkungsgrad . . . . %	95,79	—	93,03
b) Generator einschliesslich Erregung:			
Zugeführte Leistung . . . . KW	912,6	843,88	470,92
Verluste:			
Ankerkupfer . . . . „	9,25	7,05	8,5
Ankereisen . . . . „	28 5	29,93	23,27
Erregung . . . . „	9,53	9,10	13,32
Erregerdynamo einschl. Magnet-			
regulator . . . . „	—*)	6,90 *)	1 48
Zusammen . . . . „	47,28	52,98	46,57
Abgegebene Leistung . . . . „	860,40	790,90	424,3
Wirkungsgrad ohne Verluste für Lager- und			
Luftreibung, einschliesslich Erregung, %	94,26	93,7	90,11

*) Fremderregung.
**) Erregung durch Motorgenerator

Windungszahl für gleiche Spannungsleistung und ferner in der Vermeidung interner Ströme, die bei der geschlossenen Dreieckswickelung auftreten, wenn die Stromkurve von der Sinuskurve abweicht, was in der
Praxis fast immer zutrifft. Die freien Enden der Wickelungssysteme werden
zu den Anschlussklemmen geführt, die bei den gebräuchlichen hohen
Spannungen auf Porzellanisolatoren verlagert sind (Fig. 514).

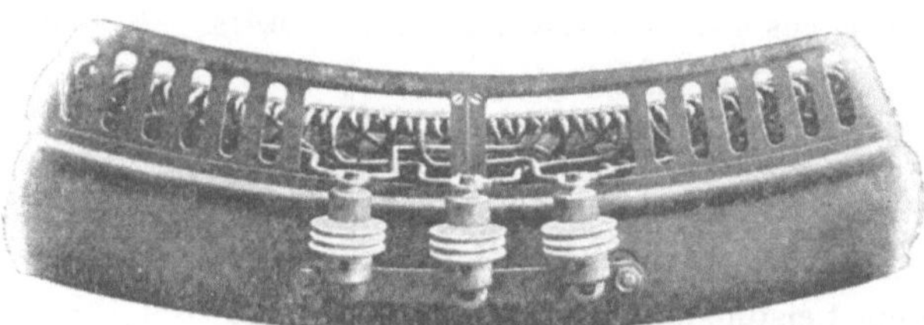

Fig. 514.
Hochspannungsklemmen eines Drehstromgenerators.
Lahmeyer & Co.

Bei den Wasserhaltungsversuchen (s. S. 440) fand auch eine Prüfung
von in Frage kommenden Generatoren auf den Zechen Victor, Mansfeld
und Adolf von Hansemann statt, deren Leistungen und Abmessungen in
den Tabellen 66 und 67 einander gegenübergestellt sind.

Die Zusammenstellung zeigt deutlich, wie stark der Wirkungsgrad
mit der Grösse des Generators und der Belastung steigt.

b) Drehstromdynamos für Dampfturbinenantrieb.

Für die Drehstromturbodynamos gelten dieselben Konstruktionsbedingungen, die schon bei den Gleichstrommaschinen Erwähnung gefunden
haben, nämlich

1. Sicherung des Ankeraufbaues gegen aussergewöhnlich starke
   Fliehkräfte,
2. Verstärkte Lüftung des umlaufenden Magnetfeldes und des Anker-
   gehäuses wegen der gering bemessenen Kühlflächen,
3. Niedrige Polzahl wegen der hohen Umdrehungsgeschwindigkeit.

Dagegen fallen die Schwierigkeiten der Stromabnahme, die bei den
Gleichstrommaschinen zu der Anwendung von Kompensationswickelungen
führen, fort, wodurch sich der Aufbau der Drehstromgeneratoren ausserordentlich vereinfacht.

Der umlaufende Magnet (Fig. 515) besteht bei den von der Firma Brown,
Boveri & Co. hergestellten Generatoren aus einer massiven Stahlwalze, die
mit Längskanälen zur Aufnahme der aus kräftigen Stäben zusammengesetzten

Fig. 515.

Umlaufendes Magnetfeld eines Drehstromturbogenerators.

Fig. 516

Ankergehäuse einer Drehstromturbodynamo für eine Leistung von 1000 KW.
bei 10000 V.

Wicklung und Ringnuten zur Vergrösserung der Kühlfläche und Verstärkung des Lüftungsraums versehen ist.

Reichlich bemessene Broncekappen, die an der Seite Ventilatorflügel tragen, schliessen die zweipolige Magnetwalze an beiden Seiten ab und übergreifen auch die Broncekeile, durch welche die Wicklungsstäbe in den nach aussen verschmälerten Nuten festgehalten werden.

Der feststehende Anker (Fig. 516) unterscheidet sich in seinem Aufbau nur wenig von den normalen Ausführungen. Abweichend von letzteren ist das Gehäuse oben mit einem schlotartigen Aufsatz versehen, welcher der aufsteigenden warmen Luft einen Ausweg lässt. Bei dem Drehstromgenerator der Allgemeinen Elektrizitäts-Gesellschaft auf Zeche Scharnhorst ist das Gehäuse doppelwandig für innere Wasserkühlung ausgeführt.

Bei der Parsons-Turbine wird der umlaufende Magnet auf der einen Seite mit der Welle der Schaufelwalze gekuppelt, auf der anderen durch ein drittes Lager getragen, das wie die Turbinenlager gebaut ist (s. S. 492).

c) Die Erregung der Drehstromgeneratoren.

Die Anlasserregung der Drehstromgeneratoren erfolgt vielfach durch kleine Dampfdynamos, so auf den Zechen Victor, Mansfeld (Motoren: schnelllaufende Verbundmaschinen), Dahlbusch (Motor: rotierende Dampfmaschine, System Hult) u. a., oder auch eine fremde Gleichstromquelle, beispielsweise die dauernd im Betriebe stehende Dynamomaschine der Schachtbeleuchtung oder eine Akkumulatorenbatterie.

Für die Dauererregung stellt sich der Betrieb der kleinen, viel Dampf, Schmierung und Wartung beanspruchenden und überdiess schnell verschleissenden Dampfdynamos, die beispielsweise auf Victor und Mansfeld bis zu 280 bezw. 235 Uml./min. machen, zu teuer. Man bevorzugt deshalb, falls eine fremde Stromquelle, wie auf Victor, nicht zur Verfügung steht, von der Primärmaschine aus entweder mechanisch oder elektrisch bethätigte Erregermaschinen.

Der mechanische Antrieb wird entweder so eingerichtet, dass der Anker der Erregermaschine direkt mit der Welle des Drehstromgenerators verbunden wird wie bei dem Generator auf Ewald (Fig. 504 S. 635) oder dass die besonders aufgestellte Erregermaschine von dem Antriebsmotor des Primäraggregates durch ein Riemenvorgelege bethätigt wird, wie beispielsweise auf A. von Hansemann.

Die direkte Kuppelung von Generator und Erregermaschine bietet in Centralen mit mehreren Maschinen den Nachteil, dass Reparaturen an der Erregermaschine immer eine Störung im Betriebe des Generators nach sich ziehen. Dagegen kann man bei einer Trennung der beiden Maschinen, beispielsweise Erregermaschine I auf Generator II arbeiten lassen und umgekehrt. Diesen Vorteil einer weitbemessenen Reserve hat man auf Zeche Mansfeld noch dadurch vergrössert, dass der Hülfs- und der Dauererreger nebeneinander aufgestellt sind und im Notfalle die Dynamomaschine des letzteren auch von der Dampfmaschine des ersteren angetrieben werden kann.

In dem Bestreben, die Erregerdynamos möglichst unabhängig von dem Betriebe der Hauptmaschinen zu machen, bevorzugt man für grössere Centralen meistens die sogenannten Motorgeneratoren, die Drehstrom von einem der Generatoren oder den Sammelschienen empfangen und Gleich-

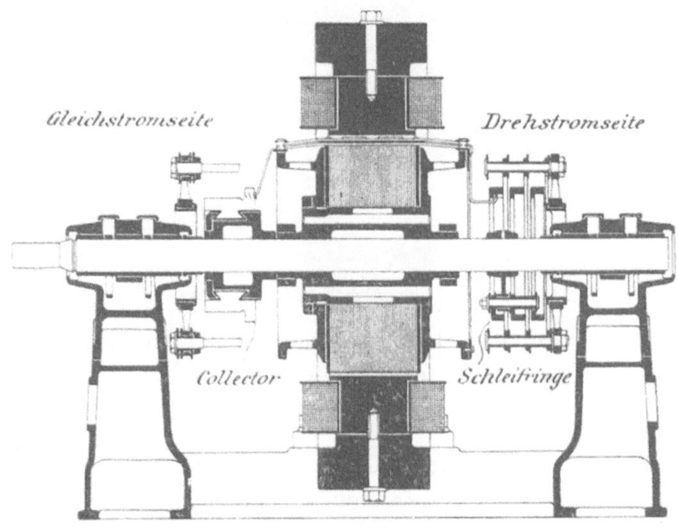

Fig. 517.
Drehstrom-Gleichstromumformer mit einem Anker.
Lahmeyer & Co.

strom in die Bewickelung des Magnetrades zurücksenden. Diese rotierenden Umformer werden entweder als Einzel- oder als Doppelmaschinen gebaut.

Wie bereits früher (s. S. 599) dargelegt wurde, ist es möglich, aus dem Anker jeder Gleichstrommaschine Drehstrom zu entnehmen. Umgekehrt liefert ein mit Drehstrom gespeister Anker einer Gleichstrommaschine Energie der letzteren Art. Einen Drehstrom-Gleichstromumformer dieses Systems giebt Fig. 517 wieder. Auf der Gleichstromseite ist er mit einem Kollektor, auf der Drehstromseite mit drei Schleifringen ausgerüstet, die mit 3 je 120° voneinander abstehenden Punkten der Ankerwicklung in Verbindung stehen.

Die Magnetwickelung ist nach der Nebenschluss- oder Compoundanordnung ausgeführt.

Eine stärkere Verbreitung als der Einanker-Umformer hat eine Anordnung gefunden, bei der der Drehstrommotor und die Gleichstromdynamo
im Aufbau vollkommen getrennt sind (Fig. 518). Diese Bauart wird bei

Fig. 518.

Drehstrom-Gleichstromumformer (Motordynamo).
Lahmeyer & Co.

hochgespannten Strömen (über 1000 V) zur Notwendigkeit, weil dann für
die Einankermaschinen Isolationsschwierigkeiten auftreten.

d) Der Betrieb der Drehstromanlagen.

Die neueren grossen Centralen der Zechen weisen meistens verschiedene Maschineneinheiten auf. Diese Verteilung der Gesamtleistung
auf mehrere Maschinensätze gestattet es dort, wo in den einzelnen Schichten
grosse Belastungsunterschiede vorwalten, die Zahl der gleichzeitig betriebenen Dynamos dem jeweiligen Kraftbedarf anzupassen. Auch für die
Bildung einer Reserve empfiehlt sich die Verteilung der Gesamt-
maschinenleistung auf möglichst gleiche Einzelsätze. Die Grösse der
letzteren ist im allgemeinen durch die Belastungsabstufungen während
der einzelnen Schichten gegeben; sie schwankt bei den neueren grossen
Centralen zwischen etwa 500 und 2000 PS.

Der gleichzeitige Betrieb mehrerer Drehstromgeneratoren in Parallelschaltung verursacht weit grössere Schwierigkeiten als beim Gleichstromsystem, da hier ausser der Spannung auch die Wechselzahl und die Phasen
übereinstimmen müssen, um die Maschinen in »Tritt« zu bringen und zu

halten. Fallen die Maschinen ausser »Tritt«, dann treten betriebsstörende, ja gefährliche und kraftverzehrende Ausgleichströme auf.

Um den verschiedenen Bedingungen für die Parallelschaltung genügen zu können, ist eine viel weitergehende Einwirkung auf den Gang der Antriebsmotoren erforderlich, als beim Gleichstrom. Die beste selbstthätige Regulierung und die genaueste Einstellbarkeit besitzen die Dampfturbinen (s. S. 496 ff.); ihnen kommen in der Regulierbarkeit am nächsten die Kolbendampfmaschinen. Am ungünstigsten arbeiten die Gasmotoren, bei denen der Gleichförmigkeitsgrad durch den Einbau von Schwungmassen gehoben werden muss.

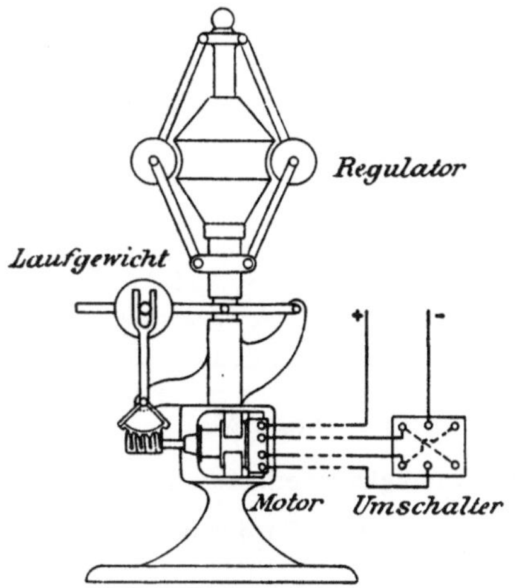

Fig. 519.
Elektrische Einstellvorrichtung für Dampfmaschinenregulatoren.
Siemens-Schuckert-Werke.

Zur Erleichterung der Geschwindigkeitsreglung sieht man sowohl bei den Turbinen (Zeche Dahlbusch) als auch bei den Kolbendampfmaschinen (Zeche Courl u. a.) Regulatoren vor, die von der Schalttafel aus auf elektrischem Wege eingestellt werden können. Eine derartige Vorrichtung wird durch Fig. 519 im Schema wiedergegeben.

Unter dem Regulator ist ein kleiner Gleichstrommotor angeordnet, der vermittelst eines Schneckenradvorgeleges ein Laufgewicht auf dem Regulierhebel verschiebt oder eine Drosselklappe verstellt. Der Motor erhält die Betriebsenergie aus dem Erregerstromkreis und wird durch einen Umschalter nach der einen oder anderen Laufrichtung gesteuert.

Bei Gasmotoren ist eine derartige Regulierung des Energiezuflusses schwer zu erreichen. Die Schwankungen werden hier in erster Linie durch das Verhältnis der krafterzeugenden zu den kraftverbrauchenden Hüben und

durch die Grösse der Schwungmassen beeinflusst. Die erste Beziehung ist
durch das System des Motors gegeben und gestaltet sich natürlich bei den
Zweitakt- und doppeltwirkenden Viertaktmotoren günstiger als bei den
einfachwirkenden Maschinen des letzteren Systems mit ihrer geringen Anzahl von Kraftimpulsen. Ein recht anschauliches Bild der Vorgänge bei
der Parallelschaltung zweier von Gasmotoren bethätigten Drehstromgeneratoren giebt Fig. 520 in einem Tachographendiagramm, das an einer
Koksgasmaschinenanlage entnommen ist.

Der Teil A spiegelt die regelmässigen Schwankungen im Arbeits-
zyklus eines Viertaktmotor wieder, dessen Gleichförmigkeitsgrad durch Versuche zu 1/200 festgestellt wurde. Bei der Parallelschaltung, die hinter

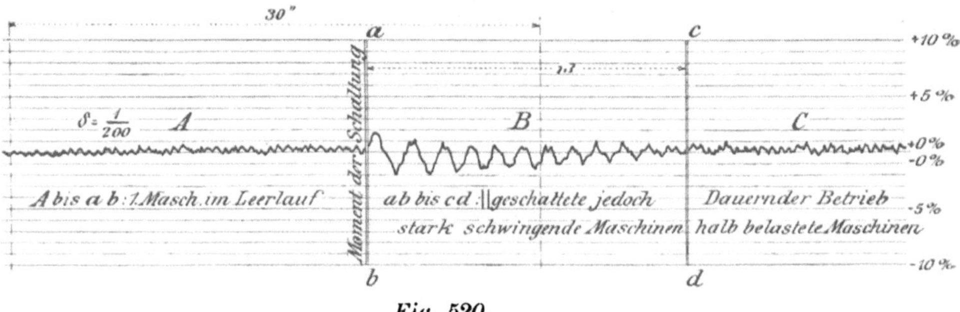

Fig. 520.

**Diagramme der Geschwindigkeitsveränderungen bei der Parallelschaltung
zweier Gasdynamos.**

der senkrechten a b einsetzt, treten zunächst starke Veränderungen der
Umdrehungsgeschwindigkeit auf. Der Gleichförmigkeitsgrad geht dabei
auf 1/25 herab. Nach 18 Sekunden beginnt aber schon ein gewisser Be-
harrungszustand, und am Ende des Feldes B und im Felde C sind die
Schwankungen nicht grösser als vorher, wo nur eine Maschine im Betriebe stand.

Ein beliebtes Mittel zur Regelung der Umlaufszahlen von Dampfmaschinen und insbesondere Gasmotoren ist die Dettmarsche Schwung-
radbremse, die es gestattet, die Umdrehungszahl der neu zuzuschaltenden
Maschine auf die Geschwindigkeit der bereits im Betrieb befindlichen Maschine herabzubremsen. Diese Vorrichtung zur künstlichen Belastung der
Maschinen setzt sich aus einem oder mehreren, an einem gusseisernen
Halter (Fig. 521) sitzenden Magnetpolen zusammen, welche in den feststehenden Induktorring des Generators in ganz geringem Abstand von dem
Schwungrad eingebaut werden (Fig. 522). Erregt man die Magnetspulen mit
Gleichstrom, so hemmen sie den Lauf des Schwungrades durch Wirbelstrom-
bildung und zwar entsprechend der Stärke des Erregerstromes, welche durch

Widerstände an der Schalttafel reguliert werden kann. Die letzteren sind
so abgestuft, dass sich jede beliebige Belastung des Schwungrades zwischen
Leerlauf und Vollbelastung erreichen lässt.

Nach erfolgter Parallelschaltung wird durch allmähliche Schwächung
des Erregerstroms der Bremsmagnete ein Teil der Belastung an die zugeschaltete Maschine übertragen. Während des normalen Betriebes ist die

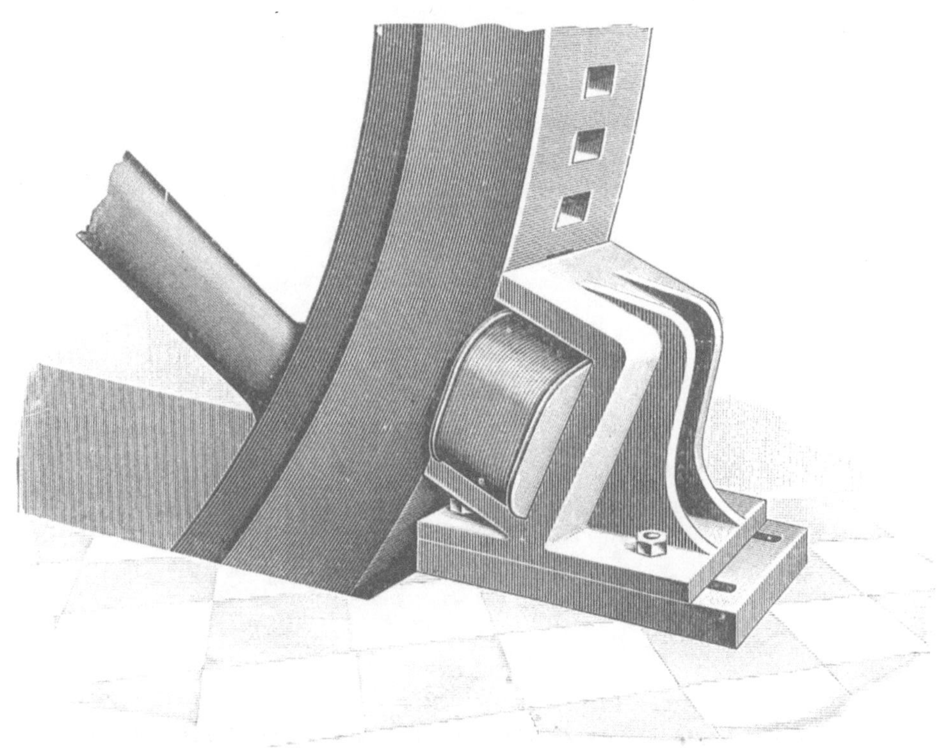

Fig. 521.

Einpolige Schwungradbremse, System Dettmar.

Bremse ausgeschaltet. Bei der Stillsetzung der Generatoren ermöglicht
sie es, vom Schaltbrett aus ohne Bethätigung des Maschinenregulators die
auszuschaltende Maschine zu entlasten und dadurch die Belastung noch
während des Parallelbetriebes allmählich auf jene Generatoren zu verteilen, die im Betriebe bleiben. Auch ist es mittels der Bremse möglich,
den Leistungsmesser der auszuschaltenden Maschine auf den Nullpunkt zu
bringen, so dass die darauf folgende Ausserbetriebsetzung ohne irgend eine
Beeinflussung der Netzspannung vor sich geht.

Eine Parallelschaltung nimmt unter Beihülfe der Wirbelstrombremse
bis zum vollen Synchronismus etwa 2 Minuten in Anspruch.

Diese Reguliervorrichtungen gestatten es, die Generatoren den im Augenblicke der Parallelschaltung etwa eintretenden Belastungsschwankungen der Anlage zum Trotz auf die erforderliche Umdrehungszahl zu bringen.

Die weiteren Vorbedingungen für die Parallelschaltung lassen sich bezüglich der Uebereinstimmung der Spannungen, die übrigens nur eine

Fig. 522.

Mehrpolige Schwungradbremse zwischen den Schildern eines Drehstromgenerators.
Gebr. Körting, Körtingsdorf bei Hannover.

annähernde zu sein braucht, durch Einstellung des Erregerstromes nach Vergleich der verschiedenen Spannungsmesser und bezüglich der Phasengleichheit durch die Beobachtung der Phasenvoltmeter sowie der Phasenlampen erreichen.

Die Phasenvoltmeter zeigen eine Spannung nur so lange an, als eine Uebereinstimmung der Phasen noch nicht erreicht ist. Sind die Phasen gleich, so gehen die Zeiger auf 0 zurück. Die Phasenlampen p_1 und p_2 in Fig. 523 sind dem Hauptschalter Sb der in Betrieb zu nehmenden Maschine b parallel geschaltet. Ist die letztere noch nicht erregt, so geht bei Einschaltung der Phasenlampen durch diese und den Anker von b in der Richtung der stärkeren Pfeile ein Strom, der die Lampen erglühen lässt. Wird dann die Maschine b erregt, so entwickelt sie einen entgegengesetzten Strom in der

Richtung der gestrichelten Pfeile, der bei Phasengleichheit den anderen Strom
aufhebt und damit die Lampen zum Erlöschen bringt. Ist eine Uebereinstimmung der Phasen nicht vorhanden, so tritt die gegenteilige Wirkung ein:
die Lampen leuchten um so stärker auf, je grösser die Phasenverschiebung
ist. Neben dieser »Dunkelschaltung« steht auch eine andere Anordnung,
die »Hellschaltung«, in Anwendung, bei der die Ströme gleichgerichtet sind.
Hier addieren sich also die Spannungen, die Lampen glühen am stärksten
und die Phasenvoltmeter schlagen am weitesten aus, wenn Phasengleichheit erreicht ist.

Diese Apparate zeigen aber nur die vollendete Phasenausgleichung
an, lassen jedoch nicht erkennen, ob die Umdrehungszahl der zugeschalteten

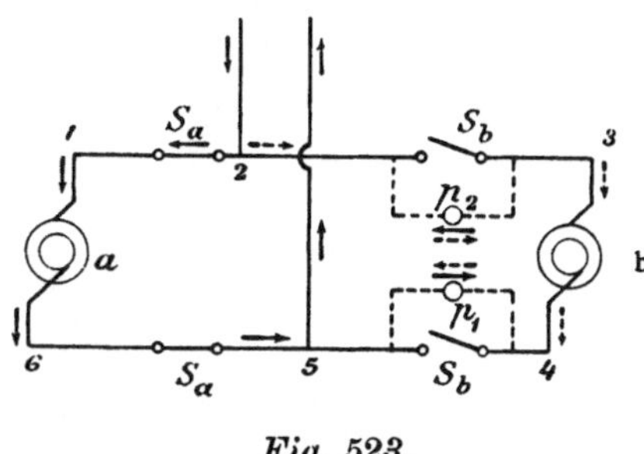

Fig. 523.

Schaltung der Phasenlampen. Allgemeine Elektrizitäts-Gesellschaft.

Maschine ermässigt oder gesteigert werden muss. Diesem Mangel ist von
verschiedenen Firmen durch die Konstruktion von Geschwindigkeits- oder
Periodenvergleichern abgeholfen worden.

Der Periodenvergleicher der Siemens-Schuckert-Werke wird durch
Fig. 524a—c im Schema und in der Ansicht wiedergegeben.

An die zu kuppelnden Maschinen werden durch Umschalter drei
Glühlichtpaare angeschlossen, die in einer Büchse untergebracht sind.
Letztere hat drei Fenster und trägt ausserdem zwei Schilder mit Richtungs-
pfeilen und den Aufschriften »zu schnell« bezw. »zu langsam«.

Die einzelnen Lampen glühen, bis die Phasengleichheit erreicht
wird und erzeugen, je nachdem die Maschine zu langsam oder zu schnell
läuft, einen nach links oder rechts fortschreitenden Lichtschein. Dieser
fällt auf einen Reflektor (Fig. 524a und b) und ruft dort ein beleuchtetes
Feld mit einem scharfen Schattenstrich hervor, dessen Drehung leicht wahr-
nehmbar ist. Der Periodenvergleicher wird gewöhnlich mit dem Strom-
und Spannungsmesser auf einer Konsole weit sichtbar angeordnet (Fig. 524c).

Ein Bild der Ausrüstung einer aus zwei Drehstromgeneratoren bestehenden Centrale für die Parallelschaltung giebt das Schaltungsschema
der Anlage auf Zeche Mansfeld (Fig. 525).

Das Schema veranschaulicht die Schaltung der Vorrichtungen zum Parallelbetriebe, Phasenlampen, Phasenvoltmeter, ferner die Anordnung der Umschalter für die Dauer- und Hülfserreger (s. S. 645), die zugleich den Strom für die Maschinenhausbeleuchtung liefern, ihrer Regulatoren, Sicherungen und Messinstrumente, sowie auch einer mit herabtransformiertem Strom betriebenen Motoranlage. Bei der hohen Spannung (3000 V) wird der Strom vor den Messinstrumenten herabtransformiert.

Ist die Parallelschaltung zweier Drehstromgeneratoren erreicht, so erfolgt die Verteilung der Belastung auf die verschiedenen Maschinenein-

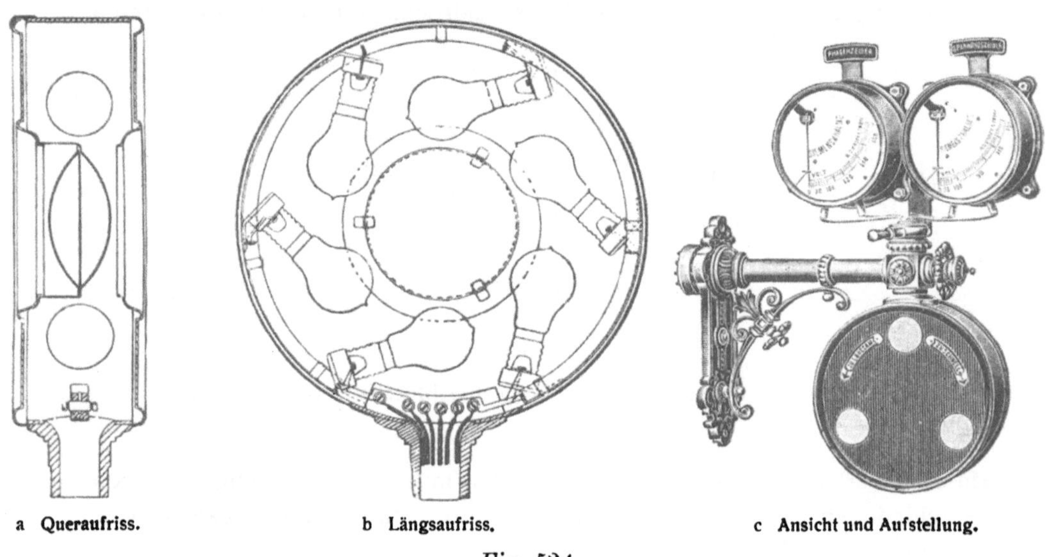

a Queraufriss.   b Längsaufriss.   c Ansicht und Aufstellung.

Fig. 524.

Periodenvergleicher. Siemens-Schuckert-Werke.

heiten. Mit der Veränderung der Erregung allein wie beim Gleichstrom kommt man hier nicht aus. Damit erhielte man nur eine Einwirkung auf die Stromstärke und die Phasenverschiebung zwischen Spannung und Strom, nicht aber — und darauf kommt es an — auf die Leistung der beizuschaltenden Maschine. Deshalb muss die Regelung schon bei dem Antriebsmotor einsetzen, wo sie mit Hülfe der verschiedenen Einstellvorrichtungen (s. S. 647 ff.) vorgenommen wird.

Sind die Maschinen in den Parallelismus eingelaufen, so fliesst eine synchronisierende Kraft, entstanden aus der Rückwirkung der feststehenden Anker auf die umlaufenden Magneträder, durch die Maschinen und hält sie solange im »Tritt«, als nicht starke Unregelmässigkeiten im Gang eines Antriebsmotors die ausgleichende Wirkung der Synchronisierung überwinden. Setzt eine der Maschinen, etwa infolge einer plötzlichen stärkeren Kraftäusserung ihres Antriebsmotors, zu einer grösseren Geschwindigkeit an, so wird sie momentan wie parallelgeschaltete Gleichstromdynamos dadurch stärker belastet, dass sie das oder die anderen Glieder der Parallelgruppe

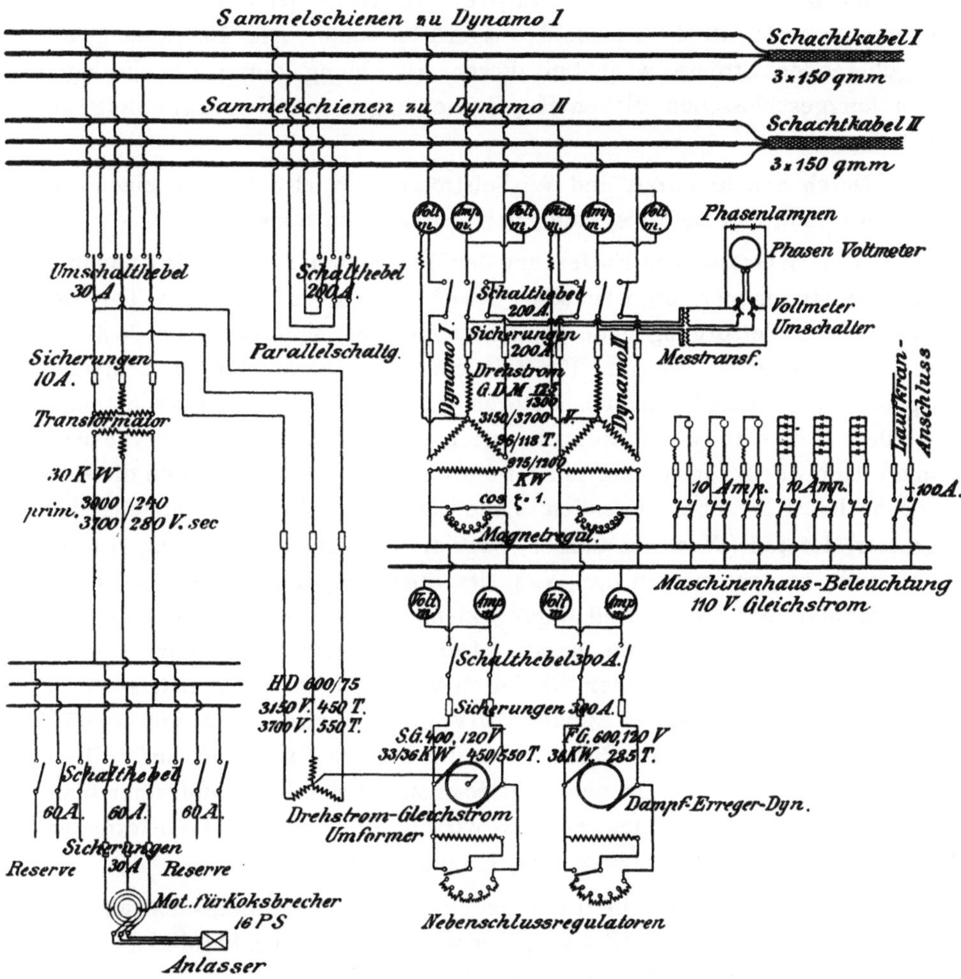

Fig. 525.

Schaltungsschema der Centrale auf Zeche Mansfeld.
Allgemeine Elektrizitäts-Gesellschaft.

mitnehmen will. Die wachsende Leistung zieht sofort, wenn die vermehrte Kraftabgabe des Antriebsmotors aufhört, ein Zurückbleiben des vorübergehend stärker beschleunigten Generators nach sich.

Eine ausgleichende Wirkung üben ferner die Wirbelströme aus, die in massiven Polen von Magneträdern entstehen, wenn sich deren Geschwindigkeit gegen die der Induktoren parallelgeschalteter Generatoren verändert und die Stellung der Pole zum Ankerfelde verschoben wird.

Es entstehen dann der Geschwindigkeitsveränderung entgegenwirkende Wirbelströme. Bei Polen aus geteiltem Eisen hilft man unter Umständen noch mit der Leblancschen Dämpferwicklung nach, mit der u. a. die Generatoren der Zeche Mansfeld ausgerüstet sind. Die Entstehung der regulierenden Ströme wird bei dieser Anordnung durch das Einlegen von kurzgeschlossenen dicken Kupferwicklungen in die Magnetpole begünstigt.

Durch Synchronkraft und Wirbelströme wird also bis zu einem gewissen Grade eine Selbstregelung der Generatoren erzielt.

Je nach Grösse und Entfernung der Motoren bemisst man die Spannung der Drehstromgeneratoren zu 2000—5000 V. Dient der grössere Teil des Stromes zur Versorgung nahe gelegener kleinerer Motoren in der Wäsche, in den Werkstätten usw. und für Beleuchtung, so empfehlen sich niedere Spannungen, weil die kleinen Motoren nicht für hohe Spannungen gebaut werden. Für entferntere Anlagen, wie z. B. Ventilatoren, Pumpwerke usw., muss dann der Strom herauftransformiert werden. Wird dagegen die elektrische Kraft im überwiegenden Teile zum Betriebe weit abgelegener grosser Motoren (Wasserhaltungen, Ventilatoren, Streckenförderungen usw.) verwandt, so geht man in der Wahl der Spannung kaum unter 2000 V und transformiert das für die Bethätigung kleinerer Motoren sowie der Lampen erforderliche Stromquantum herab. Der Strom für den Betrieb der 4 Fördermaschinen der von dem Rheinisch-Westfälischen Elektrizitätswerk in Essen nach Zeche Mathias Stinnes III/IV geleitet wird, weist mit 10 000 V zur Zeit im Betriebe der Ruhrzechen die höchste Spannung auf. Diese Spannung gelangt aber in den Antriebsmotoren der Ilgnerumformer nicht unmittelbar zur Verwendung, sondern wird in einer grossen Transformatoranlage erst auf niederere Spannung herabgesetzt.

Die Periodenzahl, die früher bei einigen Wasserhaltungscentralen der Einzelkraftübertragungen (Zollverein usw.) bis auf 25/sec. herabging, wählt man jetzt allgemein zu 50/sec., einem für den Betrieb auch kleinerer Motoren sehr bequemen Masse.

Als Material für die Anfertigung von Kostenüberschlägen und Projekten seien nebenstehend die Preise und Wirkungsgrade von Drehstromgeneratoren mitgeteilt. Die Anlagekosten von Kolbendampfdynamos für die Drehstromerzeugung sind schon weiter oben in der graphischen Darstellung (Fig. 359, S. 472) gegeben.

Bei teilweiser (nicht voller) Belastung der Maschine, sowie bei induktiver Belastung (durch Asynchron-Motoren, Bogenlampen mit Drossel-

Kosten von Drehstromgeneratoren mit Zubehör für höhere Spannungen.

Tabelle 68

Lfde. No. der Maschine	Lei-stung bei cos φ = 1 KW	Wir-kungs-grad einschl. Erre-gung etwa %	Kraft-bedarf f. cos φ = 1 einschl. Er-regung PS	Erfor-derliche Er-reger-leistung max. KW	Uml./ min.	Preise				
						Gene-rator M.	Ange-baute Er-reger-ma-schine M.	Regu-lier-wider-stand M.	Gleit-schie-nen mit Ver-anke-rung M.	Ins-gesamt M.
1	2	78	3,5	0,4	1 000	890	—	145	28	1 063
2	4	80	6,8	0,6	»	1 130	—	145	50	1 325
3	12	86	19,4	1,0	»	1 640	460	150	50	2 300
4	25	87	39	2,0	750	3 620	580	215	120	4 535
5	35	88	54	2,6	»	4 370	800	250	120	5 540
6	45	88	69	2,9	500	7 000	1 850	250	200	9 300
7	50	89	76	3,1	750	4 920	950	250	120	6 240
8	70	89	107	3,8	500	8 500	2 500	260	205	11 465
9	90	89	138	4,9	750	8 300	1 850	280	300	10 730
10	100	90	151	4,9	500	10 700	2 500	280	300	13 780
11	120	91,5	178	4,9	300	11 800	2 600	280	45	14 725
12	144	91,6	214	5,0	250	12 500	2 200	365	47	15 112
13	168	91,6	249	5,4	215	14 200	2 600	400	47	17 247
14	192	91,6	285	6,1	187	16 000	3 350	400	52	19 802
15	224	92,1	331	6,2	215	16 200	2 600	460	68	19 328
16	256	92,1	348	7,0	187	18 200	3 350	460	70	22 080
17	280	91,9	414	8,4	150	24 400	3 950	460	100	28 910
18	305	91,6	452	11,2	94	29 000	5 350	460	150	34 960
19	340	92,2	501	9,4	150	21 000	3 950	460	100	25 510
20	410	92,3	603	11,3	125	29 000	4 600	460	150	34 210
21	450	92,1	664	13,5	94	36 000	5 350	460	250	42 060
22	505	92,2	744	15,2	83	41 000	6 000	560	400	47 960
23	600	92,8	878	13,5	125	36 000	4 600	560	420	41 580
24	700	92,8	1 024	15,7	107	42 600	5 400	570	450	49 020
25	800	92,9	1 170	18,0	94	50 000	6 050	570	450	57 070
26	900	93,0	1 314	20,0	83	57 000	7 250	570	460	65 280
27	960	93,2	1 401	20,0	94	55 000	6 050	960	460	62 470
28	1 080	92,3	1 575	22,0	83	64 000	7 250	990	500	72 740
29	1 200	93,4	1 744	22,0	94	69 000	7 250	1 030	530	77 810
30	1 350	93,5	1 961	25,0	83	78 000	8 350	1 030	560	87 940

Zeilen 1–10: Für Riemenbetrieb

Zeilen 11–30: Für direkten Zusammenbau mit der Betriebsmaschine

*) Der angegebene Effekt für die Magneterregung ist bei induktiver Vollbelastung mit Leistungsfaktor cos φ = 0,8 erforderlich. Ist dagegen die Maschine nur induktionsfrei belastet, oder wird sie als reiner Synchron-Motor benutzt, so verringert sich der Effektbedarf für die Erregung um etwa 30 bis 40 %.

spulen usw.) verringert sich der Wirkungsgrad. Um für solche Fälle den Wirkungsgrad rasch überschlagen zu können, diene die nachstehende Tabelle:

Tabelle 69.

Aus Tabelle 68 entnommener Wirkungsgrad	Aenderung des Wirkungsgrades in % bei teilweiser und induktiver Belastung der Maschine, wenn das Verhältnis $\dfrac{\text{vorliegende Belastung in wirklichen Kilowatt}}{\text{maximale induktionsfreie Belastung in KW} \times \cos \varphi}$ beträgt:							
	$^1/_1$		$^3/_4$		$^1/_2$		$^1/_4$	
	mit cos $\varphi =$		mit cos $\varphi =$		mit cos $\varphi =$		mit cos $\varphi =$	
	1	0,8	1	0,8	1	0,8	1	0,8
90—91 %	0	—4,1	—0,5	— 4,9	—2,8	—7,4	—10,1	—15,9
91 - 92 %	0	—3,6	— 0,7	—4,5	—3,0	—7,1	—10,2	—15,5
92—93 %	0	—3,0	—0,8	—4,0	—3,1	- 6,8	—10,3	—15,1
93—94 %	0	—2,4	—1,0	—3,6	—3,3	—6,4	—10 4	—14,6
94—95 %	0	—1,8	—1,1	—3,1	—3,5	—6,1	—10,5	—14,2

Der effektive Kraftbedarf in Pferdestärken berechnet sich in jedem Falle unter Benutzung des aus vorstehender Tabelle ermittelten Wirkungsgrades (η) zu:

$$\text{PS eff.} = 100 \; \frac{\text{Leistung in wirklichen KW}}{0{,}736 \cdot \text{Wirkungsgrad}} = 136 \; \frac{\text{KW}}{\eta}$$

Für induktionsfreie Vollbelastung ist der Kraftbedarf in PS eff. in der Liste angegeben.

Die Preise der Tabelle, die bei Maschinen mit niederer Umlaufszahl höher sind als für stärkere Anlagen mit grösserer Umdrehungsgeschwindigkeit, gelten für Spannungen von 500—5000 V und dürften als Listenpreise Fracht und Montage mit berücksichtigen. Bei grösserer oder geringer Spannung treten Preisaufschläge ein.

II. Die Schaltanlagen der Centralen.

1. Schaltapparate.

Nachdem die Magnetregulatoren, Zellenschalter und der automatische Ausschalter schon besprochen sind, erübrigt es, hier die Handschalter, Schmelzsicherungen und Messinstrumente zu behandeln, die mit jenen zusammen das hauptsächliche Inventar der Schalttafeln ausmachen.

Für Anlagen mit geringer Spannung benutzt man offene Hebelschalter, die je nach der Zahl der zu unterbrechenden Leitungen eine ein- oder mehrpolige Abschaltung ermöglichen. Die kupfernen Kontaktstücke der Hebel legen sich in die aus demselben Metall hergestellten Kontaktfedern des Sockels (Fig. 526 u. 527). Die aus Isoliermaterial gefertigten Handgriffe sind mit Manschetten versehen, die ein Abgleiten der Hand auf

Fig. 526.

Einpoliger Schalter.

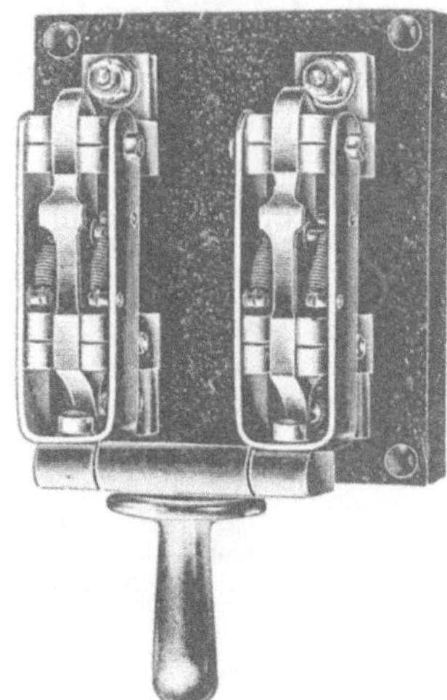

Fig. 527.

Doppelpoliger Schnellausschalter.

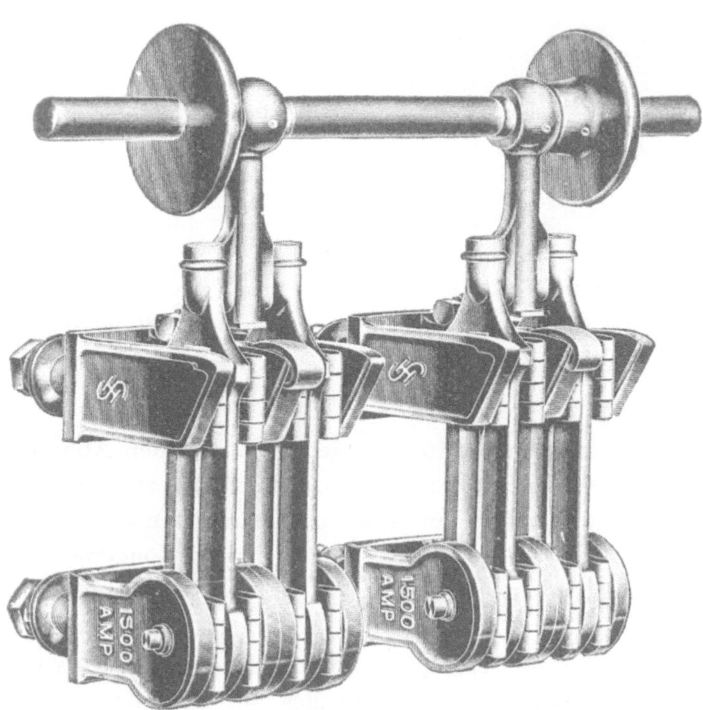

Fig. 528.

Doppelpoliger Ausschalter für Stromstärken bis zu 1500 Ampère.

die stromführenden Teile verhindert. Bei grösseren Stromstärken muss das Ausschalten recht rasch erfolgen, da sonst der bei der Schaltung entstehende Oeffnungslichtbogen das Metall der Kontakte stark abnutzt. Deshalb bevorzugt man für mittlere und höhere Leistungen die Schnellausschalter, deren Schliesskontakte bei der Oeffnung durch Federkraft zurückgeschnellt werden (Fig. 527). Infolgedessen wird der

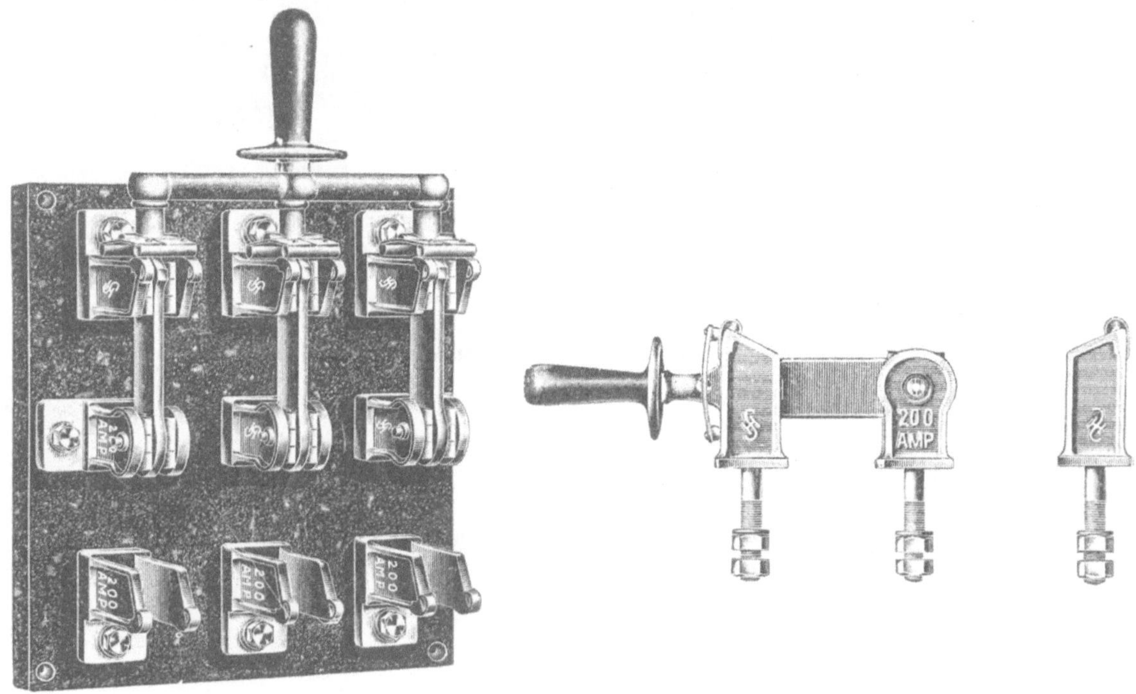

Fig. 529.   *Fig. 530.*

Dreipoliger Umschalter für Spannungen bis 1000 V.   Seitenansicht der Umschalterkontakte.

Siemens-Schuckert-Werke.

Lichtbogen rasch zum Verlöschen gebracht. Um den Abbrand von Metall möglichst zu verringerr, versieht man bei Stromstärken von über 100 A die Schalter gewöhnlich mit auswechselbaren Funkenziehern. Bei den Umschaltern (Fig. 529 u. 530) sind noch dritte Kontakte für die zweite Stromrichtung vorhanden, in die sich die Schaltermesser mit dem Rücken einlegen.

Die Schalter von Hochspannungsanlagen des Drehstromsystems werden zur Erhöhung des Isolationswiderstandes auf Porzellan montiert und mit besonderen Vorrichtungen zur Lichtbogenlöschung und Erschwerung der Berührung stromführender Teile ausgerüstet.

Zur Verringerung der Lichtbogenbildung giebt man den Kontakten röhren- und bolzen- oder hörnerartige Formen oder ordnet sie in ölgefüllten Kästen an.

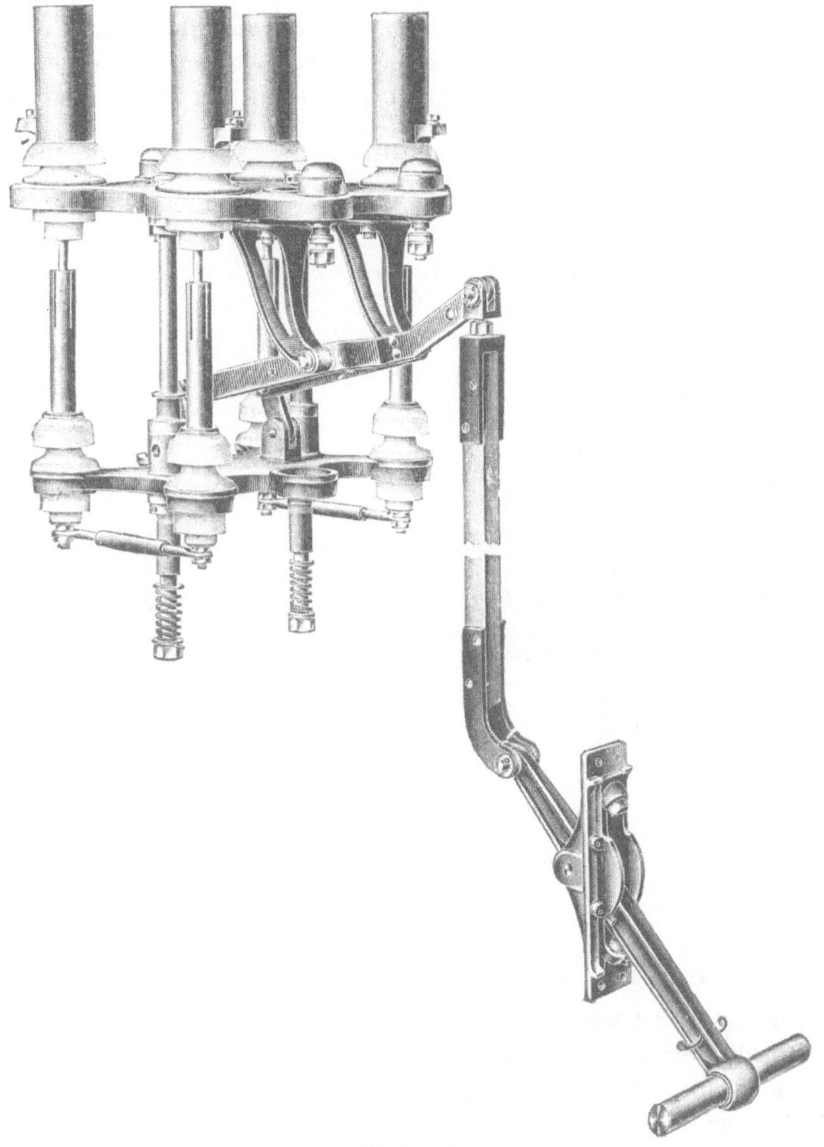

Fig. 531.
Hochspannungsröhrenschalter.
Siemens-Schuckert-Werke.

Röhren- und bolzenartige Kontakte besitzt der Hochspannungsschalter der Siemens-Schuckert-Werke (Fig. 531), hörnerartige der Schalter von

42*

Schuckert, den Fig. 532 in offener und geschlossener Stellung vorführt. Bei beiden Systemen treibt die erhitzte Luft den Lichtbogen in die Höhe und zerreisst ihn dadurch. Bei dem Röhrenschalter erfolgt die Bogenbildung in den Röhren, aus deren oberen Enden die Flamme nur selten austritt, bei dem Hörnerschalter wird der Bogen durch die erhitzte Luft an den auseinanderlaufenden Schenkeln soweit emporgehoben, bis er abreisst. Dieses letztere Prinzip fand zunächst bei der Konstruktion von Blitz-

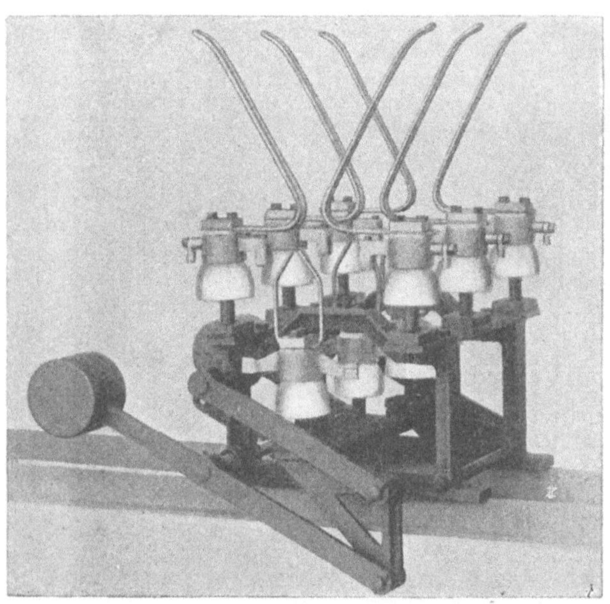
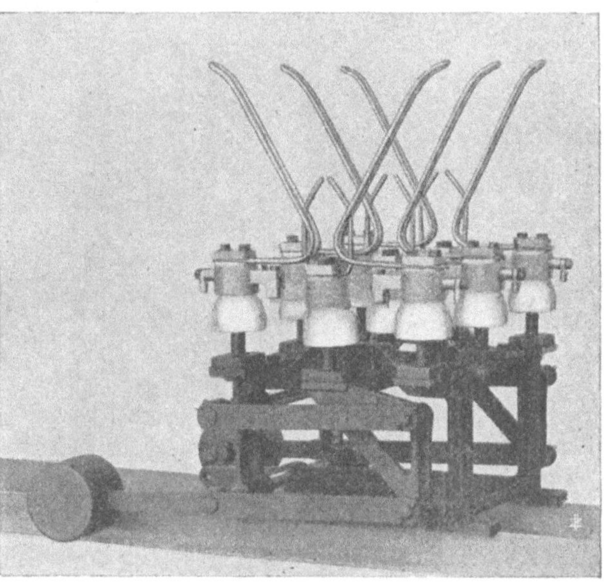

a   Geöffnet.   b   Geschlossen.

Fig. 532 a u. b.

Hochspannungshörnerschalter.
Schuckert.

sicherungen Verwendung und ist weiter unten näher besprochen. Um die Oeffnungszeit nach Möglichkeit herabzudrücken, ist der Hörnerschalter mit Ausklinkvorrichtungen versehen, die durch Federspannwerke oder Gegengewichte bethätigt werden. Ist der Abstand der einzelnen Phasenkontakte nur ein geringer, so muss ein Kurzschluss zwischen den entstehenden Lichtbogenflammen durch Schutzhauben (Fig. 533) oder Scheidewände aus feuerfestem Isoliermaterial verhindert werden.

Die Hörnerschalter eignen sich besonders für Anlagen, bei denen es möglich ist, den normalen Strom vor der Oeffnung der Leitung zu schwächen oder für Fälle, in denen von den nebeneinandergeschalteten Leitungen eines Netzes eine einzelne abgeschaltet werden soll.

Sind die Spannungen sehr hohe, so müssen die Abstände zwischen den
Kontakten der Hörnerausschalter schon recht weit bemessen werden, wobei die Schalter bald unbequeme Abmessungen annehmen. Um Raum zu
ersparen und die Lichtbogenbildung zu beschränken, hat man neuerdings
für sehr hohe Spannungen, bei denen die Luft, namentlich die feuchte, nur
bei verhältnismässig weiten Zwischenräumen einen genügenden Isolations-
widerstand besitzt, Schalter verwandt, deren Kontakte in einem Oelbade
liegen. Da die Isolierfähigkeit des Oels bedeutend grösser ist als die der
Luft, verschwindet der Oeffnungsfunke schon bei einem sehr geringem Ab-

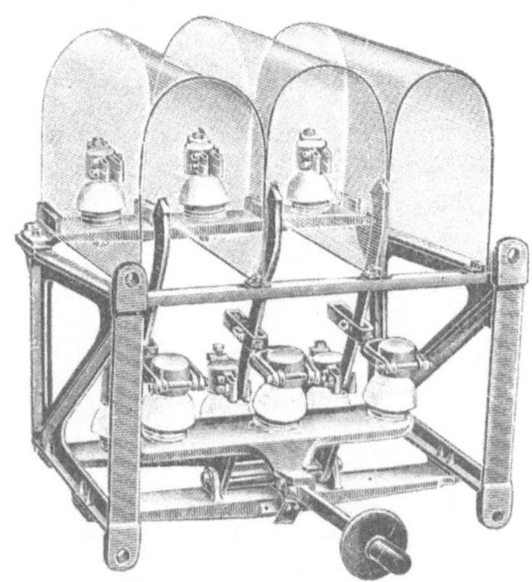

Fig. 533.

Hochspannungsschalter mit Schutzklappen.   Siemens-Schuckert-Werke.

stand der Kontakte. Die Ansichten eines geöffneten Oelschalters, der für
Ströme bis zu 1200 Kilovoltampère und 10 000 V Spannung gebaut wird,
giebt Fig. 534, während Fig. 535 einen dreifach unterteilten Schalter desselben Systems vorführt, der für Leistungen bis zu 5000 Kilovoltampère
und Spannungen bis zu 30 000 V verwandt werden kann.

Bei letzterer Anordnung sind die Kontakte der einzelnen Phasen in
besonderen, isoliert aufgestellten Oelkästen untergebracht, während bei den
kleineren Ausführungen die Stromschlussteile in einem Kasten vereinigt sind.

Zum Schutze gegen eine zufällige Berührung werden die Schalter,
wie alle unter Hochspannung stehenden Apparate, auf der Rückseite der
Schalttafel, oft dazu noch in schwer erreichbarer Höhe, angeordnet. Die
Bethätigung erfolgt durch Hebel, deren Griffe und Verbindungsstangen aus
Isoliermaterial gefertigt und in Durchbrechungen der Schaltwand auf die

a Geschlossen.

b Geöffnet.

Fig. 534 a u. b.

Oelschalter.

Fig. 535.

Dreipoliger Ausschalter für Spannungen bis zu 30000 Volt und Stromstärken bis zu 200 Ampère.

Bedienungsseite geführt sind (Fig. 531 u. 536). Statt der Hebelbethätigung
werden die Oelschalter auch für Seilantrieb eingerichtet (Fig. 537). Zur
Füllung der Oelschalter eignet sich jedes gute Schmieröl und insbesondere
das bei Transformatoren verwandte Harzöl.

2. Sicherungen.

Die Schmelzsicherungen schützen die Leitungen, Bewickelungen von Maschinen und Apparaten dadurch gegen Ueberlastung, dass ein Draht- oder streifenförmiger Körper aus Blei, Zinn, Kupfer oder Silber infolge der Erwärmung beim Durchgang einer maximalen Stromstärke schmilzt und die Leitung unterbricht.

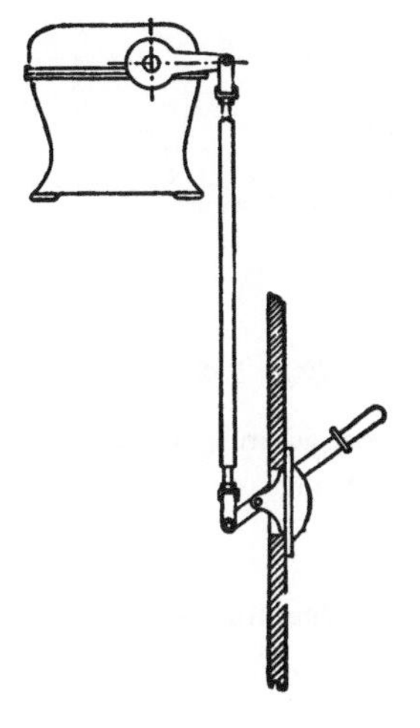

Fig. 536.

Oelschalter mit Gestängeantrieb.

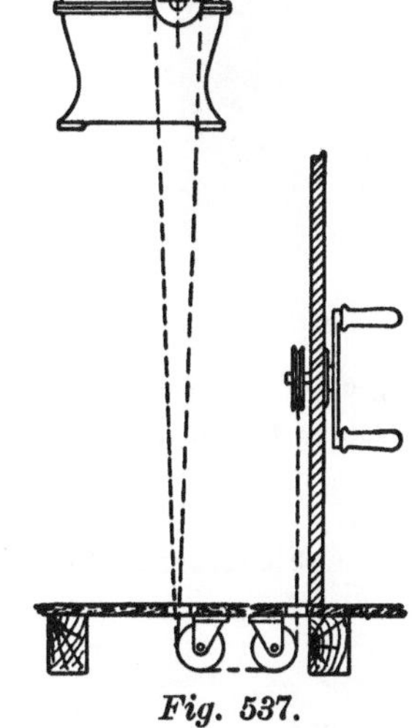

Fig. 537.

Oelschalter mit Seilantrieb.

Die Sicherungen werden je nach der Stromstärke als Streifen- oder Patronensicherungen ausgeführt. Die ersteren (Fig. 538) gebraucht man nur bei geringen Spannungen und hohen Stromstärken, während die letzteren in verschiedener Form bei Hochspannungsanlagen Verwendung finden. Für grössere Stromstärken schafft man den notwendigen Querschnitt durch die Parallelschaltung einer Anzahl von Schmelzdrähten. Der grosse Vorteil der Patronensicherung besteht in der leichten Auswechselbarkeit ihrer Elemente.

Die viel verwandten Patronensicherungen der Siemens-Schuckert-Werke (Fig. 540—543) setzen sich aus drei Teilen zusammen, dem Sockel mit der Verbindungsschraube (Fig. 540 u. 542), die zugleich als Leitung dient, dem eigentlichen Sicherungselement (Fig. 541) und der Deckscheibe, welche die Mutter der Verbindungsschraube und zugleich die eine der Zuleitungen für das Sicherungselement trägt. Der Strom geht also durch die Verbindungsschraube und deren Mutter und von dort in die obere Abdeckung des Sicherungselementes, ein ringförmiges Metallplättchen. An ihm ist der Sicherungsstreifen, ein feiner Silberdraht, angelötet, der in dem konzentrischen Raum des Elementes untergebracht und am unteren Ende mit dem stromableitenden

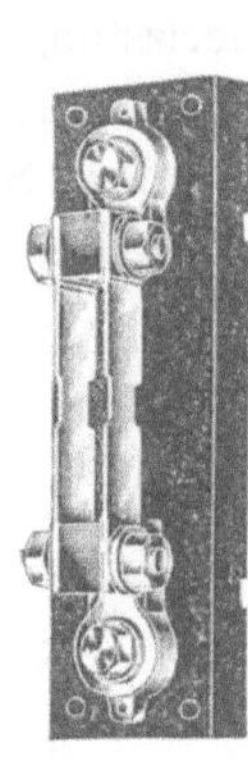

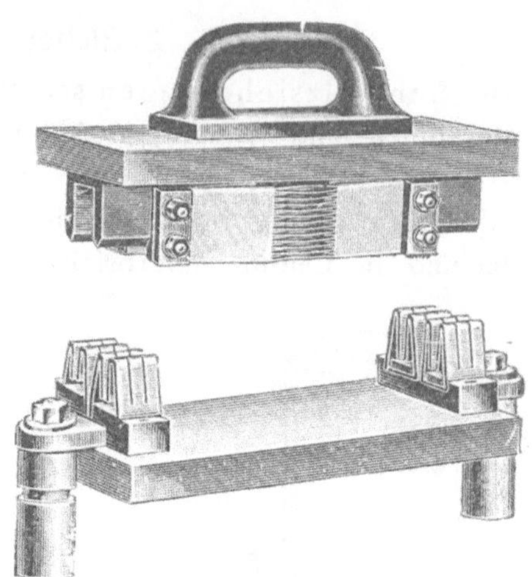

Fig. 538.	Fig. 539.
Sicherungen mit zwei parallel ge- schalteten Bleistreifen.	Ausschaltbare Streifensicherung für grosse Stromstärken (doppelpolige Anordnung).

Fig. 538 u. 539.

Sicherungen für niedere und mittlere Spannungen.

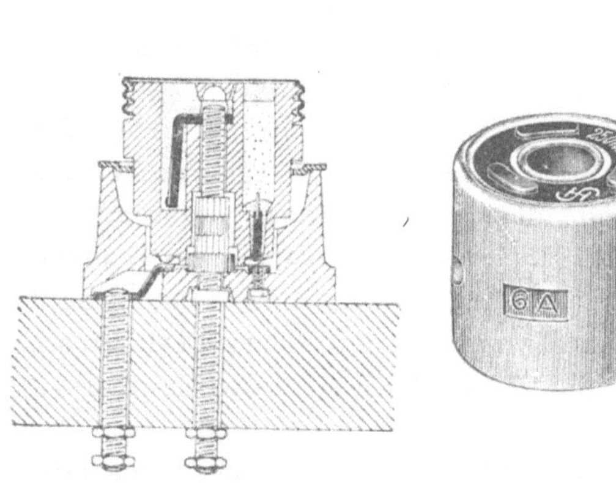

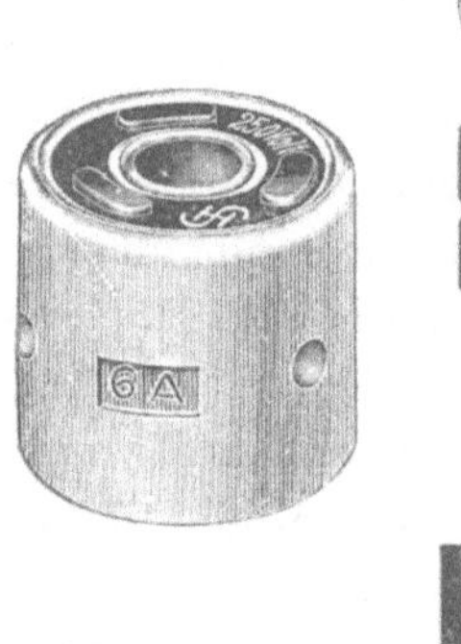

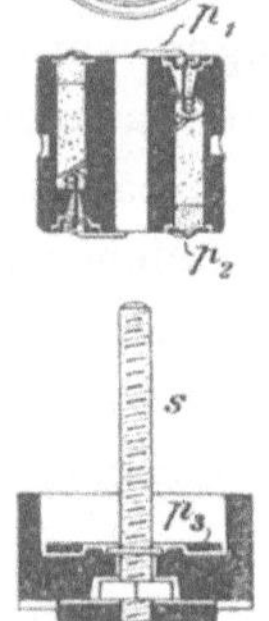

Fig. 540.	Fig. 541.	Fig. 542.	Fig. 543.
Querschnitt einer Siemens'schen Patronensicherung.	Sicherungselement.	Teile der Sicherung.	Ansicht zweier Sicherungen.

Fig. 540 — 543.

Siemenssche Patronensicherung.

Plättchen p_2 (Fig. 542) verbunden ist. Dieses wird beim Aufschrauben der
Deckelteile gegen das ringförmige Kontaktstück p_3 des Sockels gedrückt, das
mit dem andern Pol in Verbindung steht. Die Stromleitung ist an der für

Mittelspannungen bestimmten Sicherung (Fig. 540) durch die schwarz gezeichneten Leiter erkenntlich gemacht. Das Sicherungselement (Fig. 541) trägt seitlich schartenartige Durchbrechungen, aus denen das beim Durchbrennen verdampfte Metall des Sicherungsdrahtes austreten kann.

Um die Kontrolle zu erleichtern, ist zu dem Sicherungsdraht ein zweiter feiner Draht parallel geschaltet, aber äusserlich angeordnet, der mit dem Hauptdraht durchschmilzt. Die Sicherungselemente sind so ausgebildet, dass sie nur von dem jeder einzelnen Grösse angepassten Sockel aufgenommen werden, eine zufällige oder gewollte Verwechselung also unmöglich ist.

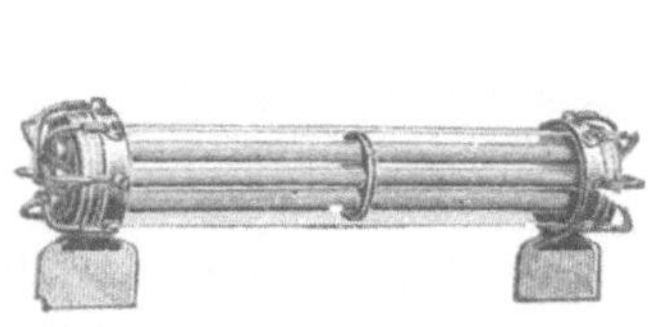

Fig. 544.

Hochspannungssicherung mit mehreren
Elementen im Glasrohr.

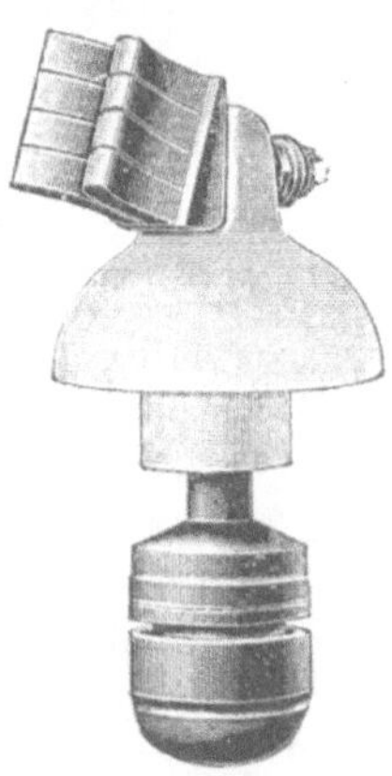

Fig. 545.

Isolator mit Federkontakt, Isolierbüchse
und Stütze.

Bei den Hochspannungssicherungen ist der Schmelzkörper in einfachen oder doppelten Rohren aus Glas (Fig. 544), Porzellan (Fig. 546) oder Glimmer untergebracht. Aus ihren beiderseitigen Enden stehen Metallansätze vor, die mit dem Schmelzstreifen verbunden sind und Messer für das Einlegen in die Kontaktfedern der Isolatoren tragen. Die Stützen der letzteren werden auf gusseisernen Konsolen angebracht (Fig. 547). Die in Fig. 544 und 547 dargestellten Sicherungen der Siemens-Schuckert-Werke erfordern eine geneigte Lage. Die Zwischenabstände der einzelnen Patronen, die sich bis zu Spannungen von 15 000 V und Stromstärken bis 250 Amp. verwenden lassen, sollen bei Spannungen bis 6000 V mindestens 200 mm, bei höheren Spannungen mindestens 250 mm betragen. In der Richtung, in welcher die Verbrennungsgase aus den Röhren treten, dürfen keine blanken stromführenden Teile, z. B. Sammelschienen, liegen.

Die einzelnen Sicherungsdrähte sind in dünnen, zu Bündeln vereinigten Glasröhren angeordnet, die zum Schutze gegen Zersplitterung beim

Durchbrennen des Streifens mit einer Pressspahnhülle umgeben und in einem gemeinsamen Glasschutzrohr untergebracht sind (Fig. 544).

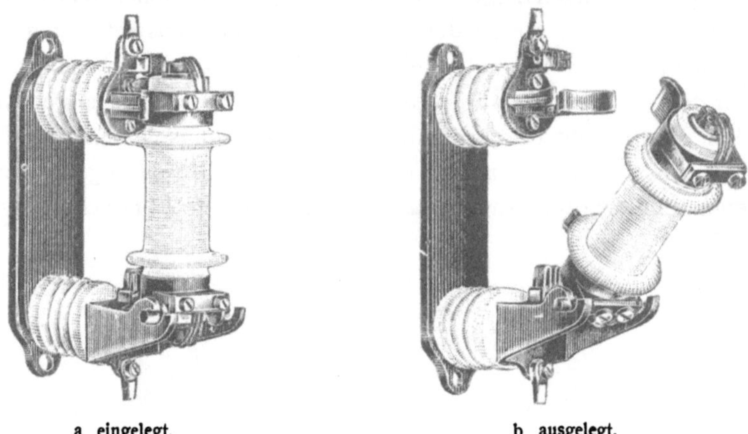

Fig. 546 a u. b.

Hochspannungssicherung mit Handschutz aus Porzellan.

Die Glasrohrpatronen werden, um eine Gefahr der zufälligen Berührung nach Möglichkeit zu vermeiden, mittels Holzzangen (Fig. 548) aus- und

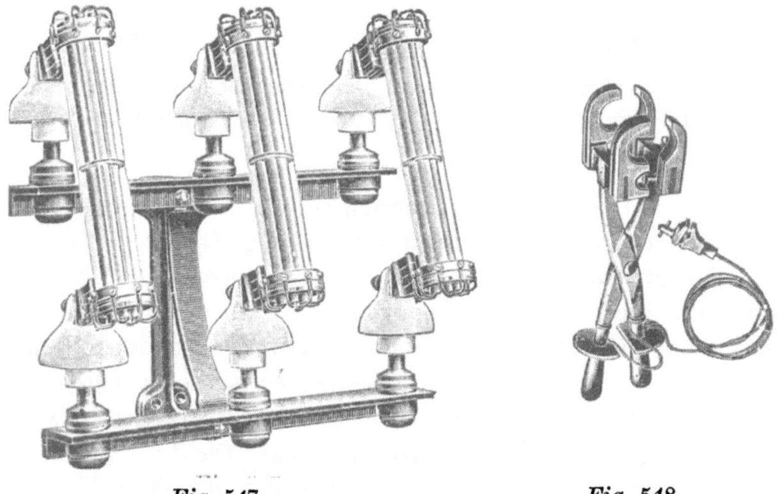

Fig. 547.   *Fig. 548.*

Hochspannungssicherung für eine Drehstromleitung.   Sicherungszange.

eingewechselt. Bei den Porzellansicherungen (Fig. 546), wo die Hand gegen ein Abrutschen durch die zwei Greifwülste geschützt ist, ist der Gebrauch der Zangen zwar empfehlenswert, jedoch nicht unbedingt erforderlich.

3. Messinstrumente.

Die in den Zechencentralen verwandten Messinstrumente sind Volt-, Ampère-, Watt- und Isolationsmesser.

Die älteren Instrumente beruhen fast sämtlich auf dem Prinzip, dass ein mit dem Zeiger verbundener Eisenkörper von einem Solenoid beeinflusst wird. Bei den Strommessern geht der ganze Strom, bei den Spannungsmessern nur ein schwacher Teilstrom durch die Solenoidwickelung. Daraus ergiebt sich, dass sich das Strommessersolenoid aus wenigen, oft nur einer Windung dicken Drahtes, das des Spannungsmessers aus einer grossen Anzahl dünner Windungen zusammensetzt und ersteres in Serie, letzteres dagegen im Nebenschluss geschaltet ist.

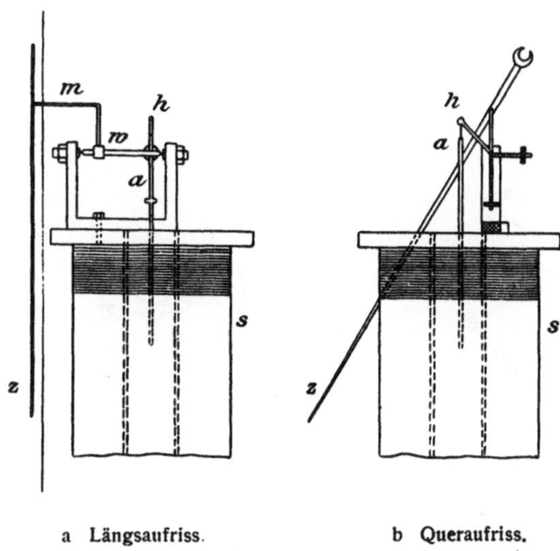

Fig. 549 a u. b.

Schematische Darstellung der älteren Messinstrumente der Allg. Elektr.-Ges.

Bei den älteren Strom- und Spannungsmessern der Allg. Elektr.-Ges. (Fig. 549) ist der induzierte Eisenkern ein dünnes Drahtbündel a, das je nach der Stromstärke oder Spannungshöhe mehr oder weniger in das Solenoid hineingezogen wird. Der Eisenkern übersetzt seine senkrechte Bewegung vermittelst eines Winkelhebels h, einer kleinen Welle w und des winkeligen Ansatzes m auf den Zeiger z. Andere Firmen, so Schuckert und Siemens & Halske, erzielen die Drehung des Zeigers auf unmittelbarem Wege, indem sie dem Eisenkern eine gebogene Form geben.

Bei den von Schuckert gebauten Instrumenten, System Hummel (Fig. 550), dreht das Solenoid W den excentrisch in der Spule verlagerten Eisenkern, einen aufgeschlitzten Ring, um den Punkt F, weil mit wachsen-

dem Stromdurchgang die grössere Fläche von S nach der Cylinderwandung
gezogen wird.

Bei den älteren Instrumenten von Siemens & Halske (Fig. 551) hat
der Eisenkern E eine bogenförmige Gestalt. Er ist unmittelbar an dem
Zeiger Z befestigt und kann durch eine Regulierschraube G eingestellt
werden. Die neueren Instrumente weisen nach verschiedener Richtung
hin Verbesserungen auf. An der Achse des Zeigers (Fig. 552) sitzt links
ein platter Eisenkern, welcher der Einwirkung einer länglichen Spule ausgesetzt ist und rechts an einem feinen Messingröhrchen eine kleine Metallplatte,
die bei der Zeigerbewegung in einem kleinen Rohrsegment schwingt. Die
Luft des Rohrinnern setzt der hin- und hergehenden Platte einen geringen Widerstand entgegen, der den Zeiger schnell zur Ruhe bringt. Diese

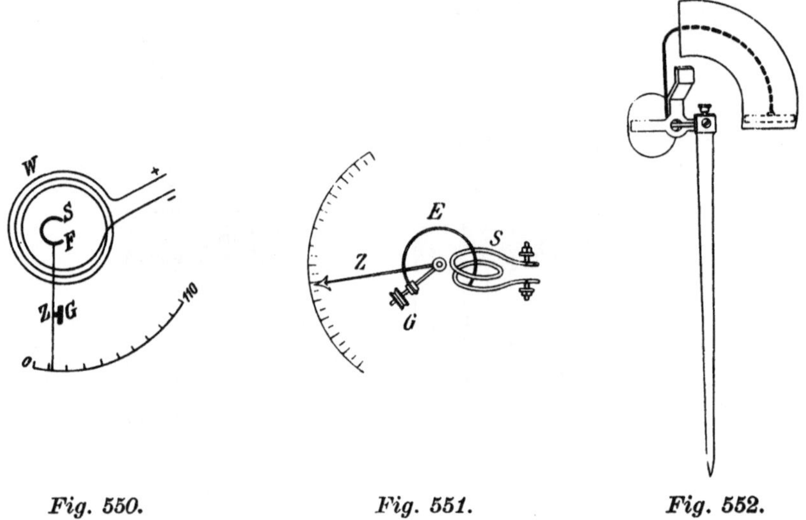

<table>
<tr><td>Fig. 550.</td><td>Fig. 551.</td><td>Fig. 552.</td></tr>
</table>

Schematische Darstellung des   **Schematische Darstellung der Messinstrumenten-**
Messprinzips von Hummel.   **anordnung von Siemens & Halske.**

»Dämpfung« erleichtert das Ablesen ausserordentlich. Gegen die Einwirkung
benachbarter Starkströme sind die Instrumente durch einen Schutzkörper
aus weichem Eisenblech, der die magnetischen Einwirkungen aufnimmt
und ausgleicht, so vollkommen gesichert, dass eine 1000 Amp. führende
Leitung in die nächste Nähe des Instrumentes gebracht werden kann, ohne
merkliche Störungen hervorzurufen. Für die Messung hoher Spannungen
ist ausserdem ein Vorschaltwiderstand in die Instrumente eingebaut.

Da beim Wechsel- und Drehstrom sich die Stärke der Leistung nicht
wie beim Gleichstrom aus der Stromstärke und Spannung bestimmen lässt,
sondern der mit der Art der Belastung durch Glühlampen, asynchrone
Motoren oder Transformatoren wechselnde Wert des $\cos \varphi \, \sqrt{3}$ als Faktor

zu obigem Produkt tritt, sind hier zur Bestimmung der Leistung besondere Instrumente, Wattmesser, erforderlich, die sowohl durch die Stromstärke als auch durch die Spannung beeinflusst werden. Die Zeigerbewegung wird bei diesen Instrumenten ausser durch elektromagnetische Kräfte wie bei den vorbeschriebenen Instrumenten auch durch elektrodynamische Wirkungen, insbesondere das Drehmoment, das zwei konachsiale Spulen beim Stromdurchfluss aufeinander ausüben, hervorgebracht. Die von dem ganzen Strom durchflossene Ampèrespule wird gewöhnlich fest angeordnet und in den Hauptstrom eingeschaltet. In ihr schwingt die bewegliche Voltspule mit dünner Bewickelung, die im Nebenschluss liegt.

Bei den Hitzdraht-Spannungs- und Strommessern (Fig. 553) der bekannten Spezialfirma für den Bau von Messinstrumenten, Hartmann & Braun in Frankfurt a. M., wird die Dehnung, die ein vom Strom durchflossener

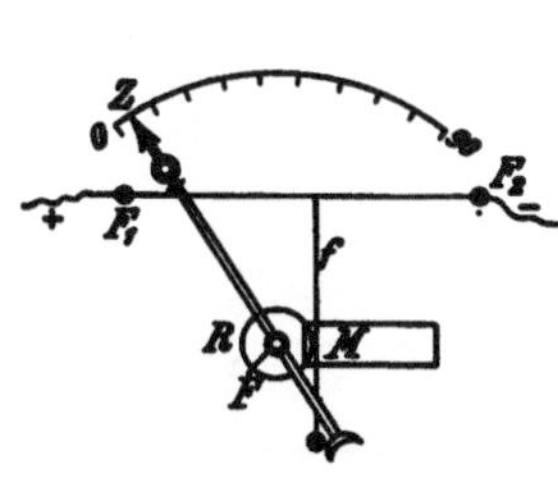

Fig. 553.

Schematische Darstellung des Hitzdrahtmessprinzips.

Fig. 554.

Messtransformator.

und erhitzter Platindraht zwischen F_1 und F_2 erfährt, vermittelst des Messingdrahtes f auf die mit dem Zeiger verbundene Rolle R übertragen. Das freie Ende des Messingdrahtes wird durch eine feine Feder F, straff gezogen. Auf der Zeigerachse sitzt eine zwischen den Polen des Stahlmagneten M schwingende Kupferscheibe. Bewegt sich die letztere, so werden in ihr durch das magnetische Feld Wirbelströme induciert, die dämpfend wirken.

Bei den neuen Wechselstrom-Induktionsinstrumenten der Allg. Elektr.-Gesellschaft verdrehen die Induktionsströme, die von zwei gegenüberliegenden Wechselstrommagneten ausgehen, eine dazwischen angeordnete Metallscheibe und geben je nach dem Grade der Verschiebung und der Anordnung des Instruments die Grösse der Stromstärke, Spannung oder Leistung an.

Bei den Drehstromanlagen mit hoher Spannung werden die Messinstrumente nicht unmittelbar, sondern unter Zwischenschaltung von Messtransformatoren, welche die Hoch- auf Niederspannung herabsetzen an die Leitung angeschlossen. Diese Transformatoren (Fig. 554) besitzen ein sehr hohes Uebersetzungsverhältnis. Sie sind in gusseisernen Behältern untergebracht und werden vermittelst angegossener Konsolen an der Schalttafel befestigt.

Zur Bestimmung des Isolationswiderstandes von Gleichstromanlagen gegen Erde dienen die sog. »Erdschlussanzeiger« (Fig. 555 a), die beim Eintreten einer Verbindung zwischen einer Leitung und der Erde ein optisches Signal durch das Aufleuchten einer Glühlampe und ein akustisches Signal durch das Ertönen eines elektrischen Weckers abgeben. Die sehr einfache Schaltung führt Fig. 555 b vor. Die zu prüfende Leitung wird durch einen Umschalter mit der Glühlampe a, der Bewicke-

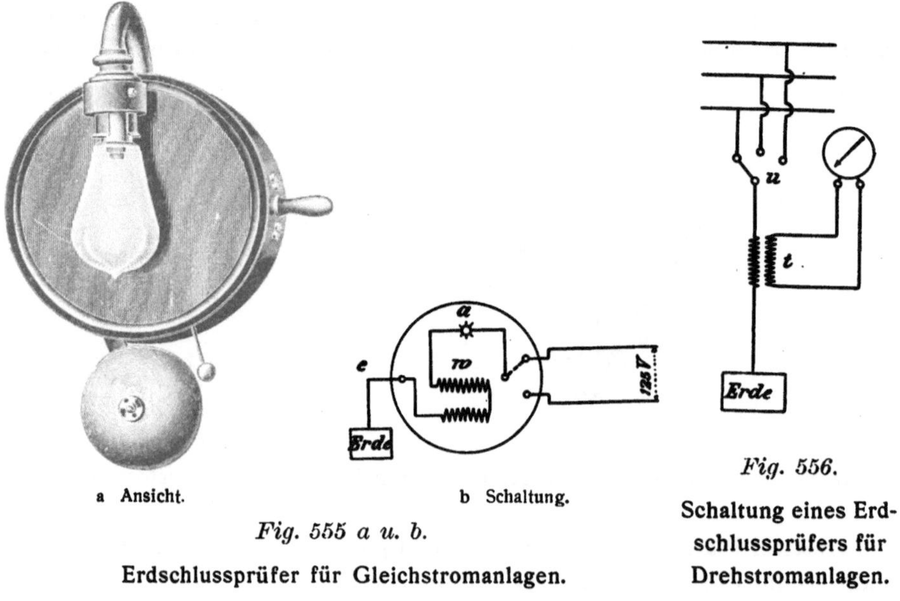

a Ansicht.

b Schaltung.

Fig. 555 a u. b.

Erdschlussprüfer für Gleichstromanlagen.

Fig. 556.

Schaltung eines Erdschlussprüfers für Drehstromanlagen.

lung des Schellenmagneten w und der mit Erdplatte versehenen Leitung e in Verbindung gebracht. Hat die andere Leitung einen Isolationsfehler, so leuchtet die Glühlampe auf und der Wecker ertönt. Ferner lassen sich zur Erdschlussmessung auch die Spannungswecker (s. S. 607) verwenden.

Bei Drehstromhochspannungen erfolgt die Isolationsmessung am einfachsten durch Voltmeter mit Messtransformatoren (Fig. 556). Man bringt die Hochspannungswickelung des Transformators t, die mit einem Pol an der Erde liegt, durch den Umschalter u nacheinander mit den drei Leitungen in Verbindung und beobachtet das Verhalten des Voltmeters, das in die sekundäre Wickelung von t eingeschaltet ist.

Die Messinstrumente sind in Gehäuse aus Metall, die dann mit der Erde leitend verbunden werden, oder auch aus Isolierstoff eingeschlossen.

4. Schalttafeln.

Die Schaltanlagen der Centralen nehmen die sämtlichen zur Bedienung der Dynamos, Akkumulatorenbatterien, Transformatoren und zur Verteilung des Stromes in die Hauptleitungen erforderlichen Schalt-, Regulier-, Mess- und Sicherungsapparate auf. Die Instrumentengruppen für die

Fig. 557.

Hochspannungsschalttafel der Zeche Recklinghausen II.
Allgemeine Elektrizitäts-Gesellschaft.

verschiedenen Maschinen usw. sind der Uebersichtlichkeit halber auf einzelne Felder der Tafeln verteilt, die in Marmor mit Holz- oder Eisenumrahmung ausgeführt werden. Bei Hochspannungsanlagen sind auf der Bedienungsseite der Tafeln nur die Apparate für die Erregerstromkreise, die Messinstrumente und die Bedienungshebel für die Hochspannungsausschalter angebracht (Fig. 557), die letzteren selbst, die Sicherungen, Messtransformatoren und Verbindungsleitungen aber in den Schalterraum verlegt, der durch die Schaltwand, die Umfassungsmauern des Gebäudes oder

besonderer Anbauten (Zeche Victor), Bretter- oder Drahtnetzwände geschaffen wird. Umkleidungen letzterer Art empfehlen sich besonders, weil
sie einen Einblick in den Schaltraum gestatten. Bei kleineren Anlagen
ruht die Schaltwand auf dem Maschinenhausflur, in grösseren schafft man
ein Podium, von dem aus der Wärter leicht die Maschinen überwachen
kann.

Der unter dem Podium liegende Raum kann zur Aufstellung von
Transformatoren oder zur Verlegung von Leitungen usw. ausgenutzt

Fig. 558.

Rückseite der Schalttafelwand auf Zeche Rhein-Elbe III.   Siemens-Schuckert-Werke.

werden. Bei einzelnen Anlagen hat man, um an Raum zu sparen und die
Sicherheit zu heben, die Hochspannungsschalter über den anderen Apparaten in unzugänglicher Höhe angeordnet. Die Bethätigung erfolgt dann
durch Gestänge- (Fig. 531), Drehwellen- (Fig. 557) oder Seilantrieb (Fig.
537). Fig. 558 zeigt die Schalttafelwand auf Zeche Rhein-Elbe
mit den hoch verlegten Siemensschen Röhrenschaltern, den Sammelschienen, Sicherungen usw. Die Messinstrumente sind vor dem Bedienungs-
gang der Schalttafel auf der nach dem Maschinenraum zu liegenden Seite
aufgestellt (Fig. 559 und 560).

Der zu jedem Generator gehörige Messsatz (Volt-, Ampère- und Watt-
meter) wird durch eine Standsäule getragen, die auf einem pultartigen
Tisch ruht. Auf dem Pulte macht der Wärter seine Aufzeichnungen über

Fig. 559.
Blick in den Bedienungsraum der Centrale auf Zeche Rhein-Elbe III.

den Stand der Instrumente. Diese Aufstellung gewährt einen beträchtliche
Vorteil dadurch, dass der Maschinist leicht Messinstrumente und Maschinen
beobachten kann. Schaltanlagen und Dynamos sind bei allen grösseren
Centralen durch unter Flur verlegte Kabel miteinander verbunden.

Als Hauptgrundsätze für den Bau von Schaltanlagen seien hier angeführt:

1. **Ausreichende Bemessung der Anlage.** Zwischen den einzelnen Apparaten müssen insbesondere bei Hochspannungsanlagen genügende Zwischenräume verbleiben, welche die Gefahr einer zufälligen Berührung bei der Ausführung von Reparaturen, den

Fig. 560.

Vorderansicht der Schaltanlage auf Zeche Rhein-Elbe III.

Einwechseln von Sicherungen und sonstigen Arbeiten, die während des Betriebes vorgenommen werden müssen, verringern.

2. **Raum für die Erweiterung der Anlage.** Die geringen Mehrkosten werden sich bei späteren Vergrösserungen der Centralen — damit haben die meisten Zechen zu rechnen — sehr gut bezahlt machen.

3. **Uebersichtliche Verteilung der einzelnen Schaltgruppen auf getrennten Feldern der Tafel**, eine Massregel, welche die Bedienung erleichtert und betriebsgefährliche Verwechselungen unmöglich macht.

Additional material from *Disposition der Tagesanlagen, Dampferzeugung, Centralkondensation, Luftkompressoren, Elektrische Centralen*
ISBN 978-3-642-50625-3 (978-3-642-50625-3_OSFO20),
is available at http://extras.springer.com

III. Centralengebäude.

Die Stromerzeuger werden bei kleineren und mittleren Abmessungen der Kraftanlagen gewöhnlich in dem Hauptmaschinengebäude zusammen mit den Luftkompressoren, Kondensationspumpen, Ventilatoren usw. aufgestellt, wie auf Rhein - Elbe III, Consolidation, Victor, A. v. Hansemann, Rheinpreussen und einer grossen Zahl anderer Zechen.

Die Centrale der Zeche Zollern II beherbergt neben den beiden grossen Gleichstromdynamos (s. auch Fig. 345, S. 463) zwei elektrisch betriebene Luftkompressoren, ein Ladeaggregat für die Akkumulatoren, einen Lichtumformer, die elektrische Fördermaschine nebst der Ilgner-Anlage und in

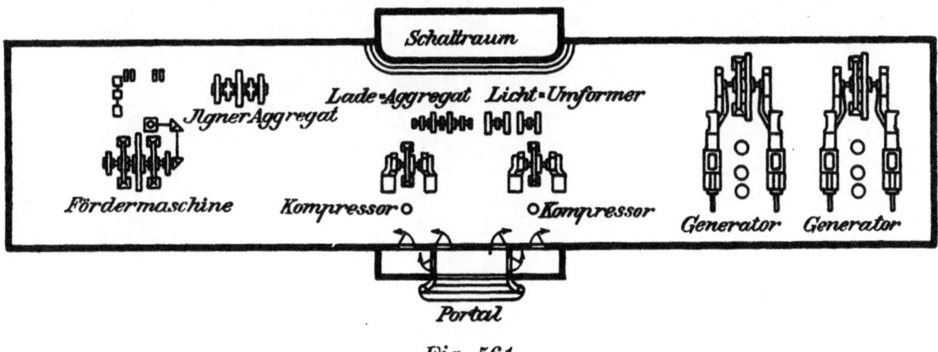

Fig. 561.

Grundriss des Centralmaschinenhauses der Zeche Zollern II.

einem Anbau den Schaltraum. Fig. 561 giebt den Grundriss, Fig. 562 eine Ansicht der von den Generatoren abgewandten Seite der riesigen Halle, die ganz in Eisenfachwerk bezw. in Eisen und Glas ausgeführt ist.

Die grösste Centrale der Ruhrzechen, die, mit eigenen Kesseln ausgerüstet, eher die Bezeichnung „Elektrizitätswerk" verdient, wird gegenwärtig auf der Zeche Deutscher Kaiser, Schacht II, errichtet. Die Anlage umfasst zwei liegende Zwillingstandemmaschinen von je 2000 PS und eine Dampfturbine von etwa 8000 PS (s. Grundriss auf Tafel XXIV). Mit einer Gesamtleistung von 12 000 PS wird diese Primäranlage alle anderen Zechencentralen an Stärke übertreffen. Die 3 Generatoren auf Deutscher Kaiser II sollen mit der 20 000 pferdigen Centrale des 3 km entfernten Hüttenwerkes Bruckhausen und der 1000 pferdigen des Hochofenwerkes Meiderich in Parallelschaltung arbeiten. Insgesamt stehen dann für die Zwecke des Bergwerks- und Hüttenbetriebes 33 000 PS zur Verfügung. Die Betriebsspannung der beiden Hüttencentralen, die nur 550 V beträgt, wird für die Parallelschaltung auf die Spannung der Grubencentrale von 5500 V herauftransformiert. Die Verbindung der drei Anlagen gewährt

43*

eine so weitgehende Reserve, dass die Kosten von Aushülfsmaschinensätzen erspart werden.

An Bergwerksmaschinen sollen von der Centrale aus Förder-maschinen, Pumpen, Ventilatoren, Kohlenwäschen, auf den Schächten III

Fig. 562

Blick in die Maschinenhalle der Zeche Zollern II.

und IV auch Werkzeug- und Ziegeleimaschinen betrieben werden. Ausser-dem liefert sie den Strom für die Beleuchtung sämtlicher Schachtanlagen und des Hüttenwerkes Bruckhausen.

Die Parallelschaltung der verschiedenen Generatoren, zu denen auch vielleicht noch Gasmotorendynamos treten sollen, erfolgt durch neue selbstthätige Vorrichtungen.

Für die Errichtung der Centrale hat man den Schacht II gewählt, weil er die besten Kesselkohlen liefert. Zur Beschränkung der Transportkosten werden die Kohlen durch eine Seilbahn unmittelbar vom Förderturm in den Kohlenbunker der Centrale geschafft. Von dort gelangen sie durch Rutschen zu den Kesseln.

Wie der Grund- und der Aufriss auf Tafel XXIV zeigt, liegen die 16 Kessel in unmittelbarer Nähe der Maschinen, die Aufstellungsräume sind nur durch eine Wand getrennt. Bei der Kürze der Dampfleitungen werden die Wärmeverluste auf ein Minimum beschränkt.

Da die Kesselanlage ausschliesslich für den Betrieb der Centrale bestimmt ist, hat man, dem Beispiel der Elektrizitätswerke folgend, dem Röhrenkessel den Vorzug vor dem Grosswasserraumkessel gegeben. In der Grösse gleich, weisen die 16 Kessel, deren 4 von den Babcok-Wilcoxwerken und 12 von L. & C. Steinmüller in Gummersbach geliefert sind, je 340 qm oder im ganzen 5440 qm Heizfläche auf. Sie sind mit einer selbstthätigen Beschickungsvorrichtung versehen, welche das Heizmaterial direkt aus den Kohlenrutschen entnimmt. Auf je zwei Kessel kommt ein Greenscher Economiser von 320 Röhren, die das Speisewasser auf etwa 100° C. vorwärmen. Der Betriebsdruck des auf 320° C. überhitzten Dampfes beträgt 14 Atm. Je 8 Kessel sind an einen Kamin von 60 m Höhe und 3,6 m Durchmesser angeschlossen.

Bei dem regen Unternehmungsgeist der leitenden Persönlichkeiten unseres Ruhrkohlenbergbaues wird es nicht lange währen, bis dieser Riesencentrale neue folgen. Das Rheinisch-Westfälische Elektrizitätswerk in Essen, dessen Leistungsfähigkeit jetzt auch an 20 000 PS heranreicht, wird auch immer mehr zur Bergwerkscentrale, da es die Kohlen der benachbarten Zeche Victoria Mathias verfeuert und seinen Strom — wenigstens des Tages über — zum grössten Teil für Zechenzwecke abgiebt.

IV. Die Verteilung des elektrischen Stromes.

In der Leichtigkeit der Verteilung übertrifft die Elektrizität alle übrigen Kraftübertragungssysteme. Vergleicht man die schweren, starren Rohrleitungen, die zur Fortleitung von Dampf, Druckwasser und Druckluft dienen, mit einem kaum armstarken, biegsamen Kabel, das tausend Pferdekräfte an entfernte Verwendungsorte leitet, dann erscheint der gewaltige Vorteil der elektrischen Kraftübertragung in seiner ganzen Bedeutung. Dort trotz aller Reparaturen immer undichte Flanschen, Kraftverluste durch Kondenswasser, hohe Anschaffungskosten bei Rohrleitungen von grösserem Querschnitt, Rohrkanäle, Krümmer, Winkelstücke und Kompensationrohre, Schwierigkeiten durch die Senkungen des ja so oft mobilen Zechenterrains; hier Leitungen von geringem Gewicht und minimalem Durchgangsverlust, die sich über und unter Tage in jeden Winkel bringen lassen und die entfernten Wetterschächten die Kraft mit einem Nutzeffekt zuführen, an dessen Erreichung bei anderen Triebwerken gar nicht zu denken wäre.

In weitestem Masse treffen diese Vorteile für das Drehstromsystem zu; beim Gleichstrom war die Ueberleitungsfähigkeit auf grössere Entfernungen noch beschränkt, weil ihm die gerade für die Verteilung wichtigen Vorteile des Drehstroms abgehen:

1. Hohe Spannungen,
2. Die Umformung der Maschinenspannung in Strom mit höherer oder niederer Intensität, gerade wie es der Verwendungszweck oder die Uebertragungsentfernung erfordert, mit einfachen Apparaten, den Transformatoren, während beim Gleichstrom eine noch dazu mässige Spannungsumsetzung nur mit rotierenden Umformern erreicht werden kann.

1. Transformatoren.

Fig. 563.
Drehstromtransformator im Aufbau. Lahmeyer & Co.

Bei der Kraftverteilung spielen besonders die Drehstromtransformatoren eine recht wichtige Rolle.

Die Wicklung des Transformators setzt sich bekanntlich aus zwei Spulensystemen zusammen, von denen das eine durch wenig Windungen eines dicken, das andere durch viele Windungen eines dünnen Drahtes gebildet ist. Leitet man den primären Strom in die dicke Wicklung ein, so wird in der Hochspannungswicklung ein sekundärer Strom induziert, dessen Spannung zu der des ersteren in demselben Verhältnis steht, wie die Zahl und der Kupferquerschnitt der beiden Wicklungen.

Während man in diesem Falle also hinauftransformiert, erhält man eine verringerte Spannung, wenn man Strom in die dünne Wicklung einleitet und den Verbrauchsstrom der dicken entnimmt. Man transformiert hier also herab.

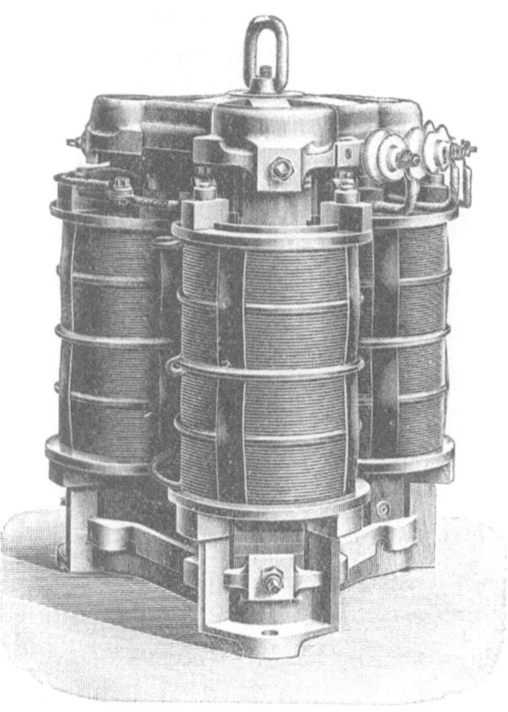

Fig. 564.

Drehstromtransformator.
Siemens-Schuckert-Werke.

Fig. 565.

Drehstromtransformator.
Allgemeine Elektrizitäts-Gesellschaft.

Die Windungen werden auf Spulringe gebracht und auf Arme aus verteiltem Eisen (Blechplatten) in der Art aufgesetzt, dass die Spulen mit dem dicken Draht die dünndrähtigen umfassen (Fig. 563).

Die Spulen der Niederspannungswicklung sind öfters parallel, die Hochspannungsspulen hintereinander geschaltet. Die Träger der Spulen haben, wie die Figur 563 erkennen lässt, innere Ansätze, welche Lüftungskanäle zwischen Eisenkern und Wicklung freilassen.

Die Blechpole, bei Drehstrom für jede Phase einer, werden oben und unten durch gusseiserne Jochbrücken verbunden (Fig. 564).

Bei den Transformatoren von Siemens sowie von Lahmeyer sind die Pole auf der Grundplatte in Dreieckstellung angeordnet, bei den Transformatoren Allg. Elektr.-Gesellschaft nebeneinander (Fig. 565). Das letztere Bild zeigt ausserdem die Isolierung der Bewicklungsableitungen, die bei den auftretenden hohen Spannungen natürlich eine sehr sorgfältige sein muss.

Der offene Transformator für die Aufstellung in trockenen Räumen erhält gewöhnlich eine durchbrochene Blechummantelung zum Schutze gegen mechanische Beschädigungen. Ist das Auftreten von Feuchtigkeit zu befürchten, so muss eine wasser- und luftdichte Umkapselung gewählt werden, die aber besondere Vorkehrungen für die Kühlung des Transfor-

Fig. 566.   Fig. 567.

Oeltransformator mit Wellblech-behälter.   Selbstkühlender Oeltransformator mit Seitenkasten.

Allgemeine Elektrizitäts-Gesellschaft.

mators erfordert. Eine Abführung der Wärme von den im Betriebe erhitzten Spulen und Kernen sowie eine Erhöhung des Isolationswiderstandes der Bewicklung erzielt man durch Eingiessen eines hochsiedenden Harzöls in den Transformatorbehälter, den man zur Verbesserung der Oberflächenkühlung aus Wellblech herstellt (Fig. 566) oder auch mit einer Wasserkühlung versieht.

Die Allgemeine Elektrizitäts-Gesellschaft hat einen selbstkühlenden Transformator geschaffen (Fig. 567), bei dem seitlich von dem Hauptbehälter zwei flache Wellblechkästen angeordnet sind. Die letzteren stehen mit dem Hauptbehälter durch Rohrstutzen in Verbindung und dienen lediglich zur Oelkühlung. Die flache Form und grosse Oberfläche der Kastenwandungen begünstigt die Wärmeabgabe so sehr, dass eine künstliche Kühlung entbehrlich ist.

Der Wirkungsgrad der Transformatoren ist im allgemeinen ein recht hoher, wird aber dann ungünstig beeinflusst, wenn die Apparate auch während des Stillstandes der angeschlossenen Motoren oder Lampen unter Strom stehen. Erhebt sich dieser Verlust auch bei kleinen Anlagen nicht über 2 %, so verschlingt er doch, insbesondere dort, wo häufig längere Betriebspausen eintreten, grosse Mengen Strom. Um diese Verluste zu

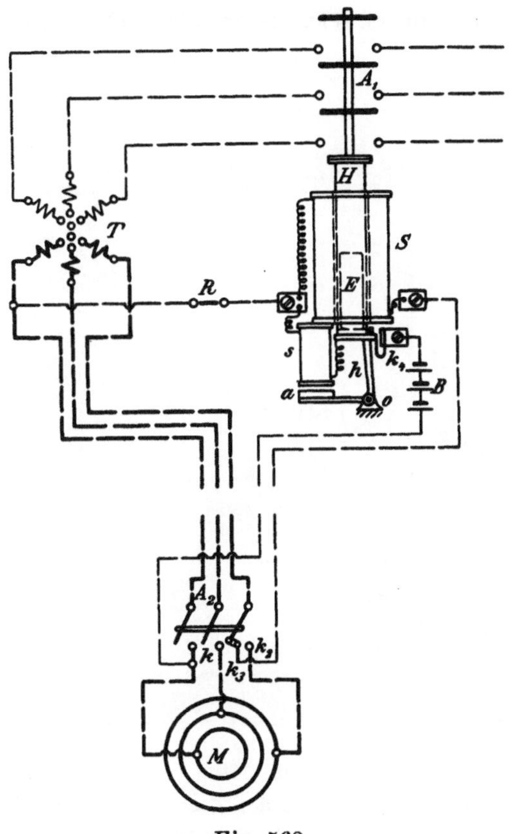

Fig. 568.

Schema des Transformatorenausschalters für Drehstromanlagen.

vermeiden, ordnet man bei Anlagen mit langen Leerlaufspausen Ausschalter besonderer Konstruktion an. Die Wirkungsweise einer derartigen Schaltvorrichtung (Fig. 568) sei nachstehend beschrieben.

Schliesst man beim Einschalten den sekundären Stromkreis des Transformators durch den Schalter A_2, so wird zugleich ein zweiter Stromkreis, bestehend aus einer Hülfsstromquelle (Elementbatterie usw.) B, der Kontaktfeder k_4 und dem Elektromagneten s geschlossen mit der Wirkung, dass der Anker a von s angezogen und der mit ihm verbundene

Hebel h um o gedreht wird. Der senkrechte Schenkel des Winkelhebels h
kommt dabei aus seiner Lage und lässt die bisher gestützte Hülse H nach
unten fallen. Dabei wird der Hochspannungsschalter A_1 dessen Querarme
eine Verbindung der bisher offenen Transformatorleitungen herbeiführen,
ausgelöst.

Beim Ausschalten ist der Vorgang folgender: Durch Oeffnen
des Schalters A_2 wird zunächst der Kontakt k_3 an den Motor geschlossen
und dabei die Spule S durch sekundären Wechselstrom erregt. S zieht den

Fig. 569.
Transformatorenanlage der Zeche Rhein-Elbe III.
Siemens-Schuckert-Werke.

Kern E und die ihn umgebende Hülse H hoch und führt dadurch den
Schalter A_1 wieder in die offene Stellung zurück, der Hebel h fällt sofort
wieder vor und hält H und mit ihm A_1 in der Hochstellung, in welcher
der Transformator abgeschaltet ist.

Grössere Transformatorenanlagen finden sich u. a. auf den Zechen
Dahlbusch, Rhein-Elbe III und Margarethe. Auf Dahlbusch sind zwei Transformatoren von je 150 KW und einer Uebersetzung von 2000/500 V für die
Versorgung der in der Nähe der Centrale aufgestellten kleineren Motoren
und ein dritter Transformator von ebenfalls 150 KW für die Umformung
der **Maschinenspannung** in Beleuchtungsstrom (2000/120 V) aufgestellt.

Von den drei Generatoren der Zeche Rhein-Elbe III stehen zwei im Betrieb, einer in Reserve. Die ersteren liefern den Betriebsstrom (450 PS) für einen Rateauventilator von 7200 cbm/mm. Wetterleistung bei 231 mm Depression sowie die Beleuchtungsenergie, die in einer grossen Transformatorenanlage (Fig. 569) von 2000 auf 110 V herabgesetzt wird. Die Umformer sind hier unter dem Podium der Schaltanlage aufgestellt. Der Strom für die unterirdische Beleuchtung geht durch ein Hochspannungskabel durch den Schacht und wird durch einen am Füllort aufgestellten kleineren Transformator in Niederspannung umgesetzt. Umgekehrt wie auf den beiden eben erwähnten Zechen liegt der Fall auf Zeche Margarethe. Dort ist die Centrale zum grössten Teile durch kleinere Motoren belastet, die in nächster Nähe der Primärmaschine stehen, während für die Fernübertragung nur ein Aussenventilator in Betracht kommt. Deshalb hat man für die Centrale eine Mittelspannung von 500 V gewählt. Der Strom für den Ventilator wird zur billigeren Ueberleitung durch einen Transformator auf 1000 V gebracht.

Eine riesige Transformatorenanlage, die in einem eigenen Gebäude aufgestellt ist, weist die Zeche Mathias Stinnes III/IV auf, wo der vom Essener Elektrizitätswerk mit 10 000 V kommende Strom für den Betrieb der 4 Fördermaschinen auf 5000 V herabgesetzt wird. Weitaus grösser noch ist die Leistung der im Bau begriffenen Anlage auf Zeche Deutscher Kaiser II, wo der ganze Strom der Hüttencentralen Bruckhausen und Meiderich — vorläufig (!) 20 000 PS — zwecks Parallelschaltung mit der 12 000 pferdigen Bergwerkscentrale umgeformt wird.

Eine derartige ausgedehnte Verwendung der Transformatoren wird durch ihren hohen Wirkungsgrad und mässigen Preis begünstigt. Wie die nachstehende Tabelle 70 zeigt, die wieder als Anhalt für die Aufstellung überschlägiger Projekte dienen soll, geht der Nutzeffekt bei einem Transformator von 200 Kilovoltampère bis zu 97,1 % hinauf.

2. Sicherung der Leitungen.

Gegen die Gefahren der Entladungen atmosphärischer Elektrizität, die sich nicht immer als sichtbare Blitzschläge äussern und der Ueberspannungen, die bei Wechselstrom durch die Kondensatorwirkung benachbarter Leiter aufeinander entstehen können, müssen die Verteilungsnetze nach den Vorschriften des Verbandes deutscher Elektrotechniker durch Schutzvorrichtungen gesichert sein, die auch nach wiederholten Entladungen wirksam bleiben.

Das ist unbedingt erforderlich, weil sich die Blitzentladungen, bei denen Elektrizitätsmengen von mehreren tausend Pferdekräften in einem $^1/_{100}$ Teil einer Sekunde zum Ausgleich kommen, oft oscillierend vollziehen und in ganz kleinen Zwischenräumen wiederholen.

Kosten von Drehstromtransformatoren (primäre Spannung mindestens 100 V, sekundäre bis 5000 V).

Tabelle 70.

Leistung Kilovolt-ampère	Wirkungsgrad bei Volllast	Preis M.	Bemerkung
1	91	500	Offene Transformatoren
2	93	560	
3	94	700	
4	94	760	
5	95	800	
10	93,3	1 100	Transformatoren mit Selbstkühlung und Oelisolation in glattem Behälter
20	94,5	1 600	
30	95,5	2 000	
40	»	2 320	
50	95,8	2 600	
60	»	2 900	
70	96,1	3 200	Transformatoren mit Selbstkühlung und Oelisolation in Wellblechbehälter
80	»	4 000	
90	96,3	4 350	
100	96,5	4 800	
120	»	5 400	
140	96,8	6 280	
160	»	6 530	
180	»	7 440	
200	97,1	8 080	

Diese Forderung einer dauernden Betriebsfähigkeit wird bei den neueren Blitzschutzvorrichtungen durch Mittel erfüllt, die in der Art sehr wesentlich von einander abweichen, während das Prinzip der Blitzaufnahmeapparate fast bei allen Systemen das gleiche ist.

Zwei Metallkörper, Platten, Walzen, Hörner usw., von denen der eine, C in Fig. 570, mit der zu schützenden Leitung verbunden ist, während der andere A unter Zwischenschaltung eines Widerstandes über B an die Erde gelegt ist, sind einander so weit genähert, dass ein kleiner Luftzwischenraum, eine Funkenstrecke, zwischen ihnen verbleibt, die nur von dem Blitz oder der Ueberspannung durchschlagen wird, während die normale Betriebsspannung den Spalt nicht überwinden kann. Allerdings schlägt auch sie

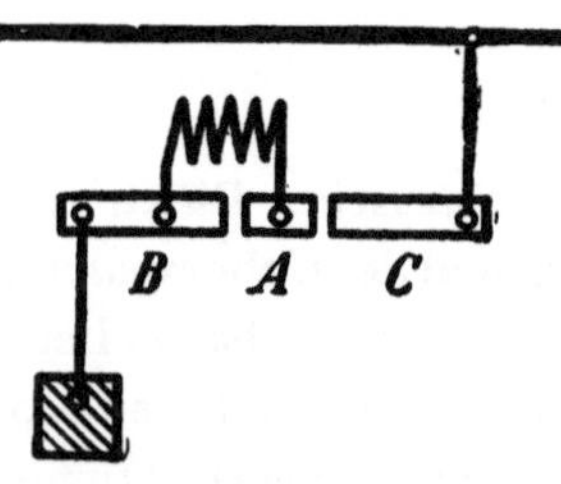

Fig. 570.

Schema einer Blitzableiterverbindung.

über, wenn der Blitz oder die Ueberspannung einmal die Funkenstrecke überbrückt hat. Es entsteht dann ein Erdschluss, der die Primäranlage stossweise so stark belastet, dass Verbrennungen der Wicklungen, Ankerdurchschläge usw. entstehen können.

Zwar verleiht die Selbstinduktion den Spulenkörpern wie Ankern, Feldmagneten, Transformatoren usw. einen gewissen Eigenschutz. Der Blitz entwickelt, wie ein Wechselstrom, in den induktiven Spulen eine so hohe elektromotorische Gegenkraft und findet deshalb einen so hohen Widerstand, dass man behaupten kann: Dynamomaschinen, Motoren und Transformatoren schützen sich selbst. Es kommt oft vor, dass der

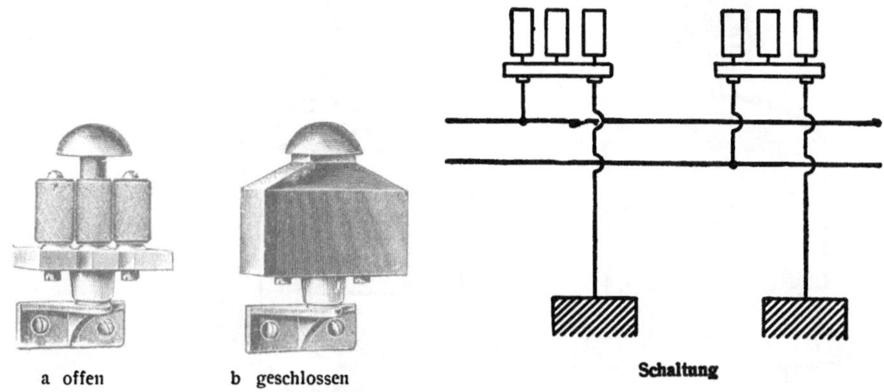

Fig. 571 a — c.

Walzenblitzableiter.

Siemens - Schuckert-Werke.

Blitz von dem Anfange der Bewicklung einer derartigen Maschine usw eine beträchtliche Luftstrecke überschlagend durch das Gehäuse zur Erde geht, weil das der hohen Selbstinduktion der Drahtwindungen gegenüber der leichtere Weg ist.

Um den Belastungsstössen, welche der vom Blitz gebildete Kurzschluss der betroffenen Leitung durch das »Nachlaufen« des Maschinenstromes verursacht, betriebsgefährliche Folgen zu nehmen, muss der entstandene Lichtbogen selbstthätig gelöscht werden.

Die Mittel zur Unterbrechung des Bogens sind nun ebenso eigenartig als verschieden. Bei Wechselstromspannungen bis zu 500 V verwendet man vielfach Walzenblitzableiter. Ihre Wirkung beruht auf der Erscheinung dass gewisse Legierungen einen Wechselstromlichtbogen von niederer Spannung, der zwischen zwei Stücken aus dem Metall gezogen wird, ausserordentlich rasch zum Verlöschen bringen. Der nach diesem einfachen Prinzip konstruierte Walzenblitzableiter (Fig. 571) der Siemens-

Schuckert-Werke setzt sich aus drei geriffelten Walzen zusammen, die durch
Schrauben auf einem Porzellanfuss dicht nebeneinander befestigt sind.
Eine der äusseren Walzen ist mit der Leitung, die andere mit der Erde
verbunden (Fig. 571 c). Es entstehen so zwei Funkenstrecken, die der Blitz
überschlägt, während der Wechselstrombogen sofort erlischt. Deshalb ist
die Einschaltung eines Widerstandes in die Erdleitung hier entbehrlich.
Wird das Metall an den Uebergangsstellen verbrannt, so müssen durch
Drehung der Walzen zwei unverletzte Seiten einander genähert werden.

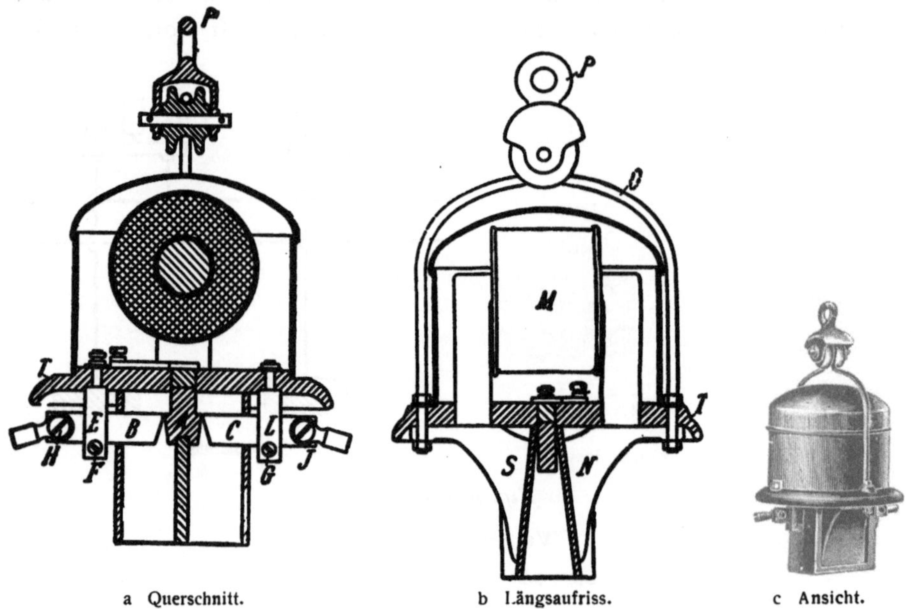

a Querschnitt.   b Längsaufriss.   c Ansicht.

Fig. 572 a — c.

Spulenblitzableiter mit magnetischer Funkenlöschung.

Siemens - Schuckert-Werke.

Für die Verwendung im Freien werden die Walzenblitzableiter durch
eine Kappe mit Regendach geschützt (Fig. 571 b).

Für Gleichstromspannungen bis zu 750 V und Leistungen bis zu 200
KW eignen sich die Blitzableiter mit magnetischer Funkenlöschung (Fig. 572), die nach dem in Fig. 570 gegebenen Schema geschaltet sind.

Zur Einstellung der beiden Funkenstellen ist das mittlere Metallstück A
(Fig. 572a) fest gelagert, die beiden seitlichen, B und C, dagegen verschiebbar angeordnet. Durch Klemmschrauben, F und G, können die letzteren
in ihren Lagern E und L festgestellt werden. Der Anschluss erfolgt ver-

mittelst zweier Kabelschuhe an den Klemmen, H und I, die sich an den beiden Metallstücken B und C befinden.

Die beiden Funkenstrecken liegen im Felde eines kräftigen Elektromagneten mit den Polen N und S (Fig. 572b), dessen erregende Spule M zwischen die Metallstücke A und B, also parallel zu der einen Funkenstrecke, geschaltet ist. Die Funkenstrecken und die Pole des Elektromagneten befinden sich unterhalb eines Tellers T aus Isoliermaterial (Ambroin), die Spule oberhalb dieses Tellers. Letztere ist durch eine Kappe gegen Staub und Feuchtigkeit geschützt. Der ganze Apparat wird von einem Bügel O getragen, der isoliert an der Oese P aufgehängt ist.

Während nun der Blitz auf dem geradesten Wege zur Erde gelangen kann, teilt sich der nachfolgende Maschinenstrom in zwei Teile, von denen der eine die Funkenstrecke zwischen den Metallstücken A und B, der andere die Magnetspule M. durchfliesst (Fig. 572b). Der dadurch entstehende Magnetismus bläst die Lichtbogen in beiden Funkenstrecken aus und unterbricht den Maschinenstrom.

Bei dem neuen verbesserten Spulenblitzableiter ist der Eisenkern des Magneten aus unterteiltem Eisen hergestellt, wodurch der Apparat für Gleichstrom- und Wechselstromanlagen verwendbar wird. Um zu verhindern, dass ein Lichtbogen von dem linken Aussenleiter unter Uebergehung des mittleren direkt auf den rechten überschlägt, wobei die Magnetspule nicht in Thätigkeit treten würde, hat man die beiden Funkenstrecken noch durch eine Scheidewand aus Isoliermaterial getrennt.

Während diese Konstruktionen bei einer Beschädigung der Walzen bezw. der Magnetspule durch den Blitz unwirksam werden und deshalb einer sorgfältigen Ueberwachung bedürfen, weist die zuerst von der Firma Siemens & Halske ausgeführte Konstruktion eines Hörnerblitzableiters den grossen Vorteil auf, dass sie nach dem Durchgang des Blitzes sofort wieder dienstbereit ist und keine Beaufsichtigung erfordert, da Beschädigungen bei der einfachen Anordnung, die keine Magnetspulen und bewegliche Teile hat, so gut wie ausgeschlossen sind. Bei dem Hörnerblitzableiter (Fig. 573) läuft der von den zu schützenden Leitungen abgezweigte Anschluss in einen isolierten hornförmigen Kontakt aus, dem unter Zwischenschaltung einer Funkenstrecke ein zweites mit der Erde verbundenes Horn gegenüber gestellt ist. Bei dem Hörnerblitzableiter der Allg. Elektr.-Gesellschaft (Fig. 514) sind die Hörner gekreuzt. Die Wirkung des Apparates beruht hauptsächlich auf den elektrodynamischen Eigenschaften des Lichtbogens, welcher den von ihm selbst gebildeten Stromweg zwischen den beiden Hörnern zu erweitern und sich von der ersten Uebergangsstelle an dem engsten Teile des Hörnerschalters zu entfernen sucht. Die elektrodynamische Kraft wird unterstützt von der Luft, die, durch den Lichtbogen erhitzt, in scharfem Zuge nach oben geht. Beide Kräfte drängen den Bogen an den auseinandergehenden Kontakten in die Höhe, zerren ihn immer mehr auseinander und bringen ihn schliesslich zum Abreissen. Die Photographie, Fig. **575**, veranschaulicht den Vorgang des Abreissens bei einer Blitzschutzvorrichtung, die durch einen sehr hoch transformierten Strom auf ihre Wirksamkeit geprüft wird. Nach dem Erlöschen des Lichtbogens steht der Apparat sofort wieder bereit, eine neue Ladung unschädlich zu machen.

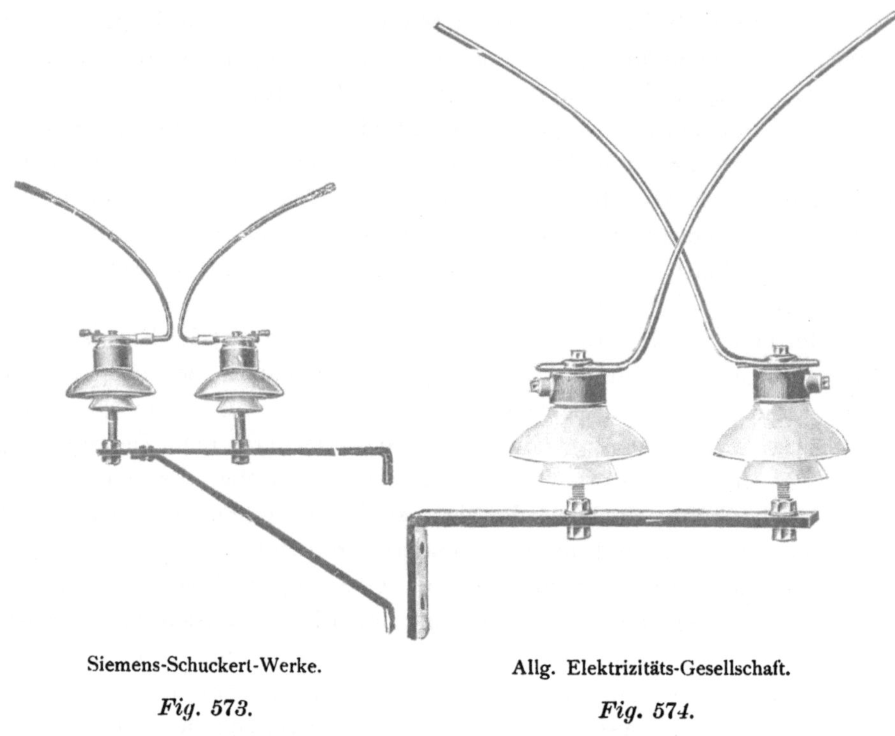

Siemens-Schuckert-Werke.   Allg. Elektrizitäts-Gesellschaft.

Fig. 573.   *Fig. 574.*

Hörnerblitzableiter auf Konsolen montiert.

Als Spaltweite nimmt man für 1000 V 3 mm und vergrössert sie für jedes weitere Tausend um 1 mm. Für die Aufstellung der Blitzableiter im Freien werden die Funkenstrecken erheblich verbreitert.

Bei Freileitungen bringt man die Hörnerblitzableiter auf den Spitzen der Maste an (Fig. **576**), in anderen Fällen auf Konsolen (Fig. **573** und **574**). Da der Schutz sich nur auf eine Leitung erstreckt, müssen an Gleichstromleitungen immer 2, an Drehstromleitungen 3 Blitzableiter nebeneinander angebracht werden. Die Erdleitungen werden zu getrennten Erdplatten geführt, die ins Grundwasser verlegt oder bei geringer Bodenfeuchtigkeit durch Einlassen in Gruben, die mit Koksstücken gefüllt sind, mit der Erde möglichst gut leitend verbunden werden.

Die Fänger der Blitzableiter von Lahmeyer haben wie die Funkenlöschapparate der weiter unten besprochenen Ueberspannungssicherungen
dieser Firma (Fig. 578) bügelförmige Gestalt. Um zu verhindern, dass nach
einem Blitzschlage eine Verkleinerung der Funkenstrecke, etwa durch
Tropfen abgeschmolzenen Metalls entsteht, wird nur der eine Bügel aus
Kupfer, der andere aus Kohle gefertigt. Bildet sich an ersterem eine

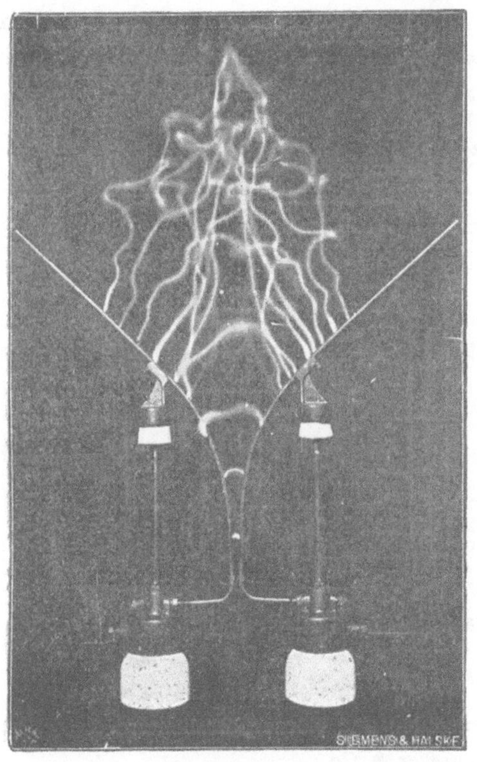

Fig. 575.

**Hörnerblitzableiter bei 10 000 Volt
kurzgeschlossen.**

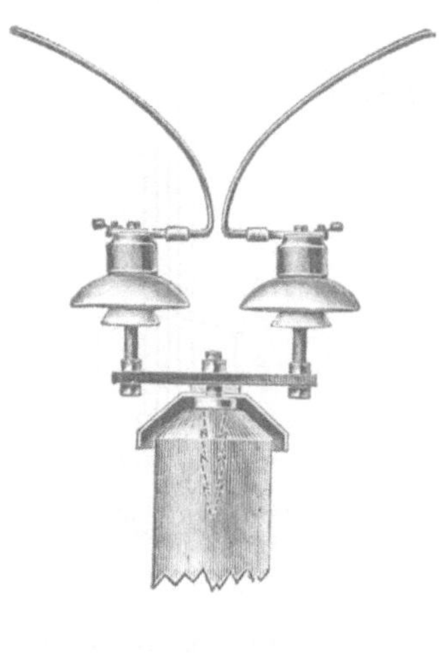

Fig. 576.

**Hörnerblitzableiter
auf der Mastspitze montiert.**

Kupferperle, so entsteht an dem gegenüberliegenden Kohlenbügel beim
Stromdurchgang eine entsprechende Ausbrennung, ein einfaches Mittel,
um die Entfernung dauernd konstant zu halten.

Die Widerstände, die ein zu starkes Anwachsen des Kurzschluss-
stromes und damit der Primärleistung verhindern sollen, besonders in
dem Falle, dass ein Blitz gleichzeitig in zwei Leitungen schlägt und durch
die doppelte Lichtbogenbildung sie beide durch die Erde kurzschliesst,

bestehen gewöhnlich in Behältern, die mit einer nicht einfrierenden Mischung von Glycerin und Kochsalzlösung gefüllt sind.

Gegen die Spannungserhöhungen, die durch eine unzulängliche Ableitung des Blitzes in den Hörnerblitzableitern oder auch im normalen Betriebe durch Resonanz zwischen Selbstinduktion und Kapazität bei der Einschaltung von Kabeln usw. entstehen können, werden die Maschinen und Apparate durch zwei weitere Mittel, die Drosselspulen und die Ueberspannungssicherungen, geschützt. Die Drosselspulen, einfache Selbstinduktionsspulen mit oder ohne Eisenkern, wirken in Wechselstromleitungen (Fig. 577) bekanntlich wie Widerstände und halten den Maschinen die gefährlichen Spannungen fern.

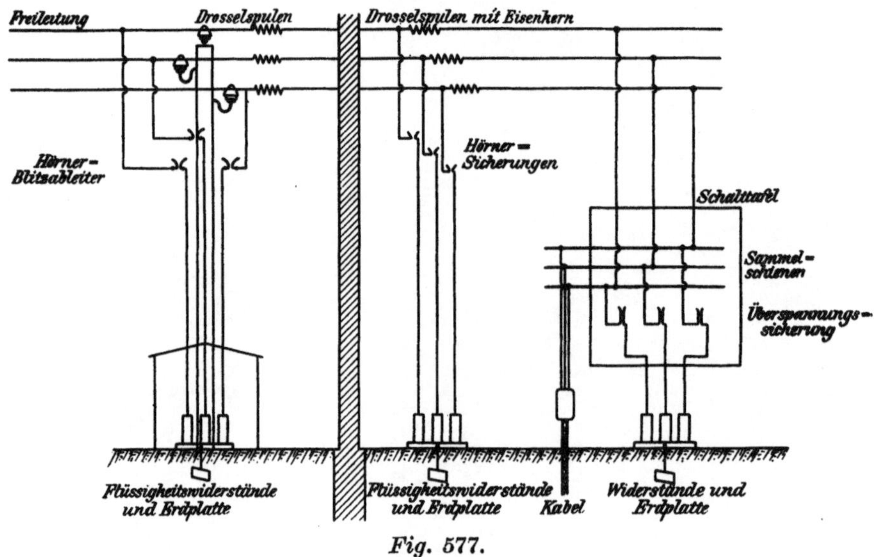

Fig. 577.

Leitungsanlage mit Drosselspulen und Hörnerblitzableitern.

Lahmeyer & Co.

Die Spulen setzen sich aus einer geringen Anzahl Windungen (etwa 20) zusammen. Ihre Wirkung kann durch einen eingeschobenen Eisenkern stark gehoben werden.

Die Funkenlöschapparate der Ueberspannungssicherungen (Fig. 578) unterscheiden sich in der Konstruktion nicht von den Hörnerblitzableitern.

Fig. 579 zeigt an einer von der Firma Lahmeyer ausgeführten Anlage die Anordnung der kastenartigen Flüssigkeitswiderstände unter den zugehörigen Überspannungssicherungen.

Da letztere ja nur Teilentladungen aufnehmen und oft schon bei einer Spannung, die 50 % über der normalen liegt, in Thätigkeit treten sollen, ist die Funkenstrecke meistens recht klein bemessen.

Verteilungsnetze, die ausschliesslich aus unterirdischen Kabeln bestehen, sind durch ihre Verlegung wohl gegen Blitzschläge, nicht aber gegen Resonanzerscheinungen geschützt. Hier besteht eine Blitzgefahr nur an den Stellen, wo oberirdische Leitungen an die Kabel angeschlossen werden. Dort bringt man gewöhnlich Hörnerblitzableiter an.

Freileitungen werden beim Austritt aus der Centrale, den Transformatorenstationen usw. vor und hinter den Mauerdurchführungen durch Blitzableiter und Drosselspulen geschützt. Ausserdem werden an die Sammelschienen oft noch Ueberspannungssicherungen gelegt (Fig. 577).

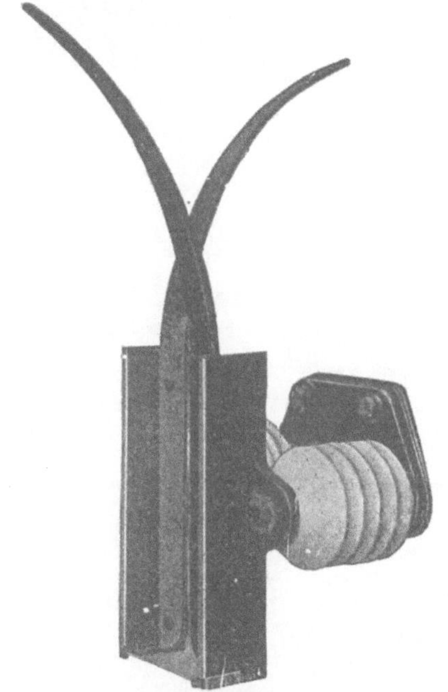

Fig. 578.
Funkenlöscher einer Überspannungssicherung.

3. Verteilungsschalttafeln, -Schaltkästen und -Sicherungen.

Eine wichtige Rolle bei der Verteilung der elektrischen Energie spielen die sekundären Schalttafeln, die man an den Punkten anordnet, wo die Hauptleitungen sich in eine grössere Anzahl von Zweigleitungen für die Versorgung einzelner Motoren und Lampengruppen auflösen. Solche Verteilungstafeln werden oft für die nächstgelegenen Motoren und Lampengruppen in den Centralen selber, dann aber auch in den einzelnen Dienstgebäuden, Werkstätten, Kohlenwäschen, Füllörtern, kurzum überall dort vorgesehen, wo eine Stromverteilung im grösseren Massstabe stattfindet.

44*

Je nach der Spannung, der Zahl der Abzweigungen und dem Aufstellungsort ist die Ausführung der Verteilungstafeln sehr verschieden. Für die Lichtstromverteilung in staubfreien trockenen Räumen verwendet

Fig. 579.

Überspannungssicherungen mit Flüssigkeitswiderständen.
Lahmeyer & Co.

man kleine Marmortafeln (Fig. 580) auf denen neben dem abgedeckten Anschlussgehäuse der Hauptleitungen die Sicherungen und Schalter der Zweigströme untergebracht sind. Bei Bogenlichtleitungen (Fig. 581) treten dazu noch Indikatoren, die anzeigen, ob die Lampen brennen, — schwingende Stäbchen, die durch einen im Nebenschluss zum Lichtstrom liegenden Magneten in eine wagerechte Lage gebracht werden.

Die staubigen und feuchten Räume in den Kohlenwäschen und besonders an den Füllörtern unter Tage, wo dazu oft noch Hochspannungsströme von grosser Stärke zur Verteilung gelangen, erfordern natürlich eine ganz andere Ausführung der Verteilungsschalttafeln wie bei Niederspannungen in trockenen, staubfreien Räumen.

Hier werden die Schutzkästen, in denen die empfindlichen Apparate untergebracht sind, aus Eisen hergestellt und leitend mit der Erde verbunden, um einem etwaigen Stromübertritt auf das Eisen die Gefahr zu nehmen. Die meistens in Kasten- oder Schrankform ausgeführten Ver-

Fig. 580.

Verteilungstafeln für Lichtstrom aus einem Dreileiternetz mit Sicherungen und Schaltern für Glühlicht.

Fig. 581.

Einpolige Verteilungstafel mit Sicherungen, Schaltern und Stromanzeigern für Bogenlicht.

teilungsanlagen sind ähnlich wie die Hauptschalttafeln in Felder geschieden, von denen jedes die für einen Motor bestimmten Schalter und Sicherungen trägt. (Fig. 582 u. 583.)

Die Klappthüren, welche den Innenraum vollkommen abschliessen, sind mit Ausschaltern derartig verblockt, dass ein Oeffnen der Thür nur erfolgen kann, nachdem die betreffende Schaltabteilung stromlos gemacht ist. Für höhere Spannungen findet der in Bergwerken unzuverlässige Marmor bei neueren Anlagen nur mehr als Träger der Apparate, aber nicht mehr als eigentliches Isoliermaterial Verwendung. Die Anlasser und Schalter werden entweder an dem Tragegerüst der Schaltanlage aufgehängt (Fig. 584) oder gesondert montiert (Fig. 582).

Fig. 582.
Schaltanlage der Kohlenwäsche auf Zeche Bonifacius bei Kray für 2000 V Betriebsspannung
mit besonders aufgestellten Ölschaltern. Vorderseite.
Siemens-Schuckert-Werke.

Fig. 583.
Schaltanlage der Kohlenwäsche auf Zeche Deutscher Kaiser bei Bruckhausen
für 5000 V Betriebsspannung. Rückseite.
Siemens-Schuckert-Werke.

Die Einrichtung eines Verteilungsschranks für die Wäschemotoren der Zeche Scharnhorst führt Fig. 585 vor.

Von den in Fig. 583 und 584 dargestellten Anlagen weicht diese u. a. darin ab, dass die Sicherungen auf Marmortafeln angeordnet sind, während dort nur Porcellan verwendet ist. Der Strom wird dem Verteilungsschrank durch zwei Kabel zugeführt, die unter Zwischenschaltung von Sicherungen

Fig. 584.
Schaltanlage mit angehängten Schaltern.
Siemens-Schuckert-Werke.

mit den Verteilungsschienen verbunden sind. An letztere schliessen die zu den Motoren führenden Kabel an, deren einzelne Adern nochmals gesichert sind.

Von den Stromverteilungsutensilien sind noch die Schaltkästen und die besonderen Anordnungen von Sicherungen für die Anbringung an den Leitungen zu erwähnen.

Um die Gefahr einer Berührung stromführender Teile herabzudrücken, werden die Streckenschalter entweder vollkommen in Gehäuse eingeschlossen, aus denen nur die isolierten Bethätigungshebel herausstehen, oder es werden die Verschlussvorrichtungen so mit dem Schalter verblockt, dass ein Oeffnen erst erfolgen kann, wenn erstere geöffnet, die blanken Metall-

leiter also stromlos sind. Letztere Anordnung weist der Sicherheitsschaltkasten der Siemens-Schuckert-Werke auf.

Die Figuren 586 a—d zeigen die Verriegelungsvorrichtung bei eingelegtem Schalter, Fig. 586 c das Sperrwerk bei geschlossenem Deckel.

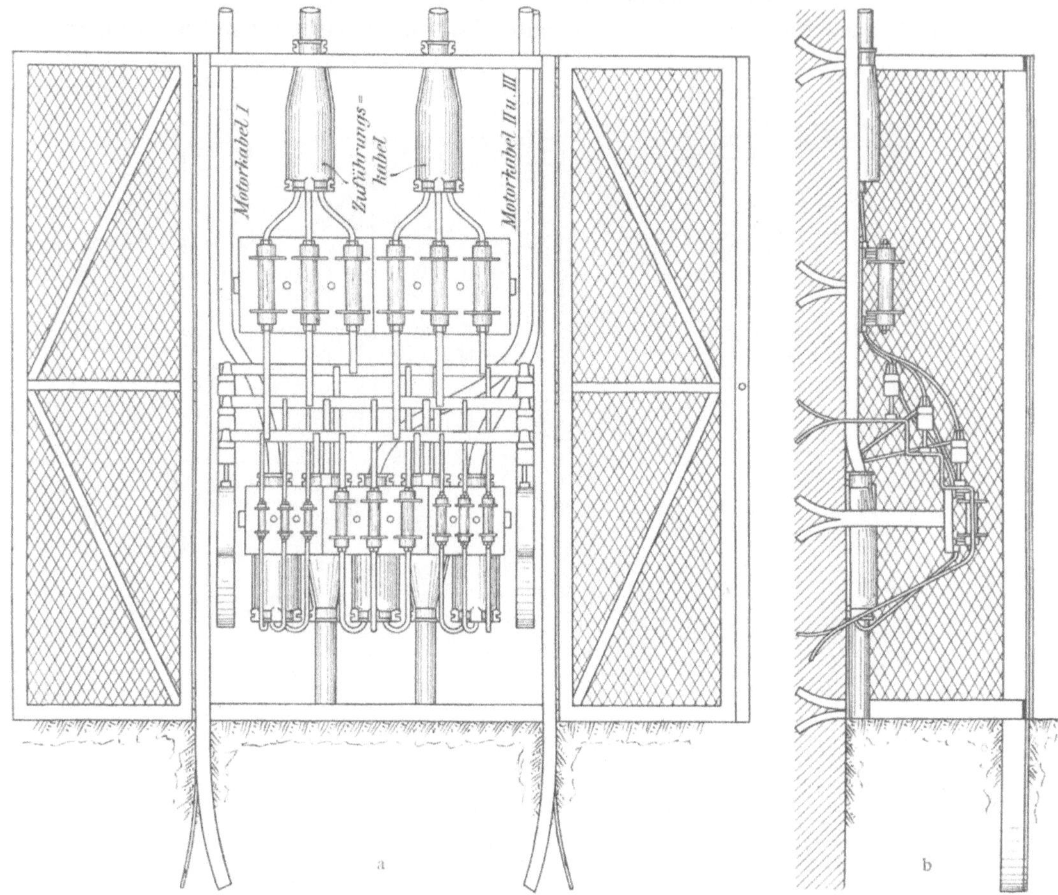

Fig. 585 a u. b.

Verteilungsschrank für die Wäschemotoren auf Zeche Scharnhorst.

An die Schalterachse a sind entweder mit Hülfe eines Ringes b zwei
Nocken n_1 und n_2 angesetzt, die, bevor der Schalthebel in die Endlagen E_1
und E_2 tritt, die Klinke k_1 derart bewegen, dass sie bei eingelegtem
Schalter (Endlage E_1) den an sich geschlossenen Kasten verriegelt. Er
kann erst geöffnet werden, wenn der Schalter vollständig ausgeklinkt ist
(Endlage E_2), da erst dann der Kastendeckel von der Klinke k_1 freigegeben
wird. Hierbei schnappt die unter Federdruck stehende Klinke k_2 (Fig. 586 c)

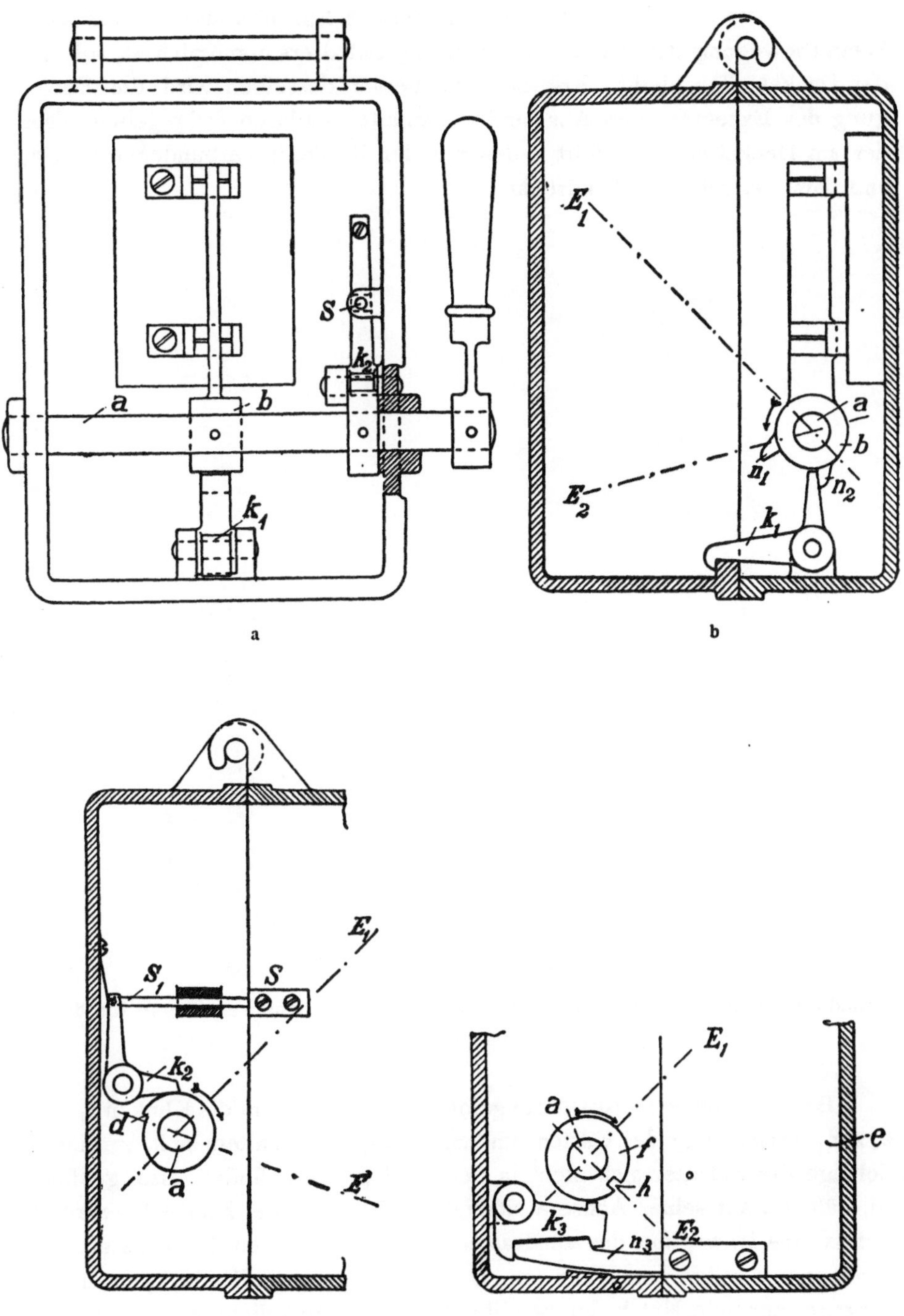

Fig. 586 a—d.

Sicherheitsschaltkasten der Siemens-Schuckert-Werke.

derart vor die an der Schalterachse a sitzende Exzenternase d, dass eine
Weiterbewegung der Achse und damit des Schalters unmöglich ist, solange
der Deckel offen bleibt. Erst beim Schliessen desselben wird die Bewegung des Excenters zum Aus- und Einschalten dadurch freigegeben, dass
der am Deckel sitzende Stift S den mit der Klinke k_2 verbundenen Stift S_1
und damit k_2 selbst zurückdrückt.

Fig. 587.

Fig. 588.

**Ausführung des Sicherheitsschaltkastens der Siemens-Schuckert-Werke für den
unterirdischen Betrieb.**

Bei einer anderen Ausführungsform (Fig. 586 d) sind die Klinken k_1 und
k_2 zur Verriegelung des Kastens und Sperrung des Schalters zu k_3 vereinigt.
Solange der Schalter sich nicht in der Endlage E_2 befindet, also geöffnet
ist, hält die auf seiner Achse a sitzende Scheibe f die Klinke k_3 zurück,
sodass eine Bewegung des am Kastendeckel e sitzenden Nockens n_3 und
damit von e selbst unmöglich ist. Dabei drückt n_3 die Klinke k_3 in die ihr
entgegenstehende Nut h der Scheibe, wodurch ermöglicht wird, dass der
Deckel abgehoben werden kann, während der Schalter gesperrt bleibt.
Erst beim Schliessen des Deckels giebt k_3 die Schalterachse wieder frei.
Die Figuren 587 und 588 stellen eine Ausführungsform des Apparates für

den unterirdischen Betrieb dar. Der Schalter ist wasserdicht nebst einer Sicherungsdose in einem gusseisernen Kasten eingeschlossen und durch eine Verriegelungsvorrichtung nach Fig. 586 a — c gesichert. Die Kontaktstücke sitzen auf Porzellanisolatoren, die mit dem Gusseisen verschraubt sind. Unzuverlässige Isolationsmittel, wie Schiefer und Marmor, sind grundsätzlich vermieden. Für Schaltkasten, welche über Tage zur Verwendung

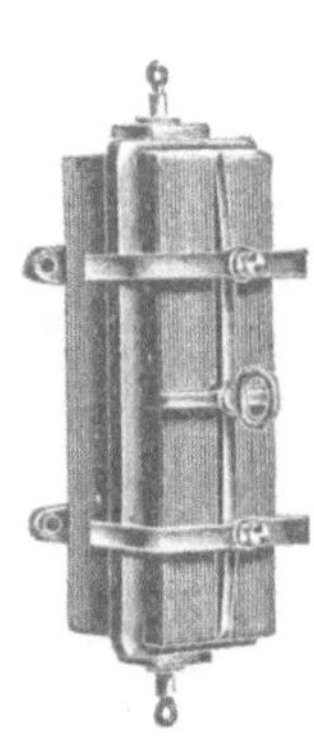

Fig. 589.
Luftdicht
abgeschlossene Sicherung.

Fig. 590.
Schaltanlage mit
luftdicht abgeschlossenen Sicherungen.
Siemens-Schuckert-Werke.

kommen sollen, genügt eine leichtere Ausführung, bei welcher das aus Eisenblech hergestellte Gehäuse von einem gusseisernen Rahmen getragen wird. Am oberen Ende des Grundrahmens sind die Einführungsklemmen, darunter der Ausschalter mit Verriegelungsvorrichtungen angeordnet. Der Angriffshebel des Schalters, dessen Mechanismus recht kräftig gebaut ist, sitzt links oder rechts seitlich vom Kasten möglichst nahe an der Grundplatte.

Um Explosionen zu verhüten, werden die zur Verwendung an schlagwettergefährdeten Betriebspunkten bestimmten Sicherungen luftdicht in eiserne Gehäuse eingeschlossen (Fig. 589) und oft auch

noch unter Oel verlegt. Auch die Freileitungssicherungen, die in Zweig-
oder Unterteilungsleitungen angebracht werden müssen, verlangen eine
besondere Ausbildung.

Die Sicherung (Fig. 591) ist auf dem Kopf des Isolators, der zum Ab-
spannen des zu sichernden Leitungsdrahtes dient, lose aufgebaut und so
konstruiert, dass ein Ersatz von Sicherungen, die durch Witterungseinflüsse
oder heftige Kurzschlüsse beschädigt sind, ohne jede Schwierigkeit erfolgen kann. Ueber dem Schmelzstreifen sind zwei Polhörner angebracht,
welche nach demselben Prinzip wie die auf Seite 687 ff. behandelten Hörnerblitzableiter wirken und den beim Durchschmelzen des Streifens entstehenden Lichtbogen zum Verlöschen bringen.

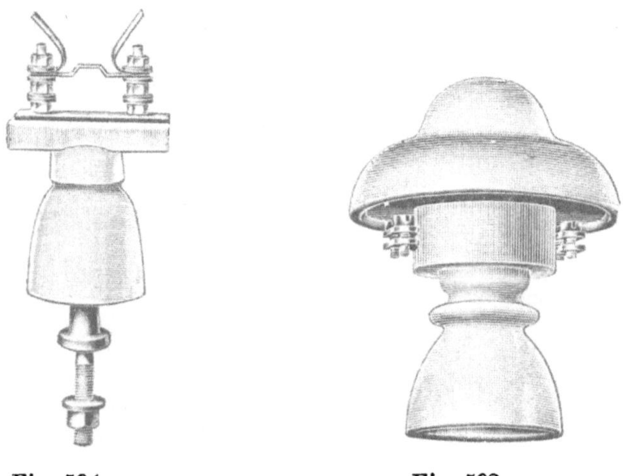

Fig. 591.　　　　　　　　　*Fig. 592.*

Freileitungssicherungen.
Siemens-Schuckert-Werke.

Der Anschluss der Sicherung an die Leitungen erfolgt durch gewellte
Kupferbänder, die man durch Auseinanderziehen oder Zusammendrücken
den Abständen der Anschlussstellen in gewissen Grenzen anpassen kann.
Die Anschlussbänder bestehen aus $20 \times 0{,}25$ qmm starkem Kupferblech.
Bei grösseren Stromstärken werden mehrere Bänder parallel geschaltet.

Fig. 592 stellt eine Patronensicherung für Freileitungen dar. Das
Sicherungselement wird von dem als Regendach ausgebildeten Kopf des
Isolators aufgenommen. Diese Anordnung, die für Spannungen bis zu
500 V gebaut wird, gestattet eine gefahrlose Auswechselung des Siche-
rungsstreifens. Bei höheren Spannungen kommen die auf Seite 665 f. behandelten Hochspannungssicherungen zur Verwendung, deren Patronen
mit Holzzangen ausgewechselt werden.

4. Die Leitungen.

a) Leitungsmaterial.

Der Anteil der Freileitungen aus blankem Kupfer an der Gesamtlänge der Verteilungsnetze der Zechen ist in den letzten Jahren immer mehr zurückgegangen. Ihre Verwendung beschränkt sich im wesentlichen auf die Zuleitung des Stromes für entfernte Kraftanlagen über Tage, wie Aussenventilatoren, Polderwerke usw., sowie für kleine Motoren auf dem Zechenplatze und die Beleuchtung. In Schächten und unter Tage

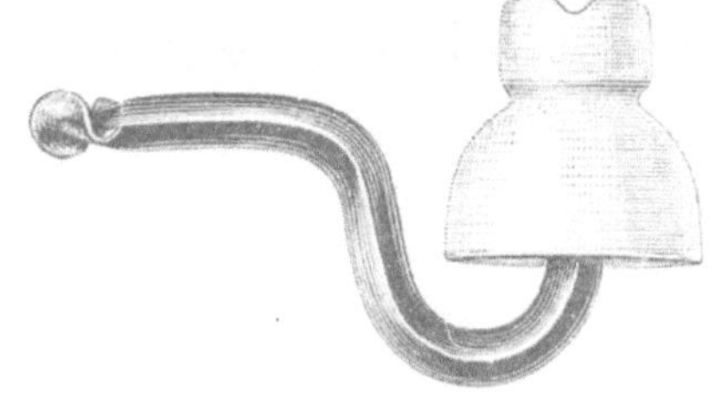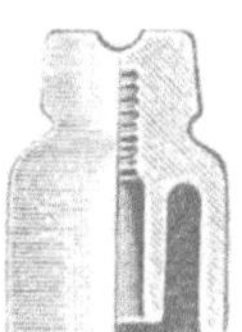

Fig. 593.   Fig. 594.

Isolator für Spannungen bis 500 V (im Freien).

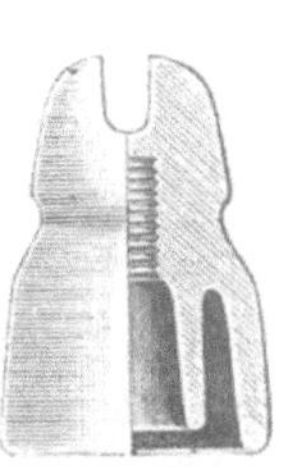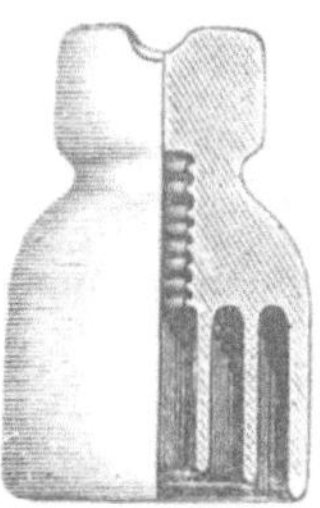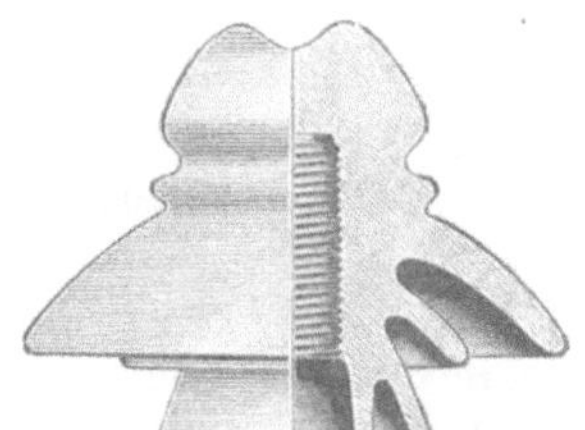

Fig. 595.   Fig. 596.   Fig. 597.

Hochspannungsisolatoren.

sind blanke Leitungen mit Ausnahme der für Grubenlokomotiven bestimmten nach den neueren Vorschriften des Verbandes deutscher Elektrotechniker überhaupt nicht zulässig.

Die Träger der Freileitungen sind meistens Holz-, auf den Zechenplätzen auch wohl Rohr- oder Gittermasten.

Die Isolatoren halten in der Form der Figuren 593 und 594 Spannungen bis 500 V aus. Für höhere Spannungen verwendet man Glockenisolatoren mit mehreren Mänteln und Abtropfkanten; es eignen sich die Isolatoren

der Figur 595 für Spannungen bis . . . . 2 000 V,
»   »   596 »   »   »   . . . . 8 000 V,
,   »   597 »   »   »   . . . . 10 000 V.

Neben diesen Ausführungen stehen für die Befestigung der verschiedenen Leiterarten je nach Zweck, Verwendungsort sowie der Beschaffenheit des Trägers eine grosse Anzahl von Isolatoranordnungen in Rollen-, Klemmen-, Hülsen-, Leisten- und Krückenform im Gebrauch, deren nähere Behandlung hier zu weit führen würde. Bei Wanddurchführungen muss die Mauer durch Rohre aus Isoliermaterial, gewöhnlich Porcellan, ausgefüttert werden. Die Leitungen werden darin so verlegt, dass ringsum ein freier Luftraum verbleibt.

Für die Verteilung des Stromes auf den Zechenplätzen ist die blanke oder leicht isolierte Leitung, die auf Masten oder an den Gebäuden aufgehängt wird, ein bequemes Mittel, umsomehr, als die Verlegung von Ka-

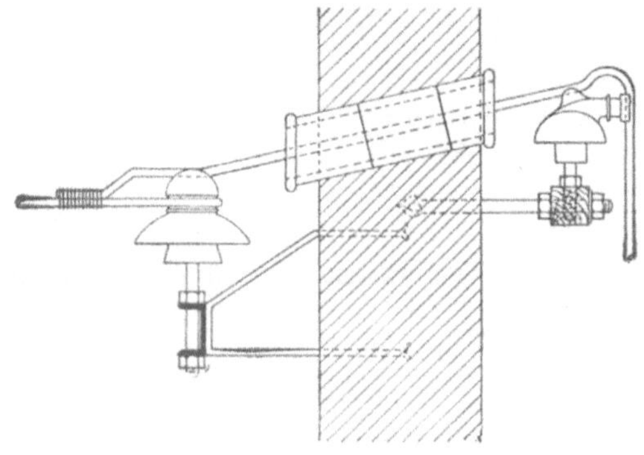

Fig. 598.

Wanddurchführung einer ansteigenden Leitung.

beln in dem oft beweglichen und von Dampf-, Luft- und Wasserröhren durchkreuzten Boden der Zechenplätze auf Schwierigkeiten stösst. Wenn es aber die Verhältnisse einigermassen gestatten, hat man auch hier schon, namentlich für die Zuführung grösserer Energiemengen, dem Kabel den Vorzug gegeben.

Für Fernübertragungen nach weit abliegenden Ventilatoren, zur Verbindung verschiedener Centralstationen unter einander und ähnliche Zwecke verwendet man ebenfalls immer mehr diese, gegen die Einflüsse von Wind, Regen, Schnee, Eis und, was noch schwerer ins Gewicht fällt, gegen den Mutwillen der Jugend gesicherte Leiterart. So sind beispielsweise die Centralen der drei Zechen Rosenblumendelle, Wiesche und Ver. Hagenbeck unter sich durch Kabel verbunden, die es gestatten, bei Betriebsstörungen einer Centrale von der anderen die Kraft für den Betrieb der wichtigsten Motoren, insbesondere für die Wetterbewegung, zu entnehmen. In ähnlicher Weise wird einerseits auf Zeche Deutscher Kaiser eine Sammlung des von der Bergwerkscentrale und den beiden Hüttencentralen erzeugten

Stromes und andererseits eine Verteilung der Energie auf die verschiedenen Schächte durch ein umfangreiches Kabelnetz durchgeführt.

Schneidet die Trace der Fernleitungen fremde Grundstücke, so erfordern die Freileitungen die Anpachtung eines »Leitungsstreifens«, weil die Masten die Bestellung des Feldes etwas behindern und ausserdem die vorgeschriebenen Leitungsbegehungen ein Betreten des Landstreifens erforderlich machen. Bei Verlegung von Kabeln geben sich die Grundbesitzer gewöhnlich mit einer einmaligen mässigen Vergütung zufrieden, ein Umstand, der auch für letztere Leitungsart spricht.

Soll eine Ueberleitung grösserer Energiemengen von dem Centralenschacht nach anderen Schachtanlagen eingerichtet werden, so kommt ausser der Freileitung und dem an Tage verlegten Kabel noch die Führung der Leitung im Grubengebäude selber in Frage. Diesen Weg hat u. a. die Zeche Langenbrahm betreten, deren Centrale durch ein unter Tage verlegtes Hochspannungskabel mit der Zeche Schnabel in's Osten verbunden ist. Die Vorbedingungen für diese Verlegungsart, mit der man am einfachsten die Benutzung fremden Grund und Bodens umgeht, sind folgende:

1. Der Umweg, welcher der Teufe der Schächte, in denen das Kabel herunter- und heraufgeführt wird, sowie der Länge der söhligen Verbindungsstrecke entspricht, darf gegenüber der an Tag geführten Verbindung nicht allzu gross sein.

2. Für die Aufnahme des Kabels kommen nur ziemlich druckfreie Strecken (Querschläge) in Betracht, da im anderen Falle Revisionen der Leitung sehr erschwert werden und die Gefahr besteht, dass sie unzugänglich oder beschädigt werden.

Im übrigen werden die Kosten einer unterirdischen Uebertragung sich dann sehr ermässigen, wenn durch Centralenschacht und Strecken, die in der Uebertragungsrichtung laufen, zugleich Leitungen für andere Betriebszwecke verlegt werden. Es wird dann genügen, die letzteren für die nach der entfernten Schachtanlage zu übertragende Energiemenge zu verstärken.

Als Kabelleitungen werden bei kleineren Querschnitten Drähte, bei grösseren Drahtlitzen verwandt.

Die Kabel selber werden entweder als Ein- oder Mehrfachkabel ausgeführt. Erstere weisen nur eine Leitung (Fig. 599) auf, während der Schutzmantel der letzteren mehrere Leiter umfasst, die entweder koncentrisch angeordnet (Fig. 600) oder mit einander verseilt sind (Fig. 601).

Für Hauptkabel bevorzugt man neuerdings die verseilte Ausführung, während man konzentrische Kabel nur für Abteufpumpen und -lampen sowie für ähnliche Zwecke in Gebrauch nimmt, wo das Kabel nicht befestigt werden kann und freihängen muss. Hier schützt die konzentrische Anordnung die Adern gegen ein Zerdrücken besser als die Verseilung.

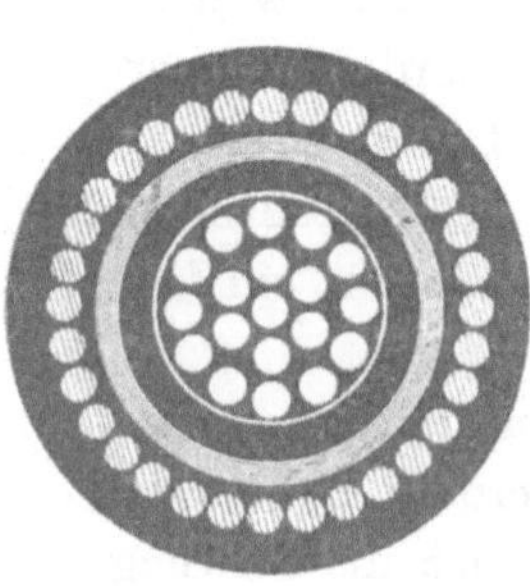

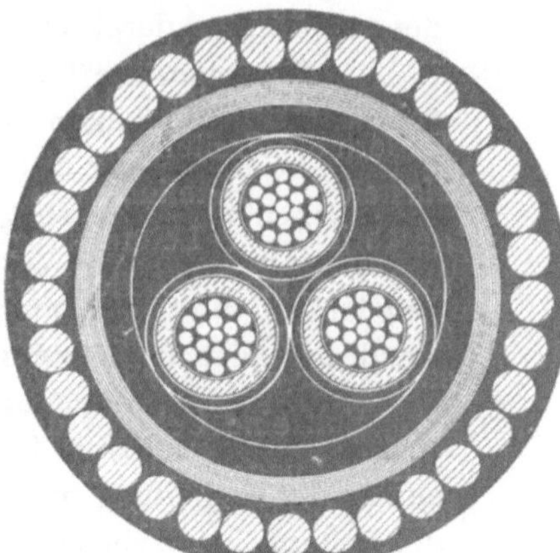

Fig. 599.

Einfachkabel mit Blei-
mantel und Drahtbe-
wehrung.

Fig. 600.

Zweifachkabel mit konzentrischer
Leiteranordnung, Bleimantel und
Eisendrahtbewehrung.
Allgemeine Elektrizitäts-Gesellschaft.

Fig. 601.

Verseiltes Dreifachkabel
mit Bleimantel und
Drahtbewehrung.

Fig. 602.

Einfachbleikabel Bezeichnung K. B.

Fig. 603.

Einfachkabel, Bezeichnung K. A.

Fig. 604.

Einfachkabel. Bezeichnung K. E.

Die Bewehrung der Kabel ist je nach dem Orte der Verlegung eine ausserordentlich verschiedene.

Sind mechanische und chemische Einflüsse nicht zu fürchten, wie innerhalb der Centralen und der Motorräume, so kommt man mit blanken Bleikabeln (Bezeichnung K B) aus, die sich aus einer oder mehreren Kupferseelen, starken Isolierschichten und einem wasserdichten einfachen oder mehrfachen Bleimantel zusammensetzen (Fig. 602).

Sind chemische Einwirkungen zu befürchten, so wählt man die asphaltierten Bleikabel (Bezeichnung K A), welche die gleiche Ausführung zeigen wie die vorbeschriebene Type, aber noch mit asphaltiertem Faserstoff zum Schutze gegen chemische Einflüsse umhüllt sind (Fig. 603).

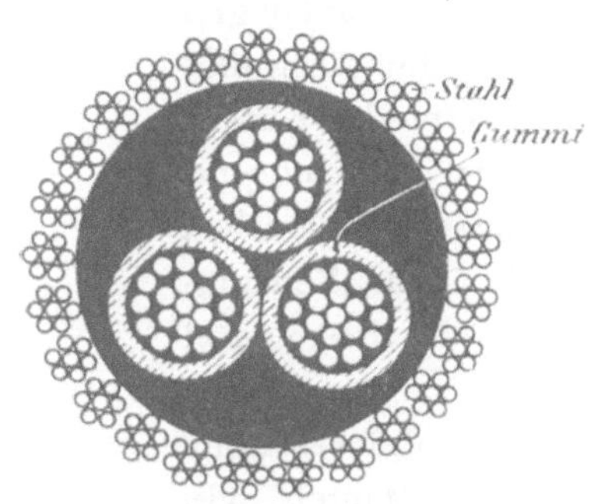

Fig. 605.
Verseiltes Dreifachkabel mit
Stahlseilarmatur.
Allg. Elektrizitäts-Gesellschaft.

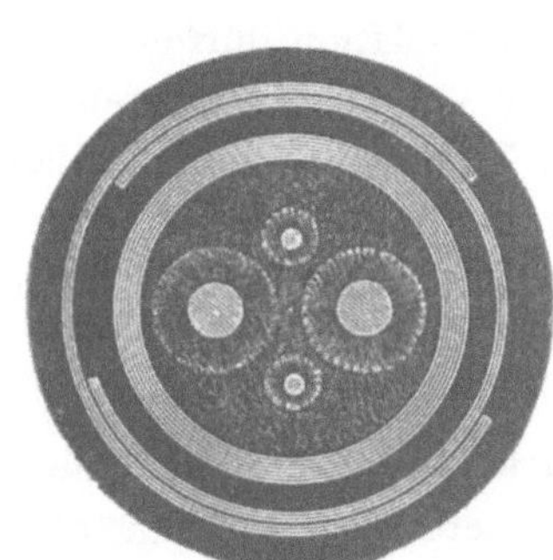

Fig. 606.
Verseiltes Zweifachkabel mit
Bandeisenarmatur.

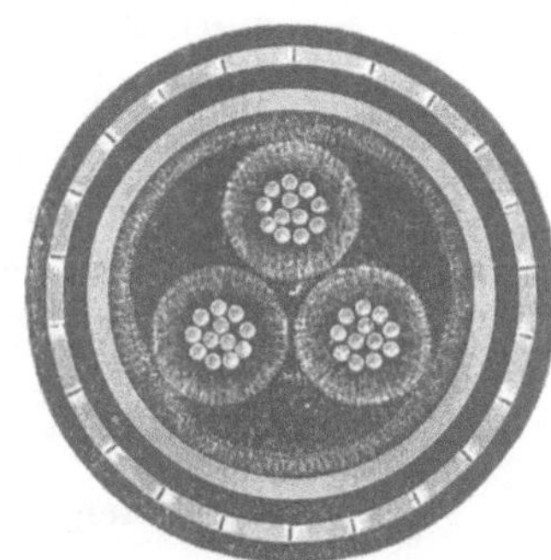

Fig. 607.
Verseiltes Dreifach-Schachtkabel
für 3 × 3000 Volt mit einer Bewehrung aus Flachdrähten.

Siemens-Schuckert-Werke.

Für die Verwendung unter Tage kommen nur die K E-Kabel (Fig. 604) in Betracht, K A-Leitungen, die durch kräftige Eisen- oder Stahldraht oder -Bandbewehrung gegen starke mechanische Einwirkungen geschützt sind.

Der eigenartige Einbau der Schachtkabel, die meistens in einer Fabrikationslänge hängend eingelassen werden und nicht eher befestigt werden können, bis das ganze Kabel von der Haspeltrommel abgelaufen ist, veranlasste den Verband deutscher Elektrotechniker zu der Vorschrift, dass in Schächten nur Kabel mit Eisen- oder Stahl d r a h t schutz verwendet werden dürfen. Für die Bewehrung ist eine Zugfestigkeit vorgeschrieben, die das Kabel befähigt, sich in einer Fabrikationslänge selbst zu tragen. Die stärkste Zugfestigkeit findet sich bei den Kabeln mit Stahlseilarmatur (Fig. 605), wie sie u. a. von der Allg. Elektr.-Gesellschaft hergestellt werden, die geringste bei den Kabeln mit Eisenbandarmatur (Fig. 606), die deshalb für Schächte nicht zugelassen sind. Das Profil der Bewehrungsdrähte ist entweder ein kreisförmiges (Fig. 599—601) oder ein rechteckiges (Fig. 607). Um die Biegsamkeit der Grubenkabel zu erhöhen, was ja für die Verlegung unter beschränkten Raumverhältnissen in Schächten und Füllörtern sehr erwünscht ist, lässt die Allgemeine Elektr.-Gesellschaft bei einer Type den Bleimantel fallen und ersetzt ihn durch eine gegen Feuchtigkeit schützende Gummihülle (Fig. 605).

Wenn das Kabel aber stärkeren chemischen Einwirkungen ausgesetzt wird, so ist der Bleimantel nicht zu entbehren.

Bei der Herstellung der Kabel werden die Leiter zunächst mit Gummi oder mit Faserstoff, der mit Isoliermasse getränkt ist, umhüllt. Die Allg. Elektr.-Gesellschaft wählt für Niederspannungen präparierte Jute, für Hochspannungen Gummi. Die bei Hochspannungskabeln für die Verlegung am Tage viel verwandte Papierisolation hat sich im Bergwerksbetriebe nicht bewährt, da sie bei den hier auftretenden Temperaturschwankungen brüchig wird. Bei Gummiisolation dürfen nur verzinnte Leiter verwandt werden, weil der bei der Vulkanisierung gebrauchte Schwefel das Kupfer angreift. Um die erste Gummihülle kommt dann eine Umwickelung mit gummiertem Band. Die so geschaffene Ader wird im Ganzen vulkanisiert und mit einer oder zwei anderen Adern zusammengedreht. Das Seil umgiebt man mit einer weiteren Juteschicht und darauf wird der Bleimantel umgepresst.

Die Siemens-Schuckert-Werke stellen die Bleihülle als nahtloses Rohr her. Dieses Verfahren bietet den Vorzug, dass Brüche des Mantels, wie sie bei Kabeln anderer Herkunft in den Nähten auftreten, ausgeschlossen sind.

Um den Bleimantel nach Möglichkeit gegen äussere chemische Einflüsse zu schützen, wird er mit einer Papierschicht und alsdann mit einer asphaltierten Juteschicht umgeben (Fig. 599—601 sowie 606 und 607).

Die Papierlage kommt zwischen zwei heiss aufgetragene Harzschichten zu liegen. An Stelle der Papierschicht tritt bei anderen Kabeln auch eine weitere Juteschicht, die auf einen Asphaltüberzug gelegt und von einem solchen umgeben wird. Dann erfolgt die Umhüllung des Kabels mit der Eisenbewehrung, und zum Schutze der letzteren mit einer weiteren Lage asphaltierter Jute. Bei Grubenkabeln, die mit sauren Wassern in Berührung kommen, ordnen die Siemens-Schuckert-Werke über dieser Juteschicht noch den sogenannten Grubenschutz an, bestehend in einer Papierlage, die wieder zwischen zwei Harzschichten verlegt ist. Um die Untersuchung der Kabel zu erleichtern, werden neben den Hauptleitern noch isolierte Prüfdrähte geführt (Fig. 606).

Die Enden der einzelnen Kabel versieht man zum Anschluss an die Schalter, Verteilungstafeln usw. mit Kabelschuhen (Fig. 608—609). Unbenutzte Kabel werden durch Endverschlüsse gesichert, gusseiserne Hülsen, die zum Schutze gegen das Eindringen von Feuchtigkeit mit Isoliermasse ausgegossen werden. Abzweigungen werden in Muffen mit mehreren Einführungen (Fig. 611) oder in Kabelkästen (Fig. 610) in derselben Weise ausgeführt.

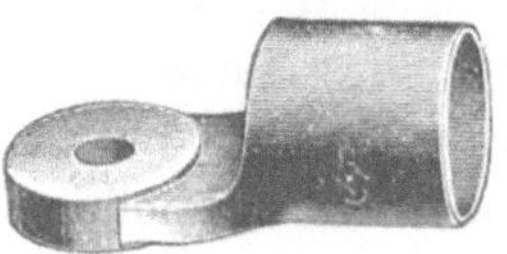

Fig. 608.

Flacher Kabelschuh.

Fig. 609.

Winkelkabelschuh.

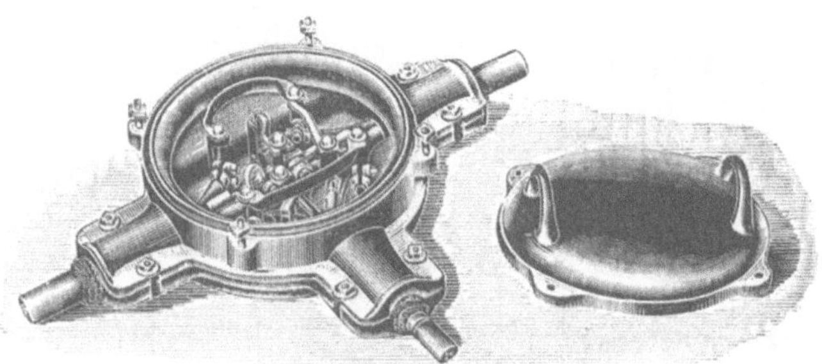

Fig. 610.

Kabelkasten.

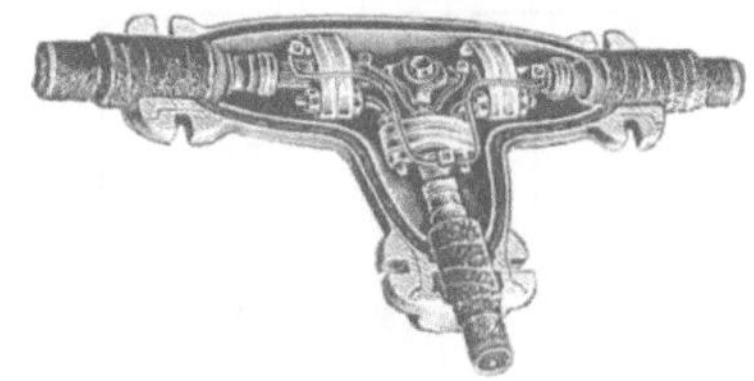

Fig. 611.

Abzweigmuffe für konzentrische Kabel.

In den Schächten befestigt man die Kabel vermittelst Schellen aus Eichenholz, die in etwa 6 m Höhenabstand an den Einstrichen angeschraubt werden (Fig. 612).

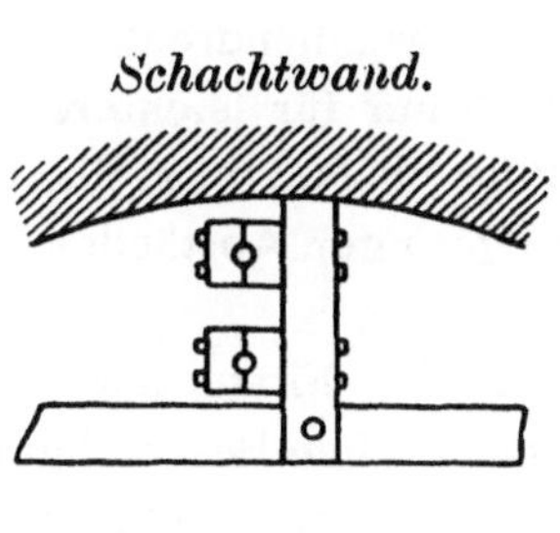

Fig. 612 a u. b.

Kabelbefestigung in Schächten mit hölzernen Einstrichen.

Beim Vorhandensein von Holzeinstrichen können die Schellen direkt aufgeschraubt werden. Eiserne Einstriche erfordern zunächst die Anordnung von Halteschrauben. Bei der in Fig. 613 b—c wiedergegebenen Ausführung einer Doppelschelle werden die beiden Schellenklötze durch zwei äussere Schrauben gegen den I-Einstrich gepresst nach dem Einlegen der Kabel setzt man die Schellendeckel auf und zieht sie durch die vier äusseren Schrauben an. Doch dürfen die Schellen, die bei stärkeren Kabeln gewöhnlich 200 mm hoch sind, nur mässig angedrückt werden, weil sonst leicht Quetschungen des Kabels eintreten.

Das Holz wird zweckmässigerweise durch Imprägnation mit heissem Paraffin gegen Fäulnis geschützt.

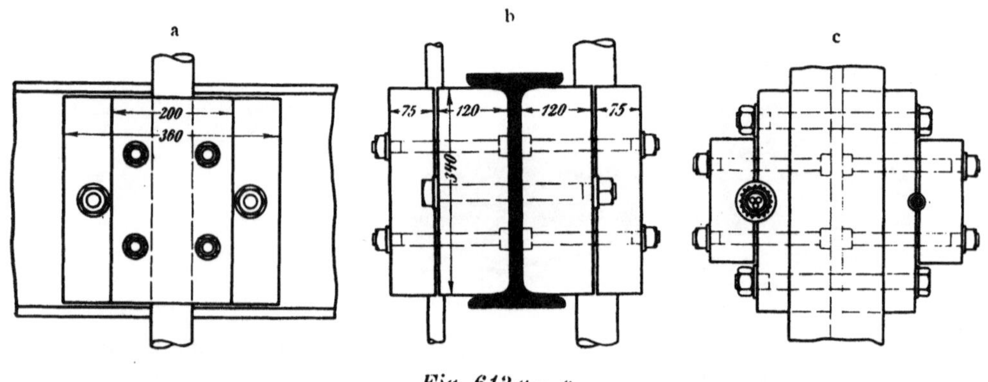

Fig. 613 a — c.

Kabelbefestigung an eisernen Einstrichen mit Doppelschellen.

Zum Einhängen der Kabel*) in die Schächte setzt man die Kabeltrommel auf einen Bock (Fig. 614) und lässt von dem improvisierten Haspel, den man noch mit irgend einer Bremsvorrichtung versieht, das Kabel ablaufen. An der Trommel ist das innere Kabelende durch eine Drahtschleife befestigt, die man aus der Eisenbewehrung zusammendreht.

Dieses Verfahren empfiehlt sich jedoch nur für leichtere Kabel. Bei schwereren erfolgt das Einhängen mit Hülfe eines Trageseils, an dem das Kabel, um ein Rutschen zu verhindern, in geringen Abständen (alle 2—3 m) durch Drahtschleifen befestigt ist (Fig. 615).

In den Strecken werden die Kabel an der Firste oder den Seitenstössen, jedenfalls immer dort, wo sie mechanischen Beschädigungen durch Steinfall, entgleisende Wagen, Gezähehiebe usw. am wenigsten ausgesetzt sind, aufgehängt. Der sicherste Schutz ist das Einlegen in die Sohle. Ist das Vorgraben wegen stark saurer Wasser, quellender Sohle usw. nicht

---

*) Philippi, Elektrische Kraftübertragung.

angängig, so kommt zur Sicherung gegen Brüche aus dem Hangenden die Verlegung in Holzlutten, alte eiserne Röhren usw. in Betracht. Bei offener Lage werden die Kabel mittels Schellen an der Zimmerung befestigt oder, wenn die Strecke im Gestein steht, durch einzementierte Eisenstützen getragen.

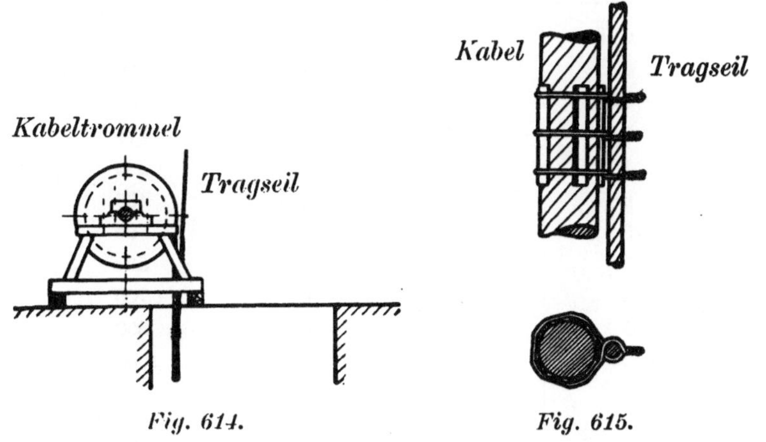

Fig. 614.

Kabelhaspel.

Fig. 615.

Befestigung des Kabels am Trageseil.

b) Berechnung und Kosten von Leitungen.

Einer übermässigen Belastung der Leitungen, die zu einer Verkohlung der Isolation, zu Kabelkurzschlüssen usw. führen könnte, muss durch die Anpassung des Leitungsquerschnittes an die Stärke des durchzuführenden Stromes vorgebeugt werden. Ueber das Leitungskupfer und seine Bemessung bestimmen die Sicherheitsvorschriften (§ 5) des Verbandes deutscher Elektrotechniker folgendes:

»Leitungskupfer muss den Normalien des Verbandes deutscher Elektrotechniker entsprechen. Ausnahmen hiervon sind bei Drähten zulässig, die für Freileitungen bestimmt sind.

Isolierte Kupferleitungen und nicht unterirdisch verlegte Kabel dürfen höchstens mit den in umstehender Tabelle 71 verzeichneten Stromstärken dauernd belastet werden.

Blanke Kupferleitungen bis zu 50 qmm unterliegen gleichfalls den Vorschriften dieser Tabelle, blanke Kupferleitungen über 50 und unter 1000 qmm Querschnitt können mit 2 Ampère für das Quadratmillimeter belastet werden. Auf Freileitungen finden die vorstehenden Zahlenbestimmungen keine Anwendung.

Bei intermittierendem Betriebe ist eine Erhöhung der Belastung über die Tabellenwerte zulässig, sofern dadurch keine grössere Erwärmung als bei der der Tabelle entsprechenden Dauerbelastung entsteht.

Tabelle 71.

Querschnitt in Quadratmillimetern	Betriebsstromstärke in Ampère	Querschnitt in Quadratmillimetern	Betriebsstromstärke in Ampère
0,75	4	95	165
1	6	120	200
1,5	10	150	235
2,5	15	185	275
4	20	240	330
6	30	310	400
10	40	400	500
16	60	500	600
25	80	625	700
35	90	800	850
50	100	1000	1000
70	130		

Der geringste zulässige Querschnitt für isolierte Kupferleitungen ist 1 qmm, an und in Beleuchtungskörpern $^3/_4$ qmm. Der geringste zulässige Querschnitt von offen verlegten blanken Kupferleitungen in Gebäuden ist 4 qmm, bei Freileitungen für Niederspannung 6 qmm und bei solchen für Hochspannung 10 qmm.«

Bei der Wahl des Kupferquerschnittes ist ausser diesen Bestimmungen noch ein wichtiger Faktor zu berücksichtigen: das Verhältnis $\frac{\text{Leitungsverlust}}{\text{Leitungskosten}}$. Die Beziehungen dieser beiden Grössen seien an folgendem Beispiel veranschaulicht: Für eine elektrische Lokomotive, welcher die Zubringerförderung in einem entfernten Teil des Grubenfeldes zufällt, soll eine Leitung angelegt werden. Da die Lokomotive wenig Kraft (25 PS) und diese auch nur während ihres stossweisen Betriebes verbraucht, so wird man es hier vorziehen, eine billige Leitung mit dem eben zulässigen Kupferquerschnitt zu wählen, weil der Leitungsverlust und daher der Mehraufwand von Kraft bei dem geringen Gesamtenergieverbrauch sich billiger stellt als die Mehrkosten durch Verzinsung und Amortisation einer teueren Leitung von grösserem Querschnitt.

Hat man dagegen grosse und dauernd betriebene Motoren mit Strom zu versehen, so verursachen die Kraftverluste viel mehr Kosten als die Verzinsung und Amortisation eines schweren Kabels von entsprechend höherem Preis.

Der wirtschaftliche Querschnitt, der aus der Beziehung Kraftverlust : Leitungskosten in jedem einzelnen Fall berechnet werden muss, spielt deshalb bei der Kraftverteilung eine grosse Rolle. Bei Drehstromleitungen ist auch der Transformatorenbetrieb zu berücksichtigen. Auf eine Seite der Bilanz tritt dann die Verbilligung der Leitung durch Erhöhung der Spannung, auf die andere der Stromverlust durch die Umformung und die Kosten der Transformatoranlage.

Wie gering die Leitungsverluste bei Drehstromhochspannungen sind, geht aus folgender Tabelle hervor, deren Verlustwerte bei Versuchen ermittelt sind.

Tabelle 72.

Zeche	Betriebszweck	Kabel					
		Stromstärke Amp.	Spannung V	Uebertragene Leistg. KW	Länge m	Kupferquerschnitt qmm	Wirkungsgrad %
Victor	Wasserhaltung	105,4	5 250	871,8	780	3 × 70	99,25
Mansfeld . . .	»	189,4	3 086	787,7	700	3 × 150	98,83
A. v. Hansemann	»	101	3 293	425	670	3 × 70	98,72

Für die Berechnung der Gleichstromleitungen dient die einfache Formel

$$q = s \frac{L\,J}{v}, \text{ worin bedeutet:}$$

q = Querschnitt der Leitung in qmm,
s = specifischer Widerstand des Leitungsmaterials, für Kupfer
$\quad$ = 0,0175.
L = Länge der Hin- und Rückleitung in m,
J = Maximalleistung in Amp.,
v = Spannungsverlust in V.

Statt des Verlustes in der Hin- und Rückleitung kann man, wenn die Querschnitte und Längen beider Leitungen gleich sind, die einfache Länge

$$1 = \frac{L}{2} \text{ einsetzen und erhält dann}$$

$$q = 0,035 \frac{1 \cdot J}{v}$$

$$v = 0,035 \frac{1 \cdot J}{q}$$

Zur Erleichterung der Berechnung sind in dem Diagramm, auf Tafel XXV, das einer Veröffentlichung der Allgemeinen Elektrizitäts-Gesellschaft entnommen ist, die Spannungsverluste bei verschiedener Bemessung der Leitung dargestellt. Die diagonalen Strahlen entsprechen dem Spannungsverlust in Volt. Die wagerechten Linien geben am linken

Rand den Querschnitt eines Leiters in qmm und am rechten den Durchmesser eines runden Leiters in Millimeter an, während die senkrechten Linien das Produkt aus Entfernung (mm) und Stromstärke (Amp.) darstellen.

Für die Benutzung des Diagrammes giebt die Allg. Elektrizitäts-Gesellschaft noch folgende erklärende Beispiele:

»Eine 100 m lange Leitung, welche 15 Ampère zu führen bestimmt ist, soll im Maximum 5 Volt Verlust aufweisen: Man multipliziert die Stromstärke (Ampère) mit der Entfernung (Meter) = 15 × 100 = 1500 und sucht alsdann auf der Tafel die vertikale rote Linie, welche mit 1500 überschrieben ist. Wo diese rote Linie mit dem Strahl 5 (Spannungsverlust in Volt) zusammentrifft, ergiebt die horizontale schwarze Linie an der linken Randseite den Querschnitt, in diesem Falle 11 qmm und an der rechten Seite den Durchmesser des cylindrischen Drahtes, etwa 3,7 mm.

Wäre statt dessen z. B. eine Leitung von 60 Ampère auf 35 m zu berechnen, so würde man aus der Kurventafel gleichfalls 11 qmm ablesen; der geringste Querschnitt für 60 Ampère beträgt aber $\frac{60}{2} = 30$ qmm; folglich ist letztere Drahtstärke zu wählen.

Ist das Produkt (Ampère und Meter) grösser als 2000, so schneidet man von dieser Zahl entsprechend viele Decimalstellen ab und sucht dafür nach obigem Beispiel den Querschnitt, bei welchem man alsdann wieder das Decimalkomma um so viele Stellen nach rechts rückt, als man vorher gekürzt hat; z. B. 347 Ampère 200 m weit zu leiten mit 8 Volt Verlust = 347 × 200 = 69 400, ab zwei Stellen = 694, ergiebt 3,1, zwei Stellen hinzu = 310 qmm.

Umgekehrt kann man auch verfahren, wenn man sehr kleine Querschnitte mit grosser Genauigkeit zu berechnen hat, indem man Decimalstellen zugiebt, um sie alsdann bei dem Resultat wieder abzusetzen.

Die Tabelle kann auch benutzt werden, um den in einer vorhandenen Leitung bei einer gegebenen Belastung auftretenden Spannungsverlust zu bestimmen.

Beispiel: Eine 130 m lange Leitung von 10 qmm Querschnitt führt einen Strom von 7 Ampère: Man bildet das Produkt aus Entfernung und Stromstärke: 7 × 130 = 910. Die vertikale Linie, welche dieser Zahl entspricht, schneidet die mit 10 qmm bezeichnete horizontale Linie zwischen den Strahlen 3 und 4, der Verlust beträgt etwa 3,5 Volt.«

Weit schwieriger wie beim Gleichstrom ist die Berechnung der Leitungen bei Wechsel- und Drehstrom, weil man hier den Spannungs-

Additional material from *Disposition der Tagesanlagen, Dampferzeugung, Centralkondensation, Luftkompressoren, Elektrische Centralen*
ISBN 978-3-642-50625-3 (978-3-642-50625-3_OSFO21),
is available at http://extras.springer.com

verlust nicht ohne weiteres aus der Leitungsgleichung ermitteln kann, sondern noch den Koeffizienten der Selbstinduktion in Rücksicht ziehen muss. Bekanntlich erzeugt ein Wechselstrom beim Durchfluss durch einen Leiter in dessen Umgebung ein magnetisches Feld, das, auf den Leiter zurückwirkend, in ihm eine elektromotorische Kraft von der entgegengesetzten Richtung der primären Spannung erzeugt und infolgedessen den induktiven Spannungsabfall verursacht. Der Wert des letzteren fällt nun mit dem steigenden Anteil induktionsfreier Stromverbraucher, wie der Glühlampen, bei denen ja induzierende Kraftwindungen vollkommen fehlen, oder der synchronen Motoren, an dem Gesamtenergieverbrauch und verstärkt sich entsprechend dem Anschlusse von Apparaten mit induktiver Belastung (asynchronen Motoren, Transformatoren, Drosselspulen usw.). Da die Fälle, wo synchrone Motoren, in Betrieb genommen werden, äusserst selten sind — auf den Ruhrzechen wird, soweit dem Verfasser bekannt ist, nur auf Zeche Wiesche aushülfsweise ein Generator als Synchronmotor betrieben — und bei Bergwerkscentralen der Lichtstrom gewöhnlich nur einen geringen Teil der Gesamtbelastung ausmacht, hat man hier mit sehr hoher Selbstinduktion zu rechnen. Die Drosselung durch induktiven Magnetismus kommt um so stärker zur Entwickelung, je grösser das von den einzelnen Leitungen eingeschlossene Feld ist. Je kleiner man dieses Feld bemisst, d. h. je näher die verschiedenpoligen Leitungen zusammenliegen, um so geringer ist der Wert der Selbstinduktion. Deshalb empfiehlt es sich, insbesondere bei grossen Uebertragungslängen, die Leitungen der verschiedenen Phasen (Hin- und Rückleitung) möglichst nahe aneinander zu bringen, also in einem Kabel zu vereinigen.

Bei Drehstromübertragungen sind gewöhnlich drei Leitungen vorhanden. Nur bei Sternschaltung (Fig. 539) tritt in einzelnen Fällen noch eine vierte Ausgleichsleitung hinzu, die an dem Verbindungspunkt der drei Spulen ansetzt und es gestattet, demselben Generator zwei verschiedene Spannungen zu entnehmen.

Für die Berechnung von einfachen Drehstromleitungen, bei denen die induktive Belastung nur gering ist, seien die nachstehenden Formeln gegeben:

Es ist:

$$W - W_e = 3\,J^2\,\frac{L \cdot c}{q}, \text{ und da } W_e =$$

$$\frac{100 - P}{100}\,W$$

$$W\frac{P}{100} = 3\,J^2\,\frac{L \cdot c}{q}, \text{ demnach}$$

$$q = 100 \cdot c \cdot \frac{3\,J^2 \cdot L}{P \cdot W} \cdot = \frac{2 \cdot L}{P} \cdot \frac{3\,J^2}{W}.$$

$W = $ Watt an der Primärstation,

$W_e = $ Watt am Ende der Leitung,

$E = $ Spannung zwischen zwei Leitungen in Volt, gemessen an der Primärstation,

$J = $ Stromstärke jeder Leitung in Amp.,

$L = $ Länge einer Leitung in m,

Diese Gleichung mit $(\sqrt{3})^2 E^2$ $(\cos \varphi)^2$ erweitert, giebt

$$q = \frac{2 \cdot L}{P} \cdot \frac{3 J^2 (\sqrt{3})^2 E^2 (\cos \varphi)^2}{W (\sqrt{3})^2 E^2 (\cos \varphi)^2}$$

Es sind nun die Watt gemessen an der Primärstation

$$W = 1{,}732 \cdot E \cdot J \cdot \cos \varphi \text{ oder, da}$$
$$1{,}732 = \sqrt{3},$$
$$W = \sqrt{3} \cdot E \cdot J \cdot \cos \varphi.$$

Dies eingesetzt in obenstehende Gleichung für q, giebt

$$q = \frac{2 \cdot L \cdot 3 W^2}{P W 3 E^2 (\cos \varphi)^2}, \text{ also}$$
$$q = \frac{2 \cdot L W}{P \cdot E^2 (\cos \varphi)^2}$$

$c =$ spezifischer Leistungswiderstand des Kupfers $= \dfrac{1}{50}$,

$P =$ Verlust von der Primärleistung in Prozenten,

$q =$ Querschnitt einer jeden der drei Leitungen in qmm.

Ist die induktive Belastung in den einzelnen Teilen des Stromleitungsnetzes zu berücksichtigen, so wird die Rechnung so kompliziert, dass sie nur von erfahrenen Elektrotechnikern ausgeführt werden kann.

Für die Aufstellung von Projekten sind in den nachstehenden Tabellen und in dem Diagramm (Fig. 616) die Abmessungen, Widerstandswerte und Kosten der hauptsächlichsten Leitungsarten angegeben.

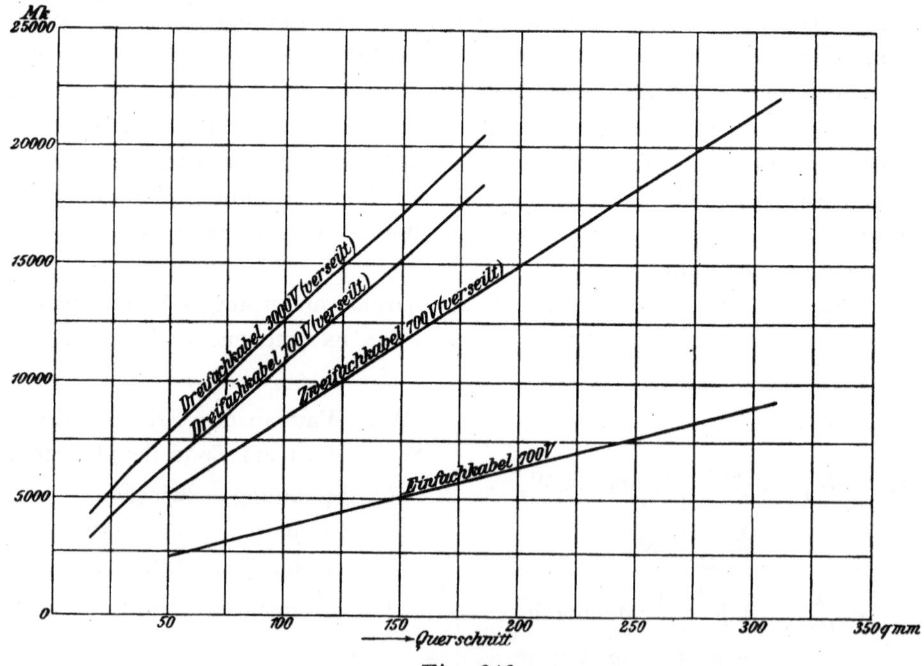

Fig. 616.

Graphische Darstellung der Kosten von Kabeln.

I. Abmessungen und Widerstandswerte von blanken Kupferdrähten und -seilen.

(Die Preise für blanke Kupferleiter und Kabel schwanken je nach den Notierungen des Londoner Marktes für Elektrolytkupfer.)

1. Blanke Drähte aus Weich- oder Hartkupfer.

Tabelle 73.

Querschnitt in qmm	Durchmesser des Drahtes in mm	Widerstand in Ω je 100 m	Gewicht in kg je 100 m ca.
4	2,26	0,450	3,5
6	2,77	0,300	5,4
10	3,57	0,180	8,9
16	4,52	0,113	14,3
25	5,65	0,072	22,3
35	6,69	0,052	31,2
50	7,99	0,036	44,5
70	9,45	0,026	62,5
95	11,00	0,019	84,5
120	12,38	0,015	107
150	13,85	0,012	134

2. Blanke Seile aus Weichkupfer.

Tabelle 74.

Querschnitt in qmm	Durchmesser des Seiles in mm	Anzahl und Durchmesser der Drähte	Widerstand in Ω je 100 m	Gewicht in kg je 100 m ca.
25	7,2	128 à 0,5	0,0720	27,2
35	9,0	182 à 0,5	0,0520	38,6
50	11,0	259 à 0,5	0,0360	53,9
75	12,5	378 à 0,5	0,0240	79,0
100	15,0	513 à 0,5	0,0180	106,1
150	19,5	304 à 0,8	0,0116	145,0
200	20,5	361 à 0,8	0,0087	172,0
250	23,5	361 à 0,95	0,0070	240,0
300	25,0	361 à 1,00	0,0058	267,0
400	30,0	361 à 1,20	0,0044	380,0
500	33,0	361 à 1,30	0,0035	445,0

II. Abmessungen, Widerstandswerte und Preise von Gummiband- und Gummiaderleitungen.

Isoliert nach den Normal-Vorschriften des Verbandes deutscher Elektrotechniker, gültig vom 1. Januar 1903 ab.

Gummibandleitungen.

Konstruktion: Der feuerverzinnte Kupferleiter ist mit Baumwolle umsponnen, mit technisch reinem, unvulkanisiertem Para-Gummiband überlappend bewickelt, nochmals mit Baumwolle umsponnen, mit Baumwollgarn umflochten, mit Kautschuklack imprägniert.

Geeignet zur Verlegung in trockenen Räumen für Spannungen bis 250 Volt.

Gummiaderleitungen.

Konstruktion: Der feuerverzinnte Kupferleiter ist mit einer wasserdichten, vulkanisierten Gummi-Hülle umgeben, mit gummiertem Band bewickelt, mit kräftigem Hanfgarn umflochten und mit Kautschuk imprägniert.

Geeignet zur festen Verlegung für Spannungen bis 1000 Volt und zum Anschluss beweglicher Apparate bis 500 Volt.

Tabelle 75.

Kupfer-querschnitt qmm	Gummibandleitung			Gummiaderleitung		
	Zahl und ⌀ der Kupferdrähte qmm	Ungef. Gewicht je 100 m kg ca.	Preis je 100 m M.	Zahl und ⌀ der Kupferdrähte mm	Ungef. Gewicht je 100 m kg	Preis je 100 m M.
0,50	1 × 0,80	1,0	5.20	1 × 0,80	2,3	11.10
0,75	1 × 1,0	1,3	6.20	1 × 0,98	2,9	13.40
1,0	1 × 1,13	1,6	6.90	1 × 1,13	3,1	14.—
1,5	1 × 1,4	2,2	8.70	1 × 1,38	4,0	17.50
2,5	1 × 1,8	3,3	12.—	1 × 1,79	5,2	21.60
4	1 × 2,3	5,0	16.20	1 × 2,26	7,3	28.—
6	1 × 2,8	7,0	21.30	1 × 2,77	9,7	35.20
10	1 × 3,6	10,9	30.60	1 × 3,57	14,6	50.—
16	7 × 1,71	17,6	48.50	7 × 1,71	22,5	75.—
25	7 × 2,13	26,4	69.—	7 × 2,13	32,8	105.—
35	19 × 1,53	36,3	94.—	19 × 1,53	44,6	143.—
50	19 × 1,83	50,8	127.—	19 × 1,83	61,4	190.—
70	19 × 2,17	71,3	179.—	19 × 2,17	83,7	254.—
95	19 × 2,52	94,9	233.—	19 × 2,52	110,2	328.—
120	19 × 2,84	119,4	288.—	37 × 2,03	137,2	408.—
150	19 × 3,17	147,6	350.—	37 × 2,27	170,3	502.—

III. Abmessungen, Widerstandswerte und Preise von Schachtkabeln.

A. Schachtkabel,*) einfach, 600 Volt.

Konstruktionen: **Tabelle 76.**

Kupfer-Querschnitt	Anzahl u. ⌀ der Drähte	Eine Okonitader, Bewicklung mit geteertem Jutegarn, Armatur aus verzinkten Eisendrähten, Compoundmasse. ohne Bleimantel			Eine Okonitader, Bewicklung mit gummiertem Bande, mit Blei umpresst, Asphalt-Compound, Armatur aus verzinkten Eisendrähten, Asphalt-Compoundmasse. mit Bleimantel		
		Aussen ⌀	Gewicht 100 m	Preis 100 m	Aussen ⌀	Gewicht 100 m	Preis 100 m
qmm	mm	ca. mm	ca. kg	Mk.	ca. mm	ca. kg	Mk.
10	3,57	16	77	88	22	116	105
16	4,52	18	92	120	24	146	145
25	19 × 1,30	19	113	160	26	175	190
35	19 × 1,53	21	131	205	28	204	235
50	19 × 1,83	23	159	270	30	246	305
70	19 × 2,17	25	191	340	32	296	390
95	19 × 2,52	27	229	430	34	359	490
120	19 × 2,84	29	276	510	37	421	580
150	19 × 3,17	31	333	620	40	551	725
185	37 × 2,52	34	393	730	43	641	860
210	37 × 2,69	35	451	830	45	704	965
240	37 × 2,87	37	495	925	46	764	1070
680	37 × 3,10	40	570	1060	48	866	1230
310	37 × 3,27	41	617	1160	50	957	1350
350	37 × 3,47	43	695	1300	52	1032	1490
400	37 × 3,71	45	761	1440	55	1152	1680
500	37 × 4,15	50	945	1790	60	1387	2050

*) Fabrikationslänge: Mit Rücksicht auf Transport und Verlegung ist die Überschreitung eines Nettogewichtes von ca. 3000 kg für eine Länge nicht ratsam.

Die Preise der Kabel basieren auf einem Grundpreis von 45—50 Lstr. pro 1000 kg für Elektrolytkupfer und erhöhen, bezw. ermässigen sich um 2 Pf. pro 1 qmm Kupferquerschnitt und 100 m Länge für jedes angefangene 1 Lstr., um welches die Londoner Elektrolytkupfer-Notierung am Tage der Auftragserteilung höher als 50 Lstr. und niedriger als 45 Lstr. notiert ist. Unter der Londoner Elektrolytkupfer-Notierung ist derjenige höchste Preis zu verstehen, welcher an dem, dem Tage der Auftragserteilung vorhergehenden Freitag im Mining-Journal für Elektrolytkupfer notiert ist.

B. Schachtkabel, dreifach.

Tabelle 77.

Konstruktionen:

| Drei Okonitadern, verseilt, mit geteertem Jutegarn umsponnen, mit einer Bewehrung aus verzinkten Eisendrähten versehen, darüber Compoundmasse. | Drei Okonitadern, verseilt und getrenst, Bewicklung mit gummiertem Bande, mit Blei umpresst, Asphalt-Compoundmasse, Armatur aus verzinkten Eisendrähten, Compoundmasse. |

Kupfer-querschnitt	Anzahl und $\emptyset$ der Drähte	ohne Bleimantel			mit Bleimantel		
		Aussen $\emptyset$	Gewicht 100 m	Preis 100 m	Aussen $\emptyset$	Gewicht 100 m	Preis 100 m
qmm	mm	ca. mm	kg	Mk.	ca. mm	kg	Mk.
			Für 2000 Volt				
3×10	$3 \times 3{,}57$	25	156	270	32	266	310
3×16	$3 \times 4{,}52$	29	201	370	36	352	450
3×25	$3 \times 19 \times 1{,}30$	33	278	515	40	514	620
3×35	$3 \times 19 \times 1{,}53$	36	353	650	44	628	770
3×50	$3 \times 19 \times 1{,}83$	41	473	870	49	796	1010
3×70	$3 \times 19 \times 2{,}17$	45	617	1130	54	1004	1300
3×95	$3 \times 19 \times 2{,}52$	50	758	1430	60	1242	1640
3×120	$3 \times 19 \times 2{,}84$	55	935	1755	65	1480	2000
3×150	$3 \times 19 \times 3{,}17$	60	1131	2080	69	1676	2420
			Für 3000 Volt				
3×10	$3 \times 3{,}57$	27	168	295	33	286	355
3×16	$3 \times 4{,}52$	31	224	440	38	416	525
3×25	$3 \times 19 \times 1{,}30$	35	312	590	42	567	710
3×35	$3 \times 19 \times 1{,}53$	38	396	750	47	689	880
3×50	$3 \times 19 \times 1{,}83$	43	523	1000	52	880	1160
3×70	$3 \times 19 \times 2{,}17$	48	673	1290	58	1100	1470
3×95	$3 \times 19 \times 2{,}52$	52	847	1610	64	1374	1860
3×120	$3 \times 19 \times 2{,}84$	58	1003	1930	68	1566	2270
3×150	$3 \times 19 \times 3{,}12$	63	1208	2360	73	1787	2700

C. Schachtkabel, dreifach, 500 Volt.

Tabelle 78.

Konstruktionen:

Drei Okonitadern, verseilt mit geteertem Jutegarn umsponnen, mit einer Bewehrung aus verzinkten Eisendrähten versehen, darüber Compoundmasse.	Drei Okonitadern, verseilt und getrenst, Bewicklung mit gummiertem Bande, mit Blei umpresst, Compound, Armatur aus verzinkten Eisendrähten, Compound.

Kupfer-querschnitt	Anzahl und $\varnothing$ der Drähte	ohne Bleimantel			mit Bleimantel		
		Aussen $\varnothing$	Gewicht 100 m	Preis 100 m	Aussen $\varnothing$	Gewicht 100 m	Preis 100 m
qmm	mm	ca. mm	ca. kg	Mk	ca. mm	ca. kg	Mk.
3 × 10	3 × 3,57	23	150	230	26	243	280
3 × 16	3 × 4,52	27	194	340	34	329	410
3 × 25	3 × 19 × 1,30	31	259	460	38	439	550
3 × 35	3 × 19 × 1,53	34	333	600	42	588	715
3 × 50	3 × 19 × 1,83	38	449	805	47	760	945
3 × 70	3 × 19 × 2,17	43	568	1040	52	951	1210
3 × 95	3 × 19 × 2,52	48	727	1330	57	1180	1530
3 × 120	3 × 19 × 2,84	53	901	1630	62	1387	1850
3 × 150	3 × 19 × 3,17	57	1065	1980	67	1628	2410
3 × 185	3 × 37 × 2,52	62	1281	2360	71	1831	2690
3 × 210	3 × 37 × 2,69	65	1413	2710	74	2014	3000

Annäherungswerte der Kosten von

Einfach-Kabeln	für	700 Volt
Zweifach- „	„	700 „
Dreifach- „	„	700 „
„	„	„ 3000 „

giebt die graphische Darstellung Fig. 616 auf S. 714.